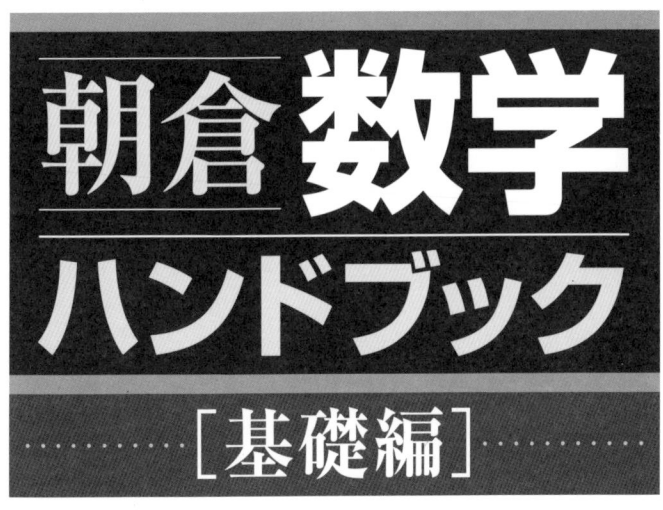

朝倉 数学ハンドブック

[基礎編]

飯高　茂　　楠岡成雄　　室田一雄

【編集】

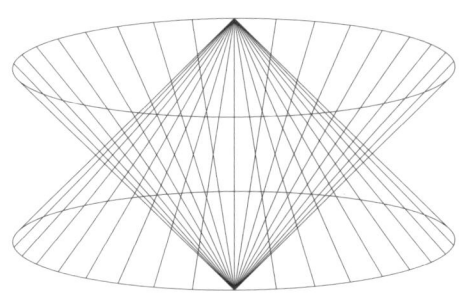

朝倉書店

はじめに

　数学は最古の学問の1つでありながら，数学をうまく応用することは現代生活の諸部門で極めて大切なことである．1例をあげると，検索ソフトの作成にあたって数学にベースをおいた設計をしたところ，極めて効率的になりビジネスとして大成功を収めたという．一方，数学がうまく使えないためにプロジェクトが進まない例もあり，数学を手っ取り早く応用する必要があって数学のエッセンスを早く知りたいという学生や研究者，技術者は数多い．しかしながら，数学の学習が容易でないことは誰もが認めているところである．

　数学の専門家にならない一般の理系学生や実務家にとって，数学の教科書を細部まで証明を吟味しながら，また例をいくつも考えつつ隅から隅まで読むことは至難の業である．「われわれは数学者になるわけではないから，簡単に数学の分かる本は無いか」という悲鳴に近い要望が各方面から寄せられている．

　それに応えるべくまとめられたのが本書である．大学の学部程度で学ぶ数学の要点を基礎編として1巻にまとめ，さらに数学の応用に関する部分を応用編として別の1巻にまとめた．

　定義があり，命題や定理とその証明が続くのが数学書の流れであるが，本書ではより簡単に済ますため，定理の証明を詳しくは述べない．しばしば略証でとどめ，場合によっては例を示すことで証明に替えた．厳密な論理性を損なっても，気軽にわかり数学が身近になることを優先させたのである．このことはそれなりに意味のあることであろう．

　本書の執筆者はみな大学の理工学部で数学を講義している，あるいは講義した経験の豊かな方々ばかりであり，数学者にならない学生にわかりやすく数学を教えることに日夜腐心しているベテランばかりである．

　基礎編では大学の理工系学部で学ぶ数学を大筋でカバーすることを目指したため，かなりのページ数になった．そのため通読することはかなり困難であろう．しかし，研究室において必要に応じて数学辞典と数学の教科書の間をうめるハンドブックとして気楽に活用していただければ幸いである．

2010年3月

飯　高　　　茂
楠　岡　成　雄
室　田　一　雄

【編集者】

飯高　茂　学習院大学理学部
楠岡成雄　東京大学大学院数理科学研究科
室田一雄　東京大学大学院情報理工学系研究科

【執筆者】（執筆順）

飯高　茂　学習院大学理学部
前原和寿　東京工芸大学基礎教育研究センター
中村　滋　前 東京海洋大学
和田秀男　前 上智大学
一樂重雄　横浜市立大学国際総合科学部
川﨑徹郎　学習院大学理学部
原　惟行　前 大阪府立大学
内藤　学　愛媛大学大学院理工学研究科
内藤敏機　前 電気通信大学
若林　功　成蹊大学理工学部
渡邉壽夫　前 九州大学
吉川　敦　久留米大学附設中学校・高等学校（前 九州大学）
上村　豊　東京海洋大学海洋科学部

目　次

I　集合と論理　　　　　　　　　　　　　　　　　　　　　　　　［飯高　茂］

第1章　集　　合　　　　　　　　　　　　　　　　　　　　　　　2
- 1.1　命　題 ……………………………………………………………… 2
- 1.2　集合の定義と記号 ………………………………………………… 4
- 1.3　集合の演算 ………………………………………………………… 8

第2章　写　　像　　　　　　　　　　　　　　　　　　　　　　　14
- 2.1　写像の定義と基本事項 …………………………………………… 14
- 2.2　写像の演算 ………………………………………………………… 15
- 2.3　単射と全射 ………………………………………………………… 18
- 2.4　写像とグラフ ……………………………………………………… 22
- 2.5　対　応 ……………………………………………………………… 23
- 2.6　演算子 ……………………………………………………………… 24
- 2.7　関　係 ……………………………………………………………… 27

第3章　濃度と順序　　　　　　　　　　　　　　　　　　　　　　33
- 3.1　集合の濃度 ………………………………………………………… 33
- 3.2　非可算集合 ………………………………………………………… 34
- 3.3　順序関係 …………………………………………………………… 36

第4章　命題論理　　　　　　　　　　　　　　　　　　　　　　　39
- 4.1　真理関数 …………………………………………………………… 39

第5章　圏と関手　　　　　　　　　　　　　　　　　　　　　　　42
- 5.1　圏 …………………………………………………………………… 42
- 5.2　圏の基本概念 ……………………………………………………… 44
- 5.3　関手と自然変換 …………………………………………………… 45

II　線形代数　　　　　　　　　　　　　　　　　　　　　　　　　［前原和寿］

第1章　平面および空間のベクトル　　　　　　　　　　　　　　　50
- 1.1　幾何ベクトル ……………………………………………………… 50

1.2 数ベクトル 52
第2章 行　　列 **54**
   2.1 行列の定義 54
   2.2 行列の和およびスカラー倍 55
   2.3 行列の積 56
   2.4 転置行列 57
   2.5 逆行列，正則行列 58
   2.6 行列の基本変形 58
   2.7 連立1次方程式系の解法 (1) 59
   2.8 逆行列の基本変形による求め方 60
   2.9 行列の基本変形と階数 60
第3章 行　列　式 **65**
   3.1 平行四辺形の符号付き面積，平行体の符号付き体積 65
   3.2 クラーメルの解法 (1) 67
   3.3 ベクトル積，内積，3重積 69
   3.4 行列式の定義 73
   3.5 一般の行列式 75
   3.6 行列式の展開，一般ラプラス展開 76
   3.7 複数個の行列の積の行列式 77
   3.8 余因子と余因子行列 78
   3.9 行列式の重要な例 79
   3.10 固有値と固有ベクトル 80
   3.11 パーマネント 81
第4章 抽象ベクトル空間 **83**
   4.1 代数系の定義 83
   4.2 部分ベクトル空間，1次独立系，生成系，基底 87
   4.3 基底に関する定理 88
   4.4 アフィン空間 90
   4.5 アフィン写像 91
   4.6 線形写像の行列表示 92
   4.7 正方行列の相似 94
   4.8 行列表示の標準形 95
   4.9 行列のジョルダン標準形 97
   4.10 対角化可能，固有空間，対角化可能性 98
   4.11 交換可能な行列の三角化 99

　　　　　　　　　　　　　目　　次　　　　　　　　　　　　　　　v

　4.12　線形写像（準同型）の行列表示 ･････････････････････ 102
第 5 章　エルミート行列とユニタリ行列　　　　　　　　**105**
　5.1　エルミート内積 ･････････････････････････････････････ 105
　5.2　正規行列，ユニタリ行列，エルミート行列 ･･････････････ 105
　5.3　2 次形式 ･･･ 108

III　微分積分学　　　　　　　　　　　　　　　　　　［中村　滋］

第 1 章　実数と連続関数　　　　　　　　　　　　　　　　**112**
　1.1　実数の連続性 ･･････････････････････････････････････ 112
　1.2　数列とその極限値 ･･････････････････････････････････ 114
　1.3　関数と連続関数 ････････････････････････････････････ 119

第 2 章　微　分　法　　　　　　　　　　　　　　　　　　**125**
　2.1　導関数 ･･ 125
　2.2　平均値の定理 ･･････････････････････････････････････ 130
　2.3　高次導関数 ･･ 133

第 3 章　微分法の応用　　　　　　　　　　　　　　　　　**141**
　3.1　極　値 ･･ 141
　3.2　不定形の極限値 ････････････････････････････････････ 145
　3.3　関数のグラフ ･･････････････････････････････････････ 149
　3.4　接線と曲率 ･･ 152

第 4 章　積　分　法　　　　　　　　　　　　　　　　　　**158**
　4.1　不定積分 ･･ 158
　4.2　有理関数の不定積分 ････････････････････････････････ 162
　4.3　定積分 ･･ 168
　4.4　広義積分 ･･ 173
　4.5　定積分の計算法 ････････････････････････････････････ 175
　4.6　定積分の応用 ･･････････････････････････････････････ 179

第 5 章　無　限　級　数　　　　　　　　　　　　　　　　**185**
　5.1　無限級数 ･･ 185
　5.2　関数項の級数 ･･････････････････････････････････････ 189
　5.3　整級数（冪級数） ･････････････････････････････････ 192

第 6 章　偏　微　分　法　　　　　　　　　　　　　　　　**196**
　6.1　多変数関数の偏導関数 ･･････････････････････････････ 196
　6.2　陰関数定理 ･･ 204

6.3	2変数関数の極値	209

第7章 重積分 — 216
7.1	多変数関数の積分	216
7.2	重積分の計算と応用	220
7.3	ベータ関数・ガンマ関数	223

IV 代数学（群，環，体） ［和田秀男］

第1章 群 — 230
1.1	群の定義	230
1.2	部分群と剰余類	233
1.3	正規部分群と剰余群	236
1.4	準同型定理	238
1.5	有限生成アーベル群の基本定理	240
1.6	可解群	243

第2章 環 — 246
2.1	環と体の定義	246
2.2	ユークリッド環	248
2.3	イデアルと準同型	254
2.4	単項イデアル環	258

第3章 体 — 260
3.1	体の拡大	260
3.2	作図問題	262
3.3	有限体	263
3.4	体の同型	264
3.5	ガロアの理論	266
3.6	代数方程式の代数的解法	269

V ベクトル解析 ［中村 滋］

第1章 ベクトル関数の微分と積分 — 274
1.1	ベクトルの関数とその微分	274
1.2	線積分・面積分	279

第2章 ベクトル場の微分演算子と積分定理 — 286
2.1	スカラー場とベクトル場	286

  2.2　微分演算子と積分定理 289

VI　位相空間　　　　　　　　　　　　　　　　　　　　［一樂重雄］

第1章　ユークリッド空間と距離空間　　298
 1.1　ユークリッド空間 298
 1.2　距離空間 299

第2章　位 相 空 間　　301
 2.1　近傍系 302
 2.2　開集合 303
 2.3　連続写像 305

第3章　点列の収束と分離公理　　307

第4章　閉　集　合　　311

第5章　部分空間，積空間，商空間　　313
 5.1　部分空間 313
 5.2　積空間 314
 5.3　商空間 315

第6章　連　結　性　　317
 6.1　連結性の定義 317

第7章　コンパクト性　　320
 7.1　位相空間でのコンパクト性 320
 7.2　点列コンパクト 323

VII　位相幾何学　　　　　　　　　　　　　　　　　　　［一樂重雄］

第1章　位相幾何学　　326
 1.1　位相幾何学とは 326
 1.2　基本群 326
 1.3　連続写像が導く準同型写像 329
 1.4　基本群の例 331
 1.5　基本群の応用 333
 1.6　高次のホモトピー群 334

第2章　ホモロジー群　　336
 2.1　単　体 336
 2.2　単体的複体 337

2.3 チェインとチェイン群 338
2.4 多面体 340
2.5 単体分割 341
2.6 重心細分 341
2.7 単体近似 344
2.8 チェインホモトピー 345
2.9 ホモロジー群のホモトピー不変性 345
2.10 オイラー・ポアンカレの定理 346
2.11 相対ホモロジー 347
2.12 完全系列 347
2.13 マイヤー・ヴィートリスの完全系列 349
2.14 閉曲面とそのホモロジー 350

VIII　曲線と曲面　　　　　　　　　　　　　　　　　　　　　　　[川﨑徹郎]

第1章　空間曲線　　　　　　　　　　　　　　　　　　　　　　352
1.1 接ベクトルと弧長パラメータ 352
1.2 曲　率 353
1.3 捩率とフルネ・セレの公式 354
1.4 ブーケの公式，曲線の局所的形状 357
1.5 自然方程式 359

第2章　曲　面　論　　　　　　　　　　　　　　　　　　　　　361
2.1 曲面のパラメータ表示 361
2.2 接平面と第1基本形式 363
2.3 ガウス写像と第2基本形式 367
2.4 曲面の種々の曲率 370
2.5 基本公式と基本方程式 374
2.6 曲面論の基本定理 377
2.7 測地線と極小曲面 379
2.8 ガウス・ボネの定理 380

IX　多　様　体　　　　　　　　　　　　　　　　　　　　　　　　[川﨑徹郎]

第1章　多　様　体　　　　　　　　　　　　　　　　　　　　　384
1.1 位相多様体 384

1.2	閉曲面の位相的分類	385
1.3	微分可能多様体	387
1.4	接ベクトルと接空間	389
1.5	写像の微分	392
1.6	逆写像定理の応用	396
1.7	張り合わせによる多様体の構成	400
1.8	1の分割	402
1.9	サードの定理	403
1.10	ホイットニーの埋め込み定理	404
1.11	ベクトル場と流れ	405
1.12	ベクトル場のブラケット積とフロベニウスの定理	408
1.13	微分1形式	411
1.14	微分 p 形式	413
1.15	外積と外微分	415
1.16	モース関数とハンドル分解	417
1.17	球面の裏返し	422

X 常微分方程式　　[原　惟行・内藤　学・内藤敏機]

第1章　常微分方程式の初等解法　　428
- 1.1　常微分方程式の例 … 428
- 1.2　求積法 … 429

第2章　線形常微分方程式の基礎定理　　434
- 2.1　単独線形常微分方程式 … 434
- 2.2　連立微分方程式 … 440
- 2.3　行列の指数関数 … 441
- 2.4　一般の定数係数線形微分方程式の解 … 443

第3章　複素常微分方程式　　447
- 3.1　線形方程式の正則解 … 447
- 3.2　線形方程式の確定特異点 … 449
- 3.3　漸近級数展開 … 456
- 3.4　パンルヴェ方程式 … 459

第4章　基礎定理　　461
- 4.1　解の存在と一意性 … 461
- 4.2　解の初期値に関する連続性 … 464

第5章　解の漸近挙動　　466
- 5.1　平衡点 …………………………………………………… 466
- 5.2　安定性の定義 …………………………………………… 466
- 5.3　線形系の安定性 ………………………………………… 467
- 5.4　ラウス・フルヴィッツの判定法 ……………………… 467
- 5.5　線形系の解の漸近挙動 ………………………………… 468
- 5.6　概線形系の解の漸近挙動 ……………………………… 470
- 5.7　リャプーノフの方法 …………………………………… 470
- 5.8　ポアンカレ・ベンディクソンの定理 ………………… 473
- 5.9　大域解 …………………………………………………… 474

第6章　タイムラグをもつ微分方程式　　476
- 6.1　タイムラグをもつ微分方程式の例 …………………… 476
- 6.2　特性方程式 ……………………………………………… 477
- 6.3　安定性の定義 …………………………………………… 477
- 6.4　漸近安定性 ……………………………………………… 478
- 6.5　リャプーノフ・ラズミーヒンの方法による安定性判別法 …… 479
- 6.6　解の振動性 ……………………………………………… 481

第7章　境界値問題　　482
- 7.1　線形微分方程式 ………………………………………… 482
- 7.2　非線形微分方程式 ……………………………………… 491

第8章　振動理論　　494
- 8.1　解の漸近挙動 …………………………………………… 494
- 8.2　振動理論 ………………………………………………… 495

XI　複素関数　　［若林　功］

第1章　複素関数　　500
- 1.1　複素数，複素平面 ……………………………………… 500
- 1.2　数列，級数，関数 ……………………………………… 503

第2章　正則関数　　506
- 2.1　正則関数 ………………………………………………… 506
- 2.2　コーシー・リーマンの関係式 ………………………… 507
- 2.3　基本的な正則関数 ……………………………………… 509

第3章　積　分　　514
- 3.1　線積分 …………………………………………………… 514

3.2	複素積分	517
3.3	コーシーの積分定理	520
3.4	コーシーの積分公式	523
3.5	調和関数の定義	524
3.6	最大値の原理	526
3.7	リューヴィルの定理	527

第4章　冪級数，ローラン展開　529

4.1	冪級数	529
4.2	一致の定理	532
4.3	ローラン展開	533

第5章　留数とその応用　536

5.1	留数定理	536
5.2	定積分への応用	539
5.3	偏角の原理	543

第6章　等角写像　545

6.1	正則写像	545
6.2	1次変換	548
6.3	等角写像の基本定理	550

第7章　有理型関数の表示　551

7.1	有理型関数の部分分数分解	551
7.2	有理型関数の無限積表示	552

第8章　調和関数　557

8.1	共役調和関数の構成	557
8.2	調和関数の平均値定理	558
8.3	ポアソンの公式	559
8.4	ディリクレの境界値問題	560

XII　積 分 論　　　　　　　　　　　　　　　　　　　　　　　　　　　[渡邉壽夫]

第1章　積 分 論　564

1.1	集合族	564
1.2	可測写像	566
1.3	測　度	568
1.4	積　分	573
1.5	L^p 空間	575

1.6 ヒルベルト空間 ・・・ 577
1.7 積測度 ・・ 578
1.8 2つの測度の関係 ・・ 578
1.9 リーマン積分とルベーグ積分 ・・・・・・・・・・・・・・・・・・・・・・・・・・・・・ 580
1.10 線形汎関数と測度 ・・・ 581
1.11 測度の収束 ・・・ 582

XIII 偏微分方程式入門　　［吉川　敦］

第1章　偏微分方程式とは何か　　586
1.1 簡単な例 ・・ 586
1.2 偏微分方程式，解，それらの解釈 ・・・・・・・・・・・・・・・・・・・・・・・ 589

第2章　基本的な線形偏微分方程式　　591
2.1 重ね合わせの原理 ・・・ 591
2.2 ダランベールの公式 ・・ 594

第3章　変数分離法　　597
3.1 弦の振動の方程式 ・・・ 597
3.2 要素解の重ね合わせと収束 ・・・・・・・・・・・・・・・・・・・・・・・・・・・・・・・ 599

第4章　熱方程式　　609
4.1 直線上の熱方程式 ・・・ 609
4.2 熱方程式と変数分離法 ・・・・・・・・・・・・・・・・・・・・・・・・・・・・・・・・・・・・・ 612

第5章　平面のラプラシアン　　616
5.1 固有値問題の変数分離解 ・・・・・・・・・・・・・・・・・・・・・・・・・・・・・・・・・・ 616
5.2 長方形領域でのディリクレ問題 ・・・・・・・・・・・・・・・・・・・・・・・・・ 618

第6章　円板領域と変数分離解　　623
6.1 極座標と調和関数 ・・・ 623
6.2 ポアソンの公式 ・・・ 627
6.3 ノイマン問題 ・・ 632
6.4 ラプラス作用素の固有値問題 ・・・・・・・・・・・・・・・・・・・・・・・・・・・・ 636

第7章　1階の偏微分方程式　　639
7.1 1階の偏微分方程式 ・・・ 639
7.2 ベクトル場と積分曲線 ・・・・・・・・・・・・・・・・・・・・・・・・・・・・・・・・・・・・・ 639
7.3 1階線形微分方程式の局所解 ・・・・・・・・・・・・・・・・・・・・・・・・・・・・・ 642

第8章　1階非線型偏微分方程式　　645
8.1 特性ベクトル場 ・・・ 645

8.2　特性曲線の方法による偏微分方程式の局所解の構成 ……………… 648
第 A 章　偏微分方程式を扱うための道具立て　653
A.1　記号と規約・多重指標 …………………………………………… 653
A.2　ライプニッツの公式と微分作用素 ……………………………… 654

XIV　関 数 解 析　［吉川　敦］

第 1 章　まず距離空間から　658
1.1　定義と簡単な例 ……………………………………………………… 658
1.2　完備性 ………………………………………………………………… 660
1.3　ベールの範疇定理 …………………………………………………… 663

第 2 章　バナッハ空間とヒルベルト空間　666
2.1　ノルム空間 …………………………………………………………… 666
2.2　バナッハ空間 ………………………………………………………… 670
2.3　ミンコフスキー汎関数 ……………………………………………… 674
2.4　ヒルベルト空間 ……………………………………………………… 675
2.5　直交射影 ……………………………………………………………… 680

第 3 章　有界線形汎関数とハーン・バナッハの拡張定理　685
3.1　有界線形汎関数 ……………………………………………………… 685
3.2　ハーン・バナッハの拡張定理 ……………………………………… 687
3.3　リース・フレシェの定理 …………………………………………… 691
3.4　双対空間 ……………………………………………………………… 694
3.5　弱位相と汎弱位相 …………………………………………………… 697
3.6　極集合 ………………………………………………………………… 700

第 4 章　線形作用素とその応用　701
4.1　線形作用素 …………………………………………………………… 701
4.2　作用素の強収束 ……………………………………………………… 706
4.3　閉グラフ定理 ………………………………………………………… 708
4.4　開写像定理と閉グラフ定理 ………………………………………… 712
4.5　共役作用素 …………………………………………………………… 713
4.6　閉値域作用素と閉値域定理 ………………………………………… 717
4.7　作用素のレゾルベント集合とスペクトル ………………………… 719
4.8　若干の作用素解析 …………………………………………………… 721
4.9　コンパクトな作用素 ………………………………………………… 724

XV　積分変換・積分方程式　［上村　豊］

第1章　積分変換　**732**
1.1　フーリエ変換 …………………………………………… 732
1.2　ラプラス変換 …………………………………………… 739

第2章　積分方程式　**746**
2.1　ヴォルテラ積分方程式 ………………………………… 746
2.2　フレドホルム積分方程式 ……………………………… 754
2.3　リース・シャウダー理論と積分方程式 ……………… 765
2.4　合成積型積分方程式 …………………………………… 776

索　引　**787**

第 I 編
集合と論理

　本編は集合と圏についての基本事項をまとめ，高校の数学と大学の数学の橋渡しをすることを念頭に，論理についても最低限の必要事項を述べたものである．

　集合と写像の概念は数学でもっとも基本的なもので，この上にたって数学の各論が展開される．本編は高校数学と自然につながるように書かれているが，集合論での抽象的な諸概念の羅列は読者にとって脅威となるであろう．そこで，具体例を豊富に取り上げることにより，抽象概念が具体例を説明するのにきわめて有効であることを示すことに努めた．また，具体例として計算機科学に関連した話題を取り上げていることも多い．たとえば，圏論でのファイバー積はきわめて抽象的な概念であるが，データベース論でも重要な役をはたしている．

　なお，用語は岩波数学辞典 [3] に準拠した．

I 集合と論理

1 集 合

1.1 命 題

「6 の約数の和は 12 である」は正しい．しかし，「2 の平方根は有理数である」は正しくない．このように正しいか，正しくないかがかならず決まっている文を**命題** (proposition) という．正しい命題を「真の命題」，正しくない命題を「偽の命題」という．「命題が真であること」を「命題が成り立つ」ともいう．

1.1.1 三 段 論 法

古代ギリシャの哲学者アリストテレス (Aristoteles, 384–322B.C.) は論理学の本『オルガノン』を著し，三段論法 (syllogism) の概念を確立した．それは 2 つの前提から結論を導くものでたとえば次のように使う．

大前提 命題 p が成り立つならば命題 q も成り立つ．
小前提 p が成り立つ．
結論 q も成り立つ．

次の形の三段論法もある．

大前提 p または q が成り立つ．
小前提 q は成り立たない（ことが別の手段でわかった）．
結論 p が成り立つ．

a. 背 理 法

命題 p の否定命題を q とするとき，q が成り立たないことを示して，p が成り立つことを示すのが**背理法** (reductio ad absurdum) である．背理法が正しいことは次の推論でわかる．

大前提 p または q が成り立つ．（両方が成り立たないことはない．）
小前提 q が成り立たない（ことを示す）．
結論 p が成り立つ．（よって，p が証明された．）

1.1.2 条件

たとえば変数 x を含む文「$3x-2>0$」は $x>\frac{2}{3}$ のときのみ真である．このように変数を含む文で，変数の値によって真偽が決まる場合，これを**条件**という．

p, q を条件とするとき $p \Rightarrow q$ の形の命題を扱うことが多い．ここで「$\Rightarrow$」は論理記号であり「ならば」と読む．

a. 逆，裏，対偶

$q \Rightarrow p$ を $p \Rightarrow q$ の**逆** (converse) という．

p の否定を $\bar{p}$，q の否定を $\bar{q}$ と書くとき，

$\bar{p} \Rightarrow \bar{q}$ を $p \Rightarrow q$ の**裏**[*1)]という．

$\bar{q} \Rightarrow \bar{p}$ を $p \Rightarrow q$ の**対偶** (contrapositive) という．

b. 対偶法

$p \Rightarrow q$ とその対偶 $\bar{q} \Rightarrow \bar{p}$ について，これらの真偽は一致する．これは次のように確かめることができる．

大前提 $p \Rightarrow q$ が成り立つ．

小前提 $\bar{q}$ が成り立つ．

結論 $\bar{p}$ が成り立つ．

理由 もし，p が成り立つなら，大前提から q も成り立ち，小前提の $\bar{q}$ と矛盾する．だから $\bar{p}$ が成り立つ．これにより，$p \Rightarrow q$ が成り立つならその対偶 $\bar{q} \Rightarrow \bar{p}$ が成り立つことが導かれた．また $\bar{q} \Rightarrow \bar{p}$ が成り立つことからその対偶 $p \Rightarrow q$ が成り立つことが導かれる．

対偶を使うことによって証明する方法を**対偶法**という．

c. 定理，定義，命題

数学で，**定理**とは，数学で証明された事実をいう．また，定理と同じく証明された事実を**命題**ということもある．この場合は，定理と命題に本質的な差はないが，定理の方が一般性があって立派なものをさすことが多い．命題は，定理を証明する過程で出てきた証明された事実をいうことが多い．

命題には別の意味がある．1.1 節「命題」にあるように論理で使われるときは，真か偽がわかっている文を命題という．数学での命題は，証明された事実なのだから，真の (論理での) 命題である．

補題も，同じく数学で証明された事実であるが，一般性があって，かつ，定理の証明によく使われるものをさす．慣用的に使われた補題が多い．たとえば，ツォルンの補題，中山の補題など．

定義は，数学の用語などを説明したもの．言葉の説明だから証明は必要ない．

公理は，数学で正しい事実だが証明はできないものを指す．たとえば，実数の連続性の

[*1)] 裏を英語では converse of the contrapositive という．

公理，無限集合についての選択公理など．

問題 1.1 英語では，Theorem (   )，Definition (   )，Proposition (   )，Lemma (   )，Axiom (   ) という．対応する日本語を (   ) 内に書け．

1.2 集合の定義と記号

1.2.1 集合の定義

ある数学的対象の集まりをまとめて考えるときこれを**集合** (set) という．集合を $A, B, C, \ldots$ などの文字や記号で表すことができる．たとえば自然数の全体は集合とみなすことができ，これを記号 $\mathbf{N}$ で表す．

定義 1.1
- 整数全体の作る集合を記号 $\mathbf{Z}$ で表す．
- 有理数全体の作る集合を記号 $\mathbf{Q}$ で表す．
- 実数全体の作る集合を記号 $\mathbf{R}$ で表す．
- 複素数全体の作る集合を記号 $\mathbf{C}$ で表す．

集合 A を構成する要素を集合 A の**元** (element) という．a が集合 A の元であるとき，記号で「$a \in A$」または「$A \ni a$」で表す[*1]．そして「a は A に属する」という．「$\in$」を「属する」と呼び「$a \in A$」を「a 属する A」と呼んでもよい．

「a が集合 A に属さない」ことを記号では $a \notin A$ と書く．任意の元 a について「$a \in A$ または $a \notin A$ が決まっている」ことが「A が集合である」ことの条件である．

a. 集合の表示

集合 A の元が $a, b, c, \ldots$ であるときこれらをカッコ $\{\ ,\ \}$ でまとめて

$$A = \{a, b, c, \ldots\}$$

と書く．このように列挙することで，集合を定義することを**枚挙的に定義**[*2]するという．たとえば

$$\mathbf{N} = \{1, 2, 3, 4, 5, 6, \ldots\}$$

また，正の偶数の集合を $\mathbf{E}$ とすれば

$$\mathbf{E} = \{2, 4, 6, 8, \ldots\}$$

と書くことができる．

[*1] このように左右を入れ替えて使える記号は，これからも出てくるが，今後は断らない．
[*2] 外延的定義ともいう．

しかし,「…」と書いてもその意味が通じないかもしれない. 誤解のないように定義するには次のようにすればよい.

$$\mathbf{E} = \{x \in \mathbf{N} \mid x \text{ は2の倍数}\}$$

このように「 | 」の左側に代表となる元,たとえば x を書き,右側にその性質 P を $\{x \mid P\}$ のように書くことができる. このような定義を**条件的定義**[*1)]という. この場合 $\{x \mid P\}$ は性質 P を満たす x 全体の集合を示す.

b. 等号の意味

両辺が数式の場合の等号は,両辺の数式を計算した結果それらの値 (または数式) が同じであるという意味で使われる.

「集合 A, B が等しい」とはおのおのを構成する元が全体として同じになることである. すなわち

「$a \in A \Rightarrow a \in B$」　かつ　「$b \in B \Rightarrow b \in A$」

が定義であり,このとき $A = B$ と書く.

たとえば $A = \{a, b\}, B = \{b, a\}$ ならば定義により $A = B$ である.

1.2.2 記　　　号

「$a \in A \Rightarrow a \in B$」は「$a \in A$ ならば $a \in B$」の意味である.

このとき,「$a \in A$」は「A の任意の元 a」という意味であり,「任意の $a \in A$」を記号で「$\forall a \in A$」と書くこともある.

「$\forall$」は,「任意の元」に対応した英文 any element[*2)] から来た記号であり,**全称記号**という.

一方, 存在 (existence) を意味する記号として「$\exists$」があり, これを**存在記号**, または**特称記号**という.

たとえば, 数列 $\{a_n\}$ が α に収束するとは

「任意の正の数 ε に対して自然数 N があり, $n > N$ なら $|a_n - \alpha| < \varepsilon$ を満たす」という意味であるが, 記号で

「$\forall \varepsilon > 0$ に対して $\exists N$ s.t. $\forall n(n > N \Rightarrow |a_n - \alpha| < \varepsilon)$」と書くことができる. (s.t. は such that の略.)

a. 自　然　数

自然数 (の集合) は次のように定義される.

1) $1 \in \mathbf{N}$,
2) $x \in \mathbf{N}$ ならば $x + 1 \in \mathbf{N}$.

[*1)] 内包的定義, ともいう.
[*2)] または, arbitrary.

以上で定まるものだけが**自然数**である．

1.2.3 対

集合を 1 つの対象とみて，これを元とする集合もある．たとえば集合 $\{a\}$ と集合 $\{a,b\}$ を元とする集合を (a,b) と書き，a と b との**対** (pair) という．すなわち

$$(a,b) = \{\{a\},\{a,b\}\}$$

例題 1.1 元 a,b,c,d について次を示せ．
$(a,b) = (c,d)$ のとき $a=c, b=d$．
[解] 1) $a \neq b$ なら，集合 (a,b) の元は $\{a\}$ と $\{a,b\}$ である．
　　 2) $a = b$ なら，$(a,b) = (a,a)$ の元は，$\{a\}$ だけである．
　　 これより $(a,b) = (c,d)$ なら 1) または 2) が起きるので $a=c, b=d$．　　(解終)

注意 1.1 対 (a,b) は「$(a,b) = (c,d) \iff a=c, b=d$」が成り立つことが本質的である．対 (a,b) の定義が，集合の集合になっていることは忘れてよい．

問 1.1 「$\{a,b\} = \{c,d\}$」と「$a=c, b=d$ または $a=d, b=c$」とは同値であることを示せ．

a. 区　　　間

例 1.1 実数 a,b (ただし $a \leqq b$) について

$$[a,b] = \{x \in \mathbf{R} \mid a \leqq x \leqq b\}$$

を**閉区間** (closed interval)，

$$(a,b) = \{x \in \mathbf{R} \mid a < x < b\}$$

を**開区間** (open interval) という．

注意 1.2 前の項で (a,b) を数の対として定義したが，このように開区間を示すこともある．
(a,b) は座標を示すときにも 2 次元横 (行) ベクトルを示すときにも用いられる．

問 1.2 $(a,b,c) = \{\{a\},\{a,b\},\{a,b,c\}\}$ とおくとき

$$(a,b,c) = (a',b',c') \iff a=a', b=b', c=c'$$

を示せ．

1.2.4 部分集合

集合 A, B について「$a \in A \Rightarrow a \in B$」が成り立つとき「$A$ は B の**部分集合** (subset) である」といい，$A \subset B$ と書く．このとき，B は A の superset という．

部分集合の定義によれば $A \subset A$ が成り立つ．

集合 A, B について，$A = B$ は次のように言い換えることができる．

$$A \subset B \text{ かつ } \quad B \subset A$$

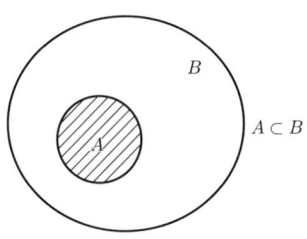

図 1.1 A は B の部分集合

問 1.3 $a \in A$ と $\{a\} \subset A$ とは同値であることを示せ．

注意 1.3 $A \subset B$ が成り立たないとき $A \not\subset B$ と書く．

1.2.5 空集合

任意の元 a について $a \notin X$ を満たす集合 X を空集合 (empty set) という．空集合を記号で $\emptyset$ と書く．すなわち任意の元 a は $a \notin \emptyset$ を満たす．

任意の集合 A について $\emptyset \subset A$ がつねに成り立つ．言い換えれば $\emptyset$ は任意の集合の部分集合である．

注意 1.4 $\{\emptyset\}$ は空集合ではない．空集合を元とする集合である．

$A \subset B$ かつ $A \neq B$ のとき「A は B の**真部分集合** (proper subset) である」という．

例題 1.2 $A = \{1, 2, 3\}$ の部分集合をすべて書け．

[**解**] 部分集合は

$$\emptyset, \{1\}, \{2\}, \{3\}, \{1,2\}, \{1,3\}, \{2,3\}, \{1,2,3\}$$

合計 $2^3 = 8$ 個ある． (解終)

注意 1.5 $A \subset B$ の代わりに記号 $A \subseteq B$ を使うことがある．

1.3　集合の演算

1.3.1　和　集　合

集合 A, B に対し A の元と B の元からなる集合を A と B の**和集合** (union あるいは sum) といい $A \cup B$[*1)]で示す．この記号を用いると

$$A \cup B = \{x \mid x \in A \text{ または } x \in B\}.$$

a.　和集合の性質

命題 1.1　集合 A, B, C について次の公式が成り立つ．
1) $A \cup B = B \cup A$,
2) $(A \cup B) \cup C = A \cup (B \cup C)$,
3) $A \cup A = A$,
4) $A \subset C$ かつ $B \subset C \Rightarrow A \cup B \subset C$.

$(A \cup B) \cup C$ を $A \cup B \cup C$ と書くこともできる．

1.3.2　共通部分集合

集合 A, B に対し A と B の両者に属する元からなる集合を A と B の**共通部分**(集合)(intersection) といい $A \cap B$[*2)]で示す．この記号を用いると

$$A \cap B = \{x \in A \mid x \in B\}.$$

a.　共通部分集合の性質

命題 1.2　集合 A, B, C について次の公式が成り立つ．
1) $A \cap B = B \cap A$,
2) $(A \cap B) \cap C = A \cap (B \cap C)$,
3) $A \cap A = A$,
4) $C \subset A$ かつ $C \subset B \Rightarrow C \subset A \cap B$.

$(A \cap B) \cap C$ を $A \cap B \cap C$ と書くこともできる．

例題 1.3　次を示せ
1) $(A \cap B) \cup C = (A \cup C) \cap (B \cup C)$
2) $(A \cup B) \cap C = (A \cap C) \cup (B \cap C)$

[*1)] 記号 $\cup$ を英語で cup というので「A カップ B」ともいう．
[*2)] 記号 $\cap$ を英語で cap というので「A キャップ B」ともいう．

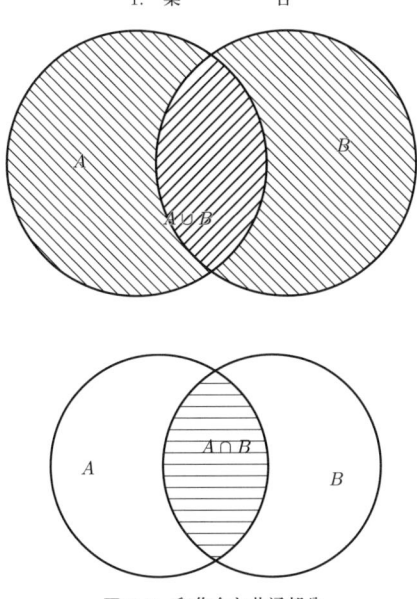

図 1.2 和集合と共通部分

[**解**] 1) を示すために「左辺 $\subset$ 右辺」と「右辺 $\subset$ 左辺」を順に示す.
$A \subset (A \cup C)$ と $B \subset (B \cup C)$ とにより $A \cap B \subset (A \cup C) \cap (B \cup C)$.
一方 $C \subset (A \cup C) \cap (B \cup C)$ だから $(A \cap B) \cup C \subset (A \cup C) \cap (B \cup C)$.
次に, $x \in (A \cup C) \cap (B \cup C)$ について考える. $x \in C$ なら x は 1) の左辺の元. そこで, $x \notin C$ とすると $x \in A \cap B$. よってこのときも x は 1) の左辺の元なので

$$(A \cup C) \cap (B \cup C) \subset (A \cap B) \cup C.$$

2) も同様に証明される.   (解終)

例題で扱った性質は, $\cap$ と $\cup$ とについての分配法則である.

1.3.3 直　　和

$A \cap B = \emptyset$ のとき $A \cup B$ を**直和** (disjoint sum) といい $A \sqcup B$ (または $A + B$) と書くこともある.

例 1.2 実数の集合 $\mathbf{R}$ の空でない部分集合 A, B が $\mathbf{R} = A \sqcup B$ かつ「$a \in A, b \in B \Rightarrow a < b$」を満たすとき (A, B) を実数の**切断** (cut) という.

実数の切断 (A, B) に対して実数 s が存在し, s は A の最大数または B の最小数のいずれかになるというのがデデキント (J. W. R. Dedekind, 1831–1916) による**実数の連続**

性の公理である.

a. 無限個の場合

集合 $A_1, A_2, A_3, \ldots, A_n, \ldots$ のどれかに属す元全体の作る集合を $\bigcup_{n=1}^{\infty} A_n$ と書く.

注意 1.6 $\bigcup_{n=1}^{\infty} A_n$ は，無限級数の場合などとは異なり，極限と関係しない.

例題 1.4 開区間 $(\frac{1}{n}, 1)$ について，次を示せ.

$$\bigcup_{n=2}^{\infty} (\frac{1}{n}, 1) = (0, 1)$$

[解] $(\frac{1}{n}, 1) \subset (0, 1)$ より左辺 $\subset$ 右辺が成り立つ.
開区間 $(0,1)$ の元 α に対して $n = [\frac{1}{\alpha}] + 1$[*1)] とおく.
$n > \frac{1}{\alpha}$ により $\alpha > \frac{1}{n}$ となるので

$$\alpha \in (\frac{1}{n}, 1) \subset \bigcup_{j=2}^{\infty} (\frac{1}{j}, 1).$$

よって，右辺 $\subset$ 左辺が成り立つ. (解終)

集合 $A_1, A_2, A_3, \ldots, A_n, \ldots$ のどの集合にも属する元全体の作る集合を $\bigcap_{n=1}^{\infty} A_n$ と書く.

問 1.4 開区間 $(0, \frac{1}{n})$ と閉区間 $[0, \frac{1}{n}]$ について次を示せ.

$$\bigcap_{n=2}^{\infty} (0, \frac{1}{n}) = \emptyset, \quad \text{および} \quad \bigcap_{n=2}^{\infty} [0, \frac{1}{n}] = \{0\}$$

1.3.4 差集合と補集合

a. 差集合

集合 A, B について A の元であるが B に属さない元からなる集合を A と B の**差集合** (difference set) といい $A \setminus B$ (または $A - B$) で示す.
たとえば $A \setminus A = \emptyset, (A \cup B) \setminus A = B \setminus A$ である.

問 1.5 $(A \setminus B) \cup B = A$ の成り立たない例を挙げよ.

このように，差集合は数計算における差とはかなり違う性質をもつ.

[*1)] ここで記号 $[x]$ は x 以下の最大整数を示す.

b. 補集合

ある集合 Ω を 1 つ決めておき，その部分集合のみを考えることがある．たとえば，1 変数の解析では，関数の定義域を考えるとき $\Omega = \mathbf{R}$ とすることが多い．平面幾何では $\Omega = \mathbf{R}^2$ (実平面) としている．

Ω の部分集合 A について $\Omega \setminus A$ を A の**補集合** (complement set) といい，$\overline{A}$ または A^c で表す．

Ω を**普遍集合** (universal set) という．

命題 1.3 次の性質が成り立つ．
1) $\overline{\emptyset} = \Omega$, $\overline{\Omega} = \emptyset$
2) $\overline{\overline{A}} = A$
3) $A \subset B \iff \overline{B} \subset \overline{A}$
4) $\overline{A \cap B} = \overline{A} \cup \overline{B}$
5) $\overline{A \cup B} = \overline{A} \cap \overline{B}$

性質 4), 5) を**ド・モルガンの法則** (A. de Morgan, 1806–1871) という．

問 1.6 ド・モルガンの法則を示せ．

1.3.5 有限集合と個数

集合 A の元の個数が有限のとき，**有限集合** (finite set) という．空集合も有限集合であり，その元の個数は 0 である．有限集合 A の元の個数を $\#A$ や $|A|$ などで表す．次の公式は高校でも学ぶ．

命題 1.4 2 つの有限集合 A, B について

$$|A \cup B| = |A| + |B| - |A \cap B| \tag{1.1}$$

a. 包除公式

一般には次の公式が有用である．

定理 1.1 (包除公式)
有限集合 $A_1, A_2, \ldots, A_r$ について

$$|A_1 \cup A_2 \cup \cdots \cup A_r|$$
$$= |A_1| + |A_2| + \cdots + |A_r| - |A_1 \cap A_2| - |A_1 \cap A_3| - \cdots - |A_{r-1} \cap A_r|$$
$$+ |A_1 \cap A_2 \cap A_3| + \cdots + (-1)^{r-1} |A_1 \cap A_2 \cap \cdots \cap A_r|$$

$$= \sum_{j=1}^{r}(-1)^{j-1}\sum_{1\leq i_1<\cdots<i_j\leq r}|A_{i_1}\cap\cdots\cap A_{i_j}|$$

[証明]　$A=A_1\cup A_2\cup\cdots\cup A_{r-1}, B=A_r$ とおいて命題 4 の公式を用い，さらに数学的帰納法を使えばよい．　　　　　　　　　　　　　　　　　　　　　　(証明終)

注意 1.7　ここでの複雑な和記号 $\sum_{1\leq i_1<\cdots<i_j\leq r}|A_{i_1}\cap\cdots\cap A_{i_j}|$ は和記号の下に書いてある条件 $1\leq i_1<\cdots<i_j\leq r$ を満たす整数 $i_1,\ldots,i_j$ をすべて考え，これらを和記号の右側にある式に代入して和を計算する意味である．

このような意味で和記号を使うことができる．普通の和記号 $\sum_{j=1}^{r}a_j$ の代わりに $\sum_{1\leq j\leq r}a_j$ と書いてもよいのである．

b. オイラー関数の公式

定義 1.2　n と互いに素で $1\leq a<n$ を満たす自然数 a の個数を $\varphi(n)$ と書く．言い換えれば，分母が n の既約な正の真分数の個数が $\varphi(n)$ であり，これを**オイラー関数** (L. Euler, 1707–1783) という．ただし $\varphi(1)=1$ とする．

たとえば，分母が 6 で既約な正の真分数は $\frac{1}{6}$ と $\frac{5}{6}$ しかないので $\varphi(6)=2$ である．
p が素数なら $\varphi(p)=p-1$．

問 1.7　分母が n の正の分数 ($\frac{a}{n}$，ただし $a\leq n$) の個数は n であることを利用して次の公式を示せ．ただし，$d|n$ は「d は n の約数」を意味する．

$$\sum_{d|n}\varphi(d)=n.$$

たとえば $n=6$ ならその約数 d は $1,2,3,6$．

$$\varphi(1)+\varphi(2)+\varphi(3)+\varphi(6)=1+1+2+2=6.$$

例題 1.5　包除公式を用いて次の公式を示せ．

$$\varphi(n)=n(1-\frac{1}{p_1})(1-\frac{1}{p_2})\cdots(1-\frac{1}{p_r})$$

ここで n の相異なる素因子を $p_1,p_2,\ldots,p_r$ とおいた．

[**解**]　自然数 n について，$\Omega=\{1,2,\ldots,n\}$ とする．n の素因子 p_j について $A_j=\{m\in\Omega\mid m$ は p_j の倍数$\}$ とおけば $\overline{A_1\cup A_2\cup\cdots\cup A_r}$ は n 以下で n と互いに素な自然数の集合である．したがって，その個数は オイラー関数 $\varphi(n)$ であり，

$$\varphi(n)=n-|A_1\cup A_2\cup\cdots\cup A_r|$$

一方，$|A_j| = \frac{n}{p_j}, |A_j \cap A_k| = \frac{n}{p_j p_k}, \ldots$ なので包除公式から

$$|A_1 \cup A_2 \cup \cdots \cup A_r| = \sum_{j=1}^{r} \frac{n}{p_j} - \sum_{j>k} \frac{n}{p_j p_k} + \sum_{j>k>l} \frac{n}{p_j p_k p_l} - \cdots$$

$$= n(\sum_{j=1}^{r} \frac{1}{p_j} - \sum_{j>k} \frac{1}{p_j p_k} + \sum_{j>k>l} \frac{1}{p_j p_k p_l} - \cdots)$$

$$= n - n(1 - \frac{1}{p_1})(1 - \frac{1}{p_2}) \cdots (1 - \frac{1}{p_r})$$

これより

$$\varphi(n) = n(1 - \frac{1}{p_1})(1 - \frac{1}{p_2}) \cdots (1 - \frac{1}{p_r}). \qquad \text{(解終)}$$

問 1.8 $(1, 2, \ldots, n)$ についての順列 $(j_1, j_2, \ldots, j_n)$ の全体を Ω とおく．$j_r = r$ を満たす順列の集合を S_r とする．$\bigcup_{r=1}^{n} S_r$ の補集合に属する順列を乱列という．乱列になる確率を求め，$n \to \infty$ のときこの極限値が $\frac{1}{e}$ となることを示せ．

1.3.6 直　　積

集合 A, B について，A と B の元の対 (a, b) 全体の作る集合を集合 A と B の**直積** (direct product) といい，記号で $A \times B$ と書く．

$$A \times B = \{(a, b) \mid a \in A, b \in B\} \qquad (1.2)$$

ただし，$A \times \emptyset = \emptyset \times A = \emptyset$ とする．

$A \times A$ を $A^2, A^2 \times A$ を A^3 などと書く．$\mathbf{R}^2$ は**実平面** (real plane) で $\mathbf{R}^3$ は**実 3 次元空間** (real 3–dimensional space) である．

A, B が有限集合なら $A \times B$ も有限集合で $|A \times B| = |A| \cdot |B|$ が成り立つ．

問 1.9 集合 A, B, C について次を示せ．

$$(A \cap B) \times C = (A \times C) \cap (B \times C)$$

$$(A \cup B) \times C = (A \times C) \cup (B \times C)$$

集合 $\{(a, a) \mid a \in A\}$ を A^2 の**対角線**（集合）(diagonal) といい Δ_A と書く．

I 集合と論理

2 写像

2.1 写像の定義と基本事項

集合 A, B について任意の $a \in A$ に対して B の元が一意に定まる規則が与えられたとき,「A から B への**写像** (map ; mapping) が与えられた」という. このような規則はいろいろある. そこで f, g, F などの記号で示し, 写像という. そして $f : A \to B$ などと書く. f によって a が b に対応するとき $b = f(a)$ と書き「a の f による像は b である」という. このとき, $f : a \mapsto b$ とも書く.

A を写像 f の**定義域** (domain), B を**値域** (range) という. A から B への写像全体が作る集合を $\mathrm{Map}(A, B)$ で示す.

写像 $f : A \to B$ と $g : C \to D$ とが等しい, すなわち $f = g$ とは「$A = C, B = D$ であって各 $a \in A$ に対して $f(a) = g(a)$ が成り立つこと」である.

しかし, $A = C$ のみに注目し, 値域を問わずに $a \in A$ ならつねに $f(a) = g(a)$ が成り立つとき $f = g$ とすることも多い.

$B = \mathbf{R}$ のとき $f : A \to \mathbf{R}$ を A で定義された**実関数** (real function) という.

集合 $\{f(a) \mid a \in A\}$ を記号 $f(A)$ で表し, これを f の**像** (image) という.

注意 2.1 $f(A)$ のことを f の値域ということもある.

$\mathrm{Map}(A, \mathbf{R})$ はベクトル空間になる (2.6.2 項「代数系」で示す). とくに $A = \{1, 2, \ldots, n\}$ なら n 次元ベクトル空間になる.

2.1.1 写像の個数

例題 2.1 有限集合 A, B の元の個数がそれぞれ n, m のとき $\mathrm{Map}(A, B)$ の元の個数は m^n となることを示せ.

[解] 個数を数えるだけなので, $A = \{1, 2, \ldots, n\}, B = \{1, 2, \ldots, m\}$ としてよい.

写像 f は $f(1)$ が m 通りの値を取り得る. $f(2)$ も同様に m 通りの値を取り得る等々なので写像は m^n 個ある.

(解終)

$\mathrm{Map}(A,B)$ を記号 B^A で表すこともある．これを用いると $|B^A| = |B|^{|A|}$ が成り立つ．

2.1.2 写像と数列

$A = \mathbf{N}$ のとき写像 $f: A \to B$ は各自然数 n での値 $f(n)$ で完全に決まる．各 $n \in \mathbf{N}$ について $a_n = f(n)$ とおけば，数列 $\{a_n\}$ が定まる．また逆に，与えられた数列 $\{a_n\}$ から $f(n) = a_n$ によって写像 f が決まる．

したがって，$\mathbf{N}$ から B への写像と，B の元からなる数列は実質的には同じものと考えてよい．

0 番目の項をもつ (B の元からなる) 数列 $\{a_n\}$ を考えることも多い．これは $\mathbf{N}_0 = \{0\} \sqcup \mathbf{N}$ とおくとき，$\mathbf{N}_0$ から B への写像に対応する．

2.2 写像の演算

2.2.1 写像の合成

A から B への写像 f と B から C への写像 g が与えられたとき A から C への写像 h を各 $a \in A$ について $h(a) = g(f(a))$ で定義し，これを写像 g と f の**合成**という．このとき h を記号 $g \circ f$ で書く．すなわち各 $a \in A$ について $h(a) = (g \circ f)(a) = g(f(a))$ が成り立つ．

$$g \circ f : A \xrightarrow{f} B \xrightarrow{g} C$$

例題 2.2 集合 A, B, C, D と写像 $f: A \to B, g: B \to C, h: C \to D$ について次の性質を示せ．

$$h \circ (g \circ f) = (h \circ g) \circ f$$

[解] 2 つの写像が等しいことを示すには，各 $a \in A$ について

$$(h \circ (g \circ f))(a) = ((h \circ g) \circ f)(a)$$

が成り立つことを示せばよい．定義により

$$(h \circ (g \circ f))(a) = h(g(f(a))), \quad ((h \circ g) \circ f)(a) = h(g(f(a))).$$

よって成り立つ． (解終)

これは，写像の合成について，結合法則が成り立つことを意味する．

写像もその合成も基礎的な概念で，それについて結合法則が成り立つことは結合法則が数学においてきわめて基礎的な性質であることを意味する．

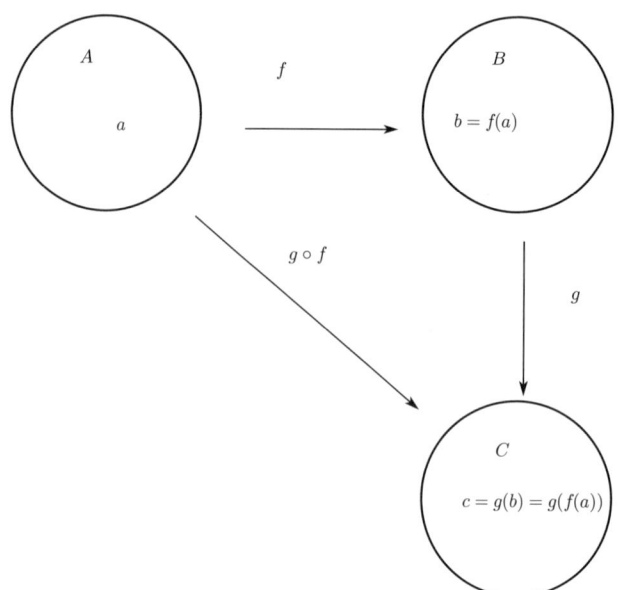

図 2.1 写像の合成

とくに，$A = B$ のとき $f \in \mathrm{Map}(A, A)$ について $f \circ f$ を f^2 と書く．さらに $n > 2$ のときは $f^n = f \circ f^{n-1}$ によって帰納的に f^n を定義する．

a を a に対応させる写像を**恒等写像** (identity) といい $\mathrm{id}_A : A \to A$ と書く．$f^0 = \mathrm{id}_A$ とする．

命題 2.1 写像 $f : A \to A$ と自然数 n, m について次の性質が成り立つ．
1) $f^m \circ f^n = f^{n+m}$
2) $(f^n)^m = f^{nm}$

m についての数学的帰納法によって簡単に示せる．

a. 数学的帰納法

自然数 n についての命題 $p(n)$ について
1) $p(1)$ は成立する．
2) $p(n)$ が成立するなら $p(n+1)$ も成立する．

が証明されれば，すべての自然数 n について命題 $p(n)$ は成り立つ．

このような証明法を数学的帰納法という．

数学的帰納法が正しいことを確かめるために $S = \{n \in \mathbf{N} \mid $ 命題 $p(n)$ は成り立たない $\}$ とおく．

S が空集合でないなら, S に属する最小の自然数を r とおく.

性質1より, $r > 1$. $r > r - 1 \geqq 1$ により, r は最小だから $r - 1 \notin S$. 性質2によれば $r \notin S$. これは, 仮定 $r \in S$ に反する. よって, S は空集合になる. したがって $p(n)$ はすべて成り立つ. (証明終)

2.2.2 写像と像

写像 $f : A \to B$ と部分集合 $A_0 \subset A$ に対して, 部分集合 $\{f(a) \mid a \in A_0\}$ を A_0 の f による**像** (image) といい $f(A_0)$ と書く. とくに $f(A)$ を f の像という.

例 2.1 $f(\{a\}) = \{f(a)\}$.

命題 2.2 A の部分集合 A_1, A_2 について次が成り立つことを示せ.
1) $f(A_1 \cup A_2) = f(A_1) \cup f(A_2)$
2) $f(A_1 \cap A_2) \subset f(A_1) \cap f(A_2)$

例 2.2 上の命題の 2) に関連して $f(A_1 \cap A_2) = f(A_1) \cap f(A_2)$ が成り立たない例を次に挙げる.
$A = \mathbf{R}, f(x) = x^2, A_1 = \{n \in \mathbf{R} \mid n \leqq 0\}, A_2 = \{n \in \mathbf{R} \mid n \geqq 0\}$ とおく.
$f(A_1) = A_2, f(A_2) = A_2, A_1 \cap A_2 = \{0\}, f(A_1 \cap A_2) = \{0\}$.
$f(A_1) \cap f(A_2) = A_2$.

2.2.3 写像と逆像

$B_0 \subset B$ に対して部分集合 $\{a \mid f(a) \in B_0\}$ を B_0 の f による**逆像** (inverse image)(または原像) といい $f^{-1}(B_0)$ と書く.

命題 2.3 B の部分集合 B_1, B_2 について次が成り立つ.
1) $f^{-1}(B_1 \cup B_2) = f^{-1}(B_1) \cup f^{-1}(B_2)$
2) $f^{-1}(B_1 \cap B_2) = f^{-1}(B_1) \cap f^{-1}(B_2)$

$f^{-1}(b) = f^{-1}(\{b\})$ と定義する.

2.2.4 部分集合と写像

集合 A の部分集合全体の集合を**冪集合** (power set) といい $P(A)$ (または 2^A) と書く.

例題 2.3 $B = \{0, 1\}$ とおくとき, $\mathrm{Map}(A, B)$ は A の部分集合の全体と一対一に対応することを示せ.

[**解**] A の部分集合 S があれば写像 $\chi_S : A \to \{0, 1\}$ が「$x \in S$ なら $\chi_S(x) = 1$, $x \notin S$ なら $\chi_S(x) = 0$」によって定まる.

逆に，写像 $h: A \to \{0,1\}$ があれば $S = \{x \in A \mid h(x) = 1\}$ により，部分集合 S が定まり，$\chi_S = h$ となる．これより $P(A)$ と $\mathrm{Map}(A, \{0,1\})$ は一対一に対応する．

(解終)

問題 2.1 n 個の元よりなる有限集合 A の部分集合は全体で 2^n 個あることを示せ．

2.3 単射と全射

2.3.1 単射

a. 単射の定義

写像 $f: A \to B$ は「任意の $x_1, x_2 \in A$ に対して $f(x_1) = f(x_2)$ なら $x_1 = x_2$ となる」とき，**単射** (injection) と呼ばれる．あるいは「写像 f は**一対一** (one-to-one) である」という．

例 2.3 $f(x) = x^2$ とおくとき $A = B = \mathbf{R}$ とすると $f: A \to B$ は単射ではないが，$C = \{x \in \mathbf{R} \mid x \geqq 0\}$ とおけば $f: C \to B$ は単射である．

この例より，同じ関数 (たとえば x^2) でも定義域の取り方で性質が変わり得ることがわかる．したがって，写像では定義域や値域を一緒にして考察するのが適切である．

$A \subset B$ のとき 各 $a \in A$ に対し $\iota_A(a) = a$ とおくことにより写像 $\iota_A: A \to B$ が定義される．これを **埋め込み** (immersion) という．

b. 単射の性質

例題 2.4 写像 $f: A \to B$ と $g: B \to C$ について次の性質が成り立つことを示せ．
 1) g と f とが単射ならその合成 $g \circ f$ も単射である．
 2) 合成 $g \circ f$ が単射なら f も単射である．

[解] $x_1, x_2 \in A$ に対して $(g \circ f)(x_1) = (g \circ f)(x_2)$ とする．$y_1 = f(x_1), y_2 = f(x_2)$ とおけば $g(y_1) = g(y_2)$．g は単射なので $y_1 = y_2$．また $y_1 = f(x_1), y_2 = f(x_2)$ により $f(x_1) = f(x_2)$．f も単射なので $x_1 = x_2$．
 2) は略． (解終)

定義 2.1 写像 $f, g: A \to B$ に対して $A \times A$ の部分集合 $\{(x, y) \mid f(x) = g(y)\}$ を $\mathrm{Ker}(f, g)$ とおき，これを f, g の **差核** (difference kernel) という．

問題 2.2 「f が単射 $\iff \mathrm{Ker}(f, f) = \Delta_A$」が成り立つことを示せ．

定義 2.2 写像 $f: A \to S$ と $g: B \to S$ について $\{(x, y) \mid f(x) = g(y)\}$ は $A \times B$ の部分集合であり，これを A と B の S 上での**ファイバー積** (fibered product) という．そして記号で $A \times_S B$ と書く．

$f:A\to B$ と $g:A\to B$ についてファイバー積 $A\times_B A$ を作ると，f,g の差核になる．

問題 2.3 写像 $f:A\to S, g:B\to S, h:C\to B$ について

$$(A\times_S B)\times_B C = A\times_S C$$

を示せ．ただし $p_2:A\times_S B\to B$ を用いて $A\times_S B$ と C の B 上でのファイバー積を考える．

c. 単射の個数

例題 2.5 有限集合 A,B の元の個数がそれぞれ r,n のとき，A から B への単射 f の個数を求めよ．

[**解**] 個数を数えるだけなので $A=\{1,2,\ldots,r\}, B=\{1,2,\ldots,n\}$ とおいてよい．
単射 $f:A\to B$ について
$f(1)$ は $B=\{1,2,\ldots,n\}$ の元なので n 個の可能性がある．
$f(2)$ は $f(1)$ とは異なる B の元なので $n-1$ 個の可能性があるなど．
また $f(r)$ は $n-r+1$ 個の可能性がある．よって単射の総数は $n(n-1)\cdots(n-r+1)$.
(解終)

${}_nP_r = n(n-1)\cdots(n-r+1)$ とおき相異なる n 個のものから r 個取り出す**順列の数**という．

d. 組み合わせの数

${}_nC_r = {}_nP_r/r!$ は相異なる n 個のものから r 個取り出す**組み合わせの数**になる．

$$\sum_{r=0}^n {}_nC_r x^r = (1+x)^n$$

が成り立つので ${}_nC_r$ を **2 項係数** (binomial coefficient) という．

${}_nC_0 = {}_nC_n = 1$ であり，$n>r>0$ については

$$ {}_nC_r = {}_{n-1}C_{r-1} + {}_{n-1}C_r $$

が成り立つ．これからパスカル (B. Pascal, 1623–1662) の三角形ができる．

表 2.1 $n\leqq 7$ のパスカルの三角形

```
              1     1
           1     2     1
        1     3     3     1
     1     4     6     4     1
  1     5    10    10     5     1
1    6    15    20    15     6     1
1  7   21    35    35    21    7    1
```

$_n\mathrm{C}_r$ の代わりに記号 $\begin{pmatrix} n \\ r \end{pmatrix}$ もよく使われる．

2.3.2 全射

写像 $f: A \to B$ は $B = f(A)$ となるとき，**全射** (surjection) と呼ばれる．
このとき各 $b \in B$ に対しある $a \in A$ があり，$b = f(a)$ と書ける．

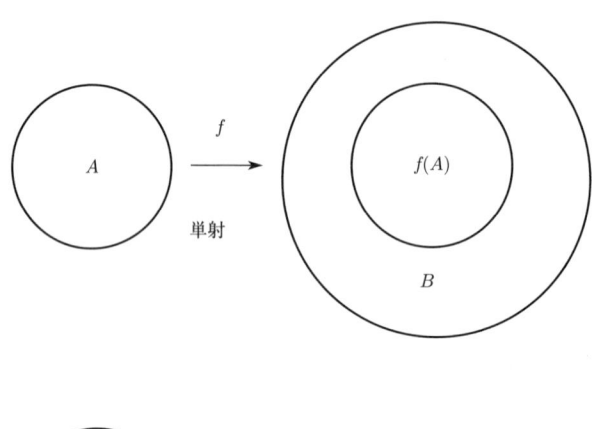

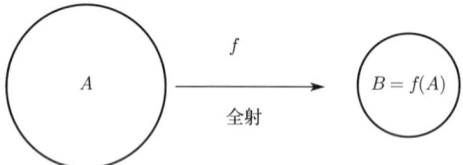

図 2.2 単射と全射

a. 全射の性質

例題 2.6 写像 $f: A \to B$ と $g: B \to C$ について次の性質が成り立つことを示せ．
 1) g と f とが全射ならその合成 $g \circ f$ も全射である．
 2) 合成 $g \circ f$ が全射なら g も全射である．

[解] 1) $B = f(A)$ により $C = g(B) = g(f(A)) = g \circ f(A)$．
2) は略す． (解終)

問 2.1 A, B が有限集合のとき次のことが成立することを示せ．
単射 $f: A \to B$ があるとき $|A| \leqq |B|$ となる．
さらに $|A| = |B|$ のとき，f は全射にもなる．

b. 全射の個数

例題 2.7 有限集合 A, B の元の個数がそれぞれ n, r のとき全射 $f : A \to B$ の個数を $s_{n,r}$ とおく. すると $s_{n,n} = n!, s_{n,1} = 1$ である. $n > r > 1$ ならば

$$s_{n,r} = r \times s_{n-1,r-1} + r \times s_{n-1,r}$$

が成り立つ.

[**解**] 個数を数えるだけなので $A = \{1, 2, \ldots, n\}, B = \{1, 2, \ldots, r\}$ とおいてよい. $A_1 = A - \{n\}$ とおく.

$f : A \to B$ が全射ならば, 1) $f(A_1) = B$ または 2) $f(A_1) = B - \{j\}, (j = 1, 2, \ldots, r)$ となる.

1) の場合: A_1 から B への全射 f は $s_{n-1,r}$ 個あるが, $f(n)$ の取り得る元は r 個ある. したがってこの場合全射は $r \times s_{n-1,r}$ 個ある.

2) の場合: $B_j = B - \{j\}$ とおくと, A_1 から B_j への全射 f_j は $s_{n-1,r-1}$ 個あるが, $f(n) = j$ になる. しかし j の取り得る元はやはり r 個ある. したがってこの場合の全射は $r \times s_{n-1,r-1}$ 個ある.

よって $s_{n,r} = r \times s_{n-1,r-1} + r \times s_{n-1,r}$. (解終)

問 2.2 次を示せ.

$$s_{n,r} = \sum_{k=0}^{r} (-1)^k {}_r\mathrm{C}_k (r-k)^n$$

とくに, $s_{n,1} = 1, s_{n,2} = 2^n - 2, s_{n,3} = 3^n - 3 \times 2^n + 3$ が成り立つ.

c. 第2種スターリング数

$S(n, r) = s_{n,r}/r!$ を**第2種スターリング数**という.

$S(n, n) = S(n, 1) = 1$. さらに $n > r > 0$ のとき次が成り立つ.

$$S(n, r) = S(n-1, r-1) + rS(n-1, r)$$

表 2.2 $n \leqq 7$ のとき $S(n,r)$ の三角形

1						
1	1					
1	3	1				
1	7	6	1			
1	15	25	10	1		
1	31	90	65	15	1	
1	63	301	350	140	21	1

2.3.3 全単射
a. 全単射の定義
写像 $f: A \to B$ が単射かつ全射のとき，f を**全単射** (bijection) という．

$f: A \to B$ が全単射のとき任意の $b \in B$ に対して $b = f(a)$ を満たす $a \in A$ があり，しかもそのような a はただ 1 つなので，b に a を対応させることができ，$g(b) = a$ とおけば写像 $g: B \to A$ ができる．$b = f(a)$ を代入すれば $g(b) = g(f(a)) = a$ となる．このとき $B = f(A)$ によれば $g \circ f = \mathrm{id}_A$．同様に $f \circ g = \mathrm{id}_B$ も示される．

b. 逆写像
このとき，$g: B \to A$ を $f: A \to B$ の**逆写像** (inverse map) という．f の逆写像を f^{-1} と書く．

A, B が有限集合のとき，全単射 $A \to B$ があれば，A, B の元の個数は等しい．

c. 全置換群
A が n 個の元からなる集合，たとえば $\{1, 2, \ldots, n\}$ のとき，A から A への全単射 f は順列 $(f(1), f(2), \ldots, f(n))$ で決まるのでこれら f 全体の作る集合 $G(A)$ は $n!$ 個の元からなる．

$$f, g \in G(A) \Rightarrow g \circ f \in G(A)$$

が成り立つので，id_A を e とおき，これを単位元とし，合成 $g \circ f$ を積 $g \cdot f$ とするとき $G(A)$ は群になる．これを**全置換群** (permutation group) または**対称群** (symmetric group) という．

2.4 写像とグラフ

2.4.1 射影の定義
定義 2.3 集合 A, B についてその直積 $A \times B$ に対し，写像 $p_1: A \times B \to A$ を $p_1(a, b) = a$ で，$p_2: A \times B \to B$ を $p_2(a, b) = b$ で定義し，これらを直積 $A \times B$ の**射影** (projection) という．

2.4.2 グラフの定義
写像 $f: A \to B$ と $\mathrm{id}_B: B \to B$ とのファイバー積 $A \times_B B = \{(a, f(a)) \mid a \in A\}$ は写像 $f: A \to B$ の**グラフ** (graph) と呼ばれる．

写像が与えられなくても次のようにグラフを直接定義することができる．

$A \times B$ の部分集合 Γ が条件「各 $a \in A$ に対し $p_1^{-1}(a) \cap \Gamma$ は 1 つの元からなる」を満たすときときグラフという．

このとき $p_1^{-1}(a) \cap \Gamma = \{(a, b)\}$ と書く．

a に b を対応させる写像を $f: A \to B$ で定める．すると f に対応したグラフは Γ に

なる.

これにより写像とグラフとは一対一に対応する.

注意 2.2 写像を定義するとき,各 $a \in A$ に対して B の元が「一意に定まる規則」が与えられたとした.しかし「一意に定まる規則」の定義は与えられていないから数学的には不十分な定義である.$A \times B$ の部分集合としてグラフを与え,これから写像を定義すれば数学的にはより完全な形で写像の定義ができたことになる.

a. 空集合からの写像

$X = \emptyset$ から集合 Y への写像はあるか? このことを考えるにはグラフを利用すればよい.$\emptyset \times Y = \emptyset$ なので,その部分集合としてのグラフ Γ は $\emptyset$ でありこれは $X = \emptyset$ と等しい.よって,$\Gamma = \emptyset$ は $\emptyset$ から Y への写像を与えると考え,これを $\emptyset_0$ と書く.よって,$\mathrm{Map}(\emptyset, Y) = \{\emptyset_0\}$.とくに $\mathrm{Map}(\emptyset, \emptyset) = \{\emptyset_0\}$ であってこれは空ではない.

$\emptyset \subset Y$ から決まる埋め込み $\iota_\emptyset$ が $\emptyset_0$ である.

しかし,$X \neq \emptyset$ のとき $\mathrm{Map}(X, \emptyset) = \emptyset$.

2.4.3 選択公理

数列は自然数の集合からの写像とみられることは,2.1.2 項で注意した.添え字のついた集合の列 $A_1, A_2, \ldots$ を考えることも多い.

一般には集合 J から集合を元とする集合への写像 λ を添え字のつけられた集合と考える.これから集合族[*1)]$\{\lambda(j)\}_{j \in J}$ ができる.

各 j について,$\lambda(j)$ を X_j と書く.これらの直積 $\prod_{j \in J} X_j$ を考える.

一般に,「各 X_j が空集合でないとき直積 $\prod_{j \in J} X_j$ は空集合でない」という主張を**選択公理** (axiom of choice) という.

これは,空でない各集合 X_j から 1 つずつ元を選べることを保証するもので,無限個の集合を扱うときは大切な公理である.

2.5 対応

グラフの条件を緩和して,写像より一般な概念である対応を考えることもある.

$A \times B$ の部分集合 D が与えられたとき,$a \in A$ について $F_D(a) = p_2(p_1^{-1}(a) \cap D)$ とおく.これを D の定める**対応** (correspondence) という.

$F_D(a)$ は B の部分集合である.したがって F_D は A から冪集合 $P(B)$ への写像である.

[*1)] 集合列ではなく集合族という.

2.5.1 基本2次変換

重要な対応の例を挙げる.ただし,後の例 5.1 で定義する射影平面を先に使う.

例 2.4 $\mathbf{P}^2$ を射影平面とする.2 つの $\mathbf{P}^2$ の射影座標をそれぞれ $x_0 : x_1 : x_2$ と $y_0 : y_1 : y_2$ とする.

$x_0 y_0 = x_1 y_1 = x_2 y_2$ で定義される部分集合を D とし,これで決まる対応を $\mathbf{P}^2$ の基本 2 次変換 T という.

$T(0:0:1)$ は $\{y_0 : y_1 : 0 \mid (y_0, y_1) \neq (0, 0)\}$ でこれは直線である.一方 $T(0:1:1)$ は点 $1:0:0$ になる.

基本 2 次変換は,写像ではないが,古典的な代数幾何では重要な役を演じた.そして,後に発展する双有理変換のさきがけとなった.

2.6 演 算 子

2.6.1 モノイド

集合 A に対して,写像 $F : A \times A \to A$ が与えられたとき,これを 2 項演算ともいう.演算というときには $F(a, b) = a \cdot b$ のように記号 $\cdot$ を用いて表すことが多く,これを**演算子** (operator) という.

任意の $a, b, c \in A$ について

$$(a \cdot b) \cdot c = a \cdot (b \cdot c)$$

が成り立つとき,演算子 $\cdot$ について A では**結合法則** (associative law) が成り立つという.

また,特定の元 $e \in A$ があり,任意の $a \in A$ について

$$a \cdot e = e \cdot a = a$$

が成り立つとき,e を A の**単位元** (unity element) という.

A は演算子 $\cdot$ について,結合法則が成り立ち,かつ単位元があるとき,**モノイド** (monoid) という.

$a \cdot b$ を a と b の積(の一般化)と考えることができる.また $a \cdot b$ を簡単に ab とも書く.モノイドでは乗法だけできる.

問題 2.4 モノイドにおいて,単位元はただ 1 つであることを示せ.

例 2.5 集合 A に対して $\mathrm{Map}(A, A)$ は写像の結合を 2 項演算とみて,$e = \mathrm{id}_A$ とおけばモノイドになる.

2.6.2 代数系

代数演算が可能な集合が代数系であるが，もっとも基本的な群，加法群，ベクトル空間，環，体 (これらを代数系という) について簡単に説明する．

a. 群

モノイド A において，各 $a \in A$ に対し元 $\alpha \in A$ があり，

$$a \cdot \alpha = \alpha \cdot a = e$$

を満たすとき α を a の**逆元** (inverse element) といい a^{-1} と書く．

モノイド A の各元に逆元のあるとき，A を**群** (group) という．群では乗法 $(a \cdot b)$ と除法 $(a \cdot b^{-1})$ ができる．

問題 2.5 群において，a の逆元はただ 1 つであることを示せ．

演算が交換可能，すなわち任意の $a, b \in A$ に対し $a \cdot b = b \cdot a$ が成り立つとき群を**可換群** (commutative group) または**アーベル群** (abelian group) という．

群 G と H について写像 $h : G \to H$ は任意の $x, y \in G$ に対し

$$h(x \cdot y) = h(x) \cdot h(y)$$

を満たすとする．このとき，h を**準同型** (**写像**) (homomorphism) という．

b. 加法群

可換群 A に対して加法的な演算子 $+$ を用いることがある．このとき，単位元を 0 と書き，a の逆元を $-a$ と書く．そして，A を**加法群** (module) という．

たとえば $\mathbf{Z}$ は加法群である．

c. 環と体

R は「$+$」について加法群で，演算子「$\cdot$」についてモノイドになり，さらに $a \cdot b$ を a と b の積とみるとき，任意の $a, b, c \in R$ に対し

$$a \cdot (b + c) = a \cdot b + a \cdot c, \quad (a + b) \cdot c = a \cdot c + b \cdot c$$

(**分配法則**; distributive law) が成り立つとする．このとき R を**環** (ring) という．R の乗法の単位元を 1_R と書くが，単に 1 とすることも多い．さらに任意の $a, b \in R$ について $a \cdot b = b \cdot a$ (**交換法則**, commutative law) が成り立つとき，R を**可換環** (commutative ring) という．

可換環では，加法，減法，乗法が通常のように行える．本書では可換環のみ扱い，以下では環を可換環の意味で用いる．

たとえば $\mathbf{Z}, \mathbf{Q}, \mathbf{R}, \mathbf{C}$ は環である．

R と A を環とするとき，$h : R \to A$ は任意の $x, y \in R$ に対し

$$h(x \pm y) = h(x) \pm h(y), \quad h(x \cdot y) = h(x) \cdot h(y), \quad h(1) = 1$$

を満たすとする．このとき，h を**環準同型 (写像)** (ring homomorphism) という．

環 R が $R \setminus \{0\}$ について，群になるとする．このとき環 R をとくに**体** (field) という．体では，加法，減法，乗法，除法の四則演算が通常のように行える．

たとえば $\mathbf{Q}, \mathbf{R}, \mathbf{C}$ は体である．

d. ベクトル空間

V は加法群であり，さらにある体 K があって，各 $a \in K$ について写像 $f_a : V \to V$ があり，任意の $a, b \in K$, $u, v \in V$ について次の条件を満たすとする．

$$f_1 = \mathrm{id}_V, f_b \circ f_a = f_{ba}, f_b + f_a = f_{b+a}, f_a(u + v) = f_a(u) + f_a(v)$$

$f_a(u)$ を単に au と書き，これを u の**スカラー倍**という．（スカラーとは，K の元のことである．）

このとき V を K 上の**ベクトル空間** (vector space) という．また，ベクトル空間の元をベクトルという．

例 2.6 $\mathbf{C}$ は $\mathbf{R}$ 上のベクトル空間になる．

ハミルトン (W. R. Hamilton 1805–1865, アイルランドの数学者) は虚数を合理的に導入する過程でベクトルの概念を導入した．

例 2.7 集合 A について，$V = \mathrm{Map}(A, \mathbf{R})$ とおく．
任意の $f, g \in V$ について各 $x \in A$ に対し $(f + g)(x) = f(x) + g(x)$ により加法 $f + g$ を，任意の $a \in \mathbf{R}$ について $(af)(x) = af(x)$ で af を定義すると，$V = \mathrm{Map}(A, \mathbf{R})$ は $\mathbf{R}$ 上のベクトル空間になる．

$A = \mathbf{N}$ のとき，$\mathrm{Map}(A, \mathbf{R})$ は数列の集合であり，これもベクトル空間になる．したがって数列もベクトルとして，加法やスカラー倍ができる．

K 上のベクトル空間 V, W について，写像 $h : V \to W$ は任意の $u, v \in V, a, b \in K$ に対し

$$h(au + bv) = ah(u) + bh(v)$$

を満たすとする．このとき，h を**線形写像** (linear map) という．

線形写像は 1 次変換ともよばれ，数学のみならず理論物理でも非常に大切な概念である．

e. 多項式環

K を体とするとき，K の元からなり 0 項から始まる数列 $\{a_n\}$ を K の無限個の直積 K^∞ の元 $(a_0, a_1, \ldots, a_n, \ldots)$ とみなす．

さらに有限個の a_j 以外は 0 である元 $\{a_n\}$ からなる部分集合を $\widetilde{K}$ と書く．これらにつ

いて，加法，減法，乗法の演算を次のように定める．
$$(a_0,\ldots,a_n,\ldots) + (b_0,\ldots,b_n,\ldots) = (a_0+b_0,\ldots,a_n+b_n,\ldots)$$
$$(a_0,\ldots,a_n,\ldots)(b_0,\ldots,b_n,\ldots) = (c_0,\ldots,c_n,\ldots)$$

ここで $c_k = \sum_{j=0}^{k} a_j b_{k-j}$ とする．$(0,\ldots,0,\ldots)$ は 0 元，すなわち，加法の単位元である．$(1,0,\ldots,0,\ldots)$ は乗法の単位元，すなわち 1 である．

$X = (0,1,0,\ldots)$ とおくと $X^2 = (0,0,1,0,\ldots), X^3 = (0,0,0,1,0,\ldots)$ などとなり，
$$(a_0,\ldots,a_n,\ldots) = (a_0,0,0,\ldots) + (0,a_1,0,0,\ldots) + (0,0,a_2,0,0,\ldots) + \cdots$$
$$= a_0 + a_1 X + a_2 X^2 + \cdots + a_r X^r$$

ただし，ある整数 r があって任意の $j > r$ に対して $a_j = 0$ とした．

変数 X を明記して $\widetilde{K}$ を $K[X]$ と書くことが多い．これを K 上の**多項式環** (polynomial ring over K) という．

微分 $\frac{d}{dx} : K[X] \to K[X]$ は線形写像である．

2.7　関　　係

$A \times A$ の部分集合 R が与えられたとき，A における**関係** (relation) $\sim_R$ を次のように定める．
$$a \sim_R b \iff (a,b) \in R \tag{2.1}$$

関係 $\sim_R$ についての次の 3 性質はきわめて大切である．
1) 任意の $a \in A$ について $a \sim_R a$. 　　　　　　　　**反射法則** (reflexive law)
2) 任意の $a,b \in A$ について $a \sim_R b \Longrightarrow b \sim_R a$. 　　**対称法則** (symmetric law)
3) 任意の $a,b,c \in A$ について $a \sim_R b, b \sim_R c \Longrightarrow a \sim_R c$. **推移法則** (transitive law)

法則のかわりに律ということも多い．すなわち反射律，対称律，推移律．

2.7.1　同　値　関　係

反射律，対称律，推移律が成り立つ関係を**同値関係** (equivalence relation) という．このとき $a \sim_R b$ ならば「a と b は同値である」という．

a と同値な元全体の集合を a の定める**類** (class) といい $[a]_R$ と書く．すなわち次が成り立つ．
$$[a]_R = \{x \in A \mid x \sim_R a\},$$
$$a \sim_R b \iff [a]_R = [b]_R.$$

$\sim_R$ を等号に変える操作が，類を考えることなのである．

a を類 $[a]_R$ の**代表元**という．次の命題が成り立つ．

命題 2.4 $[a]_R \cap [b]_R \neq \emptyset$ なら $[a]_R = [b]_R$.

[証明] $c \in [a]_R \cap [b]_R$ をとると，$c \sim_R a$ かつ $c \sim_R b$．対称律より $a \sim_R c$．さらに推移律より $a \sim_R b$．これより $[a]_R = [b]_R$． (証明終)

類 $[a]_R$ 自身は集合であるが，これを 1 つの元とみてこれら全体の集合を A/R と書き，A の関係 R による**商集合** (quotient set) という．すなわち $a, b, c, \ldots \in A$ について

$$A/R = \{[a]_R, [b]_R, [c]_R, \ldots\}.$$

商集合を考えることにより，数学の諸概念，たとえば，負の数，分数，比，虚数，微分などが合理的に導入できるのである．

a. 整数の導入

自然数しか知らないとして，負の整数を導入しよう．ただし，0 も知られているとして $\mathbf{N}_0$ から次のように「整数」を構成する．

$A = \mathbf{N}_0 \times \mathbf{N}_0$ とおき，$R = \{((n, m), (n', m')) \in A^2 \mid n + m' = m + n'\}$ とおけば関係 $(n, m) \sim_R (n', m')$ は $n + m' = m + n'$[*1] を満たし同値関係になる．すると任意の $n \in \mathbf{N}_0$ について $(n, n) \sim_R (0, 0)$．

$(n, 0) \sim_R (n', 0)$ なら $n = n'$ なので，$(n, 0)$ は自然数 n と同一視できる．

さて $(n_1, m_1) \sim_R (n'_1, m'_1), (n_2, m_2) \sim_R (n'_2, m'_2)$ に対して

$$(n_1 + n_2, m_1 + m_2) \sim_R (n'_1 + n'_2, m'_1 + m'_2)$$

となる．したがって，類どうしの加法が次式で定義できる．

$$[(n_1, m_1)]_R + [(n_2, m_2)]_R = [(n_1 + n_2, m_1 + m_2)]_R.$$

さらに，任意の $n \in \mathbf{N}_0$ について

$$[(n, 0)]_R + [(0, n)]_R = [(n, n)]_R = [(0, 0)]_R.$$

$[(n, 0)]_R$ を n と同一視し，$[(0, 0)]_R$ を 0 とみれば

$$n + [(0, n)]_R = 0.$$

$[(0, n)]_R$ は $-n$ の役を果たしているから $[(0, n)]_R = -n$．さらに

$$[(n, m)]_R = [(n, 0)]_R + [(0, m)]_R = n - m.$$

すなわち，$[(n, m)]_R$ は整数 $n - m$ を表している．このように $\mathbf{N}_0 \times \mathbf{N}_0$ の商集合の元として「整数」が導入されたのである．

[*1] この定義では自然数と加法しか使われていない．

b. 分数の導入

例 2.8 $A = \{(n,m) \in \mathbf{Z} \times \mathbf{Z} \mid m \neq 0\}$ とおき，$(a,b),(c,d) \in A$ に対し，(関係を与える集合を略して) 関係 $(a,b) \sim_R (c,d)$ を $ad = bc$ により定める．これによる A の商集合には，分数としての四則演算が導入される．$[(a,b)]_R$ の代わりに $\frac{a}{b}$ と書きこれを**分数** (fraction) という．

$\mathbf{Z}$ の代わりに，零因子[*1)]のない可換環 R を用いると，R の元を分子，分母にする分数を考えることができる．このような分数の集合を R の**商体** (quotient field) といい $Q(R)$ と記す．

$R = K[X]$ のとき $Q(R)$ は有理式の体となり $K(X)$ と記す．

c. 比の導入

例 2.9 $A = \mathbf{Z} \times \mathbf{Z} - \{(0,0)\}$ について $(a,b) \sim_R (c,d)$ を $ad = bc$ により定める．このとき，$[(a,b)]_R$ の代わりに $a:b$ と書きこれを**比** (ratio) という．

整数についての比 $(a:b,$ ただし $b \neq 0)$ と分数は同じようなものであるが，比については足し算，かけ算などの計算はしない．$\frac{a}{b}$ を比 $a:b$ の値といい，等号で $a:b = \frac{a}{b}$ と書く．

$\mathbf{Z}$ の代わりに，零因子のない可換環 R を用いるとやはり R の元を用いた比を考えることができる．

d. 射影直線，射影平面

$\mathbf{Z}$ の代わりに $\mathbf{R}$ を用いて作られた比の集合を**実射影直線** (real projective line) といい，記号で $\mathbf{P}^1_\mathbf{R}$ と書く．

$1:0$ を無限遠点といい ∞ で示す．a と $a:1$ を同一視するとき $\mathbf{P}^1_\mathbf{R} = \mathbf{R} \sqcup \{\infty\}$．

このように，∞ は点 (位置) としては存在する．しかし，∞ については計算ができない．たとえば，$\infty - \infty$ の値は決められない．したがって，∞ は数ではない．

例 2.10 $A = \mathbf{R}^3 - \{(0,0,0)\}$ について $(a_1, a_2, a_3) \sim_R (b_1, b_2, b_3)$ を 0 でない数 k によって $b_1 = ka_1, b_2 = ka_2, b_3 = ka_3$ となることで定める．これも同値関係になる．

このとき，$[(a_1, a_2, a_3)]_R$ の代わりに $a_1 : a_2 : a_3$ と書きこれを実数の **3 連比**という．

実数の 3 連比全体の集合を**実射影平面** (real projective plane) という．

e. 幾何的ベクトル

V を $\mathbf{R}$ 上のベクトル空間とし，$A = V \times V$ とおき $(P,Q) \sim_R (P',Q')$ を (ベクトル空間 V での加法によって) $P + Q' = P' + Q$ で定義すると，これは同値関係になる．(P,Q) の同値類を $\overrightarrow{PQ}$ と書き，P を始点，Q を終点とする幾何的ベクトルという．幾何的ベクトル全体はベクトル空間になる．(P,Q) は束縛ベクトル，あるいは位置ベクトル，または有向線分とよばれる．

[*1)] 環 R の 0 でない元 a, b は $ab = 0$ を満たすとき**零因子**と呼ばれる．

2.7.2 数の合同関係

例 2.11 $R \subset \mathbf{N}^2$ を「$(a,b) \in R \Leftrightarrow b-a$ が 2 の倍数」によって定める．このとき，

$$[0]_R = \{2,4,6,\ldots\}, \quad [1]_R = \{1,3,5,\ldots\}$$

$[0]_R$ は偶数の集合，$[1]_R$ は奇数の集合である．

次のことは簡単にわかる．

偶数と偶数を足すと偶数，偶数と奇数を足すと奇数，奇数と奇数を足すと偶数．

偶数と偶数をかけると偶数，偶数と奇数をかけると偶数，奇数と奇数をかけると奇数．

これらのことは，ガウス (C. F. Gauss, 1777–1855) により次のように一般化された．

自然数 n に対して $\mathbf{Z}^2$ の部分集合 R を $\{(a,a') \mid a - a'$ は n の倍数$\}$ で定義する．$a \sim_R a'$ とは $a - a' = ns$ と書かれる整数 s があることであり，このとき「n を法とし a と a' とは**合同** (congruent) である」という．記号で $a \equiv a' \bmod n$ と書く．

一般に n の倍数になる整数全体を $n\mathbf{Z}$ と書く．さらに整数 k について集合 $\{na+k \mid a \in \mathbf{Z}\}$ を $n\mathbf{Z}+k$ で書くとき $[k]_R = n\mathbf{Z}+k$ が成り立つ．商集合 $\mathbf{Z}/R$ を $\mathbf{Z}_n$ と書く．

$\mathbf{Z}_n = \{[0]_R, [1]_R, \ldots, [n-1]_R\}$ は各 $k, m \in \mathbf{Z}$ に対し $[k]_R \pm [m]_R = [k \pm m]_R, [k]_R \cdot [m]_R = [km]_R$ とおくことによって可換環になる．

$[k]_R$ が可逆元になる必要十分条件は n と k が互いに素なことであり，これらは $\varphi(n)$ 個ある．

a. 法が 5 の例

$k \in \mathbf{Z}$ に対し $\overline{k} = [k]_R$ と書くことにすると，$n = 5$ のとき

加法では $\overline{2}+\overline{4} = \overline{1}, \overline{0}+\overline{k} = \overline{k}$ などが成り立つ．

乗法では $\overline{2} \cdot \overline{4} = \overline{3}, \overline{4} \cdot \overline{4} = \overline{1}, \overline{1} \cdot \overline{k} = \overline{k}$ などが成り立つ．

$\overline{k}$ をさらに簡単に k と書くと次のようなかけ算の表ができる．

表 2.3 5 を法とするときの乗積表

$p \backslash q$	1	2	3	4
1	1	2	3	4
2	2	4	1	3
3	3	1	4	2
4	4	3	2	1

b. 16 進数

$n = 16$ のとき，$\mathbf{Z}_n$ は 16 個の元からなる．

$\overline{10} = A, \overline{11} = B, \overline{12} = C, \overline{13} = D, \overline{14} = E, \overline{15} = F$ とおき，$0 \leqq k < 10$ については $\overline{k}$ を簡単に k と書くと

$$\mathbf{Z}_{16} = \{0,1,2,3,4,5,6,7,8,9,A,B,C,D,E,F\}$$

計算例
$$A + A = \overline{10} \cdot \overline{2} = \overline{20} = \overline{16+4} = \overline{4}.$$

c. 整数型の数

$n = 2^{16}$ のとき，$\mathbf{Z}_n$ は $n = 65536$ 個の元からなる．この元は，計算機の C 言語などで使われる整数型の数を表している．

16 ビットで整数を表すとき，2 進数で 16 桁以下の数しか表せない．計算の結果 16 桁を越える部分を切り捨てれば 2^{16} で割った余りが残るので，自然に 2^{16} を法とした計算になっている．

$[a]_R$ の代表元 a として 0 から 65535 までの自然数を選ぶとき，非符号型整数 (unsigned integer) となる．

計算例

$\overline{65535} + \overline{1} = 0,$

$\overline{65535} \times \overline{2} = \overline{(65535 - 65536) \times 2} = \overline{65534}$ など．

$[a]_R$ の代表元 a として -32768 から 32767 までの整数を選ぶとき，符号型整数 (signed integer) となる．

32767 を越すと負になることがある．

計算例

$\overline{32767} + \overline{1} = \overline{32767 - 65536} = \overline{-32768},$

$\overline{32767} \cdot \overline{2} = \overline{-2}$ など．

このようにして，急に符号が変わることがある．しかし合同を考えた場合では，正や負の区別，大小関係は意味がないのである．

2.7.3 イデアルによる剰余環

A を可換環とするとき，A のイデアル J とは，A の空でない部分集合で次の 2 条件を満たすものである．

1) 任意の $a, b \in J \Longrightarrow a + b \in J$
2) 任意の $a \in J, r \in A \Longrightarrow ra \in J$

このとき，$a \sim_R b$ を $b - a \in J$ で定めるとこれは同値関係になる．

$b \in A$ について集合 $\{a + b \mid a \in J\}$ を $J + b$ で書くとき $[b]_R = J + b$ が成り立つ．

$a, a' \in R$ について $a \sim_R a'$ のとき「J を法とし a と a' とは**合同** (congruent) である」といい，記号で $a \equiv a' \mod J$ と書く．

A/R を A/J と書き A のイデアル J による**剰余環** (ring of residues) という．実際

$$[a]_R \pm [b]_R = [a \pm b]_R, \quad [a]_R \cdot [b]_R = [ab]_R$$

によって可換環になる．

a. 虚　　数

$A = \mathbf{R}[X], J = \{f(X)(X^2+1) | f(X) \in A\}$ とするとき剰余環 A/J において $j = [X]_R$ とおくと $j^2 + 1 = [X^2 + 1]_R = 0$ になるから，$j^2 = -1$.

さらに $f(X) \in A$ は $X^2 + 1$ で割り算すると剰余が 1 次式になるのでそれを $a + bX$ とおけば
$$[f(X)]_R = [a + bX]_R = a[1]_R + b[X]_R = a + bj.$$

すなわち，j を虚数単位とみれば剰余環 A/J は複素数体 $\mathbf{C}$ である．このようにして，$\mathbf{R}[X]$ の商集合として複素数体ができるのである．2 乗すると -1 になる数である虚数単位は集合 $[X]_R = J + X$ によって表されたのである．

b. 微分と導関数

$A = \mathbf{R}[X], B = \mathbf{R}[X, Y], J = (Y - X)^2 B$ とおく．写像 $d : A \to B$ を $df(X, Y) = (f(Y) - f(X)) \bmod J$ で定義すると，$dX = (Y - X) \bmod J$.

$df(X, Y)$ を $f(X, Y)$ の微分といい，さらに $df(X, Y) = f'(X)dX$ と書けて，$f'(X)$ は $f(X)$ の導関数となる．

I 集合と論理

3

濃度と順序

3.1 集合の濃度

3.1.1 全単射の関係

集合 A と B についてその間に全単射 $g: A \to B$ があるという関係は同値関係である．このとき「集合 A と B とは同じ**濃度** (cardinality) をもつ」という．

A と B が有限集合の場合，全単射 $g: A \to B$ があればそれらの元の個数は等しい．すなわち有限集合が同じ濃度をもつということはそれらの元の個数が等しいことと同じである．無限集合の元は無限にたくさんあるが，無限の大きさにも段階があることがわかる．

3.1.2 可算集合

自然数の 2 乗を平方数という．平方数の集合を Sq とおく．

$f(x) = x^2$ とおくと，$f: \mathbf{N} \to Sq$ は全単射であるから，Sq と $\mathbf{N}$ の濃度は等しい．Sq は $\mathbf{N}$ の真の部分集合であるから，真の部分集合が全体と同じ濃度をもっていることになる．これは，無限集合の特性である．この事実をはじめて注意したのはガリレイ (G. Galilei, 1564–1642) である．

$\mathbf{N}$ と同じ濃度をもつ集合は**可算集合** (countable set)，または可付番集合と呼ばれる．

$\mathbf{N}$ の濃度は無限集合の濃度の中でもっとも小さくこれをヘブライ文字 $\aleph$（アレフ）を用いて $\aleph_0$ と書く．

例題 3.1 $\mathbf{Z}$ は可算集合である．

[**解**] $h: \mathbf{Z} \to \mathbf{N}$ を次のように定義する．整数 a に対して $|a|$ を k とおき，$a < 0$ なら $h(a) = 2k, a > 0$ なら $h(a) = 2k + 1$．さらに $h(0) = 1$ とおくと h は全単射である．
$h(-1) = 2, h(1) = 3, h(-2) = 4, \ldots$ などとなる． (解終)

問題 3.1 $\mathbf{Q}$ は可算集合であることを示せ．

整数係数の多項式 $a_0 X^n + a_1 X^{n-1} + \cdots + a_n$ の根を代数的数という．代数的数全体は可算集合である (志賀 [1], p.68).

3.2 非可算集合

3.2.1 濃度の大小

集合 A と B に対し単射 $g: A \to B$ があるとき「A の濃度は B の濃度より小さい」という. (「B の濃度は A の濃度より大きい」ともいう.) このとき, さらに「B の濃度が A の濃度より小さいならば両者の濃度が等しい」ことが次の定理からわかる.

定理 3.1 (Bernstein) 単射 $f: A \to B$ と単射 $g: B \to A$ があるとき, 全単射 $h: A \to B$ が存在する.

証明は難しくはないが, ここでは略す (志賀 [1], p.25).

3.2.2 冪集合の濃度

定理 3.2 集合 A の冪集合 $P(A)$ の濃度は集合 A の濃度より真に大きい.

[証明] $g: A \to P(A)$ を $g(a) = \{a\}$ で定義するとこれは単射である. よって, $P(A)$ の濃度は集合 A の濃度より大きい. 真に大きいことを示すために全単射 $h: A \to P(A)$ があると仮定し, 矛盾を導く.

$S = \{x \in A \mid x \notin h(x)\}$ とおくと, これは A の部分集合である. よって $b \in A$ があり $S = h(b)$ と書ける.

$b \in h(b) = S$ なら $b \in S$ なので定義より $b \notin h(b)$. 仮定に矛盾.

$b \notin h(b) = S$ なら $b \notin S$ なので $b \in h(b)$ となり, やはり仮定に矛盾する. (証明終)

3.2.3 実数体の濃度

$g(x) = \tan(\frac{(2x-1)\pi}{2})$ とおくとき $g: (0,1) \to \mathbf{R}$ は全単射になる. したがって $\mathbf{R}$ と開区間 $(0,1)$ は濃度が等しい.

自然数の集合 $\mathbf{N}$ の濃度は $\aleph_0$ である. $P(\mathbf{N})$ の濃度は定理 3.2 によれば $\aleph_0$ より大きい. そこで $P(\mathbf{N})$ の濃度を $\aleph_1$ と書く.

$P(\mathbf{N})$ と $\mathrm{Map}(\mathbf{N}, \{0,1\})$ との間には全単射がある. そこで, $\mathrm{Map}(\mathbf{N}, \{0,1\})$ の濃度を調べよう.

関数 $a \in \mathrm{Map}(\mathbf{N}, \{0,1\})$ に対し各 n に対して $a_n = a(n)$ とおくことによって数列 $\{a_n\}$ が定まる.

これから 2 進数の小数展開
$$\frac{a_1}{2} + \frac{a_2}{2^2} + \frac{a_3}{2^3} + \frac{a_4}{2^4} + \cdots = 0.a_1 a_2 a_3 a_4 \cdots \quad (2)$$
を定義すると, これは閉区間 $[0,1]$ の点を定める. この点を $\alpha(a)$ とおく. すると写像

$\alpha :\mathrm{Map}(\mathbf{N},\{0,1\}) \to [0,1]$ ができる．α は全射ではあるが，単射ではない．なぜなら 2 進展開において $0.01111\cdots_{(2)} = 0.1_{(2)}$ などが成り立つからである．

α が一対一にならない場合，それらの小数は $1111\cdots_{(2)}$ で終わる．これらは分母が 2 の累乗の分数を表す．分数の全体は可算集合なので，これらの数の全体も可算集合になる．$P(\mathbf{N})$ の濃度は $\aleph_0$ より大きいから，これより，$P(\mathbf{N})$ の濃度と閉区間 $[0,1]$ の濃度は等しいことが証明される．

一方，開区間 $(0,1)$ と $\mathbf{R}$ の濃度は等しいから，$P(\mathbf{N})$ の濃度と $\mathbf{R}$ の濃度は等しい．よって，$\mathbf{R}$ の濃度は $\aleph_1$ になる．

a. 超越数

実数体 $\mathbf{R}$ や複素数体 $\mathbf{C}$ は可算集合ではない．一方，代数的数全体は可算集合なので非代数的数全体は非可算集合になる．よって非代数的数はきわめてたくさんあることがわかる．

非代数的な複素数を**超越数** (transcendental number) という．

円周率 π や自然対数の底 e は超越数である．$2^{\sqrt{2}}, e^{\pi}$ も超越数であることが証明されているが，超越数かどうかを判定することは難しい問題でたとえば $e+\pi$ や e^e などは超越数かどうかわかっていない．

注意 3.1 $\mathrm{Map}(\mathbf{R},\mathbf{R})$ は実数体で定義された実数関数全体である．この濃度は $\aleph_1$ より大きい．

b. 連続体仮説

$\mathbf{N}$ の濃度 $\aleph_0$ と実数体 $\mathbf{R}$ の濃度 $\aleph_1$ の間に別の濃度があるかとの問題がカントール (G. Cantor, 1845–1918) によって提起された．「$\aleph_0$ と $\aleph_1$ の間の濃度はない」という主張を**連続体仮説** (continuum hypothesis) という．しかし，これは肯定も否定も証明できないことがゲーデル (K. Gödel, 1906–1978) とコーエン (P. Cohen, 1934–2007) によって証明されている．

c. ラッセルの逆理

集合をすべて集めた全体を集合と考え X とおくと，X 自身も集合だからこれも X の元である．よって $X \in X$.

また，自身を元にしない集合 y をすべて集めてこれを集合と考え Y とおく．すなわち，$Y = \{y \mid y \notin y\}$ とおく．

そこで次のように推論する．

Y は Y の元になっているか，なっていないかのどちらかが起きる．

$Y \in Y$ とすると，$Y = \{y \mid y \notin y\}$ なので $Y \notin Y$ となり仮定に矛盾する．

$Y \notin Y$ とすると，$Y = \{y \mid y \notin y\}$ によれば Y は Y の元であるから，$Y \in Y$ となって，仮定に矛盾する．

このようにしてきわめて簡単な推論の結果，矛盾がでた．これを**ラッセルの逆理**[*1)] (Russel's paradox) という．

この矛盾を回避するためには「すべての集合を集めた全体はもはや集合ではない」と考えるしかない．また $\{y \mid y \notin y\}$ も集合とは考えない．ただし，本書ではこのようなことは扱わない．

3.3 順 序 関 係

3.3.1 順序関係の定義

数の大小関係や，集合の間の包含関係を一般にした2項関係などが順序関係の例である．ここでは，順序関係を表す記号として，数の大小を示す記号「$\leqq$」を使うことにする．

集合 A の2元 a, b について $a \leqq b$ と書かれる関係について，次の3性質がつねに成り立つとき**順序関係** (order) という．

1) $a \leqq a$. **反射法則** (reflexive law)
2) $a \leqq b$ かつ $b \leqq a$ なら $a = b$. **反対称法則** (antisymmetric law)
3) $a \leqq b$ かつ $b \leqq c$ なら $a \leqq c$. **推移法則** (transitive law)

3.3.2 順 序 集 合

順序関係 $\leqq$ が定められた集合を**順序集合** (ordered set) という．または poset (partially ordered set) ともいう．

集合 S の冪集合 $P(S)$ は $B_1 \subset B_2$ のとき $B_1 \leqq B_2$ と定義すると，順序集合になる．しかし，$B_1 \subset B_2$ も $B_2 \subset B_1$ も成り立たない部分集合 B_1, B_2 がある．

たとえば，$B_1 = \{0\}, B_2 = \{\emptyset\}$ のとき B_1 と B_2 には順序関係がない．

a. 線 形 順 序

順序集合 A の2元 a, b について，$a \leqq b$ または $a \geqq b$ がつねに成り立つとき，「この順序関係は**線形順序** (linear order) または**全順序** (total order) である」という．

実数体での大小関係は線形順序である．

3.3.3 ツォルンの補題

順序集合 A の線形順序になる部分集合 B がつねに上に有界なら，A は**帰納的** (inductive) と呼ばれる．

次の定理は，集合論において基本的であり，選択公理と同値であるが，無限に関する性質を述べた公理として使いやすい (志賀 [1], p.52)．

[*1)] B. Russel, 1872–1970.

定理 3.3 (ツォルンの補題 (Zorn's lemma)[*1])　帰納的順序集合には極大元がある.

a. ツォルンの補題の応用

ベクトル空間 V の部分集合 W でその有限部分集合がつねに線形独立なものを**線形独立な集合**という.

線形独立な集合 W が, 任意の $v \in V$ に対して, W の元 $x_1, x_2, \ldots, x_r$ と, 数 $k_1, \ldots, k_r$ とがあって $v = k_1 x_1 + k_2 x_2 + \cdots + k_r x_r$ と書けるとき, ベクトル空間 V の**基底** (base) という. W が n 個の元よりなるとき, ベクトル空間 V の次元は n である[*2]という.

ここでは次の定理をツォルンの補題を用いて証明する.

定理 3.4　ベクトル空間には基底がある.

[**証明**]　ベクトル空間 V の部分集合で線形独立なものの作る集合を A とおく. A は順序集合 $P(V)$ の部分集合なので順序集合になる. これが帰納的になることを最初に示す.

A の線形順序になる部分集合 B を考える. B は V の部分集合 W_λ ($\lambda \in J$) の集合である. これら W_λ の和集合を Z とおくと $W_\lambda \subset Z$.

Z の有限な部分集合 X は $\bigcup_{\lambda \in J}(W_\lambda \cap X)$ と書け, これは有限集合なので, 有限個の $W_i \in B$ により

$$X = \bigcup_{i=1}^{n}(W_i \cap X)$$

と書ける. B は線形順序なので $W_1, W_2, \ldots, W_n$ には最大元 W_0 があり, 各 j について $W_j \subset W_0$.

よって $X = W_0 \cap X$ となり, $X \subset W_0$. W_0 は線形独立なので X も線形独立である. すなわち Z は線形独立な集合になるので A の元であり, $W_\lambda \subset Z$ によって Z が B の上界になる.

ツォルンの補題によれば A には極大元 W^* がある. W^* が V の基底になることを以下に示す.

W^* は線形独立な集合であるから, 任意の $v \in V$ が W^* の元の 1 次結合として表されることを示せばよい.

$v \notin W^*$ とし, $\widetilde{W} = W^* \cup \{v\}$ とおく. $\widetilde{W}$ が線形独立とすると, B の元になり, $\widetilde{W} \supset W^*$ なので, W^* の極大性に反する. よって $\widetilde{W}$ は線形独立な集合ではない.

$\widetilde{W}$ の有限部分集合で線形独立でないものがあり, それはかならず v を含むので $\{v, x_1, x_2, \ldots, x_r\}, (x_j \in W^*)$ と書けるから

$$cv + c_1 x_1 + c_2 x_2 + \ldots + c_r x_r = 0$$

[*1]　M. Zorn, 1906–1993.
[*2]　われわれの住む空間は 3 次元である. 時間も入れて 4 次元である, などというが, 現代物理学によるとわれわれの実在する空間は 10 次元なのである.

を満たすすべては 0 ではない数 $c, c_1, \ldots, c_r$ がある. W^* は線形独立なので $c \neq 0$. よって, $k_j = -\frac{c_j}{c}$ とおけば
$$v = k_1 x_1 + k_2 x_2 + \cdots + k_r x_r.$$
かくして W^* が V の基底になることがわかった. (証明終)

例 3.1 実数体 **R** は **Q** 上のベクトル空間とみなすことができる. したがって, **R** には **Q** 上のベクトル空間としての基底が存在する. しかし, 有限個の基底はないので, **Q** 上のベクトル空間とみるとき実数体 **R** は **Q** 上無限次元である.

3.3.4 最大元と極大元

順序集合 A の部分集合 B について「A の元 a が 任意の $x \in B$ について $a \geqq x$ を満たす」とき「a を B の**上界** (upper bound)」という.

一般に B に上界があるとき,「B は**上に有界**である」という. 同様に**下界**（かかい）(lower bound) も定義できる.

上にも有界, 下にも有界のとき, 単に「**有界**である (bounded)」という.

$b \in B$ が「任意の $x \in B$ について $b \geqq x$ を満たす」とき B の**最大元** (absolutely maximal element) と呼ばれる. 同様に

「任意の $x \in B$ について $b \leqq x$ を満たす」とき B の**最小元** (absolutely minimal element) と呼ばれる.

$b \in B$ が「任意の $x \in B$ について $b < x$ を満たさない」とき B の**極大元** (relatively maximal element) と呼ばれる.

$b \in B$ が「任意の $x \in B$ について $b > x$ を満たさない」とき B の**極小元** (relatively minimal element) と呼ばれる.

最大元はあったとしてもただ 1 つであり, それは極大元になる.
最小元があったとしてもただ 1 つであり, それは極小元になる.

例 3.2 $A = \{\emptyset, \{0\}, \{1\}, \{0, 1\}\}$, $B = \{\{0\}, \{1\}, \{0, 1\}\}$ とおく.
集合 A において $\emptyset$ は最小元, B において $\{0\}$ と $\{1\}$ は極小元.

I 集合と論理

4 命題論理

数を一般に扱うとき変数を用いたが,一般に命題を扱うときにも変数を用いる.これをとくに**命題変数**といい,p, q, r などで表すことが多い.

命題変数は真か偽を示す.ここでは真のときは 1,偽のときは 0 を使うことにする.命題変数の値域は $\{0,1\}$ である.

4.1 真理関数

各変数が $\{0,1\}$ を定義域とし,値域が $\{0,1\}$ の多変数関数を考える.これは n 変数なら写像 $f: \{0,1\}^n \to \{0,1\}$ のことであるが,とくに n 変数**真理関数**という.

$\{0,1\}^n$ は 2^n 個よりなるので,n 変数真理関数は 2^{2^n} 個ある.$n=1$ のとき真理関数は 4 個あるが,それは以下に定義する f_1, f_2, f_3, f_4 である.

1) $f_1(0) = 1, f_1(1) = 1,$
2) $f_2(0) = 0, f_2(1) = 1,$
3) $f_3(0) = 1, f_3(1) = 0,$
4) $f_4(0) = 0, f_4(1) = 0.$

$f_1 = 1, f_4 = 0$ は定数関数,f_2 は恒等関数.

4.1.1 NOT 関数

f_3 は 1 と 0 を入れ替える.すなわち,真と偽を入れ替えるのでこれは「否定」となる.記号では NOT と書く.

NOT (p) を記号で $\bar{p}$ あるいは $\to p$ と書くことも多い.

2 進数 $x_1 x_2 \cdots x_{n(2)}$ に対しては各桁に適用する.

たとえば $\overline{011}_{(2)} = 100_{(2)}$.

a. 負の数の表現

計算機で整数を扱うときは,16 桁の 2 進数で表現することが多い.このとき,16 未満の桁数でも左に 0 を補って,16 桁で示し,これについて NOT を行う.たとえば $y = (x_1 x_2 \cdots x_{16})_{(2)}$ とおくと NOT $(y) + y = 1111111111111111_{(2)}$.

$n = 2^{16}$ とおけば $1111111111111111_{(2)} + 1_{(2)} \equiv 0 \bmod n$.
$\text{NOT}(y) + y + 1 \equiv 0 \bmod n$. したがって $-y$ が次のように書ける.
$-y \equiv \text{NOT}(y) + 1 \bmod n$.

4.1.2　2変数の真理関数
2変数の真理関数は16個あるが大切なのは, AND と OR である.
a. AND 関数
$\text{AND}(p,q)$ は p,q がともに 1 のときのみ 1 で残りは 0.
$\text{AND}(p,q)$ を記号で $p \wedge q$ と書く.
次のように AND の値を図示することができる.

表 4.1　AND 関数

$p \setminus q$	0	1
0	0	0
1	0	1

b. OR 関数
$\text{OR}(p,q)$ は p,q がともに 0 のときのみ 0 で残りは 1.
$\text{OR}(p,q)$ を記号で $p \vee q$ と書く.
次のように OR の値を図示することができる.

表 4.2　OR 関数

$p \setminus q$	0	1
0	0	1
1	1	1

c. その他の関数
表 4.3 で定義される真理関数は p,q の値が同じときのみ 1 である. すなわち, p,q の真偽が同じとき真でそれ以外は偽なので, 同値関係を表す. 記号では $p \leftrightarrow q$ と書く.

表 4.3　$\leftrightarrow$

$p \setminus q$	0	1
0	1	0
1	0	1

次の表 4.4 で定義される真理関数は $p=0, q=1$ のときのみ 0 で残りは 1 である.
すなわち, p が真, q が偽のときのみ偽で残りの場合は 0 なので, これは**含意関係** (implication) を表す. 記号では $p \to q$ で表す.

4. 命題論理

表 4.4 →

$p \backslash q$	0	1
0	1	1
1	0	1

表 4.5 XOR 関数

$p \backslash q$	0	1
0	0	1
1	1	0

次の表 4.5 で定義される真理関数は Exclusive OR と呼ばれ，記号 XOR で表される．

問題 4.1 次の等式を確認せよ．

$$\mathrm{XOR}(p,q) = (\overline{p} \vee q) \wedge (p \vee \overline{q})$$

一般にすべての真理関数は AND，OR および NOT を合成することによって表せる．

問題 4.2 0 と 1 に関して 2 進数の足し算をするとき，第 1 桁の数を S，第 2 桁の数を C とおくとき $S(p,q) = \mathrm{XOR}(p,q)$ および $C(p,q) = \mathrm{AND}(p,q)$ となることを示せ．

電気の回路では AND は直列回路，OR は並列回路，NOT はスイッチで実現できる．これが電気回路を用いた計算の基礎を与えている．

I 集合と論理

5 圏と関手

5.1 圏

X, Y, Z, W を集合とする．$\mathrm{Map}(X, Y)$ を X から Y への写像全体の作る集合とする．$\mathrm{Map}(X, X)$ の元である恒等写像 id_X を 1_X とおくと任意の $f \in \mathrm{Map}(X, Y)$, $g \in \mathrm{Map}(Y, Z)$, $h \in \mathrm{Map}(Z, W)$ について次の性質が成り立つ．

$$h \circ (g \circ f) = (h \circ g) \circ f, \quad f \circ 1_X = 1_Y \circ f = f \tag{5.1}$$

ここで $g \circ f$ は写像の結合を表す．

以上の性質を抽象化して圏の概念が導入される．

写像の集合 $\mathrm{Map}(X, Y)$ の代わりに集合 $\hom(X, Y)$ を考え，写像の結合のもつ性質を抽象化して考えるのである．

5.1.1 圏の定義

集合 Ob があり任意の $X, Y \in Ob$ について，集合 $\hom(X, Y)$ があり，さらに任意の $X, Y, Z, W \in Ob$ について写像 $\Psi : \hom(X, Y) \times \hom(Y, Z) \to \hom(X, Z)$ があるとする．しかも Ψ は写像の結合とは限らないが，ある記号 $\circ$ によって，$\Psi(g, f) = g \circ f$ と書けるとする．

さらに，各 X について $1_X \in \hom(X, X)$ があり，各 $f \in \hom(X, Y)$, $g \in \hom(Y, Z)$, $h \in \hom(Z, W)$ が次の性質を満たすとする．

$$h \circ (g \circ f) = (h \circ g) \circ f, \quad f \circ 1_X = 1_Y \circ f = f \tag{5.2}$$

このとき，Ob を**対象** (object) の集合といい，$\hom(X, Y)$ の元を X から Y への**射** (arrow または morphism) という．さらに $X = X'$ と $Y = Y'$ とが成り立つ以外のときには $\hom(X, Y) \cap \hom(X', Y') = \emptyset$ とする．

集合 Ob と射全体をまとめて**圏** (category) という．すなわち，圏 $\mathcal{C}$ は対象の集合と射の集合からなる．圏 $\mathcal{C}$ の対象の集合をとくに $Ob(\mathcal{C})$ と書く．

5.1.2 ドメインとコドメイン

$f \in \text{hom}(X,Y)$ のとき $f : X \to Y$ と書く. X を f の**ドメイン** (domain), Y を**コドメイン** (codomain) といい $X = \text{dom}(f), Y = \text{cod}(f)$ と書く.

$\text{cod}(f) = \text{dom}(g)$ のとき $g \circ f : X \to Z$ が定まる. そこで $X, Y \in Ob$ をすべて動かして $\text{hom}(X,Y)$ の和集合を作りそれを $\mathcal{A}$ とおく. $\text{dom} : \mathcal{A} \to Ob$, $\text{cod} : \mathcal{A} \to Ob$ とについてファイバー積 $\mathcal{A} \times_{Ob} \mathcal{A}$ を作るとこの元 (g, f) について $g \circ f$ が定まる. これを $\mathcal{A}$ の演算とみると結合法則を満たしている.

5.1.3 圏 の 諸 例

a. 集合全体の圏

集合全体（は集合にならないが）を Ob, $\text{Map}(X,Y)$ を $\text{hom}(X,Y)$ とし, 写像の合成を $\circ$ とすれば, 集合の圏 **Set** ができる.

b. 群 の 圏

群全体を Ob とし, 群 X から Y への群準同型の全体を $\text{hom}(X,X)$ とし, 群準同型の合成を $\circ$ とおけば群の圏 **Grp** ができる.

c. ベクトル空間の圏

K を体, K 上のベクトル空間全体を Ob とし, ベクトル空間 X から Y への K 線形写像全体を $\text{hom}(X,X)$ とし, 線形写像の合成を $\circ$ とすれば K 上のベクトル空間の圏 **Vct**/K ができる.

d. 可換環の圏

R を可換環, 可換環 A と環準同型 $\varphi : R \to A$ の対 (A, φ) 全体を Ob とし, $X = (A, \varphi), Y = (B, \psi)$ に対して $F : X \to Y$ を環準同型 $F : A \to B$ で $\psi = F \circ \varphi$ を満たすものとし, これら全体を $\text{hom}(X,X)$ とおき, 環準同型の合成を $\circ$ とすることにより圏 **Rng**/R ができる. (A, φ) を R 代数 (R–algebra) という.

e. 1つの集合の構成する圏

S を1つの集合とするとき, これから圏が1つできる. すなわち S の元 p, q について $\text{hom}(p, p) = \{1_p\}$, $p \neq q$ なら $\text{hom}(p, q) = \emptyset$ とおくと, $\circ$ も自然に定まり圏ができる. これをとくに**離散圏** (discrete category) という.

f. 行列の圏

K を体とする. $Ob = \{0, 1, 2, 3, \ldots\}$ とおく. n, m について K の元を成分とする m 行 n 列の行列全体を $M_{m,n}(K)$ とし $\text{hom}(n, m) = M_{m,n}(K)$ とおく. ここで, 射は行列で, 行列の積を $\circ$ とすれば圏 **Matr**$_K$ ができる. n 次の単位行列 E_n は $1_n : n \to n$ となる.

この例では, 対象が自然数であり射は写像ではない.

しかし対象を n 次元 K 列ベクトル空間 K^n とした圏では $\text{hom}(K^n, K^m) = M_{m,n}(K)$ となり, この場合射の意味が理解しやすくなる.

g. S 上の圏

圏 $\mathcal{C}$ について，その対象を 1 つとり S とする．

対象 X と $\varphi: X \to S$ について (X, φ) を対象とし，射 $F: (X, \varphi) \to (Y, \psi)$ は $F: X \to Y$ で $\psi \circ F = \varphi$ を満たすものとする．

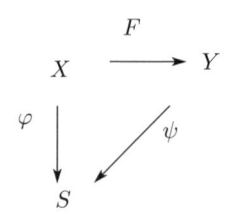

$$\begin{array}{ccc} X & \xrightarrow{F} & Y \\ {\scriptstyle\varphi}\downarrow & \swarrow{\scriptstyle\psi} & \\ S & & \end{array}$$

$1_{(X, \varphi)}$ は $1_X: X \to X$ で定義する．
こうしてできた圏を $\mathcal{C}/S$ と記す．

5.2 圏の基本概念

5.2.1 始対象と終対象

圏 $\mathcal{C}$ において，「任意の $Y \in Ob(\mathcal{C})$ について $\hom(p, Y)$ は 1 個の元よりなる」となるならば p を**始対象** (initial object) という．$\emptyset$ は集合の圏 **Set** での始対象である．
「任意の $Y \in Ob(\mathcal{C})$ について $\hom(X, q)$ は 1 個の元よりなる」ならば対象 q を**終対象** (final object) という．
Grp において単位元だけの群 $\{e\}$ は始対象であり，終対象でもある．

問 5.1 1) 圏 **Set** に終対象はあるか．
2) K 上のベクトル空間の圏 **Vct**$/K$ での始対象と終対象を求めよ．

5.2.2 モニック射とエピ射

定義 5.1 射 $f: X \to Y$ は任意の $Z \in Ob(\mathcal{C})$ について $F_Z(f)(\varphi) = f \circ \varphi$ で定められた $F_Z(f): \hom(Z, X) \to \hom(Z, Y)$ がつねに単射とする．このとき f を**モニック射** (monomorphism) という．

任意の $Z \in Ob(\mathcal{C})$ について $F^Z(f)(\varphi) = \varphi \circ f$ で定められた $F^Z(f): \hom(Y, Z) \to \hom(X, Z)$ がつねに単射のとき f を**エピ射** (epimorphism) という．

例題 5.1 圏 **Set** では，写像がモニック射なら単射であり，写像がエピ射なら全射である．

問 5.2 圏 **Rng** では埋め込み $\iota_{\mathbb{Z}}: \mathbb{Z} \to \mathbb{Q}$ は，エピ射だが全射ではないことを示せ．

問 5.3 圏 **Vct**/K では エピ射は全射になることを示せ.

定義 5.2 射 $f: X \to Y$ は射 $g: Y \to X$ で $f \circ g = 1_Y, g \circ f = 1_X$ を満たすものがあるとき**同型** (isomorphism) と呼ばれる.

5.3 関手と自然変換

S と X を集合とするとき $F_S(X) = \mathrm{Map}(S, X)$ とおく. $f \in \mathrm{Map}(X, Y)$ をとると $\varphi \in \mathrm{Map}(S, X)$ に対して $f \circ \varphi \in \mathrm{Map}(S, Y)$ になるので $F_S(f)(\varphi) = f \circ \varphi$ とおくと, 次の性質が成り立つ.

$$F_S(g \circ f) = F_S(g) \circ F_S(f), F_S(1_X) = 1_{F_S(X)} \tag{5.3}$$

5.3.1 関手の定義

圏 $\mathcal{C}_1, \mathcal{C}_2$ について, その各々の対象の集合 $Ob(\mathcal{C}_1)$ と $Ob(\mathcal{C}_2)$ の間の写像 T と任意の $X, Y \in Ob(\mathcal{C}_1)$ に関して写像 $T : \hom(X, Y) \to \hom(T(X), T(Y))$ があるとする.

任意の $f \in \hom(X, Y)$ について $T(f) \in \hom(T(X), T(Y))$ があり, さらに任意の $f \in \hom(X, Y)$, 任意の $g \in \hom(Y, Z)$ について

$$T(g \circ f) = T(g) \circ T(f), \quad T(1_X) = 1_{T(X)}$$

を満たすとき, T を**共変関手** (covariant functor) といい $T : \mathcal{C}_1 \to \mathcal{C}_2$ と書く.

$$X \xrightarrow{f} Y \xrightarrow{g} Z$$
$$T(X) \xrightarrow{T(f)} T(Y) \xrightarrow{T(g)} T(Z)$$

$S, X \in Ob(\mathcal{C})$ について $F_S(X) = \hom(S, X)$ とし, 任意の $f \in \hom(X, Y)$ に対して $F_S(f) : F_S(X) \to F_S(Y)$ を $F_S(f)(\varphi) = f \circ \varphi$ で定義すると F_S は $\mathcal{C}$ から **Set** への関手になる. これを「S の定める共変関手」という.

これに対して, $f \in \hom(X, Y)$ について $T(f) \in \hom(T(Y), T(X))$ が定まり

$$T(g \circ f) = T(f) \circ T(g), \quad T(1_X) = 1_{T(X)}$$

を満たすとき T を**反変関手** (contravariant functor) という.

$F^S(X) = \hom(X, S)$ とおき, $F^S(f) : F^S(Y) \to F^S(X)$ を $F^S(f)(\varphi) = \varphi \circ f$ で定めると, 関手 $F^S : \mathcal{C} \to \mathbf{Set}$ ができる. これを「S の定める反変関手」という.

例 5.1 X を位相空間とし, その開集合を対象とし, $U \subset V$ のとき $\hom(U, V) = \{\iota_U\}$, その他の場合は $\hom(U, V) = \emptyset$ により定義された圏 $Open(X)$ から集合の圏 **Set** への反変関手を X 上の**前層** (presheaf) という.

5.3.2 自然変換

圏 $\mathcal{C}_1$ から $\mathcal{C}_2$ への共変関手 T_1, T_2 について，T_1 から T_2 への**自然変換** (natural transformation) $\theta : T_1 \to T_2$ とは任意の $X \in Ob(\mathcal{C}_1)$ について射 $\theta(X) : T_1(X) \to T_2(X)$ があり，任意の $f : X \to Y$ について $\theta(Y) \circ T_1(f) = T_2(f) \circ \theta(X)$ を満たすもののことである．

$$\begin{array}{ccc} X & T_1(X) \xrightarrow{\theta(X)} T_2(X) \\ f\downarrow & T_1(f)\downarrow \quad\quad T_2(f)\downarrow \\ Y & T_1(Y) \xrightarrow[\theta(Y)]{} T_2(Y) \end{array}$$

5.3.3 同型な自然変換

自然変換 $\theta : T_1 \to T_2$ は任意の $X \in Ob$ について $\theta(X)$ が同型のとき，**同型**と呼ばれる．

共変関手 $T : \mathcal{C} \to \mathbf{Set}$ がある $S \in Ob(\mathcal{C})$ の定める共変関手 F_S と同型なら「T は S によって表現された」という．

反変関手 T がある S の定める反変関手 F^S と同型ならやはり「T は S によって表現された」という．

問 5.4 圏 $\mathcal{C}$ の対象 W と Z に対して，共変関手 F_W と F_Z との間に同型な自然変換があるとき，同型な射 $u : W \to Z$ が存在することを示せ．

5.3.4 ファイバー積

圏 $\mathcal{C}$ の対象 X, Y について，$P(Z) = \hom(Z, X) \times \hom(Z, Y)$ とおく．
$f \in Z' \to Z$ と $(\varphi, \psi) \in \hom(Z, X) \times \hom(Z, Y)$ について $P(f)(\varphi, \psi) = (\varphi \circ f, \psi \circ f)$ とおくことで $P(f) : P(Z) \to P(Z')$ が定義され，反変関手 $P : \mathcal{C} \to \mathbf{Set}$ が定義される．これと同型な反変関手 F^W があるとき，W を圏 $\mathcal{C}$ での X と Y との積といい $X \times Y$ と書く．このとき同型な自然変換 $\vartheta : F^W \to P$ があるので次の同型ができる．

$$\vartheta(W) : F_W(W) \to P(W) = \hom(W, X) \times \hom(W, Y).$$

$\vartheta(W)(1_W) = (p, q)$ によって，射影 $p : W = X \times Y \to X, q : W = X \times Y \to Y$ が定まる．

圏 $\mathcal{C}$ の対象 S に対して圏 $\mathcal{C}/S$ を作るとき，ここでの積 $(X, \varphi) \times (Y, \psi)$ が存在すれば，これを圏 $\mathcal{C}$ での**ファイバー積**といい，$X \times_S Y$ と書く． 〔**飯 高　茂**〕

文　　　献

[1] 志賀浩二，集合・位相・測度，朝倉書店，2006.
[2] S.Maclane, 三好博之，高木　理 共訳，圏論の基礎，シュプリンガー・フェアラーク東京，2005.
[3] 岩波数学辞典 第 3 版，日本数学会編集，岩波書店，1985.
[4] 岩波数学辞典 第 4 版，日本数学会編集，岩波書店，2007.

第 II 編
線 形 代 数

II 線形代数

1 平面および空間のベクトル

　平行四辺形によるベクトルの加法の考え方はアリストテレス（Aristoteles, 384–322B.C.）の失われた著作にあったそうである．このことはアレクサンドリアのヘロン (Heron, 1 世紀) の力学の著作に触れられている．同様の考えはニュートン (Newton) の *Principia Mathematica* (1687) の第 1 の系にもある．ベクトルの考えは 1820 年頃複素数の平面表示としてガウス (Gauss) の著作などに現れた．1827 年にメービウス (Möbius) は有向線分を記述し名前をつけなかったがベクトルも扱った．1837 年にハミルトン (Hamilton) は複素数を 2 つの実数の組としていた．さらに，3 つの実数の組について複素数の一般化にあたるものを探求していたが，1843 年 10 月 16 日（月）に四元数体 (quaternion) の概念を得た．（107 ページを参照すること）四元数 $w + xi + yj + zk$ に対して，$xi + yj + wk$ をそのベクトル部分と名付けた．四元数のベクトル部分同士の積は
$$(ai+bj+ck)(xi+yj+zk) = -(ax+by+cz)+(bz-cy)i+(cx-az)j+(ay-bx)k$$
から内積，外積の概念が生まれた．

1.1　幾何ベクトル

　この節では平面または空間を考え，これを **S** と書く．

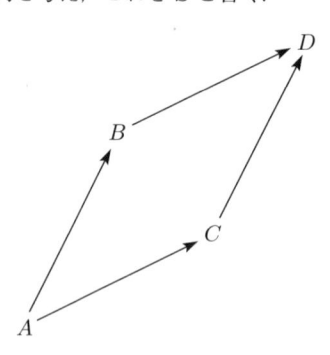

定義 1.1 (平面および空間のベクトル)

1) **S** の 2 点 A, B が与えられたとき，これらの対 (A, B) を**有向線分**と呼び，A を**始点**，B を**終点**という．有向線分 (A, B) が (C, D) に平行移動できるとき，始点 A と始点 C，終点 B と終点 D を結んだ四辺形 $ACDB$ は平行四辺形となる．
2) 有向線分の集合 $Z = \{(A, B) | A, B \in \mathbf{S}\}$ において，平行移動によって同値関係 $\sim$ を定めるとき，(A, B) の同値類を $\overrightarrow{AB}$ と書き，これを**幾何ベクトル**という．したがって，Z の商集合 $Z/\sim$ は幾何ベクトルの空間となる．
3) 始点 P と終点 P が一致する場合，$\overrightarrow{PP}$ の同値類を**ゼロベクトル**と呼ぶ．これを **0** と書く．

注意 1.1 有向線分 (A, B) が (C, D) に平行移動できることの必要十分条件は $\overrightarrow{AB} = \overrightarrow{CD}$ である．

命題 1.1 1) 有向線分全体の集合 Z から幾何ベクトル空間 V への全射がある．
2) 任意の点 A と幾何ベクトル $\boldsymbol{\xi}$ を与えると，$\boldsymbol{\xi} = \overrightarrow{AP}$ となる有向線分 (A, P) を与える点 P が唯一つ存在する．また，$\boldsymbol{\xi} = \overrightarrow{QA}$ となる点 Q も唯一つ存在する．

定義 1.2 1) 幾何ベクトルを単に，**ベクトル**と呼ぶ．
2) 2 つのベクトル $\boldsymbol{\xi}$ と $\boldsymbol{\eta}$ の**和** $\boldsymbol{\zeta}$ は次のように定義される．任意の点 B に対して $\boldsymbol{\xi} = \overrightarrow{AB}$ となる有向線分 (A, B) と $\boldsymbol{\eta} = \overrightarrow{BC}$ となる有向線分 (B, C) を用いてできる $\overrightarrow{AC}$ を $\boldsymbol{\zeta}$ と定義する．
3) ベクトル $\overrightarrow{BC} = \overrightarrow{PA}$ となる有向線分 (P, A) を代表に選ぶと平行四辺形 $PACB$ ができて，$\overrightarrow{AB} + \overrightarrow{BC} = \overrightarrow{PA} + \overrightarrow{AB}$ が成り立つ．
4) ベクトル $\boldsymbol{\xi} = \overrightarrow{AB}$ に対してベクトル $\overrightarrow{BA}$ を $\boldsymbol{\xi}$ の**逆ベクトル**といい，$-\boldsymbol{\xi}$ と書く．
5) ベクトルの**実数倍**は正の数または 0 のとき，ベクトルを定義する有向線分 (A, B) の長さを実数倍した長さをもつ同じ向きの有向線分により定義される．負の数のときは逆ベクトルを絶対値倍したベクトルとして定義する．このとき，$(-1)\overrightarrow{AB} = -\overrightarrow{AB}$ となる．

命題 1.2 任意の点 A を与えたとき，A を始点とする有向線分の全体 $\{(A, P) | P \in \mathbf{S}\}$ を考える．
1) $\boldsymbol{\xi} = \overrightarrow{AP}, \boldsymbol{\eta} = \overrightarrow{AQ}$ とする．$\boldsymbol{\xi} + \boldsymbol{\eta} = \overrightarrow{AR}$ となる有向線分 (A, R) を構成する点 R が唯一つ存在する．
2) $\boldsymbol{\xi} = \overrightarrow{AP}, a$ を実数とするとき，$a\boldsymbol{\xi} = \overrightarrow{AS}$ となる有向線分 (A, S) を構成する点 S が唯一つ存在する．
3) 加法を $(A, P) + (A, Q) = (A, R)$ とスカラー倍を $a(A, P) = (A, S)$ とそれぞれ定義することにより，$\{(A, P) | P \in \mathbf{S}\}$ はベクトル空間になり，これは幾何ベクトル空間と同型になる (p.87 抽象ベクトル空間，または p.26, 第 I 編 2.6.2 d 項「ベクト

ル空間」参照).

定義 1.3 1) ベクトル空間 $\{(A,P)|P \in \mathbf{S}\}$ の要素である有向線分 (A,P) を**束縛ベクトル**と呼ぶ.

2) 原点 O を始点とする有向線分 (O,P) を**位置ベクトル**という. しかし, 位置ベクトル空間と幾何ベクトル空間の同型を通じて, 位置ベクトル (O,P) の同値類として定まるベクトル $\overrightarrow{OP}$ を位置ベクトルとみることもある.

例 1.1 $\{(x,y)|x,y \in \mathbf{R}\}$ は平面の位置ベクトル空間と同型になる. 3 次元の場合も同様である.

注意 1.2 ベクトル $\boldsymbol{\xi}$ が与えられたとき, 任意の点 P に対して, $\overrightarrow{PQ} = \boldsymbol{\xi}$ により Q が定まる. P に Q を対応させると平行移動になり, これを **$\boldsymbol{\xi}$ によって定まる平行移動**という. このような平行移動を幾何ベクトルとする考え方もある. これは 4.4 節で説明する.

例 1.2 1) 平面の直線 ν を 1 本決め, それと平行な直線全体の集合 M を考える. このとき, M の平行移動は 1 次元のベクトルとみなせる. 実際, その直線と交差する直線 ℓ を選んで ν との交点を A とし, M の直線 μ との交点を P とする. $\{(A,P)\}$ はベクトル空間となる.

2) 空間内の平面 ν を 1 つ与えてそれと並行な平面全体の集合 M を考える. このとき, M の平行移動は 1 次元のベクトルとみなせる. 実際, その平面と交差する直線 ℓ を選んで ν との交点を A とし, M の平面 μ との交点を P とする. $\{(A,P)\}$ はベクトル空間となる.

3) 空間内の直線 ν を 1 つ与えてそれと並行な直線全体の集合 M を考える. このとき, M の平行移動は 2 次元のベクトルとみなせる. 実際, その直線と交差する平面 ℓ を選んで ν との交点を A とし, M の直線 μ との交点を P とする. $\{(A,P)\}$ はベクトル空間となる.

例 1.3 平面の原点を通る直線全体から y 軸に平行な直線を除いた集合を V とする. V の直線に直線の傾き a を対応させることで V は 1 次元のベクトル空間とみなせる. 空間の原点を通る直線全体から z 軸に垂直な直線を除いた集合を V とする. 原点 $(0,0,0)$ と点 $(a,b,1)$ を通る V の直線に (a,b) を対応させることで V は 2 次元のベクトル空間とみなせる.

1.2 数ベクトル

一般に数ベクトル空間を定義しよう.

定義 1.4 実数の組 $(x_1, x_2, \ldots, x_n)$ の全体に次のように加法と実数倍を定義した集合を n 次元の**数ベクトル空間** $\mathbf{R}^n$ と呼ぶ.

$(a_1, a_2, \ldots, a_n)$ と $(b_1, b_2, \ldots, b_n)$ の和 $(c_1, c_2, \ldots, c_n)$ は $c_i = a_i + b_i$ $(1 \leq i \leq n)$ によって定義する. $(a_1, a_2, \ldots, a_n)$ の実数倍は, k 倍 $k(a_1, a_2, \ldots, a_n) = (ka_1, ka_2, \ldots, ka_n)$ で定義する. $(0, 0, \ldots, 0)$ をゼロベクトルといい, $\mathbf{0}$ と書く.

注意 1.3 定義 1.4 において, 実数の組を複素数の組, 実数倍を複素数倍とすれば n 次元の**複素数ベクトル空間** $\mathbf{C}^n$ が定義できる. 一般の場合は第 4 章 (p.83) を見よ.

例 1.4 n 次元の数ベクトル空間には**標準基底** $\boldsymbol{e}_1 = (1, 0, \ldots, 0), \boldsymbol{e}_2 = (0, 1, 0, \ldots, 0), \boldsymbol{e}_n = (0, \ldots, 1)$ がある. 任意のベクトル $\boldsymbol{x} = (x_1, x_2, \ldots, x_n)$ は $\boldsymbol{x} = x_1 \boldsymbol{e}_1 + x_2 \boldsymbol{e}_2 + \cdots + x_n \boldsymbol{e}_n$ と書け, これは一意的である.

定義 1.5 V, W が数ベクトル空間のとき, 写像 $f : V \to W$ が次の条件 (1) と (2) を満たすとき, ベクトル空間の**線形写像**という.

すべての数ベクトル $\boldsymbol{u}, \boldsymbol{v}$ に対して,
1) $f(\boldsymbol{u} + \boldsymbol{v}) = f(\boldsymbol{u}) + f(\boldsymbol{v})$
2) $f(k \boldsymbol{u}) = k f(\boldsymbol{u})$ ただし, k は実数とする.

が成り立つ.

(1) の条件は和を保ち, (2) の条件は実数倍を保つ.

例 1.5 3 次元の数ベクトル空間から 2 次元の数ベクトル空間への線形写像は, たとえば, 次のような 1 次式で与えられる.

1) $y_1 = 3x_1 + 5x_2 - 6x_3$
2) $y_2 = 2x_1 - 4x_2 + 7x_3$

これは後に説明する行列を用いると次のように書ける.

$$\begin{pmatrix} y_1 \\ y_2 \end{pmatrix} = \begin{pmatrix} 3 & 5 & -6 \\ 2 & -4 & 7 \end{pmatrix} \begin{pmatrix} x_1 \\ x_2 \\ x_3 \end{pmatrix}$$

II 線形代数

2 行　列

2.1　行　列　の　定　義

定義 2.1　自然数 m, n に対し，mn 個の複素数を，縦 m 個，横 n 個の長方形に並べた表を，(m, n) 型の**行列** (matrix) という．これらを大文字 A, B, C などで表す．

$$A = \begin{pmatrix} a_{11} & a_{12} & \cdots & a_{1n} \\ a_{21} & a_{22} & \cdots & a_{2n} \\ \vdots & \vdots & \vdots & \vdots \\ a_{m1} & a_{m2} & \cdots & a_{mn} \end{pmatrix}$$

行列を構成する mn 個の数を行列の**成分**という．とくに，上から i 番目左から j 番目の位置にある成分を (i, j) 成分という．横に並んだ一筋を**行**，縦に並んだ一筋を**列**という．上から i 番目の行を第 i 行，左から j 番目の列を第 j 列という．

(n, n) 型行列を n 次**正方行列**という．

n 次正方行列 A の $(1, 1), (2, 2), \ldots, (n, n)$ 成分を**対角成分**という．対角成分以外のすべての成分が 0 のとき，**対角行列**という．「$i > j$ ならば $a_{ij} = 0$」という性質が成り立つ行列 A を**上三角行列**といい，「$i < j$ ならば $a_{ij} = 0$」という性質が成り立つとき，**下三角行列**という．上（下）三角行列を単に**三角行列**という．

行列 A の成分がすべて実数であるとき，A を**実行列**という．同様に**有理行列**，**整数行列**が定義される．

行列 A を (a_{ij}) と略記することがある．これは (i, j) 成分が a_{ij} であることを示す記号であるが，混同のおそれがあったり，意味がはっきりしなかったりする場合には使わない．

2 つの行列 A, B が等しいとは，A, B が同じ型の行列であって，対応する成分がすべて等しいことである．このとき，$A = B$ と書く．

$(m, 1)$ 型の行列，すなわち縦に m 個の数を並べた表を (m 項) **列ベクトル**または (m 項) **縦ベクトル**という．一般の行列と区別するため，列ベクトルを原則として太い小文字で表

す．たとえば，$\begin{pmatrix} a_1 \\ a_2 \\ \vdots \\ a_m \end{pmatrix}$ を $\boldsymbol{a}$ と書く．

$(1, n)$ 型の行列のことを $(n\text{ 項})$ **行ベクトル**または $(n\text{ 項})$ **横ベクトル**という．便宜上，この章では単にベクトルといったら，列ベクトルを意味すると約束する．(m, n) 型行列 A の第 j 列だけをとると，これは m 項列ベクトルである．これを行列 A の第 j 列ベクトルという．

$$\boldsymbol{a}_1 = \begin{pmatrix} a_{11} \\ a_{21} \\ \vdots \\ a_{m1} \end{pmatrix}, \boldsymbol{a}_2 = \begin{pmatrix} a_{12} \\ a_{22} \\ \vdots \\ a_{m2} \end{pmatrix}, \ldots, \boldsymbol{a}_n = \begin{pmatrix} a_{1n} \\ a_{2n} \\ \vdots \\ a_{mn} \end{pmatrix} \text{ とおいて，} A = (\boldsymbol{a}_1, \boldsymbol{a}_2, \ldots, \boldsymbol{a}_n) \text{ と}$$

書くことがある．行列 A の行ベクトルについても同様に書く．

2.2 行列の和およびスカラー倍

定義 2.2 (行列の和およびスカラー倍 (addition and scalar multiplication of matrices))

A, B を (m, n) 型行列，c を複素数とする．

$$A = \begin{pmatrix} a_{11} & a_{12} & \cdots & a_{1n} \\ a_{21} & a_{22} & \cdots & a_{2n} \\ \vdots & \vdots & \vdots & \vdots \\ a_{m1} & a_{m2} & \cdots & a_{mn} \end{pmatrix}$$

$$B = \begin{pmatrix} b_{11} & b_{12} & \cdots & b_{1n} \\ b_{21} & b_{22} & \cdots & b_{2n} \\ \vdots & \vdots & \vdots & \vdots \\ b_{m1} & b_{m2} & \cdots & b_{mn} \end{pmatrix}$$

のとき，

$$A + B = \begin{pmatrix} a_{11} + b_{11} & a_{12} + b_{12} & \cdots & a_{1n} + b_{1n} \\ a_{21} + b_{21} & a_{22} + b_{22} & \cdots & a_{2n} + b_{2n} \\ \vdots & \vdots & \vdots & \vdots \\ a_{m1} + b_{m1} & a_{m2} + b_{m2} & \cdots & a_{mn} + b_{mn} \end{pmatrix}$$

$$cA = \begin{pmatrix} ca_{11} & ca_{12} & \cdots & ca_{1n} \\ ca_{21} & ca_{22} & \cdots & ca_{2n} \\ \vdots & \vdots & \vdots & \vdots \\ ca_{m1} & ca_{m2} & \cdots & ca_{mn} \end{pmatrix}$$

とおく.

$A+B$ を A と B との**和**, cA を A の c 倍といい, 一般に**スカラー倍**という. $(-1) \cdot A$ を $-A$ と書き, $A+(-B)$ を $A-B$ と書く. 成分がすべて 0 であるような行列を**ゼロ行列**といい, O と書く. 混同するおそれのないときには単に 0 と書くこともある.

命題 2.1 A, B, C, O を型の同じ行列, c, d を複素数とすると次が成り立つ.
1) $(A+B)+C = A+(B+C)$ (**結合法則** (associative law)),
2) $A+B = B+A$ (**交換法則** (commutative law)),
3) $A+O = A$, $A-A = O$,
4) $c(A+B) = cA+cB$,
5) $(c+d)A = cA+dA$,
6) $(cd)A = c(dA)$,
7) $1A = A$, $0A = O$, $cO = O$.

2.3 行列の積

定義 2.3 (行列の**積** (multiplication of matrices)) A が (ℓ, m) 型行列, B が (m, n) 型行列のとき, 積 AB を (ℓ, n) 型行列として次のように定義する.

$$A = \begin{pmatrix} a_{11} & a_{12} & \cdots & a_{1m} \\ a_{21} & a_{22} & \cdots & a_{2m} \\ \vdots & \vdots & \vdots & \vdots \\ a_{\ell 1} & a_{\ell 2} & \cdots & a_{\ell m} \end{pmatrix}$$

$$B = \begin{pmatrix} b_{11} & b_{12} & \cdots & b_{1n} \\ b_{21} & b_{22} & \cdots & b_{2n} \\ \vdots & \vdots & \vdots & \vdots \\ b_{m1} & b_{m2} & \cdots & b_{mn} \end{pmatrix}$$

のとき, AB の (i, k) 成分 c_{ik} $(1 \leqq i \leqq \ell, 1 \leqq k \leqq n)$ は, $c_{ik} = a_{i1}b_{1k} + a_{i2}b_{2k} + a_{i3}b_{3k} + \cdots + a_{im}b_{mk}$ で与えられる.

AB が定義されても，BA は定義できるとはかぎらない．BA が定義されたときも，それはかならずしも AB に等しくない．$AB = BA$ が成り立つとき，A と B とは**交換可能**であるという．

例 2.1 $A = \begin{pmatrix} 0 & 1 \\ 1 & 0 \end{pmatrix}$, $B = \begin{pmatrix} 2 & 3 \\ 4 & 5 \end{pmatrix}$ のとき，$AB = \begin{pmatrix} 4 & 5 \\ 2 & 3 \end{pmatrix}$, $BA = \begin{pmatrix} 3 & 2 \\ 5 & 4 \end{pmatrix}$ となって $AB \neq BA$ である．

定義 2.4 1) **クロネッカー** (Kronecker) **のデルタ** δ_{ij} は $\delta_{ij} = \begin{cases} 1 & (i = j) \\ 0 & (i \neq j) \end{cases}$ と定義される．

2) n 次正方行列 (δ_{ij}) を**単位行列**といい，1_n と書く．

命題 2.2 A, B, C はそれぞれ，$(k, \ell), (\ell, m), (m, n)$ 型とする．
1) $B = (\boldsymbol{b}_1, \boldsymbol{b}_2, \ldots, \boldsymbol{b}_m)$ なら $AB = (A\boldsymbol{b}_1, A\boldsymbol{b}_2, \ldots, A\boldsymbol{b}_m)$,
2) $(AB)C = A(BC)$ （**結合法則**），
   A は (k, ℓ) 型，B, C ともに (ℓ, m) 型とする．
3) $A(B + C) = AB + AC$,
   A, B ともに (k, ℓ) 型，C は (ℓ, m) 型とする．
4) $(A + B)C = AC + BC$,
5) $0A = O$,
6) $1_k A = A 1_\ell = A$.

2.4 転置行列

定義 2.5 (ℓ, m) 型の行列 $A = \begin{pmatrix} a_{11} & a_{12} & \cdots & a_{1m} \\ a_{21} & a_{22} & \cdots & a_{2m} \\ \vdots & \vdots & \vdots & \vdots \\ a_{\ell 1} & a_{\ell 2} & \cdots & a_{\ell m} \end{pmatrix}$ に対し，

$$\begin{pmatrix} a_{11} & a_{21} & \cdots & a_{\ell 1} \\ a_{12} & a_{22} & \cdots & a_{\ell 2} \\ \vdots & \vdots & \vdots & \vdots \\ a_{1m} & a_{2m} & \cdots & a_{\ell m} \end{pmatrix}$$

を A の**転置行列** (transposed matrix) と呼び，${}^t A$ と書く：
${}^t A$ は (m, ℓ) 型の行列となる．これは A の行と列をいれかえたものである．

命題 2.3 $\,^t(AB) = \,^tB\,^tA$

[証明] $A = (a_{ij})$, $B = (b_{jk})$ のとき，$AB = (c_{ik})$ とおくと，$c_{ik} = \sum_j a_{ij}b_{jk}$ となる．$^tB = (d_{kj})$, $^tA = (e_{ji})$ とすると $d_{kj} = b_{jk}$, $e_{ji} = a_{ij}$ である．$^tB\,^tA = (f_{ki})$ とおくと，$f_{ki} = \sum_j d_{kj}e_{ji} = \sum_j b_{jk}a_{ij}$ となる．よって，$c_{ki} = f_{ki}$. （証明終）

2.5 逆行列，正則行列

定義 2.6 n 次正方行列 A について $AX = XA = 1_n$ となる行列 X があるとき，A を**正則行列** (regular matrix) と呼び，X を A の**逆行列** (inverse matrix) という．

命題 2.4 正則行列 A の逆行列は，唯 1 個である．

[証明] $AX = XA = 1_n$, $AY = YA = 1_n$ とする．このとき，X を左から掛けると，$(XA)Y = X(YA)$ より，$Y = X$ となる． （証明終）

正則行列 A の逆行列を A^{-1} と書く．

命題 2.5 A, B が n 次正則行列のとき，
1) $(AB)^{-1} = B^{-1}A^{-1}$
2) AB は正則行列である．

[証明] $(AB)(B^{-1}A^{-1}) = A(BB^{-1})A^{-1} = AA^{-1} = 1_n$, $(B^{-1}A^{-1})(AB) = B^{-1}(A^{-1}A)B = B^{-1}B = 1_n$. よって，$B^{-1}A^{-1}$ は AB の逆行列なので，$(AB)^{-1}$ になる． （証明終）

2.6 行列の基本変形

行列についての操作について次の記号を用いる．

行基本変形 (elementary operation) **とその記号**
 (i) r 行と s 行を交換することを P_{rs} と書く．
 (ii) r 行を $\lambda \ne 0$ 倍することを $M_r(\lambda)$ と書く．
 (iii) $r \ne s$ のとき，r 行に s 行の λ 倍を加えることを $A_{rs}(\lambda)$ と書く．
(i)〜(iii) を**行基本変形**とよぶ．

注意 2.1 以上の操作はすでに宋の時代には知られていた．

注意 2.2 P_{rs} を 2 度繰り返すと元に戻る．$M_r(\lambda)$ と $M_r(\lambda^{-1})$ を行えば元に戻る．$A_{rs}(\lambda)$ と $A_{rs}(-\lambda)$ を行えば元に戻る．$M_r(\lambda)$ は単位行列の r 行目の 1 を λ で置き換えた行列を左から掛けることに相当する．$A_{rs}(\lambda)$ は単位行列の (r, s) 成分を λ に置き換

えた行列を左から掛けることに相当する．P_{rs} は単位行列の (r,r) 成分と (r,s) を交換，(s,s) 成分と (s,r) 成分を交換した行列を左から掛けることに相当する．しかし P_{rs} は $A_{rs}(1) \longrightarrow A_{sr}(-1) \longrightarrow A_{rs}(1) \longrightarrow M_s(-1)$ と分解できる．

これらの変形は左からある正則行列を掛けることと等しい．いくつか例を示そう．

$$\begin{pmatrix} 3 & 1 & 5 \\ 6 & -2 & 7 \end{pmatrix} \stackrel{M_1(2)}{\longrightarrow} \begin{pmatrix} 6 & 2 & 10 \\ 6 & -2 & 7 \end{pmatrix}$$ は

$$\begin{pmatrix} 2 & 0 \\ 0 & 1 \end{pmatrix} \begin{pmatrix} 3 & 1 & 5 \\ 6 & -2 & 7 \end{pmatrix} = \begin{pmatrix} 6 & 2 & 10 \\ 6 & -2 & 7 \end{pmatrix}$$ と表される．

$$\begin{pmatrix} 6 & 2 & 10 \\ 6 & -2 & 7 \end{pmatrix} \stackrel{A_{12}(-1)}{\longrightarrow} \begin{pmatrix} 0 & 4 & 3 \\ 6 & -2 & 7 \end{pmatrix}$$ は $$\begin{pmatrix} 1 & -1 \\ 0 & 1 \end{pmatrix} \begin{pmatrix} 6 & 2 & 10 \\ 6 & -2 & 7 \end{pmatrix} = \begin{pmatrix} 0 & 4 & 3 \\ 6 & -2 & 7 \end{pmatrix}$$ と表される．

命題 2.6 行基本変形は行列の左から対応する行列を掛けることと同じである．行基本変形に対応する行列は正則行列である．任意の正則行列は行基本変形に対応する行列の積として書ける．

列についても同様であり，**列基本変形**が定義できる．たとえば，転置した行列に行基本変形をして，再度転置することにより列基本変形が得られる．

2.7 連立 1 次方程式系の解法（1）

次に行基本変形によって連立 1 次方程式を解く．

例 2.2 連立方程式 $\begin{cases} 3x + y = 5 \\ 6x - 2y = 7 \end{cases}$ の右辺を左に移項して $\begin{cases} 3x + y + 5(-1) = 0 \\ 6x - 2y + 7(-1) = 0 \end{cases}$ と書き換えてから行列を用いて表すと，次のようになる．

$$\begin{pmatrix} 3 & 1 & 5 \\ 6 & -2 & 7 \end{pmatrix} \begin{pmatrix} x \\ y \\ -1 \end{pmatrix} = \begin{pmatrix} 0 \\ 0 \\ 0 \end{pmatrix} \quad \begin{pmatrix} 3 & 1 & 5 \\ 6 & -2 & 7 \end{pmatrix}$$ に行基本変形を繰り返して解く．行基本変形を行って

$$\begin{pmatrix} 3 & 1 & 5 \\ 6 & -2 & 7 \end{pmatrix} \stackrel{A_{21}(-2)}{\longrightarrow} \begin{pmatrix} 3 & 1 & 5 \\ 0 & -4 & -3 \end{pmatrix} \stackrel{M_2(\frac{-1}{4})}{\longrightarrow} \begin{pmatrix} 3 & 1 & 5 \\ 0 & 1 & \frac{3}{4} \end{pmatrix} \stackrel{A_{12}(-1)}{\longrightarrow}$$

$$\begin{pmatrix} 3 & 0 & \frac{17}{4} \\ 0 & 1 & \frac{3}{4} \end{pmatrix} \stackrel{M_1(\frac{1}{3})}{\longrightarrow} \begin{pmatrix} 1 & 0 & \frac{17}{12} \\ 0 & 1 & \frac{3}{4} \end{pmatrix}$$

よって
$$x = \frac{17}{12}, \quad y = \frac{3}{4}$$

$\begin{pmatrix} 3 & 1 \\ 6 & -2 \end{pmatrix}$ を**係数行列**, $\begin{pmatrix} 3 & 1 & 5 \\ 6 & -2 & 7 \end{pmatrix}$ を**拡大係数行列**という.

2.8 逆行列の基本変形による求め方

A の逆行列 A^{-1} を求めるには $PA = 1_n$ となる正則行列 P を見つければよい. このとき, $A = P^{-1}$ となり, $A^{-1} = P$ である. したがって, A に基本変形を施して, 単位行列とすればよいのであるが, どんな基本変形を施したか記録するには単位行列に同じ基本変形を施せばよい. A と 1_n を並べてできた $(n, 2n)$ 型の行列 $(A \ 1_n)$ に関して, $P(A \ 1_n) = (PA \ P1_n) = (1_n \ P)$ と行基本変形することにより A の逆行列 P を見つけることができる.

例 2.3 $A = \begin{pmatrix} 2 & 5 \\ 1 & 3 \end{pmatrix}$ の逆行列を行基本変形を利用して求めてみよう.

A の右側に同じ次数の単位行列を並べ, A の部分が単位行列になるまで行基本変形を行う.

$\begin{pmatrix} 2 & 5 & 1 & 0 \\ 1 & 3 & 0 & 1 \end{pmatrix} \xrightarrow{A_{12}(-2)} \begin{pmatrix} 0 & -1 & 1 & -2 \\ 1 & 3 & 0 & 1 \end{pmatrix} \xrightarrow{M_1(-1)} \begin{pmatrix} 0 & 1 & -1 & 2 \\ 1 & 3 & 0 & 1 \end{pmatrix} \xrightarrow{P_{12}}$
$\begin{pmatrix} 1 & 3 & 0 & 1 \\ 0 & 1 & -1 & 2 \end{pmatrix} \xrightarrow{A_{12}(-3)} \begin{pmatrix} 1 & 0 & 3 & -5 \\ 0 & 1 & -1 & 2 \end{pmatrix}$

よって $A^{-1} = \begin{pmatrix} 3 & -5 \\ -1 & 2 \end{pmatrix}$.

2.9 行列の基本変形と階数

行基本変形による**標準形**（**既約階段行列**）への変形の方法

  STEP(A)

   1) 第1列がゼロベクトルならば STEP(B) に行く.

   2) 第1列のゼロでない成分 x に注目してその成分を含む行を第1行にもってくるように行の交換をする.

   3) 第1行を $1/x$ 倍する. その結果 $(1,1)$ 成分が1になる.

   4) 第1列のほかの行の成分をすべて零にするように行基本変形を繰り返し行う.

  1行目を除いた行列を考える. もし行列がなくなったとき, STEP(C) に行く. 行列が

残るとき，STEP(A) に戻る．

STEP(B) 第 1 列を除く．行列があって，ゼロ行列でなければ，STEP(A) に戻る．ゼロ行列または行列がなければ STEP(C) に行く．

STEP(C) 最初に与えられた行列はこれまでの変形で次の図のように1行ごとに0成分が増える階段行列となっている．ここで1つ1つの行ベクトルについて成分が0でない左端の1となっている成分を含む列ベクトルのほかの成分を行基本変形でゼロとする．

STEP(C) を終えると次の形の行列が得られる．これを行列 A の行基本変形による**標準形**（**既約階段行列**）という．

$$\left.\begin{pmatrix} 0 & \cdots & 0 & 1 & 0 & \cdots & 0 & 0 & * & 0 & * & 0 & * \\ 0 & \cdots & 0 & 0 & 0 & \cdots & 0 & 1 & * & 0 & * & 0 & * \\ 0 & \cdots & 0 & 0 & 0 & \cdots & 0 & 0 & 0 & 1 & * & 0 & * \\ \vdots & \ddots & \vdots & \vdots & \vdots & \ddots & \vdots & \vdots & \vdots & \vdots & \ddots & \vdots & \vdots \\ 0 & \cdots & 0 & 0 & 0 & \cdots & 0 & 0 & 0 & 0 & 0 & 1 & * \\ 0 & \cdots & 0 & 0 & 0 & \cdots & 0 & 0 & 0 & 0 & 0 & 0 & 0 \\ \vdots & & \vdots & \vdots & \vdots & & \vdots & \vdots & \vdots & \vdots & & \vdots & \vdots \\ 0 & \cdots & 0 & 0 & 0 & \cdots & 0 & 0 & 0 & 0 & 0 & 0 & 0 \end{pmatrix}\right\}r$$

上の行列においてゼロ行ベクトルではない行数 r を行列の**階数** (rank of matrix) という．このとき階数は r であり，$\operatorname{rank} A = r$ と書く．階数が基本変形の操作の手順によらないことを以下の3つの命題を用いて証明する．

命題 2.7 (補題) P, Q が正則行列で，$P \begin{pmatrix} 1_r & 0 \\ 0 & 0 \end{pmatrix} = \begin{pmatrix} 1_s & 0 \\ 0 & 0 \end{pmatrix} Q$ を満たすなら，$r = s$ となる．ただし，0 はゼロ成分があることを示す．

[解答]
$$\begin{pmatrix} p_{11} & p_{12} & \cdots & p_{1m} \\ p_{21} & p_{22} & \cdots & p_{2m} \\ \vdots & \vdots & \vdots & \vdots \\ p_{m1} & p_{m2} & \cdots & p_{mm} \end{pmatrix} \begin{pmatrix} 1_r & 0 \\ 0 & 0 \end{pmatrix} = \begin{pmatrix} p_{11} & \cdots & p_{1r} & 0 \\ p_{21} & \cdots & p_{2r} & 0 \\ \vdots & \vdots & \vdots & 0 \\ p_{m1} & \cdots & p_{mr} & 0 \end{pmatrix}$$

$$\begin{pmatrix} 1_s & 0 \\ 0 & 0 \end{pmatrix} \begin{pmatrix} q_{11} & q_{12} & \cdots & q_{1n} \\ q_{21} & q_{22} & \cdots & q_{2n} \\ \vdots & \vdots & \vdots & \vdots \\ q_{n1} & q_{n2} & \cdots & q_{nn} \end{pmatrix} = \begin{pmatrix} q_{11} & q_{12} & \cdots & q_{1n} \\ \vdots & \vdots & \vdots & \vdots \\ q_{s1} & q_{s2} & \cdots & q_{sn} \\ 0 & 0 & 0 & 0 \end{pmatrix}$$

これから，

$$\begin{cases} p_{ij} = q_{ij} & (1 \leqq i \leqq s, 1 \leqq j \leqq r) \\ p_{ij} = 0 & (i > s, j \leqq r) \\ q_{ij} = 0 & (i \leqq s, j > r) \end{cases}$$

となり,

$$P = \begin{pmatrix} p_{11} & p_{12} & \cdots & p_{1r} & \cdots \\ p_{21} & p_{22} & \cdots & p_{2r} & \cdots \\ \vdots & \vdots & \vdots & \vdots & \vdots \\ p_{s1} & p_{s2} & \cdots & p_{sr} & \cdots \\ 0 & 0 & \cdots & 0 & \cdots \\ \vdots & \vdots & \vdots & \vdots & \vdots \\ 0 & 0 & \cdots & 0 & \cdots \end{pmatrix}$$

の型になる. $r > s$ と仮定して, この P に行基本変形を施すと

$$\begin{pmatrix} \overbrace{\begin{matrix} 1 & & \\ & \ddots & \\ & & 1 \end{matrix}}^{s} & \overbrace{\begin{matrix} \vdots & \vdots & \vdots \\ \vdots & \vdots & \vdots \\ \vdots & \vdots & \vdots \end{matrix}}^{r-s} & 0 \\ \hline 0 & 0 & \begin{matrix} 1 & & \\ & \ddots & \\ & & 1 \\ & 0 & \end{matrix} \end{pmatrix} \begin{matrix} \left.\vphantom{\begin{matrix}1\\1\\1\end{matrix}}\right\}s \\ \left.\vphantom{\begin{matrix}1\\1\\1\end{matrix}}\right\}m-r \\ \left.\vphantom{\begin{matrix}1\end{matrix}}\right\}r-s \end{matrix}$$

となる場合に階数が最大となる. よって, $\operatorname{rank} P \leqq m - (r-s)$ である.「m 次正則行列 P が正則 $\Leftrightarrow \operatorname{rank} P = m$」に注意すると, P は正則ではない. $r < s$ のとき, Q について列基本変形を施すと $\operatorname{rank} Q \leqq n - (s-r)$ となり, Q は正則行列ではない. よって, $r = s$ でなければならない. (解答終)

命題 2.8 行列 A に対して正則行列 P, Q が存在して $PAQ = \begin{pmatrix} 1_r & 0 \\ 0 & 0 \end{pmatrix}$ とできる.

[証明] 正則行列 P で PA が階段行列かつすべての零でない左端の成分が 1 でその列の成分はすべて 0 となっているような「行に関する標準形」となる行列にできる. ${}^t(PA)$ に同様なことをして正則行列 ${}^tQ$ で ${}^tQ{}^t(PA) = \begin{pmatrix} 1_r & 0 \\ 0 & 0 \end{pmatrix}$ とできる. これを転置して結果を得る. (証明終)

命題 2.9 (行列の階数の一意性)　行列 A が与えられたとき, 2 組の正則行列 P_1, P_2, Q_1, Q_2 に対して $P_1 A Q_1 = \begin{pmatrix} 1_r & 0 \\ 0 & 0 \end{pmatrix}, P_2 A Q_2 = \begin{pmatrix} 1_s & 0 \\ 0 & 0 \end{pmatrix}$ ならば $r = s$.

[証明]　$A = P_1^{-1} \begin{pmatrix} 1_r & 0 \\ 0 & 0 \end{pmatrix} Q_1^{-1} = P_2^{-1} \begin{pmatrix} 1_s & 0 \\ 0 & 0 \end{pmatrix} Q_2^{-1}$ から $P \begin{pmatrix} 1_r & 0 \\ 0 & 0 \end{pmatrix} = \begin{pmatrix} 1_r & 0 \\ 0 & 0 \end{pmatrix} Q$. $P = P_2 P_1^{-1}, Q = Q_2^{-1} Q_1$ とおけば, 命題 2.7 から従う. 　　(証明終)

系 2.1　$\operatorname{rank}{}^t A = \operatorname{rank} A$

行基本変形については「(ii) 1 つの行を零以外の定数倍する」,「(iii) 1 つの行にほかの行の何倍かを加える」の操作のみで「(i) 2 つの行を交換する」は不要である.

「(iv) 1 つの行を零倍する」を付け加えた変形を考えればもはや元には戻れない変形となる.

命題 2.10　行基本変形に (iv) の変形を追加すれば行列の左から対応する正方行列を掛けることと同じである. 任意の正方行列はこれらの変形に対応する行列の積として書ける.

さらに,「(v) 1 番下の零行ベクトルを取り除く」「(vi) 1 番下の零行ベクトルをさしはさむ」の変形を追加すれば正方とは限らない行列を左から掛けることになる.

命題 2.11　行基本変形に (iv)(v)(vi) の変形を追加すれば行列の左から対応する行列を掛けることと同じである. 任意の行列はこれらの変形に対応する行列の積として書ける.

$\min\{a, b\}$ または $\max\{a, b\}$ は 2 つの数 a, b の大きくない方または小さくない方をそれぞれ表す記号である.

命題 2.12　A, B は行列で AB が定義できるとき次が成り立つ.

$$\operatorname{rank} AB \leq \min\{\operatorname{rank} A, \operatorname{rank} B\}$$

[証明]　$\operatorname{rank} AB \leq \operatorname{rank} B$ を示せばよい. 実際, 転置しても階数は不変なので上の式から $\operatorname{rank}{}^t(AB) = \operatorname{rank}{}^t B {}^t A \leq \operatorname{rank}{}^t A$ が得られる. よって, $\operatorname{rank} AB \leq \operatorname{rank} A$. さて, B の左から A を掛けるということは行基本変形と (iv)–(vi) の変形を繰り返すことに等しい.「(iv) 1 つの行をゼロ倍する」という変形で階数が減ることがある. よって問題の不等式は証明された. 　　(証明終)

命題 2.13　行列 A, B が正方行列のとき, 積 AB が正則ならば, A も B も正則である.

[証明]　A, B が n 次正方行列とする. $n = \operatorname{rank} AB \leq \min\{\operatorname{rank} A, \operatorname{rank} B\} \leq \max\{\operatorname{rank} A, \operatorname{rank} B\} \leq n$ より $\operatorname{rank} A = \operatorname{rank} B = n$ となる. 　　(証明終)

命題 2.14 積 AB が定義できるとき，A の列数と B の行数は等しいので，それを n とおくと $\operatorname{rank} A + \operatorname{rank} B - n \leqq \operatorname{rank} AB$．

[**証明**] $\operatorname{rank} A = r$ とすれば $PAQ = \begin{pmatrix} 1_r & 0 \\ 0 & 0 \end{pmatrix}$ となる正則行列 P, Q がある．P は正則なので階数を変えないから $\operatorname{rank} PAQQ^{-1}B = \operatorname{rank} AB$ が成り立つ．一方，$(PAQ)Q^{-1}B = \begin{pmatrix} 1_r & 0 \\ 0 & 0 \end{pmatrix} Q^{-1}B$ をみれば $Q^{-1}B$ の上から r 行までだけがそのまま残ってそれ以下の行は零ベクトルとなる．したがって，$Q^{-1}B$ の行ベクトルで階数に寄与する行ベクトルが $Q^{-1}B$ の下の行に集中している場合が階数が一番低下するときである．こうして，$\operatorname{rank} B = s$ とおくと，上から r 行と下から s 行の共通となる行は $\max\{r+s-n, 0\}$ だけある．よって $\max\{r+s-n, 0\} \leqq \operatorname{rank} AB$ が成り立つ． (証明終)

II 線形代数

3 行 列 式

行列式 (determinant) について考えよう.

3.1 平行四辺形の符号付き面積，平行体の符号付き体積

例 3.1 (1 次の行列式) 数 a とそれを成分とする行列 (a) を同一視して，その行列式を a と定め，$\det(a)$ と書く．したがって，$\det(a) = a$ となる．実数 s, t に対して $\det(sa + tb) = s\det(a) + t\det(b)$ が成り立つ．この形の式が成り立つとき，$\det$ には線形性があるという．

（平行四辺形の**符号付き面積**）

例 3.2 (2 次の行列式)

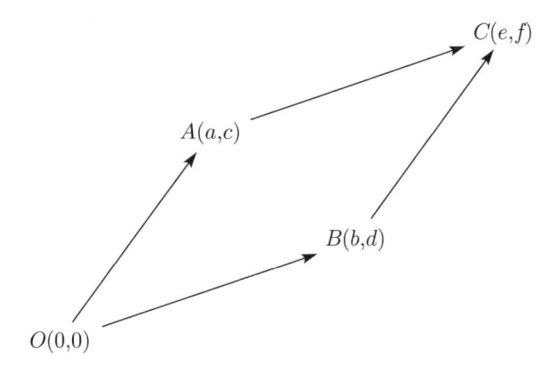

平面上の点を点 $O(0,0)$, $A(a,c)$, $B(b,d)$, $C(e,f)$ とする ($e = a+b, f = c+d$). 平行四辺形 $OACB$ の符号付き面積は O から A の向きに引かれた半直線を正の向きとするとき，反時計周りにその半直線からの角度 $0°$ から $180°$ の半平面の境界を含まない内部に B があるとき，正の平行四辺形といって正の面積，境界線上にあれば 0, 残りの半平面の境界を含まない内部にあれば，負の平行四辺形といって負の面積と定義する．後で計算するように，平行四辺形 $OABC$ の符号付き面積は $ad - bc$ となる．

定義 3.1 2つの平面上のベクトル $\boldsymbol{a} = {}^t(a,c)$ と $\boldsymbol{b} = {}^t(b,d)$ に対して，$\boldsymbol{a}, \boldsymbol{b}$ の張る平行四辺形の符号付き面積 $ad - bc$ を $\det(\boldsymbol{a}, \boldsymbol{b})$ と書いて 2 次の行列式と呼ぶ．このとき，$\det(\boldsymbol{a}, \boldsymbol{b}) = \begin{vmatrix} a & b \\ c & d \end{vmatrix}$ とも書く．$\det(\boldsymbol{a}, \boldsymbol{b}) = |\boldsymbol{a}, \boldsymbol{b}|$ と書くこともある．

性質

$\boldsymbol{a}$ と $\boldsymbol{b}$ の張る平行四辺形に $\boldsymbol{a}$ と $\boldsymbol{c}$ の張る平行四辺形を $\boldsymbol{a}$ で与えられる辺でくっ付けて考えた六角形の符号付き面積はそれぞれの平行四辺形の符号付き面積の和である．それは $\boldsymbol{a}$ と $\boldsymbol{b}+\boldsymbol{c}$ の張る平行四辺形の符号付き面積に等しい．すなわち，

1) $\det(\boldsymbol{a}, \boldsymbol{b}+\boldsymbol{c}) = \det(\boldsymbol{a}, \boldsymbol{b}) + \det(\boldsymbol{a}, \boldsymbol{c})$ が成り立つ．また，実数 s に対して $\det(\boldsymbol{a}, s\boldsymbol{b}) = s\det(\boldsymbol{a}, \boldsymbol{b})$ が成り立つ．
2) 同様に，$\det(\boldsymbol{a}+\boldsymbol{b}, \boldsymbol{c}) = \det(\boldsymbol{a}, \boldsymbol{c}) + \det(\boldsymbol{b}, \boldsymbol{c})$, $\det(s\boldsymbol{a}, \boldsymbol{b}) = s\det(\boldsymbol{a}, \boldsymbol{b})$ が成立する．
3) もちろん，$\det(\boldsymbol{a}, \boldsymbol{a}) = 0$ である．
4) $\det(\boldsymbol{b}, \boldsymbol{a}) = -\det(\boldsymbol{a}, \boldsymbol{b})$ となる．実際，$\det(\boldsymbol{a}+\boldsymbol{b}, \boldsymbol{a}+\boldsymbol{b}) = 0$ から $\det(\boldsymbol{a}+\boldsymbol{b}, \boldsymbol{a}+\boldsymbol{b}) = \det(\boldsymbol{a}, \boldsymbol{a}) + \det(\boldsymbol{a}, \boldsymbol{b}) + \det(\boldsymbol{b}, \boldsymbol{a}) + \det(\boldsymbol{b}, \boldsymbol{b}) = 0$ により得られる．
5) $\boldsymbol{e}_1 = {}^t(1,0)$, $\boldsymbol{e}_2 = {}^t(0,1)$ のとき，$\det(\boldsymbol{e}_1, \boldsymbol{e}_2) = 1$ である．

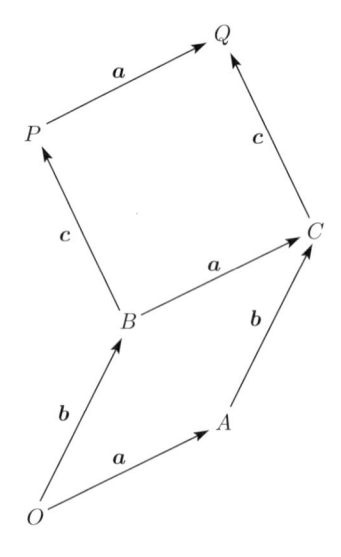

例 3.3 平行四辺形 $OACB$ において，A と B が同一の点ならば平行四辺形は線分につぶれている．そのときの符号付き面積は 0 である．

定理 3.1 定義の直後に挙げた性質からわかるように次が成り立つ．

双線形性 $\det(\boldsymbol{a}, s\boldsymbol{b} + t\boldsymbol{c}) = s\det(\boldsymbol{a}, \boldsymbol{b}) + t\det(\boldsymbol{a}, \boldsymbol{c})$

3. 行　列　式

$$\det(s\boldsymbol{a}+t\boldsymbol{d},\boldsymbol{b})=s\det(\boldsymbol{a},\boldsymbol{b})+t\det(\boldsymbol{d},\boldsymbol{b})$$

交代性　$\det(\boldsymbol{a},\boldsymbol{a})=0$

正規性　$\det(\begin{pmatrix}1\\0\end{pmatrix},\begin{pmatrix}0\\1\end{pmatrix})=1$

例 3.4　上の例で図示した平行四辺形 $OABC$ の符号付き面積を上の例の性質を用いて求めてみよう．
$$\begin{vmatrix}a&b\\c&d\end{vmatrix}=\begin{vmatrix}a&b\\c&0\end{vmatrix}+\begin{vmatrix}a&0\\c&d\end{vmatrix}=\begin{vmatrix}a&1\\c&0\end{vmatrix}b+\begin{vmatrix}a&0\\c&1\end{vmatrix}d=\begin{vmatrix}1&1\\0&0\end{vmatrix}ab+$$
$$\begin{vmatrix}1&0\\0&1\end{vmatrix}ad+\begin{vmatrix}0&1\\1&0\end{vmatrix}cb+\begin{vmatrix}0&0\\1&1\end{vmatrix}cd=\begin{vmatrix}1&0\\0&1\end{vmatrix}ad+\begin{vmatrix}0&1\\1&0\end{vmatrix}cb=ad-bc$$

注意 3.1　平面内の符号付平行四辺形の符号付き面積から上の性質が導かれるが，逆に，この3つの性質をもつ関数として行列式が定義できる．n 次元空間内の順番を考慮した n 個のベクトル $\boldsymbol{a}_1,\boldsymbol{a}_2,\dots,\boldsymbol{a}_n$ で張られる n 次元平行体の**符号付き体積**として n 次行列式が定義できる．そのとき，上の3つの性質に当たる性質が成り立つ．

注意 3.2　$\boldsymbol{a},\boldsymbol{b}$ の張る平行四辺形を符号付き面積が変わらないような平行四辺形へ変形することを平行四辺形の**等積移動**という．回転と平行移動は等積移動である．さらに，すべての t に対して，$\boldsymbol{a},\boldsymbol{b}+t\boldsymbol{a}$ で張られる平行四辺形は等積移動による平行四辺形である．すなわち，$\det(\boldsymbol{a},\boldsymbol{b}+t\boldsymbol{a})=\det(\boldsymbol{a},\boldsymbol{b})+t\det(\boldsymbol{a},\boldsymbol{a})=\det(\boldsymbol{a},\boldsymbol{b})$．しかし，平行四辺形の底辺と高さを変えない変形なので，これを行列式の基本性質と考えることもできる．

3.2　クラーメルの解法 (1)

例 3.5　クラーメル (Cramer) の解法: 定数 a,b,c,d が $ad-bc\neq 0$ を満たすとき，未知数 x,y の連立方程式 $\begin{cases}ax+by=e\\cx+dy=f\end{cases}$ を解くと，$\begin{cases}x=\frac{ed-fb}{ad-cb}\\y=\frac{af-ce}{ad-cb}\end{cases}$ となる．

注意 3.3　上の例を公式を行列式を使って導いてみよう．$\boldsymbol{a}=\begin{pmatrix}a\\c\end{pmatrix}$，$\boldsymbol{b}=\begin{pmatrix}b\\d\end{pmatrix}$，$\boldsymbol{c}=\begin{pmatrix}e\\f\end{pmatrix}$ とおくと，$x\boldsymbol{a}+y\boldsymbol{b}=\boldsymbol{c}$ と書ける．$\det(\boldsymbol{c},\boldsymbol{b})=\det(x\boldsymbol{a}+y\boldsymbol{b},\boldsymbol{b})=x\det(\boldsymbol{a},\boldsymbol{b})$，$\det(\boldsymbol{a},\boldsymbol{c})=\det(\boldsymbol{a},x\boldsymbol{a}+y\boldsymbol{b})=y\det(\boldsymbol{a},\boldsymbol{b})$ が得られる．これは平行四辺形の等積移動を用いた，符号付き面積比による幾何学的な解法である．

3 次の行列式

例 3.6 空間に右手系の直交座標を与えられたとき,3 つの位置ベクトル $\boldsymbol{a} = {}^t(a_1, a_2, a_3)$, $\boldsymbol{b} = {}^t(b_1, b_2, b_3)$, $\boldsymbol{c} = {}^t(c_1, c_2, c_3)$ で張られる平行六面体 $\{t_1\boldsymbol{a} + t_2\boldsymbol{b} + t_3\boldsymbol{c} \mid 0 \leq t_i \leq 1 \, (i = 1, 2, 3)\}$ を考えよう.2 つの平行でないベクトル $\boldsymbol{a} = {}^t(a_1, a_2, a_3)$, $\boldsymbol{b} = {}^t(b_1, b_2, b_3)$ で張られた平面は空間を 2 つの部分に分ける.右手において $\boldsymbol{a}$ を親指,$\boldsymbol{b}$ を人指し指としたときの中指のある側を正とする.面の正の側の内部に第 3 のベクトルの終点があるとき,この平行六面体を正の平行六面体,負の側にそれがあるとき,負の平行六面体と呼び,総称して向きつき平行六面体という.第 3 のベクトルがこの平面内に含まれるときは,平行六面体はつぶれて 2 次元になっている.向きつき平行六面体の符号付き体積を $\det(\boldsymbol{a}, \boldsymbol{b}, \boldsymbol{c})$ と書き,$\boldsymbol{a}, \boldsymbol{b}, \boldsymbol{c}$ の行列式と呼ぶ.

定理 3.2 上の例から行列式について次が成り立つ.

多重線形性 各列について線形性がある.
$$\det(\boldsymbol{a}, \boldsymbol{b}, s\boldsymbol{x} + t\boldsymbol{y}) = s\det(\boldsymbol{a}, \boldsymbol{b}, \boldsymbol{x}) + t\det(\boldsymbol{a}, \boldsymbol{b}, \boldsymbol{y})$$
$$\det(\boldsymbol{a}, s\boldsymbol{x} + t\boldsymbol{y}, \boldsymbol{c}) = s\det(\boldsymbol{a}, \boldsymbol{x}, \boldsymbol{c}) + t\det(\boldsymbol{a}, \boldsymbol{y}, \boldsymbol{c})$$
$$\det(s\boldsymbol{x} + t\boldsymbol{y}, \boldsymbol{b}, \boldsymbol{c}) = s\det(\boldsymbol{x}, \boldsymbol{b}, \boldsymbol{c}) + t\det(\boldsymbol{y}, \boldsymbol{b}, \boldsymbol{c})$$

交代性 次のように 2 つの列が等しいときは行列式の値は 0 である.
$$\begin{cases} \det(\boldsymbol{a}, \boldsymbol{a}, \boldsymbol{c}) = 0 \\ \det(\boldsymbol{a}, \boldsymbol{b}, \boldsymbol{b}) = 0 \\ \det(\boldsymbol{c}, \boldsymbol{b}, \boldsymbol{c}) = 0 \end{cases}$$

正規性 単位行列の行列式の値は 1 である.$\det(\begin{pmatrix}1\\0\\0\end{pmatrix}, \begin{pmatrix}0\\1\\0\end{pmatrix}, \begin{pmatrix}0\\0\\1\end{pmatrix}) = 1$

系 3.1 標数 0 の可換体の数を成分とする行列式のとき,3 列目についての線形性と 2 つの列の交換で符号が交代することと正規性を仮定すれば行列式は決定される.

例 3.7 3 次の行列式を上の定理の 3 つの性質から計算してみよう.まず,各列についての線形性を用いて分解する.

$$\begin{vmatrix} a_{11} & a_{12} & a_{13} \\ a_{21} & a_{22} & a_{23} \\ a_{31} & a_{32} & a_{33} \end{vmatrix} =$$

$$\begin{vmatrix} 1 & 0 & 0 \\ 0 & 1 & 0 \\ 0 & 0 & 1 \end{vmatrix} a_{11}a_{22}a_{33} + \begin{vmatrix} 0 & 0 & 1 \\ 1 & 0 & 0 \\ 0 & 1 & 0 \end{vmatrix} a_{21}a_{32}a_{13} + \begin{vmatrix} 0 & 1 & 0 \\ 0 & 0 & 1 \\ 1 & 0 & 0 \end{vmatrix} a_{31}a_{12}a_{23}$$

$$+ \begin{vmatrix} 0 & 1 & 0 \\ 1 & 0 & 0 \\ 0 & 0 & 1 \end{vmatrix} a_{21}a_{12}a_{33} + \begin{vmatrix} 1 & 0 & 0 \\ 0 & 0 & 1 \\ 0 & 1 & 0 \end{vmatrix} a_{11}a_{32}a_{23} + \begin{vmatrix} 0 & 0 & 1 \\ 0 & 1 & 0 \\ 1 & 0 & 0 \end{vmatrix} a_{31}a_{22}a_{13} =$$
$$a_{11}a_{22}a_{33} + a_{21}a_{32}a_{13} + a_{31}a_{12}a_{23} - a_{21}a_{12}a_{33} - a_{11}a_{32}a_{23} - a_{31}a_{22}a_{13}$$

命題 3.1 (サラス (Sarrus) の法則) 上の例から $\begin{vmatrix} a_{11} & a_{12} & a_{13} \\ a_{21} & a_{22} & a_{23} \\ a_{31} & a_{32} & a_{33} \end{vmatrix}$ の 1 列目 2 列目 3 列目から (123) の 6 個の順列たとえば (312) を選べば, a_{31}, a_{12}, a_{23} を選んでそれらの積 $a_{31}a_{12}a_{23}$ を作り下の符号をつけて 6 個の和を作ると行列式の展開となっている. 次の行列式の 1 の位置から元の行列式の成分を選んで 3 項の積を作り, 次のように符号をつけて加えると行列式の値となる. $\begin{vmatrix} 1 & 0 & 0 \\ 0 & 1 & 0 \\ 0 & 0 & 1 \end{vmatrix}, \begin{vmatrix} 0 & 0 & 1 \\ 1 & 0 & 0 \\ 0 & 1 & 0 \end{vmatrix}, \begin{vmatrix} 0 & 1 & 0 \\ 0 & 0 & 1 \\ 1 & 0 & 0 \end{vmatrix}$ から選んだ成分の積には $+1$ の符号がつく. $\begin{vmatrix} 0 & 1 & 0 \\ 1 & 0 & 0 \\ 0 & 0 & 1 \end{vmatrix}, \begin{vmatrix} 1 & 0 & 0 \\ 0 & 0 & 1 \\ 0 & 1 & 0 \end{vmatrix}, \begin{vmatrix} 0 & 0 & 1 \\ 0 & 1 & 0 \\ 1 & 0 & 0 \end{vmatrix}$ から選んだ成分の積には -1 の符号がつく.

3.3 ベクトル積, 内積, 3 重積

定義 3.2 1) ベクトル積 (vector product): 2 つのベクトル $\boldsymbol{a} = {}^t(a_1, a_2, a_3)$, $\boldsymbol{b} = {}^t(b_1, b_2, b_3)$ の**ベクトル積**は

$$\boldsymbol{a} \times \boldsymbol{b} = {}^t\left(\begin{vmatrix} a_2 & b_2 \\ a_3 & b_3 \end{vmatrix}, \begin{vmatrix} a_3 & b_3 \\ a_1 & b_1 \end{vmatrix}, \begin{vmatrix} a_1 & b_1 \\ a_2 & b_2 \end{vmatrix} \right)$$

と定義される. $|\boldsymbol{a} \times \boldsymbol{b}|$ は $\boldsymbol{a}$ と $\boldsymbol{b}$ の張る平行四辺形の面積を表す.
2) 内積 (inner product): 2 つのベクトル $\boldsymbol{a}, \boldsymbol{b}$ の**内積**は $\boldsymbol{a} \cdot \boldsymbol{b} = a_1b_1 + a_2b_2 + a_3b_3$ と定義される.

例 3.8 ベクトル $\boldsymbol{a}, \boldsymbol{b}, \boldsymbol{c}, \boldsymbol{d}$ について以下が成り立つ.
1) ベクトル積も内積も双線形である. すなわち, 数 s, t について, $(s\boldsymbol{a} + t\boldsymbol{b}) \times \boldsymbol{c} = s\boldsymbol{a} \times \boldsymbol{c} + t\boldsymbol{b} \times \boldsymbol{c}$,
2) $\boldsymbol{b} \times \boldsymbol{a} = -\boldsymbol{a} \times \boldsymbol{b}, (s\boldsymbol{a} + t\boldsymbol{b}) \cdot \boldsymbol{c} = s\boldsymbol{a} \cdot \boldsymbol{c} + t\boldsymbol{b} \cdot \boldsymbol{c}, \boldsymbol{a} \cdot \boldsymbol{b} = \boldsymbol{b} \cdot \boldsymbol{a}$,
3) $\boldsymbol{a} \cdot (\boldsymbol{b} \times \boldsymbol{c}) = \boldsymbol{b} \cdot (\boldsymbol{c} \times \boldsymbol{a}) = \boldsymbol{c} \cdot (\boldsymbol{a} \times \boldsymbol{b}) =$

$$\begin{vmatrix} a_1 & b_1 & c_1 \\ a_2 & b_2 & c_2 \\ a_3 & b_3 & c_3 \end{vmatrix}$$

これを**ベクトル三重積**といい，$[\boldsymbol{a},\boldsymbol{b},\boldsymbol{c}]$ と書く．これは $\boldsymbol{a},\boldsymbol{b},\boldsymbol{c}$ の張る平行六面体の符号付き体積を表す．$\boldsymbol{b},\boldsymbol{c}$ の張る平面があれば，ベクトル積の向きの半空間に，$\boldsymbol{a}$ があれば正，反対の半空間にあれば負，境の平面にあれば，0 の値をとる．これより，すべての実数 s,t に対して，$(s\boldsymbol{a}+t\boldsymbol{b})\cdot(\boldsymbol{a}\times\boldsymbol{b})=0$ となり，$\boldsymbol{a},\boldsymbol{b}$ が平行でなければ，$\boldsymbol{a},\boldsymbol{b},\boldsymbol{a}\times\boldsymbol{b}$ は平行でない．

4)
$$(\boldsymbol{a}\times\boldsymbol{b})\cdot(\boldsymbol{c}\times\boldsymbol{d})=\boldsymbol{a}\cdot\{\boldsymbol{b}\times(\boldsymbol{c}\times\boldsymbol{d})\}=\begin{vmatrix} \boldsymbol{a}\cdot\boldsymbol{c} & \boldsymbol{a}\cdot\boldsymbol{d} \\ \boldsymbol{b}\cdot\boldsymbol{c} & \boldsymbol{b}\cdot\boldsymbol{d} \end{vmatrix}$$

5) $\boldsymbol{a}\times(\boldsymbol{b}\times\boldsymbol{c})=(\boldsymbol{a}\cdot\boldsymbol{c})\boldsymbol{b}-(\boldsymbol{a}\cdot\boldsymbol{b})\boldsymbol{c}$
6) $\boldsymbol{a}\times(\boldsymbol{b}\times\boldsymbol{c})+\boldsymbol{b}\times(\boldsymbol{c}\times\boldsymbol{a})+\boldsymbol{c}\times(\boldsymbol{a}\times\boldsymbol{b})=\boldsymbol{0}$

4 次元以上の平行体の体積を考えよう．

例 3.9 4 つのベクトル $\boldsymbol{a}={}^t(5,-3,1,3)$, $\boldsymbol{b}={}^t(1,2,-7,9)$, $\boldsymbol{c}={}^t(3,-5,4,6)$, $\boldsymbol{d}={}^t(9,6,1,-3)$ で張られる 4 次元の平行体を考える．はじめの 3 つのベクトルで張られる平行六面体を底面とし最後のベクトルで高さを与える．底面を含む 3 次元空間によって 4 次元空間を正の側と負の側と境界に分ける．正の側は向きのある平行六面体から決定する．しかし，実行上，類推でいえば底面の揃っていないソウメンの束をとんとんとたたいて揃えることにあたる（カバリエリ (Cavalieri) の原理）．等積移動によって底面がベクトルの第 4 成分がゼロの 3 次元空間にすっぽり入る．そこで，底面の符号付き体積と高さを掛けて求める平行体の符号付き体積を得る．以下に，その式を書く．

$\det(\boldsymbol{a},\boldsymbol{b},\boldsymbol{c},\boldsymbol{d})=\det(\boldsymbol{a}+\boldsymbol{d},\boldsymbol{b}+3\boldsymbol{d},\boldsymbol{c}+2\boldsymbol{d},\boldsymbol{d})$ によって，$\begin{vmatrix} 5 & 1 & 3 & 9 \\ -3 & 2 & -5 & 6 \\ 1 & -7 & 4 & 1 \\ 3 & 9 & 6 & -3 \end{vmatrix}=$

$\begin{vmatrix} 14 & 28 & 21 & 9 \\ 3 & 20 & 7 & 6 \\ 2 & -4 & 6 & 1 \\ 0 & 0 & 0 & -3 \end{vmatrix}$ と平行移動する．底面の体積は $\begin{vmatrix} 14 & 28 & 21 \\ 3 & 20 & 7 \\ 2 & -4 & 6 \end{vmatrix}=868$ である．

正の符号なので，第 4 成分が正の方向が正の部分である．これに高さを与えるベクトルは斜めであるが負の部分にある．高さは -3 であるから，$868\times-3=-2604$ が求める符号付き体積である．

3. 行　列　式

例 3.10 上の例で等積移動で説明したが，そのような等積移動ができない場合もある．2つの列の交換を行えば上の例に帰着する．しかし，高さを与えるベクトルを分解して $^t(9,6,1,-3) = {}^t(9,0,0,0) + {}^t(0,6,0,0) + {}^t(0,0,1,0) + {}^t(0,0,0,-3)$ として4つの平行体の和に分解することもできる．

$$\begin{vmatrix} 5 & 1 & 3 & 9 \\ -3 & 2 & -5 & 6 \\ 1 & -7 & 4 & 1 \\ 3 & 9 & 6 & -3 \end{vmatrix} = \begin{vmatrix} 5 & 1 & 3 & 9 \\ -3 & 2 & -5 & 0 \\ 1 & -7 & 4 & 0 \\ 3 & 9 & 6 & 0 \end{vmatrix} + \begin{vmatrix} 5 & 1 & 3 & 0 \\ -3 & 2 & -5 & 6 \\ 1 & -7 & 4 & 0 \\ 3 & 9 & 6 & 0 \end{vmatrix}$$

$$+ \begin{vmatrix} 5 & 1 & 3 & 0 \\ -3 & 2 & -5 & 0 \\ 1 & -7 & 4 & 1 \\ 3 & 9 & 6 & 0 \end{vmatrix} + \begin{vmatrix} 5 & 1 & 3 & 0 \\ -3 & 2 & -5 & 0 \\ 1 & -7 & 4 & 0 \\ 3 & 9 & 6 & -3 \end{vmatrix}$$

この例のように分解を繰り返すことにより，n 次元空間内に順番のある n 個の1次独立（定義 4.10 参照）なベクトルで張られる平行体の符号付き体積が定義できる．1次独立でないときは体積 0 とする．m 次元空間の中に順番のある $n\,(<m)$ 個の1次独立なベクトルで張られる平行体を考えることもできるが，それらは1次元より大きいベクトル空間となる．

定義 3.3 集合 M の全単射写像（双写像）の全体 S_M は写像の合成を積と考えれば，群となる．実際，恒等写像 id_M は単位元に，逆写像は逆元になる．

$M = \{1,2,3,\ldots,n\}$ のとき，S_M を S_n と表し n 次対称群と呼ぶ．S_n の要素 σ は $\{1,2,3,\ldots,n\}$ の全単射である．順列 $(i_1\,i_2\cdots i_n)$ に対し，記号

$$\begin{pmatrix} 1 & 2 & 3 & \cdots & n \\ i_1 & i_2 & i_3 & \cdots & i_n \end{pmatrix}$$

は $\sigma(k) = i_k$ により定まる写像 $\sigma \in S_n$ を表す．一般には2つの順列 $(p_1\,p_2\cdots p_n)$ と $(q_1\,q_2\cdots q_n)$ に対し，記号

$$\begin{pmatrix} p_1 & p_2 & p_3 & \cdots & p_n \\ q_1 & q_2 & q_3 & \cdots & q_n \end{pmatrix}$$

は $\sigma(p_k) = q_k$ により定まる $\sigma \in S_n$ を表す．したがって，

$$\sigma = \begin{pmatrix} 1 & 2 & 3 & \cdots & n \\ i_1 & i_2 & i_3 & \cdots & i_n \end{pmatrix}$$

の逆元は $\sigma^{-1} = \begin{pmatrix} i_1 & i_2 & i_3 & \cdots & i_n \\ 1 & 2 & 3 & \cdots & n \end{pmatrix}$ と書ける.

M の順列 I から 2 個の数の組 (p, q) を選ぶ. $p > q$ のとき (p, q) を**降順の組**という. 降順の組の個数が偶数ならば 1, 奇数ならば, -1 として決まる $\pm$ を I の**符号**といい, $\mathrm{sgn}(I)$ と書く. 言い換えると, 順列 $I = (a_1\, a_2 \ldots a_n)$ に対して, $i < j$ について, $a_i < a_j$ なら, $\varepsilon_{ij} = 1$, $a_i > a_j$ なら, $\varepsilon_{ij} = -1$ とし, $1 \leqq i < j \leqq n$ を満たすすべての i, j について, ε_{ij} の積により, 符号が定まる. すなわち,

$$\mathrm{sgn}(I) = \prod_{i<j} \varepsilon_{ij}$$

たとえば, 順列 (321) の降順になっている組は (32), (31), (21) の 3 組なので符号は -1 である. あるいは, $\varepsilon_{12} = \varepsilon_{13} = \varepsilon_{23} = -1$ なので, $(-1)^3 = -1$ としてもよい.

$\sigma \in S_n$ の符号とは順列 $I = (\sigma(1), \sigma(2), \ldots, \sigma(n))$ の符号として定義する. すなわち, $\mathrm{sgn}(\sigma) = \mathrm{sgn}(\sigma(1), \sigma(2), \ldots, \sigma(n))$ とする. これから写像 $\mathrm{sgn} : S_n \to \{\pm 1\}$ が得られる.

符号の性質

1) 順列 $I = (i_1\, i_2 \cdots i_n)$ について, I の隣り合う 2 個の数を入れ替えると降順になっている組の個数は 1 だけ増加または減少する.

2) I の 2 個の数 i と j をとりだすとき i と j の間に数が k 個ある場合 ($\cdots i \cdots j \cdots$) の i を右隣りとつぎつぎ入れ替えて j とも入れ替えたとき, $k+1$ 回の隣り合う入れ替えがある. j が左隣りとつぎつぎ入れ替えて元の i の位置に移動するとき, k 回の隣り合う入れ替えがある. i と j をこのように交換した順列を J とするとき, 合計 $(k+1) + k$ 回の隣り合う入れ替えがある. この数 $2k + 1$ は奇数なので, $\mathrm{sgn}(J) = -\mathrm{sgn}(I)$ となる. i と j だけ入れ替える双写像を (ij) と記すと, $(ij) \circ \sigma$ に対応する順列が J となる. (ij) を互換という.

3) I に隣り合う降順になっている組が一つもなければ, $\sigma = \mathrm{id}$ である. $\sigma \neq \mathrm{id}$ のとき, 一つの隣り合う降順の組を (i, j) とすれば, $(i, j) \circ \sigma$ の降順になっている組の個数は 1 少ない. よって降順の組の個数の帰納法で σ は 2 つの数だけの入れ替え $(\alpha, \beta) \in S_n$ の合成として書ける.

4) $\sigma \in S_n$ を互換 $(ij) \in S_n$ の写像の合成と書いたとき, 入れ替えの個数が偶数ならば $\mathrm{sgn}\,\sigma = 1$, 奇数ならば $\mathrm{sgn}\,\sigma = -1$ となる. $\mathrm{sgn}\,\sigma = \prod \mathrm{sgn}(ij)$ となる.

5) $\sigma, \tau \in S_n$ のとき, $\mathrm{sgn}(\tau \circ \sigma) = \mathrm{sgn}(\tau)\,\mathrm{sgn}(\sigma) = \mathrm{sgn}(\sigma \circ \tau)$ となる.

$\mathrm{sgn}(\mathrm{id}) = 1$, $\mathrm{sgn}(\sigma^{-1}) = \mathrm{sgn}(\sigma)$ も成り立つので σ は群の準同型となる. 有限集合 M と $\{1, 2, \ldots, n\}$ とが双写像となる n があるので, S_M は S_n と同型になり, $S_M \to \{\pm 1\}$ となる準同型が定義できる.

3.4 行列式の定義

定義 3.4 正方行列 A の**行列式**を S_n を用いて以下のように定義する.

$$\begin{vmatrix} a_{11} & a_{12} & a_{13} & \cdots & a_{1n} \\ a_{21} & a_{22} & a_{23} & \cdots & a_{2n} \\ a_{31} & a_{32} & a_{33} & \cdots & a_{3n} \\ \vdots & \vdots & \vdots & \vdots & \vdots \\ a_{n1} & a_{n2} & a_{n3} & \cdots & a_{nn} \end{vmatrix} = \sum_{\sigma \in S_n} \operatorname{sgn}(\sigma)\, a_{\sigma(1)1} a_{\sigma(2)2} a_{\sigma(3)3} \cdots a_{\sigma(n)n}$$

注意 3.4 積が交換可能でない環, すなわち非可換環では以下の議論は成立しない.

定義 3.5 任意の列ベクトル $\boldsymbol{b}_j\,(1 \leqq j \leqq n)$ と任意の数 x_{ij} について, $\boldsymbol{a}_i = \sum_j x_{ij} \boldsymbol{b}_j$ $(1 \leqq j \leqq n)$ とする.
1) $f(\boldsymbol{a}_1, \boldsymbol{a}_2, \ldots, \boldsymbol{a}_i, \ldots, \boldsymbol{a}_n) = \sum_j x_{ij} f(\boldsymbol{a}_1, \boldsymbol{a}_2, \ldots, \boldsymbol{b}_j, \ldots, \boldsymbol{a}_n)$ が成り立つとき, 関数 f について, **n 重線形性**があるという.
2) $i \neq j$ について, $\boldsymbol{a}_i = \boldsymbol{a}_j$ ならば, $f(\boldsymbol{a}_1, \boldsymbol{a}_2, \ldots, \boldsymbol{a}_n) = 0$ となるとき, 関数 f について, **交代性**があるという.
3) $\boldsymbol{e}_1 = {}^t(1, 0, \ldots, 0),\ \boldsymbol{e}_2 = {}^t(0, 1, 0, \ldots, 0), \ldots, \boldsymbol{e}_n = {}^t(0, \ldots, 0, 1)$ とするとき, $f(\boldsymbol{e}_1, \boldsymbol{e}_2, \ldots, \boldsymbol{e}_n) = 1$ ならば, 関数 f について, **正規性**があるという.

命題 3.2 1) 行列式はすべての列についての線形性がある. (n 重線形性)
2) 異なる 2 つの列が等しいとき行列式の値は 0 となる. (交代性)
3) 単位行列の行列式は 1 である. (正規性)

[証明] 1) 第 n 列について考えるとき, $\det A$ は $a_{1n}, a_{2n}, \ldots, a_{nn}$ について斉 1 次式である.
ほかの列についても同様の線形性がある. これから n 重線形性がいえる.
2) 交代性については, n についての帰納法で証明する. まず, 2 次まではあきらかである. $n \geqq 3$ 次以上について, i 列と j 列 $(i \neq j)$ が等しい行列式と仮定する. 帰納法の仮定により, $n-1$ 次の行列式は 0 なので n 次も 0 となる. 実際, $\sum_{\sigma \in S_n} \operatorname{sgn}(\sigma) a_{\sigma(1)1} a_{\sigma(2)2} a_{\sigma(3)3} \cdots a_{\sigma(n)n} = \sum_{1 \leqq i \leqq n} (\sum_{\sigma_i \in S_n, \sigma_i(n) = i} \operatorname{sgn}(\sigma_i) a_{\sigma_i(1)1} a_{\sigma_i(2)2} a_{\sigma_i(3)3} \cdots a_{\sigma_i(n-1), n-1}) a_{in}$ よって n 列について線形性があり, その係数は $n-1$ 次の行列式となっていて, 帰納法の仮定よりこれらは 0 なので n 次の行列式も 0 となる. σ_i の符号は順列 $(12 \cdots n)$ の符号を 1 として決まるが, $\tau を \{1, 2, \ldots, n\}$ から i を除いた集合の全単射とするとき, 順列 $(12 \cdots i-1\, i+1 \cdots n)$ の符号を 1 とするならば, σ_i を適当な τ を用いて書くと,

$$\mathrm{sgn}\,\sigma_i = \mathrm{sgn} \begin{pmatrix} 1 & 2 & \cdots & n \\ \tau(1) & \tau(2) & \cdots & i \end{pmatrix} = (-1)^{n-i}\mathrm{sgn}\,\tau$$

となっている.

3) $a_{ij} = \delta_{ij}$ とおくと, $\det A = \sum_{\sigma \in S_n} \mathrm{sgn}(\sigma)\,\delta_{\sigma(1)1}\delta_{\sigma(2)2}\delta_{\sigma(3)3}\cdots\delta_{\sigma(n)n} = 1$ となる.

実際, 和の各項は $\sigma = \begin{pmatrix} 1 & 2 & \cdots & n \\ 1 & 2 & \cdots & n \end{pmatrix}$ のとき 1 であり, それ以外 0 なので, $\det A = 1$ になる. (証明終)

命題 3.3 交代性と n 重線形性をもつ列ベクトルの関数 $f(\boldsymbol{a}_1,\ldots,\boldsymbol{a}_n)$ (交代 n 重線形形式) は行列式の λ 倍である. ここで $\lambda = f(\boldsymbol{e}_1,\ldots,\boldsymbol{e}_n)$ となる.

[証明] n 重線形性より,

$$f(\boldsymbol{a}_1,\boldsymbol{a}_2,\ldots,\boldsymbol{a}_n) = f\left(\sum_{i_1} a_{i_1 1}\boldsymbol{e}_{i_1}, \sum_{i_2} a_{i_2 2}\boldsymbol{e}_{i_2},\ldots, \sum_{i_n} a_{i_n n}\boldsymbol{e}_{i_n}\right)$$
$$= \sum_{\sigma \in S_n} f(\boldsymbol{e}_{\sigma(1)},\boldsymbol{e}_{\sigma(2)},\ldots,\boldsymbol{e}_{\sigma(n)}) a_{\sigma(1)1}a_{\sigma(2)2}\cdots a_{\sigma(n)n}$$

交代性により, 同じ列のある項は 0 になるので, $(i_1\,i_2\,\cdots\,i_n)$ が順列の場合のみ考えればよく, 次の式になる.

$$\sum_{\sigma \in S_n} f(\boldsymbol{e}_1,\boldsymbol{e}_2,\ldots,\boldsymbol{e}_n)\mathrm{sgn}(\sigma) a_{\sigma(1)1}a_{\sigma(2)2}\cdots a_{\sigma(n)n}$$
$$= f(\boldsymbol{e}_1,\boldsymbol{e}_2,\ldots,\boldsymbol{e}_n) \sum_{\sigma \in S_n} \mathrm{sgn}(\sigma) a_{\sigma(1)1}a_{\sigma(2)2}\cdots a_{\sigma(n)n} = f(\boldsymbol{e}_1,\boldsymbol{e}_2,\ldots,\boldsymbol{e}_n)$$

となる. (証明終)

定理 3.3 正方行列 A に対して

$$\det {}^t\!A = \det A$$

[証明] 逆写像を対応させる $\sigma \mapsto \sigma^{-1}$ は S_n から S_n への反自己同型である. すなわち, $(\sigma\tau)^{-1} = \tau^{-1}\sigma^{-1}$ であり双写像である. また $\mathrm{sgn}\,\sigma = \mathrm{sgn}(\sigma^{-1})$ に注意する. $\sigma(i) = j$ のとき, $a_{i\sigma(i)} = a_{\sigma^{-1}(j)j}$ から, 掛け算の順番を変えると,

$$\det A = \sum_{\sigma \in S_n} \mathrm{sgn}(\sigma) a_{\sigma(1)1} a_{\sigma(2)2} a_{\sigma(3)3} \cdots a_{\sigma(n)n}$$

$$= \sum_{\sigma \in S_n} \mathrm{sgn}(\sigma) a_{1\sigma^{-1}(1)} a_{2\sigma^{-1}(2)} a_{3\sigma^{-1}(3)} \cdots a_{n\sigma^{-1}(n)}$$

$$= \sum_{\sigma^{-1} \in S_n} \mathrm{sgn}(\sigma^{-1}) a_{1\sigma^{-1}(1)} a_{2\sigma^{-1}(2)} a_{3\sigma^{-1}(3)} \cdots a_{n\sigma^{-1}(n)}$$

$$= \sum_{\tau \in S_n} \mathrm{sgn}(\tau) a_{1\tau(1)} a_{2\tau(2)} a_{3\tau(3)} \cdots a_{n\tau(n)}$$

これより次のことが出る.

$$\det A = \det {}^t A$$

(証明終)

3.5 一般の行列式

一般に, R を可換環とする. $M = \{1, 2, 3, \ldots, n\}$ とする. 関数 $a : M \times M \to R$ に対して, $a(i, j)$ を成分とする行列が考えられる. これにより, (i, j) 成分が R の元である n 次正方行列は関数 $M \times M \to R$ と一対一に対応する. さらに, M の k 個の要素からなる 2 つの部分集合の順列 $I = (i_1, i_2, \ldots, i_k), J = (j_1, j_2, \ldots, j_k)$ に対して $a_{IJ} = a_{i_1 j_1} a_{i_2 j_2} \cdots a_{i_k j_k}$ と書くことにする. M の自己同型 σ に対して, $(\sigma(i_1), \sigma(i_2), \ldots, \sigma(i_k))$ を σI と記す.

例 3.11 n 次正方行列 A に対して, $I = (1, 2, 3, \ldots, n)$ のとき, $a : I \times I \to R$ を上記のように決めるとき, 行列式 $\det A = \sum_{\sigma \in S_n} \mathrm{sgn}(\sigma) a_{\sigma I, I}$ と書ける. I が $\{1, 2, \ldots, n\}$ の順列 $I = (i_1, i_2, \ldots, i_n)$ でも成り立つ.

M を有限集合とするとき, $a : M \times M \to R$ を写像とすると正方行列が定まる. M に全順序を入れる. M の 2 つの部分集合 X, Y に対して, $f : X \to Y$ を写像とする. X, Y の自己同型のなす群をそれぞれ S_X, S_Y とする. X の元 $i_1, i_2, \ldots, i_n$ に対して $f(i_1) = j_1, f(i_2) = j_2, \ldots, f(i_n) = j_n$ のとき, f を

$$\begin{pmatrix} i_1 & i_2 & \cdots & i_n \\ j_1 & j_2 & \cdots & j_n \end{pmatrix}$$

と記す. $\sigma \in S_X, \tau \in S_Y$ に対して, $\tau \circ f \circ \sigma^{-1}$ は

$$\begin{pmatrix} \sigma(i_1) & \sigma(i_2) & \cdots & \sigma(i_s) \\ \tau(j_1) & \tau(j_2) & \cdots & \tau(j_s) \end{pmatrix}$$

となる. f が全射のとき, 符号を定義する.

$$\mathrm{sgn}(\tau \circ f \circ \sigma^{-1}) = \mathrm{sgn}(\tau)\mathrm{sgn}(f)\mathrm{sgn}(\sigma)$$

とし,f が順序を保つ全単射のとき,$\mathrm{sgn}(f) = 1$ と定義する.便宜上,$\mathrm{sgn}(f)$ は f が全単射でなければ 0 とする.

関数 $a : M \times M \to R$ に対して,I, J を M の順列とすれば $A_{IJ} = \sum_{\sigma \in S_M} \mathrm{sgn}\begin{pmatrix} \sigma I \\ J \end{pmatrix} a_{\sigma IJ}$ と定義する.ここに,$a_{IJ} = a_{i_1 j_1} a_{i_2 j_2} \cdots a_{i_n j_n}$ とする.

すると,$A_{IJ} = \mathrm{sgn}\begin{pmatrix} I \\ J \end{pmatrix} A_{JJ}$ が成り立つ.

実際,$\sigma_0 = \begin{pmatrix} I \\ J \end{pmatrix}$ とおくと,$\sigma_0 I = J$ である.$A_{IJ} = \sum_{\sigma \in S_M} \mathrm{sgn}\begin{pmatrix} \sigma I \\ J \end{pmatrix} a_{\sigma IJ}$
$= \sum_{\sigma \in S_M} \mathrm{sgn}\begin{pmatrix} \sigma \sigma_0^{-1} \sigma_0 I \\ J \end{pmatrix} a_{\sigma \sigma_0^{-1} \sigma_0 I, J} = \sum_{\tau \in S_M} \mathrm{sgn}\begin{pmatrix} \tau \sigma_0 J \\ J \end{pmatrix} a_{\tau JJ} = $
$\mathrm{sgn}(\sigma_0) A_{JJ}$ となる.ここで,$\mathrm{sgn}\begin{pmatrix} \tau \sigma_0 J \\ J \end{pmatrix} = \mathrm{sgn}(\tau)\mathrm{sgn}(\sigma_0)\mathrm{sgn}\begin{pmatrix} \tau \sigma_0 J \\ J \end{pmatrix}$ である.これにより,$A_{II} = \mathrm{sgn}\begin{pmatrix} I \\ J \end{pmatrix} A_{IJ} = \left(\mathrm{sgn}\begin{pmatrix} I \\ J \end{pmatrix}\right)^2 A_{JJ} = A_{JJ}$ となる.

M の個数の等しい部分集合 X, Y の順列 I, J について,

$$A_{IJ} = \sum_{\sigma \in S_X} \mathrm{sgn}\begin{pmatrix} \sigma I \\ J \end{pmatrix} a_{\sigma IJ}$$

と定義する.$\sigma \in S_X, \tau \in S_Y$ について $A_{\sigma I \tau J} = \mathrm{sgn}(\sigma)\mathrm{sgn}(\tau) A_{IJ}$ となる.

M を全順序の与えられた有限集合とする.A_{IJ} を関数 $a : M \times M \to R$ から得られる行列 A の (I, J) 小行列式という.

3.6 行列式の展開,一般ラプラス展開

定理 3.4 n 次正方行列 A が与えられたとする.(A の列の分割) n を自然数 $n_1, n_2, \ldots, n_s$ に分割すると $n = n_1 + n_2 + \cdots + n_s$ となる.そのとき,集合 $\{1, 2, \ldots, n\}$ を n_1 個,n_2 個,$\ldots, n_s$ 個の部分集合 $X_1, X_2, \ldots, X_s$ に分割する.$X_1, X_2, \ldots, X_s$ の順列 $J_1, J_2, \ldots, J_s$ を固定する.(標準的には J_i は X_i の各元を小さい順に並べてできる順列とする.) そのとき,次の展開式を得る.

$$\det A = \sum_{(I_1, I_2, \ldots, I_s)} \mathrm{sgn}\begin{pmatrix} I_1 I_2 \cdots I_s \\ J_1 J_2 \cdots J_s \end{pmatrix} A_{I_1 J_1} A_{I_2 J_2} \cdots A_{I_s J_s}$$

ここに，(A の行の分割) 和の項数は $\frac{n!}{n_1!n_2!\cdots n_s!}$ であり，$\{1,2,\ldots,n\}$ の n_1 個, n_2 個,$\ldots,n_s$ 個の部分集合 $Y_1, Y_2,\ldots,Y_s$ への分割の数である．$I_1, I_2,\ldots,I_s$ は $Y_1, Y_2,\ldots,Y_s$ の順列の 1 つとする．そして，A_{IJ} は (I,J) 小行列式を表す．

行と列の役割をかえて次も成り立つ．

$$\det A = \sum_{(J_1, J_2, \ldots, J_s)} \operatorname{sgn}\begin{pmatrix} I_1 I_2 \cdots I_s \\ J_1 J_2 \cdots J_s \end{pmatrix} A_{I_1 J_1} A_{I_2 J_2} \cdots A_{I_s J_s}$$

定理において $s=2$ のときが，ラプラス (Laplace) 展開といわれるものである．

系 3.2 (ラプラス展開)

$$\det A = \sum_{(I_1, I_2)} \operatorname{sgn}\begin{pmatrix} I_1 I_2 \\ J_1 J_2 \end{pmatrix} A_{I_1 J_1} A_{I_2 J_2} = \sum_{(J_1, J_2)} \operatorname{sgn}\begin{pmatrix} I_1 I_2 \\ J_1 J_2 \end{pmatrix} A_{I_1 J_1} A_{I_2 J_2}$$

例 3.12 $J_1 = (12), J_2 = (34)$ とする．I_1, I_2 は ${}_4C_2 = 6$ 通りある．

$$\begin{vmatrix} 5 & 1 & 3 & 9 \\ -3 & 2 & -5 & 6 \\ 1 & -7 & 4 & 1 \\ 3 & 9 & 6 & -3 \end{vmatrix} = \begin{vmatrix} 5 & 1 \\ -3 & 2 \end{vmatrix}\begin{vmatrix} 4 & 1 \\ 6 & -3 \end{vmatrix} - \begin{vmatrix} 5 & 1 \\ 1 & -7 \end{vmatrix}\begin{vmatrix} -5 & 6 \\ 6 & -3 \end{vmatrix}$$

$$+ \begin{vmatrix} 5 & 1 \\ 3 & 9 \end{vmatrix}\begin{vmatrix} -5 & 6 \\ 4 & 1 \end{vmatrix} + \begin{vmatrix} -3 & 2 \\ 1 & -7 \end{vmatrix}\begin{vmatrix} 3 & 9 \\ 6 & -3 \end{vmatrix}$$

$$- \begin{vmatrix} -3 & 2 \\ 3 & 9 \end{vmatrix}\begin{vmatrix} 3 & 9 \\ 4 & 1 \end{vmatrix} + \begin{vmatrix} 1 & -7 \\ 3 & 9 \end{vmatrix}\begin{vmatrix} 3 & 9 \\ -5 & 6 \end{vmatrix} = -2604$$

3.7 複数個の行列の積の行列式

定理 3.5 各型がそれぞれ $(n,\alpha),(\alpha,\beta),\ldots,(\gamma,n)$ 型の行列 $A, B, \ldots, C$ が与えられたとする．

$$\det(AB\cdots C) = \sum_J \sum_K \cdots \sum_L A_{IJ} B_{JK} \cdots C_{LI}$$

ここに，I を順列 $(1,2,\ldots,n)$ とし，$J, K, \ldots, L$ は $\{1,2,\ldots,\alpha\}, \{1,2,\ldots,\beta\},\ldots,\{1,2,\ldots,\gamma\}$ から n 個の組み合わせの集合の 1 つの順列 (たとえば，標準的に小さい順に並べた順列) とする．とれなければ 0 である．和の項数は ${}_\alpha C_n \times {}_\beta C_n \times \cdots \times {}_\gamma C_n$ である．

系 3.3 型が (n,α) と (α,n) 型である行列 A, B について，

$\alpha \geqq n$ のとき，$\{1,2,\ldots,\alpha\}$ から n 個の要素を選んだ組の場合の数は ${}_\alpha C_n$ である．次の式の和では，各組のひとつの順列 J についてわたる．$I = (1,2,\ldots,n)$ とする．

$$\det(AB) = \sum_J A_{IJ} B_{JI}$$

$\alpha = n$ のとき，$\det(AB) = \det(A)\det(B)$ となる．$\alpha < n$ のとき，$\det(AB) = 0$ となる．

行列式の乗法定理

とくに，2つの n 次正方行列 A, B の積については $\det(AB) = \det(A)\det(B)$ となる．

3.8 余因子と余因子行列

定義 3.6 A を n 次の正方行列とし，$\{1,2,\ldots,n\}$ から元を r 個選んだ集合 X, Y のそれぞれの順列 I, J に対して，A_{IJ} を r 次の**小行列式**という．これらの小行列式を並べて（たとえば順列を辞書式順序にならべて）できた次数 ${}_nC_r$ の正方行列 (A_{IJ}) を階数 r の**導来行列**と呼び，$\mathrm{der}^{(r)}A$ と書く．$\{1,2,\ldots,n\}$ から i を除いた集合の順列 I と j を除いた集合の順列 J に対して A_{IJ} を $n-1$ 次の小行列式として，

$$\mathrm{sgn}\begin{pmatrix} i & I \\ j & J \end{pmatrix} A_{IJ}$$

を (ij) **余因子** (cofactor) と呼び，${}^cA_{ij}$ と記す．これらを (j,i) 成分とする行列を A の**余因子行列**といい，$\mathrm{adj}A$ と書く．すなわち，

$$\mathrm{adj}A = {}^t({}^cA_{ij})$$

定理 3.6 1) n 次の正方行列 A に対して

$$(\mathrm{adj}A)\,A = A\,\mathrm{adj}A = \det(A)\,1_n$$

が成り立つ．

2) $\det A$ が可逆元であることと A が逆行列をもつことは同値である．そのとき，$A^{-1} = \det(A)^{-1}\mathrm{adj}A$ となる．

3) 階数 r の導来行列 $\mathrm{der}^{(r)}A = (A_{I,J})$ は次数 $m = {}_nC_r$ の正方行列である．I' と I（J' と J）とは共通成分がなく，(I, I')（(J, J')）は $\{1,2,\ldots,n\}$ の順列となるとする．$\mathrm{sgn}\begin{pmatrix} I & I' \\ J & J' \end{pmatrix} A_{I'J'}$ は (I,J) で決まるので (I,J) **余因子**といい α_{IJ} と書く，この α_{ij} を (I,J) 成分とする m 次正方行列の転置行列を $(\mathrm{adj}\,\mathrm{der}^{(r)}A)$ と書くと，次が成り立つ．

a) $(\text{adj}\,\text{der}^{(r)}A) = {}^t(\alpha_{IJ})$
b) $\text{der}^{(r)}A\,(\text{adj}\,\text{der}^{(r)}A) = (\text{adj}\,\text{der}^{(r)}A)\,\text{der}^{(r)}A = \det(A)\,1_m$

3.9 行列式の重要な例

例 3.13 1) n 個の未知数 x_i についての n–連立 1 次方程式

$$\sum_{1 \leq j \leq n} a_{ij} x_j = b_i \quad (1 \leq i \leq n, 1 \leq j \leq n)$$

が与えられたとき，$\boldsymbol{a}_j = {}^t(a_{1j}, a_{2j}, \ldots, a_{nj})(1 \leq j \leq n)$, $\boldsymbol{b} = {}^t(b_1, b_2, \ldots, b_n)$ とおく．与えられた方程式は

$$\sum_{1 \leq j \leq n} \boldsymbol{a}_j x_j = \boldsymbol{b}$$

と書ける．

$$\det(\boldsymbol{a}_1, \boldsymbol{a}_2, \ldots, \boldsymbol{a}_{k-1}, \boldsymbol{b}, \boldsymbol{a}_{k+1}, \ldots, \boldsymbol{a}_n) = \det(\boldsymbol{a}_1, \boldsymbol{a}_2, \ldots, \sum_{1 \leq j \leq n} \boldsymbol{a}_j x_j, \ldots, \boldsymbol{a}_n) =$$

$$\sum_{1 \leq j \leq n} \det(\boldsymbol{a}_1, \boldsymbol{a}_2, \ldots, \boldsymbol{a}_j, \ldots, \boldsymbol{a}_n) x_j = \det(\boldsymbol{a}_1, \boldsymbol{a}_2, \ldots, \boldsymbol{a}_k, \ldots, \boldsymbol{a}_n) x_k$$

となる．$\det(\boldsymbol{a}_1, \ldots, \boldsymbol{a}_n)$ が可逆元ならば，

$$x_k = \det(\boldsymbol{a}_1, \boldsymbol{a}_2, \ldots, \boldsymbol{a}_n)^{-1} \det(\boldsymbol{a}_1, \boldsymbol{a}_2, \ldots, \boldsymbol{a}_{k-1}, \boldsymbol{b}, \boldsymbol{a}_{k+1}, \ldots, \boldsymbol{a}_n)$$

と解ける (**クラーメルの解法**).

2) **ヴァンデルモンド** (Vandermonde) **の行列式**

$$\begin{vmatrix} 1 & 1 & \cdots & 1 \\ z_1 & z_2 & \cdots & z_n \\ z_1^2 & z_2^2 & \cdots & z_n^2 \\ \vdots & \vdots & \vdots & \vdots \\ z_1^{n-1} & z_2^{n-1} & \cdots & z_n^{n-1} \end{vmatrix} = \Pi_{i<j}(z_j - z_i)$$

3)

$$\begin{vmatrix} x & a_1 & a_2 & \cdots & a_n \\ a_1 & x & a_2 & \cdots & a_n \\ a_1 & a_2 & x & \cdots & a_n \\ \vdots & \vdots & \vdots & \vdots & \vdots \\ a_1 & a_2 & a_3 & \cdots & a_n \end{vmatrix} = (x + a_1 + a_2 + \cdots + a_n)(x - a_1)(x - a_2) \cdots (x - a_n)$$

4) **(コーシー (Cauchy) の行列式)** a_i, b_j はすべての対 (i,j) に対して，$a_i + b_j \neq 0$ とする．
$$\det\left(\frac{1}{a_i + b_j}\right) = \frac{\Pi_{i<j}(a_j - a_i)(b_j - b_i)}{\Pi_{i,j}(a_i + b_j)}$$

5) **(巡回行列式)** $x^n = 1$ の原始根の 1 つを $\zeta = \cos\frac{2\pi}{n} + i\sin\frac{2\pi}{n}$ とおく．

$$\begin{vmatrix} x_0 & x_1 & \cdots & x_{n-1} \\ x_{n-1} & x_0 & \cdots & x_{n-2} \\ \vdots & \vdots & \vdots & \vdots \\ x_1 & x_2 & \cdots & x_0 \end{vmatrix} = \prod_{0 \leq i \leq n-1}(x_0 + \zeta^i x_1 + \cdots + \zeta^{(n-1)i}x_{n-1})$$

6) **(グラム (Gram) の行列式)** ${}^t\boldsymbol{a}_i = (a_1, a_2, \ldots, a_n)$ のとき，(i,j) 成分が ${}^t\boldsymbol{a}_i\boldsymbol{a}_j$ となる行列の行列式
$$\det({}^t\boldsymbol{a}_i\boldsymbol{a}_j) = \det(\boldsymbol{a}_1, \ldots, \boldsymbol{a}_n)^2$$

7) $f(x) = a_0 x^m + a_1 x^{m-1} + \cdots + a_m (a_0 \neq 0)$, $g(x) = b_0 x^n + b_1 x^{n-1} + \cdots + b_n (b_0 \neq 0)$ の**シルベスター (Sylvester) の終結式** (resultant) $R(f,g)$ を次式

$$R(f,g) = \begin{vmatrix} a_0 & a_1 & \cdots & a_m & 0 & \cdots & \cdots & 0 \\ 0 & a_0 & a_1 & \cdots & a_m & 0 & \cdots & 0 \\ \vdots & & \ddots & \ddots & & \ddots & \ddots & \vdots \\ 0 & \cdots & 0 & a_0 & a_1 & \cdots & a_m & 0 \\ 0 & \cdots & \cdots & 0 & a_0 & a_1 & \cdots & a_m \\ b_0 & b_1 & \cdots & b_n & 0 & \cdots & \cdots & 0 \\ 0 & b_0 & b_1 & \cdots & b_n & 0 & \cdots & 0 \\ \vdots & & \ddots & \ddots & & \ddots & \ddots & \vdots \\ 0 & \cdots & 0 & b_0 & b_1 & \cdots & b_n & 0 \\ 0 & \cdots & \cdots & 0 & b_0 & b_1 & \cdots & b_n \end{vmatrix}$$

で定義する．$R(f,g)$ が 0 ならば $f(x) = 0$ と $g(x) = 0$ に複素数の共通解がある．

3.10　固有値と固有ベクトル

定義 3.7 1) 正方行列 $A = (a_{ij})_{1 \leq i,j \leq n}$ に対して，$A\boldsymbol{x} = \lambda \boldsymbol{x}, (\boldsymbol{x} \neq \boldsymbol{0}, \lambda$ はスカラー$)$ が成り立つとき，λ を A の**固有値** (eigenvalue)，$\boldsymbol{x}$ を**固有ベクトル** (eigenvector) という．

2) 正方行列 $A = (a_{ij})_{1 \leq i,j \leq n}$ について変数 t の**固有多項式** $\Phi_A(t)$ を

3. 行列式

$$\det(t1_n - A) = \begin{vmatrix} t-a_{11} & -a_{12} & \cdots & -a_{1n} \\ -a_{21} & t-a_{22} & \cdots & -a_{2n} \\ \vdots & \vdots & \ddots & \vdots \\ -a_{n1} & -a_{n2} & \cdots & t-a_{nn} \end{vmatrix}$$

で定義する.

固有値 λ は固有方程式 $\Phi_A(t) = 0$ の解となる. 実際, 連立方程式 $(t1_n - A)\boldsymbol{x} = \boldsymbol{0}$ が非自明な解 λ をもつ条件は $\operatorname{rank}(\lambda 1_n - A) < n$ である. よって, $\det(\lambda 1_n - A) = 0$ となる. 固有値 λ を与えたとき, 部分空間 $\{\boldsymbol{x}|(\lambda 1_n - A)\boldsymbol{x} = \boldsymbol{0}\}$ を固有値 λ に属する**固有空間**という.

定理 3.7 (ケーリー・ハミルトン (Cayley–Hamilton) の定理) 固有多項式 $\Phi_A(t)$ において A を t に代入したとき, ゼロ行列となる. (後で述べる「ジョルダン標準形」を見よ.)

例 3.14 $A = \begin{pmatrix} 2 & -1 & -1 \\ -1 & 1 & 0 \\ -1 & 0 & 1 \end{pmatrix}$ の固有値 0 に属する固有直線は ${}^t(1,1,1)$ で張られる. 固有値 1 の固有空間は直線となり, ${}^t(0,-1,1)$ で張られる. 固有値 3 に属する固有空間は ${}^t(-2,1,1)$ で張られる直線となる. 元の空間はこの 3 つの直線の張る空間で直線は互いに原点だけを共有している.

3.11 パーマネント

注意 3.5 行列式の定義において $\operatorname{sgn} : S_n \to \{\pm 1\}$ の代わりに自明な準同型 $S_n \to \{1\}$ を用いるとパーマネント (permanent) が得られる.

定義 3.8 1) $\boldsymbol{e}_1, \boldsymbol{e}_2, \ldots, \boldsymbol{e}_n$ を標準基底とする. $\boldsymbol{a}_1 = \sum_j x_{1j} \boldsymbol{e}_j, \ldots, \boldsymbol{a}_n = \sum_j x_{nj} \boldsymbol{e}_j$ と任意のベクトルを 1 次結合で書くとき,

$$\operatorname{pet}(\boldsymbol{a}_1, \boldsymbol{a}_2, \ldots, \boldsymbol{a}_n) = \sum_{\sigma \in S_n} a_{\sigma(1)1} a_{\sigma(2)2} \cdots a_{\sigma(n)n}$$

を**パーマネント**という.
2) パーマネントは対称 n 重線形形式である.
3) すべての $\sigma \in S_n$ に対して $\operatorname{pet}(\boldsymbol{e}_{\sigma(1)}, \boldsymbol{e}_{\sigma(2)}, \ldots, \boldsymbol{e}_{\sigma(n)}) = \operatorname{pet}(\boldsymbol{e}_1, \boldsymbol{e}_2, \ldots, \boldsymbol{e}_n)$ かつ ρ が $\operatorname{Map}(\{1, \ldots, n\}, \{1, \ldots, n\})$ の全射ではないとき, $\operatorname{pet}(\boldsymbol{e}_{\rho(1)}, \ldots, \boldsymbol{e}_{\rho(n)}) = 0$ とする. (∗) (Map については第 I 編 2.1 節参照)
4) $\operatorname{pet}(\boldsymbol{e}_1, \boldsymbol{e}_2, \ldots, \boldsymbol{e}_n) = 1$ を正規性という.

5) $\{1, 2, \ldots, n\}$ の s 個の部分集合 Y, X の順列 $I = (i_1 i_2 \cdots i_s)$, $J = (j_1 j_2 \cdots j_s)$ に対して,$a_{IJ} = a_{i_1 j_1} a_{i_2 j_2} \cdots a_{i_s j_s}$ と記す.$\sum_{\sigma \in S_Y} a_{\sigma IJ}$ を (IJ) **小パーマネント** (minor permanent) といい,A_{IJ} と書く.実際は順列のとりかたによらないので,A_{YX} と書いてもよい.

命題 3.4　1) 逆に f が n 重線形形式かつ標準基底に対して（＊）の性質が満たされるなら

$$\begin{aligned}
&f(\boldsymbol{a}_1, \boldsymbol{a}_2, \ldots, \boldsymbol{a}_n) \\
&= \sum_{\sigma \in \mathrm{Map}(\{1,\ldots,n\},\{1,\ldots,n\})} f(\boldsymbol{e}_{\sigma(1)}, \boldsymbol{e}_{\sigma(2)}, \ldots, \boldsymbol{e}_{\sigma(n)}) a_{\sigma(1)1} a_{\sigma(2)2} \cdots a_{\sigma(n)n} \\
&= f(\boldsymbol{e}_1, \boldsymbol{e}_2, \ldots, \boldsymbol{e}_n) \sum_{\sigma \in S_n} a_{\sigma(1)1} a_{\sigma(2)2} \cdots a_{\sigma(n)n} \\
&= f(\boldsymbol{e}_1, \boldsymbol{e}_2, \ldots, \boldsymbol{e}_n) \mathrm{pet}(\boldsymbol{a}_1, \boldsymbol{a}_2, \ldots, \boldsymbol{a}_n)
\end{aligned}$$

2) よって,n 重線形形式かつ（＊）の性質と正規性 $f(\boldsymbol{e}_1, \boldsymbol{e}_2, \ldots, \boldsymbol{e}_n) = 1$ によってパーマネントが特徴づけられる.

II 線形代数

4

抽象ベクトル空間

4.1 代数系の定義

はじめに一般に代数系を定義する.

定義 4.1 集合 R に 2 つの代数演算 $+$ と $\cdot$ とがあり,
1) $+$ について加法群,
2) $\cdot$ について半群 (monoid) であり,
3) 任意の $a, b, c \in R$ について分配法則 (distributive law)
   (i) $a \cdot (b+c) = a \cdot b + a \cdot c$,
   (ii) $(a+b) \cdot c = a \cdot b + b \cdot c$

が成り立つとき, $(R, +, \cdot)$ (または略して R) を**環** (ring) という.
R を環とするとき, **R–左加群** (left R–module) E とは R が作用する可換群 E のことである. すなわち, 加法群 $(E, +)$ の構造と R からの作用 $x \mapsto \alpha x \, (\alpha \in R, x \in R)$ があり, 次が成り立つ:

$$\begin{aligned}
\alpha(x+y) &= \alpha x + \alpha y & (\alpha \in R) & \quad (x, y \in E) \\
(\alpha+\beta)x &= \alpha x + \beta x & (\alpha, \beta \in R) & \quad (x \in E) \\
\alpha(\beta x) &= (\alpha\beta)x & (\alpha, \beta \in R) & \quad (x \in E) \\
1x &= x & (1 \in R) & \quad (x \in E)
\end{aligned}$$

R–左加群 E において, R の元を**スカラー** (scalar) と呼ぶことがある. **R–右加群**も同様に定義される.

定義 4.2 環 R と S に対して写像 $f : R \to S$ が

$$\begin{aligned}
f(x+y) &= f(x) + f(y) & (x, y \in R) \\
f(xy) &= f(x)f(y) & (x, y \in R) \\
f(1) &= 1 & (1 \in R)
\end{aligned}$$

を満たすとき, f を**環の準同型**と呼ぶ. 対象を環とし環の準同型を射として**環の圏** Ring が定まる. R を環とし, R–加群 E, F に対して写像 $f : E \to F$ が次を満たすとき, **R–準同**

型と呼ぶ：

$$f(x+y) = f(x) + f(y) \qquad (x, y \in E)$$
$$f(\alpha x) = \alpha f(x) \qquad (\alpha \in R) \quad (x, y \in E)$$

R–準同型を射として，**R–加群の圏**（R–Mod）が定まる．**加群の圏** Mod も定まる．R–加群 E, F に対して，$\mathrm{Lin}(E, F)$（または R–$\mathrm{Mod}(E, F)$）は R–準同型の集合を示す．

注意 4.1 環 R が与えられたとき，集合としては R と同じで，x と y の演算 $x \cdot y$ を yx とした環を**双対環**（opposite ring）といい，R^o と記す．R–右加群は R^o–左加群とみなせる．R が可換環のときは $R^o = R$ となり，区別する必要はない．

例 4.1 1）非可換環 R の要素 $a \in R$ に対しては $h_a(x) = ax$ で定義された写像 $h_a: R \to R$ は R–加群の準同型とはかならずしもならない．

2）環の準同型 $f: R \to S$ によって，S は R–加群とみなせる．すなわち，$\alpha \in R, y \in S$ に対して，$f(\alpha)y$ または $yf(\alpha)$ をそれぞれ，αy または $y\alpha$ とする．$\mathrm{id}_R : R \to R$ によって，R は R–加群とみなせる．id_R は左加群の射とも右加群の射ともみなせるので R はそれに応じて R_s, R_d と区別することがある．

3）加法群 E の自己準同型のなす環 $\mathrm{End}(E)$ に対して，$\mathrm{End}(E) \times E \ni (f, x) \mapsto fx = f(x) \in E$ とすることで，E は $\mathrm{End}(E)$–左加群となる．$a \in R$ に対して，$h_a : x \mapsto ax$ または $x \mapsto xa$ とすることで，$R \to \mathrm{End}(E)$ または $R^o \to \mathrm{End}(E)$ の準同型を得る．

4）加法群 E が与えられたとき，環 R から $\mathrm{End}(E)$ への準同型または環 R^o から $\mathrm{End}(E)$ への準同型を与えることが R–左加群または右加群を与えることである．

次の定義で R の代わりに R^o を用いれば右加群についての定義となる．

定義 4.3 R を環とする．

1）E を R–左加群とする．E の部分集合 M が加群 $(E, +)$ に対して，$x, y \in M$ ならば，$x + y \in M$ かつ R の作用に対して，$a \in R, x \in M$ ならば $ax \in M$ となるとき，M を E の **R–部分加群**という．

2）とくに，E を R の左加群 R_s とみたとき，R_s の部分加群を環 R の**左イデアル**という．

3）E を R–左加群とする．M を E の部分加群とするとき，$E/M = \{x + M | x \in E\}$ に対して，$\xi, \eta \in E/M$ のとき，$\xi = x + M, \eta = y + M, \zeta = (x + y) + M$ と書くとき，$\xi + \eta = \zeta$ とおくことにより E/M に和が定義できる．$a \in R$ の作用は $a\xi = ax + M$ と定義できる．この R–左加群 E/M を E の**商加群**という．

4）R–左加群の族 $(E_i)_{i \in I}$ が与えられたとする．集合の積 $E = \prod_{i \in I} E_i$ 上に，次のように，R–左（右）加群の構造が入る．$x = (x_i)_{i \in I}, y = (y_i)_{i \in I} \in E$ とする．$x + y = (x_i + y_i)_{i \in I} \in E$ と和を定義し，$a \in R$ に対して，$ax = (ax_i)_{i \in I} \in E$ と

4. 抽象ベクトル空間

して R の作用を定義する．このとき，E を $(E_i)_{i \in I}$ の**直積**という．

5) $E = \prod_{i \in I} E_i$ に対して，有限個の x_i だけが $x_i \neq 0$ となる元 $(x_i)_{i \in I}$ の全体のなす集合 F は E の部分加群となる．これを**直和**といい，$\bigoplus_{i \in I} E_i$ と記す．

6) R–左加群 G の部分加群の族 $(G_i)_{i \in I}$ が与えられたとき，直和 $\bigoplus_{i \in I} G_i$ から G への準同型が $(x_i) \mapsto \sum_i x_i$ により定義できる．

7) R–左加群 E の R–部分加群が 0 か E しかないとき，E を**単純加群**という．

8) R–左加群 E が単純な部分加群 $(E_{i \in I})$ の直和 $E = \bigoplus_{i \in I} E_i$ となるとき，E を**半単純加群**という．

9) 環 R の乗法半群 $R^\times = R \setminus \{0\}$ が群となるとき，R を**斜体**という．

10) 乗法について可換な斜体を**体**という．しかし，斜体を単に体，可換な斜体を可換体ということもある．

定義 4.4 1) 写像 $f: S \times S \to S$ が与えられたとき集合 S を**マグマ** (magma) という．f を演算と呼び，$xy = f(x, y)$ と記す．2 つのマグマ S と T との間の写像 $\phi: S \to T$ が $\phi(xy) = \phi(x)\phi(y)$ を満たすとき，マグマの**準同型**という．$T = S$ のとき，ϕ を**自己準同型**という．

2) S をマグマとして，すべての元 $x, y, z \in S$ に対して，$(xy)z = x(yz)$ を満たすとき，結合律を満たすマグマという．$e \in S$ がすべての $x \in S$ に対して $ex = xe = x$ を満たすならば，S の**単位元**という．

3) 単位元をもち，結合律を満たすマグマ M を**半群** (monoid) という．$a, b \in M$ に対して，写像 $x \mapsto ax$ または $x \mapsto xb$ が $M \to M$ の全射写像ならばそれぞれ**右可逆元**または**左可逆元**という．左可逆元かつ右可逆元ならば**可逆元**という．

4) G を集合とする．G がすべての元が可逆元である半群のとき，G を**群** (group) という．

5) R を可換環，E を R–加群とする．写像 $\phi: E \times E \to E$ が $y \mapsto \phi(x, y)$ と $x \mapsto \phi(x, y)$ が R–準同型となるとき，E を R**–代数** (R–algebra) という．$\phi(x, y)$ を xy と記す．

6) R を可換環，S をマグマとする．$\{x \in S | f(x) \neq 0\}$ が有限集合となるような写像 $f \in R^S$ の全体の集合を $R^{(S)}$ と書く．$f, g \in R^{(S)}$ が与えられたとき，$x \in S$ に対して，$(f + g)(x) = f(x) + g(x)$ とし，$a \in R$ に対して $(af)(x) = af(x)$ と定義することで，$R^{(S)}$ は R–加群となる．さらに，$s \in S$ に対して，$e_s(s) = 1, s \neq x \in S$ ならば $e_s(x) = 0$ と定義された写像の族 $(e_s)_{s \in S}$ は $R^{(S)}$ の**標準基底**という．すべての $R^{(S)}$ の元は $\sum_{s \in S} a_s e_s$ と $a_s e_s$ の有限和で書ける．S がマグマであることから，$e_s e_t = e_{st}$ によって乗法を定義すると $R^{(S)}$ は R 上の代数 (R–algebra) となる．S が半群 M (群 G) のとき，$R^{(M)}$ は環になる．これを**半群環** (**群環**) ともいう．

自由マグマの構成：

集合 X が与えられたとき，$n \geqq 1$ に関して帰納的に集合 $M_n(X)$ の列を次のように構成する．$M_1(X) = X$, $n \geqq 2$ に対して，$M_n(X) = \bigcup_{1 \leqq p \leqq n-1} M_p(X) \times M_{n-p}(X)$ とする．$\bigcup_{n \geqq 1} M_n(X)$ を $M(X)$ と記す．$M_n(X) \subset M(X)$ とみなす．$x \in M_p(X)$ と $y \in M_q(X)$ の演算 (x,y) は $M_{p+q}(X)$ に含まれる．これにより，演算 $f : M(X) \times M(X) \to M(X)$, $f(x,y) = (x,y)$ が定義される．$M(X)$ を X の**自由マグマ**という．

命題 4.1 N をマグマとする．すべての写像 $f : X \to N$ はマグマの準同型 $g : M(X) \to N$ を唯一つ与える．

[証明] $n \geqq 1$ について帰納的に構成する．$n = 1$ のとき，$f_1 = f$ とおく．$n \geqq 2$ のとき，$p = 1, \ldots, n-1$ かつ $(w, w') \in M_p \times M_{n-p}$ に対して，$f_n : M_n \to N$, $f_n((w, w')) = (f_p(w), f_{n-p}(w'))$ によって定義する．$g : M(X) \to N$ は $\iota_n : M_n(X) \subset M(X)$ と合成したとき，$\iota_n \circ g = f_n$ によって定義される． (証明終)

命題 4.2 X, Y を集合とする．
1) $f : X \to Y$ が写像ならば，$M(f) : M(X) \to M(Y)$ となるマグマ準同型が存在する．
2) f が単射ならば，$M(f)$ も単射である．
3) f が全射ならば，$M(f)$ も全射である．

[証明] $Y \subset M(Y)$ と $f : X \to Y$ の合成に前の命題を適用する．f が単射なら，$h : Y \to X$ かつ $h \circ f : X \to X$ が恒等写像 id_X となる写像 h が存在する．$M(h \circ f) = M(\mathrm{id}_X) = \mathrm{id}_{M(X)}$ かつ $M(h \circ f) = M(h) \circ M(f)$ より，$M(f)$ は単射である．f が全射のときも，同様． (証明終)

注意 4.2 $Y \subset X$ のとき，$M(Y) \to M(X)$ も単射なので，$M(Y)$ を Y の生成する $M(X)$ の部分マグマとみなす．

N をマグマとする．N の元を集合 X で $(n_x)_{x \in X}$ と添え字をつけたとき，$x \mapsto n_x$ によって，写像 $X \to N$ ができる．よって，マグマの準同型 $g : M(X) \to N$ が作られる．$R = \{(x,y) \in M(X) \times M(X) | g(x) = g(y)\}$ とおくと，R は $M(X)$ 上の同値関係の集合となる．マグマ準同型 $M(X)/R \to N$ ができて，単射となる．

定義 4.5 1) 自由半群：集合 X の**自由半群**とはすべての半群 N とすべての写像 $f : X \to N$ に対して，半群の準同型 $g : \mathrm{Mo}(X) \to N$ が唯一つできるような半群 $\mathrm{Mo}(X)$ のことである．このような性質をもつ半群 $\mathrm{Mo}(X)$ を構成できる．可換自由半群 $\mathbf{N}^{(X)}$ は $\mathrm{Mo}(X)$ の商半群となる．

2) 自由群：集合 X の**自由群**とはすべての群 N とすべての写像 $f : X \to N$ に対して，群の準同型 $g : F(X) \to N$ が唯一つできるような群 $F(X)$ のことである．このよ

朝倉書店〈数学関連書〉ご案内

結び目理論とゲーム —領域選択ゲームでみる数学の世界—
河内明夫・岸本健吾・清水理佳著
A5判 128頁 定価(本体2300円+税)(11140-8)

結び目理論を利用した「領域選択ゲーム」の作者が発明の背景、ゲームの説明・攻略法を数学的な面白さが伝わるように解説。〔内容〕結び目や絡み目の図式、その変形／領域交差交換／領域選択ゲーム／様々な結び目／位相不変量／問題の略解

美しい不等式の世界 —数学オリンピックの問題を題材として—
佐藤淳郎訳
A5判 272頁 定価(本体3800円+税)(11137-8)

"Inequalities A Mathematical Olympicd Approach"の翻訳。数学全般で広く使われる有名な不等式や実用的テクニックを系統立てて説明し、数学オリンピックの問題をふんだんに使って詳しく解説。多数の演習問題およびその解答も付す。

多変数解析関数論 —学部生へおくる岡の連接定理—
野口潤次郎著
A5判 368頁 定価(本体6200円+税)(11139-2)

現代数学の広い分野で基礎を与える理論であり、その基本となる岡潔の連接定理を解説。〔内容〕正則関数／岡の第1連接定理／層のコホモロジー／正則凸領域と岡・カルタンの基本定理／正則領域／解析的集合と複素空間／擬凸領域と岡の定理

朝倉数学大系1 解析的整数論Ⅰ —素数分布論—
本橋洋一著
A5判 272頁 定価(本体4800円+税)(11821-6)

今なお未解決の問題が数多く残されている素数分布について、一切の仮定無く必要不可欠な知識を解説。〔内容〕素数定理／指数和／短区間内の素数／算術級数中の素数／篩法Ⅰ／一次元篩Ⅰ／篩法Ⅱ／平均素数定理／最小素数定理／一次元篩Ⅱ

朝倉数学大系2 解析的整数論Ⅱ —ゼータ解析—
本橋洋一著
A5判 372頁 定価(本体6600円+税)(11822-3)

Ⅰ巻(素数分布論)に続きリーマン・ゼータ函数論に必要な基礎知識を綿密な論理性のもとに解説。〔内容〕和公式Ⅰ／保型形式／保型表現／和公式Ⅱ／保型L函数／Zeta-函数の解析／保型L函数の解析／補遺(Zeta-函数と合同部分群／未解決問題)

朝倉数学大系3 ラプラシアンの幾何と有限要素法
浦川肇著
A5判 272頁 定価(本体4800円+税)(11823-0)

ラプラシアンに焦点を当て微分幾何学における数値解析を解説。〔内容〕直線上の2階楕円型微分方程式／ユークリッド空間上の様々な微分方程式／リーマン多様体とラプラシアン／ラプラス作用素の固有値問題／等スペクトル問題／有限要素法／他

朝倉数学大系4 逆問題 —理論および数理科学への応用—
堤正義著
A5判 264頁 定価(本体4800円+税)(11824-7)

応用数理の典型分野を多方面の題材を用い解説。〔内容〕メービウス逆変換の一般化／電気インピーダンストモグラフィーとCalderonの問題／回折トモグラフィー／ラプラス方程式のコーシー問題／ラドン変換／非適切問題の正則化／カルレマン型評価

数理工学ライブラリー1 計算幾何学
杉原厚吉著
A5判 216頁 定価(本体3700円+税)(11681-6)

図形に関する情報の効率的処理のための技術体系である計算幾何学を図も多用して詳述。〔内容〕その考え方／超ロバスト計算原理／交点列挙とアレンジメント／ボロノイ図とドロネー図／メッシュ生成／距離に関する諸問題／図形認識問題

数理工学ライブラリー2 離散凸解析と最適化アルゴリズム
室田一雄・塩浦昭義著
A5判 224頁 定価(本体3700円+税)(11682-3)

解きやすい離散最適化問題に対して統一的な枠組を与える新しい理論体系「離散凸解析」を平易に解説しその全体像を示す。〔内容〕離散最適化問題とアルゴリズム(最小木、最短路など)／離散凸解析の概要／離散凸最適化のアルゴリズム

数理工学ライブラリー3 情報論的学習とデータマイニング
山西健司著
A5判 180頁 定価(本体3000円+税)(11683-0)

膨大な情報の海の中から価値有る知識を抽出するために、機械学習やデータマイニングに関わる数理的手法を解説。〔内容〕情報論的学習理論(確率的コンプレキシティの基礎・拡張と周辺／データマイニング応用(静的データ・動的データ)

現代基礎数学
新井仁之・小島定吉・清水勇二・渡辺 治編集

1. 数学の言葉と論理
渡辺 治・北野晃朗・木村泰紀・谷口雅治著
A5判 228頁 定価（本体3300円+税）（11751-6）

数学は科学技術の共通言語といわれる。では、それを学ぶには？英語などと違い、語彙や文法は簡単であるがちょっとしたコツや注意が必要で、そこにつまづく人も多い。本書は、そのコツを学ぶための書、数学の言葉の使い方の入門書である。

3. 線形代数の基礎
和田昌昭著
A5判 176頁 定価（本体2800円+税）（11753-0）

線形代数の基礎的内容を、計算と理論の両面からやさしく解説した教科書。独習用としても配慮。〔内容〕連立1次方程式と掃き出し法／行列／行列式／ユークリッド空間／ベクトル空間と線形写像の一般論／線形写像の行列表示と標準化／付録

4. 線形代数と正多面体
小林正典著
A5判 224頁 定価（本体3300円+税）（11754-7）

古代から現代まで奥深いテーマであり続ける正多面体を、幾何・代数の両面から深く学べる。群論の教科書としても役立つ。〔内容〕アフィン空間／凸多面体／ユークリッド空間／球面幾何／群／群の作用／準同型／群の構造／正多面体／他

7. 微積分の基礎
浦川 肇著
A5判 228頁 定価（本体3300円+税）（11757-8）

1変数の微積分、多変数の微積分の基礎を平易に解説。計算力を養い、かつ実際に使えるよう配慮された理工系の大学・短大・専門学校の学生向け教科書。〔内容〕実数と連続関数／1変数関数の微分／1変数関数の積分／偏微分／重積分／級数

8. 微積分の発展
細野 忍著
A5判 180頁 定価（本体2800円+税）（11758-5）

ベクトル解析入門とその応用を目標にして、多変数関数の微分積分を学ぶ。扱う事柄を精選し、焦点を絞って詳しく解説する。〔内容〕多変数関数の微分／多変数関数の積分／逆関数定理・陰関数定理／ベクトル解析入門／ベクトル解析の応用

9. 複素関数論
柴 雅和著
A5判 244頁 定価（本体3600円+税）（11759-2）

数学系から応用系まで多様な複素関数論の学習者の理解を助ける教科書。基本的内容に加えて早い段階から流体力学の章を設ける独自の構成で厳密さと明快さの両立を図り、初歩からやや進んだ内容までを十分カバーしつつ応用面も垣間見せる。

12. 位相空間とその応用
北田韶彦著
A5判 176頁 定価（本体2800円+税）（11762-2）

物理学や各種工学を専攻する人のための現代位相空間論を解説。連続体理論をフラクタル構造など離散力学系との関係で新しい結果を用いながら詳しく解説。〔内容〕usc写像／分解空間／弱い自己相似集合（デンドライトの系列）／他

13. 確率と統計
藤澤洋徳著
A5判 224頁 定価（本体3300円+税）（11763-9）

具体例を動機として確率と統計を少しずつ創っていくという感覚で記述。〔内容〕確率と確率空間／確率変数と確率分布／確率変数の変数変換／大数の法則と中心極限定理／標本と統計的推測／点推定／区間推定／検定／線形回帰モデル／他

14. 離散構造
小島定吉著
A5判 180頁 定価（本体2800円+税）（11764-6）

離散構造は必ずしも連続的でない対象を取り扱う数学の幅広い分野と関連している。いまだ体系化されていないこの分野の学部生向け教科書として数え上げ、グラフ、初等整数論の三つの話題を取り上げ、離散構造の数学的な扱いを興味深く解説する。

15. 数理論理学
鹿島 亮著
A5判 224頁 定価（本体3300円+税）（11765-3）

論理、とくに数学における論理を研究対象とする数学の分野である数理論理学の入門書。ゲーデルの完全性定理・不完全性定理をはじめとした数理論理学の基本結果をわかりやすくかつ正確に説明しながら、その意義や気持ちを伝える。

21. 非線形偏微分方程式
柴田良弘・久保隆徹著
A5判 224頁 定価（本体3300円+税）（11771-4）

近年著しい発展を遂げている、調和解析的方法を用いた非線形偏微分方程式への入門書。本書では、応用分野のみならず数学自体へも多くの豊かな成果をもたらすNavier-Stokes方程式の理論を、筆者のオリジナルな結果も交えて解説する。

基礎数理講座
初めて学ぶ学生から，再び基礎をじっくりと学びたい人々のための叢書

1. 数理計画
刀根 薫著
A5判 248頁 定価（本体4300円+税）（11776-9）

理論と算法の緊密な関係につき，問題の特徴，問題の構造，構造に基づく算法，算法を用いた解の実行，といった流れで平易に解説。〔内容〕線形計画法／凸多面体と線形計画法／ネットワーク計画法／非線形計画法／組合せ計画法／包絡分析法

2. 確率論
高橋幸雄著
A5判 288頁 定価（本体3600円+税）（11777-6）

難解な確率の基本を，定義・定理を明解にし，例題および演習問題を多用し実践的に学べる教科書〔内容〕組合せ確率／離散確率空間／確率の公理と確率空間／独立確率変数と大数の法則／中心極限定理／確率過程／離散時間マルコフ連鎖／他

3. 線形代数汎論
伊理正夫著
A5判 344頁 定価（本体6400円+税）（11778-3）

初心者から研究者まで，著者の長年にわたる研究成果の集大成を満喫。〔内容〕線形代数の周辺／行列と行列式／ベクトル空間／線形方程式系／固有値／行列の標準形と応用／一般逆行列／非負行列／行列式と Pfaffian に対する組合せ論的接近法

4. 数理モデル
柳井 浩著
A5判 224頁 定価（本体3900円+税）（11779-0）

物事をはっきりと合理的に考えてゆくにはモデル化が必要である。本書は，多様な分野を扱い，例題および図を豊富に用い，個々のモデル作りに多くのヒントを与えるものである。〔内容〕相平面／三角座標／累積図／漸化過程／直線座標／付録

5. グラフ理論 —連結構造とその応用—
茨木俊秀・永持 仁・石井利昌著
A5判 324頁 定価（本体5800円+税）（11780-6）

グラフの連結度を中心にした概念を述べ，具体的な問題を解くアルゴリズムを実践的に詳述〔内容〕グラフとネットワーク／ネットワークフロー／最小カットと連結度／グラフのカット構造／最大隣接順序と森分解／無向グラフの最小カット／他

6. Rで学ぶ統計解析
伏見正則・逆瀬川浩孝著
A5判 248頁 定価（本体3900円+税）（11781-3）

Rのプログラムを必要に応じ示し，例・問題を多用しながら，詳説した教科書。〔内容〕記述統計解析／実験的推測統計／確率論の基礎知識／推測統計の確率モデル，標本分布／統計的推定問題／統計的検定問題／推定・検定／回帰分布／分散分析

開かれた数学
進展めざましい分野の躍動を，やさしく明快に伝える

1. リーマンのゼータ関数
松本耕二著
A5判 228頁 定価（本体3800円+税）（11731-8）

ゼータ関数，L関数の「原型」に肉迫。〔内容〕オイラーとリーマン／関数等式と整数点での値／素数定理／非零領域／明示公式と零点の個数／値分布／オーダー評価／近似関数等式／平均値定理／二乗平均値と約数問題／零点密度／臨界線上の零点

2. 数論アルゴリズム
中村 憲著
A5判 196頁 定価（本体3200円+税）（11732-5）

符号理論や暗号理論との関係から，脚光を浴びている数論アルゴリズムを初歩から系統的かつ総合的に解説した入門書。〔内容〕四則計算と冪／初等数論アルゴリズム／格子，多項式，有限体／素数判定／整数分解問題／離散対数問題／擬似乱数

3. 箱玉系の数理
時弘哲治著
A5判 192頁 定価（本体3200円+税）（11733-2）

著者が中心で進めてきた箱玉系研究の集大成。〔内容〕セルオートマトン／ソリトン／箱玉系／KP階層の理論／離散KP方程式／箱玉系と超離散Kd-V方程式／箱玉系と超離散方程式／周期箱玉系／可解格子模型と箱玉系／一般化された箱玉系

4. 曲線とソリトン
井ノ口順一著
A5判 192頁 定価（本体3200円+税）（11734-9）

曲線の微分幾何学とソリトン方程式のコンパクトな入門書。「曲線を求める」ことに力点を置き，微分積分と線形代数の基礎を学んだ読者に微分方程式と微分幾何学の交錯する面白さを伝える。各トピックにやさしい解説と具体的な応用例。

5. ベーテ仮説と組合せ論
国場敦夫著
A5判 224頁 定価（本体3600円+税）（11735-6）

量子可積分系の先駆者であるハンス・ベーテの手法（ベーテ仮説）は，超弦理論を含む広い応用を持つ。本書では組合せ論の観点からベーテ仮説を発展・展開させた理論を解説する。現代物理学の数理的手法の魅力を伝える好著。

高等数学公式便覧
河村哲也 監訳　井元 薫訳
菊判　248頁　定価（本体4800円+税）（11138-5）

各公式が，独立にページ毎の囲み枠によって視覚的にわかりやすく示され，略図も多用しながら明快に表現され，必要に応じて公式の使用法を例を用いながら解説。表・裏扉に重要な公式を掲載，豊富な索引付き。〔内容〕数と式の計算／幾何学／初等関数／ベクトルの計算／行列，行列式，固有値／数列，級数／微分法／積分法／微分幾何学／各変数の関数／応用／ベクトル解析と積分定理／微分方程式／複素数と複素関数／数値解析／確率，統計／金利計算／二進法と十六進法／公式集

応用数理ハンドブック
日本応用数理学会監修
薩摩順吉・大石進一・杉原正顯 編
B5判　704頁　定価（本体24000円+税）（11141-5）

数値解析，行列・固有問題の解法，計算の品質，微分方程式の数値解法，数式処理，最適化，ウェーブレット，カオス，複雑ネットワーク，神経回路と数理脳科学，可積分系，折紙工学，数理医学，数理政治学，数理設計，情報セキュリティ，数理ファイナンス，離散システム，弾性体力学の数理，破壊力学の数理，機械学習，流体力学，自動車産業と応用数理，計算幾何学，数論アルゴリズム，数理生物学，逆問題，などの30分野から260の重要な用語について2～4頁で解説したもの。

関数事典
河村哲也 監訳
B5判　704頁　定価（本体22000円+税）（11136-1）

本書は，総計64の関数を図示し，関数にとって重要な定義や性質，級数展開，関数を特徴づける公式，他の関数との関係式を直ちに参照できるようになっている。また，特定の関数に関連する重要なトピックに対して簡潔な議論を施してある。〔内容〕定数関数／階乗関数／ゼータ数と関連する関数／ベルヌーイ数／オイラー数／2項係数／1次関数とその逆関数／修正関数／ヘビサイド関数とディラック関数／整数べき／平方根関数とその逆関数／非整数べき関数／半楕円関数とその逆関数／他

朝倉 数学ハンドブック［基礎編］
飯高　茂・楠岡成雄・室田一雄 編
A5判　816頁　定価（本体20000円+税）（11123-1）

数学は基礎理論だけにとどまらず，応用方面への広がりをもたらし，ますます重要になっている。本書は理工系とくに専門にこだわらず工学系の学生が知っていれば良いことを主眼として，専門のみならず専門外の内容をも理解できるように平易に解説した基礎編である。〔内容〕集合と論理／線形代数／微分積分学／代数学（群，環，体）／ベクトル解析／位相空間／位相幾何／曲線と曲面／多様体／常微分方程式／複素関数／積分論／偏微分方程式／関数解析／積分変換・積分方程式

朝倉 数学ハンドブック［応用編］
飯高　茂・楠岡成雄・室田一雄 編
A5判　632頁　定価（本体16000円+税）（11130-9）

数学は最古の学問のひとつでありながら，数学をうまく応用することは現代生活の諸部門で極めて大切になっている。基礎編につづき，本書は大学の学部程度で学ぶ数学の要点をまとめ，数学を手っ取り早く応用する必要がありエッセンスを知りたいという学生や研究者，技術者のために，豊富な講義経験をされている執筆陣でまとめた応用編である。〔内容〕確率論／応用確率論／数理ファイナンス／関数近似／数値計算／数理計画／制御理論／離散数学とアルゴリズム／情報の理論

ISBN は 978-4-254- を省略　　　　　　　　　　　　　　　　（表示価格は2014年2月現在）

朝倉書店
〒162-8707 東京都新宿区新小川町6-29
電話 直通（03）3260-7631　FAX（03）3260-0180
http://www.asakura.co.jp　eigyo@asakura.co.jp

うな性質をもつ群 $F(X)$ を構成できる．標準半群準同型 $\mathrm{Mo}(X) \to F(X)$ は単射である．

可換自由群 $\mathbf{Z}^{(X)}$ は $F(X)$ の商群となる．

$$\begin{array}{ccccc} M(X) & \longrightarrow & \mathrm{Mo}(X) & \longrightarrow & N^{(X)} \\ & & \downarrow & & \downarrow \\ & & F(X) & \longrightarrow & Z^{(X)} \end{array}$$

抽象的なベクトル空間の定義をしよう．

定義 4.6 k を**斜体**とする．k-左加群または右加群 V を k 上の**ベクトル空間** (vector space) または**線形空間** (linear space) という．V の元を**ベクトル**と呼ぶ．

例 4.2 集合 I から斜体 k への関数全体の空間を k^I と書く．k^I にはベクトル空間の構造が入る．実際，関数の和により加法を定義すると加法群になり，k の要素を掛けると加法群の自己準同型となっている．$f \in k^I$ に対し，$\{x \in I | f(x) \neq 0\}$ を f の**支持台** (support) という．支持台が有限集合となる f の全体は k^I の部分空間となり，これを $k^{(I)}$ と書く．写像 $\delta_i : I \to k$ を $j \mapsto \delta_i(j) = \delta_{ij}$ で定義する．$(\delta_i)_{i \in I}$ は $k^{(I)}$ の**標準基底**と呼ぶ．とくに，$I = \{1, 2, 3, \ldots, n\}$ のとき，k^I は k を数とする数ベクトル空間と同型である．一般に，ベクトル空間 V には $k^{(I)}$ と同型 $V \cong k^{(I)}$ になるような集合 I が存在する．(後述)

定義 4.7 k を斜体とする．k 上の2つのベクトル空間 V, W について，$f : V \to W$ が**線形写像**とはすべての $x, y \in V, \lambda \in k$ に対して，$f(x+y) = f(x) + f(y), f(\lambda x) = \lambda f(x)$ が成り立つことである．ベクトル空間では写像として単射（全射）ならば線形写像として単射（全射）という．線形写像が単射かつ全射ならば，**同型**という．

4.2 部分ベクトル空間，1次独立系，生成系，基底

定義 4.8 ベクトル空間 V の部分集合 S から張られた**部分ベクトル空間**とは S の有限個の要素 $\mathbf{x}_i$ の ($a_i \in k$ による) 線形 (1次) 結合 $\sum a_i \mathbf{x}_i$ の全体からなるベクトル空間である．これは，S を含む部分ベクトル空間の共通部分となる．

定義 4.9 ベクトル空間のベクトルからなる**系**とは整列集合（極小条件を満たす全順序集合）からベクトル空間への写像のことである．

定義 4.10 斜体 k 上のベクトル空間 V の部分集合 S が **1次独立系** (linearly independent system) であるとは S の任意の有限個の異なるベクトルが1次独立であることである．有限個のベクトルが **1次独立**とは零ベクトルをその有限個のベクトルの1次結合による表現

が一意的であるときにいう．すなわち，S の任意の有限部分集合 $\{x_1, x_2, \ldots, x_n\}$ に対して，$a_1, a_2, \ldots, a_n \in k$, $a_1 x_1 + a_2 x_2 + \cdots + a_n x_n = 0$ が成り立つなら $a_1 = a_2 = \cdots = a_n = 0$ である．

定義 4.11 ベクトル空間の部分 S が**生成系** (generating system) であるとはベクトル空間のすべてのベクトルが S の有限個のベクトルの 1 次結合で書けることである．

定義 4.12 ベクトル空間の部分 S が**基底** (basis) であるとはベクトル空間のすべてのベクトルが S の有限個のベクトルの 1 次結合で一意的に書けるときにいう．系 S が 1 次独立かつ生成系ならば基底である．

命題 4.3 1) ベクトルの系 $(a_i)_{i \in I}$ が与えられたとき，すべての有限和について $\sum \xi_i a_i = 0$ $(\xi_i \in k)$ ならば $\xi_i = 0$ がいえるとき，ベクトルの系 (a_i) は 1 次独立系となる．(**定義と同値**)

2) ベクトルの系 $(a_i)_{i \in I}$ が 1 次独立ではないということはある有限和があって $\sum \xi_i a_i = 0$ かつ $\xi_j \neq 0$ が存在する．そのとき，さらに，a_j は $(a_i)_{i \in I \setminus \{j\}}$ の線形結合で書ける．(**重要**)

3) $\phi: k^{(I)} \to V$ が $\delta_i \mapsto a_i$ によって定義される線形写像とする．ϕ が単射のとき，(a_i) は 1 次独立系となる．逆も成り立つ．(**定義と同値**)

4) 1 次独立系に含まれる部分系は 1 次独立系である．

5) $k^{(I)}$ において，標準基底 $(\delta_i)_{i \in I}$ は基底である．

6) $\phi: k^{(I)} \to V$, $\delta_i \mapsto \phi(\delta_i) = a_i$ が全射のとき，(a_i) は生成系となる．逆も成り立つ．(**定義と同値**)

7) 生成系を含む系は生成系である．

4.3 基底に関する定理

定理 4.1 極大な 1 次独立系は基底である．極小な生成系は基底である．

極大な 1 次独立系 S に任意のベクトルを加えた系を考える．極大性からその系は 1 次独立ではない．よって，そのベクトルは S の張る部分ベクトル空間に入る．すなわち，S の張る部分ベクトル空間は全体である．

極小の生成系は 1 次独立である．極小の生成系の有限の系で 1 次独立でない系があれば，その系の少なくとも 1 つのベクトルはその系のそのベクトルを除いた系の 1 次結合で書ける．よって，極小の生成系からそのベクトルを取り去った系も生成系となり，極小性に矛盾する．

4. 抽象ベクトル空間

定理 4.2 ベクトル空間 V に，1次独立系を含む生成系があるとき，その1次独立系を含み，生成系に含まれる基底が存在する．

[**証明**] 生成系に含まれる1次独立系の全体集合を考えよう．この集合は包含関係で順序を定義すれば，帰納集合となる．1次独立とはすべての有限個の部分集合によって決まる性質であるから帰納集合である．よってツォルン (Zorn) の補題から極大元が存在する．
(証明終)

注意 4.3 環 R–加群 E について，$\phi: R^{(I)} \to V$ は $\delta_i \mapsto a_i$ によって定義される線形写像とする．
1) ϕ が単射のとき，(a_i) は **1次独立 (自由) 系**という．そのとき，E の部分加群 $\sum_i Ra_i$ は (a_i) を基底にもつ自由加群となる．
2) $\phi: R^{(I)} \to V$ が全射のとき，(a_i) は**生成系**という．
3) $\phi: R^{(I)} \to V$ が同型射のとき，(a_i) は**基底**という．
4) E に基底が存在するとき，**自由加群**という．
5) 系 $(a_i)_{i \in I}$ が自由系であるということはすべての有限部分系が自由系であることと同値である．よって，自由系には極大が存在する．

定義 4.13 ベクトル空間に有限個のベクトルからなる生成系があるとき**有限次元ベクトル空間**という．

定理 4.3 ベクトル空間には基底が存在する．基底の濃度はベクトル空間によって定まる．とくに，有限次元のベクトル空間の基底をなすベクトルの個数は空間によって決まる定数である．それを**次元**と呼ぶ．

[**証明**] まず，空集合は1次独立系であり，全空間は生成系である．ツォルンの補題から1次独立の定義が有限的条件なので空集合と全空間の間に極大な1次独立系が存在する (第I編 3.3.3 項 a「ツォルンの補題の応用」をみよ)．よってそれが基底である．2つの基底 I と J の間ではすべての J のベクトルは I の有限個のベクトルの1次結合として一意的に書ける．また逆も成り立つ．よって，2つの基底 I と J は等濃度である．

有限次元のベクトル空間では1次独立系のベクトルの個数は生成系のベクトルの個数を超えない．実際，有限次元ベクトル空間の定義から，有限個のベクトルからなる生成系がある．その生成系から重複するベクトルを取り除いた集合を G とする．G も生成系である．任意の1次独立系 D の部分である有限な1次独立系 S を考えよう．G と S の共通部分 $G \cap S$ は1次独立系である．$G \cap S = S$ なら，命題は成立する．そうでなければ，S から $G \cap S$ に含まれないベクトルを1つ除いた集合を S' とする．S' を含み，$G \cup S'$ に含まれる極大な1次独立系 M がある．S' は極大ではないので M に真に含まれる．S' に M のベクトルを1つ加えて，1次独立な系 S_1 を作れる．S_1 は S と個数が等しい．$S_1 \cap G$ は

$S' \cap G$ を真に含む. G と S の共通部分についての帰納法から, S_1 の個数は G の個数を超えない. よって, S の個数は G の個数を超えない. したがって, D も G の個数を超えない. これにより, 2つの基底の個数は等しい. 実際, 基底は 1 次独立系であり, 生成系だから, 個数が等しくなる. (証明終)

定理 4.4 1) 体 k 上のベクトル空間 E の基底 $(e_j)_{j \in J}$ の添え字の集合を J とする. J と等濃度の集合 I については双写像 $f : I \to J$ がある. $\delta_i \mapsto e_{f(i)}$ によって定義される線形写像を $\phi : k^{(I)} \to E$ とする. ϕ は同型である.

2) 環 R に対して, $R \to k$ なる環準同型があれば, すべての R–自由加群 E の基底の濃度は同等である. (R が可換環ならば極大イデアル $\mathbf{m}$ がある. そこで標準準同型 $R \to R/\mathbf{m}$ を考えればよい.) これを**次元**または**階数**という. $\dim_R E$ と書く. 無限基底をもつ加群については基底の濃度は同等であり, 生成系の濃度はそれ以下ではない.

3) R が可換環のとき, $A : R^n \to R^n$ の行列 A が単射ならば, $\mathbf{a}_i = Ae_i$ $(1 \le i \le n)$ は極大自由系である. よって $\lambda_i e_i = \sum_j \mathbf{a}_j \mu_{ji}$ と 1 次結合で書けるような $\lambda_i \in R$ がある. λ_i は零因子 (zero divisor)(λ が R の**零因子**とは, ある $0 \ne a \in R$ について $a\lambda = 0$ となること) ではない.

$$(\mathbf{a}_1, \mathbf{a}_2, \ldots, \mathbf{a}_n) \begin{pmatrix} \mu_{11} & \mu_{12} & \cdots & \mu_{1n} \\ \mu_{21} & \mu_{22} & \cdots & \mu_{2n} \\ \vdots & \vdots & \vdots & \vdots \\ \mu_{n1} & \mu_{n2} & \cdots & \mu_{nn} \end{pmatrix} = \begin{pmatrix} \lambda_1 & 0 & \cdots \\ 0 & \lambda_2 & \cdots \\ \vdots & \vdots & \vdots \\ 0 & \cdots & \lambda_n \end{pmatrix}$$

$$\det A \det(\mu_{ij}) = \lambda_1 \lambda_2 \cdots \lambda_n$$

となる. よって, $\det A$ は零因子ではない. 逆に, A が単射でなければ, $(\mathbf{a}_i)_{i \in I}$ には線形関係がある. よって, $\det A$ は零因子である.

4) $\det A$ が零因子であることと $(\mathbf{a}_i)_{i \in I}$ には線形関係があることは同値となる.

4.4 アフィン空間

ユークリッド (Euclid) 幾何から原点, 長さ, 角度という性質を取り去った抽象的空間を**アフィン幾何**という. これはユークリッド空間と射影空間の中間に位置する概念である. 射影空間の無限遠超平面を除いた部分がアフィン空間である.

定義 4.14 一般に, 群が集合に作用することの定義をしよう.
1) 集合 T と半群 G が与えられたとき, $g \mapsto \phi_g$ により与えられる G から $\mathrm{Map}(T, T)$

4. 抽象ベクトル空間

への写像を G の T の上への**前作用** (action) という. $(g,x) \in G \times T \mapsto \phi_g(x) \in T$ を G の左からの**作用**という. $\phi_g(x)$ を gx と記す.

2) 集合 T と半群 G が与えられたとき, 前作用 $g \mapsto \phi_g$ が $\phi_e = \mathrm{id}_T$, $\phi_{gh} = \phi_g \circ \phi_h$ (resp. $\phi_h \circ \phi_g$) をすべての $g, h \in G$ に対して満たすとき, G は T に左 (resp. 右) から**作用** (operation) しているという.

3) 半群 G から半群 $\mathrm{Map}(T,T)$ への準同型を与えることが G から T への作用を与えることと同値である.

4) 群 G が集合 T に左 (右) から作用しているとき, $\{gx|g \in G\} = T$ となるような T の元 x が存在するならば, この作用は**推移的**であるという.

5) G が T に推移的に作用しているとき, T は**等質**であるという.

定義 4.15 (アフィン空間 (affine space)) 集合 H と体 k 上のベクトル空間 E が与えられたとき, H が E に付随する**アフィン空間**であるとはベクトル空間 E の加群から H への作用 $(v,x) \in E \times H \mapsto v+x$ があり, $E \times H \to H \times H$, $(v,x) \mapsto (v+x, x)$ が全単射な写像となることである. E を H の**平行移動の空間**と呼ぶ. H の次元を E の次元で定義する.

アフィン空間 H の任意の 2 点 p, q を選ぶと, $(e,p) \mapsto (e+p, p) = (q, p)$ となるベクトル $e \in E$ が一意的に存在する. e を記号 $q-p$ で表す. したがって, p を 1 つ固定するとき, E を $H-p$ と略記する. このとき, $u \in E$ に対して, $q-p = (u+q)-(u+p)$ が成り立つ. アフィン空間 H の点 p と有限個の点 x_i と $\sum a_i = 0$ なる $a_i \in k$ に対して, ベクトル $x_i - p \in H - p$ の 1 次結合 $\sum_i a_i(x_i - p)$ は p にはよらないベクトルである. 実際, $p' \in H$ に変えてみると, $\sum_i a_i(x_i - p) - \sum_i a_i(x_i - p') = \sum_i a_i((x_i - p) - (x_i - p')) = \sum_i a_i(p' - p) = 0$ となる.

さて, $\sum_i a_i = 1$ とすると $1 - \sum_i a_i = 0$ なので, 新たな点 x に対して $(x-p) - \sum_i a_i(x_i - p)$ は p によらないベクトル v である. $x - p = v + \sum_i a_i(x_i - p)$ は p によらない等式である. よって $x = v + \sum_i a_i(x_i - p) + p$ は p によらない点である. とくに, m 個の点 x_i に対して, $\sum_i (\frac{1}{m})(x_i - p) + p$ は点 p によらない点であり, これを $x_1, x_2, \ldots, x_m$ の重心と呼ぶ. さらに, $\sum_i a_i = 1$ に対して, ベクトル $\sum_i a_i(x_i - p)$ を作用させた点 $\sum_i a_i(x_i - p) + p$ を重み a_i つき $x_1, x_2, \ldots, x_m$ の重心と呼ぶ. 点 p によらないので, これを $\sum_i a_i x_i$ と略記する.

4.5 アフィン写像

以下, ベクトル空間 E が作用するアフィン空間について考える. すべての重みつき重心を保つ写像としてアフィン写像を定義しよう.

定義 4.16 体 k 上のアフィン空間 H, H' が与えられたとき，写像 $f: H \to H'$ が**アフィン写像**であるとは次の条件を満たすときにいう：すべての有限個の点 $x_i \in H$ と $\sum_i a_i = 1$ なる $a_i \in k$ に対して，

$$f(\sum_i a_i x_i) = \sum_i a_i f(x_i)$$

体 k 上のアフィン空間 H, H' の 2 点 p, q と，2 つのベクトル空間 $H-p, H'-q$ の間の線形写像 g を与えると，アフィン写像 f が $e+p \mapsto g(e)+q$ によって決まる．また，アフィン写像 f が与えられたとき，$q = f(p)$ とおく．$f(\sum_i a_i(x_i - p) + p) = \sum_i a_i(f(x_i) - q) + q$ となり，写像 $x - p \mapsto f(x) - q$ が $H - p, H' - q$ の間の線形写像となっている．アフィン写像は線形写像と平行移動 $p \mapsto q$ の合成として表せる．

4.6 線形写像の行列表示

定理 4.5 斜体 k 上のベクトル空間 E の基底と濃度の等しい集合を I とする．$k^{(I)}$ と E は k 上同型である．E が有限次元ならば k^n と E は k 上同型である．ここに，$n = \dim E$．

[**証明**] 集合 I から E の 1 つの基底への双写像がある．これを用いると，$(\delta_i)_{i \in I}$ から E の基底への写像を作れる．$(\delta_i)_{i \in I}$ の張る空間から，E の基底の張る空間への線形写像が決まる．ここで，$(\delta_i)_{i \in I}$ による線形結合は一意的な表現なので，矛盾がない．E から F への k 線形射は E の基底の集合としての写像で決定し，その逆もいえる． (証明終)

k 上のベクトル空間と基底の組からなる圏から k 上の標準ベクトル空間の圏への関手が作れる．2 つの k ベクトル空間を右加群として表すとし，基底の組 $(E, (\boldsymbol{e}_i)_{i \in I})$ と $(F, (\boldsymbol{f}_j)_{j \in J})$ の間の k 線形射 $f: E \to F$ に対し，E の基底 $(\boldsymbol{e}_i)_{i \in I}$ から F への写像が $f(\boldsymbol{e}_i) = \sum \boldsymbol{f}_j a_{ji}$ で決まる．E の任意のベクトル $\boldsymbol{x} = \sum \boldsymbol{e}_i x_i$ をおき，$f(\boldsymbol{x}) = f(\sum \boldsymbol{e}_i x_i) = \sum_i f(\boldsymbol{e}_i) x_i = \sum_i \sum_j \boldsymbol{f}_j a_{ji} x_i$, $\boldsymbol{y} = f(\boldsymbol{x}) = \sum \boldsymbol{f}_j y_j$ とする．$y_j = \sum_i a_{ji} x_i$ となる．

k 線形写像の射が次の行列で表される：

$$\begin{pmatrix} y_1 \\ y_2 \\ \vdots \end{pmatrix} = \begin{pmatrix} a_{11} & a_{12} & a_{13} & \cdots \\ a_{21} & a_{22} & a_{23} & \cdots \\ \vdots & \vdots & \vdots & \end{pmatrix} \begin{pmatrix} x_1 \\ x_2 \\ \vdots \end{pmatrix}$$

$(G, (\boldsymbol{g}_k)_{k \in K})$ と $g: F \to G$ があれば，$g(\boldsymbol{f}_j) = \sum \boldsymbol{g}_k b_{kj}$ が決まり，$\boldsymbol{z} = \sum \boldsymbol{g}_k z_k$ に対して，$z_k = \sum_j b_{kj} y_j$ となる．そこで，$z_k = \sum_j b_{kj} \sum_i a_{ji} x_i = \sum_i (\sum_j b_{kj} a_{ji}) x_i$ となり，

$$\begin{pmatrix} z_1 \\ z_2 \\ \vdots \end{pmatrix} = \begin{pmatrix} b_{11} & b_{12} & b_{13} & \cdots \\ b_{21} & b_{22} & b_{23} & \cdots \\ \vdots & \vdots & \vdots & \end{pmatrix} \begin{pmatrix} y_1 \\ y_2 \\ \vdots \end{pmatrix}$$

に上の行列の式を代入して，

$$\begin{pmatrix} z_1 \\ z_2 \\ \vdots \end{pmatrix} = \begin{pmatrix} b_{11} & b_{12} & b_{13} & \cdots \\ b_{21} & b_{22} & b_{23} & \cdots \\ \vdots & \vdots & \vdots & \vdots \end{pmatrix} \begin{pmatrix} a_{11} & a_{12} & a_{13} & \cdots \\ a_{21} & a_{22} & a_{23} & \cdots \\ \vdots & \vdots & \vdots & \vdots \end{pmatrix} \begin{pmatrix} x_1 \\ x_2 \\ \vdots \end{pmatrix}$$

を得る．

また，E の基底を $(e_i)_{i \in I}$ から $(e'_i)_{i \in I}$ に取り換えるとき，同型 $\phi : E \to E$ が生じて，$\phi(e'_i) = \sum e_j p'_{ji}$ が得られる．よって，$\phi(\sum_i e'_i x'_i) = \sum_i \sum_j e_j p'_{ji} x'_i = \sum_j e_j (\sum_i p'_{ji} x'_i) = \sum_j e_j x_j$

$$\begin{pmatrix} x_1 \\ x_2 \\ \vdots \end{pmatrix} = \begin{pmatrix} p'_{11} & p'_{12} & p'_{13} & \cdots \\ p'_{21} & p'_{22} & p'_{23} & \cdots \\ \vdots & \vdots & \vdots & \vdots \end{pmatrix} \begin{pmatrix} x'_1 \\ x'_2 \\ \vdots \end{pmatrix}$$

を得る．

F の基底を $(f_j)_{j \in J}$ から $(f'_j)_{j \in J}$ に取り換えるとき，同型 $\psi : F \to F$ が生じて，$\psi(f_j) = \sum_{j'} f'_{j'} q_{j'j}$ が得られる．よって，

$$\begin{pmatrix} y'_1 \\ y'_2 \\ \vdots \end{pmatrix} = \begin{pmatrix} q_{11} & q_{12} & q_{13} & \cdots \\ q_{21} & q_{22} & q_{23} & \cdots \\ \vdots & \vdots & \vdots & \vdots \end{pmatrix} \begin{pmatrix} y_1 \\ y_2 \\ \vdots \end{pmatrix}$$

となる．

これから，

$$\begin{pmatrix} y'_1 \\ y'_2 \\ \vdots \end{pmatrix} = \begin{pmatrix} q_{11} & q_{12} & q_{13} & \cdots \\ q_{21} & q_{22} & q_{23} & \cdots \\ \vdots & \vdots & \vdots & \vdots \end{pmatrix} \begin{pmatrix} a_{11} & a_{12} & a_{13} & \cdots \\ a_{21} & a_{22} & a_{23} & \cdots \\ \vdots & \vdots & \vdots & \vdots \end{pmatrix} \begin{pmatrix} p'_{11} & p'_{12} & p'_{13} & \cdots \\ p'_{21} & p'_{22} & p'_{23} & \cdots \\ \vdots & \vdots & \vdots & \vdots \end{pmatrix} \begin{pmatrix} x'_1 \\ x'_2 \\ \vdots \end{pmatrix}$$

f の (e_i) と (f_j) を基底とする行列表示を A で表し，基底を (e'_i) と (f'_j) に取り換えたときの，行列表示を A' で表す．そのとき，

$$QA = A'P$$

となる．f の像 $f(E)$ は F の部分ベクトル空間である．$f(E)$ の基底を拡張して，F の基底を作る．それを $(f'_j)_{j \in J}$ とする．この基底の逆像から，選択公理により，一組の基底を選べる．それを (e'_i) とする．この基底に取り換えると f の行列表示の標準形は次のように書ける：

$$A' = QAP^{-1} = \begin{pmatrix} 1 & 0 & 0 & \cdots & \cdots \\ 0 & 1 & 0 & \cdots & \cdots \\ \vdots & \vdots & \ddots & \vdots & \vdots \\ 0 & \cdots & \cdots & 1 & \cdots \\ 0 & 0 & 0 & 0 & 0 \\ \vdots & \vdots & \vdots & \vdots & \vdots \end{pmatrix}$$

定理 4.6 斜体 k 上のベクトル空間 E, F の間の k 線形写像 f は適当な基底をそれぞれ選ぶと，行列

$$\begin{pmatrix} 1 & 0 & 0 & \cdots & \cdots \\ 0 & 1 & 0 & \cdots & \cdots \\ \vdots & \vdots & \ddots & \vdots & \vdots \\ 0 & \cdots & \cdots & 1 & \cdots \\ 0 & 0 & 0 & 0 & 0 \\ \vdots & \vdots & \vdots & \vdots & \vdots \end{pmatrix}$$

と表せる．ここに，1 は f の像の基底の濃度だけ現れる．有限のときは f の階数である．

4.7 正方行列の相似

以下 6 章までは，k は**可換体**とする．次に，自己準同型 $f : E \to E$ を E の基底を適当に選んで簡単な**行列表示** (canonical matrix) を求めよう．上の記述で，$F = E$, $(\boldsymbol{f}_j) = (\boldsymbol{e}_i)$, $(\boldsymbol{f}'_j) = (\boldsymbol{e}'_i)$ の場合である．$k[f]$ を k 上の自己準同型の作る環 $\mathrm{End}(E)$ の中で f が生成する部分環とする．$X \mapsto f$ によって定義される標準射 $k[X] \to k[f]$ の核となるイデアルは多項式 $p(X)$ で生成される．最高次の係数が 1 のとき，$p(X)$ を f の**最小多項式**という．

定義 4.17 R を環とする．R–加群 M が 0 と M 以外の部分 R–加群の直和に分解できないとき，M を**直既約** (indecomposable) という．M が直既約な加群の直和に分解できるとき，**直既約分解可能**という．

命題 4.4 R を主因子環とする.
1) $E \neq 0$ が有限型 R–加群 (ある m について R–加群 $\overset{m}{\bigoplus} R$ の商加群となる R–加群) のとき，E が直既約となる必要十分条件は R と同型となるかまたは p を R の素元，n を自然数として $R/(p^n)$ の形の加群と同型となることである．
2) R–加群 E が有限型捩れ加群のとき，E は p を R の既約元，n を自然数として $R/(p^n)$

の形の加群の直和となる.

主因子環によらない方法を述べる.

定義 4.18 E の部分加群の族が空でなければ極大元が存在するとき, E を**ネーター** (Noether) **加群**という. E の部分加群の族が空でなければ極小元が存在するとき, E を**アルチン** (Artin) **加群**という.

E がアルチン加群（ネーター加群）ならば, E の部分加群 F に対して, F と E/F はアルチン加群（ネーター加群）であり, 逆も成立する.

命題 4.5 R を環とし, E を R–加群とする. u を E の自己準同型とする.
1) $u(E) = u^2(E)$ ならば $\ker u + u(E) = E$. ただし, $\ker u = \{x | u(x) = 0\}$ とする. 実際, $u : u(E) \to u^2(E)$ は全射である. $u(E) = u^2(E)$ から, $u : u(E) \to u(E)$ は自己全射である. よって, $x \in E$ に対して, $u(y) = u(x)$ となる $y \in u(E)$ が存在する. $x = (x - y) + y$ と分解できる.
2) $\ker u = \ker u^2$ ならば $\ker u \cap u(E) = 0$. 実際, $u : E/u^{-2}(0) \to E/u^{-1}(0)$ は単射である. $u^{-1}(0) = u^{-2}(0)$ から, $u : E/u^{-1}(0) \to E/u^{-1}(0)$ は自己単射である. 標準同型 $u(E) = E/u^{-1}(0)$ により, $u : u(E) \to u(E)$ が自己単射である. よって, $\ker u \cap u(E) = 0$ となる.
3) E がアルチン加群ならば $\ker u^p + u^p(E) = E$ となる自然数 p が存在する. さらに, u が単射なら同型となる. 実際, E がアルチン加群であることにより, $u^p(E) \supset u^{p+1}(E)$ から等号が成立する p が存在する.
4) E がネーター加群ならば $\ker u^p \cap u^p(E) = 0$ となる自然数 p が存在する. さらに, u が全射なら同型となる. 実際, E がネーター加群なので, $\ker u^p \subset \ker u^{p+1}$ から等号が成立する p が存在する.

R を環とし, E を R–加群とする. E がアルチン加群かつネーター加群ならば有限個の直既約な族 E_i の直和となる. この直既約な族への直和分解は同型を除くと一意的である.

4.8 行列表示の標準形

具体的に標準形を求める方法について考えよう. 準備すべきことを以下にまとめる. 体 k とするとき, 1 変数多項式環 $k[X]$ の 0 でないイデアル I はある多項式 $f(X)$ で生成される. このとき, $I = (f(X))$ と記す. 体 k 上の有限次元ベクトル空間 E の k–自己準同型 f には, $q(f) = 0$ となり, 1 次以上の次数最小の多項式 $q(X)$ がある. 一方, X の作用を f による作用として, E を $k[X]$–加群とみると $q(X)$ を掛けるとすべての要素が 0 となる. このとき, **捩れ加群**という. $q(X)$ の因子となる既約多項式を $p_i(x)$ とする. 主因子

環の捩れ有限型加群の構造定理から，$E = \bigoplus E_{p_i(X)}$ と直和分解する．ここに，$E_{p_i(X)}$ は $p_i(X)$ を何回か掛けると 0 となる部分加群を表す．

実際，捩れ有限型加群 E は $k[X]$-自由加群 $k[X]^n = k[X] \oplus \cdots \oplus k[X]$ の商加群である．商を与える全射 $k[X]^n \to E$ の核 M を考える．M は自由加群の部分加群なので，次に証明するように，単因子論から $k[X]^n$ の基底 $e_1, e_2, \ldots, e_n$ が存在して，M の基底が $a_1 e_1, a_2 e_2, \ldots, a_n e_n$ と書け，$a_1 | a_2 | \cdots | a_n$ となる $k[X]$ の多項式 $a_1, \ldots, a_n$ が存在する．ここに，$a_{i-1} | a_i$ は a_{i-1} が a_i の因子であることを表す．その証明は次のようにできる：$\mathrm{Hom}_{k[X]}(k[X]^n, k[X])$ の元である 1 次型式 ℓ で，$\ell(M)$ と書けるイデアルの集合の中に極大となるものがある．$\ell(M)$ は単項生成されるので，$\ell(M) = (a_1)$ と書ける．$a_1 = \ell(a_1 e_1)$ となる $e_1 \in k[X]^n$ がある．$k[X]^n = k[X] e_1 \oplus \ker \ell$ と直和分解され，同時に，$M = k[X] a_1 e_1 \oplus M \cap \ker \ell$ と直和に分解する．主因子環の自由加群の部分加群は後で示すように，また自由である．帰納法から，$\ker \ell = \bigoplus_{1 < i \leq n} k[X] e_i$, $M \cap \ker \ell = \bigoplus_{1 < i \leq n} k[X] a_i e_i$ と書け，$a_1 | a_2 | a_3 | \cdots | a_n$ とできる．この事実から，

$$E \cong k[X]^n / M \cong k[X]/(a_1) \oplus k[X]/(a_2) \oplus \cdots \oplus k[X]/(a_n)$$

を得る．

さらに，中国式剰余の定理を用いて，$k[X]/(a_i)$ を分解すれば，a_i のある素因子を p として，$k[X]/(p^r)$ の型の直既約加群の直和に分解できる．よって，有限次元ベクトル空間 E に自己準同型 f があるとき，$k[f]$-加群 E は直既約分解可能であり，捩れ加群の直和である．

主因子環 R 上の自由加群 L の部分加群 M はまた自由加群である．L の基底 $(e_i)_{i \in I}$ において，I を整列集合にとる．$M_i = M \cap \bigoplus_{j \leq i} R e_j$ とおく．p_i を e_i についての射影とする．$p_i(M_i) = (\alpha_i)$ とする．$p_i(a_i) = \alpha_i$ となる $a_i \in M_i$ がある．$\alpha_i = 0$ のときは，$a_i = 0$ と選ぶ．$N_i = \sum_{j \leq i} R a_j$ とおく．N_i は M_i の部分加群であるが，一致することを示す．M_i の任意の元を x とする．$p_i(x) = \xi_i$ のとき，$\xi_i \in (\alpha_i)$ であるから，$\xi_i = \eta_i \alpha_i$ と書ける．$p_i(x - \eta_i a_i) = 0$ となる．よって，$x - \eta_i a_i \in M_j$ となる $j < i$ が存在する．帰納法の仮定 $M_j = N_j$ から，$x \in N_i$ となる．よって，$M_i = N_i$ である．(a_i) が 1 次独立なのは $\sum \mu_i a_i = 0$ とすれば，$p_i(\sum \mu_i a_i) = \mu_i = 0$ からいえる．よって，M_i は自由加群である．$M = \bigcup_i M_i$ も自由加群である．

定理 4.7 体 k 上の n 次元ベクトル空間 E の k-自己準同型射 $f \in \mathrm{End}(E)$ は適当な基底を選べば，

$$\begin{pmatrix} 0 & 0 & 0 & \cdots & -a_{i,0} \\ 1 & 0 & 0 & \cdots & -a_{i,1} \\ 0 & 1 & 0 & \cdots & \cdots \\ \vdots & \vdots & \ddots & \vdots & \vdots \\ 0 & 0 & 0 & \cdots & -a_{i,r_i} \end{pmatrix}$$

の形の行列の直和として表される.

$E \cong \bigoplus k[X]/(a_i)$ と分解できる. ここに, $a_1|a_2|a_3|\cdots|a_n$, それぞれ $a_i(X) = a_{i,0} + a_{i,1}X + \cdots + a_{i,r_i}X^{r_i}$ とする. $\deg a_1 + \deg a_2 + \deg a_3 + \cdots + \deg a_n = n$, a_n は最小多項式である. $a_1 a_2 a_3 \cdots a_n$ は f の固有多項式である.

例 4.3

$$U = \begin{pmatrix} 5 & -1 & -3 \\ -1 & 1 & 1 \\ 2 & 2 & -1 \end{pmatrix}$$

の標準形を求めよう.

$$X - U = \begin{pmatrix} X-5 & 1 & 3 \\ 1 & X-1 & -1 \\ -2 & -2 & X+1 \end{pmatrix}$$

を基本変形して, 標準形

$$Q(X-U)P^{-1} = \begin{pmatrix} 1 & 0 & 0 \\ 0 & 1 & 0 \\ 0 & 0 & X^3 - 5X^2 + 2X + 4 \end{pmatrix}$$

を得る. よって, 最小多項式は固有多項式と等しく, $X^3 - 5X^2 + 2X + 4$ である. これは $\mathbf{Q}$ 上既約で, $a_3(X) = X^3 - 5X^2 + 2X + 4$ より, 標準形 $\begin{pmatrix} 0 & 0 & -4 \\ 1 & 0 & -2 \\ 0 & 1 & 5 \end{pmatrix}$ を得る.

4.9 行列のジョルダン標準形

定理 4.8 (ジョルダン標準形 (Jordan canonical form)) 体 k 上の n 次元ベクトル空間 E の k-自己準同型射 $f \in \mathrm{End}(E)$ の最小多項式または固有多項式が 1 次式の積に因数分解できる体 K に代数拡大すれば, 固有多項式を $\Pi(X - \alpha_i)^{r_i}$ のように因数分解できる. 因数分解したとき, α_i は同じ固有値が繰り返すこともある. 次の同型は $X - f$ の行列の

基本変形による標準形から決定される.

$E \otimes K$ は $\bigoplus_i K[X]/((X-\alpha_i)^{r_i})$ と同型になる. これから, $E \otimes K = \bigoplus_i \ker(f-\alpha_i)^{r_i}$ なる $K[X]$–加群の同型がある. $\ker(f-\alpha_i)^{r_i}$ に含まれる $E \otimes K$ の適当な要素 e_i があって, $j = 0, 1, \ldots, r_i - 1$ に対して, $(f - \alpha_i)^j e_i$ が基底となる. $j = 0, 1, \ldots, r_i - 1$ に対して $f(f-\alpha_i)^j e_i = (f-\alpha_i)^{j+1} e_i + \alpha_i (f-\alpha_i)^j e_i$ となる. $((f-\alpha_i)^j e_i)$ は $E \otimes K$ の基底となる. この基底に関して $f \in \mathrm{End}(E \otimes K)$ は

$$\begin{pmatrix} \alpha_i & 0 & 0 & \cdots & 0 \\ 1 & \alpha_i & \cdots & \cdots & 0 \\ 0 & 1 & \alpha_i & \cdots & 0 \\ \vdots & \vdots & \vdots & \vdots & \vdots \\ 0 & 0 & 0 & \cdots & \alpha_i \end{pmatrix}$$

の形の行列の直和として表される. これらを**ジョルダン細胞**という.

4.10 対角化可能, 固有空間, 対角化可能性

定義 4.19 体 k 上の n 次元ベクトル空間 E の自己準同型 f が基底 (e_i) に関して f の表現行列が対角行列となるとき, f を基底 (e_i) に関して**対角的**であるという. f が対角的になる基底が存在することを f は**対角化可能**という.

定義 4.20 体 k 上の n 次元ベクトル空間 E の自己準同型 f が $\dim \ker(f - \lambda \mathbf{1}) \geqq 1$ となる $\lambda \in k$ が存在するとき, λ を f の**固有値**という. ここに, $\lambda \mathbf{1}$ の $\mathbf{1}$ は $E \to E$ の恒等写像を示す. これは省略することもある. また, $\ker(f - \lambda \mathbf{1})$ を固有空間, 固有空間内の 1 次元の空間を**固有直線**と呼ぶ. 固有直線を生成するベクトル (固有空間内の 0 以外のベクトル) を**固有ベクトル**という.

例 4.4 $U = \begin{pmatrix} 2 & 0 & 0 \\ 1 & 2 & 0 \\ 0 & 1 & 2 \end{pmatrix}$ の固有値は 2, $U e_3 = 2 e_3$ から, 固有直線は e_3 から生成される.

命題 4.6 ベクトル空間 E が自己準同型 f の固有空間の和と書ければ, f は対角化可能である. f の最小多項式が k の中にすべての解をもち, 重解をもたないことが対角化可能の条件である.

注意 4.4 体 k 上の有限次元ベクトル空間 E 上の 2 つの自己準同型 $f, g \in \mathrm{End}(E)$ が与えられているとき, E は $k[f]$–加群, $k[g]$–加群とみなせる. さらに, $f \circ g = g \circ f$ な

らば，$k[X,Y]$ を 2 変数多項式のなす環とすると，$k[X,Y] \to k[f,g]$ を $X \mapsto f, Y \mapsto g$ によって定義される準同型である全射がある．$\ker f \neq 0$ と仮定する．$\ker f$ は $k[f]$-加群である．E は $k[f]$-加群として 4.8 節で構造を示したように，$E = \ker f \oplus E'$ と分解するような $k[f]$-加群 E' が存在する．すべての $x \in \ker f$ に対して，$f \circ g = g \circ f$ より，$f(g(x)) = g(f(x)) = 0$ となり，$g(x) \in \ker f$ を得る．よって $g(\ker f) \subset \ker f$ である．（このとき，$\ker f$ は g の作用で安定という．）したがって，$\ker f$ は $k[g]$-部分加群である．すなわち，$\ker f$ は $k[f,g]$-部分加群である．

補題 4.1 体 k 上の有限次元ベクトル空間 E 上の 2 つの自己準同型 $f, g \in \mathrm{End}(E)$ について，$\ker(f - \alpha) \neq 0$ となる $\alpha \in k$ があり，交換可能 $f \circ g = g \circ f$ ならば，$\ker(f - \alpha)$ は g の作用で安定で，$k[f,g]$-部分加群となる．

命題 4.7 体 k 上の有限次元ベクトル空間 E 上の 2 つの自己準同型 $f, g \in \mathrm{End}(E)$ に対して，体 k の中に，f, g の最小多項式の解がすべて含まれているとする．交換可能 $f \circ g = g \circ f$ ならば，共通の固有直線がある．

[証明] f の最小多項式が k の中に解をもつので，すべての固有値 α_i について，$\ker(f - \alpha_i)$ は 1 次元以上であり，g の作用で安定である．各 $\ker(f - \alpha_i)$ に g の作用を制限できる．g の制限 $g|_{\ker(f-\alpha_i)}$ の固有値多項式は g の固有多項式の因子である．よって，そのすべての固有値 β_j は k に属するので，$\ker(g|_{\ker(f-\alpha_i)} - \beta_j)$ は 1 次元以上である．よって，共通の固有直線をもつ． (証明終)

命題 4.8 体 k 上の有限次元ベクトル空間 E 上の 2 つの自己準同型 $f, g \in \mathrm{End}(E)$ について，体 k の中に，f, g の最小多項式の解がすべて含まれるとする．さらに，交換可能 $f \circ g = g \circ f$ かつ両者とも対角化可能ならば，同時に対角化する基底が存在する．

[証明] f が対角化可能なので，$k[f]$-加群として，E は固有値 α_i を用いて，部分加群 $\ker(f - \alpha_i)$ の直和となる．交換可能なことから，E は $k[f,g]$-加群としても $\ker(f - \alpha_i)$ の直和となる．$\ker(f - \alpha_i)$ に g は制限できる．対角化可能なことは部分加群に制限しても成立する．よって，$\ker(f - \alpha_i)$ は $\ker(g|_{\ker(f-\alpha_i)} - \beta_j)$ の直和となる．$E = \bigoplus_i \bigoplus_j \ker(g|_{\ker(f-\alpha_i)} - \beta_j)$ と $k[f,g]$ 加群の直和となる．したがって，f, g に共通な固有空間の基底が存在する．

今後は，$\bigoplus_{i,j}$ で $\bigoplus_i \bigoplus_j$ を表すとしよう． (証明終)

4.11 交換可能な行列の三角化

命題 4.9 体 k 上の有限次元ベクトル空間 E 上の 2 つの自己準同型 $f, g \in \mathrm{End}(E)$ について，体 k の中に，f, g の最小多項式の解がすべて含まれるとする．さらに，交換可能

$f \circ g = g \circ f$ ならば，f, g を同時に，三角行列にする基底が存在する．

[証明] f, g の一方でも対角化可能でないとき，すべてにわたる直和をとっても $\bigoplus_{i,j} \ker(g|_{\ker(f-\alpha_i)} - \beta_j)$ なる $k[f,g]$ 加群の直和は E の部分加群である．それを F とする．$k[f,g]$-商加群 E/F に誘導された f, g は E における最小多項式に代入すると $\mathrm{End}(E/F)$ の 0 となる．したがって，固有値はもとの固有値の一部である．よって，E/F は $\bigoplus_{i,j} \ker(g|_{\ker(f-\alpha_i)} - \beta_j)$ の形の 1 次元以上の部分加群をもつ．かくして，$F \subset F_1 \subset F_2 \subset \cdots \subset F_n$, $F_n = E$ となる列を得る．各商空間 F_{i+1}/F_i で同時対角化する基底の E における代表元を適当にとれば，f, g は同時に三角化できる．(証明終)

命題 4.10 体 k 上の有限次元ベクトル空間 E 上の自己準同型の集合 $\{f_\iota \in \mathrm{End}(E)\}$ について，体 k の中に，$\{f_\iota\}$ の最小多項式の解がすべて含まれるとする．さらに，任意の 2 つが交換可能かつすべての f_ι が対角化可能ならば，同時に対角化する基底が存在する．

[証明] 整列集合 ι で順序付けられた f_ι で同時に対角化する基底が存在し得ないという仮定を満たす極小の j を選ぶ．f_j は対角化可能なので，E が $\bigoplus \ker(f_j - \lambda_j)$ とすべての f_ι の作用で安定している直和となる．したがって，j 以下の f_ι を同時対角化する基底はこの分解の中から取れている．よって，f_j も同時に対角化されて，仮定は成り立たない．

(証明終)

命題 4.11 体 k 上の有限次元ベクトル空間 E 上の自己準同型の集合 $\{f_\iota \in \mathrm{End}(E)\}$ について，体 k の中に，f_ι の最小多項式の解がすべて含まれるとする．さらに，任意の 2 つが交換可能ならば，同時に三角化する基底が存在する．

命題 4.12 体 k 上の有限次元ベクトル空間 E 上の交換可能な 2 つの自己準同型 $f, g \in \mathrm{End}(E)$ について，f の最小多項式の $k[X]$ における既約因子を $p_a, p_b, \ldots, p_c$ とする．$E = E_{p_a} \oplus E_{p_b} \oplus \cdots \oplus E_{p_c}$ と f の作用で安定な直和に分解する．ここに，すべての $i = a, b, \ldots, c$ について E_{p_i} は $p_i(f)$ が冪零となる ($p_i(f)$ の冪の作用が 0 となる) 部分を表す．このとき，E_{p_i} は g の作用で安定 ($gE_{p_i} \subset E_{p_i}$) している．よって，$k[f,g]$-部分加群である．すなわち，上の直和は $k[f,g]$-加群としての直和である．

命題 4.13 体 k 上の有限次元ベクトル空間 E 上の交換可能な 2 つの自己準同型 $f, g \in \mathrm{End}(E)$ について f, g の最小多項式の $k[X]$ における既約因子が 1 次式になるとする．このとき，同時に対角化する基底が存在する．

例 4.5 f と g が交換可能で，$f - \alpha$ と $g - \beta$ が冪零とする．$k[X, Y]$ が $X \mapsto f - \alpha$, $Y \mapsto g - \beta$ で E 加群に作用するとしよう．$E = \oplus k[X]/(X^n)$ のとき，1 への Y の作用を $Y1 = a_1 X + a_2 X^2 + \cdots + a_{n-1} X^{n-1}$ とすれば，g を表す行列は

4. 抽象ベクトル空間

$$\begin{pmatrix} \beta & 0 & 0 & 0 & \cdots \\ a_1 & \beta & 0 & 0 & \cdots \\ a_2 & a_1 & \beta & 0 & \cdots \\ \vdots & \vdots & \vdots & \vdots & \vdots \\ a_{n-1} & a_{n-2} & a_{n-3} & \cdots & \beta \end{pmatrix}$$

である．もちろん, f は

$$\begin{pmatrix} \alpha & 0 & 0 & 0 & \cdots \\ 1 & \alpha & 0 & 0 & \cdots \\ 0 & 1 & \alpha & 0 & \cdots \\ \vdots & \vdots & \vdots & \vdots & \vdots \\ 0 & 0 & 0 & \cdots & \alpha \end{pmatrix}$$

と表される．

例 4.6 k 上のベクトル空間 E とする．$f, g \in \mathrm{End}(E)$ について, f と g が交換可能で, $k[X] \to k[f]$, $k[Y] \to k[g]$ が $X \mapsto f$, $Y \mapsto g$ によって定義されるとき, $E \cong \bigoplus (k[X]/(X - \alpha_i)^{n_i})$ が $k[X]$–加群としての直和で, α_i は互いに異なるとする. $g = \sum_j g_j$ と分解して, $g_j - \beta_j$ が冪零とする. $(k[X]/(X - \alpha_i)^{n_i})$ に対して, $g_j - \beta_j$ の作用を $(g_j - \beta_j)1 = a_{1,i,j}X + a_{2,i,j}X^2 + \cdots + a_{n_i-1,i,j}X^{n_i-1}$ とすれば, g を表す行列は

$$\bigoplus_{i,j} \begin{pmatrix} \beta_{i,j} & 0 & 0 & 0 & \cdots \\ a_{1,i,j} & \beta_{i,j} & 0 & 0 & \cdots \\ a_{2,i,j} & a_{1,i,j} & \beta_{i,j} & 0 & \cdots \\ \vdots & \vdots & \vdots & \vdots & \vdots \\ a_{n-1,i,j} & a_{n-2,i,j} & a_{n-3,i,j} & \cdots & \beta_{i,j} \end{pmatrix}$$

となる．f は

$$\begin{pmatrix} \alpha_i & 0 & 0 & 0 & \cdots \\ 1 & \alpha_i & 0 & 0 & \cdots \\ 0 & 1 & \alpha_i & 0 & \cdots \\ \vdots & \vdots & \vdots & \vdots & \vdots \\ 0 & 0 & 0 & \cdots & \alpha_i \end{pmatrix}$$

と表せる．

例 4.7 f と g が交換可能で, f は冪零とする．$k[X,Y]$ が $X\boldsymbol{u} = f\boldsymbol{u}, X\boldsymbol{v} = f\boldsymbol{v}, Y\boldsymbol{u} = g(\boldsymbol{u}), Y\boldsymbol{v} = g(\boldsymbol{v})$ で E 加群に作用するとしよう．$k[X]$–加群として, $\dim_k E = 5$,

$E = k[X]/(X^2)\boldsymbol{u} \oplus k[X]/(X^3)\boldsymbol{v}$ と仮定する．$g(\boldsymbol{u}) = a\boldsymbol{u} + mX\boldsymbol{u} + n\boldsymbol{v} + pX\boldsymbol{v} + qX^2\boldsymbol{v}$,
$g(\boldsymbol{v}) = c\boldsymbol{u} + hX\boldsymbol{u} + b\boldsymbol{v} + rX\boldsymbol{v} + wX^2\boldsymbol{v}$ とすれば，

$$g(\boldsymbol{u}, X\boldsymbol{u}, \boldsymbol{v}, X\boldsymbol{v}, X^2\boldsymbol{v}) = (\boldsymbol{u}, X\boldsymbol{u}, \boldsymbol{v}, X\boldsymbol{v}, X^2\boldsymbol{v}) \begin{pmatrix} a & 0 & c & 0 & 0 \\ m & a & h & c & 0 \\ n & m & b & 0 & 0 \\ p & n & r & b & 0 \\ q & p & w & r & b \end{pmatrix}$$

例 4.8 f と g が交換可能で，f は冪零とする．$k[X,Y]$ が $X \mapsto f, Y \mapsto g$ として E 加群に作用するとしよう．$k[X]$–加群として，$E = \bigoplus_i k[X]/(X^{n_i})\boldsymbol{v}_i$ と表現されていると仮定する．g の行列表現は $g(\boldsymbol{v}_i) = \sum_{j, 0 \leq h \leq n_i} a_{ijh} X^h \boldsymbol{v}_j$，で決定する．

4.12 線形写像（準同型）の行列表示

定義 4.21 集合 I と J の積 $I \times J$ から環 R への 2 変数関数を $I \times J$ 型の行列と呼ぶ．$\mathrm{Map}(I \times J, R)$ には (R, R)–両側加群の構造が自然に入る．実際，$f, g \in \mathrm{Map}(I \times K, R)$, $a, b, c, d \in R$ に対して $a f(x, y) c + b g(x, y) d$ により (R, R)–両側加群の構造が入る．行列の積は $\mathrm{Map}(I \times J, R) \times \mathrm{Map}(J \times K, R) \to \mathrm{Map}(I \times K, R)$, $(f, g) \mapsto \sum_{u \in J} f(x, u) g(u, y) = (fg)(x, y)$ の和が有限和となるときに定義される．このとき，$\mathrm{Map}(I \times J, R)$ を環 R 上の**行列**という．

行列の定義をこのように拡張するとき，$\mathrm{Map}(I \times J, R)$ は自然に R–左加群（または右加群）の構造をもたせることができる．関数 f, g の和は $(f+g)(x, y) = f(x, y) + g(x, y)$，$\alpha \in R$ に対して $(\alpha f)(x, y) = \alpha f(x, y)$ であり，部分集合 $K \subset I, L \subset J$ に対して，$a : I \times J \to R$ の関数を $a|_{K \times L} : K \times L \to R$ に制限した関数を考える．$a|_{K \times L}$ を a の**部分行列**という．

写像 $\iota : J \times I \to I \times J$ を $(j, i) \mapsto (i, j)$ によって定義する．ι は全射かつ単射な写像である．$\iota \circ \iota = \mathrm{id}$ は恒等写像である．$a : I \times J \to R$ と合成して，$a \circ \iota : J \times I \to R$ を転置行列という．${}^t a = a \circ \iota$ と記すとき，${}^t({}^t a) = a \circ \iota^2 = a$ が成り立つ．

R^o は集合と加法は R と同じで，積が $a \cdot b = ba$ となる環である．

例 4.9
$${}^t\begin{pmatrix} a_{11} & a_{12} & a_{13} \\ a_{21} & a_{22} & a_{23} \\ a_{31} & a_{32} & a_{33} \end{pmatrix} = \begin{pmatrix} a_{11} & a_{21} & a_{31} \\ a_{12} & a_{22} & a_{32} \\ a_{13} & a_{23} & a_{33} \end{pmatrix}$$

${}^t(M + N) = {}^t M + {}^t N$, R^o の積を用いて，${}^t(MN) = {}^t N \cdot {}^t M$ となる．

例 4.10 R 上の行列は R の性質が反映して，和，積が定義される場合，行列 M, N, L について次が成り立つ．$(MN)L = M(NL)$, $M(N+L) = MN+ML$, $(M+N)L = ML+NL$.

行列 $a: I \times I \to R$ が $(x,x) \mapsto 1$, $x \neq y$ のとき，$(x,y) \mapsto 0$ で定義される行列を $I \times I$ 型の**単位行列**といい，混乱がなければ 1 と記す．行列 $a: I \times J \to R$ が $(x,y) \mapsto 0$ で定義される行列を $I \times J$ 型の**零行列**といい，混乱がなければ 0 と記す．

環の準同型 $u: R \to S$ を考えよう．$\mathrm{Map}(I \times J, R)$ と $u: R \to S$ を合成して，$\mathrm{Map}(I \times J, S)$ を得る．

$u: R \to R^o$ を反準同型 $u(xy) = u(y) \cdot u(x) = xy$ とするとき，行列の積は $\mathrm{Map}(I \times J, R) \times \mathrm{Map}(J \times K, R) \to \mathrm{Map}(I \times K, R)$, $(f,g) \mapsto \sum_{t \in J} f(x,t) g(t,y)$ から，$(f,g) \mapsto \sum_{t \in J} u(f(x,t)\, g(t,y)) = \sum_{t \in J} u(g(t,y)) \cdot u(f(x,t)) = \sum_{t \in J} u(g \circ \iota(y,t)) \cdot u(f \circ \iota(t,x))$ となる．これより，$u(MN) = {}^t({}^t u(N) \cdot {}^t u(M))$ となる．

R 上の線形写像または準同型を行列で表示しよう．R–左加群 E が自由加群のとき，言い換えると，基底 (e_i) をもつとき，$x = \sum_i x_i e_i$ ならば，$M(x)$ を $I \times \{1\} \to R$ $(i,1) \mapsto x_i$ と 1 列の行列で表す．E が R–左加群，F が左加群で，基底 $(e_i), (f_j)$ をそれぞれもつとき，R–準同型 $u: E \to F$ に対して，$y = u(x), \sum_j y_j f_j = \sum_i x_i u(e_i)$ となる．$u(e_i) = \sum_j a_{ij} f_j$ と書くと $(j,i) \mapsto a_{ij}$ で定義される行列が準同型 u を表示する行列と決め，これを $M(U)$ と書く．すなわち，
$$M(u) = {}^t(a_{ij})$$
である．

右加群 E, F についても同様になる．

例 4.11 R–左自由加群 E に対して，$x \in E$ を基底 $(e_i)_{1 \leq i \leq n}$ で $x = \sum_i x_i e_i$ と書くとき，準同型 $x: R \to E$ を $1 \mapsto x$ とすれば，対応する行列 $M(x) = \begin{pmatrix} x_1 \\ \vdots \\ x_n \end{pmatrix}$ となる．

例 4.12 基底 e_1, e_2, e_3 と f_1, f_2 で表される R–自由加群 $E = Re_1 + Re_2 + Re_3$, $F = Rf_1 + Rf_2$ について，線形写像 u の像が $u(e_1) = a_{11}f_1 + a_{12}f_2$, $u(e_2) = a_{21}f_1 + a_{22}f_2$, $u(e_3) = a_{31}f_1 + a_{32}f_2$ と書けたとする．
$$y = y_1 f_1 + y_2 f_2 = u(x) = u(x_1 e_1 + x_2 e_2 + x_3 e_3) =$$
$$x_1(a_{11}f_1 + a_{12}f_2 + a_{13}f_3) + x_2(a_{21}f_1 + a_{22}f_2 + a_{23}f_3) + x_3(a_{31}f_1 + a_{32}f_2 + a_{33}f_3)$$
そのとき，u の行列表示は $M(u) = \begin{pmatrix} a_{11} & a_{21} & a_{31} \\ a_{12} & a_{22} & a_{32} \end{pmatrix}$ となり，よって，次が成り立つ．

$$\begin{pmatrix} y_1 \\ y_2 \end{pmatrix} = \begin{pmatrix} a_{11} & a_{21} & a_{31} \\ a_{12} & a_{22} & a_{32} \end{pmatrix} \cdot \begin{pmatrix} x_1 \\ x_2 \\ x_3 \end{pmatrix}$$

また,行ベクトルで書くと

$$\begin{pmatrix} y_1 & y_2 \end{pmatrix} = \begin{pmatrix} x_1 & x_2 & x_3 \end{pmatrix} \begin{pmatrix} a_{11} & a_{12} \\ a_{21} & a_{22} \\ a_{31} & a_{32} \end{pmatrix}$$

$E = \bigoplus Re_i, F = \bigoplus Rf_j, G = \bigoplus Rg_k$ を R–自由加群とする. $u: E \to F, v: F \to G$ を準同型とする.このとき,$\sum_j y_j f_j = \sum_i \sum_j x_i a_{ij} f_j$, $\sum_k z_k g_k = \sum_j \sum_k y_j b_{jk} h_k$ から,これらが有限和ならば $z_k = \sum_j y_j b_{jk} = \sum_j \sum_i x_i a_{ij} b_{jk}$ となる.

命題 4.14 自由加群の準同型 $u: E \to F$ と基底を与えると $y = u(x)$ から

$$M(y) = M(u) \cdot M(x)$$

$${}^t M(y) = {}^t M(x) {}^t M(u)$$

が成り立つ.さらに,自由加群の準同型 $v: F \to G$ と基底を与えると $z = v(y)$ から,

$$M(z) = M(v) \cdot M(y)$$

$$ {}^t M(z) = {}^t M(x) {}^t M(v)$$

$$M(z) = M(v) \cdot M(u) \cdot M(x)$$

$$ {}^t M(z) = {}^t M(x) {}^t M(u) {}^t M(v)$$

が成り立つ.

定義 4.22 (双対または1次形式のなす加群) E を R–左加群とし,環 R を (R,R)–両側加群とみなす.そのとき,$\operatorname{Hom}_R(E, R)$ は R–右側加群と自然にみなせる.$\operatorname{Hom}_R(E, R)$ の要素を**双対**または**1次形式**あるいは**線形形式**と呼ぶ.

命題 4.15 有限な基底 $(e_i), (f_j)$ をそれぞれもつ左加群 E, F の間の準同型 $u: E \to F$ の行列表示 $M(u)$ の転置 ${}^t M(u)$ は双対基底 $(f_j^*), (e_i^*)$ を基底とする右加群 F^* から E^* への u の転置 ${}^t u$ の行列表現に一致する.

5 エルミート行列とユニタリ行列

5.1 エルミート内積

n 次元複素ベクトル空間 $\mathbf{C}^n$ において次のようなエルミート (Hermite) 内積と呼ばれる計量を与えることがある．$\boldsymbol{x} = (x_1, x_2, \ldots, x_n) \in \mathbf{C}^n$, $\boldsymbol{y} = (y_1, y_2, \ldots, y_n) \in \mathbf{C}^n$ に対して，$(\boldsymbol{x}, \boldsymbol{y}) = \sum_{i=1}^n \overline{x_i} y_i$ とおき，**エルミート内積**と呼ぶ．この内積は次の性質をもつ．$\boldsymbol{x}, \boldsymbol{y}, \boldsymbol{y}' \in \mathbf{C}^n, \lambda \in \mathbf{C}$ に対して

1) $(\boldsymbol{y}, \boldsymbol{x}) = \overline{(\boldsymbol{x}, \boldsymbol{y})}$
2) $(\boldsymbol{x}, \boldsymbol{y} + \boldsymbol{y}') = (\boldsymbol{x}, \boldsymbol{y}) + (\boldsymbol{x}, \boldsymbol{y}')$
3) $(\boldsymbol{x}, \lambda \boldsymbol{y}) = \lambda (\boldsymbol{x}, \boldsymbol{y})$
4) $(\lambda \boldsymbol{x}, \boldsymbol{y}) = \overline{\lambda} (\boldsymbol{x}, \boldsymbol{y})$
5) $\boldsymbol{x} \neq 0$ ならば，$(\boldsymbol{x}, \boldsymbol{x}) > 0$

$\|\boldsymbol{x}\| = \sqrt{(\boldsymbol{x}, \boldsymbol{x})}$ を $\boldsymbol{x}$ の大きさまたは**ノルム**と呼ぶ．このとき，

1) $\|\lambda \boldsymbol{x}\| = |\lambda| \|\boldsymbol{x}\|$
2) $|(\boldsymbol{x}, \boldsymbol{y})| \leqq \|\boldsymbol{x}\| \|\boldsymbol{y}\|$ (**シュワルツ (Schwarz) の不等式**)
3) $\|\boldsymbol{x} + \boldsymbol{y}\| \leqq \|\boldsymbol{x}\| + \|\boldsymbol{y}\|$

ベクトル空間 $\mathbf{C}^n$ の基底 $e_1, e_2, \ldots, e_n$ が $(e_i, e_j) = \delta_{ij}$ を満たすとき，**正規直交基底**という．

定理 5.1 エルミート内積をもつ有限次元ベクトル空間は正規直交基底をもつ．

一般の有限次元複素ベクトル空間 V は n 次元なら，同型 $V \cong \mathbf{C}^n$ ができる．これによって，V にもエルミート内積が導入できる．

5.2 正規行列，ユニタリ行列，エルミート行列

この章では複素数を成分とする正方行列を扱う．

定義 5.1 n 次正方行列 $M = (m_{ij})$ に対して，M の**随伴行列** (adjoint matrix) を (i, j) 成分が m_{ji} の共役複素数 $\overline{m}_{ji}$ なる行列として定義する．これを M^* と書く．

定義から，$M^* = {}^t\overline{M}$ である．$(M_1 M_2)^* = M_2^* M_1^*$ となる．

定義 5.2 n 次正方行列 N, U, H に対して，
1) $N^*N = NN^*$ を満たすとき，N を**正規行列**という．
2) $U^* = U^{-1}$ を満たすとき，U を**ユニタリ行列**という．
3) $H^* = H$ を満たすとき，H を**エルミート行列**という．
4) $H^* = -H$ を満たすとき，H を**歪エルミート行列**という．

ユニタリ行列とエルミート行列は正規行列である．

定理 5.2 正規行列はユニタリ行列で対角化できる．また，ユニタリ行列で対角化できる行列は正規行列である．

[証明] 正方行列 X がユニタリ行列で対角行列 D に変換できたとすれば $U^*XU = D$ となるので，$X = UDU^*$ となり，$X^* = UD^*U^*$ から $XX^* = UDU^*UD^*U^* = UDD^*U^*$ である．あきらかに，$DD^* = D^*D$ なので，$XX^* = X^*X$ となる．したがって，X は正規行列である．正規行列 N の固有値 λ に対して，n 次元複素ベクトル空間 V の部分空間 $\ker(N - \lambda) = \{\boldsymbol{x} \in V | (N - \lambda)\boldsymbol{x} = 0\} \neq 0$ に対して，$(N - \lambda)N^*\boldsymbol{x} = N^*(N - \lambda)\boldsymbol{x} = 0$，すなわち，$N^* \ker(N - \lambda) \subset \ker(N - \lambda)$ となる．よって，N^* を部分空間 $\ker(N - \lambda)$ に制限できて，固有値 μ の固有ベクトル $\boldsymbol{v}$ を得る．このベクトルは N と N^* に共通の固有ベクトルである．ベクトル $\boldsymbol{v}$ にエルミート内積が 0 となる超平面 $W = \{\boldsymbol{w} \in V | \boldsymbol{v}^*\boldsymbol{w} = 0\}$ を考える．N, N^* を W に制限することができる．実際，$\boldsymbol{w} \in W$ に対して，$\boldsymbol{v}^*N\boldsymbol{w} = (N^*\boldsymbol{v})^*\boldsymbol{w} = (\mu\boldsymbol{v})^*\boldsymbol{w} = 0$，$\boldsymbol{v}^*N^*\boldsymbol{w} = (N\boldsymbol{v})^*\boldsymbol{w} = (\lambda\boldsymbol{v})^*\boldsymbol{w} = 0$ から N と N^* は W を W に写像する．V の N の固有ベクトルからなる正規直交系 $\boldsymbol{e}_1, \boldsymbol{e}_2, \ldots, \boldsymbol{e}_n$ が存在することを示す．$\boldsymbol{e}_1 = \frac{1}{|\boldsymbol{v}|}$ とおく．帰納法によって，W に N の固有ベクトル正規直交系 $\boldsymbol{e}_2, \boldsymbol{e}_3, \ldots, \boldsymbol{e}_n$ がある．$\{\boldsymbol{e}_1, \boldsymbol{e}_2, \ldots, \boldsymbol{e}_n\}$ は N の固有ベクトルからなる正規直交系である．$U = (\boldsymbol{e}_1, \boldsymbol{e}_2, \boldsymbol{e}_3, \ldots, \boldsymbol{e}_n)$ ととれば，U はユニタリ行列である．$NU = UD$ と書ける．ただし，D は対角行列で，$\lambda_1, \lambda_2, \ldots, \lambda_n$ は固有ベクトル $\boldsymbol{e}_1, \boldsymbol{e}_2, \ldots, \boldsymbol{e}_n$ に対応する固有値である．このとき，$U^*N^* = D^*U^*$ となり，N^* も U で対角化される． (証明終)

系 5.1 1) エルミート行列はユニタリ行列で実数が成分の対角行列に変換される．
2) 歪エルミート行列はユニタリ行列で純虚数が成分の対角行列に変換される．
3) ユニタリ行列はユニタリ行列で絶対値 1 の数を成分にもつ対角行列に変換される．

[証明]
1) エルミート行列 H の固有値 λ に属する固有ベクトルを $\boldsymbol{v} \neq 0$ とする．$(H\boldsymbol{v}, \boldsymbol{v}) =$

$(v, H^*v) = (v, Hv)$ から，$\overline{\lambda}(v, v) = \lambda(v, v)$ を得る．$(v, v) \neq 0$ により，$\overline{\lambda} = \lambda$ となり，λ は実数である．

2) 歪エルミート行列 H の固有値 λ に属する固有ベクトルを $v \neq 0$ とする．$(Hv, v) = (v, H^*v) = (v, -Hv)$ から，$\overline{\lambda}(v, v) = -\lambda(v, v)$ を得る．よって，$\overline{\lambda} = -\lambda$ となり，λ は純虚数である．

3) ユニタリ行列 U の固有値を ν とする．固有値 ν に属する固有ベクトル $u \neq 0$ に対して $(Uu, u) = (u, U^*u) = (u, U^{-1}u)$ から，$(Uu, u) = \overline{\nu}(u, u), (u, U^{-1}u) = \nu^{-1}(u, u)$ によって，$\overline{\nu} = \nu^{-1}$ となり，$\overline{\nu}\nu = |u|^2 = 1$ を得る． (証明終)

命題 5.1 次の命題は同値である．
1) S はエルミート実数行列．
2) 実数行列 S は ${}^tS = S$ を満たす．

命題 5.2 次の命題は同値である．
1) T はユニタリ実数行列．
2) 実数行列 T は ${}^tT = T^{-1}$ を満たす．
3) T の各列ベクトルは長さ 1 の実数ベクトルで，互いに直交している．

定義 5.3 上の命題の S を**実対称行列**といい，T を**直交行列**という．

系 5.2 実対称行列は直交行列により，実数が固有値の対角行列に変換される．

[証明] 実対称行列はエルミート行列であり，固有値は実数となる．実数が成分の固有ベクトルをとることができる．したがって，対角化するユニタリ行列も実数行列とでき，直交行列となる． (証明終)

定義 5.4 n 次のユニタリ行列の全体 $U(n)$ は乗法により群になり，これを n 次**ユニタリ群** (unitary group) という．行列式が 1 のユニタリ行列の作る部分群を**特殊ユニタリ群** (special unitary group) といい，$SU(n)$ と記す．さらに，実行列からなる部分群をそれぞれ**直交群** (orthogonal group) $O(n)$，**特殊直交群** (special orthogonal group) $SO(n)$ という．

定義 5.5 ハミルトンの**四元数体 H** は実数体上の結合的非可換代数で，$i^2 = j^2 = k^2 = -1, ijk = -1$ を満たす i, j, k によって生成される．このとき，$ij = -ji = k$, $jk = -kj = i, ki = -ik = j$ を満たす．$\mathbf{H} = \mathbf{R} + \mathbf{R}i + \mathbf{R}j + \mathbf{R}k = \{x + yi + zj + wk | x, y, z, w \in \mathbf{R}\}$ となり，和は $(x_1 + y_1i + z_1j + w_1k) + (x_2 + y_2i + z_2j + w_2k) = (x_1 + x_2) + (y_1 + y_2)i + (z_1 + z_2)j + (w_1 + w_2)k$ で，スカラー倍は $a(x + yi + zj + wk) = ax + ayi + azj + awk$ で，積は i, j, k を不定元として 3 変数の多項式として計算して，

i, j, k の関係式を代入して得られる. $\sqrt{x^2+y^2+z^2+w^2}$ を四元数 $x+yi+zj+wk$ の**絶対値**という.

ハミルトンの四元数体 $\mathbf{H}$ は $\mathbf{C}$ 上の行列環 $U(2)$ の部分環として $a+bi+cj+dk \in \mathbf{H}$ に対して, 複素数を $\alpha = a+bi, \beta = c+di$ とおくと,

$$\begin{pmatrix} \alpha & \beta \\ -\overline{\beta} & \overline{\alpha} \end{pmatrix}$$

と表現できる.

例 5.1 $SU(2)$ は $\mathbf{H}$ の絶対値 1 の乗法に関する部分群と同型である.

[証明] $SU(2)$ の行列

$$U = \begin{pmatrix} \alpha & \beta \\ \gamma & \delta \end{pmatrix}$$

が与えられたとき, $U^{-1} = U^*, \det U = 1$ から,

$$U^{-1} = \begin{pmatrix} \delta & -\beta \\ -\gamma & \alpha \end{pmatrix} = U^* = \begin{pmatrix} \overline{\alpha} & \overline{\gamma} \\ \overline{\beta} & \overline{\delta} \end{pmatrix}$$

となり, $\delta = \overline{\alpha}, \gamma = -\overline{\beta}$ となる. $\det U = 1$ より $|\alpha|^2 + |\beta|^2 = 1$ となり, 四元数の絶対値が 1 となる. (証明終)

5.3 2 次 形 式

$\boldsymbol{x} = (x_i), \boldsymbol{y} = (y_i) \in \mathbf{R}^n$ を n 次元ベクトル, $A = (a_{ij})$ を n 次実対称行列とする.

$$(\boldsymbol{x}, A\boldsymbol{y}) = \sum_{1 \leq i,j \leq n} a_{ij} x_i y_j$$

は $\boldsymbol{x}, \boldsymbol{y}$ に関する双 1 次形式である. $\boldsymbol{x} = \boldsymbol{y}$ としたとき,

$$(\boldsymbol{x}, A\boldsymbol{x}) = \sum_{1 \leq i,j \leq n} a_{ij} x_i x_j$$

となり, $\boldsymbol{x}$ に関する 2 次の斉次式となる. これを $\boldsymbol{x}$ に関する **2 次形式** (quadratic form) という. A を直交行列 T で固有値 λ_i を成分とする対角行列 D に変換して, $AT = TD$ とする. すなわち, ${}^t TAT = D$. このとき $\boldsymbol{x} = T\boldsymbol{u}$ とすれば

$$(\boldsymbol{x}, A\boldsymbol{x}) = (T\boldsymbol{u}, AT\boldsymbol{u}) = (\boldsymbol{u}, {}^t TAT\boldsymbol{u}) = (\boldsymbol{u}, D\boldsymbol{u}) = \sum_{i=1}^{n} \lambda_i u_i^2$$

とできる. さらに, $\lambda_i \neq 0$ となる i に対して, $v_i = \frac{\lambda_i}{|\lambda_i|}\sqrt{|\lambda_i|}u_i$ とおき, 番号をふりかえて λ_i が正のもの, 負のもの, 0 のものの順にとる.

$$(\boldsymbol{x}, A\boldsymbol{x}) = \sum_{1 \leq i \leq p} v_i^2 - \sum_{p+1 \leq i \leq p+q} v_i^2$$

とできる. $\boldsymbol{x} = P\boldsymbol{v}$ とおけば $(\boldsymbol{x}, A\boldsymbol{x}) = (\boldsymbol{v}, {}^tPAP\boldsymbol{v})$ となり, $C = {}^tPAP$ とおく. C を 2 次形式の標準形を与える実対称行列という. この形の 2 次形式を **2 次形式の標準形**という.

定理 5.3 (シルベスターの慣性律) 実対称行列 A とするとき, 2 次形式 $(\boldsymbol{x}, A\boldsymbol{x})$ は標準形に変換でき, 正の項と負の項の個数 p, q は標準形への変換のしかたによらず, A によって一意的に定まる. p, q を 2 次形式の**符号数** (signature) という.

[証明] ${}^tPAP = D, {}^tQAQ = E$ をそれぞれ符号数 p, q と s, t の標準形を与える行列とする. $s < p$ と仮定して矛盾を導く. $\operatorname{rank} A = p + q = s + t$ より, $t > q$ である.

$$\sum_{1 \leq i \leq p} v_i^2 - \sum_{p+1 \leq i \leq p+q} v_i^2 = \sum_{1 \leq i \leq s} w_i^2 - \sum_{s+1 \leq i \leq s+t} w_i^2$$

において, $w_1 = \cdots = w_s = 0, v_{p+1} = \cdots = v_{p+q} = 0$ とおく. 未知数 $x_1, \ldots, x_n$, $v_1, \ldots, v_n, w_1, \ldots, w_n$ の連立 1 次方程式 $w_1 = \cdots = w_s = 0, v_{p+1} = \cdots = v_{p+q} = 0$, $\boldsymbol{x} = P\boldsymbol{v}, \boldsymbol{x} = Q\boldsymbol{w}$ とすると, 未知数が $3n$, 方程式の数が $s+q+2n$ で, $3n > s+q+2n$ より, 連立方程式に非自明解が存在するはずである. しかし, $\sum_{1 \leq i \leq p} v_i^2 = -\sum_{s+1 \leq i \leq s+t} w_i^2$ より, 両辺零となり, $v_1 = \cdots = v_n = 0, w_1 = \cdots = w_n = 0$ となる. さらに, $x_1 = \cdots = x_n = 0$ となって連立方程式に非自明解があることに矛盾する. (証明終)

〔前原 和寿〕

第 III 編
微 分 積 分 学

III 微分積分学

1 実数と連続関数

「ことにまた，気の利いた工夫の中でもいちばんの，数というもの，それも私が彼らのために見つけたものだ，…」

（アイスキュロス著，呉茂一訳『縛られたプロメテウス』）

1.1 実数の連続性

おそらく神話が伝えるよりもずっと昔から，人間は生活上の必要から「数」を扱ってきたに違いない．最初は物の個数を表す**自然数**（natural number）1, 2, 3, 4, 5, ...だった．自然数の全体を $\mathbf{N}$ と書く．0 および負の整数を加えた**整数**（integer）の全体を $\mathbf{Z}$ と書く．整数の比で表せる数を**有理数**（rational number）といい，その全体を $\mathbf{Q}$ と書く．歴史的には自然数，正の有理数に続いて，整数比では表せない数（**無理数**, irrational number）が発見され，ようやく成立しかかっていた「学問としての数学」に大きな試練を与えた．古代ギリシア人のこだわりにより生じた問題であったが，彼らにより見事に解決され，数学の基盤が固まった．有理数と無理数をあわせて**実数**（real number）という．実数の全体を $\mathbf{R}$ で表す．微分積分学は $\mathbf{R}$ を舞台とし，実数関数を対象として，その細かい変化の様子や全体的な関数の様子などを調べる学問である．

実数のもつ性質を思い浮かべてみると，それはほとんどの場合に次の 3 つで尽くされる．
- (I) $\mathbf{R}$ において四則演算が（0 による割り算を例外として）自由にできる．
- (II) $\mathbf{R}$ において大小関係が決まる．
- (III) 異なる 2 つの実数の間には別の実数が存在する．

これらはそれぞれ，$\mathbf{R}$ は体である，$\mathbf{R}$ は全順序集合である，$\mathbf{R}$ は稠密である（まとめて，$\mathbf{R}$ は稠密な全順序体である）と，より正確かつ簡潔に表現できる．ところが，有理数の全体 $\mathbf{Q}$ を考えると，$\mathbf{Q}$ もやはり稠密な全順序体になる．19 世紀に実数体 $\mathbf{R}$ と有理数体 $\mathbf{Q}$ との本質的な違いがあきらかになってはじめて微分積分学の基礎が固まった．これは「**実数の連続性**（continuity of real numbers）」と呼ばれ，次のように述べられる．
- (IV) 上に有界な $\mathbf{R}$ の部分集合には上限が存在する．下に有界な $\mathbf{R}$ の部分集合には下限が存在する．

1. 実数と連続関数

ここで，$\mathbf{R}$ の部分集合 A に定数 M が存在して任意の元 $a \in A$ に対して $a \leqq M$ が成り立つとき，M を A の**上界**（upper bound）という．A に上界が存在するとき，A は**上に有界**であるという．A に上界があればそれより大きい数はすべて A の上界になり，一意的に決まらない．そこで A の上界のうちで最小のもの α を A の**上限**（supremum）といい，$\alpha = \sup A$ と書く．以上の話で，不等号の向きを逆にしたときには，**下界**（lower bound），**下に有界**，そして下界のうちの最大値を**下限**（infimum）といい，$\inf A$ と書く．また，上に有界かつ下に有界のとき，単に**有界**（bounded）という．

したがって，$\alpha = \sup A$ ということは次のように言い換えられる．
(1) A に含まれる任意の元 a に対して，$a \leqq \alpha$ が成り立つ．
(2) 任意の正数 $\varepsilon > 0$ に対して，$\alpha - \varepsilon < a$ なる $a \in A$ が存在する．

はじめの条件は α が A の上界であることを示し，2 つ目の条件は，α よりも小さな数は A の上界になれないこと，すなわち上界のうちの最小値であることを示している．そこで上限のことを**最小上界**（least upper bound）ともいい，sup の代わりに lub という記号を使うこともある．まったく同様に，下限は**最大下界**（greatest lower bound）で，glb という記号を使うこともある．

定義 1.1 2 つの実数 $a < b$ に対して，**区間**（interval）と呼ばれる実数の部分集合を次のように定義する．

$[a,b] = \{x \in \mathbf{R}; a \leqq x \leqq b\}$, **閉区間**（closed interval）
$(a,b) = \{x \in \mathbf{R}; a < x < b\}$, **開区間**（open interval）
$[a,b) = \{x \in \mathbf{R}; a \leqq x < b\}$
$(a,b] = \{x \in \mathbf{R}; a < x \leqq b\}$

以上の 4 種類の区間を**有界区間**という．これらの記号を流用して次のように書き表す．

$(a, +\infty) = \{x \in \mathbf{R}; a < x\}$,
$[a, +\infty) = \{x \in \mathbf{R}; a \leqq x\}$
$(-\infty, b] = \{x \in \mathbf{R}; x \leqq b\}$
$(-\infty, b) = \{x \in \mathbf{R}; x < b\}$
$(-\infty, +\infty) = \mathbf{R}$

例 1.1 実数 $a < b$ に対する上記の有界区間，
$[a,b] = \{x \in \mathbf{R}; a \leqq x \leqq b\}$
$(a,b) = \{x \in \mathbf{R}; a < x < b\}$
$[a,b) = \{x \in \mathbf{R}; a \leqq x < b\}$
$(a,b] = \{x \in \mathbf{R}; a < x \leqq b\}$

はいずれも「a から b までの実数」からなるが，端点 a, b を含むか含まないかで 4 つに分けられる．これらすべての場合に，上限は b であり，下限は a になる．このうち，**最大**

値 (maximum, max と略す) があるのは 1 番目と 4 番目, **最小値** (minimum, min と略す) があるのは 1 番目と 3 番目である. このように, 上限, 下限は最大値, 最小値があるときはそれらに一致し, ないときにはその代用としてギリギリの限界を示すものである.

例 1.2 $a_n = \frac{n-1}{n}$ とし, 集合 $A = \{a_n; n \in \mathbf{N}\}$ を考える. このとき, $\sup A = 1$, $\inf A = 0$ であり, $\min A = 0$ だが, $\max A$ は存在しない.

例 1.3 集合を $A = \{x \in \mathbf{R}; x^2 < 2\}$ とすると, $\sup A = \sqrt{2}$, $\inf A = -\sqrt{2}$ であるが, $\min A$ と $\max A$ は存在しない. 実は $A = (-\sqrt{2}, \sqrt{2})$ である.

例 1.4 もしも有理数だけしか存在しないとすると, 集合を $A = \{x \in \mathbf{Q}; x^2 < 2\}$ として, $\sup A$ と $\inf A$, $\min A$ と $\max A$ はすべて ($\mathbf{Q}$ の中では) 存在しない.

この例からわかるように, 実数の連続性 (IV) は実数体 $\mathbf{R}$ と有理数体 $\mathbf{Q}$ との違いをハッキリと示している.

1.2 数列とその極限値

以下において**数列** (sequence) とは無限実数列, すなわち無限に多くの実数を並べたものに限定し, $\{a_n\}$ と書き表す. 数列 $\{a_n\}$ が**上に有界**とは, 集合 $\{a_n; n \in \mathbf{N}\}$ が上に有界となること, すなわち定数 M が存在して $a_n \leqq M$ がすべての n に対して成り立つことであり, 数列 $\{a_n\}$ が**単調増加** (monotonically increasing) とは, $a_n \leqq a_{n+1}$ がすべての n に対して成り立つことである. 等号 $=$ がはずれて, $a_n < a_{n+1}$ がすべての n に対して成り立つとき, **狭義の単調増加** (strictly monotonically increasing) という. 不等号の向きが逆になるとき, **下に有界**, **単調減少** (**狭義の単調減少**) という. 上にも下にも有界のとき単に**有界** (bounded) という.

定義 1.2 数列 $\{a_n\}$ が α に**収束する** (converge) とは, 任意の正数 $\varepsilon > 0$ に対して, 番号 N_0 があって, $N_0 \leqq n$ なる限り $|a_n - \alpha| < \varepsilon$ が成り立つことである. このとき数列 $\{a_n\}$ の**極限値** (limit) は α であるといい,

$$\lim_{n \to \infty} a_n = \alpha, \quad \text{または } a_n \to \alpha \, (n \to \infty)$$

と書き表す. 収束しないとき**発散する** (diverge) という.

例 1.5 $a_n = \frac{1}{n}$ という数列 $\{a_n\}$ は 0 に収束する.

[**解**] 任意の正数 $\varepsilon > 0$ に対して, 番号を $N_0 = [\frac{1}{\varepsilon}] + 1$ とすると, $N_0 \leqq n$ なる限り $|\frac{1}{n} - 0| = \frac{1}{n} < \varepsilon$ が成り立つ. ∴ $\lim_{n \to \infty} a_n = 0$. (解終)

例 1.6 $a_n = a^n$ (a は $0 < a < 1$ なる定数) とおく. 数列 $\{a_n\}$ は 0 に収束する.

1. 実数と連続関数

[略解] $\frac{1}{a} > 1$ だから $\frac{1}{a} = 1 + h$ とおくと $h > 0$ で，$a = \frac{1}{1+h}$ となる．$\therefore a^n = \frac{1}{(1+h)^n}$．ここで，

$$(1+h)^n > nh \text{ (ベルヌーイ (Jacob Bernoulli) の不等式)} \tag{1.1}$$

であるから，$a^n < \frac{1}{nh}$．よって，例 1.5 よりあきらかに，$\lim_{n\to\infty} a^n = 0$．

定理 1.1 上に有界な単調増加数列は収束する．下に有界な単調減少数列は収束する．

[証明] 数列 $\{a_n\}$ が上に有界かつ単調増加とする．集合 $\{a_n; n \in \mathbf{N}\}$ が上に有界だから (IV) により上限をもつ．この上限を α とすると，(1) $a_n \leqq \alpha$ がすべての n に対して成り立ち，また，(2) 任意の正数 $\varepsilon > 0$ に対して，$\alpha - \varepsilon < a_{n_0}$ となる n_0 が存在する．数列 a_n は単調増加だから，$n_0 < n$ ならば $a_{n_0} \leqq a_n$ が成り立つ．以上をまとめると，任意の正数 $\varepsilon > 0$ に対して n_0 が存在して，$n_0 < n$ なる限り $\alpha - \varepsilon < a_{n_0} \leqq a_n < \alpha$ となる．すなわち，このとき，$|a_n - \alpha| < \varepsilon$ が成り立つ．$\therefore \lim_{n\to\infty} a_n = \alpha$ となる．下に有界な単調減少数列の場合も同様である． (証明終)

この定理は実数の連続性 (IV) と同値なことが知られている．なお，例 1.5，例 1.6 はともに下に有界な単調減少数列だから，今の定理から収束することはあきらかである．

例 1.7 $a_n = 1 + \frac{1}{1!} + \frac{1}{2!} + \frac{1}{3!} + \cdots + \frac{1}{n!}$ とおくと，a_n は単調増加で $k! = k(k-1)(k-2) \cdots 3 \cdot 2 \cdot 1 > 2 \cdot 2 \cdot 2 \cdots 2 \cdot 2 \cdot 1 = 2^{k-1}$．よって，$a_n < 1 + (1 + \frac{1}{2} + \frac{1}{2^2} + \cdots + \frac{1}{2^{k-1}}) < 1 + \frac{1}{1-\frac{1}{2}} = 3$ となって，a_n は上に有界．よって (III) より a_n は収束する．この極限値を e と書き，**ネイピア数** (Napier's number) または**自然対数の底** (the base of natural logarithm) という．これは微分積分学でもっとも重要な定数で，$e = 2.718281828459045\cdots$ である．

例 1.8 ネイピア数 e はまた，

$$e = \lim_{n\to\infty} \left(1 + \frac{1}{n}\right)^n \tag{1.2}$$

と書けることが知られている．

例 1.9 $\frac{a^n}{n!}$ $(a > 0)$ は $n \to +\infty$ のとき，0 に収束する．よって一般に $\lim_{n\to\infty} \frac{|a|^n}{n!} = 0$．

[解] $k > 2a$ なる自然数 k を 1 つとる．すると $n > k$ なる n に対して，

$$\frac{a^n}{n!} = \frac{a^k}{k!} \cdot \frac{a}{k+1} \cdot \frac{a}{k+2} \cdots \frac{a}{n-1} \cdot \frac{a}{n}$$
$$< \frac{a^k}{k!} \cdot \frac{1}{2} \cdot \frac{1}{2} \cdots \frac{1}{2} \cdot \frac{1}{2} = \frac{a^k}{k!} \left(\frac{1}{2}\right)^{n-k}$$
$$= \frac{\frac{(2a)^k}{k!}}{2^n} < \frac{\frac{k^k}{k!}}{2^n}$$

となる．この右辺は，$n \to +\infty$ のとき 0 に収束するから，題意は証明された．　　（解終）

例 1.10　$a_1 = 1$, $a_2 = 1.4$, $a_3 = 1.41$, $a_4 = 1.414$, $a_5 = 1.4142$, $\cdots$ という数列を考える．$\{a_n\}$ は（10 進）小数で表した $\sqrt{2}$ の値を 1 桁づつ長く伸ばした数列である．作り方からあきらかに，a_n は有理数列で，$\sqrt{2}$ に収束する．ところが，これを $\mathbf{Q}$ の内部で考えると，$\{a_n\}$ は単調増加で上に有界（$a_n \leqq 2$）なのに，極限値 $\sqrt{2}$ は $\mathbf{Q}$ に含まれない．したがって $\mathbf{Q}$ だけの世界では定理 1.1 は成り立たない．

この例からも，定理 1.1 と同値な（IV）が $\mathbf{Q}$ と $\mathbf{R}$ との違いを明確にしていることがわかる．

例 1.11　$2^{\sqrt{2}}$ とは何か？

[**解**]　2 を m 回掛けたものを 2^m と書き，その n 乗根を $2^{\frac{m}{n}}$ と書いた．したがって，2 の有理数乗は定義されている．そこで例 1.10 で出てきた有理数列 $\{a_n\}$ を使って，$\{2^{a_n}\}$ という数列を考える．$\{a_n\}$ は単調増加だから $\{2^{a_n}\}$ も単調増加であり，$a_n \leqq 2$ だから，$2^2 = 4$ が上界になる．したがって数列 $\{2^{a_n}\}$ は収束する．この値を $2^{\sqrt{2}}$ と定義する．一般に正数の無理数乗はこのように定義する．　　（解終）

定理 1.2　収束数列は有界である．

[**証明**]　数列 $\{a_n\}$ が α に収束しているとする．$\varepsilon = 1$ に対して n_0 が存在して $n_0 < n$ ならば $|a_n - \alpha| < 1$ すなわち $\alpha - 1 < a_n < \alpha + 1$ $(n_0 < n)$ が成り立つ．$n \leqq n_0$ なる n は有限個しかないから，そこでは a_n は有界．したがって，すべての自然数 n に対して a_n は有界になる．　　（証明終）

定理 1.3　数列 $\{a_n\}$ が α に収束し，数列 $\{b_n\}$ が β に収束しているとする．このとき，定数 c, d に対して，数列 $\{ca_n + db_n\}$，数列 $\{a_n \cdot b_n\}$，また $\beta \neq 0$ ならば数列 $\{\frac{a_n}{b_n}\}$ も収束し，

(1) $\lim_{n \to \infty}(ca_n + db_n) = c\alpha + d\beta$，

(2) $\lim_{n \to \infty}(a_n \cdot b_n) = \alpha \cdot \beta$，

(3) $\lim_{n \to \infty}(\frac{a_n}{b_n}) = \frac{\alpha}{\beta}$．

[**証明**]　(2) だけ証明する．数列 $\{a_n\}$ が α に収束するから定理 1.2 より数列 $\{a_n\}$ は有界なので，$|a_n| \leqq M$ なる定数 M が存在する．したがって，

$$|a_n \cdot b_n - \alpha \cdot \beta| = |a_n(b_n - \beta) + (a_n - \alpha)\beta|$$
$$\leqq |a_n||b_n - \beta| + |a_n - \alpha||\beta| \leqq M|b_n - \beta| + |\beta||a_n - \alpha|.$$

$\lim_{n \to \infty} a_n = \alpha$ だから，任意の $\varepsilon > 0$ に対し N_1 が存在して，$n > N_1$ ならば $|a_n - \alpha| < \frac{\varepsilon}{2|\beta|}$ となる．また，$\lim_{n \to \infty} b_n = \beta$ だから，この $\varepsilon > 0$ に対し N_2 が存在して，$n > N_2$ ならば $|b_n - \beta| < \frac{\varepsilon}{2M}$ となる．そこで $N = \max\{N_1, N_2\}$ に対して

1. 実数と連続関数

$n > N$ とすれば, $|a_n \cdot b_n - \alpha \cdot \beta| \leqq M|b_n - \beta| + |\beta||a_n - \alpha| < \frac{\varepsilon}{2} + \frac{\varepsilon}{2} = \varepsilon$ となる. これより, (2) は証明された. (証明終)

定義 1.3 数列 $\{a_n\}$ が **$+\infty$ に発散**するとは, 任意の正数 $M > 0$ に対して, 番号 N_0 があって, $N_0 \leqq n$ なる限り $a_n > M$ が成り立つことである. このとき数列 $\{a_n\}$ の **極限は $+\infty$** であるといい, 極限値の記号を流用して,

$$\lim_{n \to \infty} a_n = +\infty, \quad \text{または}, \quad a_n \to +\infty \, (n \to \infty)$$

と書き表す. 任意の正数 $M > 0$ に対して, 番号 N_0 があって, $N_0 \leqq n$ なる限り $a_n < -M$ が成り立つとき, 数列 $\{a_n\}$ は **$-\infty$ に発散する**といい,

$$\lim_{n \to \infty} a_n = -\infty, \quad \text{または}, \quad a_n \to -\infty \, (n \to \infty)$$

と書き表す. 発散数列のうちで, $\pm\infty$ に発散するものを除いた数列を**振動する** (oscillate) という.

例 1.12 $a > 1$ のとき, a^n は $+\infty$ に発散する.

[解] $a > 1$ だから, $a = 1 + h$ とおくと $h > 0$ で, $a^n = (1+h)^n > nh$ (ベルヌーイの不等式). 任意の正数 M に対して $n > \frac{M}{h}$ とすると, $a^n > nh > M$ となる. したがって a^n は $+\infty$ に発散する. (解終)

注 1.1 任意の正数 M と h について (M がいかに大きく, h がいかに小さくとも), 自然数 n を十分に大きくとれば $nh > M$ となる. これを**エウドクソス・アルキメデスの原理** (Eudoxos–Archimedes' principle) という. もしもこれが成り立たないとすると, あらゆる自然数 n に対して, $nh \leqq M$ すなわち $n \leqq \frac{M}{h}$ となる. したがって自然数の集合 $\mathbf{N}$ は有界になり, (IV) より $\mathbf{N}$ の上限 α が存在する. ゆえに上限の定義から, (1) 任意の自然数 n について $n \leqq \alpha$, (2) ある自然数 n_0 について $\alpha - 1 < n_0$ となる. $\therefore \alpha < n_0 + 1$ となるが, $n_0 + 1$ も自然数だから (1) に矛盾する.

このように, エウドクソス・アルキメデスの原理は実数の連続性 (IV) に含まれている.

例 1.13 $a > 1$, $k > 0$ とする. $\frac{a^n}{n^k}$ は $n \to +\infty$ のとき, $+\infty$ に発散する.

[解] (1) $k = 1$ のとき, 上の例と同様に $a = 1 + h \, (h > 0)$ とおく. $n > 2$ のとき $a^n = (1+h)^n > 1 + nh + \frac{n(n-1)}{2}h^2 > \frac{n(n-1)}{2}h^2$ だから, $\frac{a^n}{n} > \frac{n-1}{2}h^2$ となる. この右辺は $n \to +\infty$ のとき, $+\infty$ に発散するから, この場合は確かに成り立つ.

(2) $0 < k < 1$ のとき, $\frac{a^n}{n^k} > \frac{a^n}{n}$ だから (1) よりあきらかである.

(3) $k > 1$ のとき, $0 < \frac{1}{k} < 1$ だから, $a^{1/k} > 1$. よって (1) より任意の正数 $M > 1$ に対して $\frac{(a^{1/k})^n}{n} > M^{1/k}$ にとれる. この両辺を k 乗して, $\frac{a^n}{n^k} > M$ となる. よってこの場合もやはり $\frac{a^n}{n^k}$ は $+\infty$ に発散する. (解終)

例 1.14 $(-1)^n$ は振動する. $(-2)^n$ も振動する.

定義 1.4 数列 $\{a_n\}$ が**コーシー列** (Cauchy's sequence) であるとは, 任意の正数 $\varepsilon > 0$ に対して番号 N_0 があって, $N_0 \leq n$, $m > 0$ なる限り $|a_{n+m} - a_n| < \varepsilon$ が成り立つことである.

定理 1.4 数列 $\{a_n\}$ が収束するための必要十分条件は, 数列 $\{a_n\}$ がコーシー列になることである.

[証明] 収束数列がコーシー列になることだけを証明する. $\lim_{n \to \infty} a_n = \alpha$ とする. 任意の正数 $\varepsilon > 0$ に対して n_0 が存在して, $n_0 \leq n$ なる限り $|a_n - \alpha| < \frac{\varepsilon}{2}$ が成り立つ. $m > 0$ とすれば $|a_{n+m} - \alpha| < \frac{\varepsilon}{2}$ も成り立つ. ∴ $|a_{n+m} - a_n| = |(a_{n+m} - \alpha) - (a_n - \alpha)| \leq |a_{n+m} - \alpha| + |a_n - \alpha| < \varepsilon$ が成り立つ. (証明終)

例 1.15 $a_n = \frac{1}{1^2} + \frac{1}{2^2} + \frac{1}{3^2} + \cdots + \frac{1}{n^2}$ とおく. $\{a_n\}$ はコーシー列である.

[解] 任意の正数 $\varepsilon > 0$ に対して, $n_0 > \frac{1}{\varepsilon}$ となるように n_0 をとる. $n_0 \leq n$, $m > 0$ ならば, $|a_{n+m} - a_n| = \frac{1}{(n+1)^2} + \frac{1}{(n+2)^2} + \cdots + \frac{1}{(n+m)^2} < \frac{1}{n(n+1)} + \frac{1}{(n+1)(n+2)} + \cdots + \frac{1}{(n+m-1)(n+m)} = (\frac{1}{n} - \frac{1}{n+1}) + (\frac{1}{n+1} - \frac{1}{n+2}) + \cdots + (\frac{1}{n+m-1} - \frac{1}{n+m}) = \frac{1}{n} - \frac{1}{n+m} < \frac{1}{n} \leq \frac{1}{n_0} < \varepsilon$ となる. (解終)

注 1.2 したがって $\{a_n\}$ は収束する. この数列の極限値が $\frac{\pi^2}{6}$ であることをあきらかにして鮮烈なデビューを飾ったのがオイラー (Euler) であった (1735).

定理 1.5 数列 $\{a_n\}$ が有界ならば, 収束する部分数列 $\{a_{n_i}\}$ をもつ.

[証明] 数列 $\{a_n\}$ が有界なので, $m \leq a_n \leq M$ となる定数 m と M が存在する. $b_1 = m$, $c_1 = M$ とおく. 区間 $I_1 = [b_1, c_1]$ を中点 $(b_1 + c_1)/2$ で 2 等分すると, どちらかの区間は数列 $\{a_n\}$ の項を無限に含む. それを区間 $I_2 = [b_2, c_2]$ とする (どちらも無限に含むときは左側をとる). 区間 I_2 をその中点 $(b_2 + c_2)/2$ で 2 等分して数列 $\{a_n\}$ の項を無限に含む方を $I_3 = [b_3, c_3]$ とし, 以下同様に続ける. 数列 $\{b_n\}$ はあきらかに単調増加で上に有界, 数列 $\{c_n\}$ は単調減少で下に有界である. したがってこれらの数列は収束するが, $c_n - b_n = (M - m)/2^{n-1}$ が 0 に収束するので, 極限値は一致する. それを α とする. 区間 I_i に含まれる数列 $\{a_n\}$ の項を a_{n_i} とする. 項は無限にあるから, $n_1 < n_2 < n_3 < \cdots$ にとれる. このとき数列 $\{a_{n_i}\}$ は α に収束する部分数列になる. (証明終)

定義 1.5 数列 $\{a_n\}$ に対して, $s_n = a_1 + a_2 + \cdots + a_n$ とおく. 数列 $\{s_n\}$ が α に収束するとき, **級数** (series) $\sum a_n$ は α に**収束** (converge) するといい, s_n を (第 n) 部分和という. α を級数の和といい, $\alpha = a_1 + a_2 + \cdots + a_n + \cdots$ と書く. 収束しないとき, **発散** (diverge) するという. 代数演算の和のように見えるが, 代数学の領域は有限の和までなので, これは極限演算がからんだ解析学の領域の話である.

定理 1.6 級数 $\sum a_n$ が収束すれば，$\lim_{n\to\infty} a_n = 0$ である．

[証明] 部分和が作る数列 $\{s_n\}$ が収束するからこの数列はコーシー列になる．任意の正数 $\varepsilon > 0$ に対して番号 N_0 があって，$N_0 \leqq n,\ m > 0$ なる限り $|s_{n+m} - s_n| < \varepsilon$ が成り立つ．$m = 1$ とすれば，$s_{n+1} - s_n = a_{n+1}$ だから $|a_{n+1}| < \varepsilon$ が成り立つ．よって，$\lim_{n\to\infty} a_n = 0$ である． (証明終)

この定理の逆は成り立たない．

例 1.16 $H = \frac{1}{1} + \frac{1}{2} + \frac{1}{3} + \cdots + \frac{1}{n} + \cdots$ を**調和級数** (harmonic series) という．各項 $a_n = \frac{1}{n}$ はあきらかに 0 に収束するが，H は $+\infty$ に発散する．

[解] $s_n = a_1 + a_2 + \cdots + a_n$ とおく．コーシー列の定義において $m = n$ とすると，

$$|s_{2n} - s_n| = \frac{1}{n+1} + \frac{1}{n+2} + \frac{1}{n+3} + \cdots + \frac{1}{2n}$$
$$> \frac{1}{2n} + \frac{1}{2n} + \frac{1}{2n} + \cdots + \frac{1}{2n} = \frac{n}{2n} = \frac{1}{2}$$

となって，$< \varepsilon$ にとることができない． (解終)

定義 1.6 数列 $\{a_n\}$ が与えられているとき，$A_n = \{a_k; k \geqq n\}$ の上限を α_n とおく．A_n が上に有界でないときは $\alpha_n = \infty$ とする．$\{\alpha_n\}$ は単調減少である．これが下に有界のとき，その下限を α と書き，有界でないとき $\alpha = -\infty$ とおく．この α を数列 $\{a_n\}$ の**上極限** (superior limit) と呼び，$\limsup_{n\to\infty} a_n = \alpha$ と書く．$\lim_{n\to\infty}(\sup_{k\geqq n} a_k) = \alpha$ と書けばわかりやすい．$\beta = \liminf_{n\to\infty} a_n = \lim_{n\to\infty}(\inf_{k\geqq n} a_k)$ を数列 $\{a_n\}$ の**下極限** (inferior limit) と呼ぶ．任意の数列 $\{a_n\}$ に対して，上極限，下極限は ($\pm\infty$ も含めて) かならず存在する．そして，数列 $\{a_n\}$ が収束して極限値が α になるための条件は，上極限と下極限がともに α に等しくなることである．

例 1.17 $\limsup_{n\to\infty}(-1)^n = 1,\ \liminf_{n\to\infty}(-1)^n = -1.\ \limsup_{n\to\infty}(-2)^n = +\infty,\ \liminf_{n\to\infty}(-2)^n = -\infty.$

1.3 関数と連続関数

微分積分学とは，関数のこまかい変化の様子や，全体的な様子を詳しく調べる学問である．そこでまず関数を定義しておく．

定義 1.7 $\mathbf{R}$ の部分集合 D の各点 x に対して，一定の規則に従って実数 $f(x)$ が対応しているとき，D を**定義域** (domain) とする**関数** (function) f が定義されたという．このとき $f: D \to \mathbf{R}$ と書く．$S = \{f(x); x \in D\}$ を**値域** (range) という．

例 1.18 $f(x) = x^2$ は $\mathbf{R}$ を定義域とし $[0, +\infty)$ を値域とする関数である.

例 1.19 $f(x) = \sin x$ は $\mathbf{R}$ を定義域とし $[-1, +1]$ を値域とする関数である.

定義 1.8 x が a に近づくときの $f(x)$ の**極限値** (limit) が α であるとは,任意の $\varepsilon > 0$ に対して $\delta > 0$ が存在して,$0 < |x - a| < \delta$ ならば $|f(x) - \alpha| < \varepsilon$ が成り立つことである. これを,

$$\lim_{x \to a} f(x) = \alpha, \quad \text{または} \ f(x) \to \alpha \ (x \to a)$$

と書き表す. この定義において,$x > a$ [resp. $x < a$] に限定して $a < x < a + \delta$ [resp. $a - \delta < x < a$] $\Rightarrow |f(x) - \alpha| < \varepsilon$ となるとき,x が a に近づくときの $f(x)$ の**右** [resp. **左**] **極限値** (right–hand [resp. left–hand] limit) が α であるという. これを

$$\lim_{x \to a+0} f(x) = \alpha, \lim_{x \downarrow a} f(x) = \alpha, \quad \text{または} \ f(x) \to \alpha \ (x \to a + 0)$$
$$[\text{resp.} \lim_{x \to a-0} f(x) = \alpha, \lim_{x \uparrow a} f(x) = \alpha, \quad \text{または} \ f(x) \to \alpha \ (x \to a - 0)]$$

と書き表す.

任意の $\varepsilon > 0$ に対して $M > 0$ が存在し,$x > M$ [resp. $x < -M$] ならば $|f(x) - \alpha| < \varepsilon$ が成り立つとき,

$$\lim_{x \to +\infty} f(x) = \alpha, \quad \text{または} \ f(x) \to \alpha \ (x \to +\infty)$$
$$[\text{resp.} \lim_{x \to -\infty} f(x) = \alpha, \quad \text{または} \ f(x) \to \alpha \ (x \to -\infty)]$$

と書き表す.

x が a に近づくときに,$f(x)$ が限りなく大きく [resp. 小さく] なるとき,すなわち,任意の $M > 0$ に対して $\delta > 0$ が存在して,$0 < |x - a| < \delta$ ならば $f(x) > M$ [resp. $f(x) < -M$] が成り立つとき,

$$\lim_{x \to a} f(x) = +\infty, \quad \text{または} \ f(x) \to +\infty \ (x \to a)$$
$$[\text{resp.} \lim_{x \to a} f(x) = -\infty, \quad \text{または} \ f(x) \to -\infty \ (x \to a)]$$

と書き表す. $\lim_{x \to \pm\infty} f(x) = \pm\infty$,または $f(x) \to \pm\infty \ (x \to \pm\infty)$ についても同様に定義される.

注 1.3 x が a に近づくときの $f(x)$ の極限値を求めるときに,$x = a$ を除外して $0 < |x - a| < \delta$ とするのは,古来「無限小」をめぐる面倒な問題を避けるためである. また,本来有限確定な値に対して定義された「極限値」概念だが,$\pm\infty$ に対してもこの便利な記号を流用するのである.

例 1.20 $f(x) = x^2$ のとき,$\lim_{x \to 2} f(x) = 4$,$\lim_{x \to \pm\infty} f(x) = +\infty$.

[**解**] 任意の $\varepsilon > 0$ に対して $\delta = \frac{\varepsilon}{5}$ とおく．$\delta < 1$ と仮定してもよい．このとき，$0 < |x - 2| < \delta$ ならば，$|x + 2| = |(x - 2) + 4| \leqq |x - 2| + 4 < 5$ となるから，$|f(x) - 4| = |x + 2||x - 2| < 5 \cdot \delta = \varepsilon$ が成り立つ． (解終)

例 1.21 (1) $\lim_{x \to 0} \sin x = 0$, (2) $\lim_{x \to 0} \cos x = 1$, (3) $\lim_{x \to 0} \frac{\sin x}{x} = 1$.

[**解**] (1) $0 < x < \frac{\pi}{2}$ に限定して一般性を失わない．図において $\text{OA} = \text{OB} = 1$ とする．$\text{BH} <$ 弧 AB だから，$0 < \sin x < x$ であり，$x \to 0$ のとき $\sin x \to 0$ となる．

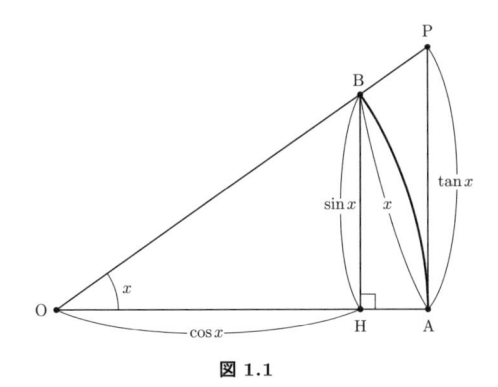

図 1.1

(2) 三角不等式により $\text{BO} < \text{OH} + \text{HB}$ なので，$1 < \cos x + \sin x$. $\therefore 0 < 1 - \cos x < \sin x$. したがって (1) より，$x \to 0$ のとき $\cos x \to 1$ となる．

(3) $\triangle \text{OAB}$, 扇形 OAB, $\triangle \text{OAP}$ の面積を比較して，$0 < x < \frac{\pi}{2}$ のとき，$0 < \sin x < x < \tan x = \frac{\sin x}{\cos x}$. よって，

$$\cos x < \frac{\sin x}{x} < 1. \tag{1.3}$$

ここで $x \to 0$ とすると，$\frac{\sin x}{x} \to 1 \, (x \to 0)$. (解終)

定理 1.7 $\lim_{x \to a} f(x) = \alpha$, $\lim_{x \to a} g(x) = \beta$ のとき，
(1) $\lim_{x \to a} (cf(x) + dg(x)) = c\alpha + d\beta$,
(2) $\lim_{x \to a} (f(x) \cdot g(x)) = \alpha \cdot \beta$,
(3) $\lim_{x \to a} \frac{f(x)}{g(x)} = \frac{\alpha}{\beta} \, (\beta \neq 0)$.
(証明省略)

例 1.22 $\lim_{x \to 1} \frac{x^3 + 3x^2 - 2x + 1}{x^2 + 1} = \frac{3}{2}$.

定理 1.8 $\lim_{x \to a} f(x)$ が存在するための条件は，任意の $\varepsilon > 0$ に対して $\delta > 0$ が決まり，$0 < |x - a| < \delta$, $0 < |x' - a| < \delta$ ならば $|f(x) - f(x')| < \varepsilon$ となることである．

(証明省略) 数列に対するコーシーの収束条件（定理 1.4）を連続変数の場合に書き直

したものである．

定義 1.9 関数 $f(x)$ が $x=a$ において**連続** (continuous) であるとは，
$$\lim_{x\to a} f(x) = f(a) \tag{1.4}$$
が成り立つことである．すなわち，任意の $\varepsilon > 0$ に対して $\delta > 0$ が存在して $0 < |x-a| < \delta$ ならば $|f(x) - f(a)| < \varepsilon$ が成り立つことである．

$f(x)$ が**区間** I **で連続**とは，区間 I の各点で連続になることである．

例 1.23 有理関数は分母 $\neq 0$ なる限り連続である．一般に連続関数に四則演算を施してできる関数は，分母が 0 にならない限りかならず連続になる．

例 1.24 $f(x) = \sin x$, $g(x) = \cos x$ は $\mathbf{R}$ で連続である．
[**解**] $|\sin x - \sin a| = 2|\cos \frac{x+a}{2} \cdot \sin \frac{x-a}{2}| \leq 2|\sin \frac{x-a}{2}| \leq |x-a|$ となるので，$\delta = \varepsilon$ にとればよい．$\cos x = \sin(\frac{\pi}{2} - x)$ も連続． (解終)

例 1.25 $f(x) = a^x \ (a > 1)$ は $\mathbf{R}$ で連続である．
[**解**] $a^{k+x} - a^k = a^k(a^x - 1)$ だから $x = 0$ で連続なことがいえれば任意の点で連続になる．$x = \frac{1}{n}$ のときに，$\lim_{n\to+\infty} a^{1/n} = 1$ であることがいえればよい．$a^{1/n}$ は単調減少で，$a^{1/n} > 1$ だから $\alpha \geq 1$ なる α に収束する．もしも $\alpha > 1$ と仮定すると，$\alpha - 1 > h > 0$ なる h がとれる．$\alpha > 1 + h$ より，$a^{1/n} > 1 + h$, $\therefore a > (1+h)^n > nh$ となり，矛盾である． (解終)

定理 1.9 関数 $y = f(x)$ が $x = a$ で連続，$z = g(y)$ が $y = f(a)$ で連続のとき，合成関数 $z = g(f(x)) = g \circ f(x)$ は $x = a$ で連続である．
[**証明**] $z = g(y)$ が $y = f(a)$ で連続だから，任意の $\varepsilon > 0$ に対して $\eta > 0$ が存在して $0 < |y - f(a)| < \eta \Rightarrow |g(y) - g(f(a))| < \varepsilon$ が成り立つ．また関数 $y = f(x)$ が $x = a$ で連続だから，この $\eta > 0$ に対して $\delta > 0$ が存在して $0 < |x-a| < \delta$ ならば $|f(x) - f(a)| < \eta$ が成り立つ．よって，任意の $\varepsilon > 0$ に対して $\delta > 0$ が存在して，$0 < |x-a| < \delta$ ならば $|g \circ f(x) - g \circ f(a)| < \varepsilon$ が成り立つ． (証明終)

定理 1.10 (中間値の定理) 関数 $y = f(x)$ が閉区間 $[a,b]$ において連続で $f(a) \neq f(b)$ ならば，$f(x)$ は $f(a)$ と $f(b)$ の中間の任意の値をとる．
[**証明**] $f(a) < f(b)$ と仮定しても一般性を失わない．$f(a) < \gamma < f(b)$ なる任意の γ をとる．$S = \{x \in [a,b]; f(x) < \gamma\}$ とおくと，S は上に有界であるから上限が存在する．$c = \sup S$ とおくと，S では $f(x) < \gamma$ だから，$f(c) \leq \gamma$ である．もしも $f(c) < \gamma$ だったとすると，$f(x)$ が連続なので $\gamma - f(c) > 0$ に対して $\delta > 0$ が存在して $0 < |x-c| < \delta$ ならば $|f(x) - f(c)| < \gamma - f(c)$ となる．すなわち $x < c + \delta$ のとき，$f(x) < \gamma$ となるが，

これは S の定義に矛盾する．よって $f(c) = \gamma$ である． (証明終)

定理 1.11 (最大値・最小値の定理) 関数 $y = f(x)$ が閉区間 $[a,b]$ において連続ならば，$f(x)$ は有界であり，$[a,b]$ において最大値・最小値をとる．

[証明] (有界性) もしも $f(x)$ が上に有界でないと仮定すると，$f(x_n) > n$ なる x_n が閉区間 $[a,b]$ 内に存在する．数列 $\{x_n\}$ はあきらかに有界だから定理 1.5 によって収束部分列をもつ．それを $\{x_{n_i}\}$ とすると，$x_{n_i} \to \alpha \, (i \to +\infty)$ となる．$f(x)$ は α で連続だから $f(x_{n_i}) \to f(\alpha) \, (i \to +\infty)$ となるはずだが，x_n の作り方から $f(x_{n_i}) \to +\infty \, (i \to +\infty)$ となり矛盾である．下に有界なことも同様に証明される．

(最大値・最小値) 有界性から $f(x)$ は上限 M，下限 m をもつ．もしも $[a,b]$ において $f(x) \neq M$ だと仮定すると，$\frac{1}{M-f(x)}$ は $[a,b]$ において連続だからそこで有界である．ところが上限の定義から，$f(x)$ はいくらでも M の近くにとることができるから，$\frac{1}{M-f(x)}$ は有界ではあり得ない．これは矛盾である．したがって $f(x)$ は最大値をもつ．最小値についても同様である． (証明終)

定義 1.10 $f(x)$ が区間 I において**一様連続** (uniformly continuous) であるとは，任意の正数 $\varepsilon > 0$ に対して $\delta = \delta(\varepsilon) > 0$ が決まり，I の任意の 2 点 x_1, x_2 が $|x_1 - x_2| < \delta$ なる限り $|f(x_1) - f(x_2)| < \varepsilon$ となることである．

注 1.4 すなわち，区間 I 内の 2 点が十分に近ければ対応する関数値がいくらでも近くにとれるという，本来の「連続性」が成り立つことである．われわれは区間 I の各点で連続なときに区間 I で連続というと無雑作に定義してしまったが，それでは区間 $I = (0,1]$ における連続な関数 $f(x) = \frac{1}{x}$ のように，区間全体で同一の基準で「連続」といえなくなってしまう場合が出てくるので，改めて連続性を定義したのである．幸いなことに，閉区間 $[a,b]$ で連続ならば自動的に一様連続性が保障される，というのが次の定理だ．

定理 1.12 (一様連続性の定理) 関数 $y = f(x)$ が閉区間 $[a,b]$ において連続ならば，$f(x)$ は $[a,b]$ において一様連続である．

(証明省略)

定義 1.11 $f(x)$ は $[a,b]$ において狭義の単調な連続関数とする．$f(a)$ と $f(b)$ の間の任意の値 η に対して ξ が決まり，$\eta = f(\xi)$ となる．単調性からこの ξ はただ一通りに決まる．そこで η に ξ を対応させる関数が定義できる．これを $y = f(x)$ の**逆関数** (inverse function) といい，$x = f^{-1}(y)$ と書く．読み方は f-inverse-(of-)y である．

定理 1.13 関数 $y = f(x)$ が閉区間 $[a,b]$ において連続かつ狭義の単調増加関数ならば，$[f(a), f(b)]$ において $f(x)$ の逆関数が存在して，連続かつ狭義の単調増加関数になる．

(証明省略)

例 1.26 指数関数 $y = e^x$ は連続（例 1.25）かつ狭義の単調増加である．この逆関数が自然対数 $\log x$ で，定理より連続かつ狭義の単調増加関数になる．

例 1.27 (1) $\lim_{x \to 0} \frac{\log(1+x)}{x} = 1$. (2) $\lim_{x \to 0} \frac{e^x - 1}{x} = 1$.

[**解**] （1）例 1.8 よりネイピア数 e は $e = \lim_{n \to \infty}(1 + \frac{1}{n})^n$ と書ける．n を $-n$ で置き換えると，$(1 - \frac{1}{n})^{-n} = (\frac{n-1}{n})^{-n} = (\frac{n}{n-1})^n = (1 + \frac{1}{n-1})^n \to e\,(n \to +\infty)$ となることがわかる．これより，$\lim_{x \to 0}(1+x)^{\frac{1}{x}} = e$. 自然対数 $\log$ は連続だから，$\frac{\log(1+x)}{x} \to \log e = 1\,(x \to 0)$．

（2）$y = e^x - 1$ とおくと，$e^x = y + 1$, $\therefore x = \log(y+1)$, かつ $x \to 0$ のとき, $y \to 0$ である．（1）より $\lim_{x \to 0} \frac{\log(1+x)}{x} = 1$ なので，$\lim_{x \to 0} \frac{e^x - 1}{x} = \lim_{y \to 0} \frac{y}{\log(1+y)} = 1$.

(解終)

例 1.28 $f(x) = \sin x\,(-\frac{\pi}{2} \leqq x \leqq \frac{\pi}{2})$ は連続かつ単調増加．この逆関数を Arcsin と書く．$y = \operatorname{Arcsin} x \Leftrightarrow x = \sin y\,(-\frac{\pi}{2} \leqq y \leqq \frac{\pi}{2})$.

$g(x) = \cos x\,(0 \leqq x \leqq \pi)$ は連続かつ単調減少．この逆関数が Arccos である：$y = \operatorname{Arccos} x \Leftrightarrow x = \cos y\,(0 \leqq y \leqq \pi)$.

$h(x) = \tan x\,(-\frac{\pi}{2} < x < \frac{\pi}{2})$ は連続かつ単調増加．この逆関数を Arctan と書く．$y = \operatorname{Arctan} x \Leftrightarrow x = \tan y\,(-\frac{\pi}{2} < y < \frac{\pi}{2})$.

これらを**逆三角関数の主値**という．いずれも連続かつ単調である．

例 1.29 (1) $\operatorname{Arcsin} \frac{1}{2} = \frac{\pi}{6}$, (2) $\operatorname{Arccos}(-\frac{\sqrt{3}}{2}) = \frac{5\pi}{6}$, (3) $\operatorname{Arctan} 1 = \frac{\pi}{4}$.

III 微分積分学

2 微 分 法

「万物は変転するが，何ひとつとして滅びはしない．……どんなものも，固有の姿を持ちつづけるということはない．……さまざまに変化し，新しい姿をとってゆくというだけのことなのだ．…」

(オウィディウス著，中村善也訳『変身物語（下）』)

2.1 導 関 数

どんな物も変化する．変化を科学的に扱うには何らかの量を関数として表す必要がある．その関数の変化の様子を詳しく調べるのが「微分」である．物価の変動，景気の動向，成績の上下，身長や体重の増減，長期的にみた気候の変化など，何事であれ，変化を調べようと思ったら，まず差をとるだろう．その「差 (difference)」をもとに「微分学 (differential calculus)」が出来上がり，変化を科学的に扱えるようになったとき，最大値・最小値を求めるという最古の問題は一定のアルゴリズムで求められるようになり，接線を引くことは天才のひらめきを必要としない単なる一練習問題になった．その結果，自然現象や社会現象を科学的に分析できるようになったのであった．そこにさらに技術の進歩が伴ったときに，たとえば人類の月への着陸が可能になり，GPS によりリアルタイムで自分の位置を正確に知ることができるようにもなったのである．ここでは，科学革命の申し子として生まれ，科学のあり方を根本から変えるとともに，人類の世界像を大きく変えてしまい，いまだに諸種の現象分析のもっとも強力な理論的武器であり続ける「微分学」について学ぶ．

ある区間 I で定義された関数を $y = f(x)$ とする．

定義 2.1 区間 I の点 $x = a$ で，極限値 $\lim_{x \to a} \frac{f(x)-f(a)}{x-a}$ が存在するとき，この極限値を $f'(a)$ と書き，a における $f(x)$ の **微分係数** (differential coefficient) または **微分商** (differential quotient) という．またこのとき，$f(x)$ は $x = a$ で **微分可能** (differentiable) であるという．

定理 2.1 (1) 関数 $f(x)$ が $x = a$ で微分可能ならば，$f(x)$ は $x = a$ で連続である．
(2) 関数 $f(x)$ が区間 I の各点で微分可能ならば，$f(x)$ は I の各点で連続である．

[証明] (1) だけ示せばよい. 極限値 $\lim_{x\to a} \frac{f(x)-f(a)}{x-a}$ が存在するから, $f(x) \to f(a)$ $(x\to a)$ となる. $\therefore f(x)$ は $x=a$ で連続. (証明終)

定義 2.2 関数 $f(x)$ が区間 I の各点で微分可能なとき, I の点 a に微分係数 $f'(a)$ を対応させる関数を $f'(x)$ と書き, $f(x)$ の**導関数** (derived function) という. 関数を $y=f(x)$ と書くとき, 導関数を $y'=f'(x)=\frac{dy}{dx}=\frac{df(x)}{dx}$ などとも書く:

$$y' = \lim_{h\to 0} \frac{f(x+h)-f(x)}{h}. \tag{2.1}$$

例 2.1 $f(x)=x^2$ は微分可能で $f'(x)=2x$.
[解] $f'(x)=\lim_{h\to 0}\frac{f(x+h)-f(x)}{h}=\lim_{h\to 0}\frac{(x+h)^2-x^2}{h}=\lim_{h\to 0}(2x+h)=2x.$
(解終)

例 2.2 例 2.1 と同様にして, $f(x)=x^n$ は微分可能で $f'(x)=nx^{n-1}$.

例 2.3 $f(x)=\sin x$, $g(x)=\cos x$ は微分可能で $f'(x)=\cos x$, $g'(x)=-\sin x$.
[解] $f'(x)=\lim_{h\to 0}\frac{\sin(x+h)-\sin x}{h}=\lim_{h\to 0}2\cos(x+\frac{h}{2})\frac{\sin\frac{h}{2}}{h}=\lim_{h\to 0}\cos(x+\frac{h}{2})\frac{\sin\frac{h}{2}}{\frac{h}{2}}=\cos x.$
$g'(x)=\lim_{h\to 0}\frac{\cos(x+h)-\cos x}{h}=\lim_{h\to 0}(-2\sin(x+\frac{h}{2})\frac{\sin\frac{h}{2}}{h})=\lim_{h\to 0}(-\sin(x+\frac{h}{2}))\frac{\sin\frac{h}{2}}{\frac{h}{2}}=-\sin x.$
ここで例 1.19 (3), 例 1.22, 定理 1.7 を使った. (解終)

例 2.4 $f(x)=e^x$ は微分可能で $f'(x)=e^x$.
[解] $f'(x)=\lim_{h\to 0}\frac{e^{x+h}-e^x}{h}=\lim_{h\to 0}e^x\frac{e^h-1}{h}=e^x\lim_{h\to 0}\frac{e^h-1}{h}=e^x$. このように e を底とする指数関数は微分によってまったく変化しないという顕著な性質をもっている. このゆえにネイピア数 e は解析学でもっとも重要な定数なのである. (解終)

定理 2.2 $f(x)$, $g(x)$ が $x=a$ [resp. 区間 I] で微分可能であるとする. このとき, $bf(x)+cg(x)$, $f(x)g(x)$, $\frac{f(x)}{g(x)}$ (ただし $g(x)\ne 0$) は $x=a$ [resp. 区間 I] で微分可能であり,

(1) $(bf(x)+cg(x))'=bf'(x)+cg'(x)$,
(2) $(f(x)g(x))'=f'(x)g(x)+f(x)g'(x)$,
(3) $(\frac{f(x)}{g(x)})'=\frac{f'(x)g(x)-f(x)g'(x)}{g^2(x)}$ (ただし $g(x)\ne 0$).

[証明] (2) だけ証明する. $f(x+h)g(x+h)-f(x)g(x)=f(x+h)g(x+h)-f(x)g(x+h)+f(x)g(x+h)-f(x)g(x)=(f(x+h)-f(x))g(x+h)+f(x)(g(x+h)-g(x))$ となるから h で割った上で $h\to 0$ とすれば, (2) はあきらかである. (証明終)

この (1) は「微分の線形性」を示している. 線形演算 (加法と定数倍) は微分演算と順

序を交換しても結果が変わらないのである.

(2) は「積の微分の公式」と呼ばれ，ある意味で微分を特徴づける重要な式である．

$$(f(x)g(x))' = f'(x)g(x) + f(x)g'(x) \tag{2.2}$$

(3) は「商の微分の公式」と呼ばれる．

$$\left(\frac{f(x)}{g(x)}\right)' = \frac{f'(x)g(x) - f(x)g'(x)}{g(x)^2} \quad (\text{ただし } g(x) \neq 0). \tag{2.3}$$

これらはいずれもライプニッツ (Leibniz) による微分の最初の論文 (1684) に載っている．

例 2.5 $f(x) = x \cdot \sin x + \cos x$ は微分可能で $f'(x) = \sin x + x \cdot \cos x - \sin x = x \cdot \cos x$.

例 2.6 $f(x) = \tan x$ は $\cos x \neq 0$ なる限り微分可能で，$f'(x) = \frac{1}{\cos^2 x}$.

定義 2.3 関数 $f(x)$ が $\lim_{x \to 0} f(x) = 0$ を満たすとき，**無限小** (infinitesimal) という．$f(x)$ と $g(x)$ がともに無限小で，$\frac{f(x)}{g(x)}$ もやはり無限小になるとき，$f(x)$ は $g(x)$ の**高位の無限小**といって，$f(x) = o(g(x))$ と書く．

$f(x)$ と $g(x)$ がともに無限小で，$\frac{f(x)}{g(x)}$ が有界のとき，$f(x)$ は $g(x)$ の**同位の無限小**といって，$f(x) = O(g(x))$ と書く．これを**ランダウの記号** (Landau's symbol) という．正確に書くと複雑な関数でも，どうせ0に収束して関係なくなるので一まとめにして表すという，いかにも数学者好みの記号である．スモール・オー，ビッグ・オーと読む．

例 2.7 $x^2 = o(x)$, $\sin x = O(x)$, $1 - \cos x = o(x)$, $e^x - 1 = O(x)$ である．また，$o(x) + o(x) = o(x)$, $a \times o(x) = o(x)$, $O(x) + O(x) = O(x)$, $a \times O(x) = O(x)$, $x \times O(x) = o(x)$ などが成り立つ．

この記号を使って微分可能性，微分係数を言い換えてみよう．

$f'(a) = \lim_{h \to 0} \frac{f(a+h) - f(a)}{h}$ であるから $D = \frac{f(a+h) - f(a)}{h} - f'(a)$ は無限小である．$\therefore hD = f(a+h) - f(a) - f'(a)h = o(h)$ となる．すなわち，$f(a+h) = f(a) + f'(a)h + o(h)$ である．逆に $f(a+h) = f(a) + \alpha h + o(h)$ が成り立つとき，$\lim_{h \to 0} \frac{f(a+h) - f(a)}{h} - \alpha = \lim_{h \to 0} \frac{o(h)}{h} = 0$ だから，$\alpha = f'(a)$ となることもわかる．

定義 2.1′ 定数 α が存在して，

$$f(a+h) = f(a) + \alpha h + o(h) \tag{2.4}$$

が成り立つとき，関数 $f(x)$ は $x = a$ で**微分可能**であるといい，この定数 α を a における $f(x)$ の**微分係数**といって，$\alpha = f'(a)$ と書く．

したがって関数 $f(x)$ が $x = a$ で微分可能なとき，

となり，関数値の変化の主要部分は $f'(a)h$ となることがわかる．

定義 2.4 関数 $y = f(x)$ が微分可能なとき，独立変数の変化 $\Delta x = h$ に対して，

$$df(x) = f'(x)\Delta x \tag{2.5}$$

を関数 $f(x)$ の**微分** (differential) という．これを dy とも書く．

例 2.8 関数 $\sin x$, x^2, x, の微分を求めよ．

[解]　$d\sin x = \cos x \Delta x$,　$dx^2 = 2x\Delta x$,　$dx = \Delta x$.　　　　　　　　　　　(解終)

この例より，独立変数 x の微分 dx は，x の変化 Δx に一致することがわかる．したがって，(2.5) 式は，

$$df(x) = f'(x)dx \tag{2.5'}$$

と書き表すことができる．こうして $f'(x)$ は独立変数 x の微分 dx の係数となり，同時に関数 $f(x)$ の微分 $df(x)$ と独立変数 x の微分 dx との商になる．これが，「微分係数」とその別名「微分商」の名前の根拠である．

定理 2.3 (合成関数の微分)　関数 $y = f(x)$ が $x = a$ で微分可能で，関数 $z = g(y)$ が $y = b = f(a)$ で微分可能ならば，合成関数 $z = g \circ f(x)$ は $x = a$ で微分可能で，$\frac{dz}{dx} = \frac{dz}{dy} \cdot \frac{dy}{dx}$ が成り立つ．

[証明]　$k = f(a+h) - f(a)$ とおくと，$f(a+h) = f(a) + k$, $k = \alpha h + o(h) = O(h)$ である．よって，$g \circ f(a+h) - g \circ f(a) = g(f(a)+k) - g(f(a)) = \beta k + o(k)$ となる．ここで $\alpha = f'(a)$, $\beta = g'(f(a))$ である．∴ $g \circ f(a+h) - g \circ f(a) = \beta(\alpha h + o(h)) + o(k) = \alpha\beta h + o(h)$ だから，$(g \circ f)'(a) = \alpha\beta = g'(f(a)) \times f'(a)$ となる．これでは覚えにくいので，ライプニッツの微分記号を使うのがよい：

$$\frac{dz}{dx} = \frac{dz}{dy} \cdot \frac{dy}{dx} \tag{2.6}$$

(証明終)

例 2.9　(1) $y = \sin(3x+2)$, (2) $y = \cos^4 x$, (3) $y = (x^2+1)^n$, (4) $y = \sqrt{1-x^2}$ を微分せよ．

[解]　(1) $t = 3x+2$ とおくと $y = \sin t$, ∴ $\frac{dy}{dx} = \frac{dy}{dt} \cdot \frac{dt}{dx} = \cos t \cdot 3 = 3\cos(3x+2)$.
(2) $t = \cos x$ とおくと，$y = t^4$. ∴ $\frac{dy}{dx} = \frac{dy}{dt} \cdot \frac{dt}{dx} = 4t^3 \cdot (-\sin x) = -4\cos^3 x \cdot \sin x$.
(3) $t = x^2+1$ とおくと，$y = t^n$. ∴ $\frac{dy}{dx} = \frac{dy}{dt} \cdot \frac{dt}{dx} = nt^{n-1} \cdot 2x = 2nx(x^2+1)^{n-1}$.
(4) $t = 1-x^2$ とおくと，$y = \sqrt{t} = t^{1/2}$. よって $\frac{dy}{dx} = \frac{dy}{dt} \cdot \frac{dt}{dx} = \frac{1}{2}t^{-1/2} \cdot (-2x) = -\frac{x}{\sqrt{1-x^2}}$.　　　　　　　　　　　(解終)

定理 2.4 $y = f(x)$ は $x = a$ を含む区間で連続, 狭義の単調関数, かつ $x = a$ で微分可能で, $f'(a) \neq 0$ とする. このとき逆関数 $x = f^{-1}(y)$ は $b = f(a)$ で微分可能で, $\frac{dx}{dy} = \frac{1}{\frac{dy}{dx}}$.

[**証明**] 逆関数が存在して連続かつ狭義の単調関数になることは定理 1.12 よりあきらかである. 今, 逆関数を $x = g(y)$ とおくと, $x = g \circ f(x)$ となる. この両辺を x で微分すると, 合成関数の微分の定理より, $1 = \frac{dx}{dy} \cdot \frac{dy}{dx}$ が成り立つ. よって,

$$\frac{dx}{dy} = \frac{1}{\frac{dy}{dx}} \tag{2.7}$$

定理は証明された. (証明終)

例 2.10 (1) $y = \log|x|$, (2) $f(x)$ が微分可能なとき, $y = \log|f(x)|$, (3) 実数 a に対して $y = x^a$, を微分せよ.

[**解**] (1) $x > 0$ のとき, $x = e^y$. よって $\frac{dx}{dy} = x$. ∴ $\frac{dy}{dx} = \frac{1}{\frac{dx}{dy}} = \frac{1}{x}$. $x < 0$ のとき, $x = -e^y$. よって $\frac{dx}{dy} = -e^y = x$. ∴ $\frac{dy}{dx} = \frac{1}{\frac{dx}{dy}} = \frac{1}{x}$.

(2) $t = f(x)$ とおくと, $y = \log|f(x)| = \log|t|$ なので $\frac{dy}{dx} = \frac{dy}{dt} \cdot \frac{dt}{dx} = \frac{1}{t} \cdot f'(x) = \frac{f'(x)}{f(x)}$ となる.

(3) 両辺の自然対数をとると, $\log y = a \log x$ となる. この両辺を x で微分すると, $\frac{y'}{y} = a \cdot \frac{1}{x}$. ∴ $y' = a \cdot \frac{1}{x} \cdot y = ax^{a-1}$. (解終)

例 2.11 (1) $y = \text{Arcsin} x$, (2) $y = \text{Arccos} x$, (3) $y = \text{Arctan} x$, を微分せよ.

[**解**] (1) $x = \sin y$ $(-\frac{\pi}{2} \leqq y \leqq \frac{\pi}{2})$ だから, $\frac{dx}{dy} = \cos y$. ∴ $\frac{dy}{dx} = \frac{1}{\frac{dx}{dy}} = \frac{1}{\cos y}$. $-\frac{\pi}{2} \leqq y \leqq \frac{\pi}{2}$ なので, $\cos y = \sqrt{1 - \sin^2 y} = \sqrt{1 - x^2}$. よって $y' = \frac{1}{\sqrt{1-x^2}}$.

(2) (1) と同様にして $y' = -\frac{1}{\sqrt{1-x^2}}$.

(3) このとき $x = \tan y$ $(-\frac{\pi}{2} < x < \frac{\pi}{2})$ なので, $\frac{dx}{dy} = \frac{1}{\cos^2 y}$. ∴ $\frac{dy}{dx} = \frac{1}{\frac{dx}{dy}} = \cos^2 y$. ところで, $\sin^2 y + \cos^2 y = 1$ より, $\tan^2 y + 1 = \frac{1}{\cos^2 y}$. ∴ $\frac{dy}{dx} = \frac{1}{\tan^2 y + 1} = \frac{1}{x^2 + 1}$. (解終)

このように, 微分の定理を用いるとさまざまな関数の微分ができることになる. そこで基本的な関数の微分公式を正確に覚え, 微分の定理を確実に使えるように練習することが重要である. これまでに求められた微分公式のうちで, とくに重要なものを微分表にまとめておく (次頁).

x と y の間の関数関係が, パラメータ (助変数, 媒介変数) t を用いて,

$$x = \phi(t), \ y = \psi(t) \quad (a \leqq t \leqq b) \tag{2.8}$$

という形で与えられることがある. これを関数のパラメータ表示という. とくに平面曲線

微 分 表

$f(x)$	$f'(x)$	$f(x)$	$f'(x)$
x^a	ax^{a-1}	$\log|x|$	$\frac{1}{x}$
e^x	e^x	$\operatorname{Arcsin} x$	$\frac{1}{\sqrt{1-x^2}}$
$\sin x$	$\cos x$	$\operatorname{Arctan} x$	$\frac{1}{x^2+1}$
$\cos x$	$-\sin x$		

を表すときに便利である．

定理 2.5 $\phi(t)$ と $\psi(t)$ は微分可能で，$\phi'(t) \neq 0$ とする．

$x = \phi(t), y = \psi(t)$ $(a \leqq t \leqq b)$ とパラメータ表示された x の関数 y は微分可能で，$\frac{dy}{dx} = \frac{\frac{dy}{dt}}{\frac{dx}{dt}} = \frac{\psi'(t)}{\phi'(t)}$．

[**証明**] $x = \phi(t)$ により，t が決まると x が決まり，またこの関数関係により y が決まる．そこでこの2つの関数の合成関数の微分の公式により，$\frac{dy}{dt} = \frac{dy}{dx} \cdot \frac{dx}{dt}$，$\therefore \frac{dy}{dx} = \frac{\frac{dy}{dt}}{\frac{dx}{dt}}$ となる：

$$\frac{dy}{dx} = \frac{\frac{dy}{dt}}{\frac{dx}{dt}} = \frac{\frac{d\psi(t)}{dt}}{\frac{d\phi(t)}{dt}}. \tag{2.9}$$

(証明終)

注 2.1 定理2.3, 定理2.4, 定理2.5 をみれば，ライプニッツによる微分記号の素晴らしさがよくわかる．高級な定理を，まるで分数を扱うような感覚で，誰でも正しく使えるようにしたものである．

例 2.12 楕円，$x = a\cos t$, $y = b\sin t$ $(0 \leqq t \leqq 2\pi)$ について，$\frac{dy}{dx} = \frac{b\cos t}{-a\sin t}$ $(0 < t < \pi, \pi < t < 2\pi)$．

[**解**] 定理よりあきらか． (解終)

例 2.13 サイクロイド，$x = a(t - \sin t)$, $y = a(1 - \cos t)$ $(0 \leqq t \leqq 2\pi)$ においては，$\frac{dy}{dx} = \frac{\sin t}{1-\cos t}$ $(0 < t < 2\pi)$

例 2.14 アステロイド，$x = a^3\cos^3 t$, $y = a^3\sin^3 t$ $(0 \leqq t \leqq 2\pi)$ では $\frac{dy}{dx} = \frac{3a^3\sin^2 t \cos t}{3a^3\cos^2 t(-\sin t)} = \frac{\sin t}{-\cos t} = -\tan t$ $(0 \leqq t \leqq 2\pi, t \neq \frac{\pi}{2}, t \neq \frac{3\pi}{2})$．

2.2 平均値の定理

続いて「平均値の定理」と呼ばれる，微分で一番大事な定理を紹介する．

定理 2.6 (ロル (Rolle) の定理) 関数 $f(x)$ が閉区間 $[a,b]$ において連続, (a,b) において微分可能で, $f(a) = f(b)$ ならば, ある $c \in (a,b)$ において $f'(c) = 0$ となる.

[証明] $f(x) \equiv$ 定数のときは, (a,b) においてつねに $f'(x) = 0$ となるので定理はあきらかである. $f(x) \neq$ 定数ならば, 最大値 > 最小値となるので, 最大値 > $f(a)$ または, 最小値 < $f(a)$ のいずれかが成り立つ. 最大値 > $f(a)$ の場合, 最大値 = $f(c)$ と書くと, $a < c < b$ になる. ところで, 十分小さな $h > 0$ に対して, $f(c \pm h) \leqq f(c)$ なので $\frac{f(c+h)-f(c)}{h} \leqq 0$, $\frac{f(c-h)-f(c)}{-h} \geqq 0$ となり, $h \to +0$ とすれば, $f'(c) \leqq 0$ かつ $f'(c) \geqq 0$ であることがわかる. $x = c$ において $f(x)$ は微分可能なので, これより $f'(c) = 0$ でなければならない. 最小値 < $f(a)$ の場合も同様に証明できる. (証明終)

定理 2.7 (平均値の定理) 関数 $f(x)$ が閉区間 $[a,b]$ において連続, (a,b) において微分可能ならば,

$$f'(c) = \frac{f(b)-f(a)}{b-a} \quad (\exists c \in (a,b)) \tag{2.10}$$

となる.

[証明] $g(x) = f(x) - \frac{f(b)-f(a)}{b-a} \cdot (x-a)$ とおくと, $g(x)$ は閉区間 $[a,b]$ において連続, (a,b) において微分可能となる. さらに, $g(a) = g(b) = f(a)$ であるから, ロルの定理によって, ある $c : a < c < b$ において $g'(c) = 0$ となる. $g'(x) = f'(x) - \frac{f(b)-f(a)}{b-a}$ に $x = c$ を代入して定理を得る. (証明終)

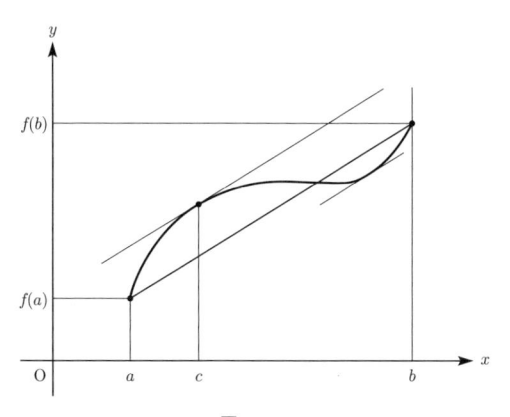

図 2.1

言い換え 1 関数 $f(x)$ が閉区間 $[a,b]$ において連続, (a,b) において微分可能ならば, $f(b) = f(a) + (b-a)f'(c) \quad (\exists c \in (a,b))$ となる.

言い換え 2 関数 $f(x)$ が閉区間 $[a,b]$ において連続, (a,b) において微分可能ならば, $a+h \in (a,b]$ なる限り,

$$f(a+h) = f(a) + hf'(a+\theta h) \quad (\exists \theta \in (0,1)) \tag{2.11}$$

となる.

言い換え 3 関数 $f(x)$ が閉区間 $[a,b]$ において連続, (a,b) において微分可能ならば, $x, x+h \in (a,b)$ なる $x, x+h$ に対して,

$$f(x+h) = f(x) + hf'(x+\theta h) \quad (\exists \theta \in (0,1)) \tag{2.12}$$

となる. この式は $h < 0$ でも成り立つ.

定理 2.8 関数 $f(x)$ が閉区間 $[a,b]$ において連続, (a,b) において微分可能で,
(1) 区間 (a,b) においてつねに $f'(x) = 0$ ならば, $[a,b]$ において $f(x) = $ 定数である.
(2) (a,b) においてつねに $f'(x) > 0$ ならば, $[a,b]$ において $f(x)$ は狭義の単調増加である.
(3) (a,b) においてつねに $f'(x) < 0$ ならば, $[a,b]$ において $f(x)$ は狭義の単調減少である.

[**証明**] (1) (2.11) 式より, $a+h \in (a,b]$ なる限り, $f(a+h) = f(a) + hf'(a+\theta h) = f(a) = $ 定数となる. (2), (3) も (2.11) 式よりあきらかである. (証明終)

例 2.15 $\log(1+x) > x - \frac{x^2}{2}$ $(x > 0)$ を示せ.
[**解**] $f(x) = \log(1+x) - (x - \frac{x^2}{2})$ とおくと, $f'(x) = \frac{1}{1+x} - (1-x) = \frac{x^2}{1+x} > 0$ $(x > 0)$ が成り立つ. よって $f(x)$ は $x > 0$ のときつねに単調増加である. $f(0) = 0$ だから任意の $x > 0$ に対して $f(x) > 0$ となる. すなわち, $\log(1+x) > x - \frac{x^2}{2}$ $(x > 0)$. (解終)

例 2.16 $x > 0$ のとき, $\cos x > 1 - \frac{x^2}{2}$ を示せ.
[**解**] $f(x) = \cos x - (1 - \frac{x^2}{2})$ とおくと, $f'(x) = -\sin x - (-x) = x - \sin x$ である. 例 1.21 (1) の解中にある不等式により, $0 < x < \frac{\pi}{2}$ において $\sin x < x$ が成り立つ. また $x \geqq \frac{\pi}{2}$ においては, あきらかに $\sin x \leqq 1 < \frac{\pi}{2} \leqq x$ である. 以上より, $x > 0$ においてつねに $f'(x) > 0$ である. しかも $f(0) = 0$ だから $x > 0$ なる限り $f(x) > 0$ となる. すなわち, $\cos x > 1 - \frac{x^2}{2}$ $(x > 0)$. (解終)

定理 2.9 (コーシーの平均値の定理) 関数 $f(x), g(x)$ が閉区間 $[a,b]$ において連続, (a,b) において微分可能で, (a,b) において $g'(x) \neq 0$ ならば,

$$\frac{f'(c)}{g'(c)} = \frac{f(b)-f(a)}{g(b)-g(a)} \quad (\exists c \in (a,b)) \tag{2.13}$$

となる.

[**証明**] $F(x) = \{g(b)-g(a)\}f(x) - \{f(b)-f(a)\}g(x)$ とおくと, $F(a) = F(b) = f(a)g(b) - f(b)g(a)$ なので, ある $c : a < c < b$ において $F'(c) = 0$ となる.

(a,b) において $g'(x) \neq 0$ という仮定から $g(b) = g(a)$ にはなり得ない (定理 2.6).
∴ $F'(c) = \{g(b) - g(a)\}f'(c) - \{f(b) - f(a)\}g'(c) = 0$ となる. これを移項して整理したのが定理である. (証明終)

2.3 高次導関数

定義 2.5 $f(x)$ が微分可能で $f'(x)$ がさらに微分可能だとすると, $(f'(x))'$ が計算できる. これを $f''(x) = \frac{d}{dx}(\frac{df(x)}{dx}) = \frac{d^2 f(x)}{dx^2}$ などと書き表し, $f(x)$ の **2 次導関数** (derived function of the second order) と呼ぶ. これがさらに微分可能なときはこれを微分して, $(f''(x))'$ が計算できる. これを $f'''(x) = \frac{d}{dx}(\frac{d^2 f(x)}{dx^2}) = \frac{d^3 f(x)}{dx^3}$ と書き, **3 次導関数**. 以下同様に進んで **n 次導関数** $f^{(n)}(x)$ が定義できる. 2 次以上の導関数をまとめて**高次導関数**と総称する.

定義 2.6 $f^{(n)}(x)$ が連続なとき, $f(x)$ は $\boldsymbol{C^n}$ **級** (class C–n) であるという. どんな自然数 n に対しても C^n 級のとき, $f(x)$ は $\boldsymbol{C^\infty}$ **級** (class C–infinity) であるという. $f(x)$ が連続なとき, $f(x)$ は $\boldsymbol{C^0}$ **級** (class C–0) であるという.

例 2.17 $f(x) = x^\alpha$ は C^∞ 級で $f^{(n)}(x) = \alpha(\alpha-1)(\alpha-2)\cdots(\alpha-n+1)x^{\alpha-n}$.

例 2.18 $f(x) = \sin x$, $g(x) = \cos x$ は C^∞ 級で, $f^{(n)}(x) = \sin(x + \frac{n\pi}{2})$, $g^{(n)}(x) = \cos(x + \frac{n\pi}{2})$.

例 2.19 $f(x) = e^x$ は C^∞ 級で, $f^{(n)}(x) = e^x$.

例 2.20 $f(x) = \frac{1}{1+x}$ とすると, $f^{(n)}(x) = \frac{(-1)^n n!}{(1+x)^{n+1}}$.

例 2.21 $f(x) = \log(1+x)$ のとき, $f'(x) = \frac{1}{1+x}$ ∴ $f^{(n)}(x) = \frac{(-1)^{n-1}(n-1)!}{(1+x)^n}$ ($n \geq 1$).

例 2.22 $f(x) = \frac{1}{\sqrt{1-x}}$ のとき, $f'(x) = -(-\frac{1}{2})\cdot(1-x)^{-3/2}$, $f''(x) = \frac{1\cdot 3}{2^2}\cdot(1-x)^{-5/2}$, $f'''(x) = \frac{1\cdot 3\cdot 5}{2^3}\cdot(1-x)^{-7/2}, \ldots$ ∴ $f^{(n)}(x) = \frac{1\cdot 3\cdots(2n-1)}{2^n}\cdot(1-x)^{-(2n+1)/2}$.

積の微分の公式を立て続けに適用すると,

$(f(x)g(x))' = f'g + fg'$,
$(f(x)g(x))'' = f''g + 2f'g' + fg''$,
$(f(x)g(x))''' = f'''g + 3f''g' + 3f'g'' + g''', \cdots$,

となる. これを一般化すると 2 項係数が現れて, 次の定理が数学的帰納法で証明できる.

定理 2.10 (ライプニッツの定理) $f(x)$, $g(x)$ が C^n 級のとき, $f(x)g(x)$ も C^n 級であり,

$$(f(x)g(x))^{(n)} = \sum_{0 \leq k \leq n} \binom{n}{k} f^{(k)}(x) g^{(n-k)}(x). \tag{2.14}$$

(証明省略)

例 2.23 $x^2 \sin x$ の n 次導関数を求めよ.

[解] $f(x) = \sin x$, $g(x) = x^2$ はともに C^∞ 級であり, $f^{(n)}(x) = \sin(x + \frac{n\pi}{2})$, $g'(x) = 2x$, $g''(x) = 2$, $g'''(x) = 0$, $g^{(n)}(x) = 0$ ($n > 2$). よって, 定理より, $(x^2 \sin x)^{(n)} = x^2 \sin(x + \frac{n\pi}{2}) + 2nx \sin(x + \frac{(n-1)\pi}{2}) + n(n-1) \sin(x + \frac{(n-2)\pi}{2})$.

(解終)

例 2.24 $f(x) = \log(1+x)$, $g(x) = x$ のとき, $g'(x) = 1$, $g''(x) = 0$, $g^{(n)}(x) = 0$ ($n \geq 2$) だから, $\{x \log(1+x)\}^{(n)} = x \frac{(-1)^{n-1}(n-1)!}{(1+x)^n} + n \frac{(-1)^{n-2}(n-2)!}{(1+x)^{n-1}} = \frac{(-1)^{n-2}(n-2)!(x+n)}{(1+x)^n}$, ($n \geq 2$). $f'(x) = \log(1+x) + \frac{x}{1+x}$.

例 2.25 $f(x) = \sin x$, $g(x) = e^x$ のとき, $(e^x \sin x)^{(n)} = e^x \sum_{0 \leq k \leq n} \binom{n}{k} \sin(x + \frac{k\pi}{2})$.

次に「平均値の定理」の拡張, 精密化をする.

定理 2.11 (テイラー (Taylor) の定理) 関数 $f(x)$ が a を含む区間において C^n 級のとき, この区間の任意の点 b において,

$$f(b) = f(a) + f'(a)(b-a) + \frac{f''(a)}{2!}(b-a)^2 + \cdots$$
$$+ \frac{f^{(n-1)}(a)}{(n-1)!}(b-a)^{n-1} + R_n,$$

ただし, $R_n = \frac{f^{(n)}(c)}{n!}(b-a)^n$ ($\exists c; c$ は a と b の間の数) となる.

[証明] $F(x) = f(b) - \{f(x) + f'(x)(b-x) + \frac{f''(x)}{2!}(b-x)^2 + \cdots + \frac{f^{(n-1)}(x)}{(n-1)!}(b-x)^{n-1}\} - \frac{(b-x)^n}{n!} K$ とおく. 定数 K は $F(a) = 0$ となるように決める. 仮定より $F(x)$ は C^1 級であり, あきらかに $F(b) = 0$, また, K の決め方から $F(a) = 0$ である. 微分をすると,

$$F'(x) = -\Bigl[f'(x) + \{-f'(x) + f''(x)(b-x)\}$$
$$+ \Bigl\{ \frac{f''(x)}{2!}(-2(b-x)) + \frac{f'''(x)}{2!}(b-x)^2 \Bigr\} + \cdots$$
$$+ \Bigl\{ \frac{f^{(n-1)}(x)}{(n-1)!}(-(n-1)(b-x)^{n-2}) + \frac{f^{(n)}(x)}{(n-1)!}(b-x)^{n-1} \Bigr\} \Bigr]$$
$$- \Bigl\{ -\frac{n(b-x)^{n-1}}{n!} \Bigr\} K$$

$$= -\frac{f^{(n)}(x)}{(n-1)!} \cdot (b-x)^{n-1} + \frac{n(b-x)^{n-1}}{n!} \cdot K$$

$$= \frac{K - f^{(n)}(x)}{(n-1)!} \cdot (b-x)^{n-1}$$

であることが確かめられる.したがって, $F(x)$ についてのロルの定理より, $F'(c) = 0$ (c は a と b の間のある数) となる. $\therefore K - f^{(n)}(c) = 0$, すなわち, $K = f^{(n)}(c)$ である.

$F(a) = 0$ を具体的に書くと $\{f(b) - [f(a) + f'(a)(b-a) + \frac{f''(a)}{2!}(b-a)^2 + \cdots + \frac{f^{(n-1)}(a)}{(n-1)!} \cdot (b-a)^{n-1}]\} - \frac{(b-a)^n}{n!} \cdot f^{(n)}(c) = 0$.

$\therefore f(b) = f(a) + f'(a)(b-a) + \frac{f''(a)}{2!}(b-a)^2 + \cdots + \frac{f^{(n-1)}(a)}{(n-1)!} \cdot (b-a)^{n-1} + \frac{f^{(n)}(c)}{n!} \cdot (b-a)^n$. (証明終)

言い換え 関数 $f(x)$ が a を含む区間において C^n 級のとき,この区間の任意の点 x において,

$$f(x) = f(a) + f'(a)(x-a) + \frac{f''(a)}{2!}(x-a)^2 + \cdots \qquad (2.15)$$
$$+ \frac{f^{(n-1)}(a)}{(n-1)!}(x-a)^{n-1} + R_n,$$

ただし, $R_n = \frac{f^{(n)}(a+\theta(x-a))}{n!}(x-a)^n$ ($\exists \theta \in (0,1)$) となる.

注 2.2 テイラーの定理で $n=1$ とすれば平均値の定理 $f(b) = f(a) + f'(c)(b-a)$ ($\exists c; c$ は a と b の間の数) となる.したがってテイラーの定理は平均値の定理の拡張である.この R_n を (第 n) **剰余項** (remainder term) という.言い換えた形でみれば,関数 $f(x)$ を多項式で近似したときの誤差を表すものといえる.ここに与えた R_n をラグランジュ (Lagrange) の剰余項という.ほかの剰余項の形もある.コーシーの剰余項は次のように表される.

$$R_n = \frac{f^{(n)}(c)}{(n-1)!}(b-a)(b-c)^{n-1} \quad (\exists c; c \text{ は } a \text{ と } b \text{ の間の数}).$$

上記の定理の証明において, K の決め方を少し変えることで証明できる (証明は省略).

積分形の剰余項が便利なこともある.例 4.60 を参照のこと.

定理 2.12 (マクローリン (Maclaurin) の定理) 関数 $f(x)$ が 0 を含む区間において C^n 級のとき,この区間の任意の点 x において,

$$f(x) = f(0) + f'(0)x + \frac{f''(0)}{2!}x^2 + \cdots + \frac{f^{(n-1)}(0)}{(n-1)!}x^{n-1} + R_n, \qquad (2.16)$$

ただし, $R_n = \frac{f^{(n)}(\theta x)}{n!}x^n$ ($\exists \theta \in (0,1)$) となる.

[**証明**] テイラーの定理で $a=0$ としたものである． (証明終)

例 2.26 $f(x) = e^x$ にマクローリンの定理を適用せよ．
[**解**] e^x は C^∞ 級であり，$(e^x)^{(k)} = e^x$ なので，$f^{(k)}(0) = 1$. 任意の n に対して，

$$e^x = 1 + x + \frac{x^2}{2!} + \cdots + \frac{x^{n-1}}{(n-1)!} + \frac{x^n e^{\theta x}}{n!} \quad (0 < {}^\exists \theta < 1)$$

となる． (解終)

例 2.27 $f(x) = \frac{1}{\sqrt{1-x}}$ にマクローリンの定理を適用せよ．
[**解**] 例 2.22 より，$f^{(n)}(x) = \frac{1 \cdot 3 \cdots (2n-1)}{2^n}(1-x)^{-(2n+1)/2}$ $\therefore f^{(n)}(0) = \frac{1 \cdot 3 \cdots (2n-1)}{2^n}$.
$\therefore \frac{f^{(n)}(0)}{n!} = \frac{1 \cdot 3 \cdots (2n-1)}{2 \cdot 4 \cdots (2n)}$. ここではコーシーの剰余項を用いると，

$$R_n = \frac{1 \cdot 3 \cdots (2n-1)}{2^n}(1-\theta x)^{-(2n+1)/2} \frac{x(x-\theta x)^{n-1}}{(n-1)!}$$

$$= \frac{1 \cdot 3 \cdots (2n-1)}{2 \cdot 4 \cdots (2n)} \cdot n \cdot \left(\frac{x-\theta x}{1-\theta x}\right)^n (1-\theta x)^{-1/2}(1-\theta)^{-1}.$$

よって，$\frac{1}{\sqrt{1-x}} = 1 + \frac{1}{2}x + \frac{1 \cdot 3}{2 \cdot 4}x^2 + \frac{1 \cdot 3 \cdot 5}{2 \cdot 4 \cdot 6}x^3 + \frac{1 \cdot 3 \cdot 5 \cdot 7}{2 \cdot 4 \cdot 6 \cdot 8}x^4 + \cdots + R_n = \sum_{0 \leqq k \leqq n-1} \frac{1 \cdot 3 \cdots (2k-1)}{2 \cdot 4 \cdots (2k)}x^k$
$+ R_n$. (解終)

テイラーの定理またはマクローリンの定理において，関数が C^∞ 級で，$n \to +\infty$ のとき剰余項 $R_n \to 0$ となるときには，項を長く伸ばすだけ誤差 R_n が小さくなってゆくので，

$$f(x) = f(a) + f'(a)(x-a) + \frac{f''(a)}{2!}(x-a)^2 + \cdots + \frac{f^{(n)}(a)}{n!}(x-a)^n + \cdots, \tag{2.17}$$

$$f(x) = f(0) + f'(0)x + \frac{f''(0)}{2!}x^2 + \cdots + \frac{f^{(n)}(0)}{n!}x^n + \cdots, \tag{2.18}$$

と書き表す．これらを，**テイラー級数** (Taylor's series)，**マクローリン級数** (Maclaurin's series) という．**テイラー展開** (Taylor's expansion)，**マクローリン展開** (Maclaurin's expansion) ということもある．これらは**整級数**（**冪級数**）(power series) の一種である．その一般論は第 5 章で述べる．

例 2.28 $f(x) = e^x$ のマクローリン展開を求めよ．
[**解**] 剰余項 $R_n = \frac{x^n e^{\theta x}}{n!}$ であり，任意の x に対して，$n \to +\infty$ のとき $R_n \to 0$ となる（例 1.9）．したがって，

$$e^x = 1 + x + \frac{x^2}{2!} + \frac{x^3}{3!} + \cdots + \frac{x^n}{n!} + \cdots \tag{2.19}$$

となる． (解終)

2. 微分法

例 2.29 $f(x) = \sin x$ のマクローリン展開を求めよ.

[解] 例 2.28 と同様にして $n \to +\infty$ のとき,剰余項 $R_n \to 0$ となる.したがって,

$$\sin x = x - \frac{x^3}{3!} + \frac{x^5}{5!} - \frac{x^7}{7!} \pm \cdots = \sum_{0 \leqq n} (-1)^n \frac{x^{2n+1}}{(2n+1)!} \tag{2.20}$$

となる. (解終)

例 2.30 $f(x) = \cos x$ のマクローリン展開を求めよ.

[解] 例 2.28 と同様にして,

$$\cos x = 1 - \frac{x^2}{2!} + \frac{x^4}{4!} - \frac{x^6}{6!} \pm \cdots = \sum_{0 \leqq n} (-1)^n \frac{x^{2n}}{(2n)!} \tag{2.21}$$

となる. (解終)

例 2.31 $f(x) = \log(1+x)$ のマクローリン展開を求めよ.

[解] 例 2.21 より,$f^{(n)}(x) = (-1)^{n-1} \frac{(n-1)!}{(1+x)^n}$ $(n \geqq 1)$ だから,$f^{(n)}(0) = (-1)^{n-1}(n-1)!$ である.剰余項 $R_n = (-1)^{n-1} \frac{(n-1)!}{(1+\theta x)^n} \cdot \frac{x^n}{n!} = (-1)^{n-1} \frac{x^n}{n(1+\theta x)^n}$ だから $0 \leqq x < 1$ のときには $R_n \to 0 \, (n \to +\infty)$ となる.$-1 < x < 0$ のときにはコーシーの剰余項 (注 2.2) を用いる.ある $\theta \in (0,1)$ に対して,$R_n = (-1)^{n-1} \frac{x(x-\theta x)^{n-1}}{(1+\theta x)^n} = (-1)^{n-1} x^n \frac{(1-\theta)^{n-1}}{(1+\theta x)^n}$. $\therefore |R_n| = \frac{|x|^n}{1+\theta x} \cdot (\frac{1-\theta}{1+\theta x})^{n-1}$ であるが,あきらかに,$0 < \frac{1-\theta}{1+\theta x} < 1$ が成り立つのでこの場合も $R_n \to 0 \, (n \to +\infty)$ となる.

$$\log(1+x) = x - \frac{x^2}{2} + \frac{x^3}{3} - \frac{x^4}{4} \pm \cdots = \sum_{1 \leqq n} (-1)^{n-1} \frac{x^n}{n} \quad (-1 < x < 1) \tag{2.22}$$

となる. (解終)

注 2.3 (2.22) 式はこうして完全に証明されたが,収束などの面倒な問題を無視すれば,次のように簡単に式を導くことができる.無限等比級数の和の公式から,

$$\frac{1}{1+x} = 1 - x + x^2 - x^3 + x^4 - x^5 \pm \cdots = \sum_{0 \leqq n} (-1)^n x^n \quad (-1 < x < 1).$$

これを 0 から x まで,項別に積分 (例 5.11 参照) することにより,

$$\log(1+x) = x - \frac{x^2}{2} + \frac{x^3}{3} - \frac{x^4}{4} \pm \cdots = \sum_{0 \leqq n} (-1)^{n-1} \frac{x^n}{n} \quad (-1 < x < 1)$$

を得る.正確な式を忘れたときに思い出すためには十分に有用な方法である.ニュートン (Newton) もこのようにしていろいろな関数の級数展開を求めたのだった.この同じやり

方で，$\operatorname{Arctan} x$ のマクローリン展開の式を求めておこう．x を x^2 で置き換えると，

$$\frac{1}{1+x^2} = 1 - x^2 + x^4 - x^6 + x^8 - x^{10} \pm \cdots = \sum_{0 \leq n} (-1)^n x^{2n} \quad (-1 < x < 1).$$

これを 0 から x まで項別に積分することにより，グレゴリー（Gregory）の公式，

$$\operatorname{Arctan} x = x - \frac{x^3}{3} + \frac{x^5}{5} - \frac{x^7}{7} \pm \cdots = \sum_{0 \leq n} (-1)^n \frac{x^{2n+1}}{2n+1} \quad (-1 < x < 1) \quad (2.23)$$

を得る．

例 2.32 $f(x) = (1+x)^\alpha \ (-1 < x < 1)$ のマクローリン展開を求めよ．

[解] $f^{(n)}(x) = \alpha(\alpha-1)(\alpha-2)\cdots(\alpha-n+1)(1+x)^{\alpha-n}$ だから，$f^{(n)}(0) = \alpha(\alpha-1)(\alpha-2)\cdots(\alpha-n+1)$ である．一般2項係数を，$\binom{\alpha}{n} = \frac{\alpha(\alpha-1)(\alpha-2)\cdots(\alpha-n+1)}{n!}$ と書けば，コーシーの剰余項は，$R_n = \frac{f^{(n)}(\theta x)}{(n-1)!}x(x-\theta x)^{n-1} \ (0 < \exists \theta < 1) = n\binom{\alpha}{n}x^n(1+\theta x)^{\alpha-n}(1-\theta)^{n-1} = n\binom{\alpha}{n}x^n(\frac{1-\theta}{1+\theta x})^{n-1}(1+\theta x)^{\alpha-1}$．$|x| < 1$ のとき $0 < \frac{1-\theta}{1+\theta x} < 1$ だから $|R_n| < |n\binom{\alpha}{n}x^n|(1+\theta x)^{\alpha-1}$ となる．ところで $a_n = |n\binom{\alpha}{n}x^n|$ とおけば，$\lim_{n\to\infty}\frac{a_{n+1}}{a_n} = \lim_{n\to\infty}|\frac{\alpha-n}{n}||x| = |x| < 1$ なので $\sum_{0 \leq n} a_n$ が収束し，したがって $\lim_{n\to\infty} a_n = 0$ となる．$|x| < 1$ のとき $(1+\theta x)^{\alpha-1}$ が有界なことがわかるので，$\lim_{n\to\infty} |R_n| = 0$ になる．

$$(1+x)^\alpha = 1 + \alpha x + \frac{\alpha(\alpha-1)}{2!}x^2 + \frac{\alpha(\alpha-1)(\alpha-2)}{3!}x^3$$
$$+ \frac{\alpha(\alpha-1)(\alpha-2)(\alpha-3)}{4!}x^4 + \cdots$$
$$= \sum_{0 \leq n} \frac{\alpha(\alpha-1)(\alpha-2)\cdots(\alpha-n+1)}{n!}x^n \quad (-1 < x < 1) \quad (2.24)$$

となる． (解終)

注 2.4 (2.24) 式を**一般2項定理**（generalized binomial theorem）という．青年ニュートンが発見して自家薬籠中の計算法としていたのであった．

高次導関数は導関数をさらに逐次微分することにより求めるから，元の関数 $f(x)$ との関係は間接的になる．しかし2次導関数 $f''(x)$ は $f(x)$ の凹凸と直接関係している．

定義 2.7 $f(x)$ は C^2 級とする．関数 $y = f(x)$ において，$y_1 = f(x_1)$，$y_2 = f(x_2) \ (x_1 < x_2)$ とし，$A = (x_1, y_1)$，$B = (x_2, y_2)$ とおく．

$$x_1 < x < x_2 \text{ なる限りつねに } y - y_1 \leq \frac{y_2 - y_1}{x_2 - x_1} \cdot (x - x_1) \quad (2.25)$$

となるとき，すなわち $y = f(x)$ のグラフがつねに線分 AB の下にあるとき，$f(x)$ は**凸関**

数 (convex function), または**下に凸** (convex downwards) であるという. 逆のとき, **凹
関数** (concave function), **下に凹**または**上に凸** (convex upwards), であるという. $x = a$
の前後で関数が凹から凸に, または凸から凹に変わるとき, $(a, f(a))$ を**変曲点** (point of
inflection) という. 単に凹凸というときは, 下に凹または凸とする.

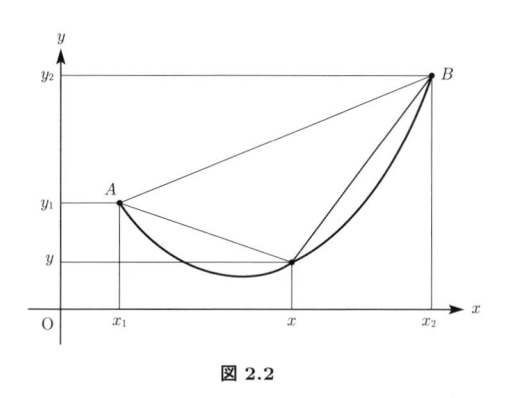

図 2.2

この凹凸の概念は関数の変化の様子を詳しく調べるときにはきわめて有効であり, 極値
の判定やグラフを描くときに使われる (後述). なお, 上記凸関数の不等式は,

$$\frac{y - y_1}{x - x_1} \leq \frac{y_2 - y}{x_2 - x} \tag{2.26}$$

と同値である.

定理 2.13 関数 $f(x)$ がある区間において C^2 級であるとする. このとき,
(1) ある区間で関数 $f(x)$ が下に凸 $\Leftrightarrow f''(x) \geq 0$,
(2) ある区間で関数 $f(x)$ が下に凹 $\Leftrightarrow f''(x) \leq 0$ である.

[**証明**] (1) だけ証明すれば十分である. $f(x)$ が下に凸とする. 任意の $x_1 < x_2$ に対し
て, $x_1 < x < x_2$ とすれば, (2.26) 式において $x \to x_1$ とすると, 左辺 $\to f'(x_1)$, 右
辺 $\to \frac{y_2 - y_1}{x_2 - x_1}$ であり, $x \to x_2$ とすると左辺 $\to \frac{y_2 - y_1}{x_2 - x_1}$, 右辺 $\to f'(x_2)$ である. よって,
$f'(x_1) \leq \frac{y_2 - y_1}{x_2 - x_1} \leq f'(x_2)$ が成り立つ. したがって, $f'(x)$ は単調増加であり, $f''(x) \geq 0$
となる.
逆にある区間でつねに $f''(x) \geq 0$ であるとする. 平均値の定理より $\frac{y - y_1}{x - x_1} = f'(c_1)$,
$\frac{y_2 - y}{x_2 - x} = f'(c_2)$ となる c_1, c_2 が $x_1 < c_1 < x < c_2 < x_2$ に存在する. 仮定より
$f'(c_1) \leq f'(c_2)$ なので, (2.26) 式が成り立つ. (証明終)

この定理より, C^2 級関数 $f(x)$ の変曲点とは $f''(x)$ が符号を変える点であり, したがっ
て変曲点ではかならず $f''(x) = 0$ になることがわかる.

例 2.33 $0 < x < \frac{\pi}{2}$ のとき, $\frac{2}{\pi}x < \sin x < x$ を示せ.

[解] $\frac{2}{\pi}x < \sin x$ だけを示せばよい (例 1.21). $f(x) = \sin x - \frac{2}{\pi}x$ とおくと, $f'(x) = \cos x - \frac{2}{\pi}$, $f''(x) = -\sin x < 0$ だから $f(x)$ は $0 < x < \frac{\pi}{2}$ において下に凹. したがって $0 \leq x \leq \frac{\pi}{2}$ において, $y = f(x)$ のグラフは両端を結ぶ線分の上に来る. ところが $f(0) = 0$, $f(\frac{\pi}{2}) = 0$ だから, $f(x) \geq 0$ である. 等号は両端でのみとるから, 不等式が成り立つ.

(解終)

III 微分積分学

3 微分法の応用

「ところが，われわれの方法は，このようなすべての場合ばかりか，それより遥かに複雑な場合にも，世の想像を遥かに越え，ほとんど無類の簡潔さを持っている．しかも，これらのことは，それらより遥かに崇高な或る幾何学の出発点にすぎず，この幾何学は各混合数学 [応用数学のこと] の最も困難で最も美しいすべての問題に及ぶもので，私達の差分算 [微分のこと] ないしそれに類するものなしには，誰も上述のような容易さをもってこの種の問題を無謀に扱うことはできないであろう．」(ライプニッツの最初の微分の論文,「極大と極小のための新しい方法」(1684) より，(三浦伸夫・原亨吉訳))

3.1 極 値

微分法の多岐にわたる応用のうちでも最大のものは極大値・極小値であろう．人類がはじめて出会った微分の論文はライプニッツによるもので，誇らしげに「極大と極小のための新しい方法」(Nova methodus pro maximis et minimis, ⋯, 上述の引用文．例 3.7 も参照のこと) と題されている．この新しい方法をみていこう．

定義 3.1 $x = a$ の近くの点でつねに $f(x) \leqq f(a)$ となっているとき，$f(x)$ は $x = a$ で**極大** (maximal, local maximum) であるという．不等号の向きが逆のとき，**極小** (minimal, local minimum) であるという．$f(a)$ をそれぞれ**極大値** (maximal value, local maximum value)，**極小値** (minimal value, local minimum value) といい，これらを総称して**極値** (local extremum value) という．

定理 3.1 関数 $f(x)$ は，a を含むある区間 $(a - \delta, a + \delta)$ $(\delta > 0)$ において連続とする．
(1) 関数 $f(x)$ が $x = a$ で微分可能で，$x = a$ で極値をとれば，$f'(a) = 0$ である．
(2) $f(x)$ が，区間 $(a - \delta, a)$ と $(a, a + \delta)$ において微分可能で，この 2 つの区間で $f'(x)$ の符号が反対になるならば，$f(x)$ は $x = a$ で極値をとる．さらに詳しく，
☆ $(a - \delta, a)$ で $f'(x) < 0$, $(a, a + \delta)$ で $f'(x) > 0$ ならば $f(x)$ は $x = a$ で極小，

☆ $(a-\delta, a)$ で $f'(x) > 0$, $(a, a+\delta)$ で $f'(x) < 0$ ならば $f(x)$ は $x = a$ で極大,である.

[証明] (1) 定理 2.6 の証明とまったく同じようにして,$f'(a) = 0$ を得る.

(2) $(a-\delta, a)$ で $f'(x) < 0$ ならばここで単調減少.また $(a, a+\delta)$ で $f'(x) > 0$ ならば $f(x)$ はこの区間で単調増加.仮定により $f(x)$ は $x = a$ で連続だから,ここで極小になる.符号が反対の場合も同様である. (証明終)

注 3.1 この定理により,(1) $f'(a) = 0$ となる点,(2) 微分可能ではない点,(3) 区間の端点,の周辺での $f'(x)$ の符号変化を調べることで極値を求めることができる.これらの情報をまとめたものが「増減表」である.凹凸の情報をまとめた表を凹凸表という.

定理 3.2 関数 $f(x)$ は,a を含む区間 $(a-\delta, a+\delta)$ $(\delta > 0)$ で C^2 級とする.
(1) $f'(a) = 0$, $f''(a) > 0$ ならば $f(x)$ は $x = a$ で極小,
(2) $f'(a) = 0$, $f''(a) < 0$ ならば $f(x)$ は $x = a$ で極大である.

[証明] $f''(a) > 0$ ならば $f'(x)$ は $x = a$ で単調増加である.$f'(a) = 0$ の仮定から $f'(x)$ は $x = a$ の前後で $-$ から $+$ に符号を変える.したがってこのとき極小になる.逆に,$f''(a) < 0$ ならば $f'(x)$ は $+$ から $-$ に変わるから,$x = a$ で極大である. (証明終)

例 3.1 $f(x) = x^3 - 3x^2 + 2$ の極値を求めよ.

[解] $f'(x) = 3x^2 - 6x = 3x(x-2) = 0$ より,$x = 0, 2$.増減表は次の通り.

x	$\cdots$	0	$\cdots$	2	$\cdots$
$f'(x)$	+	0	−	0	+
$f(x)$	↗	極大 2	↘	極小 −2	↗

これより,$x = 0$ で極大値 2,$x = 2$ で極小値 -2 をとることがわかる.

(答) $x = 0$ で極大値 2,$x = 2$ で極小値 -2 (解終)

[別解] $f'(x) = 3x^2 - 6x = 3x(x-2) = 0$ より,$x = 0, 2$.$f''(x) = 6x - 6 = 6(x-1)$.$f''(0) = -6 < 0$, $\therefore x = 0$ で極大.$f''(2) = 6 > 0$,よって $x = 2$ で極小.極値は上の解と同じ. (別解終)

例 3.2 $f(x) = x^3 - 3x^2 + 2$ の凹凸を調べよ.

[解] $f'(x) = 3x^2 - 6x = 3x(x-2)$,$f''(x) = 6x - 6 = 6(x-1) = 0$ より $x = 1$ なので,凹凸表は次のようになる.これより,$x < 1$ で凹,$x > 1$ で凸であることがわかる.

x	$\cdots$	1	$\cdots$
$f''(x)$	−	0	+
$f(x)$	⌢	変曲点 0	⌣

(答) $x<1$ で凹, $x>1$ で凸 (解終)

増減表とあわせて，凹凸増減表とすることも多い．凹凸増減表は次のようになる．

x	$\cdots$	0	$\cdots$	1	$\cdots$	2	$\cdots$
$f'(x)$	+	0	−		−	0	+
$f''(x)$	−		−	0	+		+
$f(x)$	↗	極大値 2	↘	変曲点 0	↘	極小値 −2	↗

これによって極値と凹凸・変曲点が同時に求められる．

例 3.3 $f(x)=x^2(x-4)^{2/3}$ の極値を求めよ．また凹凸はどうなるか？

[解] $f'(x) = 2x(x-4)^{2/3} + \frac{2}{3}x^2(x-4)^{-1/3} = 2x\{3(x-4)+x\}\frac{(x-4)^{-1/3}}{3} = \frac{8x(x-3)}{3(x-4)^{1/3}} = 0$ より，$x=0, 3$．また，$x=4$ では微分可能ではない．そこで次の増減表ができる．

x	$\cdots$	0	$\cdots$	3	$\cdots$	4	$\cdots$
$f'(x)$	−	0	+	0	−	×	+
$f(x)$	↘	極小 0	↗	極大 9	↘	極小 0	↗

よって，$x=0$ と 4 で極小値 0，$x=3$ で極大値 9 をとる．(A)

さらに $f''(x) = \frac{8(2x-3)}{3(x-4)^{1/3}} + \frac{-\frac{1}{3}8x(x-3)}{3(x-4)^{4/3}} = \frac{8\{3(2x-3)(x-4)-x(x-3)\}}{9(x-4)^{4/3}} = \frac{8(5x^3-30x+36)}{9(x-4)^{4/3}} = 0$ より，$x = 3 \pm \frac{3\sqrt{5}}{5}$ なので，凹凸表は次のようになる．

x	$\cdots$	$3-\frac{3}{5}\sqrt{5}=1.65\cdots$	$\cdots$	4	$\cdots$	$3+\frac{3}{5}\sqrt{5}=4.34\cdots$	$\cdots$
$f''(x)$	+	0	−	×	−	0	+
$f(x)$	⌣	変曲点 4.86$\cdots$	⌢	(極小)0	⌣	変曲点 9.18$\cdots$	⌢

これより，$x<3-\frac{3}{5}\sqrt{5}$ と $x>3+\frac{3}{5}\sqrt{5}$ で凸，$3-\frac{3}{5}\sqrt{5}<x<3+\frac{3}{5}\sqrt{5}$ で凹であることがわかる． (解終)

例 3.4 $f(x) = \frac{3x}{x^2+x+1}$ の極値を求めよ．

[解] $f'(x) = \frac{3(x^2+x+1)-3x(2x+1)}{(x^2+x+1)^2} = \frac{-3(x^2-1)}{(x^2+x+1)^2} = 0$ より，$x=\pm 1$．増減表は次のようになる．

x	$\cdots$	−1	$\cdots$	1	$\cdots$
$f'(x)$	−	0	+	0	−
$f(x)$	−0 ↘	極小 −3	↗	極大 1	↘ +0

これより，$x=-1$ で極小値 −3，$x=1$ で極大値 1 をとる．(答) (解終)

[別解] $f'(x) = -\frac{3(x^2-1)}{(x^2+x+1)^2} = 0$ より,$x = \pm 1$. $f''(x) = -\frac{6x}{(x^2+x+1)^2} + \frac{6(x^2-1)(2x+1)}{(x^2+x+1)^3} = \frac{6(x^3-3x-1)}{(x^2+x+1)^3}$. $f''(-1) = 6 > 0$,∴ $x = -0$ で極小. $f''(1) = -\frac{2}{3} < 0$,よって $x = 1$ で極大.極値は上の解と同じ. (別解終)

例 3.5 $f(x) = x^2 e^{-x}$ の極値と凹凸を求めよ.

[解] $f'(x) = 2xe^{-x} - x^2 e^{-x} = (2x-x^2)e^{-x} = x(2-x)e^{-x} = 0$ より,$x = 0, 2$. また,$f''(x) = (2-2x)e^{-x} - (2x-x^2)e^{-x} = (2-4x+x^2)e^{-x} = 0$ より,$x = 2 \pm \sqrt{2}$. 凹凸増減表は次のようになる.

x	$\cdots$	0	$\cdots$	$2-\sqrt{2}$	$\cdots$	2	$\cdots$	$2+\sqrt{2}$	$\cdots$
$f'(x)$	$-$	0	$+$		$+$	0	$-$		$-$
	$+$		$+$	0	$-$		$-$	0	$+$
$f(x)$	$+\infty$ ↘	極小 0	↗	変曲点	↗	極大 $4e^{-2}$	↘	変曲点	↘ $+0$

(答) $x = 0$ で極小値 0,$x = 2$ で極大値 $4e^{-2}$ をとる.$f(x)$ は $x < 2-\sqrt{2}$ で凸,$2-\sqrt{2} < x < 2+\sqrt{2}$ で凹,$2+\sqrt{2} < x$ で凸. (解終)

例 3.6 ある平面上で,直線 SS の両側に定点 C と E がある.SS 上に点 F をとり,C と F,F と E を直線で結ぶ.正の定数 h と r が与えられているとき,$h\mathrm{CF} + r\mathrm{FE}$ を最小にするような点 F を決めよ(ライプニッツの問題 (1684)).

[解] SS を x 軸とし,E が y 軸上にくるように座標をとり,C$(p, -c)$,E$(0, e)$,F$(x, 0)$ とする.CF $= \sqrt{(x-p)^2 + c^2}$,FE $= \sqrt{x^2 + e^2}$ だから,$f(x) = h\sqrt{(x-p)^2 + c^2} + r\sqrt{x^2 + e^2}$ とおく.x は,$0 \leq x \leq p$ としてよい.極値では,$f'(x) = \frac{h(x-p)}{\sqrt{(x-p)^2+c^2}} + \frac{rx}{\sqrt{x^2+e^2}} = 0$ となる.すなわち,$\frac{h(p-x)}{\mathrm{CF}} = \frac{rx}{\mathrm{FE}}$. 屈折光学で考えて,CF の入射角を α,FE の屈折角を β とすると,$\sin\alpha = \frac{p-x}{\mathrm{CF}}$,$\sin\beta = \frac{x}{\mathrm{FE}}$ だから $h\sin\alpha = r\sin\beta$ となる.ライプニッツのように SS の両側を水と空気と考え,それぞれにおける光の速さを u, v とし,$h = \frac{1}{u}$,$r = \frac{1}{v}$ とすれば,$f(x)$ は C から F に至る時間になる.すると上記の極値の条件は,$\frac{\sin\alpha}{u} = \frac{\sin\beta}{v}$ となり,これはスネル (Snell) の屈折の法則として知られている有名な法則である.ライプニッツはこれ以上書いていないが,唯一の極値点なので,最小を合理化することが可能である.気になる人は各自で確かめていただきたい.

注 3.2 人類最初の微分の論文から一つ例題を取り上げ,あえて当時の雰囲気を残してみた.デカルト (Descartes),フェルマー (Fermat),ホイヘンス (Huygens) など当時の最高の知性が挑んで難航した難問をあっさりと解いて,新しい微分法の強力さを世に高らかに宣言したものである.ただしこの論文は証明がなく説明も不十分(「説明というより謎かけだ」とはヨーハン・ベルヌーイ (Johann Bernoulli) の嘆きの言葉)だったが,協

3. 微分法の応用

力しあってついに読み解き，次々に新しい難問を解いていったのがベルヌーイ兄弟だった．次の例題では，弟ヨーハンがロピタル (de l'Hospital) 侯爵に行った微分講義録の中から一つを取り上げる (注 3.3 も参照のこと)．微分学は実にこれらの問題に始まるのである！

例 3.7 曲線 $y = \sqrt{x - x^2}$ 上の点から，x 軸，y 軸に引いた垂線と座標軸が作る長方形のうちで，面積が最大になるものを求めよ (ヨーハン・ベルヌーイの例題)．

[**解**] 面積は $f(x) = xy = x\sqrt{x - x^2}$ と書ける．x の範囲は，$0 \leqq x \leqq 1$ である．
∴ $f'(x) = \sqrt{x - x^2} + \frac{x(1-2x)}{2\sqrt{x-x^2}} = \frac{x(3-4x)}{2\sqrt{x-x^2}}$ となる．$f'(x) = 0$ より，$x = 0, \frac{3}{4}$．増減表は次のようになる．

x	0	$\cdots$	$\frac{3}{4}$	$\cdots$	1
$f'(x)$	0	+	0	−	
$f(x)$	極小 0	↗	極大 = 最大 $\frac{3\sqrt{3}}{16}$	↘	0

(答) 半円周上に点 $(\frac{3}{4}, \frac{\sqrt{3}}{4})$ をとったとき最大で，面積は $\frac{3\sqrt{3}}{16}$ (解終)

例 3.8 半径 a の球に内接する直円柱のうちで，体積最大になるものはどんな形か？

[**解**] 直円柱の半径を x とすると，高さの半分は $\sqrt{a^2 - x^2}$．また題意より $0 \leqq x \leqq a$．したがって体積は $V = 2\pi x^2 \sqrt{a^2 - x^2}$ となる．そこで $f(x) = x^2\sqrt{a^2 - x^2}$ とおき，最大値を求める．$f'(x) = 2x\sqrt{a^2 - x^2} + \frac{x^2(-2x)}{2\sqrt{a^2-x^2}} = \frac{x(2a^2 - 3x^2)}{\sqrt{a^2-x^2}} = 0$ より $x = 0, \pm\sqrt{\frac{2}{3}}a$．増減表を作る．

x	0	$\cdots$	$\frac{\sqrt{6}}{3}a$	$\cdots$	a
$f'(x)$	0	+	0	−	
$f(x)$	極小 0	↗	極大 = 最大 $\frac{2a^3}{3\sqrt{3}}$	↘	0

(答) 直円柱の半径を $\frac{\sqrt{6}}{3}a$ としたときで，最大体積は $\frac{4\pi a^3}{3\sqrt{3}}$ (解終)

3.2 不定形の極限値

定理 3.3 (ロピタルの定理) 関数 $f(x), g(x)$ が a の近くの区間 $(a - h, a + h)$ において微分可能で，a において，$f(a) = g(a) = 0$ とする．このとき，

$$\lim_{x \to a} \frac{f'(x)}{g'(x)} = L \text{ ならば } \lim_{x \to a} \frac{f(x)}{g(x)} = L$$

となる．

[略証] 定理 2.9 において $b = a+h$ とし, $f(a) = g(a) = 0$ とすると, $\frac{f'(a+\theta h)}{g'(a+\theta h)} = \frac{f(a+h)}{g(a+h)}$, ($\exists \theta \in (0,1)$) だから成り立つ. $x < a$ の場合も同じ定理から得られる. (略証終)

注 3.3 このような極限値を **0/0 の形の不定形の極限値**という. この証明より, 定理は $f(x)$ と $g(x)$ の右極限値 $x \to a+0$ が一致する場合にも成り立つ. まったく同様に左極限値 $x \to a-0$ が一致する場合にも成り立つ. この定理はヨーハン・ベルヌーイの講義をもとにして, ロピタル侯爵が出版した人類最初の微分の教科書『無限小解析入門』(1696) に載せられたのでこの名がある.

定理 3.4 (ロピタルの定理′) 関数 $f(x), g(x)$ が区間 $(M, +\infty)$ において微分可能で, $\lim_{x \to +\infty} f(x) = \lim_{x \to +\infty} g(x) = 0$ とする. このとき,
$$\lim_{x \to +\infty} \frac{f'(x)}{g'(x)} = L \text{ ならば } \lim_{x \to +\infty} \frac{f(x)}{g(x)} = L$$
である.

[証明] $t = \frac{1}{x}$, $F(t) = f(\frac{1}{t}) = f(x)$, $G(t) = g(\frac{1}{t}) = g(x)$ とおくと, $x \to +\infty$ のとき $t \to 0$ で, 仮定より $F(t) \to 0$, $G(t) \to 0$ となる. $F(0) = 0$, $G(0) = 0$ とおくと, $F'(t) = -\frac{1}{t^2} f'(\frac{1}{t})$, $G'(t) = -\frac{1}{t^2} g'(\frac{1}{t})$ なので, $\frac{F'(t)}{G'(t)} = \frac{f'(\frac{1}{t})}{g'(\frac{1}{t})} = \frac{f'(x)}{g'(x)}$ となる. $x \to +\infty$ のとき, 右辺の極限値が L だから, $t \to 0$ とした左辺の極限値が存在して, 定理がいえる. (証終)

定理 3.5 (ロピタルの定理″) 関数 $f(x), g(x)$ が a の近くの区間 $(a-h, a+h)$ において微分可能で, $x \to a$ のとき, $\lim_{x \to a} f(x) = +\infty$, $\lim_{x \to a} g(x) = +\infty$ とする. このとき,
$$\lim_{x \to a} \frac{f'(x)}{g'(x)} = L \text{ ならば } \lim_{x \to a} \frac{f(x)}{g(x)} = L$$
となる.
(証明省略)

注 3.4 このような極限値を **∞/∞ の形の不定形の極限値**という. $-\infty$ のときにもまったく同じ公式が成り立つ.

例 3.9 $\lim_{x \to 0} \frac{1 - \cos x}{x^2}$ を求めよ.

[解] これは $0/0$ の形の不定形なので, 定理 3.3 を用いる. $(1 - \cos x)' = \sin x$, $(x^2)' = 2x$, $\lim_{x \to 0} \frac{\sin x}{2x} = \frac{1}{2}$. 最後の式は例 1.21(3) を用いた. この極限の式は再び $0/0$ の形の不定形なので, 同じ定理を用いて, $(\sin x)' = \cos x$, $(2x)' = 2 \therefore \lim_{x \to 0} \frac{\cos x}{2} = \frac{1}{2}$ としてもよい. (答) $\frac{1}{2}$ (解終)

[別解] 不定形の極限値を求めるもう一つの強力な方法は, マクローリン展開を用いるものである. $\cos x$ のマクローリン展開は, (2.21) 式より,

$$\cos x = 1 - \frac{x^2}{2!} + \frac{x^4}{4!} - \frac{x^6}{6!} \pm \cdots = \sum_{0 \leqq n}(-1)^n \frac{x^{2n}}{(2n)!}$$

なので,$1 - \cos x = \frac{x^2}{2!} - \frac{x^4}{4!} + \frac{x^6}{6!} \pm \cdots = \frac{x^2}{2} + o(x^2)$. よって,$\lim_{x \to 0} \frac{1-\cos x}{x^2} = \lim_{x \to 0}(\frac{1}{2} + o(x)) = \frac{1}{2}$ と求まる. (解終)

例 3.10 $\lim_{x \to 0} \frac{\sin x - x}{x^3}$ を求めよ.

[解] $0/0$ の形の不定形で,同じ定理から,$(\sin x - x)' = \cos x - 1$,$(x^3)' = 3x^2$,上の例より $\lim_{x \to 0} \frac{\cos x - 1}{3x^2} = -\frac{1}{6}$. (答) $-\frac{1}{6}$ (解終)

[別解] 同様に (2.20) 式,

$$\sin x = x - \frac{x^3}{3!} + \frac{x^5}{5!} - \frac{x^7}{7!} \pm \cdots = x - \frac{x^3}{6} + o(x^3)$$

より,$\lim_{x \to 0} \frac{\sin x - x}{x^3} = \lim_{x \to 0}(-\frac{1}{6} + o(1)) = -\frac{1}{6}$ となる. (解終)

例 3.11 $\lim_{x \to 0} \frac{\log(1+x) - x}{x^2}$ を求めよ.

[解] $0/0$ の形の不定形で,$(\log(1 + x) - x)' = \frac{1}{1+x} - 1 = -\frac{x}{1+x}$,$(x^2)' = 2x$,$\therefore \lim_{x \to 0} \frac{-\frac{x}{1+x}}{2x} = -\frac{1}{2}$. (答) $-\frac{1}{2}$ (解終)

[別解] (2.22) 式より,$\log(1 + x) = x - \frac{x^2}{2} + \frac{x^3}{3} - \frac{x^4}{4} \pm \cdots$. よって $\frac{\log(1+x) - x}{x^2} = -\frac{1}{2} + o(x)$,$\therefore \lim_{x \to 0} \frac{\log(1+x) - x}{x^2} = -\frac{1}{2}$ (解終)

例 3.12 $\alpha > 0$ のとき,$\lim_{x \to +0}(x^\alpha \log x) = 0$ を示せ.

[解] $x^\alpha \log x = \frac{\log x}{x^{-\alpha}}$ これは ∞/∞ の形の不定形で,$(\log x)' = \frac{1}{x}$,$(x^{-\alpha})' = -\alpha x^{-\alpha-1}$ だから,$\frac{(\log x)'}{(x^{-\alpha})'} = \frac{1}{-\alpha x^{-\alpha}} = -\frac{x^\alpha}{\alpha} \to 0\ (x \to +0)$ となる. よってロピタルの定理により証明された. (解終)

例 3.13 $\lim_{x \to 0}(\frac{1}{x} - \frac{1}{\sin x})$ を求めよ.

[解] $\lim_{x \to 0}(\frac{1}{x} - \frac{1}{\sin x})$ は $\infty - \infty$ の形の不定形なので通分すると,$\lim_{x \to 0}(\frac{1}{x} - \frac{1}{\sin x}) = \lim_{x \to 0} \frac{\sin x - x}{x \sin x}$ となり,$0/0$ の形の不定形になる. $(\sin x - x)' = \cos x - 1$,$(x \sin x)' = \sin x + x \cos x$,$(\cos x - 1)' = -\sin x$,$(\sin x + x \cos x)' = \cos x + \cos x - x \sin x = 2 \cos x - x \sin x$,となる. $\lim_{x \to 0} \frac{-\sin x}{2 \cos x - x \sin x} = 0$. よって $\lim_{x \to 0}(\frac{1}{x} - \frac{1}{\sin x}) = 0$. (解終)

例 3.14 $\lim_{x \to +0} x^x$ を求めよ.

[解] $y = x^x$ とおき両辺の自然対数をとると,$\log y = x \log x = \frac{\log x}{\frac{1}{x}}$ となる. これは ∞/∞ の不定形なので,定理 3.5 を用いる. $(\log x)' = \frac{1}{x}$,$(\frac{1}{x})' = -\frac{1}{x^2}$,$\lim_{x \to +0} \frac{\frac{1}{x}}{-\frac{1}{x^2}} = \lim_{x \to +0}(-x) = -0$. よって $\lim_{x \to +0} e^{x \log x} = e^0 = 1$. (答) 1 (解終)

例 3.14′ $\lim_{x \to +\infty} x^{1/x}$ を求めよ.

[解] $y = x^{1/x}$ とおき両辺の自然対数をとると，$\log y = \frac{\log x}{x}$ だから，定理 3.5 を用いる．$(\log x)' = \frac{1}{x}$，$(x)' = 1$ より $\lim_{x \to \infty} \frac{1}{x} = 0$．よって $\lim_{x \to +\infty} \frac{\log x}{x} = 0$ なので，$\lim_{x \to +\infty} x^{1/x} = 1$ (答) 1 　　　　　　　　　　　　　　　　　　(解終)

例 3.16 $\lim_{x \to a} \frac{\{\sqrt{2a^3 x - x^4} - a(a^2 x)^{1/3}\}}{a - (ax^3)^{1/4}}$ を求めよ．

[解] $0/0$ の形の不定形で，$\{\sqrt{2a^3 x - x^4} - a(a^2 x)^{1/3}\}' = \frac{2a^3 - 4x^3}{2\sqrt{2a^3 x - x^4}} - \frac{a^3(a^2 x)^{-2/3}}{3} \to -\frac{4a}{3}$ $(x \to a)$．$\{a - (ax^3)^{1/4}\}' = -3ax^2 \frac{(ax^3)^{-3/4}}{4} \to -\frac{3}{4}$ $(x \to a)$．よって $\lim_{x \to a} \frac{\sqrt{2a^3 x - x^4} - a^3\sqrt{a^2 x}}{a - (ax^3)^{1/4}} = \frac{16a}{9}$ (答) $\frac{16a}{9}$ 　　　　　(解終)

注 3.5 この例題はロピタルの教科書『無限小解析入門』に載っている．ロピタルの質問にヨーハン・ベルヌーイが手紙で答えたときがロピタルの定理の発見の瞬間であった．

定理 3.6 (ロピタル単調性の定理) 関数 $f(x), g(x)$ が $[a, b]$ で連続，(a, b) において微分可能で $g'(x) \neq 0$，かつ $f(a) = g(a) = 0$ とする．このとき，(a, b) において $\frac{f'(x)}{g'(x)}$ が増加 (減少) ならば $\frac{f(x)}{g(x)}$ も増加 (減少) である．

[略証] 最近 (2006) 証明された単調性についての便利な定理で，ロピタルの定理に似たところがあるのでここに紹介しておく．同じくコーシーの平均値の定理 (2.13) を用いて簡単に証明される．$\frac{f'(a+\theta h)}{g'(a+\theta h)} = \frac{f(a+h)}{g(a+h)}$，$(\exists \theta \in (0, 1))$ を利用すればよい．　　(略証終)

例 3.16 $\left(\frac{\sin x}{x}\right)^3 > \cos x$ $(0 < x < \frac{\pi}{2})$ を示せ．

[解] $f(x) = \sin x \cdot (\cos x)^{-1/3}$，$g(x) = x$ として $\frac{f(x)}{g(x)}$ について考える．$g'(x) = 1 \neq 0$，$f'(x) = \cos x \cdot (\cos x)^{-1/3} - \frac{1}{3} \sin x \cdot (\cos x)^{-4/3}(-\sin x) = \frac{1}{3}(\cos x)^{-4/3}(1 + 2\cos^2 x) > 0$，$f(0) = g(0) = 0$ かつ $\frac{f'(x)}{g'(x)} = f'(x)$．$f''(x) = \frac{4}{9} \sin^3 x \cdot (\cos x)^{-7/3} > 0$ $(0 < x < \frac{\pi}{2})$ だから，$\frac{f'(x)}{g'(x)}$ は単調増加である．したがって定理 3.6 より，$\frac{f(x)}{g(x)}$ は単調増加である．一方，ロピタルの定理より，$\lim_{x \to 0} \frac{f(x)}{g(x)} = \lim_{x \to 0} f'(x) = 1$．∴ $\frac{f(x)}{g(x)} > 1$．これを 3 乗して求める結果を得る．　　　　　　　　　　　　　　　　　　　　　　　(解終)

例 3.17 定数 $a > 1$ をとる．$f(x) = \frac{(1+x)^a - 1}{x}$ $(x > 0)$, a $(x = 0)$ と定義すると，$f(x)$ は単調増加である．とくに $x > 0$ において，$(1+x)^a > 1 + ax$ である．

[解] $u(x) = (1+x)^a - 1$，$v(x) = x$ とおく．$u'(x) = a(1+x)^{a-1}$，$v'(x) = 1$ だから，ロピタルの定理により $\lim_{x \to 0} f(x) = a$ となり，$x = 0$ において $f(x)$ は連続である．$u''(x) = a(a-1)(1+x)^{a-2} > 0$ だから，$u'(x) = \frac{u'(x)}{v'(x)}$ は単調増加．したがって定理 3.6 より，$f(x) = \frac{u(x)}{v(x)}$ が単調増加になる．とくに $x > 0$ において $f(x) > a$．　　(解終)

3.3 関数のグラフ

これまでの知識を総動員して関数のグラフを描くことができる．グラフを描くときは，極値や x 軸・y 軸との切片，漸近線などの情報はかならず取り込むようにする．さらに凹凸まで調べると，グラフの概形をかなり正確に描くことができる．実例で示そう．

例 3.18 $y = x^3 - 3x^2 + 2$ のグラフを描け．

[**解**] この関数の極値と凹凸は例 3.1 と例 3.2 で調べてある．$x \to +\infty$ のとき $y \to +\infty$，$x \to -\infty$ のとき $y \to -\infty$ となり，漸近線はもたない．x 切片は，$y = 0$ より，$x = 1$，$1 \pm \sqrt{3}$ となる．y 切片は，$x = 0$ より $y = 2$ である．これらからグラフは次のようになる．

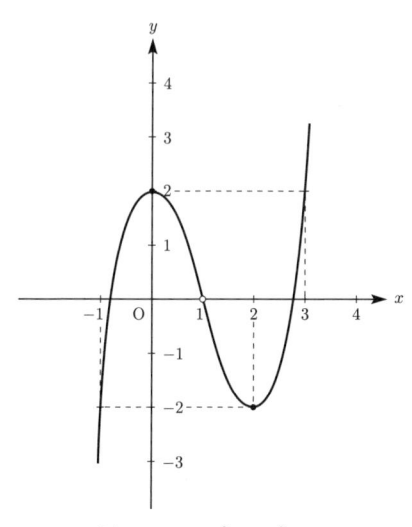

図 3.1 $y = x^3 - 3x^2 + 2$

(解終)

例 3.19 $y = x^2(x-4)^{2/3}$ のグラフを描け．

[**解**] 例 3.3 より，$x = 0$ と 4 で極小値 0，$x = 3$ で極大値 9 をとる．ただし $x = 4$ では微分ができず，$x \to 4-0$ のときは $y' \to -\infty$，$x \to 4+0$ のときは $y' \to +\infty$ となる．したがって，$x = 4$ の前後でグラフは直線 $x = 4$ をはさむように接し，極小値 0 をとることがわかる．さらに凹凸の情報を加味するとグラフの概形は次のようになる． (解終)

図 3.2 $y = x^2(x-4)^{\frac{2}{3}}$

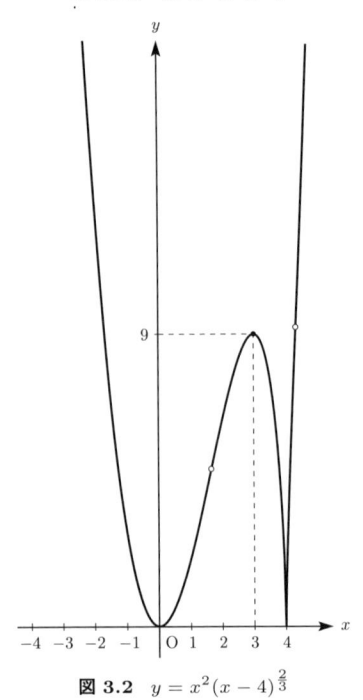

例 3.20 $y = f(x) = \frac{3x}{x^2+x+1}$ のグラフを描け.

[**解**] $f'(x) = -\frac{3(x^2-1)}{(x^2+x+1)^2}, f''(x) = \frac{6(x^3-3x-1)}{(x^2+x+1)^3}$ より, $x = -1$ で極小値 -3, $x = 1$ で極大値 1 をとる (例 3.4).

$f''(-2) < 0$, $f''(-1) > 0$, $f''(0) < 0$, $f''(1) < 0$, $f''(2) > 0$ より, 中間値の定理を用いて, 区間 $(-2, -1)$, $(-1, 0)$, $(1, 2)$ に一つづつ $f''(x) = 0$ となる値が存在する. その値を α, β, γ とすれば, $x < \alpha$ と $\beta < x < \gamma$ で下に凹, $\alpha < x < \beta$ と $x > \gamma$ で下に凸である. また, $\lim_{x \to \pm\infty} f(x) = 0$ より x 軸が漸近線になる. これらを総合してグラフを描くと図 3.3 のようになる. (解終)

例 3.21 $y = x^2 e^{-x}$ のグラフを描け.

[**解**] 例 3.5 で極値と凹凸は求められている. また, $\lim_{x \to +\infty} y = 0$ はあきらかである. これより x 軸の正の部分が漸近線になる. これらをもとにグラフを描くと図 3.4 のようになる. (解終)

例 3.22 $y = \frac{x + \frac{1}{x}}{\sqrt{3}}$ のグラフを描け.

[**解**] $y' = \frac{1 - \frac{1}{x^2}}{\sqrt{3}} = \frac{x^2 - 1}{\sqrt{3}x^2} = 0$ より, $x = \pm 1$. さらに, $y'' = \frac{2}{\sqrt{3}x^3}$ より $x < 0$ で

3. 微分法の応用

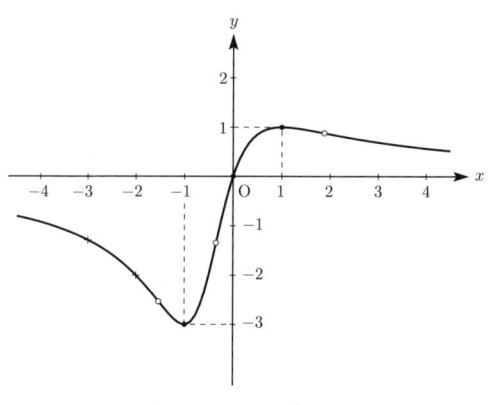

図 3.3 $y = \frac{3x}{x^2+x+1}$

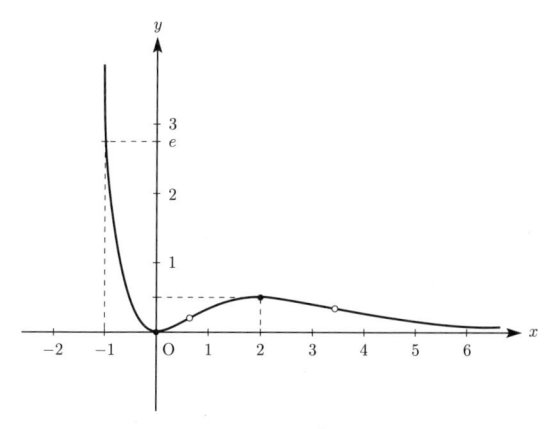

図 3.4 $y = x^2 e^{-x}$

$y'' < 0$, $x > 0$ で $y'' > 0$ となる. したがって $x = -1$ で極大値 $-\frac{2}{\sqrt{3}}$, $x = 1$ で極小値 $\frac{2}{\sqrt{3}}$ をとる. また, $x \to \pm\infty$ のとき, $\frac{1}{x} \to 0$ になるから, $y = \frac{x}{\sqrt{3}}$ は漸近線になる. $x = 0$ では, y, y', y'' は存在せず, $x \to -0$ のとき $y \to -\infty$, $x \to +0$ のとき $y \to +\infty$ になる. したがってグラフは y 軸を境に 2 つに分かれ, y 軸も漸近線になる. グラフの概形は図 3.5 の通り. (解終)

注 3.6 ここで軸を $60°$ 傾けて X 軸, Y 軸をとる. すると, $x = \frac{X - \sqrt{3}Y}{2}$, $y = \frac{\sqrt{3}X + Y}{2}$ なので, 方程式は $X^2 - 3Y^2 = 2$ となり, $y = \sqrt{3}x$ を軸とする双曲線であることがわかる.

複雑な曲線については偏微分のところで再度取り上げる.

図 3.5 $y = \dfrac{x + \frac{1}{x}}{\sqrt{3}}$

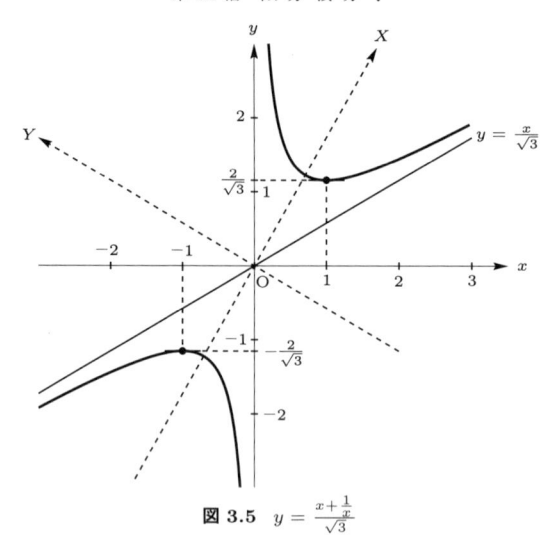

3.4 接線と曲率

　曲線というのは，極値や凹凸，漸近線などが微妙に絡み合ってそれぞれ独特の持ち味が出てくる．細かいところを無視して線形近似をすると，雰囲気は犠牲になる代わり変化の大まかな様子がわかりやすくなる．ここでは曲線を直線で近似する接線の話と，曲線の曲がり具合を示す曲率について学ぶ．

　定義 3.2　関数 $y = f(x)$ が微分可能なとき，$x = a$ の近くにおける独立変数の変化 $dx = x - a$ に対する関数 $f(x)$ の微分の式，$df(x) = f'(a)dx$ (式 $(2.5')$) を，

$$y - f(a) = f'(a)(x - a) \tag{3.1}$$

と書けばこれが曲線 $y = f(x)$ の $x = a$ における**接線** (tangent line) の方程式になる．すなわち接線とは，曲線の線形近似（1 次式による近似）にほかならないのである．接点を通り，接線に直交する直線を**法線** (normal line) という．$f'(a) \neq 0$ のとき，点 $(a, f(a))$ における法線の方程式は次のようになる．

$$y - f(a) = -\frac{1}{f'(a)}(x - a) \tag{3.2}$$

　例 3.23　4 次曲線 $y = x^4 - 8x^3 + 22x^2 - 24x + 12$ 上の 2 点 $(0,12)$，$(3,3)$ における接線の方程式を求めよ．法線はどうなるか？

[**解**] $y' = 4x^3 - 24x^2 + 44x - 24 = 4(x^3 - 6x^2 + 11x - 6) = 4(x-1)(x-2)(x-3)$ より，$y'_{x=0} = -24$，$y'_{x=3} = 0$．よって接線の方程式は，$y - 12 = -24x$ と $y - 3 = 0$ である．$\underline{y = -24x + 12 \text{ と } y = 3}$ （A）

$(0,12)$ における法線は $y - 12 = \frac{1}{24}x$，すなわち $y = \frac{x}{24} + 12$，$(3,3)$ における法線の方程式は $x = 3$ である．$\underline{y = \frac{x}{24} + 12 \text{ と } x = 3}$ （A）． (解終)

例 3.24 方程式 $\frac{x}{y} - \frac{(1-4x)(4-x^2)}{(x+2x^2)^2} - x\sqrt{y^2 + 8} + \frac{y^2}{\sqrt{1-2x+2x^2}} = 0$ が表す曲線上の点 $(1,1)$ におけるこの曲線への接線の方程式を求めよ．

[**解**] 方程式を x で微分すると，$(-\frac{x}{y} - \frac{xy}{\sqrt{y^2+8}} + \frac{2y}{\sqrt{1-2x+2x^2}})y' + \frac{1}{y} - \sqrt{y^2+8} - \frac{y^2(4x-2)}{\sqrt{1-2x+2x^2}} + \frac{\{4(4-x^2)+2x(1-4x)\}}{(x+2x^2)^3} = 0$ となる．これより，$y'_{x=0} = \frac{17}{2}$ となる．よって求める接線の方程式は，$y - 1 = \frac{17}{2}(x-1)$ すなわち，$y = \frac{17x-15}{2}$ となる．

(A) $\underline{y = \frac{17x-15}{2}}$ (解終)

注 3.7 ライプニッツの 1684 年論文のタイトルは完全に書くと長ったらしく，「極大・極小および接線のための新しい方法，分数あるいは無理量によって妨げられないこれらの量の式の計算」となる．この論文にあるライプニッツによる込み入った式の微分の問題で，文字定数に具体的な値を代入したのがここに挙げた例題である．新しい方法の強力さを印象付けるために，特別な意味のない複雑な関数をもってきて，そのタイトルを実証したものである．

定義 3.3 関数 $f(x)$ は点 $\mathrm{P}(x, f(x))$ の近くで C^2 級とする．曲線 $y = f(x)$ 上に P に近い点 $\mathrm{Q}(x+h, f(x+h))$ をとる．P, Q における接線が x 軸の正の部分となす角を θ, $\theta + \Delta\theta$ とし，曲線上の 1 点から P, Q までの曲線の長さを s, $s + \Delta s$ とするとき，$K = \lim_{\mathrm{Q}\to\mathrm{P}} \frac{\Delta\theta}{\Delta s} = \frac{d\theta}{ds}$ を曲線 $y = f(x)$ の**曲率** (curvature) という．また，$R = \frac{1}{|K|}$ を**曲率半径** (radius of curvature) という．符号つきの曲率半径 $\rho = \frac{1}{K}$ が便利なこともあり，以下においてこれも併用する．$|\rho| = R$ である．

線分 PQ の長さについては，$\lim_{\mathrm{Q}\to\mathrm{P}} \frac{\Delta s}{\mathrm{PQ}} = 1$ が成り立つ．また，$f'(x) = \tan\theta$ より $\theta = \mathrm{Arctan}\, f'(x)$ となり $\frac{d\theta}{dx} = \frac{d\theta}{df'(x)}\frac{df'(x)}{dx} = \frac{f''(x)}{1+f'(x)^2}$ がいえる．$\Delta y = f(x+h) - f(x)$ と書けば，$\mathrm{PQ} = \sqrt{(\Delta x)^2 + (\Delta y)^2}$ なので，$K = \lim_{\mathrm{Q}\to\mathrm{P}} \frac{\Delta\theta}{\Delta s} = \lim_{\mathrm{Q}\to\mathrm{P}} \frac{\Delta\theta}{\mathrm{PQ}} = \lim_{\mathrm{Q}\to\mathrm{P}} \frac{\Delta\theta}{\sqrt{(\Delta x)^2+(\Delta y)^2}} = \lim_{\mathrm{Q}\to\mathrm{P}} \frac{\Delta\theta}{\Delta x \sqrt{1+(\frac{\Delta y}{\Delta x})^2}} = \lim_{\mathrm{Q}\to\mathrm{P}} \frac{\Delta\theta}{\Delta x} \lim_{\mathrm{Q}\to\mathrm{P}} \frac{1}{\sqrt{1+(\frac{\Delta y}{\Delta x})^2}} = \frac{d\theta}{dx}\frac{1}{\sqrt{1+(\frac{dy}{dx})^2}} = \frac{f''(x)}{(1+f'(x)^2)\sqrt{1+f'(x)^2}}$ となる．こうして結局，曲線 $y = f(x)$ の曲率は次のように書き表せる：

$$K = \frac{f''(x)}{(1 + f'(x)^2)^{3/2}} \quad (3.3)$$

この分母はつねに正なので，定理 2.14 より，C^2 級の関数 $f(x)$ について，

(1) $K \geqq 0 \Leftrightarrow$ ある区間で関数 $f(x)$ が下に凸.
(2) $K \leqq 0 \Leftrightarrow$ ある区間で関数 $f(x)$ が下に凹(上に凸)となる.

曲率の符号が凹凸を表し,その絶対値の大きさが曲がり方の強さを表していることになる.曲線が, $x = \phi(t)$, $y = \psi(t)$ $(a \leqq t \leqq b)$ と表されているときには, $\frac{dy}{dx} = \frac{\psi'(t)}{\phi'(t)}$, $\therefore \frac{dy^2}{dx^2} = \frac{dt}{dx} \cdot \frac{d}{dt}\left(\frac{\psi'(t)}{\phi'(t)}\right) = \frac{(\phi'(t)\psi''(t) - \phi''(t)\psi'(t))}{\phi'(t)^3}$ なので,次のように書ける.

$$K = \frac{\phi'(t)\psi''(t) - \phi''(t)\psi'(t)}{(\phi'(t)^2 + \psi'(t)^2)^{3/2}} \quad (3.4)$$

例 3.25 半径 r の円 $x^2 + y^2 = r^2$ の曲率と曲率半径を求めよ.

[解] $f(x) = \pm\sqrt{r^2 - x^2}$ とおくと, $f'(x) = \mp\frac{x}{\sqrt{r^2-x^2}}$, $f''(x) = \mp\frac{1}{\sqrt{r^2-x^2}} \mp \frac{x^2}{(r^2-x^2)\sqrt{r^2-x^2}} = \mp\frac{r^2}{(r^2-x^2)\sqrt{r^2-x^2}}$ (複号同順) となる. よって $1 + f'(x)^2 = \frac{r^2}{r^2-x^2}$, $\therefore K = \mp\frac{1}{r}$ (複号同順), よって $R = r$ となる. すなわち円の曲率は,上半円で $-\frac{1}{r}$, 下半円で $\frac{1}{r}$ であり,曲率半径は r になる.したがって曲率 K の曲線は,半径 $R = \frac{1}{|K|}$ の円と同じ曲がり方をしていることになる.これが曲率半径の意味である. (解終)

例 3.26 パラボラ(放物線) $y = x^2$ の曲率と曲率半径を求めよ.

[解] $y' = 2x$, $y'' = 2$ より, $1 + (y')^2 = 1 + 4x^2$, $\therefore K = \frac{2}{(1+4x^2)^{3/2}}$, $R = \frac{(1+4x^2)^{3/2}}{2}$ である. (解終)

注 3.8 ライプニッツやベルヌーイ兄弟などだけでなく,ニュートンもすでに 1671 年の論文で曲線の曲率を扱っている.彼は「曲線に関する問題でこれ以上にエレガントな,すなわち,それらの本性についてより大きな洞察を与えるものはまず存在しない」と述べている.極値問題だけでなく,曲線の接線や曲率の問題などが微分積分学建設の大きなモチベーションになっていたことがわかる.

例 3.27 サイクロイド $x = a(t - \sin t)$, $y = a(1 - \cos t)$ $(0 \leqq t \leqq 2\pi)$ の曲率と曲率半径を求めよ.

[解] $\phi'(t) = a(1 - \cos t)$, $\psi'(t) = a \sin t$, $\phi''(t) = a \sin t$, $\psi''(t) = a \cos t$, なので (3.4) より,

$$K = \frac{a^2(1 - \cos t)\cos t - a^2 \sin^2 t}{\{a^2(1 - \cos t)^2 + a^2 \sin^2 t\}^{3/2}}$$

三角関数の半角の公式などを使って整理すると次のように書ける.

(A) $K = -\frac{1}{4a \sin \frac{t}{2}}$, $R = 4a \sin \frac{t}{2}$ (解終)

定義 3.4 関数 $f(x)$ は C^2 級とする.曲線 $y = f(x)$ 上の点 $\mathrm{P}(x, f(x))$ における法線上に,その点から曲率半径 R だけ離れ,下に凸ならば曲線よりも上側に,上に凸ならば曲線よりも下側に点をとり,**曲率中心** (center of curvature) と呼ぶ.これを中心とする半

径 R の円を**曲率円**（circle of curvature）という．曲率中心の軌跡を**縮閉線**（evolute）といい，縮閉線に対して元の曲線を**伸開線**（involute）という．

曲線 $y = f(x)$ 上の点 $\mathrm{P}(x, f(x))$ における曲率中心を (X, Y) とする．曲率 $K > 0$ のときこの点における法線が x 軸の正の部分となす角は $\theta + \frac{\pi}{2}$ だから，定義より，$\frac{X-x}{R} = \cos(\theta + \frac{\pi}{2}) = -\sin\theta = -\frac{f'(x)}{\sqrt{1+f'(x)^2}}$, $\frac{Y-y}{R} = \sin(\theta + \frac{\pi}{2}) = \cos\theta = \frac{1}{\sqrt{1+f'(x)^2}}$,
よって次のようになる．

$$X = x - \frac{f'(x)(1+f'(x)^2)}{f''(x)}, \ Y = f(x) + \frac{1+f'(x)^2}{f''(x)} \tag{3.5}$$

$K > 0$ のときは法線のなす角度が $\theta - \frac{\pi}{2}$ になるので，(3.5) 式はそのまま成り立つ．曲線が $x = \phi(t), y = \psi(t) \ (a \leqq t \leqq b)$ と表されているときには次のように書ける．

$$\begin{aligned} X &= \phi(t) - \frac{\psi'(t)\{\phi'(t)^2 + \psi'(t)^2\}}{\phi'(t)\psi''(t) - \phi''(t)\psi'(t)}, \\ Y &= \psi(t) + \frac{\phi'(t)\{\phi'(t)^2 + \psi'(t)^2\}}{\phi'(t)\psi''(t) - \phi''(t)\psi'(t)}. \end{aligned} \tag{3.6}$$

ここで符号つきの曲率半径 $\rho = \frac{1}{K}$（定義 3.3）を使うと，$x = X + \rho \sin\theta, y = Y - \rho \cos\theta$ となる．元の曲線の弧長 s（定義 3.3）を使って，$\frac{dx}{ds} = \cos\theta, \frac{dy}{ds} = \sin\theta$ である．s による微分を $'$ で表すと，$x' = \cos\theta, y' = \sin\theta, x'' = -\sin\theta(\frac{d\theta}{ds}) = -\frac{\sin\theta}{\rho}, y'' = \cos\theta(\frac{d\theta}{ds}) = \frac{\cos\theta}{\rho}$ である．これより，$x' - \rho y'' = 0, y' + \rho x'' = 0$ がわかる．また，$x = X + \rho y', y = Y - \rho x'$ となるからこれを s で微分すると，$x' = X' + \rho' y' + \rho y'', y' = Y' - \rho' x' - \rho x''$. $\rho = \frac{x'}{y''} = -\frac{y'}{x''}$ がわかる．よって $X' + \rho' y' = 0, Y' - \rho' x' = 0, \therefore x'X' + y'Y' = 0$ となる．すなわち元の曲線の接線と，対応する点における縮閉線の接線は互いに直交する．したがって元の曲線の法線は曲率中心で縮閉線に接する．逆にいえば，ある曲線の接線はその伸開線の曲率半径だけ離れた点で伸開線と直交することになる．別の言い方をすると，曲線にきつく糸を巻いておき，糸がゆるまないようにほどいていくとき，糸の上の任意の一点の描く軌跡が伸開線になるのである．また，縮閉線の弧長を σ とすると，$(\sigma')^2 = (X')^2 + (Y')^2 = (\rho')^2\{(x')^2 + (y')^2\} = (\rho')^2, \therefore \sigma' = \pm\rho'$ である．縮閉線の弧長を適当な向きで測れば $\sigma' = \rho'$. よって σ と ρ とは定数の差しかなく，ある基準点で σ_0, ρ_0 になったとすれば，$\sigma - \sigma_0 = \rho - \rho_0$ である．

例 3.28 楕円 $\frac{x^2}{a^2} + \frac{y^2}{b^2} = 1 \ (a > 0, b > 0)$ の縮閉線を求めよ．

[解] 楕円を $x = a\cos t, y = b\sin t \ (0 \leqq t \leqq 2\pi)$ と書き直す．$\phi'(t) = -a\sin t$, $\psi'(t) = b\cos t, \phi''(t) = -a\cos t, \psi''(t) = -b\sin t$ だから (3.6) より，

$$X = a\cos t - (a^2\sin^2 t + b^2\cos^2 t)\frac{\cos t}{a} = \frac{a^2-b^2}{a}\cos^3 t = A\cos^3 t,$$
$$Y = b\sin t - (a^2\sin^2 t + b^2\cos^2 t)\frac{\sin t}{b} = -\frac{a^2-b^2}{b}\sin^3 t = B\sin^3 t.$$

したがって t を消去して，$(aX)^{\frac{2}{3}} + (bY)^{\frac{2}{3}} = (a^2-b^2)^{\frac{2}{3}}$ となる．この曲線はアステロイドと呼ばれる． (解終)

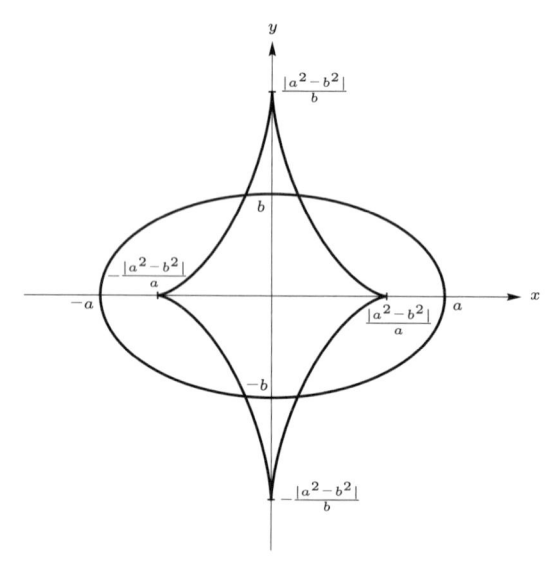

図 3.6 $\frac{x^2}{a^2} + \frac{y^2}{b^2} = 1$ とその縮閉線（図は $a = \sqrt{3}b$ とした $[\because \frac{a^2-b^2}{b} = 2b, \frac{a^2-b^2}{a} = \frac{2}{3}a]$）

例 3.29 サイクロイド $x = a(t-\sin t)$，$y = a(1-\cos t)$ $(0 \leqq t \leqq 2\pi)$ の縮閉線を求めよ．

[解] 例 3.27 の計算と (3.6) より，$X = a(t-\sin t) - a\sin t \frac{2a^2(1-\cos t)}{a^2(\cos t - 1)} = a(t+\sin t)$，$Y = a(1-\cos t) + a(1-\cos t)\frac{2a^2(1-\cos t)}{a^2(\cos t - 1)} = -a(1-\cos t)$ となる．ここで $t = \tau + \pi$ と変数変換すれば，$X = a(\tau + \sin \tau) = a(t - \sin t) + \pi a$，$Y = -a(1 - \cos \tau) = a(1-\cos t) - 2a$ となり，元の図形を平行移動しただけの合同なサイクロイドであることがわかる．なお，例 3.27 によれば，$t = 0$ から $t = \pi$ までに曲率半径は 0 から $4a$ まで増加するので，縮閉線としてのサイクロイドの弧長は半分で $4a$，したがって全長は $8a$ になる． (解終)

例 3.30 円 $x^2 + y^2 = a^2$ $(a > 0)$ の伸開線を求めよ．

[解] 縮閉線が $X = a\cos t$，$Y = a\sin t (0 \leqq t \leqq 2\pi)$ となるような曲線を求める．$t = 0$ で $\sigma_0 = R_0 = 0$ とすれば，$\sigma = R$ である．円では半径と x 軸の正の部分とがなす

角 t は円の接線と y 軸のなす角,すなわち伸開線の法線と y 軸のなす角,もう一度言い換えて,伸開線の接線と x 軸のなす角 θ に等しいから,$t = \theta$, $\sigma = R = at$ となる.これらを $x = X + R\sin\theta$, $y = Y - R\cos\theta$ に代入して,求める伸開線の方程式として,$x = a\cos t + at\sin t$, $y = a\sin t - at\cos t$ を得る. (解終)

III 微分積分学

4 積 分 法

「しかし，接線法のなかで私が提示したことから，$d,(\frac{1}{2})xx = xdx$ であることはあきらかである．よって逆に $(\frac{1}{2})xx = \int xdx$ （というのも，普通の計算における冪と根のように，私たちにとっては微分と積分，すなわち $\int$ と d は逆であるから）．」
(ライプニッツ，「深奥な幾何学ならびに不可分者と無限の解析」
(1686)(三浦伸夫・原亨吉訳))

4.1 不 定 積 分

ここに引用したのは，1686 年の人類最初の積分の論文において，はじめて積分記号 $\int$ が使われ，はじめて微分積分学の基本定理が明確に述べられた部分である．わかりにくい論文名だが，まだ「微分積分学」という名前もできる前で，ライプニッツは「不可分者と無限の解析」をそのための適切な呼び方と書いている．そしてこの論文の終わりの方で，その一般的かつ代数計算的な方法を「いったん探り当てると，以前は驚くほどであったことがもう遊びのように思われた」と，自分が作り上げた理論の威力を自慢している．

まず，微分の逆演算である不定積分から説明しよう．

定義 4.1 関数 $F(x)$ があり，$\frac{dF(x)}{dx} = f(x)$ が成り立つとき，$F(x)$ を $f(x)$ の **原始関数** (primitive function) という．

例 4.1 $\frac{dx^3}{dx} = 3x^2$ なので，x^3 は $3x^2$ の原始関数．$\frac{d(x^3-1)}{dx} = 3x^2$ なので，$x^3 - 1$ も $3x^2$ の原始関数．一般に C を定数としたとき，$x^3 + C$ は $3x^2$ の原始関数．

定理 4.1 関数 $F(x)$ が $f(x)$ の一つの原始関数ならば，$f(x)$ のすべての原始関数は $F(x) + C$（C は任意の定数）と書ける．

[証明] 関数 $G(x)$ が $f(x)$ の任意の原始関数ならば，$G'(x) = f(x)$，また $F'(x) = f(x)$ だから，$G'(x) - F'(x) = \{G(x) - F(x)\}' = 0$ なので，定理 2.8(1) より $G(x) - F(x) = C$（定数），$\therefore G(x) = F(x) + C$. (証明終)

4. 積　分　法

定義 4.2　関数 $f(x)$ の原始関数を総称して $f(x)$ の**不定積分** (indefinite integral) といい，$\int f(x)dx$ と書く．$\int f(x)dx = F(x)+C$ で，この定数 C を**積分定数**という．$f(x)$ の不定積分を求めることを **$f(x)$ を積分する**という．また，$f(x)$ の不定積分が存在するとき，$f(x)$ は**積分可能** (integrable) であるという．

注 4.1　関数 $f(x)$ の原始関数（個々の関数）と不定積分（総称）をとくに区別しないこともある．

例 4.2　$f(x) = \log|x + \sqrt{x^2+A}|$ を微分することにより $\int \frac{1}{\sqrt{(x^2+A)}}dx$ を求めよ．

[解]　$t = x+\sqrt{x^2+A}$ とおくと $f(x) = \log|t|$．$\therefore \frac{df(x)}{dx} = \frac{d\log|t|}{dt}\frac{dt}{dx} = \frac{1}{t}(1+\frac{x}{\sqrt{x^2+A}}) = \frac{1}{x+\sqrt{x^2+A}}\frac{x+\sqrt{x^2+A}}{\sqrt{x^2+A}} = \frac{1}{\sqrt{x^2+A}}$．よって $\int \frac{1}{\sqrt{x^2+A}}dx = \log|x+\sqrt{x^2+A}| + C$．

(解終)

不定積分は微分のちょうど逆で，どんな関数を微分するとこの関数になるか，と考えて求める．基本的な関数の不定積分は覚えておくのがよい．微分表を逆転させると，次の不定積分表ができる．積分定数は省略する．

不定積分表

$f(x)$	$\int f(x)\,dx$	$f(x)$	$\int f(x)\,dx$
x^a	$\frac{x^{a+1}}{a+1}$, $(a\neq -1)$	e^x	e^x
$\frac{1}{x}$	$\log|x|$	$\frac{1}{x^2+a^2}$	$\frac{1}{a}\mathrm{Arctan}\,\frac{x}{a}$, $(a\neq 0)$
$\cos x$	$\sin x$	$\frac{1}{\sqrt{a^2-x^2}}$	$\mathrm{Arcsin}\,\frac{x}{a}$, $(a\neq 0)$
$\sin x$	$-\cos x$	$\frac{1}{\sqrt{x^2+A}}$	$\log|x+\sqrt{x^2+A}|$

このように，不定積分を確かめるためには微分するのがもっとも確実ではあるが，それではあまり発展性がない．まず積分の線形性を確認し，続いて置換積分や部分積分など，不定積分固有のテクニックを学ぼう．

定理 4.2 (不定積分の線形性)　関数 $f(x)$, $g(x)$ が積分可能なとき，

$$\int\{bf(x)+cg(x)\}dx = b\int f(x)dx + c\int g(x)dx$$

[証明]　微分の線形性（定理2.2 (1)）を逆にしただけであきらか．　(証明終)

定理 4.3 (置換積分)　関数 $f(x)$ が積分可能で，$x = \phi(t)$ が C^1 級のとき，

$$\int f(x)dx = \int f(\phi(t))\phi'(t)dt$$

[証明] $F(x) = \int f(x)dx$ とおくと,

$$\frac{dF(x)}{dt} = \frac{dF(x)}{dx}\frac{dx}{dt} = f(x)\phi'(t) = f(\phi(t))\phi'(t)$$

だから定理が成り立つ. (証明終)

注 4.2 $x = \phi(t)$ が C^1 級のとき, $\frac{dx}{dt} = \phi'(t)$, あるいは微分の関係で, $dx = \phi'(t)dt$ である. これを機械的に代入した式が成り立つというのがこの定理の主張である. 微分積分の記号がいかにうまくできているか, 積分でも驚かされる.

系 関数 $f(x)$ が C^1 級のとき, $\int \frac{f'(x)}{f(x)}dx = \log|f(x)| \, (+C)$

[証明] $t = f(x)$ とおくと, $dt = f'(x)dx$. よって, $\int \frac{f'(x)}{f(x)}dx = \int \frac{1}{t}dt = \log|t| \, (+C) = \log|f(x)| \, (+C)$ (証明終)

例 4.3 置換積分法を用いて $\int \frac{1}{x\log x}dx$ を求めよ.

[解] $t = \log x$ とおくと $dt = \frac{1}{x}dx$, ∴ $\int \frac{1}{x\log x}dx = \int \frac{1}{t}dt = \log|t| \, (+C) = \log|\log x| \, (+C)$ (A) $\underline{\int \frac{1}{x\log x}dx = \log|\log x| \, (+C)}$ (解終)

例 4.4 $\int \frac{x}{\sqrt{x^2+1}}dx$ を求めよ.

[解] $t = x^2 + 1$ とおくと $dt = 2xdx$. ∴ $\int \frac{x}{\sqrt{x^2+1}}dx = \int t^{-1/2}\frac{dt}{2} = t^{1/2} \, (+C) = \underline{\sqrt{x^2+1} \, (+C)}$ (A) (解終)

例 4.5 $\int \tan x \, dx$ を求めよ.

[解] $\tan x = \frac{\sin x}{\cos x}$ だから, $f(x) = \cos x$ とおくと $f'(x) = -\sin x$, ∴ $\tan x = -\frac{f'(x)}{f(x)}$, ∴ 与式 $= -\int \frac{f'(x)}{f(x)}dx = \underline{-\log|\cos x| \, (+C)}$ (A) (解終)

例 4.6 $\int \frac{x}{x^4+1}dx$ を求めよ.

[解] $t = x^2$ とおくと $dt = 2xdx$, ∴ 与式 $= \int \frac{1}{t^2+1}\frac{dt}{2} = \frac{1}{2}\operatorname{Arctan} t = \underline{\frac{1}{2}\operatorname{Arctan} x^2 \, (+C)}$ (A) (解終)

定理 4.4 (部分積分) 関数 $f(x)$, $g(x)$ が C^1 級のとき,

$$\int f(x)g'(x)dx = f(x)g(x) - \int f'(x)g(x)dx$$

[証明] $(f(x)g(x))' = f'(x)g(x) + f(x)g'(x)$ だから, 積分の形で, $f(x)g(x) = \int f'(x)g(x)dx + \int f(x)g'(x)dx$. 移項して定理が成り立つ. (証明終)

系 関数 $f(x)$ が C^1 級のとき, $\int f(x)dx = xf(x) - \int xf'(x)dx$

4. 積 分 法

[証明] 定理において $g(x) = x$ とおくと，$g'(x) = 1$ だから系は成り立つ． (証明終)

例 4.7 (1) $\int xe^x dx$, (2) $\int x \log x dx$ を求めよ．

[解] (1) $f(x) = x$, $g(x) = e^x$ とおくと $f'(x) = 1$, $g'(x) = e^x$. $\therefore \int xe^x dx = \int f(x)g'(x)dx = f(x)g(x) - \int f'(x)g(x)dx = xe^x - \int e^x dx = (x-1)e^x$ $(+C)$ (A) $\int e^x dx = (x-1)e^x$ $(+C)$

(2) $f(x) = \log x$, $g'(x) = x$ とおくと，$f'(x) = \frac{1}{x}$, $g(x) = \frac{x^2}{2}$. よって $\int x \log x dx = \frac{x^2 \log x}{2} - \int \frac{x^2}{2} \frac{1}{x} dx = \frac{x^2 \log x}{2} - \frac{x^2}{4}$ $(+C)$ (A) $\int x \log x dx = \frac{x^2}{2} \log x - \frac{x^2}{4}$ $(+C)$

(解終)

例 4.8 $I = \int \sqrt{x^2 + A} \, dx$ を求めよ．

[解] $f(x) = \sqrt{x^2 + A}$ とおくと，$f'(x) = \frac{x}{\sqrt{x^2+A}}$. よって系より，$I = \int \sqrt{x^2+A} dx = x\sqrt{x^2+A} - \int \frac{x^2}{\sqrt{x^2+A}} dx = x\sqrt{x^2+A} - \int \frac{(x^2+A)-A}{\sqrt{x^2+A}} dx = x\sqrt{x^2+A} + A \int \frac{1}{\sqrt{x^2+A}} dx - I = x\sqrt{x^2+A} + A \log|x+\sqrt{x^2+A}| - I$ よって与式 $= \frac{x\sqrt{x^2+A} + A \log|x+\sqrt{x^2+A}|}{2}$ $(+C)$ (A)

(解終)

例 4.9 $\int \operatorname{Arctan} x dx$ を求めよ．

[解] $f(x) = \operatorname{Arctan} x$ とおくと $f'(x) = \frac{1}{x^2+1}$ だから，系より，$\int \operatorname{Arctan} x dx = x \operatorname{Arctan} x - \int \frac{x}{x^2+1} dx$. 右辺の積分で，$t = x^2 + 1$ とおけば，$dt = 2xdx$, $\therefore \int \frac{x}{x^2+1} dx = \int \frac{1}{2t} dt = \frac{1}{2} \log|t|$. $\therefore \int \operatorname{Arctan} x dx = x \operatorname{Arctan} x - \frac{1}{2} \log|x^2+1|$ $(+C)$ (A) (解終)

例 4.10 $\int \operatorname{Arcsin} x dx$ を求めよ．

[解] $f(x) = \operatorname{Arcsin} x$ とおくと $f'(x) = \frac{1}{\sqrt{1-x^2}}$. したがって系より，$\int \operatorname{Arcsin} x dx = x \operatorname{Arcsin} x - \int \frac{x}{\sqrt{1-x^2}} dx$. 最後の積分で，$t = 1 - x^2$ とおくと，$dt = -2xdx$, $\therefore \int \frac{x}{\sqrt{1-x^2}} dx = \int (-\frac{1}{2} t^{-1/2}) dt = -t^{1/2} = -\sqrt{1-x^2}$. $\therefore$ 与式 $= x \operatorname{Arcsin} x + \sqrt{1-x^2}$ $(+C)$ (A)

(解終)

漸化式にもっていく方法もある．例で説明しよう．

例 4.11 $I_n = \int \sin^n x dx$ の漸化式を求めよ．

[解] $I_n = \int \sin^n x dx = \int \sin^{n-1} x \cdot \sin x dx = \int \sin^{n-1} x (-\cos x)' dx = \sin^{n-1} x (-\cos x) - \int (n-1) \sin^{n-2} x \cdot \cos x (-\cos x) dx = -\sin^{n-1} x \cdot \cos x + (n-1) \int \sin^{n-2} x \cdot \cos^2 x dx = -\sin^{n-1} x \cdot \cos x + (n-1) \int \sin^{n-2} x \cdot (1-\sin^2 x) dx = -\sin^{n-1} x \cdot \cos x + (n-1)(I_{n-2} - I_n)$. よって $nI_n = -\sin^{n-1} x \cdot \cos x + (n-1) I_{n-2}$. $\therefore I_n = -\frac{1}{n} \sin^{n-1} x \cdot \cos x + \frac{n-1}{n} I_{n-2}$ (A)

(解終)

例 4.12 $I_n = \int (\log x)^n dx$ の漸化式を求めよ．

[解] 定理 4.3 系より，$I_n = x(\log x)^n - \int xn(\log x)^{n-1}(\frac{1}{x})dx = x(\log x)^n - nI_{n-1}$.
(A) $I_n = x(\log x)^n - nI_{n-1}$ (解終)

例 4.13 $I_n = \int x^{\alpha}(\log x)^n dx$ $(\alpha \neq -1)$ の漸化式を求めよ．

[解] 定理 4.3 より，$I_n = \frac{x^{\alpha+1}}{\alpha+1}(\log x)^n - \int \frac{x^{\alpha+1}}{\alpha+1}n(\log x)^{n-1}\frac{1}{x}dx = \frac{x^{\alpha+1}}{\alpha+1}(\log x)^n - \frac{n}{\alpha+1}I_{n-1}$. (A) $I_n = \frac{x^{\alpha+1}}{\alpha+1}(\log x)^n - \frac{n}{\alpha+1}I_{n-1}$ (解終)

4.2 有理関数の不定積分

有理関数（多項式/多項式）の積分は，有理関数と対数関数と逆三角関数（Arctan）によって完全に求められることが示される．それは有理関数を簡単な分数の和に分解する「部分分数分解」によって保証される．また，無理関数，三角関数，指数関数，対数関数などの有理式も，適当な変数変換によって有理関数の積分に帰着させることにより求めることが多い．

《部分分数分解のやり方》 $f(x) = \frac{P(x)}{Q(x)}$（ただし $P(x)$, $Q(x)$ は多項式で，次数を $\deg P$, $\deg Q$ と書く）とする．次のようにして部分分数に分解する．

(1) $\deg P \geqq \deg Q$ のときは，割り算をして商（多項式）を別に積分する．したがって，以下で，$\deg P < \deg Q$ の場合だけを考えればよい．

(2) 分母 $Q(x)$ を実数係数の範囲で因数分解する．代数学の基本定理により，1 次式の冪乗と 2 次式（判別式 < 0）の冪乗いくつかの積に分解できる．

(3) ・$Q(x)$ に因数 $(x-a)^k$ が含まれているとき，$\frac{A_1}{x-a} + \frac{A_2}{(x-a)^2} + \cdots + \frac{A_k}{(x-a)^k}$ を部分分数に加える．
・$Q(x)$ に因数 $(x^2+bx+c)^m$ $(b^2-4c<0)$ が含まれているとき，$\frac{B_1x+C_1}{x^2+bx+c} + \frac{B_2x+C_2}{(x^2+bx+c)^2} + \cdots + \frac{B_mx+C_m}{(x^2+bx+c)^m}$ を部分分数に加える．

(4) $Q(x)$ のすべての因数について部分分数を加えたら，分母を払う．なるべく代入法で未定係数を決める．代入する値がなくなったら係数比較に移り，残りの未定係数を決める．

例 4.14 $\frac{4}{x^4-1}$ を部分分数に分解せよ．

[解] $x^4-1 = (x-1)(x+1)(x^2+1)$ と因数分解できるから，$\frac{4}{x^4-1} \equiv \frac{A}{x-1} + \frac{B}{x+1} + \frac{Cx+D}{x^2+1}$ とおく．分母を払い，$4 \equiv A(x+1)(x^2+1) + B(x-1)(x^2+1) + (Cx+D)(x-1)(x+1)\cdots(*)$ となる．ここで $x=1$ を代入すると，$4 = 4A$, $\therefore A = 1$. $x = -1$ を代入して，$4 = -4B$, $\therefore B = -1$. $(*)$ で係数比較をする．x^3 の係数は $0 = A+B+C$ であるが，$A = 1$, $B = -1$ なので，$C = 0$ となる．定数項を比較すると，$4 = A-B-D$ なので，$D = -2$ となる．以上より，$\frac{4}{x^4-1} \equiv \frac{1}{x-1} - \frac{1}{x+1} - \frac{2}{x^2+1}$ である．(A) $\frac{4}{x^4-1} \equiv \frac{1}{x-1} - \frac{1}{x+1} - \frac{2}{x^2+1}$

(解終)

[別解] 途中までは同じで，(∗) で係数比較をする代わりに，$x=i$（虚数単位）を代入すると，$i^2+1=0$ だから，$4=(Ci+D)(i-1)(i+1)=-2(Ci+D)$，よって，$C=0$，$D=-2$ が同時に求まる．答はもちろん上記と同じである． (別解終)

例 4.15 $f(x)=\frac{2x^3+5x^2+20x+33}{(x-1)^2(x^2+4x+5)}$ を部分分数に分解せよ．

[解] deg 分子 < deg 分母 であり，分母は因数分解されているので (3) から始める．$f(x)\equiv\frac{A}{x-1}+\frac{B}{(x-1)^2}+\frac{Cx+D}{x^2+4x+5}$ とおき分母を払う．$2x^3+5x^2+20x+33\equiv A(x-1)(x^2+4x+5)+B(x^2+4x+5)+(Cx+D)(x-1)^2\cdots$ (∗∗) となる．

ここで (∗∗) に $x=1$ を代入すると，$60=10B$，∴ $B=6$. (∗∗) で係数を比較する．x^3 の係数は，$2=A+C$. 定数項は，$33=-5A+5B+D$. x^2 の係数は，$5=3A+B-2C+D$. $B=6$ を代入して整理すると，$A+C=2,\ -5A+D=3,\ 3A-2C+D=-1$. これを解いて，$A=0,\ C=2,\ D=3$ となる．よって，$\frac{2x^3+5x^2+20x+33}{(x-1)^2(x^2+4x+5)}\equiv\frac{6}{(x-1)^2}+\frac{2x+3}{x^2+4x+5}$ となる．(A) $f(x)\equiv\frac{6}{(x-1)^2}+\frac{2x+3}{x^2+4x+5}$ (解終)

部分分数に分解できれば不定積分はすぐに求まる．

例 4.16 $\int\frac{4}{x^4-1}dx$ を求めよ．

[解] 例 4.14 より，与式 $=\int\left(\frac{1}{x-1}-\frac{1}{x+1}-\frac{2}{x^2+1}\right)dx=\log|x-1|-\log|x+1|-2\text{Arctan}\,x=\log\left|\frac{x-1}{x+1}\right|-2\text{Arctan}\,x$ となる．
(A) $\int\frac{4}{x^4-1}dx=\log\left|\frac{x-1}{x+1}\right|-2\text{Arctan}\,x\,(+C)$ (解終)

例 4.17 $\int\frac{2x^3+5x^2+20x+33}{(x-1)^2(x^2+4x+5)}dx$ を求めよ．

[解] 例 4.15 より，与式 $=\int\frac{6}{(x-1)^2}dx+\int\frac{2x+3}{x^2+4x+5}dx=-\frac{6}{x-1}+\int\frac{2x+4-1}{x^2+4x+5}dx$. この第 2 項の積分は，$\int\frac{2x+4-1}{x^2+4x+5}dx=\int\frac{2x+4}{x^2+4x+5}dx-\int\frac{1}{(x+2)^2+1}dx$ であり，この右辺第 1 項は定理 4.3 系 によって $\log(x^2+4x+5)$，第 2 項は $-\text{Arctan}(x+2)$ である．よって 与式 $=-\frac{6}{x-1}+\log(x^2+4x+5)-\text{Arctan}(x+2)$ となる．
(A) $-\frac{6}{x-1}+\log(x^2+4x+5)-\text{Arctan}(x+2)\,(+C)$ (解終)

例 4.18 $\int\frac{3x^2-7x+14}{x^3-x^2-x-15}dx$ を求めよ．

[解] 有理関数の不定積分は部分分数分解から始める．分母を因数分解すると，$x^3-x^2-x-15=(x-3)(x^2+2x+5)$. そこで，$\frac{3x^2-7x+14}{x^3-x^2-x-15}\equiv\frac{A}{x-3}+\frac{Bx+C}{x^2+2x+5}$ とおく．分母を払って，$3x^2-7x+14\equiv A(x^2+2x+5)+(Bx+C)(x-3)$. $x=3$ を代入して，$20=20A$，∴ $A=1$. x^2 の係数比較から，$3=A+B$，∴ $B=2$. 定数項 $14=5A-3C$，∴ $3C=-9$，∴ $C=-3$. $\int\frac{3x^2-7x+14}{x^3-x^2-x-15}dx=\int\frac{1}{x-3}dx+\int\frac{(2x+2)-5}{x^2+2x+5}dx=\log|x-3|+\log(x^2+2x+5)-5\int\frac{1}{(x+1)^2+4}dx=\log\{|x-3|(x^2+2x+5)\}-\frac{5}{2}\text{Arctan}\frac{x+1}{2}$.
(A) 与式 $=\log\{|x-3|(x^2+2x+5)\}-\frac{5}{2}\text{Arctan}\frac{x+1}{2}\,(+C)$ (解終)

部分分数分解の結果から，有理関数の積分は結局，$I_k = \int \frac{A}{(x-a)^k}dx$ と，$J_m = \int \frac{Bx+C}{(x^2+bx+c)^m}dx$ が計算できればよいことがわかる．前者 I_k は，$I_k = \int \frac{A}{(x-a)^k}dx = \frac{A}{(1-k)(x-a)^{k-1}}$ ($k \neq 1$)，$A\log|x-a|$ ($k=1$) である．後者 J_m では，$Bx + C = \frac{B}{2}(2x+b) + \frac{2C-bB}{2}$ と書き直す．この右辺第1項に対応する積分は $t = x^2 + bx + c$ とおくと $dt = (2x+b)dx$ なので，$\frac{B}{2}\int t^{-m}dt$ となり I_m に帰着する．第2項に対する積分は $t = x + \frac{b}{2}$，$\alpha^2 = c - \frac{b^2}{4}$ とおくと，$K_m = \int \frac{1}{(t^2+\alpha^2)^m}dt$ が求まればよい．これは漸化式で求める．例題としておこう．

例 4.19 $K_m = \int \frac{1}{(t^2+\alpha^2)^m}dt$ の漸化式を求めよ．さらに，K_0，K_1，K_2 を求めよ．

[解] $2\alpha^2 K_m = 2\int \frac{(t^2+\alpha^2)-t^2}{(t^2+\alpha^2)^m}dt = 2K_{m-1} - \int t \cdot \frac{2t}{(t^2+\alpha^2)^m}dt$. ところで，$\int \frac{2t}{(t^2+\alpha^2)^m}dt = \int T^{-m}dT$ ($T = t^2 + \alpha^2$ とおいた) $= \frac{T^{1-m}}{1-m} = \frac{1}{(1-m)(t^2+\alpha^2)^{m-1}}$ ($m \neq 1$) となる．よって部分積分をして，$\int t \cdot \frac{2t}{(t^2+\alpha^2)^m}dt = t \cdot \frac{1}{(1-m)(t^2+\alpha^2)^{m-1}} - \int 1 \cdot \frac{1}{(1-m)(t^2+\alpha^2)^{m-1}}dt = t \cdot \frac{1}{(1-m)(t^2+\alpha^2)^{m-1}} - \frac{1}{1-m}K_{m-1}$ ∴ $K_m = \frac{1}{\alpha^2}K_{m-1} - \frac{t}{2\alpha^2(1-m)(t^2+\alpha^2)^{m-1}} + \frac{1}{2\alpha^2(1-m)}K_{m-1} = \frac{t}{\alpha^2(2m-2)(t^2+\alpha^2)^{m-1}} + \frac{2m-3}{\alpha^2(2m-2)}K_{m-1}$ ($m \neq 1$)．$m = 1$ のときは，$K_1 = \int \frac{1}{t^2+\alpha^2}dt = \frac{1}{\alpha}\mathrm{Arctan}\frac{t}{\alpha}$ と求まる．$K_0 = t$ もあきらかである．漸化式より，$K_2 = \frac{t}{2\alpha^2(t^2+\alpha^2)} + \frac{1}{2\alpha^2}K_1 = \frac{t}{2\alpha^2(t^2+\alpha^2)} + \frac{1}{2\alpha^3}\mathrm{Arctan}\frac{t}{\alpha}$.

(A)$K_m = \frac{t}{\alpha^2(2m-2)(t^2+\alpha^2)^{m-1}} + \frac{2m-3}{\alpha^2(2m-2)}K_{m-1}$ ($m \neq 1$), $K_0 = t, K_1 = \frac{1}{\alpha}\mathrm{Arctan}\frac{t}{\alpha}$, $K_2 = \frac{t}{2\alpha^2(t^2+\alpha^2)} + \frac{1}{2\alpha^3}\mathrm{Arctan}\frac{t}{\alpha}$

(解終)

以上ですべての有理関数の不定積分は求められることが示された．そこで次に，有理関数の積分に帰着する不定積分を求めよう．以下において，$R(X,Y)$ は X,Y の有理関数，$R(X)$ は X の有理関数とする．

《三角関数の有理式の不定積分》

- $\int R(\sin x, \cos x)dx$ は，$t = \tan\frac{x}{2}$ とおくと t の有理関数の積分に帰着する．このとき，$\sin x = 2\sin\frac{x}{2}\cos\frac{x}{2} = 2\tan\frac{x}{2}\cos^2\frac{x}{2} = \frac{2\tan\frac{x}{2}}{1+\tan^2\frac{x}{2}} = \frac{2t}{1+t^2}$，$\cos x = \cos^2\frac{x}{2} - \sin^2\frac{x}{2} = \cos^2\frac{x}{2}\left(1 - \frac{\sin^2\frac{x}{2}}{\cos^2\frac{x}{2}}\right) = \frac{1-\frac{\sin^2(x/2)}{\cos^2(x/2)}}{1+\tan^2\frac{x}{2}} = \frac{1-t^2}{1+t^2}$．また，$\frac{dt}{dx} = \frac{1}{\cos^2\frac{x}{2}}\frac{1}{2} = \frac{1+t^2}{2}$ より，$dx = \frac{2}{1+t^2}dt$．以上をまとめて，

$$\sin x = \frac{2t}{1+t^2}, \quad \cos x = \frac{1-t^2}{1+t^2}, \quad dx = \frac{2dt}{1+t^2} \tag{4.1}$$

- $R(-\sin x, -\cos x) \equiv R(\sin x, \cos x)$ のときは，$t = \tan x$ とおけばよい．このとき，$\cos^2 x = \frac{1}{1+t^2}$，$\sin^2 x = \cos^2 x \cdot \frac{\sin^2 x}{\cos^2 x} = \frac{t^2}{1+t^2}$，また $\frac{dt}{dx} = \frac{1}{\cos^2 x} = 1 + t^2$ より，$dx = \frac{1}{1+t^2}dt$．まとめて，

$$\sin^2 x = \frac{t^2}{1+t^2}, \quad \cos^2 x = \frac{1}{1+t^2}, \quad dx = \frac{1}{1+t^2}dt. \tag{4.2}$$

4. 積　分　法

例 4.20　$I = \int \frac{1}{\sin x} dx$ を求めよ．

[**解**]　$t = \tan \frac{x}{2}$ とおくと，$\sin x = \frac{2t}{1+t^2}$，$dx = \frac{2dt}{1+t^2}$. ∴ $I = \int \frac{1+t^2}{2t} \frac{2dt}{1+t^2} = \int \frac{1}{t} dt = \log |t| = \log |\tan \frac{x}{2}|$ (A) $I = \log |\tan \frac{x}{2}|$ 　　　　(解終)

[**別解**]　$I = \int \frac{1}{\sin x} dx = \int \frac{\sin x}{\sin^2 x} dx = \int \frac{\sin x}{1-\cos^2 x} dx$. ここで $t = \cos x$ とおくと，$dt = -\sin x dx$, ∴ $I = \int (-\frac{1}{1-t^2}) dt = \int \frac{1}{t^2-1} dt = \frac{1}{2} \int (\frac{1}{t-1} - \frac{1}{t+1}) dt = \frac{1}{2} (\log |t-1| - \log |t+1|) = \frac{1}{2} \log \left| \frac{\tan \frac{x}{2} - 1}{\tan \frac{x}{2} + 1} \right|$. これも変形すれば上の解と同じ形になるが，計算は省略する．　　　　(別解終)

例 4.21　$\int \frac{1}{1+\cos x} dx$ を求めよ．

[**解**]　$t = \tan \frac{x}{2}$ とおくと，$\cos x = \frac{1-t^2}{1+t^2}$，$dx = \frac{2dt}{1+t^2}$. ∴ $I = \int \frac{1}{1 + \frac{1-t^2}{1+t^2}} \frac{2}{1+t^2} dt = \int dt = t = \boldsymbol{\tan \frac{x}{2}} = \frac{\sin \frac{x}{2}}{\cos \frac{x}{2}} = \frac{2 \sin \frac{x}{2} \cos \frac{x}{2}}{2 \cos^2 \frac{x}{2}} = \boldsymbol{\frac{\sin x}{1+\cos x}} = \frac{\sin x (1-\cos x)}{(1+\cos x)(1-\cos x)} = \frac{\sin x (1-\cos x)}{\sin^2 x} = \boldsymbol{\frac{1-\cos x}{\sin x}}$. 以上，太字にしたところは，どれを解としてもよい．三角関数はこのようにさまざまな表現をもつことがある．　　　　(解終)

例 4.22　$I = \int \frac{1}{1+\sin x} dx$ を求めよ．

[**解**]　$t = \tan \frac{x}{2}$ とおくと，$\sin x = \frac{2t}{1+t^2}$，$dx = \frac{2dt}{1+t^2}$. ∴ $I = \int \frac{1}{1+\frac{2t}{1+t^2}} \frac{2}{1+t^2} dt = \int \frac{2}{(1+t)^2} dt = -\frac{2}{1+t} = -\frac{2}{1+\tan \frac{x}{2}} = -\frac{2 \cos \frac{x}{2}}{\cos \frac{x}{2} + \sin \frac{x}{2}} = -2 \cos \frac{x}{2} \frac{\cos \frac{x}{2} + \sin \frac{x}{2}}{(\cos \frac{x}{2} + \sin \frac{x}{2})^2} = -\boldsymbol{\frac{1+\cos x + \sin x}{1+\sin x}}$

今，前式の分母子に $\cos \frac{x}{2} + \sin \frac{x}{2}$ を掛けたが，その代わりに $2 \cos \frac{x}{2}$ を掛けると，$I = -\frac{4 \cos^2 \frac{x}{2}}{2 \cos^2 \frac{x}{2} + 2 \sin \frac{x}{2} \cos \frac{x}{2}} = -\boldsymbol{\frac{2(1+\cos x)}{1+\cos x + \sin x}}$ となる．この例題でも，見かけのまったく異なるさまざまな形で解を表すことができた．太字にしたどの形でも，解といえる．スッキリとしているのは後の2つ，とくに終わりから2番目は元の問題との関連が見やすく，一番きれいかもしれない．　　　　(解終)

[**別解**]　$I = \int \frac{1}{1+\sin x} dx = \int \frac{1-\sin x}{(1+\sin x)(1-\sin x)} dx = \int \frac{1-\sin x}{\cos^2 x} dx = \int \frac{1}{\cos^2 x} dx - \int \frac{\sin x}{\cos^2 x} dx$. ところで，$(\tan x)' = \frac{1}{\cos^2 x}$　∴ $\int \frac{1}{\cos^2 x} dx = \tan x$ であり，2番目の積分で $t = \cos x$ とおくと，$dt = -\sin x dx$, ∴ $\int \frac{\sin x}{\cos^2 x} dx = -\int \frac{1}{t^2} dt$. よって，$I = \tan x + \int \frac{1}{t^2} dt = \tan x - \frac{1}{t} = \tan x - \frac{1}{\cos x} = -\boldsymbol{\frac{1-\sin x}{\cos x}} = -\frac{(1-\sin x)(1+\sin x)}{\cos x (1+\sin x)} = -\boldsymbol{\frac{\cos x}{1+\sin x}}$ というこれまでと異なる形の解が求まる．実はこの最後の解から定数1を引けば，解に書いた終わりから2番目の式に一致する．実質的に同じ解といえる．　　　　(別解終)

例 4.23　$I = \int \frac{1}{\sin x \cos^3 x} dx$ を求めよ．

[**解**]　$I = \int \frac{1}{\sin x \cos^3 x} dx = \int \frac{1}{(\frac{\sin x}{\cos x}) \cos^4 x} dx$ だから，$t = \tan x$ とおくと，$I = \int \frac{1}{\frac{t}{(1+t^2)^2}} \frac{1}{1+t^2} dt = \int \frac{1+t^2}{t} dt = \log |t| + \frac{t^2}{2} = \underline{\log |\tan x| + \frac{\tan^2 x}{2}}$ (A)　　　　(解終)

《指数関数の有理式の不定積分》

- $\int R(e^x) dx$ は，$t = e^x$ とおくと t の有理関数の積分に帰着する．このとき，$dt = e^x dx$,

または $dx = \frac{dt}{t}$ である.

例 4.24 $I = \int \frac{1}{e^x+1}dx$ を求めよ.

[解] $t = e^x$ とおくと, $dx = \frac{dt}{t}$. よって $I = \int \frac{1}{t(t+1)}dt = \int \left(\frac{1}{t} - \frac{1}{t+1}\right)dt = \log|t| - \log|t+1| = \underline{x - \log|e^x + 1|}$ (A) (解終)

例 4.25 $I = \int \frac{1}{e^{3x}+3e^x}dx$ を求めよ.

[解] $t = e^x$ とおくと, $dx = \frac{dt}{t}$. よって $I = \int \frac{1}{t^2(t^2+3)}dt = \frac{1}{3}\int \left(\frac{1}{t^2} - \frac{1}{t^2+3}\right)dt = -\frac{1}{3t} - \frac{1}{3\sqrt{3}}\operatorname{Arctan}\frac{t}{\sqrt{3}} = \underline{-\frac{e^{-x}}{3} - \frac{1}{3\sqrt{3}}\operatorname{Arctan}\frac{e^x}{\sqrt{3}}}$ (A) (解終)

《無理関数の有理式の不定積分》

- $\int R(x, \sqrt[n]{\frac{ax+b}{cx+d}})dx$ は, $t = \sqrt[n]{\frac{ax+b}{cx+d}}$ とおくと, $t^n = \frac{ax+b}{cx+d}$, $\therefore x = \frac{dt^n - b}{-ct^n + a}$, $\therefore x = -\frac{d}{c} + \frac{1}{c} \cdot \frac{ad-bc}{-ct^n+a}$, $\therefore dx = nt^{n-1}\frac{ad-bc}{(-ct^n+a)^2}dt$ となって, t の有理関数の積分に帰着する.

- $\int R(x, \sqrt{ax^2+bx+c})dx$ $(a \neq 0)$ は,

  (1) $a > 0$ のとき, $\sqrt{(ax^2+bx+c)} = t - \sqrt{a} \cdot x$ とおくと, $t^2 - 2\sqrt{a} \cdot tx + ax^2 = ax^2 + bx + c$, これより, $x = \frac{t^2 - c}{2\sqrt{a} \cdot t + b}$, $dx = \frac{2\sqrt{a} \cdot t^2 + 2bt + 2\sqrt{a} \cdot c}{(2\sqrt{a} \cdot t + b)^2}dt$ $dx = [\frac{1}{2\sqrt{a}} - \frac{b^2 - 4ac}{2\sqrt{a}(2\sqrt{a} \cdot t + b)^2}]dt$ となって, t の有理関数の積分に帰着する.

  (2) $a < 0$ のとき, $b^2 - 4ac > 0$ なので, 実数の範囲で因数分解できる. $ax^2 + bx + c = a(x-\alpha)(x-\beta)$ のとき, $t = \sqrt{\frac{a(x-\alpha)}{x-\beta}}$ とおく. このとき, $t^2 = \frac{a(x-\alpha)}{x-\beta}$, $\therefore x = \frac{-\beta t^2 + a\alpha}{-t^2 + a} = \beta + \frac{a(\beta-\alpha)}{t^2-a}$, ゆえに, $dx = -\frac{2a(\beta-\alpha)t}{(t^2-a)^2}dt$ となる. こうして, t の有理関数の積分に帰着する.

例 4.26 $I = \int \sqrt{\frac{x-1}{2-x}}dx$ を求めよ.

[解] $t = \sqrt{\frac{x-1}{2-x}}$ とおくと, $t^2 = \frac{x-1}{2-x}$, $\therefore x = \frac{2t^2+1}{t^2+1} = 2 - \frac{1}{t^2+1}$, よって $dx = \frac{2t}{(t^2+1)^2}dt$. ゆえに $I = \int t\{\frac{2t}{(t^2+1)^2}\}dt = \int \frac{2}{t^2+1}dt - \int \frac{2}{(t^2+1)^2}dt = 2\operatorname{Arctan} t - 2K_2$ (ここで K_2 は例 4.19 の漸化式で求めた積分, $\alpha = 1$) $= \operatorname{Arctan} t - \frac{t}{t^2+1} = \operatorname{Arctan}\sqrt{\frac{x-1}{2-x}} - \sqrt{(x-1)(2-x)}$ (A) $\underline{I = \operatorname{Arctan}\sqrt{\frac{x-1}{2-x}} - \sqrt{(x-1)(2-x)}}$ (解終)

例 4.27 $I = \int \frac{1}{x\sqrt{1-x^2}}dx$ を求めよ.

[解] $t = \sqrt{\frac{x+1}{1-x}}$ とおくと, $t^2 = \frac{x+1}{1-x}$, $\therefore x = \frac{t^2-1}{t^2+1} = 1 - \frac{2}{t^2+1}$, よって $dx = \frac{4t}{(t^2+1)^2}dt$. また, $1 - x = \frac{2}{t^2+1}$ だから $\sqrt{1-x^2} = (1-x)t = \frac{2t}{t^2+1}$. $\therefore I = \int \frac{t^2+1}{t^2-1} \cdot \frac{t^2+1}{2t} \cdot \frac{4t}{(t^2+1)^2}dt = \int \frac{2}{t^2-1}dt = \int \left(\frac{1}{t-1} - \frac{1}{t+1}\right)dt = \log\left|\frac{t-1}{t+1}\right| = \log\left|\frac{\sqrt{x+1}-\sqrt{1-x}}{\sqrt{x+1}+\sqrt{1-x}}\right| = \log\left|\frac{(x+1)-2\sqrt{1-x^2}+(1-x)}{2x}\right| = \log\frac{|1-\sqrt{1-x^2}|}{|x|}$ と求まる. (A) $\underline{I = \log\left|\frac{1-\sqrt{1-x^2}}{x}\right|}$

(解終)

例 4.28 $I = \int \sqrt{x^2+A}dx$ を求めよ.

[解] $\sqrt{x^2+A} = t-x$ とおくと, $x^2+A = t^2-2tx+x^2$ ∴ $2tx = t^2-A$, よって, $x = \frac{t^2-A}{2t} = \frac{t}{2} - \frac{A}{2t}$. ∴ $dx = \frac{t^2+A}{2t^2}dt$, また, $\sqrt{x^2+A} = t-x = \frac{t^2+A}{2t}$ となる.
∴ $I = \int \frac{t^2+A}{2t} \frac{t^2+A}{2t^2} dt = \int \frac{(t^2+A)^2}{4t^3} dt = \frac{1}{4}\int \left(t + \frac{2A}{t} + \frac{A^2}{t^3}\right)dt = \frac{1}{4}\left(\frac{t^2}{2} + 2A\log|t| - \frac{A^2}{2t^2}\right) =$
$\frac{1}{4}\left(\frac{t^4-A^2}{2t^2} + 2A\log|t|\right) = \underline{\frac{x\sqrt{x^2+A}}{2} + \frac{A}{2}\log|x+\sqrt{x^2+A}|}$ (A) 　　　　　(解終)

例 4.29 $I = \int x\sqrt{x^2-1}\,dx$ を求めよ.

[解] $t = x^2-1$ とおくと, $dt = 2xdx$, ∴ $I = \int \frac{\sqrt{t}}{2}dt = \int \frac{t^{1/2}}{2}dt = \frac{t^{3/2}}{3} = \underline{(x^2-1)\frac{\sqrt{x^2-1}}{3}}$ (A) このように簡単な置換積分で求まることもある. 　　　　　(解終)

注 4.3 $\int R(x, \sqrt{f(x)})dx$ において, 関数 $f(x)$ が, 平方因数を含まない 3 次または 4 次の多項式のとき, 不定積分は初等関数では表せないことが証明されている. これを楕円積分と呼ぶ. 5 次以上のときは超楕円積分と呼ばれ, やはり初等関数では表せない.

《チェビシェフの二項積分》

● q, m, n は有理数 ($\neq 0$) として $I = \int x^m(ax^n+b)^q dx$ を考える. $t = x^n$ とおくと, $x = t^{1/n}$ だから $dx = \frac{1}{n}t^{(1-n)/n}dt$, ∴ $p = \frac{m+1}{n} - 1$ とおけば, $I = \frac{1}{n}\int t^p(at+b)^q dt$ となる. これは次の 2 つの場合に有理関数の積分に帰着する.

(1) $\underline{p \text{ または } q \text{ が整数のとき}}$. q が整数ならば, $p = \frac{j}{k}$ (j, k: 整数) とし, $t = s^k$ とおけば, $dt = ks^{k-1}ds$, ∴ $I = \frac{k}{n}\int s^{j+k-1}(as^k+b)^q ds$ と, 確かに s の有理関数の積分に変わる. ただし, q が自然数ならはじめから q 乗を展開するのがよい. p が整数のときは, $T = at + b$ なる変換をして, すぐに今と同じような変形をすればよい. p が自然数ならば T に変換したらすぐに p 乗を展開する.

(2) $\underline{p+q \text{ が整数の場合}}$, $s = \frac{1}{t}$ とおく. $dt = -\frac{1}{s^2}ds$ ∴ $I = -\frac{1}{n}\int s^{-p-2}\left(\frac{a}{s}+b\right)^q dt = \frac{1}{n}\int s^{-p-q-2}(a+bs)^q dt$ となって (1) の場合に帰着する.

19 世紀ロシアの数学者チェビシェフ (Chebyshev) はこれらの場合以外には初等関数で表すことができないことを証明した.

例 4.30 (1) $I = \int \frac{x^{5/3}}{x^4-1}dx$, (2) $I = \int x^{-5}(x^3+1)^{1/3}dx$ を求めよ.

[解] (1) $t = x^4$ とおくと, $x = t^{1/4}$, ∴ $dx = \frac{1}{4}t^{-3/4}dt$, ∴ $I = \frac{1}{4}\int \frac{t^{5/12}t^{-3/4}}{t-1}dt = \frac{1}{4}\int \frac{t^{-1/3}}{t-1}dt$. $s = t^{1/3}$ とおくと, $t = s^3$ ∴ $dt = 3s^2 ds$, $I = \frac{1}{4}\int \frac{3s}{s^3-1}ds$. $s^3-1 = (s-1)(s^2+s+1)$ だから部分分数に分解する. $\frac{3s}{s^3-1} \equiv \frac{A}{s-1} + \frac{Bs+C}{s^2+s+1}$ とおくと, 分母を払って, $3s \equiv A(s^2+s+1) + (Bs+C)(s-1)$, $s = 1$ とおくと $3 = 3A$, ∴ $A = 1$. s^2 の係数比較から, $0 = A+B$, ∴ $B = -1$, 定数項の比較から, $0 = A-C$, ∴ $C = 1$. 積分して, $I = \frac{1}{4}(\log\frac{|s-1|}{\sqrt{s^2+s+1}} + \sqrt{3}\text{Arctan}\frac{2s+1}{\sqrt{3}})$, もとの x で書いて次の解を得る. $I = \int x^{-5}(x^3+1)^{1/3}dx$ 　$\underline{I = \frac{1}{8}\log\frac{|x^{4/3}-1|^3}{|x^4-1|} + \frac{\sqrt{3}}{4}\text{Arctan}\frac{2x^{4/3}+1}{\sqrt{3}}}$,

(2) $p = \frac{-5+1}{3} - 1 = -\frac{7}{3}$, $q = \frac{1}{3}$ だから, $p+q = -2$. そこで, $\frac{1}{s} = x^3$ とおくと,

$x = s^{-1/3}$, $\therefore dx = -\frac{1}{3}s^{-4/3}ds$. よって, $I = -\frac{1}{3}\int s^{5/3}(\frac{1}{s+1})^{1/3}s^{-4/3}ds = -\frac{1}{3}\int(s+1)^{1/3}ds = (-\frac{1}{3})(\frac{3}{4})(s+1)^{4/3} = -\frac{1}{4}(x^{-3}+1)^{4/3} = -\frac{(x^3+1)^{4/3}}{4x^4}$. (A) $I = -\frac{(x^3+1)^{4/3}}{4x^4}$

(解終)

例 4.31 $I = \int \sin^p x \cdot \cos^q x\, dx$ (p, q:有理数) が有理関数の積分に帰着するのはどんなときか? とくに $I_1 = \int \frac{\sin^{1/3} x}{\cos x} dx$ と $I_2 = \int \sqrt{\sin x}\, dx$ について調べよ.

[**解**] $\sin x = \sqrt{t}$ とおくと, $t = \sin^2 x$, $\therefore dt = 2\sin x \cos x\, dx$, $\therefore I = \frac{1}{2}\int t^{(p-1)/2}(1-t)^{(q-1)/2}dt$ と書ける. だから, $\frac{p-1}{2}$ または $\frac{q-1}{2}$ または $\frac{p-1}{2} + \frac{q-1}{2}$ のいずれかが整数のときに限って有理化される. すなわち, p または q が奇数のときと, $p+q$ が偶数のときには有理化でき, それ以外の場合には有理化できない.

I_1 は $p = \frac{1}{3}$, $q = -1$ だから有理化できる. I_2 は $p = \frac{1}{2}$, $q = 0$ だから有理化できない.

(解終)

4.3 定 積 分

元々は面積や体積を求める工夫から発展してきたのが定積分である. 遠くは古代最大の天才アルキメデスの見事な推論があり, 17 世紀以降には, ケプラー (Kepler), カヴァリエーリ (Cavalieri), デカルト (Descartes), フェルマー (Fermat), パスカル (Pascal) たちが綺羅星のごとく現れ, さまざまなアイディア・工夫で, 次々に個別の曲線や立体の面積や体積に挑戦し, 計算をしていった. まさに天才たちの世紀といってもよいほどだ. 一大転機を迎えたのは, 接線を引いたり極値を求めるために発展してきた微分法と, 面積・体積を求めるための積分法が互いに逆の関係にあることがはっきりと認識されたときだ. これはニュートンとライプニッツによって独立になされ, それ以後「微分積分学」として大きく発展することになる. その後 18 世紀には次々に新しいテクニックが発見され, 解ける問題の種類も大きく広がったが, 極限や収束などの微分積分学の足元を深く反省するまでには至らなかった. 19 世紀に入ると, フーリエ級数の発見などを契機として, 微分積分学の基礎固めが必要であることが強く認識された. とくに定積分についてはリーマン (Riemann) が見事に定義をし直したので, 現今大学の初年級で教えられる定積分は**リーマン積分** (Riemann integral) と呼ばれる. その理論をその後の改良版で紹介しよう.

有界閉区間 $[a,b]$ において有界な関数 $f(x)$ をとる. $[a,b]$ を分点 $a = x_0 < x_1 < x_2 < \cdots < x_n = b$ で分割し, この分割を Δ と書く. $|\Delta| = \max_{1 \leq i \leq n}(x_i - x_{i-1})$ を分割 Δ の幅という. 各小区間 $\Delta_i = [x_{i-1}, x_i]$ 内に任意に点 ξ_i をとり, このとり方を Ξ と書く. $R(\Delta, \Xi, f(x)) = \sum_{1 \leq i \leq n} f(\xi_i)(x_i - x_{i-1})$ を, 関数 $f(x)$ の Δ と Ξ に関する**リーマン和** (Riemann sum) と名付ける. 有界な関数は上限, 下限をもつ (実数の連続性) から, 小区間 $\Delta_i = [x_{i-1}, x_i]$ における関数 $f(x)$ の上限と下限を M_i, m_i とし, 区間 $[a,b]$ 全体におけ

4. 積 分 法

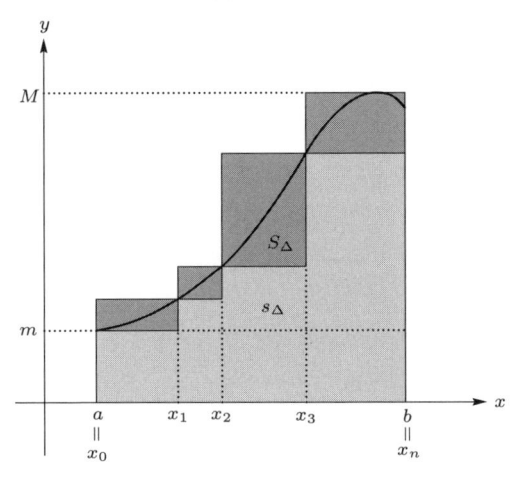

図 4.1

る関数 $f(x)$ の上限と下限を M, m とする.このとき当然,$m \leq m_i \leq f(\xi_i) \leq M_i \leq M$ が成り立つ. $S_\Delta = \sum_{1 \leq i \leq n} M_i(x_i - x_{i-1})$ を**上和**,$s_\Delta = \sum_{1 \leq i \leq n} m_i(x_i - x_{i-1})$ を**下和**という.

また,$\sum_{1 \leq i \leq n}(x_i - x_{i-1}) = b - a$ だから,$m(b-a) \leq \sum_{1 \leq i \leq n} m_i(x_i - x_{i-1}) \leq \sum_{1 \leq i \leq n} f(\xi_i)(x_i - x_{i-1}) \leq \sum_{1 \leq i \leq n} M_i(x_i - x_{i-1}) \leq M(b-a)$,すなわち $m(b-a) \leq s_\Delta \leq R(\Delta, \Xi, f(x)) \leq S_\Delta \leq M(b-a)$ が成り立つ.これより,あらゆる分割 Δ に対して s_Δ, S_Δ はともに有界なので,上限と下限をもつ.分割 Δ にさらに分点を付け加えて Δ の細分 Δ' をとると $s_\Delta \leq s_{\Delta'}$,$S_{\Delta'} \leq S_\Delta$ となることはあきらかだから,s_Δ についてはその上限,S_Δ についてはその下限に興味が集中する.そこで,$\sup_\Delta s_\Delta$ を**下積分**(lower integral)といって,$\underline{\int}_a^b f(x)dx$ と書き,$\inf_\Delta S_\Delta$ を**上積分**(upper integral)といって,$\overline{\int}_a^b f(x)dx$ と書く.これらは有界な関数に対してかならず存在する.また次のように極限で表せることが証明されている (ダルブー (Darboux)).

$$\underline{\int}_a^b f(x)dx = \lim_{|\Delta| \to 0} s_\Delta, \quad \overline{\int}_a^b f(x)dx = \lim_{|\Delta| \to 0} S_\Delta \tag{4.3}$$

あきらかに次の不等式が成り立つ:

$$m(b-a) \leq \underline{\int}_a^b f(x)dx \leq R(\Delta, \Xi, f(x)) \leq \overline{\int}_a^b f(x)dx \leq M(b-a)$$

定義 4.3 $[a, b]$ で有界な関数 $f(x)$ の上積分と下積分が一致するとき,$f(x)$ は**積分可能** (integrable),または**リーマン可積分** (Riemann integrable) であるといい,この等しい値を,関数 $f(x)$ の a から b までの**定積分** (definite integral) といって,$\int_a^b f(x)dx$ と書

き表す．これは次のようにも書ける．

$$\int_a^b f(x)dx = \lim_{|\Delta|\to 0} R(\Delta, \Xi, f(x)) = \lim_{|\Delta|\to 0} \sum_{1\leq i\leq n} f(\xi_i)(x_i - x_{i-1}),$$

したがって，

$$m(b-a) \leq \int_a^b f(x)dx \leq M(b-a) \tag{4.4}$$

が成り立つ．なお，$a = b$ のときと，$a > b$ のときには次のように規約する．

[規約] $\int_a^a f(x)dx = 0$, $\int_a^b f(x)dx = -\int_b^a f(x)dx$

定理 4.5 関数 $f(x)$ が $[a,b]$ で連続ならば，$f(x)$ は $[a,b]$ で積分可能である．

[証明] このとき $f(x)$ は一様連続だから (定理 1.12)，任意の $\varepsilon > 0$ に対して $\delta > 0$ が存在して，$|x - x'| < \delta$ ならば $|f(x) - f(x')| < \frac{\varepsilon}{b-a}$ となる．したがって，$|\Delta| < \delta$ にとれば $M_i - m_i < \frac{\varepsilon}{b-a}$ になる．よって，$S_\Delta - s_\Delta = \sum_{1\leq i\leq n}(M_i - m_i)(x_i - x_{i-1}) < \frac{\varepsilon}{b-a}\sum_{1\leq i\leq n}(x_i - x_{i-1}) = \varepsilon$ となって，$\lim_{|\Delta|\to 0}(S_\Delta - s_\Delta) = 0$ であることが示される．

(証明終)

注 4.4 区間 $[a,b]$ に有限個の不連続点があるとき，$f(x)$ は**区分的に連続** (piecewise continuous) という．このときも，関数 $f(x)$ は積分可能である．なぜなら，不連続点の個数が p 個とし，それらを含む小区間をすべて総和からはずしたとき，$S_\Delta - s_\Delta$ の違いはたかだか $2p\delta(M-m)$ である．不連続点がたまたま分割 Δ の分点 x_i に一致したときはその両側の小区間をはずすので 2 倍にした．したがって $|\Delta| \to 0$ のとき，これは 0 になり，無視できる．

定理 4.6 関数 $f(x)$ が $[a,b]$ で有界かつ単調ならば，$f(x)$ は $[a,b]$ で積分可能である．

[証明] 単調増加のときに証明する．このとき $M_i = f(x_i)$, $m_i = f(x_{i-1})$ である．したがって，$|\Delta| < \delta$ にとれば $S_\Delta - s_\Delta = \sum_{1\leq i\leq n}(M_i - m_i)(x_i - x_{i-1}) = \sum_{1\leq i\leq n}\{f(x_i) - f(x_{i-1})\}(x_i - x_{i-1}) < \sum_{1\leq i\leq n}\{f(x_i) - f(x_{i-1})\}\delta < (f(b) - f(a))\delta$ となる．$\therefore \lim_{|\Delta|\to 0}(S_\Delta - s_\Delta) = 0$ である． (証明終)

例 4.32 ディリクレ (Dirichlet) の関数 $f: [0,1] \to \mathbf{R}$ を，

$$f(x) = 0 \ (x \text{ は無理数}), 1 \ (x \text{ は有理数})$$

と定義する．これは積分可能ではない．

[解] 有理数も無理数も稠密 (1.1 節参照) に分布しているから，$M_i = 1$, $m_i = 0$, $\therefore M_i - m_i = 1$ である．したがって $S_\Delta - s_\Delta = \sum_{1\leq i\leq n}(x_i - x_{i-1}) = b - a > 0$ である．

(解終)

例 4.33 $[0,1]$ に属する数を 2 進法で書き表す．たとえば，$0 \to 0$, $\frac{1}{2} \to 0.1$, $\frac{1}{4} \to 0.01$,

$\frac{3}{4} \to 0.11$, など. この 2 進数を 10 進法で読む関数を $f(x)$ とする. $f : [0,1] \to \mathbf{R}$ で, $f(0) = 0$, $f(\frac{1}{2}) = \frac{1}{10}$, $f(\frac{1}{4}) = \frac{1}{100}$, $f(\frac{3}{4}) = \frac{11}{100}$ などとなる. $f(x)$ はあきらかに単調増加であるが, $\frac{奇数}{2^p}$ のところで不連続になる. したがって不連続点が無数に（稠密に）存在するが, 有界な単調増加関数だから積分可能である.

以上, 変わった関数の例を 2 つ取り上げた.

定理 4.7 関数 $f(x)$, $g(x)$ が $[a,b]$ で積分可能ならば, 次の式が成り立つ.
(1) $c \in [a,b]$ なら $\int_a^b f(x)dx = \int_a^c f(x)dx + \int_c^b f(x)dx$ （積分の加法性）,
(2) $\int_a^b \{f(x) + g(x)\}dx = \int_a^b f(x)dx + \int_a^b g(x)dx$,
(3) $\int_a^b (kf(x))dx = k \int_a^b f(x)dx$,
(4) $[a,b]$ で $f(x) \geq 0$ ならば, $\int_a^b f(x)dx \geq 0$. さらに連続点 $c \in (a,b)$ で $f(c) > 0$ ならば, $\int_a^b f(x)dx > 0$,
(5) $|f(x)|$ は積分可能で, $|\int_a^b f(x)dx| \leq \int_a^b |f(x)|dx$,
(6) 積 $f(x)g(x)$ は $[a,b]$ で積分可能.

[証明] (1) 分割として, c を分点として通るものだけをとればあきらかである. 規約によっては, この等式は a, b, c の大小にかかわりなく成り立つ.

(2), (3) は定積分の線形性と呼ばれる. リーマン和の線形性からあきらか.

(4) の前半もリーマン和の形からあきらか. 後半は, c で連続なので $(c-\delta, c+\delta)$ で $f(x) > 0$ になり, その部分の寄与から $\int_a^b f(x)dx > 0$ が保証される.

(5) は $|f(x)|$ が積分可能であることがいえれば, $-|f(x)| \leq f(x) \leq |f(x)|$ より, $-\int_a^b |f(x)|dx \leq \int_a^b f(x)dx \leq \int_a^b |f(x)|dx$ だからあきらかである. 一般に $||f(x)| - |f(x')|| \leq |f(x) - f(x')|$ が成り立つから, $|f(x)|$ の小区間 Δ_i における関数 $|f(x)|$ の上限と下限を $\underline{M_i}$, $\underline{m_i}$ とすると, $\underline{M_i} - \underline{m_i} \leq M_i - m_i$ であり, $|f(x)|$ の上和, 下和を $\underline{S}_\Delta$, $\underline{s}_\Delta$ と書くと, $\underline{S}_\Delta - \underline{s}_\Delta = \sum_{1 \leq i \leq n}(\underline{M_i} - \underline{m_i})(x_i - x_{i-1}) \leq \sum_{1 \leq i \leq n}(M_i - m_i)(x_i - x_{i-1}) = S_\Delta - s_\Delta$ となるので, $f(x)$ の積分可能性から $|f(x)|$ の積分可能性がいえる.

(6) 区間 $[a,b]$ における $|f(x)|$ と $|g(x)|$ の共通の上界を K とすると, 一般に, $|f(x)g(x) - f(x')g(x')| = |(f(x) - f(x'))g(x) + (g(x) - g(x'))f(x')| \leq K(|f(x) - f(x')| + |g(x) - g(x')|)$ となる. これからただちに証明できる. 詳細省略. （証明終）

定理 4.8 (微分積分学の基本定理) 関数 $f(x)$ が $[a,b]$ で連続とする.
(1) $F_0(x) = \int_a^x f(t)dt$ は C^1 級で, $F_0'(x) = f(x)$ である. すなわち $F_0(x)$ は $f(x)$ の原始関数である.
(2) したがって, $f(x)$ の任意の原始関数を $F(x)$ とすれば,

$$\int_a^b f(x)dx = F(b) - F(a) \tag{4.5}$$

が成り立つ. この右辺を $[F(x)]_a^b$ と書く.

[証明] まず $h>0$ のとき, $F(x+h)-F(x) = \int_a^{x+h} f(t)dt - \int_a^x f(t)dt = \int_x^{x+h} f(t)dt$ なので $[x, x+h]$ における関数 $f(x)$ の最大値と最小値を M, m とすれば, (4.4) より, $m \leqq \frac{1}{h}\int_x^{x+h} f(x)dx \leqq M$ である. あきらかに $m \leqq f(x) \leqq M$ だから, $|\frac{1}{h}\int_x^{x+h} f(x)dx - f(x)| \leqq M - m$ となる. $f(x)$ は一様連続だから, h を小さくとれば $M-m$ はいくらでも小さくできる. $h \to +0$ として (1) を得る. $h<0$ のときも同様である.

$F_0(x)$ と $F(x)$ はともに $f(x)$ の原始関数であるから, $F(x) - F_0(x) = C$(定数). x に a を代入して $F(a) - F_0(a) = F(a) - \int_a^a f(t)dt = F(a) = C$. また, x に b を代入して, $F(b) - F_0(b) = F(b) - \int_a^b f(t)dt = C = F(a)$ となる. したがって, $\int_a^b f(x)dx = F(b) - F(a) = [F(x)]_a^b$ が成り立つ. (証明終)

注 4.5 これが微分と積分が逆の演算であることを示す定理で, ニュートン・ライプニッツの定理とも呼ばれる. 幾何学的な形ではトリチェリ (Torricelli), グレゴリー (Gregory), バロウ (Barrow) らが薄々気づいていたが, アルゴリズムとして捉えた2人に微分積分学発見の栄誉が与えられた. かつては個々の曲線の深い性質をいくつも使って得られていた面積・体積が, 原始関数を知ればただの引き算で求められるという形になったのである. 数学史全体を見渡してもこれほどのドラマティックな舞台転換はほかに例をみない.

なお, $c, x \in [a,b]$ に対して, $\int_c^x f(t)dt = F(x) + C$ と書ける. これが「不定積分」という名前の根拠である.

例 4.34 $I = \int_2^4 (-x^3 + 6x^2 - 8x)dx$ を求めよ.
[解] ひとつの原始関数として, $F(x) = -\frac{x^4}{4} + 2x^3 - 4x^2$ がとれるから, $I = [-\frac{x^4}{4} + 2x^3 - 4x^2]_2^4 = (-64 + 128 - 64) - (-4 + 16 - 16) = 4$ (A) $I = 4$
このような定積分の練習は 4.5 節でまとめて行う. (解終)

定理 4.9 (積分の平均値の定理) $[a,b]$ において, 関数 $f(x)$ は連続, 関数 $\phi(x)$ は積分可能で符号が一定であるとする. そのとき $c\,(a \leqq c \leqq b)$ が存在して,

$$\int_a^b f(x)\phi(x)dx = f(c)\int_a^b \phi(x)dx \quad (a \leqq \exists c \leqq b) \tag{4.6}$$

[証明] $\phi(x) > 0$ のときに証明する. $[a,b]$ における関数 $f(x)$ の最大値と最小値を M, m とすれば, あきらかに $m\phi(x) \leqq f(x)\phi(x) \leqq M\phi(x)$ だから,

$$m\int_a^b \phi(x)dx \leqq \int_a^b f(x)\phi(x)dx \leqq M\int_a^b \phi(x)dx$$

となる. よって $\int_a^b f(x)\phi(x)dx = \mu\int_a^b \phi(x)dx\,(m \leqq \mu \leqq M)$ となる. 中間値の定理によって, $\mu = f(c)\,(a \leqq \exists c \leqq b)$ となる c が存在する. なお, この c は, $a < c < b$ にとれることが証明できる. $\phi(x) < 0$ のときは $-\phi(x)$ を使えばよい. (証明終)

注 4.6 $\phi(x)=1$ のときには,次のような簡単な形に書ける.

$$\int_a^b f(x)dx = f(c)(b-a) \quad (a \leq \exists c \leq b) \tag{4.7}$$

これから微分積分学の基本定理 (1) を次のように導くことができる.

$h>0$ に対して $c \in [x, x+h]$ が存在して,$\int_x^{x+h} f(t)dt/h = f(c)$ となる.$h\downarrow 0$ とすれば,$c \to x$ だから,$\lim_{h\downarrow 0}\{\int_x^{x+h} f(t)dt/h\} = f(x)$. $h<0$ のときも同様に示せる.

4.4 広義積分

ここまで,有界な閉区間で有界な関数 $f(x)$ に対して定積分を定義してきた.しかしこの二重の有界条件は,応用するに当たっては少し強すぎて不便である.そこで有界性の仮定をはずして,極限操作で自然に拡張できる場合に限って定積分の定義を拡張する.まず,関数の有界性がはずれたときから始め,続いて無限区間の場合を扱う.

定義 4.4 $(a,b]$ で関数 $f(x)$ は非有界だが,任意の $\varepsilon > 0$ に対して $f(x)$ は $[a+\varepsilon, b]$ で積分可能とする.もしも $\lim_{\varepsilon \to +0} \int_{a+\varepsilon}^b f(x)dx$ が存在するときに,この極限値を(定積分の記号をそのまま流用して)$\int_a^b f(x)dx$ と書き表す.$[a,b)$ で $f(x)$ が非有界だが,任意の $\varepsilon > 0$ に対して $[a, b-\varepsilon]$ で積分可能となっているときには,極限値が存在するときには $\int_a^b f(x)dx = \lim_{\varepsilon \to +0} \int_a^{b-\varepsilon} f(x)dx$. (a,b) で $f(x)$ が非有界だが,任意の $\varepsilon > 0$, $\varepsilon' > 0$ に対して $f(x)$ は $[a+\varepsilon, b-\varepsilon']$ で積分可能のとき,極限値 $\lim_{\varepsilon \to +0, \varepsilon' \to +0} \int_{a+\varepsilon}^{b-\varepsilon'} f(x)dx$ が存在すれば,これを $\int_a^b f(x)dx$ と書き表す.$[a,b]$ の内点において関数 $f(x)$ が非有界になるときには,上端と下端で非有界のときの定義を組み合わせて,極限値を用いる.

これらをすべて**広義積分** (improper integral) という.

注 4.7 広義積分を定義する極限値が存在するための条件を,定理 1.8(コーシーの収束条件)を使って書き表すことができる.たとえば関数 $f(x)$ が区間 $(a,b]$ において連続で,a の近くで有界ではない場合には次のようになる.

● 広義積分 $\int_a^b f(x)dx = \lim_{\varepsilon \to +0} \int_{a+\varepsilon}^b f(x)dx$ が存在する

$\Leftrightarrow$ 任意の $\varepsilon > 0$ に対して $\exists \delta > 0; 0 < r < s < \delta \Rightarrow \left|\int_{a+r}^{a+s} f(x)dx\right| < \varepsilon$.

ほかの場合も必要な変更を施して,同じ定理を使えばよい.

定理 4.10(広義積分の収束) (1) 区間 $(a,b]$ において定義された関数 $f(x)$ が a の近くで有界ではないとき,広義積分 $\int_a^b |f(x)|dx$ が収束すれば,広義積分 $\int_a^b f(x)dx$ は収束する(このとき広義積分は絶対収束するという).

(2) 区間 $(a,b]$ において $|f(x)| \leq g(x)$ であって,広義積分 $\int_a^b g(x)dx$ が収束すれば

$\int_a^b |f(x)|dx$ は収束し，したがって広義積分 $\int_a^b f(x)dx$ は収束する．

(3) 区間 $(a,b]$ において関数 $f(x)$ は連続，a の近くで有界ではないが $0 < \alpha < 1$ なる指数 α に対して $(x-a)^\alpha |f(x)|$ は有界であるとき，広義積分 $\int_a^b f(x)dx$ は収束する．

[**証明**] (1) $|\int_{a+r}^{a+s} f(x)dx| \leqq \int_{a+r}^{a+s} |f(x)|dx < \varepsilon$ だからあきらかである．

(2) 仮定より $\int_{a+r}^{a+s} |f(x)|dx \leqq \int_{a+r}^{a+s} g(x)dx$ となり，広義積分は $\int_a^b f(x)dx$ が絶対収束するから収束する．

(3) b が a に近く，区間 $(a,b]$ において $(x-a)^\alpha |f(x)| < M$ が成り立つときに証明すれば十分である．このとき，$|f(x)| < M(x-a)^{-\alpha}$ だから，$|\int_{a+\varepsilon}^b f(x)dx| \leqq \int_{a+\varepsilon}^b |f(x)|dx < M \int_{a+\varepsilon}^b (x-a)^{-\alpha} dx = M[\frac{(x-a)^{1-\alpha}}{1-\alpha}]_{a+\varepsilon}^b = M\frac{(b-a)^{1-\alpha} - \varepsilon^{1-\alpha}}{1-\alpha} < \frac{M(b-a)^{1-\alpha}}{1-\alpha}$ となる（∵ 仮定より $1-\alpha > 0$）．よって $\varepsilon \to +0$ とすると，$\int_{a+\varepsilon}^b |f(x)|dx$ は単調増加かつ有界だから収束する．関数 $f(x)$ の広義積分が絶対収束だから，広義積分は収束する．(証明終)

注 4.8 これ以外の場合の広義積分についても同様の定理が成り立つ．

なおこの定理において，関数 $f(x)$ が非有界になる $x = a$ も含めて原始関数 $F(x)$ が連続になるときには，$\lim_{x \to a} F(x) = F(a)$ なので，極限をとるまでもなく，$\int_a^b f(x)dx = [F(x)]_a^b = F(b) - F(a)$ と計算できる．

例 4.35 $B(p,q) = \int_0^1 x^{p-1}(1-x)^{q-1}dx \ (p > 0, q > 0)$ は収束する．

[**解**] $p \geqq 1$ かつ $q \geqq 1$ のときは，$f(x) = x^{p-1}(1-x)^{q-1}$ が $[0,1]$ で連続だから積分可能である．$0 < p < 1$ のとき，$x = 0$ で $f(x)$ は有界でないから広義積分になる．ところが $\alpha = 1-p$ とおけば $0 < \alpha < 1$ かつ，$x^\alpha |f(x)| = (1-x)^{q-1}$ が有界なので定理の (3) により収束する．また $0 < q < 1$ のときの $x = 1$ においても同様に収束することがわかる．

(解終)

定義 4.5 $B(p,q) = \int_0^1 x^{p-1}(1-x)^{q-1}dx \ (p > 0, q > 0)$ を**ベータ関数** (beta function) という．オイラーが導入した解析学の至宝の一つである．

定義 4.6 $[a, +\infty)$ で定義された関数 $f(x)$ が $R > a$ なる限り $[a, R]$ で積分可能で，$\lim_{R \to +\infty} \int_a^R f(x)dx$ が存在するときに，この極限値を $\int_a^\infty f(x)dx$ と書いて，これも**広義積分** (improper integral)，または**無限積分** (integral on infinite interval) という．これ以外の場合についても，極限値を使い必要な変更を加えた上で同様に定義する：

$$\int_{-\infty}^b f(x)dx = \lim_{S \to +\infty} \int_{-S}^b f(x)dx,$$

$$\int_{-\infty}^{+\infty} f(x)dx = \lim_{R \to +\infty, S \to +\infty} \int_{-S}^R f(x)dx.$$

4. 積　分　法　　　　　　　　　　　　　　　　　　　　175

注 4.7′ この広義積分（無限積分）を定義する極限値が存在するための条件も，定理 1.8（コーシーの収束条件）を使って書き表すことができる．たとえば区間 $[a, +\infty)$ における広義積分の場合には次のようになる．

● $\int_a^{+\infty} f(x)dx = \lim_{R \to +\infty} \int_a^R f(x)dx$ が存在する

$\Leftrightarrow$ 任意の $\varepsilon > 0$ に対して十分大きな $R > 0, S > 0$ をとれば，$\left|\int_R^S f(x)dx\right| < \varepsilon$.

ほかの場合も同様である．

定理 4.11 (無限積分の収束)　(1) 区間 $[a, \infty)$ における $f(x)$ の広義積分（無限積分）について，$\int_a^{+\infty} |f(x)|dx$ が収束すれば $\int_a^{+\infty} f(x)dx$ は収束する．

(2) 区間 $[a, \infty)$ において $|f(x)| \leq g(x)$ であって，広義積分 $\int_a^{+\infty} g(x)dx$ が収束すれば $\int_a^{+\infty} |f(x)|dx$ は収束し，したがって広義積分 $\int_a^{+\infty} f(x)dx$ は収束する．

(3) 区間 $[a, \infty)$ において関数 $f(x)$ は連続で，ある $\alpha > 1$ なる指数 α に対して $x^\alpha |f(x)|$ が有界であるとき，広義積分 $\int_a^{+\infty} f(x)dx$ は収束する．

[証明] (1) $|\int_R^S f(x)dx| \leq \int_R^S |f(x)|dx < \varepsilon$ だからあきらかである．

(2) $|\int_R^S f(x)dx| \leq \int_R^S |f(x)|dx \leq \int_R^S g(x)dx < \varepsilon$ よりあきらか．

(3) $x^\alpha |f(x)| \leq M$ $(\alpha > 1)$ より $|f(x)| \leq Mx^{-\alpha}$, $\therefore \int_R^S |f(x)|dx \leq M\int_R^S x^{-\alpha}dx = M[\frac{x^{1-\alpha}}{1-\alpha}]_R^S = M\{\frac{S^{1-\alpha} - R^{1-\alpha}}{1-\alpha}\}$. ところが，$\alpha > 1$ だから，右辺 $\to 0$ $(R \to +\infty, S \to +\infty)$ となる．　　　　　　　　　　　　　　　　　　　　　　　　　　　(証明終)

例 4.36 $\Gamma(p) = \int_0^\infty e^{-x} x^{p-1} dx$ $(p > 0)$ は収束する．

[解] $\Gamma(p) = \int_0^1 e^{-x} x^{p-1} dx + \int_1^\infty e^{-x} x^{p-1} dx$ と分けると，$p < 1$ のときの第 1 項で $x = 0$ の周辺と，第 2 項（無限積分）だけが問題になる．はじめの問題は，x^{1-p} $(0 < 1 - p < 1)$ を掛ければ有界になるから収束する．また，無限積分は $(e^{-x} x^{p-1})x^2 = e^{-x} x^{p+1}$ であり，$\lim_{x \to +\infty} e^{-x} x^{p+1} = \lim_{x \to +\infty} \frac{x^{p+1}}{e^x} = \lim_{x \to +\infty} \frac{(p+1)x^p}{e^x} = \lim_{x \to +\infty} \frac{p(p+1)x^{p-1}}{e^x} dx = \cdots = 0$ となる．したがってこの無限積分は $p > 0$ なる限りつねに収束する．　　(解終)

定義 4.7 $\Gamma(p) = \int_0^\infty e^{-x} x^{p-1} dx$ $(p > 0)$ を**ガンマ関数**（gamma function）という．ベータ関数と深く関連する解析学の至宝で，やはりオイラーが導入した．これらを利用した積分計算は重積分の章でまとめて行う．

4.5　定積分の計算法

それでは，不定積分の定理を定積分の計算に便利なように書き直した上で，広義積分も含めた定積分の計算例をみておこう．

定理 4.12 (置換積分) $[a,b]$ を含む区間 $[c,d]$ において関数 $f(x)$ は連続とし，関数 $\phi(t)$ は区間 $[\alpha,\beta]$ において C^1 級で，この区間の t に対して $c \leqq \phi(t) \leqq d$ かつ $\phi(\alpha) = a$, $\phi(\beta) = b$ であるとする．そのとき,

$$\int_a^b f(x)dx = \int_\alpha^\beta f(\phi(t))\phi'(t)dt$$

[証明] $F(x) = \int f(x)dx$ とおくと定理 4.3 より, $\frac{dF(\phi(t))}{dt} = f(\phi(t))\phi'(t)$ だから, $\int_a^b f(x)dx = [F(x)]_a^b = F(b) - F(a) = [F(\phi(t))]_\alpha^\beta = \int_\alpha^\beta f(\phi(t))\phi'(t)dt$. (証明終)

定理 4.13 (部分積分) 関数 $f(x)$, $g(x)$ が C^1 級のとき,

$$\int_a^b f(x)g'(x)dx = [f(x)g(x)]_a^b - \int_a^b f'(x)g(x)dx$$

[証明] 定理 4.4 よりあきらか. (証明終)

例 4.37 $\int_0^3 \frac{x}{\sqrt{x^2+1}}dx$ を求めよ.
[解] 例 4.4 より, $\int_0^3 \frac{x}{\sqrt{x^2+1}}dx = [\sqrt{x^2+1}]_0^3 = \underline{\sqrt{10}-1\ (\text{A})}$ (解終)

例 4.38 $\int_0^1 \frac{x}{x^4+1}dx$ を求めよ.
[解] 例 4.6 より, $\int_0^1 \frac{x}{x^4+1}dx = [\frac{1}{2}\text{Arctan}\,x^2]_0^1 = \frac{1}{2}\text{Arctan}\,1 = \underline{\frac{\pi}{8}\ (\text{A})}$ (解終)

例 4.39 $I = \int_0^1 \frac{x^4(1-x)^4}{x^2+1}dx$ を求めよ.
[解] $\frac{x^4(1-x)^4}{x^2+1} = x^6 - 4x^5 + 5x^4 - 4x^2 + 4 - \frac{4}{x^2+1}$ より, $I = [\frac{x^7}{7} - \frac{2}{3}x^6 + x^5 - \frac{4}{3}x^3 + 4x - 4\text{Arctan}\,x]_0^1 = \frac{22}{7} - \pi$ (A) $\underline{I = \frac{22}{7} - \pi}$ (解終)

注 4.9 $0 < x < 1$ においてあきらかに $\frac{1}{2} < \frac{1}{x^2+1} < 1$ だから, $J = \int_0^1 x^4(1-x)^4 dx$ とおけば, $\frac{1}{2}J < I = \frac{22}{7} - \pi < J$. ここで, 後述の例 7.21 を用いて $J = \frac{1}{630}$ と計算すれば π の近似値 $3.141269\cdots < \pi < 3.142063\cdots$ が求められる.

例 4.40 $I = \int_0^1 \log\frac{1+x}{x^2+1}dx$ を求めよ.
[解] $x = \tan t$ とおくと, $dx = \frac{1}{\cos^2 t}dt$, $1 + x^2 = \frac{1}{\cos^2 t}$ である. $x : 0 \to 1$ に対して $t : 0 \to \frac{\pi}{4}$ が対応するから, $I = \int_0^{\frac{\pi}{4}} \log(1 + \tan t)dt$. ところで, $1 + \tan t = \frac{\sin t + \cos t}{\cos t} = \frac{\sqrt{2}\cos(\frac{\pi}{4}-t)}{\cos t}$ だから, $I = \int_0^{\frac{\pi}{4}} \log\sqrt{2}dt + \int_0^{\frac{\pi}{4}} \log(\cos(\frac{\pi}{4}-t))dt - \int_0^{\frac{\pi}{4}} \log(\cos t)dt$. この 2 番目の積分で, $\theta = \frac{\pi}{4} - t$ とおけば, $d\theta = -dt$, $t : 0 \to \frac{\pi}{4}$ に対して $\theta : \frac{\pi}{4} \to 0$ が対応するから, 2 番目の積分 $= -\int_{\frac{\pi}{4}}^0 \log(\cos\theta)d\theta = \int_0^{\frac{\pi}{4}} \log(\cos\theta)d\theta$ となって 3 番目の積分と打ち消しあう. $\therefore I = \underline{\frac{\pi}{8}\log 2\ (\text{A})}$ (解終)

例 4.41 $\int_0^1 \frac{1}{\sqrt{x}}dx$ を求めよ.
[解] $\int_0^1 \frac{1}{\sqrt{x}}dx = [2\sqrt{x}]_0^1 = 2$ (A) $\underline{\int_0^1 \frac{1}{\sqrt{x}}dx = 2}$

これは $x=0$ において有界ではない広義積分である．しかし $x=0$ も含めて原始関数が連続なので上記のように簡単に計算してよい．注 4.8 参照． (解終)

例 4.42 $I = \int_a^b \frac{1}{\sqrt{(x-a)(b-x)}} dx$ を求めよ．

[解] $t = \sqrt{\frac{x-a}{b-x}}$ とおくと，$t^2 = \frac{x-a}{b-x}$, $\therefore x = \frac{bt^2+a}{t^2+1} = b - \frac{b-a}{t^2+1}$, $\therefore b-x = \frac{b-a}{t^2+1}$, $\sqrt{(x-a)(b-x)} = (b-x)\sqrt{\frac{x-a}{b-x}} = \frac{(b-a)t}{t^2+1}$. $dx = \frac{2(b-a)t}{(t^2+1)^2} dt$. また，$x : a \to b$ のとき，$t : 0 \to \infty$. $\therefore I = \int_0^\infty \frac{t^2+1}{(b-a)t} \frac{2(b-a)t}{(t^2+1)^2} dt = \int_0^\infty \frac{2}{t^2+1} dt = [2\mathrm{Arctan}\, t]_0^\infty = \underline{\pi\ (\mathrm{A})}$

これも広義積分であるが，$\sqrt{x-a}$ を掛ければ $x=a$ 周辺で有界になり，$\sqrt{b-x}$ を掛ければ $x=b$ 周辺で有界になるから定理 4.10 (3) より収束する． (解終)

例 4.43 $\int_0^1 \sqrt{x^2+3}\, dx$ を求めよ．

[解] 例 4.8 より，$\int_0^1 \sqrt{x^2+3}\, dx = \left[\frac{x\sqrt{x^2+3}+3\log|x+\sqrt{x^2+3}|}{2}\right]_0^1 = \frac{2+3\log 3 - 3\log\sqrt{3}}{2} = \underline{1 + \frac{3}{4}\log 3\ (\mathrm{A})}$ (解終)

例 4.44 $\int_0^1 \mathrm{Arcsin}\, x\, dx$ を求めよ．

[解] 例 4.10 より，$\int_0^1 \mathrm{Arcsin}\, x\, dx = [x\mathrm{Arcsin}\, x + \sqrt{1-x^2}]_0^1 = \underline{\frac{\pi}{2} - 1\ (\mathrm{A})}$ (解終)

例 4.45 $I_n = \int_0^{\frac{\pi}{2}} \sin^n x\, dx$ を求めよ．

[解] 例 4.11 より，$I_n = \left[-\frac{1}{n}\sin^{n-1}x \cdot \cos x\right]_0^{\frac{\pi}{2}} + \frac{n-1}{n}I_{n-2} = \frac{n-1}{n}I_{n-2} = \frac{(n-1)(n-3)}{n(n-2)}I_{n-4} = \cdots$ であり，$I_0 = \frac{\pi}{2}$, $I_1 = 1$ だから，n が偶数のときは，$I_n = \frac{(n-1)(n-3)\cdots 3\cdot 1}{n(n-2)\cdots 4\cdot 2}\frac{\pi}{2}$, n が奇数のときは，$I_n = \frac{(n-1)(n-3)\cdots 4\cdot 2}{n(n-2)\cdots 5\cdot 3}$ となる．

なお，$J_n = \int_0^{\frac{\pi}{2}} \cos^n x\, dx$ もまったく同じ値になる． (解終)

● $I_n = \int_0^{\frac{\pi}{2}} \sin^n x\, dx = \int_0^{\frac{\pi}{2}} \cos^n x\, dx$ とおくと，

$$I_n = \frac{(n-1)(n-3)\cdots 3\cdot 1}{n(n-2)\cdots 4\cdot 2}\frac{\pi}{2}, \quad (n \text{ が偶数}) \tag{4.8}$$

$$I_n = \frac{(n-1)(n-3)\cdots 4\cdot 2}{n(n-2)\cdots 5\cdot 3} \quad (n \text{ が奇数}) \tag{4.9}$$

例 4.46 $I = \int_1^e (\log x)^2 dx$ を求めよ．

[解] 例 4.12 より，$I = [x(\log x)^2 - 2x\log x + 2x]_1^e = \underline{e - 2\ (\mathrm{A})}$ (解終)

例 4.47 $I = \int_0^1 \frac{\log x}{\sqrt{x}} dx$ を求めよ．

[解] これは広義積分で $x=0$ で有界ではないが，$x^{3/4}$ を掛ければ有界になる（例 3.12）から収束する（定理 4.10）．例 4.13 より，$I = [2\sqrt{x}(\log x) - 4\sqrt{x}]_0^1 = -4.\ \underline{(\mathrm{A})\ I = -4}$ (解終)

例 4.48 $I = \int_0^{\frac{\pi}{2}} \log(\sin x) dx$ を求めよ．

[解] $x=0$ で広義積分になる. 例 2.33 より, $0 < x < \frac{\pi}{2}$ のとき $\frac{2}{\pi}x < \sin x$ だから $0 > \log(\sin x) > \log(\frac{2}{\pi}x)$ で, 例 3.12 より $\sqrt{x}\log(\frac{2}{\pi}x)$ は $x=0$ の周辺で有界なので収束する. $x = 2t$ とおくと $dx = 2dt$, $x: 0 \to \frac{\pi}{2}$ のとき $t: 0 \to \frac{\pi}{4}$ であり, $\sin x = 2\sin t \cos t$. ∴ $I = 2\int_0^{\frac{\pi}{4}} \log(2\sin t \cos t)dt = 2\int_0^{\frac{\pi}{4}} \log 2\, dt + 2\int_0^{\frac{\pi}{4}} \log(\sin t)dt + 2\int_0^{\frac{\pi}{4}} \log(\cos t)dt$. この第 3 積分において $t = \frac{\pi}{2} - s$ とおくと, $ds = -dt$, $t: 0 \to \frac{\pi}{4}$ のとき $s: \frac{\pi}{2} \to \frac{\pi}{4}$ なので, $\int_0^{\frac{\pi}{4}} \log(\cos t)dt = -\int_{\frac{\pi}{2}}^{\frac{\pi}{4}} \log(\cos(\frac{\pi}{2} - s))ds = \int_{\frac{\pi}{4}}^{\frac{\pi}{2}} \log(\sin s)ds = \int_{\frac{\pi}{4}}^{\frac{\pi}{2}} \log(\sin t)dt$. ∴ $\int_0^{\frac{\pi}{4}} \log(\sin t)dt + \int_0^{\frac{\pi}{4}} \log(\cos t)dt = \int_0^{\frac{\pi}{4}} \log(\sin t)dt + \int_{\frac{\pi}{4}}^{\frac{\pi}{2}} \log(\sin t) = \int_0^{\frac{\pi}{2}} \log(\sin x)dx = I$ となる. よって, $I = \frac{\pi}{2}\log 2 + 2I$, ∴ $\underline{I = -\frac{\pi}{2}\log 2}$ (A) (解終)

例 4.49 $\Gamma(p+1) = p\Gamma(p)\ (p > 0)$, とくに n が自然数のとき, $\Gamma(n+1) = n!$.

[解] $\int_\varepsilon^R e^{-x}x^p dx = -[e^{-x}x^p]_\varepsilon^R + p\int_\varepsilon^R e^{-x}x^{p-1}dx$ であるが, 右辺第 1 項は $\varepsilon \to 0$, $R \to +\infty$ のとき 0 に収束するから $\Gamma(p+1) = p\Gamma(p)$. n が自然数のとき, $\Gamma(n+1) = n\Gamma(n) = n(n-1)\Gamma(n-1) = \cdots = n(n-1)\cdots 2 \cdot 1\Gamma(1)$ であり, $\Gamma(1) = \int_0^\infty e^{-x}dx = [-e^{-x}]_0^\infty = \lim_{R \to +\infty}[-e^{-x}]_0^R = 1$ だからよい. (解終)

注 4.10 オイラーは自然数に対しては階乗を表す関数を探し続け, ついにガンマ関数を見つけた. 関連の深いベータ関数とガンマ関数をそれぞれ, オイラーの第 1・第 2 積分ともいう. ガウスもガンマ関数を研究し, $\Pi(x) = \Gamma(x+1)$ という記号を使った. 現在の記号と「ガンマ関数」の名前はルジャンドル (Legendre) によるものである (1809).

例 4.50 $I = \int_0^{\frac{\pi}{2}} \frac{\sin(2n+1)x}{\sin x}dx$ を求めよ.

[解] $2\sin x \cos(2kx) = \sin(2k+1)x - \sin(2k-1)x$ より, $2\sum_{1 \leq k \leq n} \sin x \cos(2kx) = \sin(2n+1)x - \sin x$. よって, $\frac{\sin(2n+1)x}{\sin x} = 2\sum_{1 \leq k \leq n} \cos(2kx) + 1$ は $x = 0$ で有界だから積分は収束し, $I = \int_0^{\frac{\pi}{2}} \frac{\sin(2n+1)x}{\sin x}dx = \int_0^{\frac{\pi}{2}} \{2\sum_{1 \leq k \leq n} \cos(2kx) + 1\}dx = [\sum_{1 \leq k \leq n} \frac{\sin(2kx)}{k} + x]_0^{\frac{\pi}{2}} = \frac{\pi}{2}$ (解終)

例 4.51 (ディリクレ積分) $I = \int_0^\infty \frac{\sin x}{x}dx$ が収束することを示せ. また, $J = \int_0^\infty |\frac{\sin x}{x}|dx$ は収束しないことを示せ.

[解] $\int_R^S \frac{\sin x}{x}dx = [-\frac{\cos x}{x}]_R^S - \int_R^S \frac{\cos x}{x^2}dx$ だから, $|\int_R^S \frac{\sin x}{x}dx| \leq \frac{1}{R} + \frac{1}{S} + \int_R^S \frac{1}{x^2}dx = \frac{2}{R} < \varepsilon\ (\Leftrightarrow R > \frac{2}{\varepsilon})$ となるので, 注 4.7′ より収束する.

一方 $x = t + k\pi$ とおくと, $\int_{k\pi}^{(k+1)\pi} |\frac{\sin x}{x}|dx = \int_0^\pi \frac{\sin t}{t+k\pi}dt > \frac{1}{(k+1)\pi}\int_0^\pi \sin t\, dt = \frac{1}{(k+1)\pi}[-\cos t]_0^\pi = \frac{2}{(k+1)\pi}$. ところで, $\int_0^{n\pi} |\frac{\sin x}{x}|dx = \sum_{1 \leq k \leq n} \int_{(k-1)\pi}^{k\pi} |\frac{\sin x}{x}|dx > \sum_{1 \leq k \leq n} \frac{2}{k\pi}$ である. 調和級数 $\sum_{1 \leq n < \infty} \frac{1}{n}$ は発散するから, $\lim_{n \to +\infty} \int_0^{n\pi} |\frac{\sin x}{x}|dx$ は発散する.

なおディリクレは巧妙に $I = \int_0^\infty (\frac{\sin x}{x})dx$ の計算を例 4.50 に帰着させて, $I = \frac{\pi}{2}$ になることを示した. (解終)

4.6 定積分の応用

面積や曲線の長さなどについてここでまとめておきたい．

定義 4.8 関数 $y = f(x)$ が連続で $f(x) \geqq 0$ のとき，関数 $y = f(x)$ のグラフと x 軸の間で，$a \leqq x \leqq b$ の部分の**面積**（area）S を，

$$S = \int_a^b f(x)dx$$

で定義する．（リーマン積分の定義から，直感的にも面積はこう定義する以外にあり得ない．重積分のところで「面積確定」という概念を導入し，もう一度「面積」について考える．）

定理 4.14 関数 $f(x)$, $g(x)$ が連続で $f(x) \geqq g(x)$ のとき，関数 $y = f(x)$ と，$y = g(x)$ のグラフと，$x = a$, $x = b$ で囲まれた部分の面積は，

$$S = \int_a^b \{f(x) - g(x)\}dx \tag{4.10}$$

である．

（証明省略）第 7 章定理 7.3（3）参照．

例 4.52 パラボラ（放物線）$y = x^2$ と直線 $y = 2px - p^2 + q^2$ $(q > 0)$ で囲まれた部分の面積 S を求めよ．

[解] 交点の x 座標は $x^2 = 2px - p^2 + q^2$ より，$x = p \pm q$. $p - q \leqq x \leqq p + q$ で直線の方が上にあるから，定理より $S = \int_{p-q}^{p+q}(2px - p^2 + q^2 - x^2)dx$. ここで，$t = x - p$ と変数変換すると，$dt = dx$, $x : p - q \to p + q$ に対して $t : -q \to q$ が対応するから，$S = \int_{-q}^{q}(q^2 - t^2)dt = [q^2 t - \frac{t^3}{3}]_{-q}^{q} = 2q^3 - \frac{2q^3}{3} = \frac{4}{3}q^3$ (A) $S = \frac{4}{3}q^3$ (解終)

注 4.11 かつて古代最大の天才アルキメデスにしてはじめて求め得たパラボラ（放物線）と直線が囲む部分の面積は，今や定積分のもっともやさしい基本問題になったのである．

例 4.53 四分円 $y = \sqrt{a^2 - x^2}$ $(0 \leqq x \leqq a)$ の面積 S を求めよ $(a > 0)$．

[解] $S = \int_0^a \sqrt{a^2 - x^2}dx$. ここで $x = a\sin t$ とおくと，$dx = a\cos t dt$. $x : 0 \to a$ に対して $t : 0 \to \frac{\pi}{2}$ が対応する．$a^2 - x^2 = a^2(1 - \sin^2 t) = a^2\cos^2 t$, $\therefore \sqrt{a^2 - x^2} = a\cos t$ だから，$S = \int_0^{\frac{\pi}{2}}(a\cos t)a\cos t dt = \int_0^{\frac{\pi}{2}} a^2\cos^2 t dt = \frac{a^2}{2}\int_0^{\frac{\pi}{2}}(1 + \cos 2t)dt = \frac{a^2}{2}[t + \frac{\sin 2t}{2}]_0^{\frac{\pi}{2}} = \frac{\pi a^2}{4}$ (A) $S = \frac{\pi a^2}{4}$ (解終)

注 4.12 これは微分積分ができる直前にパスカルが求めた面積である（1658）．若いライプニッツはパスカルのこの論文を読んでいるときに，「突然光が差し込んだ」と後に回想

している．円に対してパスカルが工夫したアイディアにインスピレーションを受けて，ライプニッツは一気に微分積分学を作り上げることになる．

例 4.54 直角双曲線 $y = \frac{1}{x}$ と x 軸との間，$1 \leq x \leq a$, の面積 S_a を求めよ．
[**解**] $S_a = \int_1^a \frac{1}{x} dx = [\log x]_1^a = \log a$. (A) $\underline{S_a = \log a}$ (解終)

注 4.13 これは簡単な例だが，やはり微分積分学ができあがる前に，グレゴワール・ド・サン＝ヴァンサン (Gregoire de St.-Veincent) の著作『円と円錐曲線の求積』(1647) に触発されてサラサ (Sarasa) が計算し，$S_{ab} = S_a + S_b$ であることを発見して，双曲線の下の面積が対数になることを確かめるという，歴史的に重要な役割を担った (1649)．

例 4.55 半円 $y = \sqrt{x - x^2}$ の下，$0 \leq x \leq \frac{1}{4}$ の部分の面積 S を求めよ．
[**解**] $S = \int_0^{\frac{1}{4}} \sqrt{x - x^2} dx = \int_0^{\frac{1}{4}} \sqrt{(\frac{1}{2})^2 - (x - \frac{1}{2})^2} dx = \frac{1}{2}[(x - \frac{1}{2})\sqrt{(x - x^2)} + (\frac{1}{2})^2 \mathrm{Arcsin}(2x - 1)]_0^{\frac{1}{4}} = \frac{\pi}{24} - \frac{\sqrt{3}}{32}$ (A) $\underline{S = \frac{\pi}{24} - \frac{\sqrt{3}}{32}}$ (解終)

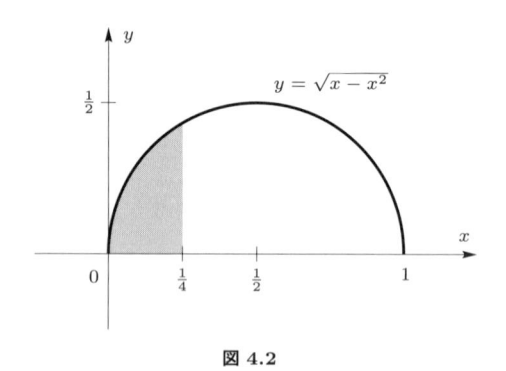

図 4.2

注 4.14 ニュートンは自分が見つけた一般 2 項定理 (例 2.32) によってこの積分を数値計算し，図形的に面積が上述の値になることから円周率を 16 桁計算した (1665)．若い天才はこのような計算を自由にあやつり，「流率法」という微分積分学を作っていったのであった．以上，歴史的に重要な意味をもつ面積計算をいくつか紹介した．

定義 4.9 関数 $\phi(t), \psi(t)$ が C^1 級のとき，平面曲線 $C : x = \phi(t), y = \psi(t)$ $(a \leq t \leq b)$ の**曲線の長さ** (length of a curve) を

$$L(C) = \int_a^b \sqrt{(\phi'(t))^2 + (\psi'(t))^2} dt \tag{4.11}$$

で定義する．とくに曲線が $C : y = f(x)$ $(a \leq t \leq b)$ と表されているときには，

4. 積　分　法

$$L(C) = \int_a^b \sqrt{1+(f'(x))^2}dx \qquad (4.12)$$

と書ける．また，極座標で $C : r = f(\theta)$ $(\alpha \leqq \theta \leqq \beta)$ と表されているときは，

$$L(C) = \int_\alpha^\beta \sqrt{r^2+(f'(\theta))^2}d\theta \qquad (4.13)$$

と書ける．

定理 4.15 関数 $\phi(t)$, $\psi(t)$ が C^1 級ならば，平面曲線 $C : x = \phi(t)$, $y = \psi(t)$ $(a \leqq t \leqq b)$ の曲線の長さ，$L(C) = \int_a^b \sqrt{(\phi'(t))^2+(\psi'(t))^2}dt$ は存在する．
[証明] $\sqrt{(\phi'(t))^2+(\psi'(t))^2}$ が連続なので，あきらかである． (証明終)

例 4.56 半径 a の円 $x^2 + y^2 = a^2$ の円周の長さを求めよ．
[解] $x = a\cos t$, $y = a\sin t$ $(0 \leqq t \leqq 2\pi)$ と書くと，$L(C) = \int_0^{2\pi} a\sqrt{\sin^2 t + \cos^2 t}dt$
$= 2\pi a$. (解終)

例 4.57 パラボラ（放物線）$y = x^2$ $(-1 \leqq x \leqq 2)$ の曲線の長さを求めよ．
[解] $y' = 2x$ より，$L(C) = \int_{-1}^2 \sqrt{1+4x^2}dx = [x\frac{\sqrt{1+4x^2}}{2} + \frac{1}{4}\log|x + \frac{\sqrt{1+4x^2}}{2}|]_{-1}^2 =$
$\sqrt{17} + \frac{\sqrt{5}}{2} + \frac{1}{4}\log\frac{4+\sqrt{17}}{\sqrt{5}-2} = \sqrt{17} + \frac{\sqrt{5}}{2} + \frac{1}{4}\log(\sqrt{85} + 2\sqrt{17} + 4\sqrt{5} + 8)$ と求まる．
(解終)

例 4.58 サイクロイド $x = a(t - \sin t)$, $y = a(1 - \cos t)$ $(0 \leqq t \leqq 2\pi)$ の全長を求めよ．
[解] $\phi'(t) = a(1 - \cos t)$, $\psi'(t) = a\sin t$ であり，$t = \pi$ に関して対称だから，
$L(C) = 2a\int_0^\pi \sqrt{(1-\cos t)^2 + \sin^2 t}dt = 4a\int_0^\pi \sin\frac{t}{2}dt = 8a$ <u>(A)　$8a$</u> (解終)

例 4.59 アステロイド $x = a\cos^3 t$, $y = a\sin^3 t$ $(0 \leqq t \leqq 2\pi)$ の長さを求めよ．
[解] グラフは x 軸 y 軸に関して対称だから，$0 \leqq t \leqq \frac{\pi}{2}$ の部分を 4 倍すればよい．$\phi'(t) = -3a\cos^2 t\sin t$, $\psi'(t) = 3a\sin^2 t\cos t$, だから，$\phi'(t)^2 + \psi'(t)^2 = 9a^2\cos^2 t\sin^2 t(\cos^2 t + \sin^2 t) = 9a^2\cos^2 t\sin^2 t$. $\therefore \sqrt{\phi'(t)^2 + \psi'(t)^2} = 3a\cos t\sin t$.
よって $L(C) = 4 \times 3a\int_0^{\frac{\pi}{2}}\cos t\sin t dt = 6a\int_0^{\frac{\pi}{2}}\sin(2t)dt = 3a[-\cos(2t)]_0^{\frac{\pi}{2}} = 6a$ <u>(A)　$6a$</u>
(解終)

さらに，定積分の応用をいくつか述べておく．

例 4.60 関数 $f(x)$ は区間 $[0,1]$ において連続とする．$[0,1]$ を n 等分したリーマン和 $\sum_{1 \leqq k \leqq n} \frac{f(\frac{k}{n})}{n}$ は $n \to \infty$ のとき $\int_0^1 f(x)dx$ に収束する：

$$\lim_{n\to\infty} \sum_{1 \leqq i \leqq n} \frac{f(\frac{k}{n})}{n} = \int_0^1 f(x)dx$$

これは定義からあきらかであるが，級数の和を求めるのに使うことができる．
たとえば，関数 $f(x) = \frac{1}{1+x^2}$ のとき，

$$\frac{1}{n}\sum_{1 \leq k \leq n} \frac{1}{1+(\frac{k}{n})^2} \to \int_0^1 f(x)dx = [\text{Arctan}\, x]_0^1 = \frac{\pi}{4}$$

すなわち，$\lim_{n\to\infty} \sum_{1 \leq k \leq n} \frac{n}{n^2+k^2} = \frac{\pi}{4}$
また $f(x) = \frac{1}{1+x}$ のとき，

$$\frac{1}{n}\sum_{1 \leq k \leq n} \frac{1}{1+\frac{k}{n}} \to \int_0^1 f(x)dx = [\log(1+x)]_0^1 = \log 2$$

すなわち，$\lim_{n\to\infty} \sum_{1 \leq k \leq n} \frac{1}{n+k} = \log 2$

例 4.61 (テイラーの定理［定理 2.11］の剰余項の積分形) 関数 $f(x)$ が a を含む区間において C^n 級のとき，この区間の任意の点 x において，

$$f(x) = f(a) + f'(a)(x-a) + \frac{f''(a)}{2!}(x-a)^2 + \cdots + \frac{f^{(n-1)}(a)}{(n-1)!}(x-a)^{n-1} + R_n,$$

ただし，$R_n = \int_a^x \frac{(x-t)^{n-1}}{(n-1)!} f^{(n)}(t) dt$．

［証明］ n についての数学的帰納法で証明する．$n=1$ のときは，$f(x) = f(a) + \int_a^x f'(t)dt$ で，あきらかに成り立つ．n のとき成り立つと仮定して，$f(x)$ が C^{n+1} 級のとき，$R_n = \int_a^x \frac{(x-t)^{n-1}}{(n-1)!} f^{(n)}(t) dt$ を部分積分して，$R_n = -[\frac{(x-t)^n}{n!} f^{(n)}(t)]_a^x + \int_a^x \frac{(x-t)^n}{n!} f^{(n+1)}(t) dt = \frac{(x-a)^n}{n!} f^{(n)}(a) + \int_a^x \frac{(x-t)^n}{n!} f^{(n+1)}(t) dt$ となって，$n+1$ のときにも成り立つことがわかる． (証明終)

例 4.62 (ウォーリス (Wallis) の公式)

$$\frac{2}{\pi} = \Pi_{n \geq 1} \left\{ 1 - \frac{1}{(2n)^2} \right\} \tag{4.14}$$

あるいは，同値な変形をして次のようにも書ける．

$$\sqrt{\pi} = \lim_{n \to \infty} \frac{2^{2n}(n!)^2}{\sqrt{n}(2n)!} \tag{4.15}$$

［解］ 例 4.45 より，$I_n = \int_0^{\frac{\pi}{2}} \sin^n x\, dx = \int_0^{\frac{\pi}{2}} \cos^n x\, dx$ とおくと，

$$I_n = \frac{(n-1)(n-3)\cdots 3 \cdot 1}{n(n-2)\cdots 4 \cdot 2} \frac{\pi}{2}, \quad (n\, が偶数) \tag{4.8}$$

$$I_n = \frac{(n-1)(n-3)\cdots 4 \cdot 2}{n(n-2)\cdots 5 \cdot 3} \quad (n\, が奇数) \tag{4.9}$$

であった．よって，$\frac{\pi}{2} \frac{I_{2n+1}}{I_{2n}} = \frac{2\cdot 2\cdot 4\cdot 4\cdot 6\cdot 6\cdots (2n)\cdot (2n)}{1\cdot 3\cdot 3\cdot 5\cdot 5\cdot 7\cdots (2n-1)(2n+1)}$．ところで，$0 < x < \frac{\pi}{2}$ に

おいて，$\sin^{2n+1} x < \sin^{2n} x < \sin^{2n-1} x$ だから，$0 < I_{2n+1} < I_{2n} < I_{2n-1}$，$\therefore 1 < \frac{I_{2n}}{I_{2n+1}} < \frac{I_{2n-1}}{I_{2n+1}} = \frac{2n+1}{2n} \to 1 \ (n \to \infty)$．よって，$\frac{2}{\pi} = \Pi_{n \geqq 1} \frac{(2n-1)(2n+1)}{(2n)^2} = \Pi_{n \geqq 1}\{1 - \frac{1}{(2n)^2}\}$．ここで $I_{2n} I_{2n+1} = \frac{\pi}{4n+2}$，$\therefore I_{2n+1} \sqrt{\frac{I_{2n}}{I_{2n+1}}} = \sqrt{\frac{\pi}{4n+2}}$．したがって，$\sqrt{\frac{\pi}{2}} = \lim_{n \to \infty} (\sqrt{n} \cdot I_{2n+1})$．

ところで，$I_{2n+1} = \frac{2n \cdot (2n-2) \cdots 4 \cdot 2}{(2n+1)(2n-1) \cdots 5 \cdot 3} = \frac{(2^n \cdot n!)^2}{(2n+1)!}$ だから，$\sqrt{\pi} = \lim_{n \to \infty} \frac{(2^n \cdot n!)^2}{\sqrt{n}(2n)!}$ を得る． (解終)

例 4.63 (ドゥ・モアヴル (de Moivre)=スターリング (Stirling) の公式)

$$\lim_{n \to \infty} \frac{n!}{\sqrt{(2\pi n)} \cdot n^n e^{-n}} = 1 \tag{4.16}$$

すなわち，$n!$ は n が大きいときだいたい $\sqrt{2\pi n} \cdot n^n e^{-n}$ くらいの大きさである．これを次のように書く．

$$n! \sim \sqrt{2\pi n} \cdot n^n e^{-n} \tag{4.17}$$

[**解**] $f(x) = \log x$ とおき，$x = 1$ から $x = n$ までのこの曲線の下の面積を A_n，また点 $(1, 0), (2, \log 2), (3, \log 3), \ldots, (n, \log n)$ を結んだ折れ線と，直線 $x = n$，x 軸で囲まれた部分の面積を B_n とする．$f''(x) = -\frac{1}{x^2} < 0$ だからグラフは下に凹 (上に凸) で，$A_n > B_n$ である．$A_n = \int_1^n \log x \, dx = [x \log x - x]_1^n = n \log n - n + 1$，$B_n = $ (台形の面積和) $= \log 2 + \log 3 + \cdots + \frac{1}{2} \log n = \log(n!) - \frac{1}{2} \log n$

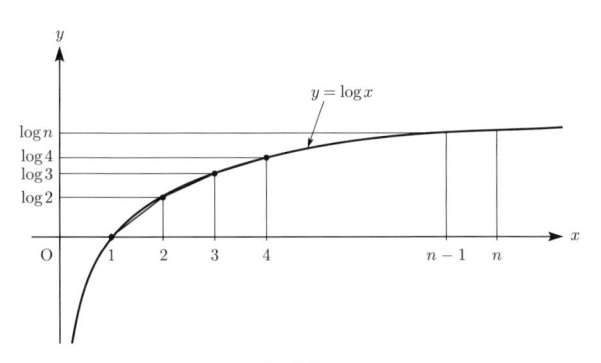

図 4.3

よって $A_n = B_n + $ (小さな正数) なので真数をとって，$n^n e^{-n} e > \frac{n!}{\sqrt{n}}$．そこで $n! = c\sqrt{n} \cdot n^n e^{-n} e^{\delta(n)}$ $(\lim_{n \to \infty} \delta(n) = 0)$ とおくと，$ce^{\delta(n)} < e$ である．ここで $n + 1 = \frac{(n+1)!}{n!}$ であるから，

$$n+1 = \frac{c\sqrt{n+1}\cdot(n+1)^{n+1}e^{-n-1}e^{\delta(n+1)}}{c\sqrt{n}\cdot n^n e^{-n}e^{\delta(n)}}$$
$$= \frac{\sqrt{n+1}}{\sqrt{n}}\cdot(n+1)\left(1+\frac{1}{n}\right)^n e^{-1}e^{\delta(n+1)-\delta(n)}.$$

例 1.8 より,$\lim_{n\to\infty}(1+\frac{1}{n})^n = e$ だから,$\lim_{n\to\infty}\frac{e^{\delta(n+1)}}{e^{\delta(n)}} = 1$. また $2n$ のとき,$(2n)! = c\sqrt{2n}\cdot(2n)^{2n}e^{-2n}e^{\delta(2n)}$ だから $(n!)^2$ との比をとると,$\frac{(2n)!}{(n!)^2} = \sqrt{\frac{2}{n}}\cdot\frac{2^{2n}e^{\delta(2n)-2\delta(n)}}{c}$. ウォーリスの公式 $\sqrt{\pi} = \lim_{n\to\infty}\frac{(2^n\cdot n!)^2}{\sqrt{n}(2n)!}$ を用いると $\lim_{n\to\infty}\frac{\sqrt{2\pi}e^{\delta(2n)-2\delta(n)}}{c} = 1$. ここで,$\log x$ のグラフをさらに詳しく調べると,$\delta(n) = \frac{1}{12n} - \frac{1}{360n^3} + \frac{1}{1260n^5} - \cdots$ がわかる(ここでは省略)ので,$\delta(2n) - 2\delta(n) \to 0$ $(n\to\infty)$ であり,$c = \sqrt{2\pi}$ と求まる.

(解終)

注 4.15 この重要な公式は,ドゥ・モアヴルの 10 年近い格闘の末,とくにその後半 5 年間はスターリングとの密接な協力関係の中で発見された (1730). ドゥ・モアヴルの著書で定数 c を発見したのはスターリングであると書いた折,公式自体も彼の発見ともとれる書き方をしたので,現今(誤って)スターリングの公式と呼ばれる.本書ではドゥ・モアヴル=スターリングの公式と呼ぶ.

III 微分積分学

5

無限級数

「私は全力を挙げて，今日解析学を支配している計り知れない不明瞭さに光を当てるべく努力したい．そこにはいかなる計画も体系も欠けているので，余りにも多くの人が専念していることに本当に驚いてしまうが，なお悪いことに，そこにはなんらの厳密性もないのである．」

(アーベル，「全集」第2巻より，(1826))

5.1 無限級数

19世紀のはじめは無限級数について未だ大いなる混乱の時代であった．厳密な微分積分学の基礎を固めつつあったコーシーでさえ無限級数の収束についてはまったく不十分で，薄幸の若き天才数学者にその不備を指摘されたのだった．アーベル (Abel) が挙げたのろしにディリクレやリーマンたちが呼応し，無限級数の理論にとどまらず解析学そのものの基礎固め・厳密化が急速に進むことになる．この章ではあちこちで出てきた級数についてまとめて学ぶことにする．

数列の各項を + 記号で結んだのが級数であった．項が無限になるとき，それは解析学の領域になる．n 項までの和を第 n 部分和といい，n を無限に大きくしたときに第 n 部分和の極限値が存在するとき級数は収束するといって，この極限値を級数の和と定義した (定義 1.5)．したがって，収束級数の各項を定数倍してできる級数と，2つの収束級数の項の和を一般項とする新しい級数も収束しその和について，元の級数の和の定数倍および和になることがわかる (定理 1.3)．また，級数 $\sum a_n$ が収束すれば，$\lim_{n\to\infty} a_n = 0$ である (定理 1.6) が，この逆は成り立たない (例 1.16) ことなどがすでにわかっていた．

定理 5.1 級数 $\sum a_n$ が収束するための必要十分条件は，部分和 S_n の数列 $\{S_n\}$ がコーシー列になること：任意の正数 $\varepsilon > 0$ に対して n_0 が存在して，$n_0 \leqq n$，$m > 0$ なる限り $|a_{n+1} + a_{n+2} + \cdots + a_{n+m}| < \varepsilon$ が成り立つことである．

[**証明**] 定理 1.4 よりあきらか． (証明終)

系 級数 $\sum |a_n|$ が収束すれば，級数 $\sum a_n$ は収束する．

[**証明**] 級数 $\sum |a_n|$ の部分和を T_n とする．$|S_{n+m} - S_n| = |a_{n+1} + a_{n+2} + \cdots + a_{n+m}| \leqq |a_{n+1}| + |a_{n+2}| + \cdots + |a_{n+m}| = |T_{n+m} - T_n| < \varepsilon$ だから級数 $\sum a_n$ は収束する．

(証明終)

定義 5.1 級数 $\sum |a_n|$ が収束するとき，級数 $\sum a_n$ は**絶対収束する** (converge absolutely) という．絶対収束しないが収束する級数は**条件収束する** (converge conditionally) という．

定義 5.2 級数 $\sum a_n$ の各項が $a_n \geqq 0$ のとき**正項級数** (positive term series) という．

注 5.1 このとき部分和は単調増加になるから，収束の必要十分条件は有界になることである．

定理 5.2
(1) 収束する正項級数 $\sum a_n$ において，項の順序を変えた級数も収束し，その和は元の級数の和と一致する．
(2) 級数 $\sum a_n$ が絶対収束するとき，項の順序を変えた級数もやはり絶対収束し，その和は元の級数の和と一致する．

[**証明**] (1) 級数 $\sum a_n$ の部分和を S_n とすれば $S_n \leqq M$ である（注 5.1）．S_n の順序を変えた級数の部分和を T_n とする．T_n に含まれる項 a_n の番号の最大値を K とすると，$T_n \leqq S_K \leqq M$ だから，項の順序を変えた級数は収束する．また今の場合，部分和の上限が級数の和に等しくなるから，元の級数と項を並べ替えた級数の和をそれぞれ σ および τ とすれば，$\tau \leqq \sigma$ となる．σ と τ との立場を変えれば，$\sigma \leqq \tau$ となるから，$\sigma = \tau$ がいえる．

(2) 前半は (1) よりあきらか．級数 $\sum a_n$ の項の順序を変えた級数を $\sum b_n$ とする．$p_n = \max\{0, a_n\}$，$q_n = -\min\{0, a_n\}$ とすると，$p_n \geqq 0$，$q_n \geqq 0$ であり，さらに，$a_n = p_n - q_n$，$|a_n| = p_n + q_n$ である．級数 $\sum a_n$ の部分和を S_n，項の順序を変えた級数 $\sum b_n$ の部分和を T_n，$\sum p_n$ の部分和を P_n，$\sum q_n$ の部分和を Q_n とする．条件より正項級数 $\sum |a_n|$ が収束するからその部分和は有界で，その一部である正項級数 $p = \sum p_n$，$q = \sum q_n$ も有界であり，したがって収束する．$S_n = P_n - Q_n$ だから，$\sum a_n = p - q$，また $\sum |a_n| = p + q$ である．

項を並べ替えた級数 $\sum b_n$ についても正（または 0）の項と負の項を分け，$\sum p'_n$，$\sum q'_n$ とすると，$p = \sum p'_n$，$q = \sum q'_n$ である．したがって，$\sum b_n = \sum (p'_n - q'_n) = \sum p'_n - \sum q'_n = p - q = \sum a_n$ となる．

(証明終)

定理 5.3 (コーシー積)

級数 $\sum_{n=0}^{\infty} a_n$ と $\sum_{n=0}^{\infty} b_n$ が絶対収束するとき，$\sum_{n=0}^{\infty}\{\sum_{k=0}^{n}(a_k b_{n-k})\}$ も絶対収束し，その和は級数 $\alpha = \sum a_n$ と $\beta = \sum b_n$ の積に等しい：

$$\sum_{n=0}^{\infty}\left\{\sum_{k=0}^{n}(a_k b_{n-k})\right\} = \alpha\beta.$$

[**証明**] 級数 $\sum a_n$ の項と級数 $\sum b_n$ の項のすべての積が作る級数 $\sum a_k b_m$ のある部分和を T_n とする．T_n に現れる項 a_n の番号の最大値を K とし，同じく項 b_n の番号の最大値を M とする．$\sum |a_n|$ の部分和を $\underline{A}_n$，$\sum |b_n|$ の部分和を $\underline{B}_n$ とすると，これらは有界である．$|T_n| \leqq \sum |a_k| \cdot |b_m|$ (部分和 T_n に現れる項の絶対値の和) $\leqq \underline{A}_K \cdot \underline{B}_M$ であるから，T_n も有界になり，級数 $\sum a_k b_m$ は絶対収束する．したがって和を求めるには項の順序を変えてよい．定理に現れる級数も，すべての a_n とすべての b_n の積の和であるが，順序を変えて次のようにする．$\sum a_n$ の部分和を A_n，$\sum b_n$ の部分和を B_n と書くとき，$\sum_{n=0}^{\infty}(A_n B_n - A_{n-1} B_{n-1})$ の順序で加え合わせる．このとき，第 n 部分和は $A_n B_n$ となり，$\alpha\beta$ に収束することがわかる． (証明終)

定理 5.4 (正項級数の収束) $\sum a_n, \sum b_n$ は正項級数とする．
(1) ある番号以上で $a_n \leqq b_n$ とする．そのとき，$\sum b_n$ が収束すれば，$\sum a_n$ は収束する．$\sum a_n$ が発散すれば，$\sum b_n$ は発散する．
(2) $r = \lim_{n \to \infty} \sqrt[n]{a_n} < 1$ ならば，$\sum a_n$ は収束する．$r > 1$ ならば発散する．
(3) $r = \lim_{n \to \infty} \frac{a_{n+1}}{a_n} < 1$ ならば，$\sum a_n$ は収束する．$r > 1$ ならば発散する．
(4) ある番号以上で $\frac{a_{n+1}}{a_n} \leqq \frac{b_{n+1}}{b_n}$ とする．そのとき，$\sum b_n$ が収束すれば，$\sum a_n$ は収束する．$\sum a_n$ が発散すれば，$\sum b_n$ は発散する．

[**証明**] (1) 有限個の項は取り除いても収束に関係ないから，はじめから $a_n \leqq b_n$ としてよい．注5.1 より，$\sum b_n$ の部分和 T_n は有界だから $\sum a_n$ の部分和も有界で，したがって $\sum a_n$ は収束する．対偶をとって，$\sum a_n$ が発散すれば，$\sum b_n$ は発散する．
(2) $r < 1$ のとき，十分大きな番号 n に対して $\sqrt[n]{a_n} < s = \frac{r+1}{2} < 1$ となる．有限個の項は取り除いてもよいから，はじめから $\sqrt[n]{a_n} < s$ としてよい．したがって $a_n < s^n$ だから部分和は $S_n < \frac{s}{1-s}$ となり，$\sum a_n$ は収束する．$r > 1$ のとき，十分大きな番号 n に対して $\sqrt[n]{a_n} > s = \frac{r+1}{2} > 1$ となり，$a_n > s^n > 1$ だから $\sum a_n$ は発散する．
(3) (2) と同様に，$r < 1$ のとき，つねに $\frac{a_{n+1}}{a_n} < s = \frac{r+1}{2} < 1$ としてよい．$\therefore a_n < a_1 s^{n-1}$ なので $\sum a_n$ は収束する．$r > 1$ のときも同様にして発散がわかる．
(4) つねに $\frac{a_{n+1}}{a_n} \leqq \frac{b_{n+1}}{b_n}$ としてよいから，$\frac{a_n}{b_n} \geqq \frac{a_{n+1}}{b_{n+1}}$, $\therefore \frac{a_1}{b_1} \geqq \frac{a_2}{b_2} \geqq \cdots \geqq \frac{a_n}{b_n}$ となる．$\frac{a_1}{b_1} = k$ とおくと，$a_n \leqq k b_n$ だから $\sum b_n$ が収束すれば，$\sum a_n$ は収束する．対偶をとって，$\sum a_n$ が発散すれば，$\sum b_n$ は発散する． (証明終)

注 5.2 この定理の (1) により,任意の級数 $\sum a_n$ と収束する正項級数 $\sum b_n$ の項の間に $|a_n| \leqq b_n$ なる関係があれば,$\sum a_n$ は絶対収束することがわかる.このような級数 $\sum b_n$ を**優級数**という.(2)(3) はエコール・ポリテクニークにおけるコーシーの解析講義録 (1821) に載っている.そのすぐ後には,次の驚くべき定理も載っている.

(**コーシーの圧縮定理**) 正項級数 $\sum a_n$ が収束するための必要十分条件は,$N = 2^n$ と書いて,$\sum_{n=1}^{\infty} N a_N$ が収束することである.

$\sum a_n$ の収束はごく一部の項によって判定できるというのでこの名がある (証明省略).

例 5.1 $\zeta(s) = \sum \frac{1}{n^s}$ ($s > 0$) を**リーマンのゼータ関数** (zeta function) という.$\zeta(s)$ は $s > 1$ のとき収束し,$s \leqq 1$ のとき発散する.

[解] $s = 2$ のときは,例 1.15 でコーシー列になることを証明し,$s = 1$ のときは,例 1.16 で発散することを示した.$x > 1$ のとき,$\frac{1}{x^s}$ は単調減少だから,$\int_n^{n+1} \frac{1}{x^s} dx < \frac{1}{n^s} < \int_{n-1}^{n} \frac{1}{x^s} dx$ が成り立つ.

そこで $s > 1$ のとき,$\sum_{n=2}^{m} \frac{1}{n^s} < \int_1^m \frac{1}{x^s} dx < \int_1^{\infty} \frac{1}{x^s} dx = \frac{1}{s-1}$ となるから,$\zeta(s)$ は収束する (定理 5.4 (1)).

$s = 1$ のときにすでに発散するから,$0 < s < 1$ のときには,$\frac{1}{n} < \frac{1}{n^s}$ なので,なお $\sum \frac{1}{n^s}$ は発散する (同). (解終)

例 5.2 無限級数 $\sum_{n=1}^{\infty} \frac{n!}{n^n}$ が収束することを示せ.

[解] 定理 5.4 (2) を使って証明する.隣り合う項の比は,$\frac{\frac{(n+1)!}{(n+1)^{n+1}}}{\frac{n!}{n^n}} = \frac{n^n}{(n+1)^n} = (1 + \frac{1}{n})^{-n} \to \frac{1}{e} < 1$ (例 1.8 より) だから,確かに収束する.ドゥ・モアヴル–スターリングの公式を使えば,(3) を用いても証明できる. (解終)

例 5.3 無限級数 $\sum_{n=1}^{\infty} \frac{n}{2^n}$ が収束することを示せ.

[解] 定理 5.4 (3) を使う.$\sqrt[n]{\frac{n}{2^n}} = \frac{\sqrt[n]{n}}{2}$ であるが,例 3.14′ より,$\lim_{x \to +\infty} x^{1/x} = 1$ なので,$\lim_{n \to +\infty} n^{1/n} = 1$ となる.したがって $\lim_{n \to +\infty} \frac{\sqrt[n]{n}}{2} = \frac{1}{2} < 1$ だから収束する.この級数の和は 2 である (例 5.12 (3) 参照). (解終)

例 5.4 $\sum_{n=2}^{\infty} \frac{1}{n \log n}$ は発散する.

[解] 注 5.2 に書いたコーシーの圧縮定理を使う.$n = 2^k$ に限定し,各項を 2^k 倍してみると $2^k \times \frac{1}{n \log n} = \frac{1}{k \log 2}$ なので,例 1.16 より発散する. (解終)

定理 5.5 正項級数 $\sum a_n$ において,$\frac{a_{n+1}}{a_n} = 1 - \frac{k}{n} + O(\frac{1}{n^{1+\delta}})$ ($\delta > 0$) とする.このとき,$k > 1$ なら $\sum a_n$ は収束し,$k \leqq 1$ なら発散する.

[証明] $k > 1$ とする.$k > s > 1$ となる s をとって,収束級数 $\zeta(s) = \sum \frac{1}{n^s}$ と比較す

る．$b_n = \frac{1}{n^s}$ とおくと，$\frac{b_{n+1}}{b_n} = \frac{n^s}{(n+1)^s} = \frac{1}{(1+\frac{1}{n})^s} = 1 - \frac{s}{n} + O(\frac{1}{n^2})$ である．したがって，$\frac{a_{n+1}}{a_n} - \frac{b_{n+1}}{b_n} = \frac{s-k}{n} + O(\frac{1}{n^{1+\delta}}) + O(\frac{1}{n^2})$ となる．$k > s$ だから十分大きな n に対しては，$\frac{a_{n+1}}{a_n} < \frac{b_{n+1}}{b_n}$ となる．よって定理 5.4 (4) より $\sum a_n$ は収束する．

次に $k < 1$ とする．$b_n = \frac{1}{n}$ とおいて，発散する調和級数 $\sum \frac{1}{n}$ と比較する．このとき，$\frac{b_{n+1}}{b_n} = \frac{n}{n+1} = 1 - \frac{1}{n+1} = 1 - \frac{1}{n} + O(\frac{1}{n^2})$ だから，$\frac{a_{n+1}}{a_n} - \frac{b_{n+1}}{b_n} = \frac{1-k}{n} + O(\frac{1}{n^{1+\delta}}) + O(\frac{1}{n^2})$ となる．$k < 1$ だから十分大きな n に対して，$\frac{a_{n+1}}{a_n} > \frac{b_{n+1}}{b_n}$ となり，定理 5.4 (4) より $\sum a_n$ は発散する．

最後に $k = 1$ の場合を考える．$b_n = \frac{1}{n \log n}$ とおいて，発散級数 $\sum \frac{1}{n \log n}$ と比較する（例 5.4）．このとき，$\frac{b_n}{b_{n+1}} = \frac{(n+1)\log(n+1)}{n \log n} = 1 + \frac{(n+1)\log(n+1) - n \log n}{n \log n}$ である．ところで関数 $f(x) = x \log x$ に対する平均値の定理を区間 $[n, n+1]$ において適用すると，$f'(x) = \log x + 1$ だから $f(n+1) - f(n) = (n+1)\log(n+1) - n \log n = \log(n+\theta) + 1 > \log n + 1$ $(0 < {}^\exists\theta < 1)$ となる．よって，$\frac{b_n}{b_{n+1}} > 1 + \frac{1}{n} + \frac{1}{n \log n}$.

一方，仮定より $\frac{a_n}{a_{n+1}} = 1 + \frac{1}{n} + O(\frac{1}{n^{1+\delta}}) + O(\frac{1}{n^2})$．よって十分大きな n に対しては，$\frac{a_n}{a_{n+1}} < \frac{b_n}{b_{n+1}}$，すなわち $\frac{a_{n+1}}{a_n} > \frac{b_{n+1}}{b_n}$ となるから，同定理により $\sum a_n$ は発散する．

(証明終)

例 5.5 $\frac{a_{n+1}}{a_n}$ が n の有理式で，$\frac{a_{n+1}}{a_n} = \frac{n^k + \alpha n^{k-1} + \cdots + \gamma}{n^k + \beta n^{k-1} + \cdots + \delta}$ （k は自然数）と表されているとき，$\sum a_n$ が収束するための必要十分条件は $\alpha - \beta < -1$ である．

[**解**] このとき，$\frac{a_{n+1}}{a_n} = 1 - \frac{\beta - \alpha}{n} + O(\frac{1}{n^2})$ だからあきらか． (解終)

注 5.3 定理 5.5 はガウスの定理と呼ばれる．**超幾何級数**（hypergeometric series, 例 5.13）の収束を調べるとき，この例 5.5 の形でガウスが用いた．何と 1812 年のことである．

例 5.6 任意の実数 α, β, γ に対して，

$$a_n = \frac{\alpha(\alpha+1)\cdots(\alpha+n-1) \cdot \beta(\beta+1)\cdots(\beta+n-1)}{n! \cdot \gamma(\gamma+1)\cdots(\gamma+n-1)}$$

とおく．$\sum a_n$ が収束するための必要十分条件は $\alpha + \beta < \gamma$ である．

[**解**] このとき，$\frac{a_{n+1}}{a_n} = \frac{(\alpha+n)\cdot(\beta+n)}{(n+1)\cdot(\gamma+n)} = \frac{n^2+(\alpha+\beta)n+\alpha\beta}{n^2+(\gamma+1)n+\gamma}$．
例 5.5 より，収束の必要十分条件は $(\alpha+\beta)-(\gamma+1) < -1$，すなわち $\alpha+\beta < \gamma$ である． (解終)

5.2 関数項の級数

無限級数の各項が x の関数 $a_n = a_n(x)$ である場合を**関数項の級数**という．ある区間 I に含まれる x について部分和 $s_n(x) = \sum_{k=1}^n a_k(x)$ を考える．$s_n(x)$ が収束するとき，その極限値 $s(x)$ は x の関数になる．

定義 5.3 任意に正数 $\varepsilon > 0$ を与えるとき,x に関係しない自然数 N がとれて,I に含まれる x に対しつねに,$n > N \Rightarrow |s(x) - s_n(x)| < \varepsilon$ となるとき,関数項の級数 $\sum_{k=1}^{\infty} a_k(x)$ は**一様収束**(uniformly convergent)であるという.

例 5.7 区間 $[0,1]$ における関数列 $f_n(x) = x^n$ はこの区間において次の関数,
$$f(x) = 0 \quad (0 \leqq x < 1), \quad 1 \quad (x = 1)$$
に収束するが,これは一様収束ではない.

[解] $x^n < \varepsilon \Leftrightarrow n \log x < \log \varepsilon \Leftrightarrow n > \frac{\log \varepsilon}{\log x}$ ($\log x < 0$ だから)となり,区間 $[0,1]$ において共通の N をとることができない. (解終)

例 5.8 フーリエ(Fourier)級数の教えるところによれば,$-\pi < x < \pi$ において,
$$\frac{x}{2} = \sin x - \frac{\sin 2x}{2} + \frac{\sin 3x}{3} - \frac{\sin 4x}{4} + \cdots$$
であるが,$x = \pi$ においてこの式は,$\frac{\pi}{2} = \sin \pi - \frac{\sin 2\pi}{2} + \frac{\sin 3\pi}{3} - \cdots = 0$ となって成り立たないことがわかる.

注 5.4 この例はアーベルが 1826 年 1 月,中学校時代の数学の恩師ホルンボエに宛てた書簡の中で指摘したもので,こうして関数項の級数における一様収束の概念ができたのであった.一様収束性の判定について,優級数を用いた次の定理はとても扱いやすい.

定理 5.6 収束する正項級数 $\sum c_n$ があって,ある区間でつねに $|a_n(x)| \leqq c_n$ ($n = 1, 2, 3, \ldots$)が成り立つとき,$\sum a_n(x)$ はこの区間において,絶対収束かつ一様収束である.

[証明] $a_n(x)$ の部分和 $s_n(x) = \sum_{k=1}^{n} a_k(x)$ に対し,$m > n$ のとき,
$$|s_m(x) - s_n(x)| = \left| \sum_{k=n+1}^{m} a_k(x) \right| \leqq \sum_{k=n+1}^{m} |a_k(x)| \leqq \sum_{k=n+1}^{m} c_n$$
だから,$s(x) = \sum_{k=1}^{\infty} a_k(x)$ は絶対収束する.この関係式で $m \to \infty$ とすれば,$|s(x) - s_n(x)| \leqq \sum_{k=n+1}^{\infty} c_k$ となるが,n を大きくすれば右辺は x に無関係に小さくとれる.したがって $\sum a_n(x)$ はこの区間において一様収束でもある. (証明終)

定理 5.7 ある区間で $a_n(x)$ が連続で,$\sum a_n(x)$ がこの区間において関数 $s(x)$ に収束しているとする.

(1) $\sum a_n(x)$ がこの区間で $s(x)$ に一様収束すれば,$s(x)$ は連続である.

(2) 同じ条件の下で,$\sum a_n(x)$ を項別に積分することができて,項別積分した級数も一様収束である.すなわち,$\int s(x) dx = \sum \int a_n(x) dx$.

(3) $\sum a_n(x) = s(x)$ が収束し,$a_n(x)$ が C^1 級で,$\sum a_n'(x) = t(x)$ が一様収束ならば,$s(x)$ は項別に微分できる.すなわち,$s'(x) = \sum a_n'(x)$.

[証明] (1) $a_n(x)$ の部分和 $s_n(x) = \sum_{k=1}^{n} a_k(x)$ に対し，$s(x) - s_n(x) = r_n(x)$ とおく．$s_n(x)$ は連続関数の有限和なので連続で，任意の ε に対して h を十分小さくとれば，$|s_n(x+h) - s_n(x)| < \varepsilon$ となる．一方一様収束性の仮定から，n を十分大きくとれば x と h に無関係に不等式 $|r_n(x+h)| < \varepsilon$，$|r_n(x)| < \varepsilon$ が成り立つ．∴ $|s(x+h) - s(x)| \leqq |s_n(x+h) - s_n(x)| + |r_n(x+h)| + |r_n(x)| < 3\varepsilon$ となり，$s(x)$ は連続である．

(2) したがって $s(x)$ は積分可能である．一様収束域内の任意の区間 $[a, b]$ において $|s(x) - s_n(x)| < \varepsilon$ だから，$|\int_a^b \{s(x) - s_n(x)\} dx| < \varepsilon(b-a)$ となる．有限和に対しては $\int_a^b s_n(x) dx = \sum_{k=1}^{n} \int_a^b a_k(x) dx$ だから，$|\int_a^b \{s(x) - \sum_{k=1}^{n} a_k(x)\} dx| < \varepsilon(b-a)$ となり，ここで $n \to \infty$ として，$\int_a^b s(x) dx = \sum_{k=1}^{\infty} \int_a^b a_k(x) dx$ であることがわかる．x をこの区間内の任意の点としても，$< \varepsilon(b-a)$ がそのまま成り立つから，$\int_a^x s(x) dx = \sum_{k=1}^{\infty} \int_a^x a_k(x) dx$ は一様収束である．

(3) $\sum a_n(x) = s(x)$ が収束し，$a_n(x)$ が C^1 級で，$\sum a_n'(x) = t(x)$ が一様収束だから $t(x)$ は連続で，したがって項別に積分できる．すなわち，$\int_a^x t(x) dx = \sum_{k=1}^{\infty} \int_a^x a_k'(x) dx$．$\int_a^x a_k'(x) dx = a_k(x) - a_k(a)$ なので，$\int_a^x t(x) dx = \sum_{k=1}^{\infty} \{a_k(x) - a_k(a)\}$．ところで，$\sum_{k=1}^{\infty} a_k(x) = s(x)$，$\sum_{k=1}^{\infty} a_k(a) = s(a)$ だから $\int_a^x t(x) dx = s(x) - s(a)$ となり，これを x で微分して，$t(x) = s'(x) = \sum a_n'(x)$ となる． （証明終）

系 (1) ある区間 $[a, b]$ で $f_n(x)$ が連続で，$f(x)$ に一様収束すれば，$f(x)$ は連続である．
(2) 同じ条件の下で，$n \to \infty$ とすれば，$\int f_n(x) dx \to \int f(x) dx$ （一様収束）．
(3) $f_n(x) \to f(x)$，$f_n(x)$ は C^1 級で，$f_n'(x) \to t(x)$ が一様収束ならば，$f'(x) = t(x)$．

[証明] 定理 5.7 を関数列の場合に言い換えただけなのであきらか． （証明終）

注 5.5 この系は，ある条件の下で極限演算と微分積分の順序を交換してもよいことを示している．

例 5.9 任意の x に対して，

$$s(x) = \sin x + \frac{\sin 2x}{2^2} + \frac{\sin 3x}{3^2} + \frac{\sin 4x}{4^2} + \cdots$$

は一様収束である（定理 5.6）．したがって，項別に積分することができて，

$$\int s(x) dx = (1 - \cos x) + \frac{1 - \cos 2x}{2^3} + \frac{1 - \cos 3x}{3^3} + \frac{1 - \cos 4x}{4^3} + \cdots$$

も一様収束である（定理 5.7 (2)）．しかし項別微分すると，

$$s'(x) = \cos x + \frac{\cos 2x}{2} + \frac{\cos 3x}{3} + \frac{\cos 4x}{4} + \cdots$$

となり，これは $x = 2k\pi$ において発散する．一般に項別微分は難しい．

5.3 整級数（冪級数）

関数項の級数の各項 $f_n(x)$ が $(x-\alpha)$ の冪 $a_n(x-\alpha)^n$ である場合，$\sum_{k=0}^{\infty} a_n(x-\alpha)^n$ を**整級数（冪級数）**という．これは多項式の延長と考えられ，もっとも扱いやすく，かつきわめて重要な関数項の級数である．簡単な変数変換で x の冪だけ考えればよいから，この先 $P(x) = \sum_{k=0}^{\infty} a_n x^n$ を考察することにする．

定理 5.8 整級数 $P(x) = \sum_{k=0}^{\infty} a_n x^n$ が $x = x_0$ で収束していれば，$|x| < |x_0|$ なる任意の x に対して絶対収束し，$|x| < |x_0|$ に含まれる任意の閉区間において一様収束する．

[**証明**] $\sum_{k=0}^{\infty} a_n x_0^n$ が収束するから，$|a_n x_0^n| \to 0$ となり，$|a_n x_0^n|$ は有界，したがって十分大きな n に対して $|a_n x_0^n| < M$ となる．$0 < \theta < 1$ なる θ をとり，$|x| \leq \theta |x_0|$ にとれば，$|a_n x^n| \leq \theta^n |a_n x_0^n| < M\theta^n$ である．この右辺は収束する正項級数の一般項だから，定理 5.6 より，絶対かつ一様に収束する．　　　　　　　　　　　　　　　　　　（証明終）

注 5.6 この定理の対偶をとると，整級数 $P(x) = \sum_{k=0}^{\infty} a_n x^n$ が $x = x_0$ で発散すれば，$|x| > |x_0|$ なる任意の x に対して発散することになる．整級数の収束・発散はきわめて単純である．

定義 5.4 整級数 $P(x) = \sum_{k=0}^{\infty} a_n x^n$ が収束するような $|x|$ の上限を R とすると，$|x| < R$ ならば収束し，$|x| > R$ ならば発散する．このとき，円板 $|x| < R$ をこの整級数の**収束円** (disk of convergence) といい，R を**収束半径** (radius of convergence) という．$R = +\infty$ のときは任意の実数に対して収束し，$R = 0$ のときには $x = 0$ 以外のすべての値で発散する．

定理 5.9 整級数 $P(x) = \sum_{k=0}^{\infty} a_n x^n$ の収束半径 R は次の式で表される．ただし，$\frac{1}{0} = \infty$，$\frac{1}{\infty} = 0$ と規約する．
(1) $\frac{1}{R} = \limsup_{n\to\infty} \sqrt[n]{|a_n|}$.
(2) $\frac{1}{R} = \limsup_{n\to\infty} |\frac{a_{n+1}}{a_n}|$.

[**証明**] ここで上極限にしたのは，0 および $+\infty$ を含めてかならず存在するからである．普通の極限に対しては，整級数 $P(x) = \sum_{k=0}^{\infty} a_n x^n$ の絶対値級数に対して定理 5.4 を適用すればあきらかである．もう少し議論をすればこの定理の形が証明できるが省略する．

　　　　　　　　　　　　　　　　　　　　　　　　　　　　　　　　　　（証明終）

注 5.7 (1) はすでにコーシーの解析講義録 (1821) にあったが (注 5.2 参照) 忘れられていて，アダマール (Hadamard) が 1892 年に再発見してから広く知られるようになった．そこでこれを**コーシー・アダマールの定理**という．(2) については不完全ながらダラン

ベール (d'Alembert) に記述があって，**ダランベールの定理**ということがある．

系 整級数 $P(x) = \sum_{k=0}^{\infty} a_n x^n$ は収束半径内で項別に微分・積分することができる．項別に微分・積分した級数の収束半径は，元の整級数 $P(x)$ の収束半径 R に等しい．

[証明] 前半は定理 5.7 よりいえる．後半は，$\lim_{n\to\infty} \frac{n+1}{n} = 1$ だから，定理 5.8 よりあきらかである．　　　　　　　　　　　　　　　　　　　　　　　　　　　　　　　(証明終)

例 5.10 次の整級数の収束半径 R を求めよ（例 2.28–30 参照）．
(1) e^x のマクローリン展開 $e^x = 1 + x + \frac{x^2}{2!} + \frac{x^3}{3!} + \cdots + \frac{x^n}{n!} + \cdots$
(2) $\sin x$ のマクローリン展開 $\sin x = x - \frac{x^3}{3!} + \frac{x^5}{5!} - \frac{x^7}{7!} \pm \cdots = \sum_{0 \leq n} (-1)^n \frac{x^{2n+1}}{(2n+1)!}$
(3) $\cos x$ のマクローリン展開 $\cos x = 1 - \frac{x^2}{2!} + \frac{x^4}{4!} - \frac{x^6}{6!} \pm \cdots = \sum_{0 \leq n} (-1)^n \frac{x^{2n}}{(2n)!}$

[解] (1) $\frac{1}{R} = \lim_{n\to\infty} |\frac{a_{n+1}}{a_n}| = \lim_{n\to\infty} \frac{1}{n+1} = 0$ だから $R = +\infty$．(2)(3) については，$X = x^2$ とおいて X の整級数とみて R を計算する．どちらも $\lim_{n\to\infty} |\frac{a_{n+1}}{a_n}| = \frac{1}{R} = 0$ なので，$R = +\infty$．　　　　　　　　　　　　　　　　　　　　　　　　　　　　(解終)

例 5.11 (1) 次の無限等比級数の和の公式の収束半径を求めよ（例 2.31 参照）．

$$\frac{1}{1+x} = 1 - x + x^2 - x^3 + x^4 - x^5 \pm \cdots = \sum_{0 \leq n} (-1)^n x^n \quad (-1 < x < 1).$$

(2) またこれを項別に積分して $\log(1+x)$ のマクローリン展開を求めよ．
(3) $\frac{1}{1+x^2} = 1 - x^2 + x^4 - x^6 + x^8 - x^{10} \pm \cdots = \sum_{0 \leq n} (-1)^n x^{2n}$ について同じことを行い，グレゴリー (Gregory) の公式 (2.23) を示せ．
(4) $\frac{1}{1-x} = 1 + x + x^2 + x^3 + x^4 + x^5 + \cdots$ を項別微分せよ．

[解] (1) $|a_n| = 1$ だから，$\lim_{n\to\infty} \sqrt[n]{|a_n|} = \lim_{n\to\infty} |\frac{a_{n+1}}{a_n}| = 1$，よって定理より $R = 1$．
(2) したがって，$|x| < 1$ で項別積分できて収束半径は変わらない．項別に積分すれば，
$\log(1+x) = x - \frac{x^2}{2} + \frac{x^3}{3} - \frac{x^4}{4} \pm \cdots = \sum_{1 \leq n} (-1)^{n-1} \frac{x^n}{n}$ となる．
(3) 同様に $R = 1$ だから $|x| < 1$ で項別積分すると，$\operatorname{Arctan} x = x - \frac{x^3}{3} + \frac{x^5}{5} - \frac{x^7}{7} \pm \cdots = \sum_{0 \leq n} (-1)^n \frac{x^{2n+1}}{2n+1}$ ($|x| < 1$) を得る．以上，注 2.3 で述べたことはすべて合理化された．
(4) $\frac{1}{(1-x)^2} = 1 + 2x + 3x^2 + 4x^3 + 5x^4 + 6x^5 + \cdots$ ($|x| < 1$)　　　　(解終)

定理 5.10 (アーベルの定理) 整級数 $P(x) = \sum_{k=0}^{\infty} a_n x^n$ の収束半径が R のとき，収束半径上の点 $x = R$ で収束すれば，$P(R) = \sum_{k=0}^{\infty} a_n R^n$ である．
また，$x = -R$ で収束すれば，$P(-R) = \sum_{k=0}^{\infty} (-1)^n a_n R^n$ である．

[証明] $x = R$ で $\sum_{k=0}^{\infty} a_n R^n$ が収束するとき，$x = Ry$ と変数変換すれば，y についての整級数の収束半径は 1 になるから，はじめから $R = 1$ と考えてよい．このとき，$\sum_{k=0}^{\infty} a_n x^n$ が $[0,1]$ で一様収束することを証明すればよい．任意の $\varepsilon > 0$ に対して，N が

あって，$m \geqq n \geqq N$ ならば $|\sum_{k=n}^{m} a_k| < \varepsilon$ にとれる．この n を固定した上で，$p \geqq n$ に対して $s_p = \sum_{k=n}^{p} a_k$ とおくと $|s_p| < \varepsilon$ である．ここでアーベルの変形，

$$\sum_{k=n}^{m} a_k x^k = s_n x^n + \sum_{k=n+1}^{m} (s_k - s_{k-1}) x^k = \sum_{k=n}^{m-1} s_k(x^k - x^{k+1}) + s_m x^m$$

を行い絶対値をとると，$0 \leqq x^{k+1} \leqq x^k \leqq 1$ だから，$|\sum_{k=n}^{m} a_k x^k| \leqq \sum_{k=n}^{m-1} |s_k|(x^k - x^{k+1}) + |s_m|x^m < \varepsilon \{\sum_{k=n}^{m-1}(x^k - x^{k+1}) + x^m\} = \varepsilon x^n \leqq \varepsilon$ となって，区間 $[0,1]$ で一様収束であることがわかる．したがって $\sum_{k=0}^{\infty} a_n x^n$ が $[0,1]$ で連続になる．$x = -R$ で収束するときも同様である． (証明終)

例 5.12 (1) $\log(1+x) = x - \frac{x^2}{2} + \frac{x^3}{3} - \frac{x^4}{4} \pm \cdots$ ($|x| < 1$) は収束半径上の $x = 1$ で収束するから $\log 2 = \sum_{1 \leqq n}(-1)^{n-1} \frac{1}{n}$ となる．

(2) $\mathrm{Arctan}\, x = x - \frac{x^3}{3} + \frac{x^5}{5} - \frac{x^7}{7} \pm \cdots = \sum_{0 \leqq n}(-1)^n \frac{x^{2n+1}}{2n+1}$ ($-1 < x < 1$) は $x = 1$ で収束するから，$\frac{\pi}{4} = 1 - \frac{1}{3} + \frac{1}{5} - \frac{1}{7} \pm \cdots$ というグレゴリー・ライプニッツの公式が得られる．

(3) 収束半径内の点ではもちろん等式が成り立つ．たとえば例 5.11 (4) を x 倍した式，

$$\frac{x}{(1-x)^2} = x + 2x^2 + 3x^3 + 4x^4 + 5x^5 + 6x^6 + \cdots \quad (|x| < 1)$$

において $x = \frac{1}{2}$ とおけば，次の無限級数の値が求められる．

$$2 = \frac{1}{2} + \frac{2}{2^2} + \frac{3}{2^3} + \frac{4}{2^4} + \frac{5}{2^5} + \frac{6}{2^6} + \cdots$$

注 5.8 17 世紀，18 世紀には，確たる理論的裏付けのないままにこのような級数の和が論じられてきた．個人的に多くの先進的な研究をしていたガウスは別格として，無限級数をはじめて厳密に扱ったコーシーに続きアーベルの鋭い指摘により，ようやく無限級数を科学的に扱うことが可能になったのである．なお，(3) はすでに 14 世紀にニコール・オレム (Oresm) によって見事な推論で求められていた．この人は，調和級数 (例 1.16) が発散することをはじめて証明したことでも知られる．

例 5.13 例 5.6 で扱った a_n (α, β, γ は実数)：

$$a_n = \frac{\alpha(\alpha+1)\cdots(\alpha+n-1) \cdot \beta(\beta+1)\cdots(\beta+n-1)}{n! \cdot \gamma(\gamma+1)\cdots(\gamma+n-1)}$$

に対して，$F(\alpha, \beta, \gamma; x) = \sum_{0 \leqq n} a_n x^n$ を**ガウスの超幾何級数**という．幾何級数 (等比級数) を特別な場合として含み ((1) 参照)，実に応用範囲の広い級数である．例 5.6 より，収束半径は 1 であることがわかる．この例 5.6 では収束半径上の点 $x = 1$ における級数の収束を論じたのであった．$|x| < 1$ において，次の式が成り立つ (証明省略)．

(1) $F(1, \beta, \beta; x) = \frac{1}{1-x}$

(2) $F(1, 1, 2; -x) = \log(1+x)$

(3) $F(-\alpha, \beta, \beta; x) = (1+x)^{\alpha}$

(4) $F(\frac{1}{2}, 1, \frac{3}{2}; x) = \operatorname{Arctan} x$

定理 5.11 (整級数の一意性の定理) 整級数 $P(x) = \sum_{k=0}^{\infty} a_n x^n$ はその収束半径 R 内で C^{∞} 級で, $a_n = \frac{P^{(n)}(0)}{n!}$ が成り立つ.

[**証明**] これまでの定理 5.9, 定理 5.7, 定理 5.9 系などからほとんどあきらかである. 最後の等式は, $P(x) = \sum_{k=0}^{\infty} a_n x^n$ を項別微分して, $P'(x) = \sum_{k=0}^{\infty} n a_n x^{n-1}$ より $P'(0) = 1 \cdot a_1$, 以下同様に $P''(x) = \sum_{k=0}^{\infty} n(n-1) a_n x^{n-2}$ より $P''(0) = 1 \cdot 2 \cdot a_2, \ldots$ などより求められる. (証明終)

以上で実り豊かな整級数の理論の基本を紹介した. これらの事実の多くは, 形式的な変形を行って複素数を変数とする複素級数にも通用する. 実にワイエルシュトラースは複素整級数を基礎にして, 解析関数論を組み立てたのであった. そしてわかったことは, 複素変数関数として捉えることによってはじめて, 三角関数, 対数関数, 指数関数などを含む初等関数の本質が見えてくることであった. これこそは 19 世紀数学の最大の達成の一つであった. これについては, 第 XI 編「複素関数」を参照のこと.

III 微分積分学

6 偏微分法

「しかし我々ドイツ人は，ヤコービ（Jacobi）の前例に従って，偏微分をラウンド d (∂) で表す．」（ワイエルシュトラース (Weierstrass; 1874)）

6.1 多変数関数の偏導関数

この先，我々は多変数関数の微分（第6章）と積分（第7章）を扱う．xy 平面内の領域 D の点 (x, y) に対して一つの実数 z が決まる対応関係があるとき，領域 D を**定義域**とする **2 変数関数** $z = f(x, y)$ が与えられたという．xyz 空間の領域 D の点 (x, y, z) に対して実数 w が対応するときは $w = f(x, y, z)$ と書き，**3 変数関数**という．一般に n **変数関数** $z = f(x_1, x_2, \ldots, x_n)$ が定義できる．2 変数以上の関数を**多変数関数**と総称する．1 変数関数との違いや多変数関数の特徴とその扱いの困難さは，すでに 2 変数関数の場合においてほとんど顔を出すので，以下の記述は 2 変数関数の場合を主とする．

定義 6.1 領域 D の点 $\mathrm{P}(x, y)$ と定点 $\mathrm{A}(a, b)$ に対して，**極限値**を次のように定義する．2 点間の距離を $\mathrm{PA} = \sqrt{(x-a)^2 + (y-b)^2}$ と書く．

$$\lim_{\mathrm{P} \to \mathrm{A}} f(x, y) = \alpha \Leftrightarrow 任意の \varepsilon > 0 に対して \delta > 0 が決まり,$$
$$0 < \mathrm{PA} < \delta, \mathrm{P} \in D ならば |f(x, y) - \alpha| < \varepsilon$$

定義 6.2 $f(x, y)$ が点 $\mathrm{A}(a, b)$ において**連続**（continuous）である

$$\Leftrightarrow \lim_{\mathrm{P} \to \mathrm{A}} f(x, y) = f(a, b)$$

$f(x, y)$ がある領域 D の各点で連続なとき，$f(x, y)$ は**領域 D で連続**という．

このように定義すると，一変数のときの定理 2.9–13 は形式的な変更をすることによって成り立つことが確かめられる．たとえば次の定理が成り立つ．

定理 6.1 有界閉集合 D で連続な関数は D 内の点において最大値・最小値をとる（閉

6. 偏微分法

集合とは，境界をすべて含む集合である)．

次に2変数関数の微分を定義する．1変数の微分の知識をすべて生かすために，1つの変数を止めておいてもう一つの変数に関して微分をする．これを「偏微分」という．

定義 6.3 領域 D で定義された関数 $f(x,y)$ と D 内の点 (a,b) に対して，極限値 $\lim_{h\to 0}\frac{f(a+h,b)-f(a,b)}{h}$ が存在するとき，$f(x,y)$ の (a,b) における **x に関する偏微分係数** (partial differential coefficient with respect to x) といって，$\frac{\partial f}{\partial x}(a,b)$ または，$f_x(a,b)$ と書き表す．

$\lim_{k\to 0}\frac{f(a,b+k)-f(a,b)}{k}$ が存在するとき，$f(x,y)$ の (a,b) における **y に関する偏微分係数** といって，$\frac{\partial f}{\partial y}(a,b)$ または，$f_y(a,b)$ と書き表す．

これらのとき，関数 $f(x,y)$ は点 (a,b) において，x（または y）に関して**偏微分可能** (partially differentiable) であるという．なお，3変数以上の場合には，たとえば x に関する偏微分ならば，x 以外の変数を動かさずに x だけを動かして極限値をとればよい．

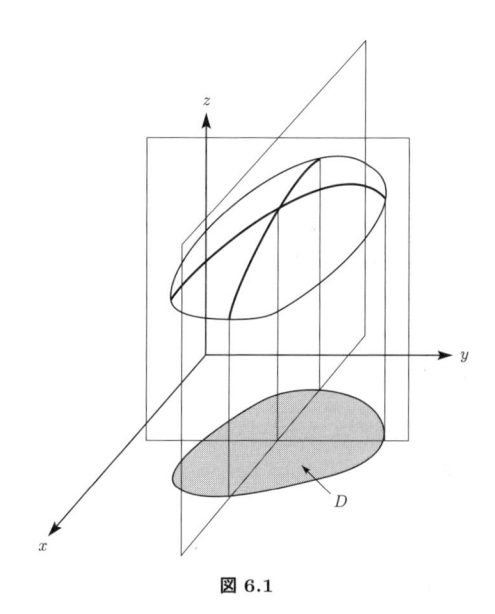

図 6.1

定義 6.4 ある領域の各点で偏微分可能なとき，その領域の各点に対して $f(x,y)$ の x（または y）に関する偏微分係数を対応させる関数を，$f(x,y)$ の x（または y）に関する**偏導関数** (partial derivative with respect to x (resp. y)) といい，$\frac{\partial f}{\partial x}=f_x(x,y)$ および $\frac{\partial f}{\partial y}=f_y(x,y)$ と書き表す：

$$\frac{\partial f}{\partial x} = \lim_{h \to 0} \frac{f(x+h, y) - f(x, y)}{h},$$
$$\frac{\partial f}{\partial y} = \lim_{k \to 0} \frac{f(x, y+k) - f(x, y)}{k}.$$

偏導関数を求めることを**偏微分する**という．∂ はラウンド・ディー（丸い d の意）と読む．$\frac{\partial f}{\partial x}$ はラウンド・ディー f–（ラウンド・）ディー x と読めばよい．"ラウンド"をまったく省略することも多い．偏微分の定義から，1 変数の微分の公式は形式的な変更を加えてすべて成り立つ．

例 6.1 次の関数を偏微分せよ．
(1) $f(x, y) = x^3 + y^3 - 3axy$,
(2) $f(x, y) = \log(x^2 + y^2)$,
(3) $f(x, y) = \sin(x + 2y)$,
(4) $f(x, y) = \operatorname{Arctan} \frac{y}{x}$.

[解] (1) $f_x(x, y) = 3x^2 - 3ay$, $f_y(x, y) = 3y^2 - 3ax$.
(2) $f_x(x, y) = \frac{2x}{x^2+y^2}$, $f_y(x, y) = \frac{2y}{x^2+y^2}$.
(3) $f_x(x, y) = \cos(x + 2y)$, $f_y(x, y) = 2\cos(x + 2y)$.
(4) $f_x(x, y) = \frac{-\frac{y}{x^2}}{1+(\frac{y}{x})^2} = -\frac{y}{x^2+y^2}$, $f_y(x, y) = \frac{\frac{1}{x}}{1+(\frac{y}{x})^2} = \frac{x}{x^2+y^2}$. (解終)

注 6.1 ここで 1 変数の合成関数の微分の公式が使われている．たとえば (2) において $t = x^2 + y^2$ とおくと $f = \log t$ となり，この 2 つの関数の合成関数を微分することになる．x で偏微分するときには y を止めているので，y を定数と思って x で微分すればよい．したがって，$\frac{\partial f}{\partial x} = \frac{df}{dt} \cdot \frac{\partial t}{\partial x}$ となる．

$\frac{\partial f}{\partial y} = \frac{df}{dt} \cdot \frac{\partial t}{\partial y}$ も同様である．偏微分の合成関数の微分の公式は，一般にチェイン・ルールと呼ばれるもので後述する．

今の例で得られた偏導関数はすべてさらに偏微分することができる．こうして得られる偏導関数を **2 次の偏導関数** (second partial derivative) という．記号は次の通り．

$$\frac{\partial}{\partial x}\left(\frac{\partial f}{\partial x}\right) = \frac{\partial^2 f}{\partial x^2}, \quad (f_x)_x(x, y) = f_{xx}(x, y)$$

$$\frac{\partial}{\partial y}\left(\frac{\partial f}{\partial x}\right) = \frac{\partial^2 f}{\partial y \partial x}, \quad (f_x)_y(x, y) = f_{xy}(x, y)$$

$$\frac{\partial}{\partial x}\left(\frac{\partial f}{\partial y}\right) = \frac{\partial^2 f}{\partial x \partial y}, \quad (f_y)_x(x, y) = f_{yx}(x, y)$$

$$\frac{\partial}{\partial y}\left(\frac{\partial f}{\partial y}\right) = \frac{\partial^2 f}{\partial y^2}, \quad (f_y)_y(x, y) = f_{yy}(x, y)$$

これら 2 種類の記法によって，偏微分の順序が異なって表示されるので気をつけよう．上

から 2 番目は，括弧を付けた式の通りの順序，すなわち $x \to y$ の順で，3 番目は $y \to x$ の順になる．これらがさらに偏微分可能ならば，**3 次の偏導関数**が定義できる．一般に n 次の偏導関数が定義できる．2 次以上の偏導関数を**高次偏導関数**と総称する．

定義 6.5 $f(x,y)$ のすべての偏導関数が連続になるとき，C^1 **級** (class C–1) であるという．$f(x,y)$ の 2 次までのすべての偏導関数が連続のとき，C^2 **級** (class C–2) であるという．一般に n 次までのすべての偏導関数が連続なとき，C^n **級** (class C–n) という．

例 6.2 例 6.1(1)(2)(3) で取り上げた関数に対し 2 次の偏導関数をすべて求めよ．
(1) $f(x,y) = x^3 + y^3 - 3axy$.
(2) $f(x,y) = \log(x^2 + y^2)$.
(3) $f(x,y) = \sin(x + 2y)$.

[解]
(1) $f_{xx}(x,y) = 6x$, $f_{xy}(x,y) = -3a$, $f_{yx}(x,y) = -3a$, $f_{yy}(x,y) = 6y$.
(2) $f_{xx}(x,y) = \frac{2}{x^2+y^2} - \frac{2 \cdot 2x}{(x^2+y^2)^2} = \frac{2(y^2-x^2)}{(x^2+y^2)^2}$, $f_{xy}(x,y) = \frac{-4xy}{(x^2+y^2)^2}$, $f_{yx}(x,y) = \frac{-4xy}{(x^2+y^2)^2}$, $f_{yy}(x,y) = \frac{2(x^2-y^2)}{(x^2+y^2)^2}$.
(3) $f_{xx}(x,y) = -\sin(x+2y)$, $f_{xy}(x,y) = -2\sin(x+2y)$, $f_{yx}(x,y) = -2\sin(x+2y)$, $f_{yy}(x,y) = -4\sin(x+2y)$. (解終)

注 6.2 この例をみると，すべて $f_{xy}(x,y) = f_{yx}(x,y)$ が成り立っている．これは偶然ではない．偏微分の順序に関して次の定理が成り立つ．

定理 6.2 $f(x,y)$ が C^2 級のとき，$f_{xy}(x,y) = f_{yx}(x,y)$．

[証明] $\phi(x) = f(x, y+k) - f(x,y)$ とおくと，x についての平均値の定理から，

$$\phi(x+h) - \phi(x) = h\phi'(x + \theta_1 h) \quad (0 < {}^\exists \theta_1 < 1)$$
$$= h\{f_x(x + \theta_1 h, y + k) - f_x(x + \theta_1 h, y)\}$$

ここで $\psi(y) = f_x(x + \theta_1 h, y)$ とおくと，$\phi(x+h) - \phi(x) = h\{\psi(y+k) - \psi(y)\}$．$\psi(y)$ についての平均値の定理より，$\psi(y+k) - \psi(y) = k\psi'(y + \theta_2 k)$ $(0 < \theta_2 < 1)$．∴ $\phi(x+h) - \phi(x) = hk\psi'(y + \theta_2 k) = hkf_{xy}(x + \theta_1 h, y + \theta_2 k)$ となる．よって，

$$f_{xy}(x + \theta_1 h, y + \theta_2 k) = \frac{\phi(x+h) - \phi(x)}{hk}$$
$$= \frac{1}{h}\left(\frac{f(x+h, y+k) - f(x+h, y)}{k} - \frac{f(x, y+k) - f(x,y)}{k}\right)$$

ここで $k \to 0$ とすると，f_{xy} は連続だから，

$$\text{左辺} \to f_{xy}(x + \theta_1 h, y), \quad \text{右辺} \to \frac{f_y(x+h, y) - f_y(x, y)}{h}$$

よって，$f_{xy}(x+\theta_1 h, y) = \frac{f_y(x+h,y)-f_y(x,y)}{h}$．ここで $h \to 0$ とすると，

$$\text{左辺} \to f_{xy}(x,y), \quad \text{右辺} \to f_{yx}(x,y)$$

よって，$f_{xy}(x,y) = f_{yx}(x,y)$．

この証明から，$f_{xy}(x,y)$ と $f_{yx}(x,y)$ が連続ならば定理は成り立つ． (証明終)

注 6.3 一見大したことのないような定理だが，これによって微分の順序を気にしなくてよくなるのできわめて重要である．しかもたとえば C^{10} 級のときには，偏導関数が $2^{10} = 1024$ 種類になるところが，実質わずか $10+1 = 11$ 種類に簡約されてしまうというきわめて強力な定理でもある．

偏微分は x 軸方向（または y 軸方向）にだけ変数を動かして微分をする"偏った"微分なので，おかしなことも起きる．

例 6.3 $f(x,y) = \frac{xy}{x^2+y^2}$ $((x,y) \neq (0,0))$，$f(0,0) = 0$ と定義された関数は，$(0,0)$ において x および y について偏微分可能であるが，連続ではない．

[解] 偏微分可能なことはあきらか．$y = mx$ という直線に沿って $(x,y) \to (0,0)$ とする．このとき $(x,y) \neq (0,0)$ ならば，$f(x,mx) = \frac{m}{1+m^2}$ となって，かならずしも $f(0,0) = 0$ に収束しない．したがって，$(0,0)$ において $f(x,y)$ は不連続である． (解終)

そこで「全微分可能」，「全微分」という新しい定義をする．

定義 6.6 $f(x,y)$ が点 (a,b) において**全微分可能** (totally differentiable) であるとは，定数 A，B があって，

$$f(a+h, b+k) - f(a,b) = Ah + Bk + o(r), \quad r = \sqrt{h^2+k^2}$$

と書けることである．ここで $o(r)$ は高位の無限小を表すランダウの記号である．このとき，$A = f_x(a,b)$，$B = f_y(a,b)$ であることはすぐにわかる．たとえば $k = 0$ とおいて，$h \to 0$ とすれば $A = f_x(a,b)$ がわかる．

例 6.4 $f(x,y)$ が点 (a,b) において全微分可能ならば，$f(x,y)$ はこの点で連続．

[解] 全微分可能の定義式で $h \to 0$，$k \to 0$ とすれば，右辺は 0 に収束する．すなわち，$\lim_{(x,y) \to (a,b)} f(x,y) = f(a,b)$ がわかる．

したがって，例 6.3 は偏微分可能だが全微分可能ではない関数の例でもある． (解終)

この例のように，「全微分可能」ならば 1 変数のときの「微分可能ならば連続」が回復される．これが本来あるべき「微分」の姿だったのである．次の定理のおかげで，我々はかなり安心できることになる．

6. 偏 微 分 法

定理 6.3 $f(x,y)$ が領域 D で C^1 級ならば，$f(x,y)$ は D で全微分可能である．

[証明] 1変数のときの平均値の定理を使う．$\Delta f = f(x+h, y+k) - f(x,y) = \{f(x+h, y+k) - f(x, y+k)\} + \{f(x, y+k) - f(x,y)\} = hf_x(x+\theta_1 h, y+k) + kf_y(x, y+\theta_2 k)$ $(0 < \theta_1 < 1, 0 < \theta_2 < 1)$ と書ける．そこで，$f_x(x+\theta_1 h, y+k) = f_x(x,y) + \varepsilon_1$, $f_y(x, y+\theta_2 k) = f_y(x,y) + \varepsilon_2$ と書くと，f_x と f_y が連続だから，$h \to 0$, $k \to 0$ のとき，$\varepsilon_1 \to 0$ かつ $\varepsilon_2 \to 0$ となる．あきらかに $\Delta f = hf_x(x,y) + kf_y(x,y) + h\varepsilon_1 + k\varepsilon_2$ である．ところで一般に $|h\varepsilon_1 + k\varepsilon_2| \leq \sqrt{h^2+k^2}\sqrt{\varepsilon_1^2+\varepsilon_2^2}$ がいえるから，

$$\lim_{(h,k)\to(0,0)} \frac{|h\varepsilon_1 + k\varepsilon_2|}{\sqrt{h^2+k^2}} = \lim_{(h,k)\to(0,0)} \sqrt{\varepsilon_1^2+\varepsilon_2^2} = 0$$

となり，$f(x,y)$ が全微分可能であることがわかる． (証明終)

定義 6.7 $f(x,y)$ が (a,b) で全微分可能なとき，関数値の変化の主要部分である $Ah+Bk$ を $df(x,y)$ と書いて，$f(x,y)$ の (a,b) における**全微分** (total differential) と定義する：$df = f_x h + f_y k$.

例 6.5 次の関数の全微分を求めよ．
(1) $f(x,y) = x^3 y$, (2) $f(x,y) = \sin(x+2y)$,
(3) $f(x,y) = x$, (4) $f(x,y) = y$.

[解] (1) $f_x(x,y) = 3x^2 y$, $f_y(x,y) = x^3$ だから，$df = 3x^2 y h + x^3 k$.
(2) $f_x(x,y) = \cos(x+2y)$, $f_y(x,y) = 2\cos(x+2y)$ より，$df = (h+2k)\cos(x+2y)$.
(3) $f_x(x,y) = 1$, $f_y(x,y) = 0$ だから，$df = h$ すなわち $dx = h$.
(4) $f_x(x,y) = 0$, $f_y(x,y) = 1$ だから，$df = k$ すなわち $dy = k$. (解終)

注 6.4 この例の最後の2つで，$dx = h$, $dy = k$ という式が得られた．一般に曲面の曲がりを無視して，接平面上で関数の変化の近似値を求めるのが「全微分」なので，$z = f(x,y)$ がはじめから平面のときは，このように簡単になるのである．そこで全微分の定義式は次のように書ける（これは，そのまま接平面を表す式になっている）：

$$df = f_x dx + f_y dy.$$

例 6.6 曲面 $z = f(x,y) = \sin(x+2y)$ の $(0,0)$ における接平面の方程式を求めよ．
[解] $f_x = \cos(x+2y)$, $f_y = 2\cos(x+2y)$ より，$f_x(0,0) = 1$, $f_y(0,0) = 2$ となる．$f(0,0) = 0$ だから求める方程式は，$z = x + 2y$. (解終)

続いて合成関数の偏微分に移る．次の定理が基本的である．

定理 6.4 $z = f(x,y)$ が C^1 級で，$x = \phi(t)$, $y = \psi(t)$ は C^1 級とする．このとき合成関数 $z = F(t) = f(\phi(t), \psi(t))$ も C^1 級で，

$$\frac{dz}{dt} = \frac{\partial z}{\partial x}\frac{dx}{dt} + \frac{\partial z}{\partial y}\frac{dy}{dt}.$$

また，$z = f(x,y)$ が C^1 級で，$x = \phi(u,v)$，$y = \psi(u,v)$ も C^1 級とする．このとき合成関数 $z = F(u,v) = f(\phi(u,v), \psi(u,v))$ は C^1 級で，

$$\frac{\partial z}{\partial u} = \frac{\partial z}{\partial x}\frac{\partial x}{\partial u} + \frac{\partial z}{\partial y}\frac{\partial y}{\partial u},$$

$$\frac{\partial z}{\partial v} = \frac{\partial z}{\partial x}\frac{\partial x}{\partial v} + \frac{\partial z}{\partial y}\frac{\partial y}{\partial v}.$$

[**証明**] 前半を証明する．仮定より，$\Delta z = z_x \Delta x + z_y \Delta y + o(\rho)$．$(\rho = \sqrt{(\Delta x)^2 + (\Delta y)^2})$，$\Delta x = \phi'(t)\Delta t + o(\Delta t)$，$\Delta y = \psi'(t)\Delta t + o(\Delta t)$，だから，$\Delta z = z_x(\phi'(t)\Delta t + o(\Delta t)) + z_y(\psi'(t)\Delta t + o(\Delta t)) + o(\rho) = (z_x\phi'(t) + z_y\psi'(t))\Delta t + o(\Delta t)$ となって証明が完了する．$\phi'(t)$ と $\psi'(t)$ の代わりに x_u と y_u，または x_v と y_v を使えば，後半を得る．(証明終)

注 6.5 この定理を**チェイン・ルール** (chain rule) と呼ぶ．∂ がまるで鎖のように連なって合成関数の微分の公式を与えるのである．

例 6.7 $z = \sin(x^2 + y)$，$x = t^3$，$y = t^2$ のとき，$\frac{dz}{dt}$ を求めよ．
[**解**] $\frac{dz}{dt} = z' = z_x x' + z_y y' = 2x\cos(x^2+y)\cdot 3t^2 + \cos(x^2+y)\cdot 2t = (6t^5 + 2t)\cos(t^6 + t^2)$． (解終)

例 6.8 $z = \log(x^2 + y^2)$，$x = 2u + v$，$y = u - 2v$ のとき，z_x，z_y を u と v で表せ．
[**解**] $z_u = z_x x_u + z_y y_u = (\frac{2x}{x^2+y^2})(2) + (\frac{2y}{x^2+y^2})(1) = \frac{2(5u)}{5(u^2+v^2)} = \frac{2u}{u^2+v^2}$，$z_v = z_x x_v + z_y y_v = (\frac{2x}{(x^2+y^2)})(1) + (\frac{2y}{x^2+y^2})(-2) = \frac{10v}{5(u^2+v^2)} = \frac{2v}{u^2+v^2}$． (解終)

例 6.9 $z = f(x,y)$ に極座標変換：$x = r\cos\theta$，$y = r\sin\theta$ を行うと，

$$z_r = z_x x_r + z_y y_r = z_x \cos\theta + z_y \sin\theta,$$

$$z_\theta = z_x x_\theta + z_y y_\theta = r(-z_x \sin\theta + z_y \cos\theta).$$

[**解**] 定理からあきらか． (解終)

例 6.10 $z = f(x,y)$ が C^2 級のとき，例 6.9 の 2 次偏導関数を求めよ．
[**解**] 例 6.9 の式を z_x と z_y に対して適用すると，

$$(z_x)_r = z_{xx} x_r + z_{xy} y_r = z_{xx} \cos\theta + z_{xy} \sin\theta,$$

$$(z_x)_\theta = z_{xx} x_\theta + z_{xy} y_\theta = r(-z_{xx} \sin\theta + z_{xy} \cos\theta),$$

$$(z_y)_r = z_{yx} x_r + (z_{yy}) y_r = z_{yx} \cos\theta + z_{yy} \sin\theta,$$

$$(z_y)_\theta = z_{yx} x_\theta + z_{yy} y_\theta = r(-z_{yx} \sin\theta + z_{yy} \cos\theta).$$

したがって，$z_{xy} = z_{yx}$ であることも用いて，

$$\begin{aligned}
z_{rr} &= (z_x \cos\theta + z_y \sin\theta)_r = (z_x)_r \cos\theta + (z_y)_r \sin\theta \\
&= (z_{xx} \cos\theta + z_{xy} \sin\theta)\cos\theta + (z_{yx} \cos\theta + z_{yy} \sin\theta)\sin\theta \\
&= z_{xx} \cos^2\theta + 2z_{xy} \sin\theta\cos\theta + z_{yy} \sin^2\theta, \\
z_{r\theta} &= (z_x \cos\theta + z_y \sin\theta)_\theta = (z_x)_\theta \cos\theta + (z_y)_\theta \sin\theta - z_x \sin\theta + z_y \cos\theta \\
&= r(-z_{xx} \sin\theta + z_{xy} \cos\theta)\cos\theta + r(-z_{yx} \sin\theta + z_{yy} \cos\theta)\sin\theta - z_x \sin\theta \\
&\quad + z_y \cos\theta \\
&= r\{-z_{xx} \sin\theta\cos\theta + z_{xy}(\cos^2\theta - \sin^2\theta) + z_{yy} \cos\theta\sin\theta\} - z_x \sin\theta + z_y \cos\theta \\
&= z_{\theta r} \\
z_{\theta\theta} &= r(-z_x \sin\theta + z_y \cos\theta)_\theta = r\{-(z_x)_\theta \sin\theta + (z_y)_\theta \cos\theta - z_x \cos\theta - z_y \sin\theta\} \\
&= r\{-r(-z_{xx} \sin\theta + z_{xy} \cos\theta)\sin\theta + r(-z_{yx} \sin\theta + z_{yy} \cos\theta)\cos\theta - z_x \cos\theta \\
&\quad - z_y \sin\theta\} \\
&= r^2 z_{xx} \sin^2\theta - 2r^2 z_{xy} \cos\theta\sin\theta + r^2 z_{yy} \cos^2\theta - r(z_x \cos\theta + z_y \sin\theta)
\end{aligned}$$

(解終)

定義 6.8 $f(x,y)$ が C^2 級のとき，$\Delta f(x,y) = \frac{\partial^2 f}{\partial x^2} + \frac{\partial^2 f}{\partial y^2}$ と書いて**ラプラシアン** (Laplacian) $f(x,y)$ と読む．微分演算子 $\Delta = \frac{\partial^2}{\partial x^2} + \frac{\partial^2}{\partial y^2}$ を**ラプラスの演算子**，または**ラプラシアン**という．また，$\Delta f(x,y) = 0$ を**ラプラス方程式**といい，これを満たす関数 $f(x,y)$ を**調和関数** (harmonic function) という．

例 6.11 (1) $z = \log(x^2 + y^2)$, (2) $z = \frac{y}{x}$, (3) $z = \mathrm{Arctan}\frac{y}{x}$, のラプラシアンを求めよ．

[**解**] (1) 例 6.2 (2) より，$z_{xx} = \frac{2(y^2 - x^2)}{(x^2+y^2)^2}$，$z_{yy} = \frac{2(x^2-y^2)}{(x^2+y^2)^2}$，よって，$\Delta z = 0$．ゆえに $\log(x^2 + y^2)$ は調和関数である．

(2) $z_x = -\frac{y}{x^2}$，$z_y = \frac{1}{x}$ だから，$z_{xx} = \frac{2y}{x^3}$，$z_{yy} = 0$．よって，$\Delta z = \frac{2y}{x^3}$．

(3) 例 6.1(4) より，$z_x = -\frac{y}{x^2+y^2}$，$z_y = \frac{x}{x^2+y^2}$ だから，$z_{xx} = \frac{2xy}{(x^2+y^2)^2}$，$z_{yy} = -\frac{2xy}{(x^2+y^2)^2}$．

よって，$\Delta z = 0$．ゆえに $\mathrm{Arctan}\frac{y}{x}$ は調和関数である． (解終)

例 6.12 z のラプラシアン Δz を極座標を用いて表すとどうなるか？

[**解**] 例 6.10 より，$\Delta z = z_{rr} + \frac{1}{r} z_r + \frac{1}{r^2} z_{\theta\theta}$． (解終)

いま微分演算子 D を，$D = h\frac{\partial}{\partial x} + k\frac{\partial}{\partial y}$ と定義する．
$f(x,y)$ が C^2 級のとき，$Df = hf_x + kf_y (= df$, 全微分) であり，したがって，

$Df_x = hf_{xx} + kf_{xy}$, $Df_y = hf_{yx} + kf_{yy}$, となる. したがって, $D^2 f = hDf_x + kDf_y = h^2 f_{xx} + 2hk f_{xy} + k^2 f_{yy}$.

これは形式的に $D = h\frac{\partial}{\partial x} + k\frac{\partial}{\partial y}$ を 2 乗して, $D^2 = (h\frac{\partial}{\partial x} + k\frac{\partial}{\partial y})^2 = h^2(\frac{\partial}{\partial x})^2 + 2hk(\frac{\partial}{\partial x})(\frac{\partial}{\partial y}) + k^2(\frac{\partial}{\partial y})^2$ としたものである. 一般に, $f(x,y)$ が C^n 級のときには, $D^n = (h\frac{\partial}{\partial x} + k\frac{\partial}{\partial y})^n$ まで, 2 項定理により形式的に n 乗して求めることができる.

定理 6.5 (2 変数関数のテイラーの定理) $f(x,y)$ が C^n 級ならば,

$$f(x+h, y+k) - f(x,y) = \sum_{m=1}^{n-1} \frac{1}{m!} D^m f(x,y) + R_n$$

ただし, $R_n = \frac{1}{n!} D^n f(x+\theta h, y+\theta k)$ $(0 < \theta < 1)$ と書ける.

[証明] $\phi(t) = f(x+th, y+tk)$ とおくと, $\phi(t)$ は C^n 級である. よって, 1 変数のときのテイラーの定理 (定理 2.11) において, $a = 0$, $b = 1$ として, $\phi(1) = \phi(0) + \phi'(0) + \frac{\phi''(0)}{2!} + \frac{\phi'''(0)}{3!} + \cdots + \frac{\phi^{(n-1)}(0)}{(n-1)!} + R_n$, $R_n = \frac{\phi^{(n)}(\theta)}{n!}$ $(0 < \exists \theta < 1)$ となる.

$\phi'(t) = hf_x(x+th, y+tk) + kf_y(x+th, y+tk) = Df(x+th, y+tk)$. したがって, $\phi''(t) = D^2 f(x+th, y+tk)$, $\phi'''(t) = D^3 f(x+th, y+tk), \ldots, \phi^{(n)}(t) = D^n f(x+th, y+tk)$. だから $\phi^{(m)}(0) = D^m f(x,y)$ である. 以上により定理が証明された. (証明終)

注 6.6 $R_n = \frac{1}{n!} D^n f(x,y) + o(r^n)$, ただし $r = \sqrt{h^2 + k^2}$, となることも証明できるが証明は省略する. この定理とこの注を $n=1$, $n=2$ のときに適用すれば,

$$f(x+h, y+k) - f(x,y) = hf_x(x+\theta h, y+\theta k) + kf_y(x+\theta h, y+\theta k),$$
$$= hf_x(x,y) + kf_y(x,y) + o(r),$$
$$f(x+h, y+k) - f(x,y) = hf_x(x,y) + kf_y(x,y)$$
$$+ \frac{h^2 f_{xx}(x+\theta h, y+\theta k) + 2hk f_{xy}(x+\theta h, y+\theta k) + k^2 f_{yy}(x+\theta h, y+\theta k)}{2}$$
$$= hf_x(x,y) + kf_y(x,y)$$
$$+ \frac{h^2 f_{xx}(x,y) + 2hk f_{xy}(x,y) + k^2 f_{yy}(x,y)}{2} + o(r^2),$$

となることがわかる. これが 2 変数関数のときの平均値の定理と, その拡張である.

6.2 陰関数定理

たとえば, $x^2 + y^2 = 1$ という方程式は, $y = \pm\sqrt{1-x^2}$ という 2 つの関数を表し, $2x + y = 3$ という方程式は, $y = -2x + 3$ という関数を表す. このように, 一般に

$f(x,y) = 0$ という関係式は,間接的に x の関数 y を定めると考えられる.

定理 6.6 $f(x,y)$ が C^1 級とする. $f(a,b) = 0$, $f_y(a,b) \neq 0$ のとき,
(1) $x = a$ の近くの区間 I で定義された関数 $y = \phi(x)$ が唯一つ存在して,$b = \phi(a)$, $f(x, \phi(x)) \equiv 0 \ (x \in I)$ となる.
(2) このとき $y = \phi(x)$ は C^1 級で,区間 I において,$\phi'(x) = -\frac{f_x(x,y)}{f_y(x,y)}$ である.

[証明] (1) $f_y(a,b) > 0$ として一般性を失わない. f_y は連続だから,十分小さな $r > 0$ に対して,$|x-a| \leqq r$, $|y-b| \leqq r$ なる限り,$f_y(x,y) > 0$ となる.とくに $|y-b| \leqq r \Rightarrow f_y(a,y) > 0$ であり,$f(x,y)$ は y についてこの範囲で(狭義)単調増加である. $\therefore f(a, b-r) < f(a,b) = 0 < f(a, b+r)$.
したがって十分小さな $0 < s \leqq r$ をとれば,$|x-a| \leqq s$ なる限り,$f(x, b-r) < 0$, $f(x, b+r) > 0$ となる. $f(x,y)$ は C^1 級なので連続,ゆえに中間値の定理によって,$b-r < y < b+r$ なる y が存在して $f(x,y) = 0$ となる. $|x-a| \leqq s$ において $f(x,y)$ は y について(狭義)単調増加だから,このような y は唯一つ定まる.これを $y = \phi(x)$ と書くと,$\phi(x)$ は $I = [a-s, a+s]$ で定義された関数で,$b = \phi(a)$ を満たし,I において $f(x, \phi(x)) \equiv 0$, $f_y(x, \phi(x)) > 0$ であることは作り方からあきらか.
(2) 定理 6.5 (注 6.6) により,$f(x+h, y+k) - f(x,y) = hf_x(x+\theta h, y+\theta k) + kf_y(x+\theta h, y+\theta k) \ (0 < \exists \theta < 1)$ である.今 $x \in I$, $x+h \in I$ として,$y = \phi(x)$, $y+k = \phi(x+h)$ によって y と k を決めると,$f(x,y) = 0$, $f(x+h, y+k) = 0$ だから,$hf_x(x+\theta h, y+\theta k) + kf_y(x+\theta h, y+\theta k) = 0$. $f_y > 0$ なので,$h \to 0$ のとき $k \to 0$ であり,したがって $\phi(x)$ は I で連続である.同じ式より,$\frac{k}{h} = -\frac{f_x(x+\theta h, y+\theta k)}{f_y(x+\theta h, y+\theta k)} \to -\frac{f_x(x,y)}{f_y(x,y)}$ $(h \to 0)$ となることがわかる.すなわち $\phi'(x) = -\frac{f_x(x,y)}{f_y(x,y)}$ である.この右辺の極限値は仮定により連続だから,$\phi(x)$ は I において C^1 級である. (証明終)

注 6.7 この $\phi(x)$ を,$F(x,y) = 0$ が定める**陰関数** (implicit function) という.これも昔中国で,音と意味をうまく取り入れて「陰伏函数」と訳したが,いつの間にか陰関数と簡略になった.これに対して,$y = f(x)$ の形の関数を**陽関数** (explicit function) ということがある.これらは関数の種類というより,表示が間接的か直接的かということを示すものなので,陰(関数)表示,陽(関数)表示の方が適切といえる.なお定理で,$f(a,b) = 0$, $f_x(a,b) \neq 0$ のときには,$y = b$ の近くで関数 $x = \psi(y)$ が定義される.

例 6.13 $x^2 + xy + y^2 = 1$ が定める陰関数について,y', y'', 極値を求めよ.
[解] $f(x,y) = x^2 + xy + y^2 - 1$ とおくと,$f_x = 2x+y$, $f_y = x+2y$ だから $x+2y \neq 0$ なる限り陰関数が決まる.定理 6.6 (2) より,$y' = -\frac{2x+y}{x+2y}$.
これははじめの式を x で微分しても得られる:$(2x+y) + (x+2y)y' = 0$. この式をもう一度 x で微分すると,$2 + y' + (1+2y')y' + (x+2y)y'' = 0$. $\therefore 2(1+y'+y'^2) + (x+2y)y'' = 0$.

∴ $y'' = -\frac{6(x^2+xy+y^2)}{(x+2y)^3} = -\frac{6}{(x+2y)^3}$ となる．$y' = 0$ より $y = -2x$．このとき $4x^2 - 2x^2 + x^2 = 1$ より，$x = \pm\frac{1}{\sqrt{3}}$．∴ $y = \mp\frac{2}{\sqrt{3}}$（複号同順）．このとき，$y'' = \pm\frac{2}{\sqrt{3}}$ なので，$x = \frac{1}{\sqrt{3}}$ で極小値 $y = -\frac{2}{\sqrt{3}}$ をとり，$x = -\frac{1}{\sqrt{3}}$ で極大値 $y = \frac{2}{\sqrt{3}}$ をとる．

(A) $x = \frac{1}{\sqrt{3}}$ で極小値 $y = -\frac{2}{\sqrt{3}}$，$x = -\frac{1}{\sqrt{3}}$ で極大値 $y = \frac{2}{\sqrt{3}}$ (解終)

例 6.14 $x^3 - 3xy + y^3 = 0$ が定める陰関数について，y'，y'' および極値を求めよ．また，$x^3 + y^3 - 3xy = 0$ のグラフの概形を描け．

[**解**] $f(x,y) = x^3 - 3xy + y^3$ とおくと，$f_x = 3x^2 - 3y$，$f_y = -3x + 3y^2$ だから $x \neq y^2$ なる限り陰関数が決まる．定理より，$y' = \frac{x^2-y}{x-y^2}$．これをさらに x で微分して，

$$y'' = \frac{(2x-y')(x-y^2) - (x^2-y)(1-2yy')}{(x-y^2)^2} = \frac{2xy}{(x-y^2)^3}$$

となる．$y' = 0$ より $y = x^2$．このとき $x^3 - 3x^3 + x^6 = 0$ より，$x = 0, \sqrt[3]{2}$．∴ $y = 0, \sqrt[3]{4}$．$(\sqrt[3]{2}, \sqrt[3]{4})$ で $y'' < 0$ だから $x = \sqrt[3]{2}$ で極大値 $y = \sqrt[3]{4}$ をとる．$(0,0)$ は特異点で，x の陰関数 y と，y の陰関数 x とが交差する．y：小のとき，はじめの式より，$y \fallingdotseq \frac{x^2}{3}$ なるパラボラ（放物線）に近く，x の陰関数 y は $x = 0$ で極小値 $y = 0$ をとる．x：小 のときには，$x \fallingdotseq \frac{y^2}{3}$ に近い．元の式は x, y について対称だから，グラフは直線 $y = x$ に関して対称になる．

また，$x^3 - 3xy + y^3 + 1 = (x+y+1)(x^2+y^2+1-xy-x-y)$ だから，$x^3 - 3xy + y^3 = 0$，かつ x と y：大 のとき，$x+y+1 = \frac{1}{x^2+y^2+1-xy-x-y} \to 0$ となり，$x+y+1 = 0$ が漸近線であることがわかる．これらのことを総合してグラフの概形を描くと図のようになる．

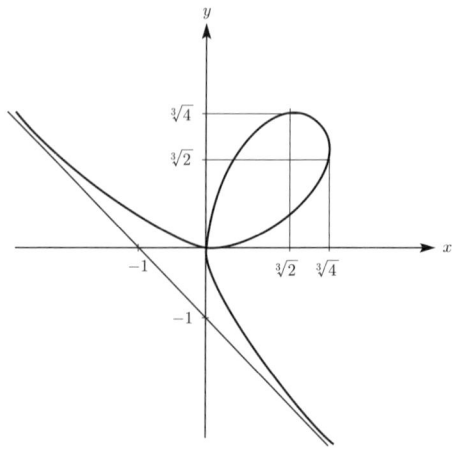

図 6.2 $x^3 - 3xy + y^3 = 0$

(解終)

注 6.8 この美しい曲線は 1638 年にデカルトが見つけたもので，**デカルトの正葉曲線**（Cartesian folium）という．漸近線はその世紀の終わり近くになってホイヘンス（Huygens）が見つけた．

変数の数が 3 つ，およびさらに増えると陰関数定理は次のようになる．一般の場合を扱うためには，記号が一つ必要になる．

定義 6.9 n 個の C^1 級関数 $f_i(x_1, x_2, \ldots, x_{n+p})$ $(i = 1, 2, \ldots, n)$ が与えられているとき，$\frac{\partial(f_1, f_2, \ldots, f_n)}{\partial(x_1, x_2, \ldots, x_n)} = \det(\frac{\partial f_i}{\partial x_j})$ と書く $(i = 1, 2, \ldots, n; j = 1, 2, \ldots, n)$．とくに $p = 0$ のときは重要で，名前も与えられている．

n 個の C^1 級の n 変数関数 $f_i(x_1, x_2, \ldots, x_n)$ $(i = 1, 2, \ldots, n)$ が与えられたとき，n 次の行列式 $J = \frac{\partial(f_1, f_2, \ldots, f_n)}{\partial(x_1, x_2, \ldots, x_n)} = \det(\frac{\partial f_i}{\partial x_j})$ を**関数行列式**，または**ヤコビアン**（Jacobian）という．

定理 6.6′ $f(x, y, z)$ が C^1 級とする．$f(a, b, c) = 0$，$f_z(a, b, c) \neq 0$ のとき，(a, b) の近くの領域 D で定義された関数 $z = \phi(x, y)$ が存在して，$c = \phi(a, b)$，$f(x, y, \phi(x, y)) \equiv 0$ $((x, y) \in D)$ となる．

このとき $z = \phi(x, y)$ は C^1 級で，領域 D において，$\phi_x(x, y) = -\frac{f_x(x, y, z)}{f_z(x, y, z)}$，$\phi_y(x, y) = -\frac{f_y(x, y, z)}{f_z(x, y, z)}$ である．

定理 6.6″ $f_i(x_1, x_2, \ldots, x_{n+p})$ は C^1 級とし $(i = 1, 2, \ldots, n)$，$(a_1, a_2, \ldots, a_{n+p})$ において $f_i(x_1, x_2, \ldots, x_{n+p}) = 0$，かつ $\frac{\partial(f_1, f_2, \ldots, f_n)}{\partial(x_1, x_2, \ldots, x_n)} = \det(\frac{\partial f_i}{\partial x_j}) \neq 0$ とする $(i = 1, 2, \ldots, n; j = 1, 2, \ldots, n)$．

このとき，$f_i(x_1, x_2, \ldots, x_{n+p}) = 0$ $(i = 1, 2, \ldots, n)$ なる関係から，$x_1, x_2, \ldots, x_n$ が残りの変数 $u = x_{n+1}, v = x_{n+2}, \ldots, w = x_{n+p}$ の関数として確定する．これを，$x_i = \phi_i(u, v, \ldots, w)$ $(i = 1, 2, \ldots, n)$，と書くと，ϕ_i はすべて C^1 級で，

$$f_i(\phi_1(u, v, \ldots, w), \phi_2(u, v, \ldots, w), \ldots, \phi_n(u, v, \ldots, w), u, v, \ldots, w) \equiv 0$$
$$a_i = \phi_i(a_{n+1}, a_{n+2}, \ldots, a_{n+p}) \ (i = 1, 2, \ldots, n),$$

$u, v, \ldots, w$ に関する全微分 dx_i は，次の連立 1 次方程式から求められる：

$$\frac{\partial f_i}{\partial x_1} dx_1 + \frac{\partial f_i}{\partial x_2} dx_2 + \cdots + \frac{\partial f_i}{\partial x_n} dx_n = 0 \quad (i = 1, 2, \ldots, n)$$

（証明省略）

例 6.15 $f(x, y, z)$，$g(x, y, z)$ は C^1 級で，$\frac{\partial(f, g)}{\partial(y, z)} \neq 0$ とする．$f(x, y, z) = 0$，$g(x, y, z) = 0$，が定める陰関数 $y = \phi(x)$，$z = \psi(x)$ について，$f(x, \phi(x), \psi(x)) = 0$，$g(x, \phi(x), \psi(x)) = 0$ が成り立つ．これを x で微分して，

$$f_x + f_y y' + f_z z' = 0, \quad g_x + g_y y' + g_z z' = 0.$$

$\frac{\partial(f,g)}{\partial(y,z)} \neq 0$ だから，この連立 1 次方程式から y' と z' が決まる．$\Delta = \frac{\partial(f,g)}{\partial(y,z)} \neq 0$，$\Delta_y = \frac{\partial(f,g)}{\partial(x,z)}$，$\Delta_z = \frac{\partial(f,g)}{\partial(y,x)}$ とおけば，$y' = -\frac{\Delta_y}{\Delta}$，$z' = -\frac{\Delta_z}{\Delta}$ である．

例 6.16 $x^2 + y^2 + z^2 = 1$，$ax + by + cz = 0$ $((a,b,c) \neq (0,0,0))$，が決める陰関数について考える．$\Delta = 2(cy - bz) \neq 0$ のとき，y, z が x の関数として定まり，$\Delta_y = 2(cx - az)$，$\Delta_z = 2(ay - bx)$ だから，$y' = -\frac{cx-az}{cy-bz}$，$z' = -\frac{ay-bx}{cy-bz}$ である．

球面 $x^2 + y^2 + z^2 = 1$ と，原点を通る平面 $ax+by+cz = 0$ との交線上にある点 (l,m,n) における交線の接線は，次のように書ける．

$$\frac{x-l}{cm-bn} = \frac{y-m}{an-cl} = \frac{z-n}{bl-am}$$

定理 6.7 u, v に対して，C^1 級の関数 $x = f(u,v)$，$y = g(u,v)$ によって x, y が決まるとき，点 (a,b) において，ヤコビアン $J = \frac{\partial(f,g)}{\partial(u,v)} = \det\begin{pmatrix} f_u & f_v \\ g_u & g_v \end{pmatrix} = f_u g_v - f_v g_u \neq 0$ ならば，点 (a,b) の近くにおいて，u と v は逆に x と y の C^1 級の関数 $u = \phi(x,y)$，$v = \psi(x,y)$ によって表され，

$$x \equiv f(\phi(x,y), \psi(x,y)), \quad y \equiv g(\phi(x,y), \psi(x,y))$$

が成り立つ．

（証明省略）

例 6.17 極座標変換 $x = r\cos\theta$，$y = r\sin\theta$ $(r \geq 0, \ 0 \leq \theta \leq 2\pi)$ のヤコビアン J を求め，この逆変換を求めよ．

[解] $x_r = \cos\theta$，$y_r = \sin\theta$，$x_\theta = -r\sin\theta$，$y_\theta = r\cos\theta$，だから，$J = x_r y_\theta - x_\theta y_r = r(\cos^2\theta + \sin^2\theta) = r$．したがって，原点以外において逆変換が決まる．$x^2 + y^2 = r^2$，$\frac{y}{x} = \tan\theta$ だから，$r = \sqrt{x^2+y^2}$，$\theta = \mathrm{Arctan}\frac{y}{x}$ と書き表すことができる．

(A) $J = r$，逆変換は $r = \sqrt{x^2+y^2}$，$\theta = \mathrm{Arctan}\frac{y}{x}$ （解終）

次に，2 つの関数，$u = f(x,y)$，$v = g(x,y)$ の間に何らかの関数関係があるかどうかについて調べる．たとえば，$u = \sin(x+y)$，$v = \cos(x+y)$ ならば，$u^2 + v^2 = 1$ なる関係があるが，$u = \sin x$，$v = \cos y$ のときは何らの関係も存在しない．

定義 6.10 $f(x,y)$，$g(x,y)$ は C^1 級とする．C^1 級の関数 $F(u,v) \not\equiv 0$ があって，$F(f(x,y), g(x,y)) \equiv 0$ となるとき，u, v の間に**関数関係** (functional relation) があるという．

定理 6.8 点 (a,b) を含む開集合において，C^1 級の関数 $u = f(x,y)$，$v = g(x,y)$ が，

$J = \frac{\partial(f,g)}{\partial(x,y)} = f_x g_y - f_y g_x \equiv 0$ を満たし,f_x, f_y, g_x, g_y のうち少なくとも一つは点 (a,b) において 0 ではないとする.このとき u と v は点 (a,b) の近くの開集合において関数関係がある.

逆に,u と v は点 (a,b) の近くの開集合において関数関係があれば,ヤコビアンは恒等的に 0 である.

[証明] $f_x(a,b) \neq 0$ と仮定し,$c = f(a,b)$, $d = g(a,b)$ とする.

$\phi(x,y,u) = f(x,y) - u$ とおくと,$\phi(a,b,c) = 0$, $\phi_x(a,b,c) = f_x(a,b) \neq 0$ だから,$\phi = 0$ が定める陰関数(C^1 級)によって,$x = \psi(y,u)$ と表される.これを $v = g(x,y)$ に代入して,$v = g(\psi(y,u),y) = h(y,u)$ と書く.この h は実は y を含まないことを示す.$v = g(x,y) = h(y,u)$ を x と y で偏微分して,$v_x = h_u u_x$, $v_y = h_y + h_u u_y$ となる.定理の仮定より,

$$0 \equiv u_x v_y - u_y v_x = u_x(h_y + h_u u_y) - u_y(h_u u_x) = u_x h_y$$

である.ところが $u_x(a,b) = f_x(a,b) \neq 0$ と仮定していたから点 (a,b) の近くの開集合において $u_x(x,y) \neq 0$ であり,したがって $h_y(x,y) \equiv 0$ となる.ゆえに h は y を含まない.$\therefore v = h(u)$ となる.すなわち,$F(u,v) = h(u) - v$ とおけば $F(u,v) \equiv 0$ となる.

逆の証明は省略する.　　　　　　　　　　　　　　　　　　　　　　　　　(証明終)

例 6.18 $u = x + y$, $v = xy$ の間には関数関係がないことを示せ.

[解] $u_x = 1$, $v_x = y$, $u_y = 1$, $v_y = x$ だから,ヤコビアン J は,$J = u_x v_y - u_y v_x = x - y$.これが 0 になるのは $x - y = 0$ という直線上で,これは開集合ではない.したがって,u と v の間に関数関係は存在しない.　　　　　　　(解終)

6.3　2変数関数の極値

定義 6.11 $f(x,y)$ が点 (a,b) において**極大**であるとは,十分小さな h と k に対して $h^2 + k^2 > 0$ ならば,$f(a+h, b+k) < f(a,b)$ が成り立つことである.

不等号が逆のとき,**極小**という.これらのときの $f(a,b)$ を**極大値**(**極小値**)といい,これらの値を総称して**極値**という.

定理 6.9 $f(x,y)$ が C^1 級とする.
$f(x,y)$ が点 (a,b) において極値をとれば,$f_x(a,b) = 0$, $f_y(a,b) = 0$.

[証明] $f(x,y)$ が (a,b) で極値を取れば $f(x,b)$ は 1 変数関数として $x = a$ で極値をとり,$f(a,y)$ は $y = b$ で極値をとるから定理 3.1(1) より,定理がいえる.　　(証明終)

定理 6.10 $f(x,y)$ が C^2 級とし,$H(x,y) = f_{xx} f_{yy} - (f_{xy})^2$ とおく.$f_x(a,b) = 0$,

$f_y(a,b) = 0$ なる点 (a,b) において,

(1) $H(a,b) > 0$ ならば $f(x,y)$ は点 (a,b) において極値をとる.
このとき, $f_{xx}(a,b) > 0$ ならば極小値, $f_{xx}(a,b) < 0$ ならば極大値である.

(2) $H(a,b) < 0$ ならば $f(x,y)$ は点 (a,b) において極値をとらない.

[証明] 注 6.6 の最後の式より, $f(a+h, b+k) - f(a,b) = hf_x(a,b) + kf_y(a,b) + \frac{h^2 f_{xx}(a,b) + 2hk f_{xy}(a,b) + k^2 f_{yy}(a,b)}{2} + o(r^2) = \frac{h^2 f_{xx}(a,b) + 2hk f_{xy}(a,b) + k^2 f_{yy}(a,b)}{2} + o(r^2)$, ただし, $r = \sqrt{h^2 + k^2}$.

$A = f_{xx}(a,b)$, $B = f_{xy}(a,b)$, $C = f_{yy}(a,b)$ とおく. $f(a+h, b+k) - f(a,b)$ は高位の無限小を除くと 2 次形式 $Ah^2 + 2Bhk + Ck^2$ で決まる. この式の判別式を D と書くと, $\frac{D}{4} = B^2 - AC = -H(a,b)$ となる. よって, $H(a,b) > 0 \Leftrightarrow D < 0$. したがってこのとき, 2 次形式は定符号で, その符号は A の符号と一致する. すなわち, $A > 0$ なら極小, $A < 0$ ならば極大である (このとき $0 \leq B^2 < AC$ より C は A と同符号). $H(a,b) < 0 \Leftrightarrow D > 0$ のときはこの 2 次形式は不定符号で, したがって $f(x,y)$ は点 (a,b) の近くで $f(a,b)$ より大きい値も小さい値もとるから極値にならない. (証明終)

注 6.9 $H(a,b) = 0$ のときにはこの定理では判定できず, 個別の考察が必要になる.

定義 6.12 $f_x(a,b) = 0$, $f_y(a,b) = 0$ なる点 (a,b) を $f(x,y)$ の**停留点** (stationary point) という. いわば極値の候補点である. これらの中から実際に極値になる点とならない点を峻別するのが $H(x,y)$ で, これを**ヘッセの行列式**, または簡単に**ヘシアン** (Hessian) という.

例 6.19 $f(x,y) = x^3 + 12xy^2 - 12xy$ の極値を求めよ.

[解] $f_x = 3x^2 + 12y^2 - 12y = 3(x^2 + 4y^2 - 4y) = 0 \cdots$ ①, $f_y = 24xy - 12x = 12x(2y - 1) = 0 \cdots$ ②, を連立する. ②より, $x = 0$ または $y = \frac{1}{2}$. $x = 0$ のとき①より $4y^2 - 4y = 0$, $\therefore y = 0$ または 1. $y = \frac{1}{2}$ のとき①より $x^2 = 1$, $\therefore x = \pm 1$.

以上より, 停留点は, $(0,0)$, $(0,1)$, $(1, \frac{1}{2})$, $(-1, \frac{1}{2})$ の 4 点である. $f_{xx} = 6x$, $f_{xy} = 24y - 12 = 12(2y - 1)$, $f_{yy} = 24x$. $\therefore H(x,y) = 144\{x^2 - (2y-1)^2\}$. $H(0,0) = -144 < 0$, $H(0,1) = -144 < 0$, よって極値ではない. $H(\pm 1, \frac{1}{2}) = 144 > 0$, よって極値である. $f_{xx}(1, \frac{1}{2}) = 6 > 0$ だからここで極小で, 極小値は $f(1, \frac{1}{2}) = -2$. また $f_{xx}(-1, \frac{1}{2}) = -6 < 0$ だからここで極大で, 極大値は $f(-1, \frac{1}{2}) = 2$.

(A) $(1, \frac{1}{2})$ で極小値 -2, $(-1, \frac{1}{2})$ で極大値 2 (解終)

例 6.20 $f(x,y) = xy(x^2 + y^2 - 4)$ の極値を求めよ.

[解] $f(x,y) = x^3 y + xy^3 - 4xy$ だから, $f_x = 3x^2 y + y^3 - 4y = y(3x^2 + y^2 - 4) = 0 \cdots$ ①, $f_y = x^3 + 3xy^2 - 4x = x(x^2 + 3y^2 - 4) = 0 \cdots$ ②. ①より, $y = 0$ または $3x^2 + y^2 - 4 = 0$. $y = 0$ のとき, ②より $x = 0$ または $x^2 = 4$, $\therefore x = \pm 2$. $3x^2 + y^2 - 4 = 0$

のとき，②より $x=0$ または $x^2+3y^2-4=0$. $x=0$ ならば①より $y^2=4$, $\therefore y=\pm 2$. $x^2+3y^2-4=0$ のとき，$x^2=y^2=1$, $\therefore x=\pm 1$, $y=\pm 1$.

以上より停留点は，$(0,0)$, $(0,\pm 2)$, $(\pm 2,0)$, $(\pm 1,\pm 1)$ の 9 点である．$f_{xx}=6xy$, $f_{xy}=3x^2+3y^2-4$, $f_{yy}=6xy$. $\therefore H(x,y)=36x^2y^2-(3x^2+3y^2-4)^2$, $H(0,0)=-16<0$, よって極値ではない．$H(0,\pm 2)=H(\pm 2,0)=-64<0$, よって極値ではない．$H(\pm 1,\pm 1)=32>0$, よって極値で，$f_{xx}(1,1)=f_{xx}(-1,-1)=6>0$ だからここで極小で，極小値は -2. $f_{xx}(1,-1)=f_{xx}(-1,1)=-6<0$ だからここで極大で，極大値は 2.

(A) $(\pm 1,\pm 1)$ で極小値 -2，$(\pm 1,\mp 1)$ で極大値 2．(複号同順) <u>　　　　　</u>(解終)

例 6.21 $f(x,y)=e^{-x^2-y^2}$ の極値を求めよ．

[解] $f_x=-2xe^{-x^2-y^2}=0$, $f_y=-2ye^{-x^2-y^2}=0$ より $x=y=0$. $\therefore$ 停留点は，$(0,0)$. $f_{xx}=-2e^{-x^2-y^2}+4x^2e^{-x^2-y^2}=(4x^2-2)e^{-x^2-y^2}$, $f_{xy}=4xye^{-x^2-y^2}$, $f_{yy}=(4y^2-2)e^{-x^2-y^2}$, $\therefore H(x,y)e^{2x^2+2y^2}=(4x^2-2)(4y^2-2)-16x^2y^2$. $x=y=0$ とおいて，$H(0,0)=16>0$, よって極値である．$f_{xx}(0,0)=-2<0$ だから極大で，極大値は $f(0,0)=1$. (A) $(0,0)$ で極大値は 1 <u>　　　　　</u>(解終)

例 6.22 $f(x,y)=x^4-y^2$ の極値を求めよ．

[解] $f_x=4x^3=0$, $f_y=-2y=0$. よって $x=y=0$. $\therefore$ 停留点は $(0,0)$ のみ．$f_{xx}=12x^2$, $f_{xy}=0$, $f_{yy}=-2$. $\therefore H(x,y)=-24x^2$, $H(0,0)=0$. よってこの定理では判定できない．ところが，$f(x,0)=x^4>0\,(x\neq 0)$, $f(0,y)=-y^2<0\,(y\neq 0)$ だから，$(0,0)$ の近くに正になる点も負になる点もある．したがって極値は存在しない．

(A) 極値は存在しない <u>　　　　　　　　　　　　　　　　　　　　　　　</u>(解終)

例 6.23 円 O に内接する △ABC のうちで面積最大になるのはどんな三角形か？

[解] 弧 BC に対する円周角を x, 弧 CA に対する円周角を y とする．これらに対応する中心角は，$\angle\mathrm{BOC}=2x$, $\angle\mathrm{COA}=2y$, $\therefore \angle\mathrm{AOB}=2\pi-2x-2y$ となる．

円 O の半径を r とすれば，$\triangle\mathrm{ABC}=\triangle\mathrm{BOC}+\triangle\mathrm{COA}+\triangle\mathrm{AOB}$ で，$\triangle\mathrm{BOC}=\frac{r^2}{2}\sin 2x$, $\triangle\mathrm{COA}=\frac{r^2}{2}\sin 2y$, $\triangle\mathrm{AOB}=\frac{r^2}{2}\sin(2\pi-2x-2y)$ となる ($0<x<\pi$, $0<y<\pi$, $0<x+y<\pi$). そこで，$f(x,y)=\sin 2x+\sin 2y+\sin(2\pi-2x-2y)=\sin 2x+\sin 2y-\sin(2x+2y)$ とおき，$f(x,y)$ の最大値を求める．

$$f_x=2\cos 2x-2\cos(2x+2y)=4\sin y\cdot\sin(2x+y)=0,$$
$$f_y=2\cos 2y-2\cos(2x+2y)=4\sin x\cdot\sin(x+2y)=0.$$

ところで x, y の範囲から $\sin x>0$, $\sin y>0$ なので，$\sin(2x+y)=0$, かつ，$\sin(x+2y)=0$. 同じく x, y の範囲から $0<2x+y<2\pi$, $0<x+2y<2\pi$, なので，

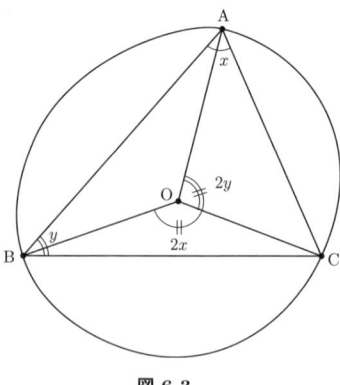

図 6.3

$2x + y = \pi$, $x + 2y = \pi$ である. よって, $x = y = \frac{\pi}{3}$. ∴ 唯一の停留点は, $(\frac{\pi}{3}, \frac{\pi}{3})$. 今 x, y の範囲を境界まで含めて考えると, $f(x, y)$ は有界閉集合において連続なので, $f(x, y)$ は最大値および最小値をもつ. 境界の点では三角形はつぶれていて面積は 0 なので, これが最小値である. 三角形内部の極値の候補点は一つだけなので, そこで最大値をとる. すなわち, 正三角形のとき面積最大になる. (A) 正三角形 (解終)

このように 2 変数関数の極値問題は見事に解決した. 続いて, x, y がある条件を満たしながら動くときの**条件付き極値問題**を考える.

定理 6.11 $f(x, y)$, $g(x, y)$ は C^1 級とする.
条件 $g(x, y) = 0$ の下で $f(x, y)$ が点 (a, b) において極値をとれば, 定数 λ があって, 次式が成り立つ.

$$f_x(a, b) - \lambda g_x(a, b) = 0, \quad f_y(a, b) - \lambda g_y(a, b) = 0.$$

(証明省略)

そこで, $F(x, y, \lambda) = f(x, y) - \lambda g(x, y)$ とおくと, 極値をとる点 (a, b) で, $F_x(a, b, \lambda) = f_x(a, b) - \lambda g_x(a, b) = 0$, $F_y(a, b, \lambda) = f_y(a, b) - \lambda g_y(a, b) = 0$, $F_\lambda(a, b, \lambda) = -g(a, b) = 0$ となる. この λ を**ラグランジュ乗数** (Lagrange's multiplier) という.

例 6.24 $x^2 + y^2 = 5$ なる条件の下で, $3x^2 + 4xy + 6y^2$ の極値を求めよ.
[解] $F(x, y, \lambda) = 3x^2 + 4xy + 6y^2 - \lambda(x^2 + y^2 - 5)$ とおくと, 極値をとる点で, $F_x = 6x + 4y - 2\lambda x = 0$, ∴ $(3 - \lambda)x + 2y = 0, \cdots$ ①, $F_y = 4x + 12y - 2\lambda y = 0$, ∴ $2x + (6 - \lambda)y = 0, \cdots$ ②, $F_\lambda = -(x^2 + y^2 - 5) = 0 \cdots$ ③ となる.
① $\times x +$ ② $\times y$ より, $3x^2 + 4xy + 6y^2 = \lambda(x^2 + y^2) = 5\lambda$. したがって極値をとれば, その値は 5λ に等しい. ところで, $x^2 + y^2 = 5$ は有界閉集合だからここでかならず最大値

と最小値をとる．したがってこの連立 1 次方程式は自明でない解，i.e. $(x,y) \neq (0,0)$ なる解をもつから，$(3-\lambda)(6-\lambda) - 2\cdot 2 = \lambda^2 - 9\lambda + 14 = (\lambda-2)(\lambda-7) = 0$．$\therefore \lambda = 2$ または 7．これらが最小値と最大値，すなわち求める極値を与える．$\lambda = 2$ のとき，$x + 2y = 0$，これを③に代入して，$y = \pm 1$，$\therefore x = \mp 2$ （複号同順）．$\lambda = 7$ のとき，$2x - y = 0$，③より $x = \pm 1$，$\therefore y = \pm 2$ （複号同順）．

(A) $(\pm 2, \mp 1)$ で極小値 10，$(\pm 1, \pm 2)$ で極大値 35，（複号同順） (解終)

例 6.25 点 (α, β) から直線 $ax + by + c = 0$ $(a^2 + b^2 \neq 0)$ に至る最短距離を求めよ．

[**解**] これを $ax + by + c = 0$ なる条件の下で，$(x - \alpha)^2 + (y - \beta)^2$ を最小にする条件付極値問題とみる．$F(x, y, \lambda) = (x - \alpha)^2 + (y - \beta)^2 - \lambda(ax + by + c)$ とおくと，

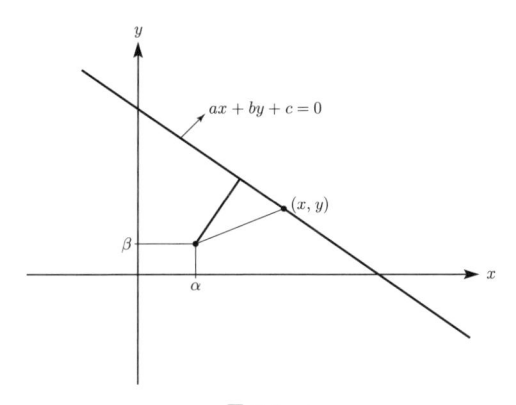

図 6.4

$F_x = 2(x-\alpha) - a\lambda = 0, \cdots$①，$F_y = 2(y-\beta) - b\lambda = 0, \cdots$②，$F_\lambda = -(ax+by+c) = 0 \cdots$③ となる．

① $\times (x-\alpha) +$ ② $\times (y-\beta)$ より，$2\{(x-\alpha)^2 + (y-\beta)^2\} = \lambda(ax+by-a\alpha-b\beta) = -\lambda(a\alpha+b\beta+c) \cdots$④ となる．

また，① $\times a +$ ② $\times b$ より，$2\{a(x-\alpha) + b(y-\beta)\} = 2(ax+by-a\alpha-b\beta) = -2(a\alpha+b\beta+c) = \lambda(a^2+b^2)$，$\therefore \lambda = -\frac{2(a\alpha+b\beta+c)}{a^2+b^2}$ となる．ゆえに④に代入して，$(x-\alpha)^2 + (y-\beta)^2 = \frac{(a\alpha+b\beta+c)^2}{a^2+b^2}$ となる．したがって極値をとるとすれば，そこで $\sqrt{(x-\alpha)^2 + (y-\beta)^2} = \frac{|a\alpha+b\beta+c|}{\sqrt{a^2+b^2}}$ となる．ところで，図形的に考えれば，最大値は存在しないが，最小値が唯一つ存在するから，求める最短距離は $\frac{|a\alpha+b\beta+c|}{\sqrt{a^2+b^2}}$ である．

(A) $\frac{|a\alpha+b\beta+c|}{\sqrt{a^2+b^2}}$ (解終)

例 6.26 四辺が a, b, c, d の四角形で，面積が最大になるのはどんなときか？

[**解**] 四角形を ABCD とし，$AB = a$, $BC = b$, $CD = c$, $DA = d$ とする．また，

図 6.5

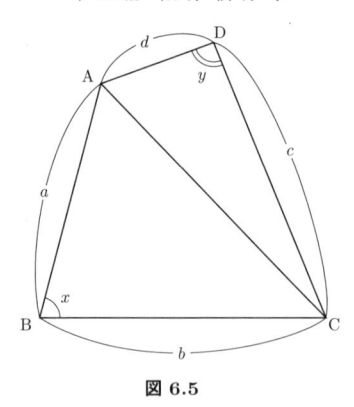

$\angle\mathrm{ABC}=x$, $\angle\mathrm{CDA}=y$ とおく．$0<x<\pi$, $0<y<\pi$, $0<x+y<2\pi$ である．余弦定理から，$\mathrm{AC}^2=a^2+b^2-2ab\cos x=c^2+d^2-2cd\cos y$ $(*)$ となる．x, y がこの式 $(*)$ を満たしながら動くとき，$S=\triangle\mathrm{ABC}+\triangle\mathrm{CDA}=\frac{ab\sin x+cd\sin y}{2}$ を最大にしたい．そこで，$F=ab\sin x+cd\sin y-\lambda(a^2+b^2-2ab\cos x-c^2-d^2+2cd\cos y)$ とおく．$F_x=ab\cos x-2ab\lambda\sin x=0$, $F_y=cd\cos y+2cd\lambda\sin y=0$ より，$\cos x-2\lambda\sin x=0\cdots$①, $\cos y+2\lambda\sin y=0\cdots$②．

①$\times\sin y+$②$\times\sin x$ より，$\cos x\sin y+\sin x\cos y=0$, すなわち，$\sin(x+y)=0$. $0<x+y<2\pi$ であったから，$x+y=\pi$ となる．

したがって，上記の範囲内で極値をとる可能性があるのは，向かい合う角の和が π, すなわち $180°$ のときだけである．ところで，例 6.23 と同様にして境界をすべて含めると有界閉集合なので，S は最大値・最小値をとる．境界では四角形はつぶれて S は小さくなるから最小値，したがって内部領域では $x+y=\pi$ のときに最大値をとる．すなわち，面積最大になるのは四角形 ABCD が円に内接するときである．

(A) 四角形が円に内接するとき (解終)

注 6.10 例 6.26 の場合の最大面積 S, すなわち，円に内接する四角形の面積 S は $2s=a+b+c+d$ を使うと，次のように表せることが知られている．これをブラフマーグプタ (Brahmagupta) の定理という．この人は 7 世紀のインドの数学者・天文学者である．

$$S=\sqrt{(s-a)(s-b)(s-c)(s-d)}$$

三角形の面積を与える有名なヘロン (Heron) の公式は，この定理で $d=0$ とおいたものである．

変数の数が増えても，ラグランジュ乗数を用いる上記の方法が使える．また，条件式が増えたときはラグランジュ乗数を増やせばよい．

例 6.27 条件 $x^2+y^2+z^2=50$ の下で，$3x+4y+5z$ の極値を求めよ．

[**解**] $F(x,y,z,\lambda)=3x+4y+5z-\lambda(x^2+y^2+z^2-50)$ とおくと，極値をとる点で，

$$F_x = 3-2\lambda x = 0, \quad \cdots ①,$$
$$F_y = 4-2\lambda y = 0, \quad \cdots ②,$$
$$F_z = 5-2\lambda z = 0, \quad \cdots ③,$$
$$F_\lambda = -(x^2+y^2+z^2-50) = 0 \quad \cdots ④$$

となる．

① $\times x +$ ② $\times y +$ ③ $\times z$ より，$3x+4y+5z = 2\lambda(x^2+y^2+z^2) = 100\lambda$. また，①②③より，$x=\frac{3}{2\lambda}$, $y=\frac{4}{2\lambda}$, $z=\frac{5}{2\lambda}$, となるので，これらを④に代入して，$4\lambda^2 = 1$, $\therefore \lambda = \pm\frac{1}{2}$ を得る．よって極値は $3x+4y+5z = \pm 50$. ところで，$x^2+y^2+z^2=50$ は有界閉集合だからここでかならず最大値と最小値をとる．したがって点 $(3,4,5)$ で極大（実は最大）値 50，点 $(-3,-4,-5)$ で極小（実は最小）値 -50 となる．

(A) 点 $(3,4,5)$ で極大（実は最大）値 50，点 $(-3,-4,-5)$ で極小（実は最小）値 -50

(解終)

III 微分積分学

7

重 積 分

「二次元では任意の区域における積分を考察しなければならない．そのためには，まず任意区域の面積の意味を明確にしておくことが必要である．」（高木貞治著，『解析概論』）
「この方法は単に，積分される表現（関数）に，積分領域内では 1 を掛け，その外では 0 を掛けるだけである．」（ディリクレ：1839）

7.1 多変数関数の積分

この章では，多変数関数の積分を説明する．リーマン積分を多変数の場合に拡張したもので，これを多重積分，あるいは単に重積分という．偏微分のときと同様に，主に 2 変数関数の場合を解説する．一般に面積や体積をきちんと定義しようとすると大きな困難に出会うのだが，それらをもっとも自然に解決するのが，この重積分である．

定義 7.1 xy 平面の有界長方形領域 $R = [a,b] \times [c,d]$ で有界な関数 $f(x,y)$ をとる．

$$[a,b] \text{ の分割} \Delta_x : a = x_0 < x_1 < x_2 < \cdots < x_m = b$$
$$[c,d] \text{ の分割} \Delta_y : c = y_0 < y_1 < y_2 < \cdots < y_n = d$$

により R の分割 Δ ができる．各小長方形 $R_{ij} = [x_{i-1}, x_i] \times [y_{j-1}, y_j]$ 内に任意に点 $P_{ij} = (\xi_{ij}, \eta_{ij})$ をとり，**リーマン和**

$$R(\Delta, \{P_{ij}\}, f(x,y)) = \sum_{1 \leq i \leq m, 1 \leq j \leq n} f(\xi_{ij}, \eta_{ij})(x_i - x_{i-1})(y_j - y_{j-1})$$

を作る．分割の幅を限りなく小さくしたときにこれが極限値をもてば，関数 $f(x,y)$ は R で**重積分可能**であるといい，この極限値を，R における関数 $f(x,y)$ の**重積分**といって，$\iint_R f(x,y)dxdy$ と書き表す．

定義 7.2 xy 平面の有界領域 D で有界な関数 $f(x,y)$ が与えられたとき，D を含む長方形領域 R をとり，関数 $f(x,y)$ を R に拡張する：

7. 重積分

$$\hat{f}(x,y) = f(x,y) \ ((x,y) \in D), \quad 0 \ ((x,y) \in R - D)$$

この $\hat{f}(x,y)$ が R で重積分可能なとき，$f(x,y)$ は D で**重積分可能**であるといって，$\iint_D f(x,y)dxdy$ と書き表す．

定義 7.3 有界領域 D に対し，D を含む長方形領域 R をとり，関数 $\chi_D(x,y)$ を次のように定義する．

$$\chi_D(x,y) = 1 \ ((x,y) \in D), \quad 0 \ ((x,y) \in R - D)$$

この関数 $\chi_D(x,y)$ を D の**特性関数**（characteristic function）という．

$\chi_D(x,y)$ が R で重積分可能なとき，D は**面積確定**であるといい，そのときの重積分 $\mu(D) = \iint_R \chi_D(x,y)dxdy = \iint_D dxdy$ の値を領域 D の**面積**と定義する．

1次元のとき（定理 1.12）と同様に次の定理が成り立ち，重積分可能性が証明できる（証明省略）．

定理 7.1 有界閉領域 D で連続な関数 $f(x,y)$ は D で一様連続である．

定理 7.2 面積確定な有界領域 D で連続な関数 $f(x,y)$ は重積分可能である．

定理 7.3 関数 $f(x,y)$ は有界領域 D で連続とする．
(1) $D: a \leqq x \leqq b, \ \phi_1(x) \leqq y \leqq \phi_2(x)$ のとき，

$$\iint_D f(x,y)dxdy = \int_a^b \left(\int_{\phi_1(x)}^{\phi_2(x)} f(x,y)dy \right) dx$$

(2) $D: c \leqq x \leqq d, \ \psi_1(y) \leqq x \leqq \psi_2(y)$ のとき，

$$\iint_D f(x,y)dxdy = \int_c^d \left(\int_{\psi_1(y)}^{\psi_2(y)} f(x,y)dx \right) dy$$

(3) したがって，$D: a \leqq x \leqq b, \ \phi_1(x) \leqq y \leqq \phi_2(x)$ のとき，D の面積 $\mu(D)$ は次のように与えられる．

$$\mu(D) = \iint_D dxdy = \int_a^b \{\phi_2(x) - \phi_1(x)\}dx$$

(4) $D: c \leqq x \leqq d, \ \psi_1(y) \leqq x \leqq \psi_2(y)$ と表されているときには，

$$\mu(D) = \iint_D dxdy = \int_c^d \{\psi_2(y) - \psi_1(y)\} dy$$

このように重積分 $\iint_D f(x,y)dxdy$ は通常のリーマン積分を 2 回繰り返して求める．こ

れを**累次積分**という．そこで重積分を求めるには，まず積分領域を (1) または (2) の形，あるいはそれらの和の形に変形して，累次積分に帰着させる．(1) の形に書いた領域を**縦線集合**，(2) の形を**横線集合**という．3 変数以上の場合には，必要な変更を行った上で累次積分を実行すればよい．たとえば 3 変数の場合に，xyz 空間の領域 V が，xy 平面の有界領域 D と，C^1 級の関数 $\phi_1(x,y)$, $\phi_2(x,y)$ を用いて，

$$V : (x,y) \in D, \quad \phi_1(x,y) \leqq z \leqq \phi_2(x,y)$$

と表されているとき（これを C^1 級の**縦線領域**という）には，

$$\iiint_V f(x,y,z)dxdydz = \iint_D \left(\int_{\phi_1(x,y)}^{\phi_2(x,y)} f(x,y,z)dz \right) dxdy$$

として，さらに D についての重積分を累次積分で求めればよい．

定理の証明の代わりに例題をいくつか見ておこう．

例 7.1 $D : 1 \leqq x \leqq 2$, $x \leqq y \leqq x^2$ のとき，$\iint_D (x+y)dxdy$ を求めよ．

[解] $\iint_D (x+y)dxdy = \int_1^2 (\int_x^{x^2}(x+y)dy)dx = \int_1^2 [xy + \frac{y^2}{2}]_x^{x^2} dx = \int_1^2 (x^3 + \frac{x^4}{2} - x^2 - \frac{x^2}{2})dx = \underline{\frac{67}{20}}$ (A) （解終）

例 7.2 二つのパラボラ（放物線）$y = x^2$, $y = \sqrt{x}$ で囲まれた領域を D とするとき，$\iint_D (2xy + y^3)dxdy$ を求めよ．

[**解 1**] 領域 D を縦線集合で表すと，$D : 0 \leqq x \leqq 1$, $x^2 \leqq y \leqq \sqrt{x}$ と書ける．
∴ $\iint_D(2xy+y^3)dxdy = \int_0^1(\int_{x^2}^{\sqrt{x}}(2xy+y^3)dy)dx = \int_0^1[xy^2 + \frac{y^4}{4}]_{x^2}^{\sqrt{x}}dx = \int_0^1(x^2 + \frac{x^2}{4} - x^5 - \frac{x^8}{4})dx = \int_0^1(\frac{5}{4}x^2 - x^5 - \frac{x^8}{4})dx = [\frac{5}{12}x^3 - \frac{x^6}{6} - \frac{x^9}{36}]_0^1 = \frac{5}{12} - \frac{1}{6} - \frac{1}{36} = \frac{15-6-1}{36} = \frac{2}{9}$ (A) $\underline{\frac{2}{9}}$ （解終）

[**解 2**] D を横線集合で，$D : 0 \leqq y \leqq 1$, $y^2 \leqq x \leqq \sqrt{y}$ と表すと，$\iint_D(2xy+y^3)dxdy = \int_0^1(\int_{y^2}^{\sqrt{y}}(2xy+y^3)dx)dy = \int_0^1[x^2y + xy^3]_{y^2}^{\sqrt{y}}dy = \int_0^1(y^2 + y^{7/2} - y^5 - y^5)dy = [\frac{y^3}{3} + \frac{2}{9}y^{9/2} - \frac{y^6}{3}]_0^1 = \frac{1}{3} + \frac{2}{9} - \frac{1}{3} = \frac{2}{9}$ (A) $\underline{\frac{2}{9}}$ （解終）

例 7.3 $D : \frac{x^2}{a^2} + \frac{y^2}{b^2} \leqq 1$, $x \geqq 0$, $y \geqq 0$, $(a > 0, b > 0)$ のとき，$I = \iint_D xy dxdy$ を求めよ．

[解] 領域 D を縦線集合で表すと，$D : 0 \leqq x \leqq a$, $0 \leqq y \leqq b\sqrt{1-\frac{x^2}{a^2}}$ と書ける．

$$\therefore I = \iint_D xy dxdy = \int_0^a \left(\int_0^{b\sqrt{1-\frac{x^2}{a^2}}} xy dy \right) dx$$

$$= \int_0^a \left[\frac{xy^2}{2} \right]_0^{b\sqrt{1-\frac{x^2}{a^2}}} dx = \frac{b^2}{2} \int_0^a x\left(1 - \frac{x^2}{a^2}\right) dx$$

7. 重積分

$$= \frac{b^2}{2}\left[\frac{x^2}{2} - \frac{x^4}{4a^2}\right]_0^a dx = \frac{a^2b^2}{8}$$

$I = \frac{a^2b^2}{8}$ (A) (解終)

例 7.4 $D : 0 \leqq x + y + z \leqq \frac{\pi}{2}$, $x \geqq 0$, $y \geqq 0$, $z \geqq 0$, のとき, $I = \iiint_D \cos(x+y+z)dxdydz$ を求めよ.

[解] $D : 0 \leqq x \leqq \frac{\pi}{2}$, $0 \leqq y \leqq \frac{\pi}{2} - x$, $0 \leqq z \leqq \frac{\pi}{2} - x - y$, と書ける.

$$\therefore I = \int_0^{\frac{\pi}{2}} \left\{\int_0^{\frac{\pi}{2}-x} \left(\int_0^{\frac{\pi}{2}-x-y} \cos(x+y+z)dz\right) dy\right\} dx$$

$$= \int_0^{\frac{\pi}{2}} \left(\int_0^{\frac{\pi}{2}-x} [\sin(x+y+z)]_0^{\frac{\pi}{2}-x-y} dy\right) dx$$

$$= \int_0^{\frac{\pi}{2}} \left(\int_0^{\frac{\pi}{2}-x} \{1 - \sin(x+y)\}dy\right) dx$$

$$= \int_0^{\frac{\pi}{2}} [y + \cos(x+y)]_0^{\frac{\pi}{2}-x} dx$$

$$= \int_0^{\frac{\pi}{2}} \left(\frac{\pi}{2} - x - \cos x\right) dx$$

$$= \left[\frac{\pi x}{2} - \frac{x^2}{2} - \sin x\right]_0^{\frac{\pi}{2}} = \frac{\pi^2}{8} - 1$$

(A) $I = \frac{\pi^2}{8} - 1$ (解終)

注 7.1 縦線集合で書けている領域の場合には, 累次積分の順序は $y \to x$ であり, 横線集合で表された領域の場合には $x \to y$ の順となる. これを利用して, 領域 D が 2 通りに表されているとき, 積分の順序を変えることができる.

例 7.5 $0 < a < b$ とし, $f(x,y)$ は連続とする. このとき,

$$\int_a^b \left(\int_a^x f(x,y)dy\right) dx = \int_a^b \left(\int_y^b f(x,y)dx\right) dy$$

[解] 左辺の表示より, $D : a \leqq x \leqq b$, $a \leqq y \leqq x$ と書ける. これを横線集合で書き直すと, $D : a \leqq y \leqq b$, $y \leqq x \leqq b$ となるので右辺の累次積分に変換される. これをディリクレの変換という. (解終)

例 7.6 $\int_1^2 (\int_1^x \frac{1}{y^3} e^{x/y} dy)dx$ を求めよ.

[解] $\int_1^2(\int_1^x \frac{1}{y^3}e^{x/y}dy)dx = \int_1^2(\int_y^2 \frac{1}{y^3}e^{x/y}dx)dy = \int_1^2[\frac{1}{y^2}e^{x/y}]_y^2 dy = \int_1^2\{\frac{1}{y^2}e^{2/y} - \frac{1}{y^2}e\}dy = [-\frac{e^{2/y}}{2} + \frac{e}{y}]_1^2 = \frac{e^2-2e}{2}$ (解終)

重積分の**広義積分**について,基本的なことだけをまとめておこう.有界とは限らない領域 D で,有界とは限らない連続関数 $f(x,y)$ が与えられていて,領域 D または関数 $f(x,y)$ のどちらかは非有界とする.D に含まれる面積確定な有界閉集合の列 $\{D_n\}$ が,

(1) $D_n \subset D_{n+1} \subset D$, $\bigcup_{n=1}^{\infty} D_n = D$

(2) D に含まれる任意の有界閉集合 K に対しても,$\exists k; K \subset D_k$

を満たすとき,D の**近似増加列**という.

D のどんな近似増加列 $\{D_n\}$ に対しても,$\lim_{n\to\infty}\iint_{D_n} f(x,y)dxdy$ が存在して,近似増加列によらず一定になるとき,$f(x,y)$ の D 上の**広義積分**は収束するといって,

$$\iint_D f(x,y)dxdy = \lim_{n\to\infty}\iint_{D_n} f(x,y)dxdy$$

と書き表す.

例 7.7 $D: x \geqq 0,\ y \geqq 0$(第1象限)のとき,$I = \iint_D e^{-x-y}dxdy$ を求めよ.

[解] 近似増加列 $\{D_n\}$ として,$D_n = \{0 \leqq x \leqq n, 0 \leqq y \leqq n\}$ をとる.

$$\iint_{D_n} e^{-x-y}dxdy = \int_0^n \left(\int_0^n e^{-x-y}dy\right)dx = \int_0^n [-e^{-x-y}]_0^n dx$$
$$= \int_0^n (e^{-x} - e^{-x-n})dx = [-e^{-x} + e^{-x-n}]_0^n = 1 - 2e^{-n} + e^{-2n}$$

$\therefore \lim_{n\to\infty}\iint_{D_n} e^{-x-y}dxdy = 1.$ (A) $I = 1$ (解終)

例 7.8 $D: 0 \leqq x \leqq 1,\ 0 \leqq y \leqq 1$,のとき,$I = \iint_D \frac{1}{\sqrt{x}}dxdy$ を求めよ.

[解] $I = \int_0^1(\int_0^1 x^{-1/2}dy)dx = \int_0^1 x^{-1/2}dx = [2x^{1/2}]_0^1 dx = 2$ (A) $I = 2$ (解終)

7.2 重積分の計算と応用

簡単な重積分の計算例は前節で見てきたが,変数変換が必要な重積分も多い.そこで変数変換の公式を求め,さらに応用上重要な重積分の計算例をいくつか追加しよう.

定理 7.4 C^1 級の関数 $x = \phi(u,v),\ y = \psi(u,v)$ によって,uv 平面の領域 Ω と xy 平面の領域 D が一対一に対応しているものとする.この変換のヤコビアンは,

$$J(u,v) = \frac{\partial(\phi(u,v), \psi(u,v))}{\partial(u,v)} = \phi_u \psi_v - \phi_v \psi_u \neq 0$$

とする.また,関数 $f(x,y)$ は D で連続とする.このとき,次の変換公式が成り立つ.

$$\iint_D f(x,y)dxdy = \iint_\Omega f(\phi(u,v), \psi(u,v))|J(u,v)|dudv$$

[略証] 1変数のときには $x = \phi(t)$ という変換で,$\int f(x)dx = \int f(\phi(t))\phi'(t)dt$ と,

$\phi'(t) = \frac{dx}{dt}$ を掛ければよかったが，2変数では $|\frac{\partial(x,y)}{\partial(u,v)}|$ を掛けるのである．証明のキーポイントは，u と v が Δu と Δv だけ増えるとき，それに対応して xy 平面では微小部分の面積がどれだけ増えるかという点にある．

$x + \Delta x = \phi(u + \Delta u, v + \Delta v)$, $y + \Delta y = \psi(u + \Delta u, v + \Delta v)$ より，$\Delta x \fallingdotseq \phi_u \Delta u + \phi_v \Delta v$, $\Delta y \fallingdotseq \psi_u \Delta u + \psi_v \Delta v$, よって長方形 $\Delta u \Delta v$ は平行四辺形になり，その面積は $\det \begin{pmatrix} \phi_u \Delta u & \phi_v \Delta v \\ \psi_u \Delta u & \psi_v \Delta v \end{pmatrix} = \Delta u \Delta v \cdot \det \begin{pmatrix} \phi_u & \phi_v \\ \psi_u & \psi_v \end{pmatrix}$ になる．すなわち元の長方形の $\phi_u \psi_v - \phi_v \psi_u$ 倍になる．これはまさにヤコビアン $J = \frac{\partial(x,y)}{\partial(u,v)}$ である．ただしこの値は負になることもあるので，微小部分の面積比としては，絶対値 $|J| = |\phi_u \psi_v - \phi_v \psi_u|$ をとらなければいけない．　　　　　　　　　　　　　　　　　　　　　　　　　（略証終）

例 7.9 $D : x + y \leqq 1$, $x \geqq 0$, $y \geqq 0$, のとき，$I = \iint_D e^{\frac{x-y}{x+y}} dxdy$ を求めよ．

[解] $I = \int_0^1 (\int_0^{1-x} e^{\frac{x-y}{x+y}} dy) dx$ である．ここで $x+y = u$, $x-y = v$ とおくと $x = \frac{u+v}{2}$, $y = \frac{u-v}{2}$. $\therefore J = \frac{\partial(x,y)}{\partial(u,v)} = -\frac{1}{2}$. $\therefore |J| = \frac{1}{2}$. また，$D \leftrightarrow E : 0 \leqq u \leqq 1$, $-u \leqq v \leqq u$, となる．したがって，$I = \iint_E e^{v/u} (\frac{1}{2}) dudv = \frac{1}{2} \int_0^1 (\int_{-u}^u e^{v/u} dv) du = \frac{1}{2} \int_0^1 [ue^{v/u}]_{-u}^u du = \frac{e - \frac{1}{e}}{2} \int_0^1 u du = \frac{e^2-1}{4e}$ (A) $I = \frac{e^2-1}{4e}$ 　　　　　　　　　　　　　　　（解終）

例 7.10 極座標変換 $x = r\cos\theta$, $y = r\sin\theta$ ($r \geqq 0$, $0 \leqq \theta \leqq 2\pi$) により xy 平面の領域 D が $r\theta$ 平面の領域 E と一対一に対応し，関数 $f(x,y)$ は D で連続とする．そのとき，次の公式が成り立つ．

$$\iint_D f(x,y) dxdy = \iint_E f(r\cos\theta, r\sin\theta) r dr d\theta$$

[解] 例 6.18 より，ヤコビアン $J = r$ だから定理からあきらかである．　　（解終）

例 7.11 $D : x^2 + y^2 \leqq 1$, $x \geqq 0$, $y \geqq 0$, のとき，$\iint_D \frac{1}{\sqrt{1+x^2+y^2}} dxdy$ を求めよ．

[解] 極座標変換 $x = r\cos\theta$, $y = r\sin\theta$ をすると，$x^2 + y^2 = r^2$ であり，また領域 $D \leftrightarrow E : 0 \leqq r \leqq 1$, $0 \leqq \theta \leqq \frac{\pi}{2}$ なので，

$$\iint_D \frac{1}{\sqrt{1+x^2+y^2}} dxdy = \iint_E \frac{r}{\sqrt{1+r^2}} drd\theta$$

$$= \frac{\pi}{2} \int_0^1 \frac{r}{\sqrt{1+r^2}} dr$$

$t = 1 + r^2$ とおくと，$dt = 2rdr$, また，$r : 0 \to 1$ に対して $t : 1 \to 2$ なので，

$$\int_0^1 \frac{r}{\sqrt{1+r^2}} dr = \frac{1}{2} \int_1^2 \frac{1}{\sqrt{t}} dt = [\sqrt{t}]_1^2 = \sqrt{2} - 1$$

$\therefore \iint_D \frac{1}{\sqrt{1+x^2+y^2}} dxdy = \frac{\pi}{2} \int_0^1 \frac{r}{\sqrt{1+r^2}} dr = \frac{\sqrt{2}-1}{2}\pi$ (A) $\frac{\sqrt{2}-1}{2}\pi$ 　　　　　　　　　　　　（解終）

例 7.12 (1) $D: x \geq 0,\ y \geq 0$, のとき, $I = \iint_D e^{-x^2-y^2} dxdy$ を求めよ. (2) これを用いて, $J = \int_0^\infty e^{-x^2} dx$ を求めよ.

[解] (1) まず極座標変換 $x = r\cos\theta,\ y = r\sin\theta$ をする. 領域 $D \leftrightarrow E: 0 \leq r < +\infty,\ 0 \leq \theta \leq \frac{\pi}{2}$ となるので, $I = \iint_D e^{-x^2-y^2} dxdy = \iint_E e^{-r^2} rdrd\theta$. $E_n: 0 \leq r \leq n,\ 0 \leq \theta \leq \frac{\pi}{2}$ とすると, E_n は E の近似増加列になる.

$$\iint_{E_n} e^{-r^2} rdrd\theta = \int_0^n \left(\int_0^{\frac{\pi}{2}} e^{-r^2} rd\theta \right) dr = \frac{\pi}{2} \int_0^n e^{-r^2} rdr$$

ここで, $t = r^2$ とおくと, $dt = 2rdr$, $r: 0 \to n$ に対して $t: 0 \to n^2$ だから,

$$\iint_{E_n} e^{-r^2} rdrd\theta = \frac{\pi}{4} \int_0^{n^2} e^{-t} dt = \frac{\pi}{4} [-e^{-t}]_0^{n^2}$$
$$= \frac{\pi}{4}(1 - e^{-n^2}) \to \frac{\pi}{4} \quad (n \to +\infty)$$

よって, $I = \frac{\pi}{4}$ (A)

(2) $J^2 = \int_0^\infty e^{-x^2} dx \int_0^\infty e^{-y^2} dy = \iint_E e^{-x^2-y^2} dxdy = \frac{\pi}{4}$. あきらかに $J > 0$ だから, $J = \frac{\sqrt{\pi}}{2}$ (A) (解終)

例 7.13 $0 < \alpha < 1,\ x^2 + y^2 \leq 1$ のとき, $\iint_D (x^2+y^2)^{-\alpha} dxdy$ を求めよ.

[解] 極座標に変換すると, 領域 $D \leftrightarrow E: 0 \leq r \leq 1,\ 0 \leq \theta \leq 2\pi$ なので,

$$与式 = \iint_E r^{-2\alpha} \cdot rdrd\theta = \int_0^1 \left(\int_0^{2\pi} r^{1-2\alpha} d\theta \right) dr = 2\pi \int_0^1 r^{1-2\alpha} dr$$
$$= 2\pi \left[\frac{r^{2-2\alpha}}{2-2\alpha} \right]_0^1 = \frac{2\pi}{2-2\alpha} = \frac{\pi}{1-\alpha}$$

これは広義積分であるが, それと気づかずに求まる. (A) $\frac{\pi}{1-\alpha}$ (解終)

例 7.14 3次元の極座標変換 $x = r\sin\theta\cos\phi,\ y = r\sin\theta\sin\phi,\ z = r\cos\theta$ ($r \geq 0,\ 0 \leq \theta \leq \pi,\ 0 \leq \phi \leq 2\pi$) のヤコビアン J は, $|J| = r^2\sin\theta$ となる. したがって, $dxdydz = r^2\sin\theta drd\theta d\phi$ である.

例 7.15 $D: x^2+y^2+z^2 \leq 1$ のとき, $I = \iiint_D (x^2+y^2+z^2) dxdydz$ を求めよ.

[解] $x \geq 0,\ y \geq 0,\ z \geq 0$ に限定した部分の積分を8倍すればよい. $D': x \geq 0,\ y \geq 0,\ z \geq 0,\ x^2+y^2+z^2 \leq 1$ とする. 3次元の極座標, $x = r\sin\theta\cos\phi,\ y = r\sin\theta\sin\phi,\ z = r\cos\theta$ に変換すると, $D' \leftrightarrow E: 0 \leq r \leq 1,\ 0 \leq \theta \leq \frac{\pi}{2},\ 0 \leq \phi \leq \frac{\pi}{2}$.

∴ $I = 8\iiint_{D'}(x^2+y^2+z^2)dxdydz = 8\iiint_E r^2 \cdot r^2\sin\theta drd\theta d\phi = 4\pi \int_0^1 (\int_0^{\frac{\pi}{2}} r^4 \sin\theta d\theta) dr = 4\pi (\int_0^{\frac{\pi}{2}} \sin\theta d\theta)(\int_0^1 r^4 dr) = \frac{4\pi}{5}$ $I = \frac{4\pi}{5}$ (A) (解終)

重積分を使って, 面積や体積を求めることができる.

例 7.16 極座標で $E : 0 \leq r \leq f(\theta),\ (0 \leq)\ \alpha \leq \theta \leq \beta\ (\leq 2\pi)$ と表される図形 E の面積は, $S = \frac{1}{2} \int_\alpha^\beta f(\theta)^2 d\theta$ である.

[解] xy 平面で対応する図形を D と書くと, $S = \iint_D dxdy = \iint_E rdrd\theta = \int_\alpha^\beta [\frac{r^2}{2}]_0^{f(\theta)} d\theta = \frac{1}{2} \int_\alpha^\beta f(\theta)^2 d\theta$ (解終)

例 7.17 xz 平面上の曲線 $x = f(z) \geq 0,\ a \leq z \leq b$ を z 軸の周りに回転して得られる回転体の体積は, $V = \pi \int_a^b f(z)^2 dz$ である.

[解] この回転体 D は, $D : x^2 + y^2 \leq f(z)^2,\ a \leq z \leq b$ と書ける. $E : x^2 + y^2 \leq f(z)^2$ とすれば, $V = \iiint_D dxdydz = \int_a^b (\iint_E dxdy) dz = \int_a^b \pi f(z)^2 dz = \pi \int_a^b f(z)^2 dz$ (解終)

例 7.18 楕円 $\frac{x^2}{a^2} + \frac{y^2}{b^2} = 1$ を x 軸の周りに回転してできる回転体の体積 V を求めよ.

[解] このとき $y^2 = b^2(1 - \frac{x^2}{a^2})$ である. $\therefore V = \pi \int_{-a}^a y^2 dx = \pi b^2 \int_{-a}^a (1 - \frac{x^2}{a^2}) dx = 2\pi b^2 \int_0^a (1 - \frac{x^2}{a^2}) dx = 2\pi b^2 [x - \frac{x^3}{3a^2}]_0^a = \frac{4\pi}{3} ab^2$

(A) $V = \frac{4\pi}{3} ab^2$ (解終)

7.3 ベータ関数・ガンマ関数

これまでに, 例 4.35 と定義 4.5 でベータ関数を, 例 4.36 と定義 4.7 でガンマ関数を取り上げ, 例 4.49 ではガンマ関数の基本的な関数等式を扱った. 最後に, 少しまとまった形でこれらの関数を取り上げ,「解析学の至宝」という名前を実感したい. まずいくつかの変数変換で, これらの関数の異なった表現を求めておこう.

例 7.19 $p > 0,\ q > 0$ とする.
(1) $B(p, q) = B(q, p)$.
(2) $B(p, q) = \int_0^\infty \frac{t^{p-1}}{(1+t)^{p+q}} dt$
(3) $B(p, q) = 2 \int_0^{\frac{\pi}{2}} \cos^{2p-1} \theta \sin^{2q-1} \theta d\theta$

[解] (1) $B(p, q) = \int_0^1 x^{p-1}(1-x)^{q-1} dx$ において, $x = 1 - t$ と変換すると, $dx = -dt$. この $-$ は積分の上端下端の取替えに使われて (1) を得る.

(2) $x = \frac{t}{1+t}$ とおくと, $dx = \frac{1}{(1+t)^2} dt$, $x : 0 \to 1$ のとき, $t : 0 \to \infty$ である. また, $1 - x = \frac{1}{1+t}$ だから, (2) を得る.

(3) $x = \cos^2 \theta$ と変数変換すれば得られる. (解終)

例 7.20 $\Gamma(p) = 2 \int_0^\infty e^{-t^2} t^{2p-1} dt\ (p > 0)$

[解] $\Gamma(p) = \int_0^\infty e^{-x} x^{p-1} dx$ において, $x = t^2$ と変換すれば, $dx = 2tdt$, $x : 0 \to \infty$ のとき, $t : 0 \to \infty$ なので与式を得る. (解終)

続いてこれら 2 関数の間の関係式を求める.

例 7.21 $B(p,q) = \frac{\Gamma(p)\Gamma(q)}{\Gamma(p+q)}$ $(p > 0, q > 0)$ を示せ.

[解] まず例 7.20 を用いる.

$$K = \Gamma(p)\Gamma(q) = 4\int_0^\infty e^{-t^2}t^{2p-1}dt \int_0^\infty e^{-s^2}s^{2q-1}ds$$
$$= 4\int_0^\infty \int_0^\infty e^{-t^2-s^2}t^{2p-1}s^{2q-1}dtds$$

ここで極座標変換 $t = r\cos\theta$, $s = r\sin\theta$ をすると, $dtds = rdrd\theta$ だから,

$$K = 4\int_0^{\frac{\pi}{2}} \left(\int_0^\infty e^{-r^2}r^{2p+2q-2}\cos^{2p-1}\theta\sin^{2q-1}\theta rdr\right)d\theta$$
$$= \left(2\int_0^\infty e^{-r^2}r^{2p+2q-1}dr\right)\left(2\int_0^{\frac{\pi}{2}}\cos^{2p-1}\theta\sin^{2q-1}\theta d\theta\right)$$

例 7.20 より, 右辺の無限積分の括弧内は $\Gamma(p+q)$ に等しく, 例 7.19(3) より, もう一つの括弧は $B(p,q)$ に等しくなる. (解終)

注 7.2 ベータ関数とガンマ関数を結び付けるこの重要な公式はオイラーが発見した (1771). なお, ベータ関数と名づけたのはビネ (Binet) である (1839). 注 4.10 も参照のこと.

これで積分計算を楽しむ準備が整ったので, いろいろな例をみていこう.

例 7.22
(1) $\Gamma(\frac{1}{2}) = \sqrt{\pi}$,
(2) $\Gamma(n + \frac{1}{2}) = \frac{(2n)!}{2^{2n}n!}\sqrt{\pi}$ $(n = 0, 1, 2, 3, \ldots)$,
(3) $\Gamma(p)\Gamma(1-p) = B(p, 1-p) = \frac{\pi}{\sin(\pi p)}$, $(p > 0)$.

[解] (1) $\Gamma(\frac{1}{2})^2 = \frac{\Gamma(\frac{1}{2})\Gamma(\frac{1}{2})}{\Gamma(1)} = B(\frac{1}{2}, \frac{1}{2}) = 2\int_0^{\frac{\pi}{2}}\cos^0\theta\sin^0\theta d\theta$ (例 7.19 (3) より) $= \pi$
定義よりあきらかに $\Gamma(\frac{1}{2}) > 0$ だから, $\Gamma(\frac{1}{2}) = \sqrt{\pi}$ を得る.
(2) (1) の式に例 4.49 を繰り返し用いて, 得られる.
(3) 前半は例 7.21 であり, 後半は普通複素解析で扱う $\sin x$ の無限乗積展開を用いて証明する. ここでは証明は省略する. $p = \frac{1}{2}$ とおけば, (3) からただちに (1) が得られる.

(解終)

注 7.3 ここに出てきた $2^n n!$ は, n から 1 までの自然数の積に 2^n を掛けたもの, すなわち, $2n$ から 2 までの偶数全部の積である. これを $(2n)!!$ と書くことがある. すると, $\frac{(2n)!}{2^n n!}$ は $(2n)!$ を $2n$ までの偶数で約分したもので, $2n-1$ から 1 までの奇数の積になる. これを, $(2n-1)!!$ と書き表す. ここで, $0!! = 1$, (負数)$!! = 1$ とする. これらの記号を

使うと，(2) は次のように書ける．
  (2) $\Gamma(n+\frac{1}{2}) = \frac{\sqrt{\pi}(2n-1)!!}{2^n}$ $(n=0,1,2,3,\ldots)$.
慣れると，結構便利な記号である．

なお，(3) は**オイラーの相補公式**と呼ばれる．

例 7.23 (1) $\int_0^\infty e^{-t^2} t^{2m+1} dt = \frac{m!}{2}$
  (2) $\int_0^\infty e^{-t^2} t^{2m} dt = \frac{\sqrt{\pi}(2m)!}{2^{2m+1} m!}$
[解] 例 7.20 より，$\int_0^\infty e^{-t^2} t^{\alpha-1} dt = \frac{1}{2}\Gamma(\frac{\alpha}{2})$ $(\alpha>0)$.
ここで $\alpha = 2m+2$ (m : 自然数) とすると，$\int_0^\infty e^{-t^2} t^{2m+1} dt = \frac{1}{2}\Gamma(m+1)$，よって例 4.49 より (1) を得る．

$\alpha = 2m+1$ とすると，$\int_0^\infty e^{-t^2} t^{2m} dt = \frac{1}{2}\Gamma(m+\frac{1}{2})$．よって例 7.22 (2) より (2) を得る．

なお (2) で $m=0$ とすれば，$\int_0^\infty e^{-t^2} dt = \frac{\sqrt{\pi}}{2}$ を得る (例 7.12 (2))． (解終)

例 7.24 m, n : 0 または自然数とする．
  (1) $\int_0^{\frac{\pi}{2}} \cos^{2m}\theta \sin^{2n}\theta d\theta = \frac{\pi}{2}\frac{(2m)!(2n)!}{2^{2m+2n}m!n!(m+n)!}$, $=\frac{\pi}{2}\frac{(2m-1)!!(2n-1)!!}{(2m+2n)!!}$,
  (2) $\int_0^{\frac{\pi}{2}} \cos^{2m+1}\theta \sin^{2n}\theta d\theta = \int_0^{\frac{\pi}{2}} \cos^{2n}\theta \sin^{2m+1}\theta d\theta = \frac{2^{2m}m!(2n)!(m+n)!}{n!(2m+2n+1)!} = \frac{(2m)!!(2n-1)!!}{(2m+2n+1)!!}$,
  (3) $\int_0^{\frac{\pi}{2}} \cos^{2m+1}\theta \sin^{2n+1}\theta d\theta = \frac{(2m)!(2n)!}{2^{2m+2n+1}m!n!(m+n+1)!} = \frac{(2m)!!(2n)!!}{(2m+2n+2)!!}$,
[解] $2\int_0^{\frac{\pi}{2}} \cos^m\theta \sin^n\theta d\theta = B(\frac{m+1}{2}, \frac{n+1}{2})$, (例 7.19 (3)) $= \frac{\Gamma(\frac{m+1}{2})\cdot\Gamma(\frac{n+1}{2})}{\Gamma(\frac{m+n+2}{2})}$, (例 7.20)

これらの式に，例 7.22 (2) および例 4.49 を繰り返し適用すればよい．
以上で，いずれも最後の式は偶数の積，または奇数の積を表す記号を用いて書き表した．
(解終)

例 7.25
  (1) $\int_0^{\frac{\pi}{2}} \cos^8\theta \sin^6\theta d\theta = \frac{\pi}{2}\frac{(7\cdot5\cdot3\cdot1)\cdot(5\cdot3\cdot1)}{14\cdot12\cdot10\cdot8\cdot6\cdot4\cdot2} = \frac{5\pi}{4096}$,
  (2) $\int_0^{\frac{\pi}{2}} \cos^7\theta \sin^6\theta d\theta = \frac{(6\cdot4\cdot2)(5\cdot3\cdot1)}{13\cdot11\cdot9\cdot7\cdot5\cdot3\cdot1} = \frac{16}{3003}$,
  (3) $\int_0^{\frac{\pi}{2}} \cos^5\theta \sin^9\theta d\theta = \frac{(4\cdot2)(8\cdot6\cdot4\cdot2)}{14\cdot12\cdot10\cdot8\cdot6\cdot4\cdot2} = \frac{1}{210}$
[解] 例 7.24 の一般論に具体的な数値を入れただけである．このように書くと公式の素晴らしさが実感できると思う． (解終)

例 7.26 $\int_0^\infty \frac{1}{(1+x^2)^n} dx = \frac{\pi}{2}\frac{(2n-3)!!}{(2n-2)!!}$, ($n$: 自然数)．
[解] 例 7.19 (2) において $t = x^2$ とおくと，$dt = 2xdx$, t の積分範囲は x と同じなので，$B(p,q) = \int_0^\infty \frac{x^{2p-2}}{(1+x^2)^{p+q}} 2xdx = 2\int_0^\infty \frac{x^{2p-1}}{(1+x^2)^{p+q}} dx$
ここで $p+q=n$, $2p-1=0$ となるように p, q を選ぶと，$p=\frac{1}{2}$, $q=n-\frac{1}{2}$ となる．

∴ 与式 $= \frac{1}{2}B(\frac{1}{2}, n-\frac{1}{2}) = \frac{\Gamma(\frac{1}{2})\Gamma(n-\frac{1}{2})}{2\Gamma(n)}$. あとは，例 7.22 および例 4.49 を用いて整理をすればよい．なお，$x = \tan t$ とおけば，$dx = \frac{1}{\cos^2 t}dt$，$x : 0 \to \infty$ に対して $t : 0 \to \frac{\pi}{2}$ が対応する．$1 + x^2 = \frac{1}{\cos^2 t}$ なので，与式 $= \int_0^{\frac{\pi}{2}} \cos^{2n-2} t\, dt$．これは例 4.45 の後の (4.8) 式の I_{2n-2} である． (解終)

例 7.27 (1) $\int_0^\infty \frac{1}{(1+x^2)^2}dx = \frac{\pi}{4}$
(2) $\int_0^\infty \frac{1}{(1+x^2)^3}dx = \frac{3\pi}{16}$.
[解] 例 7.26 で $n = 2, 3$ とおくだけである． (解終)

例 7.28 $\int_0^\infty \frac{x^2}{1+x^4}dx = \frac{\pi}{2\sqrt{2}}$
[解] 例 7.19 (2) において $t = x^4$ とおくと，$dt = 4x^3 dx$，t の積分範囲は x と同じ $0 \to \infty$ なので，$B(p,q) = 4\int_0^\infty \frac{x^{4p-1}}{(1+x^4)^{p+q}}dx$
そこで $p + q = 1, 4p - 1 = 2$ となるように p, q を選ぶと，$p = \frac{3}{4}$，$q = \frac{1}{4}$ となる．
∴ $\int_0^\infty \frac{x^2}{1+x^4}dx = \frac{1}{4}B(\frac{3}{4}, \frac{1}{4}) = \frac{1}{4}\Gamma(\frac{3}{4})\Gamma(\frac{1}{4}) = \frac{1}{4}\frac{\pi}{\sin(\frac{3}{4}\pi)} = \frac{\pi}{2\sqrt{2}}$ (解終)

例 7.29 $\int_0^\infty \frac{1}{1+x^3}dx = \frac{2\pi}{3\sqrt{3}}$
[解] 例 7.28 と同様にして，$\int_0^\infty \frac{1}{1+x^3}dx = \frac{1}{3}B(\frac{1}{3}, \frac{2}{3}) = \frac{1}{3}\frac{\pi}{\sin(\frac{1}{3}\pi)} = \frac{2\pi}{3\sqrt{3}}$ (解終)

例 7.30 $\int_0^a (a^2 - x^2)^\alpha dx = \frac{1}{2}a^{2\alpha+1}B(\alpha+1, \frac{1}{2})$ ただし，$a > 0$，$\alpha > -1$ とする．
[解] $x = a\sin\theta$ とおくと，$dx = a\cos\theta d\theta$，$x : 0 \to a$ に対して $\theta : 0 \to \frac{\pi}{2}$．
∴ $\int_0^a (a^2 - x^2)^\alpha dx = a^{2\alpha+1}\int_0^{\frac{\pi}{2}} \cos^{2\alpha+1}\theta d\theta = \frac{1}{2}a^{2\alpha+1}B(\alpha+1, \frac{1}{2})$ (例 7.19 (3))
(解終)

例 7.31 $\int_0^1 \sqrt{1-x^2}dx = \frac{\pi}{2}$
[解] 与式 $= \int_0^1 (1-x^2)^{\frac{1}{2}}dx = \frac{1}{2}B(\frac{3}{2}, \frac{1}{2}) = \frac{1}{2}\frac{\Gamma(\frac{3}{2})\Gamma(\frac{1}{2})}{\Gamma(2)} = \frac{\pi}{2}$ (例 7.22 (1) (2))
(解終)

このように次々にさまざまな形の定積分が求められる．ガンマ関数に関する公式をもう一つ紹介しよう．

例 7.32 $\Gamma(2p) = \frac{2^{2p-1}}{\sqrt{\pi}}\Gamma(p)\Gamma(p + \frac{1}{2})$，$(p > 0)$．
[解] $I = \int_{-1}^1 (1-x^2)^{p-1}dx$ とおくと，あきらかに $I = 2\int_0^1 (1-x^2)^{p-1}dx$ である．こ こで $s = x^2$ と変数変換すると，$x = s^{1/2}$．∴ $dx = \frac{1}{2}s^{-1/2}ds$，$x : 0 \to 1$ に対し $s : 0 \to 1$ なので，$I = \int_0^1 (1-s)^{p-1}s^{-1/2}ds = B(\frac{1}{2}, p) = \frac{\Gamma(\frac{1}{2})\Gamma(p)}{\Gamma(p+\frac{1}{2})} = \sqrt{\pi}\cdot\frac{\Gamma(p)}{\Gamma(p+\frac{1}{2})}$.
一方，$1 + x = 2t$ と変数変換すると，$dx = 2dt$，$x : -1 \to 1$ に対し $t : 0 \to 1$ である．さらに，$1 - x = 2 - 2t$ なので，$1 - x^2 = 4t(1-t)$ になる．よって，

$$I = 2^{2p-1}\int_0^1 t^{p-1}(1-t)^{p-1}dt = 2^{2p-1}B(p,p) = 2^{2p-1}\frac{\Gamma(p)\Gamma(p)}{\Gamma(2p)}$$

I の 2 通りの書き換えを等しいとおくと所与の等式を得る. (解終)

注 7.4 このきれいな公式は普通**ルジャンドルの公式**と呼ばれるが,すでにオイラーが知っていたものである.また,ガウスはずっと一般化したエレガントな乗積公式を得ていた(1812).なお,この公式で p を自然数にとればただちに例 7.22 (2) を得る.

重積分の計算に応用することもできる.

例 7.33 $D : x^2 + y^2 + z^2 \leqq 1$ のとき, $\iiint_D (1 - x^2 - y^2 - z^2)^\alpha dxdydz \quad (\alpha > -1)$ を求めよ.

[**解**] 3次元の極座標, $x = r\sin\theta\cos\phi, \ y = r\sin\theta\sin\phi, \ z = r\cos\theta$ に変換すると, $D \leftrightarrow E : 0 \leqq r \leqq 1, \ 0 \leqq \theta \leqq \pi, \ 0 \leqq \phi \leqq 2\pi. \ J = r^2 \sin\theta.$

$$\therefore \iiint_D (1 - x^2 - y^2 - z^2)^\alpha dxdydz = \iiint_E (1 - r^2)^\alpha r^2 \sin\theta dr d\theta d\phi$$
$$= 2\pi \iint_{D'} (1 - r^2)^\alpha r^2 \sin\theta dr d\theta \quad (D' : 0 \leqq r \leqq 1, 0 \leqq \theta \leqq \pi)$$
$$= 2\pi \int_0^1 (1-r^2)^\alpha r^2 dr \cdot \int_0^\pi \sin\theta d\theta = 4\pi \int_0^1 (1-r^2)^\alpha r^2 dr$$

ここで $t = r^2$ とおくと, $dt = 2rdr$ となるので,

$$与式 = 2\pi \int_0^1 (1-t)^\alpha t^{1/2} dt = 2\pi B\left(\frac{3}{2}, \alpha + 1\right)$$
$$= 2\pi \frac{\Gamma(\frac{3}{2})\Gamma(\alpha+1)}{\Gamma(\alpha+\frac{5}{2})} = \pi\sqrt{\pi} \frac{\Gamma(\alpha+1)}{\Gamma(\alpha+\frac{5}{2})}$$

(A) $\pi\sqrt{\pi} \frac{\Gamma(\alpha+1)}{\Gamma(\alpha+\frac{5}{2})}$ (解終)

このように多くの局面で積分計算を簡単にするのが,ベータ関数とガンマ関数である.この豊かな内容をもった関数については,まだまだ話題は尽きないが,すでに普通の理工系の大学で扱う範囲は超えてしまっているので,筆をおくことにしよう.

〔中 村 滋〕

第 IV 編
代数学（群，環，体）

IV 代数学（群，環，体）

1 群

1.1 群 の 定 義

群 (group) の概念は n 次代数方程式の n 個の根の置換全体を考えることより生まれた．根の替わりに n 個の元の集合を考えよう．

例 1.1 $A = \{1, 2, 3\}$ とする．A より A への全単射写像の全体を S_3 とする．S_3 の元 f は $f(1), f(2), f(3)$ が与えられれば定まる．よって

$$f = \begin{pmatrix} 1 & 2 & 3 \\ f(1) & f(2) & f(3) \end{pmatrix} \tag{1.1}$$

と表すことにする．上段の行き先を下段に書くわけである．よって S_3 の元は

$$f_1 = \begin{pmatrix} 1 & 2 & 3 \\ 1 & 2 & 3 \end{pmatrix}, f_2 = \begin{pmatrix} 1 & 2 & 3 \\ 2 & 3 & 1 \end{pmatrix}, f_3 = \begin{pmatrix} 1 & 2 & 3 \\ 3 & 1 & 2 \end{pmatrix}$$

$$f_4 = \begin{pmatrix} 1 & 2 & 3 \\ 1 & 3 & 2 \end{pmatrix}, f_5 = \begin{pmatrix} 1 & 2 & 3 \\ 3 & 2 & 1 \end{pmatrix}, f_6 = \begin{pmatrix} 1 & 2 & 3 \\ 2 & 1 & 3 \end{pmatrix}$$

の 6 個である．f と g が S_3 の元ならば，合成写像 $g \circ f$ も A より A への全単射なので，S_3 の元である．たとえば

$$f_5 \circ f_2 = \begin{pmatrix} 1 & 2 & 3 \\ 2 & 1 & 3 \end{pmatrix} = f_6$$

となる．写像の合成の性質として f, g, h が S_3 の元ならば

$$h \circ (g \circ f) = (h \circ g) \circ f \tag{1.2}$$

が成り立つ．f_1 は A の元を動かさない恒等写像である．よって f が S_3 の元ならば，

$$f \circ f_1 = f_1 \circ f = f \tag{1.3}$$

となる．全単射写像 f には逆写像 f^{-1} が定まる．(1.1) の表しかたを使うと

1. 群

$$f^{-1} = \begin{pmatrix} f(1) & f(2) & f(3) \\ 1 & 2 & 3 \end{pmatrix}$$

である．この表現の上段は，1, 2, 3 の順ではないが，1, 2, 3 のすべてが現れるので，このような書きかたもする．このとき逆写像なので

$$f^{-1} \circ f = f \circ f^{-1} = f_1 \tag{1.4}$$

となる．

この例のように (1.2), (1.3), (1.4) が成り立つ集合を群という．一般に集合 G の 2 つの元の順序づけられた組 (a, b) 対して，G の元 c が定まるとき，**演算** (binary operation) が与えられているといい，$c = a \cdot b$ などと書く．$c = ab$ と書くこともある．正確に群の定義を書くと，次のようになる．

定義 1.1 (群の定義) 集合 G に，ある演算が与えられていて
(A) **結合法則** (associative law) が成り立つ．つまり $G \ni a, b, c$ ならば

$$a \cdot (b \cdot c) = (a \cdot b) \cdot c$$

となる．
さらに，次の 2 つの性質を満たす G の元 e があるとする：
(B) G のどの元 a に対しても $a \cdot e = e \cdot a = a$,
(C) G のどの元 a に対しても $a \cdot b = b \cdot a = e$ となる G の元 b が存在する．
このとき G を群という．

S_3 は群である．f_1 が e の役目をする．f の逆写像が (C) の b の役目をする．また

$$f_2 \circ f_5 = \begin{pmatrix} 1 & 2 & 3 \\ 1 & 3 & 2 \end{pmatrix} = f_4$$

なので，一般には $a \cdot b$ と $b \cdot a$ は等しくない．

例 1.2 $A = \{1, 2, \ldots, n\}$ とする．A より A への全単射写像全体を S_n とすれば，S_3 と同様にして S_n は $n!$ 個の元よりなる群となる．S_n を n 次**対称群** (symmetric group) と呼ぶ．S_n の元を**置換** (permutation) という．

例 1.3 実数を成分にもつ n 行 n 列の正則行列全体を $GL_n(\mathbf{R})$ と表す．これは群となる．単位行列 E が e の役目をし，正則行列 A の逆行列 A^{-1} が (C) の b の役目をする．$GL_n(\mathbf{R})$ を**一般線型群** (general linear group) と呼ぶ．

例 1.4 正方行列 A, B に対して $AB = E$ ならば $BA = E$ がいえるだろうか．B に

対して $BC = E$ となる C が存在すれば

$$C = EC = (AB)C = A(BC) = AE = A$$

となり, $BA = BC = E$ となるが, 基本変形や, 行列式の性質などを使わなければ C の存在はすぐにはいえない.

例 1.5 群 G のどのような元 a, b, c, d に対しても

$$a(b(cd)) = (ab)(cd) = ((ab)c)d = (a(bc))d = a((bc)d)$$

となるので, どのような順に演算を実行しても結果は同じである. よってこの結果を $abcd$ などと書いてもよいことになる. 一般にどのような順に n 個の元の演算を実行しても結果は同じになる.

例 1.6 0 以外の実数の全体 $\mathbf{R}^\times = \mathbf{R} - \{0\}$ は掛け算を演算として群になる. 1 が e の役目をし, a の逆数が (C) の b の役目をする. この場合, いつも $a \cdot b = b \cdot a$ が成り立つので**可換群** (commutative group) または**アーベル群** (abelian group) という.

例 1.7 G がアーベル群の場合,

$$abc = acb = cab = cba = bca = bac$$

となり, どのように入れ替えても結果は同じである. 一般に G がアーベル群ならば, n 個の元の積は, どのように入れ替えても結果は同じである.

例 1.8 実数 a, b に対して $a+b$ も実数であるから掛け算と異なる $\mathbf{R}$ の演算が定まる. 0 が e の役目をし, $-a$ が (C) の b の役目をする. この場合もアーベル群になる. さらに演算に + を使っているので, **加法群** (additive group) とも呼ばれる.

例 1.9 ベクトル空間は加法群である.

さて群 G には (B) の e の役目をする元はほかにはない. もし G のすべての元 a に対して

$$a \cdot e_1 = e_1 \cdot a = a$$

ならば, a として e を用いれば,

$$e \cdot e_1 = e_1 \cdot e = e$$

となる. (B) より $e \cdot e_1 = e_1$ であるから $e_1 = e$ となるからである. このようにして定まる e を**単位元** (identity element) と呼ぶ. さらに a に対して (C) の b の役目をする元は 1 つしかない. もし

1. 群

$$a \cdot c = c \cdot a = e$$

ならば

$$c = ec = (ba)c = b(ac) = be = b$$

となるからである．このようにして a に対して定まる b を a の**逆元** (inverse element) と呼び，a^{-1} と表そう．つまり

$$a \cdot a^{-1} = a^{-1} \cdot a = e$$

である．この式より a^{-1} の逆元は a であることがわかる．

例 1.10 a, b に対し，$ax = b$ となる x はただ一つ存在する．なぜならば，もし解があるならば，左より a^{-1} を掛けて $x = a^{-1}b$ でなければならない．逆に $x = a^{-1}b$ のとき，$ax = aa^{-1}b = b$ となる．

同様に $xa = b$ の解は $x = ba^{-1}$ ただ一つである．

例 1.11 $(ab)^{-1} = b^{-1}a^{-1}$ である．なぜならば

$$(ab)(b^{-1}a^{-1}) = a(bb^{-1})a^{-1} = aea^{-1} = aa^{-1} = e$$

となり，ab の逆元を左より掛ければ得られる．

1.2　部分群と剰余類

群 G の部分集合が群になっていることも多い．このとき**部分群** (subgroup) という．

例 1.12 $\mathbf{C}^\times \supset \mathbf{R}^\times \supset \mathbf{Q}^\times$ なので，$\mathbf{R}^\times$ は $\mathbf{C}^\times$ の部分群であり，$\mathbf{Q}^\times$ は $\mathbf{C}^\times$ と $\mathbf{R}^\times$ の部分群である．

例 1.13 ベクトル空間の部分空間は部分群である．

定理 1.1 群 G の空でない部分集合 H が部分群になるための条件は

1. $H \ni a, b$ ならば　$H \ni a \cdot b$,
2. $H \ni a$ ならば　$H \ni a^{-1}$.

[**証明**] 1. より演算で閉じている．もちろん $(ab)c = a(bc)$ は H でも成立する．H は空集合でないので $H \ni a$ とすると，2. より $H \ni a^{-1}$ である．1. より $H \ni a \cdot a^{-1} = e$ となり，単位元が H に含まれる．2. より逆元も H に含まれる．よって群になる．

(証明終)

定理 1.2 H が有限集合ならば，1. だけ成立すれば部分群になる．

[**証明**] 1. より $a, a^2, a^3, \dots$ はすべて H の元である．H は有限集合なので，やがて同じ元が現れる．
$$a^i = a^j \ (i < j)$$
とすると，$a^{j-i} = e$ となる．$j - i = 1$ ならば $a = e$ となり，$a^{-1} = a \in H$ となる．$j - i > 1$ ならば，
$$a^{-1} = a^{j-i-1} \in H$$
となり 2. が成立する． (証明終)

一般に $a^i = e \, (i > 0)$ となる最小の i を a の**位数** (order) という．G の元 a の位数を m とすると，
$$H = \{e, a, a^2, \dots, a^{m-1}\}$$
は部分群となる．この H を a で生成される**巡回群** (cyclic group) という．

例 1.14 S_3 において，f_1 の位数は 1 である．

$$f_2 \circ f_2 = \begin{pmatrix} 1 & 2 & 3 \\ 2 & 3 & 1 \end{pmatrix} \begin{pmatrix} 1 & 2 & 3 \\ 2 & 3 & 1 \end{pmatrix} = \begin{pmatrix} 1 & 2 & 3 \\ 3 & 1 & 2 \end{pmatrix} = f_3$$

$$f_2 \circ f_3 = \begin{pmatrix} 1 & 2 & 3 \\ 2 & 3 & 1 \end{pmatrix} \begin{pmatrix} 1 & 2 & 3 \\ 3 & 1 & 2 \end{pmatrix} = \begin{pmatrix} 1 & 2 & 3 \\ 1 & 2 & 3 \end{pmatrix} = f_1 = e$$

となるので，f_2 の位数は 3 となる．また $H = \{e, f_2, f_3\}$ は部分群となる．また

$$f_4 \circ f_4 = \begin{pmatrix} 1 & 2 & 3 \\ 1 & 3 & 2 \end{pmatrix} \begin{pmatrix} 1 & 2 & 3 \\ 1 & 3 & 2 \end{pmatrix} = \begin{pmatrix} 1 & 2 & 3 \\ 1 & 2 & 3 \end{pmatrix} = f_1 = e$$

となるので，f_4 の位数は 2 となり，$H = \{e, f_4\}$ は部分群となる．同様に考えると，S_3 のすべての部分群は

$$\{e\}, \{e, f_2, f_3\}, \{e, f_4\}, \{e, f_5\}, \{e, f_6\}, S_3$$

の 6 個である．

例 1.15 群 $GL_n(\mathbf{R})$ の部分群として，行列式が 1 であるすべての行列の集合 $SL_n(\mathbf{R})$ がある．これは**特殊線型群** (special linear group) と呼ばれている．

例 1.16 $\mathbf{Z}$ は加法群である．その中で偶数全体は部分群である．一般に
$$m\mathbf{Z} = \{mx \,|\, x \in \mathbf{Z}\}$$
は $\mathbf{Z}$ の部分群である．

1. 群

群 G と部分群 H が与えられているとき，$G \ni a$ に対して

$$aH = \{ah \mid h \in H\}$$

を H の**左剰余類** (left coset) という．同様に**右剰余類** Ha も定義できる．

例 1.17 $G = S_3, H = \{e, f_4\}$ のとき，

$$f_5 H = \{f_5, f_3\} = f_3 H, \quad f_6 H = \{f_6, f_2\} = f_2 H$$

となる．また $H f_5 = \{f_5, f_2\}$ となるので，$f_5 H \neq H f_5$ である．

一般に $G \ni a, b$ に対して，

$$aH = bH \text{ または } aH \cap bH = \emptyset$$

のどちらかが成立する．その理由は $aH \cap bH \ni c$ ならば，

$$H \text{ の元 } h_1, h_2 \text{ が存在して } c = ah_1 = bh_2$$

となる．よって H の元 h に対し，

$$bh = ah_1 h_2^{-1} h \in aH$$

となり $bH \subset aH$ となる．逆も同様に成り立つので，$aH = bH$ となる．

$H = eH$ であり，a は aH の元なので，異なる aH を全部集めれば，

$$G = H \cup aH \cup bH \cup \cdots$$

つまり G は共通部分をもたない $H, aH, bH, \ldots$ の和集合となる．すべての逆元を作ることにより

$$G = H \cup Ha^{-1} \cup Hb^{-1} \cup \cdots$$

ともなる．よって，左剰余類で分けても，右剰余類で分けても，剰余類の個数は同じである．

G が有限集合のとき，G を**有限群** (finite group) という．このとき G の部分群 H ももちろん有限集合となり，

$$G = H \cup aH \cup bH \cup \cdots \cup kH$$

と有限個に分かれる．H の元の個数を H の**位数** (order) といい，$|H|$ と表す．また剰余類の個数を H の G に対する**指数** (index) といい，$[G : H]$ と表す．

H より aH への写像 $f_a(h) = ah$ は単射である．$ah_1 = ah_2$ ならば a^{-1} を左より掛ければ，$h_1 = h_2$ となるからである．aH の定義より f_a は全射となる．よって H と aH は元の個数は同じである．同様に $H, aH, bH, \ldots, kH$ はすべて元の個数は同じである．よって次の定理が得られた．

定理 1.3 (ラグランジュ (Lagrange)) G が有限群のとき，
(1) $|G| = [G:H] \cdot |H|$
(2) H の位数は G の位数の約数である．
(3) H の G に対する指数は G の位数の約数である．
(4) G の元 a の位数は G の位数の約数である．

[**証明**] a の位数を m とすれば a で生成される巡回群

$$H = \{e, a, a^2, \ldots, a^{m-1}\}$$

は G の部分群となり，$|H| = m$ となる． (証明終)

G の元の個数が無限でも，有限個の剰余類に分かれることもある．

例 1.18 加法群 $\mathbf{Z}$ と自然数 m の対して $H = m\mathbf{Z}$ は部分群であり，

$$a + H = a + m\mathbf{Z} = \{a + mx \mid x \in \mathbf{Z}\}$$

とすると，$0 \leq a < m$ のとき，$a + H$ は m で割ると a 余る数の集まりとなり，

$$\mathbf{Z} = H \cup 1{+}H \cup 2{+}H \cup \cdots \cup (m-1){+}H$$

となる．

1.3 正規部分群と剰余群

定義 1.2 群 G のすべての元 a に対して $aN = Na$ となる部分群 N を**正規部分群** (normal subgroup) という．

例 1.19 アーベル群のすべての部分群は正規部分群である．

例 1.20 $G = S_3, N = \{f_1, f_2, f_3\}$ のとき，N は正規部分群である．なぜならば $a \in N$ ならばもちろん $aN = N = Na$ となるが $a \notin N$ ならば N の G に対する指数が 2 なので，

$$G = N \cup aN = N \cup Na$$

となり，N の補集合として $aN = Na$ となるからである．

N が正規部分群で

$$G = N \cup aN \cup bN \cup \cdots$$

のとき，剰余類の集まり，$\{N, aN, bN, \ldots\}$ を考える．この集合の元は剰余類であるところが考えにくい．$aN = \bar{a}$ と書くことにしよう．つまり $\bar{a}$ は a を含む類である．$N = eN$

であるから $N = \bar{e}$ と表すことにする．このとき剰余類の集合は $\{\bar{e}, \bar{a}, \bar{b}, \ldots\}$ となり，記号の違いだけではあるが，考えやすくなる．

例 1.21 $G = S_3, N = \{f_1, f_2, f_3\}$ のとき，

$$S_3 = N \cup f_4 N$$

なので剰余類の集まりは，$\{N, f_4 N\} = \{\bar{e}, \bar{f_4}\}$ となり，2つの元よりなる集合である．

例 1.22 $G = \mathbf{Z}, N = m\mathbf{Z}$ (m は自然数) のとき，剰余類の集まりは

$$\{N, 1+N, 2+N, \ldots, (m-1)+N\} = \{\bar{0}, \bar{1}, \bar{2}, \ldots, \overline{m-1}\}$$

となり，m 個の元よりなる集合となる．

例 1.23 $G = \mathbf{Z}, N = 2\mathbf{Z}$ のとき，剰余類の集まりは

$$\{\text{偶数}, \text{奇数}\}$$

という 2 つの元よりなる集合となる．剰余類に名前を付けるとさらに考えやすくなる．このとき

$$\text{偶数} + \text{偶数} = \text{奇数} + \text{奇数} = \text{偶数}$$

$$\text{偶数} + \text{奇数} = \text{奇数} + \text{偶数} = \text{奇数}$$

となる．

この例のように剰余類 aN と bN に対して演算を

$$aN \cdot bN = ab \cdot N \, (\text{つまり} \, \bar{a} \cdot \bar{b} = \overline{a \cdot b})$$

のように定めることができる．これが定義になっていることを説明しよう．つまり

$$aN = a'N, bN = b'N \quad \text{ならば} \quad abN = a'b'N$$

を示さなければならない．N には単位元 e が含まれているから，

$$a' = a'e \in a'N = aN$$

より $a' = a \cdot x$ なる $x \in N$ がある．同様に $b' = b \cdot y$ なる $y \in N$ がある．また $xb \in Nb = bN$ より $xb = bz$ なる $z \in N$ がある．よって

$$a'b' = axby = abzy \in abN$$

となり，$a'b'N = abN$ となる．

よって剰余類の集合に演算が定義できた．この演算で剰余類の集合が次のように群になる．

$$\bar{a}(\bar{b}\bar{c}) = \overline{abc} = \overline{a \cdot bc} = \overline{ab \cdot c} = \overline{ab} \cdot \bar{c} = (\bar{a}\bar{b})\bar{c}$$

$$\bar{e}\bar{a} = \overline{ea} = \bar{a}$$

$$\bar{a}\bar{e} = \overline{ae} = \bar{a}$$

$$\bar{a}\overline{a^{-1}} = \overline{aa^{-1}} = \bar{e}$$

$$\overline{a^{-1}}\bar{a} = \overline{a^{-1}a} = \bar{e}$$

以上で剰余類の集合が群になった．この群を**剰余群** (quotient group) または**商群**と呼び，G/N と表す．

1.4 準同型定理

群 G_1 より群 G_2 への写像 f が

$$f(a \cdot b) = f(a) \cdot f(b)$$

のとき，**準同型写像** (homomorphism) または**準同型**という．左辺の $a \cdot b$ は G_1 の中での演算であり，右辺の $f(a) \cdot f(b)$ は G_2 の中での演算である．もし，さらに f が全単射のとき，f を**同型写像** (isomorphism) という．このとき G_1 と G_2 は**同型** (isomorphic) といい，$G_1 \simeq G_2$ と表す．

例 1.24 $\mathbf{R}$ より $\mathbf{R}^\times$ への写像 f を $f(x) = e^x$ とすれば

$$f(x+y) = e^{x+y} = e^x \cdot e^y = f(x) \cdot f(y)$$

であるから準同型写像である．

例 1.25 ベクトル空間よりベクトル空間への線型写像は準同型写像である．

例 1.26 群 G の正規部分群 N に対して G より剰余群 G/N への写像を $f(a) = aN = \bar{a}$ と定義すれば剰余類の演算の定義より

$$f(ab) = \overline{ab} = \bar{a}\bar{b} = f(a)f(b)$$

となり準同型写像となる．f は全射でもある．

例題 1.1 G_1 より G_2 への準同型 f に対して

$$f(e_1) = e_2$$

となる．e_1 は G_1 の単位元であり，e_2 は G_2 の単位元 である．

1. 群

$$f(e_1) = f(e_1 e_1) = f(e_1) f(e_1)$$

より $f(e_1)$ の逆元を両辺に掛ければ $e_2 = f(e_1)$ となる．また

$$f(a^{-1}) = f(a)^{-1}$$

となる．はじめの a^{-1} は G_1 の中での逆元で，次の $f(a)^{-1}$ は G_2 の中での逆元である．

$$e_2 = f(e_1) = f(aa^{-1}) = f(a)f(a^{-1})$$

の左より $f(a)$ の逆元を掛ければ $f(a)^{-1} = f(a^{-1})$ となる．

例題 1.2 G_1 より G_2 への準同型 f に対し

$$f(G_1) = \{f(a) \,|\, a \in G_1\} \subset G_2$$

は G_2 の部分群である．なぜなら $f(G_1) \ni f(a), f(b)$ に対して

$$f(a) \cdot f(b) = f(ab) \in f(G_1)$$

となり，$f(e_1) = e_2$, $f(a^{-1}) = f(a)^{-1}$ より $f(G_1)$ の中に単位元と逆元が存在するからである．$f(G_1)$ を f による**像** (image) という．

例題 1.3 G_1 より G_2 への準同型 f に対し

$$N = f^{-1}(e_2) = \{x \,|\, x \in G_1, f(x) = e_2\}$$

は G_1 の正規部分群である．なぜなら $N \ni x, y$ ならば

$$f(xy) = f(x)f(y) = e_2 e_2 = e_2$$

より $xy \in N$ となり，$f(e_1) = e_2$ より $e_1 \in N$ となり，$f(x^{-1}) = f(x)^{-1} = e_2^{-1} = e_2$ より $x^{-1} \in N$ となり，N は部分群である．G_1 の元 a と $x \in N$ に対して

$$f(axa^{-1}) = f(a)f(x)f(a^{-1}) = f(a)e_2 f(a)^{-1} = e_2$$

となるので $axa^{-1} \in N$ となる．よって $ax \in Na$ となり $aN \subset Na$ となる．同様に $aN \supset Na$ がいえるので $aN = Na$ となり，正規部分群がいえた．この N を f の**核** (kernel) という．

以上の準備より次の大切な定理が得られる．

定理 1.4 (準同型定理) G_1 より G_2 への準同型 f に対し

$$G_1/N \simeq f(G_1)$$

となる.

[**証明**] $G_1/N \ni \bar{a}$ に対して G_1/N より $f(G_1)$ への写像 $\bar{f}$ を

$$\bar{f}(\bar{a}) = f(a)$$

と定義する. これが定義になっていることは, $\bar{a} = \bar{b}$ のとき $aN = bN$ つまり $b = ax, x \in N$ となるので,

$$f(b) = f(ax) = f(a)f(x) = f(a)e_2 = f(a)$$

となるからである. 次に

$$\bar{f}(\bar{a}\bar{b}) = \bar{f}(\overline{ab}) = f(ab) = f(a)f(b) = \bar{f}(\bar{a})\bar{f}(\bar{b})$$

より準同型になる. $f(G_1)$ の元 $f(a)$ に対して a を含む類 $\bar{a}$ は G_1/N のなかにあるので全射である. 次に単射は $\bar{f}(\bar{a}) = \bar{f}(\bar{b})$ ならば $f(a) = f(b)$ となり,

$$e_2 = f(a)^{-1}f(b) = f(a^{-1})f(b) = f(a^{-1}b)$$

よって $a^{-1}b \in N$ となり, $b \in aN$ となるので $\bar{b} = \bar{a}$ となる. (証明終)

1.5 有限生成アーベル群の基本定理

無限個の元をもつ群 G を**無限群** (infinite group) という. 有限群の場合と異なり G の元 a に対して $a^i = e (i > 0)$ となる自然数 i がないかもしれない. このとき

$$a^0 = e, \ a^{-m} = (a^{-1})^m \ (m > 0)$$

と定義すると

$$H = \{a^m \mid m \in \mathbf{Z}\}$$

は部分群となる. このときも H を a で生成される巡回群という.

例題 1.4 a で生成される巡回群の部分群 H_1 は巡回群である.
[**証明**] H_1 の元 a^k で, k が正で最小なものを $b = a^h$ とすれば, H_1 は b で生成される巡回群である. (証明終)

G がアーベル群のとき, G の元 $a_1, a_2, \ldots, a_n$ に対して

$$H = \{a_1^{m_1} a_2^{m_2} \cdots a_n^{m_n} \mid m_i \in \mathbf{Z}\}$$

は部分群である. H を $a_1, a_2, \ldots, a_n$ で生成される部分群という. もし $G = H$ となるならば, G を**有限生成アーベル群**という. このとき $a_1, a_2, \ldots, a_n$ を**生成元** (generator) と

いう．

G_1 と G_2 を群とする．G_1 の元 a と G_2 の元 b の順序づけられた組の集まりを

$$G_1 \times G_2 = \{(a,b) \mid a \in G_1, b \in G_2\}$$

と書き，G_1 と G_2 の**直積** (direct product) と呼ぶ．$G_1 \times G_2$ は自然に群になる．$G_1 \times G_2$ の 2 つの元 (x_1, x_2), (y_1, y_2) に対して

$$(x_1, x_2) \cdot (y_1, y_2) = (x_1 y_1, x_2 y_2)$$

と定義する．G_1 の単位元を e_1, G_2 の単位元を e_2 とすると $G_1 \times G_2$ の単位元は (e_1, e_2) となり，(a,b) の逆元は (a^{-1}, b^{-1}) となる．3 つ以上の群の直積も同様に定義できる．この節では有限生成アーベル群は有限個の巡回群の直積になることを証明しよう．

便宜上，演算は加法的に書き，G を加法群とする．

例 1.27 $\mathbf{Z}$ は 1 より生成される無限巡回群である．n 個の $\mathbf{Z}$ の直積を $\mathbf{Z}^n$ と表す．$\mathbf{Z}^n$ は $u_1 = (1, 0, \ldots, 0)$, $u_2 = (0, 1, \ldots, 0)$, $\ldots$, $u_n = (0, 0, \ldots, 1)$ より生成される．

定理 1.5 $\mathbf{Z}^n$ の部分群は有限生成である．

[証明] 部分群を H とする．H の元で第 1 成分が 0 でないものがなければ $v_1 = 0 \in H$ とする．あればそのなかで第 1 成分が正で最小な元を v_1 とする．H の元は，v_1 をいくつか引いたり足したりすると，第 1 成分が 0 となる．第 1 成分が 0 となる H の元のうち，第 2 成分について同様に考えて v_2 が定まる．H の第 1 成分が 0 となる元は，v_2 をいくつか引いたり足したりすると，第 2 成分も 0 となる．以下同様に $v_3, \ldots, v_n$ が定まる．これらが H の生成元となる． (証明終)

さて G を $w_1, w_2, \ldots, w_n$ で生成される加法群とする．よって G のどの元 y も

$$y = m_1 w_1 + m_2 w_2 + \cdots + m_n w_n, \; m_i \in \mathbf{Z}$$

と表される．このとき $\mathbf{Z}^n$ より G への準同型 f を

$$f(u_i) = w_i, \; (1 \leqq i \leqq n)$$

と定めることができる．$\mathbf{Z}^n$ の元 x はただ一通りに

$$x = m_1 u_1 + m_2 u_2 + \cdots + m_n u_n$$

と表されるので，

$$f(x) = m_1 w_1 + m_2 w_2 + \cdots + m_n w_n$$

と定めることができるわけである．この準同型の核を N とする．よって準同型定理より

$G \simeq \mathbf{Z}^n/N$ となる．$\mathbf{Z}^n$ と N の生成元を上手に取り直して次の有限生成アーベル群の基本定理を証明しよう．

定理 1.6 有限生成アーベル群は，いくつかの有限巡回群といくつかの無限巡回群 $\mathbf{Z}$ の直積と同型である．詳しく書くと，$e_1 \leqq e_2 \leqq \cdots \leqq e_r$ なる自然数で e_i は e_{i+1} の約数であるものと，負でない整数 s があって

$$G \simeq \mathbf{Z}/e_1\mathbf{Z} \times \mathbf{Z}/e_2\mathbf{Z} \times \cdots \times \mathbf{Z}/e_r\mathbf{Z} \times \mathbf{Z}^s$$

となる．

[**証明**] N の生成元 $v_1, v_2, \ldots, v_n$ は $\mathbf{Z}^n$ の生成元 $u_1, u_2, \ldots, u_n$ を使って

$$\begin{pmatrix} v_1 \\ v_2 \\ \vdots \\ v_n \end{pmatrix} = \begin{pmatrix} a_{11} & a_{12} & \ldots & a_{1n} \\ a_{21} & a_{22} & \ldots & a_{2n} \\ \vdots & \vdots & \ddots & \vdots \\ a_{n1} & a_{n2} & \ldots & a_{nn} \end{pmatrix} \begin{pmatrix} u_1 \\ u_2 \\ \vdots \\ u_n \end{pmatrix}$$

と表すことができる．a_{ij} は整数である．$\mathbf{Z}^n$ の生成元を取り替えることはこの行列の列に関する基本変形を何回か行うことである．N の生成元を取り替えることはこの行列の行に関する基本変形を何回か行うことである．ここで列に関する基本変形とは

1. 2つの列を取り替える，
2. ある列に -1 を掛ける，
3. ある列よりほかの列の整数倍を引く

を意味する．行に関する変形も同様である．次に上手に変形すると，はじめの行列は

$$v_i = e_i u_i, \; (1 \leqq i \leqq r) \; e_i \text{ は } e_{i+1} \text{ の約数}$$
$$v_j = 0 \; (r+1 \leqq j \leqq n)$$

となることを示そう．それができたならば定理は証明されたことになる．

1. 1行目の成分がすべて0のときはほかの行と取り替える．
2. $a_{11}, a_{12}, \ldots, a_{1n}$ は 0 以上としてよい．列に -1 を掛けてもよいからである．
3. 一番小さな0でない数を a_{11} としてよい．列を取り替えてもよいからである．
4. $a_{12}, \ldots, a_{1n}$ を a_{11} で割った余りに置き換えてよい．ほかの列より1列の整数倍を引いてもよいからである．
5. もし $a_{12}, \ldots, a_{1n}$ のなかで0でないものがあれば，3. に戻る．
6. a_{11} は自然数で単調に減少するので，いつかは止まる．
7. 1列目に関しても同様の変形をする．
8. 1列目の変形のあと，1行目の $a_{12}, \ldots, a_{1n}$ のなかで0でないものが現れれば，2.

に戻る.

9. a_{11} は自然数で単調に減少するので,いつかは止まる.
10. 1 行目と 1 列目は a_{11} 以外は 0 となった. 2 行目以後に a_{11} の倍数でない a_{ij} があれば,i 行目を 1 行目に加えて 2. に戻る.
11. a_{11} は自然数で単調に減少するので,いつかは止まる.
12. 1 行目と 1 列目は a_{11} 以外は 0 となった. 2 行目以後に a_{11} の倍数でない a_{ij} も,なくなった. $e_1 = a_{11}$ とする.
13. 2 行目 2 列目以降に同様の変形をすれば,やがて目的の行列になる.

以上で証明は終わった. $e_i = 1$ ならば,その巡回群 $\mathbf{Z}/e_i\mathbf{Z}$ は取り去ってもよい.

(証明終)

有限アーベル群 G の 0 でない元を w_1 とする. w_1 で生成される群を G_1 とする. G_1 の元でない G の元があれば,w_2 とする. w_1, w_2 で生成される群を G_2 とする. 以下同様にして G の有限個の生成元が得られる. よって次の定理も得られた.

定理 1.7 有限アーベル群は巡回群の直積と同型である. 詳しく書くと,$1 < e_1 \leqq e_2 \leqq \cdots \leqq e_r$ なる自然数で e_i は e_{i+1} の約数であるものがあって

$$G \simeq \mathbf{Z}/e_1\mathbf{Z} \times \mathbf{Z}/e_2\mathbf{Z} \times \cdots \times \mathbf{Z}/e_r\mathbf{Z}$$

となる.

1.6 可 解 群

群 G の正規部分群 N に対して,剰余群 G/N がアーベル群ならば,すべての G の元 a, b に対して,a, b の剰余類を $\bar{a}, \bar{b}$ とすると,$\bar{a}\bar{b} = \bar{b}\bar{a}$ より

$$\bar{e} = \bar{a}\bar{b}\bar{a}^{-1}\bar{b}^{-1} = \overline{aba^{-1}b^{-1}}$$

となる. $aba^{-1}b^{-1}$ を**交換子** (commutator) といい,$[a, b]$ と記す. よって $[a, b] \in N$ となる.

$$H = \{\prod[a_i, b_i] \text{ (有限個の積)} \,|\, a_i, b_i \in G\}$$

とすると,$[a, b]^{-1} = [b, a]$ なので,H は部分群となる. さらに

$$c[a, b]c^{-1} = [cac^{-1}, cbc^{-1}]$$

より H は正規部分群となる. H を**交換子群** (commutator subgroup) という. G/H はアーベル群になるので,H は G/N がアーベル群となる最小の正規部分群である. H を $[G, G]$ と記す. $G_1 = [G, G], G_2 = [G_1, G_1], \ldots, G_m = [G_{m-1}, G_{m-1}] = \{e\}$ となる

m が存在するとき,G を **可解群** (solvable group) という.

例題 1.5 $n \geq 5$ ならば,対称群 S_n は可解群ではない.

[証明] たとえば

$$\begin{pmatrix} 1 & 2 & 3 & 4 & 5 \\ 2 & 1 & 3 & 4 & 5 \end{pmatrix}, \begin{pmatrix} 1 & 2 & 3 & 4 & 5 \\ 2 & 3 & 1 & 4 & 5 \end{pmatrix}$$

のように,a を b へ写し,b を c へ写し $\cdots$ f を a に写し,ほかの元を動かさない置換を **巡回置換** (cyclic permutation) といい,$(a, b, \ldots, f)$ と表す.とくに 2 つの元だけを動かす置換を **互換** (transposition) という.

すべての置換は巡回置換の積となる.なぜならば,$a, b, \ldots, f$ とたどっていき,残った 1 より n までの元の 1 つを g とし,$g, h, \ldots, k$ とたどっていくと,やがてすべての動く元が尽くされるからである.

また,たとえば

$$(1, 2, 3, 4, 5) = (1, 5)(1, 4)(1, 3)(1, 2)$$

のように,すべての巡回置換は互換の積になる.偶数個の互換の積になる置換の集合を A_n と表す.A_n は S_n の指数 2 の正規部分群になる.A_n を **交代群** (alternating group) という.

$$(1, 3)(1, 2) = (1, 2, 3), \quad (3, 4)(1, 2) = (1, 4, 3)(1, 2, 3)$$

のように A_n の元は 長さ 3 の巡回置換の,いくつかの積として表せる.

$$[(1, 2), (1, 3)] = (1, 2)(1, 3)(1, 2)(1, 3) = (1, 2, 3)$$

などより,$[S_n, S_n] = A_n$ が得られる.

$$[(1, 2)(4, 5), (1, 3)(4, 5)] = (1, 2)(4, 5)(1, 3)(4, 5)(4, 5)(1, 2)(4, 5)(1, 3)$$

$$= (1, 2)(1, 3)(1, 2)(1, 3) = (1, 2, 3)$$

などより,$[A_n, A_n] = A_n$ が得られる. (証明終)

実は $n \geq 5$ のとき,A_n の正規部分群は A_n および $\{e\}$ しかないことが言える.このように群 G の正規部分群が G および単位群 $\{e\}$ しかないとき,G を **単純群** (simple group) という.

単純群の正規部分群は自明なものしかないが,部分群はたくさんある.どのような群 G に対しても G の位数が素数冪 p^k で割れるならば,位数 p^k の部分群がある.これを,**シローの定理** (Sylow theorem) という.次に $k = 1$ の場合を証明しよう.

例題 1.6 群 G の位数が素数 p で割れるならば,位数 p の部分群がある.

1. 群

[**証明**] G の位数に関する帰納法で証明する。まず $|G| = p$ のときは正しい。$|G| > |H|$ かつ $|H|$ は p で割れるとき H は位数 p の部分群がある，と仮定する。

$$s \sim s' \iff G \ni {}^\exists t,\ tst^{-1} = s'$$

と定義すると，これは同値関係である。よって G は分類できる。s を含む類を $K(s)$ とする。$K(s) = \{tst^{-1} \mid t \in G\}$ は s の**軌道** (orbit) と呼ばれる。よって

$$G = K(s_1) \cup K(s_2) \cup \cdots \cup K(s_t) \cup K(s_{t+1}) \cup \cdots \cup K(s_{t+r})$$

とする。ここで

$$|K(s_i)| > 1, (1 \leqq i \leqq t),\quad |K(s_{t+j})| = 1, (1 \leqq j \leqq r)$$

とする。$|K(s)| = 1$ は，すべての $t \in G$ に対して，$tst^{-1} = s$ つまり $ts = st$ を意味する。

$$Z = \{s \in G \mid \text{すべての } t \in G \text{ に対して } ts = st\}$$

とすると，Z は部分群となる。Z は G の**中心** (center) と呼ばれる。よって

$$Z = \{s_{t+1}, s_{t+2}, \ldots, s_{t+r}\}$$

$$G = K(s_1) \cup K(s_2) \cup \cdots \cup K(s_t) \cup Z$$

となる。これを G の軌道分解という。

$$C_s = \{t \mid tst^{-1} = s\}$$

と定義すると C_s は部分群となる。これを s の**中心化群** (centralizer) という。次に $|K(s)| = [G : C_s]$ を示そう。G より $K(s)$ への写像を $t \longmapsto tst^{-1}$ と定める。これは単射ではない。

$$tst^{-1} = t_1 s t_1^{-1} \iff s = t^{-1} t_1 s t_1^{-1} t = (t^{-1} t_1) s (t^{-1} t_1)^{-1}$$

$$\iff t^{-1} t_1 \in C_s \iff t_1 \in t C_s$$

となる。よって C_s の左剰余類が同一の値になる。よって剰余類の個数が $K(s)$ の元の個数となり，$|K(s)| = [G : C_s]$ がわかった。

さて C_{s_i} の位数が p で割れれば，帰納法の仮定により，証明は終わる。C_{s_i} の位数がどれも p で割れなければ，$|K(s_i)| = [G : C_{s_i}]$ が p で割れる。よって G の軌道分解より Z の位数が p で割れる。Z はアーベル群なのでアーベル群の基本定理より位数が p で割れる巡回部分群を含む。よって位数が p の巡回部分群を含む。 (証明終)

IV 代数学（群, 環, 体）

2 環

2.1 環と体の定義

$\mathbf{Z}$ のように足し算，引き算，掛け算ができる集合を**環** (ring) という．

$$\mathbf{Z}[X] = 整数を係数にもつ多項式の全体$$
$$\mathbf{Q}[X] = 有理数を係数にもつ多項式の全体$$

も環である．まず正確な定義をしよう．

定義 2.1 (環の定義) 集合 R に加法と乗法が定まっていて次の 4 つの条件を満たすとき，R を環という．

1. 加法に関して R は加法群である．加法に関する単位元を 0 で表し，**零元** (zero element) という．
2. 乗法に関して結合法則が成り立つ：
$$a \cdot (b \cdot c) = (a \cdot b) \cdot c$$
3. 加法と乗法に関して**分配法則** (distribution law) が成り立つ：
$$a(b+c) = ab + ac, \ (a+b)c = ac + bc$$
4. 0 と異なる乗法に関する単位元 1 をもつ：
$$1 \cdot a = a \cdot 1 = a$$

さらに**可換法則** (commutative law) $a \cdot b = b \cdot a$ が成り立つとき**可換環** (commutative ring) という．

例 2.1 実数を成分にもつ n 次正方行列全体は環であるが，$n \geq 2$ のとき可換環ではない．

これから可換環のみを扱うので，環といえば可換環を意味するものとする．

例 2.2 $\mathbf{C}, \mathbf{R}, \mathbf{Q}$ および $\mathbf{Z}$ は環である．

2. 環

例題 2.1 環 R の部分集合 S が環になるためには $S \ni 1$ および
$$S \ni a, b \text{ ならば } S \ni a+b, -a, a \cdot b$$
であればよい.

[**証明**] $S \ni 1$ より $S \neq \emptyset$ である. $S \ni a+b, -a$ より S は加法群である. $S \ni a \cdot b$ より, 乗法でも閉じている. ほかの性質は自動的に満たされる. (証明終)

例 2.3 $\mathbf{Z}[\sqrt{-1}] = \{m+n\sqrt{-1} \mid m, n \in \mathbf{Z}\}$ は環である. この元を**ガウスの整数** (Gauss' integer) という.

例 2.4 $\mathbf{Z}/m\mathbf{Z}$ は加法群であるが, 乗法を $\bar{a} \cdot \bar{b} = \overline{ab}$ と定義すると環になる. この乗法の定義の正当性は
$$(a+mx)(b+my) = ab + m(ay+bx+mxy) \in ab + m\mathbf{Z}$$
より得られる.

例題 2.2 $0 \cdot a = 0$ は次の式より得られる.
$$0a = (0+0)a = 0a + 0a$$

例題 2.3 $a(-b) = -ab$ は次の式より得られる.
$$ab + a(-b) = a(b+(-b)) = a0 = 0$$

例題 2.4 加法に関して, 逆元の逆元は元に戻るので,
$$(-a)(-b) = -(-a)b = -(-(ab)) = ab$$

定義 2.2 環 R の元で乗法に関して逆元をもつものを, **単数** (unit) という. 単数全体は乗法に関して群になる. なぜならば,
$$ab = 1, cd = 1 \text{ ならば } (ac)(bd) = 1$$
となるからである. その群を**単数群** (unit group) とよび, $R^{\times}$ と表す.

例 2.5 $\mathbf{Z}$ の単数群は $\{1, -1\}$ である. $\mathbf{Z}[\sqrt{-1}]$ の単数群は $\{1, -1, \sqrt{-1}, -\sqrt{-1}\}$ である.

例 2.6 $\mathbf{Q}[X]$ の単数群は $\mathbf{Q}^{\times}$ つまり 0 以外の定数である.

定義 2.3 (体の定義) 環 R の 0 以外の元がすべて単数のとき, R を**体** (field) という.

例 2.7 $\mathbf{C}, \mathbf{R}, \mathbf{Q}$ は体である.

例 2.8 $\mathbf{Q}[\sqrt{-1}] = \{a+b\sqrt{-1} \mid a, b \in \mathbf{Q}\}$, は体である. $\mathbf{Q}[\sqrt{-1}] \ni \alpha = a+b\sqrt{-1} \neq 0$ とすれば
$$\frac{1}{\alpha} = \frac{a}{a^2+b^2} + \frac{-b}{a^2+b^2}\sqrt{-1} \in \mathbf{Q}[\sqrt{-1}]$$
となるからである.

2.2 ユークリッド環

$\mathbf{N}$ を自然数の全体とする. 2つの自然数 a, b に対して
$$a = b \cdot q + r,\ r=0 \text{ または } r < b$$
となることが $\mathbf{N}$ の基本的な性質である. $r=0$ となるとき, a を b の**倍数** (multiple) といい, b を a の**約数** (divisor) という. a と b の共通の約数を**公約数** (common divisor) といい, 公約数のなかで一番大きな数を**最大公約数** (greatest common divisor) という. 同様に**公倍数** (common multiple), **最小公倍数** (least common multiple) も定義できる. $\mathbf{N}$ においては, **ユークリッドの互除法** (Euclidean algorithm) を使うと, 最大公約数が能率よく求まり, 素因子分解の一意性を示すことができる.

$\mathbf{N}$ の2つの元 a, b の最大公約数 d を (a, b) と表そう. a を b で割った余りを r とし, $a = bq+r$ としよう. b と r の最大公約数を d' とすると, d' は a の約数でもあるので, a と b の公約数である. a と b の公約数のなかで一番大きな数が d なので, $d' \leqq d$ となる. $r = a - bq$ と書けば, d は r を割ることがわかるので, d は b と r の公約数となる. よって $d \leqq d'$ となり, $d = d'$ が得られた. つまり
$$(a, b) = (a-bq, b) = (r, b) = (b, r)$$
となった. $r \neq 0$ ならば, a の代わりに b を, b の代わりに r を使い同じ操作を繰り返す. 余りは自然数であり, 単調減少なので, いつかは 0 となり
$$(a, b) = (b, r) = \cdots = (d, 0) = d$$
となる. これがユークリッドの互除法である.

(a, b) を1行2列の行列と思うと, 上記の変形は列に関する基本変形である. よって, 成分が整数である行列 A があって
$$(a, b)A = (d, 0),\ A = \begin{pmatrix} x & u \\ y & v \end{pmatrix}$$
となる. よって

$$d = ax + by$$

となる整数 x, y が存在する．このことより a と b の公約数は d の約数であることもわかる．行列 A は単位行列 E に列に関する基本変形を行えば得られる．

例 2.9 $(4676, 1141)$ を求めよう．

$$4676 = 1141 \times 4 + 112$$
$$1141 = 112 \times 10 + 21$$
$$112 = 21 \times 5 + 7$$
$$21 = 7 \times 3 + 0$$

$$(4676, 1141) = (1141, 112) = (112, 21) = (21, 7) = 7$$

より最大公約数は 7 であることがわかる．また列に関する基本変形を実行すると，

$$\begin{pmatrix} 4676 & 1141 \\ 1 & 0 \\ 0 & 1 \end{pmatrix} \to \begin{pmatrix} 112 & 1141 \\ 1 & 0 \\ -4 & 1 \end{pmatrix} \to \begin{pmatrix} 112 & 21 \\ 1 & -10 \\ -4 & 41 \end{pmatrix} \to \begin{pmatrix} 7 & 21 \\ 51 & -10 \\ -209 & 41 \end{pmatrix}$$

となり

$$(4676, 1141) = 7 = 4676 \times 51 - 1141 \times 209$$

となる．

$(a, b) = 1$ のとき，a と b は**互いに素** (relatively prime) という．つまり 1 以外に公約数がないときである．

定理 2.1 $(a, b) = 1$ のとき，もし a が bc の約数ならば，a は c の約数である．

[証明] ユークリッドの互除法より

$$ax + by = 1$$

となる整数 x, y が存在するので，両辺を c 倍して

$$acx + bcy = c$$

となる．仮定より bc は a の倍数なので，c は a の倍数となる． (証明終)

2 以上の自然数 a は $a = 1 \cdot a$ という自明な分解があるが，これ以外の分解がないとき，**素数** (prime number) という．

定理 2.2 (初等整数論の基本定理) すべての自然数は素数の積にただ一通りに分解する．

[証明] 素数でない数はより小さな数の積になるので，やがて

$$a = p_1 p_2 \cdots p_n$$

と素数の積に分解する．もしほかの分解があったとし，

$$a = q_1 q_2 \cdots q_m$$

と分解するとする．$(q_1, p_1) \neq 1$ ならば，$q_1 = p_1$ となる．$(q_1, p_1) = 1$ のとき，q_1 が $p_1(p_2 \cdots p_n)$ の約数なので定理 2.1 より q_1 は $p_2 p_3 \cdots p_n$ の約数になる．定理 2.1 を何回も使えば，q_1 は $p_1, p_2, \ldots, p_n$ のどれかと等しくなる．順を替え，$q_1 = p_1$ とすれば，

$$p_2 p_3 \cdots p_n = q_2 q_3 \cdots q_m$$

となり，繰り返すと $p_i = q_i, n = m$ となる． (証明終)

定理 2.3 p を素数とすると，$\mathbf{Z}/p\mathbf{Z}$ は体である．

[**証明**] $\bar{a}$ を $\mathbf{Z}/p\mathbf{Z}$ の $\bar{0}$ でない元とする．よって a は p で割れない．p が素数なので，$(a, p) = 1$ となる．よって $ax + py = 1$ となる x, y が存在する．よって $\bar{a}\bar{x} = \bar{1}$ となり，$\bar{0}$ 以外は単数となる． (証明終)

この体を $\mathbf{F}_p$ と表す．$\mathbf{F}_p$ は有限個の元よりなる体なので，**有限体** (finite field) と呼ばれる．

以上の議論を多項式環 $\mathbf{Q}[X]$ に用いよう．0 でない多項式 $f(X)$ の次数を $\deg f(X)$ と表す．2 つの多項式 $f(X), g(X) \neq 0$ は

$$f(X) = g(X)q(X) + r(X), \ r(X) = 0 \text{ または } \deg r(X) < \deg g(X)$$

となり，商 $q(X)$ と余り $r(X)$ が定まる．よってユークリッドの互除法を用いて余りの次数を小さくしていけば，$f(X)$ と $g(X)$ の最大公約数が求まる．この場合の最大公約数とは $f(X)$ と $g(X)$ を割る多項式のなかで次数が最大なものを意味する．

$\mathbf{N}$ のなかには単数が 1 しかないが，$\mathbf{Q}[X]$ の単数群は $\mathbf{Q}^\times$ となる．単数 ϵ には逆数 ϵ' があり，$\epsilon\epsilon' = 1$ となるので $\mathbf{Q}[X]$ のなかでは $f(X) = \epsilon \cdot (\epsilon' f(X))$ という自明な分解がある．定数でない多項式が自明な分解以外に分解できないとき，**既約多項式** (irreducible polynomial) という．つまり 1 次以上の 2 つの多項式の積にならないときである．$\mathbf{N}$ のなかの素数に対応するものが既約多項式である．よって $\mathbf{N}$ の場合と同様にして次の定理を得る．

定理 2.4 すべての $\mathbf{Q}[X]$ の多項式は既約多項式の積に，単数倍を除いてただ一通りに分解する．

単数倍を除く，という意味は，$\epsilon\epsilon' = 1$ のとき，$f(X)g(X) = (\epsilon f(X))(\epsilon' g(X))$ となるので，この分解を同一視することである．

2. 環

定義 2.4 環 R の元 a が**既約元** (irreducible element) とは，零元でも単数でもなく，$a = bc$ ならば b または c が単数になるときである.

定義 2.5 可換環 R の 0 でない 2 つの元の積がいつも 0 にならないとき，R を**整域** (integral domain, または単に domain) という.

例 2.10 $\mathbf{Z}/6\mathbf{Z}$ は整域ではない．$\bar{2} \neq \bar{0}, \bar{3} \neq \bar{0}$ ではあるが，$\overline{2 \cdot 3} = \bar{6} = \bar{0}$ となるからである.

例 2.11 体は整域である．0 でない元は単数であり，単数と単数を掛けても単数だからである.

定義 2.6 整域 R において，零元でも単数でもない元が，既約元の積に単数倍を除いてただ一通りに分解するとき，R を**一意分解環** (unique factorization domain) という.

例 2.12 $\mathbf{Z}, \mathbf{Q}[X]$ は一意分解環である.

$\mathbf{Q}[X]$ の場合の議論の大切な点は，割り算をすると，商と余りが定まることである．よって $\mathbf{Q}$ の代わりに，どのような体をもってきてもよい．たとえば体 $\mathbf{F}_p$ を用いて

$$\mathbf{F}_p[X] = \mathbf{F}_p \text{を係数にもつ多項式の全体}$$

とするとユークリッドの互除法が使えて次の定理を得る.

定理 2.5 $\mathbf{F}_p[X]$ は一意分解環である.

例題 2.5 $\mathbf{F}_2$ の元は $\bar{0}, \bar{1}$ と書くべきであるが，略して $0, 1$ と書く．$\mathbf{F}_2(X)$ の既約多項式は

次数1のとき，X および $X + 1$

次数2のとき，$X^2 + X + 1$

次数3のとき，$X^3 + X + 1$ および $X^3 + X^2 + 1$

次数4のとき，$X^4 + X + 1, X^4 + X^3 + 1, X^4 + X^3 + X^2 + X + 1$

である．なぜならば，次数が 3 次以下のとき，もし可約なら，X または $X + 1$ で割り切れる．X で割れるならば定数項が 0 である．$X + 1$ で割れるならば，剰余定理を用いて $X = -1 = 1$ を代入すれば 0 になるはずである．つまり項の数が偶数である．次数 4 の多項式で $X, X + 1$ で割れない可約な多項式は

$$(X^2 + X + 1)^2 = X^4 + X^2 + 1$$

のみである.

の場合はどうであろうか．
$$10X + 5 = 5(2X + 1)$$
と，これ以上分解できない 2 つの既約元に分解する．既約多項式の意味は，1 次以上の 2 つの多項式の積に分解できない定数ではない多項式，と定める．よって $10X + 5$ は既約多項式であるが，既約元ではない．既約元である 1 次以上の多項式は，もちろん既約多項式である．

$\mathbf{Z}[X]$ より $\mathbf{F}_p[X]$ への写像 σ を
$$f(X) = a_n X^n + a_{n-1} X^{n-1} + \cdots + a_0$$
の行き先を
$$\sigma(f(X)) = \bar{a}_n X^n + \bar{a}_{n-1} X^{n-1} + \cdots + \bar{a}_0$$
と定める．$\sigma(f(X))$ を $f^\sigma(X)$ と表す．
$$g(X) = b_m X^m + b_{m-1} X^{m-1} + \cdots + b_0$$
のとき，
$$f(X)g(X) = \sum_k (\sum_{i+j=k} a^i b^j) X^k$$
となり，この多項式の行き先は，$\overline{a+b} = \bar{a} + \bar{b}, \overline{ab} = \bar{a}\bar{b}$ なので，
$$\sigma(f(X)g(X)) = \sum_k \overline{(\sum_{i+j=k} a^i b^j)} X^k$$
$$= \sum_k (\sum_{i+j=k} \bar{a}^i \bar{b}^j) X^k = f^\sigma(X) g^\sigma(X)$$
となる．このことを利用すると，次の定理を得る．

定理 2.6 ある素数 p に対して，
$$f(X) = X^n + a_{n-1} X^{n-1} + \cdots + a_0$$
の $a_{n-1}, \ldots, a_0$ は p で割れ，a_0 は p^2 で割れないとき，$f(X)$ は既約多項式である (**アイゼンシュタインの判定法** (Eisenstein's criterion))．

[**証明**] $f(X) = g(X)h(X)$ と分解したとする．写像 σ で写すと
$$g^\sigma(X)h^\sigma(X) = f^\sigma(X) = X^n$$
となる．$\mathbf{F}_p[X]$ での分解の一意性より，

$$g^\sigma(X) = X^m, h^\sigma(X) = X^{n-m} \ (0 < m < n)$$

となる. よって $g(X)$ と $h(X)$ の定数項は p で割れる. よって $f(X)$ の定数項は p^2 で割れなければならない. (証明終)

例 2.13 p を素数とすると

$$f(X) = X^{p-1} + X^{p-2} + \cdots + 1 = \frac{X^p - 1}{X - 1}$$

は既約多項式である.

$$f(X+1) = \frac{(X+1)^p - 1}{(X+1) - 1} = X^{p-1} + \binom{p}{p-1}X^{p-2} + \cdots + \binom{p}{1}$$

が既約多項式だからである.

$f(X)$ の係数 $a_n, a_{n-1}, \ldots, a_0$ の最大公約数が 1 のとき, $f(X)$ を**原始多項式** (primitive polynomial) という.

定理 2.7 (ガウス) 原始多項式の積は原始多項式である.

[証明] $f(X), g(X)$ を原始多項式とする. どのような素数 p に対しても $\mathbf{F}_p[X]$ への写像 σ を用いると

$$\sigma(f(X)g(X)) = f^\sigma(X)g^\sigma(X) \neq 0$$

よって $f(X)g(X)$ のどれかの係数は p で割れず, 原始多項式になる. (証明終)

定理 2.8 $f(X)$ を $\mathbf{Z}[X]$ での既約多項式とすると, $\mathbf{Q}[X]$ でも既約である.

[証明] $\mathbf{Q}[X]$ で $f(X) = g(X)h(X)$ となったとする. $g(X)$ の係数の分母の最小公倍数を a とすると, $ag(X)$ は整数係数である. その最大公約数を b とおくと, $g(X) = \frac{b}{a}g_0(X), g_0(X) = $ 原始多項式 となる. 同様に $h(X) = \frac{d}{c}h_0(X), h_0(X) = $ 原始多項式 とすると,

$$acf(X) = bdg_0(X)h_0(X)$$

となる. $g_0(X)h_0(X)$ は原始多項式なので, ac は bd の約数になり, $f(X)$ は $\mathbf{Z}[X]$ のなかで,

$$f(X) = (\frac{bd}{ac}g_0(X))h_0(X)$$

と可約になってしまう. (証明終)

定理 2.9 $\mathbf{Z}[X]$ は一意分解環である.

[証明] $f(X) = af_0(X), f_0(X) = $ 原始多項式 とする. a は $\mathbf{Z}$ のなかで, 符号を調整すれば, 素数の積になる. また $f_0(X)$ は $\mathbf{Q}[X]$ のなかで,

$$f_0(X) = f_1(X)f_2(X)\cdots f_n(X)$$

と既約多項式の積になり，定理 2.8 の証明と同じようにして $f_1(X), f_2(X), \ldots, f_n(X)$ は $\mathbf{Z}$ 係数の原始多項式とできる．

次に一意性を示す．もし

$$f(X) = p_1 \cdots p_s f_1(X) \cdots f_t(X) = q_1 \cdots q_u g_1(X) \cdots g_v(X)$$

と既約元に分解したとする．$f_i(X), g_j(X)$ は原始多項式なので，その積も原始多項式となり，$p_1 \cdots p_s = \pm q_1 \cdots q_u$ が得られる．よって $\mathbf{Z}$ における素因子分解の一意性により符号の違い以外は同じになる．残りは多項式の部分であるが，$\mathbf{Q}[X]$ の中での素因子分解の一意性と $f_i(X), g_j(X)$ が原始多項式なので，符号の違い以外は同じになる．　　　（証明終）

$$\mathbf{Q}[X, Y] = \mathbf{Q} \text{ 係数の 2 変数 } X, Y \text{ の多項式全体}$$

とする．

定理 2.10　$\mathbf{Q}[X, Y]$ は一意分解環である．

[証明]　$\mathbf{Q}[X, Y]$ の元は Y の多項式と思えば，係数は $\mathbf{Q}[X]$ である．よって $\mathbf{Z}$ の代わりに $\mathbf{Q}[X]$ を使えば，定理 2.9 の証明と同様にすべてが進む．この場合，定理 2.9 の $\mathbf{Q}[X]$ に対応するものは，$\mathbf{Q}(X)[Y]$ である．ここで

$$\mathbf{Q}(X) = X \text{ の有理式全体}$$

である．　　　　　　　　　　　　　　　　　　　　　　　　　　　　　（証明終）

定義 2.7　ユークリッドの互除法が使える整域を**ユークリッド環** (Euclidian domain) という．

例 2.14　$\mathbf{Z}, \mathbf{Q}[X], \mathbf{F}_p[X]$ はユークリッド環である．

例 2.15　$\mathbf{Z}[\sqrt{-1}]$ はユークリッド環である．

[証明]　$\mathbf{Z}[\sqrt{-1}]$ の元 α, β に対して $\mathbf{Q}[\sqrt{-1}]$ の中で割り算をして，α/β に一番近い $\mathbf{Z}[\sqrt{-1}]$ の元を γ とすると

$$|\alpha/\beta - \gamma| < 1, \ |\alpha - \beta\gamma| < |\beta|$$

となる．よって商を γ，余りを $\alpha - \beta\gamma$ とすればよい．　　　（証明終）

2.3　イデアルと準同型

定義 2.8　環 R の部分集合 I が
(1) 加法群である．

(2) $R \ni a, I \ni x$ ならば $I \ni ax$

を満たすとき，I を**イデアル** (ideal) という．

例 2.16 $R, \{0\}$ はイデアルである．これを自明なイデアルという．

例 2.17 $R = \mathbf{Z}$ のとき，$m\mathbf{Z}$ はイデアルである．

例 2.18 R の元 a に対して

$$(a) = \{ax \mid x \in R\}$$

はイデアルである．これを a より生成される**単項イデアル** (principal ideal) という．$R = (1), \{0\} = (0), m\mathbf{Z} = (m)$ である．ϵ が単数ならば $R = (\epsilon)$ である．また $(a) = (\epsilon \cdot a)$ である．(a) は a を含む最小のイデアルである．

例 2.19 a が既約元とは 零元でも単数でもなく，$a = bc$ ならば b または c が単数になるときである．つまり，$R = (b)$ または $R = (c)$ となることである．$(a) = (b)$ または $(a) = (c)$ といってもよい．

例 2.20 R の元 a, b に対して

$$(a, b) = \{ax + by \mid x, b \in R\}$$

はイデアルである．これを a, b より生成されるイデアルという．このイデアルは a, b を含む最小のイデアルである．

例 2.21 R のイデアル I, J に対して $I \cap J$ はイデアルである．また

$$I + J = \{a + b \mid a \in I, b \in J\}$$

はイデアルである．このイデアルは I, J を含む最小のイデアルである．$I + J$ を I と J の和という．また

$$(a, b) = (a) + (b)$$

である．

$$I \cdot J = \{\sum a_i b_i (\text{有限和}) \mid a_i \in I, b_i \in J\}$$

はイデアルである．I の元と J の元の積をすべて含む最小のイデアルである．I の元と J の元の積だけでなく，それらの有限個の和も $I \cdot J$ の元である．また，$I \cdot J \subset I \cap J$ である．$I \cdot J$ を I と J の積という．

R と R' を環とする．

定義 2.9 R より R' への写像 f が

(1) $f(a+b) = f(a) + f(b)$
(2) $f(ab) = f(a)f(b)$
(3) $f(1) = 1'$ ($1'$ は R' の単位元)

のとき，**環準同型** (ring homomorphism) または略して準同型という．また f が全単射のときも群の場合と同様に同型という．

例 2.22　$\mathbf{Z}$ より $\mathbf{Z}/m\mathbf{Z}$ への写像 $a \mapsto \bar{a}$ は準同型である．

例 2.23　σ を R より R' への準同型とすると，

$$R[X] \ni f(X),\ f(X) = a_n X^n + \cdots + a_1 X + a_0$$

に対して，$R'[X]$ の元

$$f^\sigma(X) = \sigma(a_n) X^n + \cdots + \sigma(a_1) X + \sigma(a_0)$$

を対応させる写像は準同型である．証明は前節の $\mathbf{Z}[X]$ より $\mathbf{F}_p[X]$ への写像 σ と同様である．

例 2.24　$R \subset R', \theta \in R'$ のとき，

$$R[X] \ni f(X),\ f(X) = a_n X^n + \cdots + a_1 X + a_0$$

に対して R' の元

$$f(\theta) = a_n \theta^n + \cdots + a_1 \theta + a_0$$

を対応させる写像は準同型である．証明はほぼ同様であるが，$a_i b_j \theta^{i+j} = a_i \theta^i b_j \theta^j$ と交換の法則を使うことだけが異なる．このことより，X に θ を代入してよいことが，保証される．

例題 2.6　R より R' への準同型 f に対して，$0'$ を R' の零元とすると，

$$f^{-1}(0') = \{a \in R \mid f(a) = 0'\}$$

はイデアルである．

　イデアルは部分加法群なので，剰余群 R/I は加法群となる．$\mathbf{Z}/m\mathbf{Z}$ の場合と同様に乗法を $\bar{a}\bar{b} = \overline{ab}$ と定義する．乗法の正当性は I がイデアルであることより導かれる．

$$\bar{a} = \bar{a_1}, \bar{b} = \bar{b_1}\ \text{ならば}\ a_1 = a + h,\ h \in I,\ b_1 = b + k,\ k \in I$$

となり，

$$a_1 b_1 = ab + (ak + bh + hk)$$

となる．ここで I がイデアルなので，$ak + bh + hk \in I$ となり，$\overline{a_1 b_1} = \overline{ab}$ となるからで

2. 環

ある.このことより次の定理が得られる.

定理 2.11 I を $I \subsetneq R$ なるイデアルとすると,R/I は環になる.

例題 2.7 R より R/I への自然な写像は準同型である.

群の場合と同様にして,次の環の準同型定理が得られる.

定理 2.12 R より R' への準同型 f に対して,$f(R)$ は環であり,
$$R/f^{-1}(0') \simeq f(R)$$
となる.

定義 2.10 $P \subsetneq R$ であるイデアル P が $ab \in P$ ならば $a \in P$ または $b \in P$ となるとき,P を**素イデアル** (prime ideal) という.

例 2.25 $\mathbf{Z}$ の素数 p に対して,単項イデアル (p) は素イデアルである.

[証明] $ab \in (p)$ とは $ab = px$ となる $x \in \mathbf{Z}$ が存在する,つまり ab が p で割れることである. (証明終)

例題 2.8 P が素イデアルとは R/P が整域であることと同じである.

[証明] $\bar{a} \neq \bar{0}$ と $a \notin P$ が同じだからである. (証明終)

定義 2.11 環 R の零元でない元 p が**素元** (prime element) とは,単項イデアル (p) が素イデアルのことである.

例題 2.9 整域 R の元 p が素元ならば,p は既約元である.

[証明] $p = ab$ のとき,$ab \in (p)$ なので,$a \in (p)$ または $b \in (p)$ である.たとえば,$a \in (p)$ のとき,$a = px$ と表せる.よって $p = pxb$ となり,$0 = p(1-xb)$ となる.$p \neq 0$,$R =$ 整域 より $1 = xb$ となり,b が単数になる. (証明終)

定義 2.12 $I \subsetneq R$ となるイデアル I が**極大イデアル** (maximal ideal) とは I より大きな R 以外のイデアルが存在しないことである.

例題 2.10 I が極大イデアルならば,R/I は体であり,I は素イデアルである.

[証明] $\bar{a} \neq \bar{0}$ とする.よって $a \notin I$ なので極大性より,$(a) + I = R$ となってしまう.よって $x \in R, b \in I$ が存在して,$ax + b = 1$ となる.つまり,$\bar{a}\bar{x} = \bar{1}$ となり,$\bar{a}$ は単数になる.また体は整域なので,I は素イデアルになる. (証明終)

2.4 単項イデアル環

定義 2.13 整域 R のすべてのイデアルが単項イデアルのとき，R を**単項イデアル環** (principal ideal domain) という．

例 2.26 $\mathbf{Z}$ は単項イデアル環である．

[証明] $\mathbf{Z}$ のイデアル I の元の中で，正で最小となるものを d とする．I の元 a を d で割り，$a = dq + r$ とする．$r = a - dq, a \in I, d \in I$ なので $r \in I$ となり，d が最小であることより，$r = 0$ となる．よって，$a = dq, a \in (d)$ となり，$I = (d)$ となる．(証明終)

例題 2.11 $\mathbf{Z}$ の 2 つの元 a, b より生ずるイデアル (a, b) は単項イデアルなので，(d) とすれば，d は a と b の最大公約数である．

[証明] (a, b) の元 d は $ax + by$ と書けるので，a, b の公約数の倍数である．また (a, b) の中に a と b は含まれるので，a も b も d の倍数である．よって d は公約数である．よって d は最大公約数である． (証明終)

$\mathbf{Z}$ の場合と同様の証明で次の定理を得る．

定理 2.13 ユークリッド環は単項イデアル環である．

整域では，素元は既約元であるが，単項イデアル環では逆も成り立つ．

例題 2.12 R を単項イデアル環とすると，既約元 a は素元である．

[証明] (a) が極大イデアルであることを示す．$(a) \subset I \subsetneq R$ となるイデアル I は単項イデアルなので，$I = (b)$ と表せる．$(a) \subset (b)$ より $a = bx$ と表せる．a は既約元なので，x は単数になり，$(a) = (b) = I$ となる．極大イデアルは素イデアルなので，a は素元である． (証明終)

単項イデアル環ではユークリッド環と同じように，すべての元が素元の積にただ一通りに分解する．

定理 2.14 単項イデアル環 R は一意分解環である．

[証明] まず，0 でも単数でもない元は，既約元の積になることを示す．

$$A = \{a \in R \,|\, a \neq 0, a \neq \text{単数}, a \text{ は既約元の積に表せない}\}$$

とおく．$A = \emptyset$ を示す．もし $A \neq \emptyset$ ならば $a \in A$ とすると，a は既約元ではないので，$a = a_1 b_1, a_1 \neq \text{単数}, b_1 \neq \text{単数}$ と分解する．$a_1 \notin A, b_1 \notin A$ ならば a_1 も b_1 も既約元の積に表せるので，積である a も既約元の積となる．よって $a_1 \in A$ または $b_1 \in A$ なので，$a_1 \in A$ とする．このとき，$(a) \subsetneq (a_1)$ となる．同様に続けると，

$$(a) \subsetneq (a_1) \subsetneq (a_2) \subsetneq (a_3) \cdots$$

と無限に続く．ここで，$I = \bigcup(a_i)$ とおくと，I はイデアルになる．よって $I = (b)$ と表せる．$b \in I = \bigcup(a_i)$ なので，$b \in (a_i)$ となる i がある．よって $(b) \subset (a_i) \subsetneq (a_{i+1}) \subset I = (b)$ となり，矛盾である．よって $A = \emptyset$ となる．よってすべての元は既約元の積と表せる．一意性は $\mathbf{N}$ の中での素因子分解の一意性の証明と同様にできる． (証明終)

例題 2.13 $\mathbf{Z}[\sqrt{-5}] = \{m + n\sqrt{-5} \mid m, n \in \mathbf{Z}\}$ は単項イデアル環ではない．

[**証明**] $\alpha = 1 + \sqrt{-5}, \beta = 1 - \sqrt{-5}$ とすると，

$$\alpha \cdot \beta = 6 = 2 \cdot 3$$

と異なる既約元分解が得られる．たとえば α が既約元であることは，

$$\alpha = (a + b\sqrt{-5})(c + d\sqrt{-5})$$

と分解したら，複素共役を掛けて，

$$6 = (a^2 + 5b^2)(c^2 + 5d^2), \ a, b, c, d \in \mathbf{Z}$$

となり，$a = \pm 1, b = 0$ または $c = \pm 1, d = 0$ となるからである．

どのような $\mathbf{Z}[\sqrt{-5}]$ の元も既約元でなければ，より小さな絶対値をもつ元の積になる．よっていつかは既約元の積となる．しかし，一意性が成立しないのである．よって単項イデアル環ではない．また $\alpha \cdot \beta = 6 \in (2)$ であるが $\alpha \notin (2), \beta \notin (2)$ なので (2) は素イデアルではなく，2 は素元でないが既約元である． (証明終)

実はイデアルとしては

$$(2) = (2, 1 + \sqrt{-5})^2$$
$$(3) = (3, 1 + \sqrt{-5})(3, 1 - \sqrt{-5})$$
$$(1 + \sqrt{-5}) = (2, 1 + \sqrt{-5})(3, 1 + \sqrt{-5})$$
$$(1 - \sqrt{-5}) = (2, 1 + \sqrt{-5})(3, 1 - \sqrt{-5})$$

と分解する．またすべてのイデアルは素イデアルの積として，一通りに表せる．

文　献

[1] 堀田良之，代数入門，裳華房，1987．
[2] 森田康夫，代数概論，裳華房，1987．
[3] 高木貞治，初等整数論講義，共立出版，第 2 版，1971．

IV 代数学(群,環,体)

3

体

3.1 体 の 拡 大

体とは可換環で,0以外の元が単数となることである.つまり,0以外の元は逆元をもち,四則算法ができる集合のことである.0以外の元の集まりである単数群を**乗法群** (multiplicative group) という.$\mathbf{C}$の中で考えると,体は1を含むので,四則算法を行い,すべての有理数が含まれなければならない.よって$\mathbf{Q}$が最小の体である.

例 3.1 K, L を2つの体とすると,共通部分である $K \cap L$ も体である.なぜならば,$a, b \in K \cap L$ ならば,$a, b \in K$ なので,$a+b \in K$ となる.同様に $a+b \in L$ となるので,$a+b \in K \cap L$ となる.同様に $K \cap L \ni 1, -a, ab$,がいえ,$a \neq 0$ ならば $K \cap L \ni a^{-1}$ となる.

体 K が体 k を含むとき,K を k の**拡大体** (extension field) といい,k を K の**部分体** (subfield) という.このとき,拡大 K/k と記す.K を加法群と思い,k をスカラーと思うと,K はベクトル空間となる.その次元を $[K:k]$ と表し,K の k 上の**次数** (degree) という.

例 3.2 $K = \mathbf{Q}[\sqrt{-1}] = \{a+b\sqrt{-1} \,|\, a, b \in \mathbf{Q}\}$ の $\mathbf{Q}$ 上の次数は 2 である.$\{1, \sqrt{-1}\}$ は基底である.

例 3.3 $[K:k] = 1$ のとき,$K = k$ である.$\{1\}$ が基底となるからである.

$f(X) \in \mathbf{Q}[X]$ を既約な n 次多項式とする.簡単のため最高次の係数を 1 とする.最高次の係数が 1 である多項式を**単多項式**,**モニック多項式** (monic polynomial) という.

$$f(X) = X^n + a_{n-1}X^{n-1} + a_{n-2}X^{n-2} + \cdots + a_0$$

とする.θ を $f(X) = 0$ の根とする.

$$A = \{g(X) \in \mathbf{Q}[X] \,|\, g(\theta) = 0\}$$

とし,A の中で最低次のモニック多項式を $h(X)$ とする.A の元 $g(X)$ を $h(X)$ で割り,

$g(X) = h(X)q(X) + r(X)$ とする。θ を代入すると、

$$0 = g(\theta) = h(\theta)q(\theta) + r(\theta) = r(\theta)$$

となる。A の中で $h(X)$ は最低次であることより、$r(X) = 0$ となる。つまり A の元はすべて $h(X)$ の倍数である。$f(X)$ も A の元であり、$f(X)$ が既約であることより、$h(X) = f(X)$ となる。

$$\mathbf{Q}[\theta] = \{g(\theta) \mid g(X) \in \mathbf{Q}[X]\}$$

とすると、$\theta^n = -a_{n-1}\theta^{n-1} - a_{n-2}\theta^{n-2} - \cdots - a_0$ を使うと、

$$\mathbf{Q}[\theta] = \{b_{n-1}\theta^{n-1} + b_{n-2}\theta^{n-2} + \cdots + b_0 \mid b_i \in \mathbf{Q}\}$$

となる。

$\mathbf{Q}[\theta]$ の 0 でない元は $n-1$ 次以下の多項式 $g(X) \in \mathbf{Q}[X]$ を使って、$g(\theta)$ と表せる。$f(X)$ が既約なので、$(f(X), g(X)) = 1$ となり、

$$f(X)F(X) + g(X)G(X) = 1, \ F(X), G(X) \in \mathbf{Q}[X]$$

となる $F(X), G(X)$ がユークリッドの互除法を使うと計算できる。θ を代入すると、

$$1 = f(\theta)F(\theta) + g(\theta)G(\theta) = g(\theta)G(\theta)$$

となり、$g(\theta)$ は $\mathbf{Q}[\theta]$ の中で逆元をもつことがわかり、$\mathbf{Q}[\theta]$ は体になる。また θ の満たす最低次の多項式が n 次なので、$1, \theta, \theta^2, \ldots, \theta^{n-1}$ は $\mathbf{Q}$ 上 1 次独立である。よって $[\mathbf{Q}[\theta] : \mathbf{Q}] = n$ が得られた。

上記のことは、$\mathbf{Q}$ の代わりに $\mathbf{C}$ の部分体 K を用いても同様に話は進む。

例 3.4 $f(X) = X^3 - 3X - 1$ とする。X に 1 または -1 を代入しても 0 とならないので、$f(X)$ は $\mathbf{Z}[X]$ の中で既約である。よって $\mathbf{Q}[X]$ の中でも既約である。よって $f(\theta) = 0$ とすると、$[\mathbf{Q}[\theta] : \mathbf{Q}] = 3$ となる。

例 3.5 素数 p に対してアイゼンシュタインの判定法を使うと、$X^n - p$ は既約である。よってどのような n に対しても $[\mathbf{Q}[\sqrt[n]{p}] : \mathbf{Q}] = n$ である。

例 3.6 $[K : \mathbf{Q}] = n$ のとき、$\theta \in K$ は、ある $m (\leqq n)$ 次既約多項式の根になる。
[証明] $1, \theta, \theta^2, \ldots, \theta^n$ は $n+1$ 個の元なので、$\mathbf{Q}$ 上 1 次従属である。よって

$$a_n\theta^n + \cdots + a_1\theta + a_0 = 0, \ a_i \in \mathbf{Q}$$

なる自明でない式が成り立つ。 (証明終)

定理 3.1 $k \subset K \subset L$ となる体 k, K, L に対して $[L : k] = [L : K][K : k]$ である。

[証明] 拡大 K/k の基底を $\alpha_1, \alpha_2, \ldots, \alpha_n$ とし,拡大 L/K の基底を $\beta_1, \beta_2, \ldots, \beta_m$ とする. このとき L の元 θ は

$$\theta = \gamma_1\beta_1 + \gamma_2\beta_2 + \cdots + \gamma_m\beta_m, \gamma_j \in K$$

と表せ,K の元 γ_j は

$$\gamma_j = a_{1j}\alpha_1 + a_{2j}\alpha_2 + \cdots + a_{nj}\alpha_n, a_{ij} \in k$$

となるので,

$$\theta = \sum_{j=1}^{m}\sum_{i=1}^{n} a_{ij}\alpha_i\beta_j$$

と表せる.$\alpha_i\beta_j$ が 1 次独立であることは,逆をたどればいえるので,$\alpha_i\beta_j, 1 \leqq i \leqq n, 1 \leqq j \leqq m$ が基底となる. (証明終)

例 3.7 $L = K[\theta], K = k[\eta]$ のとき,拡大 L/K の基底が $\theta^j, 0 \leqq j \leqq m-1$ となり,拡大 K/k の基底が $\eta^i, 0 \leqq i \leqq n-1$ となるので,$\eta^i\theta^j$ が基底となり,

$$L = k[\theta, \eta] = k \text{係数の} \theta \text{と} \eta \text{の多項式全体}$$

となる.

例 3.8 $K = k[\eta], M = k[\theta]$ のとき,K と M を含む最小の体 L は $L = K[\theta] = k[\theta, \eta]$ となる. この L を K と M の**合成体** (composite field) といい,$L = K \cdot M$ と記す.

3.2 作 図 問 題

定規とコンパスを使って,$60°$ を 3 等分することが,できるだろうか. 直線と直線の交点は,四則算法で求まる. 直線と円,円と円の交点は,2 次方程式を解けばよいので,平方根だけが必要である. よって作図によって求まる点の座標は四則算法と平方根を何回か用いることによって得られる数である.

はじめに 1 辺が 1 の正三角形が与えられたとしよう. 1 より四則算法ですべての有理数が得られる. 平方根 $\sqrt{m}$ を求め,次に四則算法を行うと,2 次拡大 $K_1 = \mathbf{Q}[\sqrt{m}]$ のすべての数が得られる. 次に K_1 の元の平方根を求め,四則算法を行うと,K_1 のある 2 次拡大 K_2 のすべての数が得られる. このように続けると,定規とコンパスを有限回用いて得られる点の座標は,ある K_n の中の数となる. このとき,$[K_n : \mathbf{Q}] = 2^n$ であることに注意しよう.

さて $60°$ を 3 等分することが,できたとしよう. このとき $\alpha = 2\cos(20°)$ は,ある 2^n 次拡大 K_n に入らなければならない. 3 倍角の公式を用いると,α は $X^3 - 3X - 1 = 0$

の根であることがわかる．$K_n \ni \alpha$ とすると，

$$2^n = [K_n : \mathbf{Q}] = [K_n : \mathbf{Q}[\alpha]][\mathbf{Q}[\alpha] : \mathbf{Q}] = [K_n : \mathbf{Q}[\alpha]] \cdot 3$$

となり，矛盾である．よって $60°$ を 3 等分することは不可能である．

3.3 有　限　体

p を素数とする．$\mathbf{F}_p = \mathbf{Z}/p\mathbf{Z}$ は p 個の元よりなる体である．有限個の元からなる体を有限体という．K を有限体とすると，加法群としての 1 の位数 m は素数になる．なぜならば，もし $m = a \cdot b$ とすると，

$$0 = m \cdot 1 = (a \cdot 1)(b \cdot 1)$$

となり，体は整域なので，$a \cdot 1 = 0$ または $b \cdot 1 = 0$ となり，位数の定義に反する．よって 1 の位数を素数 p とする．この p を K の **標数** (characteristic) という．このとき K は $0, 1, 2, \ldots, p-1$ を含んでいるので，$\mathbf{F}_p$ を含んでいると思ってよい．$[K : \mathbf{F}_p] = n$ とすれば，K の元の個数は p^n となる．しかし，K はどこにあるのだろうか．

$R = \mathbf{F}_p[X]$ とする．つまり $\mathbf{F}_p$ 係数の多項式全体とする．$f(X) \in R$ を n 次既約多項式とする．単項イデアル $(f(X))$ は極大イデアルなので，剰余環 $K = R/(f(X))$ は体になる．X を含む類 $\bar{X}$ を θ とおけば，

$$K = \{a_0 + a_1\theta + a_2\theta^2 + \cdots + a_{n-1}\theta^{n-1} \mid a_i \in \mathbf{F}_p\}$$

となる．よって $[K : \mathbf{F}_p] = n$, $K = \mathbf{F}_p[\theta]$ となる．

例 3.9　$p = 2, f(X) = X^3 + X + 1, K = \mathbf{F}_2[X]/(f(X))$ とする．X を含む類を θ とすると，

$$\theta^3 = -\theta - 1 = \theta + 1 \qquad \theta^4 = \theta^2 + \theta \qquad \theta^5 = \theta^3 + \theta^2 = \theta^2 + \theta + 1$$
$$\theta^6 = \theta^3 + \theta^2 + \theta = \theta^2 + 1 \qquad \theta^7 = \theta^3 + \theta = 1$$

となり，乗法群は巡回群となる．

一般に K の単数群 (乗法群) は $p^n - 1$ 個の元よりなる巡回群であることを示そう．

定理 3.2　$K[X]$ の n 次多項式 $f(X) = 0$ の K 内の異なる根は，多くて n 個である．

[証明]　帰納法で示そう．$n = 1$ のときは K 内に 1 個の根をもつ．$n-1$ まで正しいとする．もし $f(\theta) = 0, \theta \in K$ となる θ が存在しなければ，定理は正しい．もし $f(\theta) = 0, \theta \in K$ ならば，剰余定理より，

$$f(X) = (X - \theta) \cdot g(X), \deg g(X) = n - 1$$

となり，K が整域であることより，θ と異なる根は $g(X) = 0$ の根である．仮定よりそのような根は $n-1$ 個以下なので，θ とあわせて $f(X) = 0$ の根は，多くても n 個である．
(証明終)

定理 3.3 有限体の乗法群は巡回群である．

[**証明**] もし巡回群でないとすると，アーベル群の基本定理より，この乗法群は位数 e_1 の巡回群と位数 e_2 の巡回群の直積を含む．ここで $1 < e_1$ であり，e_2 は e_1 の倍数である．e_1 の巡回群の生成元を a とし，位数 e_2 の巡回群の生成元を b とする．このとき，

$$1, a, a^2, \ldots, a^{e_1-1}, b^{e_2/e_1}$$

はすべて，$X^{e_1} - 1 = 0$ を満たす．これは，定理 3.2 に反する．　　(証明終)

とくに $\mathbf{F}_p = \mathbf{Z}/p\mathbf{Z}$ の乗法群は巡回群である．その生成元の $\mathbf{Z}$ における代表元を**原始根** (primitive root) という．原始根の 1 つを g とすると，乗法群の生成元であることより，

$$\{1, g, g^2, g^3, \ldots, g^{p-2} \text{ を } p \text{ で割った余り}\} = \{1, 2, 3, \ldots, p-1\}$$

となる．

3.4 体 の 同 型

$\mathbf{Q}$ 上の 2 つの体 K, L に対して，σ を K より L への環としての準同型とする．$\sigma(1) = 1$ なので，$\alpha \in K$ が零元でなければ

$$1 = \sigma(1) = \sigma(\alpha \cdot \alpha^{-1}) = \sigma(\alpha) \cdot \sigma(\alpha^{-1})$$

より $\sigma(\alpha) \neq 0$ となる．つまり，σ は単射である．よって σ は L の中への同型写像である．また

$$\sigma((n-1)+1) = \sigma(n-1) + \sigma(1), \sigma(n^{-1}) = \sigma(n)^{-1}$$

より，σ は $\mathbf{Q}$ の元を動かさないことがわかる．

さて $K = \mathbf{Q}[\theta], L = \mathbf{C}$ としよう．ここで θ は，既約多項式

$$f(X) = X^n + a_{n-1}X^{n-1} + \cdots + a_1 X + a_0, a_i \in \mathbf{Q}$$

に対して，$f(\theta) = 0$ としよう．同型写像 σ による θ の像を θ_1 としよう．このとき，

$$0 = \sigma(0) = \sigma(f(\theta)) = \theta_1^n + a_{n-1}\theta_1^{n-1} + \cdots + a_1\theta + a_0$$

となり，θ_1 は $f(X) = 0$ の根となる．また K の元 α は

3. 体

$$\alpha = b_{n-1}\theta^{n-1} + \cdots + b_1\theta + b_0, \, b_i \in \mathbf{Q} \tag{3.1}$$

と表したとき,

$$\sigma(\alpha) = b_{n-1}\theta_1^{n-1} + \cdots + b_1\theta_1 + b_0 \tag{3.2}$$

となる.

逆に θ_1 を $f(X) = 0$ の根とし, (3.1) のように表した K の元に対して, σ を (3.2) のように定めると, 同型写像となることが次のように示される.

$$g(X) = b_{n-1}X^{n-1} + \cdots + b_1X + b_0$$
$$h(X) = c_{n-1}X^{n-1} + \cdots + c_1X + c_0$$
$$g(X)h(X) = f(X)q(X) + r(X), \quad \deg r(X) < n$$
$$\alpha = g(\theta), \, \beta = h(\theta), \, \sigma(\alpha) = g(\theta_1), \quad \sigma(\beta) = h(\theta_1)$$

としたとき, 積がどうなるかが問題である. $f(\theta_1) = 0$ を利用すると,

$$\sigma(\alpha\beta) = \sigma(r(\theta)) = r(\theta_1) = f(\theta_1)q(\theta_1) + r(\theta_1) = g(\theta_1)h(\theta_1) = \sigma(\alpha)\sigma(\beta)$$

となり, 同型がいえた.

定理 3.4 $f(X) = 0$ は重根をもたない. よって K より $\mathbf{C}$ への同型写像は n 個である.

[**証明**] もし $f(X) = (X - \theta)^2 g(X)$ と重根をもったとすると, 微分して

$$f'(X) = (X - \theta)\{2g(X) + (X - \theta)g'(X)\}$$

となり, $f(X)$ と $f'(X)$ は最大公約数が 1 でなくなる. しかし, $f(X)$ は既約なので, 矛盾である. (証明終)

$L = K[\eta]$ を K の m 次拡大としよう. ここで η は

$$F(X) = X^m + \alpha_{m-1}X^{m-1} + \cdots + \alpha_1X + \alpha_0, \, \alpha_i \in K$$

を $K[X]$ の既約多項式として, $F(\eta) = 0$ とする. K の元を動かさない L の同型写像が m 個あることは, 同様に示せるが, さらに強く, K の同型写像 σ は L の同型写像に m 通りに延長できることを示そう.

$$F^\sigma(X) = X^m + \sigma(\alpha_{m-1})X^{m-1} + \cdots + \sigma(\alpha_1)X + \sigma(\alpha_0)$$

とおくと, もし σ が延長できたら, $\eta_1 = \sigma(\eta)$ としたとき, $F^\sigma(\eta_1) = 0$ となる. よって, L の元 μ に対して,

$$\mu = \beta_{m-1}\eta^{m-1} + \cdots + \beta_1\eta + \beta_0, \, \beta_i \in K$$

と表したとき，行き先を μ_1 とすると，

$$\mu_1 = \sigma(\beta_{m-1})\eta_1^{m-1} + \cdots + \sigma(\beta_1)\eta_1 + \sigma(\beta_0)$$

と定めると，同様に同型写像になることが示される．

このように $L = K[\eta] = \mathbf{Q}[\theta, \eta]$ には $n \cdot m$ 個の同型写像がある．

一般に 2 つの体 K, k に対して，$K = k[\theta]$ と表せるとき，K を k の**単純拡大** (simple extension) という．

定理 3.5 上記の L は $\mathbf{Q}$ の単純拡大である．

[**証明**] 記号を少し変えて，$\sigma_i, 1 \leq i \leq mn$ を L のすべての同型写像とする．ただし，$\sigma_1 =$ 恒等写像とする．$\theta_i = \sigma_i(\theta), \eta_i = \sigma_i(\eta)$ とする．c を有理数で

$$i \neq j \text{ ならば } c \cdot \theta_i + \eta_i \neq c \cdot \theta_j + \eta_j$$

とする．c がこのように選べることは，$\mathbf{Q}$ には無限個の元があることと，$\theta_i = \theta_j$ ならば $\eta_i \neq \eta_j$ よりいえる．$\lambda = c \cdot \theta + \eta$ とすれば，同型写像で mn 個の異なる元に写るので，λ の満たす $\mathbf{Q}[X]$ の既約多項式は mn 次となり，$L = \mathbf{Q}[\lambda]$ となる． (証明終)

この定理より $\mathbf{Q}$ にいくつ既約多項式の根を付け加えても，単純拡大になる．

3.5 ガロアの理論

体 L を体 K の拡大体とする．σ を K の元を動かさない L の同型写像とし，

$$L^\sigma = \{\sigma(\alpha) \mid \alpha \in L\}$$

とする．すべての σ に対して，$L^\sigma = L$ のとき，L を K の**ガロア拡大** (Galois extension) という．つまり，K の元を動かさないすべての同型写像は L より L への全単射写像となるときである．このとき同型写像全体は写像の合成を演算として群になる．この群を拡大 L/K の**ガロア群** (Galois group) といい，$\mathrm{Gal}(L/K)$ と表す．ガロア群が巡回群のとき，**巡回拡大** (cyclic extension) という．

例 3.10 $L^\sigma \subset L$ のとき，$[L^\sigma : K] = [L : K]$ なので，$L^\sigma = L$ となる．

例 3.11 $X^3 - 3X - 1 = 0$ の根を θ とすると

$$X^3 - 3X - 1 = (X - \theta)\{X - (\theta^2 - \theta - 2)\}\{X - (-\theta^2 + 2)\}$$

と因数分解するので，$\mathbf{Q}[\theta]$ は $\mathbf{Q}$ のガロア拡大である．同型写像で θ の行き先は，ほかの根となるが，それらは，θ の多項式となるからである．位数 3 の群は巡回群なので，$\mathbf{Q}[\theta]/\mathbf{Q}$

は巡回拡大である.

例 3.12 $\mathbf{Q}[\sqrt[n]{p}]/\mathbf{Q}$ はガロア拡大ではない. $X^n - p = 0$ のほかの根が虚数になるからである.

例 3.13 拡大 $K[\theta]/K$, $K[\eta]/K$ がともにガロア拡大ならば, $L = K[\theta, \eta]/K$ もガロア拡大である. なぜならば, L の元は θ と η の多項式として表すことができ, 同型写像で θ は $K[\theta] \subset L$ の元に写り, η は $K[\eta] \subset L$ の元に写るからである.

$K \subset M \subset L$ となる体 M を**中間体** (intermediate field) という. 中間体 M に対して $G = \mathrm{Gal}(L/K)$ の部分集合

$$H = \{\sigma \in G \,|\, \text{すべての } \alpha \in M \text{ に対して } \sigma(\alpha) = \alpha\}$$

とすれば H は G の部分群となる. 逆に G の部分群 H に対して,

$$M = \{\alpha \in L \,|\, \text{すべての } \sigma \in H \text{ に対して } \sigma(\alpha) = \alpha\}$$

とすれば M は中間体になる. この 2 つの対応を**ガロア対応** (Galois correspondence) という.

定理 3.6 (ガロアの基本定理) ガロア対応により, 中間体と部分群は一対一に対応する.

[**証明**] ガロア拡大体 $L = K[\theta]$ のガロア群の部分群 H に対応する中間体を M とし, M に対応する部分群を H_1 とする. M の元を動かさない L の同型写像はもちろん K の元を動かさない. よって $H_1 = \mathrm{Gal}(L/M)$ となり, $m = [L:M]$ とおくと, $|H_1| = m$ となる. H の元 σ は M のすべての元 α に対して $\sigma(\alpha) = \alpha$ であるから, $H \subset H_1$ である.

$$g(X) = \prod_{\sigma \in H}\{X - \sigma(\theta)\}$$

とすると, この多項式の係数は H で動かない. $\rho \in H$ ならば,

$$g^\rho(X) = \prod_{\sigma \in H}\{X - \rho\sigma(\theta)\} = g(X)$$

となるからである. よって係数は M の元である. また $g(\theta) = 0$ であるから, θ を根にもつ $M[X]$ の既約多項式で割り切れる. よって

$$|H| = \deg g(X) \geqq [L:M] = m = |H_1|$$

となり, $H_1 = H$ が得られた.

逆に M より出発して, H_1 を作り, H_1 に対応する中間体を M_1 とすると M の元 α は, すべての H_1 の元 σ に対して $\sigma(\alpha) = \alpha$ なので, $M \subset M_1$ となる. また $H_1 = \mathrm{Gal}(L/M)$ であり, 前半の証明で $H_1 = \mathrm{Gal}(L/M_1)$ なので

$$[L:M] = |\mathrm{Gal}(L/M)| = |H_1| = |\mathrm{Gal}(L/M_1)| = [L:M_1]$$

となり，$M = M_1$ が得られた． (証明終)

定理 3.7 中間体 M が K 上ガロア拡大になるための必要十分条件は，対応する群 H が正規部分群のときである．また，このとき，$\mathrm{Gal}(M/K) \simeq G/H$ である．

[証明] $G \ni \sigma$ に対して，$M^\sigma = \{\sigma(\alpha) \,|\, \alpha \in M\}$ とすると，M^σ に対応する部分群は $\sigma H \sigma^{-1}$ である．なぜならば，

$$\sigma(\alpha) \xrightarrow{\sigma^{-1}} \alpha \xrightarrow{H} \alpha \xrightarrow{\sigma} \sigma(\alpha)$$

となるからである．よって，$M = M^\sigma$ となる必要十分条件は，ガロアの基本定理より，$H = \sigma H \sigma^{-1}$ である．

同型は G より $\mathrm{Gal}(M/K)$ への制限写像が準同型であり，核が H となることより得られる． (証明終)

例題 3.1 p を素数とし，ζ_p を $\zeta_p^p = 1, \zeta_p \neq 1$ とする．つまり $\mathbf{Q}$ 上の既約多項式 $f(X) = X^{p-1} + X^{p-2} + \cdots + X + 1$ の根である．このような根を**原始 p 乗根** (primitive p–th root of 1) という．$K = \mathbf{Q}[\zeta_p]$ とすれば，$[K:\mathbf{Q}] = p-1$ となる．$f(X) = 0$ の根は $\zeta_p, \zeta_p^2, \ldots, \zeta_p^{p-1}$ であるから，K は $\mathbf{Q}$ のガロア拡大である．$\mathrm{Gal}(K/\mathbf{Q}) \ni \sigma$ を $\sigma(\zeta_p) = \zeta_p^g$ と定める．ここで g は $\mathbf{Z}/p\mathbf{Z}$ の原始根である．

$$\sigma^2(\zeta_p) = \sigma(\zeta_p^g) = \zeta_p^{g^2},\ \sigma^3(\zeta_p) = \zeta_p^{g^3},\ \ldots,\ \sigma^{p-1}(\zeta_p) = \zeta_p^{g^{p-1}} = \zeta_p$$

であるから，$\mathrm{Gal}(K/\mathbf{Q})$ は σ で生成される巡回群である．よって定理 2.2 より素数次巡回拡大を積み重ねて K が得られる．

定理 3.8 体 K が ζ_p を含むとする．K の元 α が $\theta = \sqrt[p]{\alpha} \notin K$ とする．このとき $L = K[\theta]$ とすると，L/K はガロア拡大であり，そのガロア群は位数 p の巡回群である．

[証明] θ は $X^p - \alpha = 0$ を満たすので，α の満たす既約多項式 $f(X)$ は，$X^p - \alpha$ の約数である．よって $f(X) = 0$ の根は $\zeta_p^i \cdot \theta$ という形をしている．$\zeta_p \in K$ なので，L/K はガロア拡大である．また恒等写像でない同型写像 σ に対して $\sigma(\theta) = \zeta_p^k \cdot \theta, 1 \leqq k < p$ と k を定める．$\sigma^i(\theta) = \zeta_p^{ki} \cdot \theta$ となるので，σ の位数は p となり，$\mathrm{Gal}(L/K)$ は位数 p の巡回群となり，$f(X) = X^p - \alpha$ となる． (証明終)

定理 3.9 $\zeta_p \in K, L/K =$ ガロア拡大，$\mathrm{Gal}(L/K) =$ 位数 p の巡回群とすると，$\alpha \in K$ が存在し，$L = K[\sqrt[p]{\alpha}]$ となる．

[証明] ガロア群の生成元を σ とし，$L = K[\theta]$ とする．

$$\lambda = \sum_{i=0}^{p-1} \zeta_p^i \cdot \sigma^i(\theta)$$

とすると, $\zeta_p^p = 1 = \zeta_p^0, \sigma^p = e = \sigma^0$ を使うと

$$\sigma(\lambda) = \zeta_p^{-1} \sum_{i=0}^{p-1} \zeta_p^{i+1} \sigma^{i+1}(\theta) = \zeta_p^{-1} \cdot \lambda$$

となる. 両辺を p 乗すると, $\sigma(\lambda^p) = \lambda^p$ となり, ガロアの基本定理より, $\alpha = \lambda^p \in K$ となる. もし $\lambda \neq 0$ ならば, λ は σ で動くので, $\lambda \notin K$ となり, $L = K[\lambda] = K[\sqrt[p]{\alpha}]$ となる. もし $\lambda = 0$ ならば, λ の定義において, θ の代わりに $\theta^k, 2 \leq k \leq p-1$ を使えばよい. もし, すべての $1 \leq k \leq p-1$ で $\lambda = 0$ ならば, $\theta_i = \sigma^i(\theta)$ とおくと,

$$\begin{pmatrix} 1 & 1 & \cdots & 1 \\ \theta_0 & \theta_1 & \cdots & \theta_{p-1} \\ \vdots & \vdots & \ddots & \vdots \\ \theta_0^{p-1} & \theta_1^{p-1} & \cdots & \theta_{p-1}^{p-1} \end{pmatrix} \begin{pmatrix} 1 \\ \zeta_p \\ \vdots \\ \zeta_p^{p-1} \end{pmatrix} = \begin{pmatrix} 0 \\ 0 \\ \vdots \\ 0 \end{pmatrix}$$

となり, $i \neq j$ ならば $\theta_i \neq \theta_j$ よりヴァンデルモンド (Vandermonde) の行列式が 0 でなく, 矛盾である. (証明終)

定理 3.10 (推進定理 (translation theorem)**)** $K = k[\theta]$ を k のガロア拡大とし, 拡大 L/k を $L \cap K = k$ とする. このとき $K \cdot L = L[\theta]$ は L のガロア拡大で $\mathrm{Gal}(K \cdot L/L) \simeq \mathrm{Gal}(K/k)$ である.

[**証明**] θ の満たす $k[X]$ の既約多項式を $f(X)$ とし, $L[X]$ の既約多項式を $F(X)$ とする. $f(X)$ は $L[X]$ の多項式でもあるので, $F(X)$ で割り切れる. よって $F(X) = 0$ の根はすべて $f(X) = 0$ の根である. $f(X) = 0$ の根はすべて K に含まれるので, もちろん $K \cdot L$ に含まれる. よって $K \cdot L/L$ はガロア拡大である. $F(X)$ の係数は $F(X) = 0$ の根の積和なので, K に含まれる. よって $K \cap L = k$ に含まれる. つまり, $F(X) = f(X)$ である. このことより $\mathrm{Gal}(K \cdot L/L)$ の元を K に制限する写像が $\mathrm{Gal}(K/k)$ への同型写像になることがわかる. (証明終)

3.6 代数方程式の代数的解法

体 K が ζ_p を含んでいるとする. ここで, p は素数であり, ζ_p は原始 p 乗根とする. K の元 α が $\theta = \sqrt[p]{\alpha} \notin K$ とする. 平方根を開くことを開平というように, 冪根を開くことを開冪という. よって, 拡大体 $L = K[\theta]$ を K の**開冪拡大** (radical extension) という. また開冪拡大を何重にも行うことを**累開冪拡大** (successive radical extension) という. 2 つの累開冪拡大を合成しても累開冪拡大である. よっていくつかの累開冪拡大を合成しても累開冪拡大である. K が ζ_p を含んでいることは, 大きな制限のような気がするが, 幸い次の定理が成り立つ.

定理 3.11 (ガウス, 1801) 原始 p 乗根は, $\mathbf{Q}$ のある累開冪拡大に含まれる.

[証明] 素数 p の大きさに関する帰納法を用いる. $p=2$ のときはよい. p より小さい素数に関しては成り立っているとする.

$\mathbf{Q}[\zeta_p]$ は $\mathbf{Q}$ の $p-1$ 次巡回拡大なので, 素数次巡回拡大を積み重ねて得られる. $p-1$ のすべての素因子 q は p より小さいので, 帰納法の仮定よりすべての ζ_q を含む $\mathbf{Q}$ の累開冪拡大 K が存在する. $L=K[\zeta_p]$ は $\mathbf{Q}[\zeta_p]$ のように 素数次巡回拡大を積み重ねて得られる. たとえば $k=\mathbf{Q}[\theta]$ を $\mathbf{Q}[\zeta_p]$ に含まれる q 次巡回拡大とする. また $\theta \notin K$ とし, $M=K[\theta]$ とする. このとき $q=[k:K\cap k][K\cap k:\mathbf{Q}]$ より $K\cap k=\mathbf{Q}$ となるので推進定理より, M は K の q 次巡回拡大になることがわかる. よって前節の定理 3.9 により L は累開冪拡大である. (証明終)

有理数係数の n 次多項式 $f(X)$ に対して $f(X)=0$ のすべての根を $\theta_1, \theta_2, \ldots, \theta_n$ とする. $K=\mathbf{Q}[\theta_1, \theta_2, \ldots, \theta_n]$ の元は $\mathbf{Q}$ 係数の $\theta_1, \theta_2, \ldots, \theta_n$ の多項式として表される. 同型写像は根を根に写すので, K はガロア拡大である. この K を $f(X)$ の**最小分解体** (minimal splitting field) という. また $\mathrm{Gal}(K/\mathbf{Q})$ を $f(X)$ のガロア群という. この K が, ある累開冪拡大に含まれるとき, 方程式 $f(X)=0$ は**代数的に解ける** (algebraically solvable) という. 四則算法と冪根だけで, 方程式の根が表せるからである.

$\mathrm{Gal}(K/\mathbf{Q})$ の元は n 個の根を n 個の根に写すので $\mathrm{Gal}(K/\mathbf{Q})$ は 対称群 S_n の部分群である.

定理 3.12 (ガロア, 1831) 方程式 $f(X)=0$ が代数的に解けるための必要十分条件は, 方程式のガロア群が可解群になることである.

[証明] もし代数的に解けるならば, $f(X)$ の最小分解体 K は, ある累開冪拡大 M に含まれる. $M/\mathbf{Q}$ はガロア拡大でないかもしれないが, 同型写像で写る体も累開冪拡大なので, それらをすべて合成した体 L も累開冪拡大体となり, ガロア拡大となる. L は開冪拡大を積み重ねればよい. 開冪拡大は前節の定理 3.8 より巡回拡大である. 巡回群を積み重ねたものが可解群なので, $\mathrm{Gal}(L/\mathbf{Q})$ は可解になる. よって交換子群を何回も作れば単位群 $\{e\}$ になる. $\mathrm{Gal}(L/\mathbf{Q})$ の元を K に制限することにより $\mathrm{Gal}(L/\mathbf{Q})$ より $\mathrm{Gal}(K/\mathbf{Q})$ への準同型が得られるので, $\mathrm{Gal}(K/\mathbf{Q})$ の交換子群を何回も作れば単位群 $\{e\}$ になる. よって方程式のガロア群は可解群となる.

逆に $f(X)$ の最小分解体 K のガロア群が可解群とする. よってアーベル群の積み重ねである. アーベル群は巡回群の積み重ねである. 巡回群は素数次巡回群の積み重ねである. ここに現れるすべての素数 p の原始 p 乗根を含む累開冪拡大を L とする. K と L の合成体は定理 3.11 の証明と同様に累開冪拡大である. よって代数的に解けることになる.

(証明終)

定理 3.13 (アーベル, 1824) 5 次方程式は一般には代数的に解けない.

[証明] 一般には 5 次方程式のガロア群は, 対称群 S_5 となる. S_5 は可解群ではないので, 代数的に解けない. (証明終)

例題 3.2 $f(X) = X^5 - 4X - 2$ のガロア群は S_5 である.

[証明] アイゼンシュタインの判定法より $f(X)$ は既約である. グラフを描くと, $f(X) = 0$ は 3 つの実根をもつ. それらを $\theta_3, \theta_4, \theta_5$ とする. 2 つの虚根は複素共役である. それらを θ_1, θ_2 とする. $f(X)$ の最小分解体 K は $\mathbf{Q}[\theta_1]$ を含むので, $[K:\mathbf{Q}]$ は 5 で割れる. よって $f(X)$ のガロア群 G の位数は 5 で割れる. 例題 1.6 を使えば, G は位数 5 の巡回群を含む. その巡回群の生成元 σ は長さ 5 の巡回置換である. たとえば $\sigma = (1,5,3,2,4)$ とする. このとき $\sigma^3 = (1,2,5,4,3)$ となる. θ_3 と θ_5 の添え字を交換すれば, $G \ni (1,2,3,4,5)$ である. また複素共役写像は同型写像なので, $G \ni (1,2)$ である.

$$(1,2)(1,2,3,4,5) = (2,3,4,5)$$
$$(2,3,4,5)(1,2)(2,3,4,5)^{-1} = (1,3)$$
$$(2,3,4,5)(1,3)(2,3,4,5)^{-1} = (1,4)$$
$$(2,3,4,5)(1,4)(2,3,4,5)^{-1} = (1,5)$$
$$(1,i)(1,j)(1,i) = (i,j)$$

より G はすべての互換を含み, $G = S_5$ となる. (証明終)

定理 3.14 (アーベル, 1828) 方程式のガロア群が可換ならば, 代数的に解ける.

この定理により可換群をアーベル群と呼ぶようになった. ガロアはアーベルの考えを推し進めて定理 3.12 にたどり着いた. 〔和田 秀男〕

文　　　献

[1] 足立恒雄, ガロア理論講義, 日本評論社, 1996.
[2] 彌永昌吉, ガロアの時代 ガロアの数学, 第一部 時代編, 第二部 数学編, シュプリンガー・フェアラーク東京, 1999, 2002.
[3] 中野 伸, ガロア理論, サイエンス社, 2003.
[4] 高木貞治, 代数学講義, 共立出版, 改訂新版, 1965.
[5] 高木貞治, 代数的整数論, 岩波書店, 1948.

第 V 編
ベクトル解析

V ベクトル解析

1

ベクトル関数の微分と積分

「同じ月の 16 日に,それはたまたま月曜日で王立アイルランドアカデミーの会合の日だったが,私はそれに出席し議長を務めるために君のお母さんと一緒にロイヤル運河沿いを歩いていた. … 私の頭の中では意識下で思索が進んでいて,それがついに結果を出したのだ——それについて,私は直ちにその重要性を感じた.電気回路が閉じられたように感じ,火花が飛び散った.」(ハミルトン (Hamilton) の息子アーチボルドへの手紙 (1865) から,四元数発見 (1843.10.16.) の瞬間)

1.1 ベクトルの関数とその微分

複素数を 2 つの実数の組として捉えたハミルトンは,複素数を超える超複素数の発見に向けての長い試行錯誤の後,奥さんとの散歩中に突然インスピレーションが湧き,ついに**四元数** (quarternion) の考えに到達した.これは,x_0, x_1, x_2, x_3 が実数のときに,$x = x_0 + x_1 i + x_2 j + x_3 k$ の形で書ける新しい数で,$i^2 = j^2 = k^2 = -1$,$ijk = -1$,$ij = k$,$jk = i$,$ki = j$,を満たしている.この x_0 が**スカラー** (scaler) と呼ばれ,$\xi = x_1 i + x_2 j + x_3 k$ が**ベクトル** (vector) と呼ばれた.積の交換法則だけは成り立たないが,その他の法則はすべて保っている.もう一つ別のベクトル $\eta = y_1 i + y_2 j + y_3 k$ が与えられたとき,これら 2 つのベクトルの積はベクトルにならずにスカラーも含んだ四元数になり,

$$\xi\eta = -(x_1 y_1 + x_2 y_2 + x_3 y_3) + (x_2 y_3 - y_2 x_3)i \\ + (x_3 y_1 - y_3 x_1)j + (x_1 y_2 - y_1 x_2)k$$

が成り立つことを確かめたヘヴィサイド (Heaviside) は,

$$\xi \circ \eta = x_1 y_1 + x_2 y_2 + x_3 y_3,$$
$$\xi \times \eta = (x_2 y_3 - y_2 x_3)i + (x_3 y_1 - y_3 x_1)j + (x_1 y_2 - y_1 x_2)k$$

の重要性を指摘した．これが 2 つのベクトルの**内積** (inner product，または**スカラー積** (scaler product)) と，**外積** ((exterior product)，または**ベクトル積** (vector product)) と呼ばれる．彼とギブス (Gibbs) が中心になって建設したベクトルの理論は当時の最先端であったマックスウェル (Maxwell) の電磁気学の基本方程式の記述に使われ，見事な成功を収めた．こうして生みの親の四元数代数から独立して，ベクトル代数，さらにはベクトル解析として大きな発展を遂げることになる．ベクトル代数については第 II 編「線形代数」を参照のこと．ここでは現在の線形代数の記法を用いて，数学の立場から実数体上 3 次元を主とするベクトル解析の基本的な公式を紹介する．

ベクトルは太文字を用いて $a, b, c, \ldots, x, y, z, \ldots$ などで表す．成分で書くときは，$a = {}^t(a_1, a_2, a_3)$，$x = {}^t(x_1, x_2, x_3)$ などと書く．スペースを省略するために，横ベクトルの転置 (transpose) を使って縦ベクトルを表しているので注意をすること．

$$x = {}^t(x_1, x_2, x_3), \quad y = {}^t(y_1, y_2, y_3) \text{ とする}.$$

●ベクトルの**和**は，成分ごとの和で定義する：

$$x + y = {}^t(x_1 + y_1, x_2 + y_2, x_3 + y_3),$$

●ベクトルの**スカラー倍**は，全成分に同じ実数を掛ける：

$$kx = {}^t(kx_1, kx_2, kx_3),$$

● ベクトル x の**長さ**を $\|x\| = \sqrt{x_1^2 + x_2^2 + x_3^2}$ と定義する．
● 2 つのベクトル $x = {}^t(x_1, x_2, x_3)$ と $y = {}^t(y_1, y_2, y_3)$ との**内積**は，

$$(x, y) = x_1 y_1 + x_2 y_2 + x_3 y_3$$

によって定義する．これはスカラーである．

これは 2 つの空間ベクトル，x と y のなす角度を θ とするとき，

$$(x, y) = \|x\| \|y\| \cos \theta$$

と書くこともできる．$x \cdot y$ と書くことも多い．また，**スカラー積**という別の呼び方もある．$(x, y) = 0$ になるとき，x と y は**直交する**といって，$x \perp y$ と書く．
● 2 つのベクトル $x = {}^t(x_1, x_2, x_3)$ と $y = {}^t(y_1, y_2, y_3)$ との**外積**は，

$$x \times y = (x_2 y_3 - y_2 x_3, x_3 y_1 - y_3 x_1, x_1 y_2 - y_1 x_2)$$

によって定義する．これは**ベクトル積**とも呼ばれる．

例 1.1 $x = {}^t(x_1, x_2, x_3)$，$y = {}^t(y_1, y_2, y_3)$ に対して，内積 (x, y) は，$(x, y) = {}^t x y$

とも書ける．右辺は行列の積である (成分がすべて実数なので y を共役複素数にする必要がない)．なお，$(x,x) = {}^t x x = x_1^2 + x_2^2 + x_3^2$ なので，x の長さは $\|x\| = \sqrt{x_1^2 + x_2^2 + x_3^2} = \sqrt{(x,x)}$ と書くことができる．

内積 (x,y) の図形的な意味は，x と y の長さに x と y のなす角度 θ のコサインを掛けたもので，θ が $0 < \theta < \frac{\pi}{2}$ のときは正で，$\frac{\pi}{2} < \theta < \pi$ のときは負の値になる．

例 1.2 $x = {}^t(x_1, x_2, x_3)$ と $y = {}^t(y_1, y_2, y_3)$ の外積 $z = x \times y$ は，x と y に直交し，その長さが x と y が作る平行四辺形の面積に等しく，x, y, z が右手系になるようなベクトルである．x と y が平行，すなわち線形従属なときには $x \times y = 0$ になる．また一般に，

$$y \times x = -x \times y, \quad x \times (y + z) = x \times y + x \times z,$$

が成り立つ．**ベクトル三重積**と呼ばれる $x \times (y \times z)$ に関しては，次式が成り立つ：

$$x \times (y \times z) = (x,z)y - (x,y)z, \qquad \text{ラグランジュ(Lagrange)},$$
$$x \times (y \times z) + y \times (z \times x) + z \times (x \times y) = 0, \qquad \text{ヤコービ (Jacobi)}.$$

ヤコービの公式を成分で計算するのは大変だが，ラグランジュの式を使うと簡単に確かめられる．

例 1.3 $a = {}^t(a_1, a_2, a_3) \neq 0$ のとき，$(a,x) = 0$ を満たす $x = {}^t(x_1, x_2, x_3)$ の全体は，a に垂直で原点 O を通る平面を表す．したがって $(a,x) = b$ を満たす点は a に垂直な平面を表す．この式を $\|a\|$ で割り，$\frac{a}{\|a\|} = n$, $\frac{b}{\|a\|} = p$ とおくと，$(n,x) = p$ が**単位法線ベクトル** n に直交する平面の式になる．このとき，p は原点 O とこの平面との距離になる．そこでこのように表した平面の方程式を**ヘッセ** (Hesse) **の標準形**という．

例 1.4 3点 $A(1,2,3)$, $B(1,-2,1)$, $C(2,2,2)$ を通る平面をヘッセ (Hesse) の標準形で表せ．原点からの距離はいくつか？

[**解**] $AB = {}^t(0,-4,-2)$, $AC = {}^t(1,0,-1)$ に直交する法線ベクトルは，$a = {}^t(2,-1,2) \neq 0$ と書けるので，平面の方程式は $2x - y + 2z = b$ となる．A の座標を代入して，$b = 6$ であることがわかる．$\|a\| = 3$ で割れば，ヘッセの標準形は，

$$\frac{2}{3}x - \frac{1}{3}y + \frac{2}{3}z = 2$$

となる．したがって，原点からの距離は 2 である． (解終)

$t \in [\alpha, \beta]$ に対してベクトル $x(t) = {}^t(x_1(t), x_2(t), x_3(t))$ が対応しているとき，**ベクトル関数** $x(t)$ が与えられたという．

定義 1.1 定ベクトル $a = {}^t(a_1, a_2, a_3)$ に対して $\lim_{t \to k} \|x(t) - a\| = 0$ が成り立つ

1. ベクトル関数の微分と積分

とき，$\lim_{t \to k} \boldsymbol{x}(t) = \boldsymbol{a}$ と書き表す．$\lim_{t \to k} \boldsymbol{x}(t) = \boldsymbol{x}(k)$ のとき，$\boldsymbol{x}(t)$ は $t = k$ で**連続** (continuous) であるという．

定義 1.2 極限ベクトル $\lim_{h \to 0} \frac{\boldsymbol{x}(t+h) - \boldsymbol{x}(t)}{h}$ が存在するとき，$\boldsymbol{x}(t)$ は**微分可能**といい，この極限ベクトルを $\boldsymbol{x}'(t)$ と書いて，$\boldsymbol{x}(t)$ の**ベクトル導関数**という：

$$\boldsymbol{x}'(t) = \lim_{h \to 0} \frac{\boldsymbol{x}(t+h) - \boldsymbol{x}(t)}{h}$$

成分で書けば，$\boldsymbol{x}'(t) = {}^t(x_1'(t), x_2'(t), x_3'(t))$ である．

$x_1(t), x_2(t), x_3(t)$ がすべて C^k 級のとき，$\boldsymbol{x}(t)$ は $\boldsymbol{C^k}$ **級**という．

ベクトル導関数は結局各成分の導関数をまとめたものだから，導関数で成り立つ公式はほとんどそのまま成り立つ．

定理 1.1 C^1 級のベクトル関数 $\boldsymbol{x}(t)$, $\boldsymbol{y}(t)$ と C^1 級の関数 $f(t)$，定ベクトル $\boldsymbol{c}$ に対して，次の公式が成り立つ．

(1) $\boldsymbol{c}' = \boldsymbol{0}$,
(2) $(\boldsymbol{x}(t) + \boldsymbol{y}(t))' = \boldsymbol{x}'(t) + \boldsymbol{y}'(t)$,
(3) $(f(t)\boldsymbol{x}(t))' = f'(t)\boldsymbol{x}(t) + f(t)\boldsymbol{x}'(t)$,
(4) $(\boldsymbol{x}(t), \boldsymbol{y}(t))' = (\boldsymbol{x}'(t), \boldsymbol{y}(t)) + (\boldsymbol{x}(t), \boldsymbol{y}'(t))$,
(5) $(\boldsymbol{x}(t) \times \boldsymbol{y}(t))' = \boldsymbol{x}'(t) \times \boldsymbol{y}(t) + \boldsymbol{x}(t) \times \boldsymbol{y}'(t)$.

系 1.1 (1) $(\| \boldsymbol{x}(t) \|^2)' = 2(\boldsymbol{x}(t), \boldsymbol{x}'(t))$,
(2) $\| \boldsymbol{x}(t) \|$ が一定 $\Leftrightarrow \boldsymbol{x}(t) \perp \boldsymbol{x}'(t)$.

ベクトル関数 $\boldsymbol{r}(t)$ $(t \in [\alpha, \beta])$ が与えられたとき，ベクトル $\boldsymbol{r}(t)$ を原点 O を始点とするベクトルとみると，これは一つの空間曲線 C を表す．これを，$C : \boldsymbol{x} = \boldsymbol{r}(t)$ $(t \in [\alpha, \beta])$ と書く．このとき $\boldsymbol{r}'(t)$ は曲線 C の**接線ベクトル**を表す．したがって C 上の点 $\boldsymbol{r}(t_0)$ における C の接線の方程式は，$\boldsymbol{x}(s) = \boldsymbol{r}(t_0) + s\boldsymbol{r}'(t_0)$ $(-\infty < s < \infty)$ と書ける．$\boldsymbol{r}'(t) = \boldsymbol{0}$ となる点を曲線 C の**特異点** (singular point) といい，特異点ではない点を**正則点** (regular point) という．特異点をもたない C^1 級曲線を**正則曲線** (regular curve) という．

例 1.5 平面曲線 $C : \boldsymbol{r}(t) = {}^t(a\cos^3 t, a\sin^3 t, 0)$ $(t \in [0, 2\pi])$ の正則点における接線の方程式を求めよ．

[**解**] $\boldsymbol{r}'(t) = {}^t(-3a\cos^2 t \sin t, 3a\sin^2 t \cos t, 0)(t \in [0, 2\pi])$ となるので，$t = 0$ (2π)，$\frac{\pi}{2}$, π, $\frac{3\pi}{2}$ に対応する 4 点，${}^t(a,0,0)$, ${}^t(0,a,0)$, ${}^t(-a,0,0)$, ${}^t(0,-a,0)$ が特異点になる．正則点 $\boldsymbol{r}(k) = {}^t(a\cos^3 k, a\sin^3 k, 0)$ における接線の方程式は，

$$\boldsymbol{x}(s) = {}^t(a\cos^3 k - 3as\cos^2 k \sin k, a\sin^3 k + 3as\sin^2 k \cos k, 0)$$

である．$\frac{x-a\cos^3 k}{\cos k} = -\frac{y-a\sin^3 k}{\sin k}$, $z=0$ と書くこともできる． (解終)

曲線を扱うとき，弧長 s をパラメータに選ぶと便利なことが多い．C^1 級のベクトル関数によって与えられた曲線 C を**滑らかな曲線**（smooth curve）という．滑らかな曲線，$C: \boldsymbol{x} = \boldsymbol{r}(t)$ $(t \in [\alpha, \beta])$ の α から t までの部分の弧長 s は，次のように与えられる：

$$s = s(t) = \int_\alpha^t \| \boldsymbol{r}'(t) \| \, dt$$

したがって，s を t で微分すれば，

$$\frac{ds}{dt} = \| \boldsymbol{r}'(t) \| = \sqrt{(x'(t))^2 + (y'(t))^2 + (z'(t))^2}$$

となる．曲線に特異点がない限りこの値は正だから，逆関数が存在して，t は s で表される．この s をパラメータにとり，s による微分を $'$ で表すと，C のベクトル方程式 $\boldsymbol{r}(s)$ において，$\boldsymbol{r}'(s) = \frac{d\boldsymbol{r}(t)}{dt} \cdot \frac{dt}{ds}$ だから，$\| \boldsymbol{r}'(s) \| = 1$ が成り立つ．この $\boldsymbol{t} = \boldsymbol{r}'(s)$ を曲線 C の**単位接線ベクトル**（unit tangent vector）という：

$$\boldsymbol{t} = \boldsymbol{r}'(s) = {}^t(x_1'(s), x_2'(s), x_3'(s)) \tag{1.1}$$

定理 1.1 系より，$\boldsymbol{t} \perp \boldsymbol{t}'(s)$ である．以後，曲線 C は C^2 級とする．

$$\kappa(s) = \| \boldsymbol{t}'(s) \| = \| \boldsymbol{r}''(s) \| = \sqrt{(x''(s))^2 + (y''(s))^2 + (z''(s))^2} \tag{1.2}$$

は曲線上を進んだ距離に対して単位接線ベクトルの変化の割合を表す量で，これを**曲率**（curvature）と呼ぶ．曲率 $\kappa(s)$ の逆数 $\rho(s) \equiv \frac{1}{\kappa(s)}$ を曲線 C の**曲率半径**（radius of curvature）と呼ぶ．$\kappa(s) \equiv 0$ のとき，$\boldsymbol{t}'(s) = \boldsymbol{r}''(s) \equiv 0$ なので，$\boldsymbol{r}(s) = \boldsymbol{a}s + \boldsymbol{b}$，$(\boldsymbol{a}, \boldsymbol{b}$ は定ベクトル）となって C は直線になる．そうでないとき，

$$\boldsymbol{n} = \frac{\boldsymbol{t}'(s)}{\kappa(s)} \tag{1.3}$$

は単位接線ベクトル $\boldsymbol{t}$ に直交する単位ベクトルで，これを**主法線ベクトル**（principal normal vector）という．$\| \boldsymbol{n} \| = 1$ より，$\boldsymbol{n} \perp \boldsymbol{n}'(s)$ である．また，

$$\boldsymbol{b} = \boldsymbol{t} \times \boldsymbol{n} \tag{1.4}$$

は互いに直交する 2 つの単位ベクトル $\boldsymbol{t}$ と $\boldsymbol{n}$ とのベクトル積なので，例 1.2 より単位ベクトルであり，$\boldsymbol{t}$ と $\boldsymbol{n}$ に直交する．これを**陪法線ベクトル**（binormal vector）または従法線ベクトルという．(1.4) より $\boldsymbol{t}, \boldsymbol{n}, \boldsymbol{b}$ は右手系の正規直交基底になっている．したがって，$\boldsymbol{n} = \boldsymbol{b} \times \boldsymbol{t}$, $\boldsymbol{t} = \boldsymbol{n} \times \boldsymbol{b}$ とも書ける．$\| \boldsymbol{b} \| = 1$ より，$\boldsymbol{b} \perp \boldsymbol{b}'(s)$ である．定理 1.1 (5) より，$\boldsymbol{b}' = \boldsymbol{t}' \times \boldsymbol{n} + \boldsymbol{t} \times \boldsymbol{n}' = \boldsymbol{t} \times \boldsymbol{n}'$ であり，$\boldsymbol{t}$ と $\boldsymbol{n}'$ ($\perp \boldsymbol{n}$) に直交するから，$\boldsymbol{n}$ と同方向になる．このとき次の公式が成り立つ．

定理 1.2 (フルネ (Frenet)・セレー (Serret) の公式)　t, n, b は次の公式を満たす.

$$t' = \kappa n$$
$$n' = -\kappa t + \tau b$$
$$b' = -\tau n$$

ここで出てきた τ を振率 (torsion) という.

[証明]　第 2 式以外は上記の定義と説明よりあきらかである. $n = b \times t$ を s で微分して, $n' = b' \times t + b \times t' = -\tau n \times t + b \times \kappa n = \tau b - \kappa t$ となって, 第 2 式を得る.

(証明終)

例 1.6　曲線 $C : r(t) = {}^t(a\cos t, a\sin t, bt)$ $(a > 0, b > 0)$ を弧長 s で表し, t, n, b, 曲率 κ, 振率 ρ を求めよ.

[解]　$\frac{dr(t)}{dt} = {}^t(-a\sin t, a\cos t, b)$ なので, $\|\frac{dr(t)}{dt}\| = \sqrt{a^2+b^2}$. 弧長 s を $t = 0$ から測ると $s = \int_0^t \|r'(t)\|\, dt = t\sqrt{a^2+b^2}$ $(= ct$ と書く$)$. $\therefore t = \frac{s}{c}$. よって C は $r(s) = {}^t(-a\cos\frac{s}{c}, a\sin\frac{s}{c}, \frac{bs}{c})$ と書ける. ゆえに $t = r'(s) = {}^t(-\frac{a}{c}\sin\frac{s}{c}, \frac{a}{c}\cos\frac{s}{c}, \frac{b}{c})$, $\therefore t' = r''(s) = {}^t(-\frac{a}{c^2}\cos\frac{s}{c}, -\frac{a}{c^2}\sin\frac{s}{c}, 0)$, よって $\kappa(s) = \|t'(s)\| = \|r''(s)\| = \frac{a}{c^2} = \frac{a}{a^2+b^2}$, $\therefore n = \frac{c^2}{a}t' = {}^t\left(-\cos\frac{s}{c}, -\sin\frac{s}{c}, 0\right)$,

$$b = t \times n = \frac{c^2}{a} t \times t' = {}^t\left(\frac{b}{c}\sin\frac{s}{c}, -\frac{b}{c}\cos\frac{s}{c}, \frac{a}{c}\right),$$

となる. これを s で微分して,

$$b' = {}^t\left(\frac{b}{c^2}\cos\frac{s}{c}, \frac{b}{c^2}\sin\frac{s}{c}, 0\right),$$

よって $\rho(s) = \|b'(s)\| = \|r''(s)\| = \frac{b}{c^2} = \frac{b}{a^2+b^2}$.　　(解終)

1.2　線積分・面積分

微分と同様に, ベクトル関数の積分も成分ごとに積分することによって求められる. ベクトル関数 $x(t) = {}^t(x_1(t), x_2(t), x_3(t))$ $(t \in [\alpha, \beta])$ が与えられたとき,

$$\int_\alpha^\beta x(t)dt = {}^t\left(\int_\alpha^\beta x_1(t)dt, \int_\alpha^\beta x_2(t)dt, \int_\alpha^\beta x_3(t)dt\right)$$

によって定義すればよい. しかしベクトル解析においてとくに有用なのは, 線積分・面積分に関連したものである.

定義 1.3　xy 平面上に C^1 級の曲線 C が, $C : x = x(t),\ y = y(t)$ $(a \leqq t \leqq b)$ によって与えられ, $P(x, y)$, $Q(x, y)$ は C 上で連続な関数とする. このとき,

$$\int_C P(x,y)dx = \int_a^b P(x(t),y(t))x'(t)dt$$
$$\int_C Q(x,y)dy = \int_a^b Q(x(t),y(t))y'(t)dt$$

を，曲線 C に沿っての**線積分** (line integral) という．これらを組み合わせて，線積分を

$$\int_C P(x,y)dx + Q(x,y)dy = \int_C \{P(x,y)dx + Q(x,y)dy\}$$

のように書くことが多い．これは曲線上の関数値だけで決まり，同じ曲線で向きだけ反対にすると（この曲線を $-C$ と書く），線積分の符号が反対になる：

$$\int_{-C} P(x,y)dx = -\int_C P(x,y)dx, \text{ など．}$$

xyz 空間に C^1 級の曲線 C が，$C: x = x(t),\ y = y(t),\ z = z(t)\ (a \leqq t \leqq b)$ で与えられ，$P(x,y,z),\ Q(x,y,z),\ R(x,y,z)$ は C 上で連続な関数とする．このとき，

$$\int_C P(x,y,z)dx = \int_a^b P(x(t),y(t),z(t))x'(t)dt$$

などと定義し，

$$\int_C Pdx + Qdy + Rdz = \int_C \{Pdx + Qdy + Rdz\}$$

と書き表す．

線積分において，曲線 C が単一閉曲線の場合には，必ず**曲線 C の内部を左手に見る向きで一周**することにする．閉曲線上の線積分であることを強調するときには，$\oint_C P(x,y)dx$，$\oint_C P(x,y,z)dx$，などと書き表す．

例 1.7 $P(x,y) = 2xy + y^3,\ Q(x,y) = x - x^2 y$, かつ，$C: x = t^2,\ y = t^4\ (0 \leqq t \leqq 1)$ のとき，$I = \int_C P(x,y)dx + Q(x,y)dy$ を求めよ．

[**解**] $\frac{dx}{dt} = 2t,\ \frac{dy}{dt} = 4t^3$ だから，

$$\begin{aligned}
I &= \int_0^1 (2t^6 + t^{12})2t\,dt + \int_0^1 (t^2 - t^8)4t^3\,dt \\
&= \int_0^1 (4t^7 + 2t^{13} + 4t^5 - 4t^{11})dt \\
&= \left[\frac{t^8}{2} + \frac{t^{14}}{7} + \frac{2t^6}{3} - \frac{t^{12}}{3}\right]_0^1 = \frac{1}{2} + \frac{1}{7} + \frac{2}{3} - \frac{1}{3} \\
&= \frac{41}{42} \qquad\qquad\qquad\qquad \text{(A) } I = \frac{41}{42} \qquad \text{(解終)}
\end{aligned}$$

例 1.8 $P(x,y,z) = yz,\ Q(x,y,z) = x^2 y,\ R(x,y,z) = 3x$, とし，$C: x = t,\ y = t^3,\ z = 2t^2\ (1 \leqq t \leqq 2)$ のとき，$I = \int_C Pdx + Qdy + Rdz$ を求めよ．

[**解**] $\frac{dx}{dt} = 12t$, $\frac{dy}{dt} = 3t^2$, $\frac{dz}{dt} = 4t$ だから,

$$I = \int_1^2 2t^5 dt + \int_1^2 t^5 \cdot 3t^2 dt + \int_1^2 3t \cdot 4t dt$$

$$= \int_1^2 (2t^5 + 3t^7 + 12t^2) dt = \left[\frac{t^6}{3} + \frac{3t^8}{8} + 4t^3\right]_1^2$$

$$= 144 + \frac{5}{8} \qquad\qquad \underline{(A)\ I = 144\frac{5}{8}} \qquad\text{(解終)}$$

例 1.9 $C: x = \cos t$, $y = \sin t$ $(0 \leq t \leq 2\pi)$ とするとき,
$I = \oint_C \frac{ydx - xdy}{x^2 + y^2}$ を求めよ.

[**解**] $\frac{dx}{dt} = -\sin t$, $\frac{dy}{dt} = \cos t$, $\sin^2 t + \cos^2 t = 1$ だから, $ydx - xdy = -dt$, よって
$I = -\int_0^{2\pi} dt = -2\pi$ $\underline{(A)\ I = -2\pi}$ (解終)

例 1.10 $P(x, y, z) = -y$, $Q(x, y, z) = x$, $R(x, y, z) = z$, とし,
$C: x = a \cos t$, $y = a \sin t$, $z = bt$ $(0 \leq t \leq \pi)$ のとき,
$I = \int_C Pdx + Qdy + Rdz$ を求めよ

[**解**] $dx = -a\sin t dt$, $dy = a\cos t dt$, $dz = bdt$ だから,

$$-ydx + xdy + zdz = (a^2 + b^2 t) dt,$$

よって $I = \int_0^\pi (a^2 + b^2 t) dt = \left[a^2 t + \frac{b^2 t^2}{2}\right]_0^\pi = \pi a^2 + \frac{\pi^2 b^2}{2}$
$\underline{(A)\ I = \pi a^2 + \frac{\pi^2 b^2}{2}}$ (解終)

線積分と重積分の間にある重要な関係を示すのが次のグリーン（Green）の定理である.

定理 1.3 (グリーンの定理) xy 平面上の領域 D の境界を $C = \partial D$ と書く. D を含む開領域で C^1 級の関数 $P(x, y)$, $Q(x, y)$ が与えられたとき,

$$\int_C P(x, y) dx + Q(x, y) dy = \iint_D \left(\frac{\partial Q}{\partial x} - \frac{\partial P}{\partial y}\right) dx dy$$

[**証明**] 定義にしたがって $\iint_D \frac{\partial P}{\partial y} dxdy$ を計算すると, 線積分 $-\int_C P(x, y) dx$ に一致することがわかる. この符号 $-$ は, D の内部を左手に見る向き, という規約に従って現れる. Q についても同様でこの場合には $+$ でよい. (証明終)

系 1.2 xy 平面上の領域 D の境界 $C = \partial D$ に対し, 領域 D の面積 S は次式で与えられる.

$$S = \frac{1}{2} \int_C xdy - ydx = \int_C xdy = \int_C -ydx$$

例 1.11 $C: x^{2/3} + y^{2/3} = a^{2/3}$ $(a > 0)$ が囲む部分の面積 S を求めよ.

[解]　$C : x = a\cos^3 t,\ y = a\sin^3 t\ (0 \leq t \leq 2\pi)$ と書くと，系により，

$$S = \frac{1}{2}\int_0^{2\pi}(a\cos^3 t\, 3a\sin^2 t\cos t + a\sin^3 t\, 3a\cos^2 t\sin t)dt$$

$$= \frac{3a^2}{2}\int_0^{2\pi}(\cos^4 t\sin^2 t + \sin^4 t\cos^2 t)dt$$

$$= \frac{3a^2}{2}\int_0^{2\pi}\cos^2 t\sin^2 t\,dt = \underline{\frac{3a^2}{8}}\,(A) \qquad\text{(解終)}$$

xyz 空間内の曲面 S は，

$$S : x = x(u,v),\quad y = y(u,v),\quad z = z(u,v)\quad ((u,v)\in D)$$

のように与えられる．点 $\mathrm{P}(x,y,z)$ の位置ベクトルが C^1 級の関数を用いて，

$$\boldsymbol{r} = \boldsymbol{r}(u,v) = {}^t(x(u,v), y(u,v), z(u,v))\quad ((u,v)\in D)$$

と与えられたとき，これを曲面 S の**ベクトル方程式**という．このとき，曲面 S 上の点を $\mathrm{P}(u,v)$ と書き，(u,v) を曲面 S の**曲線座標** (curvilinear coordinates) という．曲面 S 上で，v を止めて u だけを動かすとき，$\mathrm{P}(u,v)$ は S 上の曲線を表す．これを $\boldsymbol{u}$ **曲線**といい，逆に u を一定にして v だけを動かしたときに $\mathrm{P}(u,v)$ が作る曲線を $\boldsymbol{v}$ **曲線**という．

$$\boldsymbol{r}_u = \frac{\partial \boldsymbol{r}}{\partial u} = {}^t(x_u(u,v), y_u(u,v), z_u(u,v)),$$

$$\boldsymbol{r}_v = \frac{\partial \boldsymbol{r}}{\partial v} = {}^t(x_v(u,v), y_v(u,v), z_v(u,v)),$$

はそれぞれ，u 曲線，v 曲線の接線ベクトルになる．$\boldsymbol{r}_u$ と $\boldsymbol{r}_v$ が線形従属，すなわち $\boldsymbol{r}_u \times \boldsymbol{r}_v = \boldsymbol{0}$ になる点を，曲面の**特異点** (singular point) という．特異点をもたない曲面を**正則曲面** (regular surface) という．

正則点 $\mathrm{P}(u,v)$ において，$\boldsymbol{r}_u$ と $\boldsymbol{r}_v$ が生成する平面が曲面 S の点 P における**接平面**である．P を通り，接平面に垂直な直線を曲面 S の点 P における**法線** (normal) という．特異点ではない点における法線方向の単位ベクトル $\boldsymbol{n} = \frac{\boldsymbol{r}_u \times \boldsymbol{r}_v}{\|\boldsymbol{r}_u \times \boldsymbol{r}_v\|}$ を**単位法線ベクトル**という．

曲線座標 (u,v) が 1 つのパラメータ t を用いて，$u = u(t),\ v = v(t)$ と書けているとき，$\boldsymbol{r} = \boldsymbol{r}(u(t), v(t))\ (a \leq t \leq b)$ は曲面 S 上の曲線 C を表す．点 P における C の接線ベクトルは，合成関数の微分の公式により，

$$\frac{d\boldsymbol{r}}{dt} = \frac{\partial \boldsymbol{r}}{\partial u}\frac{du}{dt} + \frac{\partial \boldsymbol{r}}{\partial v}\frac{dv}{dt}$$

$$= u'(t)\boldsymbol{r}_u + v'(t)\boldsymbol{r}_v$$

となるので，点 P における接平面に含まれている．

曲面 $S : \boldsymbol{r} = \boldsymbol{r}(u,v)$ が与えられたとき，

1. ベクトル関数の微分と積分

$$E = (\boldsymbol{r}_u, \boldsymbol{r}_u) = x_u^2 + y_u^2 + z_u^2 = \| \boldsymbol{r}_u \|^2$$
$$F = (\boldsymbol{r}_u, \boldsymbol{r}_v) = x_u x_v + y_u y_v + z_u z_v$$
$$G = (\boldsymbol{r}_v, \boldsymbol{r}_v) = x_v^2 + y_v^2 + z_v^2 = \| \boldsymbol{r}_v \|^2$$

を曲面 S の**基本量** (fundamental quantities) と呼ぶ. たとえば $F \equiv 0$ ならば, $\boldsymbol{r}_u \perp \boldsymbol{r}_v$ となって, u 曲線と v 曲線はつねに直交していることになる.

定理 1.4 曲面 S 上の曲線 $C : \boldsymbol{r} = \boldsymbol{r}(u(t), v(t))$ $(a \leq t \leq b)$ の a から t までの部分の長さ s は次の式で与えられる.

$$s = \int_a^t \sqrt{E(u'(t))^2 + 2F u'(t) v'(t) + G(v'(t))^2} dt$$

[証明] $s = \int_a^t \| \frac{d\boldsymbol{r}}{dt} \| dt$ であることと, $\| \frac{d\boldsymbol{r}}{dt} \|^2 = (\frac{d\boldsymbol{r}}{dt}, \frac{d\boldsymbol{r}}{dt}) = (u'(t)\boldsymbol{r}_u + v'(t)\boldsymbol{r}_v, u'(t)\boldsymbol{r}_u + v'(t)\boldsymbol{r}_v) = E(u'(t))^2 + 2Fu'(t)v'(t) + G(v'(t))^2$ よりあきらかである. (証明終)

したがって, 弧長 s の微分は

$$ds = \sqrt{E(du)^2 + 2F(dudv) + G(dv)^2} = \| d\boldsymbol{r} \|$$

と書ける. これを曲面 S の**線素** (line element of surface S) という. ところで,

$$\| \boldsymbol{r}_u \times \boldsymbol{r}_v \|^2 = \| \boldsymbol{r}_u \|^2 \| \boldsymbol{r}_v \|^2 - (\boldsymbol{r}_u, \boldsymbol{r}_v)^2 = EG - F^2$$

である. これは曲面 S の u 曲線, v 曲線の接線ベクトルが作る平行四辺形の面積の平方だから, 曲面の面積は次のように与えられる.

定理 1.5 曲面 $S : \boldsymbol{r} = \boldsymbol{r}(u, v)$ $((u, v) \in D)$ の曲面積 S は, 次式で与えられる.

$$S = \iint_D \| \boldsymbol{r}_u \times \boldsymbol{r}_v \| dudv = \iint_D \sqrt{EG - F^2} dudv$$

(証明省略)

例 1.12 C^1 級の関数 $f(x, y)$ に対して, 曲面 $z = f(x, y)$ $((x, y) \in D)$ を,

$$S : x = u, \quad y = v, \quad z = f(u, v) \quad (u, v) \in D, \quad \text{または簡単に,}$$
$$S : x = x, \quad y = y, \quad z = f(x, y) \quad (x, y) \in D$$

と書き表す. このとき, $\boldsymbol{r}_x = {}^t(1, 0, f_x)$, $\boldsymbol{r}_y = {}^t(0, 1, f_y)$, だから, $E = 1 + (f_x)^2$, $F = f_x f_y$, $G = 1 + (f_y)^2$, したがって $EG - F^2 = 1 + (f_x)^2 + (f_y)^2 > 0$ となり, S は正則曲面になる. よって曲面 S の曲面積は,

$$S = \iint_D \sqrt{1 + (f_x)^2 + (f_y)^2} dxdy$$

となる．

また，曲面 $z=f(x,y)$ $((x,y)\in D)$ が極座標を用いて，$x=r\cos\theta$, $y=r\sin\theta$ と表されているとき，$\boldsymbol{r}_r={}^t(\cos\theta,\sin\theta,z_r)$, $\boldsymbol{r}_\theta={}^t(-r\sin\theta,r\cos\theta,z_\theta)$，だから同様にして，$EG-F^2=r^2+r^2(f_r)^2+(f_\theta)^2$ となる．よって曲面積は

$$S=\iint_D \sqrt{r^2+r^2(f_r)^2+(f_\theta)^2}\,drd\theta$$

である．

例 1.13 上半球面 $z=\sqrt{a^2-x^2-y^2}$ $(x^2+y^2\leqq a^2,\ a>0)$ の曲面積は，極座標を用いて，$S=\iint_D \frac{ar}{\sqrt{a^2-r^2}}drd\theta$ $(D:0\leqq r\leqq a,\ 0\leqq\theta\leqq 2\pi)$ となる．計算すると，$S=2\pi a^2$ であることがわかる．

さらに同じ上半球面で，積分範囲を円柱内部，$D':x^2+y^2\leqq ax$ に限定すると，円柱内部の球面の曲面積 S' は，$S'=\iint_{D'}\frac{ar}{\sqrt{a^2-r^2}}drd\theta$ $(D':0\leqq r\leqq a\cos\theta,\ -\frac{\pi}{2}\leqq\theta\leqq\frac{\pi}{2})$ を計算して，$S'=2(\pi-2)a^2$ になる．

$$dS=\|\boldsymbol{r}_u\times\boldsymbol{r}_v\|=\sqrt{EG-F^2}\,dudv,$$
$$d\boldsymbol{S}=\boldsymbol{r}_u\times\boldsymbol{r}_v dudv=\boldsymbol{n}dS$$

を曲面 S の**面積要素**（area element）および**ベクトル面積要素**（vector area element）という．これを用いると，定理 1.5 は次のように簡単に書ける．

☆ 曲面 $S:r=r(u,v)$ $((u,v)\in D)$ の曲面積 S は，$S=\iint_D dS$ で与えられる．

定義 1.4 C^1 級の正則曲面 $S:x=x(u,v)$, $y=y(u,v)$, $z=z(u,v)$ $((u,v)\in D)$ を含む開集合で連続な関数 $f(x,y,z)$ が与えられているものとする．関数 $f(x,y,z)$ の，**面積要素 dS に関する S 上の積分**を，

$$\iint_S f(x,y,z)dS=\iint_D f(x(u,v),y(u,v),z(u,v))\sqrt{EG-F^2}\,dudv$$

によって定義する．

$P(x,y,z)$, $Q(x,y,z)$, $R(x,y,z)$ は曲面 S を含む開集合上で連続な関数とする．このとき，$\omega=Pdydz+Qdzdx+Rdxdy$ を **2 次微分式**と呼び，ω の曲面 S に関する**面積分**（surface integral）を次のように定義する．

$$\iint_S \omega = \iint_S Pdydz+Qdzdx+Rdxdy$$
$$= \iint_D \left\{P\frac{\partial(y,z)}{\partial(u,v)}+Q\frac{\partial(z,x)}{\partial(u,v)}+R\frac{\partial(x,y)}{\partial(u,v)}\right\}dudv$$

ただし最後の積分で，$P=P(x(u,v),y(u,v),z(u,v))$ などを意味する．

また，曲面には表裏を区別し，単位法線ベクトル $\boldsymbol{n} = \frac{\boldsymbol{r}_u \times \boldsymbol{r}_v}{\|\boldsymbol{r}_u \times \boldsymbol{r}_v\|}$ の向きを表（正の向き）とする．表裏を逆にした曲面を $-S$ と書く．このとき，

$$\iint_{-S} \omega = -\iint_S \omega$$

が成り立つ．S が閉曲面のときには，外側を表とみなすのが普通である．

2次微分式 ω に 3 つの 3 変数関数の組（2.1 節でベクトル場と呼ぶ）$\boldsymbol{f} = {}^t(P, Q, R)$ を対応させれば，

$$\iint_S \omega = \iint_S \boldsymbol{f} \cdot \boldsymbol{n} dS$$

となる．

例 1.14 S：上半球面 $z = \sqrt{a^2 - x^2 - y^2}$ $(x^2 + y^2 \leqq a^2, a > 0)$ とする．$P(x, y, z) = x + y$, $Q(x, y, z) = y - x$, $R(x, y, z) = z$ の 2 次微分式 ω の S に関する面積分を求めよ．

[解] S を，$x = u$, $y = v$, $z = \sqrt{a^2 - u^2 - v^2}$ $(D : u^2 + v^2 \leqq a^2)$ と書き表すと，$\boldsymbol{r}_u = {}^t(1, 0, -\frac{u}{\sqrt{a^2-u^2-v^2}})$, $\boldsymbol{r}_v = {}^t(0, 1, -\frac{v}{\sqrt{a^2-u^2-v^2}})$, だから，$\boldsymbol{r}_u \times \boldsymbol{r}_v = {}^t(\frac{u}{z}, \frac{v}{z}, 1)$ $(z = \sqrt{a^2-u^2-v^2})$ となる．

$$\therefore \omega = \left\{ \frac{(u+v)u}{z} + \frac{(v-u)v}{z} + z \right\} dudv$$
$$= \left(\frac{u^2+v^2+a^2-u^2-v^2}{\sqrt{a^2-u^2-v^2}} \right) dudv$$
$$= \left(\frac{a^2}{\sqrt{a^2-u^2-v^2}} \right) dudv$$

極座標変換をして，$u = r\cos\theta$, $v = r\sin\theta$ $(D' : 0 \leqq r \leqq a, 0 \leqq \theta \leqq 2\pi)$ とすると，$\iint_S \omega = \iint_{D'} \frac{a^2 r}{\sqrt{a^2-r^2}} dr d\theta = 2\pi a^2 \int_0^a \frac{r}{\sqrt{a^2-r^2}} dr = 2\pi a^3$ となる．　(A) $2\pi a^3$ 　(解終)

例 1.15 $f(x, y, z) = x^2 + y^2 + z^2$ とし，S：球面 $x^2 + y^2 + z^2 = a^2$ $(a > 0)$ とする．$f(x, y, z)$ の面積要素 dS に関する S 上の積分 $I = \iint_S f(x, y, z) dS$ を求めよ．また，$\frac{1}{f(x,y,z)}$ の S 上の積分 $J = \iint_S \frac{1}{f(x,y,z)} dS$ を求めよ．

[解] 空間の極座標を用いると，$x = a\sin u \cos v$, $y = a\sin u \sin v$, $z = a\cos u$ $(0 \leqq u \leqq \pi, 0 \leqq v \leqq 2\pi)$ と書ける．したがって，$E = a^2$, $F = 0$, $G = a^2 \sin^2 u$ なので，$I = \iint_D f(x(u,v), y(u,v), z(u,v)) \sqrt{EG - F^2} du dv = \iint_D a^4 \sin u \, du dv = 2\pi a^4 \int_0^\pi \sin u \, du = 4\pi a^4$ 　(A) $I = 4\pi a^4$

J については同様に，$I = \iint_D \sin u \, du dv = 2\pi \int_0^\pi \sin u \, du = 4\pi$ 　(A) $J = 4\pi$

(解終)

V ベクトル解析

2

ベクトル場の微分演算子と積分定理

「プリンキピアにおけるユークリッド空間はこれらすべて［ギリシア数学］を継承しながら何か新しいものを付け加えた．プリンキピアのいくつかの重要な物理的な実在，つまり，速度，モーメント，力などは数学的な構造としてはベクトル，すなわち，ベクトル場の元であり，これらの実在のベクトルの合成や分解が，すべての理論の最も深い概形（構造）を成している．」（ボホナー (Bochner) 著『科学史における数学』，ギリシア幾何学とニュートン力学の空間を比較して）

2.1 スカラー場とベクトル場

ニュートン (Newton) 自身にベクトル概念はなかったものの，『プリンキピア』で画期的な新しい力学を建設するに当たり，「力」や「速度」などの向きと大きさを併せ持つ量をその理論の中核に据えた．しかしそれらの量を存分に扱える数学は 19 世紀の後半まで現れなかった．ハミルトンが複素数以来の世紀の大発見と信じた四元数は，彼が思ったほどの成果を挙げなかったが，そこから副産物として現れたベクトル概念が，数学や物理学の広い分野で基本的な役割を果たすことになるのは歴史の皮肉といえようか．

我々が生活しているのは 3 次元空間である．しかし多くの場合には地球表面のごく一部を平面とみて，ほぼ平面的な動きをしている．そこでは，毎日天気予報で，各地の気温，湿度，気圧などが報じられ，また，風の強さと風向きなどが報じられている．このうち，気温や気圧などは，大きさだけをもつスカラー量であり，風向きと風力はあきらかに向きと大きさをもつベクトル量である．どの瞬間，どの地点でもこれらの量は存在している．考え方を変えてみると，地上の各点にさまざまな種類のスカラー量やベクトル量が分布しているとみることができる．各点にスカラーが対応しているとき**スカラー場** (scalar field) といい，ベクトルが対応しているとき**ベクトル場** (vector field) という．温度分布や電位分布などが前者であり，重力場，電場，磁場，流体の速度分布などが後者である．なお，日本語ではあまりはっきりしないが，速度 (velocity) は向きをもったベクトル量であり，速

さ (speed) は大きさだけのスカラー量である．

ところで 3 変数の関数 $f(x,y,z)$ が与えられたとき，これはひとつのスカラー場とみることができる．このような関数が 2 つまたは 3 つ与えられれば，各点に 2 次元または 3 次元のベクトル場が与えられたことになる．したがって，物理学の基本的な枠組みになったスカラー場やベクトル場は数学にとっても特別に目新しい概念ではない．実際 19 世紀の前半には，数学の王者ガウス (Gauss) によってベクトル解析の基本定理の一つ「ガウスの定理」の特殊な場合が発見され (一般の場合はオストログラズキー (Ostrogradsky) による)，同時代のアマチュア数学者グリーン (Green, 粉屋) によって「グリーンの定理」が発見されている．もう一つの主役「ストークス (Stokes) の定理」は 19 世紀中頃のケルヴィン卿 (Lord Kelvin) からストークスへの手紙の中にはじめて書かれ，ストークスはそれをいつも試験問題に出したものだという．

2 次元の連続なベクトル場 $\boldsymbol{f}(x,y) = {}^t(P(x,y), Q(x,y))$ が与えられたとき，$\omega = P(x,y)dx + Q(x,y)dy$ を **1 次微分式**という．C^1 級の曲線 C が，$C: x = x(t), y = y(t), (a \leq t \leq b)$ あるいは簡単に，$C: \boldsymbol{r}(t) = {}^t(x(t), y(t))$ $(a \leq t \leq b)$ と与えられているとき，ω の C に沿っての線積分は $\boldsymbol{f}(\boldsymbol{r}(t)) = \boldsymbol{f}(x(t), y(t))$ として，

$$\int_C \omega = \int_a^b \{P(x(t), y(t))x'(t) + Q(x(t), y(t))y'(t)\}dt$$
$$= \int_a^b (\boldsymbol{f}(\boldsymbol{r}(t)), \boldsymbol{r}'(t))dt$$

となる．さらに内積を · で表し，$d\boldsymbol{r} = \boldsymbol{r}'(t)dt$ と書くと，

$$\int_C \omega = \int_a^b \boldsymbol{f}(\boldsymbol{r}(t)) \cdot \boldsymbol{r}'(t)dt = \int_a^b \boldsymbol{f}(\boldsymbol{r}(t)) \cdot d\boldsymbol{r}$$

と書ける．$\boldsymbol{f}(\boldsymbol{r}(t))$ を**曲線 C に沿うベクトル場**という．

3 次元になってもほとんど同じで，連続なベクトル場 $\boldsymbol{f}(x,y,z) = {}^t(P(x,y,z), Q(x,y,z), R(x,y,z))$ に対応する 1 次微分式は $\omega = P(x,y,z)dx + Q(x,y,z)dy + R(x,y,z)dz$ となり，C^1 級の曲線 C が，$C: x = x(t), y = y(t), z = z(t)$ $(a \leq t \leq b),$ $[C: \boldsymbol{r}(t) = {}^t(x(t), y(t), z(t))$ $(a \leq t \leq b)]$ と与えられているとき，ω の C に沿っての線積分は

$$\int_C \omega = \int_a^b \boldsymbol{f}(\boldsymbol{r}(t)) \cdot \boldsymbol{r}'(t)dt = \int_a^b \boldsymbol{f}(\boldsymbol{r}(t)) \cdot d\boldsymbol{r}$$

となる．このときも，$\boldsymbol{f}(\boldsymbol{r}(t))$ を**曲線 C に沿うベクトル場**という．曲線 C の接線ベクトル $\boldsymbol{r}'(t)$ や主法線ベクトル $\boldsymbol{n} = \frac{\boldsymbol{t}'(s)}{\kappa(s)}$ (1.3) などは曲線 C に沿うベクトル場である．

例 2.1 t が時間で $r(t)$ が質点の位置ベクトルならば，$\boldsymbol{v} = \boldsymbol{r}'(t)$ はその**速度ベクトル** (velocity vector) になる．弧長 s をパラメータにとると，単位接線ベクトルは $\boldsymbol{t} = \frac{d\boldsymbol{r}}{ds}$ だ

から，$\bm{v} = \frac{d\bm{r}(t)}{dt} = \frac{d\bm{r}}{ds}\frac{ds}{dt} = \frac{ds}{dt}\bm{t}$ となって，$\bm{v}$ は曲線 C に接していることがわかる．速さを $v = \|\bm{v}\|$ とすれば，$\bm{v} = v\bm{t}$, $v = \frac{ds}{dt}$ となる．$\bm{v}$ をさらに時間 t で微分すると，**加速度ベクトル** (acceleration vector) は，$\bm{\alpha} = \frac{d\bm{v}}{dt} = v'\bm{t} + v\bm{t}' = \frac{dv}{dt}\bm{t} + v\frac{d\bm{t}}{dt} = \frac{dv}{dt}\bm{t} + v\frac{d\bm{t}}{ds}\frac{ds}{dt} = \frac{dv}{dt}\bm{t} + v^2\frac{d\bm{t}}{ds}$ となる．これはフルネ–セレーの公式より，$= \frac{dv}{dt}\bm{t} + \kappa v^2 \bm{n}$ となって，接線成分 $\frac{dv}{dt} = \frac{d^2s}{dt^2}$ と法線成分 κv^2 に分解される．

例 2.2 $C: \bm{r}(t) = {}^t(a\cos\omega t, a\sin\omega t)$ $(0 \leqq t \leqq 2\pi)$ のとき，速度ベクトル $\bm{v}$ と加速度ベクトル $\bm{\alpha}$ を求め，加速度ベクトル $\bm{\alpha}$ を分解せよ．

[解] $\bm{v} = \frac{d\bm{r}}{dt} = a\omega {}^t(-\sin\omega t, \cos\omega t)$, $\therefore v = \|\bm{v}\| = a\omega$, $\bm{\alpha} = \frac{d\bm{v}}{dt} = \frac{d^2\bm{r}}{dt^2} = -a\omega^2 {}^t(\cos\omega t, \sin\omega t) = -\omega^2\bm{r}$, $v = \frac{ds}{dt} = a\omega$ より，$s = a\omega t$. $\therefore \bm{t} = \frac{d\bm{r}}{ds} = \frac{d\bm{t}}{ds}\frac{dt}{dt} = \frac{\bm{v}}{v}$, $\frac{d\bm{t}}{ds} = \frac{1}{v}\frac{d\bm{v}}{dt} = \frac{1}{v^2}\frac{d\bm{v}}{dt} = \frac{1}{v^2}\bm{\alpha}$, $\therefore \kappa = \|\frac{d\bm{t}}{ds}\| = \frac{1}{v^2}\|\bm{\alpha}\| = \frac{1}{a}$. $\therefore \bm{n} = \frac{d\bm{t}}{ds}\frac{1}{\kappa} = \frac{a}{v^2}\bm{\alpha} = \frac{1}{a\omega^2}\bm{\alpha}$, よって，$\bm{\alpha} = a\omega^2 \bm{n}$ となる．よって，接線成分 $= 0$, 法線成分 $= a\omega^2$ である． (解終)

質量 m の質点に力 $\bm{F}$ が働くとき，**運動方程式** (equation of motion) は，

$$\bm{F} = m\bm{\alpha} = \frac{md^2\bm{r}}{dt^2}$$

である．$m\bm{v} = \frac{md\bm{r}}{dt}$ を**運動量ベクトル** (momentum vector), mv を**運動量** (momentum) という．$\bm{r} \times \bm{v}$ を**速度モーメント** (velocity moment), $\bm{H} = \bm{r} \times (m\bm{v})$ を**角運動量** (angular momentum), $\bm{M} = \bm{r} \times \bm{F}$ を力 $\bm{F}$ の**モーメント・ベクトル** (moment vector), その大きさ $\|\bm{M}\| = \|\bm{r} \times \bm{F}\|$ を**モーメント** (moment) と定義する．

このとき，$\frac{d\bm{H}}{dt} = \frac{d(\bm{r} \times m\bm{v})}{dt} = \frac{d\bm{r}}{dt} \times m\bm{v} + \bm{r} \times m\frac{d\bm{v}}{dt} = \bm{v} \times m\bm{v} + \bm{r} \times m\bm{\alpha} = \bm{r} \times \bm{F} = \bm{M}$ となる．

例 2.3 質量 m の質点 P が定点 O に向かう力（これを**中心力** (central force) という）$\bm{F}$ を受けて運動するとき，速度モーメントは一定であることを示せ．これを利用して，極座標 (r, θ) を用いたとき，$r^2\frac{d\theta}{dt} = $ 定数 であることを示せ．

[解] P に働く力は中心力だから，$\bm{F} = m\bm{\alpha} = -f(P)\bm{r}$ と書ける．よって，$\bm{\alpha} = \frac{d\bm{v}}{dt} /\!/ \bm{r}$ である．$\therefore \frac{d}{dt}(\bm{r} \times \bm{v}) = \frac{d\bm{r}}{dt} \times \bm{v} + \bm{r} \times \frac{d\bm{v}}{dt} = \bm{v} \times \bm{v} + \bm{r} \times \bm{\alpha} = \bm{0}$ となり，$\bm{r} \times \bm{v}$ は一定であることがわかる．この速度モーメントの大きさの半分が面積速度になるので，これは惑星の運動に関するケプラー (Kepler) の第 2 法則にほかならない．

(後半) $\bm{R}(t) = \frac{\bm{r}(t)}{r(t)} = {}^t(\cos\theta(t), \sin\theta(t))$ とし，これに直交する単位ベクトルを $\bm{\Theta}(t) = {}^t(-\sin\theta(t), \cos\theta(t))$ と書く．以下，t を省略する．あきらかに，$\bm{r} = r\bm{R}$, $\frac{d\bm{R}}{dt} = \frac{d\theta}{dt}\bm{\Theta}$ だから，$\bm{v} = \frac{d\bm{r}}{dt} = \frac{dr}{dt}\bm{R} + r\frac{d\bm{R}}{dt} = \frac{dr}{dt}\bm{R} + r\frac{d\theta}{dt}\bm{\Theta}$ となる．$\bm{r} = r\bm{R}$ とのベクトル積をとると，$\bm{r} \times \bm{v} = \frac{dr}{dt}\bm{r} \times \bm{R} + r\frac{d\theta}{dt}r\bm{R} \times \bm{\Theta} = r^2\frac{d\theta}{dt}\bm{R} \times \bm{\Theta}$ となる．前半より，これは定ベクトルである．$\|\bm{R} \times \bm{\Theta}\| = 1$ だから，$r^2\frac{d\theta}{dt} = k$（定数）になる． (解終)

例 2.4 さらに逆 2 乗法則を満たす中心力の下で，惑星の軌道はどうなるか考えよ．

[解] 太陽 S を原点にとり，時刻 t における惑星 P の位置を $r(t)$，偏角を $\theta(t)$ とする．以下 t は省略し，t に関する微分を $'$ で表す．前の例より，$\boldsymbol{v} = \boldsymbol{r}' = r'\boldsymbol{R} + r\theta'\boldsymbol{\Theta}$ であり，逆 2 乗法則は，$\boldsymbol{\alpha} = \boldsymbol{v}' = -\frac{\mu}{r^2}\boldsymbol{R}$ と書ける．$\boldsymbol{\Theta}$ を t で微分して，$\boldsymbol{\Theta}' = -\theta'\boldsymbol{R}$ はあきらかだから，$\boldsymbol{\alpha} = \boldsymbol{v}' = -\frac{\mu}{r^2}(-\frac{\boldsymbol{\Theta}'}{\theta'}) = \frac{\mu}{r^2\theta'}\boldsymbol{\Theta}' = \frac{\mu}{k}\boldsymbol{\Theta}'$ となる．これより，$\frac{k}{\mu}\boldsymbol{v} = \boldsymbol{\Theta} + \boldsymbol{C}$（$\boldsymbol{C}$ は定数ベクトル）となることがわかる．$t = 0$ のときに P は近日点（太陽にもっとも接近する点）にあったとすると，$r'(0) = 0$ だから，$\boldsymbol{v}(0) = r'(0)\boldsymbol{r}(0) + r(0)\theta'(0)\boldsymbol{\Theta}(0) = r(0)\theta'(0)\boldsymbol{\Theta}(0)$ である．$\boldsymbol{R}(0) = {}^t(1,0)$，$\boldsymbol{\Theta}(0) = {}^t(0,1)$ もすぐわかるから，$\frac{k}{\mu}\boldsymbol{v}(0) = \boldsymbol{\Theta}(0) + \boldsymbol{C}$ より $\boldsymbol{C} = {}^t(0,\varepsilon)$ となる．

$\frac{k}{\mu}\boldsymbol{v}$ の $\boldsymbol{\Theta}$ 方向成分は $(\frac{k}{\mu}\boldsymbol{v}, \boldsymbol{\Theta}) = \frac{k}{\mu}(r'r\boldsymbol{R} + r\theta'\boldsymbol{\Theta}, \boldsymbol{\Theta}) = \frac{kr\theta'}{\mu} = \frac{k^2}{\mu r}$ となる．一方これは $(\boldsymbol{\Theta} + \boldsymbol{C}, \boldsymbol{\Theta}) = 1 + \varepsilon\cos\theta$ に等しい．よって惑星の軌道は，$r = \frac{p}{1 + \varepsilon\cos\theta}$ $(p = \frac{k^2}{\mu})$ となる．これは極座標で表された 2 次曲線（円錐曲線）の方程式である．したがって，惑星は太陽を焦点とする円錐曲線上を運行する．これがケプラーの第 1 法則であった．(解終)

以上実例によってベクトル場が役立つことをみてきた．これを微分，あるいは積分することで世界はさらに大きな広がりを見せる．節を改めて，ベクトル解析の中心的な定理であるガウスの定理やストークスの定理を解説しよう．

2.2 微分演算子と積分定理

C^1 級のスカラー場 $f(x,y,z)$ に対して連続なベクトル場 $\nabla f = {}^t(f_x, f_y, f_z)$ を対応させる微分演算子 ∇ を，**ハミルトンの微分演算子**（Hamilton's differential operator）と呼び，ナブラ，またはアトレッドと読む．ナブラとは古代の竪琴のことで，アトレッド（atled）はデルタを逆に読んだものである．∇f はまた $\mathrm{grad}\, f$ とも書き，スカラー場 f の**勾配**（gradient），または**勾配ベクトル**（gradient vector）と呼ぶ．

C^1 級のベクトル場 $\boldsymbol{f}(x,y,z) = {}^t(P(x,y,z), Q(x,y,z), R(x,y,z))$ に対して連続なスカラー場 $\nabla \cdot \boldsymbol{f} = \frac{\partial P}{\partial x} + \frac{\partial Q}{\partial y} + \frac{\partial R}{\partial z}$ を対応させる微分演算子を**発散**（divergent）と呼び，$\mathrm{div}\, \boldsymbol{f}$ とも書く．はじめの $\nabla \cdot \boldsymbol{f}$ という記号は，形式的に $\nabla = {}^t(\frac{\partial}{\partial x}, \frac{\partial}{\partial y}, \frac{\partial}{\partial z})$ をベクトルのように考え，$\boldsymbol{f} = {}^t(P, Q, R)$ との内積をとったものである．$\nabla \cdot \boldsymbol{f} = 0$ となるようなベクトル場は**湧き出しなし**（solenoidal）といわれる．

C^1 級のベクトル場 $\boldsymbol{f}(x,y,z) = {}^t(P(x,y,z), Q(x,y,z), R(x,y,z))$ に対して，形式的に $\nabla = {}^t(\frac{\partial}{\partial x}, \frac{\partial}{\partial y}, \frac{\partial}{\partial z})$ とのベクトル積を作ってできる連続なベクトル場 $\nabla \times \boldsymbol{f}$ を $\mathrm{rot}\, \boldsymbol{f}$，または $\mathrm{curl}\, \boldsymbol{f}$ とも書き，**回転**（rotation または curl）と呼ぶ．$\nabla \times \boldsymbol{f} = \boldsymbol{0}$ を満たすベクトル場を，**渦なし**（irrotational）という．

$\mathrm{grad}\, \boldsymbol{f}$，$\mathrm{div}\, \boldsymbol{f}$，$\mathrm{rot}\, \boldsymbol{f}$ または $\mathrm{curl}\, \boldsymbol{f}$ という記号は勾配，発散，回転という意味がわかりやすく，一方の ∇ 記号はすべてを統一的に扱えるという利点を持つ．そのために著者の好

みや目的によって，今もさまざまな使い方がされている．ここでは ∇ 記号を使い，∇ は形式的なベクトル $\nabla = {}^t(\frac{\partial}{\partial x}, \frac{\partial}{\partial y}, \frac{\partial}{\partial z})$ のように考えることにする．スカラー場 $f(x,y,z)$ が C^2 級のとき，f の勾配の発散，

$$\Delta f = \nabla \cdot \nabla f = \frac{\partial^2 f}{\partial x^2} + \frac{\partial^2 f}{\partial y^2} + \frac{\partial^2 f}{\partial z^2}$$

を $f(x,y,z)$ の**ラプラシアン**（Laplacian）という．Δ はラプラス（Laplace）の演算子といい，ラプラシアンと読む．

定理 2.1 スカラー場 f，ベクトル場 $\boldsymbol{x}$，$\boldsymbol{y}$，および位置ベクトル $\boldsymbol{r} = {}^t(x,y,z)$ に対して，次式が成り立つ．
 (1) $\nabla \cdot (\boldsymbol{x} + \boldsymbol{y}) = \nabla \cdot \boldsymbol{x} + \nabla \cdot \boldsymbol{y}$，
 (2) $\nabla \cdot (f\boldsymbol{x}) = (\nabla f) \cdot \boldsymbol{x} + f(\nabla \cdot \boldsymbol{x})$，
 (3) $\nabla \times (f\boldsymbol{x}) = (\nabla f) \times \boldsymbol{x} + f(\nabla \times \boldsymbol{x})$，
 (4) $\nabla \cdot (\boldsymbol{x} \times \boldsymbol{y}) = (\nabla \times \boldsymbol{x}) \cdot \boldsymbol{y} - \boldsymbol{x} \cdot (\nabla \times \boldsymbol{y})$，
 (5) $\nabla \times (\boldsymbol{x} \times \boldsymbol{y}) = (\boldsymbol{y} \cdot \nabla)\boldsymbol{x} - (\boldsymbol{x} \cdot \nabla)\boldsymbol{y} + \boldsymbol{x}(\nabla \cdot \boldsymbol{y}) - \boldsymbol{y}(\nabla \cdot \boldsymbol{x})$，
 (6) $\nabla \times (\nabla f) = \boldsymbol{0}$，
 (7) $\nabla \cdot (\nabla \times \boldsymbol{x}) = 0$，
 (8) $\nabla \times (\nabla \times \boldsymbol{x}) = \nabla(\nabla \cdot \boldsymbol{x}) - \Delta \boldsymbol{x}$，
 (9) $\nabla \cdot \boldsymbol{r} = 3$，$\nabla \times \boldsymbol{r} = \boldsymbol{0}$．

[証明] 大変なものもあるが，すべて計算で確かめられるので省略する． (証明終)

ベクトル場 $\boldsymbol{f}$ に対して，$-\nabla U = \boldsymbol{f}$ を満たすスカラー場 U が存在するとき，U をベクトル場 $\boldsymbol{f}$ の**ポテンシャル**（potential）という．また，$\nabla \times \boldsymbol{g} = \boldsymbol{f}$ を満たすベクトル場 $\boldsymbol{g}$ が存在するとき，$\boldsymbol{g}$ をベクトル場 $\boldsymbol{f}$ の**ベクトル・ポテンシャル**（vector potential）という．定理の (6) より，ベクトル場 $\boldsymbol{f}$ がポテンシャルをもてば，$\nabla \times \boldsymbol{f} = \boldsymbol{0}$ でなければならない．すなわち $\boldsymbol{f}$ は渦なしである．また，(7) より，$\boldsymbol{f}$ がベクトル・ポテンシャルをもてば，$\nabla \cdot \boldsymbol{f} = \boldsymbol{0}$ でなければならない．すなわち $\boldsymbol{f}$ は湧き出しなしである．これらは逆も成り立つ．

定理 2.2 単連結領域 D で C^1 級のベクトル場 $\boldsymbol{f}$ が与えられているとき，
 (1) $\nabla \times \boldsymbol{f} = \boldsymbol{0}$（$\boldsymbol{f}$ は渦なし） $\Leftrightarrow$ $\boldsymbol{f}$ はポテンシャルをもつ．
 (2) $\nabla \cdot \boldsymbol{f} = 0$（$\boldsymbol{f}$ は湧き出しなし） $\Leftrightarrow$ $\boldsymbol{f}$ はベクトル・ポテンシャルをもつ．

[証明] $\boldsymbol{f}(x,y,z) = {}^t(P,Q,R)$，$\boldsymbol{g}(x,y,z) = {}^t(g_1, g_2, g_3)$ とおく．必要条件は前定理よりあきらかなので，十分条件だけを確かめる．(1) では，

$$-U(x,y,z) = \int_{x_0}^{x} P(\xi, y, z)d\xi + \int_{y_0}^{y} Q(x, \eta, z)d\eta + \int_{z_0}^{z} R(x, y, \zeta)d\zeta$$

とおけば，$-\nabla U = f$ を満たす．

(2) $g_1(x,y,z) = \int_{z_0}^{z} Q(x,y,\zeta)d\zeta$, $g_2(x,y,z) = -\int_{z_0}^{z} P(x,y,\zeta)d\zeta + \int_{x_0}^{x} R(\xi,y,z)d\xi$, $g_3(x,y,z) = 0$ とおけば，$\nabla \times \boldsymbol{g} = \boldsymbol{f}$ を満たす． (証明終)

例 2.5 ベクトル場 $\boldsymbol{f}(x,y,z) = {}^t(x^2+yz, y^2+zx, z^2+xy)$ について，
(1) $\nabla \cdot \boldsymbol{f}$ と $\nabla \times \boldsymbol{f}$ を求めよ．
(2) また，$-\nabla U = \boldsymbol{f}$ を満たすスカラー場 U を求めよ．

[解] (1) $\nabla \cdot \boldsymbol{f} = 2x + 2y + 2z$，$\nabla \times \boldsymbol{f}$ の x 成分は，$\frac{\partial(z^2+xy)}{\partial y} - \frac{\partial(y^2+zx)}{\partial z} = x - x = 0$ となる．y，z 成分も同様に 0 になるので，$\nabla \times \boldsymbol{f} = \boldsymbol{0}$ である．

(2) $-\frac{\partial U}{\partial x} = -U_x = x^2 + yz$，$-\frac{\partial U}{\partial y} = -U_y = y^2 + zx$，$-\frac{\partial U}{\partial z} = -U_z = z^2 + xy$ を満たす U を求めればよい．最初の式から，$U = -\frac{x^3}{3} - xyz + g(y,z)$．ほかの 2 つの式も考えて，$U = -\frac{x^3}{3} - \frac{y^3}{3} - \frac{z^3}{3} - xyz$ であることがわかる． (解終)

例 2.6 ベクトル場 $\boldsymbol{f}(x,y,z) = {}^t\left(-\frac{y}{x^2+y^2}, \frac{x}{x^2+y^2}, 0\right)$ について，$\nabla \cdot \boldsymbol{f} = 0$ を示せ．また，$\nabla \times \boldsymbol{g} = \boldsymbol{f}$ をみたすベクトル・ポテンシャル $\boldsymbol{g}$ を求めよ．

[解] $\nabla \cdot \boldsymbol{f} = \partial \frac{-\frac{y}{x^2+y^2}}{\partial x} + \partial \frac{\frac{x}{x^2+y^2}}{\partial y} = \frac{2xy - 2xy}{(x^2+y^2)^2} = 0$ となる．
$\boldsymbol{g}(x,y,z) = {}^t\left(\frac{zx}{x^2+y^2}, \frac{yz}{x^2+y^2}, 0\right)$ とおくと，$\nabla \times \boldsymbol{g} = \boldsymbol{f}$ がすぐに確かめられる．これが求めるベクトル・ポテンシャルである． (解終)

力の場 $\boldsymbol{F}$ がポテンシャル U をもつとき，$\boldsymbol{F}$ を**保存力場** (conservation force field) といい，U を**位置エネルギー** (potential energy) という．質量 m の質点に力 $\boldsymbol{F}$ が働いていて，質点の速さが v のとき，$K = \frac{1}{2}mv^2$ を**運動エネルギー** (kinetic energy) という．

例 2.7 質量 m の質点に保存力場 $\boldsymbol{F}$ が働いている．このとき，位置エネルギー U と運動エネルギー K の和，$E = U + K$ は一定であることを示せ．
これを，**エネルギー保存の法則** (conservation law of energy) という．

[解] t に関する微分を $'$ で表すと，運動方程式は，$\boldsymbol{F} = m\boldsymbol{\alpha} = m\boldsymbol{r}''$ である．U と K を時間 t で微分すると，$U' = U_x x' + U_y y' + U_z z' = \boldsymbol{r}' \cdot \nabla U = -\boldsymbol{r}' \cdot \boldsymbol{F}$，および，$K' = \frac{m(v^2)'}{2} = \frac{m(\boldsymbol{r}' \cdot \boldsymbol{r}')'}{2} = m(\boldsymbol{r}' \cdot \boldsymbol{r}'') = \boldsymbol{r}' \cdot \boldsymbol{F}$．よって，$U' + K' = 0$ となって，$U + K = $ 一定 がいえる． (解終)

xyz 空間の領域 V が，xy 平面の有界領域 D と，C^1 級の関数 $\phi_1(x,y)$，$\phi_2(x,y)$ を用いて，$V : (x,y) \in D$，$\phi_1(x,y) \leq z \leq \phi_2(x,y)$ と表されているとき，これを縦線領域という．このとき，重積分の累次積分の考え方により，

$$\iiint_V f(x,y,z)dxdydz = \iint_D \left\{\int_{\phi_1(x,y)}^{\phi_2(x,y)} f(x,y,z)dz\right\} dxdy$$

が成り立つ．これを $f(x,y,z) = \frac{\partial R(x,y,z)}{\partial z}$ に適用すると，

$$\iiint_V \frac{\partial R(x,y,z)}{\partial z} dxdydz = \iint_D [R(x,y,z)]_{\phi_1(x,y)}^{\phi_2(x,y)} dxdy$$

となる．この右辺を面積分の形に書き直す．V の表面である閉曲面を S とし，その外側を表とする．$R(x,y,z)$ が C^1 級ならば，次式が成り立つ．

$$\iint_S R(x,y,z) dxdy = \iiint_V \frac{\partial R(x,y,z)}{\partial z} dxdydz$$

各座標面についての縦線領域を用いて，x,y,z に関して対称に書いたものがガウスの定理である．

定理 2.3 (ガウスの定理) xyz 空間における領域 V が，どの座標面に対しても C^1 級の縦線領域で表されているとする．領域 V の表面を $S = \partial V$ とし，外側を表とする．C^1 級の関数 $P(x,y,z)$, $Q(x,y,z)$, $R(x,y,z)$ に対して，次式が成り立つ．

$$\iint_S Pdydz + Qdzdx + Rdxdy = \iiint_V (P_x + Q_y + R_z) dxdydz$$

系 2.1 (発散定理) どの座標面に対しても C^1 級の縦線領域で表されている xyz 空間の領域 V の表面を $S = \partial V$ とし，外側を表とする単位法線ベクトルを $\boldsymbol{n}$ とする．このとき C^1 級のベクトル場 $\boldsymbol{f}(x,y,z)$ に対して，次式が成り立つ．

$$\iint_S \boldsymbol{f} \cdot \boldsymbol{n} dS = \iiint_V \nabla \cdot \boldsymbol{f} dV \quad (dV = dxdydz)$$

例 2.8 ガウスの定理で，$P = x$, $Q = y$, $R = z$ とおくと，右辺は $3\iiint_V dxdydz$ となって，V の体積の 3 倍になる．したがって領域 V の体積（これも V と書く）は次のように表される．

$$V = \frac{1}{3} \iint_S xdydz + ydzdx + zdxdy$$

例 2.9 閉曲面 S 上の点 P の（原点 O からみた）位置ベクトルを $\boldsymbol{r}$ とし，$r = \|\boldsymbol{r}\|$ とする．

$$\iint_S \frac{\boldsymbol{r}}{r^3} \cdot \boldsymbol{n} dS = \begin{cases} 0 & \text{（原点 O は } S \text{ の外部）} \\ 4\pi & \text{（原点 O は } S \text{ の内部）} \\ 2\pi & \text{（原点 O は } S \text{ の上）} \end{cases}$$

[解] O が S の外部にあるとき，$\frac{\boldsymbol{r}}{r^3}$ は S の内部領域（これを V とする）全体で定義され，$\nabla \cdot \frac{\boldsymbol{r}}{r^3} = \frac{1}{r^3} \nabla \cdot \boldsymbol{r} - \frac{3}{r^4} \boldsymbol{r} \cdot \nabla r = \frac{3}{r^3} - \frac{3}{r^4} r = 0$ となる．発散定理から，$\iint_S \frac{\boldsymbol{r}}{r^3} \cdot \boldsymbol{n} dS = \iiint_V \nabla \cdot \frac{\boldsymbol{r}}{r^3} dV = 0$ である．

O が S の内部にあるとき，O を中心とする小さな球 V_0（球面 S_0）を V の内部にとる．$V' = V - V_0$ では O は外部になり，$\partial V'$ では，外に向かう単位法線ベクトルは $-\boldsymbol{n}_0$ にな

るから，$\iint_{\partial V'} \frac{\boldsymbol{r}}{r^3} \cdot \boldsymbol{n} dS = \iint_{S-S_0} \frac{\boldsymbol{r}}{r^3} \cdot \boldsymbol{n} dS = \iint_S \frac{\boldsymbol{r}}{r^3} \cdot \boldsymbol{n} dS - \iint_{S_0} \frac{\boldsymbol{r}}{r^3} \cdot \boldsymbol{n} dS = 0$ である．
∴ $\iint_S \frac{\boldsymbol{r}}{r^3} \cdot \boldsymbol{n} dS = \iint_{S_0} \frac{\boldsymbol{r}}{r^3} \cdot \boldsymbol{n} dS$ である．この最後の積分は，実質例 1.15 の後半で扱った積分になるから，4π である．

O が S 上にあるとき，O を中心とする小さな球 V_0（球面 S_0）をとり，V の内部にある部分を V_0', S_0' とする．V' では O は外部になり，今と同様に $\iint_S \frac{\boldsymbol{r}}{r^3} \cdot \boldsymbol{n} dS = \iint_{S_0'} \frac{\boldsymbol{r}}{r^3} \cdot \boldsymbol{n} dS$ となる．V_0 の半径を限りなく小さくしていくと，S_0' は接平面で切り取られた半球に近づく．したがって極限をとると，右辺の積分はちょうど半分，2π に等しくなる． (解終)

平面におけるグリーンの定理（定理 1.3）は空間に拡張することができる．

定理 2.4 (空間におけるグリーンの定理) xyz 空間における曲面 S の境界として現れる閉曲線を $C = \partial S$ と書く．S の単位法線ベクトルを，$\boldsymbol{n} = {}^t(n_1, n_2, n_3)$ とし，スカラー場を，$P(x,y,z)$, $Q(x,y,z)$, $R(x,y,z)$ とする．このとき，次式が成り立つ．

$$\iint_S (P_z n_2 - P_y n_3) dS = \int_C P(x,y,z) dx$$
$$\iint_S (Q_x n_3 - Q_z n_1) dS = \int_C Q(x,y,z) dy$$
$$\iint_S (R_y n_1 - R_x n_2) dS = \int_C R(x,y,z) dz$$

（証明省略）平面のときと同じようにして証明できる．

定理 2.5 (ストークスの定理) xyz 空間における C^2 級の曲面 S の境界 $C = \partial S$ が C^1 級だとする．C^1 級の関数 $P(x,y,z)$, $Q(x,y,z)$, $R(x,y,z)$ に対して，次式が成り立つ．

$$\int_C P dx + Q dy + R dz$$
$$= \iint_S (R_y - Q_z) dy dz + (P_z - R_x) dz dx + (Q_x - P_y) dx dy$$

[略証] 曲面 S を，$S : x = x(u,v)$, $y = y(u,v)$, $z = z(u,v)$ とし，境界 C は，$C : x = x(u(t), v(t))$, $y = y(u(t), v(t))$, $z = z(u(t), v(t))$ ($a \leqq t \leqq b$) と書けているものとする．$\frac{\partial P}{\partial u} = P_x x_u + P_y y_u + P_z z_u$, $\frac{\partial P}{\partial v} = P_x x_v + P_y y_v + P_z z_v$ だから

$$\frac{\partial (P x_v)}{\partial u} - \frac{\partial (P x_u)}{\partial v} = P_z \frac{\partial(z,x)}{\partial(u,v)} - P_y \frac{\partial(x,y)}{\partial(u,v)}$$

であることを利用して，$\int_C P dx = \iint_S P_z dz dx - P_y dx dy$ が示される．Q, R についても同様で，まとめて定理を得る． (略証終)

系 2.2 xyz 空間における C^1 級のベクトル場 $\boldsymbol{f} = (P(x,y,z), Q(x,y,z), R(x,y,z))$ に対して，次式が成り立つ．

$$\int_C \boldsymbol{f} \cdot \boldsymbol{t} ds = \iint_S (\nabla \times \boldsymbol{f}) \cdot \boldsymbol{n} dS$$

[**証明**] ∇ を使って書き直しただけである. (証明終)

例 2.10 S：球面 $x^2 + y^2 + z^2 = a^2 \ (a > 0)$ とする．このとき，

$$\iint_S (\nabla \times \boldsymbol{f}) \cdot \boldsymbol{n} dS = 0$$

[**解**] 上半球面を S_1，下半球面を S_2 とすると $S = S_1 + S_2$ であり，S_1 の境界を赤道 C とすれば，S_2 の境界は $-C$ である．よって，

$$\iint_S (\nabla \times \boldsymbol{f}) \cdot \boldsymbol{n} dS = \iint_{S_1} (\nabla \times \boldsymbol{f}) \cdot \boldsymbol{n} dS + \iint_{S_2} (\nabla \times \boldsymbol{f}) \cdot \boldsymbol{n} dS$$
$$= \int_C \boldsymbol{f} \cdot \boldsymbol{t} ds + \int_{-C} \boldsymbol{f} \cdot \boldsymbol{t} ds = 0 \qquad \text{(解終)}$$

最後に物理的な内容の細かい説明は省略して，電磁場に関するマックスウェル方程式について述べよう．電場ベクトルを $\boldsymbol{E}$，磁場ベクトルを $\boldsymbol{h}$，電流密度ベクトルを $\boldsymbol{j}$，電荷密度を ρ とする．これらはいずれも点 (x, y, z) と時間 t の関数である．誘電率を ε_0，透磁率を μ_0 とすると，$\varepsilon_0 \mu_0 = \frac{1}{c^2}$（$c$ は光速）である．このとき，次の式が成り立つ．これらをまとめて**電磁場に関するマックスウェル方程式**という．

$$\nabla \times \boldsymbol{h} - \varepsilon_0 \frac{\partial \boldsymbol{E}}{\partial t} = \boldsymbol{j} \quad \text{(ファラディ(Farady) の法則)},$$
$$\nabla \times \boldsymbol{E} + \mu_0 \frac{\partial \boldsymbol{h}}{\partial t} = \boldsymbol{0} \quad \text{(アンペール (Ampère) の法則)},$$
$$\nabla \cdot \boldsymbol{E} = \frac{\rho}{\varepsilon_0}, \quad \text{(電場に関するガウスの法則)},$$
$$\nabla \cdot \boldsymbol{h} = 0 \quad \text{(磁場に関するガウスの法則)}.$$

例 2.11 次の式が成り立つことを示せ．

$$\Delta \boldsymbol{E} - \varepsilon_0 \mu_0 \frac{\partial^2 \boldsymbol{E}}{\partial t^2} = \frac{1}{\varepsilon_0} \left(\nabla \rho + \varepsilon_0 \mu_0 \frac{\partial \boldsymbol{j}}{\partial t} \right)$$
$$\Delta \boldsymbol{h} - \varepsilon_0 \mu_0 \frac{\partial^2 \boldsymbol{h}}{\partial t^2} = -\nabla \times \boldsymbol{j}$$

[**解**] アンペールの法則，$\nabla \times \boldsymbol{E} + \mu_0 \frac{\partial \boldsymbol{h}}{\partial t} = \boldsymbol{0}$ に左から演算 $\nabla \times$ を施すと，

$$\boldsymbol{0} = \nabla \times \left(\nabla \times \boldsymbol{E} + \mu_0 \frac{\partial \boldsymbol{h}}{\partial t} \right) = \{\nabla(\nabla \cdot \boldsymbol{E}) - \Delta \boldsymbol{E}\} + \mu_0 \frac{\partial (\nabla \times \boldsymbol{h})}{\partial t}$$
$$= \nabla \frac{\rho}{\varepsilon_0} - \Delta \boldsymbol{E} + \mu_0 \frac{\partial (\varepsilon_0 \frac{\partial \mathbf{E}}{\partial t} + \boldsymbol{j})}{\partial t},$$
$$= \nabla \frac{\rho}{\varepsilon_0} - \Delta \boldsymbol{E} + \varepsilon_0 \mu_0 \frac{\partial^2 \boldsymbol{E}}{\partial t^2} + \mu_0 \frac{\partial \boldsymbol{j}}{\partial t}.$$

これを移項して整理すれば第1式を得る．

ファラディの法則, $\nabla \times \boldsymbol{h} - \varepsilon_0 \partial \boldsymbol{E}\partial t = \boldsymbol{j}$ に同じことを行って第2式を得る．(解終)

例 2.12 電場 $\boldsymbol{E}$ が与えられている．閉曲面 S が囲む領域を V とすると，電荷 q は,
$$q = \frac{1}{\varepsilon_0}\iiint_V \rho dV = \iint_S \boldsymbol{E}\cdot\boldsymbol{n}dS$$
と2通りに書き表される．これを用いて，電場に関するガウスの定理を導け．

[**解**] 発散定理により, $\iint_S \boldsymbol{E}\cdot\boldsymbol{n}dS = \iiint_V \nabla\cdot\boldsymbol{E}dV$ だから,
$$\frac{1}{\varepsilon_0}\iiint_V \rho dV = \iiint_V \nabla\cdot\boldsymbol{E}dV$$
$$\therefore \iiint_V \left(\frac{\rho}{\varepsilon_0} - \nabla\cdot\boldsymbol{E}\right)dV = 0.$$

これが任意の領域 V に対して成り立つから, $\frac{\rho}{\varepsilon_0} - \nabla\cdot\boldsymbol{E} = 0$ である．　　(解終)

「ベクトル解析学の最初の勝利」とも言えるマックスウェル方程式の感じがつかめたところで，ベクトル解析の解説を終えることにしよう．　　　　　　　　　　〔中村　滋〕

第 VI 編
位相空間

VI 位相空間

1 ユークリッド空間と距離空間

1.1 ユークリッド空間

　位相空間論では日常的な空間の概念を大きく拡張しているため，経験的認識とすっかりかけ離れたことを考えているかのようにみえる．具体的な対象をよく把握しておくことが抽象的な理論の理解を助ける．そこで，まず，日常的な経験に対応しているユークリッド空間 (Euclid) について述べる．

　ユークリッド空間とは，実数全体 $\mathbf{R}$ の有限個 (n 個とする) の直積 $\mathbf{R}^n$ に次のような**ユークリッドの距離**を入れたものである．

　2 点 $p = (x_1, x_2, \ldots, x_n), q = (y_1, y_2, \ldots, y_n) \in \mathbf{R}^n$ に対して，それら 2 点の距離を次のように定める．

定義 1.1　$d(p, q) = \sqrt{(x_1 - y_1)^2 + (x_2 - y_2)^2 + \cdots + (x_n - y_n)^2}$

　もっとも簡単だが実用性の高い空間は 1 次元ユークリッド空間，すなわち，実数空間である．実数直線上では 2 点 $x, y \in \mathbf{R}$ に対して，それらの距離が

$$d(x, y) = \sqrt{(x - y)^2} = |x - y|$$

によって決まる．

　一点 x の**近傍**とは，その点のプラスの方向とマイナスの方向の両方を含んだ集合である．

定義 1.2　ある $\varepsilon > 0$ に対して，$(x - \varepsilon, x + \varepsilon)$ を含む集合を x の近傍という．

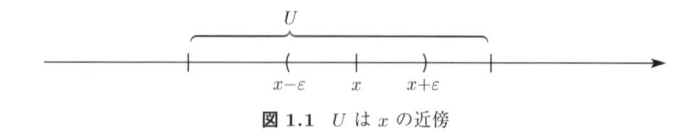

図 1.1 U は x の近傍

　平面 (2 次元ユークリッド空間) とは，集合 $\mathbf{R}^2 = \{(x, y) \,|\, x, y \in \mathbf{R}\}$ において 2 点 $p = (x_1, y_1), q = (x_2, y_2) \in \mathbf{R}^2$ の距離が，

1. ユークリッド空間と距離空間

$$d(p,q) = \sqrt{(x_1-x_2)^2 + (y_1-y_2)^2}$$

と決められたものである．このとき，点 p の近傍は $r>0$ として点 p を中心とし，半径 r の開球

$$B_r(p) = \{q \in \mathbf{R}^2 \,|\, d(p,q) < r\}$$

を含む集合として決められる．開球 $B_r(p)$ は点 p の周りと考えられる．つまり，距離が r より小さい点全部を集めれば，その点の周りのあらゆる方向が含まれている．

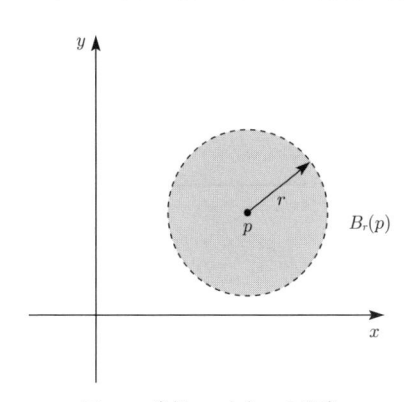

図 1.2 半径 r，中心 p の開球

1.2 距 離 空 間

ユークリッド空間から距離の概念を抽象して距離空間の概念が得られる．つまり，ユークリッド空間の場合は 2 点の座標を用いて距離を計算することができた．ここでは計算の方法が決まっていたが，必ずしもそれがあきらかでなくとも 2 点の距離がなんらかの方法で決まっていて，次に挙げる性質（**距離の公理**）を満たすものを距離空間という．

定義 1.3 集合 X の 2 点 $p, q \in X$ に対して，ある実数 $d(p,q)$ が決まっていて，次の公理を満たすとき集合 X を**距離空間**と呼ぶ．
 1. $d(p,q) \geqq 0$ であり，$d(p,q) = 0 \Leftrightarrow p = q$ が成り立つ．
 2. $d(p,q) = d(q,p)$ が成り立つ．
 3. 3 点 p, q, r に対して，次の**三角不等式**が成り立つ．

$$d(p,r) \leqq d(p,q) + d(q,r)$$

さきほど述べたユークリッド空間は上の公理を満たすので距離空間である．三角不等式

以外の 2 つの公理についてはあきらかに成り立つ．3 番目の三角不等式は通常シュヴァルツ (Schwarz) の不等式を用いて証明される．

例 1.1　離散距離　集合 X において異なる 2 点の距離はつねに 1 であり，同じ点のときに距離を 0 と定める．このように定義すると距離の公理を満たす．この空間では，すべての点が離れていると解釈することができる．

例 1.2　写像の空間

$\mathfrak{C} = \{f \mid f : [0,1] \to \mathbf{R}, 連続\}$ とし，$f, g \in \mathfrak{C}$ に対して，次のようにして距離 d を定義する．
$$d(f,g) = \max\{|f(x) - g(x)| \mid x \in [0,1]\}$$
後で述べるが，閉区間上の連続写像はかならず最大値をもつ (定理 7.2, 定理 7.7) から，この定義は意味をもつ．

ユークリッド空間の場合とまったく同様に距離空間 X においては，点 p の近傍は点 p を中心とする開球
$$B_r(p) = \{q \in X \mid d(p,q) < r\}$$
を含む集合として決められる．離散距離の場合には，r を 1 より小さくとって，開球 $B_r(p) = \{q \in X \mid d(p,q) < r\}$ を考えれば，p と p 以外の点との距離は，すべて 1 であったから $B_r(p) = \{p\}$ となり，p を含む集合はすべて p の近傍となる．

VI 位相空間

2 位 相 空 間

　距離空間における距離の概念から数値で与えられる距離というものを捨象し，点の「周り」，近傍の考えを残したものが位相空間である．ここでは数値で与えられる距離というものは考えないが，近傍の大小は集合の包含関係によって考えることができるので，その意味で遠い近いの概念がある程度残されているともいえる．

　距離が定まっていると，ある点の「周り」はその点からの距離がある値より小さい点全体として自然に決まる．数学の用語では「周り」を「近傍」という．これは空間の "広がり方" あるいは "つながり方" を規定している．

　位相空間とは，集合の各点に対して，それらの点のつながり具合を決めたものであって，各点の "周り" がなんであるかが与えられているものである．距離空間はその典型的な例である．

　「近傍」は空間のある一点での概念でありローカル（局所的）なものであるが，数学を展開する場合グローバル（大域的）な概念を用意しておくと便利である．「近傍」に対応するグローバルな概念が**開集合**である．ある部分集合が開集合であるとは，その集合のどの点についても，その集合がその点の近傍になっているときをいう．

　位相空間の構造と両立する写像が連続写像である．直感的には言葉どおり点を連続的に写すものであり，点がその周りと一緒に移動するということであるが，近傍の言葉でいえば次のようになる．ある点の十分小さな近傍を写すと写った先の点の近傍におさまるということである．これを開集合の言葉でいえば，「任意の開集合の逆像も開集合になる」ものが連続写像である，というように言い換えられる．

　簡単にいえば，位相空間論と位相幾何学は連続写像で不変な性質を調べる学問である．位相空間論では，そのうち空間の質を問題にし，位相幾何学ではその形を問題にするといえよう．

　位相空間論で扱う連続写像で不変な性質として，代表的なものに「連結性」と「コンパクト性」がある．

2.1 近傍系

X を集合とする．X が位相空間であるためには，各点の近傍が決まっているか，あるいは，開集合全体が決まっていればよい．歴史的には，他の決め方もいろいろ採用されたが，現在ほとんどの教科書では開集合を決めることによって位相空間とするスタイルをとるようになっている．しかし，直感的な意味は近傍のほうがわかりやすいので，まず，近傍によって位相を決めることにする．ある点の近傍すべての集まりを近傍系という．

近傍系の公理

集合 X の各点 x に対して，X の部分集合の集まり $\mathfrak{U}(x)$ が定まり，以下に挙げる性質を満たすとき，$\mathfrak{U}(x)$ の要素を x の**近傍**と呼ぶ．またすべての点 x で $\mathfrak{U}(x)$ が与えられたとき，それらを X の**近傍系**と呼ぶ．

1. $\mathfrak{U}(x) \neq \emptyset, A \in \mathfrak{U}(x) \Rightarrow x \in A$.
2. $A \in \mathfrak{U}(x), A \subset B \Rightarrow B \in \mathfrak{U}(x)$.
3. $A, B \in \mathfrak{U}(x) \Rightarrow A \cap B \in \mathfrak{U}(x)$.
4. $\forall A \in \mathfrak{U}(x), \exists B \in \mathfrak{U}(x)$ s.t. $(y \in B \Rightarrow A \in \mathfrak{U}(y))$.

このとき，近傍系 $\mathfrak{U}(x)$ は集合 X の位相を定めるといい，X を**位相空間**と呼ぶ．上の4つの条件を近傍系の公理と呼ぶ．3までの公理は，近傍がその点の周りを決めていると考えれば理解しやすい．しかし，最後の4は少し複雑でわかりにくい．これは，これから述べる開集合との関連で考えるとわかりやすい．開集合とは，その集合自身がその集合の各点の近傍になっているものをいった．実は，4.は「ある点の近傍とはその点を含む開集合を含む集合である」ということを保証しているのである．

例 2.1 2次元ユークリッド空間 $\mathbf{R}^2$ を考える．一点 $p = (x_0, y_0)$ を中心とした半径 r の開円盤を

$$B_r(p) = \{(x,y) \mid \sqrt{(x-x_0)^2 + (y-y_0)^2} < r\}, \quad (r > 0)$$

とする．$U \subset \mathbf{R}^2$ が，ある $r > 0$ に対する $B_r(p)$ を含むとき，$U \subset \mathbf{R}^2$ は点 p の近傍であるとする．このように決めたとき，上の4つの公理を満たすことが容易にわかる．(この位相は，私たちの日常生活での直感と一致している．)

例 2.2 長い直線の位相

同じ2次元平面 $\mathbf{R}^2$ でも，上と違う位相を考えることもできる．たとえば，平面 $\mathbf{R}^2$ の位相として，各点 (x_0, y_0) の近傍を，$\varepsilon > 0$ として，

$$N_\varepsilon(x_0, y_0) = \{(x,y) \mid x_0 - \varepsilon < x < x_0 + \varepsilon, \ y = y_0\}$$

を含む集合と決める．この位相では，y 軸方向には点がつながっていなく，バラバラであり，一点の「周り」は x 軸方向のみに広がっている空間である．

例 2.3 離散位相
すべての点が孤立している位相は離散位相といわれ，p を含む集合は，すべて p の近傍と決めたものである．とくに，一点 p だけの集合 $\{p\}$ も p の近傍である．したがって，直観的には p はほかのすべての点と離れている．

例 2.4 密着位相
離散位相においてはすべての点が離れていたのだが，その逆にすべての点がつながっているのが密着位相であり，各点の近傍は全体集合ひとつだけのものである．

これらの例のような極端な位相を実際に使うことはそう多くないが，位相の概念を理解するのにはとても役に立つ．同じ集合上でも位相がひとつには限らないことに注意しよう．

例 2.5 直線の位相
直線の位相についても，いろいろなものがあり得る．通常は，実数直線上の 2 点の距離を 2 点の座標の差の絶対値として決める．具体的には，点 p の近傍は，ある正の ε に対して開区間 $(p-\varepsilon, p+\varepsilon)$ を含む集合である．

このほか，離散位相，密着位相も考えられる．さらに，別の位相を考えることもできる．

例 2.6
点 p の近傍として，ある正の ε に対して $(-\infty, p+\varepsilon)$ を含む集合と決めることもできる．このようにしても，近傍系の公理を満たす．

実数直線を時間軸と思うと，この位相では，過去はすべて同じであり，未来についてのみ遠い近いの区別がある位相といえる．

2.2 開集合

次に開集合の概念を示そう．

定義 2.1 集合 X の部分集合全体の集合を 2^X で表す．X の部分集合の集まり $\mathfrak{U} \subset 2^X$ が定まり，以下に挙げる性質を満たすとき，$\mathfrak{U}$ の要素を X の **開集合** と呼ぶ．開集合の与えられた集合 X を，**位相空間** と呼ぶ．

1. $\emptyset \in \mathfrak{U}, X \in \mathfrak{U}$
2. $U_\alpha \in \mathfrak{U}, \alpha \in A \Rightarrow \bigcup_{\alpha \in A} U_\alpha \in \mathfrak{U}$
3. $U_1, U_2, \ldots, U_k \in \mathfrak{U} \Rightarrow U_1 \cap U_2 \cap \cdots \cap U_k \in \mathfrak{U}$

言葉でいえば，「空集合と全空間は開集合」であり，「無限個も含めて開集合の和集合は開

集合」であり,「有限個の開集合の共通部分も開集合」であるということである.この定義からは直接読み取れないが,すぐ述べるように近傍から開集合を定義した場合には明白なこととなるが,開集合とはその各点の(十分小さい)周りがその集合に含まれているものである.

例 2.7 通常の距離を入れた2次元平面,すなわち,2次元ユークリッド平面 $\mathbf{R}^2$ を考える.このとき,

$$U = \{(x,y) \mid y > x\}$$

は,開集合である.図で考えれば,開集合の定義を満たすことはすぐにわかる.同様に,掛け算と足し算からなる式(連続関数)を用いた等号を含まないような不等式で表される集合は,開集合である.とくに,開円盤

$$B_r(p) = \{(x,y) \mid \sqrt{(x-x_0)^2 + (y-y_0)^2} < r\}$$

も開集合である.

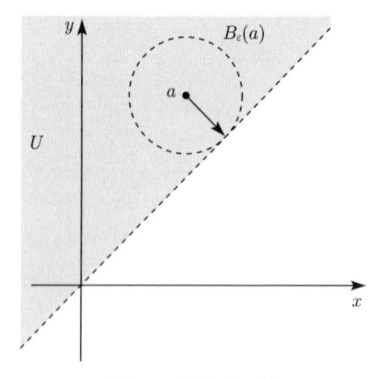

図 2.1 開集合の例

開集合と近傍の間の関係は,次のようである.もし,近傍系 $\mathfrak{U}(x), x \in X$ が与えられている場合には,X の開集合は次のように決められる.

定義 2.2 $U \subset X$ が X の開集合であるとは,

$$\forall a \in U, \exists N \in \mathfrak{U}(a) ; N \subset U$$

が成り立つことをいう.

逆に,開集合全体 $\mathfrak{U}$ が与えられている場合には,ある点 $x \in X$ の近傍 N とは,

$$\exists U \in \mathfrak{U}; x \in U \subset N$$

が成り立つことを意味する．

この関係によって，近傍，開集合のどちらが与えられた位相空間でも，その両方の概念を自由に使うことができる．

次に，位相空間の構造と両立する写像である連続写像について述べる．

2.3 連続写像

定義 2.3 X, Y を位相空間とし，写像 $f : X \to Y$ があるとき，f が点 $a \in X$ で**連続**であるとは，次が成り立つことをいう．どんな $f(a)$ の近傍 N に対しても，その逆像 $f^{-1}(N)$ も a の近傍となることをいう．

この定義は，逆像の記号を使わずに表現すれば，次のようになる．X の近傍系を $\mathfrak{U}(a)$，Y の近傍系を $\mathfrak{U}'(b)$ とする．どんな $f(a)$ の近傍 N に対しても十分小さな a の近傍 N_0 をとれば，その像 $f(N_0)$ が N の中に収まるようにできる，となる．また，同じことを論理式によって表現すれば，

$$\forall N \in \mathfrak{U}'(f(a)), \exists N_0 \in \mathfrak{U}(a); f(N_0) \subset N$$

となる．これを通常の距離空間に当てはめると，有名な ε–δ 論法と呼ばれるものになる．X, Y での距離をそれぞれ，d, d' で表す．

定義 2.4
$$\forall \varepsilon > 0, \exists \delta > 0; \forall x, d(x, a) < \delta \Rightarrow d'(f(x), f(a)) < \varepsilon$$

距離空間での近傍の定義を用いれば，これが前の定義と同値なことは容易にわかる．

定義 2.5 写像 f が，X のすべての点で連続なときに，f を**連続写像**と呼ぶ．

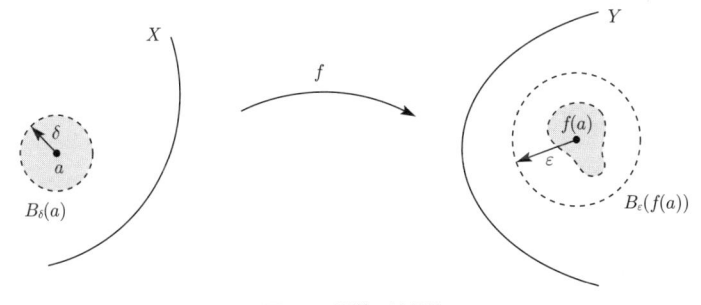

図 2.2 関数の連続性

連続写像の概念は，開集合の言葉で表すこともできる．X の開集合の集まりを $\mathfrak{U}$，Y の開集合の集まりを $\mathfrak{U}'$ で表すとき，f が連続写像であるとは，次の条件を満たすときとなる．

$$U \in \mathfrak{U}' \Rightarrow f^{-1}(U) \in \mathfrak{U}$$

これが近傍を用いた連続性の定義と同値であることを証明しよう．

[**証明**] $U \in \mathfrak{U}'$ とする．すなわち，U を Y の開集合とする．$x \in f^{-1}(U)$ とすると，$f(x) \in U$ である．U は開集合だから $f(x)$ の近傍である．近傍による連続性の定義から，$f^{-1}(U)$ は x の近傍となる．x は $f^{-1}(U)$ の任意の点であるから，$f^{-1}(U)$ は開集合である．

逆に，$x \in X$ とし，N を $f(x)$ の近傍とする．近傍の公理 4 から開集合 U で $f(x) \in U \subset N$ を満たすものが存在する．仮定から，$f^{-1}(U)$ は開集合であるので，x の近傍である．近傍系の公理 2 から，$f^{-1}(N)$ も x の近傍である． (証明終)

VI 位相空間

3

点列の収束と分離公理

数列の収束という概念は距離空間では，その距離に関していくらでも近づくということで理解することができる．

定義 3.1 距離空間における点列の収束
距離空間 X において，点列 x_i が x_0 に**収束**するとは，次が成り立つことをいう．

$$\forall \varepsilon > 0, \exists N \text{ s.t. } \forall n \geqq N \Rightarrow d(x_n, x_0) < \varepsilon$$

位相空間においては，「いくらでも小さい近傍」といった場合の「いくらでも小さい」の意味が明確ではなくなってしまうので，点列の収束を考える場合，「いくらでも小さい近傍について」を「すべての近傍について」に置き換えて考えることになる．表現としては，すべての近傍であるから，大きいものも含まれるわけであるが，実際に問題になるのは小さいものについてである．

定義 3.2 位相空間における点列の収束
位相空間 X において，点列 x_i が x_0 に収束するとは，次が成り立つことをいう．

$$\forall U : x_0 \text{の近傍}, \exists N \text{ s.t. } \forall n \geqq N \Rightarrow x_n \in U$$

位相空間の近傍，開集合の多寡を見極める性質として，いろいろな分離公理があるが，ここでは代表的なものにかぎって説明する．

定義 3.3 位相空間 X が，**ハウスドルフ**(Hausdorff)**空間**であるとは，異なる 2 点はかならず交わらない近傍をもつことである．

$$\forall p, \forall q \in X, p \neq q, \exists U ; p \text{の近傍}, \exists V ; q \text{の近傍 s.t. } U \cap V = \emptyset$$

点列の収束の定義から，ハウスドルフ位相空間においては点列が収束するとき，その収束先は一点だけに限ることがわかる．

例 3.1 距離空間はハウスドルフである．異なる 2 点は正の距離をもつから，それを δ

としたとき，開球 $B_{\delta/2}(p), B_{\delta/2}(q)$ は交わらない2点の近傍となるからである．

例 3.2 ハウスドルフでない位相空間の例を挙げよう．

$$X = \{(x,y) | x > 0, y = 0\} \cap \{(x,y) | x \leqq 0, y = \pm 1\}$$

とする．このとき，各点 (x_0, y_0) の近傍系を，$\varepsilon > 0$ として次の集合を含む集合と定める．$x_0 \neq 0$ のときは，

$$\{(x,y) | x_0 - \varepsilon < x < x_0 + \varepsilon, y = y_0\}$$

とし，$x_0 = 0$ のときは，

$$\{(x,y) | x_0 - \varepsilon < x \leqq 0, y = y_0\} \cup \{(x,y) | 0 < x < x_0 + \varepsilon, y = 0\}$$

と決める．

このとき，2点 $(0, -1), (0, 1)$ の近傍は，どちらもかならず $x > 0$ のところで共通部分をもつので X はハウスドルフではない．

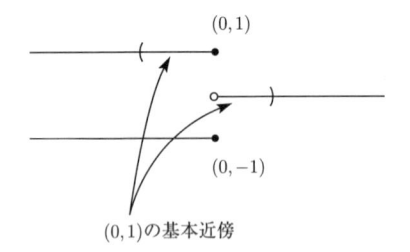

図 3.1 ハウスドルフでない空間の例

定義 3.4 $\mathfrak{U}(x)$ を x の近傍系とするとき，次の条件を満たす $\mathfrak{U}'(x) \subset \mathfrak{U}(x)$ を**基本近傍系**という．

$$\forall x \in X, \forall U \in \mathfrak{U}(x), \exists U_0 \in \mathfrak{U}'(x) \text{ s.t. } U_0 \subset U$$

基本近傍系は，近傍系全体を考えて議論する代わりにその一部の基本的なものだけについて議論すればよい，という意味で「基本」的なものである．これと同様の概念が開集合については「基底」という言葉で言い表される．

定義 3.5 $\mathfrak{U}$ を X の開集合全体とするとき，次の条件を満たす $\mathfrak{U}' \subset \mathfrak{U}$ を開集合の**基底**という．

$$\forall U \in \mathfrak{U}, \forall x \in U, \exists U_0 \in \mathfrak{U}' \text{s.t.} \ x \in U_0 \subset U$$

3. 点列の収束と分離公理

この定義からどんな開集合も基底の要素の和集合に表せることがわかる．上の記号ですべての $x \in U$ に対する U_0 の和集合が，U に等しくなるからである．

各点 $x \in X$ について，可算個からなる基本近傍系が存在するとき，その空間は「**第 1 可算公理**」を満たすという．X について，可算個からなる開集合の基底が存在するとき，その空間は「**第 2 可算公理**」を満たすという．

定理 3.1 X, Y を第 1 可算公理を満たす位相空間とする．このとき，次の条件が $f : X \to Y$ が x_0 で連続であるための必要十分条件である．

$$x_i \in X, i = 1, 2, 3, \ldots, x_i \to x_0 \quad \text{ならば，} f(x_i) \to f(x_0)$$

証明の前に，必要な補題を示す．

補題 3.1 第 1 可算公理を満たす位相空間を X とし，その基本近傍系を $\mathfrak{U}(x)$ とするとき，次の条件を満たす基本近傍系 $\mathfrak{U}'(x) = \{U'_i | i = 1, 2, 3, \ldots\}$ が存在する．

$$U'_{i+1} \subset U'_i, \ i = 1, 2, 3, \ldots$$

[証明] $\mathfrak{U}(x) = \{U_i | i = 1, 2, 3, \ldots\}$ としたとき，$U'_i = U_1 \cap U_2 \cap \cdots \cap U_i$ とすればよい． (証明終)

[証明] **定理の証明** $f : X \to Y$ が x_0 で連続であるとする．$x_i, i = 1, 2, 3, \ldots$ を x_0 に収束する点列とする．$f(x_0)$ の任意の近傍を U とすると，$f^{-1}(U)$ は x_0 の近傍である．したがって，

$$\exists N \text{ s.t. } \forall n \geq N \Rightarrow x_n \in f^{-1}(U)$$

が成り立つ．これは，

$$\exists N \text{ s.t. } \forall n \geq N \Rightarrow f(x_n) \in U$$

を意味する．

逆に，$f : X \to Y$ が x_0 で連続でないとする．X が第 1 可算公理を満たすから，補題の基本近傍系 $U'_i, i = 1, 2, 3, \ldots$ をとる．$f(x_0)$ の近傍 U が存在して，$f^{-1}(U)$ が x_0 の近傍でない．したがって，どんな i に対しても，$U'_i \subset f^{-1}(U)$ とはならない．すなわち，$U'_i \cap f^{-1}(U)^c \neq \emptyset$ である．そこで，x_i を

$$x_i \in U'_i \cap f^{-1}(U)^c$$

ととれば，決め方から

$$x_i \to x_0$$

が成り立つ．$f(x_i) \notin U$ が成り立つから，$f(x_i) \to f(x_0)$ は成り立たない． (証明終)

この定理によって，極限の記号を用いて，$f: X \to Y$ が $a \in X$ において連続であることは，次のようにも表されることがわかる．x_n が a に収束する点列としたとき，

$$\lim_{n \to \infty} f(x_n) = f(\lim_{n \to \infty} x_n) = f(a)$$

が成り立つ．

VI 位相空間

4 閉集合

位相空間論において，開集合と対になる重要な概念として**閉集合**の概念がある．

定義 4.1 閉集合
位相空間 X において，集合 F が閉集合であるとは，F^c が開集合であるときをいう．

開集合の公理から，ドゥ・モルガン (de Morgan) の法則を用いて次が導かれる．

定理 4.1 1. $\emptyset$ と X は閉集合である．
 2. $F_\alpha, \alpha \in A$ が閉集合ならば，$\cap_{\alpha \in A} U_\alpha$ も閉集合である．
 3. $F_1, F_2, \ldots, F_k$ が閉集合ならば，$F_1 \cup F_2 \cup \cdots \cup F_k$ も閉集合である．

例 4.1 ユークリッド平面 $\mathbf{R}^2$ において，閉球

$$\overline{B_r(a)} = \{x \in \mathbf{R}^2 \,|\, d(x,a) \leqq r\}$$

は閉集合である．

$\overline{B_r(a)}^c = \{x \,|\, d(x,a) > r\}$ であり，これは開集合であるからである．

第 1 可算公理が成り立つ位相空間では，閉集合の概念を点列の収束と関係づけて理解することができる．

定理 4.2 X を第 1 可算公理が成り立つ位相空間とする．このとき，次の条件は集合 $A \subset X$ が閉集合であるための必要十分条件である．A の点列 $x_i \in A, i = 1,2,3,\ldots$ が x_0 に収束するなら，$x_0 \in A$ である．

[**証明**] 第 1 可算公理より，可算個からなる各点 $x \in X$ の基本近傍系 $\mathfrak{U}(x) = \{U_i \,|\, i = 1,2,3,\ldots\}$ をとる．$U_{i+1} \subset U_i$ が成り立つとしてよい．

A が閉集合でないと仮定すると，A^c が開集合でないから，

$$\exists x_0 \in A^c, \text{s.t.} \,\forall U_i \in \mathfrak{U}(x_0), U_i \cap A \neq \emptyset$$

が成り立つ．ここで，各 $i \in \mathbf{N}$ について，$x_i \in U_i \cap A$ をとると，$i \geqq N$ のとき，$U_i \subset U_N$

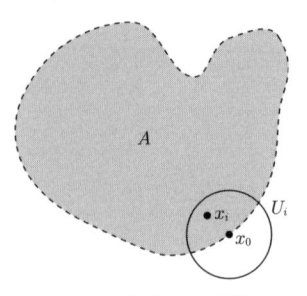

図 4.1 定理 4.2 の証明

だから，$x_i \in U_N$ となり，x_i は x_0 に収束する．$x_0 \in A^c$ だから，与えられた条件が十分であることが示された．

逆に，$\exists x_k \in A, k \in \mathbf{N}, \text{s.t.} \, x_k \to x_0, x_0 \notin A$ とすると，

$$\forall U_i \in \mathfrak{U}(x_0), \exists N \, \text{s.t.} \, \forall k, k \geq N \Rightarrow x_k \in U_i$$

が成り立つ．すなわち，$U_i \cap A \neq \emptyset$．これは A^c が x_0 の近傍ではないことを示しているので，A^c は開集合ではない． (証明終)

写像の連続性を閉集合の言葉で表すと，次のようになる．

定理 4.3 写像 $f: X \to Y$ が連続である必要十分条件は，次が成り立つことである．$F \subset Y$ が閉集合ならば，$f^{-1}(F)$ も閉集合である．

[**証明**] $f^{-1}(F^c) = (f^{-1}(F))^c$ が成り立つことから，容易に導かれる． (証明終)

定義 4.2 集合 $A \subset X$ に対して，A を含む最小の閉集合を A の**閉包**と呼び，$\overline{A}$ で表す．

VI 位相空間

5

部分空間，積空間，商空間

ひとつあるいは複数の位相空間が与えられているとき，それらから新しい位相空間を作る方法を述べる．

5.1 部 分 空 間

X を位相空間とし，Y をその部分集合とする．そのとき，Y に以下のようにして，位相を入れる．X の開集合の集まりを $\mathcal{O}$，Y の開集合の集まりを $\mathcal{O}_Y$ としたとき，$\mathcal{O}_Y$ が次のように決められる．

定義 5.1 $\mathcal{O}_Y = \{U \mid \exists V \in \mathcal{O}; U = V \cap Y\}$

この位相の入った Y を X の**部分位相空間**，あるいは，この位相を**相対位相**という．

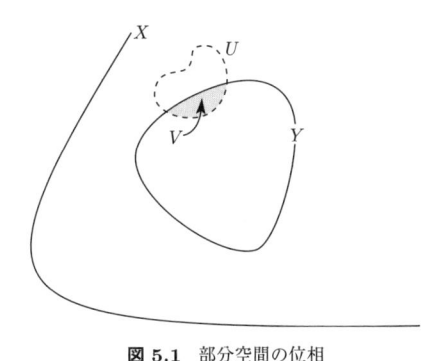

図 5.1 部分空間の位相

例 5.1 X を距離 d をもつ距離空間とし，$Y \subset X$ とする．このとき，Y の距離 d_Y を X での距離を Y に制限したものとする．すなわち，$d_Y(p,q) = d(p,q)$ である．このとき，Y を X の部分距離空間という．部分距離空間による位相は，部分空間としての位相と一致する．

例 5.2 $X = \mathbf{R}^2$ を通常の距離をもつ平面とする．$Y_1 = [0,1] \times [0,1]$ とする．このとき，Y_1 に部分空間としての位相を入れると，各点の近傍は図に示した集合を含むものになる．$Y_2 = (0,1) \times (0,1)$ の場合は，部分空間としての Y_2 の各点の近傍は，元の平面での近傍と一致する．

$Y_1=[0,1]\times[0,1]$ $\qquad\qquad Y_2=(0,1)\times(0,1)$

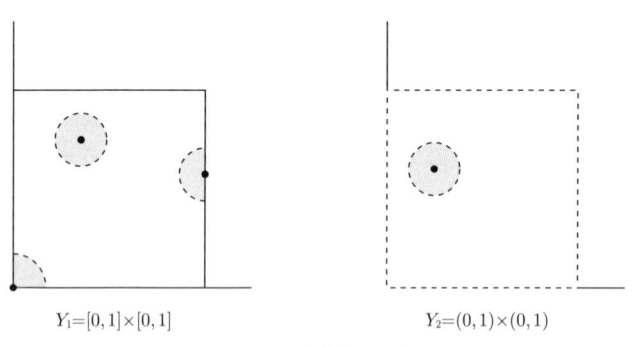

図 5.2 部分空間の例

5.2 積 空 間

X, Y を位相空間とする．そのとき，$X \times Y$ に以下のようにして，位相を入れる．X における点 $x \in X$ の基本近傍系を $\mathfrak{U}(x)$，Y における点 $y \in Y$ の基本近傍系を $\mathfrak{U}'(y)$ としたとき，$X \times Y$ における点 $(x, y) \in X \times Y$ の基本近傍系 $\mathfrak{U}_{X \times Y}(x, y)$ を次のように決める．

定義 5.2 $\mathfrak{U}_{X \times Y}(x, y) = \{N_x \times N_y \mid N_x \in \mathfrak{U}(x), N_y \in \mathfrak{U}'(y)\}$

この位相の入った $X \times Y$ を X と Y の**積空間**，また，このようにして決まる位相を積空間の位相という．この位相における $X \times Y$ の開集合は次のようになる．$U \subset X \times Y$ が開集合であるのは，

$$\forall (x, y) \in U, \exists N_x \in \mathfrak{U}(x), \exists N_y \in \mathfrak{U}'(y)\,;\, N_x \times N_y \subset U$$

が成り立つときである．近傍の言葉でなく，開集合の言葉で積空間の位相を定義するには，開集合の基底を考えるとわかりやすい．X, Y の開集合の基底をそれぞれ，$\mathfrak{U}, \mathfrak{U}'$ としたとき，$X \times Y$ の開集合の基底 $\mathfrak{U}_{X \times Y}$ を次のように決めればよい．

$$\mathfrak{U}_{X \times Y} = \{U \times U' \mid U \in \mathfrak{U}, U' \in \mathfrak{U}'\}$$

このとき，$X \times Y$ の開集合は X の開集合と Y の開集合の直積集合だけではなく，それらの和集合である．

5. 部分空間, 積空間, 商空間

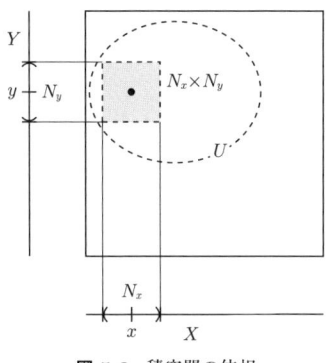

図 5.3 積空間の位相

5.3 商　空　間

X を位相空間, $\sim$ を X 上の同値関係とする. 同値類からなる集合（**商集合**）を $X/\sim$ で表し,
$$p: X \to X/\sim$$
を自然な射影とする. $X/\sim$ に次のようにして, 位相を入れる.

定義 5.3 $U \subset X/\sim$ が開集合であるのは, $p^{-1}(U)$ が開集合であるときである.

このように決めた位相をもった集合 $X/\sim$ を**商空間**という. 定義から, 自然な射影 p が連続であることはあきらかである.

例 5.3 $X = \mathbf{R}$ とし, $x, y \in X$ に対して,
$$x \sim y \Leftrightarrow x - y \in \mathbf{Z}$$
と決める. すなわち, x と y の差が整数のときに同値と決める. これは, 同値関係になり, $X/\sim$ は, 閉区間 $[0,1]$ の両端を同一視したものとみなせ, 円周と同相である.

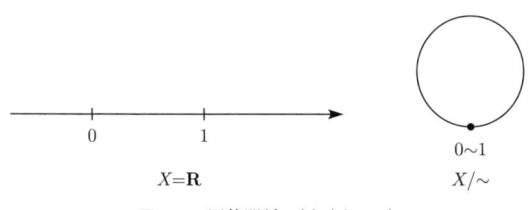

図 5.4 同値関係の例（その 1）

例 5.4 $X = \mathbf{R}^2$ とし，$(x_1, y_1), (x_2, y_2) \in X$ に対して，

$$(x_1, y_1) \sim (x_2, y_2) \quad \Leftrightarrow x_1 - x_2 \in \mathbf{Z}, \; y_1 - y_2 \in \mathbf{Z}$$

と決める．$X/\sim$ を (2次元) **トーラス**と呼び，T^2 で表す．

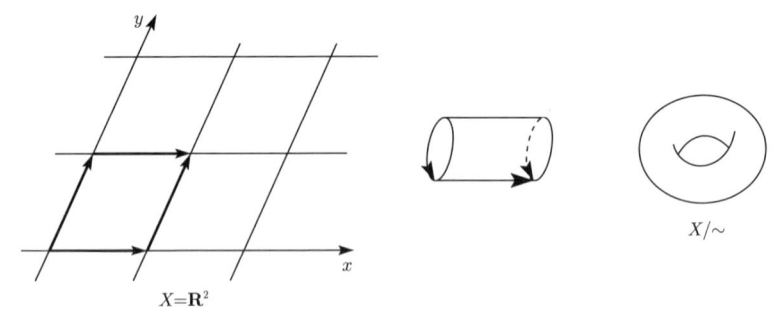

図 5.5

例 5.5 $X = \mathbf{R}^3 - \{(0,0,0)\}$ とし，$x, y \in X$ に対して，

$$x \sim y \quad \Leftrightarrow \exists \lambda \in \mathbf{R} \, ; \, y = \lambda x$$

と決める．$X/\sim$ を (実) **射影平面**と呼ぶ．

VI 位相空間

6

連 結 性

　位相空間 X が連結であるとは，X がひとかたまりであることである．しかし，「ひとかたまり」ということを論理的にきちんと定義するのは，そう単純ではない．たとえば，単純にふたつの共通部分をもたない集合に分けられないときに「ひとかたまり」であると決めてしまうと，区間も「ひとかたまり」でないことになってしまう．すなわち，区間 $[0,1]$ も $[0,1] = [0,1/2) \cup [1/2,1]$ とふたつの共通部分をもたない集合に分けられるからである．

6.1 連結性の定義

　位相空間 X が「連結である」ことを定義するために，その否定「連結でない」を定義することから始める．

　定義 6.1　位相空間 X が **連結でない** とは，次のような条件を満たす X の部分集合 U, V が存在するときをいう．

1. $X = U \cup V$
2. U, V は空でない開集合
3. $U \cap V = \emptyset$

このような 2 つの空でない開集合を，X の **分離** と呼ぶ．「連結である」とは「連結でない」でないことである．

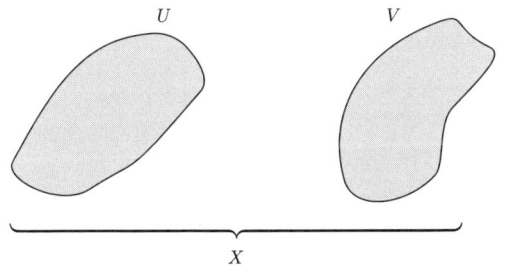

図 6.1　連結でない空間

定義 6.2 位相空間 X が **連結である** とは，U, V が X の開集合で，
1. $X = U \cup V$
2. $U \cap V = \emptyset$

ならば，
$$U = \emptyset \text{ かまたは，} V = \emptyset$$
が成り立つことである．

位相空間 X の部分集合 $Y \subset X$ が連結であるとは，Y が X の部分空間として考えたとき連結であることをいう．すなわち，

$Y \subset X$ が連結であるとは，X の開集合 U, V に対して
1. $Y = (U \cup V) \cap Y$
2. $U \cap V \cap Y = \emptyset$

ならば，
$$U \cap Y = \emptyset \text{ かまたは，} V \cap Y = \emptyset$$
が成り立つことである．

例 6.1 通常の位相をもった実数全体の空間 $\mathbf{R}$ は連結である．また，区間も連結である．

このことは，実数直線に隙間がないことをいっている「実数の連続性」から導かれる ([1])．実際，$\mathbf{R}$ の部分空間 X が連結であるための必要十分条件は，X が区間 $(a,b), (a,b], [a,b), [a,b]$（ここで，$a,b$ は $-\infty, \infty$ も許す）のいずれかであることである．連結性に関しては，次のような基本的な定理が成り立つ．

定理 6.1 X, Y を位相空間とし，X を連結，$f : X \to Y$ を連続写像とすると，$f(X)$ も連結である．

[証明] Y を連結と仮定し，U, V を Y の分離とする．このとき，$f^{-1}(U), f^{-1}(V)$ が X の分離を与える． (証明終)

これらを用いると，微積分学での基本的な定理であった「中間値の定理」が証明される．連結であることの別な表現として，次が成り立つ．

定理 6.2 X が連結であることと，次の条件は同値である．$\{a, b\} \subset \mathbf{R}, a \neq b$ とし，
$$f : X \to \{a, b\}$$
が連続であるならば，f は定値写像である．すなわち，$\forall x \in X, f(x) = a$ または，$\forall x \in X, f(x) = b$ である．

[証明] 必要性は，$f^{-1}(\{a\}), f^{-1}(\{b\})$ が X の開集合による分離を与えることからわ

かる.

十分性は，X の開集合による分離 U, V があったとき,

$$f(x) = \begin{cases} a, \ x \in U \\ b, \ x \in V \end{cases}$$

と f を定義すると，f は 2 つの値をとる連続写像となる. (証明終)

次のようなことも成り立つ.

定理 6.3 X を位相空間とし，$A \subset X$ を連結とすると，A の閉包 $\overline{A}$ も連結である.

VI 位相空間

7 コンパクト性

7.1 位相空間でのコンパクト性

位相空間 X の部分集合の集まり $\{U_\alpha\}_{\alpha \in A}$ が X の**被覆**（カバリング）であるとは，

$$X = \bigcup_{\alpha \in A} U_\alpha$$

が成り立つことをいう．U_α がすべて開集合のとき，$\{U_\alpha\}_{\alpha \in A}$ を**開被覆**という．

定義 7.1 X が**コンパクト**であるとは，X の任意の開被覆 $\{U_\alpha\}_{\alpha \in A}$ が与えられたとき，かならずその有限個の部分被覆が存在することをいう．すなわち，

$$\exists \alpha_1, \alpha_2, \ldots, \alpha_k \in A \text{ s.t. } X = U_{\alpha_1} \cup U_{\alpha_2} \cup \cdots \cup U_{\alpha_k}$$

が成り立つ．

コンパクト性は，位相的な性質であることが次の定理でわかる．

定理 7.1 X, Y を位相空間とし，$f: X \to Y$ を連続な全射とすると，X がコンパクトならば Y もコンパクトである．

[**証明**] Y の開被覆を $\{U_\alpha\}_{\alpha \in A}$ とする．f は連続だから，$\{f^{-1}(U_\alpha)\}_{\alpha \in A}$ は X の開被覆である．X のコンパクト性から X は有限個の $f^{-1}(U_\alpha)$ で覆われる．すなわち，

$$X = f^{-1}(U_{\alpha_1}) \cup f^{-1}(U_{\alpha_2}) \cup \cdots \cup f^{-1}(U_{\alpha_k})$$

となる $\alpha_1, \alpha_2, \ldots, \alpha_k \in A$ が存在する．このとき，f は全射だから，

$$Y = f(X) = f(f^{-1}(U_{\alpha_1}) \cup f^{-1}(U_{\alpha_2}) \cup \cdots \cup f^{-1}(U_{\alpha_k}))$$
$$\subset U_{\alpha_1} \cup U_{\alpha_2} \cup \cdots \cup U_{\alpha_k}$$

が成り立つ．したがって，Y もコンパクトである． （証明終）

X がコンパクトであることの定義は「任意の開被覆に対して $\cdots$」という表現であり，直

7. コンパクト性

接的でない.ユークリッド空間の部分空間に対しては,$X \subset \mathbf{R}^n$ がコンパクトであることは,X が有界かつ閉集合であることと同値である.このことを順に示す.

定理 7.2 実数全体の部分空間としての位相をもった $[0,1]$ はコンパクトである.

[**証明**] この定理の証明には,'実数の連続性' を用いる.$\{U_\alpha\}_{\alpha \in A}$ を $[0,1]$ の開被覆とする.

$$T = \{t \in [0,1] \mid [0,t] \text{ が有限個の } U_\alpha \text{ で覆われる}\}$$

とおく.このとき,$0 \in T$ なので,$T \neq \emptyset$ であり,T の上限 $\tau = \sup T$ が存在する(実数の連続性).$\tau = 1$ を示す.$\tau < 1$ とする.$\tau \in [0,1]$ だから,

$$\exists \alpha_0 \in A \text{ s.t. } \tau \in U_{\alpha_0}.$$

U_{α_0} は開集合だから,

$$\exists \varepsilon > 0 \text{ s.t. } (\tau - \varepsilon, \tau + \varepsilon) \subset U_{\alpha_0}$$

であり,$[0, \tau + \varepsilon]$ は有限個の U_α でおおわれる.したがって,$\tau + \varepsilon \in T$ となるが,これは,τ の取りかたに反する.　　　　　　　　　　　　　　　　　　　　　　　　(証明終)

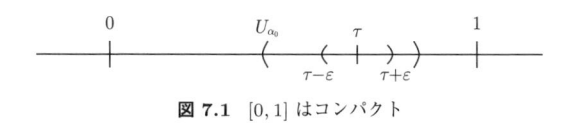

図 7.1 $[0,1]$ はコンパクト

系 閉区間 $[a,b]$ はコンパクトである.

コンパクト位相空間の直積は,いつもコンパクトである.このことは,無限個の直積の場合にも成り立つ(チコノフ (Tychonoff) の定理)が,ここでは次の定理で十分である.

定理 7.3 X,Y をコンパクトな位相空間とすると,直積の位相をもった直積空間 $X \times Y$ もコンパクトである.

証明は参考文献 [1] 参照.この定理を繰り返し用いれば,次のことがわかる.

定理 7.4 閉区間の有限個の直積 $[a_1,b_1] \times [a_2,b_2] \times \cdots \times [a_n,b_n]$ はコンパクトである.

ユークリッド空間の部分空間に対しては,次の定理によってコンパクト性が特徴付けられる.

定理 7.5 $X \subset \mathbf{R}^n$ がコンパクトであるための必要十分条件は,X が有界かつ閉集合であることである.

十分性の証明は，次の補題から導かれる．

補題 7.1 X がコンパクトで，$A \subset X$ が閉集合なら A はコンパクトである．

[**証明**] $\mathfrak{U} = \{U_\alpha\}_{\alpha \in I}$ を A の開被覆とすると，$\{U_\alpha\}_{\alpha \in I} \cup \{A^c\}$ は X の開被覆となる．X のコンパクト性より，X，したがって，A が有限個の U_α と A^c で覆われる．すなわち，A は有限個の U_α で覆われる．これは，A がコンパクトであることを意味している．

(証明終)

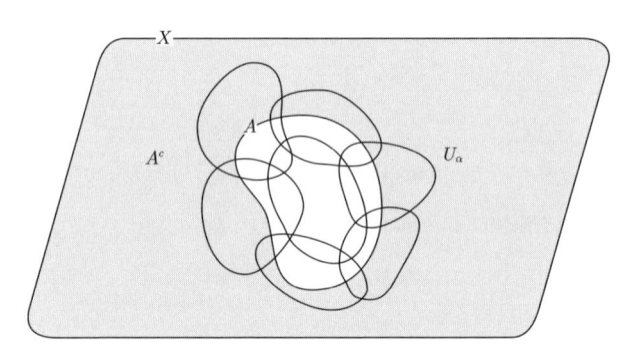

図 7.2 コンパクト集合の閉部分集合はコンパクト

必要性は，次の補題による．

補題 7.2 $X \subset \mathbf{R}^n$ がコンパクトならば，X は閉集合であり，また，有界である．

[**証明**] X が閉集合でないとすると，点 $x_0 \notin X$ があって，x_0 に収束する X の点列 x_i が存在する．このとき，開集合の集まり

$$U_k = \left\{ x \in \mathbf{R}^n \mid d(x, x_0) > \frac{1}{k} \right\}, k = 1, 2, 3, \ldots$$

は，$\mathbf{R}^n - \{x_0\}$ を覆うから，X をも覆う．しかし，$x_k \in X$ が x_0 に収束しているのだから，U_k の有限個では X を覆うことはできない．

X が有界でないとする．o を原点として開集合の集まり

$$O_k = \{x \in \mathbf{R}^n \mid d(x, o) < k\}, k = 1, 2, 3, \ldots$$

は $\mathbf{R}^n$ を覆い，したがって，X の開被覆でもある．X は有界でないから，O_k の有限個で X を覆うことはできないので，X はコンパクトでない． (証明終)

7.2 点列コンパクト

X がユークリッド空間の部分集合の場合には，コンパクト性を点列を用いて特徴づけることもできる．

定義 7.2 位相空間 X が**点列コンパクト**であるとは，X の任意の点列が，かならず収束する部分列をもつときをいう．

コンパクト性と同じように次が成り立つ．

定理 7.6 $X \subset \mathbf{R}^n$ が点列コンパクトであるための必要十分条件は，X が有界かつ閉集合であることである．

証明の考え方はコンパクトの場合と同様である．有界でなければ，どんな部分列も収束しない点列があることを示すことができる．閉集合でない場合も同様である．また，次の補題によって十分性が示される．

補題 7.3 閉区間の有限個の直積 $[a_1, b_1] \times [a_2, b_2] \times \cdots \times [a_n, b_n]$ は点列コンパクトである．

証明は，実数の連続性を「区間縮小法」の形で用いると閉区間が点列コンパクトであることがわかる．次に，各座標ごとにつぎつぎと部分列を考えていけば，すべての座標で収束する部分列が得られる（詳しくは，[1] 参照）．

解析学の基礎ともなる「最大値定理」は，コンパクト性を用いて次のように証明される．

定理 7.7 X がコンパクトで，$f: X \to \mathbf{R}$ が連続ならば，f は最大値をもつ．

[証明] $f(X)$ がコンパクトだから，有界かつ閉集合である．有界であることから，実数の連続性を用いて，$M = \sup f(X)$ が存在する．上限の定義より，

$$\forall k, \exists x_k \in X \quad \text{s.t.} \quad f(x_k) > M - \frac{1}{k}$$

が成り立つ．X が点列コンパクトであることから，x_k の収束する部分列をとり，$x_{k_i} \to x_0$ とする．すると，$i \to \infty$ とすることによって，$f(x_0) \geqq M$ となる．結局，$f(x_0)$ が f の最大値である． (証明終)

〔一樂 重雄〕

文 献

[1] 位相幾何学，一樂重雄，朝倉書店，1993.

第 VII 編
位相幾何学

VII 位相幾何学

1 位相幾何学

1.1 位相幾何学とは

ギリシャ時代には幾何学は，ユークリッド (Euclid) 原論にみられるように公理から出発して論理的に展開された．その後 17 世紀以降ユークリッドの平行線の公理を否定した非ユークリッド幾何学が発見された．これらの幾何学を統一的に捉える方法として，1872 年にクライン (Klein) が現在エルランゲン目録として残されている教授就任演説において，幾何学を「変換群によって不変な性質を研究するもの」と捉えた．この変換群をいろいろと変えることによって，いろいろな幾何学が現れるのである．

ユークリッド幾何学の場合は，この変換群が合同変換群であり，長さを変えない変換（剛体変換，あるいは合同変換と呼ばれる）で不変な性質を調べるものである．「長さ」を変えないということから「角度」や「面積」も不変であり，これらは考察の対象となる．

これに対して，位相幾何学では変換として「同相写像」を考える．直感的には，同相写像とは伸び縮みを許した連続な一対一対応である．伸び縮みがあってよいので当然長さは保存されない．角度や面積も保存されないので，これらは考察の対象とならない．図形の性質のうち，おおまかな形のような定性的なことがらが考察の対象となる．

また，図形の性質を直接扱うのではなく，図形に対して代数的な対象を対応させ，それを用いて元の図形の性質を調べるということも位相幾何学の基本的方法である．

この方法の代表的なものとして基本群とホモロジー群を紹介する．

1.2 基 本 群

位相空間と連続写像のカテゴリーから群とその準同型写像のカテゴリーへのひとつのファンクターを構成する．これらの方法のうち基本的なものとして，まず，基本群を説明する．

X を位相空間，x_0 をその一点とする．(X, x_0) に対して，次のようにして群を構成する．区間 $[0, 1]$ から，X への連続写像 l で，$l(0) = l(1) = x_0$ であるものを，x_0 を基点とする**ループ**と呼ぶ．このようなループ全体の集合を，$\Omega(X, x_0)$ で表す．2 つのループは，出発点と終点がともに x_0 であるから，x_0 でつなぐことができる．この演算がゆくゆく群の

1. 位相幾何学

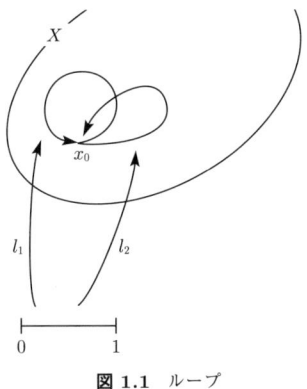

図 1.1 ループ

演算になる.

定義 1.1 $l_1, l_2 \in \Omega(X, x_0)$ に対して, $l_1 \cdot l_2 \in \Omega(X, x_0)$ を次のように決める.

$$l_1 \cdot l_2(t) = \begin{cases} l_1(2t), & 0 \leq t \leq \frac{1}{2} \\ l_2(2t-1), & \frac{1}{2} \leq t \leq 1 \end{cases}$$

この演算を考えた $\Omega(X, x_0)$ は, このままでは群の公理を満たさないが, この集合にある同値関係を入れると群になり, X の**基本群**と呼ばれる.

定義 1.2 $l_1, l_2 \in \Omega(X, x_0)$ に対して, $l_1 \sim l_2$ を次のように決める.
$l_1 \sim l_2 \Leftrightarrow$ 連続写像 $H : [0,1] \times [0,1] \to X$ で次の条件を満たすものが存在する.
1. $H(t, 0) = l_1(t), \quad H(t, 1) = l_2(t)$,
2. $H(0, s) = H(1, s) = x_0$

このとき, l_1 と l_2 は, (ループとして) **ホモトピック**といい, H を**ホモトピー**という.. この関係は同値関係である. すなわち, 次のことが成り立つ.

定理 1.1 1. $l \sim l$
  2. $l_1 \sim l_2 \Rightarrow l_2 \sim l_1$
  3. $l_1 \sim l_2, l_2 \sim l_3 \Rightarrow l_1 \sim l_3$

[**証明**] (1) については, $H(t, s) = l(t)$ で, ホモトピーが与えられる.
 (2) l_1 と l_2 のホモトピーを $H(t, s)$ としたとき,

$$H'(t, s) = H(t, 1-s)$$

で, l_2 と l_1 のホモトピーが与えられる.

(3) l_1 と l_2 のホモトピーを $H_1(t,s)$, l_2 と l_3 のホモトピーを $H_2(t,s)$ としたとき, H を

$$H(t,s) = \begin{cases} H_1(t, 2s), & 0 \leq s \leq \frac{1}{2} \\ H_2(t, 2s-1), & \frac{1}{2} \leq s \leq 1 \end{cases}$$

と決めると, H は l_1 と l_3 のホモトピーを与える. (証明終)

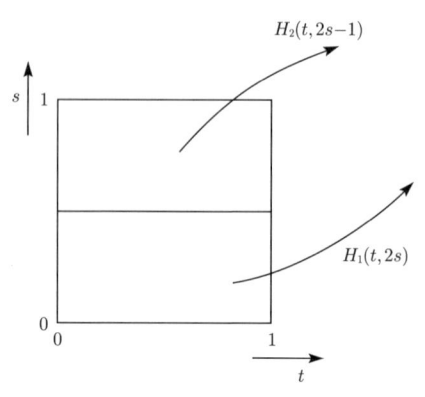

図 1.2 $l_1 \sim l_2, l_2 \sim l_3 \Rightarrow l_1 \sim l_3$

この同値類の集合を $\pi_1(X,x_0) = \Omega(X,x_0)/\sim$ で表す. また, $l \in \Omega(X,x_0)$ に対して, l の同値類を $[l]$ で表す. すなわち,

$$[l] = \{l' \mid l \sim l'\}$$

このとき, $[l_1], [l_2] \in \pi_1(X,x_0)$ に対して, $[l_1] \cdot [l_2]$ を $[l_1 \cdot l_2]$ によって定義する. この定義が代表元の取り方によらないことは, 次のようにわかる.

補題 1.1 $[l_1] = [l_1']$, $[l_2] = [l_2']$ のとき, $[l_1 \cdot l_2] = [l_1' \cdot l_2']$ が成り立つ.

[証明] l_1 と l_1' のホモトピーを $H_1(t,s)$, l_2 と l_2' のホモトピーを $H_2(t,s)$ としたとき, H を

$$H(t,s) = \begin{cases} H_1(2t, s), & 0 \leq t \leq \frac{1}{2} \\ H_2(2t-1, s), & \frac{1}{2} \leq t \leq 1 \end{cases}$$

と決めると, H は $l_1 \cdot l_2$ と $l_1' \cdot l_2'$ のホモトピーを与える. (証明終)

これによって $\pi_1(X,x_0)$ の中に演算が定義された.

定理 1.2 上の演算で $\pi_1(X,x_0)$ は群になる.

[証明] 次の3つが成り立つことが示されればよい.

1. $[l_1], [l_2], [l_3] \in \pi_1(X, x_0)$ に対して，$([l_1] \cdot [l_2]) \cdot [l_3] = [l_1] \cdot ([l_2] \cdot [l_3])$ が成り立つ．これは，$(l_1 \cdot l_2) \cdot l_3$ と $l_1 \cdot (l_2 \cdot l_3)$ の間のホモトピーを

$$H(s, t) = \begin{cases} l_1\left(\frac{4t}{s+1}\right), & 0 \leqq t \leqq \frac{s+1}{4}, \\ l_2(4t - (s+1)), & \frac{s+1}{4} \leqq t \leqq \frac{s+2}{4}, \\ l_3\left(\frac{4t}{2-s} - \frac{s+2}{2-s}\right), & \frac{s+2}{4} \leqq t \leqq 1 \end{cases}$$

と決めればよい．

2. 任意の $[l] \in \pi_1(X, x_0)$ に対して，$e \cdot [l] = [l], [l] \cdot e = [l]$ が成り立つような $e \in \pi_1(X, x_0)$ が存在する．定値写像 $c(t) = x_0$ に対して，$e = [c]$ とすればよい．たとえば，$l \cdot c$ と l のホモトピー H を

$$H(s, t) = \begin{cases} l\left(\frac{2t}{s+1}\right), & 0 \leqq t \leqq \frac{s+1}{2}, \\ x_0, & \frac{s+1}{2} \leqq t \leqq 1 \end{cases}$$

と決めればよい．

3. 任意の $[l] \in \pi_1(X, x_0)$ に対して，$[l] \cdot [l^{-1}] = e, \quad [l^{-1}] \cdot [l] = e$ が成り立つような $[l^{-1}] \in \pi_1(X, x_0)$ が存在する．$l^{-1}(t) = l(1-t)$ とすればよい．たとえば，$l \cdot l^{-1}$ と e とのホモトピー H を

$$H(s, t) = \begin{cases} x_0, & 0 \leqq t \leqq \frac{s}{2}, \\ l(2t - s), & \frac{s}{2} \leqq t \leqq \frac{1}{2}, \\ l(2(1-t) - s), & \frac{1}{2} \leqq t \leqq \frac{2-s}{2}, \\ x_0, & \frac{2-s}{2} \leqq t \leqq 1 \end{cases}$$

と決めればよい． (証明終)

1.3 連続写像が導く準同型写像

位相空間とその一点に対して，基本群という群が決まった．次に，2つの位相空間の間の連続写像から，基本群の間の準同型写像が導かれることを示す．この対応は，ファンクターの条件を満たすことがわかるので，基本群が異なる位相空間は決して同相でないということがいえる．

X, Y を位相空間，$x_0 \in X, y_0 \in Y$ とする．連続写像 $f : X \to Y$ があって，$y_0 = f(x_0)$ が成り立つとする．このとき，$[l] \in \pi_1(X, x_0)$ に対して，$f \circ l$ は，Y の y_0 を基点とするループになるので，$[l] \in \pi_1(X, x_0)$ に対して $[f \circ l] \in \pi_1(Y, y_0)$ を対応させることによって，写像

$$f_* : \pi_1(X, x_0) \to \pi_1(Y, y_0)$$

が決まる.

今, $[l] = [l']$ とし, l と l' のホモトピーを H とすれば, $f \circ H$ が $[f \circ l]$ と $[f \circ l']$ のホモトピーを与えることはすぐわかる. また, 準同型写像になることも, 演算の定義とこの写像の定義をよく観ると当然成り立つことがわかる.

さらに, 基本群とこの準同型写像の対応が, 一点を決めた位相空間と連続写像のカテゴリーから群へのファンクターを与えることが次の定理でわかる.

定理 1.3 1. $id_X : X \to X$ を X 上の恒等写像とすると,

$$(id_X)_* : \pi_1(X, x_0) \to \pi_1(X, x_0)$$

も $\pi_1(X, x_0)$ 上の恒等写像 $id_{\pi_1(X, x_0)}$ である.

2. X, Y, Z を位相空間, $f : X \to Y, g : Y \to Z$ を連続写像とし, $x_0 \in X$ とし, $y_0 = f(x_0) \in Y$, $z_0 = g(y_0) \in Z$ とする. このとき,

$$(g \circ f)_* = g_* \circ f_*$$

が成り立つ.

これらの証明は定義からすぐに導かれる. この結果から, 基本群の位相不変性が導かれる.

定理 1.4 X, Y を位相空間とし, $f : X \to Y$ を同相写像とすると, $x_0 \in X$, $y_0 = f(x_0) \in Y$ としたとき, $f_* : \pi_1(X, x_0) \to \pi_1(Y, y_0)$ は, 同型写像である.

[**証明**] f の逆写像を f^{-1} とすれば, f^{-1} も連続写像で, $f^{-1} \circ f = id_X$ であり, $f \circ f^{-1} = id_Y$ であるから, 前の定理によって, $f_*^{-1} \circ f_* = id_{\pi_1(X, x_0)}$ と $f_* \circ f_*^{-1} = id_{\pi_1(Y, y_0)}$ が成り立ち, f_* は群として同型写像である. (証明終)

この対偶を用いれば, **基本群が異なる位相空間は同相でないことがわかる**. 一般に位相空間が同相でないことを示すのは, 何か道具を用いないと難しい. 基本群を用いることによって, 直感的には正しそうでも証明が難しいというようなことがきちんと証明できる場合がある.

基本群は位相空間に対して決まるのではなく, その中の一点 (基点) を決めてはじめて決まるものであった. しかし, 本質的には基点の取り方によらず基本群は決まる.

基本群を定義する際に用いる x_0 を基点とするループの像は連結であるから, これは, かならず x_0 を含む連結成分の中におさまっている. また, ループとループの間のホモトピーについても事情は同じである. 結局, X_0 を x_0 を含む X の連結成分とすると $\pi_1(X, x_0) = \pi_1(X_0, x_0)$ が成り立つ. 基本群によって知られる情報は, 基点を含む連結成分のものなのである.

定義 1.3 X が**道連結**とは, 任意の 2 点 $x_1, x_2 \in X$ に対して, 連続写像 $p : [0, 1] \to X$

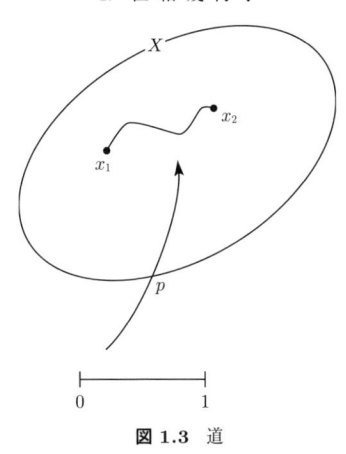

1. 位相幾何学

図 1.3 道

で, $p(0) = x_1, p(1) = x_2$ であるものが存在することをいう.

定理 1.5 X を道連結とすると, 任意の 2 点 $x_1, x_2 \in X$ に対して, $\pi_1(X, x_1)$ と $\pi_1(X, x_2)$ は同型である.

1.4 基本群の例

簡単な空間の基本群を示そう.

例 1.1 平面の基本群は単位元だけの自明な群である. すなわち,
$$\pi_1(\mathbf{R}^2, (0,0)) = \{1\}$$
である.

[**証明**] $[l] \in \pi_1(\mathbf{R}^2, (0,0))$ に対して, $H : [0,1] \times [0,1] \to \mathbf{R}^2$ を
$$H(t,s) = s \cdot l(t)$$
とすると, H は, l と c のホモトピーを与える. ここで, c は, 定値写像 $c(t) = (0,0)$ である. (証明終)

本質的に上の議論と同じ議論で次がいえる.

定義 1.4 $X \subset \mathbf{R}^n$ が, $x_0 \in X$ に関して**星型**であるとは, 任意 $y \in X$ に対して,
$$ty + (1-t)x_0 \in X, \quad 0 \leqq t \leqq 1$$
が成り立つことをいう.

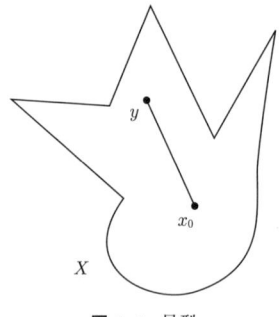

図 1.4 星型

すなわち，X が星型ならば基本群は自明である．とくに，円盤
$$D^n = \{(x_1, x_2, \ldots, x_n) \in \mathbf{R}^n \,|\, x_1^2 + x_2^2 + \cdots + x_n^2 \leqq 1\}$$
の基本群も自明である．

2次元球面を
$$S^2 = \{(x_1, x_2, x_3) \in \mathbf{R}^3 \,|\, x_1^2 + x_2^2 + x_3^2 = 1\}$$
とする．次が成り立つ．

例 1.2 球面の基本群は，単位元だけの自明な群である．すなわち，
$$\pi_1(S^2, (1,0)) = \{1\}$$
である．

このことが成り立つことは，直感的には明白のようだが実際には証明を必要とする事柄であって，きちんとした証明には少し手がかかる（[1]）．

このことは，$n \geqq 2$ ならば，n 次元球面
$$S^n = \{(x_1, x_2, \ldots, x_{n+1}) \in \mathbf{R}^{n+1} \,|\, x_1^2 + x_2^2 + \cdots + x_{n+1}^2 = 1\}$$
に対しても成り立つ．

例 1.3 円周 S^1 の基本群は整数全体のなす群である．すなわち，
$$\pi_1(S^1, (1,0)) = \mathbf{Z}$$
である．

理想的なゴムひもを，その始めと終わりを同じ点にして，円周に巻きつけることを考えると，結局，円周を何回回るかによって分類される．厳密な証明も，本質的にはこのこと

を数学的に記述すればよい（[1]）.

次に，実射影平面 $\mathbf{RP}^2$ を考えてみよう.

例 1.4 $\mathbf{RP}^2$ は，3次元空間の中の原点を通る直線をひとつの点とみなしたものであり，各直線と球面との交点を考えると，それは原点に関して対称である．さらに，球面全体ではなく上半分の半球を考えると，赤道 $z=0$ の部分以外では，原点を通る直線と1点で交わり，赤道の部分だけは2点で交わっている．結局，実射影平面は「円盤の境界で，対称点が同一視されたもの」と考えることができる．この空間の基本群は，

$$\pi_1(\mathbf{RP}^2, x_0) = \mathbf{Z}_2$$

である.

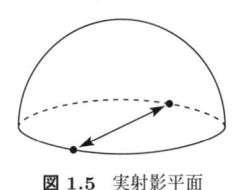

図 1.5　実射影平面

1.5　基本群の応用

定義 1.5 X を位相空間，$A \subset X$ とし，連続写像 $r: X \to A$ で，$x \in A$ に対しては $r(x) = x$ が成り立つものを，X から A への**レトラクション**と呼び，A を X の**レトラクト**と呼ぶ.

定理 1.6 D^2 から S^1 へのレトラクションは存在しない．

[**証明**] $i: S^1 \to D^2$ を包含写像 $(i(x) = x)$, $x_0 \in S^1$ とする.

$$r \circ i = id_{S^1}$$

が成り立つから，

$$r_* \circ i_* = (r \circ i)_* = id_{\pi_1(S^1, x_0)}$$

となるが，どんな $a \in \pi_1(S^1, x_0)$ に対しても，$i_*(a) = 1$ だから，これはあり得ない．

(証明終)

定理 1.7 (ブロウエル(Brouwer)の不動点定理) $f: D^2 \to D^2$ を連続写像とすると，かならず，不動点が存在する．すなわち，ある $x_0 \in D^2$ があって，$f(x_0) = x_0$ が成り立つ．

[**証明**] すべての $x \in D^2$ で $f(x) \neq x$ とする．このとき，$f(x)$ から x への半直線を考え，円周との交点を $r(x)$ とする．$r: D^2 \to S^1$ はレトラクションになることがわかり，上の定理に反する． (証明終)

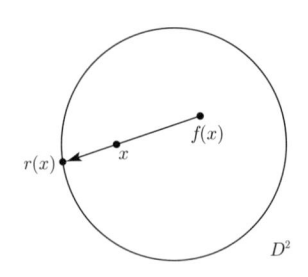

図 1.6 ブロウエルの不動点定理

例 1.5 結び目群

$f: S^1 \to \mathbf{R}^3$ への連続，単射な写像を結び目という．2つの結び目
$f: S^1 \to \mathbf{R}^3, g: S^1 \to \mathbf{R}^3$
に対して，同相写像 $H: \mathbf{R}^3 \to \mathbf{R}^3$ で，$f = H \circ g$ が成り立つものがあるとき，f と g は同値な結び目という．

$\mathbf{R}^3 - f(S^1)$ の基本群を**結び目群**と呼ぶ．同値な結び目は，同型な結び目群をもつから，基本群が同型であるかどうかを判定する方法が問題となる．この分野の数学を「結び目理論」という．

1.6 高次のホモトピー群

基本群は，$\pi_1(X, x_0)$ の記号で表した．添え字の1はなぜあるのか？ 2以上の n について $\pi_n(X, x_0)$ は何か？ 基本群 $\pi_1(X, x_0)$ を定義する場合は，まず，閉区間 I から X への連続写像で，始点と終点が x_0 であるもの全体を考えた．

$$\Omega(X, x_0) = \{l \mid l: I \to X, l(0) = l(1) = x_0\}$$

そして，それらをつなぐ操作によって群の演算を定義した．その際，ホモトピーの同値関係を考えることによって，きちんと演算が定義され，群になるのだった．

最初の出発点を次のように変える．まず，

$$I^n = \{(t_1, t_2, \ldots, t_n) \in \mathbf{R}^n \mid 0 \leqq t_i \leqq 1\}$$

$$\partial I^n = \{(t_1, t_2, \ldots, t_n) \in I^n \mid \exists i; t_i = 0, または t_i = 1\}$$

1. 位相幾何学

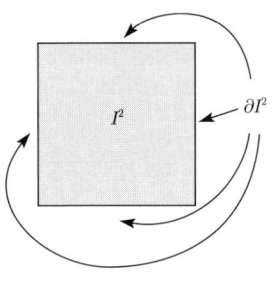

図 1.7 I^2 と ∂I^2

とする.

そして，基本群のときの

$$\Omega(X, x_0)$$

の代わりに,

$$\Omega_n(X, x_0) = \{l \,|\, l : I^n \to X, t \in \partial I^n \text{に対して} l(t) = x_0\}$$

と決める．そして，ホモトピーの関係も基本群のときと同じように決め，演算も最初の座標 t_1 に関してつなぐという操作で定義することができる．(t_1 でなくても，どの座標について考えても同じになる.) 基本群のときと，本質的にまったく同じ議論で，n 次のホモトピー群

$$\pi_n(X, x_0)$$

が得られる．基本群と異なる特徴は，基本群が可換とは限らなかったのに対し，2 以上の n に対しては n 次のホモトピー群は可換であることである．

VII 位相幾何学

2 ホモジー群

基本群と並んで基本的な道具として，ホモロジー群を紹介する．ホモロジー群も，幾何学的なカテゴリーから代数的なカテゴリーへのファンクターである．

ホモロジー群を考えるために，位相空間のうち，ある組み合わせ的構造である単体的複体の構造をもつものを考える．たとえば，円周 S^1 に対して $\triangle abc$ を考えると，これは円周と同相である．三角形を三角形の頂点 a, b, c と3つの辺 ab, bc, ca からできていると考える．さらに，辺には向きが決まっているとする．このような構造を用いてホモロジー群を定義する．

つまり，図形を基礎となる簡単な図形（単体と呼ばれる）の集まったものと考えるのである．

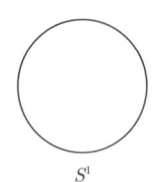

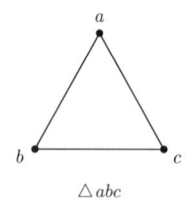

図 2.1 円周と三角形

2.1 単　　体

N を十分大きな自然数としておく．$a_0, a_1, \ldots, a_q \in \mathbf{R}^N$ に対して，ベクトル

$$a_i - a_0, \ i = 1, 2, 3, \ldots, q$$

が1次独立なとき，

$$|a_0, a_1, \ldots, a_q| = \{\boldsymbol{x} \mid \boldsymbol{x} = \lambda_0 a_0 + \lambda_1 a_1 + \cdots + \lambda_q a_q, 0 \leqq \lambda_i \leqq 1, \sum_{i=0}^{q} \lambda_i = 1\}$$

を **q 次元単体**の基礎集合という．簡単のため，以後単体の基礎集合も単に単体という．頂点 $a_0, \ldots, a_q$ の並べ方の中で，$(0, 1, \ldots, q)$ の偶置換で移りあえるものを同値と決め

て，その同値類を単体 $|a_0, a_1, \ldots, a_q|$ の向きといい，向きを決めた単体 $|a_0, a_1, \ldots, a_q|$ を $<a_0, a_1, \ldots, a_q>$ で表す．たとえば，$<a_0, a_1, a_2>$ と $<a_2, a_0, a_1>$ は同じ向きをもつが，$<a_0, a_1, a_2>$ と $<a_1, a_0, a_2>$ は異なる向きをもつ．異なる向きは，マイナスの記号で表す．たとえば，$<a_1, a_0, a_2> = -<a_0, a_1, a_2>$ である．

$\sigma = |a_0, \ldots, a_q|$ とし，$a_{i_1}, a_{i_2}, \ldots, a_{i_k}$ をそれらの頂点の一部としたとき，$\tau = |a_{i_1}, a_{i_2}, \ldots, a_{i_k}|$ を σ の辺といい，$\sigma \succ \tau$ の記号で表す．たとえば，

$$|a_0, a_2| \prec |a_0, a_1, a_2|$$

である．

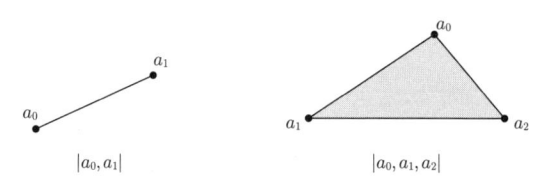

図 2.2 単体

2.2 単体的複体

単体を要素とする集合 K について，次の条件を満たすとき，K を**単体的複体**という．
1. $\sigma, \tau \in K \Rightarrow \sigma \cap \tau \in K$
2. $\sigma \in K, \sigma \succ \tau \Rightarrow \tau \in K$

直感的には，単体がそれらの辺でつながっている図形と考えればよい．

例 2.1 $K = \{|a_0, a_1, a_2, a_3|, |a_1, a_2, a_3|, |a_0, a_2, a_3|, |a_0, a_1, a_3|, |a_0, a_1, a_2|,$
$|a_0, a_1|, |a_0, a_2|, |a_0, a_3|, |a_1, a_2|, |a_1, a_3|, |a_2, a_3|,$
$|a_0|, |a_1|, |a_2|, |a_3|\}$ は単体的複体である．

次の図（ロ）は，単体的複体ではない．（a_3 は $|a_0, a_1, a_2|$ 上にある．）

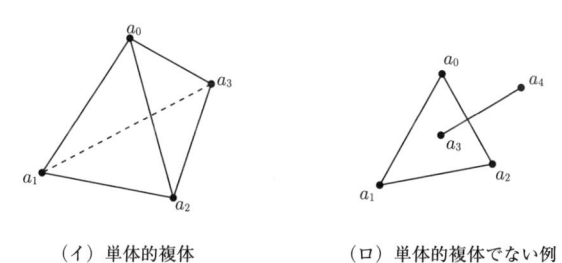

（イ）単体的複体　　　　（ロ）単体的複体でない例
図 2.3 単体的複体

それぞれの単体に向きが与えられている単体的複体を向きのついた単体的複体と呼ぶ.

2.3 チェインとチェイン群

$K = \{<\sigma_1>, \ldots, <\sigma_\omega>\}$ を向きのついた単体的複体とする. $<\sigma_i>$ の最大の次元を K の次元という. 今, K の次元を n とする.

K_q で K の q 次元単体の全部の集まり, すなわち,

$$K_q = \{<\sigma_\alpha> \in K \mid \sigma_\alpha \text{の次元} = q\}$$

とする. また, K^q で K の q 次元以下の単体の集まりを表すとする. これを K の **q 次元スケルトン**と呼ぶ.

K_q で生成される自由加群 C_q を K の **q 次元チェイン群**と呼び, その要素を K の **q 次元チェイン**と呼ぶ. すなわち,

$$K_q = \{<\sigma_1>, <\sigma_2>, \ldots, <\sigma_l>\}$$

としたとき,

$$C_q(K) = \left\{\sum_{i=1}^{l} n_i <\sigma_i> \,\middle|\, n_i \in Z\right\}$$

である. このようにして向きのついた単体的複体に対して, 加群の列,

$$C_q(K), \quad q = 0, \ldots, n$$

が決まる. さらに,

$$C_{-1} = \{0\}, \quad C_i = \{0\}, \quad i > n$$

と決めておく.

このようにして決めた C_q に対して, 次のようにして**境界作用素**と呼ばれる準同型写像

$$\partial_q : C_q(K) \to C_{q-1}(K), \quad (q \geqq 1)$$

を決める.

$<\sigma> = <a_0, a_1, \ldots, a_q> \in C_q$ とする. このとき,

$$\partial_q(<\sigma>) = \sum_{i=0}^{q} (-1)^i <a_0, a_1, \ldots, \check{a}_i, \ldots, a_q>$$

である. ここで, 右辺における $\ldots, \check{a}_i, \ldots$ の記号は, a_i を取り除くことを意味する. C_q の任意の要素 $c = \sum_{i=1}^{l} c_i <\sigma_i>$ に対しては,

2. ホモロジー群

$$\partial_q(c) = \sum_{i=1}^{l} c_i \partial(<\sigma_i>)$$

と定義する.

これによって，次図のような加群と準同型写像の列ができる．このような列を**チェイン群**と呼ぶ.

$$\{0\} \stackrel{\partial_{n+1}}{\to} C_n \stackrel{\partial_n}{\to} C_{n-1} \stackrel{\partial_{n-1}}{\to} \cdots$$

$$\to C_q \stackrel{\partial_q}{\to} C_{q-1} \to \cdots \to C_1 \stackrel{\partial_1}{\to} C_0 \stackrel{\partial_0}{\to} C_{-1} = \{0\}$$

このとき，次のような基本的な命題が成り立つ.

補題 2.1 $\partial_{q-1} \circ \partial_q = 0$

[**証明**] ∂_q の定義から，$<\sigma> = <a_0, a_1, \ldots, a_q>$ に対して成り立つことを示せば十分である．本質的に同じだから，$<\sigma> = <a_0, a_1, a_2, a_3>$ の場合だけを示す.

$$\begin{aligned}
&\partial_3(\partial_4(<a_0, a_1, a_2, a_3>) \\
&= \partial_3(<a_1, a_2, a_3> - <a_0, a_2, a_3> + <a_0, a_1, a_3> - <a_0, a_1, a_2>) \\
&= (<a_2, a_3> - <a_1, a_3> + <a_1, a_2>) - (<a_2, a_3> - <a_0, a_3> \\
&\quad + <a_0, a_2>) + (<a_1, a_3> - <a_0, a_3> + <a_0, a_1>) \\
&\quad - (<a_1, a_2> - <a_0, a_2> + <a_0, a_1>) = 0
\end{aligned}$$

一般の場合も，符号の異なるものが組になって出てくるので，すべて打ち消しあって0となる． (証明終)

さて，向きのついた単体的複体 K に対するチェイン群を $C_q(K)$ とし，この2つの部分加群 $Z_q(K)$ と $B_q(K)$ を次のように定める.

$$Z_q(K) = \mathrm{Ker}\, \partial_q = \{c \in C_q(K) \,|\, \partial_q(c) = 0\},$$

$$B_q(K) = \mathrm{Im}\, \partial_{q+1} = \{\partial_{q+1}(c) \,|\, c \in C_{q+1}(K)\}$$

上の定理より，

$$B_q(K) \subset Z_q(K)$$

となり，$B_q(K)$ は $Z_q(K)$ の部分加群である．そこで，$Z_q(K)$ を $B_q(K)$ で割った商群 $Z_q(K)/B_q(K)$ を考え，これを K の **q 次元ホモロジー群**といい，$H_q(K)$ で表す．すなわち，

$$H_q(K) = Z_q(K)/B_q(K)$$

このようにして，単体的複体に対して，**ホモロジー群**と呼ばれる群を定義することができた.

2.4 多面体

K を（向きのついた）単体的複体としたとき，K によって次のようにして決まる $\mathbf{R}^N$ の部分位相空間 $|K|$ を**多面体**と呼ぶ．

$$|K| = \bigcup_{\sigma \in K} \sigma$$

たとえば，一直線上にない平面上の 3 点を a_0, a_1, a_2 とし，

$$K = \{<a_0, a_1>, <a_1, a_2>, <a_2, a_0>, <a_0>, <a_1>, <a_2>\}$$

とすると，

$$|K| = a_0, a_1, a_2 \text{ を頂点とする三角形}$$

である．このとき，K は円周と同相である．

例 2.2 K のホモロジー群は，次のようになる．

$$C_0(K) = \{\alpha_0 <a_0> + \alpha_1 <a_1> + \alpha_2 <a_2> \mid \alpha_0, \alpha_1, \alpha_2 \in Z\}$$
$$C_1(K) = \{\beta_2 <a_0, a_1> + \beta_1 <a_1, a_2> + \beta_0 <a_2, a_0> \mid \beta_0, \beta_1, \beta_2 \in Z\}$$
$$C_2(K) = \{0\}$$

であり，実際に計算すると次が得られる．

$$Z_0(K) = C_0(K),$$
$$B_0(K) = \{\alpha_0 <a_0> + \alpha_1 <a_1> + (\alpha_0 - \alpha_1) <a_2> \mid \alpha_0, \alpha_1 \in Z\}$$

より，

$$H_0(K) = Z_0(K)/B_0(K) \cong Z$$

同様に，

$$Z_1(K) = \{l(<a_0, a_1> + <a_1, a_2> + <a_2, a_0>) \mid l \in Z\},$$
$$B_1(K) = \{0\}$$

より，

$$H_1(K) \cong Z$$

である．一般に，n 次元球面 $S^n = |K|$ のホモロジー群は次で与えられる．

$$H_q(K) = \begin{cases} Z, & q = 0, q = n \text{ のとき} \\ \{0\}, & q \neq 0, n \text{ のとき} \end{cases}$$

2.5 単体分割

一般に，位相空間 X に対して，ある単体的複体 K と同相写像 $t:|K| \to X$ が存在するとき，X を単体分割可能という．$t:|K| \to X$ を**単体分割**という．すべての位相空間が単体分割可能なわけではないが，微分可能多様体は単体分割可能であることがわかっている．単体分割可能な位相空間 X に対して，同相写像 $t:|K| \to X$ はいろいろあり得るが，それで決まるホモロジー群 $H_q(K)$ はすべて同型であることがわかる．したがって，単体分割可能な位相空間 X に対してホモロジー群 $H_q(X)$ が定義される．これらのことがいわゆるホモロジー理論の眼目である．以下，その概略を述べる．

とくに断らない限り，位相空間は単体分割可能であるとする．まず，2つの位相空間 X, Y と連続写像 $f: X \to Y$ に対して，ホモロジー群の準同型写像

$$f_{*,q}: H_q(X) \to H_q(Y)$$

を決めることができる．この理論展開の細部は省略するが，その筋道を示す．

2.6 重心細分

単体的複体 K をさらに小さい単体からできている複体と考える必要が生じる場合がある．このとき，次のように K の各単体を分割する．

$$\sigma = |a_0, a_1, \ldots, a_q| \in K$$

を q 次元単体とすると，$\sigma \subset \mathbf{R}^N$ であるから，$a_0, a_1, \ldots, a_q$ の重心 $\hat{\sigma}$ を

$$\hat{\sigma} = \frac{1}{q+1}(a_0 + a_1 + \cdots + a_q)$$

と決め，$\sigma = |a_0, a_1, \ldots, a_q|$ の頂点のひとつ a_i を $\hat{\sigma}$ で置き換えると $(q+1)$ 個の q 次元単体 $\sigma_i, i = 0, 1, 2, \ldots, q$ が得られる．K の 1 次元単体を重心で分割して 2 つの 1 次元単体に分ける．次にこれまでに得られた 1 次元単体の頂点と 2 次元単体の重心を新たな頂点として，2 次元単体を 6 個の 2 次元単体に分割する．このように，次々にすべての単体を重心分割してゆき，それら全体のなす集合を考えるとこれは単体的複体になっている．この複体を記号

$$Sd(K)$$

で表し，K の**重心細分**と呼ぶ．このとき各単体の大きさはかならず小さくなっている．また，$|K| = |Sd(K)|$ が成り立っている．重心細分を n 回繰り返して得られる単体的複体を

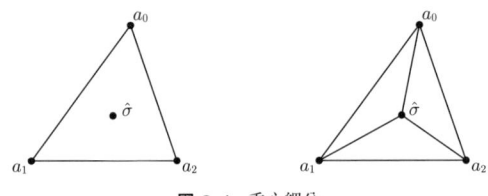

図 2.4 重心細分

$Sd^n(K)$ と表すと，n を大きくすればこの単体的複体の各単体はいくらでも小さくなる．

K と $Sd(K)$ のチェイン群 $C_q(K)$ と $C_q(Sd(K))$ は当然まったく異なるが，ホモロジー群の段階では，同型写像

$$Sd_* : H_q(K) \to H_q(Sd(K))$$

が作れることがわかり，ホモロジー群は本質的に変わらない．

まず，チェイン群の段階で

$$Sd_q : C_q(K) \to C_q(Sd(K))$$

を作る．これは，$<\sigma> \in C_q(K)$ としたとき，重心細分した結果 σ が $q+1$ 個の小さな q 次元 $\sigma_0, \ldots, \sigma_q$ に分かれたとするとき，

$$Sd_q(<\sigma>) = <\sigma_0> + \cdots + <\sigma_q>$$

と決めたものである．また，

$$i_q : C_q(Sd(K)) \to C_q(K)$$

を，今の記号で，$<\sigma_i> \in C_q(Sd(K))$ に対して，

$$i(<\sigma_i>) = <\sigma>$$

とする．これらは，チェイン写像であることがすぐわかり，これから引き起こされるホモロジー群の準同型写像

$$Sd_* : H_q(K) \to H_q(Sd(K))$$

と

$$i_* : H_q(Sd(K)) \to H_q(K)$$

は互いに逆写像になっていること，したがって，ホモロジー群 $H_q(K)$ と $H_q(Sd(K))$ は同型であることがわかる．

連続写像

$$f : |K| \to |L|$$

があるとき，いくつかのステップを経てホモロジー群の準同型写像

$$f_{*,q} : H_q(K) \to H_q(L), \quad q = 0, 1, 2, \ldots$$

が決まる．

おおよその手順は，次のようである．まず，K, L の頂点全体の集合を K^0, L^0 とし，

$$\phi : K^0 \to L^0$$

があって，任意の単体 $\sigma = <a_0, a_1, \ldots, a_q> \in K$ に対して，

$$<\phi(a_0), \phi(a_1), \ldots, \phi(a_q)> \in L$$

であるとき，ϕ を**単体写像**という．この場合，$<\phi(a_0), \phi(a_1), \ldots, \phi(a_q)>$ の次元は下がってもよい．すなわち，$\phi(a_0), \phi(a_1), \ldots, \phi(a_q)$ に同じものがあってもかまわない．単体写像 $\phi : K^0 \to L^0$ があれば，

$$\phi_* : C_q(K) \to C_q(L)$$

を $<a_0, a_1, \ldots, a_q> \in K$ に対して

$$\phi_*(<a_0, a_1, \ldots, a_q>) = <\phi(a_0), \phi(a_1), \ldots, \phi(a_q)>$$

と決めることによって，準同型写像が決まる．なお，$\phi(a_0), \phi(a_1), \ldots, \phi(a_q)$ に同じものがある場合は，$\phi_*(<a_0, a_1, \ldots, a_q>) = 0$ とする．さらに，簡単な計算で次が成り立つことがわかる．

補題 2.2 1. $\phi_*(Z_q(K)) \subset Z_q(L)$
 2. $\phi_*(B_q(K)) \subset B_q(L)$

この証明は，ϕ_* が境界作用素 ∂_q と可換なことを示すことによって示される．すなわち，

$$\partial_L \circ \phi_* = \phi_* \circ \partial_K$$

が成り立つ．このことから，次が成り立つ．

系 2.1 単体写像 $\phi : K \to L$ は，ホモロジー群の準同型

$$\phi_{*,q} : H_q(K) \to H_q(L)$$

を導く．

$[\xi] \in H_q(K), \xi \in Z_q(K)$ とすれば，補題 2.2 の 1 より，$\phi_*(\xi) \in Z_q(L)$ であるので，

$$[\phi_*(\xi)] \in H_q(L)$$

が決まる．また，$\xi \in B_q(K)$ とすれば，補題2.2の2より，$\phi_*(\xi) \in B_q(L)$ だから，$[\phi_*(\xi)]$ は，$[\xi] \in H_q(K)$ に対して，一意に決まる．結局

$$\phi_{*,q}([\xi]) = [\phi_*(\xi)]$$

と決めることによって，

$$\phi_{*,q} : H_q(K) \to H_q(L), \quad q = 0, 1, 2, \ldots$$

が定義される．

2.7 単体近似

もともと，連続写像 $f : |K| \to |L|$ が与えられたとき，ホモロジー群の準同型写像 $f_{*,q} : H_q(K) \to H_q(L)$ を定義したかった．そこで，f から単体写像を作りたいが，その際に「重心細分」を用いる．何回か重心細分を繰り返して，各単体を十分小さい大きさにすることによって，f をホモトピーの範囲で動かして単体写像 ϕ_f を得ることができる．次のような「単体近似定理」が成り立つ ([1])．

定理 2.1 連続写像 $f : |K| \to |L|$ に対して，十分大きな n をとると，単体写像 $f' : Sd^n(K) \to L$ が存在して，それから導かれる連続写像

$$f' : |K| \to |L|$$

は，f にホモトピックである．

この定理の証明は省略するが，ルベッグ数の議論と前節で述べた議論を用いて証明される．これによって，ホモロジー群の準同型写像

$$(\phi_f)_{*,q} : H_q(Sd^n(K)) \to H_q(L)$$

が導かれ，$H_q(Sd^n(K))$ と $H_q(K)$ は自然な写像で同型であったから，その同型写像を Sd^n_* とし，

$$(\phi_f)_{*,q} : H_q(Sd^n(K)) \to H_q(L)$$

を

$$f_{*,q} = (\phi_f)_{*,q} \circ Sd^n_* : H_q(K) \to H_q(L)$$

と決めることができる．しかし，ここまでの議論では $f_{*,q} : H_q(K) \to H_q(L)$ が f によって決まるかどうかはわからない．f に対して，n と ϕ_f の取り方がいくつもあるからである．実際には，これは次のような流れで解決される．

2.8 チェインホモトピー

鎖群から鎖群への準同型写像

$$\phi_q : C_{q+1}(K) \to C_q(L), \quad q = 0, 1, 2, \ldots$$

と

$$\phi'_q : C_{q+1}(K) \to C_q(L), \quad q = 0, 1, 2, \ldots$$

に対して，準同型写像

$$D_q : C_q(K) \to C_{q+1}(L), \quad q = 0, 1, 2, \ldots$$

が存在して，

$$\phi_q - \phi'_q = \partial_{q+1} D_q + D_{q-1} \partial_q$$

が成り立つとき，ϕ_q と ϕ'_q は**チェインホモトピック**であるといわれる．このとき，次の定理が成り立つ．証明は容易である．

定理 2.2 ϕ_q と ϕ'_q がチェインホモトピックならば，これらの導くホモロジー群の準同型写像は等しい．すなわち，$\phi_{*,q} = \phi'_{*,q} : H_q(K) \to H_q(L)$ が成り立つ．

チェインホモトピーの概念を用いて精緻な議論を展開することによって，次節に示す定理が証明される．

2.9 ホモロジー群のホモトピー不変性

連続写像 $f : |K| \to |L|$ の2つの単体近似，

$$\phi : (Sd^n(K))^0 \to L^0 \quad \text{と} \quad \phi' : (Sd^m(K))^0 \to L^0$$

があるとき，

$$\phi_{*,q} = \phi'_{*,q} : H_q(K) \to H_q(L)$$

が成り立つ．

連続写像 $f : |K| \to |L|$ と $g : |K| \to |L|$ がホモトピックとは，連続写像

$$H : |K| \times I \to |L|$$

が存在して，

$$H(x, 0) = f(x), \quad H(x, 1) = g(x)$$

が成り立つことである．

連続写像 $f:|K|\to|L|$ と $g:|K|\to|L|$ がホモトピックのときには，少し長い理論展開が必要であるが，それらから導かれるホモロジー群の準同型写像は等しいことがわかる．すなわち，

定理 2.3 $f:|K|\to|L|$ と $g:|K|\to|L|$ がホモトピックならば，

$$f_{*,q}=g_{*,q}:H_q(K)\to H_q(L),\quad q=0,1,2,\ldots$$

が成り立つ．

このことから，とくに $|K|$ と $|L|$ が同じホモトピー型のとき，すなわち，

$$f:|K|\to|L|,\quad g:|L|\to|K|$$

で，

$$g\circ f\simeq id_{|K|},\quad f\circ g\simeq id_{|L|}$$

となる f,g が存在するとき，$f_{*,q}$ と $g_{*,q}$ は互いに逆写像になり，同型写像である．$|K|$ と $|L|$ のホモロジー群は同型となる．とくに，$|K|$ と $|L|$ が同相ならば，上の $\simeq$ が $=$ で成り立つので，$|K|$ と $|L|$ のホモロジー群は等しい．

2.10 オイラー・ポアンカレの定理

有限生成の可換群に関する基本定理によって，n 次元単体的複体 K に対して，

$$H_q(K)\cong Z\oplus Z\oplus\cdots\oplus Z\oplus Z_{n_1}\oplus Z_{n_2}\oplus\cdots\oplus Z_{n_s}$$

が成り立つ．ここで，Z_{n_i} は，位数 n_i の巡回群である．

$H_q(K)$ のランク，すなわち，Z の個数 r_q を q 次元**ベッチ数**という．また，

$$\chi(K)=\sum_{q=0}^{n}(-1)^q r_q$$

を**オイラー数**と呼ぶ．代数的計算で次のことがわかる．

K の q 次元単体の個数を λ_q とすれば，

定理 2.4 (オイラー・ポアンカレ(Euler–Poincaré) の定理)

$$\chi(K)=\sum_{q=0}^{n}(-1)^q\lambda_q$$

このとき，$\chi(K)$ は，ホモロジー群で決まったからホモトピー不変量である．（もちろん，

λ_q はそうでない.）したがって, 単体分割可能な位相空間に対して, オイラー数が定義できる.

例 2.3 1次元の図形のオイラー数

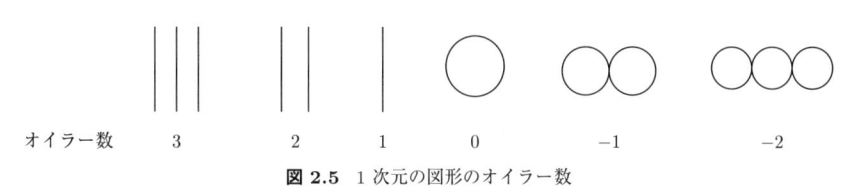

| オイラー数 | 3 | 2 | 1 | 0 | -1 | -2 |

図 2.5 1次元の図形のオイラー数

2.11 相対ホモロジー

単体的複体 K の部分集合 L が, それ自身で単体的複体であるとき L を K の**部分複体**という. ホモロジー群 $H_q(L)$ と $H_q(K)$ の関係を調べるのに, その差に当たるような相対ホモロジー群 $H_q(K, L)$ を考えると都合がよい. 空間あるいは単体的複体のレベルではなく, チェイン群の段階で, L を潰したものを考える. すなわち,

$$C_q(K, L) = C_q(K)/C_q(L), \quad q = 0, 1, 2, \ldots$$

とする. さらに,

$$\partial_q : C_q(K) \to C_{q-1}(K), \quad q = 0, 1, 2, \ldots$$

は, その定義の仕方から

$$\partial_q(C_q(L)) \subset C_{q-1}(L)$$

が成り立つから, 境界作用素

$$\bar{\partial}_q : C_q(K, L) \to C_{q-1}(K, L), \quad q = 0, 1, 2, \ldots$$

が, 自然に導かれる. もちろん,

$$\bar{\partial}_{q-1} \circ \bar{\partial}_q = 0$$

も成り立つ. したがって, **相対ホモロジー群**

$$H_q(K, L) = \mathrm{Ker}(\bar{\partial}_q)/\mathrm{Im}(\bar{\partial}_{q+1})$$

が定義される.

2.12 完全系列

一般に, 加群と準同型写像の列

$$\cdots \overset{f_{i+1}}{\to} G_i \overset{f_i}{\to} G_{i-1} \overset{f_{i-1}}{\to} \cdots$$

があり，各 i で，

$$\mathrm{Im}(f_{i+1}) = \mathrm{Ker}(f_i)$$

が成り立つとき，この列を**完全系列**という．

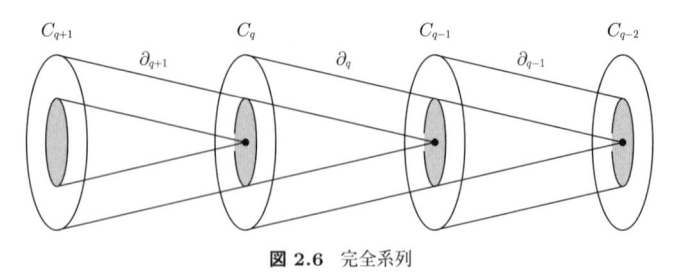

図 2.6 完全系列

L を K の部分複体とするとき，列

$$0 \to C(L) \overset{i}{\to} C(K) \overset{j}{\to} C(K,L) \to 0$$

は完全系列である．ここで，i は包含写像，j は自然な射影であり，最初と最後の写像は，自明な写像である．

この短い完全系列から L, K のホモロジー群 $H_q(K), H_q(L)$ と相対ホモロジー群 $H_q(K,L)$ の間の関係が得られる．上の列の i と j は，チェイン群の準同型であることは定義のしかたからすぐわかるので，ホモロジー群の準同型写像，

$$H_q(L) \overset{i_{*,q}}{\to} H_q(K) \overset{j_{*,q}}{\to} H_q(K,L)$$

が得られる．このとき，次のようにして新たに**連結写像**

$$\delta : H_q(K,L) \to H_{q-1}(L)$$

が得られる．δ は次のようにして定義される．

$[\overline{\xi}] \in H_q(K,L)$ とする．このとき，

$$\overline{\xi} \in C_q(K,L)$$

で

$$\partial_q(\overline{\xi}) = 0$$

である．さらに，$C_q(K,L) = C_q(K)/C_q(L)$ に注意すれば，

$$\xi \in C_q(K), \quad [\xi] = \overline{\xi} \in C_q(K,L)$$

となる。$\partial_q(\overline{\xi}) = 0 \in C_q(K, L)$ である。図 2.7 の可換性より，

$$j_{*,q-1}(\partial_q(\xi)) = \partial_q(j_{*,q}(\xi)) = 0$$

だから，

$$i_{*,q-1}(\eta) = \partial_q(\xi)$$

となる $\eta \in C_{q-1}$ が存在する。さらに，

$$i_{*,q-2}(\partial_{q-1}(\eta)) = \partial_{q-1}(i_{*,q-1}(\eta)) = \partial_{q-1}(\partial_q(\xi)) = 0$$

となる。すなわち，$\eta \in Z_{q-1}$ である。そこで，

$$\delta_q([\overline{\xi}]) = [\eta]$$

によって，

$$\delta_q : H_q(K, L) \to H_{q-1}(L)$$

を定義する。このとき，次が成り立つ。

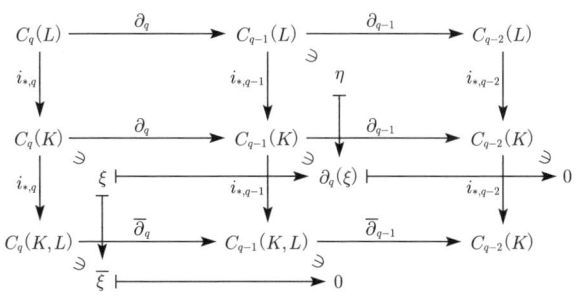

図 2.7 連結写像の定義

定理 2.5

$$\to H_q(L) \stackrel{i_{*,q}}{\to} H_q(K) \stackrel{j_{*,q}}{\to} H_q(K, L) \stackrel{\delta_q}{\to} H_{q-1}(L) \to$$

が完全系列である。

この完全系列は，ホモロジー群を実際に計算するのによく用いられる。

2.13 マイヤー・ヴィートリスの完全系列

単体的複体 K が 2 つに分けられているとする。すなわち，$K_1, K_2 \subset K$ を K の部分複体とし，$K = K_1 \cup K_2$ とする。以下の写像をすべて，包含写像とする。

$$i_1 : K_1 \cap K_2 \to K_1, \quad i_2 : K_1 \cap K_2 \to K_2,$$
$$j_1 : K_1 \to K, \quad j_2 : K_2 \to K$$

このとき,次の短い完全列が得られる.

$$\{0\} \to C_q(K_1 \cap K_2) \stackrel{i_1 \oplus i_2}{\to} C_q(K_1) \oplus C_q(K_2) \stackrel{j_1 - j_2}{\to} C_q(K) \to \{0\}$$

この完全系列から次の長い完全系列,**マイヤー・ヴィートリスの完全系列**が得られる.

$$\cdots \to H_q(K_1 \cap K_2) \stackrel{(i_1 \oplus i_2)_{*,q}}{\to} H_q(K_1) \oplus H_q(K_2) \stackrel{(j_1 - j_2)_{*,q}}{\to} H_q(K) \stackrel{\partial_*}{\to} H_{q-1}(K_1 \cap K_2) \to \cdots$$

これらの完全系列を用いて,実際にホモロジー群を計算することができる.代表的な結果を次節に述べる.

2.14 閉曲面とそのホモロジー

境界のないコンパクト2次元多様体を**閉曲面**と呼ぶ.位相幾何学の古典的な結果として次が知られている.証明は「切り貼りのテクニック」による.3次元空間内の閉曲面は,次に挙げるもののいずれかと同相である.

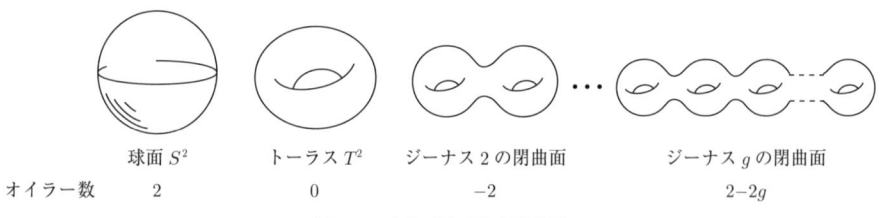

	球面 S^2	トーラス T^2	ジーナス 2 の閉曲面	ジーナス g の閉曲面
オイラー数	2	0	-2	$2-2g$

図 2.8 向きづけ可能な閉曲面

g 人乗りの浮き袋型の閉曲面を**ジーナス g の閉曲面**と呼んでいる.これを M_g と表すと,M_g のホモロジー群は次のようになる.

$$H_0(M_g) \cong Z,$$
$$H_1(M_g) \cong Z \oplus Z \oplus \cdots \oplus Z \ (2g \text{ 個}),$$
$$H_2(M_g) \cong Z$$

また,オイラー数は,

$$\chi(M_g) = 2 - 2g$$

である.

〔一樂 重雄〕

文 献

[1] 位相幾何学,一樂重雄,朝倉書店,1993.

第 VIII 編
曲線と曲面

VIII 曲線と曲面

1 空 間 曲 線

1.1 接ベクトルと弧長パラメータ

点が動くと曲線を定める．t を区間上を動くパラメータとし，時刻を表すと考える．時刻 t に対し，空間の点 $\boldsymbol{x}(t)$ が対応しているとする．このとき

$$C = \{\boldsymbol{x}(t) \mid \alpha < t < \beta\}, \quad \boldsymbol{x}(t) = \begin{pmatrix} x_1(t) \\ x_2(t) \\ x_3(t) \end{pmatrix} \tag{1.1}$$

を**空間曲線** (space curve) C の**パラメータ表示** (parametric representation) という．ここで，$x_i(t)$ は C^r 関数とし，$r \geqq 3$ とする．さらに，各時点 t で**速度ベクトル** (velocity) $\dot{\boldsymbol{x}}(t)$ は $\boldsymbol{0}$ でないものとする．

$$\dot{\boldsymbol{x}}(t) = \frac{d\boldsymbol{x}}{dt}(t) \neq \boldsymbol{0} \tag{1.2}$$

ここで，**弧長パラメータ** (arc–length parameter)

$$s(t) = \int_{t_0}^{t} \|\dot{\boldsymbol{x}}(\tau)\| \, d\tau \tag{1.3}$$

を導入する．$|s(t)|$ は $\boldsymbol{x}(t_0)$ から $\boldsymbol{x}(t)$ までの曲線の長さである．あきらかに

$$\frac{ds}{dt}(t) = \|\dot{\boldsymbol{x}}(t)\| > 0$$

であり，$\|\dot{\boldsymbol{x}}(t)\|$ は t の C^{r-1} 関数であるから，$s(t)$ は C^r 関数である．さらに，逆関数定理により，t は s の C^r 関数で，$t = t(s)$ とおくと

$$\frac{dt}{ds}(s) = \frac{1}{\dfrac{ds}{dt}(t(s))} = \frac{1}{\|\dot{\boldsymbol{x}}(t(s))\|}$$

が成り立つ．そこで，曲線 $\boldsymbol{x}(t)$ の t に $t(s)$ を代入して，新たなパラメータ表示 $\boldsymbol{x}(t(s))$ を得る．この表示を**弧長パラメータ表示** (parametric representation by arc–length) という．通常，これを $\boldsymbol{x}(s) = \boldsymbol{x}(t(s))$ と記す．誤解のないように，s はつねに弧長パラメータ

1. 空 間 曲 線

を表し, 一般のパラメータは t で表すようにする. また, s による微分は $\boldsymbol{x}'(s)$ で表し, t による微分は $\dot{\boldsymbol{x}}(t)$ で表す. あきらかに

$$\|\boldsymbol{x}'(s)\| \equiv 1 \tag{1.4}$$

が成り立つ.

例 1.1 (常螺旋)

$$\boldsymbol{x}(t) = \begin{pmatrix} a\cos t \\ a\sin t \\ bt \end{pmatrix}$$

これは半径 a 傾き $\dfrac{b}{a}$ の**常螺旋** (ordinary helix) といわれる曲線で, 傾き $\dfrac{b}{a}$ の直線を半径 a の円柱に巻きつけて得られる曲線である.

$$\|\dot{\boldsymbol{x}}(t)\|^2 = a^2 + b^2$$

であるから, $s(t) = \sqrt{a^2+b^2}\,t$.

1.2 曲 率

曲率は曲線の方向の単位長さあたりの変化率で表すことができる. 曲線の方向は**単位接ベクトル** (unit tangent) で定める. 速度ベクトルの正規化である.

$$\boldsymbol{e}_1(t) = \frac{1}{\|\dot{\boldsymbol{x}}(t)\|}\dot{\boldsymbol{x}}(t) \tag{1.5}$$

単位接ベクトルの単位長さあたりの変化率は次のように与えられる.

$$\boldsymbol{k}(t) = \lim_{h \to 0} \frac{1}{\|\boldsymbol{x}(t+h) - \boldsymbol{x}(t)\|}(\boldsymbol{e}_1(t+h) - \boldsymbol{e}_1(t)) = \frac{1}{\|\dot{\boldsymbol{x}}(t)\|}\dot{\boldsymbol{e}}_1(t) \tag{1.6}$$

$\boldsymbol{k}(t)$ を**曲率ベクトル** (curvature vector) という. 曲率ベクトルの大きさを**曲率** (curvature) といい, $\kappa(t)$ で表す.

$$\kappa(t) = \|\boldsymbol{k}(t)\| = \frac{\|\dot{\boldsymbol{e}}_1(t)\|}{\|\dot{\boldsymbol{x}}(t)\|} \tag{1.7}$$

弧長パラメータを用いると

$$\boldsymbol{k}(s) = \boldsymbol{e}_1'(s) = \boldsymbol{x}''(s), \quad \kappa(s) = \|\boldsymbol{x}''(s)\| \tag{1.8}$$

が成り立つ. $(\boldsymbol{e}_1(t), \boldsymbol{e}_1(t)) \equiv 1$ の両辺を t で微分すると, $2(\dot{\boldsymbol{e}}_1(t), \boldsymbol{e}_1(t)) \equiv 0$ となる. したがって, $\boldsymbol{k}(t)$ は $\boldsymbol{e}_1(t)$ と直交する.

例 1.2 常螺旋の場合は $\|\dot{\boldsymbol{x}}(t)\| = \sqrt{a^2+b^2}$ であった．よって

$$\boldsymbol{e}_1(t) = \frac{1}{\sqrt{a^2+b^2}} \begin{pmatrix} -a\sin t \\ a\cos t \\ b \end{pmatrix}$$

で，これは単位球面 S^2 のある緯線上を動く．したがって

$$\boldsymbol{k}(t) = \frac{\dot{\boldsymbol{e}}_1(t)}{\|\dot{\boldsymbol{x}}(t)\|} = \frac{a}{a^2+b^2} \begin{pmatrix} -\cos t \\ -\sin t \\ 0 \end{pmatrix}, \quad \kappa(t) = \|\boldsymbol{k}(t)\| = \frac{a}{a^2+b^2}$$

となる．同じ半径のバネでも，伸ばせば曲率は減るのである．

とくに，$b=0$ のとき，半径 a の円の曲率は $\frac{1}{a}$ であることがわかる．一般に，曲率の逆数 $\frac{1}{\kappa(t)}$ を**曲率半径** (radius of curvature) という．

曲率，曲率ベクトルを直接 $\boldsymbol{x}(t), \dot{\boldsymbol{x}}(t), \ddot{\boldsymbol{x}}(t)$ で表すことができる．曲率ベクトルの定義式 (1.6) に (1.5) を代入して計算すると

$$\boldsymbol{k}(t) = \frac{1}{(\dot{\boldsymbol{x}}, \dot{\boldsymbol{x}})} \ddot{\boldsymbol{x}} - \frac{(\dot{\boldsymbol{x}}, \ddot{\boldsymbol{x}})}{(\dot{\boldsymbol{x}}, \dot{\boldsymbol{x}})^2} \dot{\boldsymbol{x}} \tag{1.9}$$

が得られ，さらに

$$\kappa(t)^2 = \frac{(\dot{\boldsymbol{x}}, \dot{\boldsymbol{x}})(\ddot{\boldsymbol{x}}, \ddot{\boldsymbol{x}}) - (\dot{\boldsymbol{x}}, \ddot{\boldsymbol{x}})^2}{(\dot{\boldsymbol{x}}, \dot{\boldsymbol{x}})^3} \tag{1.10}$$

も得られる．

1.3 捩率とフルネ・セレの公式

前節の常螺旋の曲率を調べると，同じ曲率をもち，形の異なる常螺旋が存在することがわかる．それらを区別する量が捩率（れいりつ）といわれるものである．それは曲線の方向（速度方向）でなく，曲がる方向（加速度方向）の変化率を用いて定義される．しかし，曲線の曲がる方向は，つねに曲がる方向へ変化している．それ以外の方向への変化が重要である．

曲線の曲がる方向は曲率ベクトルの正規化で与えられる．**主法線ベクトル** (principal normal) という．

$$\boldsymbol{e}_2(t) = \frac{1}{\|\boldsymbol{k}(t)\|} \boldsymbol{k}(t) = \frac{1}{\kappa(t)} \boldsymbol{k}(t) \tag{1.11}$$

$\kappa(t) = 0$ のとき，主法線ベクトルは定義できない．定義されるとき，$\boldsymbol{e}_1(t), \boldsymbol{e}_2(t)$ は互いに

直交する単位ベクトルである．そこで，**従法線ベクトル** (binormal) を

$$e_3(t) = e_1(t) \times e_2(t) \tag{1.12}$$

と定める．このとき，$\langle e_1(t), e_2(t), e_3(t) \rangle$ は右手系の正規直交基底になる．これを**フルネ標構** (Frenet frame) または**動標構** (moving frame) という．各 t ごとに定まる正規直交基底である．

ここで，各 t ごとの，$e_1(t), e_2(t), e_3(t)$ の単位長さあたりの変化率は，この基底，フルネ標構の1次結合で表すことができる．その係数を求めてみよう．計算の簡単のために，弧長パラメータ s を用いて計算する．

曲率の定義より

$$e_1'(s) = k(s) = \kappa(s) e_2(s) \tag{1.13}$$

$e_2'(s)$ を調べるために，$(e_2(s), e_2(s)) \equiv 1$，$(e_2(s), e_1(s)) \equiv 0$ の両辺を微分してみよう．

$$(e_2'(s), e_2(s)) = 0$$
$$(e_2'(s), e_1(s)) = -(e_1'(s), e_2(s)) = -\kappa(s)$$

$(e_2(s), e_3(s)) \equiv 0$ の両辺を微分すると，等式

$$(e_2'(s), e_3(s)) = -(e_3'(s), e_2(s))$$

を得る．この値を**捩率** (torsion) という．$\tau(s)$ で表す．

$$\tau(s) = (e_2'(s), e_3(s)) = -(e_3'(s), e_2(s)) \tag{1.14}$$

よって，次式を得る．

$$e_2'(s) = -\kappa(s) e_1(s) + \tau(s) e_3(s) \tag{1.15}$$

さらに，$(e_3(s), e_3(s)) \equiv 1$，$(e_3(s), e_1(s)) \equiv 0$ の両辺を微分して，同様の計算をすると

$$e_3'(s) = -\tau(s) e_2(s) \tag{1.16}$$

を得ることができる．これらをあわせて，次の定理を得る．

定理 1.1 (フルネ (Frenet)・セレ (Serret) の公式) 弧長パラメータで表された曲線 $C = \{x(s)\}$ の曲率 $\kappa(s)$ が正であるとする．捩率を $\tau(s)$ とすると

$$\begin{cases} e_1'(s) = & \kappa(s) e_2(s) \\ e_2'(s) = -\kappa(s) e_1(s) & +\tau(s) e_3(s) \\ e_3'(s) = & -\tau(s) e_2(s) \end{cases} \tag{1.17}$$

が成り立つ.

一般のパラメータ t に関して，フルネ・セレの公式は次のようになる.

$$\begin{cases} \dfrac{1}{\|\dot{\boldsymbol{x}}(t)\|} \dot{\boldsymbol{e}}_1(t) = & \kappa(t)\boldsymbol{e}_2(t) \\[2mm] \dfrac{1}{\|\dot{\boldsymbol{x}}(t)\|} \dot{\boldsymbol{e}}_2(t) = -\kappa(t)\boldsymbol{e}_1(t) & +\tau(t)\boldsymbol{e}_3(t) \\[2mm] \dfrac{1}{\|\dot{\boldsymbol{x}}(t)\|} \dot{\boldsymbol{e}}_3(t) = & -\tau(t)\boldsymbol{e}_2(t) \end{cases} \quad (1.18)$$

捩率についても，直接 $\boldsymbol{x}(t)$ の導関数で表す式を求めよう．フルネ・セレの公式より

$$\tau(t) = \frac{1}{\|\dot{\boldsymbol{x}}(t)\|}(\dot{\boldsymbol{e}}_2(t), \boldsymbol{e}_3(t)) = \frac{1}{\|\dot{\boldsymbol{x}}(t)\|}(\boldsymbol{e}_1(t) \times \boldsymbol{e}_2(t), \dot{\boldsymbol{e}}_2(t))$$
$$= \frac{1}{\|\dot{\boldsymbol{x}}(t)\|}\det(\boldsymbol{e}_1(t), \boldsymbol{e}_2(t), \dot{\boldsymbol{e}}_2(t))$$

となる．ここで

$$\boldsymbol{e}_1(t) = \frac{1}{\|\dot{\boldsymbol{x}}\|}\dot{\boldsymbol{x}}$$
$$\boldsymbol{e}_2(t) = \frac{1}{\kappa(t)}\boldsymbol{k}(t) = \frac{1}{\kappa(t)}\left(\frac{1}{(\dot{\boldsymbol{x}},\dot{\boldsymbol{x}})}\ddot{\boldsymbol{x}} - \frac{(\dot{\boldsymbol{x}},\ddot{\boldsymbol{x}})}{(\dot{\boldsymbol{x}},\dot{\boldsymbol{x}})^2}\dot{\boldsymbol{x}}\right) = \frac{1}{\kappa(t)(\dot{\boldsymbol{x}},\dot{\boldsymbol{x}})}\ddot{\boldsymbol{x}} + A\dot{\boldsymbol{x}}$$
$$\dot{\boldsymbol{e}}_2(t) = \frac{1}{\kappa(t)(\dot{\boldsymbol{x}},\dot{\boldsymbol{x}})}\dddot{\boldsymbol{x}} + B\ddot{\boldsymbol{x}} + C\dot{\boldsymbol{x}}$$

を代入すれば，複雑な式 A, B, C は消えて，次式を得る.

$$\tau(t) = \frac{1}{\kappa(t)^2(\dot{\boldsymbol{x}},\dot{\boldsymbol{x}})^3}\det\left(\dot{\boldsymbol{x}}, \ddot{\boldsymbol{x}}, \dddot{\boldsymbol{x}}\right) = \frac{\det\left(\dot{\boldsymbol{x}}, \ddot{\boldsymbol{x}}, \dddot{\boldsymbol{x}}\right)}{(\dot{\boldsymbol{x}},\dot{\boldsymbol{x}})(\ddot{\boldsymbol{x}},\ddot{\boldsymbol{x}}) - (\dot{\boldsymbol{x}},\ddot{\boldsymbol{x}})^2} \quad (1.19)$$

曲率が正である曲線 $C = \{\boldsymbol{x}(t)\}$ が，ある平面 Π に含まれるための必要十分条件は，$\boldsymbol{e}_3(t)$ が定ベクトルであることである．したがって，次の系が成り立つ.

系 1.1 曲率が正である曲線 $C = \{\boldsymbol{x}(t)\}$ が，ある平面 Π に含まれるための必要十分条件は，$\tau(t) \equiv 0$ で与えられる.

例 1.3 (常螺旋) 例 1.2 より

$$\boldsymbol{e}_1(t) = \frac{1}{\sqrt{a^2+b^2}}\begin{pmatrix} -a\sin t \\ a\cos t \\ b \end{pmatrix}, \ \kappa(t) = \frac{a}{a^2+b^2}$$

であった．続きを計算すると

$$e_2(t) = \begin{pmatrix} -\cos t \\ -\sin t \\ 0 \end{pmatrix}, \quad e_3(t) = \frac{1}{\sqrt{a^2+b^2}} \begin{pmatrix} b\sin t \\ -b\cos t \\ a \end{pmatrix}$$

$$\dot{e}_3(t) = \frac{1}{\sqrt{a^2+b^2}} \begin{pmatrix} b\cos t \\ b\sin t \\ 0 \end{pmatrix}, \quad \tau(t) = \frac{b}{a^2+b^2}$$

となる．常螺旋は曲率，捩率がともに定数であるような曲線である．

例 1.4 曲線 $x(t) = \begin{pmatrix} t \\ at^2 \\ bt^3 \end{pmatrix}$ について

$$\dot{x}(t) = \begin{pmatrix} 1 \\ 2at \\ 3bt^2 \end{pmatrix}, \quad \ddot{x}(t) = \begin{pmatrix} 0 \\ 2a \\ 6bt \end{pmatrix}, \quad \dddot{x}(t) = \begin{pmatrix} 0 \\ 0 \\ 6b \end{pmatrix}$$

である．この曲線は

1) (x,y) 平面に射影すると，放物線 $y = ax^2$ になる．
2) (y,z) 平面に射影すると，尖点 $y \geq 0, z = \pm \dfrac{b}{\sqrt{a^3}} \sqrt{y^3}$ になる．
3) (x,z) 平面に射影すると，3次放物線 $z = bx^3$ になる．

という特徴がある．曲率，捩率は次式で表される．

$$\kappa(t) = 2\sqrt{\frac{a^2 + 9b^2t^2 + 9a^2b^2t^4}{(1 + 4a^2t^2 + 9b^2t^4)^3}}, \quad \tau(t) = \frac{3ab}{a^2 + 9b^2t^2 + 9a^2b^2t^4}$$

とくに $t=0$ のとき，$\kappa(0) = 2a, \tau(0) = \dfrac{3b}{a}$ である．

1.4 ブーケの公式，曲線の局所的形状

曲率，捩率は曲線の局所的形状をどのように定めるのであろうか．与えられた曲線を $C = \{x(s)\}$ とし，s は弧長パラメータとする．$s = 0$ で3次のテイラー展開をすると

$$x(s) = x(0) + sx'(0) + \frac{s^2}{2}x''(0) + \frac{s^3}{3!}x'''(0) + o(s^3) \tag{1.20}$$

ただし $s \to 0$ のとき $\dfrac{\|o(s^3)\|}{s^3} \to 0$

となる．ここで，フルネ・セレの公式を用いれば，次式を得る．

$$\boldsymbol{x}'(s) = \boldsymbol{e}_1(s)$$
$$\boldsymbol{x}''(s) = \boldsymbol{e}_1'(s) = \kappa(s)\boldsymbol{e}_2(s)$$
$$\boldsymbol{x}'''(s) = \kappa'(s)\boldsymbol{e}_2(s) + \kappa(s)\boldsymbol{e}_2'(s)$$
$$= \kappa'(s)\boldsymbol{e}_2(s) + \kappa(s)\left(-\kappa(s)\boldsymbol{e}_1 + \tau(s)\boldsymbol{e}_3(s)\right)$$
$$= -\kappa(s)^2 \boldsymbol{e}_1(s) + \kappa'(s)\boldsymbol{e}_2(s) + \kappa(s)\tau(s)\boldsymbol{e}_3(s)$$

$s = 0$ とすれば (1.20) 式に代入することができる．整理すれば

$$\boldsymbol{x}(s) = \boldsymbol{x}(0) + \left\{ s - \frac{\kappa(0)^2}{6}s^3 + o_1(s^3) \right\} \boldsymbol{e}_1(0)$$
$$+ \left\{ \frac{\kappa(0)}{2}s^2 + \frac{\kappa'(0)}{6}s^3 + o_2(s^3) \right\} \boldsymbol{e}_2(0)$$
$$+ \left\{ \frac{\kappa(0)\tau(0)}{6}s^3 + o_3(s^3) \right\} \boldsymbol{e}_3(0)$$

が成り立つ．次の定理が示された．

定理 1.2 (ブーケ (Bouquet) の公式) 弧長パラメータで表された曲線 $C = \{\boldsymbol{x}(s)\}$ について $\kappa(0) > 0$ とする．$\boldsymbol{x}(0)$ を原点，フルネ標構 $\langle \boldsymbol{e}_1(0), \boldsymbol{e}_2(0), \boldsymbol{e}_3(0) \rangle$ を座標軸とする新しい座標を用いて $\boldsymbol{x}(s) = \begin{pmatrix} y_1(s) \\ y_2(s) \\ y_3(s) \end{pmatrix}$ とすると

$$\begin{cases} y_1(s) = s - \dfrac{\kappa(0)^2}{6}s^3 + o_1(s^3) \\ y_2(s) = \dfrac{\kappa(0)}{2}s^2 + \dfrac{\kappa'(0)}{6}s^3 + o_2(s^3) \\ y_3(s) = \dfrac{\kappa(0)\tau(0)}{6}s^3 + o_3(s^3) \end{cases} \quad (1.21)$$

と表される．

　曲線の表し方として，フルネ標構を新たな座標系として用いるとする．そのとき，曲線を表す関数 $y_1(s), y_2(s), y_3(s)$ をテイラー (Taylor) 展開すると，3 次までの項は曲率，捩率および曲率の微分で定まってしまうことがわかる．このように，ブーケの公式はある点の近くでの曲線の形と，そのときの曲率，捩率の値との関係を与えている．

1.5 自 然 方 程 式

空間曲線は曲率,捩率を定めるが,逆に,s の関数 $\kappa(s), \tau(s)$ を与えたとき,それらを曲率,捩率とする空間曲線 $C = \{\boldsymbol{x}(s)\}$ を求めてみよう.いわば,曲率,捩率を,曲線を定める方程式と考える.これを**自然方程式** (natural equation) という.

定理 1.3 (曲線論の基本定理) $r \geqq 3$ と $-\infty \leqq a < b \leqq \infty$ なる a, b に対し,区間 (a, b) 上の C^{r-2} 関数 $\kappa(s) > 0$ と C^{r-3} 関数 $\tau(s)$ が与えられたとするとき
1) $\kappa(s)$ を曲率,$\tau(s)$ を捩率とし,s を弧長パラメータとするような C^r 曲線 $C = \{\boldsymbol{x}(s) | a < t < b\}$ が存在する.
2) そのような曲線が 2 つ存在すれば,回転と平行移動で重ね合わせることができる.

定理の証明には 1 階線形常微分方程式系の理論が用いられる.曲線 $\boldsymbol{x}(s)$ の満たす微分方程式を考えてみよう.
$$\boldsymbol{x}'(s) = \boldsymbol{e}_1(s)$$
であった.したがって
$$\boldsymbol{x}(s) = \boldsymbol{x}(s_0) + \int_{s_0}^{s} \boldsymbol{e}_1(\sigma)\, d\sigma$$
よって,$\boldsymbol{e}_1(s)$ が定まれば,$\boldsymbol{x}(s)$ が求まる.$\boldsymbol{e}_1(s)$ の満たす微分方程式は
$$\boldsymbol{e}_1'(s) = \kappa(s)\, \boldsymbol{e}_2(s)$$
したがって,$\boldsymbol{e}_2(s)$ が定まれば,$\boldsymbol{e}_1(s)$ が求まる.ところが
$$\boldsymbol{e}_2'(s) = -\kappa(s)\, \boldsymbol{e}_1(s) + \tau(s)\, \boldsymbol{e}_3(s)$$
となり,事情は単純でない.そこで,3 つのベクトルを横に並べた 3×3 行列 $F(s)$ を考えよう.
$$F(s) = (\boldsymbol{e}_1(s), \boldsymbol{e}_2(s), \boldsymbol{e}_3(s))$$
すると,フルネ・セレの公式を次のように表すことができる.
$$F'(s) = F(s) \begin{pmatrix} 0 & -\kappa(s) & 0 \\ \kappa(s) & 0 & -\tau(s) \\ 0 & \tau(s) & 0 \end{pmatrix}$$

今まで,フルネ・セレの公式を曲率,捩率の定義式と考えてきたが,これからは,与えられた $\kappa(s), \tau(s)$ に対して,$F(s)$ を定める微分方程式と考える.すなわち,上式右辺の 3×3 行列を $K(s)$ とおくと,3×3 関数行列 $F(s)$ は 1 階線形常微分方程式

$$F'(s) = F(s)K(s) \tag{1.22}$$

を満たすことがわかる．この方程式は $F(s)$ を9項列ベクトルと思って書き換えると，通常の1階線形常微分方程式である．したがって，解の存在と一意性が成り立つ．すなわち，$s = s_0$ における任意の初期値 F_0 に対し，解 $F(s)$ が区間 (a, b) 上で一意的に存在する．さらに，次のことが成り立つ．

- とくに，単位行列 I_3 を初期値とする (1.22) の解を $\Phi(s)$ とおくと，任意の初期値 F_0 に対し，その解は $H(s) = H_0 \Phi(s)$ で与えられる．
- $\Phi(s)$ は行列式が1の直交行列である．

前半は (1.22) の形の方程式一般について成り立つ．後半は $K(s)$ が反対称 ($^t K(s) = -K(s)$) であることから従う．

定理の証明 (一意性) 同じ曲率 $\kappa(s)$，同じ捩率 $\tau(s)$ をもつ2つの C^r 曲線 $\boldsymbol{x}(s), \tilde{\boldsymbol{x}}(s)$ が与えられたとする．回転により $\tilde{\boldsymbol{x}}(s)$ を移動して，初期値 $s = s_0$ で2つの曲線のフルネ標構を一致させることができる．それぞれのフルネ標構 $\langle \boldsymbol{e}_1(s), \boldsymbol{e}_2(s), \boldsymbol{e}_3(s) \rangle, \langle \tilde{\boldsymbol{e}}_1(s), \tilde{\boldsymbol{e}}_2(s), \tilde{\boldsymbol{e}}_3(s) \rangle$ は，同じ $K(s)$ に関する方程式 (1.22) の2つの解で，$s = s_0$ における初期値は一致している．したがって，解の一意性より，(a, b) 上で一致する．

$$\tilde{\boldsymbol{e}}_1(s) = \boldsymbol{e}_1(s), \ \tilde{\boldsymbol{e}}_2(s) = \boldsymbol{e}_2(s), \ \tilde{\boldsymbol{e}}_3(s) = \boldsymbol{e}_3(s)$$

$\tilde{\boldsymbol{e}}_1(s) = \boldsymbol{e}_1(s)$ を積分すれば，$\boldsymbol{x}(s)$ と $\tilde{\boldsymbol{x}}(s)$ が得られるが，これらは平行移動を除いて一致する． (証明終)

定理の証明 (存在) 曲率，捩率をそれぞれ $\kappa(s), \tau(s)$ とし，弧長パラメータをもつ曲線 $C = \{\boldsymbol{x}(s) \mid a < s < b\}$ を求めたい．$\kappa(s), \tau(s)$ より定まる行列 $K(s)$ に対して，方程式 (1.22) を考え，初期値をとる時点 s_0 を任意に定める．それに対して定まる上記2) の解 $\Phi(s)$ をとり，それを構成する3つの縦ベクトルを $\boldsymbol{e}_1(s), \boldsymbol{e}_2(s), \boldsymbol{e}_3(s)$ とおく．

上の注意より，$\Phi(s)$ は行列式1の直交行列であるから，$\langle \boldsymbol{e}_1(s), \boldsymbol{e}_2(s), \boldsymbol{e}_3(s) \rangle$ は右手系の正規直交基底である．これらのベクトルは求める曲線のフルネ標構であるかどうかは，まだわからないが，式 (1.22) より，フルネ・セレの公式を満たすベクトルである．

ここで，$\boldsymbol{e}_1(s)$ を積分した曲線を $C = \{\boldsymbol{x}(s)\}$ とおく．

$$\boldsymbol{x}(s) = \int_{s_0}^{s} \boldsymbol{e}_1(\sigma) \, d\sigma$$

すると，$\boldsymbol{x}'(s) = \boldsymbol{e}_1(s)$ かつ $\|\boldsymbol{e}_1(s)\| \equiv 1$ より，s は C の弧長パラメータで，$\boldsymbol{e}_1(s)$ は C の第1フルネ標構になる．$\boldsymbol{e}_1'(s) = \kappa(s) \boldsymbol{e}_2(s)$ かつ $\|\boldsymbol{e}_2(s)\| \equiv 1$ より，$\kappa(s)$ は C の曲率で，$\boldsymbol{e}_2(s)$ は C の第2フルネ標構である．さらに，$\langle \boldsymbol{e}_1(s), \boldsymbol{e}_2(s), \boldsymbol{e}_3(s) \rangle$ は右手系の正規直交基底であるから，$\boldsymbol{e}_3(s)$ は C の第3フルネ標構となる．そして，$\boldsymbol{e}_2'(s) = -\kappa(s) \boldsymbol{e}_1(s) + \tau(s) \boldsymbol{e}_3(s)$ より，$\tau(s) = (\boldsymbol{e}_2'(s), \boldsymbol{e}_3(s))$ で，したがって，$\tau(s)$ は C の捩率である． (証明終)

VIII 曲線と曲面

2 曲 面 論

2.1 曲面のパラメータ表示

曲線が動くと曲面を定める．(u,v) を，平面 $\mathbf{R}^2$ の開集合 U 上を動くパラメータとし，**パラメータ表示** (parametric representation)

$$S = \{\boldsymbol{x}(u,v) \mid (u,v) \in U\}, \quad \boldsymbol{x}(u,v) = \begin{pmatrix} x_1(u,v) \\ x_2(u,v) \\ x_3(u,v) \end{pmatrix} \tag{2.1}$$

を考える．ここで，$x_i(u,v)$ は U 上の C^r 関数とし，$r \geqq 2$ とする．パラメータ表示において，v を固定し，u の関数と思うと，これは曲線である．**u 曲線** (u–curve) という．同様に，**v 曲線** (v–curve) も定義される．それらの速度ベクトルは

$$\boldsymbol{x}_u(u,v) = \begin{pmatrix} \dfrac{\partial x_1}{\partial u}(u,v) \\ \dfrac{\partial x_2}{\partial u}(u,v) \\ \dfrac{\partial x_3}{\partial u}(u,v) \end{pmatrix}, \quad \boldsymbol{x}_v(u,v) = \begin{pmatrix} \dfrac{\partial x_1}{\partial v}(u,v) \\ \dfrac{\partial x_2}{\partial v}(u,v) \\ \dfrac{\partial x_3}{\partial v}(u,v) \end{pmatrix} \tag{2.2}$$

で表される．このとき，各 $(u,v) \in U$ に対して u 曲線，v 曲線の速度ベクトルが 1 次独立であることを要求する．この条件を満たすパラメータ表示が定まっている曲面の一部を**曲面片** (piece of surface) という．

定義 2.1 **曲面** (surface) とは，ユークリッド空間 $\mathbf{R}^3$ の部分集合でいくつかの（有限でも無限でもよい）の曲面片で覆われているものである．ただし，曲面片どうしは，互いの開部分集合で交わっているものとし，また，自己交差があるときには，それぞれ 1 つの面ごとに考えるものとする．

例 2.1 **球面** (sphere) S^2： $x^2 + y^2 + z^2 = 1$
u を緯度，v を経度とする球面上の点を $\boldsymbol{x}(u,v)$ とする．

$$\boldsymbol{x}(u,v) = \begin{pmatrix} \cos u \cos v \\ \cos u \sin v \\ \sin u \end{pmatrix}, \quad \left(-\frac{\pi}{2} < u < \frac{\pi}{2}\right)$$

u 曲線は経線，v 曲線は緯線である．それらの速度ベクトルは

$$\boldsymbol{x}_u = \begin{pmatrix} -\sin u \cos v \\ -\sin u \sin v \\ \cos u \end{pmatrix}, \quad \boldsymbol{x}_v = \begin{pmatrix} -\cos u \sin v \\ \cos u \cos v \\ 0 \end{pmatrix}$$

で，これらは直交し，$\boldsymbol{0}$ でないので 1 次独立である．この表示では南北両極は曲面片で覆われていない．

両極を覆う曲面片としては，たとえば

$$\boldsymbol{y}(u,v) = \begin{pmatrix} u \\ v \\ \pm\sqrt{1-u^2-v^2} \end{pmatrix}, \quad (u^2+v^2 < 1)$$

がある．また，緯度経度パラメータにおいて，x 座標と z 座標を取りかえたものでもよい．

例 2.2 楕円面 (ellipsoid): $\dfrac{x^2}{a^2} + \dfrac{y^2}{b^2} + \dfrac{z^2}{c^2} = 1$

これは球面において，x 座標を a 倍，y 座標を b 倍，z 座標を c 倍したものである．

$$\boldsymbol{x}(u,v) = \begin{pmatrix} a \cos u \cos v \\ b \cos u \sin v \\ c \sin u \end{pmatrix}, \quad \left(-\frac{\pi}{2} < u < \frac{\pi}{2}\right)$$

u 曲線は平面 "$y = x\tan v$" との切り口になり，楕円である．
v 曲線も平面 "$z = c\sin u$" との切り口になり，また，楕円である．

例 2.3 1 葉双曲面 (hyperboloid of one sheet): $\dfrac{x^2}{a^2} + \dfrac{y^2}{b^2} - \dfrac{z^2}{c^2} = 1$

三角関数の代わりに，双曲線関数を用いる．

$$\boldsymbol{x}(u,v) = \begin{pmatrix} a \cosh u \cos v \\ b \cosh u \sin v \\ c \sinh u \end{pmatrix}$$

u 曲線，v 曲線ともに平面曲線になり，u 曲線は双曲線，v 曲線は楕円である．

例 2.4 2 葉双曲面 (hyperboloid of two sheets): $\dfrac{x^2}{a^2} + \dfrac{y^2}{b^2} - \dfrac{z^2}{c^2} = -1$

前者と同様である．2 葉あるため，z 座標に $\pm$ がつく．

2. 曲面論

$$\boldsymbol{x}(u,v) = \begin{pmatrix} a\sinh u\cos v \\ b\sinh u\sin v \\ \pm c\cosh u \end{pmatrix}$$

u 曲線, v 曲線ともに平面曲線になり, u 曲線は双曲線, v 曲線は楕円である.

例 2.5 楕円放物面 (elliptic paraboloid): $z = \dfrac{x^2}{a^2} + \dfrac{y^2}{b^2}$
xy 平面上の 2 次形式のグラフで表すことができる.

$$\boldsymbol{x}(u,v) = \begin{pmatrix} a\,u \\ b\,v \\ u^2 + v^2 \end{pmatrix}$$

u 曲線は互いに合同な放物線である. v 曲線も互いに合同な放物線である.
水平面 "$z = h$" との断面は楕円になる.

例 2.6 双曲放物面 (hyperbolic paraboloid): $z = \dfrac{x^2}{a^2} - \dfrac{y^2}{b^2}$
前者と同様である. 2 次形式が不定符号である.

$$\boldsymbol{x}(u,v) = \begin{pmatrix} a\,u \\ b\,v \\ u^2 - v^2 \end{pmatrix}$$

u 曲線は互いに合同な放物線である. v 曲線も互いに合同な放物線である.
水平面 "$z = h$" との断面は双曲線になる.

2.2 接平面と第 1 基本形式

ある点で曲面に接するベクトルの全体が接平面である.

定義 2.2 曲面 S に含まれる曲線の速度ベクトルを, その点での S の**接ベクトル** (tangent vector) という. ある点 $\boldsymbol{x}_0$ での接ベクトル全体を**接平面** (tangent plane) といい, $T_{\boldsymbol{x}_0}S$ で表す.

$\boldsymbol{x}_0 = \boldsymbol{x}(u_0, v_0)$ とすると, u 曲線, v 曲線の速度ベクトル $\boldsymbol{x}_u(u_0,v_0), \boldsymbol{x}_v(u_0,v_0)$ は $\boldsymbol{x}_0$ での接ベクトルである.

$$\boldsymbol{x}_u(u_0,v_0),\ \boldsymbol{x}_v(u_0,v_0) \in T_{\boldsymbol{x}_0}S$$

定理 2.1 接平面 $T_{\boldsymbol{x}_0}S$ は $\boldsymbol{x}_u(u_0,v_0)$ と $\boldsymbol{x}_v(u_0,v_0)$ を基底とするベクトル空間である.

この定理の証明は，次の補題を認めればあきらかである．補題の証明には 3 次元の逆写像定理が用いられる．

補題 2.1 $t=0$ で $\boldsymbol{x}_0$ を通り，S に含まれる曲線 $\gamma:(-\varepsilon,\varepsilon)\to S$ に対して，C^r 関数 $u(t), v(t)$ が存在して $\gamma(t)=\boldsymbol{x}(u(t),v(t))$ と表される．

[証明] $\boldsymbol{x}(u,v)$ の定義域を U として，写像 $\Phi:U\times\mathbf{R}\to\mathbf{R}^3$ を

$$\Phi(u,v,w)=\boldsymbol{x}(u,v)+w\,\boldsymbol{x}_u(u_0,v_0)\times\boldsymbol{x}_v(u_0,v_0)$$

により定義すると $(u_0,v_0,0)$ での Jacobi 行列は

$$J\Phi(u_0,v_0,0)=(\boldsymbol{x}_u(u_0,v_0),\boldsymbol{x}_v(u_0,v_0),\boldsymbol{x}_u(u_0,v_0)\times\boldsymbol{x}_v(u_0,v_0))$$

となり，正則行列である．したがって，逆写像定理より，Φ は $(u_0,v_0,0)$ の近くで C^r 微分同相写像になる．とくに，$\Phi(u,v,w)$ が，S に含まれるならば $w=0$ である．$-\varepsilon<t<\varepsilon$ なる t に対し

$$(u(t),v(t),w(t))=\Phi^{-1}(\gamma(t))$$

とおけば，$u(t),v(t),w(t)$ は C^r 関数で $\gamma(t)=\Phi(u(t),v(t),w(t))$．$\gamma(t)$ は S に含まれるから $w(t)\equiv 0$ である．したがって

$$\gamma(t)=\Phi(u(t),v(t),0)=\boldsymbol{x}(u(t),v(t))$$

が成り立つ． (証明終)

接平面 $T_{\boldsymbol{x}_0}S$ 上の 1 次形式 du, dv を，$\xi\in T_{\boldsymbol{x}_0}S$ に対し，基底 $\boldsymbol{x}_u(u_0,v_0), \boldsymbol{x}_v(u_0,v_0)$ による 1 次結合

$$\xi=\alpha\,\boldsymbol{x}_u(u_0,v_0)+\beta\,\boldsymbol{x}_v(u_0,v_0)$$

の係数 α と β を対応させる関数とする．

$$\alpha=du(\xi),\quad \beta=dv(\xi)$$

よって

$$\xi=\boldsymbol{x}_u(u_0,v_0)\,du(\xi)+\boldsymbol{x}_v(u_0,v_0)\,dv(\xi) \tag{2.3}$$

が成り立つ．

定義 2.3 接ベクトル ξ に対して，その $\mathbf{R}^3$ における長さの 2 乗を対応させる関数 $g:T_{\boldsymbol{x}_0}S\to\mathbf{R}$ を**第 1 基本形式** (first fundamental form) という．

$$g(\xi)=(\xi,\xi)=\|\xi\|^2 \tag{2.4}$$

第1基本形式は接平面上の正定値2次形式である．

パラメータ表示 $S = \{\boldsymbol{x}(u,v)\}$ に対して，g を du, dv の関数で表すことができる．

$$g(\xi) = (\xi, \xi) = (\boldsymbol{x}_u du(\xi) + \boldsymbol{x}_v dv(\xi), \boldsymbol{x}_u du(\xi) + \boldsymbol{x}_v dv(\xi))$$
$$= (\boldsymbol{x}_u, \boldsymbol{x}_u)(du(\xi))^2 + 2(\boldsymbol{x}_u, \boldsymbol{x}_v)du(\xi)dv(\xi) + (\boldsymbol{x}_v, \boldsymbol{x}_v)(dv(\xi))^2$$

すなわち

$$g = g_{11}(du)^2 + 2g_{12}dudv + g_{22}(dv)^2$$
$$g_{11} = (\boldsymbol{x}_u, \boldsymbol{x}_u), \quad g_{12} = (\boldsymbol{x}_u, \boldsymbol{x}_v), \quad g_{22} = (\boldsymbol{x}_v, \boldsymbol{x}_v) \tag{2.5}$$

第1基本形式は uv 平面をどう伸ばし，どう縮めて曲面を作るかを指定しているといえる．

例 2.7 (球面の第1基本形式)

$$\boldsymbol{x}(u,v) = \begin{pmatrix} \cos u \cos v \\ \cos u \sin v \\ \sin u \end{pmatrix}, \quad \boldsymbol{x}_u = \begin{pmatrix} -\sin u \cos v \\ -\sin u \sin v \\ \cos u \end{pmatrix}, \quad \boldsymbol{x}_v = \begin{pmatrix} -\cos u \sin v \\ \cos u \cos v \\ 0 \end{pmatrix}$$

であった．これより

$$g_{11} = (\boldsymbol{x}_u, \boldsymbol{x}_u) = 1, \quad g_{22} = (\boldsymbol{x}_v, \boldsymbol{x}_v) = \cos^2 u, \quad g_{12} = (\boldsymbol{x}_u, \boldsymbol{x}_v) = 0$$

したがって

$$g = (du)^2 + \cos^2 u \, (dv)^2$$

すなわち，$\boldsymbol{x}_u$ の長さは1，$\boldsymbol{x}_v$ の長さは $\cos u$ で，$\boldsymbol{x}_u$ と $\boldsymbol{x}_v$ は直交している．

例 2.8 (楕円および双曲放物面の第1基本形式)

$$\boldsymbol{x} = \begin{pmatrix} au \\ bu \\ u^2 \pm v^2 \end{pmatrix}, \quad \boldsymbol{x}_u = \begin{pmatrix} a \\ 0 \\ 2u \end{pmatrix}, \quad \boldsymbol{x}_v = \begin{pmatrix} 0 \\ b \\ \pm 2v \end{pmatrix}$$

であった．これより

$$g_{11} = a^2 + 4u^2, \quad g_{22} = b^2 + 4v^2, \quad g_{12} = \pm 4uv$$

したがって

$$g = (a^2 + 4u^2)(du)^2 \pm 8uv\,dudv + (b^2 + 4v^2)(dv)^2$$

第1基本形式は曲面の形をある程度定めるが，完全に定めるわけでない．次の例をみてほしい．

例 2.9 螺旋面 (helicoid)：z 軸と垂直に交わる直線が，一定の速度で回転しながら，上昇するとき軌跡として得られる曲面で，次式で与えられる．

$$\boldsymbol{x}(u,v) = \begin{pmatrix} u\cos v \\ u\sin v \\ a v \end{pmatrix}$$

u 曲線は z 軸に垂直な直線である．v 曲線は半径が u で勾配が $\dfrac{a}{u}$ の常螺旋である．

u を $a\sinh u$ で置き換えると $\boldsymbol{x} = \begin{pmatrix} a\sinh u\cos v \\ a\sinh u\sin v \\ a v \end{pmatrix}$

$$\boldsymbol{x}_u = \begin{pmatrix} a\cosh u\cos v \\ a\cosh u\sin v \\ 0 \end{pmatrix}, \quad \boldsymbol{x}_v = \begin{pmatrix} -a\sinh u\sin v \\ a\sinh u\cos v \\ a \end{pmatrix}$$

よって

$$g_{11} = a^2\cosh^2 u, \quad g_{12} = 0, \quad g_{22} = a^2(\sinh^2 u + 1) = g_{11}$$

すなわち

$$g = a^2\cosh^2 u((du)^2 + (dv)^2)$$

ここで，$g_{11} = g_{22}, g_{12} = 0$ が成り立っている．その結果，uv 平面の方眼の作る模様は，曲面上の (近似的に) 正方形からなる網目模様に写っている．このようなパラメータを曲面の **等温パラメータ** (isothermal parameter) という．u を $a\sinh u$ で置き換えたのは等温パラメータにするためである．

例 2.10 懸垂面 (catenoid)：zx 平面の **懸垂線** (catenary) "$x = a\cosh\dfrac{z}{a}$" を z 軸のまわりに回転させて得られる回転面を懸垂面という．

$$\boldsymbol{x} = \begin{pmatrix} a\cosh u\cos v \\ a\cosh u\sin v \\ a u \end{pmatrix}$$

すると

$$\boldsymbol{x}_u = \begin{pmatrix} a\sinh u\cos v \\ a\sinh u\sin v \\ a \end{pmatrix}, \quad \boldsymbol{x}_v = \begin{pmatrix} -a\cosh u\sin v \\ a\cosh u\cos v \\ 0 \end{pmatrix}$$

より

$$g_{11} = a^2(\sinh^2 u + 1) = a^2\cosh^2 u, \quad g_{12} = 0, \quad g_{22} = a^2\cosh^2 u = g_{11}$$

すなわち
$$g = a^2 \cosh^2 u ((du)^2 + (dv)^2)$$
で，これは螺旋面の第 1 基本形式とまったく同じである．

この 2 つの例は，まったく異なる曲面が，同じ第 1 基本形式をもつことがあることを示している．すなわち，曲面の形は第 1 基本形式だけでは定まらないのである．同じパラメータ (u, v) で表される点を対応させてみよう．この対応は螺旋面から懸垂面への写像を定める．第 1 基本形式を変えない写像であるから，uv 平面に比べての伸び方，縮み方がまったく同じである．これは，曲面が，紙やある種のプラスチックのような，しなやかに曲がるけれども伸び縮みしない素材で作られているとき，しなやかな変形でぴたりと重なる条件である．このような，第 1 基本形式を保つ対応を**等長対応** (isometry) という．

2.3 ガウス写像と第 2 基本形式

曲線の向きは単位接ベクトル $e_1(t)$ で表すことができた．曲面の向きは単位法ベクトルで表されると考えられる．曲面 $S = \{x(u,v)\}$ において，**単位法ベクトル** (unit normal) $n_{x(u,v)} = n(u,v)$ とは，接ベクトル $x_u(u,v), x_v(u,v)$ と直交する単位ベクトルで，次のような式で表される．

$$n_{x(u,v)} = n(u,v) = \frac{1}{\|x_u(u,v) \times x_v(u,v)\|} x_u(u,v) \times x_v(u,v) \tag{2.6}$$

曲面の各点 $x = x(u,v)$ に対し，その点での単位法ベクトル n_x を対応させる写像を**ガウス写像** (Gauss map) という．n_x は単位ベクトルであるから，$\Gamma(x)$ を単位球面 S^2 上の点と考える．すなわち，ガウス写像 Γ は曲面 S から球面 S^2 への写像である．

$$\Gamma : S \to S^2, \ \Gamma(x) = n_x \tag{2.7}$$

例 2.11 回転 1 葉双曲面： $x^2 + y^2 - z^2 = 1$

$$x = \begin{pmatrix} \cosh u \cos v \\ \cosh u \sin v \\ \sinh u \end{pmatrix}, \ x_u = \begin{pmatrix} \sinh u \cos v \\ \sinh u \sin v \\ \cosh u \end{pmatrix}, \ x_v = \begin{pmatrix} -\cosh u \sin v \\ \cosh u \cos v \\ 0 \end{pmatrix}$$

となるので
$$n = \frac{1}{\sqrt{\cosh 2u}} \begin{pmatrix} -\cosh u \cos v \\ -\cosh u \sin v \\ \sinh u \end{pmatrix}$$

を得る. $-1 < \dfrac{\sinh u}{\cosh u} < 1$ であるから,ガウス写像による像は球面上の南緯 $45°$ から北緯 $45°$ の間の領域になる.

$\boldsymbol{n_x} = \boldsymbol{n}(u,v)$ を偏微分して,ガウス写像の微分

$$d\boldsymbol{n} = \boldsymbol{n}_u\, du + \boldsymbol{n}_v\, dv \tag{2.8}$$

を考える.すなわち,$d\boldsymbol{n}(\alpha \boldsymbol{x}_u + \beta \boldsymbol{x}_v) = \alpha \boldsymbol{n}_u + \beta \boldsymbol{n}_v$ である.ここで,$(\boldsymbol{n}(u,v), \boldsymbol{n}(u,v)) \equiv 1$ を u,v で偏微分すると

$$(\boldsymbol{n}_u(u,v), \boldsymbol{n}(u,v)) \equiv 0, \quad (\boldsymbol{n}_v(u,v), \boldsymbol{n}(u,v)) \equiv 0$$

を得る.よって,$\boldsymbol{n}_u, \boldsymbol{n}_v$ は $\boldsymbol{n}$ と直交し,したがって,接平面 $T_x S$ の元である.このことは,$d\boldsymbol{n}$ は接平面 $T_x S$ の線形変換であることを示している.

定義 2.4 第2基本形式 (second fundamental form) とは,接ベクトル ξ に対して,次の値 $\varphi(\xi)$ を対応させる関数をいう.

$$\varphi(\xi) = -(\xi, d\boldsymbol{n}(\xi)) \tag{2.9}$$

$\varphi(\xi)$ を du, dv の式で表そう.$\xi = \alpha \boldsymbol{x}_u + \beta \boldsymbol{x}_v$ に対し,$\varphi(\xi) = -(\alpha \boldsymbol{x}_u + \beta \boldsymbol{x}_v, \alpha \boldsymbol{n}_u + \beta \boldsymbol{n}_v)$ であるから

$$\varphi = -(\boldsymbol{x}_u, \boldsymbol{n}_u)(du)^2 - \{(\boldsymbol{x}_u, \boldsymbol{n}_v) + (\boldsymbol{x}_v, \boldsymbol{n}_u)\} du\, dv - (\boldsymbol{x}_v, \boldsymbol{n}_v)(dv)^2$$

であることがわかる.ここで,$(\boldsymbol{x}_u, \boldsymbol{n}) \equiv 0$, $(\boldsymbol{x}_v, \boldsymbol{n}) \equiv 0$ の両辺を u, v で偏微分すると $-(\boldsymbol{x}_u, \boldsymbol{n}_u) = (\boldsymbol{x}_{uu}, \boldsymbol{n})$, $-(\boldsymbol{x}_v, \boldsymbol{n}_v) = (\boldsymbol{x}_{vv}, \boldsymbol{n})$, $-(\boldsymbol{x}_u, \boldsymbol{n}_v) = (\boldsymbol{x}_{uv}, \boldsymbol{n}) = (\boldsymbol{x}_{vu}, \boldsymbol{n}) = -(\boldsymbol{x}_v, \boldsymbol{n}_u)$ を得る.よって,次式が成り立つ.

$$\begin{aligned}\varphi &= H_{11}(du)^2 + 2H_{12} du\, dv + H_{22}(dv)^2 \\ H_{11} &= (\boldsymbol{x}_{uu}, \boldsymbol{n}),\ H_{12} = (\boldsymbol{x}_{uv}, \boldsymbol{n}),\ H_{22} = (\boldsymbol{x}_{vv}, \boldsymbol{n})\end{aligned} \tag{2.10}$$

点 $\boldsymbol{x}_0 = \boldsymbol{x}(u_0, v_0)$ を固定するとき,接平面 $T_{\boldsymbol{x}_0} S$ からの曲面上の点 $\boldsymbol{x} = \boldsymbol{x}(u,v)$ の高さ $h(u,v)$ は次式で与えられる.

$$h(u,v) = (\boldsymbol{x}(u,v) - \boldsymbol{x}(u_0, v_0), \boldsymbol{n}(u_0, v_0)) \tag{2.11}$$

定理 2.2 $h(u,v)$ の2次のテイラー展開は次式で与えられる.

$$\begin{aligned}h(u,v) &= \frac{1}{2}\varphi((u-u_0)\boldsymbol{x}_u + (v-v_0)\boldsymbol{x}_v) \\ &\quad + o((u-u_0)^2 + (v-v_0)^2)\end{aligned} \tag{2.12}$$

すなわち，$\frac{1}{2}\varphi(\xi)$ は $h(u,v)$ の 2 次の近似を与える 2 次形式である．

[**略証**]　ベクトル値関数 $\boldsymbol{x}(u,v)$ の 2 次のテイラー展開をして，$\boldsymbol{n}(u_0,v_0)$ との内積をとればよい．　　　　　　　　　　　　　　　　　　　　　　　　　　　　　　（略証終）

次式は H_{ij} の計算に便利である．ここでは，簡単のために

$$\boldsymbol{x}_u, \ \boldsymbol{x}_v, \ \boldsymbol{x}_{uu}, \ \boldsymbol{x}_{uv}, \ \boldsymbol{x}_{vv}$$

などの代わりに

$$\boldsymbol{x}_1, \ \boldsymbol{x}_2, \ \boldsymbol{x}_{11}, \ \boldsymbol{x}_{12}, \ \boldsymbol{x}_{22}$$

などと記す．すると，$H_{ij} = (\boldsymbol{x}_{ij}, \boldsymbol{n})$ と表される．$\boldsymbol{n}$ の定義式 (2.6) を代入して計算すると，次式が得られる．

$$H_{ij} = \frac{\det(\boldsymbol{x}_{ij}, \boldsymbol{x}_1, \boldsymbol{x}_2)}{\sqrt{g_{11}g_{22} - (g_{12})^2}} \tag{2.13}$$

例 2.12　**トーラス** (torus)：zx 平面上の z 軸から距離 R の点を中心とする半径 r の円を z 軸を中心に回転して得られる回転面である．u 曲線は，z 軸を含む平面上の半径 r の円である．v 曲線は，水平な円である．

$$\boldsymbol{x}(u,v) = \begin{pmatrix} (R + r\cos u)\cos v \\ (R + r\cos u)\sin v \\ r\sin v \end{pmatrix}$$

$\boldsymbol{x}_u, \ \boldsymbol{x}_v$ を求め，計算すれば

$$g = r^2(du)^2 + (R + r\cos u)^2(dv)^2$$

$$\sqrt{g_{11}g_{22} - (g_{12})^2} = r(R + r\cos u)$$

を得ることができる．さらに $\boldsymbol{x}_{uu}, \ \boldsymbol{x}_{uv}, \ \boldsymbol{x}_{vv}$ を求め，計算して

$$\varphi = r(du)^2 + (R + r\cos u)\cos u(dv)^2$$

を得る．その結果，トーラスの外側の部分では，
- $\cos u$ が > 0 で，φ は正定値であり，曲面が接平面の片側にある．
  すなわち，接平面は曲面に 1 点で接している．

となり，また，逆に，トーラスの内側の部分では，
- $\cos u$ が < 0 で，φ は不定値であり，曲面は接平面の上にも下にもある．
  すなわち，接平面は曲面をそぐように切っている．

となることがわかった．

2.4 曲面の種々の曲率

曲面に含まれる曲線の曲率ベクトルを，曲面に垂直な成分と曲面に接する成分に分解して，それぞれの大きさを考えよう．$S = \{\boldsymbol{x}(u,v)\}$ を曲面とし，$C = \{\boldsymbol{x}(s)\} \subset S$ を曲面 S に含まれる曲線とする．ここで，s は C の弧長パラメータと仮定する．$\boldsymbol{x}(s)$ の微分は第 1 フルネ標構，2 階微分は曲率ベクトルである．

$$\boldsymbol{x}'(s) = \boldsymbol{e}_1(s), \; \boldsymbol{x}''(s) = \boldsymbol{e}_1{}'(s) = \boldsymbol{k}(s)$$

曲率ベクトルを接平面と法ベクトル方向の成分に分解する．

$$\boldsymbol{k}(s) = \boldsymbol{k}_g(s) + \boldsymbol{k}_n(s), \quad \boldsymbol{k}_g(s) \in T_{\boldsymbol{x}(s)}S, \quad \boldsymbol{k}_n(s) \perp T_{\boldsymbol{x}(s)}S \tag{2.14}$$

それぞれを**測地曲率ベクトル**，**法曲率ベクトル**といい，それらの大きさを**測地曲率** (geodesic curvature)，**法曲率** (normal curvature) という．

$$\kappa_n(s) = \bigl(\boldsymbol{k}(s), \boldsymbol{n}_{\boldsymbol{x}(s)}\bigr), \quad \kappa_g(s) = \bigl(\boldsymbol{k}(s), \boldsymbol{n}_{\boldsymbol{x}(s)} \times \boldsymbol{e}_1(s)\bigr) \tag{2.15}$$

と表される．ただし，これらには法ベクトルの方向により，符号を付けている．

補題 2.1 より，関数 $u(s), v(s)$ が存在して，$\boldsymbol{x}(s) = \boldsymbol{x}(u(s), v(s))$ と表すことができる．すると，$\boldsymbol{n}_{\boldsymbol{x}(s)} = \boldsymbol{n}(u(s), v(s))$ と書くことができる．したがって

$$\kappa_n(s) = (\boldsymbol{k}(s), \boldsymbol{n}(u(s), v(s))) = (\boldsymbol{x}''(s), \boldsymbol{n}(u(s), v(s)))$$

となる．一方，$\boldsymbol{x}'(s) \in T_{\boldsymbol{x}(s)}S$ より $(\boldsymbol{x}'(s), \boldsymbol{n}(u(s), v(s))) \equiv 0$ である．この両辺を微分して

$$(\boldsymbol{x}''(s), \boldsymbol{n}(u(s), v(s))) + \left(\boldsymbol{x}'(s), \frac{d}{ds}\boldsymbol{n}(u(s), v(s))\right) \equiv 0$$

となる．よって次式を得る．

$$\begin{aligned}\kappa_n(s) &= (\boldsymbol{x}''(s), \boldsymbol{n}(u(s), v(s))) \\ &= -\left(\boldsymbol{x}'(s), \frac{d}{ds}\boldsymbol{n}(u(s), v(s))\right) \\ &= -(u'(s)\boldsymbol{x}_u + v'(s)\boldsymbol{x}_v, u'(s)\boldsymbol{n}_u + v'(s)\boldsymbol{n}_v) \\ &= \varphi(\boldsymbol{x}'(s))\end{aligned}$$

よって

$$\kappa_n(s) = \varphi(\boldsymbol{x}'(s)) \tag{2.16}$$

が成り立つ．この式より，曲線の法曲率は曲線の向きだけで定まり，曲がり方，または，2

階微分にはよらないことがわかる．これは，法曲率がその方向の曲面の曲がり方を表しているからである．すなわち，接ベクトル $\|\xi\|=1$ に対して，S に含まれる曲線で ξ 方向のものはかならず曲率 $|\varphi(\xi)|$ だけは曲っていることことになる．これは曲面が曲っているために曲線が曲らざるを得ないことを表している．

単位接ベクトル $\xi \in T_{\boldsymbol{x}_0}S$ に対し，点 $\boldsymbol{x}_0$ を通り，法ベクトル $\boldsymbol{n}_{\boldsymbol{x}_0}$ と接ベクトル ξ で生成される平面 Π_ξ を考える．平面 Π_ξ で曲面を切断するときの切り口の曲線を C_ξ とする．C_ξ は ξ に接し，その曲率ベクトルは Π_ξ に含まれるから，点 $\boldsymbol{x}_0$ でその測地曲率は 0 になり，$\kappa = |\varphi(\xi)|$ である．すなわち，第 2 基本形式 $\varphi(\xi)$ は，上のようにして定まる曲線 C_ξ の曲率（に符号を付けたもの）を与えているのである．

上の C_ξ は 1 点だけで測地曲率が 0 であるが，測地曲率 κ_g が恒等的に 0 になる曲線を**測地線** (geodesic) と呼ぶ．それはその曲面に含まれる曲線のうちでもっとも曲がり方の少ない曲線である．

第 2 基本形式は接平面上の線形変換 $-d\boldsymbol{n}$ の定める 2 次形式であった．

補題 2.2 ガウス写像の 1 次近似 $d\boldsymbol{n}$ は $T_{\boldsymbol{x}_0}S$ の対称変換である．

証明は，基底 $\langle \boldsymbol{x}_u, \boldsymbol{x}_v \rangle$ に対して，$(d\boldsymbol{n}(\boldsymbol{x}_u), \boldsymbol{x}_v) = (\boldsymbol{x}_u, d\boldsymbol{n}(\boldsymbol{x}_v))$ を示せばよい．

線形代数によると，対称変換には固有ベクトルからなる正規直交基底が存在する．したがって，$d\boldsymbol{n}$ はたがいに直交する長さが 1 の固有ベクトル ξ_1, ξ_2 をもつ．固有値を $-\kappa_1, -\kappa_2$ とし，$\kappa_1 \leqq \kappa_2$ とする．ベクトル ξ_1, ξ_2 は $T_{\boldsymbol{x}_0}S$ の正規直交基底になっている．

$$d\boldsymbol{n}(\xi_1) = -\kappa_1 \xi_1, \quad d\boldsymbol{n}(\xi_2) = -\kappa_2 \xi_2$$

ここで，一般の単位接ベクトル $\xi = \cos\theta\, \xi_1 + \sin\theta\, \xi_2$ に対して

$$\varphi(\xi) = -(\cos\theta\, \xi_1 + \sin\theta\, \xi_2, d\boldsymbol{n}(\cos\theta\, \xi_1 + \sin\theta\, \xi_2)) = \cos^2\theta\, \kappa_1 + \sin^2\theta\, \kappa_2$$

したがって，法曲率は，$\xi = \pm\xi_2$ のとき，最大値 κ_2，$\xi = \pm\xi_1$ のとき，最小値 κ_1 をとる．

法曲率が極値をとる方向 $\pm\xi_1, \pm\xi_2$ を**主方向** (principal direction)，法曲率の極値 κ_1, κ_2 を**主曲率** (principal curvature) という．また，S に含まれ，各点で主方向に接している曲線を**曲率線** (line of curvature) という．

$\kappa_1 = \kappa_2$ のとき，$\boldsymbol{x}_0$ を通る曲線の法曲率は，曲線の向きによらず一定で，$\kappa_1 = \kappa_2$ である．そのとき，$\boldsymbol{x}_0$ を**臍点**(せいてん) (umblic または umblical point) と呼ぶ．またとくに，$\kappa_1 = \kappa_2 = 0$ のとき，$\boldsymbol{x}_0$ を**平坦点** (flat point) と呼ぶことがある．

$\kappa_1 < \kappa_2$ のとき，次のように定める．すなわち，κ_1, κ_2 が同符号のとき，$\boldsymbol{x}_0$ を**楕円点** (elliptic point)，κ_1, κ_2 が異符号のとき，$\boldsymbol{x}_0$ を**双曲点** (hyperbolic point)，κ_1, κ_2 の片方が 0 のとき，$\boldsymbol{x}_0$ を**放物点** (parabolic point) という．

$T_{\boldsymbol{x}_0}S$ の基底 $\boldsymbol{x}_u, \boldsymbol{x}_v$ に関して，線形変換 $d\boldsymbol{n}$ を表す行列 $A = (a_{ij})$ を求めてみよう．こ

こでも，$\boldsymbol{x}_u, \boldsymbol{x}_v, \boldsymbol{n}_u, \boldsymbol{n}_v$ の代わりに $\boldsymbol{x}_1, \boldsymbol{x}_2, \boldsymbol{n}_1, \boldsymbol{n}_2$ と記す．すると

$$d\boldsymbol{n}(\boldsymbol{x}_i) = \boldsymbol{n}_i = \sum_{j=1}^{2} a_{ji}\boldsymbol{x}_j$$

となり，$\boldsymbol{x}_k$ との内積をとると

$$-H_{ki} = (\boldsymbol{x}_k, \boldsymbol{n}_i) = \sum_{j=1}^{2} a_{ji}(\boldsymbol{x}_k, \boldsymbol{x}_j) = \sum_{j=1}^{2} g_{kj}a_{ji}$$

が成り立つ．そこで $G = (g_{ij})$，$\Phi = (H_{ij})$ とおくと，上の関係は $-\Phi = GA$ すなわち $A = -G^{-1}\Phi$ となることを示している．

ここで，$-\kappa_1, -\kappa_2$ は行列 $A = -G^{-1}\Phi$ の固有値であるから，κ_1, κ_2 は特性方程式 $\det(tI - G^{-1}\Phi) = 0$ すなわち

$$t^2 - \mathrm{tr}(G^{-1}\Phi)t + \det(G^{-1}\Phi) = 0 \tag{2.17}$$

の 2 解である．

定義 2.5 点 $\boldsymbol{x}_0$ における曲面 S の**ガウス曲率** (Gaussian curvature) または**全曲率** (total curvature) K を式

$$K = \det(G^{-1}\Phi) = \kappa_1\kappa_2 \tag{2.18}$$

により定める．また，その**平均曲率** (mean curvature) H を式

$$H = \frac{1}{2}\mathrm{tr}(G^{-1}\Phi) = \frac{1}{2}(\kappa_1 + \kappa_2) \tag{2.19}$$

により定める．

ガウス曲率 K はガウス写像 $\Gamma : S \to S^2$ の面積の変換率である．

平均曲率 H は，接平面に対する上と下への曲がり方の不つりあいの度合を表している．H が恒等的に 0 な曲面は**極小曲面** (minimal surface) といわれる．

ガウス曲率，平均曲率は次式により計算できる．

$$K = \det(G^{-1}\Phi) = \frac{\det\Phi}{\det G} = \frac{H_{11}H_{22} - (H_{12})^2}{g_{11}g_{22} - (g_{12})^2} \tag{2.20}$$

$$H = \frac{1}{2}\mathrm{tr}(G^{-1}\Phi) = \frac{g_{11}H_{22} - 2g_{12}H_{12} + g_{22}H_{11}}{2(g_{11}g_{22} - (g_{12})^2)} \tag{2.21}$$

これらを用いれば，主曲率は $t^2 - 2Ht + K = 0$ の 2 解として

$$\kappa_1 = H - \sqrt{H^2 - K}, \quad \kappa_2 = H + \sqrt{H^2 - K} \tag{2.22}$$

と表される．さらに次が成り立つ．

- 点 x_0 が臍点である. $\iff$ $H^2 = K$ $\iff$ $\dfrac{H_{11}}{g_{11}} = \dfrac{H_{12}}{g_{12}} = \dfrac{H_{22}}{g_{22}} = \kappa$
- 点 x_0 が楕円点である. $\iff$ $H^2 > K > 0$
- 点 x_0 が放物点である. $\iff$ $K = 0$
- 点 x_0 が双曲点である. $\iff$ $K < 0$

最後に，主方向 ξ を求める式を導こう．$\xi = \alpha \boldsymbol{x}_u + \beta \boldsymbol{x}_v$ とおくと $\boldsymbol{f} = \begin{pmatrix} \alpha \\ \beta \end{pmatrix}$ は $G^{-1}\Phi$ の固有ベクトルである.

$$(\kappa I - G^{-1}\Phi)\boldsymbol{f} = \boldsymbol{0} \quad \text{すなわち} \quad (\kappa G - \Phi)\boldsymbol{f} = \boldsymbol{0}$$

条件 $\Phi \boldsymbol{f} = \kappa G \boldsymbol{f}$ を書き下して，κ を消去すると

$$(H_{11}\alpha + H_{12}\beta)(g_{12}\alpha + g_{22}\beta) = (H_{12}\alpha + H_{22}\beta)(g_{11}\alpha + g_{12}\beta)$$

を得る．これより，主方向の傾き $m = \dfrac{\beta}{\alpha} = \dfrac{dv}{du}$ の 2 次方程式を得る．

$$(g_{12}H_{22} - g_{22}H_{12})\left(\frac{dv}{du}\right)^2$$
$$+ (g_{11}H_{22} - g_{22}H_{11})\left(\frac{dv}{du}\right) + (g_{11}H_{12} - g_{12}H_{11}) = 0 \tag{2.23}$$

この式は曲率線の満たす微分方程式でもある．そこで，**曲率線の方程式**ともいう．

とくに，u 曲線，v 曲線が曲率線になる必要十分条件は，$g_{12} = H_{12} = 0$ である．

例 2.13 (螺旋面と懸垂面) どちらも同じ第 1 基本形式をもち

$$G = \begin{pmatrix} a^2 \cosh^2 u & 0 \\ 0 & a^2 \cosh^2 u \end{pmatrix}, \quad \det G = a^4 \cosh^4 u$$

となる.

螺旋面について，2 階偏微分まで計算して

$$H_{11} = H_{22} = 0, \quad H_{12} = -a$$

を得る．したがって

$$\varphi = -2a\, du\, dv, \quad \Phi = \begin{pmatrix} 0 & -a \\ -a & 0 \end{pmatrix}$$

$$K = \frac{\det \Phi}{\det G} = \frac{-1}{a^2 \cosh^4 u}, \quad H \equiv 0$$

となる．とくに，螺旋面は極小曲面である．曲率線の方程式は

$$a^3 \cosh^2 u \left(\left(\frac{dv}{du} \right)^2 - 1 \right) = 0$$

となるから，u 曲線，v 曲線に対し $\pm 45°$ の方向に主方向があることがわかる．

懸垂面に対しても，2 階偏微分まで計算して，次式を得る．

$$H_{11} = -a, \quad H_{22} = a, \quad H_{12} = 0$$

$$\varphi = a\left(-(du)^2 + (dv)^2\right), \quad \Phi = \begin{pmatrix} -a & 0 \\ 0 & a \end{pmatrix}$$

よって，第 2 基本形式は螺旋面と異なる．また

$$K = \frac{-1}{a^2 \cosh^4 u}, \quad H \equiv 0$$

であるから，懸垂面も極小曲面である．さらにここで，$g_{12} = H_{12} = 0$ であるから，u 曲線，v 曲線は曲率線である．

2.5 基本公式と基本方程式

曲面 S 上の各点 $\boldsymbol{x} = \boldsymbol{x}(u, v)$ に対し，$\mathbf{R}^3$ の基底 $\langle \boldsymbol{x}_u, \boldsymbol{x}_v, \boldsymbol{n} \rangle$ が定まる．これらのベクトルの変化率すなわち偏導関数を $\boldsymbol{x}_u, \boldsymbol{x}_v, \boldsymbol{n}$ の 1 次結合で表し，その係数を求めよう．

記法を簡単にするために変数 u, v の代わりに u_1, u_2 を用い，

$$\boldsymbol{x}_u, \boldsymbol{x}_v, \boldsymbol{x}_{uu}, \boldsymbol{x}_{uv}, \boldsymbol{x}_{vv}, \boldsymbol{n}_u, \boldsymbol{n}_v \quad \text{などの代わりに} \quad \boldsymbol{x}_1, \boldsymbol{x}_2, \boldsymbol{x}_{11}, \boldsymbol{x}_{12}, \boldsymbol{x}_{22}, \boldsymbol{n}_1, \boldsymbol{n}_2$$

などで表す．すると

$$g_{ij} = (\boldsymbol{x}_i, \boldsymbol{x}_j), \ H_{ij} = (\boldsymbol{x}_{ij}, \boldsymbol{n})$$

と表される．ここで，$g_{ij} = g_{ji}, H_{ij} = H_{ji}$ が成り立っている．さらに，G^{-1} の (i, j) 成分を g^{ij} で表そう．

$$g^{11} = \frac{g_{22}}{\det G}, \quad g^{12} = g^{21} = \frac{-g_{12}}{\det G}, \quad g^{22} = \frac{g_{11}}{\det G} \tag{2.24}$$

今，$\boldsymbol{x}_{jk}$ を $\boldsymbol{x}_1, \boldsymbol{x}_2, \boldsymbol{n}$ の 1 次結合で表して

$$\boldsymbol{x}_{jk} = \sum_i \Gamma^i_{jk} \boldsymbol{x}_i + \Gamma_{jk} \boldsymbol{n}$$

とおく．$\boldsymbol{x}_{jk} = \boldsymbol{x}_{kj}$ より $\Gamma^i_{jk} = \Gamma^i_{kj}$，$\Gamma_{jk} = \Gamma_{kj}$ である．ここで，$\boldsymbol{n}$ との内積をとれば $\Gamma_{jk} = H_{jk}$ を得る．さらに，$\boldsymbol{x}_l$ との内積をとると

$$(\boldsymbol{x}_{jk}, \boldsymbol{x}_l) = \sum_i \Gamma^i_{jk}(\boldsymbol{x}_i, \boldsymbol{x}_l) = \sum_i \Gamma^i_{jk} g_{il}$$

2. 曲面論

一方,ここで $g_{jl} = (\boldsymbol{x}_j, \boldsymbol{x}_l)$ の両辺を $\dfrac{\partial}{\partial u_k}$ して,次式を得る.

$$\frac{\partial g_{jl}}{\partial u_k} = (\boldsymbol{x}_{jk}, \boldsymbol{x}_l) + (\boldsymbol{x}_j, \boldsymbol{x}_{lk}) = \sum_i \Gamma^i_{jk} g_{il} + \sum_i \Gamma^i_{lk} g_{ij}$$

添字を入れ替えて,和と差をとると

$$\frac{\partial g_{jl}}{\partial u_k} + \frac{\partial g_{kl}}{\partial u_j} - \frac{\partial g_{jk}}{\partial u_l} = 2 \sum_i \Gamma^i_{jk} g_{il}$$

を得る. g^{lm} を掛けて, l に関して和をとると

$$\Gamma^i_{jk} = \frac{1}{2} \sum_l g^{il} \left(\frac{\partial g_{lj}}{\partial u_k} + \frac{\partial g_{lk}}{\partial u_j} - \frac{\partial g_{jk}}{\partial u_l} \right) \tag{2.25}$$

が成り立つ. この Γ^i_{jk} を**クリストフェルの記号** (Christoffel's symbol) という.これを用いて

$$\boldsymbol{x}_{jk} = \sum_i \Gamma^i_{jk} \boldsymbol{x}_i + H_{jk} \boldsymbol{n} \tag{2.26}$$

と表すことができる.これを**ガウスの公式** (Gauss' equation) という.

次に, $\boldsymbol{n}$ の変化率を $\boldsymbol{x}_1, \boldsymbol{x}_2, \boldsymbol{n}$ の 1 次結合で表そう. $d\boldsymbol{n}$ を表す行列は $A = (a_{ij}) = -G^{-1}\Phi$ であった.

$$\boldsymbol{n}_k = d\boldsymbol{n}(\boldsymbol{x}_k) = \sum_i a_{ik} \boldsymbol{x}_i = -\sum_{i,j} g^{ij} H_{jk} \boldsymbol{x}_i$$

となる.ゆえに

$$\boldsymbol{n}_k = -\sum_{i,j} H_{ki} g^{ij} \boldsymbol{x}_j \tag{2.27}$$

が得られる.これを**ワインガルテンの公式** (Weingarten's equation) という.

基底 $\langle \boldsymbol{x}_1, \boldsymbol{x}_2, \boldsymbol{n} \rangle$ を u_1, u_2 で偏微分したものを,それらの 1 次結合で表すとき,係数は $\Gamma^i_{jk}, H_{jk}, g^{ij}$ などで表され,それらはすべて g_{ij}, H_{ij} とその偏微分で表される.すなわち,ガウスの公式とワインガルテンの公式は,曲線論のフルネ・セレの公式にあたるものといえる.

ガウスの公式を偏微分する.

$$\boldsymbol{x}_{jkl} = \sum_i \frac{\partial \Gamma^i_{jk}}{\partial u_l} \boldsymbol{x}_i + \sum_i \Gamma^i_{jk} \boldsymbol{x}_{il} + \frac{\partial H_{jk}}{\partial u_l} \boldsymbol{n} + H_{jk} \boldsymbol{n}_l$$

右辺にガウスの公式,ワインガルテンの公式を代入して,整理する.

$$\boldsymbol{x}_{jkl} = \sum_i \left(\frac{\partial \Gamma^i_{jk}}{\partial u_l} + \sum_h \Gamma^h_{jk}\Gamma^i_{hl} - \sum_h H_{jk}H_{lh}g^{hi} \right) \boldsymbol{x}_i$$
$$+ \left(\frac{\partial H_{jk}}{\partial u_l} + \sum_i \Gamma^i_{jk}H_{il} \right) \boldsymbol{n}$$

$\boldsymbol{x}_{jkl} = \boldsymbol{x}_{jlk}$ より,$\boldsymbol{x}_i$ の係数を比べると,次式を得る.

$$\left(\frac{\partial \Gamma^i_{jk}}{\partial u_l} - \frac{\partial \Gamma^i_{jl}}{\partial u_k} \right) + \sum_h \left(\Gamma^h_{jk}\Gamma^i_{hl} - \Gamma^h_{jl}\Gamma^i_{hk} \right) = \sum_h \left(H_{jk}H_{lh} - H_{jl}H_{kh} \right) g^{hi}$$

これに g_{im} を掛けて,i に関して和をとる.

$$H_{jk}H_{lm} - H_{jl}H_{km}$$
$$= \sum_i g_{im} \left\{ \left(\frac{\partial \Gamma^i_{jk}}{\partial u_l} - \frac{\partial \Gamma^i_{jl}}{\partial u_k} \right) + \sum_h \left(\Gamma^h_{jk}\Gamma^i_{hl} - \Gamma^h_{jl}\Gamma^i_{hk} \right) \right\} \quad (2.28)$$

左辺は H_{ij} の式,右辺は g_{ij} の式である.

g_{ij}, H_{ij} たちは,相互に関係していることは予想できるが,その間の関係を式に表せたのは,これがはじめてである.**ガウスの基本方程式** (Gauss' fundamental equation) という.

定理 2.3 (Theorema egregium) ガウス曲率 K は第 1 基本形式だけで定まり,第 2 基本形式にはよらない.とくに曲面の間に等長変換があれば対応する点のガウス曲率は等しい.

実際,前式において,$j = k = 1$, $l = m = 2$ のとき,$\det \Phi = H_{11}H_{22} - H_{12}H_{12}$ は g_{ij} たちの式で表される.したがって,とくにガウス曲率 $K = \dfrac{\det \Phi}{\det G}$ も g_{ij} の式で表される.

この事実も C. F. ガウス (C. F. Gauss) により発見された.

$\boldsymbol{x}_{jkl} = \boldsymbol{x}_{jlk}$ において,$\boldsymbol{n}$ の係数を比べると

$$\frac{\partial H_{jk}}{\partial u_l} - \frac{\partial H_{jl}}{\partial u_k} + \sum_i \left(\Gamma^i_{jk}H_{il} - \Gamma^i_{jl}H_{ik} \right) = 0 \quad (2.29)$$

が得られる.この式も g_{ij}, H_{ij} たちの間の関係を表す微分方程式である.**マイナルディ・コダッチの基本方程式** (Mainardi–Codazzi's fundamental equation) という.

同様に,ワインガルテンの公式を偏微分し,右辺にガウスの公式,ワインガルテンの公式を代入し,$\boldsymbol{n}_{kl} = \boldsymbol{n}_{lk}$ より,$\boldsymbol{x}_i, \boldsymbol{n}$ の係数を比べると,g_{ij}, H_{ij} たちの間の関係を表す微分方程式が得られるが,それは新しいものではなく,マイナルディ・コダッチの基本方程式が再び得られるだけである.

2.6 曲面論の基本定理

曲面 $S = \{\boldsymbol{x}(u,v)\}$ に対し,いくつかの曲面の形状を表す量を考えてきたが,これらはすべて第 1 基本形式と第 2 基本形式により表すことができた.曲面の形状を考えるとき,第 1 基本形式と第 2 基本形式だけで十分であろうか.この問いに関しては,肯定的である.次の定理が最終的な回答を与える.

定理 2.4 (曲面論の基本定理 (一意性)) uv 平面の領域 D 上にパラメータをもつ 2 つの曲面が同じ第 1,第 2 基本形式をもつとき,それらは合同である(回転と平行移動によりぴたりと重ねることができる).

[**略証**] 考え方としては曲線論の基本定理と同様である.前節で,フルネ・セレの公式とガウスとワインガルテンの公式の類似に言及したが,ここでは,ガウスとワインガルテンの公式を未知関数 $\boldsymbol{x}, \boldsymbol{x}_1, \boldsymbol{x}_2, \boldsymbol{n}$ に関する 1 階線形偏微分方程式と思う.その係数は既知関数である第 1,第 2 基本形式の式で表されている.すなわち,ここで $\boldsymbol{x}, \boldsymbol{x}_1, \boldsymbol{x}_2, \boldsymbol{n}$ の成分をすべてならべた 12 次元ベクトルを $\tilde{\boldsymbol{x}}$ とおくと,ガウスとワインガルテンの公式をあわせて

$$\begin{cases} \dfrac{\partial \tilde{\boldsymbol{x}}}{\partial u_1} = \tilde{A}_1 \tilde{\boldsymbol{x}} \\[2mm] \dfrac{\partial \tilde{\boldsymbol{x}}}{\partial u_2} = \tilde{A}_2 \tilde{\boldsymbol{x}} \end{cases} \tag{2.30}$$

の形に表すことができる.ここで $\tilde{A}_1, \tilde{A}_2$ は $\Gamma^i_{jk}, H_{ij}, g_{ij}$ の式を成分とする 12 次正方行列である.さて今,第 1 式を $u_2 = u_{20}$ を固定し,独立変数 u_1 に関する 1 階線形常微分方程式と思う.$u_1 = u_{10}$ での任意の初期値に関して,一意的な解 $\tilde{\boldsymbol{x}}(u_1, u_{20})$ をもつ.その上で,第 2 式を u_1 をパラメータとし,独立変数 u_2 に関する 1 階線形常微分方程式と思う.すると,$u_2 = u_{20}$ での初期値 $\tilde{\boldsymbol{x}}(u_1, u_{20})$ に対して,u_2 に関する 1 階線形常微分方程式は一意的な解をもつ.以上の考察により (2.30) の解の一意性が確保された.これより定理の一意性を導くところは曲線論の場合と同様である. (略証終)

次に,曲面とは関係なく,第 1 基本形式と第 2 基本形式を与えられたとき,それらをもつ曲面の存在について考察する.具体的には,与えられた 6 つの関数

$$g_{ij}(u,v), \quad H_{ij}(u,v) \quad (1 \leqq i \leqq j \leqq 2)$$

に対して,それらを第 1 基本形式,第 2 基本形式とするような曲面は存在するか,ということである.

もちろん,6 つの関数は任意の関数ではいけない.曲面の第 1,第 2 基本形式ならば当

然満たすべき条件は，満たしていなければならない．

- まず第一に，第1基本形式は正定値でなければならない．それは，次式で与えられる．

$$g_{11} > 0, \quad g_{22} > 0, \quad g_{11}g_{22} - (g_{12})^2 > 0$$

- また，第2基本形式はガウスの基本方程式とマイナルディ・コダッチの基本方程式を満たさなければならない．

これらの条件の下では，この問いについても答えは肯定的である．そしてこのことは，第1基本形式と第2基本形式について一般的に成り立つ関係式は，ガウスの基本方程式とマイナルディ・コダッチの基本方程式だけである，ということも示している．

定理 2.5 (曲面論の基本定理 (存在) (ボネ (Bonnet) の定理) $r \geqq 3$ とする．uv 平面の単連結領域 D_0 上に 6 つの関数

$$g_{ij}(u,v), \quad H_{ij}(u,v) \quad (1 \leqq i \leqq j \leqq 2)$$

が与えられて，g_{ij} は C^{r-1}，H_{ij} は C^{r-2} だとする．さらに，g_{ij} は正定値2次形式を定義し，6つの関数はガウスの基本方程式，マイナルディ・コダッチの基本方程式を満たすとする．そのとき D_0 上にパラメータをもつ C^r 曲面 S で g_{ij}, H_{ij} を第1，第2基本形式とするものが存在する．

[略証] 一意性の証明に用いた方程式 (2.30) を考える．そのときの考察によると，任意の初期値 $\tilde{\boldsymbol{x}}(u_{10}, u_{20})$ に対して，解の候補 $\tilde{\boldsymbol{x}}(u_1, u_2)$ を一意的に構成することができる．$\tilde{\boldsymbol{x}}(u_1, u_2)$ は定義域において (2.30) の第2式を満たし，$u_2 = u_{20}$ のときに第1式を満たす．一般の形の方程式 (2.30) に関して，解の候補 $\tilde{\boldsymbol{x}}(u_1, u_2)$ が第1式を満たすためには，次の**積分可能条件** (integrability condition) を満たす必要がある．

$$\frac{\partial \tilde{A}_1}{\partial u_2} - \frac{\partial \tilde{A}_2}{\partial u_1} + \tilde{A}_1 \tilde{A}_2 - \tilde{A}_2 \tilde{A}_1 \equiv O \qquad (2.31)$$

我々の場合，この条件はガウスの基本方程式とマイナルディ・コダッチの基本方程式によって，保証される．したがって，方程式 (2.30) の初期値問題は一意的な解 $\tilde{\boldsymbol{x}}(u_1, u_2)$ をもつことがわかった．

正しい初期値を選ぶとき，(2.30) の解 $\tilde{\boldsymbol{x}}(u_1, u_2)$ のはじめの3つの成分を $\boldsymbol{x}(u_1, u_2)$ とおくと，これが条件を満たす曲面であることを示さねばならない．いくつかの手順を経て，証明が完成するが，その中でも，1階線形偏微分方程式の解の一意性を利用しなければならない．詳細は省略する． (略証終)

2.7 測地線と極小曲面

与えられた曲面上に2点を結ぶ最短の曲線が存在するとして，その曲線が満たすべき方程式を求めよう．さらに，そのような曲線は測地線であることを示す．

定理 2.6 (測地線の微分方程式) 曲面 $S = \{\boldsymbol{x}(u_1, u_2)\}$ 上の曲線 $\{\gamma(t) = \boldsymbol{x}(u_1(t), u_2(t)) \mid t_0 \leqq t \leqq t_1\}$ が，その2つの端点を結ぶ最短の曲線であるとする．そのとき，$u_i(t)$ は次の方程式を満たす．

$$\frac{d^2 u_i}{dt^2} + \sum_{jk} \Gamma^i_{jk} \frac{du_j}{dt} \frac{du_k}{dt} = 0 \tag{2.32}$$

[略証] 変分法といわれる方法を用いる．γ の2つの端点を結ぶ S 内の曲線 $\tilde{\gamma}$ で次のように表されるものを考える．

$$\tilde{\gamma}(t) = \boldsymbol{x}(\tilde{u}_1(t), \tilde{u}_2(t)), \quad \tilde{u}_i(t) = u_i(t) + \lambda v_i(t) \quad (i = 1, 2)$$

ここで，λ は実パラメータで，0 の近くを動かすことにより，γ をなめらかに変形することができる．ただし，端点は動かさないので

$$v_i(t_0) = v_i(t_1) = 0 \quad (i = 1, 2)$$

である．$\tilde{\gamma}$ の長さ $\tilde{l}$ は

$$\tilde{l} = \int_{t_0}^{t_1} \sqrt{\sum_{jk} g_{jk} \frac{d\tilde{u}_j}{dt} \frac{d\tilde{u}_k}{dt}}\, dt$$

で与えられる．$\tilde{l}$ は λ の関数で，$\lambda = 0$ で最小値をとる．したがって条件

$$\frac{d\tilde{l}}{d\lambda}(0) = 0$$

を得る．途中で部分積分を用いて，ひたすら計算すると次式にたどり着く．

$$\int_{t_0}^{t_1} \sum_{l} \left[\frac{1}{2} \sum_{jk} \frac{\partial g_{jk}}{\partial u_l} \frac{du_j}{dt} \frac{du_k}{dt} - \sum_{k} \frac{d}{dt}\left(g_{lk} \frac{du_k}{dt}\right) \right] v_l \, dt = 0 \quad (l = 1, 2)$$

この式は，$v_l(t_0) = v_l(t_1) = 0$ なる任意の v_l に対して成り立つ．したがって

$$\sum_{k} \frac{d}{dt}\left(g_{lk} \frac{du_k}{dt}\right) - \frac{1}{2} \sum_{jk} \frac{\partial g_{jk}}{\partial u_l} \frac{du_j}{dt} \frac{du_k}{dt} = 0$$

でなければならない．さらに，計算を続けると求める結果を得る．

一方，測地線は測地曲率 $\kappa_g \equiv 0$ で定義された．この方程式を満たすであろうか．

$\boldsymbol{x}(s) = \boldsymbol{x}(u_1(s), u_2(s))$ を弧長パラメータ表示された曲線とする．その曲率ベクトル $\boldsymbol{x}'' = \boldsymbol{k}(s)$ をガウスの公式を用いて計算する．

$$\boldsymbol{k}(s) = \boldsymbol{x}''(s) = \frac{d}{ds}\left(\sum_j \boldsymbol{x}_j \frac{du_j}{ds}\right) = \sum_j \boldsymbol{x}_j \frac{d^2 u_j}{ds^2} + \sum_{jk} \boldsymbol{x}_{jk} \frac{du_j}{ds}\frac{du_k}{ds}$$

$$= \sum_i \left(\frac{d^2 u_i}{ds^2} + \sum_{jk} \Gamma^i_{jk} \frac{du_j}{ds}\frac{du_k}{ds}\right)\boldsymbol{x}_i + \sum_{jk}\left(H_{jk}\frac{du_j}{ds}\frac{du_k}{ds}\right)\boldsymbol{n}$$

である．したがって，右辺第 1 項が測地曲率ベクトルで，その係数が測地線の微分方程式の左辺である． (略証終)

同じく変分法を用いて，面積最小の曲面について議論することができる．証明は省略する．

定理 2.7 空間 $\mathbf{R}^3$ の与えられた閉曲線 Γ に対し，それを境界にする曲面のうちで，面積が最小のもの S が存在したとする．そのとき，S は平均曲率が 0 となる，すなわち，極小曲面である．

2.8　ガウス・ボネの定理

曲面 S 上の測地線は 2 階の常微分方程式で与えられるから，初期値 $\boldsymbol{x}_0$ と初期接ベクトル $\xi \in T_{\boldsymbol{x}_0} S$ に対し，一意的に測地線 $\gamma : (-\varepsilon, \varepsilon) \to S$ が定まる．十分小さい $\varepsilon > 0$ に対して，接平面 $T_{\boldsymbol{x}_0} S$ の原点の ε 近傍 D_ε から S への写像 $\exp : D_\varepsilon \to S$ を，ξ を初期値にもつ測地線の微分方程式の解の $t = 1$ での値を対応させる写像とする．接平面 $T_{\boldsymbol{x}_0} S$ 上に正規直交基底 $\langle \boldsymbol{e}_1, \boldsymbol{e}_2 \rangle$ を選ぶとき，パラメータ表示

$$\boldsymbol{x}(u_1, u_2) = \exp(u_1 \cos u_2\, \boldsymbol{e}_1 + u_1 \sin u_2\, \boldsymbol{e}_2)$$

を $\boldsymbol{x}_0$ を極とする**測地的極座標** (geodesic polar coordinates) という．

測地的極座標を用いると，第 1 基本形式 g，ガウス曲率 K は次式で与えられる．

$$g = (du_1)^2 + g_{22}\,(du_2)^2, \quad K = -\frac{1}{\sqrt{g_{22}}}\frac{\partial^2 \sqrt{g_{22}}}{(\partial u_1)^2} \tag{2.33}$$

ただし $g_{22} = g_{22}(u_1, u_2) = (\boldsymbol{x}_2, \boldsymbol{x}_2)$ である．

曲面上の 3 つの測地線を辺とする三角形を**測地三角形** (geodesic triangle) という．その頂点を A, B, C とし，対応する内角の大きさをそれぞれ A, B, C とする．測地三角形のガウス写像による像の面積を計算する．ガウス写像による微小面積の変換率はガウス曲率 K であったから，測地三角形上でガウス曲率を面積で積分すればよい．

定理 2.8 (ガウス (Gauss) の定理) 測地三角形 ABC において，次式が成り立つ．

$$\iint_{\triangle ABC} K\sqrt{\det G}\, du_1 du_2 = A + B + C - \pi \tag{2.34}$$

有界で境界のない曲面を**閉曲面** (closed surface) という．球面やトーラスは閉曲面である．閉曲面に対しガウス曲率を曲面全体で積分しよう．すなわち，ガウス曲率 K に面積要素 $dA = \sqrt{\det G}\, du_1 du_2$ をかけて積分する（曲面全体では u_1, u_2 は定義できない）．それはガウス写像の像の面積を表しているが，ガウス曲率の符号を付けたうえ，何重に覆っているかを表した重複度を掛けたもので，球の面積 4π の整数倍である．

$$\iint_S K\, dA = 4\pi n$$

閉曲面上に十分多くの頂点をとり，それらを測地線でつないで小さな測地三角形で分割することができる．これを**測地的三角形分割** (geodesic triangulation) という．このとき，頂点の個数，辺の個数，三角形の個数をそれぞれ V, E, F で表す．

$$\chi(S) = V - E + F \tag{2.35}$$

を閉曲面 S の**オイラー標数** (Euler characteristic) という．三角形分割のとり方によらない位相的不変量であることが知られている．

定理 2.9 (ガウス・ボネ (Gauss–Bonnet) の定理) 閉曲面 S に対して

$$\iint_S K\, dA = 2\pi\chi(S) \tag{2.36}$$

注意 向き付け不可能な閉曲面 S に対しても，左辺の重複度の意味はなくなるが，ガウス・ボネの定理は成り立つ．　　　　　　　　　　　　　　　　　　　　　〔川﨑　徹郎〕

第 IX 編
多様体

IX 多様体

多 様 体

1.1 位相多様体

曲線は 1 つのパラメータで表される．曲面は局所的には 2 つのパラメータで表される．曲線，曲面の位相空間としての特徴付けを考えよう．より一般に，n 個のパラメータで表されるものの位相空間としての特徴付けを与える．

定義 1.1 位相空間 X が **n 次元局所ユークリッド空間** (n–dimensional locally Euclidean space) であるとは，その各点 x が $\mathbf{R}^n$ の開集合と同相な近傍をもつとき．

これだけの条件では十分でない．大きな次元のユークリッド空間の部分空間と同相であることを保証するために，次の条件をつけ加えたものを位相多様体という．

定義 1.2 位相空間 X が **n 次元位相多様体** (n–dimensional topological manifold) であるとは，X が n 次元局所ユークリッド空間で，次の 1), 2) を満たすとき．
1) X はハウスドルフ空間．(x,y を相異なる 2 点とすると，x の近傍 U と y の近傍 V で $U \cap V = \emptyset$ となるものがある．)
2) X は可算の基をもつ．(X の開集合の可算族 $\mathcal{B} = \{O_i\}$ で，X の任意の開集合が $\mathcal{B}$ に属する集合の合併で表される．)

例 1.1 n 次元ユークリッド空間 $\mathbf{R}^n$ は n 次元位相多様体．

[証明] $X = \mathbf{R}^n$ が上の 1), 2) の条件を満たすことを示す．$\mathbf{R}^n$ は距離空間だからハウスドルフである．一般に $\{O_i\}$ が空間 X の位相の基であることを示すには，X の任意の開集合 U と，U の任意の点 x に対して，x を含み，U に含まれる O_i が存在することをみればよい．そのとき

$$U = \bigcup_{O_i \subset U} O_i$$

となるからである．$\mathbf{R}^n$ に対してそのような $\{O_i\}$ を見つけよう．

$\mathbf{Q}^n \times \mathbf{Z}^+$ は可算集合であるから，$\mathbf{Z}^+$ からの全単射 $f: \mathbf{Z}^+ \to \mathbf{Q}^n \times \mathbf{Z}^+$ が存在する．$f(i) = (\boldsymbol{q}_i, n_i) \in \mathbf{Q}^n \times \mathbf{Z}^+$ と記す．そこで

1. 多様体

$$O_i = N\left(\boldsymbol{q}_i, \frac{1}{n_i}\right)$$
$$= \left\{\boldsymbol{x} \in \mathbf{R}^n \,\middle|\, \|\boldsymbol{x} - \boldsymbol{q}_i\| < \frac{1}{n_i}\right\}$$

とおく．すると $\mathcal{B} = \{O_i\}$ は $\mathbf{R}^n$ の位相の基である． (証明終)

位相多様体の 1), 2) の条件は，X に関して成り立てば，部分空間 $Y \subset X$ に関しても成り立つ．したがって，$\mathbf{R}^N$ に含まれる局所ユークリッド空間は位相多様体である．

例 1.2 n 次元球面

$$S^n = \{\boldsymbol{x} \in \mathbf{R}^{n+1} \mid \|\boldsymbol{x}\| = 1\}$$

は位相多様体．

[**証明**] S^n は $\mathbf{R}^{n+1}$ の部分集合であるから，それが局所ユークリッド空間であることをみればよい．そのためには，$\mathbf{R}^n$ の開集合と同相な近傍で覆われることを示せばよい．そこで

$$U_+ = S^n - \{(0,0,\ldots,1)\}, \quad U_- = S^n - \{(0,0,\ldots,-1)\}$$

とおくと，これらは S^n の開集合で $S^n = U_+ \cup U_-$．

そこで，$\varphi_\pm : U_\pm \to \mathbf{R}^n$ を

$$\varphi_\pm(x_1, x_2, \ldots, x_{n+1}) = \left(\frac{x_1}{1 \mp x_{n+1}}, \frac{x_2}{1 \mp x_{n+1}}, \ldots, \frac{x_n}{1 \mp x_{n+1}}\right)$$

と定めると，それらの逆写像は

$$\varphi_\pm^{-1}(u_1, u_2, \ldots, u_n) = \left(\frac{2u_1}{\|\boldsymbol{u}\|^2 + 1}, \ldots, \frac{2u_n}{\|\boldsymbol{u}\|^2 + 1}, \pm\frac{\|\boldsymbol{u}\|^2 - 1}{\|\boldsymbol{u}\|^2 + 1}\right)$$

で与えられるから，$\varphi_\pm : U_\pm \to \mathbf{R}^n$ は同相写像である． (証明終)

上記の $\varphi_\pm$ は**立体射影** (stereographic projection) といわれる．北極 $(0,0,\ldots,1)$ と $\boldsymbol{x} \in S^n$ とを通る直線が赤道面 $x_{n+1} = 0$ と交わるところが $(\varphi_+(\boldsymbol{x}), 0)$ である．

1.2 閉曲面の位相的分類

位相空間 X が三角形で覆われているとする．

$$X = T_1 \cup T_2 \cup \cdots \cup T_F, \quad T_i は平面 \mathbf{R}^2 の三角形に同相 \ (i = 1, 2, \ldots, F)$$

このとき，T_i と T_j の交わりは，$\emptyset$ でなければ，双方の辺または頂点で交わるものとする．このような被覆を **(有限)三角形分割** (triangulation) という．三角形分割された位相空間 X を**多面体** (polyhedron) という．多面体が位相多様体である必要十分条件は

- すべての辺は，ちょうど 2 つの三角形の共通の辺である．
- すべての頂点は，ちょうど 1 まわりの三角形の共通の頂点である．

で与えられる．閉曲面には三角形分割が存在することが知られている．

例 1.3 正 4 面体，正 8 面体，正 20 面体は 2 次元球面 S^2 の三角形分割である．

例 1.4 下図はトーラス T^2 の三角形分割である．

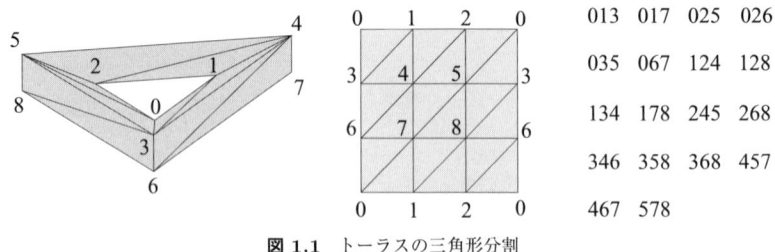

013	017	025	026
035	067	124	128
134	178	245	268
346	358	368	457
467	578		

図 1.1 トーラスの三角形分割

例 1.5 次の図で表される多面体と同相な空間を射影平面といい，P^2 で表す．上の条件を満たし，閉曲面を定める．

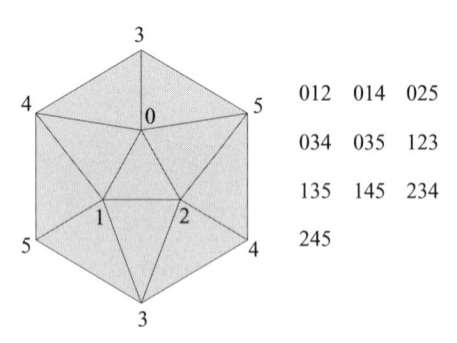

012	014	025
034	035	123
135	145	234
245		

図 1.2 射影平面の三角形分割

三角形分割された閉曲面の各三角形の頂点に巡回的な順序をつける．これを三角形の**向き** (orientation) という．隣り合った三角形の向きが**同調している** (coherent) とは，共通の辺に導く順序がたがいに逆のとき．球面やトーラスの各三角形に，外側から見て左回りに向きをつけると，それはどこでも同調している．このようなとき，閉曲面は**向き付け可能** (orientable) であるという．そうでないとき，**向き付け不可能** (nonorientable) という．射影平面は向き付け不可能である．実際，上の例で，頂点 3 をもつ 5 枚の三角形を除くと，

メビウスの帯が得られるからである．

閉曲面をガスタンクのようなものと考えよう．2つの曲面に小さな穴をあけ，その穴にパイプを溶接して，2つのタンクの中身をつなげることができる．このようにして2つの閉曲面をつなげる操作を**連結和** (connected sum) という．

トーラス2つの連結和をとると，2人用の浮き輪のような閉曲面が得られる．さらに，トーラスを連結和する操作を繰り返すことにより，g 人用の浮き輪曲面が得られる．この曲面を**種数** (genus) g の**閉曲面** (closed surface) という．

次の定理が成り立つ．証明は省略する．

定理 1.1 S を連結閉曲面とする．S が向き付け可能ならば，球面または何個かのトーラスの連結和に同相である．また S が向き付け不可能ならば，何個かの射影平面の連結和に同相である．

1.3 微分可能多様体

X を位相多様体とするとき，X は $\mathbf{R}^n$ の開集合と同相な開集合により被覆される．そのような開集合 $U \subset X$ と同相写像 $\varphi : U \to \varphi(U) \subset \mathbf{R}^n$ の対 (U, φ) を**座標近傍** (coordinate neighbourhood) という．φ は U の各点 x に対し，その座標

$$\varphi(x) = (x_1(x), x_2(x), \ldots, x_n(x)) \in \mathbf{R}^n$$

を定めるので，**局所座標** (local coordinate) といわれる．また，U 上の関数 $x_i(x)$ を i 番目の**座標関数** (i-th coordinate function) という．

2つの座標近傍 $(U_\alpha, \varphi_\alpha), (U_\beta, \varphi_\beta)$ に対して，2つの局所座標の間の変換は $\mathbf{R}^n$ の開集合の間の対応

$$\varphi_\beta \circ \varphi_\alpha^{-1} : \varphi_\alpha(U_\alpha \cap U_\beta) \xrightarrow{\varphi_\alpha^{-1}} U_\alpha \cap U_\beta \xrightarrow{\varphi_\beta} \varphi_\beta(U_\alpha \cap U_\beta)$$

$$\varphi_\alpha \circ \varphi_\beta^{-1} : \varphi_\beta(U_\alpha \cap U_\beta) \xrightarrow{\varphi_\beta^{-1}} U_\alpha \cap U_\beta \xrightarrow{\varphi_\alpha} \varphi_\alpha(U_\alpha \cap U_\beta)$$

で与えられる．

定義 1.3 位相多様体 X の座標近傍の族 $\mathcal{D} = \{(U_\alpha, \varphi_\alpha)\}$ による被覆が X 上の $\boldsymbol{C^r}$ **微分可能構造**または $\boldsymbol{C^r}$ **構造**であるとは，次の条件を満たすとき．

- 任意の2つの座標近傍 $(U_\alpha, \varphi_\alpha), (U_\beta, \varphi_\beta)$ の間の座標変換 $\varphi_\beta \circ \varphi_\alpha^{-1}$, $\varphi_\alpha \circ \varphi_\beta^{-1}$ は C^r 写像である．

C^r 構造 $\mathcal{D}$ の定まった位相多様体を $\boldsymbol{C^r}$ **微分可能多様体** (C^r differentiable manifold) または $\boldsymbol{C^r}$ **多様体** (C^r manifold) という．

位相多様体 X 上に 2 つの C^r 構造 $\mathcal{D} = \{(U_\alpha, \varphi_\alpha)\}$ と $\mathcal{D}' = \{(V_\beta, \psi_\beta)\}$ が与えられたとき，これらが**同値** (equivalent) であるとは，両方あわせても C^r 構造となるとき．すなわち，$\mathcal{D}$ に属する座標近傍と $\mathcal{D}'$ に属する座標近傍との間の座標変換 $\psi_\beta \circ \varphi_\alpha^{-1}, \varphi_\alpha \circ \psi_\beta^{-1}$ がともに C^r 写像となるとき．

同値な C^r 構造は同じ C^r 多様体を定めると考える．

C^r 多様体の座標近傍とは，その C^r 構造に属する座標近傍のことである．

例 1.6 n 次元球面 S^n は C^∞ 多様体である．

[証明] 位相多様体であることはすでにみた．座標近傍による被覆は $S^n = U_+ \cup U_-$ であった．したがって，座標変換は $\varphi_+ \circ \varphi_-^{-1}$ と $\varphi_- \circ \varphi_+^{-1}$ である．計算すると

$$\varphi_+ \circ \varphi_-^{-1}(u_1, u_2, \ldots, u_n) = \left(\frac{u_1}{\|\boldsymbol{u}\|^2}, \frac{u_2}{\|\boldsymbol{u}\|^2}, \ldots, \frac{u_n}{\|\boldsymbol{u}\|^2} \right)$$

$\varphi_- \circ \varphi_+^{-1}$ はその逆写像である．これらは C^∞ である． (証明終)

例 1.7 X を C^r 多様体，Y をその開集合とすると，Y は次のように自然に C^r 多様体の構造をもつ．X の C^r 構造を $\{(U_\alpha, \varphi_\alpha)\}$ とする．X の座標近傍 $(U_\alpha, \varphi_\alpha)$ に対し，$U_\alpha \cap Y$ は Y の開集合で，$\varphi_\alpha \,|\, Y : U_\alpha \cap Y \to \mathbf{R}^n$ はその上の局所座標．それらを集めた $\{(U_\alpha \cap Y, \varphi_\alpha \,|\, Y)\}$ は Y の C^r 構造である．

このような Y を X の**開部分多様体** (open submanifold) という．

例 1.8 X を n 次元 C^r 多様体，Y を m 次元 C^r 多様体とする．積空間 $X \times Y$ には次のように自然に C^r 多様体の構造が入る．X の C^r 構造を $\{(U_\alpha, \varphi_\alpha)\}$ とし，Y の C^r 構造を $\{(V_\beta, \psi_\beta)\}$ とする．X と Y のそれぞれの座標近傍 $(U_\alpha, \varphi_\alpha), (V_\beta, \psi_\beta)$ に対し，$U_\alpha \times V_\beta$ は $X \times Y$ の開集合で，

$$\varphi_\alpha \times \psi_\beta : U_\alpha \times V_\beta \to \mathbf{R}^n \times \mathbf{R}^m = \mathbf{R}^{n+m}$$

はその上の局所座標．それらを集めた $\{(U_\alpha \times V_\beta, \varphi_\alpha \times \psi_\beta)\}$ は $X \times Y$ 上の C^r 構造である．

このような構造の与えられた $X \times Y$ を X と Y の**積多様体** (product manifold) という．

C^r 多様体 X 上の関数 $f : X \to \mathbf{R}$ が ***C^r 関数*** (C^r function) であるとは，X の任意の座標近傍 $(U_\alpha, \varphi_\alpha)$ に対して，$\mathbf{R}^n$ の開集合 $\varphi_\alpha(U_\alpha)$ 上の関数 $f \circ \varphi_\alpha^{-1}$ が C^r 関数であるとき．

さらに，X を n 次元 C^r 多様体，Y を m 次元 C^r 多様体とする．写像 $F : X \to Y$ が ***C^r 写像*** (C^r map) であるとは，X の任意の座標近傍 $(U_\alpha, \varphi_\alpha)$ と Y の任意の座標近傍 (V_β, ψ_β) に対して，$\mathbf{R}^n$ の開集合 $\varphi_\alpha(U_\alpha \cap F^{-1}(V_\beta))$ から $\mathbf{R}^m$ への写像 $\psi_\beta \circ F \circ \varphi_\alpha^{-1}$ が C^r 写像であるとき．

さらに，$F: X \to Y$ が $\boldsymbol{C^r}$ **微分同相写像** (C^r–diffeomorphism) であるとは，F は全単射の C^r 写像で，逆写像 $F^{-1}: Y \to X$ も C^r 写像となるとき．

例 1.9 数直線 $\mathbf{R}$ から円周 S^1 への写像 $\exp : \mathbf{R} \to S^1$ を

$$\exp(t) = (\cos t, \sin t)$$

とおく．これは C^∞ 多様体 $\mathbf{R}$ から C^∞ 多様体 S^1 への C^∞ 写像である．

[**証明**] S^1 の C^∞ 構造は，$S^1 = U_+ \cup U_-, \varphi_\pm(x, y) = \dfrac{x}{1 \mp y}$ で与えられたから，$\exp$ が C^∞ であることを示すには，

$$\varphi_\pm \circ \exp : \exp^{-1}(U_\pm) \to \mathbf{R}$$

が $\mathbf{R}$ の開集合上の C^∞ 関数であることをみればよい．計算すれば

$$\varphi_\pm \circ \exp(t) = \varphi_\pm(\cos t, \sin t) = \frac{\cos t}{1 \mp \sin t}$$

となり，これは定義域で C^∞ である．   (証明終)

例 1.10 積多様体 $T^2 = S^1 \times S^1$ を **2 次元トーラス** (torus)，さらに $T^n = S^1 \times S^1 \times \cdots \times S^1$ を $\boldsymbol{n}$ **次元トーラス**という．

例 1.11 トーラスのパラメータ表示

$$\boldsymbol{x}(u, v) = \begin{pmatrix} (R + r\cos u)\sin v \\ (R + r\cos u)\cos v \\ r\sin u \end{pmatrix}$$

は $\mathbf{R}^2$ から $\mathbf{R}^3$ への写像 $F(u, v) = \boldsymbol{x}(u, v)$ を定める．その像 $X = F(\mathbf{R}^2)$ はなめらかな曲面で，これもトーラスといわれる（第 VIII 編第 2 章，例 2.12 参照）．ここで

$$F(u, v) = F(u', v') \iff u \equiv u' \bmod 2\pi \text{ かつ } v \equiv v' \bmod 2\pi$$

であるので

$$F(u, v) = F(u', v') \iff \exp(u, v) = \exp(u', v')$$

が成り立つ．したがって，$\exp(u, v)$ と $F(u, v)$ とを対応させることにより，積多様体 T^2 と曲面論のトーラス X との間に一対一対応を与えることができる．この対応により，X 上に C^∞ 多様体の構造を定める．X から $\mathbf{R}^3$ への包含写像 $X \subset \mathbf{R}^3$ も C^∞ 写像である．

1.4 接ベクトルと接空間

開区間 (a, b) から C^r 多様体 X への C^r 写像 $\gamma : (a, b) \to X$ を X の $\boldsymbol{C^r}$ **曲線** (C^r curve) という．

X の 1 点 x を固定し,$t=0$ で x を通る曲線 $\gamma:(-\varepsilon,\varepsilon)\to X$, $\gamma(0)=x$ を考えよう.x を含む座標近傍 (U,φ) を選ぶ.$\varepsilon>0$ は十分小さいものとし,$\gamma((-\varepsilon,\varepsilon))\subset U$ とする.そのとき,$\varphi\circ\gamma$ は $t=0$ で $\varphi(x)$ を通る $\mathbf{R}^n$ の曲線である.

定義 1.4 $t=0$ で x を通る 2 つの曲線 γ_1,γ_2 が **等速度** (the same velocity) であるとは,x を含む座標近傍 (U,φ) に対して

$$\frac{d}{dt}(\varphi\circ\gamma_1)(0)=\frac{d}{dt}(\varphi\circ\gamma_2)(0)$$

が成り立つとき.

等速度の定義は座標近傍の選び方によらない.

定義 1.5 $t=0$ で x を通る C^r 曲線全体の作る集合上に,等速度であるという同値関係を考える.その同値類を点 x における **接ベクトル** (tangent vector) という.曲線 γ を含む同値類を $[\gamma]$ で表し,曲線 γ の定める接ベクトルという.点 x における接ベクトル全体の集合を T_xX で表す.

写像 $d\varphi:T_xX\to\mathbf{R}^n$ を

$$d\varphi([\gamma])=\frac{d}{dt}(\varphi\circ\gamma)(0)$$

で定める.定義より,$d\varphi$ は全単射である.そこで,$d\varphi:T_xX\to\mathbf{R}^n$ が線形同型写像となるように,接ベクトルの和および実数倍を定める.すなわち

$$[\gamma]+[\eta]=d\varphi^{-1}(d\varphi([\gamma])+d\varphi([\eta]))$$
$$\lambda[\gamma]=d\varphi^{-1}(\lambda\,d\varphi([\gamma]))$$

と定める.

ここで,(V,ψ) を x を含む,もう 1 つの座標近傍とするとき

$$d\psi=J(\psi\circ\varphi^{-1})_{\varphi(x)}\circ d\varphi \tag{1.1}$$

が成り立つ.ただし,$J(\psi\circ\varphi^{-1})_{\varphi(x)}$ は座標変換 $\psi\circ\varphi^{-1}$ の微分で,ヤコビ行列の定める線形同型写像である.したがって,T_xX の和および実数倍は,座標近傍 (U,φ) の選び方によらないことがわかる.

定義 1.6 このように定義されたベクトル空間 T_xX を,C^r 多様体 X の点 x における **接ベクトル空間** (tangent vector space),または単に,**接空間** (tangent space) という.

X 上の C^r 関数 $f:X\to\mathbf{R}$ を微分することを考えよう.C^r 曲線 $\gamma:(-\varepsilon,\varepsilon)\to X$ と合成すると,1 変数関数 $f\circ\gamma(t)$ が得られる.その $t=0$ での微分 $\dfrac{d}{dt}(f\circ\gamma)(0)$ を γ 方向

の f の微分係数と思う．あきらかに，γ_1 と γ_2 が等速度のとき

$$\frac{d}{dt}(f \circ \gamma_1)(0) = \frac{d}{dt}(f \circ \gamma_2)(0)$$

が成り立つ．

今後，一般の接ベクトルを ξ_x のように，ギリシャ文字に接している点をそえて表す．上記より，$\xi_x = [\gamma] \in T_x X$ に対して，関数 f の ξ_x 方向の微分係数 $\xi_x(f)$ を

$$\xi_x(f) = \frac{d}{dt}(f \circ \gamma)(0) \tag{1.2}$$

により定めることができる．あきらかに，次の定理が成り立つ．

定理 1.2 この微分 $\xi_x(f)$ は次の計算法則を満たす．
1) $\xi_x(\lambda f) = \lambda \xi_x(f)$
2) $\xi_x(f+g) = \xi_x(f) + \xi_x(g)$
3) $\xi_x(fg) = \xi_x(f)g(x) + f(x)\xi_x(g)$

(U, φ) を x を含む座標近傍とし，座標関数を $x_1, x_2, \ldots, x_n$ とする．$d\varphi$ により $\mathbf{R}^n$ の標準基底 $e_1, e_2, \ldots, e_n$ に対応する $T_x X$ の基底を

$$\left(\frac{\partial}{\partial x_1}\right)_x, \left(\frac{\partial}{\partial x_2}\right)_x, \ldots, \left(\frac{\partial}{\partial x_n}\right)_x$$

と表す．実際，速度ベクトル e_i をもつ $\mathbf{R}^n$ の曲線は x_i だけを動かすものであるから，$\left(\frac{\partial}{\partial x_i}\right)_x (f)$ は f を局所座標により n 変数関数とみなしたときの i 番目の偏微分係数である．

$$\left(\frac{\partial}{\partial x_i}\right)_x (f) = \frac{\partial (f \circ \varphi^{-1})}{\partial x_i}(\varphi(x))$$

同様に，$d\varphi$ により $a_1 e_1 + a_2 e_2 + \cdots + a_n e_n$ に対応する接ベクトルを考えると

$$\sum_{i=1}^n a_i \left(\frac{\partial}{\partial x_i}\right)_x (f) = \sum_{i=1}^n a_i \frac{\partial (f \circ \varphi^{-1})}{\partial x_i}(\varphi(x)) \tag{1.3}$$

であることがわかる．この式が $f: X \to \mathbf{R}$ を固定するとき，ξ_x に $\xi_x(f)$ を対応させる関数が $T_x X$ 上の線形形式であることを示している．

定理 1.3 次が成り立つ．
1) $(\lambda \xi_x)(f) = \lambda \xi_x(f)$
2) $(\xi_x + \eta_x)(f) = \xi_x(f) + \eta_x(f)$

もう1つの座標近傍を (V, ψ)，その座標関数を $y_1, y_2, \ldots, y_n$，ψ の定める $T_x X$ の基底を $\left(\frac{\partial}{\partial y_1}\right)_x, \left(\frac{\partial}{\partial y_2}\right)_x, \ldots, \left(\frac{\partial}{\partial y_n}\right)_x$ とする．$\varphi \circ \psi^{-1}$ のヤコビ行列の (i, j) 成分は $\frac{\partial x_i}{\partial y_j}(\psi(x))$

である. したがって, 式 (1.1) より, 次が成り立つ.

$$\left(\frac{\partial}{\partial y_j}\right)_x = \sum_{i=1}^{n} \frac{\partial x_i}{\partial y_j}(\psi(x))\left(\frac{\partial}{\partial x_i}\right)_x \tag{1.4}$$

X の点 x に対して, x を含む開集合 U 上の関数 $f: U \to \mathbf{R}$ を, U を特定せずに, x の近くで定義された関数 f, あるいは x のまわりの関数 f という.

定義 1.7 x のまわりの C^r 関数 f に対し, 実数 $D_x(f)$ を対応させる汎関数が点 x における**微分法** (derivation) であるとは, 次の条件を満たすとき.
1) $D_x(\lambda f) = \lambda D_x(f)$
2) $D_x(f+g) = D_x(f) + D_x(g)$
3) $D_x(fg) = D_x(f)g(x) + f(x)D_x(g)$

ただし, 2), 3) において, f, g の定義域 U, V がそれぞれ異なるとき, 積や和 $f+g, fg$ の定義域は共通部分 $U \cap V$ であると考える.

定理 1.4 (微分法) 点 x における微分法 D_x が, x のまわりの C^{r-1} 関数 h に対しても値 $D_x(h)$ をとり, 上記 1), 2), 3) を満たすならば, ある接ベクトル $\xi_x \in T_x X$ が一意的に存在し, x のまわりのすべての C^r 関数 f に対して

$$D_x(f) = \xi_x(f)$$

が成り立つ.

証明には, n 変数の C^r 関数のテイラー展開に関する議論を用いる.

1.5 写像の微分

定義 1.8 (関数の微分) f を C^r 多様体 X の点 x のまわりの関数とする. 接ベクトル $\xi_x \in T_x X$ に対して, f の ξ_x 方向の微分 $\xi_x(f)$ を対応させる関数は $T_x X$ 上の線形形式を与える (定理 1.3). これを df_x で表し, 関数 f の点 x における**微分** (differential) という.

$$df_x : T_x X \to \mathbf{R}, \quad df_x(\xi_x) = \xi_x(f) \tag{1.5}$$

x のまわりの座標近傍 (U, φ) を選ぶとき, 次が成り立つ.

$$df_x\left(\left(\frac{\partial}{\partial x_i}\right)_x\right) = \left(\frac{\partial}{\partial x_i}\right)_x(f) = \frac{\partial (f \circ \varphi^{-1})}{\partial x_i}(\varphi(x)) \tag{1.6}$$

また, $t=0$ で x を通る曲線 γ で表される接ベクトルを $[\gamma] = \xi_x$ とおくと

$$df_x(\xi_x) = \xi_x(f) = \frac{d}{dt}(f \circ \gamma)(0)$$

1. 多様体

となる.これは動点 $\gamma(t)$ の f による値の変化率,たとえば $f(x)$ を温度とすると,動点 $\gamma(t)$ の温度の変化率を表している.

座標近傍 (U,φ) の定める座標関数を $x_1, x_2, \ldots, x_n$ とすると,その微分 $(dx_1)_x$, $(dx_2)_x, \ldots, (dx_n)_x$ が定まり

$$(dx_i)_x\left(\left(\frac{\partial}{\partial x_j}\right)_x\right) = \frac{\partial x_i}{\partial x_j}(\varphi(x)) = \delta_{ij} \tag{1.7}$$

が成り立つ.したがって,$(dx_1)_x, (dx_2)_x, \ldots, (dx_n)_x$ は T_xX の双対空間 T_x^*X の双対基底である.とくに,x のまわりの C^r 関数 f に対して

$$df_x = \sum_{i=1}^n \frac{\partial(f\circ\varphi^{-1})}{\partial x_i}(\varphi(x))(dx_i)_x \tag{1.8}$$

と表される.

例 1.12 トーラス T^2 を例 1.11 の部分集合 $X = F(\mathbf{R}^2) \subset \mathbf{R}^3$ と同一視する.

F を1辺が 2π 以下の正方形に制限したものは $1:1$ で,その逆写像は T^2 の局所座標を与える.したがって,とくに $\left(\dfrac{\partial}{\partial u}\right)_x, \left(\dfrac{\partial}{\partial v}\right)_x$ はいつでも T_xT^2 の基底である.

関数 $f: T^2 \to \mathbf{R}$ を $\mathbf{R}^3$ の x 座標を対応させる関数とする.すなわち

$$f(F(u,v)) = (R + r\cos u)\cos v$$

とする.そのとき

$$df_x : T_xT^2 \to \mathbf{R}$$

を求めてみよう.(1.8) にあてはめて

$$df_x = \frac{\partial((R+r\cos u)\cos v)}{\partial u}du_x + \frac{\partial((R+r\cos u)\cos v)}{\partial v}dv_x$$
$$= -r\sin u\cos v\, du_x - (R+r\cos u)\sin v\, dv_x$$

を得る.$df_x = 0$ となる $x \in T^2$ はどのような点であろうか.

X, Y を C^r 多様体とし,$F: X \to Y$ を C^r 写像とする.点 $x \in X$ と $\xi_x \in T_xX$ に対し,ξ_x を表す曲線 $\gamma: (-\varepsilon, \varepsilon) \to X$ を選ぶ.$F\circ\gamma: (-\varepsilon, \varepsilon) \to Y$ は $t=0$ で $F(x)$ を通る C^r 曲線である.$F\circ\gamma$ の表す接ベクトルを $dF_x(\xi_x) \in T_{F(x)}Y$ とおく.

$$dF_x([\gamma]) = [F\circ\gamma] \tag{1.9}$$

$x \in X$ の座標近傍 (U,φ) と $y \in Y$ の座標近傍 (V,ψ) を選ぶとき

$$d\psi \circ dF_x(\xi_x) = \frac{d}{dt}(\psi\circ F\circ\gamma)(0) = J(\psi\circ F\circ\varphi^{-1})_{\varphi(x)} \circ d\varphi(\xi_x)$$

と計算される．すなわち，$dF_x = d\psi^{-1} \circ J(\psi \circ F \circ \varphi^{-1})_{\varphi(x)} \circ d\varphi$ が成り立つことが示された．とくに，dF_x は線形写像である．ここで，X の次元を n，Y の次元を m とすると，$J(\psi \circ F \circ \varphi^{-1})_{\varphi(x)}$ は $\mathbf{R}^n$ の開集合から $\mathbf{R}^m$ への写像 $\psi \circ F \circ \varphi^{-1}$ のヤコビ行列の定める線形写像である．

定義 1.9 (写像の微分)　上のように構成された線形写像

$$dF_x : T_xX \to T_{F(x)}Y$$

を写像 F の x における**微分** (differential) という．

さらにまた，$G : Y \to Z$ を C^r 写像とすると

$$d(G \circ F)_x = dG_{F(x)} \circ dF_x :$$
$$T_xX \xrightarrow{dF_x} T_{F(x)} \xrightarrow{dG_{F(x)}} T_{G \circ F(x)}Z \qquad (1.10)$$

が成り立つ．

定理 1.5 (次元の不変性)　F を n 次元 C^r 多様体から m 次元 C^r 多様体への C^r 微分同相写像とすると，微分 JF_x は線形同型写像で，とくに $m = n$ である．

注意　この事実はあきらかであるが，位相多様体に関する同様な事実は，決して自明ではない．

定義 1.10　C^r 写像 $F : X \to Y$ の点 x における**階数** (rank) とは，微分 $dF_x : T_xX \to T_{F(x)}Y$ の線形写像としての階数のことである．$\mathrm{rank}_x(F)$ と記す．

$$\mathrm{rank}_x(F) = \mathrm{rank}(dF_x) = \dim(\mathrm{Im}[dF_x : T_xX \to T_{F(x)}Y]) \qquad (1.11)$$

定義 1.11　C^r 写像 $F : X \to Y$ に対し，$x \in X$ が**正則点** (regular point) であるとは，$dF_x : T_xX \to T_{F(x)}Y$ が全射であるとき．正則点でない X の点を**臨界点** (critical point) という．

臨界点の像 $y = F(x) \in Y$ を**臨界値** (critical value) といい，臨界点の像にならない Y の点を**正則値** (regular value) という．

例 1.13　$\mathbf{R}^3$ から $\mathbf{R}^2$ への直交射影の S^2 への制限を $F : S^2 \to \mathbf{R}^2$ とする．

$$F(x_1, x_2, x_3) = (x_1, x_2), \quad \text{ただし } x = (x_1, x_2, x_3) \in S^2$$

その各点における階数を調べよう．dF_x は球面から平面への写像 F の点 x での線形近似であるから，その階数は x が赤道上にあるときは 1，それ以外は 2 であることが予想される．

$dF_x : T_x S^2 \to \mathbf{R}^2$ は,局所座標 $\varphi_\pm$ を用いると,行列 $J(F \circ \varphi_\pm^{-1})_{\varphi_\pm(x)}$ で表されるから

$$\mathrm{rank}_x(F) = \mathrm{rank}(dF_x) = \mathrm{rank}\left(J(F \circ \varphi_\pm^{-1})_{\varphi_\pm(x)}\right)$$

ここで $\varphi_\pm(x) = (u,v)$ とおくと,立体射影 $\varphi_\pm$ の定義より

$$F \circ \varphi_\pm^{-1}(u,v) = \left(\frac{2u}{u^2+v^2+1}, \frac{2v}{u^2+v^2+1}\right)$$

後はこの写像の微分とその階数を計算すればよい.その結果,F の階数は赤道上で 1,その他の点で 2 であることがわかる.

- F の正則点は S^2 上の赤道以外のすべての点,臨界点は赤道上の点.
- F の臨界値は単位円周,正則値は平面上の単位円周以外のすべての点.

定義 1.12 C^r 写像 $F: X \to Y$ について,すべての $x \in X$ に対して $dF_x : T_x X \to T_{F(x)}$ が全射であるとき,F を**サブマージョン** (submersion) であるという.

すべての $x \in X$ に対して $dF_x : T_x X \to T_{F(x)}$ が単射であるとき,F を**はめ込み** (immersion) または**挿入**であるという.

さらに,はめ込み F が $1:1$ で,像 $F(X) \subset Y$ の上への同相写像であるとき,F を**埋め込み** (embedding) または**埋蔵**という.

例 1.14 (サブマージョン) C^r 関数 $f: \mathbf{R}^n \to \mathbf{R}$ がサブマージョンである必要十分条件は,微分が階数 1 の行列であることであるから,すべての $\boldsymbol{x} \in \mathbf{R}^n$ に対して

$$Jf_{\boldsymbol{x}} = \left(\frac{\partial f}{\partial x_1}(\boldsymbol{x}), \frac{\partial f}{\partial x_2}(\boldsymbol{x}), \ldots, \frac{\partial f}{\partial x_n}(\boldsymbol{x})\right) \neq \boldsymbol{0}$$

が成り立つことである.

例 1.15 $f(x,y) = x^2 + y^2$ はサブマージョンでない.$Jf_{(x,y)} = (2x, 2y)$ であるから,$(0,0)$ だけで階数が 0.$f^{-1}(k)$ は原点中心の同心円である.もちろん,悪いところを除いたもの

$$f|(\mathbf{R}^2 - \{\mathbf{0}\}) : \mathbf{R}^2 - \{\mathbf{0}\} \to \mathbf{R}$$

はサブマージョンである.

例 1.16 曲線論の曲線 $\boldsymbol{x}(t) : (a,b) \to \mathbf{R}^3$ はすべてはめ込みである.曲面論のパラメータ表示 $\boldsymbol{x}(u,v) : D \to \mathbf{R}^3$ もすべてはめ込みである.

例 1.17 例 1.11 のトーラスのパラメータ表示 $F(u,v) = \boldsymbol{x}(u,v)$ は $\mathbf{R}^2$ から $\mathbf{R}^3$ へのはめ込みである.これを $S^1 \times S^1$ からの写像と思うと,埋め込みである.

例 1.18 上の例の (u,v) に $(t, \alpha t)$ を代入すると $\gamma : \mathbf{R} \to T^2$,$\gamma(t) = F(t, \alpha t)$ を得

るが
- $\alpha \in \mathbf{Q}$ のとき,γ は閉曲線で,S^1 からの埋め込みになっている.
- $\alpha \in \mathbf{R} - \mathbf{Q}$ のときは,γ はいつまでも閉じず,単射かつはめ込みだが,埋め込みでない.また γ は全射でなく,像 $\gamma(\mathbf{R}) \subset T^2$ は稠密な集合である.

1.6 逆写像定理の応用

はじめに復習として,ユークリッド空間における逆写像定理とその系を述べる.

定理 1.6 (逆写像定理) $F: W \to \mathbf{R}^n$ を $\mathbf{R}^n$ の開集合 W から $\mathbf{R}^n$ の中への C^r 写像とし,W の 1 点 $\boldsymbol{x}$ で,微分 JF_x が正則だとする.そのとき,$\boldsymbol{x}$ の十分小さい近傍 U に対し,$V = F(U)$ も $\mathbf{R}^n$ の開集合で,$F|U : U \to V$ は全単射となり,逆写像 $(F|U)^{-1} : V \to U$ もまた C^r 写像となる.

系 1.1 (はめ込み定理) $n < m$ とし,$F: W \to \mathbf{R}^m$ を $\mathbf{R}^n$ の開集合 W から,より次元の大きい $\mathbf{R}^m$ への C^r 写像とする.1 点 $\boldsymbol{x} \in W$ で,微分 JF_x が単射であるとする.そのとき,$\boldsymbol{x}$ の近傍 $U \subset \mathbf{R}^n$ と,$F(\boldsymbol{x})$ の近傍 $V \subset \mathbf{R}^m$ と,V 上の C^r 微分同相写像 $\Phi : V \to \Phi(V) \subset \mathbf{R}^m$ で,任意の $\boldsymbol{y} = (y_1, y_2, \ldots, y_n) \in U$ に対して

$$\Phi \circ F(y_1, y_2, \ldots, y_n) = (y_1, y_2, \ldots, y_n, 0, \ldots, 0)$$

が成り立つものが存在する.

系 1.2 (正則点定理) $n > m$ とし,$F: W \to \mathbf{R}^m$ を $\mathbf{R}^n$ の開集合 W から,より次元の小さい $\mathbf{R}^m$ への C^r 写像とする.1 点 $\boldsymbol{x} \in W$ で,微分 JF_x が全射であるとする.そのとき,$\boldsymbol{x}$ の近傍 $U \subset \mathbf{R}^n$ と,C^r 微分同相写像 $\Phi : U \to \Phi(U) \in \mathbf{R}^n$ で,任意の $\boldsymbol{v} = (v_1, v_2, \ldots, v_n) \in \Phi(U)$ に対して

$$F \circ \Phi^{-1}(v_1, v_2, \ldots, v_m, v_{m+1}, \ldots, v_n) = (v_1, v_2, \ldots, v_m)$$

となるものが存在する.

以上の事実を多様体論に適用すると次の諸定理が得られる.

定理 1.7 (多様体の逆写像定理) X, Y を C^r 多様体 $(r \geqq 1)$,$F : X \to Y$ を C^r 写像とする.X の 1 点 x で,微分 $dF_x : T_xX \to T_{F(x)}Y$ が線形同型写像だとする.そのとき,x の十分小さい近傍 U に対し,$V = F(U)$ も Y の開集合で,$F|U : U \to V$ は全単射となり,逆写像 $(F|U)^{-1} : V \to U$ もまた C^r 写像となる.

系 1.3 $F : X \to Y$ を全単射の C^r 写像で,各点 x に対し,dF_x が線形同型写像であ

るとする．そのとき，F は C^r 微分同相写像である．

定理 1.8 (多様体のはめ込み定理) $n < m$ とし，$F : X^n \to Y^m$ を C^r 写像とする．X の 1 点 x で，微分 $dF_x : T_xX \to T_{F(x)}Y$ が単射であるとする．そのとき，x のまわりの座標近傍 (U, φ) と，$F(x)$ のまわりの座標近傍 (V, ψ) で，$F(U) \subset V$ を満たし，$\psi \circ F \circ \varphi^{-1} : \varphi(U) \to U \to V \to \psi(V) \subset \mathbf{R}^m$ が
$$\psi \circ F \circ \varphi^{-1}(x_1, x_2, \ldots, x_n) = (x_1, x_2, \ldots, x_n, 0, \ldots, 0)$$
と表されるものが存在する．

注意 ここで X^n, Y^m はそれぞれ，n 次元の多様体 X，m 次元の多様体 Y ということを表す．

定理 1.9 (多様体の正則点定理) $n > m$ とし，$F : X^n \to Y^m$ を C^r 写像とする．X の 1 点 x で，微分 $dF_x : T_xX \to T_{F(x)}Y$ が全射であるとする．そのとき，x のまわりの座標近傍 (U, φ) と，$F(x)$ のまわりの座標近傍 (V, ψ) で，$F(U) \subset V$ を満たし，$\psi \circ F \circ \varphi^{-1} : \varphi(U) \to U \to V \to \psi(V) \subset \mathbf{R}^m$ が
$$\psi \circ F \circ \varphi^{-1}(x_1, x_2, \ldots, x_m, x_{m+1}, \ldots, x_n) = (x_1, x_2, \ldots, x_m)$$
と表されるものが存在する．

定義 1.13 m 次元 C^r 多様体 Y の部分集合 X が n 次元**部分多様体** (submanifold) であるとは，X の任意の点 x に対して，x のまわりの Y の座標近傍 (U, φ) で
$$\varphi(U \cap X) = \varphi(U) \cap (\mathbf{R}^n \times \{\mathbf{0}\}) \subset \mathbf{R}^m$$
を満たすものが存在するとき．このとき，次元の差 $m - n$ を**余次元** (codimension) という．

$X \subset Y$ を部分多様体，(U, φ) を上の条件を満たす座標近傍とする．
$$U_X = U \cap X, \quad \varphi_X = \varphi|U_X : U_X \to \varphi(U_X) \subset \mathbf{R}^n \times \{\mathbf{0}\} \cong \mathbf{R}^n$$
とおくと，φ_X は X の開集合 U_X から $\mathbf{R}^n$ の開集合 $\varphi(U_X)$ の上への同相写像である．すなわち，(U_X, φ_X) は X の座標近傍となる．上の条件は X がそのような座標近傍で覆われることを保証している．このような (U_X, φ_X) たちは X 上に C^r 多様体の構造を定めている．

例 1.19 $X \subset Y$ を部分多様体とする．包含写像 $i : X \to Y$ は C^r 多様体 X から Y への埋め込みである．逆に，$F : X \to Y$ を埋め込みとすると，像 $F(X) \subset Y$ は部分多様体である．

定理 1.10 (正則値定理) $n > m$ とし，$F: X^n \to Y^m$ を C^r 写像とする．$y \in Y$ を F の正則値とすると，$F^{-1}(y) \subset X$ は $n - m$ 次元の部分多様体である．

例 1.20 $f: \mathbf{R}^{n+1} \to \mathbf{R}$ を
$$f(x_1, x_2, \ldots, x_{n+1}) = x_1{}^2 + x_2{}^2 + \cdots + x_{n+1}{}^2$$
とおくと，f の臨界点は $\mathbf{0}$ だけである．したがって，とくに，$1 \in \mathbf{R}$ は正則値であるから，$f^{-1}(1) = S^n \subset \mathbf{R}^{n+1}$ は n 次元部分多様体である．

この例は，n 次元球面 S^n が多様体であることの証明になっている．はじめに行った定義に基づく証明に比べて，非常に短くなった．正則値定理の強力さのもたらすところである．

例 1.21 トーラス T^2 はパラメータ表示
$$\begin{cases} x = (R + r\cos u)\cos v \\ y = (R + r\cos u)\sin v \\ z = r\sin u \end{cases}$$
で定義される集合である．u, v を消去すると，関係式
$$(x^2 + y^2 + z^2 + R^2 - r^2)^2 = 4R^2(x^2 + y^2)$$
が成り立つ．そこで
$$f(x, y, z) = (x^2 + y^2 + z^2 + R^2 - r^2)^2 - 4R^2(x^2 + y^2)$$
とおくと，$T^2 = f^{-1}(0)$ で，0 は f の正則値であることがわかる．よって，$T^2 \subset \mathbf{R}^3$ は部分多様体である．

例 1.22 n 次実正方行列全体 $M_n(\mathbf{R})$，n 次複素正方行列全体 $M_n(\mathbf{C})$ は，それぞれ，$\mathbf{R}$ または $\mathbf{C}$ 上の n^2 次元線型空間であるから，ユークリッド空間 $\mathbf{R}^{n^2}$, $\mathbf{R}^{2n^2}$ と同一視する．n 次実正則行列全体 $GL_n(\mathbf{R})$，n 次複素正則行列全体 $GL_n(\mathbf{C})$ は，それぞれ，$M_n(\mathbf{R})$, $M_n(\mathbf{C})$ の開部分集合であるから，開部分多様体である．このとき，$GL_n(\mathbf{R}) \subset GL_n(\mathbf{C})$ は部分多様体である．

例 1.23 行列式が 1 の実行列全体および複素行列全体 $SL_n(\mathbf{R}) \subset GL_n(\mathbf{R})$, $SL_n(\mathbf{C}) \subset GL_n(\mathbf{C})$ は，それぞれ，$n^2 - 1$ 次元，$2n^2 - 2$ 次元の部分多様体である．

[証明] 行列式 $\det: GL_n(\mathbf{R}) \to \mathbf{R}$ および $\det: GL_n(\mathbf{C}) \to \mathbf{C}$ を考えよう．行列式は多様体 $GL_n(\mathbf{R})$, $GL_n(\mathbf{C})$ 上の関数と考えられ，$\det^{-1}(1)$ がそれぞれ $SL_n(\mathbf{R})$, $SL_n(\mathbf{C})$ である．行列式を第 i 行に関して展開してみよう．G を実または複素の n 次正方行列とし，その (i, j) 成分を g_{ij}, (i, j) 余因子を X_{ij} とおくと

$$\det(G) = g_{i1}X_{i1} + g_{i2}X_{i2} + \cdots + g_{in}X_{in}$$

が成り立つ．この式を利用すると，いずれの場合も，1は正則値であることがわかる．

(証明終)

例 1.24 直交行列の全体 $O(n) \subset GL_n(\mathbf{R})$ は $\dfrac{n(n-1)}{2}$ 次元の部分多様体である．

[証明] 行列 G の転置行列を ${}^tG$ で表す．直交行列は $G^tG = I$ で定義される．$G^tG - I$ は対称行列であるから，$G^tG - I$ の (i,j) 成分を $f_{ij}(G)$ とすると

$$G \in O(n) \iff f_{ij}(G) = 0 \ (i \leqq j)$$

そこで，$F : GL_n(\mathbf{R}) \to \mathbf{R}^{n(n+1)/2}$ を $G^tG - I$ の上三角成分を対応させる写像とする．

$$F(G) = (f_{11}(G), \ldots, f_{nn}(G), f_{12}(G), \ldots, f_{1n}(G), f_{23}(G), \ldots, f_{n-1\,n}(G))$$

$F^{-1}(\mathbf{0}) = O(n)$ であるから，$\mathbf{0} \in \mathbf{R}^{n(n+1)/2}$ が正則値であることを示せばよい．

任意の $A \in O(n) = F^{-1}(\mathbf{0})$ は正則点であることを示せば十分である．$t=0$ で A を通る $GL_n(\mathbf{R})$ の曲線 $\gamma_{ij}(t)$ たちで，ベクトル

$$dF_I[\gamma_{ij}] = \frac{d}{dt}(F \circ \gamma_{ij}(t))(0)$$

たちが $\mathbf{R}^{n(n+1)/2}$ を生成しているものがあればよい．そのためには，E_{ij} を (i,j) 成分のみが 1 で，それ以外が 0 であるような n 次正方行列とするとき

$$\begin{cases} \gamma_{ii}(t) = \left\{ I + \left(e^{t/2} - 1\right) E_{ii} \right\} A & i = 1, 2, \ldots, n \\ \gamma_{ij}(t) = (I + tE_{ij}) A & 1 \leqq i < j \leqq n \end{cases}$$

とおけばよい．

(証明終)

例 1.25 ユニタリ行列の全体 $U(n) \subset GL_n(\mathbf{C})$ は n^2 次元の部分多様体である．

[証明] 行列 G の随伴行列を $G^* = {}^t\bar{G}$ で表す．ユニタリ行列は $GG^* = I$ で定義される．$GG^* - I$ はエルミート (Hermite) 行列であるから，$GG^* - I$ の (i,j) 成分を $h_{ij}(G)$ とすると，対角成分 $h_{ii}(G)$ は実数で，それ以外のときは，$h_{ij}(G)$ は複素数である．

$$G \in U(n) \iff \begin{cases} h_{ii}(G) = 0 \in \mathbf{R} \\ h_{ij}(G) = 0 \in \mathbf{C} \quad (i < j) \end{cases}$$

そこで，$H : GL_n(\mathbf{C}) \to \mathbf{R}^n \times \mathbf{C}^{n(n-1)/2} = \mathbf{R}^{n^2}$ を $GG^* - I$ の上三角成分を対応させる写像とする．

$$H(G) = (h_{11}(G), \ldots, h_{nn}(G), h_{12}(G), \ldots, h_{1n}(G), h_{23}(G), \ldots, h_{n-1\,n}(G))$$
$$\in \mathbf{R}^n \times \mathbf{C}^{n(n-1)/2} = \mathbf{R}^{n^2}$$

$\mathbf{0} \in \mathbf{R}^{n^2}$ に対して $H^{-1}(\mathbf{0}) = U(n)$ であるから，$\mathbf{0}$ が正則値であることを示せばよい．後の計算は本質的に例 1.24 の証明と同様であるから省略する． (証明終)

例 1.26 $SO(n) = \{G \in O(n) \mid \det(G) = 1\} \subset O(n)$ は開部分多様体である．

[証明] $G \in O(n)$ とすると，$\det(G) = \pm 1$ であるから，$SO(n) = \{G \in O(n) \mid \det(G) > 0\}$ である． (証明終)

例 1.27 $SU(n) = \{G \in U(n) \mid \det(G) = 1\} \subset U(n)$ は $n^2 - 1$ 次元部分多様体である．

[証明] $G \in U(n)$ とすると，$GG^* = I$．よって，$|\det(G)| = 1$．絶対値が 1 の複素数全体を単位円 S^1 と同一視する．$\det : U(n) \to S^1$ がサブマージョンであることを示す．$A \in U(n)$ に対して，例 1.24 の記号を用いて

$$\gamma(t) = \left\{ I + \left(e^{\sqrt{-1}t} - 1\right) E_{11} \right\} A$$

とおくと，$\gamma(t)$ は $t = 0$ で A を通る $U(n)$ の曲線で，$d\det_A[\gamma_A] \neq 0$ が成り立つ．
(証明終)

1.7 張り合わせによる多様体の構成

多様体を張り合わせて新しい多様体を作ることを考えよう．張り合わせる前の多様体を X とする．$X = X_1 \cup X_2$, $X_1 \cap X_2 = \emptyset$ と分かれているときも多い．U, V を X の開集合で，$\overline{U} \cap \overline{V} = \emptyset$ となるものとする．$F : U \to V$ を C^r 微分同相写像とする．

各点 $x \in U$ に対して，x と $F(x) \in V$ を同一視して得られた商空間を X/F で表す．$x \in X$ に対して，対応する X/F の点を $[x]$ で表し，x に $[x]$ を対応させる写像を $\pi : X \to X/F$ で表す．π は連続，かつ開写像である．

$X = \bigcup_\alpha U_\alpha$ を座標近傍 $(U_\alpha, \varphi_\alpha)$ たちによる開被覆とする．ここで，U_α を十分細かくとり，張り合わせるべき開集合 U, V の両方と，同時には交わらないものとしてよい．すると，$\pi|U_\alpha : U_\alpha \to \pi(U_\alpha)$ は単射になり，同相写像である．したがって

$$\varphi_\alpha \circ (\pi|U_\alpha)^{-1} : \pi(U_\alpha) \to U_\alpha \to \varphi_\alpha(U_\alpha) \subset \mathbf{R}^n$$

は局所座標となる．X/F は開集合 $\pi(U_\alpha)$ たちで覆われるので，X/F は局所ユークリッド空間であることがわかった．

さらに，$F : U \to V$ が C^r 微分同相写像であることを用いると，X/F の座標変換はいずれも C^r であることもわかる．

しかし，X/F はハウスドルフ (Hausdorff) 空間でないことがある．たとえば $X = \mathbf{R}$, $U = (1, \infty)$, $V = (-\infty, -1)$, $F(t) = -t$ $(t > 1)$ とおくと，$[1] \neq [-1]$ であるが，1 の近傍

$(1-\varepsilon, 1+\varepsilon)$ と -1 の近傍 $(-1-\varepsilon, -1+\varepsilon)$ は X/F 上でかならず交わる.

X/F がハウスドルフ空間であるためには,たとえば,X において $\overline{U} - U$ に収束する U の任意の点列 $\{x_n \mid n = 1, 2, \ldots\}$ に対し,V の点列 $\{F(x_n) \mid n = 1, 2, \ldots\}$ は X のいかなる点にも収束しなければよい.

次の条件は,X/F がハウスドルフ空間であるための必要十分条件の 1 つである.

定理 1.11 X の部分集合 $\overline{U} \cup \overline{V}$ 上の連続関数 $h : \overline{U} \cup \overline{V} \to [0, 1]$ で
1) $x \in \overline{U} - U \Rightarrow h(x) = 0$
2) $x \in \overline{V} - V \Rightarrow h(x) = 1$
3) $x \in U \cup V \Rightarrow 0 < h(x) < 1$
4) $x \in U \Rightarrow h(x) = h(F(x))$

を満たすものが存在すれば,X/F はハウスドルフ空間である.

例 1.28 (メビウス (Möbius) の帯の張り合わせによる構成) X を平面 $\mathbf{R}^2$ の部分集合で
- $X = (-\pi - \varepsilon, \pi + \varepsilon) \times (-1, 1)$
- $U = (-\pi - \varepsilon, -\pi + \varepsilon) \times (-1, 1)$
- $V = (\pi - \varepsilon, \pi + \varepsilon) \times (-1, 1)$
- $F(x, y) = (x + 2\pi, -y)$

とおくと,X/F はメビウスの帯と同相の C^∞ 多様体になる.

例 1.29 (クライン (Klein) の壺の張り合わせによる構成)
- $X = (-\pi - \varepsilon, \pi + \varepsilon) \times S^1$
- $U = (-\pi - \varepsilon, -\pi + \varepsilon) \times S^1$
- $V = (\pi - \varepsilon, \pi + \varepsilon) \times S^1$
- $F(x, \exp(\theta)) = (x + 2\pi, \exp(-\theta))$

とおくと,X/F はクラインの壺と同相の C^∞ 多様体になる.

例 1.30 (実射影平面の張り合わせによる構成)
- $X = $ "幅 $2 + 2\varepsilon$ のメビウスの帯" $\cup$ "半径 $1 + \varepsilon$ の開円板"
- $U = $ "メビウスの帯の幅 2ε のへり"
- $V = $ "円板の幅 2ε のへり"

に対し,F を適当に定めることができ,射影平面と同相な C^∞ 多様体 X/F が得られる.ハウスドルフであることを示す関数 h も定めることができる.

1.8　1 の 分 割

多様体は，局所的にはユークリッド空間でよくわかっているものであるが，全体としての形はまったくわからない場合が多い．それでも，局所的に構成されたものから，全体に定義されたものを構成したいことがある．そのようなとき，1 の分割という技法がよく用いられる．

定義 1.14　X を C^r 多様体 ($r \geqq 0$) とし，$\mathcal{W} = \{W_\alpha\}_{\alpha \in A}$ を X の開被覆とする．$\mathcal{W}$ に従属した **1 の分割** (partition of unity subordinate to $\mathcal{W}$) とは，区間 $[0,1]$ に値をとる X 上の C^r 関数の族 $\{f_\alpha\}_{\alpha \in A}$ で

1) $\mathrm{supp}\, f_\alpha \subset W_\alpha$
2) $\{\mathrm{supp}\, f_\alpha\}_{\alpha \in A}$ は局所有限である．すなわち，各点 $x \in X$ に対し，x の十分小さな近傍 U_x を選ぶと，$\mathrm{supp}\, f_\alpha$ が U_x と交わるような α は有限個しかない．
3) $\displaystyle\sum_{\alpha \in A} f_\alpha(x) \equiv 1$

を満たすものをいう．

定理 1.12　X を C^r 多様体 ($0 \leq r \leq \infty$) とする．X の任意の開被覆 $\mathcal{W} = \{W_\alpha\}_{\alpha \in A}$ に対し，$\mathcal{W}$ に従属した 1 の分割が存在する．

詳しい証明は省くが，次の補題を用いる．

補題 1.1　X を C^r 多様体 ($r \geqq 0$) とし，$\mathcal{W} = \{W_\alpha\}_{\alpha \in A}$ を X の開被覆とする．すると，X の座標近傍の列 $\{(U_i, \varphi_i) \mid i = 1, 2, 3, \ldots\}$ で次の性質を満たすものがある．$\mathcal{U} = \{U_i\}$ とおくとき，

1) $\mathcal{U}$ は $\mathcal{W}$ の細分である．すなわち，各 i に対して，$U_i \subset W_{\alpha_i}$ となる $\alpha_i \in A$ がある．
2) $\mathcal{U}$ は局所有限である．すなわち，X の各点 x に対して，十分小さい近傍 V_x をとると，V_x と交わる U_i は有限個しかない．
3) $\varphi_i(U_i) = \overset{\circ}{D_2^n} = \{\boldsymbol{x} \in \mathbf{R}^n \mid \|\boldsymbol{x}\| < 2\}$
4) $U_i^{(0)} = \varphi_i^{-1}(\overset{\circ}{D_1^n}) = \{x \in X \mid \|\varphi_i(x)\| < 1\}$ とおくと，$\mathcal{U}^{(0)} = \{U_i^{(0)}\}$ も X の開被覆である．

1 の分割を応用すると，次の定理を示すことができる．

定理 1.13　(関数のつなぎ合わせ)　X を C^r 多様体 ($0 \leq r \leq \infty$)，A, B をその閉部分集合で，互いに交わらないものとする．A を含む開集合上の C^r 関数 f と，B を含む開集合上の C^r 関数 g が与えられたとき，X 上の C^r 関数 $\tilde{f}$ で

$$\tilde{f}\,|\,A = f\,|\,A \quad \text{かつ} \quad \tilde{f}\,|\,B = g\,|\,B$$

を満たすものが存在する．

定理 1.14 (部分多様体上の関数) X を C^r 多様体，Y をその部分多様体とする．Y 上の C^r 関数 f に対して，Y を含む X の開集合 U で，f を U 上の C^r 関数 $\tilde{f}$ に拡張することができるようなものが存在する．さらに，Y が閉部分多様体のときは $U=X$ として，f を X 全体の C^r 関数 $\tilde{f}$ に拡張することができる．

曲面の第 1 基本形式は接ベクトルの長さを与えるものであった．多様体の接ベクトルの長さを与えるものはリーマン計量といわれ，次のように定義される．

定義 1.15 (リーマン計量) C^r 多様体 X の各点 $x \in X$ に対し，T_xX 上に内積 $g_x(\xi_x, \eta_x)$ が定まったものを**リーマン計量** (Riemannian mertric) という．

X の座標近傍 (U, ϕ) 上の局所座標 $(x_1, x_2, \ldots, x_n)$ に対して，U 上の関数

$$g_{ij}(x) = g_x\left(\left(\frac{\partial}{\partial x_i}\right)_x, \left(\frac{\partial}{\partial x_j}\right)_x\right)$$

が定まる．この関数が C^{r-1} のとき，C^{r-1} リーマン計量という．C^r 多様体上のリーマン計量の微分可能性は C^{r-1} までしか定義されない．

定理 1.15 (リーマン計量の存在) C^r 多様体 X には，C^{r-1} リーマン計量 g が存在する．

[証明] X 上の C^r 構造 $\{(U_\alpha, \varphi_\alpha)\}$ に従属した 1 の分割 $\{f_\alpha\}$ が存在する．各 U_α 上のリーマン計量 g^{U_α} を

$$\left(g^{U_\alpha}\right)_x\left(\left(\frac{\partial}{\partial x_i}\right)_x, \left(\frac{\partial}{\partial x_j}\right)_x\right) = \delta_{ij}$$

で定める．X 上のリーマン計量 $g = \{g_x\}$ を

$$g_x(\xi_x, \eta_x) = \sum_\alpha f_\alpha(x) \left(g^{U_\alpha}\right)_x(\xi_x, \eta_x)$$

と定めればよい． (証明終)

1.9 サードの定理

1.6 節で見たように，正則値定理は非常に強力である．正則値の存在を保証する定理が次のサードの定理である．

定理 1.16 (サード (A. Sard) の定理) $r \geqq 1$ とし，X, Y を C^r 多様体，$F: X^n \to Y^m$ を C^r 写像とする．$r \geqq n - m + 1$ ならば，F の臨界値全体の作る集合は Y の零集合であ

る．とくに，F の正則値は Y で稠密である．

ここで零集合とは次のようなものである．

定義 1.16 C^r 多様体 ($r \geqq 1$) Y^m の部分集合 A が**零集合** (null set) であるとは，Y の任意の座標近傍 (V, ψ) に対して，$\psi(V \cap A)$ が $\mathbf{R}^m$ の零集合であるとき．すなわち，任意の正数 ε に対して，m 次元立方体（座標軸に平行な辺をもつもの）の列 $Q_1, Q_2, \ldots$ で

$$\psi(V \cap A) \subset \bigcup_{i=1}^{\infty} Q_i, \quad \sum_{i=1}^{\infty} \mathrm{vol}_m(Q_i) < \varepsilon$$

となるものが存在するとき．ただし，$\mathrm{vol}_m(Q_i)$ は m 次元体積で，Q_i の 1 辺の長さの m 乗である．

証明はユークリッド空間の場合に帰着されるが，次元の差 $n - m$ と微分可能性 r がともに関係する微妙な議論が展開される．

サードの定理は次元の差 $n - m$ が負の場合にも自明でなく，成立する．その場合，臨界点全体は像 $F(X)$ と一致し，それが零集合であること示している．

1.10 ホイットニーの埋め込み定理

任意の C^r 多様体がユークリッド空間の閉部分集合と同相になることを保証する次の定理がある．

定理 1.17 (ホイットニー (Whitney) の埋め込み定理) 任意の n 次元 C^r 多様体 X に対し，$2n+1$ 次元ユークリッド空間 $\mathbf{R}^{2n+1}$ への C^r 埋め込み $F : X \to \mathbf{R}^{2n+1}$ で，像 $F(X) \subset \mathbf{R}^{2n+1}$ が閉集合であるものが存在する．

この定理の本質的なステップは次の定理である．

定理 1.18 (はめ込み定理) 任意の n 次元 C^r 多様体 X と，X から $2n$ 次元ユークリッド空間への C^r 写像 $G : X \to \mathbf{R}^{2n}$ と，正数 $\varepsilon > 0$ に対し，G の ε 近似であるはめ込み $F : X \to \mathbf{R}^{2n}$ が存在する．

この定理は，さらに，ユークリッド空間の場合に帰着される．

補題 1.2 U を $\mathbf{R}^n$ の開集合とし，$G : U \to \mathbf{R}^{2n}$ を C^r 写像とする．正数 $\varepsilon > 0$ に対し，成分の絶対値が ε より小さい $(2n, n)$ 型行列 A で，$F(\boldsymbol{x}) = G(\boldsymbol{x}) + A\boldsymbol{x}$ で定める写像 $F : U \to \mathbf{R}^{2n}$ がはめ込みであるものが存在する．

[略証] 各 $\boldsymbol{x} \in U$ に対して，$JF_{\boldsymbol{x}} = JG_{\boldsymbol{x}} + A$ であるから，すべての $\boldsymbol{x} \in U$ に対して

$JG_x + A$ の階数が n であるような A が見つかればよい．その否定は，ある $x \in U$ に対して，行列 $M = JG_x + A$ の階数 k が n より小となることである．

そこで，$(2n, n)$ 型行列全体と U の直積からの写像 $\Phi : M(2n, n) \times U \to M(2n, n)$ を $\Phi(M, x) = M - JG_x$ とおき，階数が k の $(2n, n)$ 型行列全体を $M(2n, n; k)$ とおくとき，$0 \leqq k < n$ なる k に対して，A が像 $\Phi(M(2n, n; k) \times U)$ に含まれなければよいことになる．

今，$M(2n, n; k)$ は $k(3n - k)$ 次元の多様体であることが知られている．したがって，$0 \leqq k < n$ なる k に対して，写像 $\Phi : M(2n, n; k) \times U \to M(2n, n)$ において，定義域の次元は値域の次元より小さく，サードの定理より，上の像は零集合である．

1.11 ベクトル場と流れ

C^r 多様体 X の各点 x に対し，その点での接ベクトル $\xi_x \in T_x X$ が定まっている状態を考えてみよう．このような接ベクトルの集まり $\xi = \{\xi_x \mid x \in X\}$ を一般に**ベクトル場** (vector field) という．

座標近傍 (U, φ) 上で考えよう．$x \in U$ に対し，$T_x X$ の基底 $\left(\dfrac{\partial}{\partial x_1}\right)_x, \left(\dfrac{\partial}{\partial x_2}\right)_x, \ldots, \left(\dfrac{\partial}{\partial x_n}\right)_x$ により

$$\xi_x = a_1(x) \left(\frac{\partial}{\partial x_1}\right)_x + a_2(x) \left(\frac{\partial}{\partial x_2}\right)_x + \cdots + a_n(x) \left(\frac{\partial}{\partial x_n}\right)_x \tag{1.12}$$

と表すことができる．ここで，$a_i(x)$ は U 上の実数値関数である．逆に，U 上の n 個の関数 $a_1(x), a_1(x), \ldots, a_n(x)$ を定めると，U 上のベクトル場が定まる．

各 (U, φ) に対して，$a_1(x), a_2(x), \ldots, a_n(x)$ が C^s 関数であるとき，ベクトル場 ξ を C^s ベクトル場という．

もう 1 つの座標近傍 (V, ψ) をとるとき，その座標関数を $y_1, y_2, \ldots, y_n$ とすると，$U \cap V$ 上で

$$\begin{aligned}\xi_x &= a_1(x) \left(\frac{\partial}{\partial x_1}\right)_x + a_2(x) \left(\frac{\partial}{\partial x_2}\right)_x + \cdots + a_n(x) \left(\frac{\partial}{\partial x_n}\right)_x \\ &= b_1(x) \left(\frac{\partial}{\partial y_1}\right)_x + b_2(x) \left(\frac{\partial}{\partial y_2}\right)_x + \cdots + b_n(x) \left(\frac{\partial}{\partial y_n}\right)_x\end{aligned}$$

と表せる．ここで，接空間の基底の変換法則 (1.1) を代入すると，係数を比較して，

$$a_j(x) = \sum_{i=1}^n b_i(x) \frac{\partial x_j}{\partial y_i}(x) \tag{1.13}$$

であることがわかる．ところが，$\dfrac{\partial x_j}{\partial y_i}(x)$ は座標変換関数の偏導関数であるから，C^{r-1} 関

数でしかない．したがって，C^r 多様体上のベクトル場の微分可能性は C^{r-1} までしか定義できない．

ベクトル場 ξ に対して，多様体上の曲線で，その通過する各点において，与えられた接ベクトルを表しているものを考えるのは自然である．

定義 1.17 X を C^r 多様体，$\xi = \{\xi_x \mid x \in X\}$ をその上の C^{r-1} ベクトル場とする．X 上の C^r 曲線 $\gamma : (a,b) \to X$ が ξ の**積分曲線** (integral curve) であるとは，各 $t \in (a,b)$ に対して，
$$\dot{\gamma}(t) = \xi_{\gamma(t)} \in T_x X$$
が成り立つとき．ここで，曲線 γ が点 $x = \gamma(t)$ で表す接ベクトルを $\dot{\gamma}(t)$ と記す．

積分曲線は**解曲線** (solution curve) または**軌道** (orbit または trajectory) といわれることがある．

ξ の積分曲線を $\gamma : (a,b) \to X$ とする．座標近傍 (U, φ) 上において，$\varphi \circ \gamma(t) = (x_1(t), x_2(t), \ldots, x_n(t))$ とおくと
$$\dot{\gamma}(t) = \dot{x}_1(t)\left(\frac{\partial}{\partial x_1}\right)_{\gamma(t)} + \dot{x}_2(t)\left(\frac{\partial}{\partial x_2}\right)_{\gamma(t)} + \cdots + \dot{x}_n(t)\left(\frac{\partial}{\partial x_n}\right)_{\gamma(t)}$$
が成り立つ．すると (1.12) より
$$\dot{x}_i(t) = a_i(\gamma(t)) \quad (i = 1, 2, \ldots, n)$$
が成り立つ．ここで，a_i を，局所座標により，$\mathbf{R}^n$ の開集合 $W = \varphi(U)$ 上の関数と思うと，
$$\dot{x}_i(t) = a_i \circ \varphi^{-1}(x_1(t), x_2(t), \ldots, x_n(t)) \quad (i = 1, 2, \ldots, n) \qquad (1.14)$$
と表すことができる．これは未知関数 $x_1(t), x_2(t), \ldots, x_n(t)$ に関する，1 階常微分方程式系である．

常微分方程式の一般論より，$r \geq 2$ のとき，与えられた C^{r-1} ベクトル場 ξ に対し，$t = 0$ で x を通る積分曲線 $\varphi(x,t)$ が一意的に存在することがわかる．各 x に対し，$\varphi(x,t)$ の最大定義区間 (a_x, b_x) が定まり，$-\infty \leq a_x < 0 < b_x \leq \infty$ である．さらに次が成り立つ．

定理 1.19
1) $\varphi(x,0) = x$，$\varphi(x, s+t) = \varphi(\varphi(x,t), s)$ が成り立つ．
2) φ の定義域
$$\mathcal{D}(\varphi) = \{(x,t) \mid x \in X, a_x < t < b_x\}$$
は $X \times \{0\}$ を含む $X \times \mathbf{R}$ の開集合で，
$$\varphi : \mathcal{D}(\varphi) \to X$$
は C^{r-1} 写像である．

3) さらに，$\mathcal{D}(\varphi_t) = \{x \in X \mid (x,t) \in \mathcal{D}(\varphi)\}$ とおき，$\varphi_t : \mathcal{D}(\varphi_t) \to X$ を

$$\varphi_t(x) = \varphi(x,t)$$

とおくと，φ_t は $\mathcal{D}(\varphi_t)$ から $\mathcal{D}(\varphi_{-t})$ への C^{r-1} 微分同相写像で，逆写像は φ_{-t} である．

定義 1.18 上の定理の 1)，2) を満たす $\varphi : \mathcal{D} \to X$ を X 上の**局所 1 径数変換群** (local 1–parametre transformation group) という（自動的に 3) も満たされる）．ただし，微分可能性は C^r まで定めることができる．

とくに，$\mathcal{D}(\varphi) = X \times \mathbf{R}$ となるとき，φ を **1 径数変換群** (1–parametre transformation group) といい，対応するベクトル場 ξ は**完備** (complete) であるという．そのとき，微分同相写像 φ_t は X から X の上への写像となる．

あきらかに，ベクトル場と局所 1 径数変換群は $1:1$ に対応する．しかし，C^r 局所 1 径数変換群は C^{r-1} ベクトル場を定め，C^{r-1} ベクトル場は C^{r-1} 局所 1 径数変換群を定める．このことは，同じ C^{r-1} ベクトル場の中に，C^r 局所 1 径数変換群に対応するよいものと，C^{r-1} 局所 1 径数変換群にしか対応しない悪いものとの 2 種類があることを示している．

例 1.31 (S^2 上の 1 径数変換群)
1) $t \in \mathbf{R}$ に対し $\varphi_t : S^2 \to S^2$ を z 軸を軸とする角 t の回転とする．

$$\varphi_t(x,y,z) = (x\cos t - y\sin t, x\sin t + y\cos t, z)$$

あきらかに $\varphi_t \circ \varphi_s = \varphi_{s+t}$ で，S^2 上の 1 径数変換群である．
2) 立体射影 $\varphi_+ : S^2 - \{(0,0,1)\} \to \mathbf{R}^2$ により，$\mathbf{R}^2$ 上の 1 径数変換群を S^2 上の 1 径数変換群に移すことを考えよう．$\mathbf{R}^2$ 上の 1 径数変換群としては

$$M_t(u,v) = (e^t u, e^t v) \quad \text{または} \quad L_t(u.v) = (u+t,v)$$

を考える．$S^2 - \{(0,0,1)\}$ 上では

$$\psi_t = \varphi_+^{-1} \circ M_t \circ \varphi_+, \quad \chi_t = \varphi_+^{-1} \circ L_t \circ \varphi_+$$

とおき，$\psi_t(0,0,1) = (0,0,1)$，$\chi_t(0,0,1) = (0,0,1)$ と定める．北極のまわりでのなめらかさは簡単に確かめることができる．

例 1.32 (T^2 上の 1 径数変換群) $\mathbf{R}^2$ 上の傾き α の 1 径数変換群 $L^\alpha{}_t(u,v) = (u+t, v+\alpha t)$ は平行移動で不変であるから，トーラスのパラメータ表示 $F : \mathbf{R}^2 \to T^2$ により，T^2 上の 1 径数変換群 $\varphi^\alpha{}_t$ を定める．

$$\varphi^{\alpha}{}_{t}(F(u,v)) = F(u+t, v+\alpha t)$$

ここ流れの積分曲線は, α が自明でない有理数のとき, 結び目になり, α が無理数のときには, $1:1$ はめ込みで, T^2 上稠密な曲線になる.

1.12 ベクトル場のブラケット積とフロベニウスの定理

ξ を X 上の C^{r-1} ベクトル場, f を X 上の C^r 関数とする. 点 $x \in X$ に対して, 値 $\xi_x(f)$ を対応させる関数を $\xi(f)$ とおく.

$$\xi(f)(x) = \xi_x(f)$$

これは C^{r-1} 関数になる. また, $\xi_x(f)$ が微分法の条件を満たすことより

$$\xi(fg) = \xi(f)g + f\xi(g)$$

が成り立つ.

もう1つの C^{r-1} ベクトル場 η で $\xi(f)$ を微分することができる. $\eta(\xi(f))$ は C^{r-2} 関数である. 点 x を固定するとき, x のまわりの C^r 関数 f に対して値 $\eta(\xi(f))(x) = \eta_x(\xi(f))$ を対応させると, これは微分法でない. しかし, ξ と η を入れ替えたものとの差 $\xi_x(\eta(fg)) - \eta_x(\xi(fg))$ を対応させると微分法の条件を満たすことがわかる.

$$\xi_x(\eta(fg)) - \eta_x(\xi(fg))$$
$$= (\xi_x(\eta(f)) - \eta_x(\xi(f)))g(x) + f(x)(\xi_x(\eta(g)) - \eta_x(\xi(g)))$$

したがって, ある接ベクトル $[\xi,\eta]_x$ を定める. したがって, ベクトル場 $[\xi,\eta]$ が定まる. ξ と η の**ブラケット積** (bracket) という.

$$[\xi,\eta]_x(f) = \xi_x(\eta(f)) - \eta_x(\xi(f)) \tag{1.15}$$

次の2つの定理は容易に計算で確かめることができる.

定理 1.20 X 上の C^{r-1} ベクトル場 ξ, η, ζ に対して次が成り立つ. ただし, α, β は実数, f は X 上の C^{r-1} 関数とする.
1) $[\xi,\eta] = -[\eta,\xi]$
2) $[\xi, \alpha\eta + \beta\zeta] = \alpha[\xi,\eta] + \beta[\xi,\zeta]$
3) $[\xi, f\eta] = f[\xi,\eta] + \xi(f)\eta$
4) (**ヤコビ** (Jacobi) **律**) $[\xi,[\eta,\zeta]] + [\eta,[\zeta,\xi]] + [\zeta,[\xi,\eta]] = 0$

定理 1.21 X の局所座標 $\varphi(x) = (x_1(x), x_2(x), \ldots, x_n(x))$ に対して, 次が成り立つ.

1) $\left[\dfrac{\partial}{\partial x_i}, \dfrac{\partial}{\partial x_j}\right] = 0$ である.

2) $\xi = \displaystyle\sum_{i=1}^{n} a_i \dfrac{\partial}{\partial x_i},\ \eta = \sum_{i=1}^{n} b_i \dfrac{\partial}{\partial x_i}$ とすると

$$[\xi,\eta] = \sum_{j=1}^{n}\left(\sum_{i=1}^{n} a_i \dfrac{\partial b_j}{\partial x_i} - \sum_{i=1}^{n} b_i \dfrac{\partial a_j}{\partial x_i}\right)\dfrac{\partial}{\partial x_j}$$

となる. とくに, ξ, η が C^{r-1} ベクトル場のとき, $[\xi,\eta]$ は C^{r-2} ベクトル場である.

座標から定まるベクトル場 $\dfrac{\partial}{\partial x_i}$ たちには, 互いのブラケット積が 0 になるという特徴がある. 少し精密な議論をすると, この性質の逆が成り立つことがわかる.

定理 1.22 $\xi_1, \xi_2, \ldots, \xi_p$ を多様体 X 上の C^{r-1} ベクトル場で,

$$[\xi_i, \xi_j] \equiv 0 \quad (1 \leqq i < j \leqq p)$$

を満たしているとする. さらに, ある点 x で $(\xi_1)_x, (\xi_2)_x, \ldots, (\xi_p)_x$ は 1 次独立であるとする. そのとき, その点のまわりの C^{r-1} 座標近傍 (U, φ) で

$$\dfrac{\partial}{\partial x_1} = \xi_1|U, \dfrac{\partial}{\partial x_2} = \xi_2|U, \ldots, \dfrac{\partial}{\partial x_p} = \xi_p|U$$

となるものを選ぶことができる.

多様体 X の各点 x に対し, 接空間 $T_x X$ の p 次元部分空間 $E_x \subset T_x X$ が与えられた状態 $\mathcal{E} = \{E_x \mid x \in X\}$ を p 次元**平面場** (plane field) という.

平面場 $\mathcal{E} = \{E_x \mid x \in X\}$ が C^{r-1} であるとは, 次の条件を満たすときである. X の各点 x の近傍 U 上の p 個の C^{r-1} ベクトル場 $\xi_1, \xi_2, \ldots, \xi_p$ が存在して, U の各点 y で, 接ベクトル $\xi_{1y}, \xi_{2y}, \ldots, \xi_{py}$ が部分空間 $E_y \subset T_y X$ の基底になっていることである.

ベクトル場に対して, 積分曲線を考えたように, 平面場 $\mathcal{E} = \{E_x \mid x \in X\}$ に対し, 積分多様体を考えることができる. すなわち, Y を p 次元部分多様体で, その各点 $y \in Y$ に対し

$$T_y Y = E_y \subset T_y X$$

が成り立っているものを, 平面場 $\mathcal{E}$ の**積分多様体** (integral manifold) という.

$p = 1$ のとき, 1 次元平面場は本質的にベクトル場と同じで, つねに積分多様体は存在する. しかし, $p \geqq 2$ のとき, 積分多様体は存在するとは限らない.

例 1.33 $\mathbf{R}^3$ 上の平面場 $\mathcal{E}$ を

$$\xi_1 = \dfrac{\partial}{\partial x} + y\dfrac{\partial}{\partial z}, \quad \xi_2 = \dfrac{\partial}{\partial y} - x\dfrac{\partial}{\partial z}$$

を基底とするものとする. これは,

$$\xi = -y\frac{\partial}{\partial x} + x\frac{\partial}{\partial y} + \frac{\partial}{\partial z}$$

と直交し, z 軸に関する回転で不変である. この平面場の積分多様体は存在しない.

一般に, 平面場 $\mathcal{E}$ が**完全積分可能** (completely integrable) であるとは, X の各点 x に対し, x を含む積分多様体が存在するときとする.

一般に, ベクトル場 ξ が部分多様体 $Y \subset X$ に接するとは

$$y \in Y \;\Rightarrow\; \xi_y \in T_y Y \subset T_y X$$

を満たすときとする. 簡単な計算により, 2つのベクトル場 ξ, η が部分多様体 Y に接すれば, そのブラケット積 $[\xi, \eta]$ も Y に接することがわかる.

完全積分可能な平面場の場合, $\mathcal{E}$ に含まれるベクトル場は積分多様体に接するベクトル場であるから, $\mathcal{E}$ に含まれるベクトル場のブラケット積は $\mathcal{E}$ に含まれることになる. この性質を平面場 $\mathcal{E}$ は**対合的** (involutive) であるという. 完全積分可能ならば対合的である. 逆が成り立つ.

定理 1.23 (フロベニウス (Frobenius) の定理) 対合的な平面場は完全積分可能である.

例 1.34 第 VIII 編 2.6 節で考えた1階線型偏微分方程式の積分可能性との関連を調べてみよう. 方程式 (2.30) は

$$(*)\begin{cases} \dfrac{\partial \tilde{\boldsymbol{x}}}{\partial u_1} = \tilde{A}_1 \tilde{\boldsymbol{x}} \\[1ex] \dfrac{\partial \tilde{\boldsymbol{x}}}{\partial u_2} = \tilde{A}_2 \tilde{\boldsymbol{x}} \end{cases}$$

である. ここで, 独立変数 (u_1, u_2) はある領域 D を動き, $\tilde{\boldsymbol{x}} = (x_1, x_2, \ldots, x_n)$ は (u_1, u_2) の n 次元ベクトル関数, $\tilde{A}_i$ は同じく $n \times n$ 行列関数である. その (i, j) 成分を $a_{kij}(u_1, u_2)$ とするとき, ベクトル場 ξ_1, ξ_2 を

$$\xi_k = \frac{\partial}{\partial u_1} + \sum_{i=1}^{n}\left(\sum_{j=1}^{n} a_{kij}(u_1, u_2) x_j\right)\frac{\partial}{\partial x_i} \quad (k = 1, 2)$$

で与えられるものとする. そのとき, $\tilde{\boldsymbol{x}} = \tilde{\boldsymbol{x}}(u_1, u_2)$ が方程式 $(*)$ を満たすことと, そのグラフ Γ にベクトル場 ξ_1, ξ_2 が接することは同値である.

したがって, 方程式 $(*)$ が任意の初期値に対して解をもつことは ξ_1, ξ_2 を基底とする平面場 $\mathcal{E}$ が完全積分可能であるということに帰着する.

ブラケット積 $[\xi_1, \xi_2]$ を計算しよう.

$$[\xi_1,\xi_2] = \left[\frac{\partial}{\partial u_1} + \sum_{i,j=1}^n a_{1ij}x_j\frac{\partial}{\partial x_i}, \frac{\partial}{\partial u_2} + \sum_{k,l=1}^n a_{2kl}x_l\frac{\partial}{\partial x_k}\right]$$
$$= \sum_{k,l=1}^n \left(\frac{\partial a_{2kl}}{\partial u_1} - \frac{\partial a_{1kl}}{\partial u_2} + \sum_{i=1}^n a_{2ki}a_{1il} - \sum_{i=1}^n a_{1ki}a_{2il}\right)x_l\frac{\partial}{\partial x_k}$$

この式には $\frac{\partial}{\partial u_1}, \frac{\partial}{\partial u_2}$ が含まれていないので，$\mathcal{E}$ が完全積分可能であるためには $[\xi_1,\xi_2]\equiv 0$ でなければならない．以上により，積分可能条件 (2.31) を再び得ることができた．

1.13 微 分 1 形 式

定義 1.19 多様体 X の各点 x に T_xX 上の 1 次形式 ω_x を対応させるもの ω を**微分 1 形式** (differential 1–form) という．

例 1.35 関数の微分 df は接ベクトル ξ_x に実数 $\xi_x(f)$ を対応させ，微分 1 形式を定める．
$$df_x(\xi_x) = df(\xi_x) = \xi_x(f)$$

(U,φ) を座標近傍とし，$x_1,x_2,\ldots,x_n$ を座標関数とする．$(dx_1)_x,(dx_2)_x,\ldots,(dx_n)_x$ は T_xX の双対空間 T_x^*X の双対基底であるから

$$\begin{aligned}\omega_x &= f_1(x)(dx_1)_x + f_2(x)(dx_2)_x + \cdots + f_n(x)(dx_n)_x \\ f_i(x) &= \omega_x\left(\left(\frac{\partial}{\partial x_i}\right)_x\right) \quad (i=1,2,\ldots,n)\end{aligned} \tag{1.16}$$

と一意的に表される．

各 (U,φ) に対して，$f_1(x),f_2(x),\ldots,f_n(x)$ が C^s 関数であるとき，微分 1 形式 ω を C^s 微分 1 形式という．

もう 1 つの座標近傍 (V,ψ) をとるとき，その座標関数を $y_1,y_2,\ldots,y_n$ とすると，$U\cap V$ 上で
$$(dy_j)_x\left(\left(\frac{\partial}{\partial x_i}\right)_x\right) = \left(\frac{\partial}{\partial x_i}\right)_x(y_j) = \frac{\partial y_j}{\partial x_i}(x)$$
となる．よって
$$(dy_j)_x = \sum_{i=1}^n \frac{\partial y_j}{\partial x_i}(x)(dx_i)_x \tag{1.17}$$

であることがわかる．したがって，dy_j は U 上 C^{r-1} 微分 1 形式でしかない．よって，C^r 多様体上の微分 1 形式の微分可能性はベクトル場と同じく C^{r-1} までしか定義できない．

$F: X^n \to Y^m$ を C^r 多様体間の C^r 写像とし，ω を Y 上の微分 1 形式とすると，X 上の

微分 1 形式 $F^*\omega$ を次のように定めることができる．$x \in X$ に対し，$dF_x : T_xX \to T_{F(x)}Y$ は線形写像であったから

$$(F^*\omega)_x = \omega_{F(x)} \circ dF_x : T_xX \to T_{F(x)}Y \to \mathbf{R}$$

とおく．このとき，$F(x) \in Y$ の座標近傍 (V, ψ) 上で

$$\omega_y = f_1(y)(dy_1)_y + f_2(y)(dy_2)_y + \cdots + f_m(y)(dy_m)_y$$

とおくと，$x \in X$ の座標近傍 (U, φ) に対し

$$(F^*\omega)_x\left(\left(\frac{\partial}{\partial x_i}\right)_x\right) = \omega_{F(x)} \circ dF_x\left(\left(\frac{\partial}{\partial x_i}\right)_x\right) = \sum_{j=1}^m f_j(F(x))\frac{\partial(y_j \circ F)}{\partial x_i}(x)$$

よって

$$(F^*\omega)_x = \sum_{i=1}^n \left\{\sum_{j=1}^m f_j(F(x))\frac{\partial(y_j \circ F)}{\partial x_i}(x)\right\}(dx_i)_x \tag{1.18}$$

したがって，$s \leqq r-1$ について，ω が C^s 微分 1 形式ならば，$F^*\omega$ も C^s 微分 1 形式である．$F^*\omega$ を F による ω の**引き戻し** (pull–back) という．

さらに，$G : Y^m \to Z^l$ を C^r 写像とすると，Z 上の微分 1 形式 η に対して

$$F^*(G^*\eta) = (G \circ F)^*\eta \tag{1.19}$$

が成り立つ．

例 1.36 $\mathbf{R}$ 上の微分 1 形式 ω は $f(t)dt$ と表される．C^r 関数 $F : \mathbf{R} \to \mathbf{R}$ に対して，$t = F(s)$ とおくと $F^*\omega = f(F(s))F'(s)ds$ で

$$\int_{F(a)}^{F(b)} f(t)dt = \int_a^b f(F(s))F'(s)ds$$

が成り立つ．これを

$$\int_{F(a)}^{F(b)} \omega = \int_a^b F^*\omega$$

と表す．

定義 1.20 $\gamma : [a,b] \to X$ を C^r 埋め込みとする．X 上の微分 1 形式 ω に対して，γ 上の**線積分** (line integral) $\int_\gamma \omega$ を

$$\int_\gamma \omega = \int_a^b \gamma^*\omega \tag{1.20}$$

で定める．この値は端点 $\gamma(a), \gamma(b)$ と像 $\gamma([a,b])$ のみにより，パラメータ t の選び方によらない．

1.14 微分 p 形式

定義 1.21 線形空間 V の元 $v_1, v_2, \ldots, v_p$ に実数 $\omega(v_1, v_2, \ldots, v_p)$ を対応させる関数が**交代 p 形式** (alternating p–form) であるとは

1) $\omega(v_1, \ldots, av_i+bw_i, \ldots, v_p) = a\omega(v_1, \ldots, v_i, \ldots, v_p) + b\omega(v_1, \ldots, w_i, \ldots, v_p)$ ($i = 1, 2, \ldots, p$)
2) $\omega(v_1, \ldots, v_i, \ldots, v_j, \ldots, v_p) = -\omega(v_1, \ldots, v_j, \ldots, v_i, \ldots, v_p)$ ($1 \leqq i < j \leqq p$)

を満たすとき．

V を n 次元とし，基底を $e_1, e_2, \ldots, e_n$ とおくと交代 p 形式 ω の値は

$$\omega(e_{i_1}, e_{i_2}, \ldots, e_{i_p}) \quad (1 \leqq i_1 < i_2 < \cdots < i_p \leqq n)$$

だけで一意的に定まる．とくに，交代 p 形式全体は組み合わせ ${}_nC_p$ 次元の線形空間をなす．

例 1.37 行列式は $\mathbf{R}^n$ 上の交代 n 形式を定める．

例 1.38 V 上の 1 次形式 $\alpha_1, \alpha_2, \ldots, \alpha_p$ に対して

$$\alpha_1 \wedge \alpha_2 \wedge \cdots \wedge \alpha_p(v_1, v_2, \ldots, v_p) = \begin{vmatrix} \alpha_1(v_1) & \alpha_1(v_2) & \ldots & \alpha_1(v_p) \\ \alpha_2(v_1) & \alpha_2(v_2) & \ldots & \alpha_2(v_p) \\ \vdots & \vdots & \ddots & \vdots \\ \alpha_p(v_1) & \alpha_p(v_2) & \ldots & \alpha_p(v_p) \end{vmatrix}$$

は V 上の交代 p 形式を定める．

定義 1.22 多様体 X の各点 x に T_xX 上の交代 p 形式 ω_x を対応させるもの ω を**微分 p 形式** (differential p–form) という．

(U, φ) を座標近傍とし，$x_1, x_2, \ldots, x_n$ を座標関数とする．$(dx_1)_x, (dx_2)_x, \ldots, (dx_n)_x$ は双対空間 T_x^*X の双対基底であるから

$$\omega_x = \sum_{1 \leqq i_1 < i_2 < \cdots < i_p \leqq n} f_{i_1 i_2 \ldots i_p}(x)(dx_{i_1})_x \wedge (dx_{i_2})_x \wedge \cdots \wedge (dx_{i_p})_x \tag{1.21}$$

$$f_{i_1 i_2 \ldots i_p}(x) = \omega_x\left(\left(\frac{\partial}{\partial x_{i_1}}\right)_x, \left(\frac{\partial}{\partial x_{i_2}}\right)_x, \ldots, \left(\frac{\partial}{\partial x_{i_p}}\right)_x\right)$$

と一意的に表される．

各 (U, φ) に対して，すべての $f_{i_1 i_2 \ldots i_p}(x)$ が C^s 関数であるとき，微分 p 形式 ω を C^s

微分 p 形式という.

もう1つの座標近傍 (V,ψ) をとるとき，(1.17) にあたる変換公式は複雑である．しかし，係数が C^{r-1} であることは確かめられ，微分 p 形式の微分可能性も C^{r-1} までである．

$F: X^n \to Y^m$ を C^r 多様体間の C^r 写像とし，ω を Y 上の微分 p 形式とすると，前節と同様に，X 上の微分 p 形式 $F^*\omega$ を定めることができる．$x \in X, (\xi_1)_x, (\xi_2)_x, \ldots, (\xi_p)_x \in T_x X$ に対し

$$(F^*\omega)_x((\xi_1)_x, (\xi_2)_x, \ldots, (\xi_p)_x) = \omega_{F(x)}(dF_x((\xi_1)_x), dF_x((\xi_2)_x), \ldots, dF_x((\xi_p)_x))$$

とおく．このとき，$F(x) \in Y$ の座標近傍 (V,ψ) をとるとき，(1.18) に対応する式を導くことができるが，複雑である．しかし，$s \leqq r-1$ について，ω が C^s 微分 p 形式ならば，$F^*\omega$ も C^s 微分 p 形式であることは確かめられる．$F^*\omega$ を F による ω の**引き戻し** (pull–back) という．

さらに，$G: Y^m \to Z^l$ を C^r 写像とすると，Z 上の微分 p 形式 η に対しても

$$F^*(G^*\eta) = (G \circ F)^*\eta \tag{1.22}$$

が成り立つ．

例 1.39 $\mathbf{R}^p$ 上の微分 p 形式 ω は $f(t_1, t_2, \ldots, t_p)\,dt_1 \wedge dt_2 \wedge \cdots \wedge dt_p$ と表される．$\mathbf{R}^p$ 上の1辺 $2a$ の p 次元立方体閉領域 $S(a)$ に対して，その上の積分を

$$\int_{S(a)} \omega = \int_{-a}^{a} \cdots \int_{-a}^{a} f(t_1, t_2, \ldots, t_p)\,dt_1 dt_2 \cdots dt_p \tag{1.23}$$

で定める．C^r 微分同相写像 $F: S(b) \to S(a)$ に対して，$(t_1, t_2, \ldots, t_p) = F(s_1, s_2, \ldots, s_p)$, $F^*\omega = g(s_1, s_2, \ldots, s_p)\,ds_1 \wedge ds_2 \wedge \cdots \wedge ds_p$ とおくと，

$$g(s_1, s_2, \ldots, s_p) = f(t_1, t_2, \ldots, t_p)\det(JF(s_1, s_2, \ldots, s_p))$$

となる．ここで $JF(s_1, s_2, \ldots, s_p)$ は F のヤコビ行列を表す．したがって

$$\int_{S(b)} F^*\omega = \int_{S(a)} \omega$$

が成り立つ．

定義 1.23 $\Sigma: S(a) \to X$ を p 次元立方体閉領域 $S(a)$ の C^r 埋め込みとする．X 上の微分 p 形式 ω に対して，Σ 上の **p 次元面積分** (p–dimensional surface integral) $\int_\Sigma \omega$ を

$$\int_\Sigma \omega = \int_{S(a)} \Sigma^*\omega \tag{1.24}$$

で定める．この値は符号を除いて像 $\Sigma(S(a))$ のみにより定まる．すなわち，$\Sigma': S(b) \to X$

を $\Sigma(S(a)) = \Sigma'(S(b))$ なる C^r 埋め込みとすると

$$\int_\Sigma \omega = \pm \int_{\Sigma'} \omega \tag{1.25}$$

が成り立ち，$\pm$ はヤコビアン $\det(J(\Sigma^{-1} \circ \Sigma'))$ の符号と一致する．

1.15 外積と外微分

微分 1 形式 $\omega_1, \omega_2, \ldots, \omega_p$ に対して，その**外積** (exterior product) $\omega_1 \wedge \omega_2 \wedge \cdots \wedge \omega_p$ を

$$(\omega_1 \wedge \omega_2 \wedge \cdots \wedge \omega_p)_x = (\omega_1)_x \wedge (\omega_2)_x \wedge \cdots \wedge (\omega_p)_x \tag{1.26}$$

と定める．微分 p 形式である．$(\omega_1 \wedge \omega_2 \wedge \cdots \wedge \omega_p)_x \neq 0$ となるのは 1 次形式 $(\omega_1)_x, (\omega_2)_x, \ldots, (\omega_p)_x$ が 1 次独立であることと同値である．

微分 1 形式の外積で表されている微分 p 形式，微分 q 形式に対しても，その外積を

$$(\omega_1 \wedge \omega_2 \wedge \cdots \wedge \omega_p) \wedge (\eta_1 \wedge \eta_2 \wedge \cdots \wedge \eta_q) = \omega_1 \wedge \cdots \wedge \omega_p \wedge \eta_1 \wedge \cdots \wedge \eta_q$$

と定める．微分 p 形式の基底 $dx_{i_1} \wedge dx_{i_2} \wedge \cdots \wedge dx_{i_p}$ は微分 1 形式 $dx_{i_1}, dx_{i_2}, \ldots, dx_{i_p}$ たちの外積である．したがって，微分 p 形式，微分 q 形式の和，関数倍に関して，多重線形になるように外積の定義を拡大することができる．このとき，次が成り立つ．

定理 1.24 $\omega, \omega_1, \omega_2$ を微分 p 形式，η, ζ をそれぞれ微分 q 形式，微分 r 形式とし，f_1, f_2 を C^{r-1} 関数とすると
1) $(\omega \wedge \eta) \wedge \zeta = \omega \wedge (\eta \wedge \zeta)$
2) $\omega \wedge \eta = (-1)^{pq} \eta \wedge \omega$
3) $(f_1 \omega_1 + f_2 \omega_2) \wedge \eta = f_1 \omega_1 \wedge \eta + f_2 \omega_2 \wedge \eta$

が成り立つ．

定理 1.25 $F : X \to Y$ を C^r 写像とし，ω, η をそれぞれ Y 上の微分 p 形式，微分 q 形式とすると

$$F^*(\omega \wedge \eta) = F^*\omega \wedge F^*\eta$$

が成り立つ．

微分は関数 f に微分 1 形式 df を対応させる．次が成り立つ．

$$d(af + bg) = a\,df + b\,dg, \quad d(fg) = g\,df + f\,dg$$

df は関数 f に対して，その等高線（の作る模様）を対応させるものと考えることができる．逆に，微分 1 形式 ω に対し，$\omega = df$ となる関数 f を求めることを考えよう．これは，多

くの場合不可能である．たとえば，$g\,df$ は df と同じ模様を定義するが，$g\,df = dh$ となる h が存在するのは，dg と df が同じ模様を定めるとき，すなわち，dg と df が各点で 1 次従属のときであり，$df \wedge dg = 0$ のときだけである．そこで，微分 1 形式に対して，微分 2 形式を対応させる**外微分** (exterior differential, exterior derivative) を $d(g\,df) = dg \wedge df$ により定める．とくに，$g \equiv 1$ とすれば，$d(df) = 0$ が導かれる．

より一般に，微分 p 形式 ω を局所座標により

$$\omega = \sum_{1 \leqq i_1 < i_2 < \cdots < i_p \leqq n} f_{i_1 i_2 \ldots i_p} dx_{i_1} \wedge dx_{i_2} \wedge \cdots \wedge dx_{i_p} \tag{1.27}$$

とおくとき

定義 1.24 ω の**外微分** $d\omega$ を次式で定まる微分 $p+1$ 形式とする．

$$d\omega = \sum_{1 \leqq i_1 < i_2 < \cdots < i_p \leqq n} df_{i_1 i_2 \ldots i_p} \wedge dx_{i_1} \wedge dx_{i_2} \wedge \cdots \wedge dx_{i_p} \tag{1.28}$$

この表示には局所座標が用いられているが，外微分 $d\omega$ は局所座標によらずに定まることがわかる．外微分は次の性質をもつ．

定理 1.26 $\omega, \omega_1, \omega_2$ を微分 p 形式，η を微分 q 形式とし，f を C^{r-1} 関数とすると
 1) $d(d\omega) = 0$
 2) $d(\omega_1 + \omega_2) = d\omega_1 + d\omega_2$
 3) $d(f\omega) = df \wedge \omega + f\,d\omega$
 4) $d(\omega \wedge \eta) = (d\omega) \wedge \eta + (-1)^p \omega \wedge d\eta$

が成り立つ．

定理 1.27 $F : X \to Y$ を C^r 写像とし，ω を Y 上の微分 p 形式とすると

$$F^*(d\omega) = d(F^*\omega)$$

が成り立つ．

$\Sigma : S(a) \to X$ を p 次元立方体閉領域 $S(a)$ の C^r 埋め込みとする．X 上の微分 $p-1$ 形式 ω に対して，Σ 上の p 次元面積分 $\int_\Sigma d\omega$ を計算する．

$$\int_\Sigma d\omega = \int_{S(a)} \Sigma^* d\omega = \int_{S(a)} d\Sigma^* \omega$$

である．ここで $\Sigma^* \omega$ は $S(a)$ 上の微分 $p-1$ 形式であるから

$$\Sigma^* \omega = \sum_{i=1}^p f_i(t_1, \ldots, t_p)\, dt_1 \wedge \cdots \wedge dt_{i-1} \wedge dt_{i+1} \wedge \cdots \wedge dt_p$$

と表される．したがって

$$d\Sigma^*\omega = \sum_{i=1}^{p}(-1)^{i-1}\frac{\partial f_i}{\partial x_i}(t_1,\ldots,t_p)\,dt_1 \wedge dt_2 \wedge \cdots \wedge dt_p$$

これを $S(a)$ 上積分すると

$$\int_{\Sigma}d\omega$$
$$= \sum_{i=1}^{p}(-1)^{i-1}\int_{-a}^{a}\cdots\int_{-a}^{a}\{f_i(\ldots,a,\ldots)-f_i(\ldots,-a,\ldots)\}\,dt_1\cdots \check{dt_i}\cdots dt_p$$

が成り立つ．ここで，$\check{dt_i}$ は i 番目の積分変数 dt_i がないことを表す．これは $p-1$ 次元面積分で表すことができる．$\partial_i^{\pm}\Sigma$ で $\Sigma : S(a) \to X$ の i 番目の変数に $\pm a$ を代入して得られる $p-1$ 次元立方体の埋め込みを表すものとすると，右辺は

$$\sum_{i=1}^{p}(-1)^{i-1}\left(\int_{\partial_i^+\Sigma}\omega - \int_{\partial_i^-\Sigma}\omega\right)$$

と表される．ここで，抽象的に

$$\partial\Sigma = \sum_{i=1}^{p}\sum_{\varepsilon=\pm}\varepsilon(-1)^{i-1}\partial_i^{\varepsilon}\Sigma \tag{1.29}$$

とおき，上の積分を $\int_{\partial\Sigma}$ と表す．これは X に埋め込まれた p 次元立方体の境界を表している．

定理 1.28 (ストークス (Stokes) の定理)

$$\int_{\Sigma}d\omega = \int_{\partial\Sigma}\omega \tag{1.30}$$

$d\omega = 0$ のとき，$d\eta = \omega$ となる η が存在するかどうかは，微妙な問題である．十分小さい範囲でなら存在する．大域的には存在しない場合がある．

定理 1.29 (ポアンカレ (Poincaré) の補題)　ω を X 上の微分 p 形式で，$d\omega = 0$ となるものとする．U を X の開集合で $\mathbf{R}^n$ の開円板と同相なものとすると，U 上の微分 $p-1$ 形式 η で，U 上で $d\eta = \omega$ となるものが存在する．

1.16　モース関数とハンドル分解

X を n 次元 C^r 多様体，f をその上の C^r 関数とする．点 p を f の臨界点とする．p の近くでの f の様子を知るためには，2 階のテイラー展開を与える 2 次形式が有効である．

定義 1.25 p のまわりの局所座標 $(x_1, x_2, \ldots, x_n)$ を選ぶとき行列

$$H_f(p) = \begin{pmatrix} \dfrac{\partial^2 f}{(\partial x_1)^2}(p) & \cdots & \dfrac{\partial^2 f}{\partial x_1 \partial x_n}(p) \\ \vdots & \ddots & \vdots \\ \dfrac{\partial^2 f}{\partial x_n \partial x_1}(p) & \cdots & \dfrac{\partial^2 f}{(\partial x_n)^2}(p) \end{pmatrix} \tag{1.31}$$

を臨界点 p における f の**ヘッセ** (Hesse) **行列** (Hessian) という．

p のまわりの別の局所座標 $(y_1, y_2, \ldots, y_n)$ に対しては

$$\frac{\partial^2 f}{\partial y_k \partial y_l}(p) = \sum_{i,j=1}^n \frac{\partial x_i}{\partial y_k}(p) \frac{\partial x_j}{\partial y_l}(p) \frac{\partial^2 f}{\partial x_i \partial x_j}(p) \tag{1.32}$$

が成り立ち，ヘッセ行列は $T_p X$ 上の 2 次形式を定める．**ヘッセ形式** (Hessian) という．

定義 1.26 C^r 関数 f の臨界点 p が**非退化** (non–degenerate) であるとは，その点における f のヘッセ形式が非退化であるとき，すなわち，ヘッセ行列の行列式が 0 でないときである．さらに，関数 f が**モース関数** (Morse function) であるとは，すべての臨界点が非退化であるときである．

非退化であるということが重要な結果を導くのは，次の定理が成り立つからである．次元が n のとき，非退化の臨界点は $n+1$ 種類しかない．

定理 1.30 (モース (M. Morse) の補題) p を C^r 多様体 X の非退化な臨界点とする．p のまわりの局所座標 $(x_1, x_2, \ldots, x_n)$ で，関数 f が次の標準形に表されるものが存在する．すなわち

$$f = -x_1^2 - \cdots - x_\lambda^2 + x_{\lambda+1}^2 + \cdots + x_n^2 + c \tag{1.33}$$

が成り立つ．ここで，$c = f(p)$ で，$x_1(p) = x_2(p) = \cdots = x_n(p) = 0$ である．

このときの λ を臨界点 p の**指数** (index) という．指数は 0 から n までの $n+1$ 個の値を取り得る．

この定理の証明は決して容易ではないが，微分積分の範囲の議論である．2 階までのテイラー展開を応用した後，少し複雑な議論を重ねる．

系 1.4 モース関数の臨界点は孤立している．とくに，コンパクト集合の上では有限個である．

多様体上，かならずモース関数は存在する．実際，次の定理が成り立つ．

1. 多様体

定理 1.31 (モース関数の存在) X を C^r 多様体, g をその上の C^r 関数とすると, g にいくらでも近いモース関数 $f: X \to \mathbf{R}$ が存在する.

ここで, X 上の関数 f が g にいくらでも近いとは, 次の意味である. X 上の有限個の, 閉包がコンパクトな座標近傍 $(U_1, \varphi_1), \ldots, (U_N, \varphi_N)$ と, 正数 $\varepsilon > 0$ を任意に選ぶとき, それぞれの局所座標を $(x_1, x_2, \ldots, x_n)$ とすると, 各 U_i 上で

$$\begin{cases} |f(x) - g(x)| < \varepsilon, \\ \left| \dfrac{\partial f}{\partial x_i}(x) - \dfrac{\partial g}{\partial x_i}(x) \right| < \varepsilon, \quad (i = 1, 2, \ldots n) \\ \left| \dfrac{\partial^2 f}{\partial x_i \partial x_j}(x) - \dfrac{\partial^2 g}{\partial x_i \partial x_j}(x) \right| < \varepsilon, \quad (i, j = 1, 2, \ldots n) \end{cases}$$

が成り立つような f が存在するときである.

この定理の証明の詳細は省略する. 大筋としては, たとえば, 次の2つの補題を用いる.

補題 1.3 g を $\mathbf{R}^n$ の開集合 U 上の C^r 関数とする. 任意の正数 $\varepsilon > 0$ に対して, $a_1^2 + \cdots + a_n^2 < \varepsilon^2$ を満たす $(a_1, a_2, \ldots, a_n)$ で, 関数

$$g(x_1, x_2, \ldots, x_n) + a_1 x_1 + \cdots + a_n x_n$$

がモース関数になるようなものが存在する.

補題 1.4 C^r 多様体 X のコンパクト集合を K とする. X 上の C^r 関数 g が K 上に退化した臨界点をもたなければ, g に十分近い C^r 関数 f も K 上に退化した臨界点をもたない.

$f: X \to \mathbf{R}$ を X 上のモース関数とする. モース関数は X の大域的構造と関係する. その際, 次の条件を満たすベクトル場が重要な働きをする.

定義 1.27 X 上のベクトル場 ξ が f の**勾配状ベクトル場** (gradient–like vector field) であるとは, f の正則点 x では $\xi_x(f) > 0$ で, 臨界点のまわりでは, 局所座標 $(x_1, x_2, \ldots, x_n)$ で, f は標準形 (1.33) で表され, ξ は次の形で表されるものが存在するとき. すなわち

$$\xi = -2x_1 \frac{\partial}{\partial x_1} - \cdots - 2x_\lambda \frac{\partial}{\partial x_\lambda} + 2x_{\lambda+1} \frac{\partial}{\partial x_{\lambda+1}} + \cdots + 2x_n \frac{\partial}{\partial x_n} \quad (1.34)$$

このとき, $(x_1, \ldots, x_\lambda, 0, \ldots, 0)$ を通る軌道を臨界点に**吸い込まれる**軌道といい, $(0, \ldots, 0, x_{\lambda+1}, \ldots, x_n)$ を通る軌道を臨界点から**湧き出る**軌道という.

定理 1.32 X 上の任意のモース関数 f に対し, 勾配状ベクトル場 ξ が存在する.

[証明] f を X 上のモース関数とする. 各臨界点のまわりの局所座標 $(x_1, x_2, \ldots, x_n)$

で，f が標準形 (1.33) で表されるものを選ぶことができる．さらに，X 上のリーマン計量 g で，局所座標 $(x_1, x_2, \ldots, x_n)$ に関して標準計量になっているものを選ぶことができる．そのとき，f の勾配ベクトル場 grad f を，任意のベクトル場 η に対し

$$g_x((\operatorname{grad} f)_x, \eta_x) = \eta_x(f) = df(\eta_x) \tag{1.35}$$

が成り立つものとして定めることができる．$\xi = \operatorname{grad} f$ とおけばよい．実際，上式で $\eta = \xi$ の場合を考えれば，$df_x \neq 0$ のとき $\xi_x(f) > 0$ である．また，f の臨界点の近くで，g が標準計量のとき，$\eta = \dfrac{\partial}{\partial x_i}$ の場合を考えれば，ξ の $\dfrac{\partial}{\partial x_i}$ の係数が $\pm 2x_i$ であることもわかる．

(証明終)

この先，議論を進めるのに，仮定が必要である．f は固有写像であるとする．すなわち，閉区間の引き戻し $f^{-1}([a,b])$ はコンパクトであると仮定する．そのとき，その上の臨界点は有限個である．

$a \in \mathbf{R}$ に対して

$$X_a = \{x \in X \mid f(x) \leqq a\}, \quad \partial X_a = \{x \in X \mid f(x) = a\} \tag{1.36}$$

とおく．f の勾配状ベクトル場 ξ をひとつ選んでおく．∂X_a の各点からでた ξ の積分曲線は，∂X_b まで延長されるか，どこかの臨界点に吸い込まれるかいずれかである．したがって，次が成り立つ．微分可能性が 1 つ減るのはベクトル場が C^{r-1} であるからである．

定理 1.33 区間 $[a,b]$ 上に f の臨界値がなければ，X_a と X_b は C^{r-1} 微分同相である．

問題は区間 $[a,b]$ が臨界値を含む場合である．c を臨界値とし，区間 $[c-\varepsilon, c+\varepsilon]$ はほかの臨界値を含まないとする．f が標準形の場合を考えよう．

$D^n \subset \mathbf{R}^n$ を単位閉円板とし，$f : D^n \to \mathbf{R}$ を

$$f(x_1, x_2, \ldots, x_n) = -x_1^2 - \cdots - x_\lambda^2 + x_{\lambda+1}^2 + \cdots + x_n^2 + c$$

とする．D^n の部分集合 E, H を，十分小さい $\varepsilon > 0$ と，さらに小さい $\eta > 0$ に対して

$$E = \{x \in D^n \mid x_1^2 + \cdots + x_\lambda^2 \geqq \varepsilon^2\}$$
$$H = \{x \in D^n \mid x_1^2 + \cdots + x_\lambda^2 \leqq \varepsilon^2, x_{\lambda+1}^2 + \cdots + x_n^2 \leqq \eta^2\}$$

とおく．C^r 微分同相写像 $G : D^n \to D^n$ で

$$G(D_{c-\varepsilon}^n) = E, \quad G(D_{c+\varepsilon}^n) \supset E \cup H$$

となるものが存在し，これらに対して，次の補題が成り立つ．同相写像の構成には勾配状ベクトル場を利用する．

1. 多様体

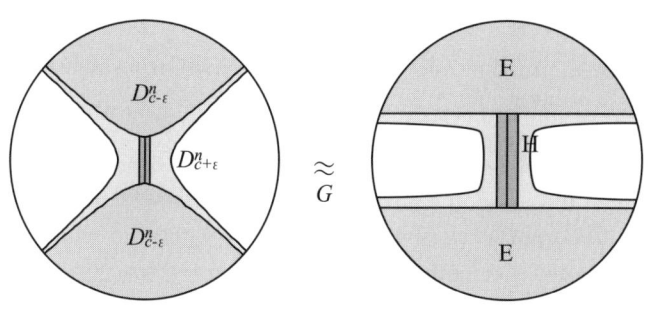

図 1.3

補題 1.5 同相写像 $h: D_{c+\varepsilon}^n \to E \cup H$ で，内部 $D_{c+\varepsilon}^n - \partial D_{c+\varepsilon}^n$ への制限が C^r 微分同相写像になるものが存在する．

したがって，$D_{c+\varepsilon}^n$ は $D_{c-\varepsilon}^n$ に $D^\lambda \times D^{n-\lambda}$ と同相なもの $G^{-1}(H)$ を貼り付けたものと同相である．この $h^{-1}(H)$ を **λ ハンドル** (λ–handle) という．

一般のモース関数に対して，次が成り立つ．

定理 1.34 c をモース関数 $f: X \to \mathbf{R}$ の臨界値とし，区間 $[c-\varepsilon, c+\varepsilon]$ はほかの臨界値を含まないとする．$f^{-1}(c)$ の臨界点を $p_1, p_2, \ldots, p_k$ とし，その指数を $\lambda_1, \lambda_2, \ldots, \lambda_k$ とすると，$X_{c+\varepsilon}$ は $X_{c-\varepsilon}$ に λ_1 ハンドル，λ_2 ハンドル，$\cdots$，λ_k ハンドルをつけたものと同相で，内部に制限すると C^r 微分同相である．

勾配状ベクトル場 ξ を変えずに，モース関数 f を変形することができる．

補題 1.6 $c_1 < c_2$ をモース関数 $f: X \to \mathbf{R}$ の臨界値で，その中間には f の臨界値はないものとする．p を $f^{-1}(c_2)$ 上の臨界点で，$f^{-1}(c_1)$ 上の臨界点から湧き出て p に吸い込まれる ξ の積分曲線はないものとする．そのとき，ξ を勾配状ベクトル場とするモース関数 g で，$g(p) = c_1$ または，さらに $g(p) < c_1$ となり，p 以外の f の臨界点 q では $g(q) = f(p)$ となるものがある．

モース関数 f の勾配状ベクトル場 ξ を少し変えて，積分曲線に関する上の条件を満たすようにすることができる場合がある．

補題 1.7 $c_1 < c_2$ をモース関数 $f: X \to \mathbf{R}$ の臨界値で，その中間には f の臨界値はないものとする．p を $f^{-1}(c_2)$ 上の指数 λ の臨界点で，$f^{-1}(c_1)$ 上の臨界点の指数には λ より小さいものはないとする．そのとき，f の勾配状ベクトル場 ξ をうまく選ぶと，$f^{-1}(c_1)$ 上の臨界点から湧き出て p に吸い込まれる ξ の積分曲線は存在しない．

その結果，指数の小さな臨界点ほど f の値を小さくすることができる．

定理 1.35 $f : X \to \mathbf{R}$ を固有モース関数とし，その臨界点は有限個とする．そのとき，f と同じ臨界点をもつ固有モース関数 $g : X \to \mathbf{R}$ で，各臨界点 p での臨界値 $g(p)$ が p の指数と一致するものがある．

例 1.40 とくに n 次元 C^r 多様体 X がコンパクトのときは，任意のモース関数 $f : X \to \mathbf{R}$ は有界で，上の仮定を満たす．そのとき，定理の性質をもつ g を選ぶと，最小値は 0，最大値は n で

1) $X_{\frac{1}{2}}$ はいくつかの n 次元閉円板（0 ハンドル）の交わらない合併．
2) $X_{\lambda+\frac{1}{2}}$ は $X_{\lambda-\frac{1}{2}}$ にいくつかの λ ハンドルをつけたものと同相（$\lambda = 1, 2, \ldots, n-1$）．
3) $\{x \in X \mid g(x) \geqq n - \frac{1}{2}\}$ もいくつかの n 次元閉円板（n ハンドル）の交わらない合併．

となる．これを X の**ハンドル分解** (handle decomposition) という．

例 1.41 さらに，X がコンパクト 3 次元 C^r 多様体のとき，$X_{\frac{3}{2}}$ と，その残り $\{x \in X \mid g(x) \geqq \frac{3}{2}\}$ はともに，球体にいくつかの 1 ハンドルをつけたもの，すなわち，中身のつまった何人乗りかの浮き輪曲面になる．この空間を種数 g の**ハンドル体** (handle body) という．逆に，h を種数 g の閉曲面の自己同相写像とすると，h により 2 つの種数 g のハンドル体を貼り合わせて 3 次元多様体を得ることができる．3 次元多様体のこのような分解を**ヘーガード分解** (Heegaard decomposition) という．

1.17 球面の裏返し

ユークリッド空間において，球面を破ることなく裏返すことは不可能である．ところが，自分との交差を許せば，裏返すことができるのである．1957 年，スメール (S. Smale) の結果であるが，その証明は難解なものであった．ここに述べる証明はサーストン (W. Thurston) によるものである．

はじめに，はめ込みが連続的に変化するということを定義しよう．写像として，連続的に変化するというばかりでなく，写像の微分も連続的に変化することを要求する．

定義 1.28 2 つの C^r はめ込み $F_0, F_1 : X \to \mathbf{R}^m$ が**正則ホモトピック** (regularly homotopic) であるとは，$t \in [0, 1]$ をパラメータとするはめ込みの族 $F_t : X \to \mathbf{R}^m$ で

$$H : X \times [0, 1] \to \mathbf{R}^m, \ H(x, t) = F_t(x)$$

が連続で，各座標近傍 (U, φ) に対して，$U \times [0, 1]$ から $m \times n$ 行列全体の空間 $M(m, n)$ への写像

$$(x, t) \mapsto J\left(F_t \circ \varphi^{-1}\right)_{\varphi(x)}$$

も連続のとき.

例 1.42 下図は一点破線を軸とする回転面を表す.I〜V は球面のはめ込みの正則ホモトピーを示す.もしも V と VI が正則ホモトピックならば,VI では球面が裏返っている.

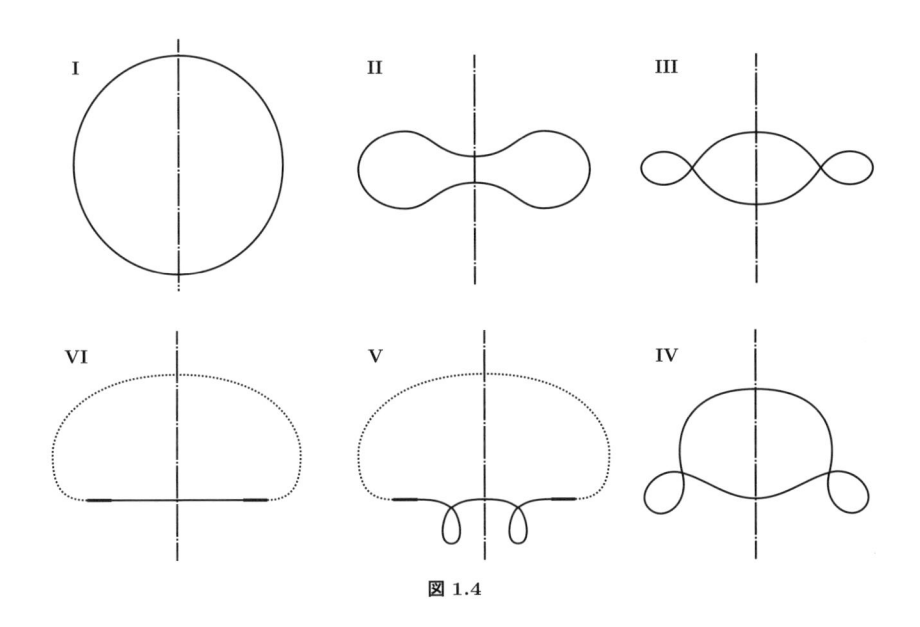

図 1.4

次の定理から,球面の裏返しが従う.V から VI への変形ができるからである.

定理 1.36 (スメール (1957)) 2 次元開円板からユークリッド空間への C^r はめ込み $F: D^2 \to \mathbf{R}^3$ で,境界の近傍に制限すると標準埋め込みと一致するものは,境界の近傍を動かさない正則ホモトピーで,標準埋め込みに変形できる.

証明は,おおむねこの章の結果のみを用いるが,そのほかにホモトピー論の結果,すなわち,3 次元回転群 $SO(3)$ の 2 次元ホモトピー群 $\pi_2(SO(3))$ が自明であるという事実を用いる.

[**証明**] (サーストン) 記号の簡単のために 2 次元開円板の代わりに正方形領域 $(0,1) \times (0,1)$ で議論を行う.I^2 で表す.$F: I^2 \to \mathbf{R}^3$ を C^r はめ込みで,境界の近傍に制限すると標準埋め込みと一致するものとする.

(**第 I 段階**) (**波板化** (corrugation)) $\varepsilon(u,v)$ を I^2 上の台関数で,境界の近傍の外側で定数 ε となるものとする.点 $F(u,v)$ における基底 $\langle X_1(u,v), X_2(u,v), X_3(u,v) \rangle$ を

$$\begin{cases} X_1(u,v) = \dfrac{1}{\left\|\dfrac{\partial F}{\partial u}(u,v)\right\|}\dfrac{\partial F}{\partial u}(u,v) \\ X_2(u,v) = \dfrac{1}{\left\|\dfrac{\partial F}{\partial v}(u,v)\right\|}\dfrac{\partial F}{\partial v}(u,v) \\ X_3(u,v) = \dfrac{1}{\|X_1(u,v)\times X_2(u,v)\|}X_1(u,v)\times X_2(u,v) \end{cases}$$

で定める.はめ込み $F(u,v)$ の,変数 u に関する波板化 $\tilde{F}(u,v)$ を

$$\tilde{F}(u,v) = F(u,v) - \varepsilon(u,v)\sin 2nu\, X_1(u,v) + \varepsilon(u,v)\sin nu\, X_3(u,v)$$

とする.下図は関数 $f(t)\equiv 0$ を波板化したイメージ画像である.

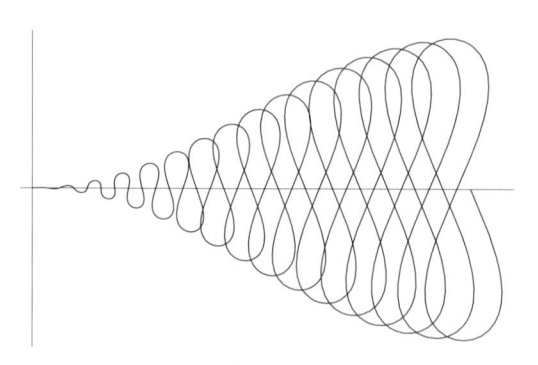

図 1.5

波板化すると,$\tilde{F}(u,v)$ もはめ込みで,n を大きくすると,u による偏微分がいくらでも大きくなる.

自明な xy 平面を波板化したものを $\tilde{G}(u,v)$ として,$F(u,v)$ をさらに,v に関して波板化したもの $\tilde{\tilde{G}}(u,v)$ を標準二重波板ということにする.

標準二重波板をパラメータ表示し,その成分を

$$\tilde{\tilde{G}}(u,v) = \begin{pmatrix} u + \tilde{\tilde{x}}(u,v) \\ v + \tilde{\tilde{y}}(u,v) \\ \tilde{\tilde{z}}(u,v) \end{pmatrix}$$

とおく.ここで,はめ込み $F(u,v): I^2 \to \mathbf{R}^3$ に対して,その二重波板化 $\tilde{\tilde{F}}(u,v)$ を

$$\tilde{\tilde{F}}(u,v) = F + \varepsilon\left(\tilde{\tilde{x}}\,X_1 + \tilde{\tilde{y}}\,X_2(u,v) + \tilde{\tilde{z}}\,X_3\right) \tag{1.37}$$

と定める.ただし,右辺の文字 $F, \varepsilon, \tilde{\tilde{x}}, \tilde{\tilde{y}}, \tilde{\tilde{z}}, X_1, X_2, X_3$ はすべて (u,v) の関数である.u

1. 多様体

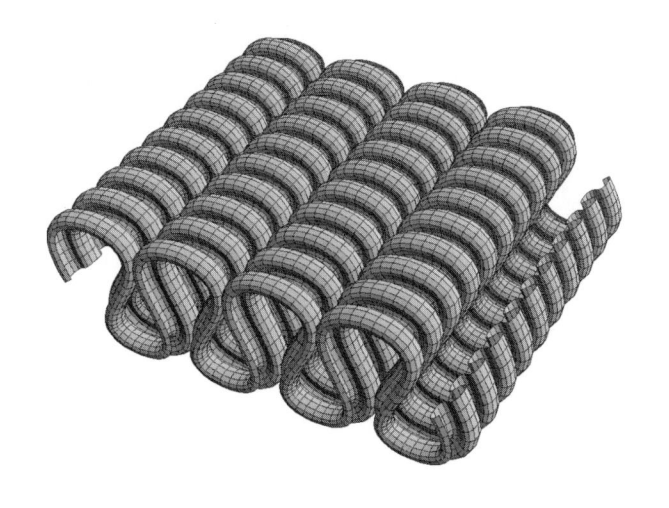

図 1.6

方向の波高 ε を十分小さくし，周波数 n, m を十分大きくすることにより，$\tilde{\tilde{F}}$ ははめ込みで，その微分をいくらでも大きくすることができる．また，波高を 0 から ε まで変化させることにより，F と $\tilde{\tilde{F}}$ を結ぶ正則ホモトピーが得られる．

(**第 II 段階**) 式 (1.37) において，X_1, X_2, X_3 は変化させず，F の代わりに $(1-t)F + t(u, v, 0)$ とおいたものを $H(u, v, t)$ とおく．

$$H(u, v, t) = (1-t)F + t(u, v, 0) + \varepsilon \left(\tilde{\tilde{x}} X_1 + \tilde{\tilde{y}} X_2(u, v) + \tilde{\tilde{z}} X_3 \right)$$

n, m を十分大きくとると，(1.37) において，右辺第 2 項の微分は非常に大きくなり，F を $(1-t)F + t(u, v, 0)$ で置き換えても微分の階数は変わらず，はめ込みのままである．したがって，(1.37) は次式と正則ホモトピックである．

$$\tilde{\tilde{F}}(u, v) = (u, v, 0) + \varepsilon \left(\tilde{\tilde{x}} X_1 + \tilde{\tilde{y}} X_2(u, v) + \tilde{\tilde{z}} X_3 \right) \tag{1.38}$$

この式は，xy 平面の ε 近傍に収まる縮緬状の曲面を表しているが，波板化で得られた波の方向は乱れている．

(**第 III 段階**) 式 (1.38) の X_1, X_2, X_3 を変化させる．ここで，X_1, X_2, X_3 は 1 次独立の 3 つのベクトル，すなわち，基底であり，(u, v) に対して X_1, X_2, X_3 を対応させる写像は I^2 から $GL_3(\mathbf{R})$ への C^{r-1} 写像 $\Phi : I^2 \to GL_3(\mathbf{R})$ と考えられる．そして，境界の近傍でその値は単位行列 I_3 である．また，この写像をホモトピーで変化させるとき，n, m が十分大きければ，(1.38) は正則ホモトピーを与える．

まず，X_2 を回転により，X_1 の直交補空間に (最短で) 移動させ，$X_3 = \dfrac{1}{\|X_1 \times X_2\|} X_1 \times X_2$ とする．これを同時に行えば，ホモトピーが得られ，X_1, X_2, X_3 を正規直交基底に，Φ を $SO(3)$ への写像 $\Phi': I^2 \to SO(3)$ に変化させることができる．

ここで，ホモトピー論の結果 $\pi_2(SO(3)) = 0$ を用いると，Φ' と自明な写像の間のホモトピー $H: I^2 \times [0,1] \to SO(3)$ を構成することができる．

$$\begin{cases} H(u,v,0) = \Phi'(u,v) \\ H(u,v,1) = H(0,v,t) = H(1,v,t) = H(u,0,t) = H(u,1,t) = I_3 \end{cases}$$

以上により，写像 (1.38) と標準埋め込みの二重波板化をつなぐ正則ホモトピーが得られた．後は，第 I 段階を逆にたどり，波高を 0 にして，二重波板化を戻せばよい． (証明終)

〔川﨑　徹郎〕

文　　献

[1] 川﨑徹郎，曲面と多様体，朝倉書店，2001．
[2] 松本幸夫，多様体の基礎，東京大学出版会，1988．
[3] 松本幸夫，Morse 理論の基礎，岩波書店，2005．
[4] Silvio Levy, Delle Maxwell and Tamara Munzner, Outside In (ビデオ)．Geometry Center, 1995.

第 X 編
常微分方程式

X 常微分方程式

1

常微分方程式の初等解法

1.1 常微分方程式の例

1変数 t の関数 $x = x(t)$ とその n 階（または n 次）までの導関数 $x', x'', \ldots, x^{(n)}$ を含んだ方程式

$$f(t, x, x', x'', \ldots, x^{(n)}) = 0$$

を n 階（または n 次）の**(常)微分方程式**という．変数 t, x を実数の範囲で考える場合と，複素数まで広げて考える場合がある．方程式に独立変数 t が見掛け上含まれない場合は**自励形**であるといい，そうでない場合は**非自励形**であるという．また方程式が最高階の導関数を用いて

$$x^{(n)} = g(t, x, x', x'', \ldots, x^{(n-1)})$$

と表されている場合は**正規形**の微分方程式であるという．多くの場合はこの形式である．独立変数 t のある範囲 I（実数の場合は区間，複素数の場合は複素領域）で定義された関数 $x(t)$ を方程式に代入して，すべての $t \in I$ に対して

$$f(t, x(t), x'(t), x''(t), \ldots, x^{(n)}(t)) = 0$$

が成り立つとき，この関数は I における微分方程式の解であるといい，I を**解の定義域**という．

たとえば $x' = \sin t$ は 1 階非自励形の微分方程式で $x(t) = -\cos t + c$ は t のすべての実数または複素数で定義される解である．ただし c は任意の定数である．このように任意定数を用いて表される解を**一般解**といい，その任意定数にある値を代入した解を**特殊解**という．なお求積法では得られない解も存在することがあり，そのような解を**特異解**という．任意定数の値を決める条件として，たとえば条件 $x(0) = 0$ を満たす解は一般解において $c = 1$ と代入して得られる $x(t) = -\cos t + 1$ である．このように I のある点 t_0 における関数またはその導関数の値に関する条件を**初期条件**という．

2 階の自励形の微分方程式 $x'' = -x$ の一般解は 2 つの任意定数 c_1, c_2 を用いて $x = c_1 \cos t + c_2 \sin t$ と表される．初期条件 $x(\pi) = 1$ を満たす解は $x = -\cos t + c_2 \sin t$

でまだ1つの任意定数 c_2 を含む．さらに初期条件を追加して，$x(\pi) = 1, x'(\pi) = -1$ を満たす解は $x = -\cos t + \sin t$ のみである．2階の微分方程式では I のある点における関数とその導関数の値を指定する初期条件により解は一般的に1つに決まる．

一般的に n 階の微分方程式では，一般解は n 個の任意定数を含み，$n-1$ 階までの導関数の値を指定する初期条件によって解が1つに定まる．

1.2 求 積 法

微分方程式に変数変換などをほどこして，簡単な微分方程式に変換し積分計算により解を求める方法を求積法という．

1.2.1 不 定 積 分

ある区間 I で定義された関数 $f(t)$ に対して

$$\frac{dx}{dt} = f(t) \tag{1.1}$$

を満たす関数 $x(t)$ は，$f(t)$ が I で連続ならば存在する．この関数を記号

$$x(t) = \int f(t)dt \quad \left(\text{または} \int^t f(s)ds\right)$$

で表し，$f(t)$ の**不定積分**または**原始関数**という．不定積分は1つの任意定数を含んでいる．$f(t)$ が有理式や三角関数，指数関数などから構成される初等関数ならば，式の変形により不定積分を初等関数を用いて求める方法が微積分の教科書や数学公式集に掲載されている．しかし簡単な初等関数でもその不定積分が再び初等関数で求められない場合がある．たとえば $f(t) = e^{-t^2}$ の不定積分は初等関数では表せない．この場合は定積分を用いて

$$\mathrm{Erf}(t) = \int_0^t e^{-s^2}ds \tag{1.2}$$

と定義し，$x' = e^{-t^2}$ の解は任意定数 c を用いて $x(t) = \mathrm{Erf}(t) + c$ と表すほかない．$\mathrm{Erf}(t)$ を**ガウス** (Gauss) **の誤差関数**という．

不定積分の存在が保障されるという観点から，以後取り扱う関数は連続関数とする．

1.2.2 変 数 分 離 形

次の形の微分方程式は**変数分離形**であるという：

$$\frac{dx}{dt} = f(x)g(t).$$

$f(\xi) = 0$ である ξ が存在するならば，$x(t) \equiv \xi$ は**定常解**である．$x(t)$ が $f(x(t)) \neq 0$ を満たす解ならば，$x'(t)/f(x(t)) = g(t)$ であるから，両辺の不定積分をとると

$$\int \frac{1}{f(x(t))} x'(t) dt = \int g(t) dt.$$

左辺の置換積分により，

$$\int^x \frac{1}{f(u)} du = \int^t g(s) ds.$$

すなわち $dx/dt = f(x)g(t)$ を形式的に $dx/f(x) = g(t)dt$ と変形し両辺の不定積分をとればよい．左辺の不定積分を $F(x)$，右辺の不定積分を $G(t)$ とすると，解 $x(t)$ は $F(x(t)) = G(t)$ を満たす．$f(x(t)) \neq 0$ であるから，$f(x)$ は零でない符号一定の範囲で考えている．ゆえに $F(x)$ は単調関数であり，逆関数が存在する．つまり $F(x(t)) = G(t)$ から $x(t) = F^{-1}(G(t))$．具体的に逆関数 F^{-1} が計算可能かどうかは別問題である．

1.2.3 同　　次　　形

微分方程式
$$\frac{dx}{dt} = f(x/t)$$

は**同次形**であるという．この場合は $x(t) = ty(t)$ とおくと，$x'(t) = y(t) + ty'(t)$ であるから，$ty'(t) + y(t) = f(y(t))$．すなわち変数分離形の方程式 $tdy/dt = f(y) - y$ に変形される．

例題 1.1
$$\frac{dx}{dt} = \frac{2x^2 - 3xt + t^2}{-x^2 - xt + 2t^2}$$

において $x = ty$ と変換すると $ty' + y = (2y^2 - 3y + 1)/(-y^2 - y + 2)$ を得る．さらに計算すると $ty' = -(y^2 + 4y - 1)/(y + 2)$．

$y^2 + 4y - 1 \neq 0$ の場合は
$$\int -\frac{y+2}{y^2 + 4y - 1} dy = \int \frac{1}{t} dt.$$

両辺の不定積分を計算すると $-(1/2) \log|y^2 + 4y - 1| = \log|t| + c_1$ であるから，$|y^2 + 4y - 1| = e^{-2c_1} t^{-2}$，すなわち $|t^2 y^2 + 4t^2 y - t^2| = e^{-2c_1}$．$x = ty$ であるから，$|x^2 + 4tx - t^2| = e^{-2c_1}$．$\pm e^{-2c_1} = c$ とおくと，c は正または負の定数であり，今得た一般解は $x^2 + 4tx - t^2 = c$ と表され，グラフは tx 平面上の双曲線である．

$y^2 + 4y - 1 = 0$ の解は，$y = -2 \pm \sqrt{5}$ であり，対応して原点を通る 2 つの解 $x = (-2 \pm \sqrt{5})t$ を得る．この解は $x^2 + 4tx - t^2 = 0$ と表され，上記の双曲線の漸近線で，一般解において $c = 0$ とおいたものである．

1.2.4 全微分方程式

全微分方程式とは

1. 常微分方程式の初等解法

$$P(x,y)dx + Q(x,y)dy = 0 \tag{1.3}$$

のように表される方程式で，

$$P(x(t),y(t))x'(t) + Q(x(t),y(t))y'(t) = 0 \tag{1.4}$$

が成り立つとき，$x(t), y(t)$ をその**解**という．ただし $(P(x,y), Q(x,y)) \neq (0,0)$ とする．$(x'(t), y'(t)) \neq (0,0)$ であるならば，$x = x(t)$, $y = y(t)$ より，t が消去されて，x, y の一方が他方の関数となる．たとえば $x'(t) \neq 0$ ならば，$y = y(x)$ となり，次式が成り立つ．

$$\frac{dy}{dx} = \frac{dy}{dt}\frac{dt}{dx} = \frac{dy/dt}{dx/dt} = -\frac{P(x,y)}{Q(x,y)}.$$

逆に $y = y(x)$ がこの微分方程式の解ならば，$x = t, y = y(t)$ は (1.4) を満たす．

以下のような $f(x,y)$ が存在するとき，(1.3) は**積分可能**であるといい，$f(x,y)$ を (1.3) の**積分**という：

$$f_x(x,y) = P(x,y), \quad f_y(x,y) = Q(x,y).$$

(1.3) を考えている (x,y) の範囲 D が弧状連結であれば，このような積分は 1 つの任意定数を含む．また $(P(x,y), Q(x,y)) \neq (0,0)$ であるから，D の点 (x_0, y_0) を通る $f(x,y)$ の等高線の方程式 $f(x,y) = f(x_0, y_0)$ に陰関数の定理を適用して，x, y の一方が他方の関数として表され，(1.4) の解を与える．

このような積分が存在し，$P_y(x,y), Q_x(x,y)$ が存在し連続関数ならば，$f_{xy} = P_y, f_{yx} = Q_x$ と偏微分の順序交換定理により $f_{xy} = f_{yx}$ が成り立ち，ゆえに $P_y = Q_x$．

逆に $P_y = Q_x$ とする．定点 $O(a,b) \in D$ をとる．D の点 $A(x,y)$ に対して O を始点とし A を終点とする D 内の曲線 C をとり，$f(x,y)$ を線積分により次式で定義する：

$$f(x,y) = \int_C P(x,y)dx + Q(x,y)dy. \tag{1.5}$$

D が弧状連結で単連結ならば，この値は O, A を結ぶ積分路 C のとり方に依存しない．実際 C' をほかの積分路として，$C - C'$ の内部を E で表せば，グリーン (Green) の定理により，

$$\int_{C-C'} P(x,y)dx + Q(x,y)dy = \pm \iint_E (Q_x(x,y) - P_y(x,y))dxdy.$$

$C - C'$ の向きに依存して，符号 $\pm$ は決まるが，条件 $P_y = Q_x$ により右辺は零である．$A(x,y)$ と点 $B(x+h, y)$ を x 軸に平行な線分 C_1 で結ぶ．$f(x,y)$ が積分路のとり方に依存しないことにより，次のように表される：

$$f(x+h, y) - f(x,y) = \int_{C_1} P(x,y)dx + Q(x,y)dy = \int_0^h P(x+t, y)dt.$$

両辺を h で割り，$h \to 0$ とすると $f_x(x,y) = P(x,y)$．同様に $f_y(x,y) = Q(x,y)$．

例題 1.2
$$(2x+3y+2)dx + (3x-3y^2)dy = 0$$
の積分を計算する．$(\partial/\partial y)(2x+3y+2) = 3 = (\partial/\partial x)(3x-3y^2)$ であるから積分可能である．積分 $f(x,y)$ は c を任意定数として

$$f(x,y) = \int_0^x (2s+2)ds + \int_0^y (3x-3t^2)dt + c = x^2 + 2x + 3xy - y^3 + c.$$

(1.5) を用いず，積分は次のように考えても計算できる．条件 $f_x(x,y) = P(x,y)$ より，

$$f(x,y) = \int P(x,y)dx + g(y)$$

であるから，条件 $f_y(x,y) = Q(x,y)$ は

$$\frac{\partial}{\partial y}\int P(x,y)dx + g'(y) = Q(x,y)$$

と表される．したがって

$$f(x,y) = \int P(x,y)dx + \int \left(Q(x,y) - \frac{\partial}{\partial y}\int P(x,y)dx\right) dy.$$

実際上の例題に適用してみる．$f_x(x,y) = P(x,y)$ より

$$f(x,y) = \int (2x+3y+2)dx = x^2 + (3y+2)x + g(y).$$

したがって $f_y(x,y) = Q(x,y)$ より $3x + g'(y) = 3x - 3y^2$ すなわち，$g'(y) = -3y^2$ であるから，$g(y) = -y^3 + c$ を得，$f(x,y) = x^2 + (3y+2)x - y^3 + c$．

1.2.5　積　分　因　子

$x(t), y(t)$ が (1.3) の解であるならば，両辺に零でない関数 $\mu(x,y)$ をかけてできる全微分方程式

$$\mu(x,y)P(x,y)dx + \mu(x,y)Q(x,y)dy = 0 \qquad (1.6)$$

の解でもあり，逆も成り立つ．(1.6) が積分可能であるとき，$\mu(x,y)$ を (1.3) の**積分因子**という．$\mu(x,y)$ が方程式

$$\frac{\partial}{\partial y}(\mu(x,y)P(x,y)) = \frac{\partial}{\partial x}(\mu(x,y)Q(x,y)),$$

すなわち偏微分方程式 $P\mu_y + P_y\mu = Q\mu_x + Q_x\mu$ の解ならば，積分因子である．この方程式を変形すると $Q\mu_x - P\mu_y = (P_y - Q_x)\mu$．$(P_y - Q_x)/Q = p$ が x だけの関数ならば，$Q\mu_x = (P_y - Q_x)\mu$ の解 $\mu(x) = \exp(\int p(x)dx)$ は積分因子となる．$(P_y - Q_x)/P = q$ が

y だけの関数ならば，$\mu(y) = \exp(-\int q(y)dy)$ は積分因子となる．

例題 1.3
$$(2xy + 2y^2 + y)dx + (x + 2y)dy = 0$$
を解く．$P_y = 2x + 4y + 1, Q_x = 1$ であるから，積分可能ではない．$(P_y - Q_x)/Q = 2$ であるから，積分因子 $\mu(x) = \exp(\int 2dx) = e^{2x}$ をもつ．ゆえに
$$e^{2x}(2xy + 2y^2 + y)dx + e^{2x}(x + 2y)dy = 0$$
は積分可能である．積分 $f(x,y)$ は
$$f(x,y) = \int e^{2x}(2xy + 2y^2 + y)dx + g(y) = e^{2x}(xy + y^2) + g(y)$$
と計算し，$e^{2x}(x + 2y) + g'(y) = e^{2x}(x + 2y)$ により，$g'(y) = 0$ を得る．したがって
$$f(x,y) = e^{2x}(xy + y^2) + c.$$

1.2.6 その他の方程式
ベルヌイ (Bernoulli) **の方程式**
$$x' = p(t)x + q(t)x^m \quad (m : 定数, m \neq 0, 1)$$
は，変数変換 $y = 1/x^{m-1}$ により，次章で扱う線形の方程式 $y' = (1-m)(p(t)y + q(t))$ に移る．これに対して**リッカチ** (Riccati) **の方程式**
$$x' = p(t)x + q(t)x^2 + r(t)$$
は一般には初等的に解を求めることができない．

# 線形常微分方程式の基礎定理

2.1 単独線形常微分方程式

未知関数 $x = x(t)$ およびその導関数 $x', x'', \ldots, x^{(n)}$ の 1 次式で表される微分方程式

$$a_n(t)x^{(n)} + a_{n-1}(t)x^{(n-1)} + \cdots + a_1(t)x' + a_0(t)x = 0 \tag{2.1}$$

を n 階の**同次**（または**斉次**）**線形微分方程式**という．右辺を一般の関数 $f(t)$ で置き換えた方程式

$$a_n(t)y^{(n)} + a_{n-1}(t)y^{(n-1)} + \cdots + a_1(t)y' + a_0(t)y = f(t) \tag{2.2}$$

を n 階の**非同次**（または**非斉次**）**線形微分方程式**といい，$f(t)$ を**強制項**あるいは**外力項**ということがある．関数 $a_0(t), a_1(t), \ldots, a_{n-1}(t), a_n(t)$，および $f(t)$ は実数の独立変数 t のある区間 I で連続であるとする．また $a_n(t) \neq 0, t \in I$ と仮定し，微分方程式の両辺を $a_n(t)$ で割ることにより，$a_n(t) \equiv 1$ とした正規形の線形微分方程式を考える．

定理 2.1

1) $x = u_1(t), x = u_2(t)$ が方程式 (2.1) の解であるならば，任意の定数 α_1, α_2 に対して $x = \alpha_1 u_1(t) + \alpha_2 u_2(t)$ も方程式 (2.1) の解である．
2) $y = v_1(t), y = v_2(t)$ がともに方程式 (2.2) の解であるならば，$x = v_2(t) - v_1(t)$ は方程式 (2.1) の解である．逆に $x = u(t)$ が方程式 (2.1) の解であり，$y = v_1(t)$ が方程式 (2.2) の解であるならば，$y = v_1(t) + u(t)$ は方程式 (2.2) の解である．

[**証明**] 実際代入してみればあきらかである． （証明終）

この定理を線形方程式の解の**重ね合わせの原理**という．微分方程式 (2.1) の解の集合をこの方程式の**解空間**という．重ね合わせの原理により，解空間は線形空間である．(2.1) の解 $\phi_1(t), \phi_2(t), \ldots, \phi_m(t)$ において，条件

$$c_1\phi_1(t) + c_2\phi_2(t) + \cdots + c_m\phi_m(t) \equiv 0 \tag{2.3}$$

が成り立つ場合は $c_1 = c_2 = \cdots = c_m = 0$ の場合のみであるとき，これらの解は **1 次独立**または**線形独立**であるという．(2.3) の左辺の関数を $\phi_1(t), \phi_2(t), \ldots, \phi_m(t)$ の **1 次結**

合または**線形結合**という．

一般的に n 階の正規系の線形微分方程式 (2.1) は 1 次独立な n 個の解を有し，解空間は n 次元線形空間である．n 個の解 $\phi_1(t), \phi_2(t), \ldots, \phi_n(t)$ が解空間の基底であるとき，これらを**基本解**という．(2.1) の一般解は何らかの基本解の 1 次結合で表される．

方程式 (2.2) の解を 1 つ何らかの方法で発見したとき，それを $y = \psi(t)$ とおき**特殊解**という．このときほかの任意の解（一般解）は方程式 (2.1) の一般解 $u(t)$ を用いて $y = \psi(t) + u(t)$ の形式で表される．したがって方程式 (2.2) を解くことは，その特殊解を求めることと，(2.1) の一般解を求めることに還元される．以下階数 n が低い方から，この問題を解決してゆく．定理は独立変数 t が実数でも複素数でも成り立つ．また係数関数や強制項も実数でも複素数でもよい．しかし，この章では以後 t は実数とし，係数関数や強制項は実数のある区間 I で定義された実数の連続関数として話を進める．

2.1.1　1 階の線形方程式

1 階の線形微分方程式は (2.2) で $n = 1$ として $y' + a_1(t)y = f(t)$ のように表されるが，この節では次の形式で考える：
$$y' = a(t)y + f(t). \tag{2.4}$$

定理 2.2　$\alpha'(t) = a(t)$ である関数 $\alpha(t)$ を 1 つ決めると，微分方程式
$$x' = a(t)x \tag{2.5}$$
の一般解は，任意定数 c を用いて $x = ce^{\alpha(t)}$ で与えられる．また微分方程式 (2.4) の一般解は，次の式で与えられる．
$$y = e^{\alpha(t)} \int^t e^{-\alpha(s)} f(s) ds \tag{2.6}$$

[**証明**]　$\alpha(t)$ を上のようにとり，$u(t) = e^{\alpha(t)}$ とおく．$u' = a(t)e^{\alpha(t)} = a(t)u$ であるから，$x = u(t)$ は確かに (2.5) の解である．

次に (2.4) の解 $y = y(t)$ に対して変数変換 $y = zu(t)$ を行う．y が t の微分可能な関数ならば，この式で定義される z も t の微分可能な関数である．方程式に代入してみると $z'u(t) + zu'(t) = a(t)zu(t) + f(t)$ であるが，$u'(t) = a(t)u(t)$ であるから，$z'u(t) = f(t)$，ゆえに $z' = f(t)/u(t) = e^{-\alpha(t)} f(t)$ となり，
$$z = \int^t e^{-\alpha(s)} f(s) ds.$$

したがって $y = zu(t)$ より (2.6) を得る．$f(t) = 0$ の場合は $z = c$（定数）であるから，(2.5) の一般解は $x = ce^{\alpha(t)}$ である．　　　　　　　　　　　　　　　　（証明終）

上の証明中で，解の変換 $y = zu(t)$ を用いる方法を**定数変化法**という．任意定数 c を関数 $z(t)$ で置き換える方法である．線形微分方程式の有力な解法である．

系 2.1 方程式 (2.4) の解で，$t_0 \in I$ において初期条件 $y(t_0) = y_0$ を満たすものは次の式で与えられる．

$$y = y_0 \exp\left(\int_{t_0}^t a(s)ds\right) + \int_{t_0}^t f(s) \exp\left(\int_s^t a(r)dr\right) ds.$$

とくに $a(t) \equiv \lambda$（定数）のときは

$$y = y_0 e^{\lambda(t-t_0)} + \int_{t_0}^t e^{\lambda(t-s)} f(s) ds.$$

[**証明**] 一般解の公式 (2.6) から導くこともできるが，定数変化法そのものを用いる方が実用的であろう．$\alpha(t) = \int_{t_0}^t a(s)ds$ とおく．変数変換 $y = ze^{\alpha(t)}$ により，$z' = e^{-\alpha(t)}f(t)$ になるが，$y(t_0) = y_0$ ならば，$z(t_0) = y_0$ であるから，

$$z = y_0 + \int_{t_0}^t e^{-\alpha(s)} f(s) ds.$$

ゆえに

$$y = e^{\alpha(t)}\left(y_0 + \int_{t_0}^t e^{-\alpha(s)} f(s) ds\right) = y_0 e^{\alpha(t)} + \int_{t_0}^t e^{\alpha(t)-\alpha(s)} f(s) ds.$$

$\alpha(t) - \alpha(s) = \int_s^t a(r)dr$ であるから，定理の式になる． (証明終)

例題 2.1 微分方程式

$$y' = -y + \sin t$$

の一般解は $y = e^{-t} \int^t e^s \sin s ds$．部分積分により右辺の不定積分を計算すると $\int^t e^s \sin s ds = e^t(\sin t - \cos t)/2 + c$ を得る．c は積分定数である．ゆえに一般解は

$$y = e^{-t}(c + e^t(\sin t - \cos t)/2) = e^{-t}c + (\sin t - \cos t)/2.$$

同様に微分方程式

$$y' = -2ty + \sin t$$

の一般解は $y = e^{-t^2} \int^t e^{s^2} \sin s ds$．右辺の不定積分は初等関数では表されない．強いて計算すると，ガウスの誤差関数 (1.2) の複素変数への拡張を用いて，次の結果を得る．

$$\int^t e^{s^2} \sin s ds = c + \frac{e^{1/4}}{2}\left(\mathrm{Erf}(it+1/2) - \mathrm{Erf}(it-1/2)\right).$$

したがって

$$y = ce^{-t^2} + e^{-t^2}\frac{e^{1/4}}{2}\left(\mathrm{Erf}(it+1/2) - \mathrm{Erf}(it-1/2)\right).$$

2.1.2　2階定数係数線形方程式

1階の線形同次微分方程式の解は指数関数であったので，2階の方程式

$$x'' + ax' + bx = 0 \tag{2.7}$$

の場合も，解を $x = ce^{\lambda t}, c \neq 0$ と想定して代入してみると，λ に関する次の方程式を得る：$ce^{\lambda t}(\lambda^2 + a\lambda + b) = 0$．さらに，$c \neq 0$ であるから2次方程式 $\lambda^2 + a\lambda + b = 0$ を得る．逆に λ がこの2次方程式の解ならば，$x = ce^{\lambda t}$ は (2.7) の解である．

定義 2.1　$\Delta(\lambda) = \lambda^2 + a\lambda + b$ とおき，方程式 (2.7) の**特性多項式**という．$\Delta(\lambda) = 0$ を**特性方程式**，その解 λ_1, λ_2 を**特性値**または**特性根**という．

定理 2.3　$f(t)$ をある区間 I で定義された連続関数とするとき，微分方程式

$$y'' + ay' + by = f(t) \tag{2.8}$$

の一般解は，$t_0 \in I$ をとると次のように表される．

1) $\lambda_1 \neq \lambda_2$ の場合は，任意定数 c_1, c_2 を用いて

$$y = \int_{t_0}^{t} \frac{e^{\lambda_1(t-s)} - e^{\lambda_2(t-s)}}{\lambda_1 - \lambda_2} f(s)ds + c_1 e^{\lambda_1 t} + c_2 e^{\lambda_2 t}. \tag{2.9}$$

2) $a, b, f(t)$ が実数で特性値が虚数の場合は，$\Re \lambda_1 = \alpha, \Im \lambda_1 = \omega \neq 0$，とおくと，実関数解は任意実定数 p, q，あるいは A, θ を用いて

$$y = \int_{t_0}^{t} \frac{e^{\alpha(t-s)} \sin(\omega(t-s))}{\omega} f(s)ds + \begin{cases} e^{\alpha t}(p\cos(\omega t) + q\sin(\omega t)), \\ A\sin(\omega t + \theta) \end{cases} \tag{2.10}$$

3) $\lambda_1 = \lambda_2$ の場合は，任意定数 c_0, c_1 を用いて

$$y = \int_{t_0}^{t} (t-s)e^{\lambda_1(t-s)} f(s)ds + e^{\lambda_1 t}(c_0 + c_1 t). \tag{2.11}$$

[証明]　λ_1 を特性値とし，方程式 (2.7) の解 $y(t)$ に対して，変換 $y = ue^{\lambda_1 t}$ を行う．方程式に代入すると

$$e^{\lambda_1 t}(u'' + (2\lambda_1 + a)u' + \Delta(\lambda_1)u) = f(t).$$

$\Delta(\lambda_1) = 0$ であるから u' に関する次の1階の方程式を得る：

$$u'' + (2\lambda_1 + a)u' = e^{-\lambda_1 t} f(t).$$

$\lambda_1 + \lambda_2 = -a$ より $2\lambda_1 + a = \lambda_1 - \lambda_2$ に注意して，この解は次のようになる：

$$u' = e^{-(\lambda_1 - \lambda_2)t} \int^{t} e^{(\lambda_1 - \lambda_2)r} e^{-\lambda_1 r} f(r)dr = e^{(\lambda_2 - \lambda_1)t} \int^{t} e^{-\lambda_2 r} f(r)dr. \tag{2.12}$$

1) $\lambda_1 \neq \lambda_2$ の場合は，部分積分により

$$u = \int^t e^{(\lambda_2-\lambda_1)s} \left(\int^s e^{-\lambda_2 r} f(r)dr\right)ds$$

$$= \frac{e^{(\lambda_2-\lambda_1)t}}{\lambda_2-\lambda_1}\int^t e^{-\lambda_2 r}f(r)dr - \int^t \frac{e^{-\lambda_1 s}}{\lambda_2-\lambda_1}f(s)ds.$$

$y = ue^{\lambda_1 t}$ であるから，不定積分を定積分を用いて表すと

$$y = \frac{e^{\lambda_2 t}}{\lambda_2-\lambda_1}\int^t e^{-\lambda_2 r}f(r)dr - e^{\lambda_1 t}\int^t \frac{e^{-\lambda_1 s}}{\lambda_2-\lambda_1}f(s)ds$$

$$= \frac{e^{\lambda_2 t}}{\lambda_2-\lambda_1}\left(\int_{t_0}^t e^{-\lambda_2 r}f(r)dr + c_1\right) - e^{\lambda_1 t}\left(\int_{t_0}^t \frac{e^{-\lambda_1 s}}{\lambda_2-\lambda_1}f(s)ds + c_2\right).$$

積分項を整理し，任意定数を書き直せば (2.9) 式を得る．

2) α, ω を定理のようにとると，$(e^{\lambda_1 t}-e^{\lambda_2 t})/(\lambda_1-\lambda_2) = e^{\alpha t}\sin(\omega t)/\omega$ であるから，(2.9) 式の定積分項は (2.10) 式の定積分項のように表される．この定積分項を $\phi(t)$ とおくと，$\phi(t)$ は実数であるから $y(t)$ が実数関数解ならば $y(t) - \phi(t) = c_1 e^{\lambda_1 t} + c_2 e^{\lambda_2 t}$ の左辺は実数関数である．$t=0$ とおくと $y(0) - \phi(0) = c_1 + c_2$ であり，微分して $t=0$ とおくと，$y'(0) - \phi'(0) = \lambda_1 c_1 + \lambda_2 c_2$ である．$y(0) - \phi(0), y'(0) - \phi'(0)$ は実数であり，$\lambda_2 = \overline{\lambda_1}$ であるから，$c_2 = \overline{c_1}$ を得る．したがって $\Re c_1 = p_1, \Im c_1 = q_1$ とおくと

$$c_1 e^{\lambda_1 t} + c_2 e^{\lambda_2 t} = 2\Re(c_1 e^{\lambda_1 t}) = e^{\alpha t}(2p_1 \cos\omega t - 2q_1 \sin\omega t).$$

任意定数を書き直して，(2.10) 式を得る．

3) $\lambda_1 = \lambda_2$ の場合は (2.12) は $u' = \int e^{-\lambda_1 t}f(t)dt$ となるから，部分積分により

$$u = \int^t \left(\int^s e^{-\lambda_1 r}f(r)dr\right)ds = t\int^t e^{-\lambda_1 r}f(r)dr - \int^t s e^{-\lambda_1 s}f(s)ds$$

$$= t\left(\int_{t_0}^t e^{-\lambda_1 s}f(s)ds + c_1\right) - \int_{t_0}^t s e^{-\lambda_1 s}f(s)ds - c_2$$

$y = ue^{\lambda_1 t}$ であるから，任意定数を書き直して (2.11) を得る． (証明終)

系 2.2 微分方程式 (2.7) は，定理 2.3 における特性値の分類に応じて次のような基本解 $\phi_1(t), \phi_2(t)$ をもつ．

1) $\lambda_1 \neq \lambda_2$ のとき $\phi_1(t) = e^{\lambda_1 t}$, $\phi_2(t) = e^{\lambda_2 t}$.
2) $\lambda_1 = \alpha + i\omega, \lambda_2 = \overline{\lambda_1}$, $\omega \neq 0$ のとき $\phi_1(t) = e^{\alpha t}\cos\omega t$, $\phi_2(t) = e^{\alpha t}\sin\omega t$.
3) $\lambda_1 = \lambda_2$ のとき $\phi_1(t) = e^{\lambda_1 t}$, $\phi_2(t) = te^{\lambda_1 t}$.

上記証明における 2 階の線形微分方程式を 1 階の線形微分方程式に変換する方法は**フロ**

ベニウス (Frobenius) の**階数降下法**の特別な場合である．実際問題を解く場合には次の例題のようにこの降下法を直接適用すればよい．

例題 2.2 微分方程式
$$y'' - y' - 2y = t + e^{-t}$$
の一般解を求める．特性値は $-1, 2$ であるから，$y = ue^{-t}$ とおいて方程式に代入すると $e^{-t}(u'' - 3u') = t + e^{-t}$ を得る．ゆえに $u'' = 3u' + te^t + 1$ であるから，

$$\begin{aligned} u' &= e^{3t} \int e^{-3t}(te^t + 1)dt = e^{3t}\left(-te^{-2t}/2 - e^{-2t}/4 - e^{-3t}/3 + c_1\right) \\ &= -te^t/2 - e^t/4 - 1/3 + c_1 e^{3t}. \end{aligned}$$

したがって $u = -te^t/2 + e^t/4 - t/3 + c_1 e^{3t}/3 + c_2$ であり，

$$y = ue^{-t} = -t/2 + 1/4 - te^{-t}/3 + c_1 e^{2t}/3 + c_2 e^{-t}.$$

$c_1/3$ を改めて c_1 とおくと，$y = -t/2 + 1/4 - te^{-t}/3 + c_1 e^{2t} + c_2 e^{-t}$．
なお最初の変換の代わりに $y = ue^{2t}$ を用いてもよい（結果は同じである）．

2.1.3 高階定数係数線形微分方程式

定数係数の3階以上の一般の線形微分方程式

$$u^{(n)} + a_{n-1}u^{(n-1)} + \cdots + a_1 u' + a_0 u = 0 \tag{2.13}$$

の場合にも，解を $u = ce^{\lambda t}, c \neq 0$，と想定して代入してみると，$ce^{\lambda t}\Delta(\lambda) = 0$ を得る．ただし

$$\Delta(\lambda) = \lambda^n + a_{n-1}\lambda^{n-1} + \cdots + a_1\lambda + a_0 \tag{2.14}$$

であり，これを (2.13) の**特性多項式**という．また $\Delta(\lambda) = 0$ を**特性方程式**といい，その解を**特性値**または**特性根**という．λ を特性値の一つとして，微分方程式

$$y^{(n)} + a_{n-1}y^{(n-1)} + \cdots + a_1 y' + a_0 y = f(t) \tag{2.15}$$

に対して，変数変換 $y = ze^{\lambda t}$ をほどこすと，z' に関する $n-1$ 階の線形微分方程式を得る．つまり n 階の方程式が $n-1$ 階の方程式に変換される．この**階数降下法**を繰り返しほどこすことにより，最後は1階の線形方程式に変換され，解を求めることができる．

例題 2.3 微分方程式

$$y''' + y'' + 3y' - 5y = 5t^2 - t + 5$$

の場合，特性方程式は $\lambda^3 + \lambda^2 + 3\lambda - 5 = 0$ であるから，特性値としてたとえば $\lambda = 1$ を得る．変数変換 $y = ue^t$ により，$e^t(u''' + 4u'' + 8u') = 5t^2 - t + 5$ となり，したがって

$v := u'$ に関する 2 階の方程式 $v'' + 4v' + 8v = (5t^2 - t + 5)e^{-t}$ を得る．この微分方程式の一般解は
$$v = (t^2 - t + 1)e^{-t} + e^{-2t}(c_1 \sin 2t + c_2 \cos 2t).$$
この不定積分を計算して u が求まり，その結果次の一般解を得る．
$$y = -t^2 - t - 2 + e^{-t}[((-c_1 + c_2)/4) \sin 2t - ((c_1 + c_2)/4) \cos(2t)] + c_3 e^t.$$

2.2 連立微分方程式

$u(t)$ を未知関数とする n 階の線形微分方程式
$$u^{(n)} + a_{n-1}(t) u^{(n-1)} + \cdots + a_1(t) u' + a_0(t) u = b(t) \tag{2.16}$$
は変数変換 $u_1 = u, u_2 = u', \ldots, u_{n-1} = u^{(n-2)}, u_n = u^{(n-1)}$ により，$u_1, u_2, \ldots, u_n$ を成分とする n 次列ベクトル $\boldsymbol{u}$ に関する連立線形微分方程式
$$\boldsymbol{u}' = A(t)\boldsymbol{u} + \boldsymbol{f}(t) \tag{2.17}$$
に変換される．$A(t), \boldsymbol{f}(t)$ は，たとえば $n = 5$ の場合次のような行列，ベクトルである：
$$A(t) = \begin{bmatrix} 0 & 1 & 0 & 0 & 0 \\ 0 & 0 & 1 & 0 & 0 \\ 0 & 0 & 0 & 1 & 0 \\ 0 & 0 & 0 & 0 & 1 \\ -a_0(t) & -a_1(t) & -a_2(t) & -a_3(t) & -a_4(t) \end{bmatrix}, \quad \boldsymbol{f}(t) = \begin{bmatrix} 0 \\ 0 \\ 0 \\ 0 \\ b(t) \end{bmatrix}.$$
逆に (2.17) の解 $\boldsymbol{u}(t)$ の第 1 成分は (2.16) の解である．

成分が連続関数である n 次正方行列関数 $A(t)$ と n 次ベクトル関数 $\boldsymbol{f}(t)$ に対して，同次線形微分方程式
$$\boldsymbol{x}' = A(t)\boldsymbol{x} \tag{2.18}$$
と非同次線形微分方程式
$$\boldsymbol{y}' = A(t)\boldsymbol{y} + \boldsymbol{f}(t) \tag{2.19}$$
を考える．$\boldsymbol{x}, \boldsymbol{y}$ は n 次列ベクトルである．

次の定理は定理 2.1 に対応し，容易に証明される．

定理 2.4

1) $\boldsymbol{x} = \boldsymbol{u}_1(t), \boldsymbol{x} = \boldsymbol{u}_2(t)$ が方程式 (2.18) の解であるならば，任意の定数 α_1, α_2 に対して $\boldsymbol{x} = \alpha_1 \boldsymbol{u}_1(t) + \alpha_2 \boldsymbol{u}_2(t)$ も方程式 (2.18) の解である．

2) $y = v_1(t), y = v_2(t)$ がともに方程式 (2.19) の解であるならば,$x = v_2(t) - v_1(t)$ は方程式 (2.18) の解である.逆に $x = u(t)$ が方程式 (2.18) の解であり,$y = v(t)$ が方程式 (2.19) の解であるならば,$y = v(t) + u(t)$ は方程式 (2.19) の解である.

同次線形微分方程式の解の集合をその方程式の**解空間**という.定理 2.4 により,解空間は線形空間である.方程式 (2.18) の解 $\phi_1(t), \phi_2(t), \ldots, \phi_m(t)$ の 1 次独立性は 2.1 節と同様に定義される.

定理 2.5 n 連立の線形微分方程式 (2.18) は 1 次独立な n 個の解を有し,解空間は n 次元線形空間である.

[証明] 第 4 章の基礎定理により,任意の n 次ベクトル c に対して $x(t_0) = c$ を満たす解は一意的に存在する.このことより定理が成り立つ. (証明終)

(2.18) の解 $\phi_1(t), \phi_2(t), \ldots, \phi_n(t)$ を左から右に並べてできる n 次正方行列を $\Phi(t)$ とおく.その行列式をこの解の列に関する**ロンスキアン**という.次の定理は**アーベル・リュービル** (Abel–Liouville) **の定理**として知られている.

定理 2.6 $A(t)$ の対角要素 $a_{ii}(t)$ の和を $\mathrm{tr} A(t) = \sum_{i=1}^{n} a_{ii}(t)$ とおくと

$$\det \Phi(t) = \det \Phi(t_0) \exp\left(\int_{t_0}^{t} \mathrm{tr} A(s) ds\right). \tag{2.20}$$

[証明] $W(t) = \det \Phi(t)$ とおく.行列式の行に関する微分公式と交代多重線形性を用いて計算すると,$W(t)$ に関する 1 階線形微分方程式 $W'(t) = (\mathrm{tr} A(t))W(t)$ を得,その結果 (2.20) が成り立つ. (証明終)

解 $\phi_1(t), \phi_2(t), \ldots, \phi_n(t)$ が基底であるとき,それを**基本解**といい,$\Phi(t)$ を**基本行列**という.基本行列である必要十分条件は $\Phi(t)$ が正則行列,すなわち $\det \Phi(t) \neq 0$ が成り立つことである.そのためには定理 2.6 より,ある点 t_0 で $\det \Phi(t_0) \neq 0$ であればよい.

基本行列を求めることは一般には困難であるが,$A(t)$ が定数行列である場合は計算することができる.

2.3 行列の指数関数

$A(t)$ が定数行列である次の微分方程式を考える:

$$x' = Ax. \tag{2.21}$$

その準備としてベクトル関数あるいは行列関数の微積分について少し準備をしておく.n 個の成分 $x_i (i = 1, 2, \ldots, n)$ をもつ列ベクトル x と,a_{ij} を (i, j) 成分とする $m \times n$ 次行

列 A に対してノルム

$$\|\boldsymbol{x}\| = (|x_1|^2 + |x_2|^2 + \cdots + |x_n|^2)^{1/2}, \quad \|A\| = \left(\sum_{i=1}^m \sum_{j=1}^n |a_{ij}|^2\right)^{1/2}$$

をとる.このとき $\|A\boldsymbol{x}\| \leqq \|A\|\|\boldsymbol{x}\|$ が成り立ち,行列 B に対して積 AB が定義されるとき $\|AB\| \leqq \|A\|\|B\|$ が成り立つ.行列の級数 $\sum_{n=1}^\infty A_n$ は,その第 n 部分和を S_n とするとき $\lim_{n\to\infty} \|S_n - S\| = 0$ である行列 S が存在するならば,$\sum_{n=1}^\infty A_n = S$ と書き,S に**収束**する,あるいは**和**は S であるという.また $\sum_{n=1}^\infty \|A_n\|$ が収束するならば,もとの級数は**絶対収束**するという.数の級数の場合と同様に絶対収束する級数はそれ自体収束する.

以上の準備をして,同次形の微分方程式 (2.21) を次のように解く.$\boldsymbol{x}(t)$ が解であるとすると (2.21) の右辺は微分可能であるから,左辺も微分可能で $\boldsymbol{x}'' = A\boldsymbol{x}' = A(A\boldsymbol{x}) = A^2\boldsymbol{x}$ を得る.さらに微分を繰り返して,$\boldsymbol{x}(t)$ は何回でも微分可能で,n 次の導関数は $\boldsymbol{x}^{(n)} = A^n\boldsymbol{x}$ を満たすことが解る.したがって $\boldsymbol{x}(0) =: \boldsymbol{c}$ とおくと,$\boldsymbol{x}^{(n)}(0) = A^n\boldsymbol{c}\ (n \geq 1)$ となり,解 $\boldsymbol{x}(t)$ のマクローリン (Maclaurin) 級数は

$$\boldsymbol{x}(t) = \sum_{n=0}^\infty \frac{1}{n!} A^n \boldsymbol{c} t^n = \left(\sum_{n=0}^\infty \frac{t^n}{n!} A^n\right) \boldsymbol{c}$$

である.ただし $A^0 = E$(単位行列)とする.

ここに現れる行列関数を e^{tA} あるいは $\exp(tA)$ と表す,すなわち:

$$e^{tA} = \exp(tA) = \sum_{n=0}^\infty \frac{t^n}{n!} A^n.$$

この行列の級数はすべての t で絶対収束し,t に関して任意の有界区間で一様収束(広義一様収束)する.$t = 1$ とおいて行列の指数関数 $e^A = \sum_{n=0}^\infty \frac{1}{n!} A^n$ を得る.この級数表現を用いて,数の指数関数と同様に次の補題を証明できる.

補題 2.1
1) A, B が可換な正方行列ならば $e^A e^B = e^{A+B}$.
2) e^A は正則行列で $(e^A)^{-1} = e^{-A}$.
3) T が正則行列ならば $T^{-1} e^A T = e^{T^{-1}AT}$.
4) $\dfrac{d}{dt} e^{tA} = A e^{tA} = e^{tA} A$.

例題 2.4 次の行列 A に対して e^A を計算せよ:

$$A = \begin{bmatrix} \alpha & -\omega \\ \omega & \alpha \end{bmatrix} = \alpha \begin{bmatrix} 1 & 0 \\ 0 & 1 \end{bmatrix} + \omega \begin{bmatrix} 0 & -1 \\ 1 & 0 \end{bmatrix}.$$

[解] 右辺の ω を係数とする行列を J とおく. $\alpha E, \omega J$ は可換であるから $e^A = e^{\alpha E} e^{\omega J} = e^\alpha e^{\omega J}$. そして $J^2 = -E, J^3 = -J, J^4 = E$ であるから,

$$e^A = e^\alpha e^{\omega J} = e^\alpha \left\{ E + \omega J - \frac{\omega^2}{2!} E - \frac{\omega^3}{3!} J + \frac{\omega^4}{4!} E + \frac{\omega^5}{5!} J - \cdots \right\}$$
$$= e^\alpha \left\{ \left(1 - \frac{\omega^2}{2!} + \frac{\omega^4}{4!} - \cdots \right) E + \left(\omega - \frac{\omega^3}{3!} + \frac{\omega^5}{5!} - \cdots \right) J \right\}$$
$$= e^\alpha \left\{ (\cos \omega) E + (\sin \omega) J \right\} = e^\alpha \begin{bmatrix} \cos \omega & -\sin \omega \\ \sin \omega & \cos \omega \end{bmatrix}. \quad \text{(解終)}$$

A のスペクトル分解に対応して e^{tA} は次のように分解される. A の固有値を $\lambda_1, \lambda_2, \ldots, \lambda_r$ とし, λ_i の標数を h_i とおく. このとき $M_{\lambda_i} = \{ \boldsymbol{x} : (A - \lambda_i E)^{h_i} \boldsymbol{x} = \boldsymbol{0} \}$ とおくと, $\mathbf{C}^n = M_{\lambda_1} \oplus \cdots \oplus M_{\lambda_r}$. $\mathbf{C}^n$ の M_{λ_i} への射影行列を P_{λ_i} とおく.

定理 2.7 上のように射影行列をとると

$$e^{tA} = \sum_{i=1}^r e^{t\lambda_i} \sum_{j=0}^{h_i - 1} \frac{t^j}{j!} (A - \lambda_i E)^j P_{\lambda_i}.$$

[証明] $\sum_{i=1}^r P_{\lambda_i} = E$ (単位行列) であるから, $e^{tA} = \sum_{i=1}^r e^{tA} P_{\lambda_i}$. さらに $j \geqq h_i$ のとき $(A - \lambda_i E)^j P_{\lambda_i} = 0$ であるから,

$$e^{tA} P_{\lambda_i} = e^{t(\lambda_i E + A - \lambda_i E)} P_{\lambda_i} = e^{t\lambda_i} e^{t(A - \lambda_i E)} P_{\lambda_i} = e^{t\lambda_i} \sum_{j=0}^{h_i - 1} \frac{t^j}{j!} (A - \lambda_i E)^j P_{\lambda_i}.$$

(証明終)

2.4 一般の定数係数線形微分方程式の解

最初に一般的な非同次線形微分方程式

$$\boldsymbol{y}' = A\boldsymbol{y} + \boldsymbol{f}(t) \tag{2.22}$$

を考える.

定理 2.8 n 次正方行列 A と, ある点 t_0 を含む区間で連続な n 次列ベクトル関数 $\boldsymbol{f}(t)$ を用いて表される連立線形微分方程式 (2.22) の解は, $\boldsymbol{y}(t_0) = \boldsymbol{c}$ とおくと次のように表される:

$$\boldsymbol{y}(t) = e^{(t - t_0)A} \boldsymbol{c} + \int_{t_0}^t e^{(t - s)A} \boldsymbol{f}(s) ds. \tag{2.23}$$

[証明] $\boldsymbol{y}(t)$ が解であるとして, $\boldsymbol{y}(t) = e^{tA} \boldsymbol{u}(t)$ とおき, 方程式に代入してみる (定数

変化法）：
$$Ae^{tA}\boldsymbol{u}(t) + e^{tA}\boldsymbol{u}'(t) = Ae^{tA}\boldsymbol{u}(t) + \boldsymbol{f}(t).$$

$(e^{tA})^{-1} = e^{-tA}$ であるから，$\boldsymbol{u}'(t) = e^{-tA}\boldsymbol{f}(t)$ を得る．したがって
$$\boldsymbol{u}(t) = \boldsymbol{u}(t_0) + \int_{t_0}^t e^{-sA}\boldsymbol{f}(s)ds$$

と表される．$\boldsymbol{c} = \boldsymbol{y}(t_0) = e^{t_0 A}\boldsymbol{u}(t_0)$ であるから，$\boldsymbol{u}(t_0) = e^{-t_0 A}\boldsymbol{c}$. 以上により (2.23) のように表される．逆に (2.23) で定義される $\boldsymbol{y}(t)$ が微分方程式を満たすことは微分することにより容易にわかる． (証明終)

系 2.3 微分方程式 (2.21) の解空間は n 次元線形空間であり，e^{tA} は基本行列である．

次に単独 n 階の定数係数線形微分方程式 (2.13) から導きだされる連立微分方程式
$$\boldsymbol{u}' = A\boldsymbol{u} \tag{2.24}$$

を考える．A のスペクトル分解を計算するために $\lambda E - A$ を書いてみる．たとえば $n = 5$ の場合
$$\lambda E - A = \begin{bmatrix} \lambda & -1 & 0 & 0 & 0 \\ 0 & \lambda & -1 & 0 & 0 \\ 0 & 0 & \lambda & -1 & 0 \\ 0 & 0 & 0 & \lambda & -1 \\ a_0 & a_1 & a_2 & a_3 & \lambda + a_4 \end{bmatrix}.$$

$\lambda E - A$ の第 1 列と第 n 行を除いてできる $n-1$ 次の小行列式は $(-1)^{n-1}$ である．ゆえに $\lambda E - A$ のすべての $n-1$ 次の小行列式の最大公約数 $d_A(\lambda)$ は 1 である．また $\lambda E - A$ の行列式 $\Delta_A(\lambda)$ は，第 n 行に関して展開することにより，次のようになる：
$$\Delta_A(\lambda) = \lambda^n + a_{n-1}\lambda^{n-1} + \cdots + a_1\lambda + a_0. \tag{2.25}$$

これは単独 n 階の方程式 (2.13) の特性多項式である．単因子論により A の最小多項式 $m_A(\lambda)$ は $m_A(\lambda) = \Delta_A(\lambda)/d_A(\lambda)$ で与えられるから，今の場合 $m_A(\lambda) = \Delta_A(\lambda)$ であり，A の固有値の指数と標数は同じである．したがって特性多項式の既約因子分解が $\Delta_A(\lambda) = \prod_{i=1}^r (\lambda - \lambda_i)^{m_i}$ であるとすると，e^{tA} は次のように表される：
$$e^{tA} = \sum_{i=1}^r e^{t\lambda_i} \sum_{j=0}^{m_i - 1} \frac{t^j}{j!}(A - \lambda_i E)^j P_{\lambda_i}. \tag{2.26}$$

定理 2.9 単独の n 階微分方程式 (2.13) の解空間は n 次元線形空間で，特性多項式が上のように既約因子分解されるとき，次の n 個の関数系は基本解である：

2. 線形常微分方程式の基礎定理

$$t^j e^{t\lambda_i} \quad (j=0,1,\ldots,m_i-1; i=1,2,\ldots,r). \tag{2.27}$$

[証明] (2.27) の関数系を（任意に）1列に並べて，順に $\psi_1(t), \psi_2(t), \ldots, \psi_n(t)$ とおき，e^{tA} の (i,j) 成分を $\phi_{ij}(t)$ とおくと，(2.26) により，ある定数 c_{kj} により $\phi_{1j}(t) = \sum_{k=1}^{n} c_{kj} \psi_k(t), (1 \leq j \leq n)$ と表される．係数行列 A の形により，微分方程式 (2.24) において，解 $\boldsymbol{u}(t)$ の第 i 成分 $u_i(t)$ は第 1 成分により $u_i(t) = u_1^{(i-1)}(t), (1 \leq i \leq n)$ と表される．したがって，$\phi_{ij}(t) = \phi_{1j}^{(i-1)}(t)$ となっているから $\phi_{ij}(t) = \sum_{k=1}^{n} c_{kj} \psi_k^{(i-1)}(t)$. $\psi_{ik} := \psi_k^{(i-1)}(t)$ を (i,k) 成分とする n 次正方行列を $\Psi(t)$ とおき，c_{kj} を (k,j) 成分とする n 次正方行列を C とおくと，$e^{tA} = \Psi(t) C$ である．e^{tA} は正則行列であるから，$\Psi(t), C$ は正則行列である．$\Psi(t) = e^{tA} C^{-1}$ と表されるから，$\Psi(t)$ の第 1 行の関数系は (2.13) の 1 次独立な解で，任意の解はその 1 次結合で表される． (証明終)

なお，一般的に $\lambda_1, \lambda_2, \ldots, \lambda_r$ は互いに異なる複素数とし，$p_1(t), p_2(t), \ldots, p_r(t)$ は多項式として，

$$p_1(t)e^{\lambda_1 t} + p_2(t)e^{\lambda_2 t} + \cdots + p_r(t)e^{\lambda_r t} \equiv 0 \tag{2.28}$$

であるならば，$p_1(t) \equiv 0, p_2(t) \equiv 0, \ldots, p_r(t) \equiv 0$. これは r に関する帰納法を用いて直接証明することができ，これより，関数系 (2.27) の 1 次独立性を導くこともできる．

次に非同次方程式 (2.15) の解を表す公式を導き出そう．この方程式は (2.17) と同じ形の微分方程式

$$\boldsymbol{v}' = A\boldsymbol{v} + \boldsymbol{f}(t) \tag{2.29}$$

に変換される．A は同次形の場合と同じ行列，$\boldsymbol{f}(t)$ は第 n 成分が $f(t)$ で，残りの成分は零である n 次列ベクトルである．$\boldsymbol{v}$ の第 1 成分が (2.15) の解をあたえる．

定理 2.10 微分方程式 (2.13) の何らかの基本解 $\psi_1(t), \ldots, \psi_n(t)$ を定めると，微分方程式 (2.15) の解 $y(t)$ は任意定数 $c_1, c_2, \ldots, c_n$ を用いて次のように与えられる．

$$y(t) = \sum_{i=1}^{n} c_i \psi_i(t) + \int_{t_0}^{t} \frac{\det \tilde{\Psi}(s,t)}{\det \Psi(s)} f(s) ds. \tag{2.30}$$

ただし，$\Psi(s)$ は n 次正方行列で，その (i,j) 成分は $\psi_j(t)$ の $i-1$ 次導関数 $\psi_j^{(i-1)}(t)$ であり，$\tilde{\Psi}(s,t)$ は $\Psi(s)$ の第 n 行を $\psi_1(t), \ldots, \psi_n(t)$ で置き換えた行列である．

[証明] 一般的な非同次形の解の公式 (2.23) を適用する．ある正則行列 C を用いて $e^{tA} = \Psi(t) C$ と表されるから，

$$e^{A(t-s)} = e^{tA} e^{-sA} = e^{tA}(e^{sA})^{-1} = \Psi(t)\Psi(s)^{-1}.$$

同様に $e^{A(t-t_0)} = \Psi(t)\Psi(t_0)^{-1}$. 微分方程式 (2.29) の解は，次のように表される．

$$\boldsymbol{v} = \Psi(t)\Psi(t_0)^{-1}\boldsymbol{v}(t_0) + \int_{t_0}^{t} \Psi(t)\Psi(s)^{-1}\boldsymbol{f}(s)ds. \tag{2.31}$$

$\Psi(t_0)^{-1}\boldsymbol{v}(t_0) = \boldsymbol{c}$ とおくと,右辺の第 1 項の第 1 成分は $\sum_{i=1}^{n} c_i \psi_i(t)$ である.初期値 $\boldsymbol{v}(t_0)$ は任意にとれるから $\boldsymbol{c}$ も任意である.$\boldsymbol{f}(s)$ は第 n 成分が $f(s)$ で残りの成分は零であることに注意し,$\Psi(s)^{-1}$ の余因子行列による表現を用いて (2.31) の右辺のベクトル積分の第 1 成分を計算すると,(2.30) の右辺の積分項を得る. (証明終)

外力項をもつ高階定数係数線形微分方程式や定数係数連立線形微分方程式の実践的な解法に関しては,原,松永 [12] の第 2 章を参照されたい.

X 常微分方程式

3

複素常微分方程式

3.1 線形方程式の正則解

連立線形微分方程式

$$\boldsymbol{x}' = A(t)\boldsymbol{x} + \boldsymbol{b}(t) \tag{3.1}$$

を考える．t は複素変数とし，$\boldsymbol{x} = \boldsymbol{x}(t), \boldsymbol{b}(t)$ は複素列ベクトル，$A(t)$ は複素正方行列で，$A(t), \boldsymbol{b}(t)$ の成分は $t = 0$ において正則であると仮定する．正則関数 $\boldsymbol{x}(t)$ が，$\boldsymbol{x}'(t) = A(t)\boldsymbol{x}(t) + \boldsymbol{b}(t)$ を満たすとき微分方程式 (3.1) の**正則解**であるという．

$A(t), \boldsymbol{b}(t)$ のマクローリン展開を $A(t) = \sum_{n=0}^{\infty} A_n t^n, \boldsymbol{b}(t) = \sum_{n=0}^{\infty} \boldsymbol{b}_n t^n$ とし，この級数が広義一様収束する t の範囲を $|t| < R$ とする．正則な解があるとして，解のマクローリン展開を $\boldsymbol{x}(t) = \sum_{n=0}^{\infty} \boldsymbol{x}_n t^n$ とする．(3.1) に代入し t^{n-1} の係数を比較して次の漸化式を得る：

$$n\boldsymbol{x}_n = \sum_{j+k=n-1} A_j \boldsymbol{x}_k + \boldsymbol{b}_{n-1} \quad (n = 1, 2, \ldots). \tag{3.2}$$

したがって $\boldsymbol{x}_0$ の値を決めれば，$\boldsymbol{x}_n$ $(n \geqq 1)$ の値が順次定まる．$0 < r < R$ とするとき，コーシー (Cauchy) の評価式により，ある M に対して次の不等式が成り立つ：

$$\|A_n\| \leqq \frac{M}{r^n}, \quad \|\boldsymbol{b}_n\| \leqq \frac{M}{r^n} \quad (n = 0, 1, 2, \ldots). \tag{3.3}$$

補題 3.1 M, r を (3.3) における値とするとき，漸化式 (3.2) から決まるベクトル列 $\{\boldsymbol{x}_n\}$ に対して，$\|\boldsymbol{x}_0\| = c$ とすると，$\|\boldsymbol{x}_1\| \leqq M(c+1)$ であり，

$$\|\boldsymbol{x}_n\| \leqq \frac{M}{n} \prod_{k=1}^{n-1} \left(\frac{M}{k} + \frac{1}{r}\right)(c+1) \quad (n = 2, 3, \ldots). \tag{3.4}$$

[証明] (3.2) より

$$\|\boldsymbol{x}_n\| \leqq \frac{1}{n}\left(\sum_{k=0}^{n-1} \|A_k\|\|\boldsymbol{x}_{n-1-k}\| + \|\boldsymbol{b}_{n-1}\|\right) \leqq \frac{1}{n}\left(\sum_{k=0}^{n-1} \frac{M}{r^k}\|\boldsymbol{x}_{n-1-k}\| + \frac{M}{r^{n-1}}\right).$$

$\boldsymbol{x}_1 = A_0 \boldsymbol{x}_0 + \boldsymbol{b}_0$ より，$\|\boldsymbol{x}_1\| \leqq Mc + M = M(c+1)$ である．$n = 2, 3, \ldots$ に対して

$$\sum_{k=0}^{n-1}\frac{1}{r^k}\|\boldsymbol{x}_{n-1-k}\| + \frac{1}{r^{n-1}} \leqq \prod_{k=1}^{n-1}\left(\frac{M}{k}+\frac{1}{r}\right)(c+1)$$

を帰納法により証明でき，(3.4) が成り立つ． (証明終)

定理 3.1 $A(t), \boldsymbol{b}(t)$ が $|t|<R$ において正則ならば，$|t|<R$ において正則な解 $\boldsymbol{x}(t)$ が存在し，任意の初期条件 $\boldsymbol{x}(0)=\boldsymbol{x}_0$ に応じて一意的に定まる．

[**証明**] $c_0=c$, $c_1=M(c+1)$ とおき，$n\geqq 2$ に対して不等式 (3.4) の右辺を c_n とおく．整級数 $u(t)=\sum_{n=0}^\infty c_n t^n$ を考える．このとき，$\lim_{n\to\infty}c_{n+1}/c_n=1/r$ であるから，$u(t)$ の収束半径は r である．$\|x(t)\|\leqq\sum_{n=0}^\infty\|\boldsymbol{x}_n t^n\|\leqq\sum_{n=0}^\infty c_n|t|^n$ であるから，$\boldsymbol{x}(t)$ も $|t|<r$ で広義一様収束する．$0<r<R$ であるような r は，R にいくらでも近くとれるから，$\boldsymbol{x}(t)$ は $|t|<R$ で広義一様収束する．したがって $|t|<R$ において，$\boldsymbol{x}(t)$ は正則で微分方程式の解である． (証明終)

なお関数論の一致の定理により，ある解の解析接続もまた解である．そしてある領域で正則な解は，$A(t), \boldsymbol{b}(t)$ の特異点を通らない曲線に沿って解析接続されることも証明できる（福原 [6], pp.90–91）．

例題 3.1 虹の研究に現れた次の**エアリー** (Airy) **の微分方程式**の $t=0$ における級数解を求めよ：

$$\frac{d^2 w}{dt^2} - tw = 0. \tag{3.5}$$

[**解**] 係数は整関数であるから，この方程式の解は整級数 $w=\sum_{n=0}^\infty c_n t^n$ に展開される．方程式に代入して t^n の係数を比較すると，$n=0$ のときは $2c_2=0$ であり，$n\geqq 1$ に対して $(n+2)(n+1)c_{n+2}-c_{n-1}=0$ である．ゆえに $0=c_2=c_5=c_8=\cdots$ であり，初期条件 $c_0=w(0)$, $c_1=w'(0)$ を決めると，

$$w(t) = c_0\left(1+\frac{1}{3!}t^3+\frac{1\cdot 4}{6!}t^6+\frac{1\cdot 4\cdot 7}{9!}t^9+\cdots\right)$$
$$+c_1\left(t+\frac{2}{4!}t^4+\frac{2\cdot 5}{7!}t^7+\frac{2\cdot 5\cdot 8}{10!}t^{10}+\cdots\right).$$

とくに $c_0=1/(3^{2/3}\Gamma(2/3))$, $c_1=-1/(3^{1/3}\Gamma(1/3))$ の場合の解は $w=\mathrm{Ai}(t)$ という記号で表され（第 1 種の）**エアリー関数**という．また第 2 種のエアリー関数 $\mathrm{Bi}(t)$ は $\mathrm{Bi}(t)=\sqrt{-1}(\omega^2\mathrm{Ai}(\omega^2 t)-\omega\mathrm{Ai}(\omega t))$ $(\omega=e^{2\pi\sqrt{-1}/3})$ で定義され，これも解であり $\mathrm{Ai}(t), \mathrm{Bi}(t)$ は 1 次独立で解空間の基底である．エアリーの微分方程式の解は後の 8.2 節により区間 $-\infty<t<0$ において振動する．次の図において縦軸との交点が下方にある曲線が $\mathrm{Ai}(t)$ のグラフであり，上方にある曲線が $\mathrm{Bi}(t)$ のグラフである．

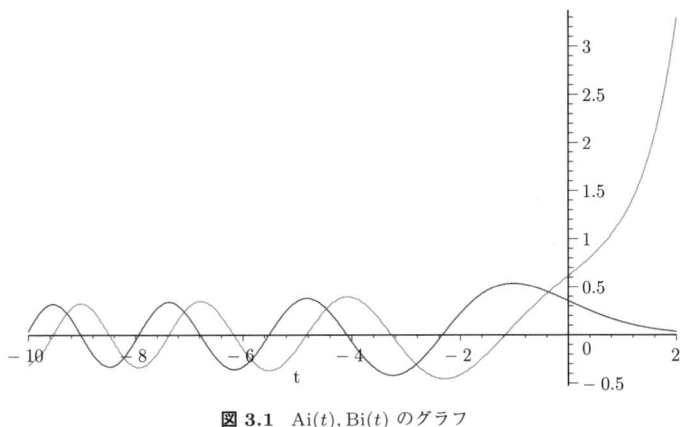

図 3.1 $\mathrm{Ai}(t), \mathrm{Bi}(t)$ のグラフ

(解終)

3.2 線形方程式の確定特異点

この節では複素変数の（スカラー）関数を未知関数とする特異点をもつ単独の線形方程式を考える．

3.2.1 1階の微分方程式

微分方程式 $x' + a(t)x = 0$ において $t = 0$ が $a(t)$ の1位の極であれば，方程式は

$$tx' + \left(\sum_{n=0}^{\infty} p_n t^n\right) x = 0 \quad (p_0 \neq 0)$$

と表される．変数変換 $x = t^{-p_0} y$ により，

$$t\left(-p_0 t^{-p_0-1} y + t^{-p_0} y'\right) + \left(\sum_{n=0}^{\infty} p_n t^n\right) t^{-p_0} y = 0,$$

すなわち，$y' + (\sum_{n=1}^{\infty} p_n t^{n-1}) y = 0$ となる．したがって $x = t^{-p_0} y = t^{-p_0} \sum_{n=0}^{\infty} c_n t^n$ の形の解がある．

もし $t = 0$ が2位以上の極であれば，たとえば，$t^2 x' + x = 0$ のように解は $x = e^{1/t}$ の形で，$t = 0$ で真性特異点をもつ．もちろん $t = 0$ の近傍において収束する級数に解を表すことはできない．

3.2.2 2階の微分方程式

$P(t), Q(t), R(t)$ を $t = 0$ で正則な関数とするとき，2階線形微分方程式

$$t^2 P(t)x'' + tQ(t)x' + R(t)x = 0 \quad (P(0) \neq 0) \tag{3.6}$$

は $t=0$ を**確定特異点**としてもつという．$P(t), Q(t), R(t)$ のマクローリン展開を

$$P(t) = \sum_{m=0}^{\infty} P_m t^m, \quad Q(t) = \sum_{m=0}^{\infty} Q_m t^m, \quad R(t) = \sum_{m=0}^{\infty} R_m t^m$$

とするとき，2次方程式

$$f_0(\rho) := P_0 \rho(\rho-1) + Q_0 \rho + R_0 = 0 \quad (P_0 = P(0) \neq 0) \tag{3.7}$$

を (3.6) の**決定方程式**といい，その根を**決定根**という．

定理 3.2 決定方程式 (3.7) の根 $\rho = \rho_1, \rho_2$ の少なくとも一方に対して

$$x(t) = t^\rho \sum_{n=0}^{\infty} c_n t^n \tag{3.8}$$

の形をした t^ρ と $t=0$ の近傍で収束する整級数の積により表される (3.6) の解（級数解）がある．

[証明] (3.8) の右辺の式を方程式に代入して形式的に計算すると

$$\sum_{n=0}^{\infty} t^{\rho+n} \sum_{k=0}^{n} (P_{n-k}(\rho+k)(\rho+k-1) + Q_{n-k}(\rho+k) + R_{n-k}) c_k = 0.$$

したがって，$f_m(\rho) := P_m \rho(\rho-1) + Q_m \rho + R_m$ とおくと，

$$\sum_{k=0}^{n} f_{n-k}(\rho+k) c_k = 0 \quad (n=0,1,2,\ldots)$$

を得る．$n=0$ のときは，$f_0(\rho) c_0 = 0$ である．1根 ρ をとり，$c_0 (\neq 0)$ を任意に与える．$f_0(\rho+n) \neq 0$ ならば，$c_0, c_1, \ldots, c_{n-1}$ より c_n が決まる．$f_0(\rho+n) = 0$ となる n があるのは，2根の差が（正の）整数となるときに限るが，実部が大きい方の根をとれば，$f_0(\rho+n) \neq 0 \ (n=1,2,\ldots)$ が成立する．したがって少なくとも一つの ρ に対して c_n は c_0 から一意に決まる．すなわち整級数 $\sum_{n=0}^{\infty} c_n t^n$ が存在する．

次にこの級数が収束することを示すため $|c_n|$ を評価する：

$$|c_n| \leqq \sum_{k=0}^{n-1} |f_{n-k}(\rho+k)/f_0(\rho+n)| |c_k|.$$

ある $M, r > 0$ に対し $\max\{|P_m|, |Q_m|, |R_m|\} \leqq M/r^m \ (m=0,1,2,\ldots)$ が成り立つから

$$|f_{n-k}(\rho+k)| \leqq \frac{M}{r^{n-k}} (|(\rho+k)(\rho+k-1)| + |\rho+k| + 1).$$

さらに $\lim_{n \to \infty} |f_0(\rho+n)/n^2| = |P_0| \neq 0$ であるから，$\sup_n |n^2/f_0(\rho+n)| \leqq K$ である

ような定数 $K>0$ がある．$0 \leq k < n$ のとき $|\rho+k|/n \leq |\rho|+1$ であるから，ある定数 A が存在し，$n=0,1,2,\ldots$ に対して次の不等式が成り立つ：

$$|f_{n-k}(\rho+k)/f_0(\rho+n)| \leq \frac{M}{r^{n-k}} A \quad (0 \leq k \leq n-1).$$

したがって $AM=B$ とおくと

$$|c_n| \leq \sum_{k=0}^{n-1} \frac{B}{r^{n-k}} |c_k| = \frac{B}{r} \sum_{k=0}^{n-1} \frac{|c_k|}{r^{n-1-k}}. \tag{3.9}$$

$|c_1| \leq (B/r)|c_0|$ であり，$|c_1|+|c_0|/r \leq |c_0|(B+1)/r$ が成り立つ．今

$$\sum_{k=0}^{n-1} \frac{|c_k|}{r^{n-1-k}} \leq \left(\frac{B+1}{r}\right)^{n-1} |c_0| \tag{3.10}$$

が成り立つとする．このとき (3.9) より

$$|c_n| \leq \frac{B}{r} \left(\frac{B+1}{r}\right)^{n-1} |c_0| \tag{3.11}$$

であるから，(3.10)，(3.11) により，(3.10) において n を $n+1$ で置き換えた不等式が成り立つ．以上により (3.11) が $n \geq 1$ に対して成り立つ．ゆえに $\sum_{n=0}^{\infty} c_n t^n$ は $|t| < r/(B+1)$ で収束する．　　　　　　　　　　　　　　　　　　　　　　　　　　　　（証明終）

定理 3.3　決定方程式 (3.7) の根 $\rho = \rho_1, \rho_2$ が整数差 n_0 をもつ場合に，$\Re\rho_1 \geq \Re\rho_2, \rho_1 - \rho_2 = n_0$ とするとき，解 $x_1(t) = t^{\rho_1} \sum_{n=0}^{\infty} c_n t^n$ のほかに第 2 の解として

$$x_2(t) = Cx_1(t)\log t + t^{\rho_2} \sum_{n=0}^{\infty} d_n t^n \quad (C \text{ は定数})$$

の形の解が存在する．

[**証明**]　$x(t) = x_1(t)w(t)$ とおいて方程式に代入すると w' に関する 1 階の方程式

$$t^2 P x_1 w'' + (2t^2 x_1' P + tQ x_1) w' = 0$$

を得る（階数降下法）．変形すれば $w'' + ((2x_1'/x_1) + t^{-1}Q/P)w' = 0$．$w'$ の係数の級数展開は

$$\frac{2x_1'}{x_1} + \frac{1}{t}\frac{Q}{P} = \frac{1}{t}\left(2\rho_1 + \frac{Q_0}{P_0}\right) + \sum_{n=0}^{\infty} \gamma_n t^n.$$

$\rho_1, \rho_2 (= \rho_1 - n_0)$ が 2 次方程式 $f_0(\rho) = P_0\rho(\rho-1) + Q_0\rho + R_0 = 0$ の 2 根であるから，根と係数の関係より，$2\rho_1 - n_0 = -(Q_0 - P_0)/P_0$，すなわち $2\rho_1 + Q_0/P_0 = n_0 + 1$．ゆえに $w'(t) = t^{-n_0-1} \sum_{n=0}^{\infty} g_n t^n$ という解があり，

$$w(t) = g_{n_0} \log t + \sum_{n \neq n_0, n \geq 0} \frac{g_n}{n-n_0} t^{n-n_0}.$$

$x(t) = x_1(t)w(t)$ に代入して，定理の形の解を得る． (証明終)

例題 3.2 次のベッセル (Bessel) の微分方程式の確定特異点 $t = 0$ における級数解を求めよ．

$$t^2 x'' + tx' + (t^2 - m^2)x = 0 \quad (2m \neq \text{整数}) \tag{3.12}$$

[解] $f_0(\rho) = \rho^2 - m^2, f_1(\rho) = 0, f_2(\rho) = 1, f_m(\rho) = 0 \ (m \geqq 3)$ である．決定根は $\rho = \pm m$. $f_1(\rho) = 0$ であるから $c_1 = 0$. $2m \neq$ 整数であるから，$\rho = \pm m$ に対して $f_0(\rho + n)c_n + c_{n-2} = 0$ より，c_n が c_{n-2} から決まる．$c_1 = 0$ であるから，n が奇数ならば $c_n = 0$. $\rho = m, n = 2k$ とおいて $2k(2k + 2m)c_{2k} + c_{2k-2} = 0$ が得られる．したがって

$$c_{2k} = (-1)^k \frac{\Gamma(m+1)}{2^{2k}\Gamma(k+m+1)\Gamma(k+1)} c_0.$$

とくに $c_0 = 1/2^m \Gamma(m+1)$ ととることにより

$$x = J_m(t) = \sum_{k=0}^{\infty} \frac{(-1)^k}{\Gamma(k+m+1)\Gamma(k+1)} \left(\frac{t}{2}\right)^{2k+m}$$

という解を得る．これを**ベッセル関数**という．$J_m(t)/t^m$ はすべての t で収束し，正則である．m を $-m$ で置き換えた $x = J_{-m}(t)$ も（級数）解である． (解終)

3.2.3 無限遠点

$t = \infty$ が確定特異点であるとは，$t = 1/s$ とおいて $s = 0$ が確定特異点であるときにいう．

$$t^2 \frac{d^2 x}{dt^2} + tQ(t)\frac{dx}{dt} + R(t)x = 0$$

が $t = \infty$ を確定特異点とする条件は次のように表されることである．

$$Q(t) = Q_0 + \frac{Q_1}{t} + \frac{Q_2}{t^2} + \cdots, \quad R(t) = R_0 + \frac{R_1}{t} + \frac{R_2}{t^2} + \cdots$$

3.2.4 超幾何方程式

2 階線形微分方程式

$$t(1-t)\frac{d^2 x}{dt^2} + \{\gamma - (\alpha + \beta + 1)t\}\frac{dx}{dt} - \alpha\beta x = 0 \tag{3.13}$$

を**ガウスの超幾何微分方程式**といい，その解を**超幾何関数**という．$t = 0$ は確定特異点である．t をかけて

$$t^2(1-t)\frac{d^2 x}{dt^2} + t(\gamma - (\alpha + \beta + 1)t)\frac{dx}{dt} - \alpha\beta tx = 0$$

と書き直して，3.2.2 の方法をあてはめると，

3. 複素常微分方程式

$$f_0(\rho) = \rho(\rho-1) + \gamma\rho = \rho(\rho - 1 + \gamma),$$
$$f_1(\rho) = -\rho(\rho-1) - (\alpha+\beta+1)\rho - \alpha\beta = -(\rho+\alpha)(\rho+\beta)$$

であるから, (3.8) の形の解 $x(t)$ の係数 c_n は

$$(\rho+n)(\rho+n+\gamma-1)c_n = (\rho+n+\alpha-1)(\rho+n+\beta-1)c_{n-1}$$

から定められる. 決定根 $\rho = 0$ に対して ($(\alpha)_n := \alpha(\alpha+1)\cdots(\alpha+n-1)$ とおく)

$$x_1(t) = 1 + \frac{\alpha\cdot\beta}{\gamma\cdot 1}t + \frac{\alpha(\alpha+1)\beta(\beta+1)}{\gamma(\gamma+1)\cdot 1\cdot 2}t^2 + \cdots = \sum_{n=0}^{\infty}\frac{(\alpha)_n(\beta)_n}{(\gamma)_n(1)_n}t^n$$
$$= \frac{\Gamma(\gamma)}{\Gamma(\alpha)\Gamma(\beta)}\sum_{n=0}^{\infty}\frac{\Gamma(\alpha+n)\Gamma(\beta+n)}{\Gamma(\gamma+n)\Gamma(1+n)}t^n =: F(\alpha,\beta,\gamma;t)$$

が解となり, この級数を**超幾何級数**という. $\rho = 1-\gamma$ に対しては

$$x_2(t) = \sum_{n=0}^{\infty}\frac{(\alpha-\gamma+1)_n(\beta-\gamma+1)_n}{(2-\gamma)_n(1)_n}t^{n+1-\gamma} = t^{1-\gamma}F(\alpha-\gamma+1,\beta-\gamma+1,2-\gamma;t)$$

が解となる.

$$\frac{c_n}{c_{n+1}} = \frac{(\rho+n+\gamma)(\rho+n+1)}{(\rho+n+\alpha)(\rho+n+\beta)} \to 1 \quad (n\to\infty)$$

であるから, 収束円は $|t| < 1$ である.

方程式 (3.13) において $t = 1-s$ とおくと,

$$s(1-s)\frac{d^2x}{ds^2} + \{\alpha+\beta+1-\gamma-(\alpha+\beta+1)s\}\frac{dx}{ds} - \alpha\beta x = 0$$

を得るから, $s=0$ つまり $t=1$ も確定特異点で

$$x_3(t) = F(\alpha,\beta,\alpha+\beta+1-\gamma;1-t),$$
$$x_4(t) = (1-t)^{\alpha+\beta-\gamma}F(\gamma-\alpha,\gamma-\beta,\gamma+1-\alpha-\beta;1-t)$$

という $|1-t| < 1$ で収束する解がある.

方程式 (3.13) において $t = 1/s$ とおくと,

$$s^2(1-s)\frac{d^2x}{ds^2} + s\{(\gamma-2)s - (\alpha+\beta-1)\}\frac{dx}{ds} + \alpha\beta x = 0$$

を得るから, $s=0$ つまり $t=\infty$ は確定特異点で, 級数解を求めて再び 3.2.2 の方法を用いると, 次式を得る:

$$x_5(t) = t^{-\alpha}F(\alpha,\alpha+1-\gamma,\alpha+1-\beta;1/t),$$
$$x_6(t) = t^{-\beta}F(\beta,\beta+1-\gamma,\beta+1-\alpha;1/t).$$

3.2.5 フックスの条件

一般に,(無限遠点もこめて) $t = t_1, t_2, t_3$ 以外に特異点をもたず,これらがすべて確定特異点で,t_j における決定方程式の根 $\rho_j, \tilde{\rho}_j$ が**フックス (Fuchs) の条件**

$$\sum_{j=1}^{3} \rho_j + \sum_{j=1}^{3} \tilde{\rho}_j = 1 \tag{3.14}$$

を満たすとすれば,そのような微分方程式はただ一通りに決まり,次のようになる:

$$\frac{d^2 x}{dt^2} + \left(\sum_{j=1}^{3} \frac{1 - \rho_j - \tilde{\rho}_j}{t - t_j} \right) \frac{dx}{dt} + \left(\sum_{j=1}^{3} \frac{\rho_j \tilde{\rho}_j \prod_{j \neq k}(t_j - t_k)}{t - t_j} \right) \frac{x}{\prod_{j=1}^{3}(t - t_j)} = 0. \tag{3.15}$$

一般に,多項式係数の 2 階微分方程式

$$P(t) \frac{d^2 x}{dt^2} + Q(t) \frac{dx}{dt} + R(t) x = 0 \tag{3.16}$$

の解が超幾何関数を用いて書けるかどうか調べるには,まず (a) $P(t) = 0$ の根の個数が 3 を超えないこと,(b) $P(t) = 0$ の根が確定特異点であること,(c) 無限遠点が特異点のときそれが確定特異点であることを調べ,確定特異点の個数が 3 を超えないとき,方程式 (3.15),または変換 $t = 1/s$ によって方程式 (3.15) に帰着させる.

次に,変換 $x = (t - t_1)^{\rho_1}(t - t_2)^{\rho_2} y$ を行って確定特異点 $t = t_1, t_2$ における決定方程式の根を $(0, \rho_1), (0, \rho_2)$ に移して,最後に独立変数 t を

$$\frac{(t - t_1)(t_2 - t_3)}{(t - t_3)(t_2 - t_1)} = s$$

で変換すると,s を独立変数とするガウスの方程式 (3.13) となる.

3.2.6 不確定特異点

多項式 $P(t), Q(t), R(t)$ を係数とする 2 階微分方程式 (3.16) で,確定特異点でない特異点を**不確定特異点**という.なお確定特異点,不確定特異点の正確な定義は高野 [7] p.118 にある.

例題 3.3 定数係数微分方程式

$$\frac{d^2 x}{dt^2} + \alpha \frac{dx}{dt} + \beta x = 0$$

において,$t = \infty$ は不確定特異点であることを証明せよ.

[**解**] $t = 1/s$ とおけば,$\frac{d}{dt} = -s^2 \frac{d}{ds}$,$\frac{d^2}{dt^2} = s^4 \frac{d^2}{ds^2} + 2s^3 \frac{d}{ds}$ であるから,

$$s^4 \frac{d^2 x}{ds^2} - (\alpha s^2 - 2s^3) \frac{dx}{ds} + \beta x = 0.$$

d^2x/ds^2 の係数は s^4 であるから, $s = 0$ はあきらかに確定特異点ではない. (解終)

$t = \infty$ を不確定特異点とする次の方程式を考える:

$$x'' + A(t)x' + B(t)x = 0. \tag{3.17}$$

ただし $A(t), B(t)$ は $A(t) = \sum_{n=0}^{\infty} A_n t^{-n}, B(t) = \sum_{n=0}^{\infty} B_n t^{-n}$ のように展開されるとする ($A_0 = B_0 = B_1 = 0$ ならば $t = \infty$ は確定特異点である). このとき $x = e^{\lambda t} t^\rho \sum_{n=0}^{\infty} c_n t^{-n}$ を (3.17) に代入し, 形式的に計算すると次の関係式を得る:

$$\lambda^2 + A_0 \lambda + B_0 = 0, \quad (A_0 + 2\lambda)\rho = -(A_1\lambda + B_1).$$

そして $(A_0 + 2\lambda)nc_n$ が $c_0, c_1, \ldots, c_{n-1}$ の 1 次結合で表される. このとき次の定理 (Olver[20], p.232) が成り立つ.

定理 3.4 $A_0^2 \neq 4B_0$ とし, $\lambda^2 + A_0\lambda + B_0 = 0$ の 2 根を λ_1, λ_2 とする. $j = 1, 2$ に対して ρ_j を $(A_0 + 2\lambda_j)\rho_j = -(A_1\lambda_j + B_1)$ のようにとる. $c_0 = c_{0,j}$ を任意に決めると, $c_n = c_{n,j}, (n \geqq 1)$ が帰納的に決まる. このとき $S_1 = \{t : |\arg((\lambda_2 - \lambda_1)t)| \leqq \pi\}, S_2 = \{t : |\arg((\lambda_1 - \lambda_2)t)| \leqq \pi\}$ とおくと, 方程式 (3.17) は次の形に漸近展開される解 $x_j(t)$ $(j = 1, 2)$ をただ 1 組もつ:

$$x_j(t) \sim e^{\lambda_j t} t^{\rho_j} \sum_{n=0}^{\infty} c_{n,j} t^{-n} \quad (t \in S_j, t \to \infty).$$

3.2.7 合流型超幾何方程式

$t = 0, c, \infty$ に確定特異点をもち, 各特異点における決定根がそれぞれ $(1/2 + m, 1/2 - m), (c - k, k), (-c, 0)$ である 2 階線形微分方程式は

$$\frac{d^2 x}{dt^2} + \frac{1-c}{t-c} \frac{dx}{dt} + \frac{1}{t(t-c)} \left\{ \frac{-c(1/4 - m^2)}{t} + \frac{k(c-k)c}{t-c} \right\} x = 0$$

である. ここで $c \to \infty$ として得られる微分方程式

$$\frac{d^2 x}{dt^2} + \frac{dx}{dt} + \left(\frac{k}{t} + \frac{1/4 - m^2}{t^2}\right) x = 0 \tag{3.18}$$

に変換 $x = e^{-t/2} W$ をほどこして得られる微分方程式

$$\frac{d^2 W}{dt^2} + \left(-\frac{1}{4} + \frac{k}{t} + \frac{1/4 - m^2}{t^2}\right) W = 0 \tag{3.19}$$

を **合流型超幾何方程式** という.

一般に, ベッセルの微分方程式 (3.12) のように $s = 0$ に確定特異点, $s = \infty$ に不確定

特異点をもつ微分方程式

$$s^2\frac{d^2x}{ds^2} + s(A_0 + A_1 s)\frac{dx}{ds} + (B_0 + B_1 s + B_2 s^2)x = 0$$

は $x = e^{\lambda s}s^\rho W$ の形の変換に，$s = \sigma t$ という変換を行えば，かならず (3.18) したがって (3.19) の形に変換できる．

$t = 0$ は方程式 (3.19) の確定特異点で，決定方程式の 2 根は $1/2 + m, 1/2 - m$ である．これらの根に対応する解を通常 $M_{k,m}(t), M_{k,-m}(t)$ と書く：

$$M_{k,m}(t) = t^{1/2+m}e^{-t/2}\left\{1 + \frac{1/2 + m - k}{1!(2m+1)}x + \frac{(1/2+m-k)(3/2+m-k)}{2!(2m+1)(2m+2)}t^2 + \cdots\right\},$$

$$M_{k,-m}(t) = t^{1/2-m}e^{-t/2}\left\{1 + \frac{1/2 - m - k}{1!(-2m+1)}x + \frac{(1/2-m-k)(3/2-m-k)}{2!(-2m+1)(-2m+2)}t^2 + \cdots\right\}.$$

例題 3.4 次のベッセルの微分方程式 (3.12) を (3.19) の形に変形せよ：

$$\frac{d^2x}{dt^2} + \frac{1}{t}\frac{dx}{dt} + \left(1 - \frac{m^2}{t^2}\right)x = 0.$$

[**解**] $x = p(t)y$ とおいて

$$py'' + \left(2p' + \frac{1}{t}p\right)y' + \left\{p'' + \frac{1}{t}p' + \left(1 - \frac{m^2}{t^2}\right)p\right\}y = 0.$$

$2p' + p/t = 0$ すなわち $p = t^{-1/2}$ とすれば，この式の左辺は

$$y'' + \left(\frac{p''}{p} + \frac{1}{t}\frac{p'}{p} + 1 - \frac{m^2}{t^2}\right)y = y'' + \left\{1 + \left(\frac{1}{4} - \nu^2\right)\frac{1}{t^2}\right\}y.$$

$t = s/(2i)$ とおけば，(3.19) の形となる：

$$\frac{d^2y}{ds^2} + \left(-\frac{1}{4} + \frac{1/4 - m^2}{s^2}\right)y = 0. \qquad \text{(解終)}$$

3.3 漸近級数展開

3.3.1 ランダウの記号

一般に複素数平面上の部分集合 D で定義された関数 $\phi(t), \psi(t)$ があり，t_0 は D の点または D の境界点であるとする．$|\phi(t)| \leqq M|\psi(t)|$ $(t \in U \cap D)$ である t_0 の近傍 U と数 M が存在するとき $\phi(t) = O(\psi(t))$ $(t \in D, t \to t_0)$ と書き，$\lim_{t \in D, t \to t_0} \phi(t)/\psi(t) = 0$ であるとき $\phi(t) = o(\psi(t))$ $(t \in D, t \to t_0)$ と書き，これらを**ランダウ** (Landau) **の記号**という．O はラージ・オー（またはビッグ・オー，大きなオー），o はスモール・オー（またはリトル・オー，小さなオー）と読む．D が t_0 の近傍である場合には $(t \in D, t \to t_0)$ の代わりに $(t \to t_0)$ と書く．以下の諸定義では D を省略して書く．

たとえば t が実数のとき，$\sin^2 t = O(t^2)$ $(t \to 0)$, $\cos 2t = O(1)$ $(t \to 0)$ であり，

$e^{-t} = o(t^{-n})$ $(t \to +\infty)(n = 0, 1, 2, \ldots)$ である．

3.3.2 漸近展開

無限関数列 $\{\phi_n\}$ が $\phi_{n+1}(t) = o(\phi_n(t))$ $(t \to t_0)$ $(n = 1, 2, \ldots)$ を満たすとき，$t \to t_0$ のとき**漸近（関数）列**と呼ばれる．たとえば，$\{(t-t_0)^n\}$ は $t \to t_0$ のとき漸近列であり，$\{t^{-n}\}$ は $t \to \infty$ のとき漸近列である．漸近列 $\{\phi_n(t)\}$ と任意の N に対して，

$$f(t) = \sum_{n=1}^{N} a_n \phi_n(t) + O(\phi_{N+1}(t)) \quad (t \to t_0)$$

が成り立つとき，$f(t) \sim \sum_{n=1}^{\infty} a_n \phi_n(t)$ $(t \to t_0)$ と書き，関数 $f(t)$ は $t \to t_0$ のとき級数 $\sum_{n=1}^{\infty} a_n \phi_n(t)$ に**漸近（級数）展開**される，あるいは $\sum_{n=1}^{\infty} a_n \phi_n(t)$ は $f(t)$ の漸近級数であるという（$\sum_{n=1}^{\infty} a_n \phi_n(t)$ は一般には収束しない）．このように漸近展開されるとすると，係数 a_n は n に関して帰納的に $a_n = \lim_{t \to t_0}(f(t) - \sum_{k=1}^{n-1} a_k \phi_k(t))/\phi_n(t)$ のように決まる．したがって1つの漸近列に対して関数の漸近展開は一意的である．

たとえば無限回連続微分可能な関数 $f(t)$ は $t \to 0$ のとき，そのマクローリン級数に漸近展開される．また $S_\theta = \{t \in \mathbf{C} : |\arg t| < \theta\}$ $(0 < \theta < \pi/2)$ とするとき，$e^{-1/t} \sim \sum_{n=0}^{\infty} 0 \cdot t^n (t \in S_\theta, t \to 0)$ であるから，ある1つの級数を漸近級数とする関数は無数にある．また次のことが成り立つ：任意の（形式的）冪級数 $\sum_{n=0}^{\infty} a_n t^n$ と，0を頂点とする任意の角領域 $S = \{t \in \mathbf{C} : \alpha < \arg t < \beta, 0 < |t| < r\}$ に対して，S で正則な関数 $f(t)$ で，$f(t) \sim \sum_{n=0}^{\infty} a_n t^n (t \in S, t \to 0)$ であるものが（複数）存在する（**ボレル・リット** (Borel–Ritt) **の定理**（Wasow[19], p.43））．

3.3.3 エアリー関数の漸近展開

$t = \infty$ はエアリーの微分方程式 (3.5) の不確定特異点であり，$\mathrm{Ai}(t), \mathrm{Bi}(t)$ について次の漸近式が成り立つ (Erderyi[15], pp.96–97)：$\zeta = 2t^{3/2}/3$ とおくとき

(i) $\mathrm{Ai}(t) \sim \frac{1}{2\sqrt{\pi}} \frac{1}{\sqrt[4]{t}} e^{-\zeta}(1 + O(\zeta^{-1}))$ $(-\pi < \arg t < \pi, t \to \infty)$,

(ii) $\mathrm{Ai}(t) \sim \frac{1}{2\sqrt{\pi}} \frac{1}{\sqrt[4]{t}} \{e^{-\zeta}(1 + O(\zeta^{-1})) + ie^{\zeta}(1 + O(\zeta^{-1}))\}$
$(\pi/3 < \arg t < 5\pi/3, t \to \infty)$,

(iii) $\mathrm{Ai}(t) \sim \frac{1}{2\sqrt{\pi}} \frac{1}{\sqrt[4]{t}} \{e^{-\zeta}(1 + O(\zeta^{-1})) - ie^{\zeta}(1 + O(\zeta^{-1}))\}$
$(-5\pi/3 < \arg t < -\pi/3, t \to \infty)$,

(iv) $\mathrm{Bi}(t) \sim \frac{1}{\sqrt{\pi}} \frac{1}{\sqrt[4]{t}} e^{\zeta}(1 + O(\zeta^{-1}))$ $(-\pi/3 < \arg t < \pi/3, t \to \infty)$.

(i), (ii), (iii) から，$\arg t = \pm\pi/3, \pm\pi, \pm5\pi/3$ を境として $\mathrm{Ai}(t)$ は $t \to \infty$ のとき異なる漸近展開をもつ．すなわち，関数 $\mathrm{Ai}(t)$ を解析接続したとき，ある領域における漸近展開がこれらの直線をこえると異なる漸近展開になる．これらの直線を**ストークス** (Stokes) **曲線**，ストークス曲線を境として漸近展開の形が変わることを**ストークス現象**という．

3.3.4 助変数をもつ微分方程式と WKB 解

小さなパラメータ（助変数）ϵ $(0 < \epsilon \leq \epsilon_0)$ をもつ特異摂動タイプの微分方程式（**1 次元シュレーデインガー** (Schrödinger) **方程式**）

$$\epsilon^{2k}\frac{d^2x}{dt^2} - q(t,\epsilon)x = 0 \quad (k \text{ は自然数}, \quad q(t,\epsilon) \sim \sum_{n=0}^{\infty} q_n(t)\epsilon^n \ (\epsilon \to 0)) \tag{3.20}$$

は次のような形式解 $\tilde{x}(t,\epsilon)$ をもつ：

$$\tilde{x}(t,\epsilon) = \frac{1}{\sqrt[4]{q_0(t)}} \exp\left(\frac{1}{\epsilon^k}\sum_{n=0}^{k-1} a_n(t)\epsilon^n\right) \cdot \sum_{n=0}^{\infty} b_n(t)\epsilon^n,$$
$$a_0(t) = \pm\int^t \sqrt{q_0(s)}ds, \quad b_0(t) = \text{定数}.$$

この ϵ についての冪級数 $\tilde{x}(t,\epsilon)$ は $\epsilon \to 0$ のとき，t の適当な領域において真の解の漸近展開である．この解は $q_0(t) = 0$ となる t（これを**転移点**という）においては意味がない．

転移点における解を見つけるのは一般に容易ではない．パラメータをもつエアリーの微分方程式 $\epsilon^2(d^2x/dt^2) - tx = 0$ の解は，エアリー関数（またはベッセル関数）で表される．もっと一般に $q_0(t)$ の零点（転移点）が 1 位であれば，(3.20) の解の漸近展開はエアリー関数を用いて表される．

(3.20) で $k = 1$ の場合，次式で与えられる漸近解の第 1 項

$$\tilde{x}_\pm(t,\epsilon) = \frac{1}{\sqrt[4]{q_0(t)}} \exp\left(\pm\frac{1}{\epsilon}\int^t \sqrt{q_0(s)}ds\right)$$

は Wentzel, Kramers, Brillouin 3 者の頭文字をとって **WKB 解**と呼ばれる（Wasow[19], p.158）．$q_0(t) = t$ のとき解はエアリー関数で表されるが，$q_0(t)$ が多項式や有理関数の場合はこの WKB 解が（応用上）よく利用される（一般に $\int \sqrt{q_0(t)}dt$ の積分は不可能である）．$q_0(t)$ が多項式のとき，$t = \infty$ は不確定特異点であり，∞ の近傍における漸近解の第 1 近似はうえの WKB 解において $\epsilon = $ 定数とみなしたものである．等式 $\Re \int_a^t \sqrt{q_0(s)}ds = 0$ $(q_0(a) = 0)$ を満たす t の集合は $t = a$（転移点）から出る曲線を表し，**ストークス曲線**と呼ばれる．エアリーの微分方程式の場合は転移点である原点（または不確定特異点である無限遠点）からでる直線 $\arg t = \pm\pi/3, \pm\pi, \pm 5\pi/3$ である．

ストークス曲線は転移点と転移点を結ぶ曲線，または転移点と ∞ を結ぶ曲線で，ストー

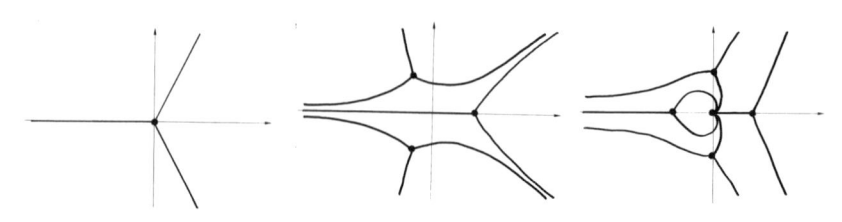

図 3.2 ストークス曲線の例

クス曲線どうしは交わらない．図3.2は左から $q_0(t) = t, q_0(t) = t^3 - 1, q_0(t) = (t^4 - 1)/t^3$ の場合のストークス曲線の概形である．最後の場合は $t = 0, \infty$ が不確定特異点で単位円上に転移点が4つある．

WKB解 $\tilde{x}_\pm(t, \epsilon)$ を漸近展開にもつ線形独立な2つの真の解 $x_\pm(t, \epsilon)$ が存在して，次式が成り立つ：$x_\pm(t, \epsilon) \sim \tilde{x}_\pm(t, \epsilon) \ (t \in D, t \to \infty); \ x_\pm(t, \epsilon) \sim \tilde{x}_\pm(t, \epsilon) \ (t \in D, \epsilon \to 0)$．これを**フェドリューク** (Fedoryuk) **の2重漸近性**という．D が最大領域であるときこれを**特性領域**といい，その境界はストークス曲線であり，これを越えて $x_\pm(t, \epsilon)$ を解析接続すると，漸近級数の形が変わるというストークス現象が起こる (3.3.3)．

3.4 パンルヴェ方程式

次の6個の2階非線形微分方程式を**パンルヴェ** (Painlevé) **方程式**と総称する (Ince[14], p.345)：

$$\begin{aligned}
\text{(I)}: \ & x'' = 6x^2 + t, \\
\text{(II)}: \ & x'' = 2x^3 + tx + \alpha, \\
\text{(III)}: \ & x'' = \frac{1}{x}(x')^2 - \frac{1}{t}x' + \frac{1}{t}(\alpha x^2 + \beta) + \gamma x^3 + \frac{\delta}{x}, \\
\text{(IV)}: \ & x'' = \frac{1}{2x}(x')^2 + \frac{3}{2}x^3 + 4tx^2 + 2(t^2 - \alpha)x + \frac{\beta}{x}, \\
\text{(V)}: \ & x'' = \left(\frac{1}{2x} + \frac{1}{x-1}\right)(x')^2 - \frac{1}{t}x' + \frac{(x-1)^2}{t^2}\left(\alpha x + \frac{\beta}{x}\right) \\
& \quad + \gamma \frac{x}{t} + \delta \frac{x(x+1)}{x-1}, \\
\text{(VI)}: \ & x'' = \frac{1}{2}\left(\frac{1}{x} + \frac{1}{x-1} + \frac{1}{x-t}\right)(x')^2 - \left(\frac{1}{t} + \frac{1}{t-1} + \frac{1}{x-t}\right)x' \\
& \quad + \frac{x(x-1)(x-t)}{t^2(t-1)^2}\left\{\alpha + \beta\frac{t}{x^2} + \gamma\frac{t-1}{(x-1)^2} + \delta\frac{t(t-1)}{(x-t)^2}\right\}.
\end{aligned}$$

上から順に，第Ⅰパンルヴェ方程式，第Ⅱパンルヴェ方程式，$\cdots$，第Ⅵパンルヴェ方程式という．x が従属変数，t が独立変数，$\alpha, \beta, \gamma, \delta$ は定数である．右辺が x, x' の1次式ではないので非線形方程式である．非線形方程式の解は一般に複雑な挙動をするが，パンルヴェ方程式は，1階非線形方程式である**リッカチ方程式** $x' = a(t)x^2 + b(t)x + c(t)$ と同様に，**動く特異点**は極という著しい性質をもっている．その意味は，方程式の特異点以外の場所に現れる解の特異点（それを動く特異点という）は極のみであるということである．方程式の特異点（**固定特異点**という）は (I), (II), (IV) の場合には $t = \infty$，(III), (V) の場合には $t = 0, \infty$，(VI) の場合には $t = 0, 1, \infty$ である．したがって (I), (II), (IV) の解はすべて有理型関数ということになる．

どのパンルヴェ方程式も 2 連立 1 階微分方程式であるハミルトン (Hamilton) の正準方程式
$$x' = \frac{\partial H(x,y,t)}{\partial y}, \quad y' = -\frac{\partial H(x,y,t)}{\partial x}$$
と同等である. たとえば (VI) のハミルトン関数 $H = H_{VI}$ は

$$\begin{aligned}H_{VI} = \frac{1}{t(t-1)} &\left[x(x-1)(x-t)y^2 \right.\\ &- \{\kappa_0(x-1)(x-t) + \kappa_1 x(x-t) + (\theta-1)x(x-1)\} y + \kappa(x-t)]\\ &(\kappa = (1/4)[(\kappa_0 + \kappa_1 + \theta - 1)^2 - \kappa_\infty^2])\end{aligned}$$

である. ただし $\kappa_0, \kappa_1, \theta, \kappa_\infty$ は定数で, (VI) の $\alpha, \beta, \gamma, \delta$ とは次の関係がある:
$$\alpha = \frac{1}{2}\kappa_\infty^2, \quad \beta = -\frac{1}{2}\kappa_0^2, \quad \gamma = \frac{1}{2}\kappa_1^2, \quad \delta = 1 - \frac{1}{2}\theta^2.$$
ハミルトンの正準方程式から y を消去すると方程式 (VI) が得られる.

正準方程式の形に書いておく利点は多々あるが, たとえば $\kappa = 0$ の場合には $(x,y) = (x(t), 0)$ という解が存在することがわかり, $c := \kappa_0 + \kappa_1 + \theta - 1 \neq 0$ ならば $x(t)$ としては
$$x(t) = \frac{1}{c}t(t-1)\frac{d}{dt}\log((t-1)^{\kappa_0} u(t))$$
がとれることがわかる. ただし $u(t)$ はガウスの超幾何微分方程式 (3.13) において $\alpha = 1 - \kappa_1, \beta = \kappa_0, \gamma = \kappa_0 + \theta$ の場合の一般解である. また (VI) に対する正準方程式 $x' = \partial H_{VI}/\partial y, y' = -\partial H_{VI}/\partial x$ に正準変換
$$x = 1/\xi, \quad y = \xi(\epsilon - \xi\eta), \quad (\epsilon = (\kappa_0 + \kappa_1 + \theta - 1 + \kappa_\infty)/2)$$
を行うと $K_{VI}(\xi, \eta, t) = H_{VI}(1/\xi, \xi(\epsilon - \xi\eta), t)$ をハミルトン関数とする正準方程式 $\xi' = \partial K_{VI}/\partial \eta, \eta' = -\partial K_{VI}/\partial \xi$ に変換されるが, K_{VI} が ξ と η の多項式で, その係数は $t \neq 0, 1$ で正則な t の有理関数であることが確かめられる. したがって任意の $t_0 \neq 0, 1$ と任意の複素数 h に対して $\xi(t_0) = 0, \eta(t_0) = h$ を満たす解が局所的に存在する. これを元の変数 x, y に戻すと, とくに $x = x(t)$ は $t = t_0$ において極をもつ任意定数 h を含む (VI) の解であることがわかる.

パンルヴェ方程式は複雑な見掛けをしているが, 実は自明でない多くの対称性をもつよい方程式である.

X 常微分方程式

4

基 礎 定 理

4.1 解の存在と一意性

n 次列ベクトル $\boldsymbol{x}$ を未知変数とする正規形の微分方程式

$$\boldsymbol{x}' = f(t, \boldsymbol{x}) \tag{4.1}$$

の初期値問題の解は $f(t, \boldsymbol{x})$ が連続関数ならば，少なくとも初期時刻の近くで存在する．$f(t, \boldsymbol{x})$ が

$$K = \{(t, \boldsymbol{x}) \in \mathbf{R} \times \mathbf{R}^n : |t - t_0| \leqq a, \|\boldsymbol{x} - \boldsymbol{x}_0\| \leqq r\} \tag{4.2}$$

で連続であるとする．K は有界閉集合であるから，次のような定数 m が存在する．

$$\|f(t, \boldsymbol{x})\| \leqq m \quad ((t, \boldsymbol{x}) \in K) \tag{4.3}$$

解の存在定理の基礎となるのは，次のよく知られた**アスコリ・アルツェラ** (Ascoli–Arzelà) **の定理**（木村 [3], pp.46–49）である．

定理 4.1 ある有界閉区間 I で定義された関数列 $\{f_n(t)\}_{n=1}^{\infty}$ が一様有界で，同程度連続ならば，I において一様収束する部分列 $\{f_{n(i)}(t)\}_{i=1}^{\infty}$ が存在する．

定理 4.2 $f(t, \boldsymbol{x})$ が (4.2) の K で連続であるならば，m を (4.3) のような数とすると，初期条件 $\boldsymbol{x}(t_0) = \boldsymbol{x}_0$ を満たす (4.1) の解が

$$|t - t_0| \leqq \min\{a, r/m\} \tag{4.4}$$

の範囲で少なくとも 1 つ存在する．

[**証明の概略**] $b = \min\{a, r/m\}$ とおき，$I = [t_0, t_0 + b]$ とおく．I において次のように定義する折れ線をグラフとする関数は初期値問題の近似解と考えられる．I の分割

$$\Delta : t_0 < t_1 < t_2 < \cdots < t_N (= t_0 + b)$$

をとり，

$$I_1 = [t_0, t_1], \quad I_j = (t_{j-1}, t_j], (2 \leqq j \leqq N), \quad |\Delta| = \max\{t_j - t_{j-1} : 1 \leqq j \leqq N\}$$

とおく．このとき区間 I において関数 $\boldsymbol{x}_\Delta(t)$ を，

$$\boldsymbol{x}_\Delta(t_0) = \boldsymbol{x}_0$$

とし，区間 $I_1, I_2, \ldots, I_N$ の順に次の関係式で定義する：

$$\boldsymbol{x}_\Delta(t) = \boldsymbol{x}_\Delta(t_{j-1}) + f(t_{j-1}, \boldsymbol{x}_\Delta(t_{j-1}))(t - t_{j-1}) \quad (t \in I_j).$$

この関数は $t \in I$ において $\|\boldsymbol{x}_\Delta(t) - \boldsymbol{x}_0\| \leqq r$ を満たし，

$$\|\boldsymbol{x}_\Delta(t) - \boldsymbol{x}_\Delta(t')\| \leqq m|t - t'| \quad (t, t' \in I)$$

が成り立つ．また $\tau_\Delta(t) = t_{j-1} \ (t \in I_j)$ とおくと，

$$\boldsymbol{x}_\Delta(t) = \boldsymbol{x}_0 + \int_{t_0}^t f(\tau_\Delta(s), \boldsymbol{x}_\Delta(\tau_\Delta(s))) ds \quad (t \in I)$$

と表すことができる．I の分割の列 $\{\Delta_n\}$ を $\lim_{n\to\infty} |\Delta_n| = 0$ であるようにとり，$\boldsymbol{x}_n = \boldsymbol{x}_{\Delta_n}$ とおく．関数列 $\{\boldsymbol{x}_n(t)\}$ は I において一様有界，同程度連続であるから，アスコリ・アルツェラの定理により，I において一様収束する部分列 $\{\boldsymbol{x}_{n(i)}(t)\}_{i=1}^\infty$ がある．部分列は

$$\boldsymbol{x}_{n(i)}(t) = \boldsymbol{x}_0 + \int_{t_0}^t f(\tau_{\Delta_{n(i)}}(s), \boldsymbol{x}_{n(i)}(\tau_{\Delta_{n(i)}}(s))) ds \quad (t \in I)$$

を満たす．$\lim_{i\to\infty} \boldsymbol{x}_{n(i)}(t) = \boldsymbol{u}(t)$ とおくと，一様収束性より積分と極限は交換可能で

$$\boldsymbol{u}(t) = \boldsymbol{x}_0 + \int_{t_0}^t f(s, \boldsymbol{u}(s)) ds \quad (t \in I) \tag{4.5}$$

を得る．したがって $\boldsymbol{u}(t)$ は初期条件 $\boldsymbol{x}(t_0) = \boldsymbol{x}_0$ を満たす I における解である．同様に $J = [t_0 - b, t_0]$ における解が存在することも証明できる． (証明終)

この定理より $\boldsymbol{x}(t_0) = \boldsymbol{x}_0$ を満たすすべての解は，少なくも (4.4) の範囲で存在する．同様に

$$\|\boldsymbol{x}(t_0) - \boldsymbol{x}_0\| \leqq r/2$$

を満たす解は少なくとも

$$|t - t_0| \leqq \min\{a, r/2m\}$$

の範囲で存在する．

上記の証明で構成された関数列 $\{\boldsymbol{x}_n\}$ 自身が収束すれば，その極限関数は解であるから，$\{\boldsymbol{x}_n\}$ は近似解になる．実は初期条件 $\boldsymbol{x}(t_0) = \boldsymbol{x}_0$ を満たす解が一意的である場合は $\{\boldsymbol{x}_n\}$ は I において一意的な解 $\boldsymbol{u}$ に一様収束することが（背理法により）証明される．

この意味からも解の一意性は重要である．初期値問題の解の一意性に関する基本的条件

4. 基礎定理

は $f(t, \boldsymbol{x})$ の $\boldsymbol{x}$ に関するリプシッツ (Lipschitz) 連続性である.

$$\|f(t, \boldsymbol{x}) - f(t, \boldsymbol{y})\| \leqq k\|\boldsymbol{x} - \boldsymbol{y}\| \quad ((t, \boldsymbol{x}) \in K, (t, \boldsymbol{y}) \in K)$$

であるような $k \geqq 0$ が存在するとき, $f(t, \boldsymbol{x})$ は K において $\boldsymbol{x}$ に関して**リプシッツ連続**であるといい, k を (1つの) **リプシッツ定数**という. たとえば $f(t, \boldsymbol{x})$ が $\boldsymbol{x}$ に関して連続微分可能であるならば, この条件が成り立つ.

定理 4.3 $f(t, \boldsymbol{x})$ が K において $\boldsymbol{x}$ に関してリプシッツ連続であるならば, $\boldsymbol{x}(t_0) = \boldsymbol{x}_0$ を満たす解は

$$|t - t_0| \leqq \min\{a, r/m\}$$

において一意的に存在する.

[証明] 同じ初期条件を満たす解 $\boldsymbol{u}(t), \boldsymbol{v}(t)$ をとり, $\boldsymbol{w}(t) = \boldsymbol{v}(t) - \boldsymbol{u}(t)$ とおく. このとき

$$\begin{aligned}
\frac{d}{dt}\|\boldsymbol{w}(t)\|^2 &= 2\boldsymbol{w}(t) \cdot \boldsymbol{w}'(t) = 2\boldsymbol{w}(t) \cdot (f(t, \boldsymbol{v}(t)) - f(t, \boldsymbol{u}(t))) \\
&\leqq 2\|\boldsymbol{w}(t)\|\|f(t, \boldsymbol{v}(t)) - f(t, \boldsymbol{u}(t))\| \\
&\leqq 2\|\boldsymbol{w}(t)\|k\|\boldsymbol{w}(t)\| \leqq 2k\|\boldsymbol{w}(t)\|^2.
\end{aligned}$$

したがって $V(t) = e^{-2kt}\|\boldsymbol{w}(t)\|^2$ とおくと, $V'(t) \leqq 0$ であるから, $V(t)$ は非負の非増加関数である. $V(t_0) = 0$ であるから, $t \geqq t_0$ のとき $V(t) = 0$ であり, $\boldsymbol{v}(t) = \boldsymbol{u}(t)$.

$t \leqq t_0$ における一意性は, 変数変換 $\boldsymbol{y}(s) = \boldsymbol{x}(-s)$ により, $\boldsymbol{y}(s)$ の方程式に変換して上の結果を適用すれば, 証明できる. (証明終)

上の証明を少し修正して, $\boldsymbol{u}(t), \boldsymbol{v}(t)$ が初期条件 $\|\boldsymbol{u}(t_0) - \boldsymbol{x}_0\| \leqq r/2, \|\boldsymbol{v}(t_0) - \boldsymbol{x}_0\| \leqq r/2$ を満たす2つの解ならば, 次の不等式が成り立つことを示すことができる.

$$\|\boldsymbol{u}(t) - \boldsymbol{v}(t)\| \leqq e^{k|t-t_0|}\|\boldsymbol{u}(t_0) - \boldsymbol{v}(t_0)\| \quad (|t-t_0| \leqq \min\{a, r/2m\}) \tag{4.6}$$

$\boldsymbol{u}(t)$ が $\boldsymbol{u}(t_0) = \boldsymbol{x}_0$ を満たす微分方程式 (4.1) の解であることと, $\boldsymbol{u}(t)$ が積分方程式 (4.5) の連続関数解であることは同じである. したがって, $f(t, \boldsymbol{x})$ が $\boldsymbol{x}$ に関してリプシッツ連続ならば, $\boldsymbol{w}(t) = \boldsymbol{u}(t) - \boldsymbol{v}(t)$ に対して次の不等式を得る.

$$\|\boldsymbol{w}(t)\| \leqq \|\boldsymbol{w}(t_0)\| + \int_{t_0}^{t} k\|\boldsymbol{w}(s)\|ds \quad (t \geqq t_0). \tag{4.7}$$

一般的に次のような補題が成り立ち, 不等式 (4.6) を導きだすことができる.

補題 4.1 $a(t), b(t)$ が $t \geqq t_0$ で連続な実関数で, $a(t) \geqq 0$ とする. このとき, 連続関数 $f(t)$ が不等式

$$f(t) \leqq b(t) + \int_{t_0}^{t} a(s)f(s)ds \quad (t \geqq t_0) \tag{4.8}$$

を満たすならば，次のような**グローンウォール・ベルマン** (Gronwall–Bellman) **の不等式**が成り立つ：

$$f(t) \leqq b(t) + \int_{t_0}^{t} a(s)b(s)\exp\left(\int_{s}^{t} a(r)dr\right)ds \quad (t \geqq t_0). \tag{4.9}$$

[証明]

$$A(t) = \int_{t_0}^{t} a(s)ds, \quad R(t) = \int_{t_0}^{t} a(s)f(s)ds$$

とおく．不等式 (4.8) より，$(e^{-A(t)}R(t))' \leqq a(t)b(t)e^{-A(t)}$ が成り立ち，$R(t_0) = 0$ であるから，$t_0 \leqq t$ のとき，

$$e^{-A(t)}R(t) \leqq \int_{t_0}^{t} a(s)b(s)e^{-A(s)}ds.$$

この不等式より，$R(t)$ は (4.9) の右辺の積分項以下であることになる．もともと $f(t) \leqq b(t) + R(t)$ であるから，(4.9) が成り立つ． (証明終)

$f(t) \geqq 0, b(t) = 0$ の場合 (4.8) が成り立てば，補題 4.1 により，$f(t) = 0$ $(t \geqq t_0)$ を得る．ゆえに不等式 (4.7) より，$\|u(t_0) - v(t_0)\| = 0$ ならば，$\|u(t) - v(t)\| = 0$ $(t \geqq t_0)$ がただちに導き出される．

$b(t)$ が非減少関数の場合，不等式 (4.9) の右辺の積分項の $b(s)$ を $b(t)$ で置き換え，積分を計算すると

$$f(t) \leqq b(t) \exp \int_{t_0}^{t} a(r)dr \quad (t \geqq t_0).$$

$b(t) \equiv c$（定数）の場合，この不等式を**グローンウォールの不等式**という．

4.2 解の初期値に関する連続性

定理 4.2 の証明と同様な発想で，微分方程式の解は初期値に連続的に依存することを証明できる．

定理 4.4 $f(t, \boldsymbol{x})$ が (4.2) で定義される K で連続であるとし，初期条件 $\boldsymbol{x}(t_0) = \boldsymbol{x}_0$ を満たす (4.1) の解は

$$|t - t_0| \leqq b := \min\{a, r/m\}$$

において一意的で，その解を $\boldsymbol{u}(t)$ とする．このとき $n = 1, 2, \ldots$ に対して $\boldsymbol{x}_n(t)$ が $(t_0, \boldsymbol{x}_n(t_0)) \in K$ を満たす (4.1) の解であり，$\lim_{n \to \infty} \boldsymbol{x}_n(t_0) = \boldsymbol{x}_0$ であるならば，

$$|t - t_0| \leqq c := \min\{a, r/2m\}$$

において，$\lim_{n\to\infty} \boldsymbol{x}_n(t) = \boldsymbol{u}(t)$ であり，一様収束である．

[**証明**] $\lim_{n\to\infty} \boldsymbol{x}_n(t_0) = \boldsymbol{x}_0$ であるから，n が十分大きいとき $\|\boldsymbol{x}_n(t_0) - \boldsymbol{x}_0\| \leqq r/2$ である．このとき $|t-t_0| \leqq a, \|\boldsymbol{x}-\boldsymbol{x}_n(t_0)\| \leqq r/2$ ならば $(t,\boldsymbol{x}) \in K$ であるから，$\boldsymbol{x}_n(t)$ は $|t-t_0| \leqq c$ において存在し，$\|\boldsymbol{x}_n(t) - \boldsymbol{x}_0\| \leqq r, \|\boldsymbol{x}_n(t) - \boldsymbol{x}_n(t')\| \leqq m|t-t'|$ が成り立つ．アスコリ・アルツェラの定理により $\{\boldsymbol{x}_n(t)\}$ のある部分列が $|t-t_0| \leqq c$ において (4.1) のある解 $\boldsymbol{v}(t)$ に一様収束する．$\lim_{n\to\infty} \boldsymbol{x}_n(t_0) = \boldsymbol{x}_0$ であるから，$\boldsymbol{v}(t_0) = \boldsymbol{x}_0$ であり，定理の仮定により，$\boldsymbol{v}(t) = \boldsymbol{u}(t)$ である．すなわち $\{\boldsymbol{x}_n(t)\}$ のある部分列が $\boldsymbol{u}(t)$ に一様収束する．$\{\boldsymbol{x}_n(t)\}$ 自身が $\boldsymbol{u}(t)$ に一様収束することは（背理法により）ほぼ同様に証明できる． (証明終)

定理 4.4 は初期時刻 t_0 の近くにおける連続性であるが，広い範囲における連続性は次の**カムケ (Kamke) の定理**（加藤 [5], pp.44–46）として知られている．$f(t,\boldsymbol{x})$ が $(t,\boldsymbol{x})$ 空間のある開集合 D で定義された連続関数とする．微分方程式の解 $\boldsymbol{x}(t)$ の定義域 I はできるだけ延長してそれ以上延長できないようにとれる（木村 [3], pp.67–73）．このような解は**極大延長解**または**最大定義域をもつ解**であるという．

定理 4.5 $(t,\boldsymbol{x})$ 空間のある開集合 D で定義された連続関数列 $\{f_n(t,\boldsymbol{x})\}$ が $f(t,\boldsymbol{x})$ に広義一様収束し，$\boldsymbol{x}_n(t)$ $(n=1,2,\ldots)$ は微分方程式 $\boldsymbol{x}' = f_n(t,\boldsymbol{x})$ の最大定義域 I_n をもつ解で，ある $t_n \in I_n$ において $\lim_{n\to\infty}(t_n, \boldsymbol{x}_n(t_n)) = (t_0, \boldsymbol{x}_0) \in D$ であるとする．このとき，初期値問題
$$\boldsymbol{x}' = f(t,\boldsymbol{x}), \quad \boldsymbol{x}(t_0) = x_0$$
の最大定義域 I をもつ解 $\boldsymbol{x}(t)$ が存在して，$\{\boldsymbol{x}_n(t)\}$ のある部分列が $\boldsymbol{x}(t)$ に I において広義一様収束する．

X 常微分方程式

5

解の漸近挙動

5.1 平　衡　点

簡単のため自励系の連立微分方程式

$$x' = F(x,y), \quad y' = G(x,y) \tag{5.1}$$

を考える．$F(x,y), G(x,y)$ はリプシッツ条件を満たすものとする．xy 平面上の点 (x^*, y^*) が $F(x^*, y^*) = 0, G(x^*, y^*) = 0$ を満たすとき，(x^*, y^*) を (5.1) の**平衡点**という．あきらかに $x(t) \equiv x^*, y(t) \equiv y^*$ は (5.1) の定数解になっている．ここで x, y をそれぞれ $x + x^*$, $y + y^*$ と変数変換すると

$$F(0,0) = 0, \quad G(0,0) = 0 \tag{5.2}$$

となるので，以下では (5.2) を仮定しておく．このとき (5.1) は $(0,0)$ を平衡点にもつ．あるいは (5.1) は零解をもつという．(5.1) の解 $x = x(t), y = y(t)$ は t をパラメータと考えると xy 平面でひとつの連続曲線を表す．この曲線をこの解の軌道といい，xy 平面を相平面と呼ぶ．

5.2 安定性の定義

リャプーノフ (Lyapunov) の意味における安定性の定義を述べる．初期時刻 0 のとき初期点 (x_0, y_0) を通る (5.1) の解を $(x(t), y(t))$ とするとき，

定義 5.1 (i) 任意の $\varepsilon > 0$ に対して，$\delta(\varepsilon) > 0$ が存在して $\sqrt{x_0^2 + y_0^2} < \delta(\varepsilon)$ ならば，すべての $t \geqq 0$ に対して $\sqrt{x(t)^2 + y(t)^2} < \varepsilon$ が成り立つとき (5.1) の平衡点 $(0,0)$ は**安定**であるという．安定でないとき $(0,0)$ は不安定であるという．

(ii) $\delta_0 > 0$ が存在して $\sqrt{x_0^2 + y_0^2} < \delta_0$ ならば，$\lim_{t \to \infty} x(t) = 0, \lim_{t \to \infty} y(t) = 0$ が成り立つとき (5.1) の平衡点 $(0,0)$ は**吸収的**であるという．

(iii) (5.1) の平衡点 $(0,0)$ が安定でありかつ吸収的であるとき平衡点 $(0,0)$ は**漸近安定**であるという．

平衡点が安定であることと吸収的であることは別の概念であることが知られている．

5.3 線形系の安定性

実係数をもつ連立微分方程式 (ただし，A は $n \times n$ 行列)

$$\boldsymbol{x}' = A\boldsymbol{x} \tag{5.3}$$

は $\boldsymbol{x}(t) \equiv \boldsymbol{0}$ を解にもつ．これを (5.3) の零解という．

定理 5.1 (5.3) の零解が漸近安定であるための必要十分条件は特性方程式 $\det(\lambda E - A) = 0$ のすべての特性根 λ が $Re\lambda < 0$ を満たすことである．

証明は Coppel[18], p.56 を参照せよ．

5.4 ラウス・フルヴィッツの判定法

特性方程式 $\det(\lambda E - A) = 0$ は n 次代数方程式になる．実係数の n 次代数方程式

$$\lambda^n + a_1 \lambda^{n-1} + \cdots + a_{n-1} \lambda + a_n = 0 \tag{5.4}$$

のすべての根 λ が $Re\lambda < 0$ を満たすための必要十分条件は

$$\Delta_1 = a_1, \quad \Delta_k = \begin{vmatrix} a_1 & a_3 & a_5 & \cdots & a_{2k-1} \\ 1 & a_2 & a_4 & \cdots & a_{2k-2} \\ 0 & a_1 & a_3 & \cdots & a_{2k-3} \\ 0 & 1 & a_2 & \cdots & a_{2k-4} \\ \cdots & \cdots & \cdots & & \cdots \\ 0 & 0 & 0 & \cdots & a_k \end{vmatrix} \quad (k = 2, 3, \ldots, n)$$

とすれば $\Delta_1 > 0, \Delta_2 > 0, \ldots, \Delta_n > 0$ である．ただし Δ_k において添字番号 j が $j > n$ に対しては $a_j = 0$ とする．これを**ラウス・フルヴィッツ** (Routh–Hurwitz) **の判定法**という．

証明は Coppel[18], Appendix を参照せよ．

例題 5.1 線形系

$$x' = ax + by, \quad y' = cx + dy \tag{5.5}$$

の平衡点 $(0,0)$ が漸近安定であるための必要十分条件は $a + d < 0, \ ad - bc > 0$ である．

[**解**] 線形系 (5.5) の特性方程式

$$\begin{vmatrix} a-\lambda & b \\ c & d-\lambda \end{vmatrix} = \lambda^2 - (a+d)\lambda + ad - bc = 0 \tag{5.6}$$

において $a_1 = -(a+d), a_2 = ad - bc, a_3 = 0$ としてラウス・フルヴィッツの判定法を適用すると

$$\Delta_1 = a_1 > 0, \quad \Delta_2 = \begin{vmatrix} a_1 & a_3 \\ 1 & a_2 \end{vmatrix} > 0$$

となり $a + d < 0, \ ad - bc > 0$ が得られる. (解終)

例題 5.2 $\lambda^3 + a_1\lambda^2 + a_2\lambda + a_3 = 0$ の根がすべて負の実部をもつための必要十分条件は $a_1 > 0, \ a_1 a_2 - a_3 > 0, \ a_3 > 0$ である.

[**解**] $n = 3$ としてラウス・フルヴィッツの判定法を適用すると

$$\Delta_1 = a_1, \quad \Delta_2 = \begin{vmatrix} a_1 & a_3 \\ 1 & a_2 \end{vmatrix}, \quad \Delta_3 = \begin{vmatrix} a_1 & a_3 & a_5 \\ 1 & a_2 & a_4 \\ 0 & a_1 & a_3 \end{vmatrix}$$

(ただし $a_4 = a_5 = 0$) であるから, $\Delta_1 > 0, \Delta_2 > 0, \Delta_3 > 0$ より条件式が得られる. (解終)

5.5 線形系の解の漸近挙動

線形系 (5.5) において $ad - bc \neq 0$ とする. 特性方程式 (5.6) の 2 根 λ_1, λ_2 を分類して平衡点 $(0,0)$ の近傍での解の軌道の様子を図示する.

I. λ_1, λ_2 が実数で相異なる場合 (図 5.1)
(1) $\lambda_1 < 0, \lambda_2 < 0 \implies$ 平衡点 $(0,0)$ は漸近安定 ((i) **安定結節点** (stable node))
(2) $\lambda_1 > 0, \lambda_2 > 0 \implies$ 平衡点 $(0,0)$ は不安定 ((ii) **不安定結節点** (unstable node))
(3) $\lambda_1 > 0, \lambda_2 < 0 \implies$ 平衡点 $(0,0)$ は不安定 ((iii) **鞍形点** (saddle node))

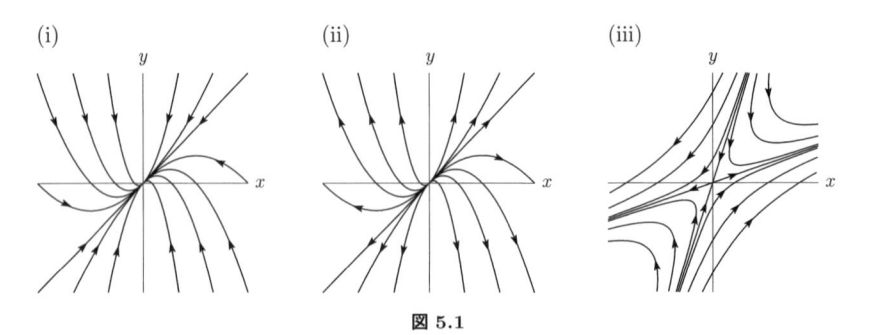

図 5.1

II. λ_1, λ_2 が複素数 $\lambda_1 = \alpha + i\beta, \lambda_2 = \alpha - i\beta$ の場合 (図 5.2)
(1) $\alpha < 0, \beta \neq 0 \Longrightarrow$ 平衡点 $(0,0)$ は漸近安定 ((i) **安定渦状点** (stable spiral point))
(2) $\alpha > 0, \beta \neq 0 \Longrightarrow$ 平衡点 $(0,0)$ は不安定 ((ii) **不安定渦状点** (unstable spiral point))
(3) $\alpha = 0, \beta \neq 0 \Longrightarrow$ 平衡点 $(0,0)$ は安定 ((iii) **渦心点** (center), 漸近安定ではない)

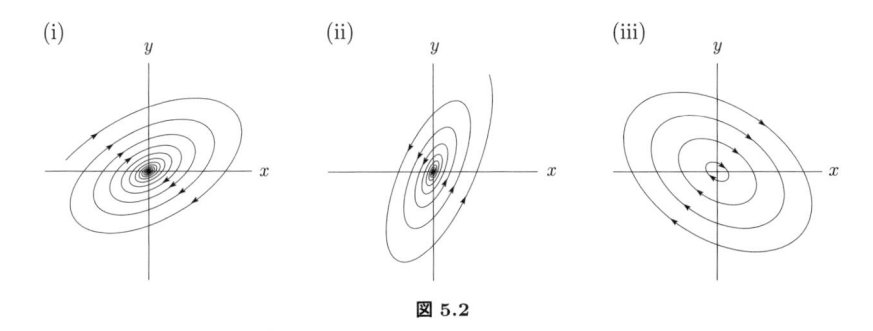

図 5.2

III. 重根 $\lambda_1 = \lambda_2$ の場合 (図 5.3)
(1) $\lambda_1 = \lambda_2 < 0 \Longrightarrow$ 平衡点 $(0,0)$ は漸近安定 ((i), または (ii) **安定結節点**)
(2) $\lambda_1 = \lambda_2 > 0 \Longrightarrow$ 平衡点 $(0,0)$ は不安定 ((iii), または (iv) **不安定結節点**)

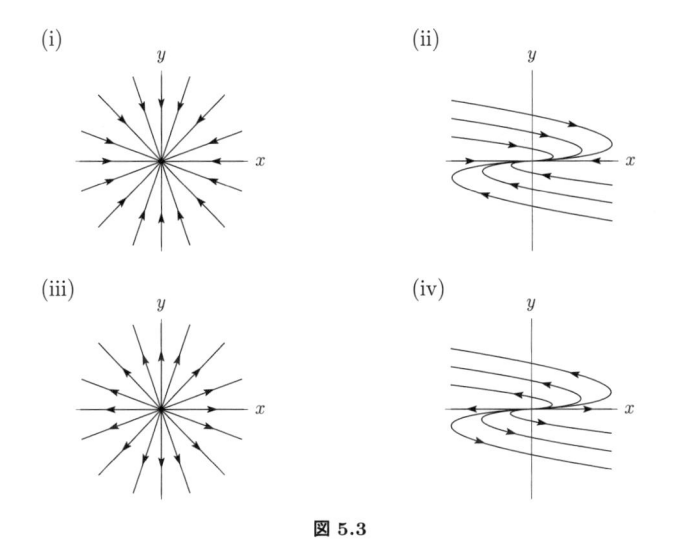

図 5.3

線形系 (5.5) において $ad - bc = 0$ であって少なくとも a, b, c, d のいずれかが零でない場合, たとえば $b \neq 0$ とすると相平面上で $y = -\frac{a}{b}x$ 上の点はすべて平衡点となる. また, このときの解の軌道を例示すると図 5.4 (i), または図 5.4 (ii) のようになる.

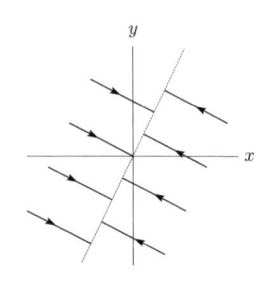

(i) $\lambda_1 = 0, \quad \lambda_2 < 0$　　　　(ii) $\lambda_1 = 0, \quad \lambda_2 > 0$

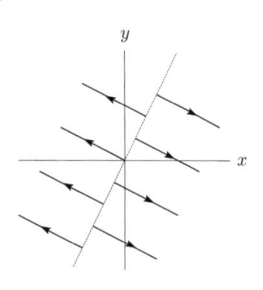

図 5.4

線形系 (5.5) において $a = b = c = d = 0$ の場合は相平面のすべての点が平衡点となり解は初期点に静止したままになる．

5.6 概線形系の解の漸近挙動

(5.1) の右辺の関数 $F(x, y)$ および $G(x, y)$ が平衡点 $(0, 0)$ のまわりでテイラー展開可能ならば (5.1) は

$$x' = ax + by + p(x, y), \quad y' = cx + dy + q(x, y) \tag{5.7}$$

と書き表せる．ここで $p(x, y), q(x, y)$ に関しては十分小さな $x^2 + y^2$ に対して正数 M が存在して

$$|p(x, y)| \leq M(x^2 + y^2), \quad |q(x, y)| \leq M(x^2 + y^2)$$

が成立している．このとき線形系

$$x' = ax + by, \quad y' = cx + dy \tag{5.8}$$

を (5.7) の第一近似といい，(5.7) を**概線形系** (almost linear system) という．このとき次の定理が成立する．

定理 5.2　線形系 (5.8) の平衡点 $(0, 0)$ が漸近安定であれば概線形系 (5.7) の平衡点 $(0, 0)$ も漸近安定となる．

証明は吉沢 [10], p.112 を参照せよ．

5.7　リャプーノフの方法

線形系 (5.3) や概線形系 (5.7) の平衡点 $(0, 0)$ の漸近安定性に関しては定理 5.1 や定理 5.2 を述べたが，非線形系に対する安定性の判定法として**リャプーノフの方法**がある．この

5. 解の漸近挙動

方法は 19 世紀の終わりにロシアの数学者リャプーノフによって考え出されたもので，リャプーノフ関数と呼ばれるある種の距離関数を構成することにより，微分方程式を解かないでも解の安定性を判定できる方法である．ここで考える方程式系は (5.1) で (5.2) を仮定しておく．リャプーノフの発想の出発点は次のようなものであったと考えられる：平衡点 $(0,0)$ の安定性を判定するためには，(5.1) の解軌道上の点が t が増加するとき原点に近づくか遠ざかるかを調べればよい．解軌道上の点 $(x(t), y(t))$ から原点までの距離の 2 乗を v とすると $v = x(t)^2 + y(t)^2$ であり

$$\frac{dv}{dt} = 2x(t)x'(t) + 2y(t)y'(t) = 2x(t)F(x(t), y(t)) + 2y(t)G(x(t), y(t))$$

となる．もし $xF(x,y) + yG(x,y) \leqq 0$ であれば $dv/dt \leqq 0$ となり解軌道上の点は t が増加するとき原点から遠ざかることはなく，平衡点 $(0,0)$ は安定となる．この考えを一般化したものが以下のリャプーノフの方法である．

原点を含む領域 Ω で定義された C^1 関数 $V(x,y)$ を考える．$V(x,y)$ と方程式系 (5.1) に対して関数 $\dot{V}_{(5.1)}(x,y)$ を

$$\dot{V}_{(5.1)}(x,y) \equiv \frac{\partial V}{\partial x} F(x,y) + \frac{\partial V}{\partial y} G(x,y) \tag{5.9}$$

で定義する．また $V(0,0) = 0$ かつ $(x,y) \in \Omega \setminus \{(0,0)\}$ に対し $V(x,y) > 0$ を満たすとき $V(x,y)$ は Ω において正定値であるといい，$V(0,0) = 0$ かつ $(x,y) \in \Omega \setminus \{(0,0)\}$ に対し $V(x,y) < 0$ を満たすとき $V(x,y)$ は Ω において負定値であるという．

定理 5.3 Ω で定義された正定値 C^1 関数 $V(x,y)$ が存在して $\dot{V}_{(5.1)}(x,y) \leqq 0$ であれば，(5.1) の平衡点 $(0,0)$ は安定である．

例題 5.3 次の方程式系の平衡点 $(0,0)$ は安定であることを示せ．

$$x' = ay^{2m-1}, \quad y' = -bx^{2n-1} \ (a, b > 0, \ m, n \in \mathbf{N}) \tag{5.10}$$

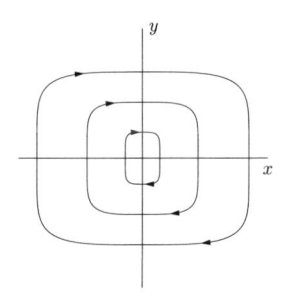

図 5.5 $a = b = 1$, $m = 3$, $n = 2$ の場合の (5.10) の解軌道

[解]　$V(x,y) = \frac{b}{n}x^{2n} + \frac{a}{m}y^{2m}$ とすると $V(x,y)$ は正定値であり

$$\dot{V}_{(5.10)}(x,y) = 2bx^{2n-1}(ay^{2m-1}) + 2ay^{2m-1}(-bx^{2n-1}) = 0$$

となるから定理 5.3 より (5.10) の平衡点 $(0,0)$ は安定である. 　　　　　(解終)

定理 5.4　Ω で定義された正定値 C^1 関数 $V(x,y)$ が存在して $\dot{V}_{(5.1)}(x,y)$ が Ω で負定値であれば，(5.1) の平衡点 $(0,0)$ は漸近安定である.

例題 5.4　$a,b,c,d > 0, k,l,m,n \in \mathbf{N}$ のとき，方程式系

$$x' = -ax^{2k-1} + by^{2l-1}, \quad y' = -cx^{2m-1} - dy^{2n-1} \tag{5.11}$$

に対し $V(x,y) = \frac{c}{m}x^{2m} + \frac{b}{l}y^{2l}$ とすると $V(x,y)$ は正定値であり

$$\dot{V}_{(5.11)}(x,y) = 2cx^{2m-1}(-ax^{2k-1} + by^{2l-1}) + 2by^{2l-1}(-cx^{2m-1} - dy^{2n-1})$$
$$= -2\{acx^{2(k+m-1)} + bdy^{2(l+n-1)}\}$$

となるから $\dot{V}_{(5.11)}(x,y)$ は負定値となる. よって定理 5.4 より (5.11) の平衡点 $(0,0)$ は漸近安定である.

これらの例題に現れる $V(x,y)$ は平衡点 $(0,0)$ からのある種の距離を表しておりリャプーノフ関数と呼ばれる. 平衡点 $(0,0)$ の不安定性に関しては次のチェターエフ (Chetaev) の定理が知られている.

定理 5.5　Ω で定義された C^1 関数 $V(x,y)$ と領域 $\Omega_1 \subset \Omega$ が存在して以下の条件を満たす：
(i) $V(x,y)$ と $\dot{V}_{(5.1)}(x,y)$ は Ω_1 において正である.
(ii) Ω の内部にある Ω_1 の境界上で $V(x,y) = 0$ である.
(iii) $(0,0)$ は Ω_1 の境界点である.
このとき (5.1) の平衡点 $(0,0)$ は不安定である.

例題 5.5　方程式系

$$x' = x^3 + 2y, \quad y' = 2x + y^3 \tag{5.12}$$

に対し $V(x,y) = x^2 - y^2$, $\Omega = \mathbf{R}^2$, $\Omega_1 = \{(x,y): |x| > |y|\}$ とすると

$$\dot{V}_{(5.12)}(x,y) = 2x(x^3 + 2y) - 2y(2x + y^3) = 2x^4 - 2y^4 = 2(x^2 - y^2)(x^2 + y^2)$$

であるから定理 5.5 の条件が満たされ，(5.12) の平衡点 $(0,0)$ は不安定である.

定理 5.3, 5.4 の証明は吉沢 [10], pp.157–158 を，定理 5.5 の証明はラサール・レフシェッツ [16], p.34 を参照せよ.

5.8 ポアンカレ・ベンディクソンの定理

方程式 (5.1) の解 $x(t), y(t)$ が $x(t+T) = x(t), y(t+T) = y(t)$ を満たすとき周期解といい，軌道は閉曲線になる．線形系 (5.5) の場合は，特性根 $\lambda = \pm i\beta$ のときのみ，周期解が存在する (図 5.2 (iii) 参照)．非線形方程式 (5.1) が周期解をもつための 1 つの判定法として次の定理がある (Sansone・Conti[17], p.177 参照)．

定理 5.6 (ポアンカレ・ベンディクソン (Poincaré–Bendixson) の定理)　領域 D が 2 つの閉曲線 C_1 と C_2 によって囲まれた環状領域とする．次の 2 つの条件が成立すれば (5.1) は D 内に少なくとも 1 つの周期解をもつ．
 (1)　D の閉包 $\bar{D}$ には (5.1) の平衡点は存在しない．
 (2)　C_1 および C_2 上の各点を通る (5.1) の解軌道は t の増加とともに D の内部に向かう．

例題 5.6　方程式系
$$x' = -y + x(1-x^2-y^2), \quad y' = x + y(1-x^2-y^2)$$
に対し $x = r\cos\theta, y = r\sin\theta \ (r > 0)$ とおくと，
$$r' = r(1-r^2), \quad \theta' = 1.$$
原点を中心とし半径 0.5, 1.5 の円周をそれぞれ C_1, C_2 とする．C_1 と C_2 によって囲まれる領域を D とすると $\bar{D}$ には平衡点はない．また，$\frac{dr}{dt}|_{r=0.5} = \frac{3}{8} > 0$, $\frac{dr}{dt}|_{r=1.5} = -\frac{15}{8} < 0$ であるから C_1 および C_2 上の各点を通る解軌道は t の増加とともに D の内部に向かう．よって定理 5.6 より D 内には少なくとも 1 つの周期解が存在する．今の場合，実際には $x(t) = \cos(t+\alpha), y(t) = \sin(t+\alpha)$ という原点を中心とする半径 1 の周期解が存在する．

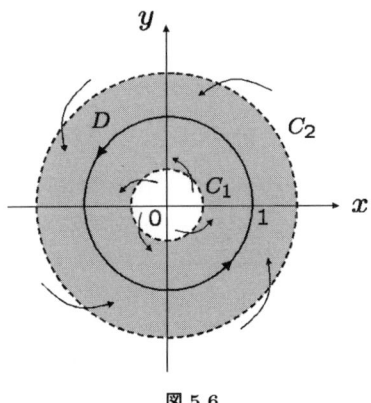

図 5.6

5.9 大域解

スカラー方程式
$$x' = f(x) \tag{5.13}$$
を考える．ここで $f(x)$ は $x \geqq 0$ で定義されており連続とする．

方程式 (5.13) の解 $x(t)$ は $x(t) \geqq 0$ のものを考えるとする．解 $x(t)$ が $[0, \infty)$ で存在するとき**大域解**という．$x(t)$ が大域解とならないとき，すなわち，有限の t で解 $x(t)$ が発散するとき爆発解という．$f(x) \geqq 0 \ (\delta > x \geqq 0)$, $f(x) > 0 \ (x \geqq \delta)$ という仮定のもとで次の定理が成立する．

定理 5.7 (5.13) のすべての解が大域解になるための必要十分条件は
$$\int_\delta^\infty \frac{dx}{f(x)} = \infty \tag{5.14}$$
である．

[**証明**] （必要性）初期時刻 t_0 のときに初期値 $x_0 \geqq \delta$ である (5.13) の解 $x(t)$ を考える．(5.13) のすべての解が大域解であるから $x(t)$ は $[t_0, \infty)$ で定義されている．(5.13) の右辺 $f(x)$ は仮定により $f(x) \geqq 0$ であるから $x'(t) = f(x(t)) \geqq 0 \ (t \geqq t_0)$ となり $x(t)$ は非減少関数となる．よって $x(t) \geqq x_0 \geqq \delta \ (t \geqq t_0)$ となり仮定により $f(x(t)) > 0 \ (t \geqq t_0)$ が成立する．$x'(t) = f(x(t))$ の両辺を $f(x(t))$ で割って t_0 から t まで積分すると
$$\int_{t_0}^t \frac{x'(s)}{f(x(s))} ds = \int_{t_0}^t ds = t - t_0.$$
ここで $x = x(s)$ なる変換を行うと
$$\int_\delta^\infty \frac{dx}{f(x)} \geqq \int_{x_0}^{x(t)} \frac{dx}{f(x)} = t - t_0$$
となり，$t \to \infty$ とすると右辺 $\to \infty$ であるから (5.14) を得る．

（十分性）背理法を用いる．(5.14) が成立しかつ大域解でない (5.13) の解 $x(t)$ が存在すると仮定しよう．すなわち初期時刻 t_0, 初期値 x_0 を満たす解 $x(t)$ が存在し，ある時刻 $T > t_0$ で $\lim_{t \to T} x(t) = \infty$ と仮定する．

(I) $x_0 \geqq \delta$ の場合．$x(t)$ は非減少関数であるから $x(t) \geqq x_0 \geqq \delta \ (t_0 \leqq t < T)$ が成立し，仮定により $f(x(t)) > 0 \ (t_0 \leqq t < T)$ となる．$x'(t) = f(x(t))$ の両辺を $f(x(t))$ で割って t_0 から $t \ (t \in [t_0, T))$ まで積分すると
$$\int_{t_0}^t \frac{x'(s)}{f(x(s))} ds = \int_{t_0}^t ds = t - t_0.$$

ここで $x = x(s)$ なる変換を行うと

$$\int_{x_0}^{x(t)} \frac{dx}{f(x)} = t - t_0$$

となり，$t \to T$ とすると

$$\int_{x_0}^{\infty} \frac{dx}{f(x)} = T - t_0 < \infty$$

を得る．これは (5.14) に矛盾する．

(II) $\delta > x_0 \geqq 0$ の場合．背理法の仮定より $\lim_{t \to T} x(t) = \infty$ であるから $x(t_1) = \delta$ となる $t_0 < t_1 < T$ が存在する．この t_1 を新しい初期時刻と考え直すと (I) の場合に帰着できる． (証明終)

例題 5.7 方程式系

$$x' = 1 + x^2 \tag{5.15}$$

を考える．$f(x) = 1 + x^2$ とおくと

$$\int_{\delta}^{\infty} \frac{dx}{f(x)} = \int_{\delta}^{\infty} \frac{dx}{1+x^2} < \infty$$

であるから定理 5.7 より (5.15) のある解は大域解でないことがわかる．たとえば (5.15) を初期条件 $x(0) = 0$ のもとで解くと $x(t) = \tan t$ となり，この解は $t = \pi/2$ で爆発することがわかる．

6 タイムラグをもつ微分方程式

6.1 タイムラグをもつ微分方程式の例

a を実数,r を正の定数とするとき

$$x'(t) = ax(t-r) \tag{6.1}$$

を定数のタイムラグ (あるいは時間遅れ) r をもつ 1 階線形微分方程式という.方程式 (6.1) における $x'(t)$ を決定するためには時刻 t から r だけさかのぼった時刻 $(t-r)$ における x の値が必要となってくる.このため (6.1) をタイムラグ (あるいは時間遅れ) r をもつ微分方程式という.(6.1) において $r=0$ であれば通常の常微分方程式になる.タイムラグをもつ線形微分方程式は一般に無限個の 1 次独立な解があり常微分方程式のように簡単に取り扱うことはできない.

(6.1) に対して初期値問題を考える.話を簡単にするために初期時刻は $t=0$ としておく.タイムラグをもつ微分方程式 (6.1) に対する初期値問題では,区間 $[-r, 0]$ における連続な初期関数を与える必要が出てくる.

(6.1) に対して初期関数 $\phi(t)$ $(-r \leqq t \leqq 0)$ が与えられたとする.$t \in [0, r]$ に対し (6.1) の両辺を 0 から t まで積分すると

$$x(t) = x(0) + a\int_0^t x(s-r)ds = x(0) + a\int_{-r}^{t-r} x(s)ds = \phi(0) + a\int_{-r}^{t-r} \phi(s)ds$$

となり区間 $[0, r]$ における (6.1) の解 $x(t)$ が一意的に定まる.この解 $x(t)$ を用いて $t \in [r, 2r]$ に対して (6.1) の両辺を r から t まで積分すると区間 $[r, 2r]$ における解 $x(t)$ が一意的に定まり,これを繰り返すことにより,$[0, \infty)$ での (6.1) の解が一意的に定まる.

線形常微分方程式の場合と同様にして,(6.1) の解を $x(t) = ce^{\lambda t}$ $(c \neq 0)$ と想定して (6.1) に代入してみると

$$ce^{\lambda t}(\lambda - ae^{-\lambda r}) = 0$$

を得る.$p(\lambda) \equiv \lambda - ae^{-\lambda r} = 0$ を方程式 (6.1) の特性方程式といい,その解 λ を特性根という.$p(\lambda) = 0$ は代数方程式ではなく超越方程式なので無限個の特性根をもち,(6.1) の

解空間は無限次元線形空間となる．特性根 λ を用いると (6.1) の解は形式的には

$$x(t) = \sum_{p(\lambda)=0} C_\lambda e^{\lambda t}$$

の形で与えられる．しかし常微分方程式の場合と違って $p(\lambda) = 0$ の特性根 λ を具体的に求めることはできないので一般的には (6.1) の厳密解は求められない．

タイムラグをもつ微分方程式の別の簡単な例を挙げよう．a を実数，r を正の定数とするとき

$$x'(t) = a \int_{t-r}^{t} x(s) ds \tag{6.2}$$

を考える．(6.2) における $x'(t)$ を決定するためには区間 $[t-r, t]$ における $x(t)$ のすべての値が必要になる．すなわち時刻 t における $x'(t)$ が区間 $[t-r, t]$ での $x(t)$ の影響を受けていることになり，(6.2) もタイムラグをもつ方程式になっている．(6.2) においても初期時刻を $t = 0$ とすると区間 $[-r, 0]$ において連続な初期関数 $\phi(t)$ を与える必要があることがすぐわかる．

6.2 特性方程式

タイムラグをもつ線形微分方程式系

$$\boldsymbol{x}'(t) = A\boldsymbol{x}(t-r) \tag{6.3}$$

を考える．ここで，A は $n \times n$ 実数行列，$r > 0$ とする．解を $\boldsymbol{x}(t) = \boldsymbol{c} e^{\lambda t}$ ($\boldsymbol{c}$ は零でない n ベクトル) と想定して (6.3) に代入してみると λ に関する次の方程式を得る．

$$e^{\lambda t}(\lambda E - A e^{-\lambda r})\boldsymbol{c} = \boldsymbol{0}.$$

定義 6.1 $p(\lambda) \equiv \det(\lambda E - A e^{-\lambda r}) = 0$ を方程式系 (6.3) の**特性方程式**といい，その解 λ を**特性根**という．

6.3 安定性の定義

方程式系 (6.3) は $\boldsymbol{x}(t) \equiv \boldsymbol{0}$ を解にもつ．これを零解という．(6.3) の初期関数を $\phi(t)$ とし，簡単のため初期時刻を $t = 0$ としておく．$\phi(t)$ は $-r \leqq t \leqq 0$ で連続とし $\|\phi\|_C = \max_{-r \leqq t \leqq 0} \|\phi(t)\|$ とする．$-r \leqq t \leqq 0$ において初期関数 $\phi(t)$ を満たす (6.3) の解を $\boldsymbol{x}(t; \phi)$ とするとき

定義 6.2 (i) 任意の $\varepsilon > 0$ に対して $\delta(\varepsilon) > 0$ が存在して $\|\phi\|_C < \delta(\varepsilon)$ ならば，すべての $t \geqq 0$ に対して $\|\boldsymbol{x}(t; \phi)\| < \varepsilon$ が成り立つとき (6.3) の零解は**安定**であるという．安

定でないとき零解は**不安定**であるという.

(ii) $\delta_0 > 0$ が存在して $\|\phi\|_C < \delta_0$ ならば $\lim_{t \to \infty} \|\boldsymbol{x}(t; \phi)\| = 0$ が成り立つとき (6.3) の零解は**吸収的**であるという.

(iii) (6.3) の零解が安定でありかつ吸収的であるとき零解は**漸近安定**であるという.

6.4 漸近安定性

線形常微分方程式の場合と同様に漸近安定性に関して次の定理 6.1 が成立する. 証明は内藤, 原, 日野, 宮崎 [8], 付録 A を参照せよ.

定理 6.1 方程式系 (6.3) の零解が漸近安定であるための必要十分条件は特性方程式 $\det(\lambda E - Ae^{-\lambda r}) = 0$ のすべての特性根 λ が $Re\lambda < 0$ を満たすことである.

定理 6.1 を用いて特性根解析を行うと以下の定理 6.2〜定理 6.5 が得られる.

スカラー方程式
$$x'(t) = -ax(t-r) \tag{6.4}$$
を考える. ここで $a \in \mathbf{R}$, $r > 0$ とする. このとき

定理 6.2 方程式 (6.4) の零解が漸近安定であるための必要十分条件は
$$0 < ar < \frac{\pi}{2} \tag{6.5}$$
である.

2 元連立方程式
$$\boldsymbol{x}'(t) = -\begin{bmatrix} a_1 & b \\ 0 & a_2 \end{bmatrix} \boldsymbol{x}(t-r) \tag{6.6}$$
を考える. ここで, $a_1, a_2, b \in \mathbf{R}, r > 0$ とする. このとき,

定理 6.3 方程式 (6.6) の零解が漸近安定であるための必要十分条件は
$$0 < a_1 r < \frac{\pi}{2} \quad \text{かつ} \quad 0 < a_2 r < \frac{\pi}{2} \tag{6.7}$$
である.

2 元連立方程式
$$\boldsymbol{x}'(t) = -\rho \begin{bmatrix} \cos\theta & -\sin\theta \\ \sin\theta & \cos\theta \end{bmatrix} \boldsymbol{x}(t-r) \tag{6.8}$$
を考える. ここで, $\rho \in \mathbf{R}, |\theta| < \frac{\pi}{2}, r > 0$ とする. このとき,

定理 6.4 方程式 (6.8) の零解が漸近安定であるための必要十分条件は
$$0 < \rho r < \frac{\pi}{2} - |\theta| \tag{6.9}$$
である．

条件 (6.9) を満たす方程式系 (6.8) の解軌道図を次に示す．

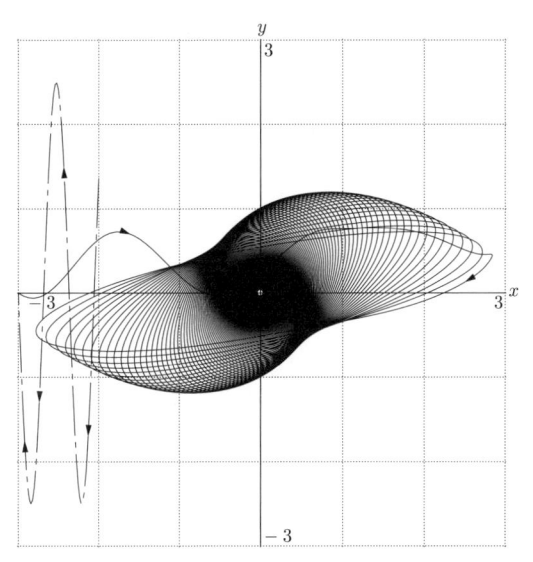

図 6.1 $\rho = 126\pi/256, \theta = \pi/256, r = 1, \phi = -t - 3, \psi = (5/2)\sin 10t$

スカラー微分積分方程式
$$x'(t) = -a \int_{t-r}^{t} x(s)ds \tag{6.10}$$
を考える．ここで，$a \in \mathbf{R}$, $r > 0$ とする．(6.10) は零解 $x(t) \equiv 0$ をもち，次の定理が成立する．

定理 6.5 方程式 (6.10) の零解が漸近安定であるための必要十分条件は
$$0 < a < \frac{1}{2}\left(\frac{\pi}{r}\right)^2 \tag{6.11}$$
である．

6.5 リャプーノフ・ラズミーヒンの方法による安定性判別法

常微分方程式の零解の安定性を判定するためにリャプーノフの方法があったが，この方法を拡張してタイムラグをもつ微分方程式に対しても適用可能にした**リャプーノフ・ラズ**

ミーヒン (Lyapunov–Razumikhin) **の方法**と呼ばれる方法がある．ここでは簡単のためスカラー微分積分方程式

$$x'(t) = -ax(t) + \int_{t-r}^{t} g(x(s))ds \qquad (6.12)$$

に則して説明する．ここで，$g(x)$ は連続で $|g(x)| \leq b|x|$，$a \in \mathbf{R}$，$b \geq 0$，$r > 0$ とする．

定理 6.6 正定値 C^1 関数 $V(x)$ が存在し，次の条件を満たす：

$$V(x(t+s)) \leq V(x(t)) \ (s \in [-r, 0]) \Longrightarrow \dot{V}_{(6.12)}(x(t)) \leq 0. \qquad (6.13)$$

このとき (6.12) の零解は安定である．(条件 (6.13) を**ラズミーヒン条件**という．)

例題 6.1 $a \geq br$ ならば (6.12) の零解は安定であることを示せ．

[解] $V(x) = x^2$ として (6.12) に定理 6.6 を適用する．

$$V(x(t+s)) \leq V(x(t)) \Longleftrightarrow |x(t+s)| \leq |x(t)|$$

であるから，$V(x(t+s)) \leq V(x(t)) \ (s \in [-r, 0])$ のとき，

$$\dot{V}_{(6.12)}(x(t)) = 2x(t)\{-ax(t) + \int_{t-r}^{t} g(x(s))ds\}$$

$$\leq -2ax^2(t) + 2b|x(t)| \int_{-r}^{0} |x(t+s)|ds$$

$$\leq -2ax^2(t) + 2b|x(t)|^2 \int_{-r}^{0} ds = -2(a-br)x^2(t)$$

となる．したがって $a \geq br$ ならば (6.13) が成立し，(6.12) の零解は安定である．

(解終)

ラズミーヒン条件を工夫することにより漸近安定性の判定定理も得られる．

定理 6.7 正定値 C^1 関数 $V(x)$ と定数 $p > 1$，$c > 0$ が存在し，次の条件を満たす：

$$V(x(t+s)) \leq pV(x(t)) \ (s \in [-r, 0]) \Longrightarrow \dot{V}_{(6.12)}(x(t)) \leq -cV(x(t)). \qquad (6.14)$$

このとき (6.12) の零解は漸近安定である．

例題 6.2 $a > br$ ならば (6.12) の零解は漸近安定であることを示せ．

[解] $a > br$ であるから $a > qbr > br$ となる $q > 1$ が存在する．$V(x) = x^2$，$p = q^2$ として定理 6.7 を適用する．

$$V(x(t+s)) \leq pV(x(t)) \Longleftrightarrow |x(t+s)| \leq q|x(t)|$$

であるから，$V(x(t+s)) \leq pV(x(t)) \ (s \in [-r, 0])$ のとき，例題 6.1 と同様に計算すると

$$\dot{V}_{(6.12)}(x(t)) \leqq -2(a-qbr)x^2(t) = -2(a-qbr)V(x(t))$$

となる．したがって $c \equiv 2(a-qbr)$ とおくと (6.14) が成立し，(6.12) の零解は漸近安定である． (解終)

6.6 解 の 振 動 性

スカラー方程式

$$x'(t) = -ax(t-r) \tag{6.15}$$

を考える．ここで，$a \in \mathbf{R}$, $r > 0$ とする．(6.15) の解 $x(t)$ が**振動的**であるとは，$t_n \to \infty$ ($n \to \infty$) を満たす数列 $\{t_n\}$ が存在して $x(t_n) = 0$ となることをいう．(6.15) に関して次の定理が成立する．

定理 6.8 方程式 (6.15) の任意の解が振動的であるための必要十分条件は (6.15) の特性方程式 $\lambda + ae^{-\lambda r} = 0$ が実根をもたないことである．

この定理を用いて特性根解析を行うと次の定理を得る．

定理 6.9 方程式 (6.15) の任意の解が振動的であるための必要十分条件は

$$ar > \frac{1}{e} \tag{6.16}$$

である．

定理 6.2 の条件 (6.5) と定理 6.9 の条件 (6.16) を同時に満たす方程式 (6.4) の解軌道を図示する．解は減衰振動していることがわかる．

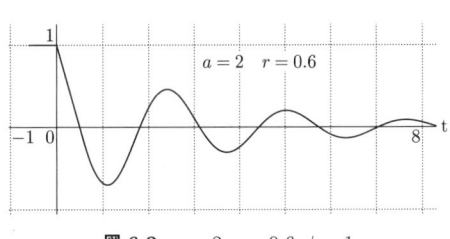

図 6.2 $a=2, r=0.6, \phi=1$

6 章の定理の証明は内藤，原，日野，宮崎 [8]，第 2 章，第 6 章を参照せよ．

X 常微分方程式

7 境界値問題

7.1 線形微分方程式

7.1.1 境界値問題

$p(t), q(t), f(t)$ を有界閉区間 $[a,b]$ で連続な実数値関数, $p(t) > 0$ として, 線形微分方程式

$$[p(t)x']' + q(t)x = -f(t) \tag{7.1}$$

を考える. この形の方程式を 2 階の**自己随伴微分方程式**という. 任意の 2 階線形方程式

$$p_0(t)x'' + p_1(t)x' + p_2(t)x = g(t) \quad (p_0(t) \neq 0)$$

はつねに自己随伴の形に書き直すことができる. 方程式 (7.1) の左辺の微分作用素を $L[x]$ とおく:

$$L[x] \equiv [p(t)x']' + q(t)x.$$

このとき, x, y を複素数値関数として次の等式が成立する.

$$\overline{y}L[x] - x\overline{L[y]} = [p(t)(x'\overline{y} - x\overline{y}')]', \tag{7.2}$$

$$\int_a^b \left\{\overline{y}L[x] - x\overline{L[y]}\right\} dt = [p(t)(x'\overline{y} - x\overline{y}')]_a^b. \tag{7.3}$$

等式 (7.2), (7.3) をそれぞれ**ラグランジュ (Lagrange) の恒等式**, **グリーンの公式**という.

微分方程式 (7.1) の解で, あらかじめ指定された境界条件

$$\alpha_1 x(a) + \alpha_2 x'(a) = \gamma, \quad \beta_1 x(b) + \beta_2 x'(b) = \delta \tag{7.4}$$

(ここで, $\alpha_1, \alpha_2, \beta_1, \beta_2, \gamma, \delta$ は実定数で, $|\alpha_1| + |\alpha_2| \neq 0, |\beta_1| + |\beta_2| \neq 0$)

を満たすものを求める問題 (**境界値問題**) を考えよう. この問題は, 境界条件 (7.4) が区間 $[a,b]$ の両端点の各々で指定されているから, **分離型 2 点境界値問題**である. 簡単のため

$$B_a[x] \equiv \alpha_1 x(a) + \alpha_2 x'(a), \quad B_b[x] \equiv \beta_1 x(b) + \beta_2 x'(b)$$

とおく. このとき, 境界値問題 (7.1), (7.4) は次のように書ける:

$$L[x] = -f(t), \quad B_a[x] = \gamma, \quad B_b[x] = \delta. \tag{7.5}$$

境界値問題 (7.5) は $f(t) \equiv 0, \gamma = 0, \delta = 0$ のとき**同次**といわれる．同次境界値問題

$$L[x] = 0, \quad B_a[x] = 0, \quad B_b[x] = 0 \tag{7.6}$$

が自明でない解 ($x(t) \not\equiv 0$) をもつか否かは，境界値問題 (7.5) が解をもつか否かに重大な影響を与える．

定理 7.1 同次境界値問題 (7.6) の解が自明解 $x(t) \equiv 0$ のみならば，境界値問題 (7.5) は任意の $f(t), \gamma, \delta$ に対して一意な解をもつ．(7.6) が非自明解 $x(t) \not\equiv 0$ をもてば，(7.5) は $f(t), \gamma, \delta$ が適当な条件を満たす場合に限って解をもち，しかもこのとき，解は無数に存在する．

[**証明**] 方程式 $L[x] = 0$ の解の基本系を $\{x_1(t), x_2(t)\}$，$L[x] = -f(t)$ の特殊解を $x_p(t)$ とする．$L[x] = -f(t)$ の任意の解は $x(t) = c_1 x_1(t) + c_2 x_2(t) + x_p(t)$ (c_1, c_2 は定数) の形である．これが境界条件 $B_a[x] = \gamma, B_b[x] = \delta$ を満たすためには

$$\begin{cases} c_1 B_a[x_1] + c_2 B_a[x_2] + B_a[x_p] = \gamma \\ c_1 B_b[x_1] + c_2 B_b[x_2] + B_b[x_p] = \delta \end{cases} \tag{7.7}$$

でなければならない．(7.7) は c_1, c_2 についての連立 1 次方程式であって，係数行列の行列式は

$$\Delta = \begin{vmatrix} B_a[x_1] & B_a[x_2] \\ B_b[x_1] & B_b[x_2] \end{vmatrix}$$

である．同次問題 (7.6) の解が自明解のみのときは

$$\begin{cases} c_1 B_a[x_1] + c_2 B_a[x_2] = 0 \\ c_1 B_b[x_1] + c_2 B_b[x_2] = 0 \end{cases}$$

を満たす c_1, c_2 は $c_1 = c_2 = 0$ に限ることを意味するから，$\Delta \neq 0$ である．このとき，(7.7) はただ一組の解 c_1, c_2 をもつ．したがって，(7.5) はただ一つの解をもつ．

同次問題 (7.6) が非自明解をもてば，$\Delta = 0$ である．このとき，(7.7) は $\gamma, \delta, B_a[x_p], B_b[x_p]$ が適当な条件を満たすときのみ解 c_1, c_2 をもち，この場合，解 c_1, c_2 は無数にある．
(証明終)

7.1.2 スツルム (Sturm) の比較定理と分離定理

同次線形常微分方程式

$$L[x] \equiv [p(t)x']' + q(t)x = 0 \tag{7.8}$$

の非自明実数値解 $x = x(t)$ に対して

$$x = \rho \sin\theta, \quad px' = \rho \cos\theta \tag{7.9}$$

とおく．すなわち
$$\rho = (x^2 + p^2 x'^2)^{1/2} > 0, \quad \theta = \arctan\frac{x}{px'}$$

である．$\rho = \rho(t)$ は C^1 級であるが，$\theta = \theta(t)$ も C^1 級になるように決定することができる．このとき

$$\theta' = \frac{1}{p(t)}\cos^2\theta + q(t)\sin^2\theta \tag{7.10}$$

$$\rho' = -\rho\left[q(t) - \frac{1}{p(t)}\right]\sin\theta\cos\theta \tag{7.11}$$

である．逆に，(7.10), (7.11) の解 $\rho(t) > 0, \theta(t)$ に対して，(7.9) で定められる $x = x(t)$ は (7.8) の解になる．変換 (7.9) を**プリューファ** (Prüfer) **変換**という．

(7.10), (7.11) は連立の微分方程式であるが，(7.10) は $\theta(t)$ だけの方程式で $\rho(t)$ を含まない．(7.10) の解 $\theta(t)$ がわかればそれを (7.11) に代入し，$\rho(t)$ についての単独1階線形方程式として解けば，$\theta(t)$ と対となる $\rho(t)$ が得られる．常微分方程式の基礎定理によって，初期値 $\theta(a) = \theta_0$ を指定すれば，(7.10) の解 $\theta(t)$ が，区間 $[a, b]$ においてただ一つ存在する．

一般に，関数 $x(t)$ に対して，$x(t_0) = 0$ となる t_0 を $x(t)$ の**零点**という．初期値問題の解の一意性によって，(7.8) の非自明解の零点は孤立している．すなわち，t_0 が (7.8) の非自明解 $x(t)$ の零点ならば $x'(t_0) \neq 0$ であり，$x(t)$ の零点は t_0 の十分小さい近傍には t_0 以外には存在しない．点 t_0 が (7.8) の非自明解 $x(t)$ の零点であるのは，対応するプリューファ変換における $\theta(t)$ が $\theta(t_0) \equiv 0 \pmod{\pi}$ を満たしているときである．解 $x(t)$ の零点 t_0 においては

$$\theta'(t_0) = \frac{1}{p(t_0)}\cos^2\theta(t_0) + q(t_0)\sin^2\theta(t_0) = \frac{1}{p(t_0)} > 0.$$

ゆえに，$x(t)$ の零点の近傍で $\theta(t)$ は増加である．このことから次の補題が容易に証明される．

補題 7.1 $x(t) \not\equiv 0$ を (7.8) の実数値解で，区間 $(a, b]$ にちょうど $n \, (\geqq 1)$ 個の零点 $t_1 < t_2 < \cdots < t_n$ をもつとする．このとき，対応するプリューファ変換における $\theta(t)$ が $0 \leqq \theta(a) < \pi$ を満たしていれば

$$\theta(t_k) = k\pi \quad \text{かつ} \quad t_k < t \leqq b \quad \text{で} \quad \theta(t) > k\pi \quad (k = 1, 2, \ldots, n).$$

(7.8) の形の2つの方程式の解の零点の関係を表す次の定理を**スツルムの比較定理**という．

定理 7.2 2つの方程式

$$L_1[x] \equiv [p_1(t)x']' + q_1(t)x = 0 \tag{7.12}$$

$$L_2[x] \equiv [p_2(t)x']' + q_2(t)x = 0 \tag{7.13}$$

において，区間 $[a,b]$ で

$$p_1(t) \geqq p_2(t) > 0, \quad q_1(t) \leqq q_2(t) \tag{7.14}$$

が成立しているとする．また，$x = x_1(t) \not\equiv 0$ は (7.12) の実数値解で，区間 $[a,b]$ にちょうど $n \ (\geqq 1)$ 個の零点 $t_1 < t_2 < \cdots < t_n$ をもち，$x = x_2(t) \not\equiv 0$ は (7.13) の実数値解で，$t = a$ において

$$\frac{p_1(t)x_1'(t)}{x_1(t)} \geqq \frac{p_2(t)x_2'(t)}{x_2(t)} \tag{7.15}$$

が成立しているとする．ここで，(7.15) の左辺および右辺は分母が 0 の場合は $+\infty$ とみなす（したがって，$x_1(a) = 0$ の場合は (7.15) は成立している）．

このとき，$x_2(t)$ は区間 $(a, t_n]$ に少なくとも n 個の零点をもつ．

さらに次の条件 (i) または (ii) が満たされていれば，$x_2(t)$ は開区間 (a, t_n) に少なくとも n 個の零点をもつ．

(i) $t = a$ において (7.15) で真の不等式が成立している；

(ii) $[a, t_n]$ のある点において $q_1(t) < q_2(t)$，あるいは，$p_1(t) > p_2(t), q_2(t) \not\equiv 0$ が成立している．

[**証明**]（第 1 段）(7.15) によって，C^1 級の関数 $\theta_1(t), \theta_2(t)$ を

$$\theta_j(t) = \arctan \frac{x_j(t)}{p_j(t)x_j'(t)} \quad (j = 1, 2), \quad 0 \leqq \theta_1(a) \leqq \theta_2(a) < \pi$$

のように決定することができる．このとき，$\theta_j(t)$ は

$$\theta_j' = \frac{1}{p_j(t)} \cos^2 \theta_j + q_j(t) \sin^2 \theta_j \equiv f_j(t, \theta_j) \quad (j = 1, 2) \tag{7.16}$$

の解である．任意の $(t, \theta) \in [a, b] \times \mathbf{R}$ に対して $f_1(t, \theta) \leqq f_2(t, \theta)$ であるから，$\theta_1(a) \leqq \theta_2(a)$ に注意すれば，$\theta_1(t) \leqq \theta_2(t), a \leqq t \leqq b$，が成立していることがわかる．補題 7.1 によって，$\theta_1(t_n) = n\pi$；したがって $\theta_2(t_n) \geqq n\pi$ である．このことから $x_2(t)$ が $(a, t_n]$ に少なくとも n 個の零点をもつことがわかる．

（第 2 段）さらに (i) の条件が満たされているとしよう．このとき $\theta_1(a) < \theta_2(a)$ である．$\theta_{20}(t)$ を初期条件 $\theta_{20}(a) = \theta_1(a)$ を満たす (7.16) $(j = 2)$ の解とする．解は初期条件によって一意に定まるから，$a \leqq t \leqq b$ で $\theta_{20}(t) < \theta_2(t)$ が成り立つ．第 1 段と同じ論法によって，$a \leqq t \leqq b$ で $\theta_1(t) \leqq \theta_{20}(t)$ であることがわかるから，結局，$a \leqq t \leqq b$ において $\theta_1(t) < \theta_2(t)$，とくに，$\theta_2(t_n) > n\pi$ が成り立つ．このことから $x_2(t)$ が (a, t_n) に少なくとも n 個の零点をもつことがわかる．

(第3段) (ii) の条件が満たされているとしよう．(7.16) ($j=2$) を次のように書き直す：
$$\theta_2' = \frac{1}{p_1(t)}\cos^2\theta_2 + q_1(t)\sin^2\theta_2 + \varepsilon(t),$$
$$\varepsilon(t) = \left(\frac{1}{p_2(t)} - \frac{1}{p_1(t)}\right)\cos^2\theta_2(t) + (q_2(t) - q_1(t))\sin^2\theta_2(t) \geqq 0.$$

もしも定理の結論が成り立たないとすれば $\theta_2(t_n) = n\pi (= \theta_1(t_n))$ である．このとき，第2段と類似の論法によって，$[a, t_n]$ において $\theta_1(t) = \theta_2(t)$ でなければならないことがわかる．したがって，そこにおいて $\theta_1'(t) = \theta_2'(t)$，ゆえに，$\varepsilon(t) \equiv 0$ である．もし $[a, t_n]$ のある点で $q_1(t) < q_2(t)$ ならば，その点を含むある区間 J で $q_1(t) < q_2(t)$．したがって，J で $\sin^2\theta_2(t) = 0$．これは区間 J で $x_2(t)$ が 0 になることを意味するから矛盾である．もし $[a, t_n]$ のある点で，したがって，その点を含むある区間 J で $p_1(t) > p_2(t)$，$q_2(t) \neq 0$ ならば，J で $\cos^2\theta_2(t) = 0$．これは区間 J で $p_2(t)x_2'(t) = 0$ であることを意味し，$(p_2(t)x_2'(t))' = 0$．しかし，このことも，(7.13) によって，区間 J で $x_2(t)$ が 0 になることを意味し矛盾である． (証明終)

定理 7.2 から次の定理が得られる．これを**スツルムの分離定理**という．

定理 7.3 $x_1(t), x_2(t)$ をそれぞれ方程式 (7.12)，(7.13) の非自明実数値解とする．(7.12)，(7.13) の係数は (7.14) を満たしているとする．さらに，t_1, t_2 ($t_1 < t_2$) を $x_1(t)$ の隣り合う零点とする．このとき，$x_2(t)$ は区間 $[t_1, t_2]$ に少なくとも 1 つ零点をもつ．とくに，$p_1(t) \equiv p_2(t), q_1(t) \equiv q_2(t)$ で，$x_1(t), x_2(t)$ が 1 次独立ならば，$x_1(t)$ の零点 t_1, t_2 の間に（すなわち，開区間 (t_1, t_2) に）$x_2(t)$ の零点がただ一つ存在する．

スツルムの比較定理・分離定理を利用すると，2 つの方程式の一方の解の零点の分布が知られれば，他方の解の零点の分布についてある種の評価を得ることができる．

系 7.1 区間 $[a, b]$ で $p(t) > 0, q(t) \leqq 0$ ならば，方程式 (7.8) の非自明解は $[a, b]$ にたかだか 1 個の零点しかもたない．

[**証明**] $P_0 = \min_{a \leqq t \leqq b} p(t) (> 0)$，$Q_0 = \max_{a \leqq t \leqq b} q(t) (\leqq 0)$ とおく．(7.8) と
$$[P_0 x']' + Q_0 x = 0 \quad \text{すなわち} \quad x'' + \frac{Q_0}{P_0}x = 0 \tag{7.17}$$
を比較する．(7.17) は $\exp\left[\sqrt{-Q_0/P_0}\, t\right]$ を解にもち，この解は $[a, b]$ に零点をもたない．したがって，(7.8) の非自明解は $[a, b]$ に 2 つ以上の零点をもたない． (証明終)

系 7.2 方程式 (7.8) において，$p_0 = \max_{a \leqq t \leqq b} p(t) (> 0)$，$q_0 = \min_{a \leqq t \leqq b} q(t)$ とおくとき，もし
$$q_0 > 0, \quad (b-a)\sqrt{\frac{q_0}{p_0}} \geqq n\pi \quad (n \geqq 0 \text{ は整数})$$

ならば,(7.8) の非自明解は $(a, b]$ に少なくとも n 個の零点をもつ.

[証明] (7.8) と

$$[p_0 x']' + q_0 x = 0 \quad \text{すなわち} \quad x'' + \frac{q_0}{p_0} x = 0 \tag{7.18}$$

を比較する.(7.18) は解 $\sin\sqrt{q_0/p_0}\,(t-a)$ をもち,この解は区間 $(a, a+n\pi/\sqrt{q_0/p_0}]$ ($\subset (a, b]$) にちょうど n 個の零点をもつ.ゆえに,(7.8) の非自明解は $(a, b]$ に少なくとも n 個の零点をもつ. (証明終)

7.1.3 スツルム・リュービルの固有値問題

複素パラメータ λ をもつ 2 階線形常微分方程式

$$L[x] + \lambda r(t) x = 0 \quad (r(t) > 0) \tag{7.19}$$

の解で境界条件

$$B_a[x] = 0, \quad B_b[x] = 0 \tag{7.20}$$

を満たすものを求める問題を**スツルム・リュービルの固有値問題**という.境界条件 (7.20) を満たす関数 x,y に対しては,グリーンの公式 (7.3) の右辺が 0 になって

$$\int_a^b \overline{y} L[x] dt = \int_a^b x \overline{L[y]} dt \qquad ((L[x], y) = (x, L[y])) \tag{7.21}$$

が成立する.

境界値問題 (7.19),(7.20) は,任意の λ に対して自明解 ($x(t) \equiv 0$) を解にもつが,λ がある特定の値のときには非自明解 $\varphi_\lambda(t)$ をもつ.非自明解をもつような λ の値を (7.19),(7.20) の**固有値**,そのときの非自明解 $\varphi_\lambda(t)$ を固有値 λ に属する**固有関数**という.各固有値に対して固有関数は定数倍を除いて一意に定まる.

例題 7.1 $L[x] = x''$,$r(t) = 1$,$B_a[x] \equiv x(0) = 0$,$B_b[x] \equiv x(1) = 0$ とするとき,固有値は $\lambda = (k+1)^2 \pi^2 (k = 0, 1, 2, \ldots)$;固有値 $\lambda = (k+1)^2 \pi^2$ に属する固有関数は $\varphi_\lambda(t) = \sin(k+1)\pi t\ (k = 0, 1, 2, \ldots)$ (の 0 でない定数倍) である.

定理 7.4 スツルム・リュービルの固有値問題 (7.19),(7.20) の固有値はすべて実数である.

[証明] λ を固有値,$\varphi_\lambda(t)$ を固有関数とすれば $L[\varphi_\lambda] + \lambda r(t) \varphi_\lambda = 0$,$\overline{L[\varphi_\lambda]} + \overline{\lambda} r(t) \overline{\varphi_\lambda} = 0$ であるから,(7.21) を用いて

$$0 = \int_a^b \left\{ \overline{\varphi_\lambda} L[\varphi_\lambda] - \varphi_\lambda \overline{L[\varphi_\lambda]} \right\} dt = \int_a^b \left\{ -\lambda r(t) |\varphi_\lambda|^2 + \overline{\lambda} r(t) |\varphi_\lambda|^2 \right\} dt$$

$$= (\overline{\lambda} - \lambda) \int_a^b r(t) |\varphi_\lambda|^2 dt.$$

積分記号内は恒等的には 0 でないから，$\bar{\lambda} = \lambda$ すなわち λ は実数である． (証明終)

定理 7.4 によって，パラメータ λ は実数の範囲を動くものとしてよい．このとき，(7.19) の解は実数値である．

定理 7.5 相異なる固有値 λ, μ に属する固有関数 $\varphi_\lambda(t)$, $\varphi_\mu(t)$ は $r(t)$ を重みとして直交する：

$$\int_a^b r(t)\varphi_\lambda(t)\varphi_\mu(t)dt = 0. \tag{7.22}$$

[証明] $L[\varphi_\lambda] + \lambda r(t)\varphi_\lambda = 0, L[\varphi_\mu] + \mu r(t)\varphi_\mu = 0$ であるから，(7.21) を用いて

$$0 = \int_a^b \{\varphi_\mu L[\varphi_\lambda] - \varphi_\lambda L[\varphi_\mu]\} dt = (\mu - \lambda)\int_a^b r(t)\varphi_\lambda \varphi_\mu dt.$$

$\lambda \neq \mu$ であるから (7.22) を得る． (証明終)

定理 7.6 スツルム・リュービル固有値問題 (7.19), (7.20) の固有値は ∞ に発散する可算無限個の実数 λ_k ($k = 0, 1, 2, \ldots$) からなる：

$$\lambda_0 < \lambda_1 < \cdots < \lambda_k < \lambda_{k+1} < \cdots ; \quad \lim_{k \to \infty} \lambda_k = \infty. \tag{7.23}$$

固有値 λ_k に属する固有関数 $\varphi_{\lambda_k}(t)$ は開区間 (a, b) にちょうど k 個の零点をもつ ($k = 0, 1, 2, \ldots$).

[証明] 各 λ に対して，(7.19) の解で $x(a) = \alpha_2$, $x'(a) = -\alpha_1$ となるものを $x(t, \lambda)$ ($\not\equiv 0$) とおく．$x(t, \lambda)$ は $t = a$ での境界条件 $B_a[x] = 0$ を満たしている．$\theta_a = \arctan[\alpha_2/(-p(a)\alpha_1)]$ ($\alpha_1 \neq 0$), ただし，$0 \leqq \theta_a < \pi$; $\theta_a = \pi/2$ ($\alpha_1 = 0$) とおく．また，$\theta_b = \arctan[\beta_2/(-p(b)\beta_1)]$ ($\beta_1 \neq 0$), ただし，$0 < \theta_b \leqq \pi$; $\theta_b = \pi/2$ ($\beta_1 = 0$) とおく．

各 λ に対して，$t \in [a, b]$ についての C^1 級関数 $\theta = \theta(t, \lambda)$ を

$$\theta(t, \lambda) = \arctan \frac{x(t, \lambda)}{p(t)x'(t, \lambda)}, \quad \theta(a, \lambda) = \theta_a$$

のように決定することができる．このとき

$$\theta' = \frac{1}{p(t)}\cos^2\theta + [q(t) + \lambda r(t)]\sin^2\theta \equiv f(t, \theta, \lambda), \quad \theta(a) = \theta_a.$$

常微分方程式の基礎定理から，$\theta(t, \lambda)$ は $(t, \lambda) \in [a, b] \times \mathbf{R}$ の連続関数であることがわかる．$f(t, \theta, \lambda)$ は λ の増加関数であるから，$\theta(b, \lambda)$ は λ の増加関数である．さらに，$\lim_{\lambda \to \pm\infty}[q(t) + \lambda r(t)] = \pm\infty$ であるから，系 7.1, 系 7.2 などによって

$$\lim_{\lambda \to -\infty} \theta(b, \lambda) = 0, \quad \lim_{\lambda \to \infty} \theta(b, \lambda) = \infty$$

であることがわかる．よって，各 $k=0,1,2,\ldots$ に対して，$\theta(b,\lambda_k)=\theta_b+k\pi$ となる λ_k が存在し，(7.23) が満たされている．$x(t,\lambda_k)$ は $t=b$ での境界条件 $B_b[x]=0$ を満たし，開区間 (a,b) にちょうど k 個の零点をもつ． (証明終)

7.1.4 グリーン関数

非同次方程式 (7.1) の解で同次境界条件 (7.20) を満たすものを求める問題

$$L[x]=-f(t),\quad B_a[x]=0,\quad B_b[x]=0 \tag{7.24}$$

を考えよう．問題 (7.24) の解が

$$x(t)=\int_a^b G(t,s)f(s)ds \tag{7.25}$$

と積分の形で書けるためには，$G(t,s)$ は次の条件を満たしていればよい：

(a) $G(t,s)$ は $[a,b]\times[a,b]$ で連続；
(b) 各 s に対して $G(t,s)$ は $t\neq s$ で微分方程式 $L[G]=0$ を満たす：

$$\frac{d}{dt}\left[p(t)\frac{dG}{dt}\right]+q(t)G=0;$$

(c) 各 s に対して $G(t,s)$ は境界条件 $B_a[G]=0, B_b[G]=0$ を満たす：

$$\alpha_1 G(a,s)+\alpha_2 G'_t(a,s)=0,\quad \beta_1 G(b,s)+\beta_2 G'_t(b,s)=0;$$

(d) 各 s に対して

$$\lim_{\varepsilon\to 0}G'_t(t,s)\Big|_{t=s-\varepsilon}^{t=s+\varepsilon}=G'_t(s+0,s)-G'_t(s-0,s)=-\frac{1}{p(s)}.$$

上記の条件 (a)–(d) を満たす $G(t,s)$ を (7.24) の**グリーン関数**という．

定理 7.7 同次境界値問題 (7.6) の解は自明解に限ると仮定する．このとき，(7.24) のグリーン関数 $G(t,s)$ が存在する．問題 (7.24) の解 $x(t)$ は存在し一意であり，(7.25) によって与えられる．

[証明] $L[x]=0$ の非自明解で $B_a[x]=0$ を満たすものを $x_1(t)$，$L[x]=0$ の非自明解で $B_b[x]=0$ を満たすものを $x_2(t)$ とする．仮定によって，$x_1(t)$ と $x_2(t)$ は 1 次独立である．$x_1(t),x_2(t)$ を $p(t)[x_2(t)x'_1(t)-x_1(t)x'_2(t)]=1$ と正規化しておく．このとき

$$G(t,s)=\begin{cases} x_1(t)x_2(s) & (a\leqq t\leqq s) \\ x_1(s)x_2(t) & (s\leqq t\leqq b) \end{cases}$$

とおけば，この $G(t,s)$ が (7.24) のグリーン関数であること，(7.25) で与えられる $x(t)$ が問題 (7.24) の解になっていることが，容易に，直接に確かめられる．$\widetilde{x}(t)$ も (7.24) の解

ならば，$x(t) - \tilde{x}(t)$ は同次問題 (7.6) の解であって，仮定によって，$x(t) - \tilde{x}(t) \equiv 0$. したがって，解の一意性も成立する． (証明終)

例題 7.2 境界値問題

$$x'' = -f(t), \quad x(a) = 0, \quad x(b) = 0 \tag{7.26}$$

のグリーン関数は

$$G(t,s) = \begin{cases} \dfrac{1}{b-a}(t-a)(b-s) & (a \leqq t \leqq s) \\ \dfrac{1}{b-a}(s-a)(b-t) & (s \leqq t \leqq b) \end{cases}$$

であり，(7.26) の解は

$$x(t) = \frac{b-t}{b-a} \int_a^t (s-a)f(s)ds + \frac{t-a}{b-a} \int_t^b (b-s)f(s)ds$$

で与えられる．

同次境界値問題 (7.6) の解が非自明解 $x_0(t) \not\equiv 0$ をもつときには事情が少し異なる．実際，$x(t)$ を (7.24) の解とするとき，方程式 $L[x] = -f(t)$ の両辺に $x_0(t)$ を掛けて a から b まで積分すれば，グリーンの公式を利用して，

$$\int_a^b x_0(t) f(t) dt = 0 \tag{7.27}$$

であることが導かれる．したがって，問題 (7.24) が解をもつためには，$f(t)$ が条件 (7.27) を満たすことが必要である．後述する定理でこの条件は十分でもあることがわかる．同次問題 (7.6) の解が非自明解 $x_0(t) \not\equiv 0$ をもつときにはグリーン関数の定義の条件 (b) を次の条件 (b*) で置き換え，さらに，条件 (e) を追加する：

(b*) 各 s に対して $G(t,s)$ は $t \neq s$ で微分方程式 $L[G] = x_0(t)x_0(s)$ を満たす：

$$\frac{d}{dt}\left[p(t)\frac{dG}{dt}\right] + q(t)G = x_0(t)x_0(s);$$

(e) 各 s に対して $\int_a^b G(t,s)x_0(t)dt = 0$.

条件 (a), (b*), (c), (d), (e) を満たす $G(t,s)$ を (7.24) の**広義グリーン関数**という．

定理 7.8 同次境界値問題 (7.6) の解が非自明解 $x_0(t) \not\equiv 0$ をもつと仮定する．このとき，(7.24) の広義グリーン関数 $G(t,s)$ が存在する．$f(t)$ が条件 (7.27) を満たすとき

$$x_p(t) = \int_a^b G(t,s)f(s)ds$$

で与えられる $x_p(t)$ は問題 (7.24) の解である．問題 (7.24) の任意の解は

$$x(t) = x_p(t) + cx_0(t) \qquad (c \text{ は任意定数})$$

の形で表される．（したがって，(7.24) の解は一意的でない．）

証明は，[2] を参照せよ．

例題 7.3 境界値問題

$$x'' = -f(t), \quad x'(0) = 0, \quad x'(1) = 0$$

を考える．この場合には，対応する同次問題に非自明解 $x_0(t) = 1$ が存在する．それに応じて広義グリーン関数が次の式で与えられる：

$$G(t,s) = \begin{cases} \dfrac{t^2+s^2}{2} - s + \dfrac{1}{3} & (0 \leqq t \leqq s), \\ \dfrac{s^2+t^2}{2} - t + \dfrac{1}{3} & (s \leqq t \leqq 1). \end{cases}$$

方程式 (7.19) における左辺の第 2 項 $\lambda r(t)x$ を非同次項とみなすと，グリーン関数あるいは広義グリーン関数 $G(t,s)$ を用いて，スツルム・リュービル固有値問題 (7.19), (7.20) は積分方程式

$$x(t) = \lambda \int_a^b r(s) G(t,s) x(s) ds$$

に変換される．

7.2 非線形微分方程式

7.2.1 上級解・下級解法

ここでは，2 階の非線形常微分方程式に対する分離型 2 点境界値問題

$$x'' = f(t, x, x') \quad (a \leqq t \leqq b), \quad x(a) = A, \quad x(b) = B \tag{7.28}$$

を考える．問題 (7.28) において，$f(t,x,y)$ は $[a,b] \times \mathbf{R} \times \mathbf{R}$ で定義された実数値連続関数，A, B は実数値とする．

定理 7.9 $f(t,x,y)$ が $[a,b] \times \mathbf{R} \times \mathbf{R}$ で有界であれば，問題 (7.28) の解が少なくとも 1 つ存在する．

C^2 級の関数 $u(t)$ が微分不等式および境界点での不等式

$$u''(t) \leqq f(t, u(t), u'(t)) \quad (a \leqq t \leqq b), \quad u(a) \geqq A, \quad u(b) \geqq B \tag{7.29}$$

を満たしているとき，$u(t)$ を (7.28) の**上級解**という．同様に，C^2 級の関数 $v(t)$ が不等式

$$v''(t) \geq f(t, v(t), v'(t)) \quad (a \leq t \leq b), \quad v(a) \leq A, \quad v(b) \leq B \tag{7.30}$$

を満たしているとき，$v(t)$ を (7.28) の**下級解**という．

問題 (7.28) において，非線形項 $f(t, x, x')$ が x' を含まないときを考えよう：

$$x'' = f_0(t, x) \quad (a \leq t \leq b), \quad x(a) = A, \quad x(b) = B. \tag{7.31}$$

この場合，大小関係のある上級解と下級解が存在すれば，それらの間に (7.31) の解が存在する：

定理 7.10 $f_0(t, x)$ は $[a, b] \times \mathbf{R}$ で定義された実数値連続関数とする．さらに，$u(t), v(t)$ はそれぞれ問題 (7.31) の上級解，下級解で

$$v(t) \leq u(t) \quad (a \leq t \leq b)$$

を満たすと仮定する．このとき，(7.31) の解 $x(t)$ で

$$v(t) \leq x(t) \leq u(t) \quad (a \leq t \leq b)$$

を満たすものが存在する．

問題 (7.28) において，非線形項 $f(t, x, x')$ が x' を含むときは，**南雲条件**といわれる $f(t, x, x')$ についての制約条件の下で，定理 7.10 に相当する定理が得られる．

7.2.2 エムデン・ファウラー型微分方程式

関数 $q(t)$ を（任意の形の）区間 I で定義された実数値連続関数，$\gamma > 0$ とするとき，方程式

$$x'' + q(t)|x|^\gamma \operatorname{sgn} x = 0 \tag{7.32}$$

を**エムデン・ファウラー** (Emden–Fowler) **型微分方程式**という．ここで，$\operatorname{sgn} x$ は符号関数：$\operatorname{sgn} x = 1 \ (x > 0)$；$\operatorname{sgn} x = -1 \ (x < 0)$；$\operatorname{sgn} x = 0 \ (x = 0)$ である．方程式 (7.32) は $\gamma > 1$ のとき**優線形**，$0 < \gamma < 1$ のとき**劣線形**といわれる．$\gamma = 1$ のときは，線形方程式 $x'' + q(t)x = 0$ である．

方程式 (7.32) において，係数関数 $q(t)$ が C^1 級で $q(t) > 0 \ (t \in I)$ ならば，任意の初期条件 $x(t_0) = x_0 \in \mathbf{R}, x'(t_0) = x_1 \in \mathbf{R} \ (t_0 \in I)$ に対して，この初期条件を満たす解 $x(t)$ が区間 I 全体で存在し，しかも，一意である．一般に，$\gamma \neq 1$ のとき，$q(t)$ が区間 I で連続であるという条件だけの下では，解の最大存在区間は I 全体にならないし，また，$x(t_0) = 0, x'(t_0) = 0$ を満たす解が I 全体で恒等的に 0 であるとは限らない．

エムデン・ファウラー型微分方程式に対する境界値問題

$$x'' + q(t)|x|^\gamma \operatorname{sgn} x = 0 \quad (a \leqq t \leqq b), \quad x(a) = 0, \quad x(b) = 0 \tag{7.33}$$

を考えよう．ここで，関数 $q(t)$ は有界閉区間 $[a,b]$ で定義された C^1 級の関数で $q(t) > 0$ ($a \leqq t \leqq b$) を満たしていると仮定する．$\gamma \neq 1$ のとき，問題 (7.33) は可算無限個の解をもつ．実際，$\mu\ (> 0)$ をパラメータとしてもつ初期値問題

$$x'' + q(t)|x|^\gamma \operatorname{sgn} x = 0, \quad x(a) = 0, \quad x'(a) = \mu\ (> 0) \tag{7.34}$$

の解 $x = x(t,\mu)$ を考察するとき，$x(t,\mu)$ の存在区間は $[a,b]$ 全体であり，次の定理が成り立つ：

定理 7.11 $q(t)$ は $[a,b]$ で定義された C^1 級の関数で $q(t) > 0$ ($a \leqq t \leqq b$) を満たしていると仮定する．このとき，以下の性質をもつパラメータの列 $\{\mu_k\}_{k=0}^\infty$ が存在する．

$$\begin{cases} \gamma > 1 \text{ のとき} & 0 < \mu_0 < \mu_1 < \cdots < \mu_k < \mu_{k+1} < \cdots, \quad \lim_{k\to\infty} \mu_k = \infty, \\ 0 < \gamma < 1 \text{ のとき} & \mu_0 > \mu_1 > \cdots > \mu_k > \mu_{k+1} > \cdots > 0, \quad \lim_{k\to\infty} \mu_k = 0, \end{cases}$$

かつ，$x(t,\mu_k)$ は (7.33) の解であり，開区間 (a,b) にちょうど k 個の零点をもつ ($k = 0, 1, 2, \ldots$)．

8 振動理論

8.1 解の漸近挙動

この章では，無限区間 $[a, \infty)$ においてエムデン・ファウラー型微分方程式

$$x'' + q(t)|x|^\gamma \operatorname{sgn} x = 0, \quad t \geqq a, \tag{8.1}$$

を考察する．(8.1) において，$q(t)$ は $[a, \infty)$ で定義された実数値連続関数，$\gamma > 0$ と仮定する．$q(t) \equiv 0$ $(t \geqq a)$ のとき，(8.1) の解は $c_0 + c_1 t$ $(c_0, c_1$ は定数$)$ であるから，$q(t)$ が何らかの意味で十分小さいとき，(8.1) は

$$\lim_{t \to \infty} x(t) \text{ が存在し，0 でない有限値} \tag{8.2}$$

あるいは

$$\lim_{t \to \infty} \frac{x(t)}{t} \text{ が存在し，0 でない有限値} \tag{8.3}$$

となる解 $x(t)$ をもつであろうと予想することは自然である．実際，この予想は正しくて，次の定理が成り立つ．定理では積分条件

$$\int_a^\infty t|q(t)|dt < +\infty \tag{8.4}$$

$$\int_a^\infty t^\gamma |q(t)|dt < +\infty \tag{8.5}$$

が重要な役割を果たす．

定理 8.1 $q(t)$ は $[a, \infty), a \geqq 0$, で定義された実数値連続関数，$\gamma > 0$ であると仮定する．このとき
(I) 積分条件 (8.4) が成り立っていれば，方程式 (8.1) は (8.2) を満たす解 $x(t)$ をもつ．$q(t)$ が十分大きなすべての t に対して定符号のときは，逆も成り立つ：(8.1) が (8.2) を満たす解 $x(t)$ をもっていれば，(8.4) が成り立つ．
(II) 積分条件 (8.5) が成り立っていれば，方程式 (8.1) は (8.3) を満たす解 $x(t)$ をもつ．$q(t)$ が十分大きなすべての t に対して定符号のときは，逆も成り立つ：(8.1) が (8.3) を満たす解 $x(t)$ をもっていれば，(8.5) が成り立つ．

8.2 振動理論

　一般に，$[a, \infty)$ の形の区間で定義された実数値連続関数 $x(t)$ はいくらでも大きな零点をもつとき，言い換えれば，ある点列 $\{t_i\}, t_i \to \infty \ (i \to \infty)$，に沿って $x(t_i) = 0$ となるとき**振動**といわれ，そうでないとき，すなわち，十分大きなすべての t に対して $x(t) \neq 0$ となるとき**非振動**といわれる．$x(t)$ が非振動であるのは $x(t)$ が終局的に正値であるか，または，終局的に負値のときである．あきらかに，(8.2) あるいは (8.3) を満たす $x(t)$ は非振動である．

定理 8.2　$q(t) > 0 \ (t \geqq a \ (\geqq 0))$ と仮定する．
(I) $\gamma > 1$ とする．このとき，方程式 (8.1) が非振動解をもつための必要十分条件は積分条件 (8.4) が成り立つことである．
(II) $0 < \gamma < 1$ とする．このとき，方程式 (8.1) が非振動解をもつための必要十分条件は積分条件 (8.5) が成り立つことである．

　$q(t)$ が C^1 級であるという条件の下で，定理 8.2 の対偶をとれば次がわかる：$q(t)$ は C^1 級，$q(t) > 0 \ (t \geqq a(\geqq 0))$ とする．$\gamma > 1 \ [0 < \gamma < 1]$ のとき，(8.1) のすべての解が振動であるための必要十分条件は $\int_a^\infty tq(t)dt = +\infty \ \left[\int_a^\infty t^\gamma q(t)dt = +\infty\right]$ である．

　非線形方程式 ($\gamma \neq 1$) については，1つの方程式に非振動解と振動解が混在することもあり得る．しかし，線形方程式

$$x'' + q(t)x = 0, \quad t \geqq a, \qquad (8.6)$$

については，スツルムの分離定理によって，非振動解を1つでももつとほかの非自明解もすべて非振動，振動解を1つでももつとほかの解もすべて振動である．前者のときを方程式 (8.6) は非振動であるといい，後者のときを方程式 (8.6) は振動であるという．

　$q(t) > 0 \ (t \geqq a)$ のとき，積分条件 $\int_a^\infty q(t)dt < +\infty \ \left[\int_a^\infty q(t)dt = +\infty\right]$ は (8.6) が非振動[振動]であるための必要条件[十分条件]である．しかし，一般に，線形方程式 (8.6) の振動あるいは非振動の必要十分条件を積分が収束するか発散するかの単一の積分条件だけで表現することはできない．実際，オイラーの方程式

$$x'' + \frac{k}{t^2}x = 0, \quad t \geqq 1, \quad (k > 0 : 定数) \qquad (8.7)$$

は，一般解を具体的に求めることができて，それによれば，$0 < k \leqq 1/4$ のとき非振動，$k > 1/4$ のとき振動である．

　2つの線形方程式

$$x'' + q_1(t)x = 0, \quad t \geqq a, \tag{8.8}$$

$$x'' + q_2(t)x = 0, \quad t \geqq a, \tag{8.9}$$

を考えよう．スツルムの比較定理によって，$q_1(t) \leqq q_2(t)$ $(t \geqq a)$ のとき，(8.9) が非振動ならば (8.8) も非振動，(8.8) が振動ならば (8.9) も振動である．この事実は次のように（部分的に）一般化される．

定理 8.3 $q_1(t), q_2(t)$ は $[a, \infty)$ で定義された連続関数，$q_1(t) > 0, q_2(t) > 0$ $(t \geqq a)$，さらに

$$\int_t^\infty q_1(s)ds \leqq \int_t^\infty q_2(s)ds, \quad t \geqq a,$$

と仮定する．このとき，(8.9) が非振動ならば (8.8) も非振動，(8.8) が振動ならば (8.9) も振動である．

方程式 (8.6) の振動性を，定理 8.3 を用いて，オイラーの方程式 (8.7) と比較すれば次の定理が得られる．

定理 8.4 $q(t) > 0$ $(t \geqq a)$ と仮定する．このとき
(I) $\limsup\limits_{t \to \infty} t \int_t^\infty q(s)ds < \dfrac{1}{4}$ ならば (8.6) は非振動である．
(II) $\liminf\limits_{t \to \infty} t \int_t^\infty q(s)ds > \dfrac{1}{4}$ ならば (8.6) は振動である．

〔原　惟行・内藤　学・内藤敏機〕

文　献

[1] 木村俊房，常微分方程式の解法，培風館，1958（初版発行）．
[2] スミルノフ，ウラジミル・イワノビッチ（彌永昌吉・福原満洲雄・河田敬義・三村征雄・菅原正夫・吉田耕作翻訳監修），高等数学教程，第 10 巻，境界値問題，共立出版，1962．
[3] 木村俊房，常微分方程式，共立数学講座 13，共立出版，1974．
[4] 大久保謙二郎，河野實彦，漸近展開，シリーズ新しい応用の数学 12，教育出版，1976．
[5] 加藤順二，常微分方程式，理工系基礎の数学 3，朝倉書店，1978．
[6] 福原満洲雄，常微分方程式第 2 版，岩波全書，1980．
[7] 高野恭一，常微分方程式，新数学講座 6，朝倉書店，1994．
[8] 内藤敏機，原　惟行，日野義之，宮崎倫子，タイムラグをもつ微分方程式，牧野書店，2002．
[9] 草野　尚，境界値問題入門，基礎数学シリーズ 27，朝倉書店，2004（復刻版発行）．
[10] 吉沢太郎，微分方程式入門，基礎数学シリーズ 13，朝倉書店，2005（復刻版発行）．
[11] 内藤敏機，申　正善，初等微分方程式の解法，牧野書店，2005．
[12] 原　惟行，松永秀章，常微分方程式入門，共立出版，2009．
[13] E. A. Coddington and N. Levinson, *Theory of Ordinary Differential Equations*, McGraw-Hill, 1955（邦訳，コディントン・レヴィンソン（吉田節三訳），常微分方程式論，(上)，(下)，1968–69，吉岡書店）

[14] E. L. Ince, *Ordinary Differential Equations*, Dover, 1956.
[15] A. Erderyi, *Asymptotic Expansions*, Dover, New York, 1956.
[16] J. La Salle, S. Lefschetz, *Stability By Liapunov's Direct Method with Applications*, Academic Press, 1961.（邦訳，ラサール・レフシェッツ（山本　稔訳），リヤプノフの方法による安定性理論，産業図書，1975）．
[17] G. Sansone, R. Conti, *Non-linear Differential Equations*, The Macmillan Company, 1964.
[18] W. A. Coppel, *Stability and Asymptotic Behavior of Differential Equations*, D. C. Heath and Company, 1965.
[19] W. Wasow, *Asymptotic Expansions for Ordinary Differential Equations*, Robert E. Krieger Publishing Co. INC. New York, 1965 (Dover edition, 1987, 2002).
[20] F. W. J. Olver, *Asymptotics and Special Functions*, Academic Press, 1974.
[21] P. D. Miller, *Asymptotic Analysis, Graduate Studies in Math.*, Vol. 75, Amer. Math. Soc., 2006.
[22] 西本敏彦，超幾何・合流型超幾何微分方程式，共立出版，1998.
[23] 岡本和夫，パンルヴェ方程式，岩波書店，2009.
[24] E. Hille, *Lectures on Ordinary Differential Equations*, Addison–Wesley Publishing Company, 1969.
[25] K. Iwasaki, H. Kimura, S. Shimomura, M. Yoshida, *From Gauss to Painlevé*, Vieweg, 1991.

第 XI 編
複素関数

XI 複素関数

1 複 素 関 数

1.1 複素数，複素平面

複素数 複素数 (complex number) とは $z = x + yi$ と書ける数である．$i = \sqrt{-1}$ は 2 乗すると -1 となる数である．x, y は実数で，それぞれ複素数 z の**実部**（real part），**虚部**（imaginary part）といい，$\mathrm{Re}(z) = x$, $\mathrm{Im}(z) = y$ と書く．虚部 $\mathrm{Im}(z)$ は虚数の記号を取った y を表すことに注意．$x = 0$ のとき，すなわち，数 yi を**純虚数**という．複素数 $z = x + yi$ に対して，虚部の符号を変えたもの $\bar{z} = x - yi$ を z の**共役複素数**または**共役数**といい，$\bar{z}$ で表す．複素数全体を $\mathbf{C}$ で表す．なお実数全体を $\mathbf{R}$ で表す．複素数の間の加減乗除は，実数のときと同様に計算する．ただし，$i^2 = -1$ を使う．$\alpha = a + bi$, $\beta = c + di$ のとき

$$\alpha + \beta = (a + bi) + (c + di) = (a + c) + (b + d)i$$
$$\alpha\beta = (a + bi)(c + di) = (ac - bd) + (ad + bc)i$$
$$\frac{1}{\alpha} = \frac{1}{a + bi} = \frac{a - bi}{(a + bi)(a - bi)} = \frac{a - bi}{a^2 + b^2}$$

となる．

例 1.1 $\dfrac{3 + 4i}{1 + 2i} = \dfrac{(3 + 4i)(1 - 2i)}{(1 + 2i)(1 - 2i)} = \dfrac{(3 + 8) + (-6 + 4)i}{1 + 4} = \dfrac{11 - 2i}{5}$.

例 1.2 一般に $\mathrm{Re}(z) = \dfrac{z + \bar{z}}{2}$, $\mathrm{Im}(z) = \dfrac{z - \bar{z}}{2i}$ が成り立つ．

複素平面 複素数 $z = x + yi$ に対して，xy 平面上の点 $\mathrm{P}(x, y)$ を対応させる．これは，複素数全体 $\mathbf{C}$ から平面上の点全体への一対一の対応を与え，これによって，複素数全体 $\mathbf{C}$ が平面上の点全体で表される．この平面を**複素平面**または**ガウス** (Gauss) **平面**という．x 軸を**実軸**，y 軸を**虚軸**という．原点 O から点 P までの距離を z の**絶対値**といい，$|z|$ と書く．$|z| = \sqrt{x^2 + y^2}$ である．$z \neq 0$ のとき，実軸の正の方向とベクトル $\overrightarrow{\mathrm{OP}}$ とがなす角 θ を z の**偏角** (argument) といい，$\arg z = \theta$ で表す．偏角は弧度法で測り，一般角（0 と 2π の間に制限しない角）を用いる．θ が z の 1 つの偏角のとき，$\theta + 2\pi n$ $(n = 0, \pm 1, \pm 2, \ldots)$

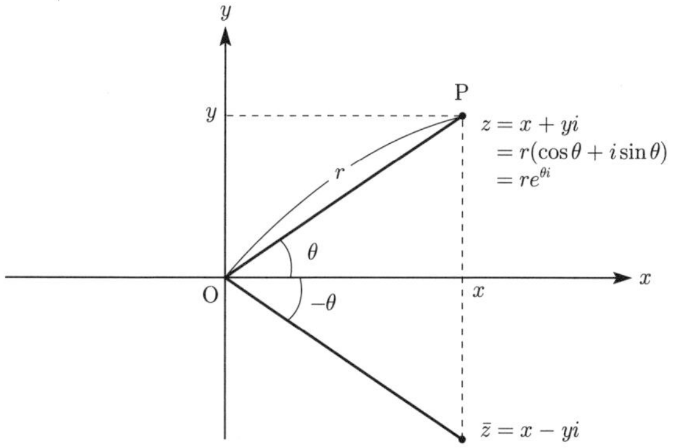

図 1.1 複素平面

も z の偏角となる．したがって，偏角は一意的には定まらない． また，$\arg z = \arg w$ は，2π の整数倍を無視したとき z と w の偏角が等しい，という意味に用いる．$|z| = r$ とおくと，

$$z = x + yi = r(\cos\theta + i\sin\theta)$$

となり，絶対値と偏角を用いたこの表示を z の**極表示**または**極形式**という．z の共役数 $\overline{z}$ は実軸に関して z に対称な点で表される．複素数の間の演算は複素平面上で次のようになる．$z_1 = x_1 + y_1 i = r_1(\cos\theta_1 + i\sin\theta_1)$，$z_2 = x_2 + y_2 i = r_2(\cos\theta_2 + i\sin\theta_2)$ に対応する点を $\mathrm{P}_1, \mathrm{P}_2$ とする．和 $z_1 + z_2$ はベクトルの和 $\overrightarrow{\mathrm{OP}}_1 + \overrightarrow{\mathrm{OP}}_2$ に対応する点になる．$|z_1 - z_2|$ は複素数 z_1 から z_2 までの平面上での距離を表す．積は，三角関数の加法定理を用いると，

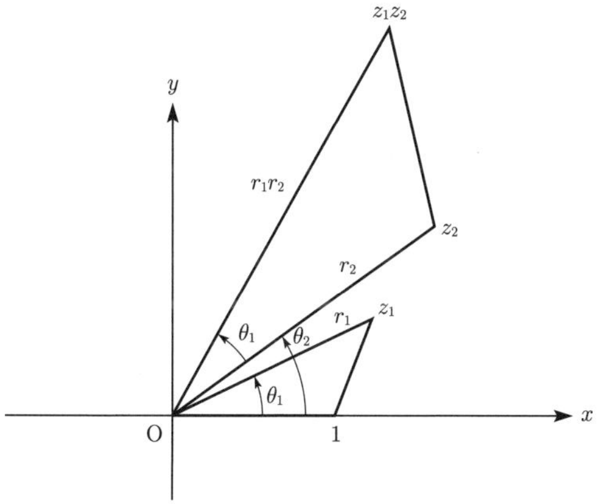

図 1.2 複素数の積

$$z_1 z_2 = r_1 r_2 (\cos\theta_1 + i\sin\theta_1)(\cos\theta_2 + i\sin\theta_2)$$
$$= r_1 r_2 \{(\cos\theta_1 \cos\theta_2 - \sin\theta_1 \sin\theta_2) + i(\cos\theta_1 \sin\theta_2 + \sin\theta_1 \cos\theta_2)\}$$
$$= r_1 r_2 \{\cos(\theta_1 + \theta_2) + i\sin(\theta_1 + \theta_2)\}$$

となる．したがって，積 $z_1 z_2$ の絶対値は積 $r_1 r_2$ になり，積 $z_1 z_2$ の偏角は和 $\theta_1 + \theta_2$ となる．すなわち，$|z_1 z_2| = |z_1||z_2|$, $\arg z_1 z_2 = \arg z_1 + \arg z_2$. これを複素平面上で図を用いて表すと簡明である．図を用いて点 $z_1 z_2$ を求めるには，2 つの偏角を加えた角をもつ半直線を O から引き，その上に O からの長さが $r_1 r_2$ となる点を打てばよいが，それには図 1.2 の 2 つの三角形が相似となるように点 $z_1 z_2$ を打てばよい．

この積の公式より，$z = \cos\theta + i\sin\theta$ を n 乗すれば，絶対値は 1 で変わらず，偏角が n 倍となるので次を得る．

ド・モアブル (de Moivre) **の公式**　$(\cos\theta + i\sin\theta)^n = \cos n\theta + i\sin n\theta$.

また，これより $z = \cos\theta + i\sin\theta$ のとき，$\dfrac{1}{z} = \cos(-\theta) + i\sin(-\theta)$ となる．右辺どうしを掛けると，偏角が 0 となり，積は 1 となるからである．したがって，ド・モアブルの公式は n が負の整数でも成り立つ．

オイラー (Euler) **の公式**　$e^{\theta i} = \cos\theta + i\sin\theta$.　$e^{x+yi} = e^x(\cos y + i\sin y)$.

注　これは公式と呼ばれているが，実は，実変数のとき e^x は知っているが，e の指数が複素数である場合にどうなるのかは知らないわけで，そこで，知っている右辺の式で $e^{\theta i}$ や e^{x+yi} を定義するのである．こうするとすべてがうまくゆくからである．たとえば，z_1, z_2 が複素数のとき，$e^{z_1 + z_2} = e^{z_1} e^{z_2}$ が成立する．

e^{x+yi} を**指数型極表示**または**指数型極形式**という．$e^{\theta i}$ は，原点を中心とする半径 1 の円周上の点で，実軸の正の方向との角度が θ である点である．たとえば，$e^{(\pi/2)i} = i$, $e^{\pi i} = -1$, $e^{(\pi/4)i} = \dfrac{1}{\sqrt{2}} + \dfrac{1}{\sqrt{2}} i$.

例 1.3　$\alpha = 1 + i$ のとき，α^{10} を求めるには，図を用いて α を極表示すると，$\alpha = \sqrt{2} e^{(\pi/4)i}$ となるから，$\alpha^{10} = \sqrt{2}^{10} e^{(\pi/4) \cdot 10 i} = 32 e^{(5\pi/2)i} = 32(\cos\dfrac{5\pi}{2} + i\sin\dfrac{5\pi}{2}) = 32(0 + i) = 32i$.

例 1.4　複素数 $z \neq 0$ に対して，$w^n = z$ となる複素数 w を z の **n 乗根**という．複素数 $z = r(\cos\theta + i\sin\theta) \neq 0$ の平方根は 2 つあって，

$$w_0 = \sqrt{r}\left(\cos\dfrac{\theta}{2} + i\sin\dfrac{\theta}{2}\right)$$

$$w_1 = \sqrt{r}\left(\cos\left(\dfrac{\theta}{2} + \pi\right) + i\sin\left(\dfrac{\theta}{2} + \pi\right)\right) = -\sqrt{r}\left(\cos\dfrac{\theta}{2} + i\sin\dfrac{\theta}{2}\right).$$

偏角については，2倍すると θ または $\theta + 2\pi$ になるものが求めるものである．

同様に，複素数 $z = r(\cos\theta + i\sin\theta) \neq 0$ の n 乗根は n 個あって，

$$w_k = \sqrt[n]{r}\left(\cos\left(\frac{\theta}{n} + \frac{2\pi k}{n}\right) + i\sin\left(\frac{\theta}{n} + \frac{2\pi k}{n}\right)\right) \quad (k = 0, 1, \ldots, n-1).$$

例 1.5 $z^3 = 1$ のすべての解の求めかた．原点を中心とする半径 1 の円周上の点で，偏角を 3 倍すると 2π や 4π となるものを図から求めるとよい．それは，$z = 1$ および $z = -\frac{1}{2} \pm \frac{\sqrt{3}}{2}i$ であることがわかる．別な方法として，$z = e^{(2\pi k/3)i} = \cos\frac{2\pi k}{3} + i\sin\frac{2\pi k}{3}$ $(k = 0, 1, 2)$ から，実際の数値を調べることによって求めてもよい．

例 1.6 複素平面上に，(1) 上半平面 $\mathrm{Im}(z) > 0$，(2) 単位円板 $|z| < 1$，(3) $0 \leqq \arg z \leqq \frac{\pi}{4}$，(4) $|z - i| \leqq 1$ を満たす z の範囲を図示すると，それぞれ次のようになる．

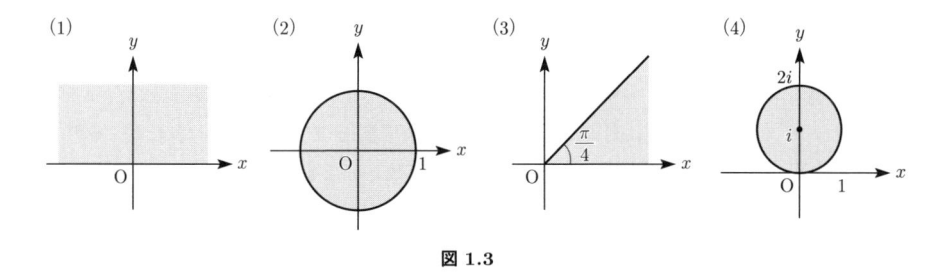

図 1.3

領域 複素平面上の図形がその境界点を含まず，かつ一つながりになっているものを**領域**という．例 1.6 で，(1), (2) は領域だが，(3), (4) は境界点を含んでいるので領域とはいわない．

1.2 数列，級数，関数

数列の極限 複素数を項とする数列 $z_1, z_2, \ldots, z_n, \ldots$ を $\{z_n\}_{n=1}^{\infty}$ (または略して $\{z_n\}$) と表す．数列 $\{z_n\}$ が複素数 α に**収束**するとは，z_n と α の距離が 0 に近づくこと，すなわち，$\lim_{n\to\infty}|z_n - \alpha| = 0$ となることをいう．これは，複素平面上での点 z_n が点 α に近づくことと同じである．このとき，$\lim_{n\to\infty} z_n = \alpha$ と表し，$\{z_n\}$ の**極限値**は α であるという．$z_n = x_n + y_n i$ であるとき，$\{z_n\}$ が収束することと，$\{x_n\}, \{y_n\}$ がともに収束することとは同じである．収束しないとき，**発散**するという．発散のうち，$\lim_{n\to\infty}|z_n| = \infty$ となるとき，$\{z_n\}$ は無限大 ∞ に発散するといい，$\lim_{n\to\infty} z_n = \infty$ と表す．

級数の極限 数列 $\{z_n\}_{n=1}^{\infty}$ について，$\sum_{n=1}^{\infty} z_n = z_1 + z_2 + \cdots + z_n + \cdots$ を**級数**あるいは**無限級数**という．級数に対し，最初の n 項までの和 $S_n = z_1 + z_2 + \cdots + z_n$ を**部分和**という．級数 $\sum_{n=1}^{\infty} z_n$ が**収束**し，その**和**が S であるとは，部分和が S に収束すること，すなわち，$\lim_{n\to\infty} S_n = \lim_{n\to\infty} \sum_{k=1}^{n} z_k = S$ となることをいい，$\sum_{n=1}^{\infty} z_n = S$ と表す．部分和が収束しないとき，級数は**発散**するという．

例 1.7 初項が 1 で，複素数 z を公比とする無限等比級数は，$|z| < 1$ のとき収束し，
$$\sum_{n=1}^{\infty} z^{n-1} = 1 + z + z^2 + \cdots + z^{n-1} + \cdots = \frac{1}{1-z}$$
であり，$|z| > 1$ のとき ∞ に発散する．これは，等比数列の和の公式 $1 + z + z^2 + \cdots + z^{n-1} = \dfrac{1-z^n}{1-z}$ を用いて，$|z| < 1$ のときは $\lim_{n\to\infty} z^n = 0$ となり，$|z| > 1$ のときは $\lim_{n\to\infty} z^n = \infty$ となることからわかる．

複素関数 複素数 $z = x + yi$ で x と y が互いに独立な実数の変数であるとき，z を**複素変数**という．複素変数 z に対して，ある規則で複素数 w が決まっているとき，それを $w = f(z)$ などと表し，**複素関数**という．z を**独立変数**，w を**従属変数**という．w を実部と虚部に分け，$w = u + vi$ とおくと，u, v は z の関数であるから，x, y の関数であり，
$$w = f(z) = u(x, y) + v(x, y)i$$
と表せる．独立変数 z が動く範囲を関数 $f(z)$ の**定義域**という．

例 1.8 関数 $w = z^2$ は，$z = x + yi$ より，$w = z^2 = (x^2 - y^2) + 2xyi$ であるから，w の実部は $u(x, y) = x^2 - y^2$，虚部は $v(x, y) = 2xy$ である．

複素関数 $w = f(z)$ をグラフで表すには困難を伴う．z と w がそれぞれ実 2 次元の平面を動き得るので，グラフは 4 次元空間の中で描かなければならないからである．そこで，通常はグラフの代わりに，独立変数が動く $\boldsymbol{z}$ **平面**と，従属変数が動く $\boldsymbol{w}$ **平面**の 2 枚の平面を用意し，z の動きに従って，対応する w がどこをどのように動くかを観察して，できるだけそれを図示することによって関数を理解する．

例 1.9 複素関数 $w = f(z) = z^2$ の図示．$z = re^{\theta i}$ とすると，$z^2 = r^2 e^{2\theta i}$ であるから，f によって，偏角は 2 倍になり，絶対値は 2 乗になる．したがって，z 平面の $\{z \mid 0 \leqq \arg z \leqq \theta\}$ なる部分は，f によって w 平面の $\{w \mid 0 \leqq \arg w \leqq 2\theta\}$ なる部分に移り，$\{z \mid \operatorname{Im} z \geqq 0\}$ の部分は，w 平面全体に移り，z 平面全体は w 平面全体に二重に移る．

1. 複 素 関 数

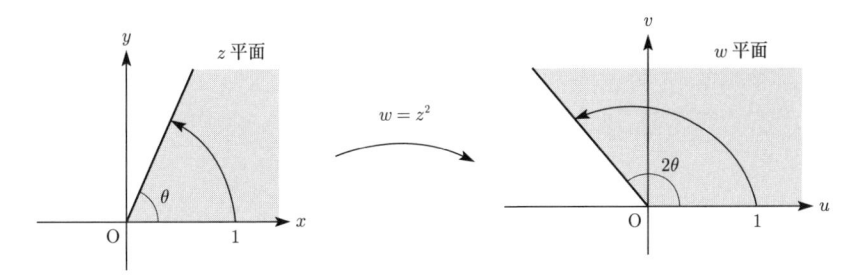

図 1.4 関数 $w = z^2$ の図示

関数の極限 複素関数 $f(z)$ について，独立変数 z が複素数 a に近づくとき，$f(z)$ の値が α に近づくならば，**極限値**は α であるといい，$\lim_{z \to a} f(z) = \alpha$ と表す．ただし，このとき z が a に近づく近づきかたは無限の仕方があり，どんな近づきかたをしても $f(z)$ の値が 1 つの値 α に近づくことを必要とする．実 1 変数の場合には，右からと左からの 2 通りの近づきかたしかないが，複素変数の場合は，平面上で点 a に近づく近づきかたは，どのような方向から近づいてもよいし，あるいは回りながら近づいてもよい．このように無限の近づきかたがあり，極限をもつためには，どのように近づいても近づきかたによらず $f(z)$ が同一の値に近づく必要がある．

連続関数 関数 $f(z)$ について，$\lim_{z \to a} f(z) = f(a)$ となるとき，すなわち，z が a に近づくとき $f(z)$ が極限値をもち，その極限値が a での f の値 $f(a)$ に一致するとき，f は点 a で**連続**であるという．また，$f(z)$ が定義域内のすべての点で連続のとき，f は定義域で**連続**であるという．連続関数の和，差，積，商（ただし，分母は 0 にならないとする）はまた連続関数になる．

XI 複素関数

2

正 則 関 数

2.1 正 則 関 数

複素微分，正則関数 関数 $f(z)$ について，その定義域内の点 a において，極限値
$$\lim_{z \to a} \frac{f(z) - f(a)}{z - a}$$
が存在するとき，$f(z)$ は点 a において**複素微分可能**または単に**微分可能**という．このとき，この極限値を点 a における**微分係数**といい，$\dfrac{df(a)}{dz}$ あるいは $f'(a)$ と表す．$z = a + \Delta z$ とおくと，これは
$$\frac{df(a)}{dz} = f'(a) = \lim_{\Delta z \to 0} \frac{f(a + \Delta z) - f(a)}{\Delta z}$$
とも表せる．

ある領域内のすべての点で関数 $w = f(z)$ が複素微分可能であるとき，$f(z)$ はその領域で**正則** (holomorphic) または**解析的** (analytic) であるといい，関数 $f(z)$ をその領域での**正則関数**または**解析関数**という．$f'(z)$ を $f(z)$ の**導関数**という．また，関数 $f(z)$ が**集合 S で正則**という言いかたもする．それは，$f(z)$ が集合 S を含むある領域で正則であることをいう．たとえば，$f(z)$ が点 a において正則とは，a も込めて a の近くで正則であることをいう．

上記の極限値の存在については，関数の極限値の項で述べられているように，z が a にどんな近づきかたをしても同一の値に近づかなければならないことを要請している．z が a に近づく近づきかたには無限の仕方があり，すべての近づきかたに対して同一の値に近づかなければならないという要請は非常に強い要請である．したがって，複素微分可能という条件は非常に強い条件であり，正則関数はこの強い条件を満たしているために，一般の連続関数とは違い，非常によい性質をもっている．正則関数のすべての性質は，複素微分できるという強い要請を満たしていることから来ており，このことが正則関数の根幹となっている．

微分公式 $f(z)$ と $g(z)$ が複素微分可能であれば，その和，差，積，商も複素微分可能であり，

2. 正則関数

$$(f \pm g)' = f' \pm g', \quad (fg)' = f'g + fg', \quad \left(\frac{g}{f}\right)' = \frac{g'f - f'g}{f^2} \quad (f(z) \neq 0).$$

合成関数の微分　複素微分可能な 2 つの関数 $w_1 = f(w_2)$, $w_2 = g(z)$ の合成関数 $w_1 = f(g(z))$ は複素微分可能で,

$$\frac{df(g(z))}{dz} = f'(g(z))g'(z) \quad \text{すなわち} \quad \frac{dw_1}{dz} = \frac{dw_1}{dw_2}\frac{dw_2}{dz}.$$

これらの証明は実変数のときの証明と同じである.

例 2.1　関数 $w = z^n$ $(n = 1, 2, \ldots)$ は $\mathbf{C}$ で正則で,

$$\frac{dz^n}{dz} = nz^{n-1}.$$

[証明]　2 項定理

$$(a+b)^n = a^n + {}_nC_1 a^{n-1}b + \cdots + {}_nC_k a^{n-k}b^k + \cdots + b^n$$

$$_nC_k = \frac{n(n-1)\cdots(n-k+1)}{k!}$$

より,

$$\begin{aligned}
\frac{dz^n}{dz} &= \lim_{\Delta z \to 0} \frac{(z + \Delta z)^n - z^n}{\Delta z} \\
&= \lim_{\Delta z \to 0} \frac{z^n + nz^{n-1}\Delta z + \frac{n(n-1)}{2}z^{n-2}(\Delta z)^2 + \cdots + (\Delta z)^n - z^n}{\Delta z} \\
&= \lim_{\Delta z \to 0} \left(nz^{n-1} + \frac{n(n-1)}{2}z^{n-2}\Delta z + \cdots + (\Delta z)^{n-1}\right) \\
&= nz^{n-1}. \quad\quad\quad\quad\quad\quad\quad\quad\quad\quad\quad\quad\quad\quad\quad\text{(証明終)}
\end{aligned}$$

例 2.2　$\left(\dfrac{1}{z^n}\right)' = \dfrac{-n}{z^{n+1}}$. これは分数の微分公式を用いて求められる. z^{-n} に形式的に例 2.1 の公式を当てはめて得たものと同じになる.

2.2　コーシー・リーマンの関係式

正則関数の実部と虚部は次の重要な関係式を満たす.

定理 2.1　$f(z) = u(x,y) + v(x,y)i$ を正則関数とする. ただし, 独立変数を $z = x + yi$ とし, $u(x,y)$, $v(x,y)$ はそれぞれ $f(z)$ の実部と虚部とする. このとき, u, v の変数 x と y に関する偏微分について

$$\frac{\partial u}{\partial x} = \frac{\partial v}{\partial y} \qquad \frac{\partial u}{\partial y} = -\frac{\partial v}{\partial x}$$

が成り立つ．これを**コーシー・リーマン** (Cauchy–Riemann) **の関係式**という．

逆に，1階連続偏微分可能な複素関数 $f(z) = u(x,y) + v(x,y)i$ がコーシー・リーマンの関係式を満たせば，$f(z)$ は正則関数である．

注 u と x が前，v と y が後ろとみると，前を前で，後ろを後ろで偏微分したものが等しく，前を後ろで，後ろを前で入れ子に偏微分したものは符号が異なる．

注 n 階連続偏微分可能とは，x, y に関して n 階偏微分可能で n 階までの偏導関数がすべて連続となることをいう．

注 x あるいは y に関する偏微分の記号は u_x, u_y などとも書く．

[**証明**] コーシー・リーマンの関係式の成立について．$f(z)$ は正則であると仮定する．$f(z)$ は複素微分可能であるから，どの方向からの微分係数も同一の値 $f'(z)$ にならなければならない．そこで，x 軸に平行な方向からの微分係数と，y 軸に平行な方向からの微分係数とを計算し，この2つが同じであるという条件を書くと，これがまさしくコーシー・リーマンの関係式を与える．実際にこの2つを計算すると，x 軸に平行な方向からの微分係数は，$z + \Delta x = x + \Delta x + yi$ を $x + yi$ に近づけることより，

$$\begin{aligned}
f'(z) &= \lim_{\Delta x \to 0} \frac{f(z + \Delta x) - f(z)}{\Delta x} \\
&= \lim_{\Delta x \to 0} \frac{(u(x + \Delta x, y) + v(x + \Delta x, y)i) - (u(x,y) + v(x,y)i)}{\Delta x} \\
&= \lim_{\Delta x \to 0} \frac{u(x + \Delta x, y) - u(x,y)}{\Delta x} + \lim_{\Delta x \to 0} \frac{v(x + \Delta x, y) - v(x,y)}{\Delta x} i \\
&= \frac{\partial u}{\partial x} + \frac{\partial v}{\partial x} i
\end{aligned}$$

であり，y 軸に平行な方向からの微分係数は，$z + \Delta y\, i = x + yi + \Delta y\, i$ を $x + yi$ に近づけることより，

$$\begin{aligned}
f'(z) &= \lim_{\Delta y\, i \to 0} \frac{f(z + \Delta y\, i) - f(z)}{\Delta y\, i} \\
&= \lim_{\Delta y \to 0} \frac{(u(x, y + \Delta y) + v(x, y + \Delta y)i) - (u(x,y) + v(x,y)i)}{\Delta y\, i} \\
&= \lim_{\Delta y \to 0} \frac{u(x, y + \Delta y) - u(x,y)}{\Delta y\, i} + \lim_{\Delta y \to 0} \frac{v(x, y + \Delta y)i - v(x,y)i}{\Delta y\, i} \\
&= -\frac{\partial u}{\partial y} i + \frac{\partial v}{\partial y}.
\end{aligned}$$

この両者が等しいことより，コーシー・リーマンの関係式を得る．

逆については，$u(x,y), v(x,y)$ が1階連続偏微分可能であることより，u, v が全微分可能となること，およびコーシー・リーマンの関係式を使うと $f(z)$ の複素微分可能性が導か

れる。   (証明終)

例 2.3 $z^2 = (x+yi)^2 = (x^2-y^2)+2xyi$ は正則関数である。その実部 $u(x,y) = x^2-y^2$ と虚部 $v(x,y) = 2xy$ について，$u_x = 2x$, $u_y = -2y$, $v_x = 2y$, $v_y = 2x$ であり，確かにコーシー・リーマンの関係式 $u_x = v_y$, $u_y = -v_x$ を満たしている。

上記の証明中の式は次をも示している。

正則関数の微分 正則関数 $f(z) = u(x,y) + v(x,y)i$ の導関数は次のようにしても求められる。
$$\frac{df(z)}{dz} = \frac{\partial u}{\partial x} + \frac{\partial v}{\partial x}i, \qquad \frac{df(z)}{dz} = \frac{\partial v}{\partial y} - \frac{\partial u}{\partial y}i.$$

例 2.4 $f(z) = z^2$ のとき，$f'(z) = 2z$ であるが，これは例 2.3 より，$u_x + v_x i = 2x + 2yi = 2z$ としても求められ，$v_y - u_y i = 2x - (-2y)i = 2z$ としても求められる。

2.3 基本的な正則関数

多項式，分数関数 **多項式** (polynomial) $P(z) = a_0 z^n + a_1 z^{n-1} + \cdots + a_n$ (a_i は複素数) は複素平面全体で正則な関数である。2 つの多項式の比である**分数関数** $\dfrac{Q(z)}{P(z)}$ は複素平面から $P(z) = 0$ なる z を除いた領域で正則である。分数関数を**有理関数** (rational function) ともいう。

指数関数 複素数 $z = x+yi$ に対して，**指数関数** (exponential function) を
$$e^z = e^{x+yi} = e^x(\cos y + i\sin y)$$
と定義する。ただし $e = 2.718281828459\cdots$。実数 x, y に対して右辺の関数は知っているので，この右辺で e^z を定めるのである。その実部 $u = e^x\cos y$ と虚部 $v = e^x\sin y$ はコーシー・リーマンの関係式を満たすことがわかるので，e^z は複素平面全体で正則である。また，e^z は実軸上では実変数の指数関数 e^x に一致する。

注 指数関数の定義式はオイラーの公式とも呼ばれている (1.1 節参照)。

指数関数の基本性質
(1) **加法定理** $e^{z_1+z_2} = e^{z_1}e^{z_2}$.
(2) 指数関数は**周期** $2\pi i$ をもつ。すなわち，$e^{z+2\pi i} = e^z$.
(3) $|e^{x+yi}| = e^x$。また e^z は決して 0 にならない。
(4) **微分公式** $\dfrac{de^z}{dz} = e^z$.

[**証明**] (1) 三角関数の加法定理による。1.1 節の複素数の積の計算を参照するとよい。

(2) $e^{2\pi i} = \cos 2\pi + i \sin 2\pi = 1$ と (1) による.

(3) 容易.

(4) 2.2 節の正則関数の微分公式を用いると,
$$\frac{de^z}{dz} = u_x + v_x i = \frac{d(e^x \cos y)}{dx} + \frac{d(e^x \sin y)}{dx} i$$
$$= e^x \cos y + i e^x \sin y = e^x(\cos y + i \sin y) = e^z. \qquad \text{(証明終)}$$

三角関数 1.1 節のオイラーの公式から,
$$e^{\theta i} = \cos \theta + i \sin \theta$$
$$e^{-\theta i} = \cos \theta - i \sin \theta$$

である. 両式の和, 差を作り, 2 および $2i$ で割ると
$$\cos \theta = \frac{e^{\theta i} + e^{-\theta i}}{2}, \quad \sin \theta = \frac{e^{\theta i} - e^{-\theta i}}{2i}$$

を得る. この式は θ を実数として得られたものであるが, この式をもとに, 複素数 z に対して, **正弦** (sine), **余弦** (cosine) を
$$\cos z = \frac{e^{zi} + e^{-zi}}{2}, \quad \sin z = \frac{e^{zi} - e^{-zi}}{2i}$$

と定義する. 右辺の関数は指数関数として複素数に対してもすでに定まっているのでそれを用いている. さらに**正接** (tangent), **余接** (cotangent) を
$$\tan z = \frac{\sin z}{\cos z}, \quad \cot z = \frac{\cos z}{\sin z}$$

と定める. これらを**三角関数** (trigonometric function) という. 複素数に対して定めたこれらの三角関数は実軸上では実変数の三角関数と一致する.

例 2.5 $\cos i = \dfrac{e^{i \cdot i} + e^{-i \cdot i}}{2} = \dfrac{e^{-1} + e}{2}, \quad \sin i = \dfrac{e^{i \cdot i} - e^{-i \cdot i}}{2i} = \dfrac{e - e^{-1}}{2} i$

$\cos\left(\dfrac{\pi}{2} + i\right) = \dfrac{e^{(\pi/2 + i)i} + e^{-(\pi/2 + i)i}}{2} = \dfrac{e^{-1} e^{(\pi/2)i} + e^1 e^{(-\pi/2)i}}{2}$

$= \dfrac{e^{-1} i - ei}{2} = \dfrac{e^{-1} - e}{2} i.$

三角関数は複素変数のときも実変数のときと同様に次の性質をもつ.

三角関数の基本性質 z, w を複素数とする.

(1) $\sin^2 z + \cos^2 z = 1$

(2) **加法定理** $\sin(z + w) = \sin z \cos w + \cos z \sin w$
$\cos(z + w) = \cos z \cos w - \sin z \sin w$

(3) **微分公式** $(\sin z)' = \cos z$, $(\cos z)' = -\sin z$, $(\tan z)' = \dfrac{1}{\cos^2 z}$

(4) **周期性** $\sin(z + 2\pi) = \sin z$, $\cos(z + 2\pi) = \cos z$

[証明] すべて三角関数の定義式と，指数関数の基本性質を用いる．たとえば (1) については，

$$\sin^2 z + \cos^2 z = \left(\frac{e^{zi} - e^{-zi}}{2i}\right)^2 + \left(\frac{e^{zi} + e^{-zi}}{2}\right)^2$$

$$= \frac{e^{2zi} - 2 + e^{-2zi}}{-4} + \frac{e^{2zi} + 2 + e^{-2zi}}{4} = 1.$$

他も同様． (証明終)

対数関数 (logarithmic function) x が実変数のとき，指数関数 $y = e^x$ の逆関数を対数関数と呼び $y = \log x \ (x > 0)$ と表した．逆関数の性質から

$$e^{\log x} = x \ (x > 0), \text{ および } \log e^x = x \ (x \in \mathbf{R})$$

が成り立つ．

z が複素変数のとき，前述のように指数関数 $w = e^z$ は定義されている．この逆関数を求めたい．複素数 $z \neq 0$ に対して，その指数型極表示を $z = re^{\theta i}$ とする．$z = re^{\theta i} = e^{\log r}e^{\theta i} = e^{\log r + \theta i}$ であるから，$\log z = \log r + \theta i$ と定めれば，$e^{\log z} = e^{\log r + \theta i} = z$ となり，このように定めた $\log z$ は指数関数の逆関数になることがわかる．そこで，複素数 $z \neq 0$ に対して，**対数関数**を

$$\log z = \log|z| + i \arg z$$

と定める．$\log|z|$ は実数に対して実数をとる対数の値とし，$\arg z$ は z の偏角を表す．

偏角 $\arg z$ は，$z \neq 0$ の連続関数になるようにすると，z が原点の周りを 1 周すると 2π だけ増えてしまう．したがって 1 価な連続関数にはならない．θ を偏角の一つとすると，$\theta + 2\pi n \ (n = 0, \pm 1, \pm 2, \ldots)$ も偏角になるので，

$$\log z = \log|z| + (\theta + 2\pi n)i \quad (n = 0, \pm 1, \pm 2, \ldots)$$

となる．したがって，$\log z$ の値はただ一つの値に定まらず，無限個の値をもつ．ただ一つの値が定まらず，2 つ以上の値をもつ関数を**多価関数**という．領域 $\{z \neq 0\}$ において $\arg z$ は無限多価関数であり，したがって $\log z$ も無限多価関数である．

例 2.6 $\log(1+i)$ の値は，$|1+i| = \sqrt{1^2 + 1^2} = \sqrt{2}$，$\arg(1+i) = \frac{\pi}{4} + 2\pi n \ (n = 0, \pm 1, \pm 2, \ldots)$ なので，$\log(1+i) = \log\sqrt{2} + (\frac{\pi}{4} + 2\pi n)i \ (n = 0, \pm 1, \pm 2, \ldots)$.

定義の仕方から，対数関数は指数関数の逆関数である．

命題 2.1 $e^{\log z} = z$ $(z \neq 0)$, $\log e^z = z + 2\pi n i$ $(n = 0, \pm 1, \pm 2, \ldots)$

注 偏角 $\arg z$ は多価関数であるが，$e^{2\pi ni} = 1$ より，第1式は z に戻る．第2式は対数関数の多価性による．

対数関数の主値 対数関数 $\log z$ は無限多価関数であって，その値がただ一つに定まらないことは不便なことである．そこで z の偏角の取り得る値をある範囲に制限して対数関数の値がただ一つに定まるようにする．それには，z の偏角 θ を $(-\pi, \pi]$ に制限し，この範囲に制限した偏角を $\mathrm{Arg}\, z$ と大文字で表し，**偏角の主値**という．すなわち，

$$-\pi < \theta = \mathrm{Arg}\, z \leqq \pi$$

と定める．そして，偏角の主値を用いて

$$\mathrm{Log}\, z = \log |z| + i \mathrm{Arg}\, z$$

と定義し，これを**対数関数の主値**といい，大文字で表す．$\mathrm{Log}\, z$ は1価関数である．

例 2.7 $\mathrm{Arg}\,(1+i) = \frac{\pi}{4}$ なので，$\mathrm{Log}\,(1+i) = \log \sqrt{2} + \frac{\pi}{4} i$. 例 2.6 と比較せよ．

対数関数の基本性質 z, w を 0 でない複素数とする．

(1) **加法定理** $\log z + \log w = \log zw$ ただし，この等式は，$2\pi i$ の整数倍を無視して等しいことを意味する．

[**証明**] $\log z + \log w = (\log |z| + i \arg z) + (\log |w| + i \arg w) = (\log |z| + \log |w|) + i(\arg z + \arg w) = \log |zw| + i \arg zw = \log zw$. ただしここで，$\arg z + \arg w = \arg zw$ は，2π の整数倍を無視して両辺が等しいことを意味する．　　　　（証明終）

注 $\mathrm{Log}\, z + \mathrm{Log}\, w = \mathrm{Log}\, zw$ は一般には成り立たない．$\mathrm{Arg}\, z + \mathrm{Arg}\, w$ が区間 $(-\pi, \pi]$ をはみだすことがあるからである．

(2) **微分公式** $\dfrac{d \log z}{dz} = \dfrac{1}{z}$, $\dfrac{d \mathrm{Log}\, z}{dz} = \dfrac{1}{z}$

[**証明**] $e^{\log z} = z$ に合成関数の微分をすると，$e^{\log z} \cdot \dfrac{d \log z}{dz} = 1$. ゆえに $z \cdot \dfrac{d \log z}{dz} = 1$ となるから．（この際に，多価性が気になるが，$\log z$ の1つの枝をとり，局所的にこの計算を行えばよい．）　　　　（証明終）

冪関数 $z \neq 0$ を複素変数とし，α を任意の複素数とするとき，**冪関数**を

$$z^\alpha = e^{\alpha \log z}$$

と定義する．α が整数あるいは有理数のときは 1.1 節例 1.4 のように既知の関数であるが，α が無理数のときには右辺の関数で，冪関数を定めるのである．$\log z$ は多価関数なので，

冪関数は，α が整数のときのみ 1 価関数で，α が有理数のときは有限多価関数で，α が無理数のときは無限多価関数である．たとえば n が自然数のとき $z^{1/n}$ は n 価関数である（1.1 節例 1.4 参照）．

XI 複素関数

3 積　　　分

3.1 線　積　分

線積分 (実変数のとき)　実変数の xy 平面上で考える．2変数関数 $P(x,y)$, $Q(x,y)$ に対して，形式的に
$$\omega = P(x,y)dx + Q(x,y)dy$$
とおいたものを **1 次微分形式**という．dx, dy は単なる記号であるが，微小量の極限という意味を含んでいる．1変数の積分を $\int_a^b f(x)dx$ と表すことの類似から，$P(x,y)dx + Q(x,y)dy$ は次のように曲線上で積分されるものという意味をもつ．xy 平面上の曲線 C をパラメータ表示して
$$C : x = x(t),\ y = y(t) \quad (\alpha \leqq t \leqq \beta)$$
とする．1次微分形式 ω の曲線 C に沿っての**線積分**を
$$\int_C \omega = \int_C P(x,y)dx + Q(x,y)dy$$
と表し，
$$\int_C P(x,y)dx + Q(x,y)dy = \int_\alpha^\beta \left\{ P(x(t),y(t))\frac{dx}{dt} + Q(x(t),y(t))\frac{dy}{dt} \right\} dt$$
と定める．これは通常の変数変換の公式を用いて積分を計算すればよいことを表している．また，線積分の値は曲線 C をパラメータ表示する仕方にはよらない．

例 3.1　点 $(0,0)$ と $(1,2)$ を結ぶ直線 $C : x = t,\ y = 2t\ (0 \leqq t \leqq 1)$ に沿っての $xdx + xydy$ の線積分の値は
$$\int_C xdx + xydy = \int_0^1 \left(t\frac{dx}{dt} + t\cdot 2t\frac{dy}{dt} \right) dt = \int_0^1 (t\cdot 1 + 2t^2 \cdot 2)dt = \left[\frac{1}{2}t^2 + \frac{4}{3}t^3 \right]_0^1 = \frac{11}{6}.$$

線積分の意味　線積分は，1変数の積分や2変数の重積分のように，面積や体積を表すわけではないが，次のような意味をもつ．xy 平面上にベクトル場 $\boldsymbol{F} = (P(x,y), Q(x,y))$ を考える．曲線 C に沿っての微小線素ベクトルを $d\boldsymbol{s} = (dx, dy)$ とする．1次微分形式

$P(x,y)dx + Q(x,y)dy$ は点 (x,y) におけるベクトル場 $\boldsymbol{F}$ と微小線素ベクトル $d\boldsymbol{s}$ の内積になっている．したがって，線積分はこの内積を曲線 C に沿って足し合わせた総和を表す．

例 3.2 $\boldsymbol{F} = (P(x,y), Q(x,y))$ を力の場とする．曲線上の点 (x,y) から曲線に沿って物体を点 $(x,y) + d\boldsymbol{s} = (x+dx, y+dy)$ まで微小に動かしたときにこの力の場がする仕事量は $\boldsymbol{F}$ と $d\boldsymbol{s}$ の内積 $\boldsymbol{F} \cdot d\boldsymbol{s} = P(x,y)dx + Q(x,y)dy$ である．したがって，

$$I = \int_C P(x,y)dx + Q(x,y)dy$$

は物体を曲線 C に沿って動かしたとき，力の場がする仕事の総量を表す．

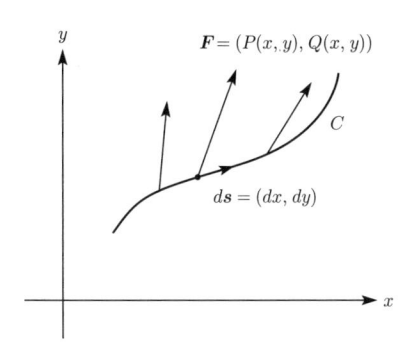

図 3.1 線積分

グリーンの公式 1変数の定積分は原始関数の両端での値の差として求められる．すなわち，$F(x)$ を $F'(x) = f(x)$ なる関数とすると，a から b までの $f(x)$ の定積分は $\int_a^b f(x)dx = F(b) - F(a)$ のように f の原始関数 F の両端での値の差として求められる．これと同じように，2変数の領域での重積分は，領域の端の点，すなわち領域の境界の点でのなにかを足し合わせたものとして計算できる．通常領域の境界は曲線になっていて，無限個の点からなり，無限個の点で足し合わせることが実際には線積分に相当する．2変数の領域での重積分を領域の境界に沿う線積分で計算することができるというのが次のグリーン (Green) の公式である．曲線 C が自分自身と交わることがないとき，C を**単一曲線**という．閉じた単一曲線を**単一閉曲線**という．単一閉曲線 C の向きは正の回転の向き，すなわち反時計回りの向きが付いているとし，以下このことは一々断らない．

定理 3.1 (グリーンの公式) D は単一閉曲線 C で囲まれた領域とする．$P(x,y), Q(x,y)$ を1階連続偏微分可能な関数とする．このとき，

$$\int_C P(x,y)dx + Q(x,y)dy = \iint_D \left(-\frac{\partial P(x,y)}{\partial y} + \frac{\partial Q(x,y)}{\partial x} \right) dxdy$$

が成り立つ.

注 線積分を重積分で計算するような書き表しかたになっているが，本来の意義は重積分を線積分で計算することにある．もちろん等式であるからどちらが先であってもよい.

[**証明**] 領域が長方形 $D = (a,b) \times (c,d)$ のとき．D の境界を 4 辺の和として $C = C_1 + C_2 + C_3 + C_4$ と表す．右辺の重積分 $\iint_D \dfrac{\partial P(x,y)}{\partial y} dxdy$ から出発し，これを累次積分によって計算する．y で先に積分することにより，

$$\iint_D \frac{\partial P(x,y)}{\partial y} dxdy = \int_a^b dx \int_c^d \frac{\partial P(x,y)}{\partial y} dy$$

だが $\dfrac{\partial P(x,y)}{\partial y}$ の y に関する原始関数は $P(x,y)$ なので

$$= \int_a^b [P(x,y)]_c^d dx = \int_a^b (P(x,d) - P(x,c))dx$$

であり，線積分の意味を考えると，C_1 上 $y=c$ で，C_3 上 $y=d$ であり，C_3 の向きが右から左なので，

$$= -\int_{C_3} P(x,y)dx - \int_{C_1} P(x,y)dx$$
$$= -\int_{C_3} P(x,y)dx - \int_{C_1} P(x,y)dx - \int_{C_2} P(x,y)dx - \int_{C_4} P(x,y)dx$$
$$= -\int_C P(x,y)dx.$$

最後に付け加えた 2 つの積分は，C_2, C_4 上で x が増えないので 0 であるから．これでグリーンの公式の P に関する部分は（符号が変わって）両辺が等しい．Q に関する部分についても同様に重積分から始めて，累次積分を x で先にすると，今度は符号が変わらず等式を得る.

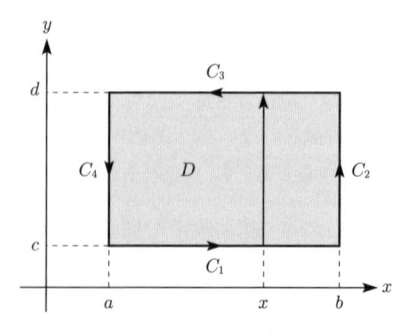

図 3.2 グリーンの公式の証明

D が直角三角形のときも同様に示せる．境界が一般の曲線のときは D を小さな直角三角形の和に分けて近似を行う．分けたときに，D の内部に現れる線分上での線積分は 2 度現れるが，向きが違うために打ち消し合って 0 となり，境界の線積分のみが残り，これが内部全体の重積分に等しくなる． (証明終)

注 グリーンの公式は覚えにくいので，使うときはつねに公式を参照するとよい．外微分形式の理論では，計算規則 $dx \wedge dy = -dy \wedge dx,\ dx \wedge dx = dy \wedge dy = 0,\ ddx = ddy = 0$ および $\omega = P(x,y)dx + Q(x,y)dy$ のとき $d\omega = (dP \wedge dx + P \wedge ddx) + (dQ \wedge dy + Q \wedge ddy) = (P_x dx + P_y dy) \wedge dx + (Q_x dx + Q_y dy) \wedge dy = -P_y dx \wedge dy + Q_x dx \wedge dy$ という計算規則があり，グリーンの公式の重積分の中身が $d\omega$ になっている．

例 3.3 原点中心の半径 1 の円周を $C: x = \cos\theta,\ y = \sin\theta\ (0 \leqq \theta \leqq 2\pi)$ とし，その内部を D とする．$P(x,y) = y,\ Q(x,y) = x$ とするとき，$\iint_D (-P_y + Q_x) dx dy = \iint_D (-1 + 1) dx dy = 0$．一方，線積分を定義に従って計算すると，$\int_C P dx + Q dy = \int_C y dx + x dy = \int_0^{2\pi} (\sin\theta(-\sin\theta) + \cos\theta\cos\theta) d\theta = \int_0^{2\pi} \cos 2\theta d\theta = \left[\frac{1}{2}\sin 2\theta\right]_0^{2\pi} = 0$ でこの両者は等しく，グリーンの公式が成り立っている．

グリーンの公式の物理的意味 一般にベクトル場 $\boldsymbol{F} = (P(x,y), Q(x,y))$ に対して，$\mathrm{div}\boldsymbol{F} = \dfrac{\partial P(x,y)}{\partial x} + \dfrac{\partial Q(x,y)}{\partial y}$ を**発散** (divergent) あるいは**湧き出し**という．たとえば，$\boldsymbol{F}$ が水の流れを表す流速ベクトル場のとき，$\mathrm{div}\boldsymbol{F}$ は単位時間における単位面積当たりの地面からの水の湧き出し量を表す．したがって $\iint_D \mathrm{div}\boldsymbol{F} dx dy = \iint_D \left(\dfrac{\partial P(x,y)}{\partial x} + \dfrac{\partial Q(x,y)}{\partial y}\right) dx dy$ は，領域 D 全体で地面から水が湧き出す総量を表す．一方，D の境界での $-Q(x,y)dx + P(x,y)dy$ は，境界上の接近する 2 点 (x,y) と $(x+dx, y+dy)$ を結ぶ微小線分からの水の流出量を表す．したがって，境界 C に沿った線積分 $\int_C -Q(x,y)dx + P(x,y)dy$ は境界 C から流出する水の総量を表す．内部からの湧き出し総量と境界からの流出量は一致するはずであるから，

$$\iint_D \left(\frac{\partial P(x,y)}{\partial x} + \frac{\partial Q(x,y)}{\partial y}\right) dx dy = \int_C -Q(x,y)dx + P(x,y)dy$$

が成り立たなければならない．これがグリーンの公式で，記号を変えると上記のグリーンの公式と同じである．

3.2 複素積分

複素関数 $f(z) = u(x,y) + v(x,y)i$ と複素平面上の曲線 $C: z = z(t) = x(t) + y(t)i\ (\alpha \leqq t \leqq \beta)$ を考える．$f(z)$ の曲線 C に沿っての線積分を実変数線積分を用いて

$$\int_C f(z)dz = \int_C (u(x,y) + v(x,y)i)(dx + idy)$$
$$= \int_C u(x,y)dx - v(x,y)dy + i\int_C v(x,y)dx + u(x,y)dy$$

と定める．これは $dz = dx + idy = \left(\dfrac{dx}{dt} + \dfrac{dy}{dt}i\right)dt = \dfrac{dz}{dt}dt$ と書き換えることにより

$$\int_C f(z)dz = \int_C f(z)\frac{dz(t)}{dt}dt$$

として実部と虚部に分けたものになっている．曲線 C を**積分路**といい，$\int_C f(z)dz$ を C に沿っての**複素積分**あるいは単に**積分**という．この積分の値は曲線 C をパラメータ表示する仕方にはよらない．

曲線に沿っての積分の意味　曲線 C 上に順次に点列 $z_0, z_1, \ldots, z_n$ をとって C を分割する．さらに点 z_{i-1} と z_i の間の C の上に任意に点 c_i をとる．そして，c_i における f の値 $f(c_i)$ と $z_i - z_{i-1}$ との積を作りこれを足し合わせた和

$$\sum_{i=1}^{n} f(c_i)(z_i - z_{i-1})$$

を考える．分割を細かくしていったときのこの和の極限値が上で定めた C に沿っての積分 $\int_C f(z)dz$ に一致する．正確には，この極限値が存在するときに，$f(z)$ は C に沿って積分可能といい，極限値を $\int_C f(z)dz$ と表し，C に沿っての積分と定義する．この定義は実変数の積分 $\int_a^b f(x)dx$ の定義の仕方と同じである．実変数の場合は積分値は面積の意味をもつが，複素関数の場合は積分値は何かの面積というような意味はもたない．

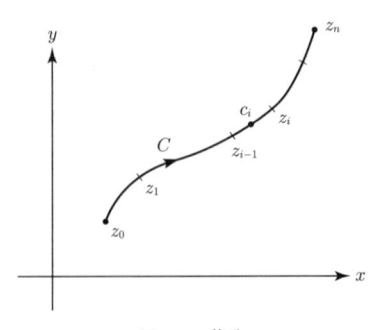

図 3.3 積分

例 3.4　原点と点 $z = 1 + 2i$ とを結ぶ直線を C とするとき $I = \int_C zdz$ を求める．C は $z = z(t) = (1+2i)t \quad (0 \leqq t \leqq 1)$ と表せるから，

$$I = \int_0^1 (1+2i)t \frac{d(1+2i)t}{dt} dt = \int_0^1 (1+2i)t \cdot (1+2i) dt = (1+2i)^2 \int_0^1 t dt = \frac{(1+2i)^2}{2}.$$

例 3.5 原点と点 $z = 1 + 2i$ とを結ぶ放物線 $y = 2x^2$ $(0 \leq x \leq 1)$ を C とするとき，$I = \int_C z dz$ を求める．C は $x = t$, $y = 2t^2$ $(0 \leq t \leq 1)$ すなわち $z = z(t) = t + 2t^2 i$ と表せるから，

$$I = \int_0^1 (t + 2t^2 i) \frac{d(t + 2t^2 i)}{dt} dt = \int_0^1 (t + 2t^2 i) \cdot (1 + 4ti) dt = \int_0^1 (t - 8t^3 + 6t^2 i) dt$$

$$= \left[\frac{t^2}{2} - 2t^4 + 2t^3 i \right]_0^1 = -\frac{3}{2} + 2i = \frac{(1+2i)^2}{2}.$$

これは例 3.4 と同じ値になっている．

次に，しばしば用いられる重要な積分を挙げる．

命題 3.1 点 a を中心とする円を C とすると，
(1) $\int_C \frac{1}{z-a} dz = 2\pi i$ (2) $\int_C \frac{1}{(z-a)^n} dz = 0$ $(n = 2, 3, \ldots)$

[証明] (1) 円 C の半径を r とすると，C は $z = a + re^{\theta i}$ $(0 \leq \theta \leq 2\pi)$ と表せる．$\frac{dz}{d\theta} = ire^{\theta i}$ であるから，

$$\int_C \frac{1}{z-a} dz = \int_0^{2\pi} \frac{1}{re^{\theta i}} ire^{\theta i} d\theta = \int_0^{2\pi} i d\theta = 2\pi i.$$

(2) $n - 1 \neq 0$ であることと，$e^{-(n-1)2\pi i} = 1$ であることを用いると，同様にして，

$$\int_C \frac{1}{(z-a)^n} dz = \int_0^{2\pi} \frac{1}{r^n e^{\theta n i}} ire^{\theta i} d\theta = ir^{-(n-1)} \int_0^{2\pi} e^{-(n-1)\theta i} d\theta$$

$$= ir^{-(n-1)} \left[-\frac{e^{-(n-1)\theta i}}{(n-1)i} \right]_0^{2\pi} = \frac{r^{-(n-1)}}{n-1} (-e^{-(n-1)2\pi i} + e^0) = 0.$$

(証明終)

注 点 a を中心とする半径 r の円に沿っての積分は $\int_{|z-a|=r} f(z) dz$ とも表す．

不定積分 領域 D 上で与えられた複素関数 $f(z)$ に対して，D 上の 1 価関数 $F(z)$ で $F'(z) = f(z)$ となるものを $f(z)$ の**不定積分**または**原始関数**という．次が成り立つ．

定理 3.2 領域 D 上の関数 $f(z)$ に対して，原始関数が存在するとし，それを $F(z)$ とする．C を z_0 と z_1 を結ぶ D 内の曲線とする．このとき，

$$\int_C f(z) dz = F(z_1) - F(z_0)$$

が成り立つ.

　この定理の証明は C をパラメータ表示して積分して，実変数の同様の定理を利用するとできる．またこの定理は，このように原始関数があるときは，積分 $\int_C f(z)dz$ の値は曲線 C の端点だけで決まること，すなわち，始点と終点を共有する任意の 2 つの曲線 C_1, C_2 に対して $\int_{C_1} f(z)dz = \int_{C_2} f(z)dz$ となることを示している.

例 3.6　例 3.4, 例 3.5 で $f(z) = z$ の積分を計算したが，その原始関数は $F(z) = \frac{1}{2}z^2$ である．したがって，原点 0 と点 $1+2i$ を結ぶ任意の曲線を C とすると $\int_C z dz = \left[\frac{1}{2}z^2\right]_0^{1+2i} = \frac{(1+2i)^2}{2}$ である．これは例 3.4, 例 3.5 の結果と合っている.

絶対値の積分　曲線 $C: z = z(t)$　$(\alpha \leq t \leq \beta)$ に沿う積分 $\int_C f(z)dz$ では，$dz = \dfrac{dz(t)}{dt}dt$ と変数変換をした．この変形として

$$\int_C |f(z)||dz| = \int_\alpha^\beta |f(z)|\left|\frac{dz(t)}{dt}\right| dt$$

と定める．これは，曲線に沿っての積分の項で述べた $\sum_{i=1}^n f(c_i)(z_i - z_{i-1})$ の代わりに，和 $\sum_{i=1}^n |f(c_i)||z_i - z_{i-1}|$ を作り C の分割を細かくしていった極限値に一致する．2 点の差 $z_i - z_{i-1}$ の代わりに，2 点間の線分の長さ $|z_i - z_{i-1}|$ を掛けて足しあわせている．たとえば $\int_C |dz|$ は曲線 C の長さになる.

定理 3.3　次の不等式が成り立つ.

$$\left|\int_C f(z)dz\right| \leq \int_C |f(z)||dz|.$$

[**証明**]　複素数の間に成り立つ三角不等式 $|z_1 + z_2| \leq |z_1| + |z_2|$ による．　　　(証明終)

3.3　コーシーの積分定理

複素関数論の基本となるのが積分についての次の事実である.

定理 3.4 (コーシーの積分定理)　関数 $f(z)$ は単一閉曲線 C とその内部を含む領域で正則とする．このとき，

$$\int_C f(z)dz = 0.$$

注　重要なことは $f(z)$ が C の内部で正則であることである．関数が連続であっても正

則でなければ上の積分は一般に 0 とはならない.また,$f(z)$ がほとんどの点で正則であっても C の内部に正則でない点が 1 つでもあると上の積分は一般に 0 とはならない.

[証明] グリーンの公式とコーシー・リーマンの関係式による.$f(z) = u(x,y) + v(x,y)i$ は C とその内部 D で正則であるとする.積分の定義とグリーンの公式より

$$\int_C f(z)dz = \int_C (u(x,y) + v(x,y)i)(dx + idy)$$
$$= \int_C u(x,y)dx - v(x,y)dy + i\int_C v(x,y)dx + u(x,y)dy$$
$$= \iint_D \left(-\frac{\partial u}{\partial y} - \frac{\partial v}{\partial x}\right)dxdy + i\iint_D \left(-\frac{\partial v}{\partial y} + \frac{\partial u}{\partial x}\right)dxdy$$

となる.さらに $f(z)$ は正則であるのでコーシー・リーマンの関係式 $\frac{\partial u}{\partial x} = \frac{\partial v}{\partial y}, \frac{\partial u}{\partial y} = -\frac{\partial v}{\partial x}$ が成り立つから,上式は

$$= \iint_D \left(\frac{\partial v}{\partial x} - \frac{\partial v}{\partial x}\right)dxdy + i\iint_D \left(-\frac{\partial u}{\partial x} + \frac{\partial u}{\partial x}\right)dxdy = 0.$$

このように C に沿っての積分が内部での重積分に変わり,それがコーシー・リーマンの関係式から 0 となるのである. (証明終)

例 3.7 C を単一閉曲線とする.

(1) 多項式 $P(z)$ に対して $\int_C P(z)dz = 0$.また,$\int_C e^z dz = 0$.これは,$P(z)$ も e^z も複素平面上で正則であるから,コーシーの積分定理による.

(2) 点 a は C の外部にあるとすると $\int_C \frac{1}{(z-a)^n}dz = 0$ $(n = 1, 2, \ldots)$.これは,a が C の外部にあるために $\frac{1}{(z-a)^n}$ が C の内部で正則であることによる.点 a が C の内部にあるときは,a で $\frac{1}{(z-a)^n}$ が正則でないため命題 3.1 のように $n = 1$ のときこの積分は 0 ではないことに注意.

原始関数の存在を仮定しなくても次が成り立つ.

系 3.1 始点と終点を共有し途中では交わらない 2 つの単一曲線 C_1, C_2 と,C_1, C_2 が囲む図形上で正則な関数 $f(z)$ に対して

$$\int_{C_1} f(z)dz = \int_{C_2} f(z)dz.$$

[証明] 曲線 C_1 に続けて C_2 を逆向きにたどった曲線 $C = C_1 - C_2$ は単一閉曲線である.C が囲む図形上で $f(z)$ は正則なので,定理 3.4 より

$$0 = \int_C f(z)dz = \int_{C_1 - C_2} f(z)dz = \int_{C_1} f(z)dz - \int_{C_2} f(z)dz.$$

よって2つの積分は等しい. (証明終)

上で曲線が交わる場合でも次が成り立つ.

系 3.2 領域 D で関数 $f(z)$ は正則とする. 始点と終点を共有する D 内の2つの曲線 C_1, C_2 があり, C_1, C_2 は始点と終点を固定したまま一方を他方に D 内で連続的に変形して移すことができるとする. このとき,

$$\int_{C_1} f(z)dz = \int_{C_2} f(z)dz.$$

例 3.8 $f(z) = \dfrac{1}{z-a}$ を考える. 始点と終点を共有する2つの曲線 C_1, C_2 が, 端点を固定したまま点 a とぶつからずに連続的に変形して一方を他方に移せるならば $\int_{C_1} \dfrac{1}{z-a} dz = \int_{C_2} \dfrac{1}{z-a} dz$.

系 3.3 2つの単一閉曲線 C_1, C_2 があり, C_2 は C_1 の内部にあるとする. 関数 $f(z)$ は C_1, C_2, および C_1, C_2 ではさまれている領域で正則とする. このとき,

$$\int_{C_1} f(z)dz = \int_{C_2} f(z)dz.$$

[**証明**] 図のように補助に C_1 と C_2 を結ぶ曲線 AB をとる. これらを順次にたどる曲線 $C = C_1 + AB - C_2 + BA$ は閉曲線で, それによって囲まれる図形上で $f(z)$ は正則なので, コーシーの積分定理より,

$$\begin{aligned}
0 &= \int_C f(z)dz \\
&= \int_{C_1} f(z)dz + \int_{AB} f(z)dz - \int_{C_2} f(z)dz + \int_{BA} f(z)dz \\
&= \int_{C_1} f(z)dz + \int_{AB} f(z)dz - \int_{C_2} f(z)dz - \int_{AB} f(z)dz \\
&= \int_{C_1} f(z)dz - \int_{C_2} f(z)dz
\end{aligned}$$

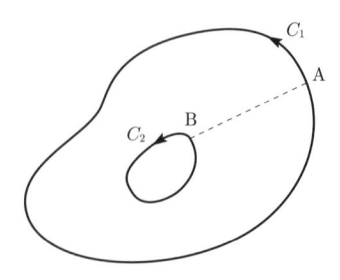

図 3.4 系 3.3

であるから.   (証明終)

3.4 コーシーの積分公式

正則関数の値を積分を用いて表示することができる.

定理 3.5 (コーシーの積分公式) 関数 $f(z)$ は単一閉曲線 C とその内部で正則とする. a を C の内部の点とする. このとき,

$$f(a) = \frac{1}{2\pi i} \int_C \frac{f(z)}{z-a} dz.$$

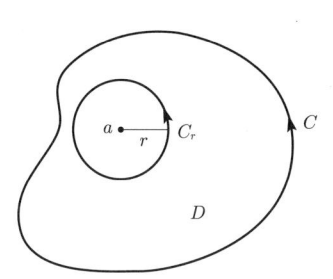

図 3.5 コーシーの積分公式

[**証明**] 閉曲線 C の内部に中心が a, 半径が r の円 $C_r : z = a + re^{\theta i}$ $(0 \leqq \theta \leqq 2\pi)$ をとる. 関数 $\dfrac{f(z)}{z-a}$ は C と C_r とではさまれた領域で正則であるから, 3.3 節系 3.3 より

$$\int_C \frac{f(z)}{z-a} dz = \int_{C_r} \frac{f(z)}{z-a} dz$$

であり, $\dfrac{dz}{d\theta} = ire^{\theta i}$ より,

$$= \int_0^{2\pi} \frac{f(a+re^{\theta i})}{re^{\theta i}} ire^{\theta i} d\theta = i \int_0^{2\pi} f(a+re^{\theta i}) d\theta.$$

この左辺は r に無関係なので, $r \to 0$ として, $f(z)$ の連続性から $\lim_{r \to 0} f(a+re^{\theta i}) = f(a)$ となることを用いると,

$$\int_C \frac{f(z)}{z-a} dz = \lim_{r \to 0} i \int_0^{2\pi} f(a+re^{\theta i}) d\theta = i \int_0^{2\pi} f(a) d\theta = f(a) 2\pi i.$$

すなわち定理の式を得る.   (証明終)

この定理は, 単一閉曲線 C の内部での正則関数の値は曲線 C 上の値のみで決まること

を示している．これは正則関数の大きな特徴の一つである．さらにこの定理から，閉曲線 C 上の値のみで正則関数の微分係数も決まることがわかる．

定理 3.6 (コーシーの積分公式) 関数 $f(z)$ は単一閉曲線 C とその内部で正則とする．a を C の内部の点とする．このとき，

$$f^{(n)}(a) = \frac{n!}{2\pi i} \int_C \frac{f(z)}{(z-a)^{n+1}} dz \qquad (n=1,2,\ldots).$$

[**証明**] 定理 3.5 の式を a に関して微分すれば，積分と微分の順序を入れかえることによって，

$$f'(a) = \frac{1}{2\pi i} \int_C \frac{f(z)}{(z-a)^2} dz, \qquad f''(a) = \frac{2}{2\pi i} \int_C \frac{f(z)}{(z-a)^3} dz$$

を得る．以下同様． (証明終)

この定理によって，次が成り立つ．

定理 3.7 正則関数は何回でも微分できる．したがって，正則関数の導関数も正則関数である．

この定理も非常に強いことをいっている．一般に実 1 変数の関数については，1 階微分できても 2 階微分できないものは存在するからである．

命題 3.2 (コーシーの積分評価) 関数 $f(z)$ は中心が a で半径が R の円 C とその内部で正則とし，円 C 上で $|f(z)| \leqq M$ とする．このとき，a における n 階微分係数について

$$|f^{(n)}(a)| \leqq \frac{n!M}{R^n}$$

が成り立つ．

[**証明**] 定理 3.3，3.6 より，

$$|f^{(n)}(a)| = \frac{n!}{2\pi} \left| \int_{|z-a|=R} \frac{f(z)}{(z-a)^{n+1}} dz \right| \leqq \frac{n!}{2\pi} \int_{|z-a|=R} \left| \frac{f(z)}{(z-a)^{n+1}} \right| |dz|$$

$$\leqq \frac{n!}{2\pi} \int_{|z-a|=R} \frac{M}{R^{n+1}} |dz| = \frac{n!M}{2\pi R^{n+1}} \cdot 2\pi R = \frac{n!M}{R^n}.$$

(証明終)

3.5 調和関数の定義

正則関数 $f(z) = u(x,y) + v(x,y)i$ は定理 3.7 により何回でも複素微分できる．したがって正則関数の実部も虚部も何回でも偏微分できる．コーシー・リーマンの関係式から

$$\frac{\partial u}{\partial x} = \frac{\partial v}{\partial y} \qquad \frac{\partial u}{\partial y} = -\frac{\partial v}{\partial x}$$

が成り立つが,さらに前者を x に関して,後者を y に関して偏微分すると

$$\frac{\partial^2 u}{\partial x^2} = \frac{\partial^2 v}{\partial x \partial y} \qquad \frac{\partial^2 u}{\partial y^2} = -\frac{\partial^2 v}{\partial y \partial x} = -\frac{\partial^2 v}{\partial x \partial y}$$

となる.よって

$$\frac{\partial^2 u}{\partial x^2} + \frac{\partial^2 u}{\partial y^2} = 0$$

が成り立つ.同様に $\frac{\partial^2 v}{\partial x^2} + \frac{\partial^2 v}{\partial y^2} = 0$ も成り立つ.微分作用素

$$\Delta = \frac{\partial^2}{\partial x^2} + \frac{\partial^2}{\partial y^2}$$

を**ラプラス作用素** (Laplacian) といい,実2変数関数 $u(x,y)$ に対する偏微分方程式

$$\Delta u = \frac{\partial^2 u}{\partial x^2} + \frac{\partial^2 u}{\partial y^2} = 0$$

を**ラプラス** (Laplace) **の方程式**という.ラプラスの方程式を満たす2回連続偏微分可能な (2.2節注参照) 実変数実数値関数を**調和関数** (harmonic function) という.以上のことより次を得る.

定理 3.8 正則関数の実部と虚部は調和関数である.

正則関数 $f(z) = u(x,y) + v(x,y)i$ について,v を u の**共役調和関数**という.

例 3.9 正則関数 $f(z) = z^2 = (x+yi)^2 = x^2 - y^2 + 2xyi$ の実部は $u(x,y) = x^2 - y^2$,虚部は $v(x,y) = 2xy$.$\frac{\partial^2 u}{\partial x^2} = 2, \frac{\partial^2 u}{\partial y^2} = -2$ より u は $\Delta u = 0$ を満たし,$\frac{\partial^2 v}{\partial x^2} = 0, \frac{\partial^2 v}{\partial y^2} = 0$ より v は $\Delta v = 0$ を満たしている.よって $x^2 - y^2$ も xy も調和関数である.同様に $f(z) = z = x + yi$ を考えると,x も y も調和関数である.

指数関数 $e^z = e^{x+yi} = e^x(\cos y + i \sin y)$ は正則関数であるから $e^x \cos y, e^x \sin y$ は調和関数である.対数関数の主値を極座標を用いて表すと $\mathrm{Log}\, z = \log|z| + i\mathrm{Arg}\, z = \log r + \theta i \ (-\pi < \theta \leqq \pi)$ であるから $\log r = \log \sqrt{x^2 + y^2}\ ((x,y) \neq (0,0))$ および $\theta = \tan^{-1}\frac{y}{x}\ (x \neq 0, -\pi < \theta \leqq \pi)$ は調和関数である.

命題 3.3 (ラプラス作用素の極表示) 極座標変換 $x = r\cos\theta, y = r\sin\theta$ によって,ラプラス作用素は

$$\Delta = \frac{\partial^2}{\partial r^2} + \frac{1}{r}\frac{\partial}{\partial r} + \frac{1}{r^2}\frac{\partial^2}{\partial \theta^2}$$

となる.ただし,$r > 0$.

[証明] $\frac{\partial^2}{\partial x^2} + \frac{\partial^2}{\partial y^2}$ を合成関数の微分公式によって計算すると上記右辺の式を得る.し

かし計算はやや複雑になるので，上式の確認のためであれば，上式の右辺から計算を始める方が簡単である． (証明終)

この命題によると，例 3.9 の $\log r$ や θ が調和関数であることはただちにわかる．

3.6 最大値の原理

定理 3.9 (最大値の原理) $f(z)$ は領域 D 上の正則関数とする．$f(z)$ が定数関数でなければ，その絶対値 $|f(z)|$ は D の点では最大値をとらない．したがって，$f(z)$ が有界領域 D とその境界で正則な非定数関数であれば，$|f(z)|$ の最大値は D の境界上でとる．

[証明] $|f(z)|$ は D の点 a で最大値をとると仮定する．また a の近くに $|f(z)| < |f(a)|$ となる点があるとする．(コーシー・リーマンの関係式から，$|f(z)|$ が定数となる正則関数は定数関数になることが示せるので，この不等式を満たす点 z は存在する．) そのような点を通る中心が a で半径が r の円 C_r をとる．コーシーの積分公式と定理 3.3 より

$$|f(a)| = \left|\frac{1}{2\pi i}\int_{C_r}\frac{f(z)}{z-a}dz\right| \leq \frac{1}{2\pi}\int_{C_r}\frac{|f(z)|}{|z-a|}|dz|$$

だが，C_r 上に $|f(z)| < |f(a)|$ となる点があるので，右辺は

$$< \frac{1}{2\pi}\int_{C_r}\frac{|f(a)|}{r}|dz| = \frac{|f(a)|}{2\pi r}\cdot 2\pi r = |f(a)|$$

となり矛盾．後半は，連続関数 $|f(z)|$ は有界領域 D またはその境界上でかならず最大値をとることによる． (証明終)

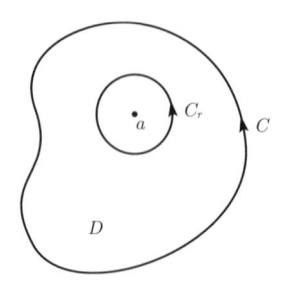

図 3.6 最大値の原理

最大値の原理の応用として次が得られる．

補題 3.1 (シュヴァルツ (Schwarz) の補題) $f(z)$ は単位円の内部 $|z| < 1$ で正則で，$|f(z)| < 1$ かつ $f(0) = 0$ とする．このとき，$|f(z)| \leqq |z|$ かつ $|f'(0)| \leqq 1$ が成り立つ．

さらに，1 点 $z_0 \neq 0$ で等号が成り立てば，$f(z) = cz$, $|c| = 1$ となる．

[**証明**]　$f(0) = 0$ より，$g(z) = f(z)/z$ は $g(0) = f'(0)$ とおけば単位円の内部で原点も含めて正則になる．（ただし，$g(z)$ の原点における正則性は後述のテーラー展開によって示せる．）　$0 < r < 1$ なる r をとり，$|z| \leqq r$ で最大値の原理を用いると，$|z| = r$ 上で $|g(z)| < 1/r$ だから，$|z| \leqq r$ で $|g(z)| < 1/r$ となる．そこで $r \to 1$ とすれば，$|z| < 1$ で $|g(z)| \leqq 1$，ゆえに $|f(z)| \leqq |z|$ となる．さらに，$z_0 \neq 0$ で等号が成り立てば，$|g(z_0)| = 1$ となり，最大値の原理から $g(z) = c$ となり，$|c| = 1$ である．　　　　　　（証明終）

3.7　リューヴィルの定理

複素平面全体で正則な関数を**整関数** (entire function) という．関数 $f(z)$ がある領域で**有界**とは，正数 M が存在して，$|f(z)| \leqq M$ が領域のすべての点 z に対して成り立つことをいう．

定理 3.10（**リューヴィル** (Liouville) **の定理**）　有界な整関数は恒等的に定数に等しい．

[**証明**]　$f(z)$ を有界な整関数とする．a を任意の点とする．$f(z)$ は有界なので，$M > 0$ があって $|f(z)| \leqq M$ が任意の複素数 z に対して成り立つ．$f(z)$ の 1 階微分係数に対して命題 3.2 を適用すれば，任意の $R > 0$ に対して

$$|f'(a)| \leqq \frac{M}{R}.$$

$R \to \infty$ とすると右辺は 0 になる．よって，$f'(a) = 0$．任意の点で f の微分係数が 0 となるから，$f(z)$ は定数関数となる．　　　　　　（証明終）

実変数のときと比べるとこれも著しいことである．たとえば，x が実変数のとき $\sin x$ は有界だが定数ではない．しかし z を複素変数とすると，$\sin z$ は複素平面全体では有界にはならないのである．

代数方程式に関して，**代数学の基本定理**という次の定理がある．ガウスは学位論文でその証明をはじめて与えたが，リューヴィルの定理を応用して証明することができる．

定理 3.11（**代数学の基本定理**）　複素数係数の n 次多項式 $P(z)$ に対して，代数方程式 $P(z) = 0$ は複素数の範囲でかならず解をもつ．

[**証明**]　$P(z) = z^n + a_1 z^{n-1} + \cdots + a_n = 0$　$(n \geqq 1)$ は解をもたないと仮定する．すると，$f(z) = \dfrac{1}{P(z)}$ は分母が 0 にならないので複素平面全体で正則，すなわち整関数となる．また，

$$|f(z)| = \frac{1}{|z|^n \left|1 + \frac{a_1}{z} + \cdots + \frac{a_n}{z^n}\right|}$$

より，$z \to \infty$ のとき右辺は 0 に近づく．したがって $f(z)$ は複素平面上有界となる．よっ

て，リューヴィルの定理により $f(z)$ は定数となり，$P(z)$ も定数となり矛盾．(証明終)

注 (数の体系について) 正の数だけを考えると，2つの数どうしは足し算はできるが，引き算はできないことがあり，引き算ができるようにするために負の数を考えた．代数方程式 $x^2 = -1$ は実数の範囲では解をもたないので，これが解をもつように複素数 $i = \sqrt{-1}$ を導入した．では，導入した複素数を係数にもつ代数方程式，たとえば，$x^2 + i = 0$ を解くために複素数以外の新たな数を考える必要はないだろうか，という疑問が生じるが，その必要はなく，数としては複素数で完結しているということを上記の定理は示している．

XI 複素関数

4

冪級数，ローラン展開

4.1 冪級数

複素数列 $a_0, a_1, \ldots, a_n, \ldots$ に対して作った級数

$$\sum_{n=0}^{\infty} a_n z^n \tag{4.1}$$

を原点を中心とする**冪級数**という．冪級数に対して $0 \leqq r \leqq \infty$ なる r が一意的に定まって，(4.1) は $|z| < r$ なるすべての z で収束し，$|z| > r$ なるすべての z で発散する．この r を冪級数の**収束半径**という．円 $|z| = r$ をその**収束円**という．$|z| = r$ なる z では収束することもあり，収束しないこともある．$r = \infty$ は任意の z で収束することを表し，$r = 0$ は $z = 0$ 以外では収束しないことを表す．

例 4.1 1.2 節例 1.7 より $\sum_{n=0}^{\infty} z^n$ は $|z| < 1$ で収束し，$|z| > 1$ で発散する．よってこの収束半径は 1．$|z| = 1$ では収束しない．

定理 4.1 冪級数 $f(z) = \sum_{n=0}^{\infty} a_n z^n$ は収束円の内部で正則である．その微分は $f'(z) = \sum_{n=1}^{\infty} n a_n z^{n-1}$ となり，収束半径は同じである．

証明は，$0 < r_1 < r$ なる r_1 をとり，(4.1) が閉円板 $|z| \leqq r_1$ で一様収束することを示すことによる．

収束半径の求めかた

定理 4.2（ダランベール (d'Alembert) の定理） (4.1) に対して $\lim_{n \to \infty} \frac{|a_{n+1}|}{|a_n|}$ が存在するとすると，(4.1) の収束半径 r は $\lim_{n \to \infty} \frac{|a_{n+1}|}{|a_n|} = \frac{1}{r}$ で与えられる．

定理 4.3（コーシー・アダマール (Cauchy–Hadamard) の定理） (4.1) に対して $\lim_{n \to \infty} \sqrt[n]{|a_n|}$ が存在するとすると，(4.1) の収束半径 r は $\lim_{n \to \infty} \sqrt[n]{|a_n|} = \frac{1}{r}$ で与えられる．

例 4.2 (1) $\sum_{n=0}^{\infty} a^n z^n$ $(a > 0)$ について, $\lim_{n \to \infty} \frac{|a_{n+1}|}{|a_n|} = a$ より $r = \frac{1}{a}$. あるいは, $\lim_{n \to \infty} \sqrt[n]{|a_n|} = a$ からも $r = \frac{1}{a}$ がわかる.

(2) $\sum_{n=0}^{\infty} nz^n$ について, $a_n = n$ で, $\lim_{n \to \infty} \frac{|a_{n+1}|}{|a_n|} = 1$ より $r = 1$. あるいは, $\lim_{n \to \infty} \sqrt[n]{n} = 1$ からも $r = 1$ がわかる.

定理 4.2, 4.3 は極限値が 0 または ∞ の場合でもよい. この2つの定理では極限値の存在を仮定しているが, 次の定理は, かならず存在する上極限を用いている.

定理 4.4 (コーシー・アダマールの定理) (4.1) の収束半径 r は,
$$\varlimsup_{n \to \infty} \sqrt[n]{|a_n|} = \frac{1}{r}.$$
によって与えられる.

例 4.3 $\sum_{n=0}^{\infty} z^{2n}$ について. $a_{2n} = 1$, $a_{2n+1} = 0$ で, $\lim_{n \to \infty} \frac{|a_{n+1}|}{|a_n|}$ も $\lim_{n \to \infty} \sqrt[n]{|a_n|}$ も存在しないが, $\varlimsup_{n \to \infty} \sqrt[n]{|a_n|} = 1$ より $r = 1$. ただしこの場合は, $z^2 = Z$ とおいて例 4.1 を利用してもよい.

テーラー展開

定理 4.5 (テーラー (Taylor) 展開) 中心が a の円 C とその内部で正則な関数 $f(z)$ は, a 中心の冪級数
$$f(z) = f(a) + \frac{f'(a)}{1!}(z-a) + \frac{f''(a)}{2!}(z-a)^2 + \cdots + \frac{f^{(n)}(a)}{n!}(z-a)^n + \cdots$$
に展開できる. この冪級数は C の内部で収束する. 得られた冪級数を点 a における**テーラー級数**ともいう.

[証明] z を円 C 内の任意の点とする. コーシーの積分公式 (定理 3.5) を点 z に対して適用すると
$$f(z) = \frac{1}{2\pi i} \int_C \frac{f(\zeta)}{\zeta - z} d\zeta.$$
そこで,
$$\frac{1}{\zeta - z} = \frac{1}{\zeta - a - (z-a)} = \frac{1}{(\zeta - a)\left(1 - \frac{z-a}{\zeta - a}\right)}$$
$$= \frac{1}{\zeta - a}\left(1 + \frac{z-a}{\zeta - a} + \left(\frac{z-a}{\zeta - a}\right)^2 + \cdots\right)$$
と展開する. ζ が C 上を動くとき $\left|\frac{z-a}{\zeta - a}\right| < 1$ であることより, これは収束する. これを

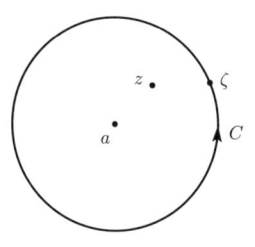

図 4.1 テーラー展開

積分内に代入して

$$f(z) = \frac{1}{2\pi i} \int_C \sum_{n=0}^{\infty} \frac{f(\zeta)(z-a)^n}{(\zeta-a)^{n+1}} d\zeta = \sum_{n=0}^{\infty} \left(\frac{1}{2\pi i} \int_C \frac{f(\zeta)}{(\zeta-a)^{n+1}} d\zeta \right) (z-a)^n$$

$$= \sum_{n=0}^{\infty} \frac{f^{(n)}(a)}{n!} (z-a)^n.$$

最後は,コーシーの積分公式 (定理 3.6) を用いた. (証明終)

原点におけるテーラー展開

$$f(z) = f(0) + \frac{f'(0)}{1!} z + \cdots + \frac{f^{(n)}(0)}{n!} z^n + \cdots$$

を**マクローリン** (Maclaurin) **展開**ともいう.

基本的関数の冪級数展開 具体的な関数について,原点における冪級数展開は定理 4.5, あるいは上記のマクローリン展開の式によって得られる.その収束半径 r は定理 4.2〜4.4 によって求められる.以下に基本的なものを挙げる.

(1) $\dfrac{1}{1-z} = 1 + z + z^2 + \cdots + z^n + \cdots \quad (r=1)$

(2) $e^z = 1 + z + \dfrac{1}{2!} z^2 + \cdots + \dfrac{1}{n!} z^n + \cdots \quad (r=\infty)$

(3) $\sin z = z - \dfrac{1}{3!} z^3 + \dfrac{1}{5!} z^5 - \cdots + \dfrac{(-1)^n}{(2n+1)!} z^{2n+1} + \cdots \quad (r=\infty)$

(4) $\cos z = 1 - \dfrac{1}{2!} z^2 + \dfrac{1}{4!} z^4 - \cdots + \dfrac{(-1)^n}{(2n)!} z^{2n} + \cdots \quad (r=\infty)$

(5) $\mathrm{Log}(1+z) = z - \dfrac{1}{2} z^2 + \dfrac{1}{3} z^3 - \cdots + \dfrac{(-1)^{n-1}}{n} z^n + \cdots \quad (r=1)$

(6) $(1+z)^\alpha = \displaystyle\sum_{n=0}^{\infty} {}_\alpha C_n z^n$

$\qquad = 1 + \alpha z + \dfrac{\alpha(\alpha-1)}{2!} z^2 + \cdots + \dfrac{\alpha(\alpha-1)\cdots(\alpha-n+1)}{n!} z^n + \cdots$

(α は実数.ここでは主値 $(1+z)^\alpha = e^{\alpha \mathrm{Log}(1+z)}$ とする. $r=1$)

与えられた具体的関数のテーラー展開を求めるのに,基本的関数のテーラー展開を用い

ると容易に求まることがある.

例 4.4 (1) $\dfrac{1}{z+2}$ の原点におけるテーラー展開は,上記 (1) を利用して

$$\frac{1}{z+2} = \frac{1}{2(1+z/2)} = \frac{1}{2}\left(1 - \frac{z}{2} + \left(\frac{z}{2}\right)^2 - \cdots + (-1)^n\left(\frac{z}{2}\right)^n + \cdots\right)$$
$$= \frac{1}{2} - \frac{z}{2^2} + \frac{z^2}{2^3} - \cdots + (-1)^n\frac{z^n}{2^{n+1}} + \cdots.$$

(2) $\dfrac{1}{z^2-z-6}$ の原点におけるテーラー展開は $\dfrac{1}{z^2-z-6} = \dfrac{1}{5}\left(\dfrac{1}{z-3} - \dfrac{1}{z+2}\right)$ と部分分数に分けて (1) と同様にするとよい.

(3) $\sqrt{1+z}$ の原点におけるテーラー展開は,上記 (6) の $\alpha = \dfrac{1}{2}$ の場合であるから,

$$\sqrt{1+z} = 1 + \frac{1}{2}z + \frac{\frac{1}{2}(\frac{1}{2}-1)}{2!}z^2 + \frac{\frac{1}{2}(\frac{1}{2}-1)(\frac{1}{2}-2)}{3!}z^3 + \cdots$$
$$= 1 + \frac{1}{2}z - \frac{1}{2^3}z^2 + \frac{1\cdot 3}{2^3 3!}z^3 - \cdots + (-1)^{n+1}\frac{1\cdot 3\cdot 5\cdots(2n-3)}{2^n n!}z^n + \cdots.$$

4.2 一致の定理

零の位数 点 a で正則な関数 $f(z)$ を点 a においてテーラー展開したとき,$f(z) = a_n(z-a)^n + a_{n+1}(z-a)^{n+1} + \cdots$,$a_n \neq 0$,$n \geq 1$ となっているとき,すなわち,a におけるテーラー展開が n 次の項から始まるとき,点 a を $f(z)$ の**零点**といい,**零の位数**は n であるという.これは,$f(a) = f'(a) = \cdots = f^{(n-1)}(a) = 0$,$f^{(n)}(a) \neq 0$ と同じである.またこれは,a で正則な関数 $g(z)$ で $g(a) \neq 0$ なるものがあって,$f(z) = (z-a)^n g(z)$ と書けることとも同値である.次が示すように正則関数の零点は孤立している.

定理 4.6 恒等的に 0 ではない正則関数 $f(z)$ の零点は孤立している.すなわち,点 a を $f(z)$ の零点とすると,a の近くで $f(z)$ は 0 とはならない.

[**証明**] $f(z)$ は恒等的に 0 ではないので,点 a におけるテーラー展開には 0 ではない項がかならずある.そこで $f(z)$ の零点 a におけるテーラー展開を

$$f(z) = c_n(z-a)^n + c_{n+1}(z-a)^{n+1} + \cdots \quad (c_n \neq 0)$$

とする.$f(z) = (z-a)^n(c_n + c_{n+1}(z-a) + \cdots)$ と書けて,a の近くで右辺は a 以外では 0 にならない. (証明終)

定理 4.7 (一致の定理) 関数 $f(z)$ と $g(z)$ は領域 D で正則とする.D 内の点 a に収束する点列 $a_1, a_2, \ldots, a_n, \ldots$ 上で $f(z) = g(z)$ とする.このとき D 全体で $f(z) = g(z)$ となる.

[**証明**] $f(z) - g(z)$ の零点を考えればよい. (証明終)

一致の定理は，正則関数がもつもっとも重要な性質の一つである．正則関数においては，一部分での値が遠くでの値を決定してしまうのである．たとえば，実軸上での値が一致する2つの整関数は複素平面全体で一致する．実軸上で e^x に等しい整関数は2.3節で定義した $e^z = e^x(\cos y + i \sin y)$ しかないのである．

4.3 ローラン展開

特異点 ある領域で正則な関数が，領域の境界上の点において正則でないとき，その点をこの関数の**特異点**という．一般に特異点はいろいろな形状の集合になる．とくに，点 a の近くでは正則だが a では正則でないとき，a を**孤立特異点**という．

例 4.5 (1) $f(z) = \dfrac{1}{z-1}$ の特異点は $z = 1$ であり，それは孤立特異点である．

(2) $f(z) = \dfrac{1}{\sin\left(\frac{\pi}{z}\right)}$ の特異点は $z = 0, \pm 1, \pm \frac{1}{2}, \ldots, \pm \frac{1}{n}, \ldots$ であり，$z = 0$ に特異点が集積しているため，$z = 0$ は孤立特異点ではない．それ以外は孤立特異点である．

テーラー展開は正則な関数に対する展開であるが，関数が孤立特異点をもつ場合には，負の冪も許すと次のように展開できる．

定理 4.8（ローラン (Laurent) 展開） 関数 $f(z)$ は a を孤立特異点にもつとし，a 中心の円 C とその内部で a を除いて正則とする．このとき

$$f(z) = \cdots + \frac{c_{-n}}{(z-a)^n} + \cdots + \frac{c_{-1}}{z-a} + c_0 + c_1(z-a) + \cdots + c_n(z-a)^n + \cdots$$

と展開でき，右辺は a を除いて C の内部で収束する．ここで，

$$c_n = \frac{1}{2\pi i} \int_C \frac{f(\zeta)}{(\zeta-a)^{n+1}} d\zeta \quad (n = 0, \pm 1, \pm 2, \ldots).$$

[**証明**] z を円 C 内の a 以外の任意の点とする．a を中心とする小さな円 C' をとり，z は C と C' の間にあるようにする．また，z を中心とする円 C_1 を C と C' の間にとる．コーシーの積分公式から

$$f(z) = \frac{1}{2\pi i} \int_{C_1} \frac{f(\zeta)}{\zeta - z} d\zeta$$

だが，3.3節系3.3と同様の方法により

$$= \frac{1}{2\pi i} \int_C \frac{f(\zeta)}{\zeta - z} d\zeta - \frac{1}{2\pi i} \int_{C'} \frac{f(\zeta)}{\zeta - z} d\zeta$$

となる．C については

$$\frac{1}{\zeta - z} = \frac{1}{\zeta - a - (z-a)} = \frac{1}{(\zeta-a)\left(1 - \frac{z-a}{\zeta-a}\right)} = \sum_{n=0}^{\infty} \frac{(z-a)^n}{(\zeta-a)^{n+1}}$$

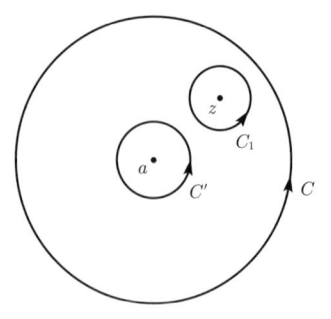

図 4.2 ローラン展開

として，C' については，ζ が C' を動くとき $\left|\dfrac{\zeta-a}{z-a}\right|<1$ であることに注意して

$$\frac{1}{\zeta-z}=\frac{1}{\zeta-a-(z-a)}=-\frac{1}{(z-a)\left(1-\frac{\zeta-a}{z-a}\right)}=-\sum_{n=0}^{\infty}\frac{(\zeta-a)^n}{(z-a)^{n+1}}$$

として積分に代入すると

$$f(z)=\sum_{n=0}^{\infty}\left(\frac{1}{2\pi i}\int_C \frac{f(\zeta)}{(\zeta-a)^{n+1}}d\zeta\right)(z-a)^n$$
$$+\sum_{n=1}^{\infty}\left(\frac{1}{2\pi i}\int_{C'} f(\zeta)(\zeta-a)^{n-1}d\zeta\right)\frac{1}{(z-a)^n}.$$

C' に沿っての積分については，$n\geqq 1$ のとき $f(\zeta)(\zeta-a)^{n-1}$ は C と C' の間で正則なので，$\dfrac{1}{2\pi i}\displaystyle\int_{C'}f(\zeta)(\zeta-a)^{n-1}d\zeta=\dfrac{1}{2\pi i}\int_C f(\zeta)(\zeta-a)^{n-1}d\zeta=c_{-n}$ となり定理を得る．

(証明終)

ローラン展開において，負の冪からなる部分 $\displaystyle\sum_{n=1}^{\infty}\frac{c_{-n}}{(z-a)^n}$ をローラン展開の**主要部**という．主要部が無限個の項からなるとき特異点 a を**真性特異点** (essential singularity) という．主要部が有限個の項からなり，

$$f(z)=\frac{c_{-n}}{(z-a)^n}+\cdots+\frac{c_{-1}}{z-a}+c_0+c_1(z-a)+\cdots,\quad c_{-n}\neq 0$$

となるとき，a を $f(z)$ の**極** (pole) といい，**極の位数**は n であるという．

2つの多項式の商である有理関数 $\dfrac{Q(z)}{P(z)}$ は，分母が0となる点でのみ極をもつ．領域上の関数 $f(z)$ について，その特異点が極のみであるとき，$f(z)$ を領域上の**有理型関数** (meromorphic function) という．正則関数 $g(z)$ と多項式 $P(z)$ の商である関数 $f(z)=\dfrac{g(z)}{P(z)}$ は $P(z)$ の零点で極をもつ．点 a が $P(z)$ の n 位の零点であり $g(a)\neq 0$ ならば，点 a は

$f(z)$ の n 位の極である.これは $P(z)$ を因数分解してみるとわかる.なぜならば,$P(z)$ が $z = a$ で n 位の零点のとき $P(z) = (z-a)^n P_1(z)$ のように $P_1(a) \neq 0$ なる多項式 $P_1(z)$ を用いて分解できる.すると $f(z) = \dfrac{g(z)}{(z-a)^n P_1(z)}$ となるが,$\dfrac{g(z)}{P_1(z)}$ は $z = a$ で正則でありかつ 0 ではないので $\dfrac{g(z)}{P_1(z)} = a_0 + a_1(z-a) + a_2(z-a)^2 + \cdots$, $(a_0 \neq 0)$ とテーラー展開でき,これを代入すれば $f(z)$ のローラン展開の負の項は $\dfrac{a_0}{(z-a)^n}$ から始まるからである.$g(z)$ が多項式でないときこの $f(z)$ は有理関数ではないが,有理型関数である.

例 4.6 (1) $f(z) = \dfrac{1}{z-1}$ は $z = 1$ で 1 位の極をもち,$f(z) = \dfrac{z}{(z-1)^2} = \dfrac{(z-1)+1}{(z-1)^2} = \dfrac{1}{(z-1)^2} + \dfrac{1}{z-1}$ は $z = 1$ で 2 位の極をもつ.

(2) 関数 $e^{1/z}$ の原点におけるローラン展開は,e^z のテーラー展開を利用して $z \neq 0$ で
$$e^{1/z} = 1 + \frac{1}{z} + \frac{1}{2!z^2} + \cdots + \frac{1}{n!z^n} + \cdots$$
となる.原点はこの関数の真性特異点である.

具体的な関数のローラン展開を求めるには,知っているテーラー展開を用いたりするとよい.

例 4.7 (1) $f(z) = \dfrac{\cos z}{z^3}$ の原点におけるローラン展開は,$\cos z$ のテーラー展開より,
$$f(z) = \frac{1}{z^3}\left(1 - \frac{1}{2!}z^2 + \frac{1}{4!}z^4 - \cdots\right) = \frac{1}{z^3} - \frac{1}{2z} + \frac{1}{4!}z - \cdots$$
となる.主要部は $\dfrac{1}{z^3} - \dfrac{1}{2z}$ であり,$z = 0$ は 3 位の極である.$f(z)$ の特異点は原点のみで,それが極であるから,$f(z)$ は複素平面上の有理型関数である.

(2) $f(z) = \dfrac{1}{z^2(z-2)}$ の原点におけるローラン展開は
$$f(z) = -\frac{1}{2z^2\left(1 - \frac{z}{2}\right)} = -\frac{1}{2z^2}\left(1 + \frac{z}{2} + \frac{z^2}{2^2} + \cdots\right)$$
$$= -\frac{1}{2z^2} - \frac{1}{2^2 z} - \frac{1}{2^3} - \frac{1}{2^4}z - \cdots$$
となり,原点は 2 位の極である.この級数は $0 < |z| < 2$ で収束する.

XI 複素関数

5

留数とその応用

5.1 留 数 定 理

関数 $f(z)$ が点 a で孤立特異点をもつとする．$f(z)$ の点 a におけるローラン展開が

$$f(z) = \cdots + \frac{c_{-n}}{(z-a)^n} + \cdots + \frac{c_{-1}}{z-a} + c_0 + c_1(z-a) + \cdots \tag{5.1}$$

となるとき（負の冪の項は有限個でもよい），$\dfrac{1}{z-a}$ の係数 c_{-1} を $f(z)$ の点 a における**留数** (residue) といい

$$\mathrm{Res}_{z=a} f(z) = c_{-1}$$

と表す．これは $f(z)$ の積分において重要な役割を果たす量である．

定理 5.1（**留数定理**）　関数 $f(z)$ は点 a を中心とする円 C と C の内部で a を除いて正則とする．このとき

$$\int_C f(z) dz = 2\pi i \,\mathrm{Res}_{z=a} f(z)$$

が成り立つ．

この定理は，実際に積分をしなくても，留数を計算すれば積分値が求まることを示している．これは閉曲線に沿う積分が留数に集約しているという重要な事実を示している．留数定理は積分計算に関して広範な応用をもち，複素関数論においてもっとも重要な定理の一つである．

[**証明**]　左辺の積分に (5.1) を代入すると，負の冪の積分としては $c_{-n}\displaystyle\int_C \dfrac{1}{(z-a)^n} dz$ が現れるが，3.2 節命題 3.1 により，$n \geqq 2$ のときこの積分は 0 であり，$n = 1$ のときのみ $c_{-1}\displaystyle\int_C \dfrac{1}{z-a} dz = c_{-1} \cdot 2\pi i$ が残る．また，$(z-a)^n$ は正則であるから，コーシーの積分定理から $c_n \displaystyle\int_C (z-a)^n dz$ も 0 である．よってただ一つの項のみ残り $\displaystyle\int_C f(z) dz = c_{-1} \cdot 2\pi i = 2\pi i\,\mathrm{Res}_{z=a} f(z)$ を得る．　　　　　　　　　　（証明終）

5. 留数とその応用

例 5.1 (1) 4.3 節例 4.6(1) より $f(z) = \dfrac{z}{(z-1)^2} = \dfrac{1}{(z-1)^2} + \dfrac{1}{z-1}$ であるから $\mathrm{Res}_{z=1}f(z) = 1$. したがって, 点 $z=1$ を中心とする円を C とすると $\int_C f(z)dz = 2\pi i$.

(2) 4.3 節例 4.7(1) より $f(z) = \dfrac{\cos z}{z^3} = \dfrac{1}{z^3} - \dfrac{1}{2z} + \dfrac{1}{4!}z - \cdots$ であるから $\mathrm{Res}_{z=0}f(z) = -\dfrac{1}{2}$. したがって原点を中心とする円を C とすると $\int_C f(z)dz = 2\pi i \times \left(-\dfrac{1}{2}\right) = -\pi i$.

(3) $I = \displaystyle\int_{|z|=1} \dfrac{1}{z^2(z-2)}dz$ を求めるには, 円 $|z|=1$ 内では特異点は原点のみでそれ以外では正則なので, 原点での留数を計算すればよい. 特異点 $z=2$ は円 $|z|=1$ の外にあることに注意. 4.3 節例 4.7(2) より原点での留数は $-\dfrac{1}{4}$ に等しい. よって $I = 2\pi i \times \left(-\dfrac{1}{4}\right) = -\dfrac{\pi i}{2}$.

上記の留数定理はより一般な形に拡張できる.

定理 5.2(**留数定理**) 関数 $f(z)$ は, 単一閉曲線 C とその内部で, 内部にある有限個の点 $a_1, \ldots, a_n$ を除いて正則とする. このとき,

$$\int_C f(z)dz = 2\pi i \sum_{k=1}^{n} \mathrm{Res}_{z=a_k}f(z)$$

が成り立つ.

[**証明**] 図のように, 互いに交わらないように点 a_k を中心とする小さな円 C_k を作る. これらの円と C で囲まれた領域で $f(z)$ は正則であるから, コーシーの積分定理の系 3.3 と同様に

$$\int_C f(z)dz = \sum_{k=1}^{n} \int_{C_k} f(z)dz$$

となる. 一方, 円の場合の留数定理 5.1 より $\displaystyle\int_{C_k} f(z)dz = 2\pi i\, \mathrm{Res}_{z=a_k}f(z)$. これより定理を得る. (証明終)

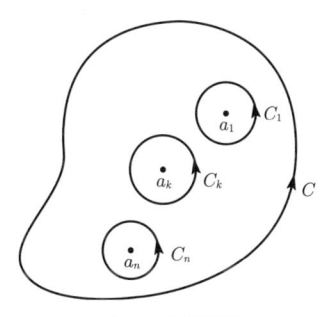

図 5.1 留数定理

例 5.2 $f(z) = \dfrac{2z}{(z-1)(z-3)}$ に対して, $I_1 = \displaystyle\int_{|z|=2} f(z)dz$ と $I_2 = \displaystyle\int_{|z|=4} f(z)dz$

を求める．$f(z)$ の特異点は $z=1$ と $z=3$ である．$f(z)$ を部分分数に分けて $f(z) = \dfrac{-1}{z-1} + \dfrac{3}{z-3}$ と書く．正則な部分は留数には関係しないので $\mathrm{Res}_{z=1} f(z) = -1$．同様に $\mathrm{Res}_{z=3} f(z) = 3$．$I_1$ については円 $|z|=2$ の内部にある特異点のみが関係するので $I_1 = 2\pi i \,\mathrm{Res}_{z=1} f(z) = 2\pi i \times (-1) = -2\pi i$．$I_2$ については円 $|z|=4$ の内部にある2つの特異点が関係するので $I_2 = 2\pi i \,(\mathrm{Res}_{z=1} f(z) + \mathrm{Res}_{z=3} f(z)) = 2\pi i (-1+3) = 4\pi i$．

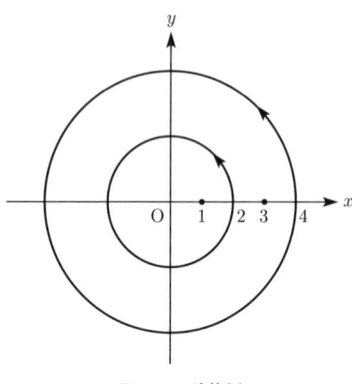

図 5.2 計算例

留数の求めかた

定理 5.3 点 a が関数 $f(z)$ の1位の極であれば

$$\mathrm{Res}_{z=a} f(z) = \lim_{z \to a} (z-a) f(z),$$

n 位の極 $(n>1)$ であれば

$$\mathrm{Res}_{z=a} f(z) = \frac{1}{(n-1)!} \lim_{z \to a} \frac{d^{n-1} \left((z-a)^n f(z)\right)}{dz^{n-1}}.$$

[**証明**] 1位の極であれば $f(z)$ の点 a におけるローラン展開は

$$f(z) = \frac{c_{-1}}{z-a} + c_0 + c_1 (z-a) + \cdots$$

となる．よって

$$(z-a) f(z) = c_{-1} + c_0 (z-a) + c_1 (z-a)^2 + \cdots.$$

したがって $\lim\limits_{z \to a} (z-a) f(z) = c_{-1}$ を得るが，定義より c_{-1} が $\mathrm{Res}_{z=a} f(z)$ である．n 位の極のときは

$$f(z) = \frac{c_{-n}}{(z-a)^n} + \cdots + \frac{c_{-1}}{z-a} + c_0 + c_1 (z-a) + \cdots$$

となっていて，両辺に $(z-a)^n$ を掛けて，それを $n-1$ 回微分してから $z \to a$ とすると c_{-1} が定理の形で求まる． (証明終)

例 5.3 (1) 例 5.2 の関数 $f(z) = \dfrac{2z}{(z-1)(z-3)}$ は $z = 1, 3$ でともに 1 位の極だから，$\mathrm{Res}_{z=1}f(z) = \lim_{z \to 1}(z-1) \cdot \dfrac{2z}{(z-1)(z-3)} = -1$, $\mathrm{Res}_{z=3}f(z) = \lim_{z \to 3}(z-3) \cdot \dfrac{2z}{(z-1)(z-3)} = 3$. これを例 5.2 では部分分数に分けて求めた．

(2) 例 5.1(3) の関数 $f(z) = \dfrac{1}{z^2(z-2)}$ は $z = 0$ で 2 位の極で，$z = 2$ で 1 位の極である．よって $\mathrm{Res}_{z=0}f(z) = \dfrac{1}{1!}\lim_{z \to 0}\dfrac{d}{dz}\left(z^2 \cdot \dfrac{1}{z^2(z-2)}\right) = \lim_{z \to 0}\dfrac{d}{dz}\left(\dfrac{1}{z-2}\right) = \lim_{z \to 0}\dfrac{-1}{(z-2)^2} = -\dfrac{1}{4}$, $\mathrm{Res}_{z=2}f(z) = \lim_{z \to 2}(z-2) \cdot \dfrac{1}{z^2(z-2)} = \dfrac{1}{4}$.

(3) $f(z) = \dfrac{e^z}{z+1}$ のとき，$z = -1$ は 1 位の極だから

$$\mathrm{Res}_{z=-1}f(z) = \lim_{z \to -1}(z+1) \cdot \dfrac{e^z}{z+1} = e^{-1}.$$

5.2 定積分への応用

留数定理を利用して実 1 変数の種々の定積分を求めることができる．留数を計算することによって，通常求めるのが難しい不定積分を求めなくても定積分が求まる場合がある．

I. $I = \displaystyle\int_0^{2\pi} f(\cos\theta, \sin\theta)d\theta$ ただし $f(X,Y)$ は 2 変数の分数関数とする．$z = e^{\theta i} = \cos\theta + i\sin\theta$ とおく．$\dfrac{1}{z} = e^{-\theta i} = \cos\theta - i\sin\theta$ であるから $\cos\theta = \dfrac{1}{2}\left(z + \dfrac{1}{z}\right)$, $\sin\theta = \dfrac{1}{2i}\left(z - \dfrac{1}{z}\right)$. また $dz = ie^{\theta i}d\theta = izd\theta$ より $d\theta = \dfrac{1}{iz}dz$. θ が 0 から 2π まで動くとき z は円 $|z|=1$ を一周する．よってこれらを代入して

$$I = \int_{|z|=1} f\left(\dfrac{1}{2}\left(z+\dfrac{1}{z}\right), \dfrac{1}{2i}\left(z-\dfrac{1}{z}\right)\right)\dfrac{1}{iz}dz$$

が成り立つ．右辺の積分は円 $|z|=1$ 内の留数を計算することによって求まる．

例 5.4 $I = \displaystyle\int_0^{2\pi}\dfrac{d\theta}{5+3\sin\theta}$ を求める．$z = e^{\theta i}$ とおくと上記から，

$$I = \int_{|z|=1}\dfrac{1}{5+\frac{3}{2i}\left(z-\frac{1}{z}\right)} \cdot \dfrac{1}{iz}dz = \int_{|z|=1}\dfrac{2}{3z^2+10iz-3}dz$$

$$= \int_{|z|=1}\dfrac{2}{(3z+i)(z+3i)}dz.$$

被積分関数の特異点は $z=-\frac{i}{3}$ と $z=-3i$ であるが，そのうちで円 $|z|=1$ 内にあるものは $z=-\frac{i}{3}$ で，そこで 1 位の極．留数は $\mathrm{Res}_{z=-\frac{i}{3}}\dfrac{2}{(3z+i)(z+3i)}=\lim_{z\to -\frac{i}{3}}\left(z+\dfrac{i}{3}\right)\cdot\dfrac{2}{(3z+i)(z+3i)}=\dfrac{1}{4i}$．よって留数定理より $I=2\pi i\cdot\dfrac{1}{4i}=\dfrac{\pi}{2}$．

注 上記のような定積分を求める方法として，複素関数論を用いずに，$\tan\frac{\theta}{2}=t$ とおく方法があるが，一般に長い計算になる．

II. $I=\displaystyle\int_{-\infty}^{\infty}\dfrac{Q(x)}{P(x)}dx$ ただし $P(x),Q(x)$ は多項式で，$P(x)$ の次数 $\geqq Q(x)$ の次数$+2$ とし，$P(x)$ は実軸上で 0 にならないとする．このとき，有理式 $f(z)=\dfrac{Q(z)}{P(z)}$ の特異点のうちで上半平面 $\{z|\,\mathrm{Im}\,z>0\}$ にあるものを $a_1,a_2,\ldots,a_n$ とすると

$$I=2\pi i\sum_{k=1}^{n}\mathrm{Res}_{z=a_k}\dfrac{Q(z)}{P(z)}$$

が成り立つ．

注 ここで，$P(x),Q(x)$ の次数に関する条件が必要であること，また特異点は上半平面にあるもののみを考えることに注意．

[証明] $I=\displaystyle\lim_{R\to\infty}\int_{-R}^{R}f(x)dx$ である．原点を中心として，半径 R の半円 C_R を上半平面に描く．R を十分大きくとり，上半平面にあるすべての特異点 $a_1,a_2,\ldots,a_n$ をこの半円板は含むとする．留数定理より

$$\int_{-R}^{R}f(z)dz+\int_{C_R}f(z)dz=2\pi i\sum_{k=1}^{n}\mathrm{Res}_{z=a_k}f(z)$$

である．$R\to\infty$ とすると $P(z),Q(z)$ の次数の条件より半円 C_R に沿った積分の極限値は 0 となることが示せるので，左辺の極限値は I になり，求める積分は留数で表される．
(証明終)

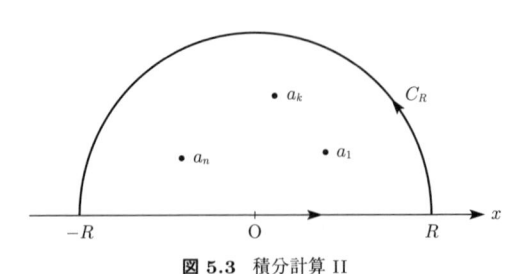

図 5.3 積分計算 II

例 5.5 $I=\displaystyle\int_{-\infty}^{\infty}\dfrac{1}{x^2+1}dx$ を求める．$f(z)=\dfrac{1}{z^2+1}$ の特異点は $z=\pm i$ であ

るが，そのうちで上半平面にあるものは $z=i$ でそれは 1 位の極．そこでの留数は
$\mathrm{Res}_{z=i}\dfrac{1}{z^2+1} = \lim_{z\to i}(z-i)\cdot\dfrac{1}{(z-i)(z+i)} = \dfrac{1}{2i}$．よって $I = 2\pi i\cdot\dfrac{1}{2i} = \pi$．

注 例 5.5 の積分は不定積分 $\displaystyle\int\dfrac{1}{x^2+1}dx = \tan^{-1}x + C$ を用いても求まる．

例 5.6 $I = \displaystyle\int_0^\infty \dfrac{x^2}{x^4+5x^2+6}dx$ を求める．被積分関数は偶関数であるから $2I = \displaystyle\int_{-\infty}^\infty \dfrac{x^2}{x^4+5x^2+6}dx$ である．$z^4+5z^2+6 = (z^2+2)(z^2+3) = 0$ の解は $z = \pm\sqrt{2}i, \pm\sqrt{3}i$ であるから，$f(z) = \dfrac{z^2}{z^4+5z^2+6}$ の特異点のうちで上半平面にあるものは $z = \sqrt{2}i, \sqrt{3}i$ の 2 つで，ともに 1 位の極である．そこでの留数を求めると $\mathrm{Res}_{z=\sqrt{2}i}f(z) = -\dfrac{\sqrt{2}}{2i}$, $\mathrm{Res}_{z=\sqrt{3}i}f(z) = \dfrac{\sqrt{3}}{2i}$．よって $2I = 2\pi i\left(-\dfrac{\sqrt{2}}{2i} + \dfrac{\sqrt{3}}{2i}\right) = (-\sqrt{2} + \sqrt{3})\pi$．ゆえに $I = \dfrac{\sqrt{3}-\sqrt{2}}{2}\pi$．

III. $I = \displaystyle\int_{-\infty}^\infty \dfrac{e^{axi}Q(x)}{P(x)}dx$ ただし $a>0$, $P(x), Q(x)$ は多項式で，$P(x)$ の次数 $\geqq Q(x)$ の次数 $+1$ とし，$P(x)$ は実軸上で 0 にならないとする．このとき，$f(z) = \dfrac{e^{azi}Q(z)}{P(z)}$ の特異点のうちで上半平面にあるものを $a_1, a_2, \ldots, a_n$ とすると
$$I = 2\pi i\sum_{k=1}^n \mathrm{Res}_{z=a_k}\dfrac{e^{azi}Q(z)}{P(z)}$$
が成り立つ．

なお指数に負の数が現れる場合には，関数 $\dfrac{e^{-azi}Q(z)}{P(z)}$ の下半平面にある特異点を $a_1, a_2, \ldots, a_n$ とすると
$$\int_{-\infty}^\infty \dfrac{e^{-axi}Q(x)}{P(x)}dx = -2\pi i\sum_{k=1}^n \mathrm{Res}_{z=a_k}\dfrac{e^{-azi}Q(z)}{P(z)} \quad (a>0)$$
が成り立つ．

[**証明**] II の場合と同様に考えればよい．この場合も $P(z), Q(z)$ の次数の条件と $a>0$ から，詳細な評価が必要となるが，半円 C_R に沿った積分の $R\to\infty$ とした極限値が 0 になることが示せる．

なお指数が $-axi\ (a>0)$ の場合は，下半円を C_R' とすると $\displaystyle\lim_{R\to\infty}\int_{C_R'}\dfrac{e^{-azi}Q(z)}{P(z)}dz = 0$ が示せる． (証明終)

例 5.7 $I = \displaystyle\int_{-\infty}^\infty \dfrac{e^{xi}}{x^2+1}dx$ を求める．$f(z) = \dfrac{e^{zi}}{z^2+1}$ の特異点のうちで上半平面にあ

るものは $z=i$ で1位の極である．$\operatorname{Res}_{z=i}f(z)=\dfrac{e^{-1}}{2i}$ より，$I=2\pi i\cdot\dfrac{e^{-1}}{2i}=\dfrac{\pi}{e}$．

IV. $I_1=\displaystyle\int_{-\infty}^{\infty}\dfrac{Q(x)\cos ax}{P(x)}dx,\ I_2=\int_{-\infty}^{\infty}\dfrac{Q(x)\sin ax}{P(x)}dx$　ただし $a>0$，$P(x)$，$Q(x)$ は多項式で，$P(x)$ の次数 $\geq Q(x)$ の次数 $+1$ とし，$P(x)$ は実軸上で0にならないとする．このとき，オイラーの公式 $e^{axi}=\cos ax+i\sin ax$ に注意して

$$I=\int_{-\infty}^{\infty}\dfrac{e^{axi}Q(x)}{P(x)}dx$$

とすれば，

$$I=\int_{-\infty}^{\infty}\dfrac{Q(x)\cos ax}{P(x)}dx+i\int_{-\infty}^{\infty}\dfrac{Q(x)\sin ax}{P(x)}dx.$$

よって $I_1=\operatorname{Re}I$，$I_2=\operatorname{Im}I$．積分 I は III によって求められる．

例 5.8 $I_1=\displaystyle\int_{-\infty}^{\infty}\dfrac{x\cos\pi x}{x^2+2x+5}dx$ と $I_2=\displaystyle\int_{-\infty}^{\infty}\dfrac{x\sin\pi x}{x^2+2x+5}dx$ を求める．それにはまず $I=\displaystyle\int_{-\infty}^{\infty}\dfrac{xe^{\pi xi}}{x^2+2x+5}dx$ を求める．$z^2+2z+5=(z+1)^2+2^2=(z+1+2i)(z+1-2i)$ より $f(z)=\dfrac{ze^{\pi zi}}{z^2+2z+5}$ の特異点のうちで上半平面にあるものは $z=-1+2i$ でそれは1位の極である．留数は

$$\operatorname{Res}_{z=-1+2i}f(z)=\lim_{z\to-1+2i}(z-(-1+2i))\cdot\dfrac{ze^{\pi zi}}{(z+1+2i)(z+1-2i)}$$
$$=\dfrac{-1+2i}{4i}e^{\pi(-1+2i)i}=\dfrac{1-2i}{4i}e^{-2\pi}.$$

よって $I=2\pi i\cdot\dfrac{(1-2i)e^{-2\pi}}{4i}=\dfrac{(1-2i)\pi e^{-2\pi}}{2}$．オイラーの公式 $e^{\pi xi}=\cos\pi x+i\sin\pi x$ より $I_1=\operatorname{Re}I$，$I_2=\operatorname{Im}I$ だから，$I_1=\dfrac{1}{2}\pi e^{-2\pi}$，$I_2=-\pi e^{-2\pi}$．

V. $I=\displaystyle\int_{0}^{\infty}\dfrac{\sin x}{x}dx$　オイラーの公式から $f(z)=\dfrac{e^{zi}}{z}=\dfrac{\cos z+i\sin z}{z}$ を考えるとよいが，特異点が原点，すなわち実軸上にあるので III とは異なる扱いをする必要がある．そこで原点を中心とする半径 R の半円 C_R と半径 ε の半円 C_ε を上半平面に描く．$f(z)$ の特異点は原点のみで上半平面にはないから，コーシーの積分定理より

$$\int_{-R}^{-\varepsilon}f(z)dz+\int_{C_\varepsilon}f(z)dz+\int_{\varepsilon}^{R}f(z)dz+\int_{C_R}f(z)dz=0.$$

C_R に沿う積分については III と同様に $\displaystyle\lim_{R\to\infty}\int_{C_R}f(z)dz=0$ を示すことができる．C_ε に沿う積分については，$z=\varepsilon e^{\theta i}$ とおくと

$$\lim_{\varepsilon\to0}\int_{C_\varepsilon}f(z)dz=\lim_{\varepsilon\to0}\int_{\pi}^{0}\dfrac{e^{i\varepsilon e^{\theta i}}}{\varepsilon e^{\theta i}}\cdot i\varepsilon e^{\theta i}d\theta=i\int_{\pi}^{0}\left(\lim_{\varepsilon\to0}e^{i\varepsilon e^{\theta i}}\right)d\theta=i\int_{\pi}^{0}d\theta=-\pi i$$

5. 留数とその応用

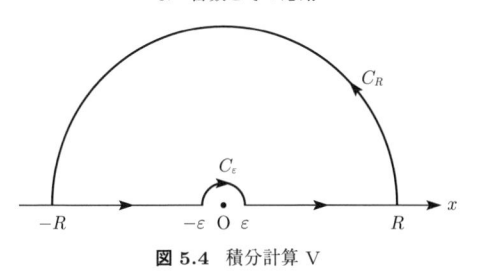

図5.4 積分計算 V

となる．よって

$$\lim_{\substack{\varepsilon \to 0 \\ R \to \infty}} \left\{ \int_{-R}^{-\varepsilon} \frac{\cos x + i \sin x}{x} dx + \int_{\varepsilon}^{R} \frac{\cos x + i \sin x}{x} dx \right\} = \pi i.$$

$\dfrac{\cos x}{x}$ は奇関数で $\dfrac{\sin x}{x}$ は隅関数であることに注意すると，これより $2\displaystyle\int_{0}^{\infty} \frac{\sin x}{x} dx = \pi$．よって $I = \dfrac{\pi}{2}$．

5.3 偏角の原理

有理型関数の零点の個数と極の個数の差が積分によって表される．

定理 5.4 (偏角の原理) 関数 $f(z)$ は単一閉曲線 C とその内部で有理型とする．C の内部にある $f(z)$ の零点の個数を N とし，極の個数を P とする．ただし，零点の個数も極の個数も重複を込めて数える．また，C 上には零点も極もないとする．このとき

$$N - P = \frac{1}{2\pi i} \int_C \frac{f'(z)}{f(z)} dz$$

が成り立つ．

[証明] 点 a で $f(z)$ が n 位の零をもつとすると，a の近くで

$$f(z) = (z-a)^n \left(c_n + c_{n+1}(z-a) + \cdots \right) \qquad (c_n \neq 0)$$

と表される．その対数微分をとると

$$\frac{f'(z)}{f(z)} = \frac{n}{z-a} + 正則関数$$

となり，$\operatorname{Res}_{z=a} \dfrac{f'(z)}{f(z)} = n$, すなわち零点の位数に等しい．点 b で $f(z)$ が m 位の極をもつとすると，b の近くで

$$f(z) = \frac{c_m + c_{m+1}(z-b) + \cdots}{(z-b)^m} \qquad (c_m \neq 0)$$

と表され，その対数微分は

$$\frac{f'(z)}{f(z)} = -\frac{m}{z-b} + \text{正則関数}$$

となり，$\operatorname{Res}_{z=b}\dfrac{f'(z)}{f(z)} = -m$，すなわち 極の位数 $\times\,(-1)$ に等しい．留数定理より $\dfrac{1}{2\pi i}\displaystyle\int_C \dfrac{f'(z)}{f(z)}dz$ は C 内の留数の和であるから以上よりこれは $N-P$ に等しい．

(証明終)

注 上の定理を偏角の原理と呼ぶ理由は次にある．C の始点を z_0 とする．z_0 は終点でもある．積分

$$\frac{1}{2\pi i}\int_C \frac{f'(z)}{f(z)}dz = \frac{1}{2\pi i}\left[\log f(z)\right]_{z_0}^{z_0}$$
$$= \frac{1}{2\pi i}\left[\log|f(z)| + i\arg f(z)\right]_{z_0}^{z_0}$$

となるが，$\log|f(z)|$ は 1 価関数であるが，$\arg f(z)$ は多価関数であるため，右辺は z が C を一周したときの $w = f(z)$ の偏角の増分 $\times\dfrac{1}{2\pi}$ を表す．すなわち C の像 C' が $w = 0$ を回る回数を表す．

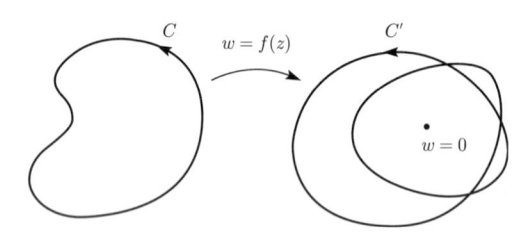

図 5.5 偏角の原理

定理 5.5 (ルーシェ (Rouché) の定理) 関数 $f(z), g(z)$ は単一閉曲線 C とその内部で正則とする．C 上で

$$|f(z) - g(z)| < |f(z)|$$

とすると，C の内部で $f(z)$ の零点の個数と $g(z)$ の零点の個数は (重複を込めて数えると) 等しい．

[**証明**] $F(z) = \dfrac{g(z)}{f(z)}$ とおく．C 上で $|F(z) - 1| < 1$ であるから，写像 $w = F(z)$ による C の像 C' は中心が 1 で半径が 1 の円内に入る．したがって，C' は $w = 0$ を回らない．よって上の注と定理 5.4 より，$F(z)$ の零点の個数と極の個数は等しいから，$f(z)$ と $g(z)$ の零点の個数は等しい．

(証明終)

XI 複素関数

6 等角写像

6.1 正則写像

正則関数 $w = f(z)$ を z 平面から w 平面への写像として考察する．正則関数を写像として考えるとき，**正則写像** (holomorphic mapping) ともいう．点 z_0 の $w = f(z)$ による像を $w_0 = f(z_0)$ とする．$f'(z_0) \neq 0$ と仮定する．点 z_0 を通る 2 つの曲線 C_1, C_2 を描く．曲線 C_1 の z_0 における接線と曲線 C_2 の z_0 における接線がなす角を曲線 C_1 と C_2 が**なす角**という．C_1, C_2 の $w = f(z)$ による像を C_1', C_2' とする．

定理 6.1（正則写像の等角性） 関数 $w = f(z)$ は正則とし，点 z_0 で $f'(z_0) \neq 0$ とする．このとき，z_0 を通る 2 つの曲線 C_1, C_2 がなす角と正則写像 $w = f(z)$ による C_1, C_2 の像 C_1', C_2' がなす角は等しい．また回転の向きも等しい．

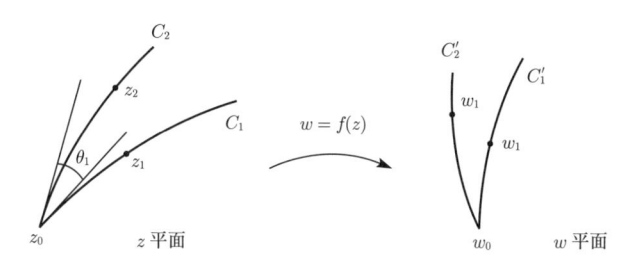

図 6.1 等角写像

[**証明**] C_1 上に点 z_1 を，C_2 上に点 z_2 をとる．C_1 と C_2 がなす角 θ_1 は

$$\theta_1 = \lim_{\substack{z_1 \to z_0 \\ z_2 \to z_0}} (\arg(z_2 - z_0) - \arg(z_1 - z_0)) = \lim_{\substack{z_1 \to z_0 \\ z_2 \to z_0}} \arg \frac{z_2 - z_0}{z_1 - z_0}$$

である．写像 $w = f(z)$ による z_0, z_1, z_2 の像を w_0, w_1, w_2 とすると，C_1' と C_2' がなす角 θ_2 は

$$\theta_2 = \lim_{\substack{z_1 \to z_0 \\ z_2 \to z_0}} \arg \frac{w_2 - w_0}{w_1 - w_0}$$

である.点 z_0 におけるテーラー展開より

$$w_1 - w_0 = f'(z_0)(z_1 - z_0) + \frac{f''(z_0)}{2!}(z_1 - z_0)^2 + \cdots$$

$$= f'(z_0)(z_1 - z_0)\left(1 + \frac{f''(z_0)}{2f'(z_0)}(z_1 - z_0) + \cdots\right)$$

$$w_2 - w_0 = f'(z_0)(z_2 - z_0)\left(1 + \frac{f''(z_0)}{2f'(z_0)}(z_2 - z_0) + \cdots\right)$$

であることから

$$\theta_2 = \lim_{\substack{z_1 \to z_0 \\ z_2 \to z_0}} \arg \frac{w_2 - w_0}{w_1 - w_0} = \lim_{\substack{z_1 \to z_0 \\ z_2 \to z_0}} \arg \frac{z_2 - z_0}{z_1 - z_0} = \theta_1$$

を得る.   (証明終)

 2つの曲線のなす角を変えない平面領域から平面領域への写像を**等角写像** (conformal mapping) という.

 上の定理より,正則写像は微分が0にならない点において等角写像である.とくに2つの直交する曲線は正則写像によって直交する曲線に移る.

例 6.1 (2次式) 正則写像 $w = u + vi = z^2 = x^2 - y^2 + 2xyi$ について,直線 $x = a$ の像は $u = a^2 - y^2, v = 2ay$ より $u = a^2 - \dfrac{v^2}{4a^2}$ となり,直線 $y = b$ の像は $u = x^2 - b^2, v = 2bx$ より $u = \dfrac{v^2}{4b^2} - b^2$ となる.像の曲線は互いに直交している.

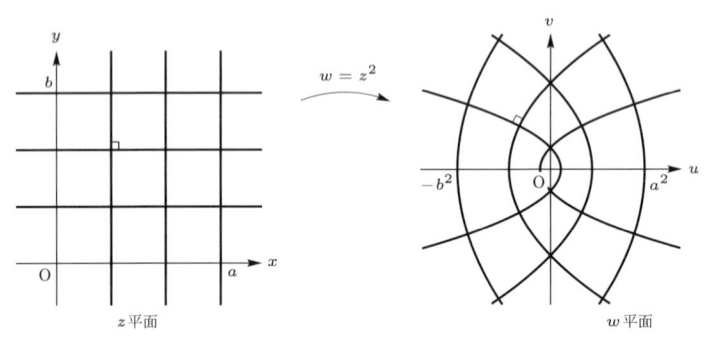

図 6.2 等角写像例 6.1

定理 6.2 正則関数 $f(z) = u(x, y) + v(x, y)i$ の実部の定数曲線 $u(x, y) = a$ と虚部の定数曲線 $v(x, y) = b$ は互いに直交する.ただし $f'(z) \neq 0$ とする.

 [**証明**] $w_0 = f(z_0) = a + bi$ とする.z 平面の曲線 $C_1 : u(x, y) = a$ は写像 $w = f(z)$ により w 平面の直線 $u = a$ に移り,z 平面の曲線 $C_2 : v(x, y) = b$ は w 平面の直線 $v = b$

6. 等 角 写 像

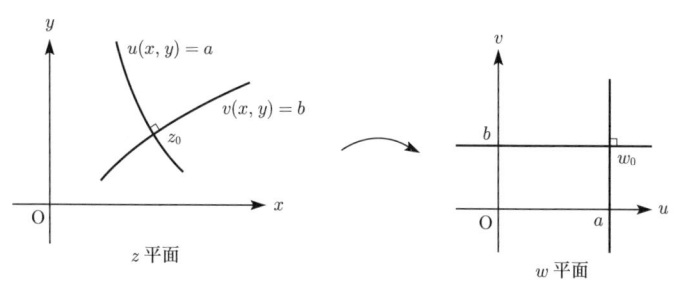

図 6.3 定数曲線の直交性

に移る. w 平面で直線 $u = a$ と $v = b$ は直交しているので, z 平面の元の曲線 C_1 と C_2 も直交している. (証明終)

この定理により a を動かしてできる実部の定数曲線の族と b を動かしてできる虚部の定数曲線の族とは互いに直交する.

例 6.2 (2 次式) 正則関数 $f(z) = z^2 = x^2 - y^2 + 2xyi$ について, 曲線の族 $x^2 - y^2 = a$ と $2xy = b$ はともに図のような双曲線の族になり, 互いに直交している.

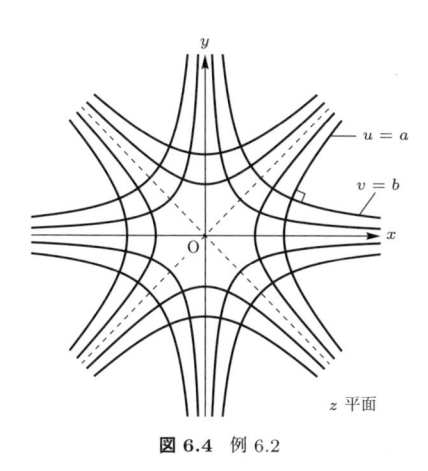

図 6.4 例 6.2

例 6.3 (指数関数) $w = f(z) = e^z = e^{x+yi}$ のとき, 直線 $x = a$ の像は $w = e^a e^{yi}$ で, これは原点中心の半径 e^a の円になる. 直線 $y = b$ の像は $w = e^x e^{bi}$ で, これは原点から出る角 b の半直線である. ただし原点は含まれない. e^z は周期 $2\pi i$ の関数なので, $0 \leqq y < 2\pi$ なる帯状の部分が w 平面から原点を除いた部分に一対一に移される.

例 6.4 (対数関数) $w = \text{Log}\, z \, (z \neq 0)$ について. 対数関数は指数関数の逆関数である

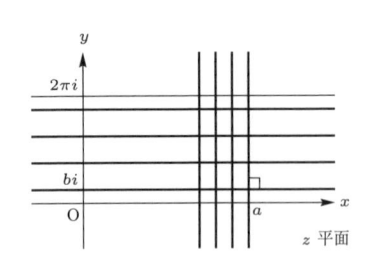

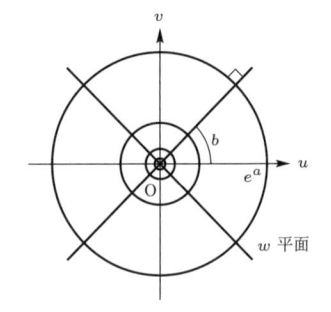

図 6.5 例 6.3

から，例 6.3 の w 平面を z 平面として，z 平面を w 平面としたものである．z 平面から原点を除いたものの像は w 平面の帯状部分 $-\pi < v \leqq \pi$ に移る．$w = \log z = \log|z| + i \arg z$ については多価関数であるから，半径 e^a の円周を z が一周すると w は a から $a + 2\pi i$ まで動き，さらに一周すると w は $a + 2\pi i$ から $a + 4\pi i$ まで動く．

等角写像の物理への応用 実 2 変数関数 $\varphi(x, y)$ に対し，
$$\mathrm{grad}\ \varphi = \left(\frac{\partial \varphi}{\partial x}, \frac{\partial \varphi}{\partial y} \right)$$
を φ の**勾配** (gradient) という．ベクトル場 $\boldsymbol{F} = (P(x, y), Q(x, y))$ に対して，
$$-\mathrm{grad}\ \varphi = \boldsymbol{F}$$
となる関数 φ を $\boldsymbol{F}$ の**ポテンシャル関数**という．ベクトル場 $\boldsymbol{F}$ に沿う曲線を**流線**という．たとえば $\boldsymbol{F}$ が流速ベクトル場を表すとき，流線は水の流れを表す．また，ポテンシャル関数 φ の定数曲線を**等ポテンシャル曲線**という．流線と等ポテンシャル曲線は互いに直交している．実際，流線の接線の傾きは $\dfrac{Q}{P} = \dfrac{-\varphi_y}{-\varphi_x}$ であり，等ポテンシャル曲線 $\varphi(x, y) = c$ の接線の傾きは陰関数定理より $\dfrac{dy}{dx} = -\dfrac{\varphi_x}{\varphi_y}$ であり，それらの積は -1 であるから．一方，正則関数 $f(z) = u(x, y) + v(x, y)i$ の実部の定数曲線と虚部の定数曲線は定理 6.2 より互いに直交している．したがって，それらは流線と等ポテンシャル曲線に対応すると考えられる．u, v のどちらかがポテンシャル関数になる．この関係より，等角写像は物理に応用される．たとえば，図 6.5 の右の図は（例 6.4 の $w = \log z = \log r + \theta i$ とみて），原点から水が湧き出している場合の水の流れと等ポテンシャル曲線を表す．

6.2　1 次 変 換

1 次写像　$w = az + b\ (a \neq 0)$ が定める写像を **1 次写像**という．z 平面と w 平面を同一の平面とみなす場合には **1 次変換**という．この特別な場合に次のものがある．

(1) **平行移動**　$w = z + b$
(2) **原点中心の角 θ の回転**　$w = e^{\theta i}z$
(3) **原点中心の拡大または縮小**　$w = Az$　$(A > 0)$
一般の1次変換 $w = az + b$ はこの3つの合成として得られる.

1次分数変換　$w = \dfrac{az+b}{cz+d}$ $(ad - bc \neq 0)$ が定める変換を **1次分数変換** または **メービウス (Möbius) 変換** という. 単に **1次変換** ともいう. 一般の1次分数変換は上記の1次変換 (1)(2)(3) と次の (4) の合成として得られる.

(4) $w = \dfrac{1}{z}$ $(z \neq 0)$　点 $z = re^{\theta i}$ は $w = \dfrac{1}{r}e^{-\theta i}$ に移る.
直線を半径が無限大の円とみなし, 円および直線を **広義の円** という.

定理 6.3 (円円対応)　1次分数変換は広義の円を広義の円に移す.

[**証明**] 上記 (1)〜(3) の平行移動, 回転, 拡大縮小によって円が円に移ることはあきらかである. (4) の変換 $w = \dfrac{1}{z}$ によって, 円 $C : |z - a|^2 = R^2$ は $C' : \left|\dfrac{1}{w} - a\right|^2 = R^2$ に移る. すなわち
$$C' : \frac{1}{w\bar{w}} - \frac{\bar{a}}{w} - \frac{a}{\bar{w}} + a\bar{a} - R^2 = 0.$$
$|a|^2 - R^2 \neq 0$ の場合には, これに $\dfrac{w\bar{w}}{|a|^2 - R^2}$ をかけて整理すると,
$$C' : \left|w - \frac{\bar{a}}{|a|^2 - R^2}\right|^2 = \frac{R^2}{\left(|a|^2 - R^2\right)^2}$$
となり C' は円になる. $|a|^2 - R^2 = 0$ の場合には C' は直線になる.　　　(証明終)

例 6.5　1次変換 $w = e^{\theta i}\dfrac{z-a}{1-\bar{a}z}$ (θ は実数, $|a| < 1$) は単位円板 $|z| < 1$ を単位円板 $|w| < 1$ に一対一に移し, 点 a を原点に移す. 実際 $|z| = 1$ とすると, $|w|^2 = \dfrac{z-a}{1-\bar{a}z} \cdot \dfrac{\bar{z}-\bar{a}}{1-a\bar{z}} = \dfrac{z\bar{z} - a\bar{z} - \bar{a}z + a\bar{a}}{1 - a\bar{z} - \bar{a}z + a\bar{a}z\bar{z}} = \dfrac{1 - a\bar{z} - \bar{a}z + a\bar{a}}{1 - a\bar{z} - \bar{a}z + a\bar{a}} = 1$ となる. したがって円周 $|z| = 1$ を円周 $|w| = 1$ に移す. その他の性質を満たすこともわかる. この逆変換は $z = \dfrac{w + ae^{\theta i}}{e^{\theta i} + \bar{a}w}$ である.

例 6.6　1次変換 $w = e^{\theta i}\dfrac{R(z-a)}{R^2 - \bar{a}z}$ (θ は実数, $|a| < R$) は半径 R の円板 $|z| < R$ を単位円板 $|w| < 1$ に一対一に移し, 点 a を原点に移す.

逆に次も成り立つ.

定理 6.4　単位円板 $|z| < 1$ を単位円板 $|w| < 1$ に一対一に移し, 点 a ($|a| < 1$) を原点に写す正則写像は例 6.5 の形の1次変換に限る.

この証明は 3.6 節のシュヴァルツの補題による.

例 6.7 1次変換 $w = \dfrac{z-i}{z+i}$ は上半平面を単位円板に移す．実際，実軸の像は $|w|^2 = \dfrac{x-i}{x+i} \cdot \dfrac{x+i}{x-i} = 1$ より円周 $|w| = 1$ に移る．点 $z = i$ は原点に移るので上半平面が単位円板 $|w| < 1$ に移る．

6.3 等角写像の基本定理

領域 D が**単連結**であるとは，D 内の任意の閉曲線を D 内で連続的に変形して 1 点に縮めることができるような領域をいう．

例 6.8 円板 $|z| < 1$ は単連結だが，円環 $r < |z| < R$ は単連結ではない．

定理 6.5 (リーマンの写像定理) 複素平面全体ではない単連結領域 D は単位円板 $|w| < 1$ 全体に一対一に正則に写像される．このような正則写像 $w = f(z)$ で D の一点 z_0 を原点に移し，$f'(z_0) > 0$ となるものは一意的に定まる．

この証明は難しい．この定理は，単連結領域は単位円板または複素平面全体のいずれかに正則同型であるという事実を示している．

XI 複素関数

7

有理型関数の表示

7.1 有理型関数の部分分数分解

有理関数は部分分数分解をして，多項式と有限個の $\dfrac{b}{(z-a)^n}$ という簡単な形の分数式の和として表すことができる．有理型関数については，極を無限個もつかもしれないが，その場合でも各特異点での主要部の和として表すことができる．そればかりでなく，任意に与えた主要部をもつ有理型関数が構成できる．有理型関数 $f(z)$ の点 a におけるローラン展開が

$$f(z) = \frac{c_{-n}}{(z-a)^n} + \cdots + \frac{c_{-1}}{z-a} + c_0 + c_1(z-a) + \cdots$$

となるとき，負の冪の部分を主要部と呼んだ．多項式を $P(X) = c_{-n}X^n + \cdots + c_{-1}X$ とおくと，この主要部は $P\left(\dfrac{1}{z-a}\right)$ と表される．

定理 7.1 (**ミッタグレフラー** (Mittag–Leffler) **の定理**)　$\{a_n\}_{n=1}^{\infty}$ を相異なる点からなる複素数列で $\lim_{n\to\infty} a_n = \infty$ となるものとし，$\{P_n(X)\}_{n=1}^{\infty}$ を定数項がない多項式列とする．このとき，複素平面全体での有理型関数 $f(z)$ で各点 a_n における主要部が与えられた $P_n\left(\dfrac{1}{z-a_n}\right)$ に一致するものが存在する．さらに，このような有理型関数のもっとも一般の形は，適当な多項式 $Q_n(z)$ と任意の整関数 $g(z)$ とによって

$$f(z) = \sum_{n=1}^{\infty}\left(P_n\left(\frac{1}{z-a_n}\right) - Q_n(z)\right) + g(z)$$

と表される．

[**証明**]　与えられた主要部の和 $\displaystyle\sum_{n=1}^{\infty} P_n\left(\dfrac{1}{z-a_n}\right)$ が収束すればこれでよいのだが一般には収束しない．そのため，補正項 $Q_n(z)$ を付けて級数が収束するようにする．$Q_n(z)$ は多項式なので主要部は変わらない．さて，$Q_n(z)$ を次のようにとる．

$a_1 = 0$ のときは $Q_1(z) = 0$ としておく．$a_n \neq 0$ ならば $P_n\left(\dfrac{1}{z-a_n}\right)$ は原点中心の半径 $|a_n|$ の円内 $|z| < |a_n|$ で正則なので，これをテーラー展開して

$$P_n\left(\frac{1}{z-a_n}\right) = \sum_{k=0}^{\infty} c_{nk} z^k$$

とする. 右辺の適当な部分和 $Q_n(z) = \sum_{k=0}^{k_n} c_{nk} z^k$ をとると,

$$\left| P_n\left(\frac{1}{z-a_n}\right) - Q_n(z) \right| < \frac{1}{2^n}$$

が $|z| < \frac{|a_n|}{2}$ なる z に対して成り立つようにできる. $\sum_{n=1}^{\infty} \frac{1}{2^n} < \infty$ より, この補正項 $Q_n(z)$ を付けた級数は複素平面全体で収束し, 与えられた主要部をもつ有理型関数になる. 任意の整関数 $g(z)$ を加えても主要部は変わらないから, 定理にある式がもっとも一般の形のものである. (証明終)

例 7.1 $\pi\cot\pi z = \dfrac{\pi\cos\pi z}{\sin\pi z}$ は $z = n$ $(n = 0, \pm 1, \pm 2, \dots)$ で極をもち, 主要部は $\dfrac{1}{z-n}$ である. この関数は

$$\pi\cot\pi z = \frac{1}{z} + \sum_{n=-\infty}^{\infty}{}' \left(\frac{1}{z-n} + \frac{1}{n}\right)$$

と表せる. ここで, $\displaystyle\sum_{n=-\infty}^{\infty}{}'$ は $n = 0$ を除いた和を表す. 右辺の収束は容易に示せる. 両辺が一致することは, 両辺とも周期 1 の周期関数であることと, 両辺の差が有界な整関数であることからわかる. ただし, 有界性の証明には精密な評価を必要とする.

例 7.2 $\dfrac{\pi}{\sin\pi z}$ は $z = n$ $(n = 0, \pm 1, \pm 2, \dots)$ で極をもち, 主要部は $\dfrac{(-1)^n}{z-n}$ である.

$$\frac{\pi}{\sin\pi z} = \frac{1}{z} + \sum_{n=-\infty}^{\infty}{}' (-1)^n \left(\frac{1}{z-n} + \frac{1}{n}\right)$$

と表せる. 両辺が一致することは例 7.1 と同様にして示せる.

例 7.3 例 7.1 の式を微分することによって

$$\frac{\pi^2}{\sin^2\pi z} = \frac{1}{z^2} + \sum_{n=-\infty}^{\infty}{}' \frac{1}{(z-n)^2} = \sum_{n=-\infty}^{\infty} \frac{1}{(z-n)^2}.$$

7.2 有理型関数の無限積表示

多項式は因数分解をして, $z - a$ という形の 1 次式の有限個の積に書ける. 有理型関数については, 零点を無限個もつかもしれないが, その場合でも, $1 - \dfrac{z}{a}$ に補正項をかけた

7. 有理型関数の表示

ものの無限個の積として表すことができる．そればかりでなく，任意に与えた零点をもつ整関数を構成できる．

無限積 複素数列 $\{a_n\}_{n=1}^{\infty}$ に対して，$p_n = \prod_{k=1}^{n} a_k = a_1 \times \cdots \times a_n$ とおき，$\lim_{n\to\infty} p_n = p \neq 0$ のとき，**無限積** $\prod_{n=1}^{\infty} a_n$ は**収束**し，その値は p であるという．便宜上極限値 p が 0 と異なるときのみ，無限積は収束するという．収束するための必要条件は $\lim_{n\to\infty} a_n = 1$．そこで，$a_n = 1 + u_n$ とおき，$\lim_{n\to\infty} u_n = 0$ の条件の下で，$\prod_{n=1}^{\infty}(1+u_n)$ を考える．$1+u_n \neq 0$ は仮定する．

命題 7.1 $\sum_{n=1}^{\infty} |u_n| < \infty$ とする．このとき，無限積 $\prod_{n=1}^{\infty}(1+u_n)$ は収束する．（したがって，$\prod_{n=1}^{\infty}(1+|u_n|)$ も収束する．）このとき，無限積は**絶対収束**するという．

[証明] $p_n = (1+u_1)(1+u_2)\cdots(1+u_n)$ とおき，$v_1 = p_1$, $v_2 = p_2 - p_1, \ldots, v_n = p_n - p_{n-1}$ とおく．$p_n = v_1 + \cdots + v_n$ であるから $\{p_n\}_{n=1}^{\infty}$ が収束することと，$\sum_{n=1}^{\infty} v_n$ が収束することは同値である．そこで，$\sum_{n=1}^{\infty} |v_n|$ の収束を示す．$\sum_{n=1}^{\infty} |u_n| = \sigma$ とおく．

$$|p_n| \leq \prod_{k=1}^{n}(1+|u_k|) \leq \prod_{k=1}^{n} e^{|u_k|} = e^{\sum_{k=1}^{n}|u_k|} \leq e^{\sigma}$$

と

$$v_n = p_n - p_{n-1} = p_{n-1}(1+u_n) - p_{n-1} = p_{n-1} u_n$$

より $|v_n| = |p_{n-1}||u_n| \leq e^{\sigma}|u_n|$．右辺の和 $\sum_{n=1}^{\infty} |u_n|$ は収束するので左辺の和 $\sum_{n=1}^{\infty} |v_n|$ も収束する．ゆえに $\lim_{n\to\infty} p_n$ は収束する．無限積が 0 にならないことは，一般性を失うことなく $|u_n| < \frac{1}{2}$ と仮定してよく，

$$\left|\prod_{k=1}^{n}(1+u_k)\right| \geq \prod_{k=1}^{n}(1-|u_k|) \geq \prod_{k=1}^{n} e^{-2|u_k|} \geq e^{-2\sigma}$$

よりわかる． (証明終)

命題 7.2 整関数 $f(z)$ が零点をもたないならば，適当な整関数 $g(z)$ によって

$$f(z) = e^{g(z)}$$

と表される．

[証明] $g(z) = \int_0^z \dfrac{f'(z)}{f(z)}dz + \log f(0) = [\log f(z)]_0^z + \log f(0) = \log f(z)$ とおく. $f(z)$ は 0 にならないので $\dfrac{f'(z)}{f(z)}$ は正則であり, 複素平面が単連結であることよりその積分は z の 1 価関数となる. ここで, 右辺の $\log f(z)$ は, $\log f(0)$ の 1 つの枝をとり固定し, z を 0 から積分路に沿って動かしたときに $\log f(z)$ の値が連続的に変わるように定めたものである. この $g(z)$ によって求める表示が得られる. (証明終)

定理 7.2 (ワイエルシュトラス (Weierstrass) の因数分解定理) $\{a_n\}_{n=1}^\infty$ を複素数列で $\lim_{n\to\infty} a_n = \infty$ となるものとする. $a_n \neq 0$ とし, a_n に重複するものがあってもよいとする. このとき, $z = 0$ で m 位の零 ($m \geqq 0$) をもち, 点 a_n で重複する個数と同じ位数の零をもつ整関数が存在する. さらにこのような整関数のもっとも一般の形は, 適当な整数 $k_n (\geqq 0)$ と任意の整関数 $g(z)$ とによって

$$f(z) = e^{g(z)} z^m \prod_{n=1}^\infty \left(1 - \dfrac{z}{a_n}\right) e^{\frac{z}{a_n} + \frac{1}{2}\left(\frac{z}{a_n}\right)^2 + \cdots + \frac{1}{k_n}\left(\frac{z}{a_n}\right)^{k_n}}$$

と表される.

[証明] $|z| < |a_n|$ とする.

$$\mathrm{Log}\left(1 - \dfrac{z}{a_n}\right) = -\dfrac{z}{a_n} - \dfrac{1}{2}\left(\dfrac{z}{a_n}\right)^2 - \cdots - \dfrac{1}{k}\left(\dfrac{z}{a_n}\right)^k - \cdots$$

とテーラー展開できるので, 右辺の適当な部分和 $Q_n(z) = -\sum_{k=1}^{k_n} \dfrac{1}{k}\left(\dfrac{z}{a_n}\right)^k$ をとると,

$$\left|\mathrm{Log}\left(1 - \dfrac{z}{a_n}\right) - Q_n(z)\right| < \dfrac{1}{2^n}$$

が $|z| < \dfrac{|a_n|}{2}$ なる z に対して成り立つようにできる. 一般に, $|w| < \frac{1}{2}$ のとき $e^w = 1 + u$ とおくと $|u| < e^{\frac{1}{2}}|w|$ となるので,

$$\left(1 - \dfrac{z}{a_n}\right) e^{-Q_n(z)} = 1 + u_n(z)$$

とおくと $|u_n(z)| < \dfrac{e^{1/2}}{2^n}$ となり, $\sum_{n=1}^\infty \dfrac{1}{2^n} < \infty$ であることと上記命題 7.1 から, 定理の無限積は複素平面全体で収束する. 任意の整関数 $g(z)$ をとり $e^{g(z)}$ をかけても零点は変わらないことと命題 7.2 から, 定理にある形のものが与えられた零点をもつ関数のもっとも一般の形のものである. (証明終)

例 7.4 $\sin \pi z$ は $z = n$ ($n = 0, \pm 1, \pm 2, \ldots$) で 1 位の零をもち,

7. 有理型関数の表示

$$\sin \pi z = \pi z \prod_{n=-\infty}^{\infty}{}' \left(1 - \frac{z}{n}\right) e^{z/n}$$

と表される．ここで $\prod_{n=-\infty}^{\infty}{}'$ は $n=0$ を除いた積を表す．これは 7.1 節例 7.1 によって両辺の対数微分が等しくなることからわかる．

無限積表示の応用　オイラーは級数 $\sum_{n=1}^{\infty} \frac{1}{n^2}$ の値が何になるのかを長年探し求め，ついにそれが $\frac{\pi^2}{6}$ になることを発見した．例 7.4 の無限積表示より

$$\frac{\sin \pi z}{\pi z} = \prod_{n=-\infty}^{\infty}{}' \left(1 - \frac{z}{n}\right) e^{z/n} = \prod_{n=1}^{\infty} \left(1 - \frac{z^2}{n^2}\right)$$
$$= 1 - \left(\sum_{n=1}^{\infty} \frac{1}{n^2}\right) z^2 + \cdots.$$

一方 $\sin z$ のテーラー展開より

$$\frac{\sin \pi z}{\pi z} = 1 - \frac{(\pi z)^2}{3!} + \cdots.$$

これらの z^2 の係数を比較して $\sum_{n=1}^{\infty} \frac{1}{n^2} = \frac{\pi^2}{3!}$ を得る．オイラーはこの発見に歓喜したと伝えられている．

リーマンのゼータ関数　複素変数 s に対して，

$$\zeta(s) = \sum_{n=1}^{\infty} \frac{1}{n^s}$$

と定める．変数を $s = \sigma + ti$ とおくのが習慣になっている．この級数は，$\mathrm{Re}\, s = \sigma > 1$ のとき，

$$\sum_{n=1}^{\infty} \left|\frac{1}{n^s}\right| = \sum_{n=1}^{\infty} \frac{1}{|n^{\sigma+ti}|} = \sum_{n=1}^{\infty} \frac{1}{n^\sigma} < \infty$$

より収束し，そこでの正則関数になる．この関数は，さらに全平面上の有理型関数に拡張でき，$s = 1$ でのみ 1 位の極をもつことがわかっている．これを**リーマンのゼータ関数**という．上のオイラーの発見は $\zeta(2)$ の値を求めたものである．

また，$\mathrm{Re}\, s > 1$ において

$$\zeta(s) = \prod_{p:\text{すべての素数}} \frac{1}{1 - \frac{1}{p^s}}$$

という無限積表示をもつ．これを**オイラー積**という．

　ゼータ関数は素数の分布と密接な関連があり，整数論において重要な役割を果たす．関数としてもさまざまな不思議な性質をもち，現在も深い研究がなされている．$0 < \operatorname{Re} s < 1$ にある $\zeta(s)$ の零点はすべて直線 $\operatorname{Re} s = \frac{1}{2}$ 上にあるであろう，という**リーマン予想**は未解決な大問題である．

XI 複素関数

8 調和関数

8.1 共役調和関数の構成

正則関数 $f(z) = u(x,y) + v(x,y)i$ の実部と虚部は調和関数であり，v を u の共役調和関数と呼んだ (3.5 節)．関数 $u(x,y)$ から作られる 1 次微分形式は

$$du = \frac{\partial u}{\partial x}dx + \frac{\partial u}{\partial y}dy$$

であり (これを u の**全微分**という)，コーシー・リーマンの関係式から v については

$$dv = \frac{\partial v}{\partial x}dx + \frac{\partial v}{\partial y}dy = -\frac{\partial u}{\partial y}dx + \frac{\partial u}{\partial x}dy$$

となる．

$$v(x,y) = \int_{(x_0,y_0)}^{(x,y)} dv + v(x_0,y_0)$$

となっている．1つの調和関数 u に対して，その共役調和関数 v の存在を仮定すれば，すなわち，正則関数 f の存在を仮定すれば dv は上記のようになるが，与えられた調和関数 u に対して，あらかじめその共役調和関数の存在を仮定しない場合を考えて，

$${}^*du = -\frac{\partial u}{\partial y}dx + \frac{\partial u}{\partial x}dy$$

とおき，これを du の**共役1次微分形式**と呼ぶ．一般に領域 D で与えられた調和関数 u に対して，積分

$$v = \int {}^*du$$

は多価関数になる．そして，$f(z) = u + vi$ は D では虚部が多価な正則関数になる．もちろん D の単連結部分領域では，v の適当な枝を1つ定めれば，1価な正則関数が得られる．なお，単連結領域内でこの積分 v の値が端点のみにより道のとりかたによらないことは，u が調和であることと，グリーンの公式によって示せる．このように，正則関数 $f(z)$ に対しては調和関数 u が定まり，調和関数 u に対しては多価性を許せば正則関数 $f(z)$ が得られ，この意味で正則関数と調和関数は対応する．この関係より正則関数の性質は調和関数の性質から導かれることが多い．この意味でも調和関数は重要な関数である．

8.2 調和関数の平均値定理

調和関数 $u(x,y)$ を,$z = x+yi$ より,$u(z)$ とも表すことにする.関数 u が境界を含む集合 K での調和関数であるとは,K を含むある領域で u が調和関数であることを表す.

定理 8.1 (調和関数の平均値定理) 関数 $u(z)$ は a 中心の閉円板 $|z-a| \leqq R$ で調和であるとする.このとき

$$u(a) = \frac{1}{2\pi} \int_0^{2\pi} u(a + Re^{\theta i}) d\theta$$

が成り立つ.すなわち,円周上の平均値が中心の値に等しい.

[**証明**] 閉円板 $|z-a| \leqq R$ での u の共役調和関数を v とすると(v は 1 価である),$f(z) = u(x,y) + v(x,y)i$ はこの閉円板上の正則関数になる.よってコーシーの積分公式(定理 3.5)より

$$f(a) = \frac{1}{2\pi i} \int_{|z-a|=R} \frac{f(z)}{z-a} dz$$

が成り立つ.$z = a + Re^{\theta i}$ $(0 \leqq \theta \leqq 2\pi)$ とおくと,$dz = iRe^{\theta i} d\theta$ より

$$f(a) = \frac{1}{2\pi i} \int_0^{2\pi} \frac{f(a+Re^{\theta i})}{Re^{\theta i}} \cdot iRe^{\theta i} d\theta,$$

すなわち

$$u(a) + v(a)i = \frac{1}{2\pi} \int_0^{2\pi} \left(u(a+Re^{\theta i}) + v(a+Re^{\theta i})i \right) d\theta.$$

この実部をとると定理を得る. (証明終)

定理 8.2 (調和関数の平均値定理) 関数 $u(z)$ は a 中心の閉円板 $|z-a| \leqq R$ で調和であるとする.このとき

$$u(a) = \frac{1}{\pi R^2} \iint_{|z-a| \leqq R} u(x,y) dxdy$$

が成り立つ.すなわち,円内の平均値が中心の値に等しい.

[**証明**] $z = a + re^{\theta i}$ $(0 \leqq r \leqq R,\ 0 \leqq \theta \leqq 2\pi)$ とおくと,

$$右辺 = \frac{1}{\pi R^2} \int_0^{2\pi} \int_0^R u(a+re^{\theta i}) r\, dr\, d\theta$$

$$= \frac{1}{\pi R^2} \int_0^R r\, dr \int_0^{2\pi} u(a+re^{\theta i}) d\theta$$

であるが,定理 8.1 より

$$= \frac{1}{\pi R^2} \int_0^R 2\pi u(a) r\, dr = \frac{2\pi u(a)}{\pi R^2} \left[\frac{r^2}{2} \right]_0^R = u(a)$$

となり，定理を得る． (証明終)

定理 8.3 (最大値最小値の原理) 領域 D 上の調和関数は，定数でなければ，D の内部の点で最大値も最小値もとらない．したがって，有界領域で調和でその境界も込めて連続な関数は最大値と最小値を境界上でとる．

[証明] 最大値については，調和関数の平均値の定理 (定理 8.1) を用いれば，正則関数の最大値の原理の証明と同じである．最小値については，u が調和関数であるとき $-u$ も調和関数であることによる． (証明終)

8.3 ポアソンの公式

コーシーの積分公式 (定理 3.5) によって正則関数 f の点 a における値は，a を囲む曲線上の f の値によって線積分を用いて表示された．調和関数についても，円の場合に，円内の点での値は円周上の値で表示される．

定理 8.4 (ポアソン (Poisson) の公式) 関数 u は原点中心の半径 R の円 C およびその内部で調和とする．点 $a = re^{\varphi i}$ ($r < R$) を C 内の点とする．このとき

$$u(re^{\varphi i}) = \frac{1}{2\pi} \int_0^{2\pi} \frac{R^2 - r^2}{R^2 - 2rR\cos(\theta - \varphi) + r^2} u(Re^{\theta i}) d\theta$$

$$= \frac{1}{2\pi} \int_{|z|=R} \frac{R^2 - |a|^2}{|z - a|^2} u(z) d\theta = \frac{1}{2\pi} \int_{|z|=R} \left(\operatorname{Re} \frac{z + a}{z - a} \right) u(z) d\theta$$

が成り立つ．ただし，$z = Re^{\theta i}$ ($0 \leq \theta \leq 2\pi$) とおいた．積分記号内の u の係数を**ポアソン核**と呼び，この積分を**ポアソン積分**と呼ぶ．

[証明] 1 次写像 $z = g(w) = \dfrac{R(Rw + a)}{R + \bar{a}w}$ によって，円板 $|w| < 1$ は円板 $|z| < R$ に移り，$w = 0$ は $z = a$ に移る．$U(w) = u(g(w))$ は $|w| \leq 1$ での調和関数になるので，これに調和関数の平均値定理 (定理 8.1) を適用すると

$$u(a) = U(0) = \frac{1}{2\pi} \int_0^{2\pi} U(w) d\psi = \frac{1}{2\pi} \int_0^{2\pi} u(g(w)) d\psi$$

となる．ただし $w = e^{\psi i}$ とおいた．これを $w = g^{-1}(z) = \dfrac{R(z - a)}{R^2 - \bar{a}z}$ により，円周 $|w| = 1$ は円周 $|z| = R$ に対応していることに注意して，$z = Re^{\theta i}$ に関する積分に直す．

$$dw = R \cdot \frac{R^2 - \bar{a}z + (z - a)\bar{a}}{(R^2 - \bar{a}z)^2} dz = \frac{R(R^2 - |a|^2)}{(R^2 - \bar{a}z)^2} dz$$

$$dw = ie^{\psi i} d\psi = iw d\psi, \quad dz = iRe^{\theta i} d\theta = iz d\theta$$

だから

$$d\psi = \frac{R\left(R^2 - |a|^2\right)}{(R^2 - \bar{a}z)^2} \frac{z}{w} d\theta = \frac{R\left(R^2 - |a|^2\right)}{(R^2 - \bar{a}z)^2} \cdot \frac{(R^2 - \bar{a}z)\,z}{R(z-a)} d\theta$$

$$= \frac{\left(R^2 - |a|^2\right) z}{(R^2 - \bar{a}z)(z-a)} d\theta = \frac{\left(R^2 - |a|^2\right) z}{(z\bar{z} - \bar{a}z)(z-a)} d\theta$$

$$= \frac{R^2 - |a|^2}{|z-a|^2} d\theta$$

となる．よって

$$u(a) = \frac{1}{2\pi} \int_0^{2\pi} \frac{R^2 - |a|^2}{|z-a|^2} u(z) d\theta$$

を得る．また，$|z| = R$ のとき

$$\operatorname{Re} \frac{z+a}{z-a} = \frac{1}{2}\left(\frac{z+a}{z-a} + \frac{\bar{z}+\bar{a}}{\bar{z}-\bar{a}}\right) = \frac{z\bar{z} - |a|^2}{|z-a|^2} = \frac{R^2 - |a|^2}{|z-a|^2}$$

であるから定理の第3の表示を得る．これを極表示すると

$$\frac{R^2 - |a|^2}{|z-a|^2} = \frac{R^2 - r^2}{|Re^{\theta i} - re^{\varphi i}|^2} = \frac{R^2 - r^2}{R^2 - Rr\left(e^{(\theta-\varphi)i} + e^{-(\theta-\varphi)i}\right) + r^2}$$

$$= \frac{R^2 - r^2}{R^2 - 2Rr\cos(\theta - \varphi) + r^2}$$

となるので定理の第1の表示を得る． (証明終)

8.4 ディリクレの境界値問題

D を有界領域とし，その境界を Γ とする．Γ 上に連続関数 $\varphi(\zeta)$ が与えられたとき，D 上の調和関数 $u(z)$ で境界 Γ 上では与えられた φ に一致するものを求める問題を**ディリクレ (Dirichlet) の境界値問題**という．境界で一致するとは，$u(z)$ が $D \cup \Gamma$ で連続になり，Γ 上で $\varphi(\zeta)$ に等しくなることをいう．境界の形によってこの問題は解けないことがある．

円の場合のディリクレの境界値問題 ポアソンの公式は調和関数の円内での値を円周上の値で表示するものであるが，この公式では関数が円周も込めて調和であることをあらかじめ仮定している．したがって，この公式によって円の場合にディリクレの境界値問題が解けるか否かはなお証明を必要とする．しかし実際には，円の場合に次のようにしてこの問題は解けることがシュヴァルツによって示されている．

定理 8.5 D を円の内部 $|z| < R$ とし，C をその周とする．与えられた C 上の実数値連続関数 $\varphi(Re^{\theta i})$ $(0 \leqq \theta \leqq 2\pi)$ に対して，

$$u(z) = \frac{1}{2\pi} \int_{|\zeta|=R} \frac{R^2 - |z|^2}{|\zeta - z|^2} \varphi(\zeta) d\theta$$

とおく.ただし $\zeta = Re^{\theta i}$ とおいた.このとき,u は D で調和で,$D \cup C$ で連続で,C 上 $u = \varphi$ となる.

この $u(z)$ が調和関数になることは,ポアソン核が z に関して調和であることからわかる.問題は u の $D \cup C$ における連続性とその境界値である.証明を略すが,実際 $\zeta \in C$ に対して,$\lim_{z \to \zeta} u(z) = \varphi(\zeta)$ となることを示すことができる. 〔**若 林　功**〕

第 XII 編
積 分 論

XII 積分論

1 積 分 論

古典的リーマン (Riemann) 積分においての問題点の一つについてのべる. f_n を $[0,1]$ で連続, $|f_n(x)| \leq 1$ がすべての n と x に対して満たされ, 関数 $f_n(x)$ が関数 $f(x)$ に収束するとする. そのとき, $\int_0^1 f_n(x)dx$ は $\int_0^1 f(x)dx$ に収束する. $f(x)$ がリーマン積分可能でも証明は容易ではない. そうでないとき積分の意味を新しく定義しなければならない. 1900 年頃ルベーグ (Henri Lebesgue) により十分満足できる理論が提出された. それは $[0,1]$ 区間で有理数を除外した集合に対しても長さを定義できるものであった. 測度の概念を確立しそれに基づいて積分を定義する. 以下で抽象的枠組みでその要約を紹介する.

1.1 集 合 族

定義 1.1 Ω を抽象集合とする. 冪集合 2^Ω は Ω の部分集合の全体である. $\mathcal{C} \subset 2^\Omega$ とする. $\emptyset \in \mathcal{C}, A,B \in \mathcal{C}$ であるとき, $A \cap B \in \mathcal{C}, A - B$ は $\bigcup_{1 \leq j \leq n} C_j, C_j \in \mathcal{C}$, $C_i \cap C_j = \emptyset, i \neq j$ と表されるとき, $\mathcal{C}$ を**半環** (semiring) と呼ぶ.

例 1.1 左半開, 右半閉区間 $(a,b] = \{x \in \mathbf{R} : a < x \leq b\}$ の全体 $\mathcal{C}$ は半環である.

定義 1.2 与えられた集合 Ω に対して $\mathcal{R} \subset 2^\Omega$ とする. $\emptyset \in \mathcal{R}, A,B \in \mathcal{R}$ に対して $A \cup B \in \mathcal{R}, B - A \in \mathcal{R}$ であるとき, $\mathcal{R}$ を**環** (ring) と呼ぶ.

例 1.2 例1.1の有限個の共通部分をもたない区間より作られる集合: $\bigcup_{j=1}^n (a_j, b_j], -\infty < a_1 < b_1 < \cdots < b_n < +\infty$ の全体は環である.

定義 1.3 $\mathcal{D} \subset 2^\Omega$ が次の条件を満たすとき (ブール (Boole)) **半代数** (semialgebra) と呼ぶ. (i) $A, B \in \mathcal{D}$ であるとき, $A \cap B \in \mathcal{D}$. (ii) $A \in \mathcal{D}$ であるとき, A^c は有限個の共通部分のない $\mathcal{D}$ の集合の和として書ける. (iii) $\Omega \in \mathcal{D}$.

例 1.3 $(-\infty, +\infty), (-\infty, a], (a, \infty), (a, b), a, b \in \mathbf{R}$ なる形の区間の全体は (ブール) 半代数である.

定義 1.4 $\mathcal{A} \in 2^\Omega$ が次の条件を満たすとき (ブール) **代数**または**加法族** (algebra, field)

と呼ぶ．$A, B \in \mathcal{A}$ ならば $A \cup B \in \mathcal{A}, A^c \in \mathcal{A}$ である．

例 1.4 $\mathcal{D}$ が半代数であるとき，$\mathcal{D}$ の共通部分がない有限個の集合の和集合の全体 $\mathcal{A}$ は代数である．$\mathcal{A}$ は $\mathcal{D}$ により**生成された代数**と呼ばれる．

定義 1.5 $\mathcal{B}$ が代数であり，$A_n \in \mathcal{B}, n = 1, 2, \ldots$ であるとき $\bigcup A_n \in \mathcal{B}$ ならば **σ–代数**と呼ぶ．

例 1.5 $\{\Omega, \emptyset\}$ は最小の σ–代数で，2^Ω は最大の σ–代数である．任意の集合族 $\mathcal{C} \subset 2^\Omega$ を含む σ–代数の共通部分集合は σ–代数でこれが最小で，これを $\mathcal{C}$ より**生成された σ–代数**と呼び，$\sigma(\mathcal{C})$ で表す．

定義 1.6 $\mathcal{L} \subset 2^\Omega$ が次の条件を満たすとき **π–系**であるという．$A, B \in \mathcal{L}$ ならば $A \cap B \in \mathcal{L}$．$\mathcal{H} \subset 2^\Omega$ は次の条件を満たすとき **λ–系**と呼ぶ．(a) $\Omega \in \mathcal{H}$; (b) $A, B \in \mathcal{H}, A \subseteq B \Rightarrow B - A \in \mathcal{H}$ (c) $A_n \in \mathcal{H}, A_n \subseteq A_{n+1} \Rightarrow \bigcup A_n \in \mathcal{H}$

命題 1.1 $\mathcal{C} \subset 2^\Omega$ が π–系とする．そのとき $\mathcal{C}$ を含む最小の λ–系，$\lambda(\mathcal{C})$ は $\sigma(\mathcal{C})$ に等しい．

[**証明**] $\lambda(\mathcal{C}) \subseteq \sigma(\mathcal{C})$ はあきらか．逆を示す．
$\mathcal{C}_1 = \{A \in \lambda(\mathcal{C}) : $ すべての $B \in \mathcal{C}$ に対し $A \cap B \in \lambda(\mathcal{C})\}$ とおく．$A \in \mathcal{C}$, ならば $A \cap B \in \mathcal{C}$ だから $\mathcal{C} \subseteq \mathcal{C}_1$ である．$\mathcal{C}_1$ は λ–系であることを示せる．したがって $\lambda(\mathcal{C}) \subseteq \mathcal{C}_1$ である．定義より $\mathcal{C}_1 \subseteq \lambda(\mathcal{C})$ である．したがって $\mathcal{C}_1 = \lambda(\mathcal{C})$．
$\mathcal{C}_2 = \{B \in \lambda(\mathcal{C}) : $ すべての $A \in \lambda(\mathcal{C})$ に対し $B \cap A \in \lambda(\mathcal{C})\}$ とする．
$\mathcal{C}_2$ は λ–系である．$B \in \mathcal{C}$ ならば，すべての $A \in \lambda(\mathcal{C}) = \mathcal{C}_1$ に対して $B \cap A \in \lambda(\mathcal{C})$．したがって $\mathcal{C} \subseteq \mathcal{C}_2$ また $\lambda(\mathcal{C}) \subseteq \mathcal{C}_2$．定義より $\mathcal{C}_2 \subseteq \lambda(\mathcal{C})$．結局 $\lambda(\mathcal{C}) = \mathcal{C}_2$．したがって $A, B \in \lambda(\mathcal{C})$ であるとき $A \cap B \in \lambda(\mathcal{C})$．ゆえに $\lambda(\mathcal{C})$ は π–系である．π–系で λ–系ならば σ–代数であるから $\lambda(\mathcal{C}) = \sigma(\mathcal{C})$ である． (証明終)

定義 1.7 Ω が位相空間であるとき開集合を含む最小の σ–代数を**ボレル** (Borel) **σ–代数**と呼ぶ．$\mathcal{B}(\Omega)$ で表し，その要素を**ボレル集合**と呼ぶ．解析学では重要である．

$\Omega = \mathbf{R}$ のとき $\mathcal{B}(\mathbf{R})$ と書きその各要素であるボレル集合は，開集合，閉集合，それぞれの可算和，可算積と続けて生ずる集合はすべてボレル集合である．

$\mathcal{B}(\mathbf{R}^n)$．$\mathbf{R}^n = \overbrace{\mathbf{R} \times \cdots \times \mathbf{R}}^{n \text{個}} = \{x = (x_1, \ldots, x_n), -\infty < x_k < \infty, k = 1, \ldots, n\}$ とする．$I = \{x \in \mathbf{R}^n; x_k \in I_k, k = 1, \ldots, n\}$, $I_k = (a_k, b_k]$ の全体 $\mathcal{I}$ により生成された σ–代数が $\mathcal{B}(\mathbf{R}^n)$ である．$B = B_1 \times \cdots \times B_n = \{x \in \mathbf{R}^n; x_k \in B_k, k = 1, \ldots, n\}$ により生成された σ–代数を $\mathcal{B}(\mathbf{R}) \times \cdots \times \mathcal{B}(\mathbf{R})$ で表す．これは $\mathcal{B}(\mathbf{R}^n)$ に等しい．

$\mathcal{B}(\mathbf{R}^\infty)$. $\mathbf{R}^\infty = \{x;\ x = (x_1, x_2, \ldots),\ -\infty < x_k < \infty,\ k = 1, 2, \ldots\}$ とする. (a) $\mathcal{I}(I_1 \times \cdots \times I_n) = \{x: x = (x_1, x_2, \ldots),\ x_1 \in I_1, \ldots, x_n \in I_n\}$, (b) $\mathcal{I}(B_1 \times \cdots \times B_n) = \{x: x = (x_1, x_2, \ldots),\ x_1 \in B_1, \ldots, x_n \in B_n\}$, (c) $\mathcal{I}(B^n) = \{x: (x_1, \ldots, x_n) \in B^n\}$ と定義する. $I_k = (a_k, b_k]$, $B_k \in \mathcal{B}(\mathbf{R})$, $B^n \in \mathcal{B}(\mathbf{R}^n)$ である. 各 (a), (b), (c) のすべての集合により生成された σ–代数をそれぞれ $\mathcal{B}(\mathbf{R}^\infty), \mathcal{B}_1(\mathbf{R}^\infty), \mathcal{B}_2(\mathbf{R}^\infty)$ で表す. 3個のボレル σ–代数は等しい. $\{x \in \mathbf{R}^\infty : \sup x_n > a\} = \bigcup_n \{x : x_n > a\}$ であるからボレル集合である.

$\mathbf{R}^T = \{x = (x_t), t \in T\}$, ここで T は任意の集合でよいが, ここでは $T = [0, \infty)$ とする. 前例と同様に3種類の筒集合をとる.

(a) $\mathcal{I}_{t_1, \ldots, t_n}(I_1 \times \cdots \times I_n) = \{x : x_{t_1} \in I_1, \ldots, x_{t_n} \in I_n\}$, (b) $\mathcal{I}_{t_1, \ldots, t_n}(B_1 \times \cdots \times B_n) = \{x; x_{t_1} \in B_1, \ldots, x_{t_n} \in B_n\}$, (c) $\mathcal{I}_{t_1, \ldots, t_n}(B^n) = \{x : (x_{t_1}, \ldots, x_{t_n}) \in B^n\}$. $I_k = (a_k, b_k]$, $B_k \in \mathcal{B}(\mathbf{R})$, $B^n \in \mathcal{B}(\mathbf{R}^n)$ とする. (a), (b), (c) の各集合族により生成される σ–代数は等しい. これを $\widetilde{\mathcal{B}}$ と表すことにする.

定理 1.1 T が任意の非可算集合とする. そのときあらゆる $A \in \mathcal{B}(\mathbf{R}^T)$ に対して T の可算点集合 $t_1, t_2, \ldots$ と $B \in \mathcal{B}(\mathbf{R}^\infty)$ が存在して $A = \{x : (x_{t_1}, x_{t_2}, \ldots) \in B\}$ と書ける.

σ–代数 $\widetilde{\mathcal{B}}$ の各集合は T の可算個の点 $t_1, t_2, \ldots$ における $x = (x_t), t \in T$ により条件付けられなければならないから $\{x; \sup_{[0,1]} x_t < 1\}$ は σ–代数 $\widetilde{\mathcal{B}}$ の元ではない.

C を $[0, 1]$ 上の連続関数 $x = (x_t)$ の全体とする. C は $x, y \in C$ に $\rho(x, y) = \sup_{t \in T} |x_t - y_t|$ により距離空間となる. この距離により定義される開集合より生成されるボレル σ–代数と筒集合により生成されるボレル σ–代数とは等しい. 連続関数は有理点の値で決まるからである.

$\mathcal{F}$ を集合 Ω のある σ–代数とするとき, 組 $(\Omega, \mathcal{F})$ を**可測空間** (measurable space) と呼ぶ.

1.2 可 測 写 像

定義 1.8 $(\Omega, \mathcal{F}), (X, \mathcal{B})$ を可測空間とする. $f: \Omega \to X$ を写像とする. $B \subset X$ に対して $f^{-1}(B) = \{\omega : f(\omega) \in B\}$ と定義する. $f^{-1}(\mathcal{B}) = \{f^{-1}(B) : B \in \mathcal{B}\} \subset \mathcal{F}$ であるとき f は $\mathcal{F}/\mathcal{B}$ **可測**といい, $f \in \mathcal{F}/\mathcal{B}$ と書く.

定義 1.9 (ボレル可測写像) Ω, X が位相空間で, $\mathcal{F}, \mathcal{B}$ がそれぞれのボレル σ–代数であるとき Ω から X の中への写像 f が可測 $\mathcal{F}/\mathcal{B}$ のとき, f を**ボレル可測写像**という. f が連続写像であるとき, 任意の開集合 O に対して $f^{-1}(O)$ は開集合である. $f^{-1}(\mathcal{B}) \subseteq \mathcal{F}$ である. したがって f はボレル可測写像である.

$(\Omega, \mathcal{F}), (X_1, \mathcal{B}_1), (X_2, \mathcal{B}_2)$ を可測空間とする. $f \in \mathcal{F}/\mathcal{B}_1, g \in \mathcal{B}_1/\mathcal{B}_2$ ならば $g \circ f \in \mathcal{F}/\mathcal{B}_2$ である.

任意の $B \subset \mathcal{B}_2$ に対して $(g \circ f)^{-1}(B) = f^{-1}(g^{-1}(B))$ よりあきらか.

$(\Omega, \mathcal{F})$ を可測空間とする. R を実数直線とする. $f; \Omega \to R$ が可測写像のとき**可測関数**と呼ぶ. 写像 $f: \Omega \to R \cup \{+\infty\} \cup \{-\infty\}$, すべての $B \in \mathcal{B}(\mathbf{R})$ に対して $f^{-1}(B) \in \mathcal{F}, f^{-1}(\{+\infty\}) \in \mathcal{F}, f^{-1}(\{-\infty\}) \in \mathcal{F}$ であるとき f を $(\Omega, \mathcal{F})$ 上の**拡張した実可測関数**と呼ぶ.

$(X_i, \mathcal{B}_i), i = 1, \ldots, n$ は測度空間とする. 直積空間 $X = X_1 \times \cdots \times X_n$ とする. X の部分集合族 $\{B_1 \times \cdots \times B_n : B_1 \in \mathcal{B}_1, \ldots, B_n \in \mathcal{B}_n\}$ で生成される σ–代数を $\mathcal{B}_1 \times \cdots \times \mathcal{B}_n$ と書く.

$\Omega, X_1, \ldots, X_n$ を完備可分距離空間とする. それぞれのボレル σ–代数を $\mathcal{B}(\Omega), \mathcal{B}(X_1), \ldots, \mathcal{B}(X_n)$ と記し $\mathcal{B}(\Omega) = \mathcal{F}, \mathcal{B}(X_i) = \mathcal{B}_i, i = 1, \ldots, n$ とおく. $X = X_1 \times \cdots \times X_n$ のボレル σ–代数は $\mathcal{B} = \mathcal{B}_1 \times \cdots \times \mathcal{B}_n$ である. $f_i: \Omega \to X_i, i = 1, \ldots, n, f = (f_1, \ldots, f_n)$ とする. そのとき $f \in \mathcal{B}/\mathcal{B}_1 \times \cdots \times \mathcal{B}_n \Leftrightarrow f_i \in \mathcal{F}/\mathcal{B}_i, i = 1, \ldots, n$. $f_1, \ldots, f_n$ が $(\Omega, \mathcal{F})$ の中への有限値実可測関数とし $h: R^n \to R$ がボレル可測関数であるとき, $h(f_1, \ldots, f_n)$ は可測関数である. とくに $f_1 + \cdots + f_n, f_1 f_2 \cdots f_n$ は可測関数である.

命題 1.2 $f_1, f_2, \ldots$ を, 可測空間 $(\Omega, \mathcal{F})$ 上の実可測関数列とし, $f_n(\omega) \leq f_{n+1}(\omega)$, $n \geq 1, \omega \in \Omega$ とする. そのとき, $f = \lim_{n \to \infty} f_n$ は可測関数である.

[証明] 必要ならば $\arctan f_n$ を考えることにすれば一様有界であると仮定できる. 任意の $a \in (-\infty, \infty)$ に対して

$$\{\omega : \lim_{n \to \infty} f_n > a\} = \bigcup_n \{\omega : f_n(\omega) > a\} \in \mathcal{F}$$

したがって $f^{-1}(a, \infty) \in \mathcal{F}$. 区間 (a, ∞) により $\mathcal{R}$ は生成されるから f は可測関数である.

(証明終)

さらに, $\{x = (x_1, x_2) : x_1 = x_2\}$ は閉集合であるからボレル集合である. したがって $\{\omega : f_1(\omega) = f_2(\omega)\} \in \mathcal{F}$.

定理 1.2 $f_1, f_2, \ldots$ を $(\Omega, \mathcal{F})$ 上の実可測関数列とする. そのとき次の関数は可測関数である.

$$f^* = \sup_n f_n, \quad f_* = \inf_n f_n, \quad \overline{f} = \overline{\lim_{n \to \infty}} f_n, \quad \underline{f} = \underline{\lim_{n \to \infty}} f_n$$

$$f(\omega) = \lim_{n \to \infty} f_n \quad (\overline{f}(\omega) = \underline{f}(\omega))$$

$$f(\omega) = 0 \quad (\overline{f}(\omega) > \underline{f}(\omega)),$$

もまた可測関数である.

[証明] 次の定義より定理は得られる.

$$f^* = \lim_{n\to\infty} \max_{k\leq n} f_k, \quad f_* = -\sup_n(-f_n), \quad \underline{f} = \lim_{n\to\infty} \inf_{k\geq n} f_k.$$

また $\{\omega : \overline{f} = \underline{f}\} \in \mathcal{F}$ である. (証明終)

1.3 測　　度

区間 $(a,b), [a,b), (a,b), [a,b]$ の長さは $b-a$ で定義される. 区間により生成される集合族に長さを定義する. これが測度である.

定義 1.10 $\mathcal{C} \subset 2^\Omega$ とし, $\emptyset \in \mathcal{C}$ とする. 関数 $\mu : \mathcal{C} \to [0,\infty]$ は次の条件を満たすとき $\mathcal{C}$ 上の**有限加法的集合関数**であるという.

(a) $\mu(\emptyset) = 0$, (b) $A_i \in \mathcal{C}$ $(i=1,\cdots,n), A_i \cap A_j = \emptyset$ $(i \neq j), A = \bigcup_{i=1}^n A_i \in \mathcal{C}$ ならば $\mu(A) = \sum_{i=1}^n \mu(A_i)$.

次の条件が成り立つとき μ は**可算加法的**であるという. $A_n \in \mathcal{C}, n = 1,2,\ldots,A_n$ は互いに共通部分をもたず $B = \bigcup_{n\geq 1} A_n \in \mathcal{C}$ であるとき $\mu(B) = \sum_{n\geq 1} \mu(A_n)$ である.

例 1.6 Ω を整数の集合とし $A \subset \Omega$ に対して $\mu(A) = \#(A), \#$ は個数を表す. μ は Ω で可算加法的集合関数である.

例 1.7 $\mathcal{C} = \{(a,b]; -\infty < a \leq b \leq +\infty\}$ とする. $\mu((a,b]) = b-a$ とする. そのとき, μ は有限加法的である. $(a,b] = \bigcup_{1 \leq i \leq n}(a_i, b_i], (a_i, b_i]$ は互いに共通点をもたず, 空でないとする. 番号を付け替えて $b_{j-1} = a_j, j = 2, \ldots, n$ と仮定できる. そのとき $b - a = \sum_{1 \leq j \leq n}(b_j - a_j)$ を得る.

定理 1.3 μ が代数 $\mathcal{A} \subset 2^\Omega$ 上の $\mu(\Omega) < \infty$ なる有限加法的関数とする. そのとき μ が可算加法的であるための必要かつ十分条件は μ が $\emptyset$ で連続であること, つまり, $A_1 \supset \cdots \supset A_n \supset A_{n+1} \supset \cdots, \bigcap_n A_n = \emptyset, A_n \in \mathcal{A}$ であるとき $\mu(A_n) \to 0$ となることである.

[証明] 必要なこと. $A_n \supset A_{n+1}, \bigcap_n A_n = \emptyset, A_n \in \mathcal{A}$ とする. $A_n - A_{n+1}, n = 1, 2, \ldots$ は共通部分をもたない. $\bigcup_{n \geq m}(A_n - A_{n+1}) = A_m$ であるから $\sum_{n \geq m} \mu(A_n - A_{n+1}) = \mu(A_m)$ である. $\mu(A_1) = \sum_{n \geq 1} \mu(A_n - A_{n+1})$ の右辺は収束級数である.

十分であること. B_j は互いに共通部分をもたず $B_j \in \mathcal{A}, B = \bigcup_j B_j \in \mathcal{A}$ とする. $A_n = B - \bigcup_{j<n} B_j$ とする. そのとき $A_n \in \mathcal{A}, A_n \downarrow \emptyset$. したがって $\mu(A_n) \to 0$. μ 有限加法性より $\mu(B) = \mu(A_n) + \sum_{j<n} \mu(B_j)$ が各 n に対して成り立つ. ここで $n \to \infty$ として $\mu(B) = \sum_j \mu(B_j)$ が得られる. (証明終)

1. 積 分 論

定義 1.11 $\mathcal{F} \subset 2^\Omega$ を σ–代数とする．$\{\mu : \mathcal{F} \to [0, \infty]\}$ が可算加法的であるとき**測度**と呼び，$(\Omega, \mathcal{F}, \mu)$ を**測度空間**と呼ぶ．

例 1.7 での長さを一般化した関数 G を導入する．$G : \mathbf{R} \to \mathbf{R}$ が，任意の $x \leqq y$ に対して $G(x) \leqq G(y)$ であるとき非減少であるという．そのとき $G(x^+) = \lim_{y \downarrow x} G(y)$ が存在する．$G(x^+) = G(x)$ がすべての $x \in \mathbf{R}$ で成り立つとする．$\lim_{x \uparrow +\infty} G(x) = G(+\infty)$，$\lim_{x \downarrow -\infty} G(x) = G(-\infty)$ とおく．

定理 1.4 $\mathcal{D}$ を例 1.2 での半代数とする．$\mu((a,b]) = G(b) - G(a)$ により定義された集合関数は $\mathcal{D}$ で可算加法的である．

[**証明**] 有限加法性は省略する．可算加法性を示す．$(a,b] = \bigcup_{i=1}^\infty (a_i, b_i]$ を左半開右半閉区間の互いに共通部分のない可算和とする．$\epsilon > 0, \delta > 0$ を任意とする．G は右連続であるから，適当に $\epsilon_k > 0$ を選ぶと，あらゆる k に対して

$$G(b_k + \epsilon_k) - G(b_k) < \frac{\epsilon}{2^k}$$

である．閉区間 $[a+\delta, b]$ は開区間 $(a_k, b_k + \epsilon_k), k = 1, 2, \ldots$ により覆われるから，ハイネ・ボレル (Heine–Borel) の定理によりある整数 N が存在して

$$(a+\delta, b] \subset [a+\delta, b] \subset \bigcup_{k=1}^N (a_k, b_k + \epsilon_k) \subset \bigcup_{k=1}^N (a_k, b_k + \epsilon_k].$$

有限劣加法性を仮定する (証明は意外に複雑)．(Dudley[2], p.65, Stroock[6], p.1)

$$G(b) - G(a+\delta) \leqq \sum_{k=1}^N [G(b_k + \epsilon_k) - G(a_k)]$$

$$\leqq \sum_{k=1}^\infty [G(b_k) - G(a_k)] + \sum_{k=1}^\infty \frac{\epsilon}{2^k} \leqq \sum_{k=1}^\infty [G(b_k) - G(a_k)] + \epsilon.$$

$\delta \to 0, \epsilon \to 0$ より

$$G(b) - G(a) \leqq \sum_{k=1}^\infty [G(b_k) - G(a_k)]$$

$(a,b] \supset \bigcup_{k=1}^n (a_k, b_k]$ であるから，あらゆる n に対して

$$G(b) - G(a) \geqq \sum_{k=1}^n [G(b_k) - G(a_k)]$$

これより $G(b) - G(a) \geqq \sum_{k=1}^\infty [G(b_k) - G(a_k)]$ が得られる．$(a,b] = \bigcup_{i=1}^\infty (a_i, b_i]$，$-\infty < a < b < +\infty$，であるとき μ の可算加法性が示された． (証明終)

定理 1.4 で半代数 $\mathcal{D}$ 上の μ は $\mathcal{D}$ より生成される代数 $\mathcal{A}$ にも定義され，そこで可算加法

的となる．これで測度空間 $(\mathbf{R}, \mathcal{A}, \mu)$ が得られる．

定理 1.5 $(\Omega, \mathcal{A}, \mu)$ が与えられたとする．ここで Ω はある抽象空間とし $\mathcal{A}$ は Ω の部分集合の作るある代数とする．$\mathcal{A}$ 上の測度 μ は $\mathcal{A}$ により生成される σ-代数に拡張される．

[**証明**] 任意の集合 $E \subset \Omega$ に対して

$$\mu^*(E) = \inf\{\sum_{i=1}^{\infty} \mu(A_i) : A_i \in \mathcal{A}, E \subset \bigcup_i A_i\},$$

とおく．μ^* を**外測度**という．

(a) $A \in \mathcal{A}$ に対して $\mu^*(A) = \mu(A)$

$A \subset \bigcup_n A_n, A_n \in \mathcal{A}$ とする．$B_n = A \cap (A_n - \bigcup_{j<n} A_j)$ とする．$B_n \in \mathcal{A}, B_n \cap B_m = \emptyset \ (n \neq m), \bigcup B_n = A$．仮定より $\mu(A) = \sum_n \mu(B_n) \leqq \sum_n \mu(A_n)$ を得る．こうして $\mu(A) \leqq \mu^*(A)$．逆は $A_1 = A, A_n = \emptyset, n > 1$ とすると $\mu^*(A) \leqq \mu(A)$．したがって $\mu^*(A) = \mu(A)$．

(b) $E, E_n \subset \Omega, E \subset \bigcup_n E_n$ ならば $\mu^*(E) \leqq \sum_n \mu^*(E_n)$ である．

右辺が $+\infty$ ならばあきらか．あらゆる $n, \epsilon > 0$ に対して $A_{nm} \in \mathcal{A}, E_n \subset \bigcup_m A_{nm}$ をとり $\sum_m \mu(A_{nm}) \leqq \mu^*(E_n) + \epsilon/2^n$ とできる．$E \subset \bigcup_n E_n \subset \bigcup_{n=1}^{\infty} \bigcup_{m=1}^{\infty} A_{nm}$ であるから

$$\mu^*(E) \leqq \mu^*(\bigcup_n E_n) \leqq \sum_n \sum_m \mu(A_{nm}) \leqq \sum_n \mu^*(E_n) + \epsilon$$

$\epsilon \to 0$ より (b) を得る．

(c)
$$\mathcal{M}^* = \{E : \mu^*(A) = \mu^*(A \cap E) + \mu^*(A \cap E^c), \forall A \subset \Omega\}$$

と定義する．$E \in \mathcal{B}^*$ を μ^*-**可測集合**という．

(d) $\mathcal{A} \subset \mathcal{M}^*$ である．

$A \in \mathcal{A}, E \subset \Omega, \mu^*(E) < +\infty$ とする．定義より任意の $\epsilon > 0$ に対して $A_n \in \mathcal{A}$ をとり $E \subset \bigcup_n A_n, \sum_n \mu(A_n) \leqq \mu^*(E) + \epsilon$ となる．

$E \cap A \subset \bigcup_n (A \cap A_n), E - A \subset \bigcup_n (A_n - A)$ であるから $\mu^*(E \cap A) + \mu^*(E - A) \leqq \sum_n \mu(A \cap A_n) + \sum_n \mu(A_n - A) \leqq \sum_n \mu(A_n), \epsilon \to 0$ とすると $\mu^*(E \cap A) + \mu^*(E - A) \leqq \mu^*(E)$．

(e) $\mathcal{M}^*$ は σ 代数である．μ^* は $\mathcal{M}$ 上の測度である．

$F \in \mathcal{M}^* \Leftrightarrow \Omega - F \in \mathcal{M}^*$．$A, B \in \mathcal{M}^*$ であるとき，あらゆる $E \subset \Omega$ に対して

$$\mu^*(E) = \mu^*(E \cap A) + \mu^*(E - A) \quad (A \in \mathcal{M}^*)$$
$$= \mu^*(E \cap A \cap B) + \mu^*(E \cap A \cap B^c) + \mu^*(E \cap A^c) \quad (A \in \mathcal{M}^*)$$
$$= \mu^*(A \cap (A \cap B)) + \mu^*(A \cap (A \cap B)^c) \quad (A^c \cup B^c = A^c \cup (A \cap B^c)).$$

$E_n \in \mathcal{M}^*, n = 1, 2, \ldots$ ならば $F = \bigcup_{1 \leq j < \infty} E_j \in \mathcal{M}^*$ を示す. $F_n = \bigcup_{1 \leq j \leq n} E_j \in \mathcal{M}^*$ とおく. ここで E_j は共通点のないようにとることができる. 任意の $E \subset \Omega$ に対して,

$$\mu^*(E) = \mu^*(E \cap F_n^c) + \mu^*(E \cap F_n) \quad (F_n \in \mathcal{M}^*)$$
$$= \mu^*(E \cap F_n^c) + \mu^*(E \cap E_n) + \mu^*(E \cap \bigcup_{j<n} E_j) \quad (E_n \in \mathcal{M}^*).$$

こうして n について帰納的に

$$\mu^*(E) = \mu^*(E \cap F_n^c) + \sum_{j=1}^n \mu^*(E \cap E_j) \geqq \mu^*(E \cap F^c) + \sum_{j=1}^n \mu^*(E \cap E_j).$$

$n \to \infty$ とすると μ^* の劣加法性より

$$\mu^*(E) \geqq \mu^*(E \cap F_n^c) + \sum_{j=1}^\infty \mu^*(E \cap E_j) \geqq \mu^*(E \cap F^c) + \mu^*(E \cap F)$$

こうして $F \in \mathcal{M}^*$ を得る. 再び劣加法性を用いると $\mu^*(E) = \mu^*(E \cap F^c) + \sum_{j \geq 1} \mu^*(E \cap E_j)$ を得る. $E = F$ とすると $\mu^*(\bigcup_{j=1}^\infty E_j) = \sum_{j=1}^\infty \mu^*(E_j)$. (証明終)

命題 1.3 $\mu^*(E) = 0$ ならば, $E \in \mathcal{M}^*$.
[証明] $\forall A \subset \Omega, \mu^*(A) \geqq \mu^*(A - E) = \mu^*(A - E) + \mu^*(E) \geqq \mu^*(A - E) + \mu^*(A \cap E).$
(証明終)

定義 1.12 μ を $\mathcal{A} \subset 2^\Omega$ 上の関数で $\{A_n\}, \mu(A_n) < \infty, n = 1, 2, \ldots, \Omega = \bigcup_n A_n$ となるとき μ を **σ–有限**であるという.

定理 1.5 より $\mathcal{M}^* \subset \sigma(\mathcal{A})$ である.

定理 1.6 $(\Omega, \mathcal{A}, \mu)$, Ω の集合族 $\mathcal{A}$ は代数とし μ は σ–有限な測度とする. μ_1, μ_2 を $\sigma(\mathcal{A})$ 上の測度とし $\mu_1(E) = \mu_2(E) = \mu(E)$ がすべての $E \in \mathcal{A}$ に対して成り立つとする. そのとき $\mu_1(E) = \mu_2(E), \forall E \in \sigma(\mathcal{A})$.

[証明] $\mu(\Omega) < \infty$ であるとき定理を示す. $\mathcal{M} = \{E : E \in \sigma(\mathcal{A}), \mu_1(E) = \mu_2(E)\}$ とする. 仮定より $\sigma(\mathcal{A}) \supset \mathcal{M} \supset \mathcal{A}$ である. 測度であることより $\mathcal{M}$ は λ–系であることがわかる. したがって命題 1.1 を用いて $\mathcal{M} = \sigma(\mathcal{A})$ を得る. μ が σ–有限であるとき, $\Omega = \bigcup_{i=1}^\infty \Omega_i, \mu(\Omega_i) < \infty, \Omega_i \cap \Omega_j = \emptyset, (i \neq j)$ ととることができる. σ–代数 $\sigma(\mathcal{A} \cap \Omega_i)$ 上で μ_1 と μ_2 は等しい. $A \in \sigma(\mathcal{A})$ であるとき $A = \bigcup_i (A \cap \Omega_i)$ であるから $\mu_1(A) = \sum_i \mu_i(A \cap \Omega_i) = \sum_i \mu_2(A \cap \Omega_i) = \mu_2(A)$ である. (証明終)

定理 1.7 $(\Omega, \mathcal{A}, \mu)$ を定理 1.6 と同じものとする. $A \subset \Omega, \mu^*(A) < \infty$ とする. そのとき $B \in \sigma(\mathcal{A})$ が存在して, $A \subset B, \mu^*(A) = \mu^*(B), C \in \sigma(\mathcal{A}), C \subset B - A$ を満たすあらゆる C に対して $\mu^*(C) = 0$.

[証明] あらゆる整数 n に対して $\mathcal{A}$ に属する互いに共通点をもたない集合 $\{F_{nk}\}$, が存在して
$$A \subset B_n = \bigcup_k F_{nk}, \quad \mu^*(A) \leqq \sum_k \mu(F_{nk}) \leqq \mu^*(A) + 1/n.$$
μ^* 上では $\mu^* = \mu$ で, μ^* は $\sigma(\mathcal{A})$ 上の測度であるから $\mu^*(A) \leqq \mu^*(B_n) \leqq \sum_k \mu(F_{nk}) \leqq \mu^*(A) + \frac{1}{n}$ である. $B = \bigcap_{k=1}^{\infty} B_n$ とする. $B \in \sigma(\mathcal{A}), A \subset B$ を得る. したがって, すべての n に対して
$$\mu^*(A) \leqq \mu^*(B) \leqq \mu^*(B_n) \leqq \mu^*(A) + \frac{1}{n}$$
を得る. こうして $\mu^*(A) = \mu^*(B)$ である. $C \subset B - A, C \in \sigma(\mathcal{A})$ とすると $A \subset B - C$, $\mu^*(A) \leqq \mu^*(B - C) = \mu^*(B) - \mu^*(C) = \mu^*(A) - \mu^*(C)$ である. これより $\mu^*(C) = 0$.
(証明終)

定義 1.13 任意の $A \subset \Omega$ に対して定理 1.7 で構成された B を A の**可測被覆**という.

測度空間 $(\Omega, \mathcal{F}, \mu)$ において $\mathcal{F}$ が測度 0 の集合の部分集合をすべて含むとき**完備**であるという. 定理 1.5 は $(\Omega, \mathcal{M}^*, \mu^*)$ が完備測度空間であることを示している. さらに次の命題を得る.

命題 1.4 $(\Omega, \sigma(\mathcal{A}), \mu^*)$ の完備化は $(\Omega, \mathcal{M}^*, \mu^*)$ である.

[証明] $\overline{\sigma(\mathcal{A})}$ を $(\Omega, \sigma(\mathcal{A}), \mu^*)$ の完備化により得られたものとする. $\overline{\sigma(\mathcal{A})} \subset \mathcal{M}^*$ である. $A \in \mathcal{M}^*, \mu^*(A) < \infty$ とする. B を A の可測被覆とし C を $B - A$ の可測被覆とする. μ^* は $\mathcal{M}^*$ 上の測度であるから, $\mu^*(B - A) = \mu^*(B) - \mu^*(A) = 0$ を得る. これより $\mu^*(C) = 0$ を得る. $A = (B - C) \cup (A \cap C)$ はあきらか. $B - C \in \sigma(\mathcal{A})$, $A \cap C \subset C$, $C \in \sigma(\mathcal{A})$, $\mu^*(C) = 0$ より, $A \in \overline{\sigma(\mathcal{A})}$. (証明終)

命題 1.5 Ω を完備可分距離空間とする. Ω 上のあらゆる測度 $\mu, \mu(\Omega) < \infty$ に対して, 任意の $\epsilon > 0$ に対してコンパクト集合 $K_\epsilon \subset \Omega$ が存在して $\mu(\Omega - K_\epsilon) < \epsilon$ とできる. このとき μ は K **正則** (tight) であるという.

[証明] 任意の $\epsilon > 0$ をとり固定する. 任意の整数 n に対して, Ω の各点の周りの半径 $\frac{1}{n}$ の開球の全体は Ω の被覆である. 可分であることより可算個の球 $S_{n1}, S_{n2}, \ldots$ を見つけることができ $\Omega = \bigcup_j S_{nj}$. $\overline{S_{nj}}$ を閉球とすると $\Omega = \bigcup_j \overline{S_{nj}}$. μ は測度であるから, $\mu(\Omega - \bigcup_{j=1}^{k_n} \overline{S_{nj}}) < \frac{\epsilon}{2^n}$ なる整数 k_n がある. $K_\epsilon = \bigcap_{n=1}^{\infty} \bigcup_{j=1}^{k_n} \overline{S_{nj}}$ とおく. K_ϵ はコンパクトである. $\mu(\Omega - K_\epsilon) \leqq \sum_{n=1}^{\infty} \frac{\epsilon}{2^n} = \epsilon$ を得る. (証明終)

定義 1.14 $(\Omega, \mathcal{T})$ を位相空間とする. $\mathcal{T}$ は開集合の全体である. $\mathcal{F} = \sigma(\mathcal{T})$ とし μ をその上の測度とする. $A \in \mathcal{F}$ は $\mu(A) = \sup\{\mu(K) : K \text{ はコンパクト}, K \subset A, K \in \mathcal{F}\}$ であるとき**正則**であるという. 同様に $\mu(A) = \sup\{\mu(F) : F \text{ は閉}, F \subset A, F \in \mathcal{F}\}$ を満

たすとき A を**閉正則**という．μ が（閉）正則であるのはあらゆる $A \in \mathcal{F}$ が（閉）正則であることとする．完備可分距離空間上の測度は正則である．

定義 1.15 $(\Omega_i, \mathcal{B}_i), i = 1, 2$ を 2 つの可測空間とする．Ω_1 より Ω_2 の上への一対一関数 f が存在し f, f^{-1} は可測であるとする．そのとき 2 つの可測空間は**同型**であるという．$\Omega_i, i = 1, 2$ が距離空間で，$\mathcal{B}_i, i = 1, 2$ がそれぞれ開集合より生成されたボレル σ-族であるとき**ボレル同型**であるといい，$\Omega_1 \sim \Omega_2$ と書く．

定理 1.8 $\Omega_i, i = 1, 2$ が完備可分距離空間のボレル部分集合であるときボレル同型であるための必要かつ十分条件は両者の集合濃度 (有限，可算，連続) が等しいことである．任意の完備可分距離空間は $[0,1]$ とボレル同型である．

定理 1.9 Ω を完備可分距離空間とする．μ を $\mu(\Omega) = 1$ とし 1 点のみよりなる集合 $\{\omega\}$ に対して $\mu(\omega) = 0$ であるとする．そのときボレル集合 $N \subset \Omega, \mu(N) = 0$ と $[0,1]$ のルベーグ測度 0 の部分集合 M と写像 f が存在して $\Omega - N \sim [0,1] - M$ となり，A を Ω の任意のボレル集合とすると $\mu^{-1}(A) = l(A), l$ は $[0,1]$ のルベーグ測度である．

定理 1.4 において $G(x) = x$ とおいて $l((a,b]) = b - a, a \leq b$ とすると区間の集合より生成される代数 $\mathcal{A}$ さらにボレル集合族 $\sigma(\mathcal{A})$ に測度が定義され $\mathbf{R}$ 上の測度が得られる．$\mathcal{M}$ をすべての l^* 可測集合の全体とする．$\mathcal{M}$ 上の測度 l^* は σ-有限である．これを l で表す．l を**ルベーグ測度**と呼ぶ．$\mathcal{M}$ の要素を**ルベーグ可測集合**という．ルベーグ可測でない集合の存在は選択公理の下で証明される．

1.4 積　　分

$(\Omega, \mathcal{F})$ を可測空間，つまり，Ω は集合で，$\mathcal{F} \subset 2^\Omega$ は σ-代数とする．可測関数 $f : \Omega \to \mathbf{R}$ が有限個の異なる値 $a_1, \ldots, a_n$ のみをとるとき**単関数**と呼ぶ．$f^{-1}(a_i) = B_i \in \mathcal{F}$ で，$B_i \cap B_j = \emptyset, (i \neq j)$ である．そのとき $f = \sum_{i=1}^n a_i 1_{B_i}$ と書くことができる．$(\Omega, \mathcal{F}, \mu)$ を測度空間とし，f を非負単関数とする．そのとき μ に関する f の積分を $\int f d\mu = \sum a_i \mu(B_i) \in [0, \infty]$ により定義する．$0 \cdot \infty = 0$ とする．この定義が f の表現に依存しないことを注意しなければならない．証明は省略する．任意の非負可測関数 f に対して近似単関数列を導入する．$n = 1, 2, \ldots, j = 1, 2, \ldots, 2^n n - 1$ に対して $E_{nj} = f^{-1}((j/2^n, (j+1)/2^n)), E_n = f^{-1}((n, \infty])$ とする．

$$f_n = n 1_{E_n} + \sum_{j=1}^{2^n n - 1} j 1_{E_{nj}} \frac{1}{2^n}$$

とおくと $f_n \leqq f_{n+1} \leqq \cdots$ であるから $\int f_n d\mu \leqq \int f_{n+1} \leqq \cdots$ である. $\lim_{n\to\infty} \int f_n d\mu = c$ が存在する. この c により $\int f d\mu$ と定義する. この定義が近似列に依存しないことを示すには次の補題を示せばよい.

補題 1.1 $(\Omega, \mathcal{F}, \mu)$ を測度空間とする. $\{f_n\}, h$ を $(\Omega, \mathcal{F})$ 上の非負可測関数とする. $f_n \leqq f_{n+1}$ がすべての $n \geqq 1$ に対して成り立ち, $h \leqq \lim_{n\to\infty} f_n$, であるならば $\int h d\mu \leqq \lim_{n\to\infty} \int f_n d\mu$ である.

[証明] 意外に面倒である. (Stroock[6], p.45; 小谷 [7], 補題 2.11 を参照.) $\lim_{n\to\infty} f_n = \lim_{n\to\infty} g_n$ とする. m を任意に固定すると $\lim_{n\to\infty} f_n \geqq g_m$ である. $\lim_{n\to\infty} \int f_n d\mu \geqq \int g_m d\mu$ を得る. これより $\lim_{n\to\infty} \int f_n d\mu \geqq \lim_{m\to\infty} \int g_m d\mu$ を得る. f_n と g_n と取り替えて逆の不等式を得る. (証明終)

f, g が非負単関数であるとき $f + g$ も非負単関数で $\int (f+g) d\mu = \int f d\mu + \int g d\mu$ である. これより

定理 1.10 $(\Omega, \mathcal{F}, \mu)$ を任意の測度空間とし, f, g を Ω より $[0, \infty]$ 中への可測関数とするとき $\int (f+g) d\mu = \int f d\mu + \int g d\mu$ である. $(\Omega, \mathcal{M}, \mu)$ を任意の測度空間とし $f : \Omega \to [-\infty, \infty]$ を可測関数とする. $f^+ = \max(f, 0), f^- = \min(f, 0)$ とする. f^+, f^- は非負可測関数である. $\int f d\mu$ が定義可能であるのは $\int f^+ d\mu, \int f^- d\mu$ が同時に無限大とならぬときである. そのとき $\int f d\mu = \int f^+ d\mu - \int f^- d\mu$ で定義する. μ がルベーグ測度のとき dx と書く.

$f : \Omega \to \mathbf{R}$ が可測関数であるとき $\int |f| d\mu < +\infty$ を満たすとき**可積分**であるという. μ 可積分である関数の全体を $\mathcal{L}(\Omega, \mathcal{F}, \mu)$, $\mathcal{L}(\mu)$ または $\mathcal{L}$ で表す.

$(\Omega, \mathcal{F}, \mu)$ を測度空間とする. $\omega \in \Omega$ に関する命題が $\mu(A) = 0$ なる $\omega \notin A$ に対して成り立つとき**ほとんどいたるところ成り立つ**という. $a.e(\mu)$ と書く.

$f, g : \Omega \to [-\infty, \infty]$ が可測関数で $f = g, a.e(\mu)$ であるとき $\int f d\mu$ が定義可能であれば $\int g d\mu$ も定義可能で, 逆も正しい. 定義可能であるとき両者は等しい.

定理 1.11 (**ルベーグの単調収束定理**) f_n を Ω 上の実可測関数列で $f_1 \leqq f_2 \leqq \cdots$, $\lim_{n\to\infty} f_n = f$, さらに $\int f_1 d\mu > -\infty$ であるとする. そのとき $\lim_{n\to\infty} \int f_n d\mu = \int f d\mu$ である.

[証明] $0 \leqq f_1$ とする. 各 n に対して $f_{nm} \uparrow f_n$ なる単関数列をとる. $g_n = \max(f_{1n}, f_{2n}, \ldots, f_{nm})$ とおく. 各 g_n は単関数で $0 \leqq g_n \uparrow f$ である. これより $\int g_n d\mu \uparrow \int f d\mu$ を得る. $g_n \leqq f_n \uparrow f$ より $\int f_n d\mu \uparrow \int f d\mu$ を得る.

$f \leqq 0$ とする. $g_n = -f_n \downarrow -f = g$ そのとき, すべての n に対して $0 \leqq \int g d\mu \leqq \int g_n d\mu < +\infty$. また $0 \leqq g_1 - g_n \uparrow g_1 - g$, これより $\int (g_1 - g_n) d\mu \uparrow \int (g_1 - g) d\mu < +\infty$. これを用いて $\int g_n d\mu \downarrow \int g d\mu, \int f_n d\mu \uparrow \int f d\mu$ を得る. 一般に, $f_n^+ \uparrow f^+, f_n^- \downarrow$

$f^-, \int f^- d\mu < +\infty$. こうして $\int f_n^+ d\mu \uparrow \int f^+ d\mu, +\infty > \int f_n^- d\mu \downarrow \int f^- d\mu \geqq 0$. 結局 $\int f_n d\mu \uparrow \int f d\mu$ を得る. (証明終)

定理 1.12 (**ファトウ** (Fatou) **の補題**) f_n を Ω 上の非負可測関数列とする. そのとき $\int \liminf f_n d\mu \leqq \liminf \int f_n d\mu$.

[証明] $g_n(\omega) = \inf\{f_m(\omega) : m \geqq n\}$ とする. $g_n \uparrow \liminf f_n$ である. 単調収束定理により $\int g_n d\mu \uparrow \int \liminf f_n d\mu$. すべての $m \geqq n$ に対して $g_n \leqq f_m$. したがって $\int g_n d\mu \leqq \inf\{\int f_m d\mu : m \geqq n\}$. ここで $n \to \infty$ とすると補題を得る. (証明終)

定理 1.13 (**ルベーグの優収束定理**) $f_n, g \in \mathcal{L}^1(\Omega, \mathcal{F}, \mu)$ とし, $|f_n(\omega)| \leqq g(\omega)$, $f_n(\omega) \to f(\omega), \forall \omega$. そのとき $f \in \mathcal{L}^1, \int f_n d\mu \to \int f d\mu$, を得る.

[証明] $h_n(\omega) = \inf\{f_m(\omega) : m \geqq n\}, j_n(\omega) = \sup\{f_m(\omega) : m \geqq n\}$ とおく. そのとき $h_n \leqq f_n \leqq j_n$ である. $h_n \uparrow f, \int h_1 d\mu \geqq -\int |g| d\mu > -\infty$ であるから $\int h_n d\mu \uparrow \int f d\mu$. 同様に $-j_n$ を考えて $\int j_n d\mu \downarrow \int f d\mu$ を得る. $\int h_n d\mu \leqq \int f_n d\mu \leqq \int j_n d\mu$ であるから $\int f_n d\mu \to \int f d\mu$ を得る. (証明終)

1.5 L^p 空間

この節では測度空間 $(\Omega, \mathcal{F}, \mu)$ は固定する. $0 < p < \infty, \mathcal{L}^p(\Omega, \mathcal{F}, \mu, \mathbf{R})$ を $\int |f|^p d\mu < \infty$ なる Ω 上の可測関数の全体の集合とする. f の値は測度 0 の集合を除いて実数値をとる. $1 \leqq p < \infty$ に対して $\|f\|_p = (\int |f|^p d\mu)^{1/p}$ とし, f の L^p (定義は後に述べる) **ノルム** (norm) と呼ぶ.

定理 1.14 任意の可積分関数 $f; \Omega \to \mathbf{R}$ に対して $|\int f d\mu| \leqq \int |f| d\mu$.

[証明] $|\int f d\mu| = |\int f^+ d\mu - \int f^- d\mu| \leqq |\int f^+ d\mu + \int f^- d\mu| = \int f^+ + f^- d\mu = \int |f| d\mu$. (証明終)

定理 1.15 (**ヘルダー** (Hölder) **の不等式**) $1 < p < \infty, p^{-1} + q^{-1} = 1, f \in \mathcal{L}^p(\Omega, \mathcal{F}, \mu)$, $g \in \mathcal{L}^q(\Omega, \mathcal{F}, \mu)$ とする. そのとき $fg \in \mathcal{L}^1(\Omega, \mathcal{F}, \mu), |\int fg d\mu| \leqq \int |fg| d\mu \leqq \|f\|_p \|g\|_q$.

[証明] $\|f\|_p = 0$ であるとき $f = 0, a.e.(\mu)$ である. したがって $fg = 0$ $a.e.(\mu)$ $\int |fg| d\mu = 0$ である. $\|g\|_q = 0$ のときも同様である. $h = f/\|f\|_p, j = g/\|g\|_q$ とおくと $\int |hj| d\mu \leqq 1$ を示せばよい. ここで次の補題を用いる.

補題 1.2 任意の正の実数 u, v と $0 < \alpha < 1$ に対して $u^\alpha v^{1-\alpha} \leqq \alpha u + (1-\alpha) v$.

$\alpha = 1/p$ とする. 各 ω に対して $u(\omega) = |h(\omega)|^p, j(\omega) = |j(\omega)|^q$ とする. そのとき $1 - \alpha = 1/q$. 補題より $|h(\omega) j(\omega)| \leqq \alpha |h(\omega)|^p + (1-\alpha) |j(\omega)|^q$ がすべての ω に対して成り立つ. 積分して $\int |h(\omega) j(\omega)| d\mu \leqq \alpha + (1-\alpha) = 1$. (証明終)

L^p 空間は $p = +\infty$ に対しても定義される. 可測関数 f に対してある M が存在して $\mu(|f| \geq M) = 0$ であるとき f は $a.e.(\mu)$ **本質的に有界**であるという. このような実関数の全体を $\mathcal{L}^\infty(\Omega, \mathcal{F}, \mu)$ または $\mathcal{L}^\infty$ で表す. $\|f\|_\infty = \inf\{M : |f| \leq M, a.e.(\mu)\}$. $f \in \mathcal{L}^1, g \in \mathcal{L}^\infty$ ならば $a.e.|fg| \leq |f|\|g\|_\infty$ である. これより $fg \in \mathcal{L}^1, \int |fg|d\mu \leq \|f\|_1 \|g\|_\infty$.

定理 1.16 (**ミンコウスキー** (Minkowski) **の不等式**) $1 \leq p \leq \infty$ とする. $f, g \in \mathcal{L}^p(\Omega, \mathcal{F}, \mu)$ であるとき $f + g \in \mathcal{L}^p(\Omega, \mathcal{F}, \mu)$, $\|f+g\|_p \leq \|f\|_p + \|g\|_p$.

[**証明**] $0 \leq f, g$ と仮定してよい. $p = 1, \infty$ の場合はあきらか.
$(f+g)^p \leq 2^{p-1}(f^p + g^p)$ より $\|f+g\| \in \mathcal{L}^p$ である.
$\|f+g\|_p^p = \int (f+g)^p d\mu = \int f(f+g)^{p-1}d\mu + \int g(f+g)^{p-1}d\mu \leq \|f\|_p \|(f+g)^{p-1}\|_q + \|g\|_p \|(f+g)^{p-1}\|_q$. $(p-1)q = p$ であるから $\|f+g\|_p^p \leq (\|f\|_p + \|g\|_p)\|f+g\|_p^{p/q}$. $p - p/q = 1$ より結論を得る. (証明終)

$f, g \in \mathcal{L}^p(\Omega, \mathcal{F}, \mu), 1 \leq p \leq \infty$ は次の性質をもつ. 任意の実数 a, b に対して $af + bg \in \mathcal{L}_p$ である. さらに (a) $\|f\|_p = 0$ ならば $f = 0\ a.e.(\mu)$, (b) $\|af\|_p = |a|\|f\|_p$, (c) $\|f+g\|_p \leq \|f\|_p + \|g\|_p$. つまり, 空間 $\mathcal{L}^p$ はベクトル空間であり, また $\|\cdot\|_p$ はセミ・ノルムである. $f = g\ a.e.(\mu)$ であるとき $f \sim g$ と定義する. $\mathcal{L}$ は $\sim$ により類別され商空間 $\mathcal{L}^p/\sim$ が得られる. これを**空間 L^p** と呼ぶ. $\mathcal{L}^p$ と L^p とを区別しない場合が多い.

空間 L^p は $\|\cdot\|_p$ によりノルム空間となるがさらにバナッハ (Banach) 空間である.

定理 1.17 (**リース・フィシャー** (Riesz–Fischer) **の定理**) $(\Omega, \mathcal{F}, \mu)$ を測度空間とする. $f_n \in \mathcal{L}^p, n = 1, 2, \ldots, 1 \leq p \leq \infty$ とする. $\lim_{n,m \to \infty} \|f_n - f_m\|_p = 0$ であるとき, ある $f \in \mathcal{L}^p$ が存在して $\lim_{n \to \infty} \|f_n - f\|_p = 0$ である.

[**証明**] $p = \infty$ とする. $|f_n(\omega) - f_m(\omega)| \leq \|f_m - f_n\|_\infty, a.e.(\mu) \forall n, \forall m$. この不等式を満たす ω に対して $\lim_{n \to \infty} f_n(\omega) = f(\omega)$ とする. その他の ω に対しては $f(\omega) = 0$ とおく. f は可測関数である. ほとんどすべての ω と, 十分大きい m に対して $|f(\omega) - f_m(\omega)| \leq \sup_{m \leq n} \|f_n - f_m\|_\infty \leq 1$. これより $\|f\|_\infty \leq \|f_m\|_\infty + 1$. こうして $f \in \mathcal{L}^\infty, \|f - f_n\|_\infty \to 0\ (n \to \infty)$ が得られる.

$1 \leq p < \infty$ の場合. 必要なら部分列を考えて $\|f_n - f_{n+1}\|_p < \frac{1}{2^n}, n = 1, 2, \ldots$ と仮定してよい. $\|\sum_{k=1}^n |f_k - f_{k+1}|\|_p \leq \sum_{k=1}^\infty \|f_k - f_{k+1}\|_p \leq 1$.
$g = \sum_{k=1}^\infty |f_k - f_{k+1}|$ とする. 単調収束定理により $\|g\|_p = \lim_{n \to \infty} \|\sum_{k=1}^n |f_k - f_{k+1}|\|_p \leq 1$. したがって g は $a.e.(\mu)$ 有限である. $\sum_{n=1}^\infty (f_n - f_{n-1}), f_0 = 0$ は絶対収束する. 部分和は f_n であるから $\lim_{n \to 0} f_n = f\ a.e.(\mu)$ を得る. 除外集合では $f = 0$ とする. ファトウの補題により $\int |f|^p d\mu \leq \liminf_{n \to \infty} \int |f_n|^p d\mu < \infty$. また $\int |f - f_n|^p d\mu \leq \liminf_{m \to \infty} \int |f_m - f_n|^p d\mu \to 0\ (n \to \infty)$. (証明終)

定理 1.18 (**チェビシェフ** (Chebyshev) **の不等式**) $f \in \mathcal{L}^p, \infty > p \geq 1$. 任意の $0 < a$

に対して $\mu\{\omega : |f(\omega)| \geqq a\} \leqq \left(\frac{\|f\|_p}{a}\right)^p$.

[証明] $\int |f|^p d\mu \geqq \int_{\{\omega:|f(\omega)|\geqq a\}} |f|^p d\mu \geqq a^p \int_{\{\omega:|f|\geqq a\}} 1 d\mu = a^p \mu\{\omega : |f(\omega)| \geqq a\}$.

(証明終)

定義 1.16 $(\Omega, \mathcal{F}, \mu)$ を有限測度空間とする. $\{f_i, i \in I\}, f_i \in \mathcal{L}^1$ とする. $\lim_{M\to\infty} \sup_{i\in I} \int |f_i| 1_{\{|f_i|>M\}} d\mu = 0$ であるとき, $\{f_i\}$ は**一様可積分**であるという.

定理 1.19 有限測度空間 $(\Omega, \mathcal{F}, \mu)$ 上の可積分関数族 $\{f_i, i \in I\}$ が一様可積分であるための必要十分条件は (a) L^1 有界である, つまり, $\sup_{i\in I} \|f_i\|_1 < \infty$, および, (b) $\nu_i(A) = \int |f_i| 1_A d\mu$, とするとき, $\lim_{\mu(A)\to 0} \nu_i(A) = 0$ が $i \in I$ に関して一様に成り立つことである.

[証明] (必要性) $\{f_i\}$ が一様可積分であるとき, 十分大きい M を選べば $\int |f_i| 1_{\{|f_i|>M\}} d\mu < 1 \forall i$ とできる. そのときすべての i に対して $\int |f_i| d\mu < M+1$ である. ゆえに $\{f_i\}$ は L^1 有界である.

任意の $\epsilon > 0$ に対して K を十分大きくとると, $\int |f_i| 1_{\{|f_i|>K\}} d\mu < \epsilon/2$ がすべての i に対して成り立つ. $\delta < \epsilon/(2K)$ とする. そのとき $\mu(A) < \delta$ ならば

$$\int |f_i| 1_A d\mu \leqq \int |f_i| 1_A 1_{|f_i|\leqq K} d\mu + \int |f_i| 1_{|f_i|>K} d\mu < \epsilon/2 + \epsilon/2 = \epsilon.$$

(十分性) $\int |f_i| d\mu \leqq K < \infty$ がすべての i に対して成り立つとする. 任意の $\epsilon > 0$ に対して $\delta > 0$ があり $\mu(A) < \delta$ ならば, すべての i に対して $\int_A |f_i| d\mu < \epsilon$ であるとする. そのとき $M > K/\delta$ ならば $\int 1_{|f_i|>M} d\mu < \delta$ がすべての i に対して成り立つ. ゆえに $\int |f_i| 1_{|f_i|>M} d\mu < \epsilon$ である. (証明終)

1.6 ヒルベルト空間

任意の測度空間 $(\Omega, \mathcal{F}, \mu)$ で $f, g \in \mathcal{L}^2(\mu)$ に対して $(f, g) = \int f\bar{g} d\mu$ と定義する. 複素数 $z = x + iy$ に対して $\bar{z} = x - iy$ とする. $(\cdot, \cdot)$ は半内積である. 次の性質をもつ.

(i) $(cf + g, h) = c(f, h) + (g, h) \ \forall c \in K, f, g \in H$.
(ii) $(f, g) = \overline{(g, h)}, \forall f, g \in H$.
(iii) $(f, f) \geqq 0 \ \forall f \in H$.

ここで K は実数または複素数である. H は実または複素ベクトル空間である. $\|f\| = (f, f)^{1/2}$ により半ノルムが定義される. $(f, f) = 0$ であるとき $f = 0$ ならば**内積**という. そのとき半ノルムはノルムとなる. H はノルムにより定義された距離 $d(f, g) = \|f - g\| = (f - g, f - g)^{1/2}$ に関して完備であるとき**ヒルベルト** (Hilbert) **空間**と呼ばれる. $L^2 = \mathcal{L}^2/\sim$ はヒルベルト空間である.

$S \subset H$ を閉部分空間とする. $S^\perp = \{f : (f, g) = 0, \ \forall g \in H\}$ は部分空間であり S の**直**

交補空間と呼ぶ.

$S \subset H$ を任意の部分空間とする. $f \in H$ を任意の要素とする. そのとき f に対して S での最良近似 $P^S f$ が存在する. 写像 $f \to P^S f$ は H 上の作用素で次の性質をもつ. (a) $f - P^S f \in S^\perp, \forall f$. (b) $(P^S f, g) = (f, P^S g) = (P^S f, P^S g), \forall f, g \in H$. (c) $(P^S)^2 = P^S$. (d) あらゆる f は一意的に $f = g + h, g \in S, h \in S^\perp$ と表される. (e) $\|f\|^2 = \|P^S f\|^2 + \|f - P^S f\|^2 \forall f \in H$.

作用素 P^S を**射影作用素**と呼ぶ.

H 上の有界線形汎関数 $\mathbf{\Lambda} : H \to \mathbf{C}, \mathbf{\Lambda}(af + bg) = a\mathbf{\Lambda}(f) + b\mathbf{\Lambda}(g), |\mathbf{\Lambda}(f)| \leqq K\|f\|_2$, $K \in \mathbf{R}, a, b \in \mathbf{C}$. に対して, ある $h \in H$ が存在して $\mathbf{\Lambda}(*) = (*, h)$ と表される. $(f, g) = 0, f, g \in H$ は互いに**直交**するという.

1.7 積測度

$(\Omega_1, \mathcal{F}_1, \mu_1), (\Omega_2, \mathcal{F}_2, \mu_2)$ を測度空間とする. $\mathcal{R} = \{B \times C : B \in \mathcal{F}_1, C \in \mathcal{F}_2\}$ とすると $\mathcal{R}$ は半環である. $\rho(B \times C) = \mu_1(B)\mu_2(C)$ とする.

定理 1.20 ρ は $\mathcal{R}$ で可算加法的である.

定理 1.21 $(\Omega_1, \mathcal{F}_1, \mu_1), (\Omega_2, \mathcal{F}_2, \mu_2)$ を σ–有限測度空間とする. そのとき ρ は $\mathcal{F}_1 \times \mathcal{F}_2$ 上の測度に一意的に拡張される. すべての $E \in \mathcal{F}_1 \times \mathcal{F}_2$ に対して

$$\rho(E) = \iint 1_E(\omega_1, \omega_2) d\mu_1(\omega_1) d\mu_2(\omega_2) = \iint 1_E(\omega_1, \omega_2) d\mu_2(\omega_2) d\mu_1(\omega_1).$$

定理 1.22 (トネリ・フビニ (Tonelli–Fubini)) $(\Omega_1, \mathcal{F}_1, \mu_1), (\Omega_2, \mathcal{F}_2, \mu_2)$ を σ–有限測度空間とする. $f : \Omega_1 \times \Omega_2 \to [0, \infty], \mathcal{F}_1 \times \mathcal{F}_2$–可測関数, または, $f \in \mathcal{L}^1(\Omega_1 \times \Omega_2, \mathcal{F}_1 \times \mathcal{F}_2, \mu_1 \times \mu_2)$ とする. そのとき

$$\int f d(\mu_1 \times \mu_2) = \iint f(\omega_1, \omega_2) d\mu_1(\omega_1) d\mu_2(\omega_2) = \iint f(\omega_1, \omega_2) d\mu_2(\omega_2) d\mu_1(\omega_1).$$

ここで $\int f(\omega_1, \omega_2) d\mu_1(\omega_1)$ は μ_2 ほとんどすべての ω_2 に対して定義され $\int f(\omega_1, \omega_2) d\mu_2(\omega_2)$ は μ_1 ほとんどすべての ω_1 に対して定義される.

1.8 2つの測度の関係

定義 1.17 μ, ν を同じ可測空間 $(\Omega, \mathcal{F})$ 上の測度とする. $\mu(A) = 0$ であるとき $\nu(A) = 0$ であるとき ν は μ に関して**絶対連続**であるといい $\nu \prec \mu$ で表す. $\mu(A) = \nu(\Omega - A) = 0$ なる可測集合 A が存在するとき μ と ν とは**特異**であるといい $\nu \perp \mu$ で表す.

定理 1.23 (ルベーグ分解) $(\Omega, \mathcal{F})$ を可測空間とし、その上の σ-有限測度 μ, ν に対して一意に定まる測度 ν_{ac}, ν_c が存在して $\nu = \nu_{ac} + \nu_c, \nu_{ac} \prec \mu, \nu_c \perp \mu$ が成り立つ.

定理 1.24 μ を可測空間上の σ-有限測度とする. ν を μ に関して絶対連続である有限測度とする. そのとき関数 $h \in \mathcal{L}^1(\Omega, \mathcal{F}, \mu)$ が存在して $\nu(E) = \int_E h d\mu, \forall E \in \mathcal{F}$. このような h は a.e.μ に等しい. この h を μ に関する ν の**ラドン・ニコディム** (Radon–Nikodym) **の微分**, または**密度**と呼び, $h = d\nu/d\mu$ で表す.

[証明] $\Omega = \bigcup_k A_k, \mu(A_k) < \infty \, \forall k, A_i \cap A_j = \emptyset \, (i \neq j)$ なるように可測集合をとる. 同様に ν に対して和が Ω で互いに共通点をもたない有限測度の集合列 B_m をとる. そのとき $A_k \cap B_m$ を考えることにより, $\Omega = \bigcup_n E_n, E_n \cap E_m = \emptyset \, (n \neq m), \mu(E_n) < \infty, \nu(E_n) < \infty$ を満たす集合 E_n が存在する.

$\mathcal{F}$ 上の任意の測度 ρ に対して $\rho_n(C) = \rho(C \cap E_n), C \in \mathcal{F}$ とする. そのとき $\rho(C) = \sum_n \rho_n(C), \rho(C) = 0 \Leftrightarrow \rho_n(C) = 0 \, \forall n$. ゆえに $\nu \prec \mu \Leftrightarrow \forall n, \nu_n \prec \mu \Leftrightarrow \forall n, \nu_n \prec \mu_n$. また $\nu \perp \mu \Leftrightarrow \forall n, \nu_n \perp \mu \Leftrightarrow \forall n, \nu_n \perp \mu_n$.

$\mathcal{F}$ 上の測度 $\alpha_n, \alpha_n(\Omega - E_n) = 0 \, \forall n$ に対して $\alpha(C) = \sum_n \alpha_n(C), C \in \mathcal{F}$ とする. $\alpha \prec \mu \Leftrightarrow \alpha_n \prec \mu_n \forall n, \alpha \perp \mu \Leftrightarrow \alpha_n \perp \mu_n \forall n$. したがって定理 1.24 の証明で μ, ν は有限測度であるとしてよい. 定理 1.24 が E_n 上である h_n に対して示されれば, $h(\omega) = h_n(\omega), \omega \in \Omega$ とする. h は可測関数で
$$\int h d\mu = \sum_{n \geq 1} \int h_n d\mu = \sum_{n \geq 1} \nu(E_n) = \nu(\Omega) < \infty$$
ゆえに $h \in \mathcal{L}^1$ である. 定理 1.24 においても μ, ν は有限であるとしてよい.

ヒルベルト空間 $H = L^2(\Omega, \mathcal{F}, \mu + \nu)$ を考える. $L^2 \subset L^1$ である. $\nu \leq \mu + \nu$ である. $f \in L^2(\mu + \nu) \to \mathbf{\Lambda}(f) = \int f d(\mu + \nu) \in \mathbf{R}$. そのとき $|\mathbf{\Lambda}(f)| \leq (\nu(\Omega) + \mu(\Omega))^{1/2} \|f\|_2$. ゆえに $g \in \mathcal{L}^2(\Omega, \mathcal{F}, \mu + \nu)$ が存在して $\int f d\nu = \int fg d(\mu + \nu), \forall f \in \mathcal{L}^2(\mu + \nu)$ である. そのとき
$$(*) \quad \int f(1-g) d(\mu + \nu) = \int f d\mu, \forall f \in \mathcal{L}^2(\mu + \nu)$$
である. これより $0 \leq g \leq 1$, a.e.$\mu + \nu$ が得られる. こうして $0 \leq g(\omega) \leq 1, \forall \omega$ と仮定できる. そのとき $(*)$ がすべての可測関数 $f \geq 0$ に対して成り立つ.

$A = \{\omega : g(\omega) = 1\}, B = \Omega - A$. $(*)$ で $f = 1_A$ とすると $\mu(A) = 0$ を得る. すべての $E \in \mathcal{F}$ に対して $\nu_s(E) = \nu(E \cap A), \nu_{ac}(E) = \nu(E \cap B)$ とおく. そのとき ν_s, ν_{ac} は測度で $\nu = \nu_s + \nu_{ac}, \nu_s \perp \nu_{ac}$ である. $\mu(E) = 0, E \subset B$ ならば $(*)$ より $\int_E (1-g) d(\mu + \nu) = 0, 1 - g > 0 \, (\omega \in E)$, ゆえに $(\mu + \nu)(E) = 0, \nu(E) = \nu_{ac}(E) = 0, \nu(E) = 0$. したがって $\nu_{ac} \prec \mu$. ルベーグ分解の存在は示された.

一意であることを示す. 与えられた測度は有限であると仮定できる. $\nu = \rho + \sigma, \rho \prec \mu, \sigma \perp \mu$ とする. $\mu(A) = 0$ であるから, $\rho(A) = 0$ である. ゆえに $\forall E \in \mathcal{F}$,

$\nu_s(E) = \nu(E \cap A) = \sigma(E \cap A) \leqq \sigma(E)$. こうして $\nu_s \leqq \sigma, \rho \leqq \nu_{ac}$. そのとき $\sigma - \nu_s = \nu_{ac} - \rho$ は μ に関して同時に絶対連続, また特異な測度となる. ゆえに 0 となり $\rho = \nu_{ac}, \sigma = \nu_s$ を得る. (定理 1.23 の証明終)

定理 1.24 の条件の下で $\nu = \nu_{ac}, \nu_s = 0$. $h = g/(1-g)$, $\omega \in B, h = 0$, $\omega \in A$ とする. 任意の $E \in \mathcal{F}$ に対して, $(*)$ で $f = h1_E$ とする. そのとき $\int_E h d\mu = \int_{B \cap E} g d(\mu + \nu) = \nu(B \cap E) = \nu(E)$. h の存在が示された. j を $\forall E \in \mathcal{F}, \int_E j d\mu = \nu(E)$ となる関数とする. $\int_E (j-h) d\mu = 0$ となる. $E_{1n} = \{\omega : j(\omega) > h(\omega) + 1/n\}$, とする. $0 = \int_{E_{1n}} (j-h) d\mu \geqq 1/n \mu(E_{1n})$ より $\mu(E_{1n}) = 0$ $\lim_{n \to \infty} \mu(E_{1n}) = \mu(E_1) = 0, E_1 = \{\omega : j(\omega) > h(\omega)\}$ を得る. 同様にして $E_2 = \{\omega : j(\omega) < h(\omega)\}$ とする. そのとき $\mu(E_2) = 0$ を得るから $j = h, a.e.\mu$ となる.

測度は非負であるので h は非負となる. (定理 1.24 の証明終)

定義 1.18 可測空間 $(\Omega, \mathcal{F})$ に対して $\mu : \mathcal{F} \to [-\infty, \infty]$ が $\mu(\emptyset) = 0$, $A_n \in \mathcal{F}, A_n \cap A_m = \emptyset$ $(n \neq m)$, であるとき $\mu(\bigcup_n A_n) = \sum_n \mu(A_n)$ を満たすとき**符号付き** (sighned) **測度**であるという.

注意 定義で和が意味をもつためには $\mu(A) = \infty$ かつ $\mu(B) = -\infty$ なる集合 A, B は存在できない.

定理 1.25 (ハーン・ジョルダン (Hahn–Jordan) **の分解**) 測度空間 $(\Omega, \mathcal{F})$ 上の符号付き測度 μ に対して集合 D が存在して, すべての $E \in \mathcal{F}$ に対して $\mu^+(E) = \mu(E \cap D) \geqq 0$, $\mu^-(E) = -\mu(E - D) \geqq 0$ である. μ^+, μ^- は測度であり, いずれかは有限測度である. $\mu = \mu^+ - \mu^-$, $\mu^+ \perp \mu^-$ $\Omega = C \cup D$, $\mu(C) \geqq 0$, $\mu(D) \geqq 0$, を Ω の μ に関する**ハーン分解**と呼ぶ. $\mu = \mu^+ - \mu^-$ を μ の**ジョルダン分解**と呼ぶ. 測度 $|\mu| = \mu^+ + \mu^-$ を μ の**全変動** (total variation) **測度**と呼ぶ.

1.9 リーマン積分とルベーグ積分

定理 1.26 $f(x)$ を有限区間 $[a, b]$ でリーマン積分可能とする. そのとき f は $[a, b]$ 上でルベーグ可測, ルベーグ可積分で両者は一致する.

[証明] $I_n\{a = x_{1n} < \cdots < x_{k(n)n} = b\}$ を $[a, b]$ の分割列とする. $\Delta_n = \max_{1 < i \leqq k(n)} (x_{in} - x_{(i-1)n}) \to 0$ $(n \to \infty)$ とする. $\overline{f_n} : \overline{f_n}(x) = \sup_{\{x_{in}, x_{(i+1)n}\}} f(x)$, $x \in [x_{in}, x_{(i+1)n})$, $\overline{f_n}(b) = f(b)$ とする. $\underline{f_n}$ を同様に定義する. そのとき $\overline{f_n}, \underline{f_n}$ は単関数でそのルベーグ積分は f_n の分割 I_n に関するダルブー (Darboux) の上積分, 下積分に等しい. $\overline{f_n}, \underline{f_n}$ は n の有界単調列である. $g(x) = \lim_{n \to \infty} \overline{f_n}(x)$, $h(x) = \lim_{n \to \infty} \underline{f_n}(x)$ と定義する. g, h は可測関数で $g \leqq f \leqq h$, g, h のルベーグ積分は等しく, f のリーマン積

分に等しい. $g = h, a.e.$ ゆえに $g = f, a.e.$ (証明終)

定理 1.27 (エゴロフ (Egoroff)) $(\Omega, \mathcal{F}, \mu)$ を有限測度空間とする. $f_n, f : \Omega \to S$ は可測関数で, S は距離 d をもつ距離空間とする. $f_n(\omega) \to f(\omega)$ が μ ほとんどすべての ω に対して成り立つとする. そのとき任意の $\epsilon > 0$ に対して $\mu(\Omega - A) < \epsilon$ なる集合 A が存在して A 上で一様に $f_n \to f$ である. つまり $\lim_{n \to \infty} \sup\{d(f_n(\omega), f(\omega)) : \omega \in A\} = 0$.

例 1.8 $x^n \to 0$ が $[0,1)$ いたるところ成り立つ. 任意の区間 $[0, 1-\epsilon), \epsilon > 0$ で一様に成り立つ.

定理 1.28 (ルジン (Lusin)) $(\Omega, \mathcal{F})$ を正規位相空間とする. μ をそこでの有限閉正規測度とする. $f : \Omega \to R$ を可測関数とする. あらゆる $\epsilon > 0$ に対して $\mu(\Omega - F) < \epsilon$ を満たす 閉集合 F が存在して f は F で連続である.

1.10 線形汎関数と測度

Ω を任意の空でない空間とする. Ω 上の空でない実関数の部分系 $\mathcal{L}$ が次の条件を満たすとき**初等関数族**という. $f, g \in \mathcal{L}$ ならば $af + bg$ $(a, b \in \mathbf{R}), f \wedge g\ (= \min(f, g)), f \vee g\ (= \max(f, g)), f \wedge 1 \in \mathcal{L}$.

初等関数族 $\mathcal{L}$ 上で定義された汎関数 I が次の条件を満たすとき**初等積分**という. (a) $f \geqq 0$ に対して $I(f) \geqq 0$. (b) $I(af + bg) = aI(f) + bI(g), a, b \in \mathbf{R}, f, g \in \mathcal{L}$. (c) $f_n(\omega) \downarrow 0, \forall \omega$ であるとき $I(f_n) \downarrow 0$.

例 1.9 $\mathcal{L} = C[0,1], [0,1]$ 上の実連続関数の全体は初等関数族である. $I(f) = \int_0^1 f(x)dx$ をリーマン積分とする. そのとき I は (a),(b) を満たす. $f_n \in C[0,1]$ かつ $f_n \downarrow 0$ であるとき $[0,1]$ で一様に $f_n \downarrow 0$ である. $I(f_n) \downarrow 0$ を得る (**ディニ** (Dini) **の定理**). (c) が成り立つ.

$\mathcal{L}_u = \{\varphi_n\} \subset \mathcal{L}$ が存在して $\varphi_n \uparrow \forall \omega$ とする. そのとき, $\{f_n\} \subseteq \mathcal{L}_u, f_n \uparrow f$ であるとき $I(f_n) \uparrow I(f)$ として, I は一意に $\mathcal{L}_u$ 上に拡張される. $\forall f, g \in \mathcal{L}_u, -\infty < I(f) \leqq I(g)(f \leqq g), \forall a, b \in [0, \infty), I(af + bg) = aI(f) + bI(g)$. 任意に与えられた $f : \Omega \to \overline{\mathbf{R}}$ に対して

$$\overline{I}(f) = \inf\{I(\varphi) : \varphi \in \mathcal{L}_u, f \leqq \varphi\}$$

同様に

$$\underline{I}(f) = \sup\{-I(\varphi) : \varphi \in \mathcal{L}_u, -\varphi \leqq f\}$$

と定義する. $f \in \mathcal{L}_u$ であるとき, $\overline{I}(f) = I(f) = \underline{I}(f)$ である. $\overline{I}(f) = \underline{I}(f)$ のとき, f を**可積分**であるといい, $\widetilde{I}(f)$ 表す. 可積分関数の全体を L^1 と書く. そのとき,

$\sigma(L^1) = \{\Gamma \subseteq \Omega : 1_\Gamma \in L^1\}$ とする. 写像 $\Gamma \in \sigma(L^1) \to \mu_I(\Gamma) = \widetilde{I}(1_\Gamma) \in [0, \infty)$ は $(\Omega, \sigma(L^1))$ 上の有限測度である.

これを用いて $\widetilde{I}(f) = \int_\Omega f d\mu_I$ を得ることができる.

以上概説したことをまとめて定理とする.

定理 1.29 (ストーン・ダニエル (Stone–Daniell)) Ω の上の初等関数族 $\mathcal{L}$ で定義された初等積分 I に対して Ω 上の測度 μ が存在して, $f \in \mathcal{L}$ は μ に関して可測で $\int_\Omega f d\mu$ と表される.

証明は Dudley[2], p.108–111；伊藤 [8](1953) 付録；Stroock[6] 第 8 章定理 8.1.15 を参照. 定理 1.29 で μ の一意性は Dudley[2], p.111 にある. Stroock[6] も与えている.

Ω が位相空間であるとき, $C_b(\Omega; \mathbf{R})$ を Ω の上の実有界連続関数の全体とする. C_b は初等関数族である. $\mathbf{\Lambda}$ をその上の非負線形汎関数とする. $\mathbf{\Lambda}$ に対して, 任意の $\delta > 0$ に対してコンパクト集合 $K_\delta \subseteq \Omega$ と $A_\delta \in (0, \infty)$ が存在して $|\mathbf{\Lambda}(f)| \leq A_\delta \|f 1_{K_\delta}\|_\infty + \delta \|f\|_\infty$ がすべての $f \in C_b(\Omega; \mathbf{R})$ に対して成り立つとき**タイト**と呼ぶ. Ω がコンパクトであるとき C_b 上のあらゆる非負線形汎関数はタイトである.

定理 1.30 (**リース** (Riesz) **の表現定理**) Ω は位相空間とする. $\mathcal{B}$ は $C_b(\Omega; \mathbf{R})$ を可測とする最小の σ–加法族とする. $\mathbf{\Lambda} : C_b \to \mathbf{R}$ をタイト非負線形汎関数とする. そのとき $(\Omega, \mathcal{B})$ 上に有限測度 μ が一意に定まり $\mathbf{\Lambda}(f) = \int_\Omega f d\mu, \quad f \in C_b(\Omega; \mathbf{R})$.

[証明] 定理 1.29 より $f_n \downarrow 0$ であるとき $\mathbf{\Lambda}(f_n) \downarrow 0$ を示せばよい. $\delta = \frac{\epsilon}{1+2\|f_1\|_\infty}$ とする. ディニの定理より各コンパクト集合上で f_n は一様に収束するから, 正整数 $N(\delta)$ を $\|f_n 1_{K_\delta}\|_\infty \leq \frac{\epsilon}{2A_\delta}, \forall n \geq N(\delta)$ とできる. これより $|\mathbf{\Lambda}(f_n)| \leq \epsilon, n \geq N(\delta)$.

(証明終)

1.11 測度の収束

$M(\Omega)$ を Ω 上の有限測度の全体とする. Ω を可分距離空間とする. $\{\mu_n\}, \mu \in M(\Omega)$ とする. $\lim_{n \to \infty} \int f d\mu_n = \int f d\mu, \quad \forall f \in C_b(\Omega)$, であるとき μ_n は μ に**弱収束**するという. $C_b(\Omega)$ は Ω 上の実有界連続関数の全体である.

定理 1.31 μ_n を $M(\Omega)$ の測度列とし, $\mu \in M(\Omega)$ とするとき次の条件は同値である.
(a) μ_n は μ に弱収束する.
(b) $\lim_{n \to \infty} \int g d\mu = \int g d\mu$ があらゆる $g \in C_u(\Omega)$ に対して成り立つ. ここで $C_u(\Omega)$ は Ω 上の実有界一様連続関数の全体を表す.
(c) $\overline{\lim}_{n \to \infty} \mu_n(G) \leq \mu(G)$ があらゆる開集合 G に対して成り立つ.

(d) $\varliminf_{n\to\infty}\mu_n(F) \geqq \mu(F)$ があらゆる閉集合 F に対して成り立つ.

(e) $\lim_{n\to\infty}\mu_n(A) = \mu(A)$ が境界の μ 測度 0 のすべてのボレル集合 A に対して成り立つ.

[証明] (b)⇒(d) を示す. 任意の閉集合 F に対して $d(\omega, F) = \inf_{\xi\in F} d(\omega, \xi)$ と定義する. $F_n = \{\omega : d(\omega, F) < 1/n\}$ とする. そのとき $F \cap F_n^c = \emptyset$ である. $f_n(\omega) = \frac{d(\omega, F_n^c)}{d(\omega, F) + d(\omega, F_n^c)}$ とする. そのとき, $\inf_{\omega\in F, \xi\in F_n^c} d(\omega, \xi) \geqq 1/n$ と $d(\omega, F) \in C(\Omega)$ より $f_n(\omega) \in C_u(\Omega)$ である. さらに $0 \leqq f_n \leqq 1$, $f_n(\omega) = 0$, $\omega \in F_n^c$, $f_n(\omega) = 1$, $\omega \in F$. $F_1 \supset F_2 \supset \cdots$, $\bigcap_n F_n = F$ である. ゆえに $\varlimsup_{n\to\infty} \mu_n(F) \leqq \varlimsup_{n\to\infty} \int f_k d\mu_n = \int f_k d\mu \leqq \mu(F_k)$ を得る. ここで $k \to \infty$ とすることにより $\varlimsup \mu_n(F) \leqq \mu(F)$ を得る.

開集合は閉集合の補集合であることと $\lim_{n\to\infty} \mu_n(\Omega) = \mu(\Omega)$ であることより (d) ⇒ (c) を得る. (c),(d) より (e) が得られる.

(e) より (a) を導く. $f \in C_b(\Omega)$ とする. $\mu(\{\omega : f(\omega) = a\}) > 0$ となる a はたかだか可算であるから $\mu(a < f < b) = \mu(a \leqq f \leqq b)$ がたかだか可算の a, b の組を除いて成り立つ. 任意の $\epsilon > 0$ に対して有限集合 $a_0 < \cdots < a_n$ が存在して $a_0 < f < a_b$, $a_i - a_{i-1} < \epsilon$, $\mu(a_{i-1} < f < a_i) = \mu(a_{i-1} \leqq f \leqq a_i)$, $1 \leqq j \leqq n$. そのとき

$$\left|\int f d\mu_n - \int f d\mu\right| \leqq 2\epsilon K + 2\|f\|_{C_b(\Omega)} \sum_{i=1}^n |\mu_n(a_{i-1} < f \leqq a_i) - \mu(a_{i-1} < f \leqq a_i)|$$

ここで $K = \max\{\sup_n \mu_n(\Omega), \mu(\Omega)\}$ ゆえに $\varlimsup_{n\to\infty} |\int f d\mu_n - \int f d\mu| \leqq 2\epsilon K$.

(証明終)

命題 1.6 Ω をコンパクト距離空間とする. $M_1(\Omega) = \{\mu : \mu(\Omega) = 1, \mu \in M(\Omega)\}$ とする. $\{\mu_n\} \in M_1$ は弱収束する部分列をもつ.

[証明] $C_b(\Omega)$ を考える. Ω はコンパクトであるから, $C_b(\Omega)$ は可分距離空間となる. $\{f_n\}$ なる C_b での稠密な関数の集合が存在する. 対角線論法を用いて $\{\mu_n\}$ の部分列 $\{\mu_{n_k}\}$ がとれて $\lim_{k\to\infty} \int f_j d\mu_{n_k} = a_j, j = 1, 2, \ldots$ がすべての j に対して存在する. 任意の $f \in C_b(\Omega)$ をとる. 任意の $\epsilon > 0$ に対して $\|f - f_j\| < \epsilon$ なる f_j をとる. そのとき

$$\left|\int f d\mu_{n_k} - \int f d\mu_{n_m}\right| \leqq \left|\int f_j d\mu_{n_k} - \int f_j d\mu_{n_m}\right| + \int |f - f_j| d\mu_{n_k} + \int |f - f_j| d\mu_{n_m}.$$

上式の末尾 2 項は ϵ を超えない. 初項は $k, m \to \infty$ のとき 0 に収束する. ϵ は任意であるから $\lim_{k,m\to\infty} |\int f d\mu_{n_k} - \int f d\mu_{n_m}| = 0$ を得る. こうして $\int f d\mu_{n_k}$ があらゆる f に対して $k \to \infty$ のとき極限をもつ. $\Lambda(f) = \lim_{k\to\infty} \int f d\mu_{n_k}$, $f \in C_b(\Omega)$ とする. $|\Lambda(f)| \leqq \|f\|_\infty$ である. ゆえに $f_n \downarrow 0$ のとき $\Lambda(f_n) \downarrow 0$ である. 線形であることはあきらか. ゆえに $\mu \in M_1(\Omega)$ が存在して表現 $\Lambda(f) = \int f d\mu, \forall f \in C_b(\Omega)$ を得る.

(証明終)

定義 1.19 Ω は可分距離空間であるとする．あらゆる $\epsilon > 0$ に対してコンパクト集合 $K_\epsilon \subset \Omega$ が存在して $\mu_n(K_\epsilon^c) < \epsilon$, $\forall n = 1, 2, \ldots$ を満たすとき $\{\mu_n\}$, $\mu_n \in M_1(\Omega)$ は**一様にタイト**であるという．

定理 1.32 Ω は可分距離空間とする．$\{\mu_n\}, \mu_n \in M_1(\Omega)$ が一様にタイトであるとする．そのとき $\{\mu_n\}$ は弱収束する部分列をもつ．

Ω が完備可分距離空間であるとする．$\{\mu_n\}$ が弱収束するとき一様にタイトである．

[証明] Ω がコンパクトであるとき命題 1.6 になる．一般の場合 $\mu_n(K_m^c) \leqq 1/m$, $n = 1, 2, \ldots, m = 1, 2, \ldots$ なるコンパクト集合 $\{K_m\}, K_m \subset K_{m+1}$ を考える．命題 1.6 と同様に部分列 n_k をとると各 $m = 1, 2, \ldots$ に対し K_m 上で測度 $\widehat{\mu}_m$ に弱収束する．任意の $f \in C_b(\Omega)$ に対して $\lim_{k \to \infty} \int f 1_{K_m} d\mu_{n_k} = \int f 1_{K_m} d\widehat{\mu}_m$ が成り立つ．$\lambda_n = 1_{K_n} \widehat{\mu}_n$ とすると，$\lambda_n \leqq \lambda_{n+1}$ である．測度列 $\{\lambda_n\}$ は測度 μ に収束する (Doob[1], 定理 10, p.30). $\lim_{n \to \infty} \int f d\lambda_n = \int f d\mu$ である．$|\int f d\mu - \int f d\mu_{n_k}| \leqq |\int f d\mu - \int f d\lambda_n| + |\int f d\lambda_n - \int f 1_{K_n} d\mu_{n_k}| + |\int f 1_{K_n} d\mu_{n_k} - \int f d\mu_{n_k}|$.

右辺の第 1 項は $n \to \infty$ のとき 0 に収束する．第 2 項は $k \to \infty$ のとき 0 に収束する．第 3 項は $\|f\|_\infty \mu_{n_k}(K_n^c) \to 0$ $(n \to \infty)$.

Ω は可分完備距離空間である．$j = 1, 2, \ldots$ に対して半径 $1/n$ の開球をとり $\Omega = \bigcup_{j=1}^\infty S_{nj}$ と表すことができる．これより任意の $\delta > 0$ に対して，整数 k_n が存在して $\mu_i(\bigcap_{j=1}^{k_n} S_{nj}^c) < \delta$ $\forall i = 1, 2, \ldots$ とできる．n を固定して $\delta = \epsilon/2^n$ とする．$\mu_i(\bigcap_1^{k_n} S_{nj}^c) < \epsilon/2^n$ $i = 1, 2, \ldots$ が成り立つような k_n をとる．$C_n = \bigcup_{j=1}^{k_n} \overline{S}_{nj}$, $K = \bigcap_{n=1}^\infty C_n$ とする．$\mu_i(C_n^c) < \frac{\epsilon}{2^n}$ $\forall n$ であるから $\mu_i(K^c) < \epsilon$ $\forall i = 1, 2, \ldots$ を得る．K はコンパクトである (Parthasarathy[4], p.272 参照)．したがって $\{\mu_n\}$ は一様にタイトである． (証明終)

〔渡邉　壽夫〕

文　献

[1] J. L. Doob : *Measure theory*, Springer–Verlag, 1993.
[2] R. M. Dudley : *Real analysis and probability*, Cambridge university Press, 2002.
[3] K. R. Parthasarathy, *Prbability measures on metric spaces*, American Mathematical Society, 2005.
[4] K. R. Parthasarathy, *Introduction to probability and measure*, Macmilan Press, 1977.
[5] H. L. Royden, *Real Analysis*, Macmillan, 1970.
[6] D. W. Stroock, *A concise introduction to the theory of integration*, Birkhäuser, 1994.
[7] 小谷眞一, 測度と確率 I, II, 岩波書店, 1997.
[8] 伊藤　清, 確率論, 岩波書店, 1953.
[9] 伊藤　清, 確率論 I II III, 岩波書店, 1976.

第 XIII 編
偏微分方程式入門

XIII 偏微分方程式入門

1

偏微分方程式とは何か

1.1 簡単な例

一般に，ある空間領域で定義されている量は，空間の位置や時間に依存して決まるので，位置や時間を表す変数を含んでいる（これらの変数に従属している）．たとえば，(室内) プールの水温を問題にする場合，水温を測る場所と時間を示す変数（たとえば，点 $P(x,y,z)$ と t) を指定して，水温を $\theta(x,y,z,t)$ と書けば，はっきりする（図 1.1）．水温を常時直接に測定することを試みることは稀であって，通例は水温に関する何らかの法則により，限られた回数の測定で以後の水温変化を推測する．そこで，水温の従うべき法則が，さまざまな便宜的な想定のもとで，

$$\frac{\partial}{\partial t}\theta(x,y,z,t) = \frac{\partial^2}{\partial x^2}\theta(x,y,z,t) + \frac{\partial^2}{\partial y^2}\theta(x,y,z,t) + \frac{\partial^2}{\partial z^2}\theta(x,y,z,t) \qquad (1.1)$$

のような形の偏導関数を含む関係等式（偏微分方程式）で表される場合を検討しよう．ただし，プールの右隅に原点 O をとり，縦横の向きに x–および y–軸，深さを z–軸で表している．たとえば，縦 25（メートル），横 12（メートル），水深 1.5（メートル）のプール内の水は，

$$\mathcal{P}: \quad 0 \leqq x \leqq 25,\ 0 \leqq y \leqq 12,\ 0 \leqq z \leqq 1.5$$

と表そう（図 1.1 は象徴的なものである）．

室温が一定（たとえば，30℃）に保たれているとして，水温 $\theta_0(x,y,z) \equiv 25$（℃）の水をプールに張って $t(>0)$ 時間経った後の点 $P(x,y,z)(\in \mathcal{P})$ における水温 $\theta(x,y,z,t)$ は，プールの特性を方程式 (1.1) に加味すれば，推測できる．

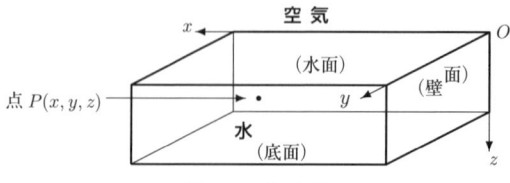

図 1.1 プール $\mathcal{P}$

1. 偏微分方程式とは何か

プールの壁面と底面が断熱されているとすれば，そのこと[*1)]は，壁面と底面で水温が満たすべき条件式

$$\frac{\partial}{\partial x}\theta(x,y,z,t) = 0 \quad (x=0,\ x=25)$$

$$\frac{\partial}{\partial y}\theta(x,y,z,t) = 0 \quad (y=0,\ y=12) \tag{1.2}$$

$$\frac{\partial}{\partial z}\theta(x,y,z,t) = 0 \quad (z=1.5)$$

$$\theta(x,y,z,t) = 30 \quad (z=0) \tag{1.3}$$

として表現できる．また，当初の水温が 25°C であったことは

$$\theta(x,y,z,t) = 25 \quad (t=0) \tag{1.4}$$

と表すことができる．すなわち，プール $\mathcal{P}$ における水温 $\theta(x,y,z,t)$ は，方程式 (1.1) と条件式 (1.2) (1.3) (1.4) で（十分に）記述されていると考え，その上で，これらの式を満たすもの ── 解 ── としての $\theta(x,y,z,t)$ を計算すれば，求める水温が得られたことになる．

方程式 (1.1) は偏微分方程式の一例である．条件式 (1.2) (1.3) (1.4) は境界条件といわれる．とくに，(1.4) は初期 ($t=0$) の水温をデータに取り込むものとして，初期条件と呼ばれる．

実際に，方程式 (1.1) の解を示そう．

例 1.1 級数で定められる関数

$$\theta(x,y,z,t) = 30 - \frac{20}{\pi}\sum_{n=0}^{\infty}\frac{1}{2n+1}\,e^{-\left(\frac{2n+1}{3}\right)^2\pi^2 t}\sin\left(\frac{2n+1}{3}\pi z\right) \tag{1.5}$$

を（とりあえず右辺の級数への形式的な微分演算を許した上で）代入することにより，この級数が方程式 (1.1) を満たすことがわかる．境界条件 (1.2) (1.3) を満足することも推察がつくであろう．初期条件 (1.4) の成立は

$$\sum_{n=0}^{\infty}\frac{1}{2n+1}\sin\left(\frac{2n+1}{2}\pi s\right) = \frac{\pi}{4} \quad \left(0 < s = \frac{2}{3}z < 1\right) \tag{1.6}$$

という式を承認することと同値である．(1.5) のような解の求め方は後述する．

問 1.1 (1.5) が形式的な演算のもとで (1.1) を満たすことを確認せよ．

注意 1.1 (1.6) は後述するフーリエ (Fourier) 級数の一例である．左辺は，N-次三角多項式（部分和）

[*1)] （現実的とはいえない想定ながら）壁面や底面において断熱的，すなわち，温度勾配がないとして，そのことを (1.2) の形に数式化する．(1.3) は水面で 30°C の空気に接していることの数式化である．

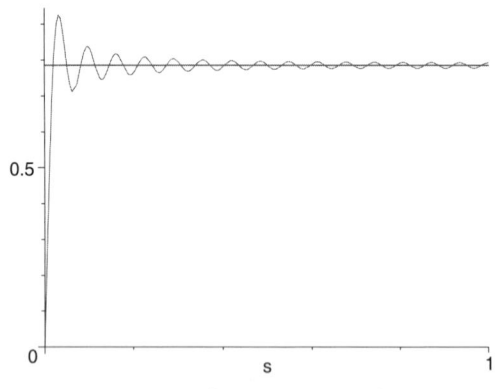

図 1.2 $g(s)$ と $f(s)$ のグラフは近い.

$$S_N(s) = \sum_{n=0}^{N} \frac{1}{2n+1} \sin\left(\frac{2n+1}{2}\pi s\right), \quad 0 < s < 1, \tag{1.7}$$

の $N \to \infty$ における極限である(ことが期待される). $f(s) = S_{30}(s)$ と $g(s) \equiv \frac{\pi}{4}$ とを対比させたグラフを掲げる.

実際に, $\theta(x,y,z,t)$ を (1.5) の形に得ることによって, さまざまなことがわかる. たとえば, 境界条件や初期条件の効果から水温が x,y には依存しないことがわかる. また, $t > 0$ として, 級数 (1.5) の第 2 項以降は, $t \to \infty$ のとき, あるいは, $n \to \infty$ のときに, 急速に減衰する. したがって, やがては水温が室温と同じになると予想され, 一方, $t > 0$ ならば $\theta(x,y,z,t)$ を

$$\theta_1(x,y,z,t) = 30 - \frac{20}{\pi} e^{-\left(\frac{1}{3}\right)^2 \pi^2 t} \sin\left(\frac{1}{3}\pi z\right) \tag{1.8}$$

によって近似できることがわかる.

偏微分方程式 (1.1) は, 係数の選び方は多分に便宜的ではあるが, プール内の水温の分布を記述するための物理モデルに基づいて立てられたものである. 実際の測定や観測では部分的な把握しかできないのに, 方程式 (1.1) を通じれば, 水温 $\theta(x,y,z,t)$ の全体像を得ることができるというところが大切である. こうして得られた解も, さらに, 現象の解釈に適した数値解, 近似解あるいは形式解や漸近解の形にまで, 咀嚼しておかなければならない.

1.2 偏微分方程式，解，それらの解釈

偏微分方程式は，きわめて一般的には，ある数理現象の記述に関わる等式群と解される．人間が定義する方程式だから，基本的には有限の水準で万事が述べられるべきものである．たとえば，現象が生起する領域 Ω は適当な次元 d の空間（の一部）であり，関与する量も本質的に有限系として把握される．すなわち，これらが有限個の関数系 $u_1,\ldots,u_N$ として適切に表現されるだけでなく，独立変数としては，Ω の点 $x=(x_1,\ldots,x_d)$ のほかに，ようやく認識の対象として現象の記述に加わる有限個のパラメータ $t=(t_1,\ldots,t_p)$ までが許される．さらに，u_1 以下の関数の x,t に関する偏導関数が関わっても，全体としては，有限系に留まるべきであり，当然，偏導関数の階数には上限 m がある．当初の数理現象は，かくて，領域の座標変数 x，補助パラメータ t，関数群 $u_1(x,t),\ldots,u_N(x,t)$，および，これらの m 階までの偏導関数[*1] $\partial_x^\alpha \partial_t^\beta u_1(x,t),\ldots$ の関数等式，すなわち，偏微分方程式系

$$\begin{cases} \mathcal{E}_1(x,t,u_1(x,t),\ldots,\partial_x^\alpha \partial_t^\beta u_N(x,t))=0 \\ \cdots \\ \mathcal{E}_M(x,t,u_1(x,t),\ldots,\partial_x^\alpha \partial_t^\beta u_N(x,t))=0 \end{cases} \quad (1.9)$$

で表される．

この設定は一般的かつ抽象的すぎて漠然としているが，このような考え方（を若干整理した上）で，偏微分方程式が扱われることもある．

一方で，偏微分方程式の考察は，とにもかくにも現実に生起していることの数学的な記述として始まった．要するに，数学というものが，万事に先行して成立していたのでは決してなく，新しい知見に遭遇するたびに合理的な軌道修正を行う力を発揮してきたということを思い起こすことが，偏微分方程式を学ぶ際のいわば教訓でもある．

現実に我々が取り扱える偏微分方程式系は，(1.9) の形に表したとしても，強い制約条件を満たすものである．$\mathcal{E}_1,\ldots,\mathcal{E}_M$ が $u_1(x,t),\ldots,\partial_x^\alpha \partial_t^\beta u_N(x,t)$ に関して線形であっても，想定された方程式系 (1.9) を成り立たせるような関数群，すなわち，解がまったくない例もある．その事情を分析してみると，方程式系に対する解の概念が整合的に拡大されれば，改めて解として認識できるものが存在する場合もあれば，方程式系の形式的な特性から解というべきものがそもそもあり得ないことが示される場合もある．

ここでは，偏微分方程式が何らかの現象記述に対応して得られる場合を重視するので，解というべきものが原則として存在するはずであり，しかも，偏導関数が定義通りに計算できて古典的な微積分の水準でも疑義の生じないような解と方程式の関係が実現される場

[*1] ここでは多重指標（A.1 節参照）を用いた．

合だけを扱うことを理想としたい．

しかし，観測された現象の説明のためにもそのような解だけでは不十分なことがある．要するに，偏微分方程式の扱いでは，解やその偏導関数について，関数概念を微積分的なものから一般化しておくことが不可欠である．

標準的な立場としては，内包的拡張というべき姿勢がある．すなわち，Ω 上で関数として定義できるもの $u(x)$ が，適当な極限操作によって，Ω 上の（微積分学的な意味の）なめらかな関数の列 $v_m(x)$ の極限 $u(x) = \lim_m v_m(x)$ として得られるときに，$u(x)$ 自身の連続性や微分可能性はかならずしも保証されなくても，$v_m(x)$ の偏導関数 $\partial^\alpha v_m(x)$ の極限が合理的に定義できれば，それを $u(x)$ の対応する拡張された偏導関数 $\partial^\alpha u(x)$ とするのである．

一方，外延的拡張というべきものがあり，（微積分学的な）導関数が満たすべき性質のうち核心をなすものを抽出し，その性質の維持だけを拡張の条件とする．あるべき性質として広く採用されているのは，部分積分，あるいは，グリーン・ストークス (Green–Stokes) の定理の成立である．$u(x)$ がかならずしも微積分学的な導関数をもたなくても，任意のなめらかな関数 $v(x)$ の導関数 $\partial^\alpha v(x)$ と組合せたときに，適当な関数 $w(x)$ が $v(x)$ と組んでグリーン・ストークスの定理において $u(x)$ の微積分学的な導関数が果たすであろう役廻りを務めるならば，$w(x)$ を拡張された意味の $\partial^\alpha u(x)$ とするのである．

これらの概念拡張は数学的には本来異なるものである．しかし，われわれが重要視する多くの問題ではあえて区別する必要がない．そのような場合，導関数を記号として受け入れ扱っても案外自由に議論が進められる．拡張概念の詳細については，信頼すべき文献を参照してください．文献として末尾に挙げたのは，本稿より若干水準が高いものが中心である．この先に，さらに進んだものがある．

XIII 偏微分方程式入門

2

基本的な線形偏微分方程式

以下では，偏微分方程式で基本とされるものを扱う．偏微分方程式はさまざまな現象の解析の過程で出現することが多い．したがって，方程式の型に応じた導出は，本来の文脈としては現象を追求する立場に属する．その心得が純粋に数学的な立場においても方程式についての理解を深めるものであることは疑いがない．ここでは，方程式の類型がすでに与えられているとして典型的な解の構成を通して，型による違いをみていくことに留めたい．

本稿の冒頭で掲げた (1.1) は線形偏微分方程式の典型例である．(1.1) の右辺を左辺に移し，改めて右辺を 0 とおくと

$$\left\{\frac{\partial}{\partial t} - \frac{\partial^2}{\partial x^2} - \frac{\partial^2}{\partial y^2} - \frac{\partial^2}{\partial z^2}\right\} \theta(x,y,z,t) = 0, \qquad (2.1)$$

すなわち，偏微分作用素

$$\mathfrak{H} = \frac{\partial}{\partial t} - \frac{\partial^2}{\partial x^2} - \frac{\partial^2}{\partial y^2} - \frac{\partial^2}{\partial z^2}$$

が（特定すべき）$\theta(x,y,z,t)$ に働いた結果は消える（0 である）という形になる．

2.1 重ね合わせの原理

一般に，偏微分作用素[*1]

$$\mathfrak{L} = \sum_{\alpha:\text{多重指標},\ |\alpha|\leqq m} c_\alpha(x)\, \partial^\alpha, \quad (\text{係数 } c_\alpha(x) \text{ は } \Omega \subset \mathbf{R}^n \text{ 上連続とする}) \qquad (2.2)$$

は，($\mathbf{R}^n$ の連結開部分集合（領域））Ω で定義された（m 回連続微分可能な）関数の族 $\mathcal{C}^m(\Omega)$ に対し，線形に働く：

$$\mathfrak{L}(au(x) + bv(x)) = a\mathfrak{L}(u(x)) + b\mathfrak{L}(v(x)). \qquad (2.3)$$

（ただし，$u,\, v \in \mathcal{C}^m(\Omega),\, a,b \in \mathbf{R}$, とする）．(2.2) では $\mathfrak{L}$ は m–階までの偏微分しか含まないが，さらに，$c_\alpha(x) \neq 0$ が適当な $|\alpha| = m$ に対して成立するならば，$\mathfrak{L}$ の最高階の

[*1] 多重指標については §A.1 をみよ．

偏微分はちょうど m–階である．このとき，$\mathfrak{L}$ は m–階の線形偏微分作用素といわれる[*1)]．したがって，(2.1) に現れる $\mathfrak{H}$ は 2 階の線形偏微分作用素である．線形偏微分方程式とは，Ω 上の関数 $g(x)$ と $u(x)$ に対し，$u(x)$ に線形偏微分作用素 $\mathfrak{L}$ が働いた結果が $g(x)$ であるという言明，すなわち，

$$\mathfrak{L}(u(x)) = g(x) \tag{2.4}$$

である．とくに，$g(x) \equiv 0$ のときは偏微分方程式 (2.4) は同次方程式といわれ，$g(x) \not\equiv 0$ のときは，非同次方程式といわれる．(2.1) は，したがって，同次方程式である．

数学上問題にされるのは，(2.4) において，$g(x)$ が既知の（あるいは与えられた）ものであるときに $u(x)$ を求めることである．その際，$u(x)$ が満たすべきさまざまな補助的な条件を課すのが通例であり，こうして得られた $u(x)$ は偏微分方程式 (2.4) の解と呼ばれ，解を求める操作が偏微分方程式を解くことである．

注意 2.1 (2.2) において，係数 $c_\alpha(x)$ がすべて定数であるとき，$\mathfrak{L}$ は定数係数偏微分作用素といわれる．しかし，このことは偏微分作用素を表す座標系に依存する．たとえば，平面の直交座標系（xy–座標系）で

$$\frac{\partial^2}{\partial x^2} + \frac{\partial^2}{\partial y^2} \tag{2.5}$$

と表れる作用素は，$\Omega = \mathbf{R}^2 \setminus \{(0,0)\}$ では，(原点を極，x–軸を始線とする) 極座標系（$r\theta$–座標系）によって

$$\frac{\partial^2}{\partial r^2} + \frac{1}{r}\frac{\partial}{\partial r} + \frac{1}{r^2}\frac{\partial^2}{\partial \theta^2} \tag{2.6}$$

と表される．いずれも 2 階の作用素であるが，(2.5) は定数係数だが，(2.6) には $\dfrac{1}{r}$ や $\dfrac{1}{r^2}$ が係数に現れる．

問 2.1 直交座標系の (2.5) が極座標で (2.6) と表されることを確かめよ[*2)]．

命題 2.1 (重ね合わせの原理) $\mathfrak{L}$ は (Ω 上の) 線形偏微分作用素とし，$u(x)$, $v(x)$ はと

[*1)] つまり，$\mathfrak{L}$ は，線形空間 $\mathcal{C}^m(\Omega)$ から線形空間 $\mathcal{C}^0(\Omega)$ への線形写像になっている．このことを代数的，あるいは，記号処理的に把握するだけでも相当のことがあきらかになる．しかし，後にみるように，位相的あるいは解析的な基礎の上で，偏微分方程式関連の諸問題が正確に述べられ解決される．

[*2)] ヒント：直交座標は極座標により $x = r\cos\theta$, $y = r\sin\theta$ と表される．直交座標で $u(x,y)$ と表される関数が極座標で $U(r,\theta)$ と表されるならば，$u(r\cos\theta, r\sin\theta) = U(r,\theta)$ である．したがって，

$$\left(x\frac{\partial}{\partial x}u + y\frac{\partial}{\partial y}u\right)(x,y)\bigg|_{x=r\cos\theta,\,y=r\sin\theta} = r\frac{\partial}{\partial r}U(r,\theta)$$

および

$$\left(-y\frac{\partial}{\partial x}u + x\frac{\partial}{\partial y}u\right)(x,y)\bigg|_{x=r\cos\theta,\,y=r\sin\theta} = \frac{\partial}{\partial \theta}U(r,\theta)$$

となる．

もに同次方程式の解であるとする．このとき，1次結合 $au(x) + bv(x)$ も同次方程式の解である．

実際，
$$\mathfrak{L}(au(x) + bv(x)) = a\mathfrak{L}(u(x)) + b\mathfrak{L}(v(x))$$
であるが，右辺の2項はいずれも消えている．

例 2.1 重ね合わせの原理の応用として，
$$\frac{\partial^2}{\partial s \partial t} u(s,t) = 0 \tag{2.7}$$
を考察しよう．変数 s のみの関数 $\phi(s)$ または t のみの関数 $\psi(t)$ は，それぞれ，t または s の偏微分で消える．したがって，$\phi(s)$ も $\psi(t)$ も (2.7) の解である．重ね合わせの原理により，これらの和 $\phi(s) + \psi(t)$ も (2.7) の解である．

例 2.2 次に，同次方程式
$$\left(\frac{\partial^2}{\partial x^2} - \frac{\partial^2}{\partial y^2}\right) w(x,y) = 0 \tag{2.8}$$
を考察しよう．$U(\tau)$ が τ のなめらかな関数のとき，$w(x,y) = U(x-y)$ は (2.8) の解であることは代入により直接検証できる．同様に，なめらかな $V(\tau)$ に対し，$w(x,y) = V(x+y)$ も (2.8) の解となっている．したがって，
$$w(x,y) = U(x-y) + V(x+y) \tag{2.9}$$
は (2.8) の解である．なお，$U(x-y)$ は $x = \tau + y$ のとき $U(\tau)$ の値をとる，すなわち，そのグラフは $U(x)$ のグラフを右に y だけ平行移動したものである．同様に，$V(x+y)$ は $V(x)$ を左に y だけ平行移動したものになる．これらは波（形）を表すものと考えて進行波解といわれる．(2.9) は左右に進む進行波解の重ね合わせで表現できる解が (2.8) にあることを示す．

問 2.2 座標変換
$$\begin{cases} x = \dfrac{1}{\sqrt{2}}(s+t), \\ y = \dfrac{1}{\sqrt{2}}(-s+t) \end{cases}$$
によって，同次方程式 (2.7) は (2.8) に変換される．

問 2.3 同次方程式
$$\left(\frac{\partial^2}{\partial x^2} - \frac{\partial^2}{\partial y^2} + \frac{\partial}{\partial x} + 1\right) u(x,y) = 0 \tag{2.10}$$

に進行波解 $u(x,y) = f(x-ay)$ (a：定数) があるとして，a の値と波形 $f(t)$ について考察せよ．

2.2 ダランベールの公式

同次方程式 (2.8) を再考しよう．(2.9) において，あらかじめ与えられた何らかの情報が $U(\tau)$, $V(\tau)$ を特定するようなものであれば，$u(x,y)$ は決まってしまう．そのような情報の例として初期値が挙げられる．すなわち，$y = y_0$ のときに $u(x,y)$, $\frac{\partial}{\partial y}u(x,y)$ が，それぞれ，既知の関数である $f(x)$, $g(x)$ と一致するものとする[*1]：

$$u(x, y_0) = f(x), \quad \frac{\partial}{\partial y}u(x, y_0) = g(x). \tag{2.11}$$

$y_0 = 0$ として，

$$U(x) + V(x) = f(x), \quad -U'(x) + V'(x) = g(x)$$

となるから，$g(x)$ の原始関数を積分表示することにより，次の命題を得る：

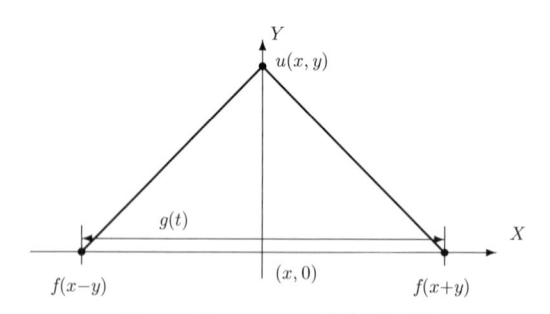

図 2.1 ダランベールの公式の模式図

命題 2.2 初期値問題 (2.8)(2.11) の解 $u(x,y)$ はダランベール (D'Alembert) の公式

$$u(x,y) = \frac{1}{2}\{f(x-y) + f(x+y)\} + \frac{1}{2}\int_{x-y}^{x+y} g(t)\,dt \tag{2.12}$$

で与えられる．

注意 2.2 (2.12) 右辺の第 1 項は区間 $[x-y, x+y]$ の両端における f の値の平均であり，第 2 項はこの区間における $g(t)$ の積分平均に y を乗じたものとなっている ($y \neq 0$)．

[*1] これが解 $u(x,y)$ に対する初期条件である．

2. 基本的な線形偏微分方程式   595

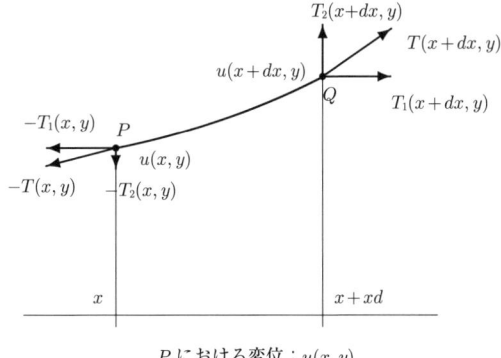

P における変位：$u(x,y)$
Q における変位：$u(x+dx,y)$

図 2.2 弦の振動の模式図

注意 2.3 (2.8) は弦の振動の方程式と呼ばれる．ダランベールの公式は，いわば無限に長い弦が初期変位 $f(x)$，初速 $g(x)$ で開始した運動が時刻 y で経験する変位を示すものと解される．無限に長い弦とは理念としての理想的な弦としてのみ許されるかも知れない想定である．弦の振動の方程式 (2.8) の導出は，そのような理想化された弦の無限に小さな振動を古典力学に従って記述することにより実現される．今，直線（x–軸）に沿って位置するきわめて細く軽く，しなやかで伸び縮みのない一様な密度の弦が，きわめてわずかな変位を伴う運動を同一の平面（xz–平面）内で行っているとする[*1)]．時刻 y のときの点 x と点 $x+dx$ の間にある弦の無限小部分 $[x, x+dx]$ の運動を記述しよう．弦の密度は一様，すなわち，定数 $\rho > 0$ とすれば，この無限小部分の質量は ρdx である．時刻 y のときの x における変位を $z = u(x,y)$ とすれば，この点における加速度は（z–方向に）$\partial^2 u(x,y)/\partial y^2(x,y)$ である．他方，変位に伴い，弦上の点 $(x, u(x,y))$ において，張力 $T(x,y) = (T_1(x,y), T_2(x,y))$ が弦の接線方向に働く．すなわち，$T_2(x,y) = \partial u(x,y)/\partial x\, T_1(x,y)$ である．この無限小部分に働く力は $T(x+dx,y) - T(x,y)$ であり，この無限小部分の力の釣り合いは

$$0 = T_1(x+dx,y) - T_1(x,y), \quad \frac{\partial^2}{\partial y^2}u(x,y)\,\rho dx = T_2(x+dx,y) - T_2(x,y)$$

となる．したがって，$T_1(x,y) \equiv \tau$（=正の定数）とおき，$\partial u(x+dx,y)/\partial x - \partial u(x,y)/\partial x = \partial^2 u(x,y)/\partial x^2\, dx$ に注意すれば，

$$\frac{\partial^2}{\partial y^2}u(x,y) = c^2 \frac{\partial^2}{\partial x^2}u(x,y), \quad c = \sqrt{\frac{\tau}{\rho}}, \tag{2.13}$$

となる．(2.8) では $c=1$ としてある．

[*1)] 現実の弦は，材質や製造工程に伴う太さやねじれがあり，さらに運動は環境からも影響を受ける．この方程式は，弦のイデアとでもいうべきものに対して導かれているのに，現実的な価値をもっている．

問 2.4 (2.13) には $U(x-cy)$ および $V(x+cy)$ の形の進行波解があることを確かめよ. (2.13) (2.11)（ただし，$y_0=0$）の解は

$$u(x,y) = \frac{1}{2}(f(x-cy)+f(x+cy)) + \frac{1}{2c}\int_{x-cy}^{x+cy} g(t)\,dt \tag{2.14}$$

と表される（これもダランベールの公式である）.

XIII 偏微分方程式入門

3

変数分離法

線形偏微分方程式の解を求める手だてとして,変数分離法を紹介する.

3.1 弦の振動の方程式

例 3.1 弦の振動の方程式 (2.8) を見直そう.(2.8) の解 $u(x,y)$ を x に関する周期 2π の周期条件

$$u(x+2\pi, y) = u(x,y), \quad -\infty < x,\ y < +\infty, \tag{3.1}$$

のもとで求めよう.このとき,

$$\begin{aligned}&\cos(\nu x)\cos(\nu y), \quad \nu = 0, 1, 2, \ldots, \\ &\cos(\nu x)\sin(\nu y),\ \sin(\nu x)\cos(\nu y),\ \sin(\nu x)\sin(\nu y), \quad \nu = 1, 2, \ldots,\end{aligned} \tag{3.2}$$

のそれぞれは (2.8) (3.1) の解である.重ね合わせの原理より,

$$\begin{aligned}u(x,y) = &\sum_{\nu=0}^{\infty} a_\nu \cos(\nu x)\cos(\nu y) + \sum_{\nu=1}^{\infty} b_\nu \cos(\nu x)\sin(\nu y) \\ &+ \sum_{\nu=1}^{\infty} c_\nu \sin(\nu x)\cos(\nu y) + \sum_{\nu=1}^{\infty} d_\nu \sin(\nu x)\sin(\nu y)\end{aligned} \tag{3.3}$$

は(収束さえすれば)同次方程式 (2.8) の解であり,さらに,周期条件 (3.1) を満足する.ただし,$a_\nu,\ b_\nu,\ c_\nu,\ d_\nu$ は定数である.この意味で,(3.2) のおのおのの関数を要素解と呼ぶ.要素解のそれぞれが (2.8) (3.1) を満足していることは直接の検証でただちにわかる.

要素解は変数分離法といわれる組織的な方法で求められる具体的な形の解である.まず,(2.8) の解を変数分離解 $u(x,y) = X(x)Y(y)$ の形で求めよう.ただし,$X(t),\ Y(t)$ はいずれも 1 変数 t のなめらかな関数で,恒等的に消えることはないとする.(2.8) に代入すれば,

$$X''(x)Y(y) - X(x)Y''(y) = 0 \quad \text{すなわち} \quad \frac{X''(x)}{X(x)} = \frac{Y''(y)}{Y(y)}$$

を得る.$x,\ y$ は独立な変数であるから,適当な定数 c を含む 2 階の常微分方程式系

$$X''(x) = cX(x), \quad Y''(y) = cY(y) \tag{3.4}$$

が導かれる. 定数 c を特定するために, $X(t)$ に周期 2π の周期性

$$X(t+2\pi) = X(t), \quad -\infty < t < +\infty,$$

を仮定しよう. (3.4) の第 1 式から

$$c = \frac{\int_0^{2\pi} X''(x)X(x)\,dx}{\int_0^{2\pi} X(x)^2\,dx} = -\frac{\int_0^{2\pi} X'(x)^2\,dx}{\int_0^{2\pi} X(x)^2\,dx} \leqq 0 \tag{3.5}$$

となる. $c = -\nu^2$ とすれば, $X(t)$ の周期性の要請と両立するのは

$$\nu = 0, 1, 2, \ldots,$$

である. このとき, (3.4) から, $a'_\nu, b'_\nu, c'_\nu, d'_\nu$ を積分定数として,

$$X(x) = a'_\nu \cos(\nu x) + b'_\nu \sin(\nu x), \quad Y(y) = c'_\nu \cos(\nu y) + d'_\nu \sin(\nu y)$$

が従う.

問 3.1 (2.12) において, $f(x), g(x)$ が周期 2π ならば, $u(x,y)$ は x, y それぞれについて周期的になることを確かめよ.

問 3.2 要素解 (3.2) のそれぞれは進行波解の重ね合わせ (2.9) として表されることを確かめよ[*1].

問 3.3 同次方程式 (2.10) を周期性 (3.1) の要請のもとで変数分離法によって解け[*2].

例 3.2 区間 $0 < x < L$ において同次方程式 (2.8) を考察する. 境界条件

$$u(0,y) = 0, \quad u(L,y) = 0 \tag{3.6}$$

のもとで, 要素解 $u(x,y) = X(x)Y(y)(\neq 0)$ は,

$$u(x,y) = \sin\left(\frac{n\pi}{L}x\right)\left\{a_n \sin\left(\frac{n\pi}{L}y\right) + b_n \cos\left(\frac{n\pi}{L}y\right)\right\} \tag{3.7}$$

である ($n = 1, 2, \ldots$. ただし, a_n, b_n は定数). 実際, $X(x)Y(y)$ を (2.8) に代入して

$$X''(x) = cX(x), \quad X(0) = X(L) = 0$$

$$Y''(y) = cY(y)$$

[*1] 三角関数の加法定理の応用である.
[*2] $u(x,y) = X(x)Y(y)$ のもとで

$$X''(x) + X'(x) - cX(x) = 0, \quad Y''(y) = (c+1)Y(y)$$

が得られる. (3.1) から $c = 0$ となる.

を適当な定数 c とともに得る．例 2.2 の場合と同様に

$$c = -\frac{\int_0^L X'(x)^2 dx}{\int_0^L X(x)^2 dx} < 0$$

がわかる．$X(x) \neq 0$, $X(0) = X(L) = 0$, と $X'(x) = 0$ とは両立しないことに注意せよ．したがって，定数倍を別にして，

$$X(x) = \sin\left(\frac{n\pi}{L}x\right), \quad c = -\left(\frac{n\pi}{L}\right)^2,$$

でなければならない．

問 3.4 区間 $0 < x < L$ において (2.8) を境界条件

$$\frac{\partial}{\partial x}u(0,y) = 0, \quad \frac{\partial}{\partial x}u(L,y) = 0 \tag{3.8}$$

のもとで考察する．この場合の要素解を決定せよ[*1)]．

3.2 要素解の重ね合わせと収束

さて，要素解を計算しただけでは解そのものが求まったとはいえない．(3.3) の三角級数が収束し，$u(x,y)$ を定める条件を検討してみよう．まず，形式的に $y=0$ を代入すると

$$u(x,0) = \sum_{\nu=0}^{\infty} a_\nu \cos(\nu x) + \sum_{\nu=1}^{\infty} c_\nu \sin(\nu x) \tag{3.9}$$

となるはずである．この級数は周期 2π の関数 $u(x,0)$ を表す三角級数展開でなければならない．同様に，(3.3) を形式的に y で偏微分してから $y=0$ とおくと，

$$\frac{\partial}{\partial y}u(x,0) = \sum_{\nu=1}^{\infty} \nu b_\nu \cos(\nu x) + \sum_{\nu=1}^{\infty} \nu d_\nu \sin(\nu x) \tag{3.10}$$

が得られる．これらは，a_ν, b_ν, c_ν, d_ν についての情報が初期値 $u(x,0)$ と $\frac{\partial}{\partial y}u(x,0)$ から求められることを示す．

命題 3.1 関数 $f(x)$, $g(x)$ はそれぞれ周期 2π の $\mathcal{C}^2$-級，$\mathcal{C}^1$-級の関数とする．偏微分方程式 (2.8) には周期条件 (3.1) と初期条件

$$u(x,0) = f(x), \quad \frac{\partial}{\partial y}u(x,0) = g(x) \tag{3.11}$$

[*1)] 要素解 $u(x,y) = X(x)Y(y)$ の因子は，

$$X(x) = \cos(\frac{n\pi}{L}x), \ Y(y) = a_n \cos(\frac{n\pi}{L}y) + b_n \sin(\frac{n\pi}{L}y), \ n = 0, 1, 2, \ldots$$

となる．

を満たすなめらかな解 $u(x,y)$ がただ一つ存在する.

[**証明**] 実際, ダランベールの公式 (2.12) は x (と y) の周期 2π の関数 $u(x,y)$ で初期条件 (3.11) を満たすものを与える. しかし, 重ね合わせによる (3.3) の形の級数も収束してなめらかな関数を定めれば, 解を与えるはずである. このことを確かめよう. まず, 初期条件 (3.11) の意味を (3.9) (3.10) と比較することにより, あきらかにしよう. (3.11) より

$$a_0 = \frac{1}{2\pi} \int_0^{2\pi} f(\xi) \, d\xi,$$
$$a_\nu = \frac{1}{\pi} \int_0^{2\pi} f(\xi) \cos \nu\xi \, d\xi, \quad c_\nu = \frac{1}{\pi} \int_0^{2\pi} f(\xi) \sin \nu\xi \, d\xi, \quad (3.12)$$
$$b_\nu = \frac{1}{\nu\pi} \int_0^{2\pi} g(\xi) \cos \nu\xi \, d\xi, \quad d_\nu = \frac{1}{\nu\pi} \int_0^{2\pi} g(\xi) \sin \nu\xi \, dx$$

($\nu = 1, 2, \ldots$) となるべきである. ところが, 加法定理より, $\nu \geqq 1$ では,

$$a_\nu \cos(\nu x) + c_\nu \sin(\nu x) = \frac{1}{\pi} \int_0^{2\pi} f(\xi) \cos(\nu(x-\xi)) \, d\xi$$

だから, (3.9) と (3.11) の第 1 式との組合せは, 等式

$$f(x) = \lim_{N \to \infty} \frac{1}{\pi} \int_0^{2\pi} \left\{ \frac{1}{2} + \sum_{\nu=1}^N \cos(\nu(x-\xi)) \right\} f(\xi) \, d\xi \quad (3.13)$$

の成立を示唆している. 同様に

$$g(x) = \lim_{N \to \infty} \frac{1}{\pi} \int_0^{2\pi} \left\{ \frac{1}{2} + \sum_{\nu=1}^N \cos(\nu(x-\xi)) \right\} g(\xi) \, d\xi \quad (3.14)$$

も成り立つことが期待され, ここで,

$$\frac{1}{\pi}\left(\frac{1}{2} + \sum_{\nu=1}^N \cos(\nu t)\right) = \frac{1}{2\pi} \frac{\sin((N+\frac{1}{2})t)}{\sin \frac{1}{2} t} = D_N(t) \quad (3.15)$$

とおくと[*1)], (3.13) は

$$f(x) = \lim_{N \to \infty} \int_0^{2\pi} D_N(x-\xi) \, f(\xi) \, d\xi$$

の形になる. しかも, $D_N(t)$ は周期 2π の偶関数で,

$$\int_0^{2\pi} D_N(t) \, dt = 1, \quad N = 1, 2, \ldots, \quad (3.16)$$

[*1)] $D_N(t)$ をディリクレ (Dirichlet) の核関数という.

を満たすから[*1]，(3.13) は

$$\lim_{N\to\infty} \int_{x-\pi}^{x+\pi} D_N(\xi - x)\{f(\xi) - f(x)\}\, d\xi = 0 \tag{3.17}$$

と同等である．$f(x)$ の周期性と 1 階連続微分可能性とから

$$F_x(t) = \begin{cases} \dfrac{f(t+x) - f(x)}{\sin \frac{t}{2}}, & t \neq 0 \\ 2f'(x), & t = 0 \end{cases} \quad (-\pi < t < \pi) \tag{3.18}$$

は t の周期 4π の連続関数に拡張され，しかも，$F_x(t+\pi) = -F_x(t-\pi)$ である．さらに，$f(x)$ が 2 階連続微分可能であれば，$F_x(t)$ は 1 階連続微分可能になる[*2]．(3.17) を確かめるには

$$\lim_{N\to\infty} \int_{-\pi}^{\pi} \sin\left((N+\tfrac{1}{2})t\right) F_x(t)\, dt = 0 \tag{3.19}$$

を示せばよい．実際，部分積分と組み合せると，左辺の積分は

$$-\left.\frac{\cos(N+\tfrac{1}{2})t}{N+\tfrac{1}{2}} F_x(t)\right|_{t=-\pi}^{\pi} + \frac{1}{N+\tfrac{1}{2}} \int_{-\pi}^{\pi} \cos\left((N+\tfrac{1}{2})t\right) F_x'(t)\, dt$$

となり，しかも，第 1 項は消え，第 2 項は $N \to \infty$ のとき 0 に収束する．ゆえに，(3.17)，したがって，(3.13) が成立する．(3.14) が $\mathcal{C}^2$-級の $g(x)$ に対して成立することも同様に示される[*3]．

(3.3) の形の級数の収束を検討しよう．(3.3) 右辺の第 1 項と第 3 項とを整理すると

$$\lim_{N\to\infty} \int_0^{2\pi} \frac{1}{2}\{D_N(x+y-\xi) + D_N(x-y-\xi)\} f(\xi)\, d\xi$$

となる．一方，$\nu \geqq 1$ のとき，

$$\frac{\sin(\nu y)}{\nu} = \frac{1}{2} \int_{-y}^{y} \cos(\nu \eta)\, d\eta$$

であることに注意すると，(3.3) 右辺の第 2 項と第 4 項とは

$$\lim_{N\to\infty} \frac{1}{2} \int_{x-y}^{x+y} \int_0^{2\pi} D_N(\eta - \xi)\, g(\xi)\, d\xi\, d\eta$$

の形にまとめられる．したがって，(3.3) は

[*1] 下の問 3.5 参照．
[*2] $t \neq 0$ のときはあきらかであろう．$t = 0$ での微分可能性は定義に溯ればよい．
[*3] (3.13) や (3.14) の成立のためには $f(x)$ や $g(x)$ が $\mathcal{C}^2$-級という要請は強すぎる．たとえば，これらがリプシッツ (Lipschitz) 連続であっても成り立つ．後述の注意 3.1 をみよ．

$$u(x,y) = \lim_{N\to\infty} \frac{1}{2} \left(\int_0^{2\pi} D_N(x+y-\xi) f(\xi) d\xi \right.$$
$$+ \int_0^{2\pi} D_N(x-y-\xi) f(\xi) d\xi \qquad (3.20)$$
$$\left. + \int_{x-y}^{x+y} \int_0^{2\pi} D_N(\eta-\xi) g(\xi) d\xi d\eta \right)$$

と表され,したがって,(3.13) (3.14) に注意すれば,$\mathcal{C}^2$-級の $f(x)$,$\mathcal{C}^1$-級の $g(x)$ に対して[*1)],(3.20) の右辺がダランベールの公式 (2.12) の形になることがわかる.

ほかに(なめらかな)解がないことを確かめておこう.このような解が2つあるとすると,方程式の線形性から両者の差 $w(x,y)$ は初期条件 (3.11) を $f(x) = g(x) = 0$ の形で満たす (2.8) (3.1) の解にほかならない.したがって,

$$e[w](y) = \frac{1}{2} \int_0^{2\pi} \left\{ \left(\frac{\partial}{\partial x} w(x,y)\right)^2 + \left(\frac{\partial}{\partial y} w(x,y)\right)^2 \right\} dx$$

に着目すると,$e[w](0) = 0$,かつ

$$e[w]'(y) = \int_0^{2\pi} \left\{ \frac{\partial}{\partial x} w(x,y) \cdot \frac{\partial^2}{\partial x \partial y} w(x,y) + \frac{\partial^2}{\partial y^2} w(x,y) \cdot \frac{\partial}{\partial y} w(x,y) \right\} dx$$

だから,部分積分と方程式 (2.8) により,$e[w]'(y) = 0$ である.したがって,$e[w](y) = 0$,すなわち,$w(x,y)$ は定数となるが,初期条件を考慮すると $w(x,y) \equiv 0$ である.

(証明終)

問 3.5 ディリクレの核関数 $D_N(t)$ は周期 2π の偶関数であり,(3.16) を満足することを確かめよ.

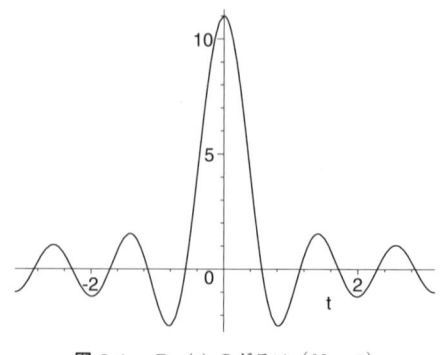

図 3.1 $D_N(t)$ のグラフ ($N = 5$)

[*1)] p.601 脚注 3 参照.

注意 3.1 (3.13) の収束がリプシッツ連続な $f(x)$ に対しても成り立つことは, $(-\pi, \pi)$ 上の可積分関数 $F(t)$ に対する

$$\lim_{k \to \infty} \int_{-\pi}^{\pi} \sin(kt)\, F(t)\, dt = 0 \tag{3.21}$$

の成立に基づく. 実際, $f(x)$ がリプシッツ連続ならば, (3.18) の $F_x(t)$ は有界で, 当然, $(-\pi, \pi)$ 上で可積分であり, (3.21) を $k = N + \frac{1}{2}$ として適用できる. (3.21) は古典的なリーマン・ルベーグの定理 (の一例) である.

問 3.6 $u(x, y)$ を命題 3.1 で与えた解とする.

$$e[u](y) = \frac{1}{2} \int_0^{2\pi} \left\{ \left(\frac{\partial}{\partial x} u(x, y) \right)^2 + \left(\frac{\partial}{\partial y} u(x, y) \right)^2 \right\} dx \tag{3.22}$$

は $e[u](y) \equiv$ 定数, すなわち,

$$e[u](y) \equiv \frac{1}{2} \int_0^{2\pi} \{f(x)^2 + g(x)^2\} dx$$

を満足することを示せ[*1].

境界条件が周期条件でない場合は, 初期条件に境界条件との両立性に関する注意がいる. 最初に, 形式的な解を構成しよう.

補題 3.1 $f(x), g(x)$ は $0 < x < L$ で定義された関数とする. 境界条件 (3.6), 初期条件 (3.11) のもとで弦の振動方程式 (2.8) には形式解

$$u(x, y) = \sum_{n=1}^{\infty} \sin(\frac{n\pi}{L} x) \left(c_n \cos(\frac{n\pi}{L} y) + d_n \sin(\frac{n\pi}{L} y) \right) \tag{3.23}$$

が存在する. ただし,

$$\begin{aligned} c_n &= \frac{2}{L} \int_0^L f(\xi) \sin(\frac{n\pi}{L} \xi)\, d\xi \\ d_n &= \frac{2}{n\pi} \int_0^L g(\xi) \sin(\frac{n\pi}{L} \xi)\, d\xi \end{aligned}, \quad n = 1, 2, \ldots, \tag{3.24}$$

である.

実際, (3.24) は (3.12) と同様の考え方で得られるものである.

とくに, ディリクレの核関数を用いれば, 補題 3.1 から

[*1] $e[u](y)$ を y で微分し, 部分積分と方程式 (2.8) と周期条件 (3.1) を利用して処理せよ. $e[u](y)$ は $w(x, y)$ のエネルギー積分と呼ばれる. この問は, いわば, エネルギーが保存されることを示すものともいえる.

$$u(x,y) = \lim_{N\to\infty} \Bigg(\frac{\pi}{2L} \int_0^L \Big\{ D_N(\frac{\pi}{L}(x+y-\xi))$$
$$- D_N(\frac{\pi}{L}(x+y+\xi)) + D_N(\frac{\pi}{L}(x-y-\xi))$$
$$- D_N(\frac{\pi}{L}(x-y+\xi)) \Big\} f(\xi)\, d\xi$$
$$+ \frac{\pi}{4L} \int_{-y}^y d\eta \int_0^L \Big\{ D_N(\frac{\pi}{L}(x+\eta-\xi))$$
$$- D_N(\frac{\pi}{L}(x+\eta+\xi)) + D_N(\frac{\pi}{L}(x-\eta-\xi))$$
$$- D_N(\frac{\pi}{L}(x-\eta+\xi)) \Big\} g(\xi)\, d\xi \Bigg) \tag{3.25}$$

が得られる. $f(x)$, $g(x)$ を $-L < x < L$ に奇関数として拡張したものを $f^o(x)$, $g^o(x)$ とする:

$$f^o(x) = \begin{cases} f(x), & 0 < x < L \\ -f(-x), & -L < x < 0 \end{cases}, \quad g^o(x) = \begin{cases} g(x), & 0 < x < L \\ -g(-x), & -L < x < 0 \end{cases}.$$

このとき, (3.25) は

$$u(x,y) = \lim_{N\to\infty} \Bigg(\frac{\pi}{2L} \int_{-L}^L \Big\{ D_N(\frac{\pi}{L}(x+y-\xi))$$
$$+ D_N(\frac{\pi}{L}(x-y-\xi)) \Big\} f^o(\xi)\, d\xi$$
$$+ \frac{\pi}{4L} \int_{-y}^y d\eta \int_{-L}^L \Big\{ D_N(\frac{\pi}{L}(x+\eta-\xi))$$
$$+ D_N(\frac{\pi}{L}(x-\eta-\xi)) \Big\} g^o(\xi)\, d\xi \Bigg)$$

とやや簡略化される. ここで, さらに, $f(x)$, $g(x)$ が両立条件

$$f(0) = f(L) = 0, \quad g(0) = g(L) = 0 \tag{3.26}$$

を満たしているとすれば, $f^o(x)$, $g^o(x)$ は,

$$f^o(-L) = f^o(L) = 0, \quad g^o(-L) = g^o(L) = 0$$

を満足するので, いずれも, 全直線上の周期 $2L$ の関数として拡張でき, それゆえ, $f^o(x)$, $g^o(x)$ は直線上の周期 $2L$ の関数として拡張されているものとして扱ってよい. $f(x)$, $g(x)$ が $0 < x < L$ において有界な導関数をもつならば, こうして拡張された $f^o(x)$, $g^o(x)$ はリプシッツ連続である. したがって,

$$u(x,y) = \frac{f^o(x+y) + f^o(x-y)}{2} + \frac{1}{2} \int_{x-y}^{x+y} g^o(\eta)\, d\eta \tag{3.27}$$

が導かれる．しかも，奇関数性と周期性から

$$u(0,y) = u(L,y) = 0$$

が成り立つことが容易にわかるであろう．一方，$f^o(x)$ が $\mathcal{C}^2$-級，$g^o(x)$ が $\mathcal{C}^1$-級であれば，(3.27) は $\mathcal{C}^2$-級のなめらかさをもつ．

補題 3.2 関数 $h(x)$ は $0 \leqq x \leqq L$ において連続，$0 < x < L$ において 1 階連続微分可能で，$h(0) = h(L) = 0$ を満たし，さらに，導関数 $h'(x)$ は $x \to 0$ および $x \to L$ で有界な極限値をもつとする．このとき，$h(x)$ の周期 $2L$ の奇関数拡張 $h^o(x)$ は直線上で 1 階連続微分可能である．さらに，$h(x)$ が $0 < x < L$ において 2 階連続微分可能で，導関数 $h''(x)$ が有界ならば，$h^o(x)$ は $x \neq kL, k = 0, \pm 1, \pm 2, \ldots$，において 2 階連続微分可能で，$h^o(x)$ の 1 階導関数はリプシッツ連続である．$h^o(x)$ が直線上で 2 階連続微分可能になるための必要十分条件は $h''(x)$ が $x \to 0$ および $x \to L$ のときに 0 に収束することである．

[証明] 実際に必要な導関数を計算すればあきらかであろう．　　　　(証明終)

形式解が微分できて実際に解になることを（やや強い条件のもとで）示そう．

命題 3.2 $f(x), g(x)$ は $0 \leqq x \leqq L$ で定義された関数とする．$f(x), g(x)$ は，それぞれ $\mathcal{C}^2$-級，$\mathcal{C}^1$-級で強い両立条件

$$\begin{aligned}f(0) = f(L) = f''(0) = f''(L) = 0, \\ g(0) = g(L) = 0\end{aligned} \tag{3.28}$$

を満足するならば，境界条件 (3.6)，初期条件 (3.11) のもとで弦の振動方程式 (2.8) には $\mathcal{C}^2$-級の解 $u(x,y)$ がただ一つ存在する．

[証明] 解 $u(x,y)$ は形式的には，級数 (3.23) の形で得られるはずである．実際に，この $u(x,y)$ を与える級数が収束して $\mathcal{C}^2$-級の関数 (3.27) を定めることは，上の議論の帰結である．また，このような解が一意的であることは，命題 3.1 のときと同様に示される．
　　　　　　　　　　　　　　　　　　　　　　　　　　　　　　　　　　　　　　　(証明終)

注意 3.2 両立条件は，本来ならば，(3.26) だけに留められるべきだから，(3.28) の 2 階導関数に対する要請は余計なはずである．実際，(3.27) は $\mathcal{C}^1$-級であり，$x \pm y \neq kL, k = 0, \pm 1, \pm 2, \ldots$ ならば $\mathcal{C}^2$-級でもある．このことは，両端 $x = 0$ および $x = L$ から発生する特異性（の境界に反射しながら進行してゆく様子）が一般に解に反映するということを意味している．

問 3.7 弦の振動の方程式 (2.8) は，初期条件 (3.11)，境界条件 (3.8) のもとで $\mathcal{C}^2$-級の解をただ一つもつことを示せ．ただし，$f(x), g(x)$ は，それぞれ $\mathcal{C}^2$-級，$\mathcal{C}^1$-級で，両

立条件

$$\frac{\partial}{\partial x}f(x) = 0, \ x = 0, \ x = L, \quad \frac{\partial}{\partial x}g(x) = 0, \ x = 0, \ x = L, \tag{3.29}$$

を満たしているとする[*1].

一方,要素解の重ね合わせで得られるものが偏微分方程式の階数にふさわしい微分可能性をもたなくても解として解釈できることは重要である.

例 3.3 固定端の弦の振動の方程式の初期値問題 (2.8) (3.6) (3.11) の解 $u(x,y)$ を

$$f(x) = \begin{cases} 2x, & 0 < x < \frac{1}{2} \\ 2 - 2x, & \frac{1}{2} < x < 1 \end{cases} \tag{3.30}$$

および $g(x) = 0, \ 0 < x < 1$,の場合に作ってみよう.これは,長さ 1 の弦の中央を高さ 1 まで持ち上げて静かに放した後に生ずる運動の記述に相当する.

$$c_{2n} = 0, \quad c_{2n-1} = (-1)^{n-1}\frac{8}{(2n-1)^2\pi^2}, \ n = 1, 2, \ldots,$$

$$d_n = 0, \quad n = 1, 2, \ldots$$

だから,対応する要素解を重ね合わせたものは

$$u(x,y) = \frac{8}{\pi^2}\sum_{n=1}^{\infty}\frac{(-1)^{n-1}}{(2n-1)^2}\sin(2n-1)\pi x\ \cos(2n-1)\pi y \tag{3.31}$$

となる.一方,$f(x)$ を全直線上に周期 2 の奇関数として拡張したものは

$$f^o(x) = \begin{cases} 2x - 4m, & 2m - \frac{1}{2} < x < 2m + \frac{1}{2} \\ 4m + 2 - 2x, & 2m + \frac{1}{2} < x < 2m + \frac{3}{2} \end{cases}, \quad m = 0, \pm 1, \pm 2, \ldots$$

である.$u(x,y)$ の 2 階偏導関数の存在は微妙だが,$u(x,y)$ 自身は一様に収束して x, y に関して連続な関数を定めていることはあきらかであろう.事実,(3.27) より

$$u(x,y) = \frac{1}{2}\{f^o(x+y) + f^o(x-y)\}$$

である.したがって,xy-平面の帯状集合 $\Sigma = [0,1] \times \mathbf{R}$ を

[*1] 要素解の重ね合わせが利用できる.また,$f(x)$ は (3.29) を満たすから

$$f^e(x) = \begin{cases} f(x), & 0 < x < L \\ f(-x), & -L < x < 0 \end{cases}$$

とおくと,$f^e(-L) = f^e(L)$ であり,したがって,$f^e(x)$ は全直線上に周期 $2L$ の $\mathcal{C}^2$-級の偶関数として拡張される.$g^e(x)$ も同様に $g(x)$ の周期 $2L$ の偶関数としての拡張で,$\mathcal{C}^1$-級である.初期値を $f^e(x)$, $g^e(x)$ として得られるダランベールの公式による解と要素解の重ね合わせによる解とは一致する.

3. 変数分離法

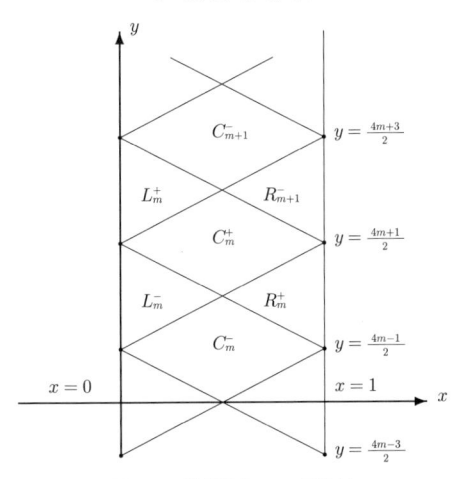

図 3.2 帯状集合 Σ の区分け

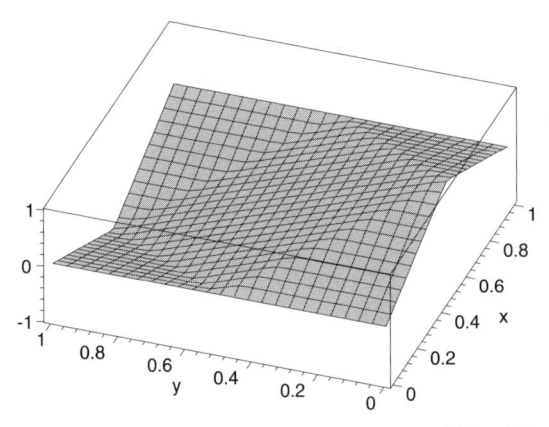

図 3.3 例 3.3 の $u(x,y)$: $0<x<1,\ 0<y<1$ の部分のグラフ

$$C_m^+ = \{(x,y);\ 2m+\frac{1}{2}-x < y < 2m+\frac{3}{2}-x,$$
$$2m-\frac{1}{2}+x < y < 2m+\frac{1}{2}+x,\ 0<x<1\},$$
$$C_m^- = \{(x,y);\ 2m-\frac{1}{2}-x < y < 2m+\frac{1}{2}-x,$$
$$2m-\frac{3}{2}+x < y < 2m-\frac{1}{2}+x,\ 0<x<1\}$$

$$L_m^+ = \{(x,y);\ 2m + \frac{1}{2} - x < y < 2m + \frac{3}{2} - x,$$
$$2m + \frac{1}{2} + x < y < 2m + \frac{3}{2} + x,\ 0 < x < \frac{1}{2}\}$$
$$L_m^- = \{(x,y);\ 2m - \frac{1}{2} - x < y < 2m + \frac{1}{2} - x,$$
$$2m - \frac{1}{2} + x < y < 2m + \frac{1}{2} + x,\ 0 < x < \frac{1}{2}\}$$
$$R_m^+ = \{(x,y);\ 2m + \frac{1}{2} - x < y < 2m + \frac{3}{2} - x,$$
$$2m - \frac{3}{2} + x < y < 2m - \frac{1}{2} + x,\ \frac{1}{2} < x < 1\}$$
$$R_m^- = \{(x,y);\ 2m - \frac{1}{2} - x < y < 2m + \frac{1}{2} - x,$$
$$2m - \frac{5}{2} + x < y < 2m - \frac{3}{2} + x,\ \frac{1}{2} < x < 1\}$$

($m = 0, \pm 1, \pm 2, \ldots$) の閉包の合併として表せば (図 3.2),

$$u(x,y) = \begin{cases} 2x, & (x,y) \in L_m^- \\ -2x, & (x,y) \in L_m^+ \\ 2x - 2, & (x,y) \in R_m^- \\ -2x + 2, & (x,y) \in R_m^+ \\ 2y - 4m + 1, & (x,y) \in C_m^- \\ -2y + 4m + 1, & (x,y) \in C_m^+ \end{cases},\quad m = 0, \pm 1, \pm 2, \ldots$$

となる (図 3.3 参照). この解は $0 < x < L, -\infty < y < \infty$ の全体では C^2-級にならない. しかし, 偏微分が意味をもつところでは, 方程式 (2.8) を満足する.

問 3.8 $\phi(x,y)$ は C^2-級のなめらかな関数で $\phi(0,y) = \phi(L,y) = 0$ および十分大きな $T > 0$ に対し, $\phi(x,y) = 0,\ y \geqq T > 0$ を満たしているとする. 例 3.3 の解 $u(x,y)$ について, 積分

$$\int_0^T dy \int_0^L u(x,y) \left(\frac{\partial^2}{\partial x^2} - \frac{\partial^2}{\partial y^2} \right) \phi(x,y)\ dx + \int_0^L f(x)\ \frac{\partial}{\partial y}\phi(x,0)\ dx$$

の値を求めよ[*1)].

注意 3.3 問 3.8 は例 3.3 の解 $u(x,y)$ が同次方程式 (2.8) (と初期条件 (3.11) と) を満たすということの解釈を与えるものであるが, $u(x,y)$ が後述する弱い意味の 2 階偏導関数をもつことを示唆するわけではない.

[*1)] 値は 0 である. 積分の処理には (3.31) の方を利用せよ.

XIII 偏微分方程式入門

4
熱 方 程 式

同次方程式

$$\left(\frac{\partial}{\partial t} - \frac{\partial^2}{\partial x^2}\right) u(t,x) = 0 \qquad (4.1)$$

は熱方程式と呼ばれる．名称の由来は，一様な細い（理想的な）棒の点 x における時刻 t での温度 $u(t,x)$ が従うべき方程式だからである．方程式の導出は，点 x における（高温部から低温部への）熱流 Q が温度勾配 u_x に比例するというフーリエの法則に基づくものであるが，詳細は省略する．また，この方程式は，拡散方程式とも呼ばれ，確率過程を論ずる際の基本的な道具でもある．

4.1 直線上の熱方程式

まず，全直線 $-\infty < x < +\infty$ の上で考察しよう．

問 4.1 $u(t,x)$ が (4.1) を $t > 0$, $-\infty < x < +\infty$ で満足しているとする．任意に定数 $\lambda > 0$ を指定し，$u_\lambda(t,x) = u(\lambda^2 t, \lambda x)$ とおくと，$u_\lambda(x,t)$ も (4.1) を $t > 0$, $-\infty < x < +\infty$ で満足することを確かめよ．

問 4.2 $u(t,x)$ は $t > 0$, $-\infty < x < +\infty$ において熱方程式 (4.1) を満足し，さらに，$u(\lambda^2 t, \lambda x) = \lambda^{-1} u(t,x)$, $\lambda > 0$ を満たすとする．このとき，$u(t,x) = \dfrac{1}{\sqrt{t}} w\left(\dfrac{x}{\sqrt{t}}\right)$, $t > 0$, となるような 1 変数関数 $w(\tau)$ があって

$$w(\tau) + \tau w'(\tau) + 2w''(\tau) = 0 \qquad (4.2)$$

が成り立つ[*1]．

[*1] $\lambda = \frac{1}{\sqrt{t}}$ とおくと，$u(t,x) = \frac{1}{\sqrt{t}} u(1, \frac{x}{\sqrt{t}})$ となる．なお，(4.2) は 2 階の常微分方程式であり，2 個の独立な解がある．$W(\tau) = \exp(-\frac{1}{4}\tau^2)$ が (4.2) を満たすことは代入して確かめられる．第 2 の解を求めるには，階数低下法を利用する．すなわち，$w(\tau) = v(\tau) W(\tau)$ とおき，(4.2) に代入して得られる $v'(\tau)$ についての 1 階常微分方程式

$$v''(\tau) + \frac{\tau W(\tau) + 4W'(\tau)}{2W(\tau)} v'(\tau) = v''(\tau) - \frac{\tau}{2} v'(\tau) = 0$$

から $v(\tau)$ を解け．

さて，$t > 0$ に対し，
$$W_t(x) = \frac{1}{2\sqrt{\pi t}}\, e^{-\frac{x^2}{4t}} \tag{4.3}$$
を熱核関数またはガウス・ワイエルシュトラス (Gauss–Weierstrass) 関数という．

補題 4.1 ガウス・ワイエルシュトラス関数に対し，
$$\int_{-\infty}^{+\infty} W_t(x)\, dx = 1, \quad t > 0, \tag{4.4}$$
が成立する．また，$t > 0$, $-\infty < x < +\infty$ のおいて，$w(t, x) = W_t(x)$ は熱方程式 (4.1) を満足する．

実際，(4.4) は，微積分における基本的な公式
$$\int_{-\infty}^{+\infty} e^{-\frac{1}{2}y^2}\, dy = \sqrt{2\pi} \tag{4.5}$$
において，積分変数を $x = \sqrt{2t}y$ に改めることにより導かれる．$w(t, x) = W_t(x)$ が (4.1) を満たすことは直接的な計算で確かめられる[*1]．

補題 4.2 $g(x)$ は直線上の連続関数で有界，すなわち，有限な
$$M = \sup_{-\infty < x < +\infty} |g(x)|$$
があるとする．$t > 0$ に対し，積分
$$u(t, x) = \int_{-\infty}^{+\infty} W_t(x - y)\, g(y)\, dy \tag{4.6}$$

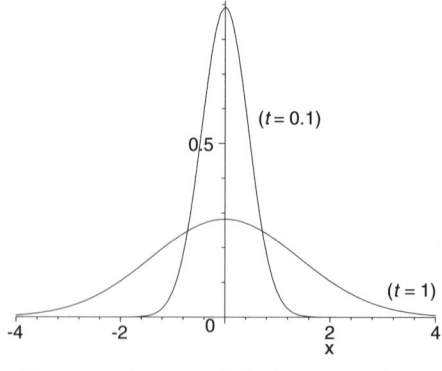

図 4.1 $W_t(x)$, $t = 1$ および $t = 0.1$ のグラフ

[*1] なお，問 4.2 を参照せよ．

は収束する.しかも,任意の $R>0$ に対して

$$|u(t,x)-g(x)| \leq \sup_{|y-x|\leq R\sqrt{t}} |g(y)-g(x)| + 2M \operatorname{erfc}\left(\frac{R}{2}\right) \tag{4.7}$$

である[*1)].とくに,

$$\lim_{\substack{t\to 0 \\ t>0}} u(t,x) = g(x) \tag{4.8}$$

が成り立つ.

[**証明**] 積分 (4.6) は

$$\int_{x-R}^{x+R} \frac{1}{2\sqrt{\pi t}} e^{-\frac{(x-y)^2}{4t}} g(y)\, dy, \quad R>0,$$

の $R\to +\infty$ の極限として定義される.$g(x)$ の有界性と (4.4) とから,この極限の存在はあきらかである.一方,(4.7) を示すには,(4.4) を利用し,さらに,積分変数を変換して,

$$u(t,x) - g(x) = \int_{-\infty}^{+\infty} W_1(z)\, \{g(x-\sqrt{t}z) - g(x)\}\, dz$$

と書き直せることに注意しよう.右辺の積分を $|z|\leq R$ の部分 I_1 と $|z|>R$ の部分 I_2 に分け,I_1 については,$g(x-\sqrt{t}z)-g(x)$ の $|z|\leq R$ における上限を積分の外に出した後で,積分区間を $(-\infty,+\infty)$ まで広げれば,(4.7) の右辺第 1 項が得られる.I_2 については,$g(x)$ の有界性を使えば,(4.7) の右辺第 2 項がただちに得られる.(4.8) を示すには,任意の $\epsilon>0$ に対し,(4.7) の右辺において,第 2 項が $\epsilon/2$ より小さくなるような十分に大きい $R>0$ を選び,ついで,右辺第 1 項が $\epsilon/2$ より小さくなるように t を十分に小さくとればよい. (証明終)

以上をまとめて,次の命題を得る.

命題 4.1 直線上の有界な連続関数 $g(x)$ に対し,(4.6) で定められる $u(t,x)$ は,初期条件

$$u(0,x) = g(x), \quad -\infty < x < +\infty, \tag{4.9}$$

を満たす熱方程式 (4.1) の解である.

[**証明**] 確認すべきことは,$t>0$ のときに,$u(t,x)$ がなめらかであり,熱方程式 (4.1) を実際に満たすことである.このためには,補題 4.1 によれば,(4.6) で偏微分演算と積分記号とが交換できることを確かめればよい.実際に,被積分関数を t,x で何回偏微分し

[*1)] ただし,$\operatorname{erfc}(x) = 1 - \operatorname{erf}(x)$ であり,$\operatorname{erf}(x)$ は誤差関数

$$\operatorname{erf}(x) = \frac{2}{\sqrt{\pi}} \int_0^x e^{-z^2}\, dz, \quad x>0,$$

である.(4.5) から $\lim_{x\to\infty} \operatorname{erf}(x) = 1$ が従う.

ても，その結果は $-\infty < y < +\infty$ で積分できる[*1)] ので，この交換には障害はなく，しかも，$u(t,x)$ は $t>0$ において $\mathcal{C}^\infty$-級のなめらかさをもつこともわかる．　　　(証明終)

問 4.3 $g(x)$ が周期 $\varpi > 0$ の周期関数ならば，(4.6) が定める $u(t,x)$ も x に関して周期 ϖ である．

4.2 熱方程式と変数分離法

命題 4.1 は，いわば，無限に長い棒の温度分布の変化を与えられた初期分布から計算できることを示している．しかし，有限の長さ（$L>0$）の棒の場合なら，両端での熱の出入の情報が補われるので，したがって，初期条件に加えて境界条件が課されなければならない．たとえば，左端（$x=0$）で 0 度の（大熱容量の）物体に接し，右端（$x=L$）では断熱されている場合に相当する問題は，熱方程式 (4.1) を $t>0, 0<x<L$ で満足する $u(t,x)$ であって，境界条件

$$u(t,0) = 0, \quad \frac{\partial}{\partial x} u(t,L) = 0, \quad t>0, \tag{4.10}$$

および初期条件

$$u(0,x) = g(x), \quad 0 < x < L \tag{4.11}$$

を満たすものを求めることである．

境界条件 (4.10) をみるために，変数分離解を要素解として求めよう．

例 4.1 熱方程式 (4.1) の境界条件 (4.10) を満たす要素解は

$$e^{-\nu_m^2 t} \sin(\nu_m x), \quad \nu_m = \frac{2m-1}{2L}\pi, \quad m=1, 2, \ldots$$

である．要素解を変数分離解 $u(t,x) = T(t)X(x)$ として (4.1) に代入すると

$$T'(t)X(x) - T(t)X''(x) = 0 \quad \text{または} \quad \frac{T'(t)}{T(t)} = \frac{X''(x)}{X(x)} = c$$

を得る．c は適当な定数である．(4.10) から，$X(x)$ は

$$X(0) = 0, \quad X'(L) = 0$$

を満たす．(3.5) と同様に $c = -\nu^2 < 0$ がわかり，さらに，$a_\nu \neq 0$ として，

$$X(x) = a_\nu \sin(\nu x), \quad \cos(\nu L) = 0$$

[*1)] 要するに，被積分関数を偏微分した結果は $(x-y)^n \, t^{-m/2} \, e^{-(x-y)^2/4t} \, g(y)$ の形の項の 1 次結合になる．

であるから,
$$\nu = \nu_m = \frac{2m-1}{2L}\pi, \quad m = 1, 2, \ldots$$
が得られる. したがって, b_m は適当な定数として,
$$T(t) = b_m e^{-\nu_m^2 t}$$
である.

長さ L の棒の両端が温度 0 度の設定されている場合に相当するのは, 熱方程式 (4.1) に, 境界条件
$$u(t,0) = u(t,L) = 0, \quad t > 0, \tag{4.12}$$
を課す場合である. このときの要素解は
$$e^{-\left(\frac{n\pi}{L}\right)^2 t} \sin\left(\frac{n\pi}{L}x\right), \quad n = 1, 2, \ldots, \tag{4.13}$$
で与えられる.

問 4.4 (4.13) を確かめよ.

命題 4.2 熱方程式 (4.1) を $t > 0$, $0 < x < L$ で満足し, 境界条件 (4.12) と初期条件 (4.11) を満たす解 $u(t,x)$ は, $t > 0$ において,
$$\begin{aligned}u(t,x) &= \sum_{n=1}^{\infty} c_n \, e^{-\frac{n^2\pi^2}{L^2}t} \, \sin\left(\frac{n\pi}{L}x\right), \\ c_n &= \frac{2}{L}\int_0^L g(y) \, \sin\left(\frac{n\pi}{L}y\right) \, dy, \, n = 1, 2, \ldots,\end{aligned} \tag{4.14}$$
と表される. 初期値 $g(x)$ は 2 乗可積分 $\int_0^L g(x)^2 \, dx < +\infty$ とする.

実際, (4.14) の各項は要素解である. 初期値の仮定のもとでは,
$$|c_n| \leqq \sqrt{\frac{2}{L}} \sqrt{\int_0^L g(x)^2 \, dx}$$
であり, 一方, $t > 0$ では
$$n^2 \, e^{-\frac{n^2\pi^2}{L^2}t} \leqq \frac{L^2}{e\pi^2}\frac{1}{t}$$
だから, (4.14) は収束する[*1].

例 4.2 初期値

[*1] $t = 0$ における収束性については割愛する.

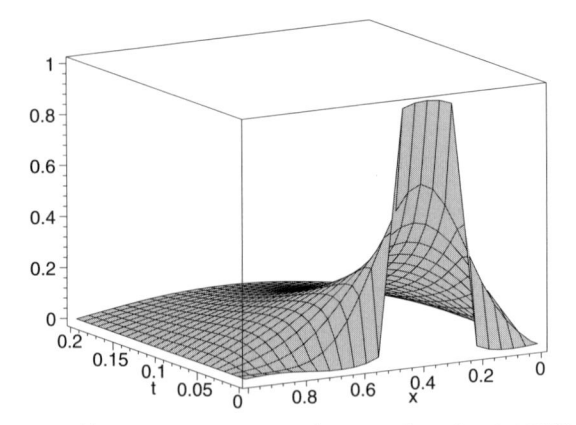

図 4.2 例 4.2 の $u(x,t)$ のグラフ（$n=100$ までの和による近似）

$$g(x) = \begin{cases} 1, & 0.25 < x < 0.5 \\ 0, & 0 < x < 0.25 \text{ または } 0.5 < x < 1 \end{cases} \tag{4.15}$$

として，(4.1) (4.12) (4.11) の解は，

$$u(t,x) = -\frac{2}{\pi} \sum_{n=0}^{\infty} \left(\cos\frac{n\pi}{2} - \cos\frac{n\pi}{4} \right) e^{-n^2\pi^2 t} \sin(n\pi x) \tag{4.16}$$

で与えられる．三角級数の一般論に従えば，(4.16) 右辺の級数は $t=0$ のときも収束し，その値は $\frac{1}{2}\{g(x-0)+g(x+0)\}$ である．したがって，$t=0$ をこめて項数の十分に大きい有限和で解の近似が得られる．

棒の両端が断熱的な場合に相当する境界条件は

$$\left.\frac{\partial}{\partial x}u(t,x)\right|_{x=0} = 0, \quad \left.\frac{\partial}{\partial x}u(t,x)\right|_{x=L} = 0 \tag{4.17}$$

である．対応する熱方程式の初期値境界値問題は次のようになる．

命題 4.3 熱方程式 (4.1) を $t>0$, $0<x<L$ で満足し，境界条件 (4.17) と初期条件 (4.11) を満たす解 $u(t,x)$ は，$t>0$ において，

$$\begin{aligned} u(t,x) &= \frac{1}{L}\int_0^L g(x)\,dx + \sum_{n=1}^{\infty} d_n\, e^{-\frac{n^2\pi^2}{L^2}t} \cos\left(\frac{n\pi}{L}x\right), \\ d_n &= \frac{2}{L}\int_0^L g(y)\cos\left(\frac{n\pi}{L}y\right)dy,\ n=1,2,\ldots, \end{aligned} \tag{4.18}$$

と表される．初期値 $g(x)$ は 2 乗可積分 $\int_0^L g(x)^2\,dx < +\infty$ とする．

[**証明**] まず，この場合の要素解は

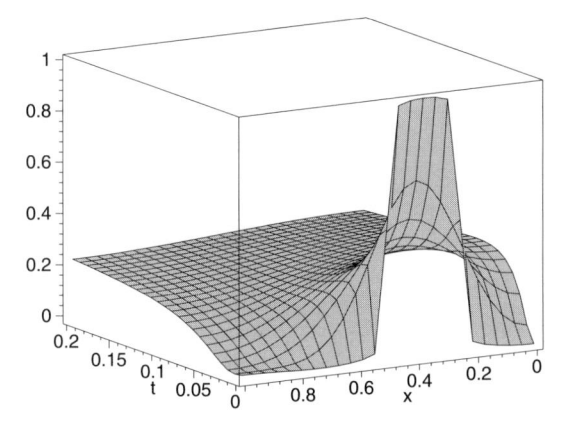

図 4.3 例 4.3 の $u(x,t)$ のグラフ ($n=100$ までの和による近似)

$$u_n(t,x) = e^{-\frac{n^2\pi^2}{L}t}\cos\left(\frac{n\pi}{L}x\right), \quad n=0,\ 1,\ 2,\ldots \tag{4.19}$$

となることは容易に確かめられるであろう．後の手順は，命題 4.2 と同様である．

(証明終)

例 4.3 初期値 (4.15) のもとで，(4.1) (4.17) (4.11) の解は，

$$u(t,x) = \frac{2}{\pi}\sum_{n=0}^{\infty}\left(\sin\frac{n\pi}{2} - \sin\frac{n\pi}{4}\right)e^{-n^2\pi^2 t}\sin(n\pi x) \tag{4.20}$$

で与えられる．

XIII 偏微分方程式入門

5

平面のラプラシアン

偏微分作用素 (2.5) は平面のラプラス (Laplace) 作用素またはラプラシアンと呼ばれる．高次元（d–次元）の類比

$$\frac{\partial^2}{\partial x_1^2} + \cdots + \frac{\partial^2}{\partial x_d^2} \tag{5.1}$$

は d–次元のラプラス作用素である[*1]．(5.1) は，記号 Δ_d（次元 d が了解されているときには，単に，Δ）で表されることも多い．

以下では平面の場合，$d=2$ のときを述べる．

5.1 固有値問題の変数分離解

開区間 $I_a = (0, a)$ と $I_b = (0, b)$（$a, b > 0$）の直積を

$$\Omega_{a,b} = I_a \times I_b = \{\,(x,y)\,;\,0 < x < a,\,0 < y < b\,\}$$

とおこう．$\Omega_{a,b}$ の境界（すなわち，周）は

$$\partial\Omega_{a,b} = \{\,(x,y)\,;\,x = 0\,\text{または}\,x = a,\,0 \leqq y \leqq b\,\}$$
$$\cup\,\{\,(x,y)\,;\,y = 0\,\text{または}\,y = b,\,0 \leqq x \leqq a\,\}$$

である．さて，偏微分方程式

$$\left(\frac{\partial^2}{\partial x^2} + \frac{\partial^2}{\partial y^2}\right) u(x,y) = \lambda u(x,y) \tag{5.2}$$

を $\Omega_{a,b}$ で満たし，境界条件

$$u(x,y)|_{\partial\Omega_{a,b}} = 0 \tag{5.3}$$

を $\partial\Omega_{a,b}$ で満足するような関数 $u(x,y)$ と定数 λ を求めたい．

このような問題は，一般に固有値問題と呼ばれ，自明でない解 $u(x,y)$ は固有関数，そのときの λ の値は固有値と呼ばれる．

[*1] 常微分作用素 $\frac{d^2}{dx^2}$ は 1 次元のラプラシアンに相当する．

5. 平面のラプラシアン

命題 5.1 固有値問題 (5.2) (5.3) の固有関数と固有値は

$$u_{m,n}(x,y) = \sin\left(\frac{m\pi}{a}x\right)\sin\left(\frac{n\pi}{b}y\right)$$
$$\lambda_{m,n} = -\pi^2\left(\frac{m^2}{a^2} + \frac{n^2}{b^2}\right) \quad (m,\ n = 1, 2, \ldots) \quad (5.4)$$

で与えられる．固有関数は定数倍を除いて決まる．

(5.4) が方程式 (5.2) を満足していることは，代入してみればただちに確かめられる．また，(5.3) を満たしていることも $u_{m,n}(x,y)$ の形からあきらかである．

どのような手順で (5.4) を発見したのであろうか．(5.2) (5.3) の解を変数分離形 $u(x,y) = X(x)Y(y) \neq 0$ に想定しよう．(5.2) に代入すると

$$\frac{X''(x)}{X(x)} + \frac{Y''(y)}{Y(y)} = \lambda$$

となる．しかも，(5.3) を考慮に入れると，

$$X''(x) = -\kappa X(x), \quad X(0) = X(a) = 0 \tag{5.5}$$
$$Y''(y) = -(-\lambda + \kappa)Y(y), \quad Y(0) = Y(b) = 0 \tag{5.6}$$

が従わなければならない．κ は補われた適当な定数である．

問 5.1 (5.5) において $X(x) \neq 0$ ならば $\kappa > 0$ でなければならないことを示せ[*1)]．

したがって，$\kappa = \mu^2$ とおくと，$X(x) = c\sin\mu x + c'\cos\mu x$ と表される．ここで，c, c' は定数である．境界条件から

$$c \neq 0, \quad c' = 0, \quad \sin\mu a = 0$$

となり，したがって，$\mu = \frac{m\pi}{a}$ となる自然数 m がある．$Y(y) = c_1\sin\frac{n\pi}{b}y$（$c_1$ は定数）もまったく同様に導かれる．

注意 5.1 $\Omega_{a,b}$ 上の2乗可積分関数のなすヒルベルト (Hilbert) 空間[*2)]を $\mathbf{L}^2(\Omega_{a,b})$ とする．固有関数系 $u_{m,n}(x,y),\ m,n = 1,2,\ldots$ は $\mathbf{L}^2(\Omega_{a,b})$ の直交基底をなしている．直交性は

[*1)] 以前と同様に

$$\kappa\int_0^a X(x)^2\ dx = -\int_0^a X(x)\ X''(x)\ dx$$

に注意せよ．右辺は部分積分により，$\int_0^a X'(x)^2\ dx$ に変形される．しかも，この積分値は正でなければならない．

[*2)] 別項参照．

$$\iint_{\Omega_{a,b}} u_{m,n}(x,y)\, u_{\ell,k}(x,y)\, dxdy = \begin{cases} 0, & (m,n) \neq (\ell,k) \\ \dfrac{ab}{4}, & (m,n) = (\ell,k) \end{cases} \tag{5.7}$$

からあきらかである．基底性は $h(x,y) \in \mathbf{L}^2(\Omega_{a,b})$ に対し

$$\iint_{\Omega_{a,b}} h(x,y)\, u_{m,n}(x,y)\, dxdy = 0, \ m,n = 1,2,\ldots$$

から $h(x,y) = 0$ を導けばよい．この際，$h(x,y)$ が x, y それぞれの関数の積であるとしてよく，結局，$h(x,y)$ が任意の矩形領域の特性関数の定数倍の場合に帰着する．ところが，この場合はあきらかである．

5.2　長方形領域でのディリクレ問題

次に，与えられた $f(x,y)$ に対して境界条件

$$u(x,y)|_{\partial \Omega_{a,b}} = 0 \tag{5.8}$$

のもとで，$\Omega_{a,b}$ における偏微分方程式

$$\left(\frac{\partial^2}{\partial x^2} + \frac{\partial^2}{\partial y^2} \right) u(x,y) = f(x,y) \tag{5.9}$$

を満足する $u(x,y)$ を求めよう．このように境界値が消えるという設定の問題は一般にディリクレ問題と呼ばれる．

$f(x,y) \in \mathbf{L}^2(\Omega_{a,b})$ とする．注意 5.1 から，

$$f(x,y) = \sum_{m,n=1}^{\infty} f_{m,n}\, u_{m,n}(x,y) \tag{5.10}$$

となる．ここで，(5.7) から

$$f_{m,n} = \frac{4}{ab} \iint_{\Omega_{a,b}} f(x,y)\, u_{m,n}(x,y)\, dxdy \tag{5.11}$$

である．ただし，(5.10) は $\mathbf{L}^2(\Omega_{a,b})$ の収束の意味で成り立つ．すなわち，十分大きな N に対し，

$$f^N(x,y) = \sum_{1 \leq m,n \leq N} f_{m,n}\, u_{m,n}(x,y)$$

とおけば，$\mathbf{L}^2(\Omega_{a,b})$ において，$\lim_{N \to \infty} f^N = f$ となる．しかも，(5.7) から

$$\iint_{\Omega_{a,b}} |f(x,y)|^2\, dxdy = \frac{ab}{4} \sum_{m,n=1}^{\infty} |f_{mn}|^2 \tag{5.12}$$

である.

ところが, (5.9) の右辺の $f(x,y)$ を $f^N(x,y)$ に置き換えるとこの問題は容易に解ける.

補題 5.1 $f(x,y)$ を $f^N(x,y)$ に置き換えたディリクレ問題 (5.9) (5.8) の解は

$$u^N(x,y) = \sum_{1 \leq m,n \leq N} \frac{f_{m,n}}{\lambda_{m,n}} u_{m,n}(x,y) \tag{5.13}$$

で与えられる.

実際, 命題 5.1 からほとんどただちに従う帰結である. しかも, $u^N(x,y)$ はなめらかな関数の有限和だから, なめらかでもある.

補題 5.2 $u^N(x,y)$, $\dfrac{\partial^2}{\partial x^2}u^N(x,y)$, $\dfrac{\partial^2}{\partial x \partial y}u^N(x,y)$, $\dfrac{\partial^2}{\partial y^2}u^N(x,y)$ は, いずれも, $N \to \infty$ のときに $\mathbf{L}^2(\Omega_{a,b})$ において収束する.

[**証明**] 実際,

$$\frac{\pi^2}{\max\{a^2,b^2\}}(m^2+n^2) \leq |\lambda_{m,n}| \leq \frac{\pi^2}{\min\{a^2,b^2\}}(m^2+n^2)$$

にまず注意しよう. $u^N(x,y)$ が $\mathbf{L}^2(\Omega_{a,b})$ で収束することは

$$\sum_{m,n=1}^{\infty} \left(\frac{f_{m,n}}{\lambda_{m,n}}\right)^2 \leq \left(\frac{\max\{a^2,b^2\}}{\pi^2}\right)^2 \sum_{m,n=1}^{\infty} |f_{m,n}|^2 < +\infty$$

によってわかる. また, たとえば, $\dfrac{\partial^2}{\partial x^2}u^N(x,y)$ の収束をみるには,

$$\frac{\partial^2}{\partial x^2}u^N(x,y) = \sum_{1 \leq m,n \leq N} \left(-\frac{f_{m,n}}{\lambda_{m,n}}\frac{\pi^2 m^2}{a^2}\right)u_{m,n}(x,y)$$

だから,

$$\left|\frac{\pi^2 m^2}{\lambda_{m,n}a^2}\right| \leq \frac{\max\{a^2,b^2\}}{a^2}\frac{m^2}{m^2+n^2} \leq \frac{\max\{a^2,b^2\}}{a^2}$$

によってわかる. ほかの 2 階の偏導関数の収束も同様である. (証明終)

問 5.2 $m+n=k$ を満たす $m, n = 1, 2, \ldots$ について

$$\frac{k}{\sqrt{2}} \leq \sqrt{m^2+n^2} \leq k$$

である[*1)].

問 5.3 $\dfrac{\partial}{\partial x}u^N(x,y)$, $\dfrac{\partial}{\partial y}u^N(x,y)$ は $N \to \infty$ のときに $\mathbf{L}^2(\Omega_{a,b})$ において収束する

[*1)] 図を描けばあきらかであろう. なお, このような (m,n) は $k-1$ 個ある.

ことを示せ*1).

以上から，$\mathbf{L}^2(\Omega_{a,b})$ の元

$$u_{(ij)}(x,y) = \lim_{N\to\infty} \frac{\partial^{i+j}}{\partial x^i \partial y^j} u^N(x,y), \quad 0 \leq i+j \leq 2,$$

が定まる．ただし，わずらわしいので，$u_{(00)}(x,y)$ は単に $u(x,y)$ と書こう．

したがって，極限移行により，次の補題を得る．

補題 5.3 $g(x,y)$ は $\Omega_{a,b}$ 内でなめらか（$\mathcal{C}^2$ 級）で，しかも，境界 $\partial\Omega_{a,b}$ の近くでは消えるような任意の関数とする*2)．このとき，$0 \leq i+j \leq 2$ について，

$$\begin{aligned}&\iint_{\Omega_{a,b}} u_{(ij)}(x,y)\, g(x,y)\, dxdy \\ &= (-1)^{i+j} \iint_{\Omega_{a,b}} u(x,y)\, \frac{\partial^{i+j}}{\partial x^i \partial y^j} g(x,y)\, dxdy\end{aligned} \quad (5.14)$$

が成り立つ*3)．

補題 5.4 $u(x,y)$ は

$$u(x,y) = \sum_{m,n=1}^{\infty} \frac{f_{m,n}}{\lambda_{m,n}}\, u_{m,n}(x,y) \quad (5.15)$$

で与えられ，

$$\iint_{\Omega_{a,b}} |u(x,y)|^2\, dxdy = \frac{ab}{4} \sum_{m,n=1}^{\infty} \left|\frac{f_{m,n}}{\lambda_{m,n}}\right|^2 \quad (5.16)$$

を満足する．しかも，$u(x,y)$ は $\Omega_{a,b}$ で一様収束し，連続関数を定める．

[**証明**] 最後の文言だけを確かめよう．(5.15) が実は一様収束することを示せばよい．ところが，

$$|u(x,y)| \leq \sum_{m,n=1}^{\infty} \left|\frac{f_{m,n}}{\lambda_{m,n}}\right| \leq \sqrt{\sum_{m,n=1}^{\infty} |f_{m,n}|^2} \sqrt{\sum_{m,n=1}^{\infty} \left|\frac{1}{\lambda_{m,n}}\right|^2}$$

であるが，問 5.2 と (5.12) により，この右辺は収束する． (証明終)

---

*1) 補題 5.2 の証明と同様．
*2) このような $g(x,y)$ を $g \in \mathcal{C}_o^2(\Omega_{a,b})$ と表す．
*3) (5.14) は，$u_{(ij)}(x,y)$ が $u(x,y)$ の弱い意味での偏導関数

$$u_{(ij)}(x,y) = \frac{\partial^{i+j}}{\partial x^i \partial y^j} u(x,y)$$

であることを示す．したがって，$u(x,y)$ はソボレフ (Sobolev) 空間（文献をみられたい）$\mathbf{H}^2(\Omega_{a,b})$ の元である．

以上の議論をまとめて，次を得る．

命題 5.2 上で得た $u(x,y)$ はディリクレ問題 (5.9) (5.8) の弱い意味での解，すなわち，$u(x,y)$ は (5.8) を満足し，さらに，任意の $g \in \mathcal{C}_o^2(\Omega_{a,b})$ に対し，

$$\iint_{\Omega_{a,b}} u(x,y) \left\{ \frac{\partial^2}{\partial x^2} g(x,y) + \frac{\partial^2}{\partial y^2} g(x,y) \right\} dxdy = \iint_{\Omega_{a,b}} f(x,y) \, g(x,y) \, dxdy \tag{5.17}$$

を満たすものである．

例 5.1 $\Omega_{2,1}$ で考える．

$$f(x,y) = \begin{cases} 1, & 0.25 < x < 0.5, \ 0.25 < y < 0.5 \\ 0.5, & 1.25 < x < 1.5, \ 0.25 < y < 0.5 \\ 0, & \text{その他} \end{cases}$$

に対応して，(5.15) で与えられた (5.9) (5.8) の解を $u(x,y)$ とする．$m, n = 1, 2, \ldots,$ として，

$$f_{mn} = \frac{2}{mn\pi^2} \left\{ 2\cos\left(\frac{m\pi}{4}\right) - 2\cos\left(\frac{m\pi}{8}\right) \right.$$
$$\left. + \cos\left(\frac{3m\pi}{4}\right) - \cos\left(\frac{5m\pi}{8}\right) \right\} \times$$
$$\times \left\{ \cos\left(\frac{n\pi}{2}\right) - \cos\left(\frac{n\pi}{4}\right) \right\}$$

であり，m が 16 の倍数，または n が 8 の倍数ならば $f_{mn} = 0$ となることは容易に見て

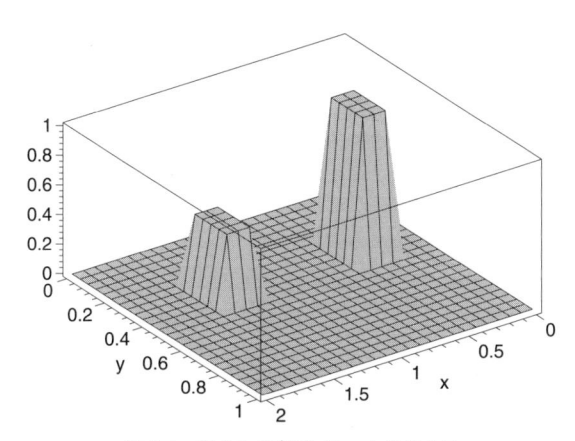

図 5.1 例 5.1 の右辺 $f(x,y)$ のグラフ

図 5.2 例 5.1 の解 $u(x, y)$ のグラフ

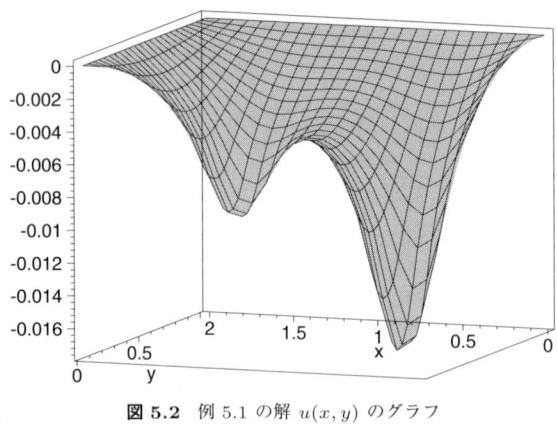

取れる.

XIII 偏微分方程式入門

6

円板領域と変数分離解

変数分離法は解を発掘するためのきわめて有力な方法ではあるが，偏微分作用素が働く関数が定義されている領域 Ω が変数の分離を保証する直積構造をもっており，しかも，それが偏微分作用素と整合していなければまったく意味がない．しかし，直積構造と偏微分作用素との整合性があるならば変数分離法の有効性は定数係数の場合に限定されない．

6.1 極座標と調和関数

$\Omega \subset \mathbf{R}^2$ における偏微分方程式

$$\left(\frac{\partial^2}{\partial x^2} + \frac{\partial^2}{\partial y^2}\right) h(x,y) = 0 \tag{6.1}$$

の解 $h(x,y)$ を（Ω における）調和関数という．

例 6.1 $\mathbf{R}^2$ 上の関数 $h(x,y)$ で，極座標（極：原点，始線：x-軸）により[*1)]，

$$\sum_{m=0}^{N} r^{2m} \{\, a_m \cos(2m\theta) + b_m \sin(2m\theta) \,\}, \quad N = 0, 1, 2, \ldots, \tag{6.2}$$

の形に表されるものは調和関数である[*2)]．ここで，a_m, b_m は定数である．実際，(2.5) (2.6) で注意したように，$H(r,\theta) = h(r\cos\theta, r\sin\theta)$ とすれば，

$$\left(\frac{\partial^2}{\partial r^2} + \frac{1}{r}\frac{\partial}{\partial r} + \frac{1}{r^2}\frac{\partial^2}{\partial \theta^2}\right) H(r,\theta) = 0 \tag{6.3}$$

となり，しかも，$h(x,y)$ の原点の近くでの正則性から $H(r,\theta)$ は $r \to 0$ に際して有界でなければならないことである．今，変数分離解を

[*1)] したがって，$x = r\cos\theta$, $y = r\sin\theta$ である．
[*2)] $\mathbf{R}^2$ と複素平面とを同一視して，

$$\mathbf{R}^2 \ni (x,y) \quad \longleftrightarrow \quad x + iy \in \mathbf{C}$$

を対応させると，$\mathbf{R}^2$ での調和関数は整関数，すなわち，$\mathbf{C}$ 上の正則関数の実部または虚部として特徴付けられる．しかし，調和関数には正則関数とは独立の興味もある．

$$H(r,\theta) = R(r)\Theta(\theta) \tag{6.4}$$

として (6.3) に代入すると,

$$\left(R''(r) + \frac{1}{r}R'(r)\right)\Theta(\theta) + \frac{1}{r^2}R(r)\Theta''(\theta) = 0$$

あるいは

$$\frac{r^2 R''(r) + rR'(r)}{R(r)} = -\frac{\Theta''(\theta)}{\Theta(\theta)} = c$$

を得る. c は適当な定数であるが, $\Theta(\theta) \not\equiv 0$ が θ の周期 2π の関数であることから, $c = \nu^2$, $\nu = 0, 1, 2, \ldots$, すなわち, α_ν, β_ν を適当な定数として, $\Theta(\theta) = \alpha_\nu \cos(\nu\theta) + \beta_\nu \sin(\nu\theta)$ と選ぶことができる. さらに,

$$r^2 R''(r) + rR'(r) - \nu^2 R(r) = r(rR'(r))' - \nu^2 R(r) = 0$$

から, γ_ν, δ_ν を適当な定数とすれば, $R(r) = \gamma_\nu r^\nu + \delta_\nu r^{-\nu}$ が得られる. さらに, $r \to 0$ で有界に留まるためには, $\delta_\nu = 0$ である. また, xy-座標で表したときに, 原点を含めてなめらかなのだから ν は偶数である. このとき, (6.4) より,

$$H(r,\theta) = r^\nu \cos(\nu\theta) \quad \text{または} \quad r^\nu \sin(\nu\theta) \tag{6.5}$$

は $r \to 0$ のとき有界な (6.3) の解である. しかも, 重ね合わせの原理から, (6.5) の1次結合も (6.3) の解となる. 結局, (6.2) を得る.

問 6.1 $r^2 \cos(2\theta)$, $r^2 \sin(2\theta)$ は xy-座標系ではどう表されるか. 一般に, $r^{2\nu}\cos(2\nu\theta)$, $r^{2\nu}\sin(2\nu\theta)$, $(\nu = 2, 3, \ldots)$ ではどうか.

問 6.2 $r < 1$ のとき,

$$\sum_{\nu=0}^{\infty} r^\nu \cos(\nu\theta) \quad \text{および} \quad \sum_{\nu=1}^{\infty} r^\nu \sin(\nu\theta)$$

は収束する. これらはどのような関数を表すか[*1]. xy-座標ではどうなるか.

例 6.2 $(x,y) \neq (0,0)$ において $p(x,y) = \ln\sqrt{x^2 + y^2}$ は調和である. 実際, (6.1) に代入すればよい. 極座標を用いれば, $p(x,y) = \ln r$, $r = \sqrt{x^2+y^2} > 0$, であり, (2.6)

[*1] 総和の計算にオイラー (Euler) の等式

$$e^{\nu\theta i} = \cos(\nu\theta) + i\sin(\nu\theta)$$

を利用するとよい. すなわち,

$$\sum_{\nu=0}^{\infty} r^\nu e^{\nu\theta i} = \frac{1}{1 - re^{\theta i}} = \frac{1 - r\cos\theta + ir\sin\theta}{1 - 2r\cos\theta + r^2}.$$

による検証は一層容易である.

注意 6.1 $(x, y) \neq (0, 0)$ で定義された関数
$$P_2(x, y) = -\frac{1}{4\pi} \log \{x^2 + y^2\},$$
は対数ポテンシャル（の密度関数）である.

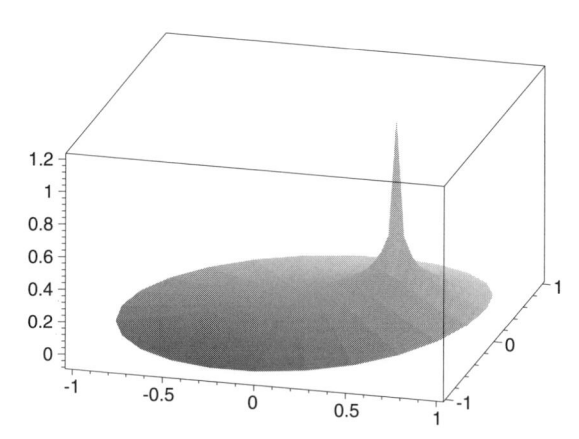

図 6.1 $P_2(x - \frac{1}{2}, y)$（対数ポテンシャルの平行移動）のグラフ

問 6.3 $\epsilon > 0$ とする.
$$\lim_{\epsilon \to 0} \iint_{\epsilon^2 < x^2 + y^2 < 1} |P_2(x, y)| dx dy$$
の収束を確かめよ[*1].

問 6.4 $f(r)$ を $r \geqq 0$ で連続な関数とする. $r > 0$ で $\mathcal{C}^2$-級の $u(r)$ が
$$\frac{1}{r} \frac{\partial}{\partial r} \left(r \frac{\partial}{\partial r} u(r) \right) = f(r), \quad 0 < r < 1 \tag{6.6}$$
$$u(1) = 0, \quad u(0+) = \lim_{r \to 0} u(r) \text{ が存在する}$$
を満たすならば,
$$u(0+) = \lim_{\epsilon \to 0} \int_\epsilon^1 f(r) \, r \log r \, dr \tag{6.7}$$
である[*2]. $u(r)$ が満たす微分方程式が (6.6) ではなくて, $n \geqq 3$ として,

[*1] 原点を極とする極座標で表せば $\lim_{\epsilon \to 0} 2\pi \int_\epsilon^1 |\log r| r dr$ の収束を論ずることになる.
[*2] $v(r) = \log r$ とすると,

$$\frac{1}{r^{n-1}}\frac{\partial}{\partial r}\left(r^{n-1}\frac{\partial}{\partial r}u(r)\right) = f(r) \tag{6.8}$$

ならば，(6.7) はどう変わるか[*1]．

命題 6.1 $u(x,y)$ は平面内の領域 Ω において調和であるとする．$(x_0,y_0) \in \Omega$ とし，この点を中心とする半径 $\rho > 0$ の円板が Ω に含まれるとする．このとき，

$$u(x_0,y_0) = \frac{1}{2\pi}\int_0^{2\pi} u(x_0 + \rho\cos\theta, y_0 + \rho\sin\theta)\,d\theta \tag{6.9}$$

が成り立つ．すなわち，調和関数の値は，その点を中心とする円周上での関数値の平均になる[*2]．

[証明] 点 (x_0,y_0) を極，$y = y_0$ を始線とする極座標を (r,θ) とし，$u(r,\theta) = u(x_0+r\cos\theta, y_0+r\sin\theta)$ および $v(r) = \dfrac{1}{2\pi}\log\dfrac{r}{\rho}$ とおく．$\epsilon > 0$ を十分小さくとって，領域

$$\Omega_{\rho,\epsilon} = \{(x,y); \epsilon^2 < |x-x_0|^2 + |y-y_0|^2 < \rho^2\} \subset \Omega$$

において，$\Delta u = 0$，$\Delta v = 0$ であり，また，

$$\Delta u \cdot v - u \cdot \Delta v =$$
$$\frac{1}{r}\frac{\partial}{\partial r}\left\{r\frac{\partial}{\partial r}u \cdot v - u \cdot r\frac{\partial}{\partial r}v\right\} + \frac{1}{r^2}\frac{\partial}{\partial \theta}\left\{\frac{\partial}{\partial \theta}u \cdot v - u \cdot \frac{\partial}{\partial \theta}v\right\}$$

だから，$r = \rho$ で $v = 0$ となることに注意すると，

$$0 = \iint_{\Omega_{\rho,\epsilon}} \{\Delta u \cdot v - u \cdot \Delta v\}\,dxdy$$
$$= \int_0^{2\pi}\left(-u \cdot r\frac{\partial}{\partial r}v\bigg|_{r=\rho} - \left\{r\frac{\partial}{\partial r}u \cdot v - u \cdot r\frac{\partial}{\partial r}v\right\}\bigg|_{r=\epsilon}\right)d\theta$$

が導かれる．$\epsilon \to 0$ として，(6.9) を得る．　　　　　　　　　　(証明終)

次に掲げる最大値の原理は (6.9) の帰結である．

命題 6.2 連結開集合 Ω における調和関数 $u(x,y)$ が $(x_0,y_0) \in \Omega$ で最大値 M をと

$$\frac{1}{r}\frac{\partial}{\partial r}\left(r\frac{\partial}{\partial r}u\right)v - u\frac{1}{r}\frac{\partial}{\partial r}\left(r\frac{\partial}{\partial r}v\right) = \frac{1}{r}\frac{\partial}{\partial r}\left(r\left[\frac{\partial}{\partial r}u \cdot v - u \cdot \frac{\partial}{\partial r}v\right]\right)$$

となる．
[*1] $n \geqq 3$ として

$$u(0+) = \frac{1}{2-n}\int_0^1 f(r)\,rdr$$

となる．詳細は (6.7) の導出と基本的には同様である．ただし，$v(r) = \frac{1}{2-n}(r^{2-n}-1)$ を $\log r$ の代わりに考察する．

[*2] (6.9) を調和関数の平均値原理ということがある．

るならば，実は，Ω において $u(x,y) \equiv M$ である．

[証明] $\rho > 0$ が十分小さければ，中心 (x_0, y_0)，半径 $\rho > 0$ の円周は，その内部をこめて，Ω に含まれる．(6.9) から，この円周上で $u(x,y)$ の値は M でなければならないことがわかる．したがって，$u(x,y)$ が最大値 M をとる点からなる集合 $\Omega^M = \{(x,y) \in \Omega; u(x,y) = M\}$ は Ω の開部分集合である．一方，Ω^M は，1 点集合 $\{M\}$ の連続関数 u による逆像，$\Omega^M = u^{-1}(\{M\})$，でもあるから，閉集合でもある．Ω は連結だから，$\Omega = \Omega^M$ である．

(証明終)

6.2 ポアソンの公式

$\Omega_R \subset \mathbf{R}^2$ を，原点 $\mathbf{O}$ を中心とする半径 $R > 0$ の開円板とする．このとき，境界 $\partial \Omega_R$ は中心 $\mathbf{O}$，半径 R の円周である．(境界 $\partial \Omega_R$ の近くで) あらかじめ与えられた関数と $\partial \Omega$ 上で値が一致するような調和関数を求めよう．すなわち，極座標で表せば，この境界値問題は，与えられた周期関数 $g(\theta)$ から

$$\left(\frac{\partial^2}{\partial r^2} + \frac{1}{r}\frac{\partial}{\partial r} + \frac{1}{r^2}\frac{\partial^2}{\partial \theta^2}\right) u(r,\theta) = 0, \quad 0 < r < R,\ 0 \leqq \theta < 2\pi$$
$$u(R,\theta) = g(\theta), \quad 0 \leqq \theta < 2\pi \tag{6.10}$$

となるような関数 $u(r,\theta)$ を求めることになる．ただし，直交座標では原点でもなめらかなのだから，$r \to 0$ のときに $u(r,\theta)$ は収束するものとする．

命題 6.3 (6.10) の解は

$$u(r,\theta) = \frac{1}{2\pi}\int_0^{2\pi} \frac{R^2 - r^2}{R^2 - 2Rr\cos(\theta - t) + r^2} g(t)\,dt$$
$$0 \leqq r < R,\ 0 \leqq \theta < 2\pi \tag{6.11}$$

で与えられる．(6.11) はポアソン (Poisson) の積分公式と呼ばれる．

[証明] $g(\theta)$ は周期 2π の関数である．フーリエ級数に展開しよう：

$$g(\theta) = \frac{1}{2}a_0 + \sum_{n=1}^{\infty}\{a_n \cos n\theta + b_n \sin n\theta\} \tag{6.12}$$

ここで，

$$a_n = \frac{1}{\pi}\int_0^{2\pi} g(t)\,\cos nt\,dt, \quad n = 0, 1, 2, \ldots$$
$$b_n = \frac{1}{\pi}\int_0^{2\pi} g(t)\,\sin nt\,dt, \quad n = 1, 2, \ldots \tag{6.13}$$

である．そこで，境界値が $\cos n\theta$ または $\sin n\theta$ であるような調和関数を要素解として，

これらを重ね合わせると，$r < R$ のとき，

$$u(r,\theta) = \frac{1}{2}a_0 + \sum_{n=1}^{\infty} \left(\frac{r}{R}\right)^n \{a_n \cos n\theta + b_n \sin n\theta\}$$

が得られる．(6.13) と余弦関数の加法定理より，

$$u(r,\theta) = \frac{1}{2\pi}\int_0^{2\pi} \left\{1 + 2\sum_{n=1}^{\infty}\left(\frac{r}{R}\right)^n \cos n(\theta - t)\right\} g(t)\, dt$$

となる[*1]．一方，$r < R$ ならば，

$$1 + 2\sum_{n=1}^{\infty}\left(\frac{r}{R}\right)^n \cos n(\theta - t) = \frac{R^2 - r^2}{R^2 - 2Rr\cos(\theta - t) + r^2} \tag{6.14}$$

は容易に示される． (証明終)

問 6.5 (6.14) を検証せよ[*2]．

例 6.3 $0 < \rho < R$, $0 \leqq \phi < 2\pi$ とする．境界値

$$g(\theta) = -\frac{1}{4\pi}\log\left(R^2 - 2R\rho\cos(\theta - \phi) + \rho^2\right) \tag{6.15}$$

に対して，(6.10) の解を $w(r,\theta;\rho,\phi)$ とすると，

$$w(r,\theta;\rho,\phi) = -\frac{1}{8\pi^2}\int_0^{2\pi}\frac{(R^2 - r^2)\log(R^2 - 2R\rho\cos t + \rho^2)}{R^2 - 2Rr\cos(\theta - \phi - t) + r^2}\, dt$$

と表される．とくに，

$$G_R(r,\theta;\rho,\phi) = -\frac{1}{4\pi}\log\left(r^2 - 2r\rho\cos(\theta - \phi) + \rho^2\right) - w(r,\theta;\rho,\phi) \tag{6.16}$$

とおくと，$G_R(r,\theta;\rho,\phi)$ は r, θ の関数として，$(r,\theta) \neq (\rho,\phi)$ において，調和であり，さらに，境界値は

$$\left.G_R(r,\theta;\rho,\phi)\right|_{r=R} = 0 \tag{6.17}$$

となる．

注意 6.2 現実には $G_R(r,\theta;\rho,\phi)$ を例 6.3 のように計算するのは得策ではない．点 $Q(\rho\cos\phi, \rho\sin\phi)$ を円 Ω_R に関して反転した点 Q' を考えよう．$Q'(\rho'\cos\phi, \rho'\sin\phi)$, $\rho' = \dfrac{R^2}{\rho}$ である．したがって，

$$w(r,\theta;\rho,\phi) = -\frac{1}{4\pi}\log\left(r^2 - 2\frac{R^2 r}{\rho}\cos(\theta - \phi) + \frac{R^4}{\rho^2}\right) + \frac{1}{2\pi}\log\frac{R}{\rho}$$

[*1] 積分記号と総和記号の交換は $r < R$ の基づく．
[*2] $\cos n(\theta - t)$ が $e^{ni(\theta - t)}$ の実数部分であることを利用して左辺を処理せよ．問 6.2 参照．

である*1). したがって,
$$G_R(r,\theta;\rho,\phi) = -\frac{1}{4\pi}\log\frac{R^2(r^2 - 2r\rho\cos(\theta-\phi) + \rho^2)}{r^2\rho^2 - 2R^2 r\rho\cos(\theta-\phi) + R^4}$$
となる.

さて, Ω_R で与えられた有界連続な関数 f に対し, $-\Delta u = f$ を Ω_R で満足し, 境界 $\partial\Omega_R$ の上では消える (つまり, 値が 0 となる) ような有界連続な関数 u を求めよう. (極座標で表せば) 境界値問題

$$\left(\frac{\partial^2}{\partial r^2} + \frac{1}{r}\frac{\partial}{\partial r} + \frac{1}{r^2}\frac{\partial^2}{\partial\theta^2}\right)u(r,\theta) = -f(r,\theta), \quad r < R,\ 0 \leqq \theta < 2\pi \quad (6.18)$$

$$u(R,\theta) = 0, \quad 0 \leqq \theta < 2\pi \quad (6.19)$$

を考えることになる. $0 < \epsilon < R - \rho$ とし,

$$\Omega_R^\epsilon(\rho,\phi) = \left\{(r,\theta);\ \begin{matrix}(r\cos\theta - \rho\cos\phi)^2 + (r\sin\theta - \rho\sin\phi)^2 > \epsilon^2, \\ 0 \leqq r < R,\ 0 \leqq \theta < 2\pi\end{matrix}\right\}$$

とおく. $\Omega_R^\epsilon(\rho,\phi)$ は, 開円板 Ω_R から中心 $(\rho\cos\phi, \rho\sin\phi)$, 半径 ϵ の閉円板 $B_\epsilon(\rho\cos\phi,\rho\sin\phi)$ を取り除いて得られる領域を表す. とくに, $G(r,\theta;\rho,\phi)$ は, $\Omega_R^\epsilon(\rho,\phi)$ において調和である. 一方, $\Omega_R^\epsilon(\rho,\phi)$ の境界は $\partial\Omega_R$ (を反時計廻りに向き付けたもの) と $B_\epsilon(\rho\cos\phi,\rho\sin\phi)$ の周 $\partial B_\epsilon(\rho\cos\phi,\rho\sin\phi)$ (を時計廻りに向き付けたもの) からなる. $u = u(r,\theta)$, $v = G_R(r,\theta;\rho,\phi)$ として,

$$\Delta u \cdot v - u \cdot \Delta v = \frac{\partial}{\partial x}\left(\frac{\partial}{\partial x}u \cdot v - u \cdot \frac{\partial}{\partial x}v\right) + \frac{\partial}{\partial y}\left(\frac{\partial}{\partial y}u \cdot v - u \cdot \frac{\partial}{\partial y}v\right)$$

にグリーンの定理*2)を適用しよう.

$\Omega_R^\epsilon(\rho,\phi)$ では $\Delta u \cdot v - u \cdot \Delta v = -f \cdot v$ であり, u, v のいずれの境界値も境界 $\partial\Omega_R$ で消えるから,

$$\begin{aligned}&-\iint_{\Omega_R^\epsilon(\rho,\phi)} f \cdot v\, dxdy \\ &= -\int_{\partial B_\epsilon(\rho\cos\phi,\rho\sin\phi)} v \cdot \left(\frac{\partial}{\partial x}u\, dy - \frac{\partial}{\partial y}u\, dx\right) \\ &\quad + \int_{\partial B_\epsilon(\rho\cos\phi,\rho\sin\phi)} u \cdot \left(\frac{\partial}{\partial x}v\, dy - \frac{\partial}{\partial y}v\, dx\right)\end{aligned} \quad (6.20)$$

---

*1) (6.10) の解は後述の注意 6.3 と同様にして一意に定まることがわかる.

*2) (xy-(直交) 座標系では) 定理の主張は次の通り: 平面領域 Ω の境界 $\partial\Omega$ は区分的になめらかで, 正 (左手に Ω の内部があるよう) に向き付けられているとする. $P(x,y)$, $Q(x,y)$ が $\Omega \cup \partial\Omega$ で連続, Ω で微分可能ならば,

$$\iint_\Omega \left\{\frac{\partial}{\partial x}P(x,y) + \frac{\partial}{\partial y}Q(x,y)\right\}dxdy = \int_{\partial\Omega}\{P(x,y)\,dy - Q(x,y)\,dx\}$$

が成り立つ.

である．(6.20) の整理のために，$(x_0, y_0) = (\rho \cos\phi, \rho \sin\phi)$ を極，$\theta = \phi$ を始線とする極座標[*1)] (r', θ') を利用する．(6.20) 左辺は，$\epsilon \to 0$ のときに収束し[*2)]，したがって，積分範囲を Ω_R に改めてよい．$\partial B_\epsilon(\rho\cos\phi, \rho\sin\phi)$ では

$$\frac{\partial}{\partial x}v\, dy - \frac{\partial}{\partial y}v\, dx = \epsilon \frac{\partial}{\partial r'}v\, d\theta'$$

だから，とくに，

$$\epsilon \frac{\partial}{\partial r'}v = -\frac{1}{2\pi} - \epsilon \frac{\partial}{\partial r'}w$$

であり，したがって，(6.20) 右辺第 2 項は

$$\lim_{\epsilon \to 0} \int_{\partial B_\epsilon(\rho\cos\phi, \rho\sin\phi)} u \cdot \left(\frac{\partial}{\partial x}v\, dy - \frac{\partial}{\partial y}v\, dx \right) = -u(x_0, y_0)$$

となる．(6.20) 右辺第 1 項は

$$\epsilon \int_0^{2\pi} \left\{ (\log \epsilon + w) \frac{\partial}{\partial r'}u \right\} d\theta'$$

となり，これは $\epsilon \to 0$ のとき，0 に収束する．

ここまでの議論をまとめて，次の命題を得る．

命題 6.4 $f(r, \theta)$ は θ に関し周期 2π の関数で，$0 \leqq r \leqq R$, $0 \leqq \theta < 2\pi$ について連続とする．境界値問題 (6.18)(6.19) の解 $u(r, \theta)$ は

$$u(\rho, \phi) = \int_0^{2\pi} d\phi \int_0^R G_R(r, \theta; \rho, \phi)\, f(r, \theta)\, r dr \qquad (6.21)$$

で与えられる．ここで，$G_R(r, \theta; \rho, \phi)$ は (6.16) で定めたものであり，この境界値問題のグリーン関数と呼ばれる．

円板 Ω_R の代わりに，なめらかな境界 $\partial\Omega$ をもつ平面領域 $\Omega \subset \mathbf{R}^2$ において微分方程式を考察する場合は，一般には，Ω に即した座標系はないから，$\mathbf{R}^2$ の直交座標を使わざるを得ない．まず，$\partial\Omega$ (の近傍) で与えられた任意の関数 $g(x, y)$ に対し，$\partial\Omega$ での境界値が $g(x, y)$ と一致するような Ω における調和関数 $w(x, y)$ が求まるとしよう：

$$\begin{cases} \Delta\, w(x, y) = 0, & (x, y) \in \Omega \\ w(x, y) = g(x, y), & (x, y) \in \partial\Omega \end{cases} \qquad (6.22)$$

Ω 内部の点 (x_0, y_0) をとり，$g(x, y) = \frac{1}{4\pi} \log\{(x - x_0)^2 + (y - y_0)^2\}$ を境界値とする Ω における調和関数を求め，$w(x, y; x_0, y_0)$ と名づけよう．そこで，

[*1)] $r' = \sqrt{r^2 + \rho^2 - 2r\rho\cos(\theta - \phi)},\ \theta' = \dfrac{r}{r'}\arcsin(\theta - \phi)$ となる．
[*2)] 問 6.3 参照．f が Ω_R で有界であれば十分である．

6. 円板領域と変数分離解

$$G_\Omega(x,y;x_0,y_0) = -\frac{1}{4\pi}\log\{(x-x_0)^2+(y-y_0)^2\} - w(x,y;x_0,y_0) \quad (6.23)$$

とおくと，これは (6.16) に相当し，Ω における境界値問題

$$\begin{cases} -\Delta\ u(x,y) = f(x,y), & (x,y)\in\Omega \\ u(x,y)=0, & (x,y)\in\partial\Omega \end{cases} \quad (6.24)$$

のグリーン関数である．ここで，$f(x,y)$ は，Ω において積分可能な連続関数とする[*1]．したがって，命題 6.4 の (6.21) を導いたのとまったく同様に，境界値問題 (6.24) の解 $u(x,y)$ は

$$u(x_0,y_0) = \iint_\Omega G_\Omega(x,y;x_0,y_0)\,f(x,u)\,dxdy,\quad (x_0,y_0)\in\Omega, \quad (6.25)$$

と表される．

注意 6.3 (6.22) が解をもつかどうかはあきらかなことではない．しかし，1 階偏導関数が Ω において 2 乗可積分であるような解はせいぜい 1 個しかない．実際，$v(x,y)$, $w(x,y)$ が共通の境界値 $g(x,y)$ をとる (6.22) の解とすれば，両者の差のエネルギー積分

$$\mathcal{E}(u-v) = \iint_\Omega \left\{\left(\frac{\partial}{\partial x}(v-w)\right)^2 + \left(\frac{\partial}{\partial y}(v-w)\right)^2\right\} dxdy$$

が消えるからである[*2]．したがって，$w-v$ は定数となるが，境界で 0 になるから，$w-v=0$ とならなければならない．

問 6.6 (6.25) の導出を確かめよ．

問 6.7 Ω は半平面 $\mathbf{R}_+^2=\{(x,y);y>0\}$ とする．$g(x,y)$ が有界連続のとき，(6.22) の解は

$$w(x,y) = \int_{-\infty}^\infty \frac{1}{\pi}\frac{y}{(x-\xi)^2+y^2}\,g(\xi,0)\,d\xi,\quad y>0, \quad (6.26)$$

で与えられる[*3]．

[*1] $f(x,y)$ に課せられるべき条件については別に論ずることにする．

[*2] 実際，被積分関数は

$$\frac{\partial}{\partial x}\left((w-v)\frac{\partial}{\partial x}(w-v)\right) + \frac{\partial}{\partial y}\left((w-v)\frac{\partial}{\partial y}(w-v)\right) - (w-v)(\Delta\ w-\Delta v)$$

と書き直せるが，最後の項は消え，残りはグリーンの定理により，境界 $\partial\Omega$ の上の積分になる．

[*3] $\partial\Omega=\{(x,0); -\infty<x<+\infty\}$ に注意せよ．$y>0$ のとき，(6.26) の右辺の積分が収束し，しかも，x, y に関して $\mathcal{C}^\infty$-級であることはあきらかであろう．さらに，被積分関数は x, y の調和関数であることも容易にわかる．境界条件の検証は，$y\to 0$ のとき $w(x,y)\to g(x,0)$ となることを示せばよい．そのためには，

$$w(x,y) - g(x) = \int_{-\infty}^{+\infty} \frac{1}{\pi}\frac{y}{(x-\xi)^2+y^2}\{g(\xi,0)-g(x,0)\}d\xi$$

の成立に注意し，ついで，積分変数を $\zeta = y\xi$ に改めてみよ．

問 6.8 $\eta > 0$ とする.
$$g(x,0) = -\frac{1}{4\pi}\log(x^2 + \eta^2)$$
に対しても (6.26) の $w(x,y)$ は定義できることを確かめよ. この $w(x,y)$ と $\mathbf{R}_+^2$ における関数
$$-\frac{1}{4\pi}\log\{x^2 + (y+\eta)^2\}$$
との関係はどうか.

問 6.9 $\Omega = \mathbf{R}_+^2$ に対する境界値問題 (6.24) のグリーン関数として
$$G(x,y;\xi,\eta) = -\frac{1}{4\pi}\log\frac{(x-\xi)^2 + (y-\eta)^2}{(x-\xi)^2 + (y+\eta)^2} \tag{6.27}$$
が選べることを示せ. このとき, (6.24) の $f(x,y)$ が (6.25) の収束のために満たすべき条件を論ぜよ.

6.3 ノイマン問題

さて, 境界条件としては境界値を指定する代わりに, 境界における法線方向微分を指定することも考えられる. たとえば, 円板 Ω_R の内部の調和関数 $u(r,\theta)$ を, 円周 $\partial\Omega_R$ における動径方向微分が（あらかじめ与えられていた）関数 $h(\theta)$ と一致するように決定する：すなわち, 有界な $u(r,\theta)$ を

$$\begin{cases} \Delta u(r,\theta) = 0, & 0 < r < R,\ 0 \leqq \theta < 2\pi \\ \dfrac{\partial}{\partial r}u(r,\theta) = h(\theta), & r = R,\ 0 \leqq \theta < 2\pi \end{cases} \tag{6.28}$$

から解くという問題は一例である. この問題はノイマン (Neumann) 問題といわれる.

命題 6.5 (6.28) が解をもつためには
$$\int_0^{2\pi} h(\theta)\,d\theta = 0 \tag{6.29}$$
の成立が必要である.

[証明] $w(r,\theta) \equiv 1$ として, Green の公式
$$\int_0^R r\,dr \int_0^{2\pi} \{\Delta u \cdot w - u \cdot \Delta w\}\,d\theta = R\int_0^R \left(\frac{\partial}{\partial r}u \cdot w - u \cdot \frac{\partial}{\partial r}w\right)d\theta$$
を利用する. 左辺は消え, 右辺の整理から (6.29) が従う. (証明終)

例 6.4 $h(\theta) = \cos n\theta$ または $h(\theta) = \cos n\theta$ $(n=1,2,\ldots)$ として, (6.28) の解を求めよう. (6.5) を考慮すれば, 求める解は

6. 円板領域と変数分離解

$$u(r,\theta) = \frac{R}{n}\left(\frac{r}{R}\right)^n \cos n\theta \quad \text{または} \quad \frac{R}{n}\left(\frac{r}{R}\right)^n \sin n\theta$$

である.

この結果より, $h(\theta)$ が

$$h(\theta) = \sum_{n=1}^{\infty}\{c_n \cos n\theta + d_n \sin n\theta\} \tag{6.30}$$

とフーリエ級数展開される[*1)]ならば, (6.28) の解 $u(r,\theta)$ は c' を任意の定数として,

$$u(r,\theta) = c' + \sum_{n=1}^{\infty}\frac{1}{n}\frac{r^n}{R^{n-1}}\{c_n \cos n\theta + d_n \sin n\theta\}$$

と表されるはずである. 以下, 命題 6.3 を導いたのと同様に考えよう.

まず, 次のことに注意しよう.

補題 6.1 $0 \leqq a < 1$ とする.

$$\sum_{n=1}^{\infty} a^n \frac{\cos n\theta}{n} = -\frac{1}{2}\log(1 - 2a\cos\theta + a^2) \tag{6.31}$$

である.

[**証明**] $0 \leqq a < 1$, $0 \leqq \theta \leqq 2\pi$ において, この級数は(広義一様)収束する. この級数の定める関数を $\nu(a,\theta)$ とおこう. $\nu(a,0) = -\log(1-a)$ はあきらかであろう. また,

$$\frac{\partial}{\partial \theta}\nu(a,\theta) = -\sum_{n=1}^{\infty} a^n \sin n\theta$$

である. 右辺は,

$$i\sum_{n=1}^{\infty}\left(ae^{i\theta}\right)^n = i\frac{ae^{i\theta}}{1 - ae^{i\theta}}$$

の実数部分だから,

$$\frac{\partial}{\partial \theta}\nu(a,\theta) = -\frac{a\sin\theta}{1 - 2a\cos\theta + a^2}, \quad \nu(a,0) = -\log(1-a)$$

を得る. これを解けば, (6.31) が出る. (証明終)

以上をまとめて, 次を得る.

命題 6.6 $0 < r < R$ とする.

$$N(r,\theta) = -\frac{R}{2\pi}\log\left(1 - 2\frac{r}{R}\cos\theta + \frac{r^2}{R^2}\right) \tag{6.32}$$

[*1)] (6.13) 参照.

とおく．(6.29) のもとで，ノイマン問題 (6.28) の解は

$$u(r,\theta) = c + \int_0^{2\pi} N(r,\theta-t)\, h(t)\, dt, \quad 0 \leqq r < R,\ 0 \leqq \theta < 2\pi, \tag{6.33}$$

と表される．

ディリクレ問題 (6.10) とノイマン問題 (6.28) の関係をみておく．

命題 6.7 ディリクレ問題 (6.10) とノイマン問題 (6.28) が同一の調和関数を定める条件は

$$h(\theta) = \frac{\partial}{\partial \theta}\left(\frac{1}{2\pi R}\int_0^{2\pi} \frac{\sin(\theta-t)}{1-\cos(\theta-t)}\{g(t)-g(\theta)\}\, dt\right) \tag{6.34}$$

である．

実際，まず，ポアソンの積分公式 (6.11) を熟視すると，

$$u(r,\theta) = \frac{1}{2\pi}\int_0^{2\pi} \frac{R^2-r^2}{R^2-2Rr\cos(t)+r^2}\{g(t+\theta)-g(\theta)\}\, dt + g(\theta)$$

がわかる．これは，境界 $\partial\Omega_R$ における動径微分の計算の際に予想される積分の特異性の処理に有効であると期待される．とくに，$g(\theta)$ のフーリエ級数展開に対する効果をみるために $g(t+\theta) - g(\theta)$ を $\cos n(t+\theta) - \cos n\theta$ または $\sin n(t+\theta) - \sin n\theta$ で代替した積分を考えると，被積分項に $\sin nt$ を含むものは t の奇関数の積分としていずれも消えてしまうことがわかる．したがって，(6.12) から，境界 $\partial\Omega_R$ における動径微分のフーリエ級数展開

$$\left.\frac{\partial}{\partial r}u(r,\theta)\right|_{r=R} = \sum_{n=1}^{\infty}\left(\frac{1}{2\pi R}\int_0^{2\pi} \frac{1-\cos nt}{1-\cos t}\, dt\right)\{a_n\cos n\theta + b_n\sin n\theta\}$$

が出る．

問 6.10 $n = 1, 2, \ldots$ に対し

$$\frac{1}{2\pi}\int_0^{2\pi}\frac{1-\cos nt}{1-\cos t}\, dt = n$$

となることを示せ[*1)]．

ゆえに，(6.29) のもとで，ディリクレ問題 (6.10) とノイマン問題 (6.28) は

[*1)] 左辺の積分は，$\cos\theta = \frac{1}{2}(e^{i\theta} + e^{-i\theta})$ などにより，複素平面の単位円周 C 上の線積分

$$\frac{1}{2\pi i}\int_C \frac{(1-z^n)^2}{(1-z)^2}\frac{dz}{z^n} = \frac{1}{2\pi i}\int_C \frac{(z^{n-1}+\cdots+1)^2}{z^n}dz$$

に帰着される．したがって，留数を計算すればよい．

6. 円板領域と変数分離解

$$h(\theta) = \frac{1}{R}\sum_{n=1}^{\infty} n\{a_n \cos n\theta + b_n \sin n\theta\} \tag{6.35}$$

によって関係づけられる．フーリエ級数の水準では，(6.29) (6.30) を考慮して，与えられた $h(\theta)$ のフーリエ係数から計算した $a_n = \frac{R}{n}c_n,\ b_n = \frac{R}{n}d_n\ (n=1,2,\ldots)$ をフーリエ係数としてもつ $g(\theta)$ を境界値とするディリクレ問題の解が，$h(\theta)$ に対応するノイマン問題の解を与えるのである．ところで，(6.35) 右辺は形式的に

$$\frac{\partial}{\partial \theta}\left(\sum_{n=1}^{\infty}\{a_n \sin n\theta - b_n \cos n\theta\}\right) = \frac{\partial}{\partial \theta}\left(\frac{1}{\pi}\int_0^{2\pi}\sum_{n=1}^{\infty}\sin n(\theta-t)\,g(t)\,dt\right)$$

を R で除したものとして表される．一方，$0 < a < 1$ として

$$\sum_{n=1}^{\infty} a^n \sin n(\theta-t) = \frac{a\sin(\theta-t)}{1-2a\cos(\theta-t)+a^2}$$

であり[*1]，しかも

$$\int_0^{2\pi}\frac{a\sin(\theta-t)}{1-2a\cos(\theta-t)+a^2}\,dt = 0$$

である．したがって，$g(\theta)$ がなめらかならば，

$$\sum_{n=1}^{\infty}\{a_n\sin n\theta - b_n\cos n\theta\}$$
$$= \lim_{a\to 1}\frac{1}{\pi}\int_0^{2\pi}\frac{a\sin(\theta-t)}{1-2a\cos(\theta-t)+a^2}\{g(t)-g(\theta)\}\,dt$$
$$= \frac{1}{2\pi}\int_0^{2\pi}\frac{\sin(\theta-t)}{1-\cos(\theta-t)}\{g(t)-g(\theta)\}\,dt$$

という解釈ができ，かくて，(6.35) を書き直して (6.34) が得られる．

注意 6.4 ノイマン問題は，Ω_R に替えて一般の領域 Ω としても設定できる．境界 $\partial\Omega$ が区分的になめらかであるような有界な Ω の場合には，命題 6.5 とまったく同様の論法で，(6.29) の類比が成り立つことがわかる．

簡単な非有界な例として，上半平面 $\Omega = \mathbf{R}_+^2$ の場合を考えよう．

$$\begin{aligned}\Delta u(x,y) &= 0, \quad -\infty < x < +\infty,\ y > 0, \\ \frac{\partial}{\partial y}u(x,0) &= h(x), \quad -\infty < x < +\infty.\end{aligned} \tag{6.36}$$

$h(x)$ が直線上で可積分，$\frac{\partial}{\partial y}u(x,y)$ が半平面 $\mathbf{R}_+^2$ 上で可積分ならば，この場合も，

[*1] (6.31) を使え．

$$\int_{-\infty}^{+\infty} h(x)\,dx = 0 \tag{6.37}$$

が成り立つことが必要である.

問 6.11 (6.37) を検証せよ[*1)].

6.4 ラプラス作用素の固有値問題

一般の平面領域 Ω において,ディリクレ境界条件のもとでの固有値問題を考える.すなわち,

$$\begin{aligned}\Delta u(x,y) &= \lambda\, u(x,y) \\ u|_{\partial\Omega} &= 0\end{aligned} \tag{6.38}$$

が定数 λ と自明でない(実数値)関数 u によって満たされるとしよう.長方形領域の場合と同じく,λ は固有値であり,対応する固有関数が u である.

補題 6.2 固有値は負の実数 $\lambda = -\mu^2 < 0$ でなければならない.

[証明] まず,
$$\lambda\,u\cdot u = \Delta u \cdot u = \mathrm{div}(u\cdot\nabla u) - \nabla u \cdot \nabla u$$
に注意しよう.したがって,
$$\lambda = -\frac{\iint_\Omega \nabla u \cdot \nabla u\,dxdy}{\iint_\Omega u^2\,dxdy}$$
となる.右辺の分子が消えるのは $u \equiv$ 定数 のときだが,境界条件から u は自明,$u \equiv 0$ となり,u に対する非自明という要請に反する. (証明終)

固有値が異なると,固有関数は直交する.

補題 6.3 $u_1(x,y)$, $u_2(x,y)$ はそれぞれ固有値 λ_1, λ_2 に対応する固有関数とする.$\lambda_1 \neq \lambda_2$ ならば
$$\iint_\Omega u_1(x,y)\,u_2(x,y)\,dxdy = 0$$
となる.

[証明] グリーンの公式と境界条件より,
$$\iint_\Omega \{\Delta u_1(x,y)\cdot u_2(x,y) - u_1(x,y)\cdot \Delta u_2(x,y)\}\,dxdy = 0$$

[*1)] グリーンの公式の応用である.

である．ところが，u_1, u_2 が固有関数だから，左辺は，

$$(\lambda_1 - \lambda_2) \iint_\Omega u_1(x,y)\, u_2(x,y)\, dxdy$$

にほかならない． (証明終)

半径 $\rho > 0$ の円板 Ω_ρ の場合を考察しよう．原点を Ω_ρ の中心とし，原点を極，x–軸を始線とする極座標で考える．固有値問題 (6.38) は，次の形になる：

$$\frac{\partial^2}{\partial r^2}u(r,\theta) + \frac{1}{r}\frac{\partial}{\partial r}u(r,\theta) + \frac{1}{r^2}\frac{\partial^2}{\partial \theta^2}u(r,\theta) = -\mu^2 u(r,\theta),$$
$$u(\rho,\theta) = 0 \tag{6.39}$$

を満足する $\mu \neq 0$ と $u(r,\theta) \neq 0$ を求めよ．ただし，$u(r,\theta)$ は Ω_ρ においてなめらかであるべきだから，θ に関しては，本来，周期 2π であり，極では特異性が現れない，つまり，$r \to 0$ のときに，$u(r,\theta)$ の極限値が存在することを要請しなければならない．

まず，$u(r,\theta)$ を変数分離型 $u(r,\theta) = R(r)\Theta(\theta)$ として検討しよう．この際，$\Theta(\theta)$ は 2π だから

$$\Theta(\theta) = \cos n\theta \quad (n = 0, 1, 2, \ldots) \quad \text{または} \quad \sin n\theta \quad (n = 1, 2, \ldots)$$

として考える．$R(r)$ については

$$R(\rho) = 0 \quad \text{および} \quad \lim_{r \to 0} R(r) \quad \text{が存在する}$$

ことを要請する．$u(r,\theta) = R(r)\Theta(\theta)$ を (6.39) に代入すれば，

$$R''(r) + \frac{1}{r}R'(r) - \frac{n^2}{r^2}R(r) = -\mu^2 R(r)$$

すなわち

$$r^2 R''(r) + rR'(r) + (\mu^2 r^2 - n^2)R(r) = 0 \tag{6.40}$$

が従う．ところで，常微分方程式

$$t^2 y''(t) + ty'(t) + (t^2 - n^2)y(t) = 0 \tag{6.41}$$

は，n–次のベッセル (Bessel) の微分方程式と呼ばれ，(変数 t を複素領域まで広げて) 詳しく研究されている．(6.41) には正則な解があり，第 1 種 n–次ベッセル関数 $J_n(t)$ と呼ばれる．$J_n(t)$ の詳細な性質に立ち入る余裕はないが，(6.40) を満たす $R(r)$ は (定数倍を除いて) $R(r) = J_n(\mu r)$ と表されることがわかる．さらに，$R(\rho) = 0$ の要請は $J_n(\mu\rho) = 0$ となるから，$J_n(t)$ の零点の情報から，(6.39) の固有値 μ もわかる．すなわち，固有値問題 (6.39) は，ベッセル関数の情報に集約されてしまうのである．

第 1 種 n–次ベッセル (Bessel) 関数 $J_n(t)$ の正の零点を $0 < a_{n0} < a_{n1} < a_{n2} < \cdots$ とする．すると，上の注意から，(6.39) の固有値は

$$-\left(\frac{a_{nk}}{\rho}\right)^2, \quad n = 0, 1, 2, \ldots, \quad k = 0, 1, 2, \ldots$$

となる．対応する固有関数は

$$J_n\left(\frac{a_{nk}}{\rho}r\right)\cos n\theta, \quad J_n\left(\frac{a_{nk}}{\rho}r\right)\sin n\theta$$

である．

XIII 偏微分方程式入門

7

1 階の偏微分方程式

7.1 1 階の偏微分方程式

$\mathcal{D} \subset \mathbf{R}^d$ を d–次元領域とする.$\mathcal{D} \times \mathbf{R} \times \mathbf{R}^d$ 上のなめらかな実数値関数 $F(x, z, p)$ ($x = (x_1, \ldots, x_d) \in \mathcal{D}$, $(z, p) = (z, p_1, \ldots, p_d) \in \mathbf{R} \times \mathbf{R}^d$) が,超曲面 $F(x, z, p) = 0$ において

$$\left(\frac{\partial}{\partial p_1} F(x, z, p), \ldots, \frac{\partial}{\partial p_d} F(x, z, p) \right) \neq (0, \ldots, 0) \tag{7.1}$$

を満足しているとする.

$\mathcal{D}$ 上の実数値の量(関数)$u(x) = u(x_1, \ldots, x_d)$ に対し,F における $z, p_1, \ldots, p_d$ にそれぞれ $u(x), \partial_1 u(x), \ldots, \partial_d u(x)$ を代入して,$u(x)$ の 1 階までの偏導関数を含む関数等式

$$F(x, u(x), \partial_1 u(x), \ldots, \partial_d u(x)) = 0, \quad x \in \mathcal{D}, \tag{7.2}$$

が得られると想定しよう.(7.2) は,1 階の偏微分方程式と呼ばれ,$u(x)$ は (7.2) の解と呼ばれる.

たとえば,$d = 2$ ならば,平面 $\mathbf{R}^2$ から原点を除いた領域 $\mathcal{D}$ 上の $x_1 p_1 + x_2 p_2$ または $x_2 p_1 - x_1 p_2$ を F と考えると,$x_1 \partial_1 u(x_1, x_2) + x_2 \partial_2 u(x_1, x_2) = 0$ または $x_2 \partial_1 u(x_1, x_2) - x_1 \partial_2 u(x_1, x_2) = 0$ は,いずれも 1 階の偏微分方程式 (7.2) の例になる.

問 7.1 $\mathcal{D} = \mathbf{R}^2$ とし,$F(x_1, x_2, z, p_1, p_2) = z p_1 + p_2$ とおく.(7.2) に対応する 1 階偏微分方程式を求めよ[*1)].

7.2 ベクトル場と積分曲線

d–次元領域 $\Omega \subset \mathbf{R}^d$ において,なめらかな関数 $v_j(x)$, $j = 1, \ldots, d$, を係数とする 1 階の線形偏微分作用素

[*1)] 求める方程式は $u(x_1, x_2) \partial_1 u(x_1, x_2) + \partial_2 u(x_1, x_2) = 0$ である.非粘性バーガース (Burgers) 方程式という.

$$\mathscr{V} = \sum_{j=1}^{d} v_j(x) \frac{\partial}{\partial x_j} \tag{7.3}$$

を考えよう. 係数を成分とするベクトル $(v_1(x), \ldots, v_d(x))$ は, Ω にベクトル場

$$\boldsymbol{v}(x) = (v_1(x), \ldots, v_d(x))$$

と対応する常微分方程式系

$$\dot{x} = \boldsymbol{v}(x) \quad \text{すなわち} \quad \dot{x}_1 = v_1(x), \ldots, \dot{x}_d = v_d(x) \tag{7.4}$$

を定める ($\dot{}$ は $x = x(t)$ として $\frac{d}{dt}$ を表す).

命題 7.1 ベクトル場 $\boldsymbol{v}(x)$ は Ω 上いたるところ 0 にならないとする. 任意の $y \in \Omega$ に対し, $t = 0$ で y (すなわち, $x(0) = y$) となる常微分方程式系 (7.4) の (局所) 解 $x = x(t)$ がただ一つ存在する. この解を改めて $x = X(t; y)$ と書けば, $x = X(t; y)$ は Ω 内の点 y を通る曲線を定める. この曲線はベクトル場 $\boldsymbol{v}(x)$ の積分曲線である.

これは常微分方程式の一般論から従う. ただし, 解が $-\infty < t < +\infty$ に対して存在するかどうかは Ω の形状や $\boldsymbol{v}(x)$ の構造に依存することなので, ここではこれ以上言及しない[*1]. 当分, 話を簡単にするために, 必要なら Ω をさらに制限することにより, Ω において $v_1(x) \neq 0$ が成り立つと仮定する.

例 7.1 $\Omega = \mathbf{R}^2 \setminus \{0,0\}$ 上のベクトル場 $\boldsymbol{v}(x) = (x_1, x_2)$ を考える. $y = (y_1, y_2) \neq (0, 0)$ を通る積分曲線は

$$X(t; y) = (y_1 e^t, y_2 e^t), \quad -\infty < t < +\infty$$

である. とくに, $x_1 = y_1 e^t \neq 0$ の範囲では, $e^t = \frac{x_1}{y_1}$ によって, t が消去できて, $x_2 = \frac{y_2}{y_1} x_1$ となる.

例 7.2 $\Omega = \mathbf{R}^2 \setminus \{0,0\}$ 上のベクトル場 $\boldsymbol{v}(x) = (x_2, -x_1)$ を考える. $y = (y_1, y_2) \neq (0, 0)$ を通る積分曲線は

$$X(t; y) = (y_1 \cos t + y_2 \sin t, \; y_2 \cos t - y_1 \sin t), \quad -\infty < t < +\infty$$

すなわち, 中心が $(0,0)$, 半径が $\sqrt{y_1^2 + y_2^2}$ の円周を描く. とくに, $(y_1, y_1) = (0, \rho)$, $\rho > 0$, の近傍で, t が十分に小さいときは, t を消去して $x_2 = \sqrt{y_1^2 + y_2^2 - x_1^2}$ と表すことができる.

命題 7.2 ベクトル場 $\boldsymbol{v}(x)$ において $v_1(x) = 1$ とする. 点 $y^0 \in \Omega$ の近傍の任意の点

[*1] 文献をみられたい.

$y = (y_1^0, y')$ を通る積分曲線を

$$x_1 = x_1, \ x_2 = X_2(x_1, y), \ldots, x_d = X_d(x_1, y),$$

と表すことができる. とくに, $x_1 = y_1^0$ の近傍で

$$(x_1, y_2, \ldots, y_d) \mapsto (x_1, X_2(x_1, y), \ldots, X_d(x_1, y)) \tag{7.5}$$

は微分同相である.

実際, 命題 7.1 のパラメータ t によると, $x_1 = X_1(t, y) = t + y_1^0$ となるべきだから, $t = x_1 - y_1^0$ となり, $X_2(t, y)$ 以下にこの t を代入したものを改めて $X_2(x_1, y)$ などと書き表すことができる. あるいは, $v_1(x) \equiv 1$ より,

$$\frac{d}{dx_1} x_2 = \frac{\dot{x}_2}{\dot{x}_1} = \frac{v_2(x)}{1} = v_2(x), \ldots,$$

と書くこともできる. (7.5) は微分方程式系の解だから一対一はあきらかである. 逆写像の微分可能性はヤコビアン

$$\begin{aligned} J(x_1) &= \det\left(\frac{\partial(x_1, X_2(x_1, y), \ldots, X_d(x_1, y))}{\partial(x_1, y_2, \ldots, y_d)}\right) \\ &= \det\left(\frac{\partial(X_2(x_1, y), \ldots, X_d(x_1, y))}{\partial(y_2, \ldots, y_d)}\right) \end{aligned}$$

を計算する. $J(y_1^0) = 1$ であって, さらに,

$$\frac{\partial}{\partial x_1} J(x_1) = \left(\sum_{j=2}^{d} \frac{\partial}{\partial x_j} v_j(x)\right)\bigg|_{x = X(x_1, y)} J(x_1) \tag{7.6}$$

だから, $J(x_1)$ が意味をもつ限り, $J(x_1) > 0$ である. したがって, (7.5) は局所的な微分同相である.

問 7.2 (7.6) の成立を確かめよ.

(7.5) の逆写像

$$(x_1, x') \mapsto (x_1, Y'(x_1, y_1^0, x')) \tag{7.7}$$

は点 y^0 の近傍での座標変換 $(x_1, x') \mapsto (x_1, y')$ を引き起こす. ここで, $'$ は, $x' = (x_2, \ldots, x_d)$ のように, 添え数が $2, \ldots, d$ の部分を表す.

命題 7.3 ベクトル場 $v(x)$ において $v_1(x) \equiv 1$ とする. このとき, y^0 の近傍における座標系 (x_1, y') で, (7.3) の 1 階偏微分作用素 $\mathscr{V}$ は $\dfrac{\partial}{\partial x_1}$ に変換される.

実際, $U(x_1, y')$ を x–座標に引き戻すには $u(x_1, x') = U(x_1, Y'(x_1, y_1^0, x'))$, あるいは

$U(x_1, y') = u(x_1, X'(x_1, y))$ だから,
$$\frac{\partial}{\partial x_1} U(x_1, y') = \mathscr{V}(u)(x_1, X'(x_1, y))$$
である.

問 7.3 (7.5) (7.7) において,
$$X'(x_1, y_1^0, Y'(x_1, y_1^0, x')) = x', \quad Y'(x_1, y_1^0, X'(x_1, y_1^0, y')) = y'$$
が成り立つことを示せ.

問 7.4 $i, j = 2, \ldots, d$ について,
$$\sum_{k=2}^{d} \frac{\partial}{\partial y_k} X_i(x_1, y_1^0, y') \bigg|_{y' = Y'(x_1, y_1^0, x')} \cdot \frac{\partial}{\partial x_j} Y_k(x_1, y_1^0, x') = \delta_{ij}$$
が成り立つことを確かめよ. ただし,
$$\delta_{ij} = \begin{cases} 1, & i = j \\ 0, & i \neq j \end{cases} \quad (\text{クロネッカー (Kronecker) のデルタ}).$$

問 7.5 $i, j = 2, \ldots, d$ について
$$\sum_{k=2}^{d} \frac{\partial}{\partial x_k} Y_i(x_1, y_1^0, x') \bigg|_{x' = X'(x_1, y_1^0, y')} \cdot \frac{\partial}{\partial y_j} X_k(x_1, y_1^0, y') = \delta_{ij}$$
が成り立つことを確かめよ.

次の問は命題 7.3 の別な表現でもある.

問 7.6 $i = 2, \ldots, d$ について,
$$\frac{\partial}{\partial x_1} Y_i(x_1, y_1^0, x') + \sum_{k=2}^{d} v_k(x_1, x') \frac{\partial}{\partial x_k} Y_i(x_1, y_1^0, x') = 0$$
が成り立つことを示せ.

7.3　1 階線形微分方程式の局所解

$g(x)$ は Ω 上の関数とする. 偏微分方程式
$$\mathscr{V}(u)(x) = \sum_{j=1}^{d} v_j(x) \frac{\partial}{\partial x_j} u(x) = g(x) \tag{7.8}$$

を考えよう ((7.3) 参照). Ω において $v_1(x) \neq 0$ とする. 必要なら (7.8) の両辺を $v_1(x)$ で割ることにより, $v_1(x) \equiv 1$ と仮定することができる.

命題 7.4 $g(x)$ は Ω 上の連続関数とする. 1階線形偏微分方程式 (7.8) は (局所的に) 解ける.

実際, y^0 の近傍で, 命題 7.3 で採用した座標系 (x_1, y') に (7.8) を変換すると

$$\frac{\partial}{\partial x_1} U(x_1, y') = G(x_1, y') \tag{7.9}$$

となる. ただし,

$$U(x_1, y') = u(x_1, X'(x_1, y_1^0, y')), \quad G(x_1, y') = g(x_1, X'(x_1, y_1^0, y'))$$

である. したがって,

$$\begin{aligned} U(x_1, y') &= U(y_1^0, y') + \int_{y_1^0}^{x_1} G(s, y') \, ds \\ &= u(y_1^0, y') + \int_{y_1^0}^{x_1} g(s, X'(s, y_1^0, y')) \, ds \end{aligned}$$

となる. もとの座標系にもどすには, (7.7) によって, $y' = Y'(x_1, y_1^0, x')$ を代入すればよい.

注意 7.1 上の構成により, 任意に $(d-1)$-変数の連続関数 $h(x')$ をとり, $x_1 = y_1^0$ において,

$$u(y_1^0, x') = h(x') \tag{7.10}$$

を指定して (7.8) の局所解が得られることがわかる. しかも, そのような局所解は一意的である. 実際, $g(x) = 0$ および $u(y_1^0, x') = 0$ を満足する解は, y^0 の近傍で $u(x) \equiv 0$ だけである. すなわち, (7.9) では, $G(x_1, y') = 0$, $U(0, y') = 0$ であり, したがって, 微分可能な解は, $U(x_1, y') = 0$, もとの座標系で, $u(x) = 0$ しかない.

注意 7.2 $u_0(x) = u(y_1^0, Y'(x_1, y_1^0, x'))$ が $\mathscr{V}(u_0)(x) = 0$ を満たすことが, 問 7.6 を利用するとただちにわかる. 同様に,

$$g_1(x) = \int_{y_1^0}^{x_1} g(s, X'(s, y_1^0, Y'(x_1, y_1^0, x'))) \, ds$$

が $\mathscr{V}(g_1)(x) = g(x)$ を満足することも容易に確かめられる.

例 7.3 $\Omega = \{ (x_1, x_2) \in \mathbf{R}^2 \; ; \; x_1 > 0 \}$ において, 方程式

$$\left(x_1 \frac{\partial}{\partial x_1} + x_2 \frac{\partial}{\partial x_2} \right) u(x_1, x_2) = 0$$

を考える．$F(\tau)$ を τ の微分可能な任意の関数とする．$u(x_1, x_2) = F\left(\dfrac{x_2}{x_1}\right)$ は解である．実は，この方程式の場合，原点を極，x_1-軸を始線とする極座標 $x_1 = r\cos\theta$, $x_2 = r\sin\theta$ が自然な座標系である．事実，極座標に改めると，方程式は

$$r\frac{\partial}{\partial r}U(r,\theta) = 0, \quad U(r,\theta) = u(r\cos\theta, r\sin\theta),$$

となり，解 $U(r,\theta)$ は r に依存せず，θ のみの関数でなければならないことがわかる．また，領域 Ω は $\mathbf{R}^2 \setminus \{(0,0)\}$ にまで自然に拡げられる．

問 7.7 $\mathbf{R}^2 \setminus \{(0,0)\}$（の適当な部分領域）において，偏微分方程式

$$\left(x_2\frac{\partial}{\partial x_1} - x_1\frac{\partial}{\partial x_2}\right)u(x_1,x_2) = 0$$

を解け．

XIII 偏微分方程式入門

8

1階非線型偏微分方程式

1階偏微分方程式 (7.2) では $u(x)$ に関する線形性は一般に期待しない．しかし，局所理論を中心に解 $u(x)$ の状況は昔から詳しく調べられている[*1)]．

まず，偏微分方程式

$$F(x, u(x), \partial u(x)) = 0 \tag{7.2}$$

の解 $u(x)$ の満たすべき条件を洗い出そう．$(x^0, z^0, p^0) \in \mathcal{D} \times \mathbf{R} \times \mathbf{R}^d$ を通る偏微分方程式 (7.2) とは，$\mathcal{D} \times \mathbf{R} \times \mathbf{R}^d$ 内の d–次元の部分集合 $\mathcal{E} = \{(x, z(x), p(x)); F(x, z(x), p(x)) = 0\}$ であって

$$F(x, z(x), p(x)) = 0, \quad z^0 = z(x^0), \ p^0 = p(x^0) \tag{8.1}$$

を満たし，しかも，$\mathcal{D}$ 上のなめらかな[*2)]関数 $u(x)$ が存在して

$$z(x) = u(x), \quad p(x) = \partial u(x) \tag{8.2}$$

が成り立つようなものを指す[*3)]．(7.2) が成り立つような，$u(x)$ は解である．

8.1 特性ベクトル場

1階偏微分方程式 (7.2) の解を求める準備として，$F(x, z, p)$ から自然に従うベクトル場

$$\begin{aligned}
\boldsymbol{b}_F(x, z, p) = \bigg(& \frac{\partial F}{\partial p_1}(x, z, p), \ldots, \frac{\partial F}{\partial p_d}(x, z, p), \sum_{k=1}^{d} p_k \frac{\partial F}{\partial p_k}(x, z, p), \\
& -\frac{\partial F}{\partial x_1}(x, z, p) - p_1 \frac{\partial F}{\partial z}(x, z, p), \ldots, -\frac{\partial F}{\partial x_d}(x, z, p) - p_d \frac{\partial F}{\partial z}(x, z, p) \bigg)
\end{aligned} \tag{8.3}$$

と対応する1階偏微分作用素

[*1)] たとえば，文献参照．
[*2)] $\mathcal{C}^2$–級，すなわち，少なくとも2回連続微分可能な．
[*3)] (8.1) と (8.2) の内容の違いをはっきりと意識するための表現である．とくに，(8.2) の第2式は $\mathcal{D}$ の座標系の選択に依存する．ただし，ここでは座標変換の効果は追求しない．

$$\mathscr{B}_F = \sum_{i=1}^d \frac{\partial F}{\partial p_i}(x,z,p) \frac{\partial}{\partial x_i} + \left(\sum_{k=1}^d p_k \frac{\partial F}{\partial p_k}(x,z,p) \right) \frac{\partial}{\partial z}$$
$$- \sum_{j=1}^d \left(\frac{\partial F}{\partial x_j}(x,z,p) + p_j \frac{\partial F}{\partial z}(x,z,p) \right) \frac{\partial}{\partial p_j} \tag{8.4}$$

を考えよう．(8.3) を F の特性ベクトル場あるいはラグランジュ・シャルピ (Lagrange–Charpit) のベクトル場，(8.4) を F の特性微分作用素あるいはラグランジュ・シャルピの偏微分作用素といおう．F の特性ベクトル場の積分曲線を F の特性曲線という．

実際に，代入計算を実行すれば次を得る．

命題 8.1 $\boldsymbol{b}_F(x,z,p)$ の特性曲線に沿って $F(x,z,p)$ は一定である：
$$\mathscr{B}_F(F)(x,z,p) = 0, \quad (x,z,p) \in \mathcal{D} \times \mathbf{R} \times \mathbf{R}^d,$$
が成り立つ．

注意 8.1 ラグランジュ・シャルピの偏微分作用素 $\mathscr{B}_F$ の意味はどうか．(7.2) の解 $u(x)$ が得られているとする．(7.2) を x_j で偏微分すれば，
$$\frac{\partial F}{\partial x_j} + \frac{\partial F}{\partial z} \partial_j u + \sum_{i=1}^d \frac{\partial F}{\partial p_i} \partial_j \partial_i u = 0 \tag{8.5}$$
となる．ここで，x^0 を通る $\mathcal{D}$ 内のなめらかな曲線 $x = X(t)$, $X(0) = x^0$, を (実は，後述 (8.9) を満たすように) 選び，さらに，議論を $\mathcal{D} \times \mathbf{R} \times \mathbf{R}^d$ に拡張するために，
$$Z(t) = z(X(t)) = u(X(t)), \quad P(t) = p(X(t)) = \partial u(X(t)) \tag{8.6}$$
とおく．パラメータ t で微分すると，
$$\dot{Z} = \sum_{i=1}^d \partial_i u \, \dot{X}_i, \quad \dot{P}_j = \sum_{i=1}^d \partial_i \partial_j u \, \dot{X}_i \tag{8.7}$$
となる．(8.7) の第 2 式と (8.5) から
$$\dot{P}_j + \frac{\partial F}{\partial x_j} + \frac{\partial F}{\partial z} \partial_j u = \sum_{i=1}^d \partial_j \partial_i u \left(\dot{X}_i - \frac{\partial F}{\partial p_i} \right), \quad j=1,\ldots,d, \tag{8.8}$$
が得られる．そこで，$X(t)$ が
$$\dot{X}_i = \frac{\partial F}{\partial p_i}(X(t), u(X(t)), \partial u(X(t))), \quad i=1,\ldots,d, \tag{8.9}$$
を満足しているとすれば，(8.8) の右辺が消え，左辺は

$$\dot{P}_j = -\frac{\partial F}{\partial x_j}(X(t), u(X(t)), \partial u(X(t)))$$
$$\quad - \frac{\partial F}{\partial z}(X(t), u(X(t)), \partial u(X(t))) \, \partial_j u(X(t)) \tag{8.10}$$
$$j = 1, \ldots, d,$$

となる．また，(8.9) から，(8.7) の第 1 式は

$$\dot{Z} = \sum_{i=1}^{d} \partial_i u(X(t)) \, \frac{\partial F}{\partial p_i}(X(t), u(X(t)), \partial u(X(t))) \tag{8.11}$$

と書きなおされる．(8.6) により，$x = X(t), z = Z(t), p = P(t)$ は，

$$\begin{aligned}
\dot{X}_i &= \frac{\partial F}{\partial p_i}(X(t), Z(t), P(t)), \\
\dot{P}_j &= -\frac{\partial F}{\partial x_j}(X(t), Z(t), P(t)) - \frac{\partial F}{\partial z}(X(t), Z(t), P(t)) \, P_j(t) \\
\dot{Z} &= \sum_{k=1}^{d} P_k(t) \, \frac{\partial F}{\partial p_k}(X(t), Z(t), P(t)) \\
&\quad i = 1, \ldots, d, \quad j = 1, \ldots, d,
\end{aligned} \tag{8.12}$$

を満たすベクトル場 $\boldsymbol{b}_F$ の積分曲線，すなわち，特性曲線である．

例 8.1 $d = 2$ とし，

$$F(x, z, p) = zp_1 + p_2 \tag{8.13}$$

を考える．ラグランジュ・シャルピのベクトル場と偏微分作用素は

$$\boldsymbol{b}_F = (z, 1, zp_1 + p_2, -p_1^2, -p_1 p_2)$$

$$\mathscr{B}_F = z\frac{\partial}{\partial x_1} + \frac{\partial}{\partial x_2} + (zp_1 + p_2)\frac{\partial}{\partial z} - p_1^2 \frac{\partial}{\partial p_1} - p_1 p_2 \frac{\partial}{\partial p_2}$$

であり，$\mathscr{B}_F(zp_1 + p_2) = 0$ の成立はあきらかである．また，$(\xi_1, \xi_2, \zeta, \eta_1, \eta_2)$ を通るベクトル場 $\boldsymbol{b}_F$ の積分曲線は

$$\begin{aligned}
&x_1 = \frac{1}{2}(\eta_2 + \eta_1 \zeta)t^2 + \zeta t + \xi_1, \ x_2 = t + \xi_2, \\
&z = (\eta_2 + \eta_1 \zeta)t + \zeta, \ y_1 = \frac{\eta_1}{\eta_1 t + 1}, \ y_2 = \frac{\eta_2}{\eta_1 t + 1},
\end{aligned} \tag{8.14}$$

で与えられる．したがって，$\eta_1 t + 1 > 0$ となるような t に対してのみ積分曲線は意味をもつ．

8.2 特性曲線の方法による偏微分方程式の局所解の構成

さて，偏微分方程式 (7.2) を解くという観点からは，b_F の積分曲線が微分形式

$$\omega = dz - \sum_{i=1}^{d} p_i dx_i \tag{8.15}$$

に及ぼす効果を確認することが重要である[*1]．

命題 8.2 m-次元曲面 Σ の上で，$F(x,z,p) =$ 定数 とする．Σ 上で微分形式 $\omega = 0$ ならば，Σ を通る特性曲線族の上で $\omega = 0$ である．

実際，(x^0, z^0, p^0) の近傍に，パラメータ $\lambda = (\lambda_1, \ldots, \lambda_m)$ に依存する m-次元曲面

$$\Sigma : x = \xi(\lambda),\ z = \zeta(\lambda),\ p = \eta(\lambda) \tag{8.16}$$

$(x^0 = \xi(\lambda^0), z^0 = \zeta(\lambda^0), p^0 = \eta(\lambda^0))$ を考えよう．Σ 上では，(8.15) は

$$\omega = \sum_{k=1}^{m} \omega_k^0(\lambda) d\lambda_k, \quad \omega_k^0(\lambda) = \frac{\partial \zeta}{\partial \lambda_k}(\lambda) - \sum_{i=1}^{d} \eta_i(\lambda) \frac{\partial \xi_i}{\partial \lambda_k}(\lambda)$$

である．この曲面 Σ を通る b_F の積分曲線の族を

$$x = X(t, \lambda),\ z = Z(t, \lambda),\ p = P(t, \lambda)$$

と表そう $(X(0, \lambda) = \xi(\lambda),\ Z(0, \lambda) = \zeta(\lambda),\ P(0, \lambda) = \eta(\lambda))$．この積分曲線族に沿って，(8.15) は

$$\omega = \omega_0\, dt + \sum_{k=1}^{m} \omega_k\, d\lambda_k$$

となる．ただし，

$$\begin{aligned}\omega_0 &= \dot{Z}(t, \lambda) - \sum_{i=1}^{d} P_i(t, \lambda) \dot{X}_i(t, \lambda) \\ \omega_k &= \frac{\partial}{\partial \lambda_k} Z(t, \lambda) - \sum_{i=1}^{d} P_i(t, \lambda) \frac{\partial}{\partial \lambda_k} X_i(t, \lambda)\end{aligned} \tag{8.17}$$

[*1] $z, p_1, \ldots, p_d$ が独立変数 $x = (x_1, \ldots, x_d)$ の関数ならば

$$\omega = 0 \iff p_i(x) = \partial_i z(x),\ i = 1, \ldots, d$$

である．$\omega = 0$ を $x = (x_1, \ldots, x_d)$ について直接示す代わりに，特性ベクトル場と相性がよく，しかも x に変換できる変数系で試みる．

である．まず，$\omega_0 = 0$ となることは (8.12) からただちにわかる．ω_k, $k \geqq 1$, を調べよう．

$$\dot{\omega}_k = \frac{\partial}{\partial \lambda_k}\dot{Z}(t,\lambda) - \sum_{i=1}^{d} \dot{P}_i(t,\lambda)\frac{\partial}{\partial \lambda_k}X_i(t,\lambda) - \sum_{i=1}^{d} P_i(t,\lambda)\frac{\partial}{\partial \lambda_k}\dot{X}_i(t,\lambda)$$

に注意して，(8.12) を適用すると，

$$\begin{aligned}\dot{\omega}_k = \sum_{i=1}^{d} &\left\{\left(\frac{\partial F}{\partial p_i}(X(t,\lambda),Z(t,\lambda),P(t,\lambda))\frac{\partial}{\partial \lambda_k}P_i(t,\lambda)\right.\right.\\ &\left.+ \frac{\partial F}{\partial x_i}(X(t,\lambda),Z(t,\lambda),P(t,\lambda))\frac{\partial}{\partial \lambda_k}X_i(t,\lambda)\right\}\\ &+ \frac{\partial F}{\partial z}(X(t,\lambda),Z(t,\lambda),P(t,\lambda))\sum_{i=1}^{d} P_i(t,\lambda)\frac{\partial}{\partial \lambda_k}X_i(t,\lambda)\end{aligned}$$

となる．右辺をさらに整理し，命題 8.1 を利用すると，

$$\begin{aligned}\dot{\omega}_k + \frac{\partial F}{\partial z}(X(t,\lambda),Z(t,\lambda),P(t,\lambda))\omega_k &= \frac{\partial}{\partial \lambda_k}F(\xi(\lambda),\zeta(\lambda),\eta(\lambda))\\ k &= 1,\ldots,m\end{aligned} \tag{8.18}$$

が得られる．

例 8.2 例 8.1 を再度取り上げる．微分可能な関数 $\phi(\lambda)$ をあらかじめ選んでおく．$\xi_1 = \lambda$, $\xi_2 = 0$, $\zeta = \phi(\lambda)$, $\eta_1 = \phi'(\lambda)$, $\eta_2 = \phi'(\lambda)\phi(\lambda)$ として，(8.14) の積分曲線を考える．このとき，

$$x_1 = X_1(t,\lambda) = \phi(\lambda)t + \lambda, \ x_2 = X_2(t,\lambda) = t, \ z = Z(t,\lambda) = \phi(\lambda),$$

$$p_1 = P_1(t,\lambda) = \frac{\phi'(\lambda)}{\phi'(\lambda)t+1}, \ p_2 = P_2(t,\lambda) = -\frac{\phi(\lambda)\phi'(\lambda)}{\phi'(\lambda)t+1}$$

となる．一方，η_2 の選び方より，$F(\xi,\zeta,\eta) = 0$ である ((8.13) 参照)．$m = 1$ として (8.18) を扱うことになるが，$t = 0$ において $\omega_1 = 0$ だから，積分曲線が意味をもつ限り，$\omega_1 = 0$ である．一方，ヤコビアンは

$$\frac{\partial(x_1,x_2)}{\partial(t,\lambda)} = \begin{pmatrix} \phi(\lambda) & \phi'(\lambda)t+1 \\ 1 & 0 \end{pmatrix}$$

だから，$\phi'(\lambda)t + 1 \neq 0$ ならば，t, λ を x_1, x_2 の関数として表すことができる．$t = T(x_1,x_2)$, $\lambda = \Lambda(x_1,x_2)$ と表し，さらに，$u(x_1,x_2) = \phi(\Lambda(x_1,x_2))$ とおけば，

$$u(x_1,x_2)\frac{\partial}{\partial x_1}u(x_1,x_2) + \frac{\partial}{\partial x_2}u(x_1,x_2) = 0, \quad u(x_1,0) = \phi(x_1)$$

が成立する[*1]．

[*1] ただし，$\phi'(\lambda)t + 1 \neq 0$ に相当する条件の制約があり，得られた解は，一般には局所的にしか意味がない．

問 8.1 $\phi(\lambda) = e^{-\lambda^2}$, $-\infty < \lambda < +\infty$, として，変換 $(t, \lambda) \mapsto (x_1, x_2)$ について論ぜよ．

例 8.2 の議論を一般化すれば，偏微分方程式 (7.2) の（局所）解の構成ができる．

命題 8.3 点 (x^0, z^0, p^0) において，

$$F(x^0, z^0, p^0) = 0, \quad \frac{\partial F}{\partial p_1}(x^0, z^0, p^0) \neq 0 \tag{8.19}$$

とする．このとき，適当ななめらかな関数 $u(x)$ が $x = x^0$ の近傍で

$$F(x, u(x), \partial u(x)) = 0, \quad u(x^0) = x^0, \quad \partial u(x^0) = p^0$$

を満足する．

実際，(8.19) により，適当ななめらかな関数 $f(x, z, p')$, $y' = (p_2, \ldots, p_d)$, によって，(x^0, z^0, p^0) の近傍で，$F(x, z, p) = 0$ と

$$p_1 = f(x, z, p'), \quad p_1^0 = f(x^0, z^0, p'^0),$$

とが同値になる．また，必要なら平行移動によって，$x_1^0 = 0$ と仮定できる．$x'^0 = (x_2^0, \ldots, x_d^0) = \lambda^0$ の $((d-1)$-次元) 近傍で定義されたなめらかな関数 $u^0(\lambda)$, $\lambda = (\lambda_1, \ldots, \lambda_{d-1})$, を（任意に）とる．$\partial' = (\partial_2, \ldots, \partial_d) = \partial_\lambda$ として，

$$v_1(\lambda) = f(0, \lambda, u^0(\lambda), \partial' u^0(\lambda))$$

とすれば，

$$F(0, \lambda, u^0(\lambda), v_1(\lambda), \partial' u^0(\lambda)) = 0$$

である．そこで，

$$x = (0, \lambda), \ z = u^0(\lambda), \ p = (v_1(\lambda), \partial' u^0(\lambda))$$

を通る $\boldsymbol{b}_F$ の積分曲線を

$$x = X(t, \lambda), \ z = Z(t, \lambda), \ p = P(t, \lambda)$$

とすれば，(8.17) により，$m = d - 1$ として

$$\omega_k = 0, \quad k = 0, 1, \ldots, m,$$

である．ところで，(x^0, z^0, p^0) で，ヤコビアン

8. 1階非線型偏微分方程式

$$\left.\frac{\partial(X(t,\lambda))}{\partial(t,\lambda)}\right|_{(x^0,z^0,y^0)} = \begin{pmatrix} \frac{\partial F}{\partial p_1}(x^0,z^0,p^0) & \cdots & & & \\ 0 & 1 & 0 & \cdots & 0 \\ \vdots & & 0 & 1 & 0 & \vdots \\ \vdots & & & & \ddots & \ddots \\ 0 & \cdots & \cdots & & 0 & 1 \end{pmatrix}$$

は正則だから，この点の近傍で，$x = X(t,\lambda)$ から t, λ を x の関数として表せる．すなわち，$(t,\lambda) = X^{-1}(x)$ とすれば，$Z(t,\lambda)$ を x の関数 $u(x) = Z(X^{-1}(x))$ に変換できる．この $u(x)$ は (7.2) を (x^0,z^0,p^0) の近傍で満たすとともに，

$$u(0,x') = u^0(x') \tag{8.20}$$

を満足する．

問 8.2 $\phi = \phi(x_1,x_2,x_3)$, $(x_1,x_2,x_3) \in \mathbf{R}^3$, であって，

$$\phi_{x_1}^2 - \phi_{x_2}^2 - \phi_{x_3}^2 = 0, \quad \phi(0,x_2,x_3) = \eta_2 x_2 + \eta_3 x_3$$

を満たすものを求めよ．ただし，η_2, η_3 は，$\eta_2^2 + \eta_3^2 > 0$ であるような定数とする[*1)]．

例 8.3 関数 $F(p_1,p_2) = p_1^2 + p_2^2 - 1$ を考えよう．対応する偏微分方程式は，$u(x), x = (x_1,x_2)$, はなめらかとして，

$$\left(\frac{\partial u}{\partial x_1}(x)\right)^2 + \left(\frac{\partial u}{\partial x_2}(x)\right)^2 - 1 = 0 \tag{8.21}$$

である．特性ベクトル場は，$p_1^2 + p_2^2 = 1$ として，$(2p_1, 2p_2, 2, 0, 0)$, だから，$\phi(\xi)$, $\xi = (\xi_1,\xi_2)$, について，$F(\phi_{\xi_1}, \phi_{\xi_2}) = 0$ ならば，$(\xi_1, \xi_2, \phi, \phi_{\xi_1}, \phi_{\xi_2})$ を通る特性曲線を考えた上で，$x_1 = 2\phi_{\xi_1}(\xi)t + \xi_1$, $x_2 = 2\phi_{\xi_2}(\xi)t + \xi_2$ から，ξ を t, x の関数として表し，$z = 2t + \phi(\xi)$ に代入すれば，$z = u(x)$ が得られるはずである．ここで，たとえば，

[*1)] $F(x,z,p) = p_1^2 - p_2^2 - p_3^2$ である．$\eta_1 = \pm\sqrt{\eta_2^2 + \eta_3^2}$ とすれば，$\eta_1^2 - \eta_2^2 - \eta_3^2 = 0$ となる．特性曲線は

$$x_1 = 2\eta_1 t = \pm 2\sqrt{\eta_2^2 + \eta_3^2}\, t, \quad x_2 = \xi_2 - 2\eta_2 t, \quad x_3 = \xi_2 - 2\eta_3 t$$

したがって，t, ξ_2, ξ_3 を x_1, x_2, x_3 で表すと

$$t = \pm\frac{x_1}{2\sqrt{\eta_2^2 + \eta_3^2}}, \quad \xi_2 = x_2 \pm \frac{\eta_2 x_2}{\sqrt{\eta_2^2 + \eta_3^2}}, \quad \xi_2 = x_2 \pm \frac{\eta_2 x_2}{\sqrt{\eta_2^2 + \eta_3^2}}$$

となり，

$$\phi(x_1,x_2,x_3) = \xi_2 \eta_2 + \xi_3 \eta_2 = x_2 \eta_2 + x_3 \eta_3 \pm \sqrt{\eta_2 + \eta_3^2}\, x_1$$

が求める解である．検算も容易である．

$$\phi(\xi) = \sqrt{\xi_1^2 + \xi_2^2} \tag{8.22}$$

とすると,$x_1 = \phi_{\xi_1}(\xi)(2t + \phi(\xi))$,$x_2 = \phi_{\xi_2}(\xi)(2t + \phi(\xi))$ となるから,

$$z = 2t + \phi(\xi) = \pm\sqrt{x_1^2 + x_2^2} \tag{8.23}$$

である.この解は $(x_1, x_2) = (0, 0)$ においてなめらかさを失う.一方,

$$\phi(\xi) = (\cos\alpha)\xi_1 + (\sin\alpha)\xi_2 \tag{8.24}$$

ならば,$\xi_1 = x_1 - 2(\cos\alpha)t$,$\xi_2 = x_2 - 2(\sin\alpha)t$ だから

$$z = u(x) = (\cos\alpha)x_1 + (\sin\alpha)x_2 \tag{8.25}$$

となる.この解は,すべての x に関してなめらかである.

解 (8.25) は変数分離法でも得られる.$u(x) = a(x_1) + b(x_2)$ を想定し,(8.21) に代入すると,$a'(x_1)^2 + b'(x_2)^2 = 1$ あるいは $a'(x_1)^2 = 1 - b'(x_2)^2 = c^2$(定数)となる.ここで,$c = \cos\alpha$ とおくことができる.

A
XIII 偏微分方程式入門

偏微分方程式を扱うための道具立て

A.1 記号と規約・多重指標

偏微分方程式は基本的に古典的な微積分学の言葉で記述される．しかし，独立変数や従属変数の数も多く，関係する偏導関数の階数もさまざまである．表現が煩雑にならないように記法上の規約を設けることは重要である．

d–次元ユークリッド (Euclid) 空間 $\mathbf{R}^d$ の部分集合 $\mathcal{R}$ で行われる議論では，d 成分の座標 $(x_1,\ldots,x_d)$ で $\mathcal{R}$ の点が表され，導関数は座標を利用して計算される．

なめらかな関数に対しては偏微分をする順序は導関数の値に影響しない．われわれはかならずしもなめらかではない「関数」も考察の対象にするけれども，その際，必要になる偏微分の一般化は，その順序が結果に影響しないような解釈によって，作用素（あるいは演算子）として把握する．

座標系が特定されているときは，$(x_1,\ldots,x_d)$ で表される点を x と書き，

$$\partial_1 = \frac{\partial}{\partial x_1}, \quad \ldots \quad , \quad \partial_1 \partial_d = \frac{\partial^2}{\partial x_1 \partial x_d}, \quad \ldots$$

などと略記[*1)]しよう．さらに，

$$\partial^\alpha = \partial_1^{\alpha_1} \cdots \partial_d^{\alpha_d} = \frac{\partial^{\alpha_1+\cdots+\alpha_d}}{\partial x_1^{\alpha_1} \cdots \partial x_d^{\alpha_d}}, \quad \alpha = (\alpha_1,\ldots,\alpha_d), \tag{A.1}$$

という簡便な表現も多用する．ここで，$\alpha = (\alpha_1,\ldots,\alpha_d)$ は（d–次元の）多重指標と呼ばれる．∂^α の階数は $\alpha_1 + \cdots + \alpha_d$ であるが，これを

$$|\alpha| = \alpha_1 + \cdots + \alpha_d \tag{A.2}$$

と書き，多重指標 α の長さという．また，(A.1) に対応して，

$$x^\alpha = x_1^{\alpha_1} \cdots x_d^{\alpha_d} \tag{A.3}$$

と書くこともある．多重指標は一般的な記法として便利である．

[*1)] 座標系を示唆する $\partial_{x_1}, \ldots, \partial_{x_1}\partial_{x_d}, \ldots$ などの表現の意味もあきらかであろう．

多重指標の比較は辞書式の順序 $\succ$ で行う. すなわち, $\alpha = (\alpha_1, \ldots, \alpha_d)$, $\beta = (\beta_1, \ldots, \beta_d)$ に対し,

$$\alpha \succ \beta \iff \begin{cases} \alpha_1 > \beta_1 \\ \text{または} \\ \alpha_1 = \beta_1, \ \alpha_2 > \beta_2 \\ \cdots \\ \alpha_1 = \beta_1, \ldots, \alpha_{d-1} = \beta_{d-1}, \ \alpha_d > \beta_d \\ \text{または} \\ \alpha_1 = \beta_1, \ldots, \alpha_d = \beta_d \end{cases} \tag{A.4}$$

と定義する. $\alpha \succ \beta$ を $\beta \prec \alpha$ とも書くことにする.

問 A.1 α, β, γ は多重指標とする. 次の関係式を確かめよ.

$$\alpha \succ \alpha$$
$$\alpha \succ \beta, \ \beta \succ \alpha \implies \alpha = \beta$$
$$\alpha \succ \beta, \ \beta \succ \gamma \implies \alpha \succ \gamma$$

さて, $\alpha \succ \beta$ に対し, 多重指標の差

$$\alpha - \beta = (\alpha_1 - \beta_1, \ldots, \alpha_d - \beta_d) \qquad (\alpha \succ \beta) \tag{A.5}$$

も多重指標になる. 一方, 多重指標の和

$$\alpha + \beta = (\alpha_1 + \beta_1, \ldots, \alpha_d + \beta_d) \tag{A.6}$$

は順序の制限なしに定義される多重指標である.

問 A.2 α, β は多重指標とする.

$$\partial^\beta(x^\alpha) = \begin{cases} \dfrac{\alpha!}{(\alpha - \beta)!} x^{\alpha - \beta}, & \alpha \succ \beta \\ 0, & \text{それ以外} \end{cases} \tag{A.7}$$

である. ここで, $\alpha! = \alpha_1! \ldots \alpha_d!$ は多重指標の階乗を意味する.

A.2 ライプニッツの公式と微分作用素

なめらかな 2 つの関数 $u(x)$ と $v(x)$ の積 $u(x) \cdot v(x)$ の偏導関数は

$$\partial_1 \{u(x) \cdot v(x)\} = \partial_1 u(x) \cdot v(x) + u(x) \cdot \partial_1 v(x),$$
$$\partial_1^2 \{u(x) v(x)\} = \partial_1^2 u(x) \cdot v(x) + 2 \partial_1 u(x) \cdot \partial_1 v(x) + u(x) \cdot \partial_1^2 v(x)$$

などと計算される．一般には，次の通り．

命題 A.1 (ライプニッツ (Leibniz) の公式)　多重指標 α に対し，

$$\partial^\alpha \{u(x)v(x)\} = \sum_{\alpha \succ \beta} \begin{pmatrix} \alpha \\ \beta \end{pmatrix} \partial^{\alpha-\beta} u(x) \cdot \partial^\beta v(x) \tag{A.8}$$

が成り立つ．ただし，$\alpha \succ \beta$ に対し，

$$\begin{pmatrix} \alpha \\ \beta \end{pmatrix} = \frac{\alpha!}{\beta!(\alpha-\beta)!} \tag{A.9}$$

である[*1)]．

d–変数 $\xi = (\xi_1, \ldots, \xi_d)$ の m–次多項式

$$Q(\xi) = \sum_{|\alpha| \leqq m} c_\alpha \, \xi^\alpha \tag{A.10}$$

において各 ξ_j を ∂_j で置き換えれば，偏微分作用素

$$Q(\partial) = \sum_{|\alpha| \leqq m} c_\alpha \, \partial^\alpha \tag{A.11}$$

を得る．

問 A.3　β は（長さが m 以下の）多重指標とする．

$$Q^{(\beta)}(\xi) = \partial_\xi^\beta Q(\xi) = \sum_{|\alpha| \leqq m} c_\alpha \, \partial_\xi^\beta (\xi^\alpha)$$

は $(m - |\beta|)$–次の多項式である．

問 A.4 (一般化されたライプニッツの公式)　なめらかな関数 $u(x)$, $v(x)$ に対し，

$$Q(\partial)(u(x)v(x)) = \sum_{|\beta| \leqq m} \frac{1}{\beta!} \, Q^{(\beta)}(\partial)(u(x)) \, \partial^\beta v(x)$$

が成り立つ．

さて，(A.11) の係数 c_α が x になめらかに依存するとき，$Q(\xi)$ を

[*1)]　(A.9) を多項係数ということがある．多項定理は

$$(x_1 + \cdots + x_d)^m = m! \sum_{|\alpha|=m} \frac{x^\alpha}{\alpha!}, \quad x = (x_1, \ldots, x_d),$$

の形に表される．$d = 2$ ならば 2 項定理に帰着する．

$$Q(x,\xi) = \sum_{|\alpha|\leq m} c_\alpha(x)\,\xi^\alpha \tag{A.12}$$

と書き，また，ξ に ∂ を「代入」して

$$Q(x,\partial) = \sum_{|\alpha|\leq m} c_\alpha(x)\,\partial^\alpha \tag{A.13}$$

と書くことができる．$Q(x,\partial)$ は偏微分作用素，すなわち，本来なめらかな関数 $u(x)$ に働いて，

$$Q(x,\partial)u(x) = \sum_{|\alpha|\leq m} c_\alpha(x)\,\partial^\alpha u(x)$$

として意味をもつものである．$c_\alpha(x)\neq 0$ となる $|\alpha|=m$ があれば，(A.13) は確かに m-階の偏微分を含む．このとき，偏微分作用素 $Q(x,\partial)$ の階数は m, あるいは，$Q(x,\partial)$ は m-階という．一方，(A.12) に基づけば，当然，多重指標 β に対し，$Q^{(\beta)}(x,\xi) = \partial_\xi^\beta Q(x,\xi)$ となる．したがって，

$$Q^{(\beta)}(x,\partial) = \sum_{|\alpha|\leq m,\,\alpha\succ\beta} \frac{\alpha!}{(\alpha-\beta)!} c_\alpha(x)\,\partial^{\alpha-\beta} \tag{A.14}$$

である．また，

$$\partial^\beta(Q(x,\partial)(u(x))) = \sum_{\beta\succ\gamma}\sum_{|\alpha|\leq m} \frac{\beta!}{(\beta-\gamma)!\gamma!}(\partial^{\beta-\gamma}c_\alpha(x))\partial^{\alpha+\gamma}u(x)$$

となる．そこで，

$$Q_{(\beta)}(x,\xi) = \partial^\beta Q(x,\xi) = \sum_{|\alpha|\leq m}(\partial^\beta c_\alpha(x))\,\xi^\alpha \tag{A.15}$$

と書けば，

$$\partial^\beta(Q(x,\partial)(u(x))) = \sum_{\gamma\prec\beta} \begin{pmatrix}\beta\\ \gamma\end{pmatrix} Q_{(\beta-\gamma)}(x,\partial)(\partial^\gamma u(x)) \tag{A.16}$$

と表される．

〔吉川　敦〕

文　　献

[1] 藤原毅夫・栄伸一郎，フーリエ解析＋偏微分方程式，裳華房，2007.
[2] 井川　満，偏微分方程式論入門，裳華房，1996.
[3] 神保秀一，偏微分方程式入門，共立出版，2006.
[4] 村田　實・倉田和浩，楕円型・放物型偏微分方程式，岩波書店，2006.
[5] 宮島静雄，ソボレフ空間の基礎と応用，共立出版，2006.
[6] 鈴木　貴・上岡友紀，偏微分方程式講義 半線形楕円型方程式入門，培風館，2005.

第 XIV 編
関数解析

　今日のわれわれの社会は多種多様な大量の情報の上に成り立ち，当然，さまざまな数学的成果に支えられている．ごく少数の情報だけなら個別的な処理も可能であるが，有限であっても，ある程度を超えると，無限個の変数が介在するかのような想定の方が扱いやすくなることが多い．ここに関数解析の有難味がある．実際，無限個の変数が扱いやすいのは，関数解析という無限次元の線形空間についての体系的で詳細な議論がこの 1 世紀の間に成立しているからである．

　関数解析の基本的な思想は前世紀の前半にすでに完成の域に達しており，関数解析的な発想は今や標準的なものとして純粋，応用を問わず，数学のあらゆる部分に浸透しているといえよう．研究分野としての関数解析自体の進歩は依然として続いており，応用に際しても当然詳しい知見を要するところもあるが，本稿ではもっとも基礎的と思われる部分であって，まさにここからが面白くなるという寸前までのみを解説する．さらに，重要な古典的話題であるが，自己共役作用素や作用素の半群は紙数の関係で言及しない．

XIV 関数解析

1

まず距離空間から

1.1 定義と簡単な例

集合 E に何らかの幾何学的な構造を想定し，E を「空間」と把握すれば，E の部分集合が，いわば，図形となる．このとき，E の元は「点」と呼ばれるのがふさわしい．E の 2 点 x と y の「近さ」の規定が幾何としての第一歩である．

直積 $E \times E$ 上の実数値関数 $d: E \times E \to \mathbf{R}$ は，次の条件を満たすとき，距離関数といわれる．

$$d(x,y) \geqq 0, \quad x, y \in E \tag{1.1}$$

$$d(x,y) = 0 \quad \Leftrightarrow \quad x = y \tag{1.2}$$

$$d(x,y) = d(y,x) \tag{1.3}$$

$$d(x,y) \leqq d(x,z) + d(z,y), \quad x, y, z \in E \tag{1.4}$$

このとき，$d(x,y)$ を 2 点 x, y の距離という．距離関数 d が定められた空間 E を距離空間といい，$\langle E, d \rangle$ と書く．

標準的な例を挙げる．

例 1.1 $E = \mathbf{R}^2$ とし，$x = (x_1, x_2), y = (y_1, y_2)$ に対し，

$$d_2(x,y) = \sqrt{(x_1 - y_1)^2 + (x_2 - y_2)^2}$$

とおく．この距離関数 d_2 は，とくに，ユークリッド (Euclid) 距離関数といわれ，距離空間 $\langle \mathbf{R}^2, d_2 \rangle$ は，ユークリッド平面にほかならない．

やや入り組んだ考察を必要とする例を挙げる．

例 1.2 ユークリッド平面内の空でない有界閉集合の全体を $\mathcal{K}$ とする．各 $K \in \mathcal{K}$ に対し，

$$\mathbf{R}^2 \ni x \quad \mapsto \quad \mathrm{dist}\,(x, K) = \min_{y \in K} d_2(x, y)$$

1. まず距離空間から

は連続関数を定める．そこで，$A, B \in \mathcal{K}$ に対し，

$$d_H(A, B) = \min\left(\max_{x \in A} \operatorname{dist}(x, B), \max_{y \in B} \operatorname{dist}(y, A)\right) \tag{1.5}$$

とおくと，d_H は $\mathcal{K}$ 上の距離関数であり，したがって，$\langle \mathcal{K}, d_H \rangle$ は距離空間になる．$d_H(A, B)$ は有界閉集合 A と B のハウスドルフ (Hausdorff) 距離といわれる．

$d_H(\cdot, \cdot)$ が定義されることを確認する．$\operatorname{dist}(\cdot, K)$ が定義されるのは，K が有界閉集合だからである（微分積分学のワイヤシュトラース (Weierstrass) の定理「有界閉集合上の連続関数には最大値がある」による）．この関数は

$$|\operatorname{dist}(x, K) - \operatorname{dist}(x', K)| \leqq d_2(x, x'), \quad x, x' \in \mathbf{R}^2 \tag{1.6}$$

を満たし，とくに，連続である．実際，$x, x' \in \mathbf{R}^2$ および $y \in K$ とすると，

$$d_2(x, y) \leqq d_2(y, x') + d_2(x', x), \quad d_2(x', y) \leqq d_2(y, x) + d_2(x, x)$$

が成り立ち，とくに，任意の $y \in K$ に対し，

$$\operatorname{dist}(x, K) \leqq d_2(y, x') + d_2(x', x), \quad \operatorname{dist}(x', K) \leqq d_2(y, x) + d_2(x, x)$$

である．右辺で，さらに $y \in K$ についての最小値をとれば，

$$\operatorname{dist}(x, K) \leqq \operatorname{dist}(x', K) + d_2(x', x), \quad \operatorname{dist}(x', K) \leqq \operatorname{dist}(x, K) + d_2(x, x)$$

となり，(1.6) が得られる．したがって，(1.5) は，再度ワイヤシュトラースの定理の応用として定義される．

$d_H(\cdot, \cdot)$ が距離関数であることを検証したい．まず，(1.1) (1.3) は構成からあきらかである．(1.2) は，$\operatorname{dist}(x, A) = 0 \iff x \in A$ からの帰結である．(1.4) だけが多少とも丁寧な考察を必要とする．$A, B, C \in \mathcal{K}$ とする．$x \in A, y \in B, z \in C$ ならば，$\operatorname{dist}(x, C) \leqq d_2(x, z) \leqq d_2(x, y) + d_2(y, z)$．したがって，

$$\operatorname{dist}(x, C) \leqq \operatorname{dist}(x, B) + \operatorname{dist}(z, B) \leqq d_H(A, B) + d_H(C, B)$$

となる．同様に，$\operatorname{dist}(z, A) \leqq d_2(z, x) \leqq d_2(z, y) + d_2(y, x)$ から

$$\operatorname{dist}(z, A) \leqq \operatorname{dist}(z, B) + \operatorname{dist}(x, B) \leqq d_H(C, B) + d_H(A, B)$$

となる．(1.5) において (1.3) を考慮すると，(1.4) が得られる．念のために，A, B が，それぞれ，中心 $a = (a_1, a_2)$，$b = (b_1, b_2)$ とし，半径 $r > 0, R > 0$ の閉円板の場合を見よう．$x = (x_1, x_2) \in \mathbf{R}^2$ に対し，

$$\operatorname{dist}(x, B) = \min_{d_2(y, b) \leqq R} d_2(x, y)$$

$$= \max(d_2(x, b) - R, 0) = \begin{cases} 0, & x \in B, \\ d_2(x, b) - R, & x \notin B \end{cases}$$

となる．したがって，$\max_{x\in A} \mathrm{dist}\,(x,B) = \max\,(d_2(a,b)+r-R, 0)$ だから，

$$d_H(A,B) = \max\,(d_2(a,b)+r-R, d_2(a,b)+R-r, 0)$$

となる．

例 1.3 有界閉区間 $[0,T]$ $(T>0)$ 上の実数値連続関数 $u(t)$ の全体を $C([0,T])$ とする．$u, v \in C([0,T])$ に対し

$$d_C(u,v) = \max_{0 \leqq t \leqq T} |u(t) - v(t)|$$

とおく．d_C は距離関数であり，$\langle C([0,T]), d_C \rangle$ は距離空間になる．距離関数 d_C が定義できるのは，有界閉区間上の連続関数 $|u(t) - v(t)|$ がかならず最大値をとるからである（ワイヤシュトラースの定理）．

1.2 完 備 性

距離空間には収束概念が定義される．関数解析の立場では，完備な距離空間が重要である．$\langle E, d \rangle$ を距離空間とする．E の点列とは，番号付けられた E の可算個の点，すなわち，写像 $\mathbf{N} \ni n \mapsto p_n \in E$ を意味するが，$\{p_n\}_{n \in \mathbf{N}}$ または $\{p_n\}$ と書くことが多い．点列 $\{p_n\}$ が点 $p \in E$ に収束するとは，(非負) 実数列 $\{d(p_n, p)\}$ が 0 に収束する，つまり，任意の $\epsilon > 0$ に対し，適当な番号 $N_\epsilon \in \mathbf{N}$ が定まって

$$n \geqq N_\epsilon \implies d(p_n, p) < \epsilon$$

が成り立つことである．p は点列 $\{p_n\}$ の極限点である．もちろん，このとき，

$$n, m \geqq N_\epsilon \implies d(p_n, p_m) < 2\epsilon$$

も成り立つ．

一方，E の点列 $\{p_n\}$ が基本列あるいはコーシー (Cauchy) 列であるとは，二重数列 $\{d(p_n, p_m)\}_{n,m \in \mathbf{N}}$ が 0 に収束する，つまり，任意の $\epsilon > 0$ に対し，適当な番号 $M_\epsilon \in \mathbf{N}$ が定まって

$$n, m \geqq M_\epsilon \implies d(p_n, p_m) < \epsilon$$

が成り立つことである．

例 1.4 $\mathcal{K}_o$ をユークリッド平面内の閉円板全体[*1)]のなす集合とし，d_H を距離関数として，距離空間 $\langle \mathcal{K}_o, d_H \rangle$ を考える．点 $a_n \in \mathbf{R}^2$, $n \in \mathbf{N}$, を中心とし，半径 $r_n > 0$ の閉

[*1)] ただし，中心 a，半径 0 の閉円板とは，1 点集合 $\{a\}$ のこととする．

円板を $A_n = B(a_n, r_n)$ とする.$\{A_n\}$ が $\langle \mathcal{K}_o, d_H \rangle$ の基本列であるための条件は,$\{a_n\}$,$\{r_n\}$ がそれぞれ $\langle \mathbf{R}^2, d_2 \rangle$,$\langle \mathbf{R}, d_1 \rangle$ における基本列になることである.

さて,上で注意したように,収束列は基本列である.しかし,かならず基本列がある極限点に収束するかどうかは,距離空間の性質によることで,つねに成立するわけではない.
距離空間 $\langle E, d \rangle$ は,任意の基本列がかならず適当な極限点に収束するようなものであるときに,完備であるといわれる.

補題 1.1 距離空間 $\langle E, d \rangle$ が完備であるための必要十分条件は,空でない閉部分集合の列 $F_1 \supset F_2 \supset \cdots$ が $\mathrm{diam}(F_n) \to 0$,$n \to \infty$,を満たすならば,$\bigcap_{n=1}^{\infty} F_n \neq \emptyset$ が成り立つことである.ここで,集合 S に対し,

$$\mathrm{diam}(S) = \sup_{x, y \in S} d(x, y)$$

は S の直径である.

実際,任意の基本列 $\{x_n\}$ に対し,$F_k = \overline{\{x_n; n \geq k\}}$ ($= \{x_n; n \geq k\}$ の閉包) とおけば,$x \in \bigcap_{n=1}^{\infty} F_n$ が $\{x_n\}$ の極限点になるから,$\langle E, d \rangle$ の完備性が従う.逆の主張は,各 n について $x_n \in F_n$ を取り出すと,$\{x_n\}$ は基本列になる.E が完備であれば,極限点 x が存在し,F_n の全共通部分に属する.

例 1.5 ユークリッド平面 $\langle \mathbf{R}^2, d_2 \rangle$ は完備である.

例 1.6 距離空間 $\langle \mathcal{K}_o, d_H \rangle$ は完備である.

例 1.7 距離空間 $\langle C([0, T]), d_C \rangle$ は完備である.

完備な距離空間の応用上の重要性が次の定理から瞥見される.

定理 1.1 (バナッハ (Banach) の縮小写像の原理) $\langle E, d \rangle$ を距離空間とする.写像 $C: E \to E$ は,(縮小率と呼ばれる)定数 $0 < \kappa < 1$ があって,

$$d(C(x), C(y)) \leqq \kappa \, d(x, y), \quad x, y \in E \tag{1.7}$$

が満たされるとき,縮小写像といわれる.$\langle E, d \rangle$ が完備であれば,縮小写像 C には,不動点,すなわち,$C(z) = z$ を満たす $z \in E$ がただ 1 個だけ存在する.

$z, z' \in E$ が見かけ上 2 個の不動点とすると,(1.7) から

$$d(z, z') = d(C(z), C(z')) \leqq \kappa \, d(z, z') \quad \therefore \quad d(z, z') = 0$$

すなわち,$z = z'$ となり,不動点はせいぜい 1 個に過ぎない.他方,任意の $z_0 \in E$ を

とり，
$$z_1 = C(z_0),\ z_2 = C(z_1),\ z_3 = C(z_2), \ldots, z_{k+1} = C(z_k), \ldots$$
とおくと，$\{z_n\}$ は基本列である．実際，$n = m + \ell,\ n, m, \ell \in \mathbf{N}$ として，
$$d(z_n, z_m) \leqq \kappa\, d(z_{n-1}, z_{m-1}) \leqq \cdots \leqq \kappa^m d(z_\ell, z_0)$$
$$\leqq \kappa^m (\kappa^{\ell-1} + \cdots + 1)\, d(z_1, z_0)$$
となる．したがって，$\epsilon > 0$ に対し，$M_\epsilon \in \mathbf{N}$ を $d(z_1, z_0)\kappa^{M_\epsilon}/(1-\kappa) < \epsilon$ にとれば，$d(z_n, z_m) < \epsilon,\ n, m \geqq M_\epsilon$，が成り立つ．完備性により，$z \in E$ を点列 $\{z_n\}$ の極限点とすれば，これが求める不動点である．実際，$n \in \mathbf{N}$ が何であれ，
$$d(C(z), z) \leqq d(C(z), C(z_n)) + d(C(z_n), z) \leqq \kappa\, d(z, z_n) + d(z_{n+1}, z)$$
となり，しかも，第 3 辺は n の増大とともにいくらでも小さくとれるから，$d(C(z), z) = 0$，すなわち，$C(z) = z$ である．

簡単な例を挙げる．

例 1.8 (常微分方程式の初期値問題の局所一意解) f を $[0, T] \times \mathbf{R}$ 上の実数値関数とし，一様リプシッツ (Lipschitz) 連続，すなわち，
$$|f(t, u) - f(t, v)| \leqq L\,|u - v|, \quad 0 \leqq t \leqq T,\ u, v \in \mathbf{R}, \tag{1.8}$$
を満足するものとする．ここで，$L > 0$ は，t, u, v に依存しない定数とする．任意の実定数 α をとり，$u \in C([0, T])$ に対し，
$$F(u) = a + \int_0^t f(s, u(s))\, ds, \quad 0 \leqq t \leqq T, \tag{1.9}$$
とおけば，$F(u) \in C([0, T])$，すなわち，F は $C([0, T])$ から $C([0, T])$ への写像を定める．このとき，T が十分小さくて，$\kappa = LT < 1$ を満たすならば，F は距離空間 $\langle C([0, T]), d_C \rangle$ における縮小率 κ の縮小写像になる．不動点 $z(t)$ は積分方程式
$$z(t) = a + \int_0^t f(s, z(s))\, ds, \quad 0 \leqq t \leqq T,$$
の一意解であり，常微分方程式の初期値問題
$$\frac{d}{dt} z(t) = f(t, z(t)), \quad 0 < t \leqq T, \quad u(0) = a$$
の (局所) 一意解でもある．

注意 1.1 (1.8) は強すぎる要請である．$a \in \mathbf{R},\ B > 0$ を指定して，

1. まず距離空間から

$$|f(t,u) - f(t,v)| \leq L_{a,B,T} |u-v|, \ 0 \leq t \leq T, \ a-B \leq u, v \leq a+B,$$

（局所リプシッツ連続性）を仮定しよう．$L_{a,B,T} > 0$ は t, u, v には依存しない．このとき，$C([0,1])$ の部分集合

$$\mathcal{B} = \{u(t)\,;\, u \in C([0,T]),\ \max_{0 \leq t \leq T} |u(t) - a| \leq B\}$$

をとり，改めて距離空間 $\langle \mathcal{B}, d_C \rangle$ で写像 (1.9) を考えよう．$\langle \mathcal{B}, d_C \rangle$ も完備である．$u \in \mathcal{B}$ に対し，$F(u) \in \mathcal{B}$ を保証するための十分な条件は

$$\max_{\substack{0 \leq t \leq T \\ a-B \leq u \leq a+B}} |f(t,u)| \leq \frac{B}{T}$$

の成立である．このとき，さらに，$TL_{a,B,T} < 1$ ならば，F は $\langle \mathcal{B}, d_C \rangle$ における縮小写像になる．

与えられた距離空間が完備ではないこともあるが，その場合でも完備な距離空間の稠密な部分空間になる．

命題 1.1 任意の距離空間 $\langle E, d \rangle$ に対し，完備な距離空間 $\langle \overline{E}, \overline{d} \rangle$ であって，$E \subset \overline{E}$ かつ $\overline{d}(x,y) = d(x,y), x, y \in E$, を満足し，さらに，任意の $\overline{x} \in \overline{E}$ と任意の $\epsilon > 0$ に対し，$x_\epsilon \in E$ を $\overline{d}(\overline{x}, x_\epsilon) < \epsilon$ が満たされるように選べるものがある．とくに，$\langle E, d \rangle$ が完備ならば，$\overline{E} = E$, $\overline{d} = d$ である．

$\langle \overline{E}, \overline{d} \rangle$ を $\langle E, d \rangle$ の完備化という．典型的な例は，$E = \mathbf{Q}$, すなわち，有理数の全体，$d(x,y) = |x-y|$ $(x, y \in \mathbf{Q})$ の場合である．このとき，$\overline{E} = \mathbf{R}$, すなわち，実数の全体，$\overline{d}(\overline{x}, \overline{y}) = |\overline{x} - \overline{y}|$ $(\overline{x}, \overline{y} \in \mathbf{R})$ となる．実際，命題 1.1 は，基本列を利用したこの場合の証明をなぞる形で検証される．詳細はしかるべき文献をみられたい．

1.3 ベールの範疇定理

完備な距離空間に関連した錯綜度の高い抽象的な話題であるが，関数解析の基礎定理の根拠でもあるベール (Baire) の範疇について論じておく．

$\langle E, d \rangle$ を距離空間とする．E の部分集合 S は，その閉包 $\overline{S}$ が内点をもたないとき，疎といわれる．この定義は入り組んでいるので，説明を加えよう．

補題 1.2 S が疎であるための必要十分条件は，任意の点 $z \in E$ について，この点にいくらでも近い点を中心とする閉球で S と交わらないものが存在することである．すなわち，S の補集合は E において稠密な開集合を含む．

実際，まず，定義と同値なことは，$\overline{S}$ の任意の点 z を中心とするどんな開球 $O(z,r) =$

$\{x\,;\,x\in E,\,d(x,z)<r\}$ も,かならず,$\overline{S}$ に属さない点 z' を含んでいることである.したがって,$O(z,r)$ に含まれ,z' を中心とする開球で $\overline{S}$ と交わらないもの $O(z',r')$ がある.$O(z',r')$ に含まれるような任意の閉球 $B(z'',r'')$ は S と交わらない.$r>0$ はいくらでも小さくてよいのだから,$z\in\overline{S}$ のいくらでも近い点を中心とする閉球で,S と交わらないものがある.もちろん,$z\notin\overline{S}$ のときも,同じことがいえる.一方,$\overline{S}$ が内点をもつならば,$\overline{S}$ に含まれる開球があるが,この開球内のどんな閉球にも,かならず S の点は含まれてしまう.

さて,E の部分集合 T は,可算個の疎な集合の合併として表されるならば,痩せた集合あるいは第 1 類 (第 1 範疇) 集合といわれる.第 1 類でない集合は,痩せていない集合あるいは第 2 類 (第 2 範疇) 集合といわれる.とくに,空でない距離空間[*1]は,その任意の空でない開部分集合が第 2 類集合になるならば,ベール空間といわれる.

補題 1.3 空でない距離空間[*2] $\langle X,d\rangle$ に関して,次の条件は同値である.
 (A) X はベール空間である.
 (B) $G_1,G_2,\ldots$ が X の稠密な開部分集合の列ならば,$\bigcap_{n=1}^{\infty}G_n$ は X において稠密である.
 (C) $F_1,F_2,\ldots$ が X の閉部分集合の列であって,$\bigcup_{n=1}^{\infty}F_n$ が空でない開集合を含むならば,少なくとも 1 個の F_n が空でない開集合を含む.

実際,(B) と (C) は対偶である.(A) と (B) の同値性は補題 1.2 とベール空間の定義から従う.

定理 1.2 (ベールの範疇定理) 完備な距離空間 $\langle E,d\rangle$ はベール空間である.

(B) を示そう.$G_1,G_2,\ldots$ を E の稠密な開部分集合とする.稠密性のためには,$\bigcap_{n=1}^{\infty}G_n$ が任意の空でない開集合 U_0 と交わることがわかればよい.以下のように,空でない開集合の列 $U_1,U_2,\ldots$ を帰納法により作る.U_{n-1} が得られているとき,G_n の稠密性から,共通部分 $U_{n-1}\cap G_n$ は空でない開集合である.したがって,空でない開集合 U_n を閉包 $\overline{U_n}\subset U_{n-1}\cap G_n$ を満たし,かつ,$\operatorname{diam}(U_n)<1/n$ を満たすように選ぶことができる[*3].これより,$\overline{U_1}\supseteq\overline{U_2}\supseteq\cdots$,となり,$E$ の完備性から,$\bigcap_{n=1}^{\infty}\overline{U_n}\neq\emptyset$ である.$\overline{U_n}\subset U_0\cap G_n$ だから,これが示すべきことであった.

 [*1] 疎な集合の定義をよくみると,E が位相空間の場合でも意味をもつ.したがって,第 1 類,第 2 類集合も位相空間で定義できる.ベール空間の定義は位相空間でも成り立つ.
 [*2] 定式化自体は位相空間でよい.
 [*3] ここで,E が可分でない限り,ある種の選択公理 (ツォルン (Zorn) の補題よりは弱いもの) が使われる.

注意 1.2 ベールの範疇定理（定理 1.2）と各種の選択公理との関係については，文献 [8] に詳しい解説がある．

完備な距離空間 $\langle E, d \rangle$ の部分集合は，その元の任意の無限列から収束する部分列が取り出せるとき，コンパクトといわれる．コンパクトな集合は閉集合である．閉包がコンパクトになる集合は相対コンパクトといわれる．

補題 1.4 $F \subset E$ がコンパクトであるための必要十分条件は F が全有界，すなわち，任意の $\epsilon > 0$ に応じて有限個の元 $x_1, \ldots, x_{N_\epsilon} \in F$ が存在して，
$$F \subset \bigcup_{j=1}^{N_\epsilon} \{x \in F\,;\, d(x, x_j) < \epsilon\} = \bigcup_{j=1}^{N_\epsilon} O(x_j, \epsilon)$$
が成り立つことである．

注意 1.3 コンパクト性は位相空間で定義される概念である．補題 1.4 はそれを距離空間固有の言葉で判定しやすい形に書き直したものであり，ここでは証明はしない（たとえば，位相空間論の教科書をみられよ．なお，文献 [11]）．

XIV 関数解析

2

バナッハ空間とヒルベルト空間

2.1 ノルム空間

E は実数体 $\mathbf{R}$ または複素数体 $\mathbf{C}$ 上のベクトル空間（つまり，スカラー体が $\mathbf{R}$ または $\mathbf{C}$ からなるもの）とする．以後，とくに，実数体か複素数体かを明示する必要がないときは，スカラー体を単に $\mathbf{F}$ と書こう．したがって，ベクトル $x, y \in E$ とスカラー $\alpha, \beta \in \mathbf{F}$ に対し，1 次結合 $\alpha x + \beta y$ が E の第 3 のベクトルとして（当然，合理的に）定義される．

例 2.1 スカラー体 $\mathbf{F}$ の元 x, y 自体をベクトルとして捉える．スカラー α, β に対し，体 $\mathbf{F}$ における積と和の演算によって 1 次結合 $\alpha x + \beta y$ が定義され，$\mathbf{F}$ は $\mathbf{F}$ 上のベクトル空間となる．

例 2.2 スカラー体 $\mathbf{F}$ の n 個の直積を $\mathbf{F}^n = \mathbf{F} \times \cdots \times \mathbf{F}$ とする．$\mathbf{F}^n$ の元 $x = (x_1, \ldots, x_n)$, $y = (y_1, \ldots, y_n)$ とスカラー $\alpha, \beta \in \mathbf{F}$ の 1 次結合を

$$\alpha x + \beta y = (\alpha x_1 + \beta y_1, \ldots, \alpha x_n + \beta y_n)$$

で定めれば，$\mathbf{F}^n$ は $\mathbf{F}$ 上のベクトル空間になる．

例 2.3 S を任意の集合（$\neq \emptyset$）とし，S からスカラー体 $\mathbf{F}$ への写像の全体を $\mathbf{F}^S$ とする．$x, y \in \mathbf{F}^S$ および $\alpha, \beta \in \mathbf{F}$ に対し，1 次結合 $\alpha x + \beta y$ は，写像 $z \in \mathbf{F}^S$, $z = \alpha x + \beta y$, すなわち，

$$z : S \ni s \mapsto \alpha x(s) + \beta y(s) \in \mathbf{F}$$

で定義され，これによって $\mathbf{F}^S$ は $\mathbf{F}$ 上のベクトル空間になる．実際上は，$\mathbf{F}^S$ はいかにも茫漠としているので，集合 S や考察の目的に応じた適切なベクトル部分空間を設定して利用する．

注意 2.1 例 2.3 において $S = \{1\}$ とおくと例 2.1 が得られ，$S = \{1, \ldots, n\}$ として例 2.2 が得られる．また，$S = \mathbf{N}$, すなわち，自然数全体の集合であれば，$\mathbf{F}^\mathbf{N}$ は，$\mathbf{F}$ 係数の数列全体からなり，このときは，写像 $x : \mathbf{N} \ni n \mapsto x(n) \in \mathbf{F}$ を通例 $(x_n)_{n \in \mathbf{N}}$（あるいは，略して (x_n)）と書く．ただし，S が一般の集合の場合には $\mathbf{F}^S$ には抽象的な意味し

2. バナッハ空間とヒルベルト空間

かない.

ベクトル空間は重要な概念であるが,代数構造のみで遂行できる議論には限界があり,適切な位相概念を導入したい.

E をスカラー体 $\mathbf{F}$ 上のベクトル空間とする. E 上で定義された実数値関数 ν は, 次の条件を満たすとき, セミノルムといわれる:

$$x \in E \Longrightarrow \nu(x) \geqq 0 \tag{2.1}$$

$$x \in E, \quad \alpha \in \mathbf{F} \Longrightarrow \nu(\alpha x) = |\alpha|\nu(x) \tag{2.2}$$

$$x \in E, \quad y \in E \Longrightarrow \nu(x+y) \leqq \nu(x) + \nu(y) \tag{2.3}$$

(2.1) は非負性, (2.2) は同次性, (2.3) は三角不等式といわれることがある.

とくに, (2.1) に加えて,

$$\nu(x) = 0 \implies x = 0 \tag{2.4}$$

が満たされるとき, ν は E のノルムといわれる. ノルムが定義されているベクトル空間はノルム空間といい, 必要なら, ノルムを明示して, たとえば, $\langle E, \nu \rangle$ などと書く.

注意 2.2 歴史的な習慣もあり, ノルムを $\|\ \|$ あるいは, 空間を明示して $\|\ \|_E$ のように書くことが多い. ここで最初に扱う例は, いずれも標準的なノルム空間であるが, 当初はノルムを ν あるいは ν に各種の添え字を付した形で説明する. 後には, しかし, $\|\ \|$ などを用いる.

例 2.4 ベクトル空間 $\mathbf{F}^n$ (例 2.2) にはいくつかノルムが定義できる. たとえば, $1 \leqq p < \infty$ として,

$$\nu_p(x) = (|x_1|^p + \cdots + |x_n|^p)^{1/p}, \quad x = (x_1, \ldots, x_n) \in \mathbf{F}^n$$

はノルムである. また,

$$\nu_\infty(x) = \max\{|x_j|, j = 1, \ldots, n\}$$

もノルムである. 実際, ν_p, ν_∞ が条件 (2.1) (2.2) (2.4) を満たしていることはあきらかである. また, ν_1, ν_∞ が (2.3) を満足することは明白である. $1 < p < \infty$ ならばどうか. このとき, (2.3) はミンコフスキー (Minkowski) の不等式, すなわち,

$$\left(\sum_{j=1}^n |x_j + y_j|^p\right)^{1/p} \leqq \left(\sum_{j=1}^n |x_j|^p\right)^{1/p} + \left(\sum_{j=1}^n |y_j|^p\right)^{1/p} \tag{2.5}$$

にほかならない. (2.5) の成立は次に掲げるヘルダー (Hölder) の不等式 (2.6) の応用である.

注意 2.3 ヘルダーの不等式とは, $1 < p < \infty$ のときに, $u = (u_1, \ldots, u_n)$,

$v = (v_1, \ldots, v_n) \in \mathbf{R}^n$ に対して成り立つ不等式

$$\sum_{j=1}^n |u_j v_j| \leq \left(\sum_{j=1}^n |u_j|^p\right)^{1/p} \cdot \left(\sum_{j=1}^n |v_j|^q\right)^{1/q}, \quad q = \frac{p}{p-1}, \tag{2.6}$$

である．(2.6) を示す前に，(2.5) が (2.6) から従う様子をみておこう．まず，

$$\sum_{j=1}^n |x_j + y_j|^p = \sum_{j=1}^n |x_j + y_j|^{p-1} |x_j + y_j|$$
$$\leq \sum_{j=1}^n |x_j + y_j|^{p-1} |x_j| + \sum_{j=1}^n |x_j + y_j|^{p-1} |y_j|$$

に注意して，(2.6) を，$v_j = |x_j + y_j|^{p-1}$, $u_j = |x_j|$ または $u_j = |y_j|$ として応用すると，上の最終辺は，$q = p/(p-1)$ により，

$$\leq \left(\sum_{j=1}^n |x_j + y_j|^p\right)^{1-1/p} \left\{ \left(\sum_{j=1}^n |x_j|^p\right)^{1/p} + \left(\sum_{j=1}^n |y_j|^p\right)^{1/p} \right\}$$

となる．(2.5) は今やあきらかであろう．さて，(2.6) を確かめるには，簡単な微積分の計算により，$1 < p < \infty$ のとき

$$t^{1/p} \leq \frac{t}{p} + 1 - \frac{1}{p}, \quad t > 0 \quad (\text{等号成立} \iff t = 1) \tag{2.7}$$

が成り立つことに注意しよう．この結果，$q = p/(p-1)$ として

$$a > 0, b > 0 \implies a^{1/p} b^{1/q} \leq \frac{a}{p} + \frac{b}{q} \tag{2.8}$$

である．とくに，u も v もゼロ・ベクトルでなければ，各 k につき

$$\frac{|u_k|}{\left(\sum_{j=1}^n |u_j|^p\right)^{1/p}} \frac{|v_k|}{\left(\sum_{j=1}^n |v_j|^q\right)^{1/q}} \leq \frac{1}{p} \frac{|u_k|^p}{\sum_{j=1}^n |u_j|^p} + \frac{1}{q} \frac{|v_k|^q}{\sum_{j=1}^n |v_j|^q},$$

したがって，

$$\sum_{k=1}^n \frac{|u_k|}{\left(\sum_{j=1}^n |u_j|^p\right)^{1/p}} \frac{|v_k|}{\left(\sum_{j=1}^n |v_j|^q\right)^{1/q}} \leq \frac{1}{p} + \frac{1}{q} = 1$$

すなわち，(2.6) が得られる．なお，u, v いずれかがゼロ・ベクトルのとき (2.6) はあきらかである．

問 2.1 $p > 1, q = p/(p-1)$ とする．$A > 0, B > 0$ ならば，任意の $\epsilon > 0$ に対して成り立つ不等式

$$AB \leq \frac{\epsilon^{p-1}}{p} A^p + \frac{\epsilon^{-1}}{q} B^q \quad (\text{ただし，等号成立} \iff \epsilon = \frac{B^{q/p}}{A}) \tag{2.9}$$

を利用して，(2.6) を導け．なお，(2.8) において $a = A^p \epsilon^{p-1}$, $b = B^q \epsilon^{-1}$ とおくと (2.9) が従う．

例 2.5 $1 \leqq p < \infty$ とする．$x = (x_n) \in \mathbf{F}^\mathbf{N}$ であって，

$$\nu_p(x) = \left(\sum_{n \in \mathbf{N}} |x_n|^p\right)^{1/p} < +\infty \tag{2.10}$$

を満たすものの全体は $\mathbf{F}$ 上のベクトル空間になり，しかも，ν_p をノルムとするノルム空間である．(用語としては先取り気味であるが) この空間を $l_p(\mathbf{F})$ と書く．今の場合，検証に必要な関係で自明でないものは，(2.3)，すなわち，$x = (x_n)$, $y = (y_n) \in l_p(\mathbf{F})$ に対するミンコフスキーの不等式

$$\left(\sum_{n \in \mathbf{N}} |x_n + y_n|^p\right)^{1/p} \leqq \left(\sum_{n \in \mathbf{N}} |x_n|^p\right)^{1/p} + \left(\sum_{n \in \mathbf{N}} |y_n|\right)^{1/p} \tag{2.11}$$

だけであるが，(2.11) は基本的に (2.5) と同様に示される．

例 2.6 $x = (x_n) \in \mathbf{F}^\mathbf{N}$ であって，

$$\nu_\infty(x) = \max_{n \in \mathbf{N}} |x_n| < +\infty \tag{2.12}$$

を満たすものの全体が $\mathbf{F}$ 上のノルム ν_∞ のノルム空間になることはあきらかであろう．この空間は $l_\infty(\mathbf{F})$ と書かれる．また，$x = (x_n) \in \mathbf{F}^\mathbf{N}$ であって，

$$\lim_{n \to \infty} |x_n| = 0 \tag{2.13}$$

を満たすものの全体もノルム ν_∞ の $\mathbf{F}$ 上のノルム空間になる．この空間は，$c(\mathbf{F})$ と書かれる．

例 2.7 閉区間 $I = [0,1]$ で定義された $\mathbf{F}$ に値をとる連続関数の全体を $\mathcal{C}(I)$ とおく．$\mathcal{C}(I)$ はベクトル空間 $\mathbf{F}^I$ (例 2.3) の部分ベクトル空間である．

$$\nu_\mathcal{C}(f) = \max_{t \in I} |f(t)|, \quad f \in \mathcal{C}(I) \tag{2.14}$$

とおくと，$\nu_\mathcal{C}$ は $\mathcal{C}(I)$ のノルムになる．また，$1 \leqq p < \infty$ として，

$$\nu_{\mathcal{L}_p}(f) = \left(\int_I |f(t)|^p \, dt\right)^{1/p}, \quad f \in \mathcal{C}(I) \tag{2.15}$$

とおくと，$\nu_{\mathcal{L}_p}$ も $\mathcal{C}(I)$ 上のノルムである．実際，$\nu_\mathcal{C}$ および $\nu_{\mathcal{L}_1}$ が (2.1) (2.4) (2.2) (2.3) を満たすことの検証は容易である．$\nu_{\mathcal{L}_p}, 1 < p < \infty$，についても (2.1) (2.4) (2.2) の検証には困難はない．この場合の (2.3) は注意 2.3 に述べたのと同様に導かれるが，(2.6) の代

わりに積分型のヘルダーの不等式

$$\int_I |u(t)\,v(t)|\,dt \leqq \left(\int_I |u(t)|^p\,dt\right)^{1/p} \left(\int_I |v(t)|^q\,dt\right)^{1/q} \tag{2.16}$$

を利用する．ここで，(話を簡単にするため) $u, v \in \mathcal{C}(I)$ とし，$1 < p < \infty$，$q = p/(p-1)$ とする．(2.16) の導出は注意 2.3 における (2.6) の場合と並行的にできる．

注意 2.4 (2.16) を反復利用して確かめられることであるが，$\sum_{j=1}^N \frac{1}{p_j} = 1, p_j > 0$ ならば，I 上の N 個の関数 $u_j(t)$ に対し，

$$\int_I \prod_{j=1}^N |u_j(t)|\,dt \leqq \prod_{j=1}^N \left(\int_I |u_j(t)|^{p_j}\,dt\right)^{1/p_j}$$

が成り立つ．ただし，右辺は意味をもつとする．

例 2.8 閉区間 $I = [0, 1]$ で定義された $\mathbf{F}$ に値をとる連続微分可能な関数の全体を $\mathcal{C}^1(I)$ とおく．すなわち，$f(t)$ は微分可能で，導関数 $f'(t)$ も（I の境界まで拡張されて）区間 I 上の連続関数になる（つまり，$f, f' \in \mathcal{C}(I)$ と考えられる）ことが $f \in \mathcal{C}^1(I)$ の条件である．$\mathcal{C}^1(I)$ はベクトル空間 $\mathcal{C}(I)$（例 2.7）の部分ベクトル空間である．

$$\nu_{\mathcal{C}^1}(f) = \max_{t \in I} |f(t)| + \max_{t \in I} |f'(t)|, \quad f \in \mathcal{C}^1(I) \tag{2.17}$$

とおくと，$\nu_{\mathcal{C}^1}$ は $\mathcal{C}^1(I)$ のノルムになる．また，$1 \leqq p < \infty$ として，

$$\nu_{\mathcal{W}_p^1}(f) = \left(\int_I |f(t)|^p\,dt\right)^{1/p} + \left(\int_I |f'(t)|^p\,dt\right)^{1/p}, \quad f \in \mathcal{C}^1(I) \tag{2.18}$$

とおくと，$\nu_{\mathcal{W}_p^1}$ も $\mathcal{C}^1(I)$ 上のノルムである．

2.2 バナッハ空間

さて，$\langle E, \nu \rangle$ を（$\mathbf{F}$ 上の）ノルム空間とすると，ノルム ν を利用して，ベクトル空間 E に距離が定義できる．すなわち，

$$\mathrm{dist}_\nu(x, y) = \nu(x - y), \quad x, y \in E \tag{2.19}$$

は，2 点 x, y の距離になる．ノルム空間 $\langle E, \nu \rangle$ は，距離 (2.19) に関して完備であるとき，バナッハ (Bahach) 空間といわれる．バナッハ空間も，表現としては，ベクトル空間 E とノルム ν の対 $\langle E, \nu \rangle$ として表される．ノルム空間はすべてがバナッハ空間というわけではないが，かならずあるバナッハ空間の稠密な部分空間になる．

命題 2.1 ノルム空間 $\langle E, \nu \rangle$ に対し，バナッハ空間 $\langle \overline{E}, \overline{\nu} \rangle$ が存在し，E は $\overline{E}$ の線形部分空間であって，$\overline{\nu}|_E = \nu$（つまり，$x \in E$ ならば $\overline{\nu}(x) = \nu(x)$ となり），かつ，任意

の $x \in E$ と任意の $\epsilon > 0$ に対し, $x_\epsilon \in \overline{E}$ を $\overline{\nu}(x - x_\epsilon) < \epsilon$ が満足されるように選ぶことができる. $\langle \overline{E}, \overline{\nu} \rangle$ を $\langle E, \nu \rangle$ の完備化という. バナッハ空間の完備化はそれ自身である.

形式的な証明は省略する. 完備化自体は抽象的な概念であるが, われわれにとって重要なのは, 具体的な数学的内容を完備化に与えることであり, また, その具体化の過程により知見が拡がることである.

例 2.9 例 2.4, 例 2.5, 例 2.6 で挙げたノルム空間は, すべてバナッハ空間である.

例 2.10 例 2.7 のノルム空間のうち, $\langle \mathcal{C}(I), \nu_{\mathcal{C}} \rangle$ はバナッハ空間である. 実際, $f_n \in \mathcal{C}(I)$ に対し, $n, m \to \infty$ のとき, $\nu_{\mathcal{C}}(f_n - f_m) \to 0$ が成り立つことは, I 上で「一様に」$|f_n(t) - f_m(t)| \to 0$ が成り立つことと同等であり, したがって, 連続性は極限移行で保存される.

注意 2.5 I をコンパクトな距離空間 (補題 1.4) と改めてもワイヤシュトラースの定理より (2.14) は意味をもち, さらに, この場合の $\langle \mathcal{C}(I), \nu_{\mathcal{C}} \rangle$ も完備, すなわち, バナッハ空間になる.

しかし, $1 \leq p < \infty$ に対し, $\langle \mathcal{C}(I), \nu_{\mathcal{L}^p} \rangle$ は (完備ではないので) バナッハ空間ではない. $\nu_{\mathcal{L}^p}(f_n - f_m) \to 0$ と一様収束とは関係がなく, p-乗積分の収束性の極限移行に関する安定性については異なる議論が必要になる.

例 2.11 例 2.7 のノルム空間 $\langle \mathcal{C}(I), \nu_{\mathcal{L}^p} \rangle$ ($1 \leq p < \infty$) の完備化を数学的実体として理解するために, I 上の $\mathbf{F}$ に値をとり, ルベーグ (Lebesgue) 可測な関数の全体 $\mathcal{M}(I)$ を考える. 関数の 1 次結合は可測性を保存する. したがって, $\mathcal{M}(I)$ は $\mathbf{F}$ 上のベクトル空間になる. $\mathcal{M}(I)$ の 2 元は零集合において値が違うときは区別しない, つまり, 次の同値関係 $\sim$ が入る: $f, g \in \mathcal{M}(I)$ に対し,

$$f \sim g \iff \{t \in I\,;\, f(t) \neq g(t)\} \text{ は零集合である}.$$

$f \sim g$ が成り立つとき, f と g はほとんどいたるところで一致する (等しい) といい, $f = g\,(a.e.)$ と書かれる. この同値関係は 1 次結合と可換:

$$g \sim g_1, h \sim h_1 \implies \alpha g + \beta h \sim \alpha g_1 + \beta h_1 \quad (\alpha, \beta \in \mathbf{F})$$

だから, 同値類の集合 $\widetilde{\mathcal{M}}(I) = \mathcal{M}(I)/\!\sim$ も $\mathbf{F}$ 上のベクトル空間になる. このとき,

$$\mathcal{C}(I) \ni f \mapsto \tilde{f} = \{f_1 \in \mathcal{M}(I)\,;\, f \sim f_1\} \in \widetilde{\mathcal{M}}(I) \tag{2.20}$$

は一対一の自然な線形写像である. これによって, $\mathcal{C}(I)$ は $\widetilde{\mathcal{M}}(I)$ の線形部分空間とみなされる (しかも, 実際上は, 同値類 $\tilde{f}$ と代表元 f を区別しないで扱える). さて, $\mathcal{M}(I)$

において重要なことは, $1 \leq p < \infty$ のとき, $f \in \mathcal{M}(I)$ が p–乗可積分, すなわち,

$$\nu_{\mathcal{L}^p}(f)^p = \int_I |f(t)|^p\, dt < \infty \quad (\text{ルベーグ積分}) \tag{2.21}$$

ならば, f とほとんどいたるところ一致する f_1 も p–乗可積分であって, $\nu_{\mathcal{L}^p}(f) = \nu_{\mathcal{L}^p}(f_1)$ が成り立つことである. とくに, $\nu_{\mathcal{L}^p}(f) = 0$ ならば $f \sim 0$ である. したがって,

$$\mathcal{L}^p(I) = \{\, \tilde{f} \in \widetilde{\mathcal{M}}(I)\,;\, \tilde{f} \text{の代表元は} p\text{–乗可積分}\,\} \tag{2.22}$$

とおくと, $\nu_{\mathcal{L}^p}$ から自然に $\mathcal{L}^p(I)$ のノルムが誘導される. $\tilde{f}$ のノルムは $f \in \tilde{f}$ として $\nu_{\mathcal{L}^p}(f)$ にほかならないから, 同値類と代表元とを流用して, $\mathcal{L}^p(I)$ のノルムも $\nu_{\mathcal{L}^p}$ で表してよいであろう (後には, $\|\ \|_{\mathcal{L}^p}$, $\|\ \|_p$ あるいは単に $\|\ \|$ と書く). しかも, p–乗可積分な関数列 f_n が基本列をなす: すなわち,

$$\lim_{n,\, m \to \infty} \int_I |f_n(t) - f_m(t)|^p\, dt = 0$$

を満たすならば, 適当な p–乗可積分な関数 f があって,

$$\lim_{n \to \infty} \int_I |f_n(t) - f(t)|^p\, dt = 0$$

が成り立つ (リース・フィッシャー (Riesz–Fischer) の定理). すなわち, $\langle \mathcal{L}^p(I), \nu_{\mathcal{L}^p} \rangle$ はバナッハ空間である. しかも, (2.20) により, ノルム空間 $\langle \mathcal{C}^p(I), \nu_{\mathcal{L}^p} \rangle$ は部分空間とみなされる. 実際, (2.20) により, $\langle \mathcal{L}^p(I), \nu_{\mathcal{L}^p} \rangle$ は $\langle \mathcal{C}^p(I), \nu_{\mathcal{L}^p} \rangle$ の完備化とみなされるが, この事実の検証には積分論の立ち入った議論 (ルベーグの密度定理など) が必要であり, ここでは省略する.

注意 2.6 $1 < p < r < q < +\infty$ とする. このとき, $\mathcal{L}^p(I) \cap \mathcal{L}^q(I) \subset \mathcal{L}^r(I)$ である. 実際, $u \in \mathcal{L}^p(I) \cap \mathcal{L}^q(I)$ とする.

$$\frac{1}{r} = \frac{1-\theta}{p} + \frac{\theta}{q}$$

となる $0 < \theta < 1$ をとると,

$$\int_I |u(t)|^r\, dt = \int_I |u(t)|^{r(1-\theta)}\, |u(t)|^{r\theta}\, dt$$

となる. この右辺は, (2.16) により,

$$\left(\int_I |u(t)|^{r(1-\theta)/\lambda}\, dt\right)^\lambda \left(\int_I |u(t)|^{r\theta/(1-\lambda)}\, dt\right)^{1-\lambda},\quad \lambda = \frac{1-\theta}{p} r$$

で評価される. 整理すると,

$$\left(\int_I |u(t)|^r\, dt\right)^{1/r} \leq \left(\int_I |u(t)|^p\, dt\right)^{(1-\theta)/p} \left(\int_I |u(t)|^q\, dt\right)^{\theta/q}$$

が得られる．

例 2.12 可測関数 $f \in \mathcal{M}(I)$ は，適当な $c > 0$ に対し

$$\{t \in I \,;\, |f(t)| > c\} \text{ は零集合}$$

が満たされるときに本質的に有界であるといわれ，このような c の下限 c_f （すなわち，$c \geqq c_f$ ならばつねに上の関係が成り立つが，$c_f > c_1$ なる c_1 に対しては，

$$\{t \in I \,;\, |f(t)| > c_1\} \text{ は正の測度をもつ} \tag{2.23}$$

というもの）を f の本質的上限といい，ess.sup$|f|$（あるいは，今までの記法の整合性からは $\nu_{\mathcal{L}^\infty}(f)$）と書く．$f$ が本質的に有界のとき，$f_1 \sim f$ ならば f_1 も本質的に有界であって，$\nu_{\mathcal{L}^\infty}(f) = \nu_{\mathcal{L}^\infty}(f_1)$ となる．とくに，$\nu_{\mathcal{L}^\infty}(f) = 0$ ならば f はほとんどいたるところ 0 に等しい．さて，$g, h \in \mathcal{M}(I)$ が本質的に有界であれば，これらの 1 次結合もそうなる．このとき，

$$\nu_{\mathcal{L}^\infty}(\alpha g) = |\alpha|\,\nu_{\mathcal{L}^\infty}(g), \quad \alpha \in \mathbf{F},$$

の成立は容易にわかる．さらに，

$$\nu_{\mathcal{L}^\infty}(g + h) \leqq \nu_{\mathcal{L}^\infty}(g) + \nu_{\mathcal{L}^\infty}(h)$$

を確かめよう．実際，$c = c_1 + c_2 > 0, c_1 > 0, c_2 > 0$ ならば

$$|g(t) + h(t)| > c \implies |g(t)| > c_1 \text{ または } |h(t)| > c_2$$

が成り立つからである．そこで，

$$\mathcal{L}^\infty(I) = \{\tilde{f} \in \widetilde{\mathcal{M}}(I) \,;\, \tilde{f} \text{ の代表元は本質的に有界}\} \tag{2.24}$$

とおくと，$\nu_{\mathcal{L}^\infty}$ から $\mathcal{L}^\infty(I)$ 上のノルムが誘導される．これも $\nu_{\mathcal{L}^\infty}$ で流用すれば，$\langle \mathcal{L}^\infty(I), \nu_{\mathcal{L}^\infty} \rangle$ はノルム空間になる．積分論の議論により，この空間はバナッハ空間になることが導かれる．

注意 2.7 $\langle \mathcal{L}^p(I), \nu_{\mathcal{L}^p} \rangle$ $(1 \leqq p \leqq \infty)$ を I 上のルベーグ空間という．なお，実は，区間 I を $[0,1]$ に限定せず，一般の有限区間 $[a,b]$，さらには，半直線 $[0,+\infty), (-\infty,0]$ あるいは全直線 $(-\infty,+\infty)$ として，dt をその上のルベーグ測度とすれば，(2.21)(2.22) および (2.23)(2.24) は自然にそのまま拡張される．同様に，(やや形式的ながら) I が $\mathbf{R}^n$ の可測集合であって，dt が n–次元ルベーグ測度の場合も，バナッハ空間 $\langle \mathcal{L}^p(I), \nu_{\mathcal{L}^p} \rangle$ は同様に定義される．以下で，一般に，n–次元可測集合 Ω 上のルベーグ空間を $\langle \mathcal{L}^p(\Omega), \nu_{\mathcal{L}^p} \rangle$ などと書く．

例 2.13 $I = [0,1]$ とする．バナッハ空間 $\langle \mathcal{C}(I), \nu_\mathcal{C} \rangle$ は (2.20) によってバナッハ空間 $\langle \mathcal{L}^\infty(I), \nu_{\mathcal{L}^\infty} \rangle$ の部分空間とみなされる．このとき，

$$\nu_{\mathcal{L}^\infty}(f) = \nu_\mathcal{C}(f), \quad f \in \mathcal{C}(I)$$

である．$\mathcal{L}^\infty(I)$ には不連続な関数の同値類も含まれるから，$\mathcal{C}(I)$ とは一致しない．

2.3 ミンコフスキー汎関数

バナッハ空間のノルムの幾何学的な意義をみておこう．

A, B, C は線形空間 E の部分集合とする．任意の $x \in E$ に対し，適当な $r > 0$ をとると $rx \in A$ が成り立つとき，A は吸収的であるという．任意の $x, y \in B$ の凸結合 $(1-t)x + ty$ $(0 < t < 1)$ がつねに B に含まれるとき，B は凸といわれる．また，$x \in C$ ならば $-x \in C$ が成り立つ $C \subset E$ は対称といわれることがある（なお，スカラーが複素数のとき，$x \in C$ に対し $\alpha x \in C$, $|\alpha| \leqq 1$ が成り立つとき，C は均衡的といわれることがある）．

バナッハ空間 $\langle E, \nu \rangle$ では，吸収的，凸，対称（あるいは均衡的）であることは部分集合の閉包をとる操作と両立し，吸収的，凸，対称（あるいは均衡的）な集合の閉包も吸収的，凸，対称（あるいは均衡的）である．とくに，（中心 c，半径 $r > 0$ の）開球 $\mathrm{O}_r(c) = \{x \in E ; \nu(x-c) < r\}$ および閉球 $\mathrm{B}_r(c) = \overline{\mathrm{O}_r(c)}$ は標準的な凸集合であり，$c = 0$ であれば，これらは吸収的かつ対称（均衡的）でもある．

問 2.2 バナッハ空間 $\langle E, \nu \rangle$ の閉集合 B について，B が凸集合であるための必要十分な条件は

$$x \in B, y \in B \implies \frac{1}{2}(x+y) \in B \tag{2.25}$$

が成り立つことであることを確かめよ．

補題 2.1 バナッハ空間の部分集合 $K \subset E$ が凸かつ対称で，内点をもつならば，K は原点を中心とする開球 $\mathrm{O}_r(0)$ を含み，とくに，吸収的である．

実際，K の内点を $x_0 \in K$ とすると，適当な $r_0 > 0$ により，$\mathrm{O}_{r_0}(x_0) \subset K$ となる．K の対称性から $\mathrm{O}_{r_0}(-x_0) \subset K$ でもある．したがって，これらの元の凸結合も K に含まれる．一方，$x \in \mathrm{O}_{r_0}(0)$ とすると，$x_1 = x + x_0 \in \mathrm{O}_{r_0}(x_0)$, $x_2 = x - x_0 \in \mathrm{O}_{r_0}(-x_0)$ だから，$x = \frac{1}{2} x_1 + \frac{1}{2} x_2 \in K$, すなわち，$\mathrm{O}_{r_0}(0) \subset K$ となる．

$K \subset E$ を吸収的かつ対称（均衡的）な凸集合とする．$x \in E$ に対し，

$$\mu_K(x) = \sup\{|\alpha| ; \alpha x \in K, \alpha \in \mathbf{F}\} \tag{2.26}$$

2. バナッハ空間とヒルベルト空間   675

とおく. μ_K を K のミンコフスキー汎関数という. $K = \mathrm{O}_1(0)$ または $K = \mathrm{B}_1(0)$ ならば $p_K(x) = \nu(x)$ である.

命題 2.2 K はバナッハ空間 $\langle E, \nu \rangle$ の凸かつ対称（均衡的）な有界集合で内点をもつものとする. K のミンコフスキー汎関数は E 上のノルムであって, しかも, 適当な正数 $0 < c_1 < c_2$ があって, $c_1 \nu(x) \leqq \mu_K(x) \leqq c_2 \nu(x), x \in E$, が成り立つ.

まず, $p_K(x)$ がノルムになることを確かめよう. 定義から, $p_K(x) \geqq 0$ であり, $p_K(x) = 0$ から $x = 0$ が従うことはあきらかであろう. また, $p_K(\beta x) = |\beta| p_K(x)$ もあきらかであろう. $x_1, x_2 \in E$ が 0 と異なるときは, $\frac{1}{p_K(x_j)} x_j \in \overline{K}$ であり, これらの凸結合は $\overline{K}$ に入るから, $p_K(x_1 + x_2) \leqq p_K(x_1) + p_K(x_2)$ が従う. 一方, K が有界で内点をもつから, ある $r > 0$ と $R > 0$ があって, $\mathrm{O}_r(0) \subset K \subset \mathrm{O}_R(0)$ が成り立つ. これから, $c_1 = \frac{1}{R}, c_2 = \frac{1}{r}$ として $c_1 \nu(x) \leqq p_K(x) \leqq c_2 \nu(x)$ が従う.

2.4 ヒルベルト空間

E は $\mathbf{F}$ 上のベクトル空間とする. E の直積 $E \times E$ から $\mathbf{F}$ への写像 $B : E \times E \to \mathbf{F}$ を考える. B は第1成分に関しては線形, 第2成分に関しては, スカラー体 $\mathbf{F}$ が実数体 $\mathbf{R}$ か複素数体 $\mathbf{C}$ かに応じ, 線形または反線形とする. すなわち, ベクトル $x, y, u, v \in E$, スカラー $\alpha, \beta, \lambda, \mu \in \mathbf{F}$ に対し, $\mathbf{F} = \mathbf{R}$ ならば,

$$B(\alpha x + \beta y, \lambda u + \mu v) = \alpha \lambda B(x, u) + \alpha \mu B(x, v) + \beta \lambda B(y, u) + \beta \mu B(y, v) \tag{2.27}$$

が満たされ, 一方, $\mathbf{F} = \mathbf{C}$ ならば,

$$B(\alpha x + \beta y, \lambda u + \mu v) = \alpha \overline{\lambda} B(x, u) + \alpha \overline{\mu} B(x, v) + \beta \overline{\lambda} B(y, u) + \beta \overline{\mu} B(y, v). \tag{2.28}$$

が満たされているとする.

このとき, $\mathbf{F} = \mathbf{R}$ ならば B は双線形形式, $\mathbf{F} = \mathbf{C}$ ならば B は反双線形形式といわれる. 以下では, 誤解のおそれがない限り, スカラー体 $\mathbf{F}$ への言及を省き, このような B を単に E 上の線形形式ということもある.

例 2.14 $E = \mathcal{C}^1(I)$ （例 2.8）の元 $f(t), g(t)$ に対し,

$$\mathscr{B}(f, g) = \int_I \{ a(t) f(t) \overline{g(t)} + b(t) f'(t) \overline{g'(t)} \} dt \tag{2.29}$$

とおく. ただし, $a(t), b(t) \in \mathcal{C}(I)$ とする. $\mathbf{F} = \mathbf{C}$ ならば, $\mathscr{B}$ は反双線形形式である.

$\mathbf{F} = \mathbf{R}$ ならば, $\overline{g(t)} = g(t)$, $\overline{g'(t)} = g'(t)$ だから, $\mathscr{B}$ は双線形形式になる.

E 上の線形形式 B は

$$x \in E \implies B(x,x) \geqq 0 \tag{2.30}$$

を満たすとき, 非負定値という. 非負定値な線形形式 B が, さらに,

$$B(x,x) = 0 \iff x = 0 \tag{2.31}$$

を満たすとき, 正定値という.

例 2.15 例 2.14 の線形形式 $\mathscr{B}$ が非負定値であるための必要十分な条件は $a(t), b(t)$ が非負実数値のみをとることである. さらに, $a(t) \not\equiv 0$ かつ (ほとんどいたるところで) $b(t) > 0$ ならば, $\mathscr{B}$ は正定値になる.

$\mathbf{F} = \mathbf{R}$ のとき, E 上の双線形形式 B が

$$B(x,y) = B(y,x), \quad x, y \in E \tag{2.32}$$

を満たしているならば, 対称といわれる. $\mathbf{F} = \mathbf{C}$ のとき,

$$B(x,y) = \overline{B(y,x)}, \quad x, y \in E \tag{2.33}$$

を満足する反双線形形式 B は反対称といわれる.

例 2.16 例 2.14 の線形形式 $\mathscr{B}$ は $\mathbf{F} = \mathbf{R}$ ならば対称である. $\mathbf{F} = \mathbf{C}$ のとき, $a(t), b(t)$ が実数値ならば反対称であるが, それ以外のときは反対称ではない.

B は, ベクトル空間 E 上の線形形式であって, $\mathbf{F} = \mathbf{R}$ ならば対称な双線形形式, $\mathbf{F} = \mathbf{C}$ ならば反対称な反双線形形式とする. B は, 正定値のとき, E の内積と呼ばれる. 内積 B の指定された空間 E を内積空間といい, $\langle E, B \rangle$ と書き表すことがある.

例 2.17 $\mathbf{F}^n$ を例 2.2 のベクトル空間とする. 任意のベクトル $x = (x_1, \ldots, x_n), y = (y_1, \ldots, y_n) \in \mathbf{F}^n$ に対し, 線形形式 $\mathbf{B}_n$ を, $\mathbf{F} = \mathbf{R}$ のとき,

$$\mathscr{E}_n(x,y) = \sum_{k=1}^{n} x_k y_k,$$

とおき, 一方, $\mathbf{F} = \mathbf{C}$ のとき,

$$\mathscr{H}_n(x,y) = \sum_{k=1}^{n} x_n \overline{y_n}$$

とおけば, $\langle \mathbf{R}^n, \mathscr{E}_n \rangle$, $\langle \mathbf{C}^n, \mathscr{H}_n \rangle$ は, 内積空間であり, それぞれ (n 次元) ユークリッド

空間, (n 次元) エルミート (Hermite) 空間と呼ばれる. しかし, 文脈や記号に誤解のおそれがない限り, 通例は, $\mathscr{E}_n(x,y)$ などの代わりに, $\langle x, y \rangle$, (x,y) などと書く習慣である.

例 2.18 例 2.11 の空間 $\mathcal{L}^p(I)$ を思い起こそう. $p=2$ のとき, $\tilde{f}, \tilde{g} \in \mathcal{L}^2(I)$ に対し,

$$\mathscr{B}_{\mathcal{L}^2}(\tilde{f}, \tilde{g}) = \int_I f(t) \overline{g(t)} \, dt \tag{2.34}$$

とおく (ただし, f, g は, それぞれ, 同値類 $\tilde{f}, \tilde{g}$ の代表元とする). (2.34) の右辺の値は代表元の選び方によらない. $\mathscr{B}_{\mathcal{L}^2}$ は $\mathcal{L}^2(I)$ の内積になる.

$$\mathscr{B}_{\mathcal{L}^2}(\tilde{f}, \tilde{f}) = \nu_{\mathcal{L}^2}(f)^2$$

の成立はあきらかであろう. (2.34) は, 通常, いちいち同値類 $\tilde{f}$ などを記さず, 代表元 f などのままで書き表される. また, $\mathscr{B}_{\mathcal{L}^2}$ のような重い記号も普通は使わず, 混乱のおそれがなければ, (2.34) の左辺は (f, g) などと書かれる.

補題 2.2 $\langle E, B \rangle$ は内積空間とする. このとき,

$$\nu_B(x) = \sqrt{B(x,x)}, \quad x \in E \tag{2.35}$$

とおけば, ν_B は E 上のノルムである. しかも, ν_B は

$$\nu_B(x+y)^2 + \nu_B(x-y)^2 = 2\nu_B(x)^2 + 2\nu_B(y)^2, \quad x, y \in E \tag{2.36}$$

を満足する. ν_B を内積 B から誘導されたノルムという. 一方, ノルム空間 $\langle E, \nu \rangle$ において, ノルム ν が (2.36) に相当する等式

$$\nu(x+y)^2 + \nu(x-y)^2 = 2\nu(x)^2 + 2\nu(y)^2, \quad x, y \in E \tag{2.37}$$

を満たしているとする. このとき, スカラー体 $\mathbf{F} = \mathbf{R}$ ならば,

$$B_\nu(x,y) = \frac{\nu(x+y)^2 - \nu(x-y)^2}{4}, \tag{2.38}$$

は, E の内積になり, また, $\mathbf{F} = \mathbf{C}$ のときは,

$$B_\nu(x,y) = \frac{\nu(x+y)^2 - \nu(x-y)^2 + [\nu(x+iy)^2 - \nu(x-iy)^2]i}{4}, \tag{2.39}$$

は E の内積になる. 内積 B_ν から誘導されたノルムはノルム ν と一致する.

実際, (2.35) について (2.1) (2.4) および (2.2) は B の正値性および (反) 双線形性からあきらかである. 三角不等式 (2.3) の検証には, コーシー・シュワルツ (Cauchy–Schwarz) の不等式

$$|B(x,y)| \leq \sqrt{B(x,x)} \sqrt{B(y,y)}, \quad x, y \in E \tag{2.40}$$

を利用する．これから，

$$B(x+y, x+y) = B(x,x) + 2\,Re\,B(x,y) + B(y,y)$$
$$\leqq B(x,x) + 2|B(x,y)| + B(y,y)$$
$$\leqq \left(\sqrt{B(x,x)} + \sqrt{B(y,y)}\right)^2$$

が従うからである（注意 2.3 参照）．また，等式 (2.36) はあきらかであろう．

問 2.3 不等式 (2.40) を確かめよ．

(2.38) または (2.39) で定義された B_ν が正値性と（反）対称性をもつことは容易にわかる（(2.39) の場合，$\nu(x+iy) = \nu(y-ix)$ などの成立に注意せよ）．とくに，

$$B_\nu(x,x) = \nu(x)^2, \quad x \in E,$$

である．問題は B_ν の線形性

$$B_\nu(x+z, y) = B_\nu(x,y) + B_\nu(z,y), \quad x, z, y \in E, \tag{2.41}$$
$$B_\nu(a\,x, y) = a\,B_\nu(x,y), \quad x, y \in E, \quad a \in \mathbf{F} \tag{2.42}$$

の検証である．これらは，いずれも (2.37) の帰結である．まず，(2.37) から，

$$\nu(x+y)^2 - \nu(x-y)^2 = 2\left\{\nu\left(\frac{1}{2}x+y\right)^2 - \nu\left(\frac{1}{2}x-y\right)^2\right\}$$

が従うことに注意しよう．これより，$\mathbf{F} = \mathbf{R}$ ならば，

$$B_\nu(x,y) = 2\,B_\nu\left(\frac{1}{2}x, y\right)$$

となる．すると，(2.41) が，比較的容易な等式

$$B_\nu(x,y) + B_\nu(z,y) = 2\,B_\nu\left(\frac{1}{2}(x+z), y\right)$$

から従う．また，(2.41) を繰り返し用いることにより，(2.42) が有理数の a に対して成り立つことがわかる．$\mathbf{F} = \mathbf{R}$ のときは，極限移行により，$a \in \mathbf{R}$ に対する (2.42) の成立が導かれる．

問 2.4 上の議論の詳細を埋めよ．また，$\mathbf{F} = \mathbf{C}$ のときの検証も行え．

内積空間 $\langle E, B \rangle$ は，ノルム空間 $\langle E, \nu_B \rangle$ がバナッハ空間になるとき，ヒルベルト (Hilbert) 空間といわれる．ただし，ν_B は，内積 B から誘導されたノルムである．

例 2.19 例 2.17，例 2.18 を思い起こそう．内積空間 $\langle \mathbf{R}^n, \mathscr{E}_n \rangle$，$\langle \mathbf{C}^n, \mathscr{H}_n \rangle$，および

$\langle \mathcal{L}^2(I), \mathscr{B}_{\mathcal{L}^2} \rangle$ は，いずれもヒルベルト空間である．

例 2.20 $\mathcal{L}^2(I)$（例 2.18）の元（の代表元）$w(t)$ に対し，
$$u(t) = \int_0^t w(s)\,ds - t \int_0^1 w(s)\,ds = \int_0^1 k(t,s)\,w(s)\,ds \tag{2.43}$$
ただし，
$$k(t,s) = \begin{cases} 1-t, & s < t \\ -t, & t < s \end{cases}$$
とおくと，$u(t)$ も 2 乗可積分で，
$$\int_I |u(t)|^2\,dt \leqq \frac{1}{6} \int_I |w(t)|^2\,dt$$
が成り立つ．一方，
$$u'(t) = w(t) - \int_0^1 w(s)\,ds$$
も 2 乗可積分で，しかも，$u(0) = u(1) = 0$ である．また，
$$\int_0^1 |u'(t)|^2\,dt = \int_0^1 |w(t)|^2\,dt + \left| \int_0^1 w(t)\,dt \right|^2 \geqq \int_0^1 |w(t)|^2\,dt$$
もわかる．したがって，上の $u(t)$ に対しては，
$$\int_0^1 |u(t)|^2\,dt \leqq \frac{1}{6} \int_0^1 |u'(t)|^2\,dt \tag{2.44}$$
が成り立つ．上の $u(t)$ は 2 乗可積分であるが，2 乗可積分な導関数 $u'(t)$ をもち，しかも，区間 I の端点では消える，$u(0) = u(1) = 0$ を満たすものである［ここでは，導関数の意味については，先に，導関数相当の 2 乗可積分な関数 $u'(t) = w(t)$ を与え，本来の 2 乗可積分関数 $u(t)$ を積分として導入した．ほとんどいたるところ一致する関数を積分して得られる関数は一致する．なお，高次元の場合の一般化に通ずる考え方については後に改めて論ずる（例 3.7）］．このような $u(t)$ の全体を $\mathcal{H}_0^1(I)$ と表そう．$u(t), v(t) \in \mathcal{H}_0^1(I)$ に対し，
$$\mathscr{D}(u,v) = \int_I u'(t)\,\overline{v'(t)}\,dt \tag{2.45}$$
とおく．ただし，$u'(t), v'(t)$ はそれぞれ $u(t), v(t)$ の導関数（の同値類の代表元）である．$\mathscr{D}$ は $\mathcal{H}_0^1(I)$ の内積であって，実は，$\langle \mathcal{H}_0^1(I), \mathscr{D} \rangle$ はヒルベルト空間である．$\mathscr{D}$ が内積であるために，検証を要するのは，正値性である．しかし，$\mathscr{D}(u,u) = 0$ から，ほとんどいたるところで $u'(t) = 0$ となることがわかり，したがって，$u(t)$ は定数になるが，$u(0) = 0$ だから $u(t) = 0$ でなければならない．$\mathscr{D}$ から誘導されたノルムに関し，$\mathcal{H}_0^1(I)$ が完備であることを確かめよう．$\{u_n\}$ が $\mathcal{H}_0^1(I)$ の基本列であるとすると，導関数の列 $\{u'_n\}$ は，$\mathcal{L}^2(I)$ の基本列になり，したがって，極限関数 $w \in \mathcal{L}^2(I)$ が存在する．w を導関数とする関数 u を (2.43) によって構成すると，(2.44) により，$\{u_n\}$ が u に $\mathcal{L}^2(I)$ において収束し，したがって，$u \in \mathcal{H}_0^1(I)$ となる．とくに，$\langle \mathcal{H}_0^1(I), \mathscr{D} \rangle$ はヒルベルト空間である．

2.5 直 交 射 影

$\langle E, B \rangle$ をヒルベルト空間とする. ν_B を内積 B から誘導されたノルムとする. $x, y \in E$ は, $B(x, y) = 0$ が成り立つときに, 直交するといわれる. $x, y \in E$ が直交するための条件は, ピタゴラス (Pythagoras) の定理, すなわち,

$$\nu_B(x-y)^2 = \nu_B(x)^2 + \nu_B(y)^2$$

が成り立つことである. ここで, $x, y, x-y$ が, 直角三角形における直角を挟む 2 辺と斜辺を表しているわけである.

さて, 以下では, 内積 $B(x, y)$ を $\langle x, y \rangle$, $\nu_B(x)$ を $\|x\|$ と書くことがある (これが特定のヒルベルト空間の中で論ずるとき通例用いられる記法である).

凸集合の概念を思い出そう (2.3 節). 閉集合 $C \subset E$ は (2.25) (ただし, B を C と読み替えて) 満たすとき凸であった. とくに, E の任意の閉部分空間は凸である.

例 2.21 $g \in E$ かつ $g \neq 0$ とする. g との内積が定符号 (非負) の元の全体, すなわち, 集合 $C = \{x \in E; \langle x, g \rangle \geqq 0\}$ は, 凸かつ閉である. 実際, $x \in C, y \in C$ ならば, $\langle x, g \rangle \geqq 0, \langle y, g \rangle \geqq 0$ である. したがって, $\langle \frac{1}{2}(x+y), g \rangle \geqq 0$, すなわち, $\frac{1}{2}(x+y) \in C$ である. 一方, $x_n \in C$ かつ $\|x_n - x\| \to 0$ とすれば, $\langle x, g \rangle = \lim \langle x_n, g \rangle \geqq 0$, すなわち, $x \in C$ となる.

凸な閉集合 $C_1 \subset E$, $C_2 \subset E$ の共通部分 $C_1 \cap C_2$ も凸な閉集合である. したがって, 上の g と直交する元の全体 $\{x \in E; \langle x, g \rangle = 0\}$ も凸な閉集合である.

具体的な空間の場合には, やや詳しいこともわかる.

例 2.22 ヒルベルト空間 $\langle \mathcal{H}_0^1(I), \mathscr{D} \rangle$ を考える. $f \in \mathcal{L}^2(I), f \neq 0$, に対し,

$$\mathcal{N} = \{u \in \mathcal{H}_0^1(I), ; \int_I u(t) \overline{f(t)} \, dt = 0\}$$

が凸であることはあきらかであろう. $u_n \in \mathcal{N}$, $u \in \mathcal{H}_0^1(I)$ が $\nu_{\mathscr{D}}(u_n - u) \to 0$ を満たすとすると, (2.44) により, $\int_I |u_n(t) - u(t)|^2 \, dt \to 0$ となり, したがって,

$$\int_I u(t) \overline{f(t)} \, dt = \lim \int_I u_n(t) \overline{f_n(t)} \, dt = 0$$

となる. すなわち, $\mathcal{N}$ は $\mathcal{H}_0^1(I)$ の凸かつ閉な集合である.

補題 2.3 F は E の部分空間とし,

$$F^\perp = \{x \in E; \langle x, z \rangle = 0, \quad z \in F\}$$

とおく．$F^\perp$ は F の直交補空間と呼ばれる．$F^\perp$ は E の閉部分空間である．

問 2.5 (例 2.21, 例 2.22 の議論を参考に) 検証せよ．

補題 2.4 C は E の凸な閉集合, $\emptyset \neq C \neq E$ とする．E の元 $u \notin C$ に対し，u と C との距離を C 上で実現する点 $c \in C$, すなわち,

$$\mathrm{dist}\,(u,C) = \|u-c\| \tag{2.46}$$

を満たす $c \in C$ が一意的に定まる．しかも，

$$x \in C \implies Re\langle u-x, c-x\rangle \geqq 0 \tag{2.47}$$

が成り立つ．

実際，$d = \mathrm{dist}\,(u,C) = \inf_{x \in C} \|u-x\|$ だから，$x_n \in C, n = 1,2,\ldots$, かつ $\lim_{n\to\infty} \|u-x_n\| = d$ となるものがある．ところで, (2.36) により,

$$\|u-x_n\|^2 + \|u-x_m\|^2 = 2\|u - \tfrac{1}{2}(x_n+x_m)\|^2 + \tfrac{1}{2}\|x_n-x_m\|^2 \tag{2.48}$$

が成り立つ．C は凸だから，右辺第 1 項は $\geqq 2d^2$ である．一方，$n,m \to \infty$ のとき，左辺は $2d^2$ に収束するから，$\{x_n\}$ は基本列であり，したがって，$c \in E$ に収束する．C は閉集合だから，$c \in C$ かつ $d = \|u-c\|$ となる．もし，$\|u-c'\| = d$ となる $c' \in C$ があると, (2.48) において，x_n, x_m をそれぞれ c, c' で置き換えることにより，$c = c'$ がわかる．さて, $x \in C$ ならば，$\|u-x\|^2 \geqq d^2 = \|u-c\|^2$ である．したがって，

$$0 \geqq \langle u-c,u-c\rangle - \langle u-x,u-x\rangle = -2\,Re\,\langle c-x,u-x\rangle + \langle x-c,x-c\rangle$$

すなわち, (2.47) が成り立つ．

系 2.1 $x \in C$ ならば，

$$Re\,\langle x-c, u-c\rangle \leqq 0 \tag{2.49}$$

が成り立つ．

実際，c と x を結ぶ線分上の点 y は，

$$y = \epsilon(x-c) + c, \quad 0 < \epsilon < 1$$

と書け，しかも，$y \in C$ である．したがって, (2.47) より,

$$0 \geqq Re\,\langle y-c, u-y\rangle = Re\,\langle \epsilon(x-c), -\epsilon(x-c)+u-c\rangle$$

となる．$\epsilon > 0$ で除して，$\epsilon \to 0$ とすれば, (2.49) が従う．

補題 2.5 F は E の閉部分空間とする. $\{0\} \neq F \neq E$ のとき, 任意の $u \in E$ に対し,

$$\langle u - v, y \rangle = 0, \quad y \in F \tag{2.50}$$

を満たす $v \in F$ が一意的に定まる. v を u の F への直交射影（または，正射影）という（F に下ろした垂線の足ということもある）.

実際, $u \in F$ ならば, $v = u$ である. $u \notin F$ ならば, $v \in F$ として, 補題 2.4 を $C = F$ として適用すれば, c が v になる. このとき, $y \in F$ に対し, $v - y \in F$, したがって, (2.49) から,

$$Re \langle -y, u - v \rangle = Re \langle v - y - v, u - v \rangle \leqq 0$$

となる. y を $-y$（$\mathbf{F} = \mathbf{C}$ のときは, さらに, iy）と改めれば, (2.50) の成立がわかる.

問 2.6 上の $v \in F$ に対し, $y \in F$ ならば, $v + \epsilon y \in F$ ($\epsilon \in \mathbf{R}$) である. $\|u - v - \epsilon y\|^2$ の最小値を与える条件を求めよ.

系 2.2 F は E の閉部分空間（$\{0\} \neq F \neq E$）とする. このとき, 任意の $x \in F$ に対し, $x_F \in F$, $x_F^\perp \in F^\perp$ が一意的に定まって,

$$x = x_F + x_F^\perp, \quad \langle x_F, x_F^\perp \rangle = 0 \tag{2.51}$$

が成り立つ. (2.51) を（x の）直交分解という.

実際, $x \in E$ の F への直交射影を x_F とおき, $x_F^\perp = x - x_F$ とおけばよい. なお, $x_{F^\perp}$ は, x の $F^\perp$ への直交射影になっている. すなわち,

$$(F^\perp)^\perp = F \tag{2.52}$$

である.

注意 2.8 (2.51) を閉部分空間の直和

$$E = F \oplus F^\perp \tag{2.53}$$

と書き表すこともできる. (2.53) を E の直交分解という

例 2.23 例 2.22 を思い起こそう. $w(t) \in \mathcal{H}_0^1(I)$ を $w \notin \mathcal{N}$, すなわち,

$$\mathcal{F}(w) = \int_I w(t) \overline{f(t)} \, dt \neq 0$$

にとる. w の $\mathcal{N}$ への直交射影を $w_\mathcal{N}$ とする. $w_\mathcal{N}^\perp = w - w_\mathcal{N}$ とおくと, $\mathcal{F}(w_\mathcal{N}^\perp) = \mathcal{F}(w) \neq 0$ であり, しかも, 任意の $v \in \mathcal{H}_0^1(I)$ に対して,

2. バナッハ空間とヒルベルト空間   683

$$y = v - \frac{\mathcal{F}(v)}{\mathcal{F}(w_{\mathcal{N}}^\perp)} w_{\mathcal{N}}^\perp \in \mathcal{N}$$

である．したがって，

$$0 = \mathscr{D}(y, w_{\mathcal{N}}^\perp) = \mathscr{D}(v, w_{\mathcal{N}}^\perp) - \frac{\mathcal{F}(v)}{\mathcal{F}(w_{\mathcal{N}}^\perp)} \mathscr{D}(w_{\mathcal{N}}^\perp, w_{\mathcal{N}}^\perp)$$

が従う．ここで，

$$u = \frac{\mathcal{F}(w_{\mathcal{N}}^\perp)}{\mathscr{D}(w_{\mathcal{N}}^\perp, w_{\mathcal{N}}^\perp)} w_{\mathcal{N}}^\perp \in \mathcal{H}_0^1(I)$$

とおけば，

$$\mathscr{D}(v, u) = \mathcal{F}(v), \quad v \in \mathcal{H}_0^1(I),$$

すなわち，

$$\int_I v'(t) \overline{u'(t)} \, dt = \int_I v(t) \overline{f(t)} \, dt, \quad v \in \mathcal{H}_0^1(I)$$

が成り立つ．ここで，$u(t)$ の 2 階導関数 $u''(t)$ が意味をもつことが何らかの方法でわかるならば（後述の例 3.7 参照），部分積分によって

$$-\int_I v(t) \overline{u''(t)} \, dt = \int_I v(t) \overline{f(t)} \, dt$$

が得られるはずである．すなわち，境界値問題

$$-u''(t) = f(t), \quad u(0) = u(1) = 0 \tag{2.54}$$

が解かれることになる．なお，今の場合，(2.54) の解は，グリーン (Green) 関数

$$g(t, s) = \begin{cases} (1-s)t, & t < s < 1 \\ s(1-t), & 0 < s < t \end{cases} \tag{2.55}$$

を用いて，

$$u(t) = G f(t) = \int_0^1 g(t, s) f(s) \, ds \tag{2.56}$$

と表される．

注意 2.9 バナッハ空間 $\langle E, \nu \rangle$ の場合，閉部分空間 F が E と一致しないときは，E の元 u で

$$\mathrm{dist}(u, F) = \inf_{v \in F} \nu(u - v) \geqq \frac{1}{2}, \quad \nu(u) = 1 \tag{2.57}$$

を満たすものがある．u は F の準直交元と呼ばれることがある．実際，$u_0 \notin F$ とすると，$a = \mathrm{dist}(u_0, F) > 0$ だから，$w \in F$ を $a \leqq \nu(u_0 - w) \leqq 2a$ となるように見出すことができる．$u = \frac{1}{\nu(u_0 - w)}(u_0 - w) \notin F$ とおくと，任意の $v \in F$ に対し，

$$u - v = \frac{1}{\nu(u_0 - w)} \left(u_0 - (w + \nu(u_0 - w) v) \right)$$

だから, $\nu(u-v) \geqq \frac{1}{2}$ を満たしていることが容易に確かめられ, したがって, (2.57) が成り立つ.

問 2.7 バナッハ空間 $\langle E, \nu \rangle$ の閉部分空間 F が無限次元ならば, F の 1 次独立な元の列 $\{v_n\}_{n=1,2,\ldots}$ であって, $\nu(v_n) = 1$, $\nu(v_{n+1} - v_n) \geqq \frac{1}{2}$, $n = 1, 2, \ldots$ を満たすものがある (ヒント:F には 1 次独立な元の無限列 $\{u_n\}$ がある. $u_1, \ldots, u_k$ で生成される部分空間を F_k とする. $v_1 \in F_1$ とし, $k \geqq 1$ では v_{k+1} を F_k の準直交元にとれ).

XIV 関数解析

3

有界線形汎関数とハーン・バナッハの拡張定理

3.1 有界線形汎関数

$\langle E, \nu \rangle$ をスカラー体 $\mathbf{F}$ 上のバナッハ空間とする．$\mathbf{F}$ に値をとる E 上の関数は，一般に (E 上の) 汎関数といわれる．とくに，線形性を満たす汎関数は線形汎関数といわれる．すなわち，E 上の汎関数 φ が線形汎関数であるとは，

$$\varphi(ax+by) = a\varphi(x) + b\varphi(y), \quad x, y \in E, \quad a, b \in \mathbf{F} \tag{3.1}$$

が満たされることである．φ が線形汎関数ならば，$\varphi(0) = 0$ がつねに成り立つ．

例 3.1 E は複素数体 $\mathbf{C}$ 上の線形空間とする．E はスカラー体を実数体 $\mathbf{R}$ に制限することにより，$\mathbf{R}$ 上の線形空間ともみなされる．E 上の（複素数をスカラーとする）線形汎関数 φ に対し，

$$\varphi_1(x) = Re\,\varphi(x), \quad \varphi_2(x) = Im\,\varphi(x), \quad x \in E$$

とおけば，φ_1, φ_2 は実数値をとり，スカラーを実数としての線形汎関数になる．しかも，

$$\varphi_1(ix) = -\varphi_2(x), \quad x \in E, \tag{3.2}$$

が満たされる．一方，E 上の実数値をとる汎関数 ψ_1, ψ_2 が，スカラーを実数として線形であり，かつ，関係式 (3.2)，つまり，$\psi_1(ix) = -\psi_2(x) \; (x \in E)$ を満たすならば，

$$\psi(x) = \psi_1(x) + i\,\psi_2(x)$$

は複素数をスカラーとする E 上の線形汎関数になる．実際，$\psi(ix) = i\psi(x)$，すなわち，

$$\psi_1(ix) + i\psi_2(ix) = -\psi_2(x) - i\psi_1(i^2 x) = i(\psi_1(x) + i\psi_2(x))$$

が成り立つからである．

汎関数の連続性は通常のように定義される．すなわち，$x \in E$ とする．任意の $\epsilon > 0$ に対し，適当な $\delta = \delta(x, \epsilon) > 0$ が選ばれて

$$\nu(x-y) < \delta \implies |\varphi(x) - \varphi(y)| < \epsilon \tag{3.3}$$

が成り立つとき，汎関数 φ は x において連続であるという．また，汎関数は E の有界集合を $\mathbf{F}$ の有界集合にうつすとき，有界汎関数といわれる．すなわち，汎関数 φ は，任意の $M > 0$ に対し，適当な $m = m(M)$ があって，

$$\nu(x) < M \implies |\varphi(x)| < m \tag{3.4}$$

が成り立つとき，有界といわれる．

補題 3.1 φ は線形汎関数とする．φ は，ある $x \in E$ において連続ならば，任意の $x \in E$ において連続である．とくに，φ は $0 \in E$ において連続ならば，すべての $x \in E$ において連続である．

実際，φ が 0 において連続ならば，$\delta = \delta(0, \epsilon)$ として

$$\nu(z) < \delta \implies |\varphi(z)| < \epsilon \tag{3.5}$$

が成り立つ．線形性から $\varphi(x) - \varphi(y) = \varphi(x - y)$ が従うので，$\delta = \delta(0, \epsilon)$ として，(3.3) が成り立つ．

補題 3.2 φ は線形汎関数とする．φ が有界であることと（$0 \in E$ において）連続であることは同値である．

実際，φ が有界であれば，(3.4) により，$\delta(0, \epsilon) = \epsilon M/m(M)$ にとれば，(3.5) が従う．一方，(3.5) からは，$m(M) = \epsilon M/\delta(0, \epsilon)$ にとれば，(3.4) が導かれる．

例 3.2 バナッハ空間 $\langle \mathcal{L}^p(I), \nu_{\mathcal{L}^p} \rangle$ $(1 < p < \infty)$ を考える．$g \in \mathcal{L}^q(I)$, $q = p/(p-1)$, をとり，

$$\varphi_g : \mathcal{L}^p(I) \ni u(t) \mapsto \int_I u(t) \overline{g(t)} \, dt \in \mathbf{F}$$

とおくと，φ_g は $\mathcal{L}^p(I)$ 上の有界な線形汎関数である．

以上により，線形汎関数に関しては，連続性と有界性は一致する．有界性の特長は定量的な扱いに馴染むことである．

補題 3.3 φ を有界な線形汎関数とする．

$$\nu^*(\varphi) = \sup_{0 \neq x \in E} \frac{|\varphi(x)|}{\nu(x)} = \sup_{\nu(y) = 1} |\varphi(y)| < +\infty \tag{3.6}$$

が成り立つ．$\nu^*(\varphi)$ を φ の汎関数ノルムという．

実際，(3.6) の第 2 辺からは $y = \frac{1}{\nu(x)} x$ とおくことにより，第 3 辺が得られる．第 3 辺

と φ の線形性および (3.4) により, $\nu^*(\varphi)$ の存在が導かれる.

例 3.3 例 3.2 におけるバナッハ空間 $\langle \mathcal{L}^p(I), \nu_p \rangle$ $(1 < p < \infty)$ 上の有界な線形汎関数 φ_g の汎関数ノルムは

$$\nu^*_{\mathcal{L}^p}(\varphi_g) = \nu_{\mathcal{L}^q}(g) \tag{3.7}$$

である $(q = p/(p-1))$. まず, ヘルダーの不等式から

$$|\varphi_g(v)| \leqq \nu_{\mathcal{L}^p}(v)\,\nu_{\mathcal{L}^q}(g), \quad v \in \mathcal{L}^p(I)$$

だから, $\nu^*_{\mathcal{L}^p}(\varphi_g) \leqq \nu_{\mathcal{L}^q}(g)$ となる. 一方, $w(t) \in \mathcal{L}^q(I)$ に対し

$$Jw(t) = \begin{cases} \nu_{\mathcal{L}^q}(w)^{2-q}\,|w(t)|^{q-2}\,w(t), & w \neq 0 \\ 0, & w = 0 \end{cases} \tag{3.8}$$

とおくと, $Jw \in \mathcal{L}^p(I)$ かつ $\nu_{\mathcal{L}^p}(Jw) = \nu_{\mathcal{L}^q}(w)$ が成り立つことがわかる. このとき,

$$\varphi_g(Jg) = \nu_{\mathcal{L}^q}(g)^2 = \nu_{\mathcal{L}^q}(g)\,\nu_{\mathcal{L}^p}(Jg)$$

となるから, $\nu^*_{\mathcal{L}^p}(\varphi_g) \geqq \nu_{\mathcal{L}^q}(g)$ である.

注意 3.1 (3.8) の写像 J は, $\mathcal{L}^q(I)$ から $\mathcal{L}^p(I)$ への双対写像といわれる. とくに, $q = 2$ のとき $Jw = w$ である.

例 3.4 $\langle E, B \rangle$ はヒルベルト空間とする. $y \in E$ を任意に指定する. このとき,

$$E \ni x \quad \mapsto \quad B(x, y) \in \mathbf{F}$$

は E の上の有界な線形汎関数である. 実際, 有界性はコーシー・シュワルツの不等式 (2.40) から従う.

3.2 ハーン・バナッハの拡張定理

E_0 をバナッハ空間 $\langle E, \nu \rangle$ の線形部分空間とする. ψ_0 は, E_0 からスカラー体 $\mathbf{F}$ への線形写像 (つまり, E_0 上の線形汎関数) であって, しかも, E_0 において有界, つまり, 評価式

$$|\psi_0(y)| \leqq c_0\,\nu(y), \quad y \in E_0 \tag{3.9}$$

が満たされるものとする ($c_0 > 0$ は適当な定数である). 同じく, E の線形部分空間 E_1 上の有界な線形汎関数 ψ_1 を考える. E_0 が E_1 の (真の) 部分空間であって, しかも,

$$\psi_1(y) = \psi_0(y), \quad y \in E_0$$

が成り立つとき, ψ_1 は ψ_0 の拡張といわれ, また, ψ_0 は ψ_1 の制限といわれる. とくに, E_1 が全空間 $E_1 = E$ であって, しかも, 評価式 (3.9) が拡張 ψ_1 に対しても維持されるときが重要である. 実際, このような拡張を保障しているのが, 次に掲げるハーン・バナッハ (Hahn–Banach) の拡張定理である. すなわち,

定理 3.1 $\langle E, \nu \rangle$ の線形部分空間 E_0 上の有界な線形汎関数 ψ_0 に対し, その拡張である E 上の有界な線形汎関数 ψ であって, しかも, ψ の汎関数ノルムは ψ_0 のものと一致するものがある. つまり,

$$|\psi(y)| \leqq c_0 \nu(y), \quad y \in E \tag{3.10}$$

が成り立つ.

たとえば, $E_0 = \{\alpha u ; \alpha \in \mathbf{F}\}$ とし, $\psi_0(\alpha u) = \alpha \nu(u)$ とおけば, ψ_0 は汎関数ノルム 1 の E_0 上の有界線形汎関数である. したがって, 次を得る.

系 3.1 $\langle E, \nu \rangle$ の元 $u \neq 0$ に対し, E 上の有界線形汎関数 ψ で, $\psi(u) = \nu(u)$ を満たし, 汎関数ノルム 1 のものがある.

この結果, 補題 3.3 の双対が成立する.

系 3.2 バナッハ空間 $\langle E, \nu \rangle$ の元 u に対し,

$$\nu(u) = \sup \{|\varphi(u)| ; \varphi \text{ は } E \text{ 上の有界線形汎関数. かつ } \nu^*(\varphi) = 1\}$$

が成り立つ.

定理 3.1 に戻ろう. まず, 拡張の手順を観察しておこう.

例 3.5 $\langle E, \nu \rangle$ は実数体 $\mathbf{R}$ 上のバナッハ空間とする. (任意の) $x \in E$, $\nu(x) = 1$, に対し, $E_1 = \{a x ; a \in \mathbf{R}\}$ とおき, 任意の $f \in \mathbf{R}$ をとって,

$$\psi_1(y) = a f, \quad y = a x \in E_1$$

とおけば, ψ_1 は E_1 上の線形汎関数になる. しかも, $c \geqq |f|$ ならば

$$|\psi_1(y)| \leqq c \nu(y), \quad y \in E_1$$

が満たされる. そこで, x と 1 次独立な $z \in E$ をとると, x, z の線形苞 $E_2 = \{ax + bz ; a, b \in \mathbf{R}\}$ は E の線形部分空間であり, E_1 をその線形部分空間として含んでいる. このとき, 任意に $g \in \mathbf{R}$ をとり,

$$\psi_2(y) = \psi_1(y_1) + b g, \quad y = y_1 + b z \in E_2, \quad y_1 \in E_1$$

(すなわち, $g = \psi_2(z)$) とおけば, ψ_2 は ψ_1 の拡張になる. 一方, $y, y_1 \in E_1$ ならば,

3. 有界線形汎関数とハーン・バナッハの拡張定理   *689*

$(y+z) - (y_1+z) = y - y_1 \in E_1$ でもあるから，$\psi_1(y-y_1) \leqq c\nu((y+z) - (y_1+z)) \leqq c\nu(y+z) + c\nu(y_1+z)$. したがって，

$$-\psi_1(y_1) - c\nu(y_1+z) \leqq -\psi_1(y) + c\nu(y+z)$$

となる．とくに，$g \in \mathbf{R}$ を

$$\sup_{y_1 \in E_1}\{-\psi_1(y_1) - c\nu(y_1+z)\} \leqq g \leqq \inf_{y \in E_1}\{-\psi_1(y) + c\nu(y+z)\} \quad (3.11)$$

が満たされるようにとることができる．すると，$b \neq 0$ ならば

$$-\nu\left(\frac{y}{b}+z\right) \leqq \frac{\psi_2(y+bz)}{b} = \psi_1\left(\frac{y}{b}\right) + g \leqq c\nu\left(\frac{y}{b}+z\right), \quad y \in E_1$$

が成り立つから，

$$|\psi_2(y+bz)| \leqq c\nu(y+bz), \quad y \in E_1$$

となる．

注意 3.2 上では，E_1 が（実）1 次元部分空間であることは汎関数 ψ_1 の定義で必要とされただけである．実際，この議論で重要なのは不等式 (3.11) である．(3.11) により，すでに E_1 で定義済みの有界な線形汎関数 ψ_1 が E_1 よりも実 1 次元高い部分空間 E_2 の上に，汎関数ノルムを変えずに，有界な線形汎関数 ψ_2 として拡張できることが保障されるのである．

例 3.6 $\langle F, \mu \rangle$ は複素数体 $\mathbf{C}$ 上のノルム空間とする．$x \in F$，$\mu(x) = 1$，を任意にとり，$F_1 = \{\alpha x ; \alpha \in \mathbf{C}\}$ とおく．$\gamma \in \mathbf{C}$ をとり，

$$\varphi_1(y) = \gamma\alpha \in \mathbf{C}, \quad y = \alpha x \in F_1$$

とおけば，φ_1 は F_1 上の線形汎関数で，しかも，有界，つまり，

$$|\varphi_1(y)| \leqq |\gamma|\mu(y), \quad y \in F_1$$

を満たす．$z \in F$ を x と $\mathbf{C}$ 上 1 次独立なベクトルとすると，F_1 を含み，F_1 より複素 1 次元高い F の部分空間 $F_2 = \{\alpha x + \beta z ; \alpha, \beta \in \mathbf{C}\}$ が得られる．φ_1 を F_2 上の有界な線形汎関数に汎関数ノルムを変えずに拡張することができる．これを示すために，例 3.5 を利用しよう．例 3.1 によれば，$\langle F, \mu \rangle$ を実数体 $\mathbf{R}$ 上のノルム空間と考えることができ，このとき，x と ix は $\mathbf{R}$ 上で 1 次独立であって，F_1 は $\mathbf{R}$ 上の 2 次元空間 $F_1 = \{ax + bix ; a, b \in \mathbf{R}\}$ となる．一方，

$$\phi_1(y) = Re\ \varphi(y), \quad \psi_1(y) = Im\ \varphi(y), \quad y \in F_1$$

とおくと，ϕ_1，ψ_1 は F_1 で定義された実数値の実線形汎関数になる．しかも，

$$\varphi(y) = \phi_1(y) + i\psi_1(y), \quad \psi_1(y) = -\phi_1(iy)$$

および

$$|\phi(y)|^2 + |\psi(y)|^2 = |\varphi(y)|^2 \leq |\beta|^2 \mu(y)^2$$

が成り立つ．そこで，例 3.5 の手順を 2 回繰り返して，ϕ を F_2 上の有界な実線形汎関数 ϕ_2 に

$$|\phi_2(y)| \leq |\beta|\mu(y), \quad y \in F_2,$$

を満たすように拡張することができる．ここで，$y \in F_2$ ならば $iy \in F_2$ であることに注意して，

$$\varphi_2(y) = \phi_2(y) - i\phi(iy), \quad y \in F_2$$

とおくと，$\varphi_2(y) = \varphi(y), y \in F_1$，である．また，

$$\varphi_2(iy) = \phi_2(iy) - i\phi_2(iiy) = \phi_2(iy) - i\phi_2(-y) = i\varphi_2(y)$$

が成り立つ．したがって，$a, b \in \mathbf{R}$ に対し，

$$\varphi_2((a+bi)y) = \varphi_2(ay + biy) = a\varphi_2(y) + b\varphi_2(iy) = (a+bi)\varphi_2(y)$$

となるから，φ_2 は，実は，F_2 上で複素線形である．さらに，$y \in F_2$ に対する $\varphi_2(y) \in \mathbf{C}$ の偏角を θ とすると，

$$0 \leq \mathrm{e}^{-i\theta}\varphi_2(y) = \varphi_2(\mathrm{e}^{-\theta}y) = \phi_2(\mathrm{e}^{-\theta}y) \leq |\beta|\mu(\mathrm{e}^{-\theta}y) = |\beta|\mu(y)$$

である．すなわち，φ_2 の汎関数ノルムは φ_1 のものを超えることはない（つまり，一致する）．

例 3.5，例 3.6 の論法を「繰り返し」用いることにより，定理 3.1 は証明される．とくに，E が可分なときは数学的帰納法が利用される．実際，$\mathcal{X}$ が 1 次独立な元からなる E の可算生成系とし，$\mathcal{X} \setminus E_0$ を改めて $\mathcal{Y} = \{y_k\}$ と書き，E_0 と $\{y_1, \ldots, y_n\}$ の張る線形部分空間を E_n と書こう．E を近似する部分空間の増大列 $E_0 \subset E_1 \subset \cdots \subset E_n \subset \cdots$ が得られる．上の例の方法で，E_0 上の線形汎関数 ψ_0 は汎関数ノルムの増大なしに E_1 上の線形汎関数 ψ_1 に拡張される．以下同様に，E_n 上の有界線形汎関数 ψ_n を E_{n+1} 上の有界線形汎関数 ψ_{n+1} に汎関数ノルムの増大なしに拡張できる．任意の $y \in E$ に対し，$y_n \in E_n$ を $\lim_{n\to\infty} \nu(y - y_n) = 0$ を満たすようにとれば，数列 $\psi_n(y_n)$ の極限が存在する．この極限値 $\psi(y) = \lim_{n\to\infty} \psi_n(y_n)$ が求める ψ_0 の拡張を定める．

E が可分でないときは，E_0 を含み，単調に増大する部分空間の増大可算列で E を近似する論法は使えない．そこで，数学的帰納法の代わりにハウスドルフの極大原理あるいはツォルンの補題といわれる超限的方法を利用する（ここでは，超限的手法に伴う詳細は省

略する．たとえば，文献 [10] をみられよ）．

凸集合の分離はハーン・バナッハの定理の重要な応用例である．

命題 3.1 M はバナッハ空間 $\langle E, \nu \rangle$ の凸かつ対称（均衡的）な閉集合とする．E の元 $u \notin M$ に対し，E 上の有界線形汎関数 φ で

$$\varphi(u) > 1, \quad \sup_{v \in M} |\varphi(v)| \leqq 1$$

を満たすものが存在する．

実際，$u \notin M$ だから $d = \text{dist}(u, M) = \inf_{v \in M} \text{dist}_\nu(u, v) > 0$ である．そこで，

$$M_1 = \{v + x \,;\, v \in M,\, \nu(x) \leqq \frac{1}{2}d\}$$

とおくと，M_1 は，M を含む E の凸，対称（均衡的）かつ吸収的な閉部分集合であって，$u \notin M_1$ である．p_1 を M_1 のミンコフスキー汎関数 $p_1 = \mu_{M_1}$ とすると，$p_1(u) > 1$ かつ $p_1(v) \leqq 1,\, v \in M_1$ となる．1次元空間 $\{cu \,;\, c \in \mathbf{F}\}$ 上の汎関数 $\varphi_0(cu) = cp_1(u)$ を評価 $|\varphi(x)| \leqq p_1(x)$ が成り立つように E 全体に拡張したものが求めるべき有界線形汎関数になる．

3.3 リース・フレシェの定理

ヒルベルト空間 $\langle E, \mathcal{B} \rangle$ においては，任意に選んだ $y \in E$ に対し，E の元に，この元と y との内積を対応させる写像

$$E \ni x \quad \mapsto \quad \mathcal{B}(x, y) \in \mathbf{F} \tag{3.12}$$

は E 上の有界線形汎関数を定める．リース・フレシェ(Riesz–Fréchet) の定理は，実は，ヒルベルト空間上の有界線形汎関数は，このように，内積で定められるものに限られることを主張する．

定理 3.2 ヒルベルト空間 $\langle E, \mathcal{B} \rangle$ 上の有界線形汎関数 L は，一意的に定まる E の元 v_L によって

$$L(x) = \mathcal{B}(x, v_L), \quad x \in E \tag{3.13}$$

と表される．

L が恒等的に 0 ならば，$v_L = 0$ である．$L \not\equiv 0$ の場合を考えよう．v_L に直交する x に対しては $L(x) = 0$ となるべきことに注意し，L の零空間

$$\mathcal{N}_L = L^{-1}(0) = \{\,x \in E \,;\, L(x) = 0\,\}$$

を取り上げると, 仮定から $L(y) \neq 0$ となる $y \in E \setminus \mathcal{N}_L$ があり, しかも, L は有界だから $\mathcal{N}_L$ は E の閉部分空間である. そこで, 直交分解 $E = \mathcal{N}_L \oplus \mathcal{N}_L^\perp$ を考える. $y_0 \in \mathcal{N}_L$ を y の $\mathcal{N}_L$ 上への直交射影とすると, $z = y - y_0 \in \mathcal{N}_L^\perp$, したがって, $L(z) \neq 0$ である. 鍵となる観察は, 任意の $x \in E$ に対し,

$$x = \frac{L(x)}{L(z)} z + \left(x - \frac{L(x)}{L(z)} z\right)$$

が x の直交分解にほかならないことであり, とくに,

$$0 = \mathcal{B}\left(x - \frac{L(x)}{L(z)} z, z\right) = \mathcal{B}(x, z) - \frac{L(x)}{L(z)} \mathcal{B}(z, z)$$

である. したがって,

$$L(x) = \mathcal{B}(x, v_L), \quad v_L = \frac{L(z)}{\mathcal{B}(z, z)} z \in \mathcal{N}_L^\perp$$

となる.

系 3.3 ヒルベルト空間 $\langle E, \mathcal{B} \rangle$ 上の有界線形汎関数 L の汎関数ノルムは $\nu_\mathcal{B}(v_L)$ と一致する.

実際,

$$|L(x)| = |\mathcal{B}(x, v_L)| \leqq \sqrt{\mathcal{B}(x, x)} \sqrt{\mathcal{B}(v_L, v_L)} = \nu_\mathcal{B}(x) \nu_\mathcal{B}(v_L)$$

および

$$L(v_L) = \mathcal{B}(v_L, v_L) = \nu_\mathcal{B}(v_L)^2$$

が成り立つからである.

注意 3.3 (無限次元) ヒルベルト空間 $\langle E, \mathcal{B} \rangle$ が可分ならば, E は有限次元部分空間の増大列 $\{E_n\}$ で近似され, しかも, 各 E_n は $\mathcal{B}$ を $E_n \times E_n$ に制限した $\mathcal{B}_n$ を内積とするヒルベルト空間になる. L を E 上の有界線形汎関数とすると, L を各 E_n に制限した L_n は E_n 上の有界線形汎関数になる. このとき, $v_n \in E_n$ が定まって,

$$L(x) = L_n(x) = \mathcal{B}_n(x, v_n) = \mathcal{B}(x, v_n), \quad x \in E_n$$

と表されることは (有限次元の線形代数の結果, たとえば, $\langle E_n, \mathcal{B}_n \rangle$ の正規直交基底を利用して) あきらかであろう. しかも, M を L の汎関数ノルムとすると, $|L(x)| \leqq M \nu_\mathcal{B}(x)$, とくに, $x \in E_n$ の場合に制限して考えると,

$$\mathcal{B}_n(v_n, v_n) = \mathcal{B}(v_n, v_n) \leqq M^2$$

であり, さらに, $E_n \subset E_m, n < m$ ならば, L_n は L_m を E_n に制限したものである. し

3. 有界線形汎関数とハーン・バナッハの拡張定理

したがって，$L_m(v_n) = L_n(v_n)$，すなわち

$$\mathcal{B}(v_n, v_m) = \mathcal{B}(v_n, v_n), \quad n < m$$

だから，

$$\mathcal{B}(v_m - v_n, v_m - v_n) = \mathcal{B}(v_m, v_m) - \mathcal{B}(v_n, v_n)$$

となる．これより，数列 $\{\mathcal{B}(v_n, v_n)\}$ は収束し，しかも，$\{v_n\}$ は E のコーシー列になる．その極限ベクトル $v \in E$ が (3.13) の v_L にほかならない．なお，リースやフレシェのもともとの命題はいずれも証明を伴わずに 1907 年に発表されているが，この考え方に近かったのであろう．定理 3.2 に付した証明はリースによる後年のものである [7].

例 3.7 たとえば，$I = (0, 1)$ とすると，I の両端で消える連続微分可能な関数の全体 $\mathcal{C}_0^1(I)$ はヒルベルト空間 $\mathcal{L}^2(I)$ の（稠密な）部分空間であり，任意の $v \in \mathcal{C}_0^1(I)$ と $u \in \mathcal{L}^2(I)$ に対し，積分 $\int_I v'(t) u(t) dt$ は意味をもつが，汎関数

$$\mathcal{C}_0^1(I) \ni v \mapsto \int_I v'(t) u(t) dt$$

がつねに $\mathcal{L}^2(I)$ 上の有界線形汎関数に拡張されるわけではない．有界線形汎関数に拡張される場合には，リース・フレシェの定理を考慮すると，適当な $w \in \mathcal{L}^2(I)$ があって，

$$\int_I v'(t) u(t) dt = \int_I v(t) w(t) dt, \quad v \in C_0^1(I) \tag{3.14}$$

が成り立つはずである．$u(t)$ がなめらか（たとえば，連続微分可能）ならば $w(t) = -u'(t)$ として，この等式が成り立つことは部分積分の帰結である．しかし，$u(t)$ がなめらかでなくても成り立つ場合がある．このとき，$u(t)$ は弱い（一般化された）意味で微分可能といわれ，$-w(t)$ は $u(t)$ の弱い（一般化された）導関数または弱導関数といわれ，$u'(t) = -w(t)$ などと書かれる．なお，例 2.20 参照．

問 3.1 $1 \leq p < \infty$ とする．$u(t) \in \mathcal{L}^p(I)$ についての弱い意味での微分可能性や弱い導関数は，どう考えたらよいか．

例 3.8 ヒルベルト空間 $\langle \mathcal{H}_0^1(I), \mathcal{D} \rangle$ を考える．任意の $a \in I$ に対し，写像

$$E_a : \mathcal{H}_0^1(I) \ni u(t) \mapsto u(a) \in \mathbf{F}$$

は有界線形汎関数を定める．$I = (0, 1)$，$0 < a < 1$ として，

$$E_a(u) = \mathcal{D}(u, v_a), \quad v_a(t) = \begin{cases} \dfrac{1-a}{2-a} t, & 0 < t < a \\ \dfrac{1}{2-a}(1-t), & a < t < 1 \end{cases}$$

である．

例 3.9 （**R** 上の）ヒルベルト空間 $\langle E, \mathcal{B} \rangle$ で定義された双 1 次形式

$$a : E \times E \ni (x, y) \;\mapsto\; a(x, y) \in \mathbf{R}$$

は，ある定数 $M > 0$ のもとで

$$|a(x, y)| \leq M \, \nu_{\mathcal{B}}(x) \, \nu_{\mathcal{B}}(y), \quad x, y \in E,$$

が満たされているときに有界といわれ，また，

$$a(x, x) \geq \mu \, \nu_{\mathcal{B}}(x)^2, \quad x \in E$$

が成り立つような定数 $\mu > 0$ があるときに強圧的あるいは添加的といわれる．応用上，有界かつ強圧的な双 1 次形式は重要である．このような双 1 次形式 $a(x, y)$ が与えられているとき，E 上の任意の有界線形汎関数 L に対し，

$$L(z) = a(z, y_1) = a(x_1, z), \quad z \in E$$

を満足する $y_1 \in E$, $x_1 \in E$ が一意的に存在することが，定理 3.2 の応用としてわかる．この事実は，ラックス・ミルグラム (Lax–Milgram) の定理と呼ばれる．**C** 上のヒルベルト空間においてもこの定理の類比が成り立つ．

3.4 双 対 空 間

スカラー体 **F** 上のバナッハ空間 $\langle E, \nu \rangle$ で定義された有界線形汎関数の全体を E^* とおく．定理 3.1 により，$E \neq \{0\}$ ならば $E^* \neq \{0\}$ である．また，3.1 節の議論を振り返ると，次がわかる．

命題 3.2 E^* は **F** 上の線形空間であり，しかも，汎関数ノルム ν^* をノルムとするバナッハ空間になる．$\langle E^*, \nu^* \rangle$ を $\langle E, \nu \rangle$ の双対空間という．

実際，$\varphi_1, \varphi_2 \in E^*$, $a, b \in \mathbf{F}$ に対し，

$$\psi : E \ni x \;\mapsto\; a\varphi_1(x) + b\varphi_2(x) \in \mathbf{F}$$

で定義される写像 ψ は E 上の有界線形汎関数である．しかも，汎関数ノルムは

$$\nu^*(\psi) \leq |a| \, \nu^*(\varphi_1) + |b| \, \nu^*(\varphi_2)$$

を満足する（補題 3.3）．そこで，この ψ を 1 次結合 $a\varphi_1 + b\varphi_2$ として定めればよい．汎

関数ノルム ν^* が E^* のノルムになることはあきらかであろう. 汎関数列 $\{\varphi_n\}_{n\in\mathbf{N}}$ が基本列ならば, 任意の $\epsilon > 0$ に対し, $N_\epsilon \in \mathbf{N}$ を

$$\nu^*(\varphi_n - \varphi_m) < \epsilon, \quad n, m > N_\epsilon$$

が成り立つようにとることができる. (3.6) より, 任意の $x \in E$ に対し,

$$|\varphi_n(x) - \varphi_m(x)| < \epsilon \nu(x) \tag{3.15}$$

となるから, 数列 $\{\varphi_n(x)\}$ は $\mathbf{F}$ における基本列であり, したがって, 各 $x \in E$ に対し, 写像

$$\varphi : E \ni x \mapsto \lim_{n\to\infty} \varphi_n(x) \in \mathbf{F}$$

が定まる. しかも, φ_n の線形性が極限移行するから, φ は E 上の有界線形汎関数になる. すると, (3.15) において, $\varphi_m(x)$ を $\varphi(x)$ に置き換えることができるから, $n > N_\epsilon$ ならば $\nu^*(\varphi_n - \varphi) < \epsilon$ が得られる. すなわち, E^* はノルム ν^* から誘導される距離に関して完備である.

注意 3.4 上の証明を検討すればあきらかなように, $\langle E, \nu \rangle$ がバナッハ空間にならなくても (ノルム空間ならば) 双対空間 $\langle E^*, \nu^* \rangle$ はバナッハ空間になる.

$\langle E, \nu \rangle$ の双対空間 $\langle E^*, \nu^* \rangle$ の双対空間を $\langle E^{**}, \nu^{**} \rangle$ と書き, $\langle E, \nu \rangle$ の二重双対空間という. $\langle E^{**}, \nu^{**} \rangle = \langle E, \nu \rangle$ が成り立つとき, $\langle E, \nu \rangle$ は反射的または回帰的であるという.

問 3.2 $E \subset E^{**}$ を示せ. さらに, 二重双対ノルム ν^{**} を E に制限すると, E のノルム ν が得られること: $\nu^{**}|_E = \nu$ を確かめよ. したがって, $\langle E, \nu \rangle$ は二重双対空間 $\langle E^{**}, \nu^{**} \rangle$ の閉部分空間とみることができる.

例 3.10 バナッハ空間 $\langle \mathcal{L}^p(I), \nu_p \rangle$ $(1 < p < \infty)$ の双対空間は $q = p/(p-1)$ として, $\langle \mathcal{L}^q(I), \nu_q \rangle$ である. したがって, $\langle \mathcal{L}^p(I), \nu_p \rangle$ $(1 < p < \infty)$ は回帰的である.

例 3.11 バナッハ空間 $\langle \mathcal{L}^1(I), \nu_1 \rangle$ の双対空間は $\langle \mathcal{L}^\infty(I), \nu_\infty \rangle$ である. 他方, $\langle \mathcal{L}^\infty(I), \nu_\infty \rangle$ の双対空間は $\langle \mathcal{L}^1(I), \nu_1 \rangle$ より真に大きく, $\langle \mathcal{L}^1(I), \nu_1 \rangle$ は回帰的ではない. $\langle \mathcal{L}^\infty(I), \nu_\infty \rangle$ も回帰的ではない.

例 3.12 $\langle \mathcal{L}^\infty(I), \nu_\infty \rangle$ の双対空間を計算しよう. $\mathcal{M}_F(I)$ は, I の可測集合全体に対して定義され, 次の3条件を満たすような ($\mathbf{F}$ 値の) 集合関数 ψ の全体であるとする:

1) (全有界性) $|\psi| = \sup_{M \subset I} |\psi(M)| < \infty$;
2) (完全連続性) 零集合 $N \subset I$ に対し, $\psi(N) = 0$;
3) (有限加法性) $M_1 \cap M_2 = \emptyset \Longrightarrow \psi(M_1 \cup M_2) = \psi(M_1) + \psi(M_2)$.

$\mathcal{M}_F(I)$ は $\mathbf{F}$ 上の線形空間になり, $|\psi|$ はその上のノルムである. $\psi \in \mathcal{M}_F(I)$, $f \in \mathcal{L}^\infty(I)$

に対し，ラドン (Radon) 積分 $\int_I f(t)\,\psi(dt)$ が次のように定義される：$S_f = \{z \in \mathbf{F}\,;\,|z| \leq \nu_{\mathcal{L}^\infty}(f)\}$ とおく．任意の $\epsilon > 0$ に対し，S_f を，互いに交わらない直径 ϵ 以下の可測集合 $A_1, A_2, \ldots, A_m$ に分割する：$S_f = \bigcup_j A_j$. $M_j = \{t \in I\,;\,f(t) \in A_j\}$ とおけば，$M_j \cup M_k = \emptyset, j \neq k$，であり，$f(t) = f(t) \sum_{j=1}^m c_{M_j}(t)$ である．したがって，$\alpha_j \in A_j$ を任意にとると $|f(t) - \sum_{j=1}^m \alpha_j c_{M_j}(t)| \leq \epsilon$ である．この近似精度は，分割 $\{A_j\}$，値 $\{\alpha_j\}$ の選択によらないので

$$\left|\rho - \sum_{j=1}^m \alpha_j\,\psi(M_j)\right| \leq \epsilon$$

となる値 ρ が確定する．この ρ がラドン積分 $\rho = \int_I f(t)\,\psi(dt)$ である．とくに，$|\int_I f(t)\,\psi(dt)| \leq |\psi| \cdot \nu_\infty(f)$ だから，これは $\mathcal{L}^\infty(I)$ 上の有界線形汎関数を定めることがわかる．さて，$\varphi \in (\mathcal{L}^\infty(I))^*$ とする．可測集合 $M \subset I$ の特性関数 $c_M \in \mathcal{L}^\infty(I)$ に対し，$\psi_\varphi(M) = \varphi(c_M) \in \mathcal{M}_F(I)$ となることは容易に確かめられる．しかも，$f \in \mathcal{L}^\infty(I)$ に対し，$\varphi(f) = \int_I f(t)\,\psi_\varphi(dt)$ となる．さらに，

$$\sup_{f \in \mathcal{L}^\infty(I)} \frac{|\varphi(f)|}{\nu_\infty(f)} = |\psi_\varphi|$$

である．すなわち，$\langle \mathcal{L}^\infty(I), \nu_\infty \rangle$ の双対空間は $\langle \mathcal{M}_F(I), |\,| \rangle$ である．

例 3.13 ヒルベルト空間 $\langle E, \mathcal{B} \rangle$ の双対空間はリース・フレシェの定理（定理 3.2）により，ヒルベルト空間 $\langle E, \mathcal{B} \rangle$ と同一視でき，したがって，$\langle E, \mathcal{B} \rangle$ とその二重双対空間も同一視できる．とくに，ヒルベルト空間は回帰的である．

しかし，具体的な応用では有界線形汎関数の解釈が重要なので，リース・フレシェの定理を，次に考える場合のように入り組んだ形で使うことがある．

例 3.14 $\langle E, \mathcal{B} \rangle$ に加え，第 2 のヒルベルト空間 $\langle E_1, \mathcal{B}_1 \rangle$ があって，E_1 が E の線形部分空間であり，しかも，$x \in E_1, x \neq 0$ ならば $\mathcal{B}(x, x) < \mathcal{B}_1(x, x)$ が成り立ち，さらに，E_1 が集合として，ヒルベルト空間 $\langle E, \mathcal{B} \rangle$ において稠密であるとする．このとき，$\langle E, \mathcal{B} \rangle$ 上の有界線形汎関数 φ については，

$$|\varphi(x)| \leq \nu_\mathcal{B}^*(\varphi)\,\nu_\mathcal{B}(x) \leq \nu_\mathcal{B}^*(\varphi)\,\nu_{\mathcal{B}_1}(x), \quad x \in E_1,$$

となるから，φ は $\langle E_1, \mathcal{B}_1 \rangle$ 上の有界線形汎関数でもあり，$\nu_{\mathcal{B}_1}^*(\varphi) \leq \nu_\mathcal{B}^*(\varphi)$ が成り立つ．とくに，リース・フレシェの定理によって，$y \in E = E^*$ を E_1 上の汎関数とみれば，再度，リース・フレシェの定理により，$y_1 \in E_1$ を

$$\mathcal{B}(x, y) = \mathcal{B}_1(x, y_1), \quad x \in E_1, \tag{3.16}$$

が成り立つように一意的に選ぶことができる．一意性は E_1 の稠密性の帰結である．y_1 が

定める E_1^* の元を y_1^* とすれば,対応 $y \mapsto y_1^*$ を包含関係 $E^* \subset E_1^*$ とみなすことができる.このとき,E_1^* 上の有界線形汎関数 x_1^{**} で E^* において消えるものは,再び,リース・フレシェの定理により,(3.16) の右辺が,すべての y_1 に対して消えるような $x \in E_1$ に対応する.すると,今度は (3.16) の左辺より $x = 0$ すなわち $x_1^{**} = 0$ でなければならない.このことは,E^* は E_1^* において稠密であることを意味する.今,汎関数 $z_1^* \in E_1^*$ に対し,$z_1 \in E_1$ を $z_1^*(x) = \mathcal{B}_1(x, z_1)$ $(x \in E_1)$ とする.また,z_1^* に収束する $E = E^*$ の元の列を $\{y^{(n)}\}$ とすると,(3.16) に対応して,$\mathcal{B}(x, y^{(n)}) = \mathcal{B}_1(x, y_1^{(n)})$ が得られ,しかも,この右辺は $\mathcal{B}_1(x, z_1)$ に収束する.(3.16) にならい,z_1 に対応する仮想的な元 z を用いて,

$$\mathcal{B}(x, z) = \lim_{n \to \infty} \mathcal{B}(x, y^{(n)}) = \mathcal{B}_1(x, z_1) = z_1^*(x)$$

と表すことができる.つまり,このような z の全体と E_1^* とを同一視することができ,すると,$\mathcal{B}$ は,$E_1 \times E_1^*$ 上の双 1 次(あるいは,反双 1 次)形式として解釈される.したがって,リース・フレシェの定理により,E とその双対空間とを($\mathcal{B}$ を利用して)同一視するときは,E_1 とその双対空間 E_1^* も $\mathcal{B}$ によって双対関係にあると解釈され,$E_1 \subset E = E^* \subset E_1^*$ となる.この立場では,$z \in E_1^*$ のノルムは

$$\nu_{E_1^*}(z) = \sup_{\nu_{\mathcal{B}_1}(x)=1} |\mathcal{B}(x, z)| = \sup_{\nu_{\mathcal{B}_1}(x)=1} |\mathcal{B}_1(x, z_1)| = \nu_{\mathcal{B}_1}(z_1)$$

である.

例 3.15 例 3.14 のヒルベルト空間 $\langle E, \mathcal{B} \rangle$,$\langle E_1, \mathcal{B}_1 \rangle$ の具体的な例として,典型的なのは,$\langle \mathcal{L}^2(I), \mathcal{B}_{\mathcal{L}^2} \rangle$,$\langle \mathcal{H}_0^1(I), \mathcal{D} \rangle$ である(例 2.19,例 2.20).このとき,(3.16) は

$$\int_I u(t) \overline{v(t)} \, dt = \int_I u'(t) \overline{w'(t)} \, dt, \quad u \in \mathcal{H}_0^1(I)$$

の形になる.部分積分を形式的に実行することができれば,$v(t) = -w''(t)$ ということになろう.実際,左辺に現れる内積で $\mathcal{H}_0^1(I)$ とその双対空間 $(\mathcal{H}_0^1(I))^*$ を関係づけることは,

$$(\mathcal{H}_0^1(I))^* = \{-w''(t)\,;\, w(t) \in \mathcal{H}_0^1(I)\,\}$$

という解釈に意味を与えることに相当する.なお,この解釈のもとでは,$(\mathcal{H}_0^1(I))^*$ は通例 $\mathcal{H}^{-1}(I)$ と表される.

3.5 弱位相と汎弱位相

バナッハ空間 $\langle E, \nu \rangle$ とその双対空間 $\langle E^*, \nu^* \rangle$ には,ノルムによるもの以外にも標準的な位相が定義される.

今,$\{u_n\}_{n \in \mathbf{N}}$ を E の元の可算列とし,u を E の元とする.任意の有界線形汎関数 $\varphi \in E^*$

に対し，スカラーの数列 $\{\varphi(u_n)\}_{n \in \mathbf{N}}$ がスカラー $\varphi(u)$ に収束するとき，$\{u_n\}_{n \in \mathbf{N}}$ は u に弱収束するという．$\{u_n\}$ が u に弱収束することを $u_n \rightharpoonup u$ と表すことがある．

注意 3.5 厳密には，弱収束は弱位相での元の列の収束というべきである．弱位相は，E の原点の基本近傍系として，$\{u \in E ; \sup_j |\varphi_j(u)| \leqq \epsilon\}$ の形の集合（ただし，ϵ は任意の正数，$\varphi_1, \ldots, \varphi_N$ は E^* の任意の有限系）の系をとって定めた位相である．ただし，本稿では弱位相そのものには深入りしない．

なお，弱収束に対し，ノルムの定める位相（強位相という）での収束を強収束といい，また，$\lim_{n \to \infty} \nu(u_n - u)$ を $u_n \to u$ と書き表すことがある．

定義からあきらかに次がわかる．

命題 3.3 バナッハ空間 $\langle E, \nu \rangle$ の元の可算列 $\{u_n\}_{n \in \mathbf{N}}$ が $u \in E$ に強収束するならば，弱収束する．

問 3.3 バナッハ空間 $\langle E, \nu \rangle$ を強位相および弱位相のもとで（位相空間として）考察するとき，区別するために，それぞれ E_s，E_w と表すことがある．恒等写像 $E_s \ni u \mapsto u \in E_w$ は連続である．

例 3.16 ヒルベルト空間 $\langle \mathcal{L}^2([0,1]) \, \nu_{\mathcal{L}^2} \rangle$ を考える．関数列

$$e_n(x) = e^{2\pi i n x}, \quad n = 0, 1, 2, \ldots$$

は $n \to \infty$ のとき 0 に弱収束する．この事実はリーマン・ルベーグの補題といわれる．確かめよう．実際，$f(x)$ が $f(0) = f(1) = 0$ を満たす $\mathcal{C}^1$ 級の関数とすると，部分積分により

$$\int_0^1 e_n(x) f(x) \, dx = \frac{i}{n} \int_0^1 e_n(x) f'(x) \, dx$$

となるが，$|\int_0^1 e_n(x) f'(x) \, dx| \leqq \nu_{\mathcal{L}^2}(f')$ である．したがって，$n \to \infty$ のもとで，左辺は 0 に収束する．このような $f(x)$ の全体は $\mathcal{L}^2([0,1])$ で稠密であるから，$e_n \rightharpoonup 0$ がわかる．一方，すべての $n \in \mathbf{N}$ に対し，$\nu_{\mathcal{L}^2}(e_n) = 1$ である．すなわち，命題3.3の逆は成り立たない．

定理 3.3 バナッハ空間 $\langle E, \nu \rangle$ の元の可算列 $\{u_n\}_{n \in \mathbf{N}}$ が $u \in E$ に弱収束するならば，数列 $\{\nu(u_n)\}_{n \in \mathbf{N}}$ は有界．すなわち，適当な $C > 0$ に対し，$\nu(u_n) \leqq C$，$n \in \mathbf{N}$，が成り立つ．

実際，仮定から，$\varphi \in E^*$ に対し $|\varphi(u_n) - \varphi(u)|$ は n を大きくすれば，いくらでも小さくなる．したがって，$\sup_N |\varphi(u_n)| < +\infty$ である．そこで，$N = 1, 2, \ldots$ に対し，

$$\Phi_N = \{\varphi \in E^*; \sup_n |\varphi(u_n)| \leqq N\}$$

とおくと，$E^* = \bigcup_N \Phi_N$ が成り立つ．一方，容易に確かめられるように，Φ_N は $\varphi \in \Phi_N$ なら $\alpha \in \mathbf{F}$，$|\alpha| \leq 1$ に対し，$\alpha\varphi \in \Phi_N$ を満たす（すなわち，均衡的である）．また，各 Φ_N はバナッハ空間 $\langle E^*, \nu^* \rangle$ における閉集合である．したがって，ベールの範疇定理（定理 1.2）により，ある Φ_{N_0} は E^* の開球を含む．とくに，ある $\rho_0 > 0$ があって，$\varphi \in E^*$，$\nu^*(\varphi) < \rho_0$ ならば $\varphi \in \Phi_{N_0}$ が成り立たなければならない．これより，任意の $\varphi_1 \in E^*$ をとると，すべての n に対し，$|\varphi_1(u_n)| \leqq \dfrac{N_0}{\rho_0}\nu^*(\varphi_1)$ となる．言い換えれば，系 3.2 によって，

$$\nu(u_n) \leqq \frac{N_0}{\rho_0} = C, \quad n \in \mathbf{N}$$

が成立する．

補題 3.4 双対空間 $\langle E^*, \nu^* \rangle$ の元の列 $\{\varphi_n\}_{n \in \mathbf{N}}$ について，E の任意の元 u における値の列 $\{\varphi_n(u)\}$ が収束するとする．$\varphi(u) = \lim_{n \to \infty} \varphi_n(u)$ とおくと，$\varphi \in E^*$ である．

実際，$\varphi(u)$ が u に関して線形になることはあきらかであり，示すべきことは φ の有界性である．定理 3.3 の証明と基本的には同様に考える．$N = 1, 2, \ldots$ に対し，$X_N = \{u \in E; \sup_n |\varphi_n(u)| \leqq N\}$ とおき，ベールの範疇定理（定理 1.2）を利用すると，φ の有界性を導ける．

注意 3.6 補題 3.4 は，有界汎関数の列 $\{\varphi_n\} \subset E^*$ の収束概念を与える．このとき，E^* の元の列 $\{\varphi_n\}$ は $\varphi \in E^*$ に汎弱収束するという．対応する E^* の位相は，E^* の原点の基本近傍系を，$\{\psi \in E^*; \sup_{j \leqq n} |\psi(u_j)| \leqq \epsilon\}$ の形の集合（ただし，$\epsilon > 0$ は任意の正数，$u_1, \ldots, u_n$ は E の元の任意の有限系）の形の系で与えたものであり，E^* の汎弱位相といわれる．

系 3.4 E の元の列 $\{u_n\}_{n \in \mathbf{N}}$ は，任意の有界汎関数 $\varphi \in E^*$ に対し，値の列 $\{\varphi(u_n)\}_{n \in \mathbf{N}}$ が収束するものとする．このとき，$\lim_{n \to \infty} \varphi(u_n)$ は E^{**} の元を定める．

実際，$E \subset E^{**}$ と考えると，$\{u_n\}$ は E^{**} の元の列として汎弱収束している．

注意 3.7 バナッハ空間の回帰性について基本的な事実は次の定理である：$\langle E, \nu \rangle$ が回帰的であるための必要十分条件は E の元の任意の有界列 $\{u_n\}$ から E の元に弱収束する部分列が取り出せる（すなわち，E が『局所弱点列コンパクト』である）ことである（詳細は，たとえば，文献 [11], 141–144 ページ）．

3.6 極　集　合

ヒルベルト空間の直交補空間に相当する概念は，双対空間を利用してバナッハ空間においても実現される．

F をバナッハ空間 $\langle E, \nu \rangle$ の部分空間とする．F 上で消える E の有界線形汎関数の全体，すなわち，双対空間 $\langle E^*, \nu^* \rangle$ の部分集合

$$F^0 = \{\varphi \in E^* \, ; \, \varphi(u) = 0, \, u \in F\}$$

は E^* の閉部分空間である．F^0 を F の極集合という．

一方，E^* の部分空間 F' に対し，F' に属する汎関数の共通零元

$$^0F' = \{u \in E \, ; \, \varphi(u) = 0, \, \varphi \in F'\}$$

は，E の閉部分空間となる．$^0F'$ を F' の極集合という．

問 3.4 部分空間 $F \subset E$, $F' \subset E^*$ の閉包を，それぞれ，$\overline{F}$, $\overline{F'}$ とする．$F^0 = \overline{F}^0$, $^0F' = {}^0\overline{F'}$ が成り立つ．

命題 3.4 F が E の閉部分空間であるための必要十分な条件は，$F = {}^0(F^0)$ が成り立つことである．

必要性をみよう．$F \subset {}^0(F^0)$ は定義からあきらかである．また，$v \notin F$ ならば，ハーン・バナッハの拡張定理（定理 3.1）により，$\varphi \in F^0$ であって $\varphi(v) = 1$ となるものがある．すなわち，$v \notin {}^0(F^0)$ である．

注意 3.8 $^0F' \subset E$ であり，$(F')^0 \subset E^{**}$ とは概念上異なる：$^0F' = E \cap (F')^0$．バナッハ空間 E が回帰的であれば，$^0F' = (F')^0$ と書いても混乱はない．

問 3.5 F' は E^* の閉部分空間とする．$(^0F')^0 = F^*$ である．

XIV 関数解析

4

線形作用素とその応用

4.1 線形作用素

E, E_1 がスカラー体 **F** 上のベクトル空間のとき，E から E_1 への写像 T は，よく知られているように，

$$T(ax+by) = aT(x) + bT(y), \quad x, y \in E, a, b \in \mathbf{F} \tag{4.1}$$

を満足するならば線形であるといわれる．T が線形ならば，つねに $T(0) = 0$ が成り立つ．以下では，主に，E, E_1 が，それぞれ，ν, ν_1 をノルムとするバナッハ空間の場合を考える．このとき，写像 T は作用素（または，演算子）といわれることが多い．

注意 4.1 線形写像 T が E（全体ではなく，そ）の線形部分空間 E_2 に対してのみ定義されている場合，すなわち，T の定義域 $\mathrm{dom}(T)$ が，E にかならずしも一致しない場合も重要であり，後に述べる．

補題 4.1 バナッハ空間 $\langle E, \nu \rangle$ からバナッハ空間 $\langle E_1, \nu_1 \rangle$ への線形作用素 T に対し，連続性と有界性に関する次の条件は同値である：

(1) T は任意の $x \in E$ において連続である．すなわち，$x_n \in E, n = 1, 2, \ldots,$ が $\nu(x_n - x) \to 0, n \to \infty$ を満たすならば $\nu_1(T(x_n) - T(x)) \to 0$ が成り立つ．

(2) T は $0 \in E$ において連続である．

(3) 任意の $\epsilon > 0$ に対し，適当な $\delta > 0$ があって，$x \in E$ が $\nu(x) \leqq \epsilon$ を満たすならば $\nu_1(T(x)) \leqq \delta$ が成り立つ．

(4) T は有界である．すなわち，適当な $B > 0$ があって，$x \in E, \nu(x) \leqq 1$ に対し，$\nu_1(T(x)) \leqq B$ が成り立つ．

いうまでもないだろうが，(2) は (1) の特別な場合である．他方，T の線形性より $T(x_n) - T(x) = T(x_n - x)$ だから，(2) から (1) が従う．(3) は，(2) を数学的に正確に詳しく表現したものにほかならない．(3) と (4) の同値性は $\epsilon B = \delta$ という関係式によってわかる．

さて，バナッハ空間 $\langle E, \nu \rangle$ から $\langle E_1, \nu_1 \rangle$ への有界な線形作用の全体を $\mathscr{L}(\langle E, \nu \rangle, \langle E_1, \nu_1 \rangle)$，とくに，誤解のおそれのない限り，$\mathscr{L}(E, E_1)$ と書こう．

系 4.1 $\mathscr{L}(\langle E, \nu \rangle, \langle E_1, \nu_1 \rangle)$ は線形空間になる．すなわち，T, S は $\langle E, \nu \rangle$ から $\langle E_1, \nu_1 \rangle$ への有界な線形作用素とする．このとき，T, S の 1 次結合：$R = aT + bS$ $(a, b \in \mathbf{F})$ も $\langle E, \nu \rangle$ から $\langle E_1, \nu_1 \rangle$ への有界な線形作用素である．

R は，作用素として $E \ni x \mapsto aT(x) + bS(x) \in E_1$ と定義される．ゆえに，$\nu_1(R(x)) \leq \nu_1(aT(x)) + \nu_1(bS(x)) = |a|\nu_1(T(x)) + |b|\nu_1(S(x))$ である．したがって，$\nu(x) \leq 1$ のときに，$\nu_1(T(x)) \leq B, \nu_1(S(x)) \leq C$ が成り立つならば $\nu_1(R(x)) \leq |a|B + |b|C$ が成り立つ．

補題 4.2 線形空間 $\mathscr{L}(E, E_1)$ は，さらに，

$$\|T\| = \sup_{\substack{\nu(x) \leq 1 \\ 0 \neq x \in E}} \nu_1(T(x)) < +\infty, \quad T \in \mathscr{L}(E, E_1) \tag{4.2}$$

をノルムとするバナッハ空間である．$\|T\|$ を T の作用素ノルムという．

(4.2) が意味をもつのは T が有界だからである．$\|T\| \geq 0$ はあきらかだろう．$\|T\| = 0$ ならば，すべての $x \in E$ に対し，$\nu_1(T(x)) = 0$ すなわち $T(x) = 0$ だから，作用素として $T = 0$ である．ν_1 がノルムであることから，$\|aT\| = |a| \|T\|$ ($a \in \mathbf{F}$) および $\|T + S\| \leq \|T\| + \|S\|$ ($T, S \in \mathscr{L}(E, E_1)$) が従うことがわかる．すなわち，(4.2) は $\mathscr{L}(E, E_1)$ にノルムを定める．完備性をみるために，$T_n \in \mathscr{L}(E, E_1), n = 1, 2, \ldots$ は $\lim_{n, m \to \infty} \|T_n - T_m\| = 0$ としよう．とくに，$x \in E$ に対し，$\lim_{n, m \to \infty} \nu_1(T_n(x) - T_m(x)) = 0$ であり，したがって，$\lim_{n \to \infty} \nu_1(T_n(x) - T_x) = 0$ となる $T_x \in E_1$ が定まる．$T : E \ni x \mapsto T(x) = T_x \in E_1$ は T_n の線形性と極限移行により実は線形作用素であることがわかる．しかも，

$$\nu_1(T(x) - T_m(x)) = \lim_{n \to \infty} \nu_1(T_n(x) - T_m(x)) \leq \left(\lim_{n \to \infty} \|T_n - T_m\| \right) \nu(x)$$

だから，T は有界であり，$\lim_{n \to \infty} \|T_n - T\| = 0$ を満たしている．

例 4.1 やや見え透いた例であるが，任意のバナッハ空間 $\langle E, \nu \rangle$ の双対空間 E^*，つまり，$\langle E, \nu \rangle$ 上の有界線形汎関数の全体は $\mathscr{L}(E, \mathbf{F})$ にほかならない．この場合，作用素ノルム (4.2) は汎関数ノルム ν^* と一致する（(3.6) をみよ）．

例 4.2 積分作用素

$$T : u(x) \mapsto Tu(x) = \int_{-\infty}^{+\infty} \frac{1}{1 + |x - y|} u(y) \, dy$$

は，直線上のルベーグ空間 $\mathcal{L}^2(\mathbf{R})$ から $\mathcal{L}^\infty(\mathbf{R})$ への有界な線形作用素を定める．T の線形性はあきらかである．有界性をみよう．実際，すべての x に対し

$$M = \int_{-\infty}^{+\infty} \left(\frac{1}{1+|x-y|}\right)^2 dy < +\infty$$

となることに注意しよう（直線上のルベーグ積分値の平行移動不変性）．コーシー・シュワルツの不等式 (2.40) により

$$|Tu(x)| \leqq \sqrt{\int_{-\infty}^{+\infty} \left(\frac{1}{1+|x-y|}\right)^2 dy} \sqrt{\int_{-\infty}^{+\infty} |u(y)|^2 dy}$$

$(-\infty < x < +\infty)$ となるから，

$$\text{ess.sup}\,|Tu(x)| \leqq M \sqrt{\int_{-\infty}^{+\infty} |u(y)|^2 dy}$$

となる．

注意 4.2 この例を一般化すると次のようになる： $1 \leqq p \leqq \infty$ に対し，$k(x) \in \mathcal{L}^q(\mathbf{R})$ $(q = p/(p-1))$ （ただし，ここで $\infty/\infty = 1, 1/0 = \infty$）とすると，合成積

$$\mathcal{L}^p(\mathbf{R}) \ni u(x) \mapsto Ku(x) = \int_{-\infty}^{+\infty} k(x-y)\,u(y)\,dy \in \mathcal{L}^\infty(\mathbf{R})$$

は有界な線形作用素を定める．作用素ノルムは $\leqq \nu_{\mathcal{L}^q}(k) = \int_{\mathbf{R}} |k(x)|\,dx$ である．これはヘルダーの不等式 (2.16) の帰結である（本質的には，例 2.7 (2.16) 参照）．

例 4.3 $k(x) \in \mathcal{L}^1(\mathbf{R})$ とする．合成積

$$K : u(x) \mapsto Ku(x) = \int_{-\infty}^{+\infty} k(x-y)\,u(y)\,dy$$

の定める積分作用素は，ルベーグ空間 $\mathcal{L}^p(\mathbf{R})$ から $\mathcal{L}^p(\mathbf{R})$ への有界な線形作用素である．ここで，$1 < p < +\infty$ とする．実際，今の場合，

$$|Ku(x)| \leqq \int_{-\infty}^{+\infty} |k(x-y)|^{1-1/p} |k(x-y)|^{1/p} |u(y)|\,dy$$

と書くことができる．ヘルダーの不等式 (2.16) により，右辺は，さらに，

$$\left(\int_{-\infty}^{+\infty} |k(x-y)|\,dy\right)^{1-1/p} \left(\int_{-\infty}^{+\infty} |k(x-y)|\,|u(y)|^p\right)^{1/p}$$

で評価される．したがって，

$$\int_{-\infty}^{+\infty} |Ku(x)|^p\,dx \leqq \left(\int_{-\infty}^{+\infty} |k(x)|\,dx\right)^p \int_{-\infty}^{+\infty} |u(x)|^p\,dx$$

となる.

例 4.4 $\mathcal{C}^0([0,a])$ $(a>0)$ から $\mathcal{C}^0([0,a])$ への写像

$$J_0 : \mathcal{C}^0([0,a]) \ni u(t) \mapsto \int_0^t u(s)\,ds \in \mathcal{C}^0([0,a]), \quad 0 \leqq t \leqq a$$

は, 有界線形作用素を定め, 作用素ノルムは $\|J_0\| \leqq a$ である. 同様に, 作用素

$$J_a : \mathcal{C}^0([0,a]) \ni u(t) \mapsto \int_t^a u(s)\,ds \in \mathcal{C}^0([0,a]), \quad 0 \leqq t \leqq a$$

を考察することができる.

一般に, とくに, E_1 が E と一致する場合, すなわち, $\mathscr{L}(E,E)$ は詳しく調べる価値がある. とくに, $\mathscr{L}(E,E)$ には, 恒等作用素 $I : E \ni x \mapsto x \in E$ が含まれる.

補題 4.3 $T, S \in \mathscr{L}(E,E)$ とする. 各 $x \in E$ に対し, $Tx \in E$ であるが, さらに, $S(Tx) \in E$ でもある. これにより, S, T の積作用素

$$ST : E \ni x \mapsto S(Tx) \in E$$

が定義される. $ST \in \mathscr{L}(E,E)$ である. 同様に, T, S の積作用素 $TS \in \mathscr{L}(E,E)$ が定義される. 作用素ノルムは

$$\|ST\| \leqq \|S\|\,\|T\|, \quad \|TS\| \leqq \|T\|\,\|S\|$$

を満たす. なお, $T = S$ のときは, TT を T^2 と書き表すことがある.

実際, 定義からあきらかであろう.

例 4.5 例 4.4 を取り上げよう. 容易にわかるように,

$$J_0^2 : \mathcal{C}^0([0,a]) \ni u(t) \mapsto \int_0^t (t-s)\,u(s)\,ds \in \mathcal{C}^0([0,a])$$

である. 作用素ノルムは $\|J_0^2\| \leqq \frac{1}{2}a^2$ を満たす. 同様に, $J_0^{n+1} = J_0^n J_0, n = 2, 3, \ldots$ を計算すると

$$J_0^{n+1} : \mathcal{C}^0([0,a]) \ni u(t) \mapsto \int_0^t \frac{(t-s)^n}{n!}\,u(s)\,ds \in \mathcal{C}^0([0,a])$$

となる. 作用素ノルムは $\|J_0^{n+1}\| \leqq \frac{1}{(n+1)!}\,a^{n+1}$ を満たす.

例 4.6 例 4.4 により, 積 $J_0 J_a$ および $J_a J_0$ を考察しよう. 簡単な計算より,

$$(J_0 J_a)\,u(t) = \int_0^t s\,u(s)\,ds + \int_t^a t\,u(s)\,ds, \quad 0 \leqq t \leqq a$$

$$(J_a J_0) u(t) = \int_0^t (a-t) u(s) ds + \int_t^a (a-s) u(s) ds$$

となることがわかる．したがって，$J_0 J_a \neq J_a J_0$．たとえば，$u(t) \equiv 1$ なら，

$$(J_0 J_a - J_a J_0) u(t) = \int_0^a (t+s-a) u(s) ds = at - \frac{1}{2} a^2 \neq 0$$

である．作用素ノルムは $\|J_0 J_a - J_a J_0\| \leqq \frac{1}{4} a^2$ を満たす．

命題 4.1 有界作用素 $T \in \mathscr{L}(E, E)$ の作用素ノルムが $\|T\| < 1$ であるとする．このとき，任意の $f \in E$ に対し，線形方程式 $u - Tu = f$ には一意的な解 $u \in E$ があり，しかも，適当な $S \in \mathscr{L}(E, E)$ によって，$u = Sf$ と表される．S は $I - T$ の有界な逆作用素であり，$S = (I-T)^{-1}$ と書く．

実際，$S_n = I + T + \cdots + T^n \in \mathscr{L}(E, E)$, $n = 1, 2, \ldots$, とおくと，$n < m$ ならば，$\|S_n - S_m\| \leqq \|T\|^{n+1} + \cdots + \|T\|^m$ だから，バナッハ空間 $\mathscr{L}(E, E)$ の完備性により，$\|S_n - S\| \to 0$, $n \to \infty$ となる $S \in \mathscr{L}(E, E)$ が定まる．ところで，$S_n(I - T) = I - T^{n+1}$ だから，$S(I - T) = I$ である．したがって，$u = Sf$ となる．

系 4.2 $T \in \mathscr{L}(E, E)$ の n_0 乗について，$\|T^{n_0}\| < 1$ が成り立つならば，$I - T$ には有界な逆作用素 $S = (I - T)^{-1} \in \mathscr{L}(E, E)$ が存在する．

実際，$(I - T^{n_0})^{-1} \in \mathscr{L}(E, E)$ だから，$S = (I + T + \cdots + T^{n_0 - 1})(I - T^{n_0})^{-1}$ とおけば，$S(I - T) = (I - T)S = I$ である．

次の場合は，$\sum_{k=0}^\infty T^k$ が $\mathscr{L}(E, E)$ において収束する．

系 4.3 $T \in \mathscr{L}(E, E)$ について，$\|T^n\| \leqq C \dfrac{M^n}{n!}$, $(n = 0, 1, 2, \ldots)$ が適当な定数 $C > 0$, $M > 0$ によって成立するならば，$I - T$ は有界な逆作用素 $S = (I - T)^{-1}$ をもつ．

例 4.7 例 4.4 を取り上げる．$f \in \mathcal{C}^0([0, a])$ に対し，$u - J_0 u = f$ を満たす $u \in \mathcal{C}^0([0, a])$ は一意的に求められる．実際，

$$u(t) = (I - J_0)^{-1} f(t) = f(t) + \int_0^t e^{t-s} f(s) ds, \quad 0 \leqq t \leqq a$$

である．

命題 4.2 $A \in \mathscr{L}(E, E)$ は有界な逆作用素 $A^{-1} \in \mathscr{L}(E, E)$ をもつとする．$B \in \mathscr{L}(E, E)$ が $\|BA^{-1}\| < 1$（または，$\|A^{-1}B\| < 1$）を満たすならば，作用素 $A + B$ は有界な逆 $(A + B)^{-1} = A^{-1}(I + BA^{-1})^{-1}$（または，$= (I + A^{-1}B)^{-1} A^{-1}$）をもつ．とくに，$\|B\| < \|A^{-1}\|^{-1}$ ならば，$A + B$ は有界な逆をもつ．

実際，$A + B = A(I + A^{-1}B)$ などと書き表してみればよい．

系 4.4 有界な線形作用素のなすバナッハ空間 $\mathscr{L}(E,E)$ において,有界な逆作用素をもつような作用素のなす部分集合は,開集合である.

4.2 作用素の強収束

バナッハ空間 $\langle E,\nu\rangle$ から $\langle E_1,\nu_1\rangle$ への有界線形作用素の空間 $\mathscr{L}(E,E_1)$ の位相としては,作用素ノルムによるもののほか,強位相が実用上重要である.

有界線形作用素の列 $\{T_n\}_{n\in\mathbf{N}}\subset\mathscr{L}(E,E_1)$ が $T\in\mathscr{L}(E,E_1)$ に強収束するとは,任意の $x\in E$ に対し,$\nu_1(T_n x-Tx)\to 0,\ n\to\infty$ が成り立つことである.

注意 4.3 有界線形作用素の列 $\{T_n\}$ が有界線形作用素 T にノルム収束することを $T_n\rightrightarrows T$ と書き,$\{T_n\}$ が T に強収束することを $T_n\to T$ と書くことがある.ノルム収束すれば強収束するが,逆は一般に成り立たない.

次は,$\{T_n\}$ の T への強収束性についての簡便な判定法の一例である.

補題 4.4 $T_n\in\mathscr{L}(E,E_1)$ の作用素ノルムは一様に有界 $\|T_n\|\leqq M$ であるとする.さらに,以下の 2 条件を満たすバナッハ空間 $\langle E_2,\nu_2\rangle$ があるとする:
 1) 集合 $E_2\subset E$ は $\langle E,\nu\rangle$ において稠密,
 2) $T_n-T\in\mathscr{L}(E_2,E_1)$,かつ,作用素ノルムで 0 に収束する.
このとき,($\mathscr{L}(E,E_1)$ において)$\{T_n\}$ は T に強収束する.

実際,$x\in E$ に対し,$y\in E_2$ を $\nu(x-y)$ がいくらでも小さくなるようにとれる. $T_n x-Tx=T_n(x-y)-T(x-y)+T_n y-Ty$ だから,

$$\nu_1(T_n x-Tx)\leqq \nu_1(T_n(x-y))+\nu_1(T(x-y))+\nu_1(T_n y-Ty)$$
$$\leqq (\|T_n\|+\|T\|)\nu(x-y)+\|T_n-T\|'\nu_2(y)$$

となる(ただし,$\mathscr{L}(E_2,E_1)$ の作用素ノルムを $\|\ \|'$ で表す).

例 4.8 $E=E_1=\mathcal{L}^1(\mathbf{R})$ とする ($\nu=\nu_{\mathcal{L}^1}$). 平行移動

$$T_n f(t)=f\left(t+\frac{1}{n}\right),\quad f\in\mathcal{L}^1(\mathbf{R})\quad (n\in\mathbf{N})$$

は有界線形作用素 ($\in\mathscr{L}(\mathcal{L}(\mathbf{R}),\mathcal{L}^1(\mathbf{R}))$),作用素ノルムは 1 である.恒等作用素を I とすると,T_n-I の作用素ノルムは $\|T_n-I\|=2$ であり,$\{T_n\}$ は I にノルム収束しない.しかし,$\{T_n\}$ は I に強収束する.実際,

$$E_2=\{f(t)\in\mathcal{L}^1(\mathbf{R});\ f(t) \text{ は絶対連続で } f'(t)\in\mathcal{L}^1(\mathbf{R})\},$$

$$\nu_2(f) = \int_{\mathbf{R}} \{|f(t)| + |f'(t)|\}\, dt, \quad f \in E_2$$

とおくと，補題 4.4 が適用される．

例 4.9 $E = E_1 = \mathcal{L}^1(\mathbf{R})$ とする．

$$T_n f(t) = n \int_t^\infty e^{n(t-s)} f(s)\, ds, \quad f \in \mathcal{L}^1(\mathbf{R}) \quad (n \in \mathbf{N})$$

とおく．各 T_n の作用素ノルムは $\leqq 1$ である．恒等作用素 I の作用素ノルムは $\leqq 2$ である．T_n は I に強収束するが，ノルム収束はしない．強収束性は，$\langle E_2, \nu_2 \rangle$ を例 4.8 のものとして，補題 4.4 を適用すればわかる．T_n が I にノルム収束しないことは，たとえば，

$$f_k(t) = \begin{cases} 0, & t > 1/k \text{ または } t < 0 \\ k, & 0 \leqq t \leqq 1/k \end{cases}, \quad k = 1, 2, \ldots$$

とおき，$T_n f_k$ を考察してみよ．

有界線形作用素の列 $\{T_n\} \subset \mathscr{L}(E, E_1)$ は，各 $x \in E$ に対し，$\{T_n x\}$ が E_1 の基本列になるものとする．このとき，x を明記して極限を $Tx \in E_1$ とおけば，$\nu_1(T_n x - Tx) \to 0$ である．こうして得られた対応

$$T : E \ni x \mapsto Tx \in E_1 \tag{4.3}$$

が線形であることは容易に確かめられるが，T が有界な線形作用素であるかどうかはただちにはあきらかではない．

補題 4.5 作用素ノルムの列 $\{\|T_n\|\}$ が有界であれば，極限の作用素 T は有界であって，ノルムは上極限 $(\limsup_n \|T_n\| < +\infty)$ を超えない．

実際，$x \in E$ に対し，三角不等式より

$$\nu_1(Tx) \leqq \nu_1(T_n x) + \nu_1(T_n x - Tx) \leqq \left(\sup_{k \geqq n} \|T_k\|\right) \nu(x) + \nu_1(T_n x - Tx)$$

である．$n \to \infty$ とすれば

$$\nu_1(Tx) \leqq \left(\limsup_n \|T_n\|\right) \nu(x)$$

となり，T の作用素ノルムは $\|T\| \leqq \limsup_n \|T_n\|$ である．

実は，補題 4.5 の条件は冗長である．

定理 4.1 (4.3) で定めた $T \in \mathscr{L}(E, E_1)$ である．しかも，このとき，実は，$\{\|T_n\|\}$

は有界である.

実際, $N = 1, 2, \ldots$ に対し, $X_N = \{x \in E ; \sup_{n \in \mathbf{N}} \nu_1(T_n x) \leqq N\}$ とおく. 仮定より, $E = \bigcup_{N=1}^{\infty} X_N$ である. X_N は, 容易に確かめられるように, 凸閉集合であり, また, $x \in X_N$ ならば $\alpha x \in X_N, \alpha \in \mathbf{F}, |\alpha| = 1$ を満たす. したがって, ベールの範疇定理 (定理 1.2) により, 適当な $N_0 > 0, \rho_0 > 0$ があって, $x \in E$ が $\nu(x) \leqq \rho_0$ を満たすならば $x \in X_{N_0}$ となる. すなわち, $\nu(x) \leqq \rho_0$ ならば, $\nu_1(T_n x) \leqq N_0$ であり, とくに, T を (4.3) で定めれば $T \in \mathscr{L}(E, E_1)$ である. $\|T\| \leqq \dfrac{N_0}{\rho_0}$ である.

系 4.5 有界作用素の列 $\{T_n\} \subset \mathscr{L}(E, E_1)$ は, 各 $x \in E$ に対し, 数列 $\{\nu_1(T_n x)\}$ は有界になるようなものとする. このとき, 作用素ノルムの列 $\{\|T_n\|\}$ は有界である.

定理 4.1 の証明で実際に示したことである. 系 4.5 は, 一様有界性定理 (あるいは, 共鳴定理), バナッハ・スタインハウス (Banach–Steinhaus) の定理などと呼ばれる. なお, 定理 3.3 も同じ原理に基づいている.

4.3 閉グラフ定理

バナッハ空間 $\langle E, \nu \rangle$ の線形部分空間 G で定義され, バナッハ空間 $\langle E_1, \nu_1 \rangle$ に値をとる線形作用素 U を考える.

補題 4.6 G が E で稠密であり, かつ, U が E の任意の有界集合 B について $B \cap G$ を E_1 内の有界集合に移すならば, U は E から E_1 への有界な線形写像に一意的に拡張される.

有界性の仮定から, 適当な $M > 0$ があって, $y \in G$ かつ $\nu(y) \leqq 1$ ならば $\nu_1(Uy) \leqq M$ となる. したがって, 一般に, $y \in G$ に対し, $\nu_1(Uy) \leqq M\nu(y)$ となる. ところで, 稠密性から, 任意の $x \in E$ に対して y に収束する $y_n \in G$ がとれるが, このとき, $\{Uy_n\}$ は E_1 における基本列になる. この基本列の極限の元を $z \in E_1$ とすれば, $x \in E$ に $z \in E_1$ を対応させられる. x に z を対応させる写像 $\overline{U}$ が, U の拡張として一意的に定まる $\mathscr{L}(E, E_1)$ の元である.

ところが, 定義域 G は E で稠密であるが, 作用素の有界性が成り立たない場合もある. 応用上も無視できない.

例 4.10 $E = E_1 = \mathcal{L}^1(\mathbf{R})$ $(\nu = \nu_{\mathcal{L}^1})$ とする. 例 4.8 の E_2 を (集合として) G とする. 作用素

$$U : G \ni f(t) \quad \mapsto \quad f'(t) \in E$$

は非有界である.実際,

$$f_n(t) = \sqrt{\frac{n}{\pi}}\, \mathrm{e}^{-nt^2}, \quad n = 1, 2, \ldots$$

とすると,$f_n \in G$,$\nu_{\mathcal{L}^1}(f_n) = 1$ であるが,$\nu_{\mathcal{L}^1}(U f_n) = \sqrt{n}$ となる.

重要な非有界な線形作用素も有界な線形作用素も包括するものとして,閉グラフの作用素,略して,閉作用素がある.U は $G \subset E$ を定義域とし,値を E_1 にとる線形作用素とする.U のグラフとは直積バナッハ空間 $\langle E \times E_1, \nu_\times \rangle$(ただし,ノルム $\nu_\times((x,y)) = \nu(x) + \nu_1(y)$,$(x,y) \in E \times E_1$)の部分集合(実は,線形部分空間)

$$\mathscr{G}_U = \{(x, Ux)\,;\, x \in G\} \subset E \times E_1 \tag{4.4}$$

を指す.U のグラフ $\mathscr{G}_U$ が直積バナッハ空間 $E \times E_1$ の閉集合であるときに U を閉グラフの作用素あるいは閉作用素という.

次はあきらかであろうが,念のために掲げる.

補題 4.7 $E \times E_1$ の線形部分空間 $\mathcal{G}$ がある線形作用素 U のグラフ $\mathcal{G} = \mathscr{G}_U$ であるための必要十分条件は $(0, y) \in \mathcal{G}$ ならば $y = 0$ となることである.また,$\mathcal{G}$ の閉包が,さらに,適当な線形作用素のグラフになるための必要十分な条件は $(x_n, y_n) \in \mathcal{G}$ が $\nu(x_n) \to 0$,$\nu_1(y_n - y) \to 0$,$y \in E_1$ ならば $y = 0$ が成り立つことである.

補題 4.8 $T \in \mathscr{L}(E, E_1)$ とする.T は閉作用素である.

実際,$(x_n, Tx_n) \in \mathscr{G}_T$ について $\nu(x_n - x) \to 0$,$\nu_1(Tx_n - y) \to 0$ とする.確かめるべきことは,$(x, y) \in \mathscr{G}_T$,すなわち $y = Tx$ であるが,これはあきらかであろう.

例 4.11 例 4.10 の作用素 U は閉作用素である.

示すべきことは,$f, g \in E = \mathcal{L}^1(\mathbf{R})$ および $f_n \in E_2 = \mathrm{dom}(U)$ に対し,$\nu_{\mathcal{L}^1}(f_n - g) \to 0$,$\nu_{\mathcal{L}^1}(U f_n - h) \to 0$ となるならば,$g \in E_2$ かつ $Ug = h$ が導かれることである.検証には手間が要る.まず,補助的な作用素

$$S f(x) = \int_x^\infty \mathrm{e}^{x-t} f(t)\, dt, \quad -\infty < x < +\infty \quad (f \in E)$$

を考える.$S \in \mathscr{L}(E, E)$,$\|S\| \leqq 1$ は容易に確かめられよう.しかも,$Sf \in E_2$ であって,

$$U S f(x) = -f(x) + S f(x)$$

である.一方,$f \in E_2$ に対し,部分積分により

$$S U f(x) = \int_x^\infty \mathrm{e}^{x-t} f'(t)\, dt = -f(x) + S f(x)$$

である．さて，$f_n \in E_2$ に対して，上式を適用し，極限移行すれば，

$$Sh = -g + Sg \quad \text{すなわち} \quad g = -Sh + Sg \in E_2$$

である．このとき，

$$Ug = -USh + USg = h - Sh - g + Sg = h$$

である．

例 4.12 $T \in \mathscr{L}(E, E_1)$ とする．$E_3 \subset E_1$ かつ $\nu_1(y) \leqq \nu_3(y), y \in E_3$ を満たす第 3 のバナッハ空間 $\langle E_3, \nu_3 \rangle$ に対し，$\mathrm{dom}(U) = \{x \in E\,;\, Tx \in E_3\}$ とし，$Ux = Tx, x \in \mathrm{dom}(U)$ とおくと，U は E から E_3 への閉作用素になる．このことは定義から直接に検証できる．また，T が E から E_1 への閉作用素としても，簡単な補正で，有界作用素の場合と同様の主張が成り立つことがわかるであろう．

簡単な性質をいくつか補っておこう．

補題 4.9 U を E から E_1 への閉グラフの線形作用素とする．U の定義域 $\mathrm{dom}(U)$ にグラフ・ノルム，すなわち

$$\nu_{\mathscr{G}}(x) = \nu(x) + \nu_1(Ux), \quad x \in \mathrm{dom}(U) \tag{4.5}$$

を入れたもの $\langle \mathrm{dom}(U), \nu_{\mathscr{G}} \rangle$ はバナッハ空間である．

実際，$x_n \in \mathrm{dom}(U)$ が（$\nu_{\mathscr{G}}$ ノルムでの）基本列とすると，$\{x_n\}$ は E で，$\{Ux_n\}$ は E_1 での基本列になる．したがって，$x \in E, y \in E_1$ であって，$\nu(x_n - x) \to 0$, $\nu_1(Ux_n - y) \to 0$ となるものがある．U は閉作用素なので，$x \in \mathrm{dom}(U)$ かつ $y = Ux$ であるが，このことが示すべきことであった．

問 4.1 U を E から E_1 への閉グラフの線形作用素とする．U のグラフ $\mathscr{G} = \mathscr{G}_U$ にグラフ・ノルム $\nu_{\mathscr{G}}$ を入れたもの $\langle \mathscr{G}, \nu_{\mathscr{G}} \rangle$ はバナッハ空間である．

補題 4.10 U を E から E_1 への閉グラフの線形作用素，T を E から E_1 への有界線形作用素とする．このとき，和作用素

$$U + T : \mathrm{dom}(U) \ni x \quad \mapsto \quad Ux + Tx \in E_1$$

は閉作用素である（すなわち，$\mathrm{dom}(U) = \mathrm{dom}(U + T)$ とする）．

実際，$x_n \in \mathrm{dom}(U)$ に対し，$\nu(x_n - x) \to 0$, $\nu_1(Ux_n + Tx_n - y) \to 0$ が成り立つように $x \in E, y \in E_1$ がとれるとすると，$\nu_1(Ux_n - (y - Tx)) \to 0$ だから，$x \in \mathrm{dom}(U)$,

$Ux = y - Ty$ あるいは $Ux + Tx = y$ となる.

補題 4.11 U は E から E_1 への閉作用素,一対一とする.このとき,U の値域 $\mathrm{im}(U)$ を定義域とする作用素 $U^{-1} : \mathrm{im}(U) \ni Ux \mapsto x \in \mathrm{dom}(U) \subset E$ は E_1 から E への閉作用素である.

実際,U^{-1} のグラフは $\mathscr{G}_{U^{-1}} = \{(y,x)\,; (x,y) \in \mathscr{G}_U\}$ で与えられる.

定理 4.2 (バナッハの閉グラフ定理) U は E から E_1 への閉グラフの作用素であるとする.$\mathrm{dom}(U) = E$ ならば,E は有界な作用素である.

実際,$k > 0$ に対し,$X_k = \{x \in E\,; \nu_1(Ux) < k\}$ とおく.仮定から,E は,これらの加算和 $E = \bigcup_{k=1}^{\infty} X_k$ だから,$\overline{X}_k$ を X_k の閉包として $E = \bigcup_{k=1}^{\infty} \overline{X}_k$ である.したがって,ベールの範疇定理(定理 1.2)より,ある $\overline{X}_{k_0}$ には内点があり,しかも,各 $\overline{X}_k$ が凸かつ対称だから,原点を中心とする適当な開球について,$\mathrm{O}_{r_0}(0) \subset \overline{X}_{k_0}$ が成り立つ.U の線形性より,$\epsilon_0 = k_0/r_0$ に対し,$\mathrm{O}_{2^{-n}}(0) \subset \overline{X}_{2^{-n}\epsilon_0}$, $n = 0, 1, 2, \ldots$,はいえるが,$\nu(x) < 1$ であっても $\nu_1(Ux)$ があらかじめ指定した値(たとえば ϵ_0)で評価できるかどうかはあきらかではない.さて,$\nu(x) < 1$ とする.$x \in \overline{X}_{\epsilon_0}$ だから,$x_1 \in E$ かつ $x - x_1 \in \mathrm{O}_{2^{-1}}(0)$ であって $x_1 \in X_{\epsilon_0}$,すなわち,$\nu_1(Ux_1) < \epsilon_0$(および $x - x_1 \in \overline{X}_{2^{-1}\epsilon_0}$)となるものがある.したがって,$x_2 \in X_{2^{-1}\epsilon_0}$ かつ $(x - x_1) - x_2 \in \mathrm{O}_{2^{-2}}(0) \subset \overline{X}_{2^{-2}\epsilon_0}$ となるものがある.以下,同様に繰り返して,$x_n \in X_{2^{-n+1}\epsilon_0}$ かつ $(x - x_1 - \cdots - x_{n-1}) - x_n \in \mathrm{O}_{2^{-n}}(0)$ を満たすものが逐次選べる.そこで,$y_m = \sum_{n=1}^{m} x_n$ および $z_m = Uy_m$ とおくと,$\{y_m\}$,$\{Uy_m\}$ は,それぞれ E,E_1 で収束し,しかも,U は閉グラフ作用素だから,$\nu(x - y_m) \to 0$ かつ $\nu_1(Ux - Uy_m) \to 0$ となる.したがって,$\nu_1(Ux) \leqq \sum_{n=1}^{\infty} \nu_1(Ux_n) \leqq \epsilon_0 \sum_{n=1}^{\infty} 2^{n-1} = \epsilon_0$ となる.すなわち,$U \in \mathscr{L}(E, E_1)$ かつ $\|U\| \leqq \epsilon_0$ である.

系 4.6 線形空間 E にノルム ν および ν_1 が定義されて,$\langle E, \nu \rangle$ および $\langle E, \nu_1 \rangle$ いずれもがバナッハ空間になるとする.このとき,ノルム ν, ν_1 は同値である,すなわち,適当な定数 $C > 0$ があって,

$$C^{-1} \nu_1(x) \leqq \nu(x) \leqq C \nu_1(x), \quad x \in E$$

が成り立つ.

実際,恒等写像 $I : E \to E$ は $\langle E, \nu \rangle$ から $\langle E, \nu_1 \rangle$ への作用素と考えても,$\langle E, \nu_1 \rangle$ から $\langle E, \nu \rangle$ のものと考えても,閉グラフをもつ.しかも,定義域は $\mathrm{dom}(I) = E$ である.

例 4.13 ν は,ユークリッド空間 $\mathbf{R}^n$ が完備になる任意のノルムとする.適当な定数 $C > 0$ に対し,

$$C\nu(x) \leq \max\{|x_j|\,;\,j=1,\ldots,n\} \leq C^{-1}\nu(x), \quad x \in \mathbf{R}^n$$

が成り立つ．これは系 4.6 の直接の応用であるが，定数 C の評価ができるわけではない．

4.4　開写像定理と閉グラフ定理

T はバナッハ空間 $\langle E,\nu\rangle$ から $\langle E_1,\nu_1\rangle$ の上への，つまり，値域と E_1 との一致 $\mathrm{im}(T)=T(E)=E_1$ が満足されている有界な線形作用素とする．このとき，次の開写像定理が成り立つ．

定理 4.3　T は E の任意の開部分集合を E_1 の開集合に写す．すなわち，T は開写像である．

確かめるべきことは，T の線形性を考慮すると，E の原点を中心とする半径 $r>0$ の開球 $U_r=\{u\in E\,;\,\nu(u)<r\}$ に対し，その像内の任意の点 $w\in T(U_r)$ を中心とする十分に小さい開球 $V_s(w)=\{v\in E_1\,;\,\nu_1(v-w)<s\}$ $(s>0)$ が $T(U_r)$ に含まれる，つまり，$V_s(w)\subset T(U_r)$ ということである．ところで，$E=\bigcup_{n=1}^{\infty}U_n$ に注意すると，$T(E)=E_1$ から，とくに，$E_1=\bigcup_{n=1}^{\infty}\overline{T(U_n)}$ となる．ここで，$\overline{T(U_n)}$ は $T(U_n)$ の閉包であり，凸かつ対称な閉集合である．したがって，ベールの範疇定理（定理 1.2）により，ある n_0 に対し，$V_{s_0}(0)\subset\overline{T(U_{n_0})}$ が成り立つような $s_0>0$ がある．線形性に注意すると，$i=1,2,\ldots$ として，$V_{2^{-i}q}(0)\subset\overline{T(U_{2^{-i}})}$ $(q=s_0/n_0)$ が成り立っていることになる．$T0=0\in T(U_1)$ であるが，実は，$V_{2^{-1}q}(0)\subset T(U_1)$ が成り立っていることを示そう．そこで，$v\in V_{2^{-1}q}(0)$，すなわち，$\nu_1(v)<q/2$ とすると，$u_1\in U_{2^{-1}}$ であって，$v_2=v-Tu_1$ が $\nu_1(v_2)<q/4$ を満たすものがある．以下，繰り返して，$i\geq 2$ として，$v_i\in V_{2^{-i}q}(0)$ が決まれば，$u_i\in U_{2^{-i}}$ であって，$v_{i+1}=v_i-Tu_i$ とすると，$\nu_1(v_{i+1})<2^{-i-1}q$ が満たされるものがかならずある．$v_1=\sum_{i=2}^{\infty}v_i$ は E_1 で収束し，$v_1\in V_{4^{-1}q}(0)$ であり，$u=\sum_{i=1}^{\infty}u_i$ は E で収束し，しかも，$u\in U_1$ を満たす．さらに，$v_1=v+v_1-Tu$，すなわち，$v=Tu$ となり，これが示すべきことであった．次に，任意の $w\in T(U_r)$ に対し，$s>0$ を $V_s(w)\subset T(U_r)$ となることを示そう．仮定から，$u\in U_r$ であって $w=Tu$ を満たすものがある．$r_1=r-\nu(u)>0$ であり，したがって，u を中心とした半径 r_1 の開球 $u+U_{r_1}$ は U_r に含まれる．一方，上の議論から，$s=2^{-1}r_1q$ とすると $V_s(0)\subset T(U_{r_1})$ がわかる．これから，$V_s(w)\subset T(U_r)$ が従う．すなわち，T が開写像であることが示された．

問 4.2　T はバナッハ空間 E からバナッハ空間 E_1 の上への有界な線形作用素とする．任意の $v\in E_1$ に対し，$u\in E$ であって，$v=Tu$ および $\nu(u)\leq\frac{2}{q}\nu_1(v)$ を満たすものがある（q は定理 4.3 の証明中のものである）．

問 4.3 T はバナッハ空間 E からバナッハ空間 E_1 の上への有界な線形作用素とする. T が一対一ならば, 逆作用素 T^{-1} は E_1 から E への有界作用素になることを開写像定理（定理 4.3）を利用して確かめよ.

問 4.4 U はバナッハ空間 E からバナッハ空間 E_1 への閉線形作用素, $\langle E_2, \nu_2 \rangle$ は U のグラフにグラフ・ノルムを入れたバナッハ空間とする（問 4.1 参照）. $\mathrm{dom}(U) = E$ ならば, 作用素 $T : E_2 \ni (x, Ux) \mapsto x \in E$ は E_2 から E の上への有界作用素であって, しかも, 一対一である.

前問を利用すると, 閉グラフ定理（定理 4.2）の証明ができる. 実際, T の逆作用素 $T^{-1}; E \ni x \mapsto (x, Ux) \in E_2$ は有界であり, さらに, 射影 $E_2 \ni (x, Ux) \mapsto Ux \in E_1$ も有界である. したがって, これらを合成した $U; E \ni x \mapsto Ux \in E_1$ も有界になる.

4.5 共役作用素

T をバナッハ空間 $\langle E, \nu \rangle$ から $\langle E_1, \nu_1 \rangle$ への線形作用素とする. $\langle E, \nu \rangle$, $\langle E_1, \nu_1 \rangle$ の双対バナッハ空間を $\langle E^*, \nu^* \rangle$, $\langle E_1^*, \nu_1^* \rangle$ とする. T が双対空間に誘導する効果をみよう.

補題 4.12 $T \in \mathscr{L}(E, E_1)$ とする. 任意の $\varphi_1 \in E_1^*$ に対し,

$$E \ni x \mapsto \varphi_1(Tx) \in \mathbf{F}$$

は E 上の有界な線形汎関数 $\varphi \in E^*$ を定める. このとき, $T^* : E_1^* \ni \varphi_1 \mapsto \varphi \in E^*$ とおくと, $T^* \in \mathscr{L}(E_1^*, E^*)$ である. T^* を T の共役作用素という.

確かめるべきことは, φ の有界性だけである. $\|T\|$ を作用素ノルムとすると, $|\varphi(x)| = |\varphi_1(Tx)| \leqq \nu_1^*(\varphi_1) \nu_1(Tx) \leqq \left(\nu_1^*(\varphi_1) \|T\|\right) \nu(x)$, すなわち, $\varphi = T^* \varphi_1 \in E^*$ であって,

$$\nu^*(T^* \varphi_1) = \sup_{x \in E} \frac{|\varphi_1(Tx)|}{\nu(x)} \leqq \|T\| \nu_1^*(\varphi_1)$$

すなわち, $T^* \in \mathscr{L}(E_1^*, E^*)$ であって, T^* の作用素ノルムは $\|T^*\| \leqq \|T\|$ である.

問 4.5 T はバナッハ空間 E からバナッハ空間 E_1 の上への有界な線形作用素とする. T の共役作用素 T^* に対し,

$$\nu_1^*(\varphi_1) \leqq \frac{2}{q} \nu^*(T^* \varphi_1), \quad \varphi_1 \in E_1^*$$

が成り立つことを確かめよ（ヒント：問 4.2）.

例 4.14 $\langle E^{**}, \nu^{**} \rangle$, $\langle E_1^{**}, \nu_1^{**} \rangle$ をそれぞれ $\langle E, \nu \rangle$, $\langle E_1, \nu_1 \rangle$ の二重双対バナッハ空間とする. $T \in \mathscr{L}(E, E_1)$ の二重双対作用素 $T^{**} = (T^*)^*$ は $\in \mathscr{L}(E^{**}, E_1^{**})$ である. し

かも，$x \in E$ ならば，$T^{**}x = Tx$ である．とくに，T の作用素ノルムは T^{**} の作用素ノルムを超えない．したがって，$\|T\| \leqq \|T^{**}\| \leqq \|T^*\| \leqq \|T\|$，すなわち，有界作用素のノルムは双対をとることに関し不変である．

例 4.15　$f \in \mathcal{L}^1(\mathbf{R})$ とする．$1 \leqq p \leqq \infty$ とする．

$$T_f : \mathcal{L}^p(\mathbf{R}) \ni u(t) \mapsto \int_{\mathbf{R}} f(t-s)\, u(s)\, ds \in \mathcal{L}^p(\mathbf{R})$$

は有界である．$1 \leqq p < +\infty$ ならば，$\mathcal{L}^p(\mathbf{R})$ の双対空間は $\mathcal{L}^q(\mathbf{R})$，$q = p/(p-1)$，であり，$T_f$ の共役作用素は

$$T_f^* v(s) = \int_{\mathbf{R}} f(t-s)\, v(t)\, dt, \quad v \in \mathcal{L}^q(\mathbf{R})$$

である．一方，$\mathcal{L}^\infty(\mathbf{R})$ の双対空間は $\mathcal{M}_F(\mathbf{R})$ であった（例 3.12）．このとき，T_f の共役作用素を T_f^* とすると，$\psi \in \mathcal{M}_F(\mathbf{R})$ に対し，

$$T_f^* \psi(M) = \int_{\mathbf{R}} \left(\int_{\mathbf{R}} f(t-s)\, c_M(s)\, ds \right) \psi(dt)$$

である．ここで，M は直線上の任意の可測集合である．

例 4.16　$\mathscr{F} : \mathcal{L}^1(\mathbf{R}) \to \mathcal{L}^\infty(\mathbf{R})$ を $\mathscr{F}f(s) = \int_{\mathbf{R}} e^{its} f(t)\, dt$ で定めると，$\mathscr{F} \in \mathscr{L}(\mathcal{L}^1(\mathbf{R}), \mathcal{L}^\infty(\mathbf{R}))$ である．共役写像は $\mathscr{F}^* \in \mathscr{L}(\mathcal{M}_F(\mathbf{R}), \mathcal{L}^\infty(\mathbf{R}))$ である．詳しくは，$\psi \in \mathcal{M}_F(\mathbf{R})$ に対し，

$$\mathscr{F}^* \psi(t) = \int_{\mathbf{R}} e^{its} \psi(ds)$$

で与えられる．右辺はラドン積分である．

　A を E から E_1 への非有界な線形作用素とする．A にはかならずしも閉グラフを仮定しない．適当に $\varphi_1 \in E_1^*$ をとると，$\mathrm{dom}(A) \ni x \mapsto \varphi_1(Ax) \in \mathbf{F}$ が E 上の有界な線形汎関数 φ を定めることがある．$\mathrm{dom}(A)$ が E で稠密であれば，このような $\varphi \in E^*$ は一意的に定まり，したがって，$E_1^* \ni \varphi_1 \to \varphi \in E^*$ が定まる．このとき，このような φ_1 の全体を定義域とし，このような $\varphi \in E^*$ の全体を地域とする作用素が定まる．これが A の共役作用素 A^* である．

補題 4.13　$\mathrm{dom}(A)$ は E で稠密とする．A の共役作用素 A^* は E_1^* から E^* への閉作用素である．

　実際，$\varphi \in E_1^*$，$\psi \in E^*$ に対し，$\varphi_n \in \mathrm{dom}(A^*)$ が $\nu_1^*(\varphi_n - \varphi) \to 0$，$\nu^*(A^* \varphi_n - \psi) \to 0$ となるようにとれるとする．$x \in \mathrm{dom}(A)$ として，$\varphi_n(Ax) = (A^* \varphi_n)(x)$ から $\varphi(A^*x) = \psi(x)$，すなわち，$\varphi \in \mathrm{dom}(A^*)$ かつ $A^* \varphi = \psi$ である．

補題 4.14 $\mathrm{dom}(A)$ は E で稠密とする．$\mathrm{dom}(A)$ の元の列 $\{x_n\}$ で，E, E_1 においてそれぞれ $\{x_n\}$, $\{Ax_n\}$ が基本列になるようなものの全体を $\widehat{\mathcal{D}}$ とし，$\mathcal{D} = \{x \in E\,;\,\nu(x_n - x) \to 0, \{x_n\} \in \widehat{\mathcal{D}}\}$ とする．A の共役作用素 A^* の定義域 $\mathrm{dom}(A^*)$ が E_1^* において稠密ならば，$\{x_n\} \in \widehat{\mathcal{D}}$ の極限 $x \in \mathcal{D}$ に対し，$y = \lim Ax_n$ を対応させる線形作用素，すなわち，定義域が $\mathcal{D}$ である $\overline{A}$ が定まり，しかも，$\overline{A}$ は E から E_1 への閉作用素である．$\overline{A}$ は A の閉拡張と呼ばれる．しかも，今の場合，$\overline{A}$ の共役作用素は A^* と一致する．

まず，$\overline{A}$ が定義できることを確かめる．$\{x'_n\} \in \widehat{\mathcal{D}}$ とし，$x'_n \to x$ とする．このとき，$y' = \lim Ax_n$ が上の y と一致することを示せばよい．ところが，容易にわかるように，任意の $\varphi \in \mathrm{dom}(A^*)$ に対し，$\varphi(y) = \varphi(y')$ となるから，E_1^* における $\mathrm{dom}(A^*)$ の稠密性より，$y = y'$ である．$\overline{A}$ が閉作用素になることも困難なくみられるであろう．一方，$\varphi \in \mathrm{dom}(\overline{A}^*)$ とすると，$x \in \mathrm{dom}(A)$ のときは $\varphi(Ax) = \varphi(\overline{A}x) = (\overline{A}^*\varphi)(x)$ であり，したがって，$\varphi \in \mathrm{dom}(A^*)$ かつ $A^*\varphi = \overline{A}^*\varphi$ である．一方，$\varphi \in \mathrm{dom}(A^*)$ とし，$\{x_n\} \in \widehat{\mathcal{D}}$ を $x_n \to x \in \mathrm{dom}(\overline{A})$, $Ax_n \to \overline{A}x$ にとると，$\varphi(Ax_n) = (A^*\varphi)(x_n)$ から極限移行して，$\varphi(\overline{A}x) = (A^*\varphi)(x)$ を得る．すなわち，$\varphi \in \mathrm{dom}(\overline{A}^*)$ かつ $\overline{A}^*\varphi = A^*\varphi$ である．

例 4.17 区間 $I = [0,1]$ をとり，A_0 を $\mathrm{dom}(A_0) = C_0^2(I)$ （ただし，$C_0^2(I) = \{u(t) \in C^2[0,1]\,;\,u(0) = u(1) = 0\}$）かつ $A_0 u(t) = u''(t) \in C^0(I)$ で与えられる線形作用素とする．$C_0^2(I)$ は $\langle \mathcal{L}^p(I), \nu_p \rangle$, $1 < p < \infty$, の稠密な部分空間であり，$C^0(I) \subset \mathcal{L}^p(I)$ だから，A_0 を $\mathcal{L}^p(I)$ から $\mathcal{L}^p(I)$ への線形作用素とみられる．共役作用素 A_0^* の定義域は $(\mathcal{L}^p(I))^* = \mathcal{L}^q(I)$, $q = p/(p-1)$, で稠密である．実際，任意の $v \in C_0^2(I)$ をとると，

$$C_0^2(I) \ni u(t) \quad \mapsto \quad \int_I v(t)\,u''(t)\,dt = \int_I v''(t)\,u(t)\,dt$$

は $\mathcal{L}^p(I)$ 上の有界な線形汎関数に拡張されるから，$C_0^2(I) \subset \mathrm{dom}(A_0^*)$, すなわち，$\mathrm{dom}(A_0^*)$ は $\mathcal{L}^q(I)$ において稠密である．したがって，A_0 の閉拡張 $\overline{A_0} = \overline{A_0}_{,p}$ を $\mathcal{L}^p(I)$ から $\mathcal{L}^p(I)$ の作用素として定義できる．同様に，$\mathcal{L}^p(I)$ から $\mathcal{L}^p(I)$ への線形作用素 A_1 を定義域を $C_1^2(I) = \{u(t)\,;\,u \in C^2(I), u'(0) = u'(1) = 0\}$ とし，$A_1 u(t) = u''(t)$, $u \in C_1^2(I)$, とおくことにより定めると，$C_1^2(I) \subset \mathrm{dom}(A_1^*)$ より，$\mathrm{dom}(A_1^*)$ は $\mathcal{L}^q(I)$ で稠密であり，したがって，A_1 の閉拡張 $\overline{A_1} = \overline{A_1}_{,p}$ が存在する．ただし，$C_0^2(I)$ の元はかならずしも $\mathrm{dom}(A_1^*)$ には属さず，また，$C_1^2(I)$ の元もかならずしも $\mathrm{dom}(A_0^*)$ に属さない．とくに，$A_0^* \neq A_1^*$. したがって，$\overline{A_0} \neq \overline{A_1}$ である．

問 4.6 $\mathcal{L}^q(I)$ から $\mathcal{L}^q(I)$ への閉作用素として，$A_0^* = \overline{A_0}_{,q}$, $A_1^* = \overline{A_1}_{,q}$ である．

バナッハ空間 $\langle E, \nu \rangle$ から $\langle E_1, \nu_1 \rangle$ への稠密な定義域をもつ線形作用素 A について，その値域 $\mathrm{im}(A)$ の（E_1 における）閉苞を E_2 とすると，E_2 は E_1 への閉部分空間である

が，A を E から E_2 への線形作用素と解して，改めて，A_2 と書こう．A_2 の共役作用素 A_2^* と A の共役作用素 A^* の関係をみたい．

補題 4.15 A^* と A_2^* の値域は一致する：$\mathrm{im}(A_2^*) = \mathrm{im}(A^*)$．

実際，ハーン・バナッハの拡張定理（定理 3.1）によると，E_2 上の任意の有界線形汎関数 $\varphi_2 \in E_2^*$ は，E_1 上の有界な線形汎関数 $\varphi_1 \in E_1^*$ に拡張できる：$\varphi_2 = \varphi_1|_{E_2}$．したがって，

$$(A_2^* \varphi_2)(u) = \varphi_2(A_2 u) = \varphi_1(A u) = (A^* \varphi_1)(u), \quad u \in \mathrm{dom}(A)$$

となるからである．

さて，バナッハ空間 $\langle E, \nu \rangle$ から $\langle E_1, \nu_1 \rangle$ への線形作用素 A について，集合 $\{u \in \mathrm{dom}(A); Au = 0\}$ は E の部分空間であり，A の核または零空間と呼ばれ，$\ker(A)$ あるいは $N(A)$ と書かれる．A が閉作用素であれば，$\ker(A)$ は閉部分空間である．

問 4.7 例 4.17 の閉作用素 $\overline{A_{0,p}}$，$\overline{A_{1,p}}$ について，$\ker(\overline{A_{0,p}}) = \{0\}$，$\ker(\overline{A_{1,p}}) = \mathbf{F}$ である．

命題 4.3 $\mathrm{dom}(A)$ は E において稠密とする．このとき，A の値域の極集合と共役作用素の零空間とは一致する：$(\mathrm{im}(A))^0 = \ker(A^*)$．

実際，$\varphi \in (\mathrm{im}(A))^0$ は $\varphi(Au) = 0, u \in \mathrm{dom}(A)$ の成立と同値であるが，この条件は，$\varphi \in \mathrm{dom}(A^*)$ かつ $(A^* \varphi)(u) = 0, u \in \mathrm{dom}(A)$，すなわち，$A^* \varphi = 0$ と同値である．

問 4.8 命題 4.3 の仮定のもとで，${}^0(\mathrm{im}(A^*)) = \ker(A)$ を示せ（ヒント：両辺は閉集合である）．

命題 4.4 $\mathrm{dom}(A)$ および $\mathrm{im}(A)$ は E において稠密とする．$(A^{-1})^* = (A^*)^{-1}$ が成り立つ．とくに，A^{-1} の有界性は $(A^*)^{-1}$ の有界性と同値である．

$(A^*)^{-1}$ が存在するのは命題 4.3 の帰結である．$u \in \mathrm{im}(A)$ ならば，$\varphi \in \mathrm{dom}(A^*)$ に対し，$\varphi(u) = \varphi(AA^{-1}u) = A^*\varphi(A^{-1}u)$ だから，$\mathrm{im}(A^*) \subset \mathrm{dom}((A^*)^{-1})$ かつ $(A^*)^{-1}\varphi = (A^{-1})^*\varphi$ である．一方，$v \in \mathrm{dom}(A)$ ならば，$\psi \in \mathrm{dom}((A^{-1})^*)$ に対し，$\psi(v) = \psi(A^{-1}Av) = (A^{-1})^*\psi(Av)$ だから $A^*(A^{-1})^*\psi = \psi$ となるから，$\mathrm{dom}((A^{-1})^*) \subset \mathrm{dom}((A^*)^{-1})$ かつ $(A^{-1})^*\psi = (A^*)^{-1}\psi$ である．したがって，作用素として $(A^*)^{-1} = (A^{-1})^*$ となる．今，$(A^*)^{-1}$ が E^* 上の有界作用素とすると，$u \in \mathrm{im}(A)$，$\varphi \in E^*$ に対し，$\varphi(A^{-1}u) = (A^{-1})^*\varphi(u) = (A^*)^{-1}\varphi(u)$ となるから，A^{-1} は実は有界である．逆は補題 4.12 を援用する．

4.6 閉値域作用素と閉値域定理

A はバナッハ空間 $\langle E, \nu \rangle$ から $\langle E_1, \nu_1 \rangle$ への線形閉作用素とし，定義域 $\mathrm{dom}(A)$ は E で稠密とする．値域 $\mathrm{im}(A)$ が E_1 の閉部分空間となるとき，A は閉値域作用素といわれる．とくに，A が E_1 の上への作用素，$\mathrm{im}(A) = E_1$ であれば，A は閉値域作用素である．

例 4.18 P はバナッハ空間 E から E への冪等(べきとう)作用素，つまり，$P^2 = P$ を満たす有界線形作用素とする．P は閉値域作用素である．実際，P の値域の元の列 $v_n \in \mathrm{im}(P)$ が $v \in E$ に収束しているとする．ところが，$P v_n = v_n$ だから，v_n の極限の元は Pv でもあり，したがって，$v = Pv \in \mathrm{im}(P)$ である．

問 4.9 冪等作用素 P について，$\ker(P) = \mathrm{im}(I - P)$，$\ker(I - P) = \mathrm{im}(P)$ である．

E がヒルベルト空間の場合，閉部分空間 F に対し，$x \in E$ の F への直交射影を $x_F \in F$ とおくと，作用素 $P_F : E \ni x \mapsto x_F \in F \subset E$ が定義される（系 2.2 参照）．P_F は作用素ノルム 1 の冪等作用素であることは容易にわかる．なお，P_F は F への直交射影作用素と呼ばれる．

補題 4.16 T はバナッハ空間 E から E_1 への有界な線形作用素で，一対一かつ適当な $c > 0$ があって，評価式 $\nu(u) \leqq c \nu_1(Tu)$ $(u \in E)$ を満たすものとする．T は閉値域作用素である．

実際，T には有界な逆作用素があり，したがって，
$$\frac{1}{c} \nu(u) \leqq \nu_1(Tu) \leqq c_1 \nu(u), \quad u \in E$$
が成り立つような $c_1 > 0$ がある．$\mathrm{im}(T)$ が E_1 の閉集合になることはあきらかであろう．

問 4.10 T がバナッハ空間 E から E_1 の上への有界な線形作用素ならば，共役作用素 T^* は E_1^* から E^* への閉値域作用素である．

命題 4.5 T はバナッハ空間 E から E_1 への有界な線形作用素で，値域 $\mathrm{im}(T)$ は E_1 において稠密であるとする．このとき，E_1^* から E^* への共役作用素 T^* が閉値域作用素ならば，$\mathrm{im}(T) = E_1$，すなわち，T も閉値域作用素である．

実際，$\mathrm{im}(T)$ が稠密なので，T^* は一対一であって逆作用素があり，しかも，定理 4.2 より有界である．言い換えれば，適当な $c > 0$ があって，
$$c \nu_1^*(\psi_1) \leqq \nu^*(T^* \psi_1), \quad \psi_1 \in E_1^* \tag{4.6}$$

が満たされる．ここで，$\mathrm{im}(T) = E_1$ が成り立たないものとしてみよう．定理 4.3 の証明を再検討すると，この仮定のような場合，任意の $r > 0$ に対し，$y_r \notin \overline{T(U_1)}$ かつ $\nu_1(y_r) < r$ を満たすものが存在することになる．ただし，U_1 は E の（原点を中心とする半径 1 の）開球である．命題 3.1 によると，

$$\psi_r(y_r) > 1 \geqq \sup_{y \in \overline{T(U_1)}} |\psi_r(y)| \geqq \sup_{w \in U_1} |\psi_r(Tw)|$$

を満たすような $\psi_r \in E_1^*$ があるはずである．ところが，これから，(4.6) と矛盾する評価 $\nu^*(T^*\psi_r) \leqq \nu_1^*(\psi_r)\nu_1(y_r) < r\nu_1^*(\psi_r)$ が導かれてしまうことになる．すなわち，$\mathrm{im}(T) = E_1$ が成り立つ．

問 4.11 T は E から E_1 への有界な線形作用素で，その共役作用素 T^* は閉値域作用素とする．このとき，T も閉値域作用素である（ヒント：$E_2 = \overline{T(E)}$ として補題 4.15 を利用せよ）．

ここまでの議論を改めて整理すると，バナッハの閉値域定理が得られる．

定理 4.4（バナッハの閉値域定理） バナッハ空間 $\langle E, \nu \rangle$ から $\langle E_1, \nu_1 \rangle$ への線形閉作用素 A の定義域 $\mathrm{dom}(A)$ は E で稠密とする．このとき，A とその共役作用素 A^* に関する次の 4 条件は同値である：
1) A は閉値域作用素である．
2) A^* は閉値域作用素である．
3) $\mathrm{im}(A) = {}^0(\ker(A^*))$．
4) $\mathrm{im}(A^*) = (\ker(A))^0$．

実際，条件 1) と 3) および 2) と 4) の同値性は定義から自明である．条件 1) と 2) の同値性が示されればよい．問 4.11 の内容は，A が有界な作用素の場合に 2) から 1) が導かれるということである．一方，有界な A に対し，1) から 2) が導かれるのをみるには，問 4.5 と補題 4.15 を組み合わせればよい．次の問を参考にすれば，非有界な A に対しても定理 4.4 が成り立つことがわかる．

問 4.12 定理 4.4 において，A は非有界とする．$\langle G, \nu_A \rangle$ は，A のグラフ $G = \mathscr{G}_A$ にグラフ・ノルム ν_A を入れたバナッハ空間とする．有界作用素

$$B: G \ni (u, Au) \mapsto Au \in E_1$$

に対して，定理 4.4 の各条件を書き直せ．

定理 4.4 の簡単な応用例をみよう．

問 4.13 $\overline{A_{0,p}}$ および $\overline{A_{1,p}}$ は例 4.17 の閉作用素とする．$\mathrm{im}(\overline{A_{0,p}}) = \mathcal{L}^p(I)$ である．

他方, $f \in \mathcal{L}^p(I)$ が $f \in \mathrm{im}(\overline{A_{1,p}})$ であるための必要十分条件は, $\int_I f(t)\,dt = 0$ が成り立つことである (ヒント:問 4.7).

4.7 作用素のレゾルベント集合とスペクトル

T をバナッハ空間 $\langle E, \nu \rangle$ から $\langle E, \nu \rangle$ への (有界または非有界の) 閉線形作用素とする. ただし, (必要なら複素化によって) E は $\mathbf{C}$ 上のバナッハ空間であるとする. 複素数 $c \in \mathbf{C}$ に対し作用素 $cI - T$ は閉作用素である. これに有界な逆作用素 $(cI - T)^{-1} \in \mathscr{L}(E, E)$ があるような c の全体は, 作用素 T のレゾルベント集合といわれ, $\mathrm{P}(T)$ と書かれる. $c \in \mathrm{P}(T)$ のとき, 作用素 $(cI - T)^{-1} \in \mathscr{L}(E, E)$ は T のレゾルベントといわれる.

補題 4.17 レゾルベント集合 $\mathrm{P}(T)$ は $\mathbf{C}$ の開集合である.

実際, $\mathrm{P}(T) \neq \emptyset$ とする. $c_0 \in \mathrm{P}(T)$ ならば

$$cI - T = (c_0 I - T) + (c - c_0) I = \bigl(I + (c - c_0)(c_0 I - T)^{-1}\bigr)(c_0 I - T)$$

だから, 命題 4.1 により, $|c - c_0| \, \|(c_0 I - T)^{-1}\| < 1$ が満たされれば $c \in \mathrm{P}(T)$ である.

注意 4.4 $z, z' \in \mathrm{P}(T) \neq \emptyset$ ならば, レゾルベント等式

$$\begin{aligned}(z - T)^{-1} - (z' - T)^{-1} &= (z' - z)(z - T)^{-1}(z' - T)^{-1} \\ &= (z' - z)(z' - T)^{-1}(z - T)^{-1}\end{aligned} \tag{4.7}$$

が成り立つ. ここで, たとえば, $z' = z + \eta$ としよう. η が十分小さければ, $z + \eta \in \mathrm{P}(T)$ だから, $\eta \to 0$ のとき両辺を η で除したものの極限が存在し,

$$\frac{d}{dz}(z - T)^{-1} = -(z - T)^{-1}(z - T)^{-1} = -(z - T)^{-2}$$

となる. これは, $(z - T)^{-1}$ が複素平面内の開集合 $\mathrm{P}(T)$ において作用素に値をとる z の正則関数であることを意味する.

補題 4.18 $T \in \mathscr{L}(E, E)$ のレゾルベント集合は空ではない.

実際, $|c| > \|T\|$ ならば, $c \in \mathrm{P}(T)$ かつ $\|(c - T)^{-1}\| \leqq (|c| - \|T\|)^{-1}$ となる.

例 4.19 $\mathrm{P}(T) = \emptyset$ となる非有界な T の例を挙げる. $\langle \mathcal{L}^2(\mathbf{R}^2), \nu_2 \rangle$ において, $\mathrm{dom}(T) = \{u \in \mathcal{L}^2(\mathbf{R}^2)\,;\, |x|\, u(x) \in \mathcal{L}^2(\mathbf{R}^2)\}$ とおき,

$$T: \mathrm{dom}(T) \ni u(x_1, x_2) \;\mapsto\; (x_1 + i x_2)\, u(x_1, x_2) \in \mathcal{L}^2(\mathbf{R}^2)$$

とおく. T は閉作用素であるが, $\mathrm{P}(T) = \emptyset$ である.

作用素 T のレゾルベント集合の補集合 $\mathbf{C}\setminus\mathrm{P}(T)$ を T のスペクトルといい，$\Sigma(T)$ と表す．$\Sigma(T)$ は $\mathbf{C}$ の閉部分集合である．$c \in \Sigma(T)$ ということは，$cI-T$ が有界な逆をもたないことにほかならない．すなわち，$cI-T$ が単射（一対一）ではないか，単射であっても値域が E とは一致しない（全射ではない）ということである．$cI-T$ が単射でなければ，$cx = Tx$ を満たす $x \in \mathrm{dom}(T)$, $x \neq 0$, がある．このような場合，x は固有ベクトル，c は固有値といわれる．また，T の固有値 c に対する固有ベクトルの全体を（この固有値に対する）固有空間といい，その次元を（この固有値の）重複度という．

例 4.20 例 4.17 の $\overline{A}_0$ のレゾルベントを計算する．まず，

$$\mathbf{P}_0 = \{\lambda \in \mathbf{C}\,;\, \xi \sinh(\xi) \neq 0,\, \xi^2 = \lambda\} = \mathbf{C} \setminus \{-n^2\pi^2\,;\, n=0,1,2,\ldots\}$$

とおく．$\lambda \in \mathbf{P}_0$ ならば，$\lambda \in \mathrm{P}(\overline{A}_0)$ であって，$f \in \mathcal{L}^p(I)$ に対し

$$(\lambda - \overline{A}_0)^{-1} f(t) = \int_0^1 G_0(t,s;\xi)\, f(s)\, ds, \quad \xi^2 = \lambda$$

と書ける．ただし，

$$g_0(t,s;\xi) = \frac{\sinh(\xi - \xi t)\, \sinh(\xi s)}{\xi \sinh(\xi)}$$

とおいて，

$$G_0(t,s;\xi) = \begin{cases} g_0(t,s;\xi) & 0 < s < t < 1 \\ g_0(s,t;\xi) & 0 < t < s < 1 \end{cases}$$

である．また，$0 \in \mathrm{P}(\overline{A}_0)$ である．実際，

$$-\overline{A}_0^{\,-1} f(t) = \int_0^t (1-t)\, s\, f(s)\, ds + \int_t^1 t(1-s)\, f(s)\, ds$$

は有界作用素を定める．なお，$\lim_{\xi \to 0} g_0(t,s;\xi) = (1-t)s$ である．一方，$\lambda = -n^2\pi^2$, $n = 1, 2, \ldots$ のときは，$-n^2\pi^2 u - \overline{A}_0 u = 0$ が $u(t) = u_n(t) = \sin(n\pi t)$ に対して成り立つから，$-n^2\pi^2$ は固有値，$u_n(t)$ は固有ベクトルとなる．すなわち，$\mathrm{P}(\overline{A}_0) = \mathbf{P}_0 \cup \{0\}$ である．また，$\Sigma(\overline{A}_0) = \mathbf{C} \setminus \mathrm{P}(\overline{A}_0) = \{-n^2\pi^2\,;\, n = 1, 2, \ldots\}$ は，すべて固有値からなる．

例 4.21 例 4.17 の $\overline{A}_1$ のレゾルベントを計算する．$\mathbf{P}_0$ を例 4.20 のものとする．$\mathrm{P}(\overline{A}_1) = \mathbf{P}_0$ である．まず，$\lambda \in \mathbf{P}_0$ ならば，$\lambda \in \mathrm{P}(\overline{A}_1)$ であり，$f \in \mathcal{L}^p(I)$ に対し

$$(\lambda - \overline{A}_1)^{-1} f(t) = \int_0^1 G_1(t,s;\xi)\, f(s)\, ds, \quad \xi^2 = \lambda$$

と書ける．ただし，

$$g_1(t,s;\xi) = \frac{\cosh(\xi - \xi t)\, \cosh(\xi s)}{\xi \sinh(\xi)}$$

とおいて，

$$G_1(t,s;\xi) = \begin{cases} g_1(t,s;\xi) & 0 < s < t < 1 \\ g_1(s,t;\xi) & 0 < t < s < 1 \end{cases}$$

である.一方,$\lambda = -n^2\pi^2, n = 0,1,2,\ldots$ のときは,$-n^2\pi^2 u - \overline{A}_1 u = 0$ が $u(t) = v_n(t) = \cos(n\pi t)$ に対して成り立つから,$-n^2\pi^2$ は固有値,$v_n(t)$ は固有ベクトルとなる.すなわち,$\mathrm{P}(\overline{A}_1) = \mathbf{P}_0$ である.また,$\Sigma(\overline{A}_1) = \mathbf{P}_0$ は,すべて固有値からなる.

レゾルベント集合は作用素の共役をとる操作で不変である.実際,補題 4.4 より,次が従う.

命題 4.6 T はバナッハ空間 $\langle E,\nu\rangle$ から $\langle E,\nu\rangle$ への $\mathrm{dom}(T)$ が E において稠密な閉作用素とし,T^* を T の共役作用素とする.$\mathrm{P}(T) = \mathrm{P}(T^*)$ であって,$\lambda \in \mathrm{P}(T)$ ならば,$(\lambda I - T^*)^{-1} = ((\lambda I - T)^{-1})^*$ である.

4.8 若干の作用素解析

まず,ベクトル値の関数の積分を考える.直線上の区間 $J = [a,b]$ で定義され,値をバナッハ空間 $\langle E,\nu\rangle$ にとる関数 $x(s)$ について,スカラー関数 $J \ni s \mapsto \nu(x(s)) \in \mathbf{R}$ が「積分可能」なら $\int_J \nu(x(s))\,ds$ は存在するが,このとき,$\int_J x(s)\,ds \in E$ が定義されることが当然期待される.実際,ベクトル値関数 $I \ni s \mapsto x(s) \in E$ の連続性は関数 $J \ni s \mapsto \nu(x(s)) \in \mathbf{R}$ の連続性と同値である.たとえば,$\nu(x(s))$ が J 上リーマン (Riemann) 積分可能ならば,$\int_J \nu(x(s))\,ds$ は J の分割 $\Delta : a = s_0 < s_1 < \cdots < s_N = b$ に応じた和 $\sum_{i=1}^N \nu(x(s_i))(s_i - s_{i-1})$ の極限であるが,このとき,$\sum_{i=1}^N x(s_i)(s_i - s_{i-1})$ は E において収束するから,その極限を $\int_J x(s)\,ds \in E$ と定めることができる.すなわち,ベクトル値関数 $x(s)$ のリーマン積分可能性はスカラー関数 $\nu(x(s))$ のリーマン積分可能性に帰着させればよい.

線形作用素値の関数 $J \ni s \mapsto T(s) \in \mathscr{L}(E,E)$ に対しても,スカラー関数 $s \mapsto \|T(s)\|$ が積分可能であればスカラー積分 $\int_J \|T(s)\|\,ds$ が存在し,それに基づき,対応する作用素積分 $\int_J T(s)\,ds \in \mathscr{L}(E,E)$ が定義される.$\|T(s)\|$ がかならずしも積分可能ではなくても,$x \in E$ を与えられるベクトル値関数 $J \ni s \mapsto T(s)x \in E$ が積分可能であって,積分 $\int_J T(s)x\,ds$ が定まることはある.このとき,各 $x \in E$ に対し,積分 $\int_J T(s)x\,ds$ が定義され,かつ,$E \ni x \mapsto \int_J T(s)x\,ds \in E$ が有界になる場合は,作用素 $\int_J T(s)\,ds \in \mathscr{L}(E,E)$ が強収束の意味で定義されたことになる.

同様のことは,ベクトル値関数や作用素値関数のパラメータが複素数の場合にも成り立つ.

補題 4.19 T は E から E への閉作用素とし,レゾルベント集合 $\mathrm{P}(T)$ は空でないと

する．$D \subset \mathrm{P}(T)$ が単連結な有界領域ならば，D の周 ∂D 上での線積分について

$$\int_{\partial D} (z-T)^{-1} \, dz = 0$$

である．

これはコーシーの積分定理である．

補題 4.20 A を E から E への閉作用素とする．E に値をとる J 上の関数 $x(s) \in E$ は $x(s) \in \mathrm{dom}(A)$ を満たし，E 値関数 $x(s)$，$Ax(s)$ いずれもリーマン積分可能とする．このとき，$\int_J x(s)\,ds \in \mathrm{dom}(A)$ であって，

$$A \int_J x(s)\,ds = \int_J A x(s)\,ds$$

が成り立つ．

実際，関係する定義を丁寧に検討すればただちにわかる．

例 4.22 $T \in \mathscr{L}(E,E)$ とする．十分小さい $r > 0$ に対し，$|z| < r$ ならば，$z \in \mathrm{P}(T)$ とする．$|z| < r$ に対し，作用素ノルムの収束の意味で，

$$(zI - T)^{-1} = \sum_{n=0}^{\infty} z^n T_n \tag{4.8}$$

すなわち，

$$\|(zI - T)^{-1} - \sum_{n=0}^{N} z^n T_n\| \to 0, \quad N \to \infty \tag{4.9}$$

が成り立つような $T_n \in \mathscr{L}(E,E)$, $n = 0, 1, 2, \ldots$ がある．実際，コーシーの積分定理から

$$(zI - T)^{-1} = \frac{1}{2\pi i} \int_{|\zeta|=r_1} (\zeta - z)^{-1} (\zeta I - T)^{-1} \, d\zeta$$

である．ただし，$|z| < r_1 < r$ とする．したがって，

$$T_n = \frac{1}{2\pi i} \int_{|\zeta|=r_1} \zeta^{-n-1} (\zeta I - T)^{-1} \, d\zeta$$

である．(4.8) の収束は $|z| < r_1$ に基づく．

さらに，$\ker(T) \neq \{0\}$ であるが，T のレゾルベント集合 $\mathrm{P}(T)$ が十分小さい $r > 0$ に対し $0 < |z| < r$ を含む，つまり，0 が T のレゾルベントの孤立特異点であるとする．このときは，ローラン (Laurent) 展開を利用することにより，

$$(zI - T)^{-1} = \sum_{n=-\infty}^{\infty} z^n T_n, \quad 0 < |z| < r \tag{4.10}$$

が成り立つような $T_n \in \mathscr{L}(E,E)$ があることがわかる.とくに,$r_2 < |z| < r$ として

$$T_{-n-1} = \frac{1}{2\pi i} \int_{|\zeta|=r_2} \zeta^{-n} (\zeta I - T)^{-1} d\zeta, \quad n = 0, 1, 2, \ldots \tag{4.11}$$

と表される.T_{-1} をレゾルベント $(zI-T)^{-1}$ の留数作用素といおう.

問 4.14 $TT_0 = T_{-1} - I$, $TT_n = T_{n-1}, n \neq 0$(とくに,$T^n T_{-1} = T_{-n-1},\ n \geqq 1$)が成り立つ(ヒント:$I = (zI-T)(zI-T)^{-1}$).

問 4.15 $0 < |z|, |z'| < r$ ならば,

$$\sum_{n=-\infty}^{\infty} \frac{z^n - (z')^n}{z-z'} T_n = -\sum_{n,m=-\infty}^{\infty} z^n (z')^m T_n T_m \tag{4.12}$$

が成り立つ(ヒント:(4.7) と (4.10) とを組み合わせる).

(4.12) において,$(zz')^{-1}$ の係数を比較することにより,

$$T_{-1} T_{-1} = T_{-1} \tag{4.13}$$

すなわち,留数作用素 T_{-1} が冪等であることがわかる.

問 4.16 $\ker(T^n) \subset \operatorname{im}(T_{-1})$, $\ker(T_{-1}) \subset \operatorname{im}(T^n)$ $(n = 1, 2, \ldots)$ である(ヒント:問 4.14 より $T^n T_{n-1} = T_{-1} - I$ となる).

補題 4.21 $T \in \mathscr{L}(E,E)$ とする.さらに,T_{-1} の値域 $\operatorname{im}(T_{-1})$ は有限次元とする.このとき,$z = 0$ はレゾルベント $(zI-T)^{-1}$ の極である.すなわち,ある $m \geqq 1$ に対し,(4.10) において,$T_{-m} \neq 0$, $T_{-n} = 0, n > m$ が成り立つ.

実際,$\operatorname{im}(T_{-1})$ は k 次元とし,基底を $u_1, \ldots, u_k$ とする.各 j について,$k+1$ 個の元 $u_j, Tu_j, \ldots, T^k u_j$ は1次従属だから,(次数 k 以下の)多項式 $P_j(z)$ によって $P_j(T)u_j = 0$ となる.$P(z) = \prod_{j=1}^{k} P_j(z)$ とおき,素因数分解 $P(z) = c \prod_{j=0}^{l} (z-\rho_j)^{l_j}$, $c \neq 0$, $\rho_0 = 0$ とする.$\operatorname{im}(T_{-1})$ の任意の元 u に対し,$P(T)u = 0$ であるが,さらに,$T^{l_0} u = 0$ である.$T^{l_0} u_0 \neq 0$ となる $u_0 \in \operatorname{im}(T_{-1})$ があるとすると,ある $\rho_j \neq 0$ と適当な $P(z)$ の因数 $Q(z)$ によって,$v = Q(T) T^{l_0} u_0 \neq 0$ で $(T-\rho_j)v = 0$ が成り立つはずである.しかも,$v \in \operatorname{im}(T_{-1})$ であり,とくに,$(zI-T)^{-1} v = (z-\rho_j)^{-1} v$ が成り立つことになる.ところが ((4.11) で $r_1 < |\rho_1|$ ととれば) $v = T_{-1} v = 0$ となり,矛盾である.したがって,適当な $m \geqq 1$ があって,$T^m \operatorname{im}(T_{-1}) = \{0\}$,すなわち,$T^m T_{-1} = T_{-m-1} = 0$ となる.残りは問 4.14 を利用せよ.

問 4.17 (4.10) において $T_{-m} \neq 0$, $T_{-n} = 0$ $(n > m \geqq 1)$,すなわち,$z = 0$ はレゾ

ルベント $(zI-T)^{-1}$ の m 位の極とする. このとき, $n \geq m$ ならば, $\ker(T_{-1}) = \operatorname{im}(T^n)$, $\operatorname{im}(T_{-1}) = \ker(T^n)$ が成り立ち, とくに, $n \geq m$ ならば, $E = \ker(T^n) + \operatorname{im}(T^n)$ (直和) である (ヒント:問 4.14 から, $T^n T_{-1} = T_{-n-1}, n \geq 1$ となり, $\operatorname{im}(T_{-1}) \subset \ker(T^n), n \geq m$ となる. なお, 問 4.16, 問 4.9 参照. $\operatorname{im}(T^n) \cap \ker(I - T_{-1}) = \{0\}, n \geq m$ も示す).

問 4.17 では T の有界性はとくに要しない. この問は, E から E の非有界作用素 A のスペクトル $\Sigma(A)$ の孤立特異点 c がレゾルベント $(zI - A)^{-1}$ の極であれば, c は A の固有値であることを意味している.

4.9 コンパクトな作用素

バナッハ空間 $\langle E, \nu \rangle$ からバナッハ空間 $\langle E_1, \nu_1 \rangle$ への線形作用素 T は, $\operatorname{dom}(T) = E$ であって, E の任意の有界集合を E_1 の相対コンパクト集合 (補題 1.4) にうつすならばコンパクトであるといわれる. すなわち, T がコンパクトな作用素であるための必要十分な条件は, E の任意の有界列 $\{x_n\}$ に対し, $\{Tx_n\}$ が E_1 の収束列を部分列として含むことである.

E から E_1 へのコンパクトな線形作用素の全体を $\mathscr{K}(E, E_1)$ と書こう. 双対コンパクト集合は有界であるから, コンパクトな作用素は有界作用素でもある.

例 4.23 $T \in \mathscr{L}(E, E_1)$ が有限階数, すなわち, 値域 $\operatorname{im}(T) = \{Tx ; x \in E\}$ は有限次元であるとする. このとき, $T \in \mathscr{K}(E, E_1)$ である. 実際, 有限次元空間では有界集合は双対コンパクトだからである. このとき, $\operatorname{im}(T)$ の基底を $u_1, \ldots, u_m$ とすると, 適当な有界線形汎関数 $\varphi_1, \ldots, \varphi_m \in E^*$ によって,

$$Tx = \sum_{j=1}^{m} \varphi_j(x) u_j, \quad x \in E$$

と表すことができる. 実際, ハーン・バナッハの定理 (定理 3.1) により, $\psi_1, \ldots, \psi_m \in E_1^*$ を

$$\psi_j(u_k) = \delta_{jk} = \begin{cases} 1, & j = k \\ 0, & j \neq k \end{cases}$$

が成り立つようにとれる. $\varphi_k(x) = \psi_k(Tx)$ とおけばよい.

問 4.18 $T \in \mathscr{L}(E, E_1)$ が有限階数ならば, 共役作用素 $T^* \in \mathscr{L}(E_1^*, E^*)$ も有限階数である.

補題 4.22 $\mathscr{K}(E, E_1)$ はバナッハ空間 $\langle \mathscr{L}(E, E_1), \|\ \| \rangle$ の閉部分空間である.

まず, コンパクトな作用素の 1 次結合がコンパクトな作用素になることはあきらかで

あろう．$\{T_n ; n = 1, 2, \ldots\}$ を作用素ノルムで $T \in \mathscr{L}(E, E_1)$ に収束するコンパクトな作用素の列，すなわち，任意の $\epsilon > 0$ に対し，N を十分大きくとると，$n \geqq N$ ならば $\|T - T_n\| < \dfrac{1}{4}\epsilon$ が成り立つものとする．示すべきことは，$T \in \mathscr{K}(E, E_1)$ である．E の元の列 $\{x_m ; m = 1, 2, \ldots\}$ は $\nu(x_m) \leqq 1$ を満たすものとする．仮定により，任意の $\epsilon > 0$ に対し，各 n につき，十分大きく M_n をとると，$m, m' > M_n$ ならば $\nu_1(T_n x_m - T_n x_{m'}) < \dfrac{1}{2}\epsilon$ が成り立つ．そこで，$n \geqq N$ に固定し，$m, m' > M_n$ にとれば

$$\nu_1(T x_m - T x_{m'}) \leqq \|T - T_n\| \nu(x_m - x_{m'}) + \nu_1(T_n x_m - T_n x_{m'}) < \epsilon$$

となるから，作用素 T のコンパクト性がわかる．

系 4.7 $T \in \mathscr{K}(E, E_1)$ とする．$A \in \mathscr{L}(E, E), B \in \mathscr{L}(E_1, E_1)$ ならば，$BTA \in \mathscr{K}(E, E_1)$ である．

例 4.24 $k(t, s)$ は区間 $I = [0, 1]$ の直積 $I \times I$（つまり，正方形）上の連続関数とする．このとき，バナッハ空間 $\langle \mathcal{C}(I), \nu_{\mathcal{C}} \rangle$ において，積分作用素

$$\mathcal{C}(I) \ni u \mapsto K u \in \mathcal{C}(I), \quad K u(t) = \int_I k(t, s) u(s) \, ds$$

はコンパクトな作用素を定める．実際，作用素 K が有界なことはあきらかであろう．さらに，

$$\max_{t, t+\epsilon \in I} |K u(t+\epsilon) - K u(t)| \leqq \int_I |k(t+\epsilon, s) - k(t, s)| \, ds\, \nu_{\mathcal{C}}(u)$$

に注意すれば，微分積分学のアスコリ・アルツェラ (Ascoli–Arzelà) の定理（下の注意 4.5）が使える．

注意 4.5 バナッハ空間 $\langle \mathcal{C}(I), \nu_{\mathcal{C}} \rangle$ の（空でない）部分集合 S は，

$$\lim_{\mathrm{dist}(t, t') \downarrow 0} \left(\sup_{u \in S} \sup_{t, t' \in I} |u(t') - u(t)| \right) = 0, \quad \mathrm{dist}(t, t') = |t - t'|$$

が成り立つとき，同等連続といわれる．また，S は，$\sup_{u \in S} \nu_{\mathcal{C}}(u) < +\infty$ が満たされるとき，同等有界といわれる．$\mathcal{C}(I)$ の空でない閉部分集合 R がコンパクトであるための必要十分条件は，R が同等連続，同等有界であることである（アスコリ・アルツェラの定理）．$\mathcal{L}^p(I)$ $(1 \leqq p < \infty)$ の場合も，これに近い形で，コンパクトな部分集合が特徴付けられる．一方，$\mathcal{C}(I)$ については，注意 2.5 のように，I を区間 $[0, 1]$ 以外の任意のコンパクトな距離空間（補題 1.4）に改めても，まったく同じ形のアスコリ・アルツェラの定理が成り立つ．

例 4.25 例 4.24 の条件を改めて，核関数 $k(t, s)$ は区間 $I = [0, 1]$ の直積 $I \times I$ 上で

の連続性の代わりに 2 乗可積分性

$$\iint_{I\times I}|k(t,s)|^2\,dtds<+\infty$$

を満たすとする．このとき，$\langle \mathcal{L}^2(I), \nu_{\mathcal{L}^2}\rangle$ において，積分作用素 K はコンパクト作用素を定める．K の有界性は，コーシー・シュワルツの不等式 (2.40) による評価式

$$\int_I|K\,u(t)|^2\,dt\leqq\iint_{I\times I}|k(t,s)|^2\,dtds\int_I|u(s)|^2\,ds$$

の帰結である．ところで，$n=1,2,\ldots$ について，$t\in I$ に関しフーリエ級数展開して

$$k_n(t,s)=\int_I k(t,s)\,dt$$
$$+\frac{1}{2}\sum_{m=1}^n\left\{\left(\int_I k(r,s)\cos m\pi r\,dr\right)\cos m\pi t\right.$$
$$\left.+\left(\int_I k(r,s)\sin m\pi r\,dr\right)\sin m\pi t\right\}$$

とおくと，$k_n(t,s)$ は，核関数として $\mathcal{L}^2(I)$ における有限階数の積分作用素 K_n を定める．しかも，

$$\int_I|K\,u(t)-K_n\,u(t)|^2\,dt\leqq\iint_{I\times I}|k(t,s)-k_n(t,s)|^2\,dtds\int_I|u(t)|^2\,dt$$

によって，K_n は作用素ノルムで K に収束する．したがって，K はコンパクトな作用素であることが確かめられる．

定理 4.5 $\langle E,\nu\rangle$ をバナッハ空間とし，K は E から E へのコンパクト作用素とする：$K\in\mathscr{K}(E,E)$．E の恒等作用素を I とする．このとき，作用素 $I-K$ は閉値域作用素であって，しかも，零空間 $\ker(I-K)$ は有限次元である．

まず，$F=\ker(I-K)$ が有限次元であることをみよう．$F=\{0\}$ なら自明だから，$F\neq\{0\}$ とし，F が無限次元として矛盾を導こう．問 2.7 により，F の元の列 $\{v_n\}$ で，$\nu(v_n)=1$, $\nu(v_{n+1}-v_n)\geqq\frac{1}{2}$ を満たすものがあるはずである．一方，$\nu(v_n)=1$, $v_n=Kv_n$ だから $\{v_n\}$ は収束する部分列を含んでいるはずである．しかし，これらは両立しない．次に，値域 $\operatorname{im}(I-K)$ が閉であることをみよう．元の列 $u_k=(I-K)v_k$ が $u\in E$ に収束するならば，$u\in\operatorname{im}(I-K)$ を示す．数列 $\{\nu(v_k)\}$ が有界に留まるならば，$\{Kv_k\}$, したがって，$\{v_k\}$ には収束する部分列があり，その極限の元を v とすると，$u=(I-K)v\in\operatorname{im}(I-K)$ がわかる．結局，確かめるべきことは $\nu(v_k)\to\infty$ が成り立たないことである．ここで，$v_k\notin\ker(I-K)$ の場合を考えればよく，したがって，$\operatorname{dist}(v_k,\ker(I-K))>0$ である．しかも，

$$2\operatorname{dist}(v_k, \ker(I-K)) \geqq \nu(v_k) \geqq \operatorname{dist}(v_k, \ker(I-K))$$

と仮定してよい．実際，$w_k \in \ker(I-K)$ であって $2\operatorname{dist}(v_k, \ker(I-K)) \geqq \nu(v_k - w_k) \geqq \operatorname{dist}(v_k, \ker(I-K))$ を満たすものがあるので，$v_k - w_k$ を改めて v_k と考えればよいからである．$v'_k = \dfrac{1}{\nu(v_k)} v_k$ とおくと，

$$\nu(v'_k) = 1, \quad 1 \geqq \operatorname{dist}(v'_k, \ker(I-K)) \geqq \frac{1}{2}$$

が成り立つ．しかも，v_k が収束するから，$\nu(v_k) \to \infty$，$k \to \infty$ ならば $v'_k - K v'_k \to 0$ が従い，v'_k の適当な部分列が $\overline{v} \in \ker(I-K)$ に収束することになる．ところが，一方，そのときには，

$$\nu(v_k - \nu(v_k)\overline{v}) \geqq \operatorname{dist}(v_k, \ker(I-K)) \geqq \frac{1}{2}\nu(v_k)$$

となるはずであり，$\nu(v'_k - \overline{v}) \geqq \frac{1}{2}$ ということになる．すなわち，$\nu(v_k) \to \infty$ は成立しない． ∎

系 4.8 $\ker(I-K) = \{0\}$ ならば，$\operatorname{im}(I-K) = E$ である．

実際，$E_1 = \operatorname{im}(I-K)$ とすると，E_1 は E の閉部分空間だから，$(I-K)^{-1}$ は E_1 から E への有界作用素になる．したがって，$E_1 \neq E$ とすると，$E_n = \operatorname{im}((I-K)^n)$ とおくと，閉部分空間の列 $\cdots \subsetneqq E_{n+1} \subsetneqq E_n \subsetneqq \cdots \subsetneqq E_1 \subsetneqq E$ が得られることになる．このとき，元の列 $u_n \in E_n \setminus E_{n+1}$ を $\nu(u_n) = 1$, $\operatorname{dist}(u_n, E_{n+1}) \geqq \frac{1}{2}$ が成り立つようにとることができるはずであり，さらに $\{u_n\}$ の部分列 $\{u_{n'}\}$ で $\{K u_{n'}\}$ が収束するものが見つかるはずである．ところが，$m' > n'$ のとき，$v_{n'm'} = (I-K)u_{n'} - (I-K)u_{m'} + u_{m'} \in E_{m'}$ であり，$K u_{n'} - K u_{m'} = u_{n'} - v_{n'm'}$ だから，$\nu(K u_{n'} - K u_{m'}) \geqq \frac{1}{2}$ とならなければならないから，矛盾する． ∎

系 4.9 K のスペクトル $\Sigma(K)$ の 0 でない元 c は固有値であり，固有値 c に対する固有空間は有限次元である．

実際，$c \neq 0$ ならば，$\dfrac{1}{c} K$ はコンパクトな作用素である． ∎

補題 4.23 K の 0 でない固有値は孤立している．したがって，K のスペクトル $\Sigma(K)$ は有限または可算集合であり，可算集合の場合は 0 にのみ集積する．

$c \neq 0$ を固有値とすると，0 でない相異なる固有値の列 $\{c_n\}$ で c に収束するものがないことをいえばよい．c_n に対する固有ベクトルを $v_n (\neq 0)$ とし，$v_1, \ldots, v_k$ の張る（k 次元）線形空間を F_k とすると，$F_1 \subsetneqq F_2 \subsetneqq \cdots \subset E$ および $K F_k \subset F_k$ が成立する．とくに，$u_k \in F_k \subset F_{k-1}$ を $\nu(u_k) = 1$, $(K - c_k I)u_k \in F_{k-1}$, $\operatorname{dist}(u_k, F_{k-1}) \geqq \frac{1}{2}$ を満たすものが選び出せる．ここで，$\{K u_k\}$ が収束するとしてよい．$c_k \to c$ が成り立つならば，

$\{\frac{1}{c_k} K u_k\}$ も収束するはずである.ところが,$j > k$ とすると,

$$\frac{1}{c_j} K u_j - \frac{1}{c_k} K u_k = u_j + v_j, \quad v_j = \left(\frac{1}{c_j} K u_j - u_j\right) - \frac{1}{c_k} K u_k \in F_{j-1}$$

だから,左辺のノルムは $\frac{1}{2}$ を下回ることがあってはならない.矛盾である.

定理 4.6 K をコンパクトな作用素とする.K の共役作用素 K^* もコンパクトである.

示すべきことは,有界汎関数列 $\{\varphi_m\} \subset E^*$(ただし,$\nu^*(\varphi_m) = 1$)として,$\{K^*\varphi_m\}$ が強収束する部分列 $\{K^*\varphi_j\}$ を含んでいること,すなわち,

$$\lim_{j,\,k\to\infty} \nu^*(K^*\varphi_j - K^*\varphi_k) = \lim_{j,\,k\to\infty} \sup_{\substack{u \in E \\ \nu(u)=1}} |\varphi_j(Ku) - \varphi_k(Ku)|$$
$$= \lim_{j,\,k\to\infty} \sup_{v \in V} |\varphi_j(v) - \varphi_k(v)| = 0$$

である.ここで,V は E の閉単位球 $B_1(0)$ の K による像 $V = K(B_1(0))$ である.V は E のコンパクト部分集合である.ところが,V 上では,$|\varphi_n(v)| \leq \|K\|$(同等有界)であり,$|\varphi_n(v) - \varphi_n(v')| \leq \nu(v - v')$(同等連続)だから,アスコリ・アルツェラの定理(注意 4.5)により,求めるべき部分列の存在がわかる.

問 4.19 K^* がコンパクトな作用素ならば K はコンパクトである(ヒント:K^{**} と K との関係を確かめよ).

注意 4.6 定理 4.6 と問 4.19 をまとめて,シャウダー (Schauder) の定理ということがある.

$c \neq 0$ は E のコンパクトな作用素 K の固有値とする.(4.10) に従うと,$r > 0$ が十分小さいとき,レゾルベントのローラン展開

$$(zI - K)^{-1} = \sum_{n=-\infty}^{\infty} (z-c)^n K_{c,n}, \quad 0 < |z-c| < r$$

が成り立ち,c における留数作用素

$$K_{c,-1} = \frac{1}{2\pi i} \int_{|\zeta - c| = r_2} (\zeta I - K)^{-1} d\zeta, \quad 0 < r_2 < |z-c|$$

は冪等 $K_{c,-1} K_{c,-1} = K_{c,-1}$ である.

補題 4.24 $K_{c,-1}$ は有限階数である.固有値 c に対する固有空間は $\mathrm{im}(K_{c,-1})$ の部分空間である.

$K_{c,-1}$ がコンパクト作用素であることがわかれば,冪等性から $\mathrm{im}(K_{c,-1})$ の有界集合

は相対コンパクトになり，したがって，$\mathrm{im}(K_{c,-1})$ は有限次元でなければならないことが定理 4.5 の証明で用いられた論法によってわかる．そこで，$K_\zeta = (\zeta I - K)^{-1} - \frac{1}{\zeta}I$ とおくと，$K_\zeta = \frac{1}{\zeta}K(\frac{1}{\zeta}I + K_\zeta)$ により K_ζ はコンパクト作用素の族をなし（系 4.7 参照），しかも，

$$K_{c,-1} = \frac{1}{2\pi i}\int_{|\zeta-c|=r_1}(\zeta I - K)^{-1}\,d\zeta = \frac{1}{2\pi i}\int_{|\zeta-c|=r_1}K_\zeta\,d\zeta$$

となるから，$K_{c,-1}$ はコンパクトである（補題 4.22 参照）．一方，$Ku = cu$ ならば，$(\zeta I - K)^{-1}u = (\zeta - c)^{-1}u$ だから，$K_{c,-1}u = u$，すなわち，$u \in \mathrm{im}(K_{c,-1})$ である．

補題 4.25 c は K の共役作用素 K^* の固有値でもあり，K^* の留数作用素 $K^*_{c,-1}$ は $K_{c,-1}$ の共役作用素 $(K_{c,-1})^* = K^*_{c,-1}$ である．

実際，K のレゾルベントの共役作用素は K^* のレゾルベントと一致するからである．

補題 4.26 $\mathrm{im}(K^*_{c,-1})$ は $\mathrm{im}(K_{c,-1})$ の共役空間と同一視できる．とくに，両者の次元は等しい．

実際，$\psi \in \mathrm{im}(K^*_{c,-1})$ ならば $\psi = K^*_{c,-1}\psi$ だから，任意の $v \in E$ に対し，$\psi(v) = \psi(K_{c,-1}v)$ となる．これによって，$\mathrm{im}(K^*_{c,-1})$ は $(\mathrm{im}(K_{c,-1}))^*$ と同一視される．

閉値域定理（定理 4.4）を加味して，以上の議論をまとめたものが，リース・シャウダーの理論である．

定理 4.7 K をバナッハ空間 E から E のコンパクトな線形作用素とし，K^* をその共役作用素とする．$c \neq 0$ が K の固有値であれば，K^* の固有値であり，c の K における重複度と K^* における重複度は一致する．

定理 4.8 方程式 $cu - Ku = f$ が解 $u \in E$ をもつための必要十分条件は $f \in {}^0(\mathrm{ker}(cI - K^*))$，すなわち，$\varphi$ が K^* の固有値 c に対する任意の固有ベクトルならば，$\varphi(f) = 0$ となることである．

定理 4.9 方程式 $c\varphi - K^*\varphi = \psi$ が解 $\varphi \in E^*$ をもつための必要十分条件は $\psi \in (\mathrm{ker}(cI - K))^0$，すなわち，$v$ が K の固有値 c に対する任意の固有ベクトルならば，$\psi(v) = 0$ となることである．

最後に簡単な例を挙げる．

例 4.26 (2.55) の $g(t,s)$ は，

$$\iint_{I\times I}|g(t,s)|^2\,dtds = \frac{1}{90}, \quad I = [0,1]$$

とくに，例 4.25 の核関数の条件を満たす．したがって，(2.56) の積分作用素 G はヒルベルト空間 $\mathcal{L}^2(I)$ におけるコンパクトな作用素である．しかも，今の場合，双対性を内積で与えれば，$(\mathcal{L}^2(I))^* = \mathcal{L}^2(I)$, $G^* = G$ である．容易にわかるように，G の固有値，固有関数は，

$$\epsilon_n = \frac{1}{n^2\pi^2}, \quad u_n(t) = a_n \sin n\pi t \quad (n = 1, 2, \ldots)$$

である（a_n は定数）．方程式

$$\int_I g(t,s)\, u(s)\, ds - \epsilon_n\, u(t) = f(t), \quad f \in \mathcal{L}^2(I),$$

が解 $u \in \mathcal{L}^2(I)$ をもつための必要十分条件は

$$\int_I f(s) \sin n\pi s\, ds = 0$$

が成り立つことである．

〔吉川　敦〕

文　献

[1] 新井仁之，フーリエ解析と関数解析，培風館，2001.
[2] Banach, S., *Théorie des opérations linéaires*, Chelsea, 1978.
[3] 藤田　宏・伊藤清三・黒田成俊，関数解析，岩波書店，1991.
[4] Hille, E. & Phillips, R. S., *Functional analysis and semi-groups*, American Mathematical Society, 1957.
[5] 増田久弥，関数解析，掌華房，1994.
[6] 日本数学会（編集），数学辞典（第 4 版），岩波書店，2007.
[7] Riesz, F. & Nagy, B. Sz., *Leçons d'analyse fonctionnelle (4-ème éd.)*, Akadémiai Kiadó, 1965.
[8] Schechter Eric, *Handbook of analysis and its foundations*, Academic Press, 1997.
[9] 吉川　敦，関数解析の基礎，近代科学社，1990.
[10] 吉川　敦，無限を垣間見る，牧野書店，2000.
[11] 吉田耕作，*Functional analysis. Sixth Edition*, Springer-Verlag, 1980.

第 XV 編
積分変換・積分方程式

XV 積分変換・積分方程式

1 積 分 変 換

関数 f を，与えられた関数 $K(\lambda, x)$ を用いて積分 $F(\lambda) = \int_a^b K(\lambda, x) f(x) dx$ により，関数 F に変換することを**積分変換**という．この章では，代表的な積分変換であるフーリエ (Fourier) 変換とラプラス (Laplace) 変換について解説する．

1.1 フーリエ変換

$\mathbf{R} = (-\infty, \infty)$ 上の関数 f に対し

$$\hat{f}(\lambda) = \frac{1}{\sqrt{2\pi}} \int_{-\infty}^{\infty} f(x) e^{-i\lambda x} dx \tag{1.1}$$

で定義される（変数 λ の）関数 $\hat{f}$ を f の**フーリエ変換**という．以下において，$\hat{f}(\lambda)$ を $(\mathcal{F}f)(\lambda)$ とも書く．

例 1.1 $f(x) = e^{-ax^2}$ $(a > 0)$ とすると

$$\begin{aligned}\hat{f}(\lambda) &= \frac{1}{\sqrt{2\pi}} \int_{-\infty}^{\infty} e^{-ax^2} e^{-i\lambda x} dx = \frac{1}{\sqrt{2\pi}} \int_{-\infty}^{\infty} e^{-a(x+(i/2a)\lambda)^2} dx \, e^{-\lambda^2/4a} \\ &= \frac{1}{\sqrt{2\pi}} \int_{-\infty}^{\infty} e^{-at^2} dt \, e^{-\lambda^2/4a} = \frac{1}{\sqrt{2a}} e^{-\lambda^2/4a}\end{aligned}$$

と計算される．よって，$f(x) = e^{-ax^2}$ $(a > 0)$ に対しては，

$$(\mathcal{F}f)(\lambda) = \frac{1}{\sqrt{2a}} e^{-\lambda^2/4a} \tag{1.2}$$

である． (例終)

フーリエ変換 $\mathcal{F}$ は関数 f に関数 $\hat{f} = \mathcal{F}f$ を対応させる．これを

$$f \xrightarrow{\mathcal{F}} \hat{f} \tag{1.3}$$

と表す．

$\mathbf{R}$ 上の無限回微分可能な関数 f で，f および f の任意の階数の導関数 $f^{(m)}$ が任意の自

然数 p に対し $\lim_{|x|\to\infty} |x|^p f^{(m)}(x) = 0$ を満たすものを**急減少関数**という．急減少関数の全体を $\mathcal{S}$ と書く．たとえば，例 1.1 の関数 e^{-ax^2} $(a > 0)$ は急減少関数である：$e^{-ax^2} \in \mathcal{S}$.

急減少関数の全体 $\mathcal{S}$ はフーリエ変換 $\mathcal{F}$ が作用する自然な空間の一つである．はじめにこの空間の上でフーリエ変換の性質を調べる．

定理 1.1 フーリエ変換 (1.3) は $\mathcal{S}$ から $\mathcal{S}$ への一対一対応であり

$$f(x) = \frac{1}{\sqrt{2\pi}} \int_{-\infty}^{\infty} \hat{f}(\lambda) e^{ix\lambda} d\lambda. \tag{1.4}$$

(1.4) を**フーリエ変換の逆公式**という．逆公式は例 1.1 およびガウス (Gauss) 積分 $\int_{-\infty}^{\infty} e^{-t^2} dt = \sqrt{\pi}$ を利用して次のように証明される．

$$\begin{aligned}
\frac{1}{\sqrt{2\pi}} \int_{-\infty}^{\infty} \hat{f}(\lambda) e^{ix\lambda} d\lambda &= \lim_{\varepsilon \to +0} \frac{1}{\sqrt{2\pi}} \int_{-\infty}^{\infty} e^{-\varepsilon\lambda^2} \hat{f}(\lambda) e^{ix\lambda} d\lambda \\
&= \lim_{\varepsilon \to +0} \frac{1}{2\pi} \int_{-\infty}^{\infty} e^{-\varepsilon\lambda^2} e^{ix\lambda} d\lambda \int_{-\infty}^{\infty} f(y) e^{-i\lambda y} dy \\
&= \lim_{\varepsilon \to +0} \frac{1}{2\pi} \int_{-\infty}^{\infty} f(y) dy \int_{-\infty}^{\infty} e^{-\varepsilon\lambda^2} e^{-i\lambda(y-x)} d\lambda \\
&= \lim_{\varepsilon \to +0} \frac{1}{\sqrt{2\pi}} \int_{-\infty}^{\infty} f(y) \frac{1}{\sqrt{2\varepsilon}} e^{-(y-x)^2/4\varepsilon} dy \\
&= \lim_{\varepsilon \to +0} \frac{1}{\sqrt{\pi}} \int_{-\infty}^{\infty} f(x + \sqrt{2\varepsilon}\, t) e^{-t^2} dt = f(x).
\end{aligned}$$

フーリエ変換の逆公式は，対応 (1.3) の逆が次の変換で与えられることを示している．

$$(\mathcal{F}^{-1} f)(x) = \frac{1}{\sqrt{2\pi}} \int_{-\infty}^{\infty} f(\lambda) e^{ix\lambda} d\lambda. \tag{1.5}$$

すなわち，(1.5) において f を $\mathcal{F}f = \hat{f}$ とすると (1.4) より $\mathcal{F}^{-1}\mathcal{F}f = f$ が成り立つ．(1.5) で定義される $\mathcal{F}^{-1}$ を**逆フーリエ変換**という．f の逆フーリエ変換を $\check{f}$ と書けば

$$\check{f} \overset{\mathcal{F}^{-1}}{\longleftrightarrow} f$$

と図示される．

(1.1) と (1.5) を見比べればわかるように $(\mathcal{F}^{-1} f)(-x) = (\mathcal{F}f)(x)$ である．したがって，フーリエ変換について成り立つ事項はそのままの形で逆フーリエ変換に対しても成り立つ．よって，$\mathcal{F}\mathcal{F}^{-1}f = f$ が $\mathcal{S}$ において成り立つ．以上のことをまとめると

定理 1.2 $f \in \mathcal{S}$ とするとき，$\mathcal{F}\mathcal{F}^{-1}f = f$, $\mathcal{F}^{-1}\mathcal{F}f = f$.

フーリエ変換は微分演算を代数演算に変換する．そのことの意味をみるために f' のフー

リエ変換を計算すると，部分積分により

$$(\mathcal{F}f')(\lambda) = \int_{-\infty}^{\infty} f'(x)e^{-i\lambda x}dx = [f(x)e^{-i\lambda x}]_{-\infty}^{\infty} + i\lambda \int_{-\infty}^{\infty} f(x)e^{-i\lambda x}dx$$
$$= i\lambda \int_{-\infty}^{\infty} f(x)e^{-i\lambda x}dx = i\lambda(\mathcal{F}f)(\lambda)$$

となる．すなわち，

$$\mathcal{F}f'(\lambda) = i\lambda(\mathcal{F}f)(\lambda). \tag{1.6}$$

これを $\mathcal{F}f = \hat{f}$ と略記して図示すると次のようになる．

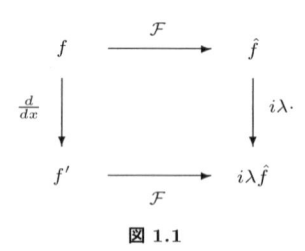

$$\begin{array}{ccc} f & \xrightarrow{\mathcal{F}} & \hat{f} \\ \scriptsize{\frac{d}{dx}} \downarrow & & \downarrow \scriptsize{i\lambda \cdot} \\ f' & \xrightarrow{\mathcal{F}} & i\lambda\hat{f} \end{array}$$

図 1.1

ただし，$\frac{d}{dx}$ は微分するという演算を，また $i\lambda \cdot$ は $i\lambda$ 倍するという代数演算を表す．

公式 (1.6) を繰り返し用いて次が得られる．

定理 1.3 $(\mathcal{F}f^{(m)})(\lambda) = (i\lambda)^m(\mathcal{F}f)(\lambda).$

この定理より

$$(\mathcal{F}f)(\lambda) = \frac{1}{(i\lambda)^m}(\mathcal{F}f^{(m)})(\lambda) = O\left(\frac{1}{\lambda^m}\right) \quad (|\lambda| \to \infty) \tag{1.7}$$

である．このことは，f の微分可能性はそのフーリエ変換 $(\mathcal{F}f)(\lambda)$ の $|\lambda| \to \infty$ のときの減少の度合（オーダー）として反映されることを意味する．

例 1.2 $f, \varphi \in \mathcal{S}$ とするとき，次が成り立つ．

$$\int_{-\infty}^{\infty} \hat{f}(\lambda)\varphi(\lambda)d\lambda = \int_{-\infty}^{\infty} f(x)\hat{\varphi}(x)dx. \tag{1.8}$$

実際，積分の順序交換を利用して

$$左辺 = \frac{1}{\sqrt{2\pi}} \int_{-\infty}^{\infty} \left(\int_{-\infty}^{\infty} f(x)e^{-i\lambda x}dx \right) \varphi(\lambda)d\lambda$$
$$= \frac{1}{\sqrt{2\pi}} \int_{-\infty}^{\infty} f(x) \left(\int_{-\infty}^{\infty} \varphi(x)e^{-i\lambda x}dx \right) dx = 右辺$$

である． (例終)

一方,フーリエ変換および逆フーリエ変換の定義式 (1.1), (1.5) および定理 1.2 より $\mathcal{F}g$ の複素共役 $\overline{\mathcal{F}g}$ は,$\mathcal{F}(\overline{\mathcal{F}g}) = \overline{g(x)}$ を満たす.よって,(1.8) で $\varphi = \overline{\mathcal{F}g}$ ($\mathcal{F}g = \hat{g}$ の複素共役) として,次が得られる.

$$\int_{-\infty}^{\infty} \hat{f}(\lambda)\overline{\hat{g}(\lambda)}d\lambda = \int_{-\infty}^{\infty} f(x)\overline{g(x)}dx. \tag{1.9}$$

これを**パーセバル** (Parseval) **の等式**という.とくに $f \in \mathcal{S}$ に対し

$$\int_{-\infty}^{\infty} |\hat{f}(\lambda)|^2 d\lambda = \int_{-\infty}^{\infty} |f(x)|^2 dx. \tag{1.10}$$

ここまで,もっぱら急減少関数に対してフーリエ変換を考えてきた.より広いクラスの関数に対してフーリエ変換を考えるために,(1.8) に着目して,次のように定義する.

定義 1.1 f に対し,$\hat{f}$ が任意の $\varphi \in \mathcal{S}$ について

$$\int_{-\infty}^{\infty} \hat{f}(\lambda)\varphi(\lambda)d\lambda = \int_{-\infty}^{\infty} f(x)\hat{\varphi}(x)dx \tag{1.11}$$

を満たすとき,$\hat{f}$ は f のフーリエ変換であるという.また,f に対し,$\check{f}$ が任意の $\varphi \in \mathcal{S}$ について

$$\int_{-\infty}^{\infty} \check{f}(x)\varphi(x)dx = \int_{-\infty}^{\infty} f(\lambda)\check{\varphi}(\lambda)d\lambda \tag{1.12}$$

を満たすとき,$\check{f}$ は f の逆フーリエ変換であるという.

$f \in L^1(\mathbf{R})$ すなわち f が可積分 $\left(\int_{-\infty}^{\infty} |f(x)|dx < \infty\right)$ ならば,(1.11) は

$$\int_{-\infty}^{\infty} \hat{f}(\lambda)\varphi(\lambda)d\lambda = \frac{1}{\sqrt{2\pi}}\int_{-\infty}^{\infty} f(x)dx \int_{-\infty}^{\infty} \varphi(\lambda)e^{-ix\lambda}d\lambda$$
$$= \frac{1}{\sqrt{2\pi}}\int_{-\infty}^{\infty} \varphi(\lambda)d\lambda \int_{-\infty}^{\infty} f(x)e^{-i\lambda x}dx$$

であるから,(1.1) により定めた $\hat{f}$ が f のフーリエ変換を与える.このとき $\hat{f}$ は $\mathbf{R}$ 上の有界な連続関数になる.逆に $f \in L^1(\mathbf{R})$ に対し,(1.11) を満たす有界連続関数 $\hat{f}$ は (1.1) により定めた $\hat{f}$ に限る.別の有界連続関数 $\tilde{f}$ も (1.11) を満たすならば

$$\int_{-\infty}^{\infty} \hat{f}(\lambda)\varphi(\lambda)d\lambda = \int_{-\infty}^{\infty} \tilde{f}(\lambda)\varphi(\lambda)d\lambda$$

が任意の $\varphi \in \mathcal{S}$ に対し成り立つので $\tilde{f} = \hat{f}$ となるからである.以上のことから,$f \in L^1(\mathbf{R})$ に対しては (1.1) で定めた $\hat{f}$ が (1.11) を満たす唯一の有界連続関数である.これを可積分関数のフーリエ変換といい $\mathcal{F}f$ と書く.同様にして可積分関数の逆フーリエ変換 $\mathcal{F}^{-1}f$ を (1.5) で定義する.f および $\hat{f} = \mathcal{F}f$ が可積分関数ならば (1.11) で φ を $\check{\varphi}$ とした式と (1.12) で f を $\hat{f} = \mathcal{F}f$ とした式より

$$\int_{-\infty}^{\infty} \mathcal{F}^{-1}\mathcal{F}f(x)\varphi(x)dx = \int_{-\infty}^{\infty} \hat{f}(\lambda)\check{\varphi}(\lambda)d\lambda = \int_{-\infty}^{\infty} f(x)\varphi(x)dx \quad (1.13)$$

が任意の $\varphi \in \mathcal{S}$ に対し成り立つので $\mathcal{F}^{-1}\mathcal{F}f = f$ となる．以上をまとめると：

定理 1.4 $f \in L^1(\mathbf{R})$ に対し (1.1) で定めた $\hat{f} = \mathcal{F}f$ は (1.11) を満たすただ一つの有界連続関数である．また，$f \in L^1(\mathbf{R})$ に対し (1.5) で定めた $\check{f} = \mathcal{F}^{-1}f$ は (1.12) を満たすただ一つの有界連続関数である．$f \in L^1(\mathbf{R})$ に対し $\mathcal{F}f \in L^1(\mathbf{R})$ ならば $\mathcal{F}^{-1}\mathcal{F}f = f$ が成り立つ．

例 1.3 $a > 0$ とするとき，$f(x) = e^{-a|x|}$ に対し

$$\sqrt{2\pi}\,\hat{f}(\lambda) = \int_{-\infty}^{\infty} e^{-a|x|}e^{-i\lambda x}dx = \int_{-\infty}^{0} e^{(a-i\lambda)x}dx + \int_{0}^{\infty} e^{-(a+i\lambda)x}dx$$
$$= \frac{1}{a-i\lambda} + \frac{1}{a+i\lambda} = \frac{2a}{\lambda^2 + a^2}$$

となるから，$f(x) = e^{-a|x|}$ に対しては，

$$(\mathcal{F}f)(\lambda) = \sqrt{\frac{2}{\pi}}\frac{a}{\lambda^2 + a^2}$$

である．この関数も可積分関数だから，定理 1.4 より

$$\left(\mathcal{F}^{-1}\frac{a}{\lambda^2 + a^2}\right)(x) = \sqrt{\frac{\pi}{2}}\,e^{-a|x|}$$

となる．偶関数（すなわち $f(-x) = f(x)$ である関数）に対しては $\mathcal{F}f = \mathcal{F}^{-1}f$ であるから

$$\left(\mathcal{F}\frac{a}{\lambda^2 + a^2}\right)(x) = \sqrt{\frac{\pi}{2}}\,e^{-a|x|}$$

でもある． (例終)

$f \in L^1(\mathbf{R})$ のフーリエ変換では，$f \in \mathcal{S}$ に対し成り立つ性質のいくつかはそのままの形で成立する：

定理 1.5 $f \in L^1(\mathbf{R})$ とするとき，次が成り立つ．
(1) (フーリエ変換に関する**一意性定理**) $\mathcal{F}f = 0$ ならば $f = 0$．
(2) (**リーマン・ルベーグ** (Riemann–Lebesgue) **の補題**) $\lim_{\lambda \to \pm\infty}(\mathcal{F}f)(\lambda) = 0$．
(3) f が m 回微分可能で $f, f', \ldots, f^{(m)} \in L^1(\mathbf{R})$ ならば $(\mathcal{F}f^{(m)})(\lambda) = (i\lambda)^m(\mathcal{F}f)(\lambda)$．

$f \in L^2(\mathbf{R})$ すなわち f が 2 乗可積分 $\left(\int_{-\infty}^{\infty}|f(x)|^2 dx < \infty\right)$ ならば (1.11) を満たす $\hat{f}$ が $L^2(\mathbf{R})$ においてただ一つ存在し，パーセバルの等式を満たす．このことは，(1.11) の右辺は φ に対する $L^2(\mathbf{R})$ 上の有界線形汎関数となるので，リース・フレッシェ (Riesz–Fréchet)

の定理（第 XIV 編 3.3 節参照）により示される．こうして定まる $\hat{f}$ を 2 乗可積分関数のフーリエ変換といい，前と同様に $\mathcal{F}f$ と書く．また，$f \in L^2(\mathbf{R})$ に対し (1.11) を満たす $\hat{f}$ が $L^2(\mathbf{R})$ においてただ一つ存在するが，これを $\mathcal{F}^{-1}f$ と書く．このとき，(1.13) より $f \in L^2(\mathbf{R})$ に対して $\mathcal{F}^{-1}\mathcal{F}f = f$ となることがわかる．同様にして $\mathcal{F}\mathcal{F}^{-1}f = f$ である．このことは $\mathcal{F}$ と $\mathcal{F}^{-1}$ がお互いの逆変換であることを意味する．以上をまとめると：

定理 1.6 $f \in L^2(\mathbf{R})$ に対し (1.11) を満たす $\hat{f} = \mathcal{F}f$ が $L^2(\mathbf{R})$ においてただ 1 つ定まる．また，(1.12) を満たす $\check{f} = \mathcal{F}^{-1}f$ が $L^2(\mathbf{R})$ においてただ 1 つ定まる．このとき，$\mathcal{F}^{-1}$ は $\mathcal{F}$ の（また，$\mathcal{F}$ は $\mathcal{F}^{-1}$ の）逆変換である．$f, g \in L^2(\mathbf{R})$ に対し，パーセバルの等式 (1.9) が成り立つ．

上の定理を**プランシュレル** (Plancherel) **の定理**という．プランシュレルの定理は 2 乗可積分関数の空間 $L^2(\mathbf{R})$ がフーリエ変換が作用する自然な空間であることを示す．

例 1.4 $f(x) = \frac{\sin x}{x}$ とすると，これは 2 乗可積分関数であり，$\varphi \in \mathcal{S}$ に対し

$$\int_{-\infty}^{\infty} f(x)\hat{\varphi}(x)dx = \frac{1}{\sqrt{2\pi}} \int_{-\infty}^{\infty} \frac{\sin x}{x}dx \int_{-\infty}^{\infty} \varphi(\lambda)e^{-ix\lambda}d\lambda$$

$$= \frac{1}{\sqrt{2\pi}} \int_{-\infty}^{\infty} \varphi(\lambda)d\lambda \int_{-\infty}^{\infty} \frac{\sin x}{x} e^{-i\lambda x}dx$$

$$= \frac{1}{\sqrt{2\pi}} \int_{-\infty}^{\infty} \varphi(\lambda)d\lambda \int_{0}^{\infty} \frac{\sin x \cos(\lambda x)}{x}dx$$

$$= \sqrt{\frac{\pi}{2}} \int_{-1}^{1} \varphi(\lambda)d\lambda$$

となるから，

$$\hat{f}(\lambda) = \begin{cases} \sqrt{\dfrac{\pi}{2}} & (|\lambda| \leqq 1) \\ 0 & (|\lambda| > 1) \end{cases}$$

により定められる関数 $\hat{f}(\lambda)$（これは 2 乗可積分関数）が $f(x) = \frac{\sin x}{x}$ のフーリエ変換である．ちなみに，この $\hat{f}$ では $\int_{-\infty}^{\infty} |\hat{f}(\lambda)|^2 d\lambda = \pi$ であるから，パーセバルの等式 (1.10) により

$$\int_{-\infty}^{\infty} \frac{\sin^2 x}{x^2}dx = \pi$$

である． (例終)

$\mathbf{R}$ 上の関数 f, g に対し

$$(f * g)(x) = \int_{-\infty}^{\infty} f(x - y)g(y)dy \tag{1.14}$$

で定められる関数 $f * g$ を（フーリエ変換に付随した）**合成積**（あるいは**たたみこみ**）とい

う. $f, g, h \in L^1(\mathbf{R})$ ならば $f * g \in L^1(\mathbf{R})$ であり

$$f * g = g * f, \qquad f * (g * h) = (f * g) * h$$

が成り立つ. そして

$$\begin{aligned}
\mathcal{F}(f * g)(\lambda) &= \frac{1}{\sqrt{2\pi}} \int_{-\infty}^{\infty} \left(\int_{-\infty}^{\infty} f(x-y) g(y) dy \right) e^{-i\lambda x} dx \\
&= \frac{1}{\sqrt{2\pi}} \int_{-\infty}^{\infty} \left(\int_{-\infty}^{\infty} f(x-y) e^{-i\lambda(x-y)} dx \right) g(y) e^{-i\lambda y} dy \\
&= \frac{1}{\sqrt{2\pi}} \int_{-\infty}^{\infty} f(t) e^{-i\lambda t} dt \int_{-\infty}^{\infty} g(y) e^{-i\lambda y} dy \\
&= \sqrt{2\pi} \, (\mathcal{F}f)(\lambda) \, (\mathcal{F}g)(\lambda).
\end{aligned}$$

となる. 同様にして, $\mathcal{F}^{-1}(f * g)(x) = \sqrt{2\pi}(\mathcal{F}^{-1}f)(x)(\mathcal{F}^{-1}g)(x)$. このように, フーリエ変換は合成積を関数の積に変換する.

$f \in L^1(\mathbf{R}), g \in L^2(\mathbf{R})$ のときは, シュワルツ (Schwarz) の不等式により

$$\begin{aligned}
\left| \int_{-\infty}^{\infty} f(x-y) g(y) dy \right|^2 &\leq \int_{-\infty}^{\infty} |f(x-y)|^{1/2} |f(x-y)|^{1/2} |g(y)| dy \\
&\leq \int_{-\infty}^{\infty} |f(t)| dt \int_{-\infty}^{\infty} |f(x-y)| |g(y)|^2 dy
\end{aligned}$$

であり, これを x について積分することにより, $f * g \in L^2(\mathbf{R})$ となることがわかる. そして, この合成積もフーリエ変換により関数の積に変換される. 以上をまとめると:

定理 1.7 (合成積定理) $p = 1$ または 2 とするとき, $f \in L^1(\mathbf{R})$, $g \in L^p(\mathbf{R})$ ならば $f * g \in L^p(\mathbf{R})$ であり, 次が成り立つ.

$$\mathcal{F}(f * g) = \sqrt{2\pi} \, (\mathcal{F}f)(\mathcal{F}g), \tag{1.15}$$

$$\mathcal{F}^{-1}(f * g) = \sqrt{2\pi}(\mathcal{F}^{-1}f)(\mathcal{F}^{-1}g). \tag{1.16}$$

例 1.5 定理 1.7 の仮定に加えてさらに $\mathcal{F}f \in L^1(\mathbf{R})$ ならば, (1.16) で f を $\mathcal{F}f$, g を $\mathcal{F}g$ と取り直すと定理 1.4 より

$$\mathcal{F}(fg) = \frac{1}{\sqrt{2\pi}} (\mathcal{F}f) * (\mathcal{F}g).$$

このように, フーリエ変換は関数の積を合成積に変換する. (例終)

合成積定理により

$$c - (\mathcal{F}f)(\lambda) = c - \hat{f}(\lambda) \qquad (c : \text{複素数}, \ f \in L^1(\mathbf{R})) \tag{1.17}$$

の形の関数の積は再び同じ形で表される．実際

$$(c_1 - (\mathcal{F}f_1)(\lambda))(c_2 - (\mathcal{F}f_2)(\lambda)) = c_1c_2 - (\mathcal{F}(c_2f_1 + c_1f_2 - f_1*f_2))(\lambda)$$

であるから $c_1c_2 = c$, $c_2f_1 + c_1f_2 - f_1*f_2 = f$ とすれば右辺は (1.17) の形である．次の定理（**ウィナー** (Wiener) **の定理**：1932 年）は，$c - (\mathcal{F}f)(\lambda) \neq 0 \ (-\infty \leqq \lambda \leqq \infty)$ ならば $c - \mathcal{F}f(\lambda)$ の逆も再び (1.17) の形に表されることを保証する．

定理 1.8 $f \in L^1(\mathbf{R})$ と定数 $c \neq 0$ に対し $c - \hat{f}(\lambda) \neq 0 \ (-\infty < \lambda < \infty)$ ならば

$$\frac{1}{c - \hat{f}(\lambda)} = \frac{1}{c} - \hat{g}(\lambda) \qquad (-\infty < \lambda < \infty)$$

なる $g \in L^1(\mathbf{R})$ が存在する．

1.2 ラプラス変換

区間 $[0, \infty)$ で定義された関数 f に対し

$$F(s) = \int_0^\infty f(t)e^{-st}dt \tag{1.18}$$

で定義される（複素変数 s の）関数 F を f の**ラプラス変換**という．以下において，$F(s)$ を $(\mathcal{L}f)(s)$ とも書く．すなわち

$$(\mathcal{L}f)(s) = \int_0^\infty f(t)e^{-st}dt.$$

例 1.6 $f(t) = 1$ に対しては，$\operatorname{Re} s > 0$ のとき

$$(\mathcal{L}1)(s) = \int_0^\infty 1 \cdot e^{-st}dt = \left[-\frac{1}{s}e^{-st}\right]_0^\infty = \frac{1}{s} \tag{1.19}$$

となるから $(\mathcal{L}1)(s)$ は $\operatorname{Re} s > 0$ で定義された $\frac{1}{s}$ という関数となる． (例終)

積分 (1.18) が $s = s_0$ に対して可積分ならば，$\operatorname{Re} s \geqq \operatorname{Re} s_0$ を満たす任意の s に対し (1.18) は可積分である．そのことは

$$|f(t)e^{-st}| = |f(t)|e^{-(\operatorname{Re} s)t} \leqq |f(t)|e^{-(\operatorname{Re} s_0)t} = |f(t)e^{-s_0 t}|$$

により証明される．

上のことから，$\operatorname{Re} s > \alpha$ のとき $f(t)e^{-st}$ が可積分であり，$\operatorname{Re} s < \alpha$ のとき $f(t)e^{-st}$ が可積分でないような α がただ一つ存在する．この α を $\mathcal{L}f$ の**可積分座標**という．また，$\operatorname{Re} s > \alpha$ を**可積分半平面**という．ただし，どんな s に対しても (1.18) が可積分でない場

合(たとえば, $f(t) = e^{t^2}$ のとき)には $\alpha = +\infty$, どんな s に対しても (1.18) が可積分である場合(たとえば, $f(t) = e^{-t^2}$ のとき)には $\alpha = -\infty$ とする.

例 1.7 $f(t) = \cosh t$ のとき

$$\int_0^\infty \frac{e^t + e^{-t}}{2} e^{-st} dt = \frac{1}{2} \int_0^\infty \left(e^{(1-s)t} + e^{-(1+s)t} \right) dt = \frac{s}{s^2 - 1}$$

が $\mathrm{Re}\, s > 1$ に対し成り立ち, $\mathrm{Re}\, s < 1$ に対しては上の積分は発散するので, $f(t) = \cosh t$ のときは可積分座標は $\alpha = 1$ である. よって

$$(\mathcal{L} \cosh t)(s) = \frac{s}{s^2 - 1} \quad (\mathrm{Re}\, s > 1).$$

(例終)

f のラプラス変換の可積分座標を α とし, $\mathrm{Re}\, s > \beta_1 > \beta_2 > \alpha$ とする. このとき正定数 M を用いて

$$|f(t)(-t)e^{-st}| = |f(t)|\, te^{-(\mathrm{Re}\, s)t} \leqq |f(t)|\, te^{-(\beta_1 - \beta_2)t} e^{-\beta_2 t} \leqq M |f(t)| e^{-\beta_2 t}$$

となるので, (1.18) の $F(s)$ は s で微分可能で

$$F'(s) = \int_0^\infty f(t)(-t) e^{-st} dt \qquad (1.20)$$

となることがわかる. これは $\mathrm{Re}\, s > \beta_1$ で示されたが, β_1 は $\beta_1 > \alpha$ であれば任意であるから, 結局 $F(s) = (\mathcal{L}f)(s)$ は可積分半平面 $\mathrm{Re}\, s > \alpha$ において微分可能で, 導関数は (1.20) で与えられる. このことは, $F(s) = (\mathcal{L}f)(s)$ が可積分半平面で正則な関数であることを意味する. 高階の導関数も同様の計算で得られる. 以上により

定理 1.9 f のラプラス変換の可積分座標を α とするとき, $F(s) = (\mathcal{L}f)(s)$ は可積分半平面 $\mathrm{Re}\, s > \alpha$ において正則な関数で, その導関数 $F^{(m)}(s) = (\mathcal{L}f)^{(m)}(s)$ は

$$F^{(m)}(s) = (\mathcal{L}f)^{(m)}(s) = \int_0^\infty f(t)(-t)^m e^{-st} dt$$

で与えられる.

例 1.8 a を複素数とするとき, 上の定理で $f = e^{at}$ として

$$(\mathcal{L}e^{at})^{(m)}(s) = \int_0^\infty (-t)^m e^{at} e^{-st} dt = (-1)^m (\mathcal{L}\, t^m e^{at})(s)$$

である. 一方 $(\mathcal{L}e^{-t})(s) = \frac{1}{s-a}$ より

$$(\mathcal{L}e^{at})^{(m)}(s) = (-1)^m \frac{m!}{(s-a)^{m+1}} \qquad (m = 0, 1, 2, \ldots)$$

であるから $m = 0, 1, 2, \ldots$ に対し

$$(\mathcal{L} t^m e^{at})(s) = \frac{m!}{(s-a)^{m+1}} \qquad (\operatorname{Re} s > \operatorname{Re} a). \tag{1.21}$$

(例終)

注意 1.1 定理 1.9 で述べたように, f のラプラス変換は可積分半平面 $\operatorname{Re} s > \alpha$ において正則な関数であるから, 複素関数論の一致の定理から, 集積点をもつような集合上の値はラプラス変換を決定する. とくに, 実数上の半直線 $s > \alpha$ における $F(s) = \mathcal{L}f(s)$ の値は $\operatorname{Re} s > \alpha$ における $F(s) = \mathcal{L}f(s)$ をすべて定めてしまう. 実は, (モーメント問題との関連で) もっと強く, $s_n = s_0 + nc$ ($s_0 > \alpha, c > 0, n = 0, 1, 2, \ldots$) の値から $\operatorname{Re} s > \alpha$ における $F(s) = \mathcal{L}f(s)$ は定まる. これを**レルヒ** (Lerch) **の定理**という.

ラプラス変換とフーリエ変換の関係を調べる. (1.18) で $s = h + i\lambda$ とすると

$$(\mathcal{L}f)(h + i\lambda) = \int_0^\infty (f(t) e^{-ht}) e^{-i\lambda t} dt \tag{1.22}$$

である. したがって, h を可積分座標 α より大きく ($h > \alpha$ と) 固定するとき $(\mathcal{L}f)(h+i\lambda)$ は λ の関数として, 関数 $\phi(t) = \sqrt{2\pi} f(t) e^{-ht}$ (ただし, $\phi(t)$ は $t < 0$ では 0 と定める) のフーリエ変換である:

$$(\mathcal{L}f)(h + i\lambda) = (\mathcal{F}\phi)(\lambda).$$

$h > \alpha$ であるから $\phi \in L^1(\mathbf{R})$ であり, したがって, フーリエ変換に関する一意性定理 (定理 1.5 の (1)) より, $(\mathcal{L}f)(s) = 0$ ならば $L^1(\mathbf{R})$ の関数として $f(t)e^{-ht} = 0$ となる. よって, ほとんどすべての t に対し $f(t) = 0$ である. このことと注意 1.1 により次が得られる.

定理 1.10 (ラプラス変換に関する**一意性定理**) f, g のラプラス変換の可積分半平面で収束する無限点列 $s = s_n$ (あるいはレルヒの定理における無限点列 $s = s_n$) に対して $(\mathcal{L}f)(s) = (\mathcal{L}g)(s)$ ならばほとんどすべての t に対し $f(t) = g(t)$ である.

s の関数 $F(s)$ が与えられたとき, 関係 $(\mathcal{L}f)(s) = F(s)$ を満たす関数 f は (定理 1.10 の意味で) ただ一つである. この f を F の**逆ラプラス変換**といい

$$f = \mathcal{L}^{-1} F$$

と書く.

例 1.9 次で定義される関数を**ヘビサイド** (Heaviside) **関数**という:

$$H(t) = \begin{cases} 1 & (t \geqq 0) \\ 0 & (t < 0) \end{cases} \tag{1.23}$$

関数 $H(t)$ に対し,$a \geqq 0$ として,a だけ平行移動した関数 $H(x-a)$ のラプラス変換は

$$(\mathcal{L}\, H(t-a))(s) = \int_a^\infty e^{-st}dt = \frac{1}{s}e^{-as} \qquad (\mathrm{Re}\, s > 0)$$

となるから

$$\left(\mathcal{L}^{-1}\frac{1}{s}e^{-as}\right)(t) = H(t-a)$$

である.$H(t)$ の定義 (1.23) における $t=0$ のところの値は 0 としても同じ結果となるが,$H(t)$ をそのように修正しても定理 1.10 の意味の一意性に反することはない. (例終)

与えられた関数 F から実際に $\mathcal{L}^{-1}F$ を求める公式は,(1.22) を λ の関数として逆フーリエ変換することにより得られる.たとえば,$F(h+i\lambda)$ が λ の関数として $L^1(\mathbf{R})$ の関数であるときは,定理 1.4 が適用できるので (1.4) より

$$\sqrt{2\pi}f(t)e^{-ht} = \frac{1}{\sqrt{2\pi}}\int_{-\infty}^\infty F(h+i\lambda)e^{i\lambda t}d\lambda$$

となる.これを書き直して次が得られる.

定理 1.11 (ラプラス変換の**逆公式**) $F(h+i\lambda)$ が λ の関数として $L^1(\mathbf{R})$ の関数ならば $f(t)=(\mathcal{L}^{-1}F)(t)$ は(ほとんどすべての $t \geqq 0$ に対し)

$$f(t) = \frac{1}{2\pi}\int_{-\infty}^\infty F(h+i\lambda)e^{(h+i\lambda)t}d\lambda = \frac{1}{2\pi i}\int_{h-i\infty}^{h+i\infty}F(s)e^{st}ds$$

で与えられる.

例 1.10 上の逆公式を用いて $f(t)=\left(\mathcal{L}^{-1}\frac{1}{s^2}\right)(t)$ を求めてみよう.$\frac{1}{s^2}$ は $\mathrm{Re}\, s>0$ で正則だから,f のラプラス変換の可積分座標は $\alpha \geqq 0$ である.そこで,$h>0$ として

$$f(t) = \frac{1}{2\pi}\int_{-\infty}^\infty \frac{e^{(h+i\lambda)t}}{(h+i\lambda)^2}d\lambda = -\frac{1}{2\pi}\int_{-\infty}^\infty \frac{e^{i(\lambda-hi)t}}{(\lambda-hi)^2}d\lambda$$

である.この積分は留数計算を用いてなされる.被積分関数の特異点は $\lambda=hi$ にあり,$h>0$ だから $t<0$ のときはこの積分は 0 である.また,$t \geqq 0$ のときは,$\lambda=hi$(2 位の極)における留数を利用して

$$-\frac{1}{2\pi}\int_{-\infty}^\infty \frac{e^{i(\lambda-hi)t}}{(\lambda-hi)^2}d\lambda = -\frac{1}{2\pi}\times 2\pi i\, \mathrm{Res}_{\lambda=hi}\frac{e^{i(\lambda-hi)t}}{(\lambda-hi)^2} = -\frac{d}{d\lambda}\left.e^{i(\lambda-hi)t}\right|_{\lambda=hi} = t$$

となる.よって

$$\left(\mathcal{L}^{-1}\frac{1}{s^2}\right)(t) = t.$$

上の計算結果が h によらないことは,定理 1.10 の保証するところであるが,根本的には $\mathcal{L}f(s)$ が $\mathrm{Re}\, s > \alpha$ における正則関数であり積分路の変更により積分の値が変わらないこ

とに起因する.なお,上の計算結果は,もちろん,簡単な計算で得られる $(\mathcal{L}t)(s) = \frac{1}{s^2}$ と一致している. (例終)

ラプラス変換に付随した**合成積**は,(1.14) を $f(t) = g(t) = 0$ $(t < 0)$ として書き直すことにより,次のようになる:

$$(f*g)(t) = \int_0^t f(t-u)g(u)du. \tag{1.24}$$

このとき,定理 1.7 の書き直しとして,次が得られる.

定理 1.12 s が $\mathcal{L}f$ および $\mathcal{L}g$ の可積分半平面にあれば

$$(\mathcal{L}(f*g))(s) = (\mathcal{L}f)(s)(\mathcal{L}g)(s).$$

$f \in L^1(0,\infty)$ のラプラス変換 $(\mathcal{L}f)(s)$ は $\operatorname{Re} s \geqq 0$ で定義され,$\operatorname{Re} s > 0$ で正則な関数になる.このとき,定理 1.8 に対応して,次の定理(**ペイリー・ウィナー** (Paley–Wiener) **の定理**:1934 年)が成り立つ.

定理 1.13 $f \in L^1(0,\infty)$ と定数 $c \neq 0$ に対し $c - (\mathcal{L}f)(s) \neq 0$ $(\operatorname{Re} s \geqq 0)$ ならば,

$$\frac{1}{c - (\mathcal{L}f)(s)} = \frac{1}{c} - (\mathcal{L}g)(s) \qquad (\operatorname{Re} s \geqq 0)$$

なる $g \in L^1(0,\infty)$ が存在する.

ラプラス変換は(フーリエ変換と同じように)微分演算を代数演算に変換する.そのことは次のように述べられる.

定理 1.14 f を微分可能とするとき,s が $\mathcal{L}f$ および $\mathcal{L}f'$ の可積分半平面にあれば

$$(\mathcal{L}f')(s) = s(\mathcal{L}f)(s) - f(0).$$

このことは,部分積分を用いて

$$(\mathcal{L}f')(s) = \int_0^\infty f'(t)e^{-st}dt = \left[f(t)e^{-st}\right]_0^\infty + s\int_0^\infty f(t)e^{-st}dt$$
$$= s(\mathcal{L}f)(s) - f(0)$$

により確かめられる.高階の導関数に対する公式も,上の計算と同様にして得られる.結果は次のようになる:

$$(\mathcal{L}f^{(n)})(s) = s^n(\mathcal{L}f)(s) - s^{n-1}f(0) - s^{n-2}f'(0) \cdots - sf^{(n-2)}(0) - f^{(n-1)}(0).$$

また,定理 1.12 で $f = 1$,$g = f$ として (1.19) を利用すると,次の積分演算の変換公式

が得られる.

定理 1.15 s が，実部が正で，かつ $\mathcal{L}f$ の可積分半平面にあれば
$$\left(\mathcal{L}\int_0^t f(u)du\right)(s) = \frac{1}{s}(\mathcal{L}f)(s)$$
が成り立つ.

ラプラス変換は，差分演算を指数関数を掛ける演算に変換する．すなわち：

定理 1.16 $a \geqq 0$ のとき，$(\mathcal{L}(f(t-a)H(t-a)))(s) = e^{-as}(\mathcal{L}f)(s)$.

証明は，置換 $t-a=u$ により
$$(\mathcal{L}(f(t-a)H(t-a)))(s) = \int_0^\infty f(t-a)H(t-a)e^{-st}dt$$
$$= \int_{-a}^\infty f(u)H(u)e^{-s(u+a)}du = e^{-as}\int_0^\infty f(u)e^{-su}du$$
となされる.

例 1.11 (1.21) より $m=0,1,2,\ldots$ に対し
$$(\mathcal{L}t^m)(s) = \frac{m!}{s^{m+1}}$$
である．よって，$f(t)=t^m$ として定理 1.16 を適用して，$a \geqq 0$, $m=0,1,2,\ldots$ のとき
$$(\mathcal{L}((t-a)^m H(t-a)))(s) = e^{-as}(\mathcal{L}t^m)(s) = e^{-as}\frac{m!}{s^{m+1}} \qquad (\mathrm{Re}\,s > 0)$$
である．逆にいえば
$$\left(\mathcal{L}^{-1}\frac{e^{-as}}{s^{m+1}}\right)(t) = \frac{1}{m!}(t-a)^m H(t-a) \tag{1.25}$$
となる. (例終)

ラプラス変換の応用例を 2 つ挙げておく：

例 1.12 次の差分微分方程式を解く.
$$f'(t) + f(t-1) = t^2 \quad (t>0), \qquad f(t) = 0 \quad (t \leqq 0). \tag{1.26}$$
方程式の両辺をラプラス変換する．このとき，定理 1.14 と $f(0)=0$ より $(\mathcal{L}f')(s) = s(\mathcal{L}f)(s)$ である．また，定理 1.16 と $f(t)=0$ $(t \leqq 0)$ より
$$(\mathcal{L}f(t-1))(s) = (\mathcal{L}(f(t-1)H(t-1)))(s) = e^{-s}(\mathcal{L}f)(s).$$

一方，(1.21) より $(\mathcal{L}t^2)(s) = \frac{2}{s^3}$ である．したがって，方程式 (1.26) は

$$(s + e^{-s})(\mathcal{L}f)(s) = \frac{2}{s^3}$$

と変換される．$s > 0$ においては，$s + e^{-s} > 0$ であり

$$(\mathcal{L}f)(s) = \frac{2}{(s+e^{-s})s^3} = \frac{2}{s^4 \left(1 + \frac{e^{-s}}{s}\right)}$$

$$= \frac{2}{s^4}\left(1 - \frac{e^{-s}}{s} + \frac{e^{-2s}}{s^2} - \cdots + (-1)^j \frac{e^{-js}}{s^j} + \cdots\right)$$

$$= 2\sum_{j=0}^{\infty} (-1)^j \frac{e^{-js}}{s^{j+4}}.$$

これを (1.25) を用いて逆変換して

$$f(t) = 2\sum_{j=0}^{\infty} \frac{(-1)^j}{(j+3)!}(t-j)^{j+3} H(t-j)$$

$$= 2\sum_{j=0}^{[t]} \frac{(-1)^j}{(j+3)!}(t-j)^{j+3}.$$

ただし，$[t]$ はガウス記号で，t を超えない最大の整数を表す． (例終)

例 1.13 $x = x(t)$ についての次の微分方程式の初期値問題を解く．

$$x'' - x' - 2x = e^{-t}, \quad x(0) = 1, \quad x'(0) = -1. \tag{1.27}$$

方程式の両辺をラプラス変換する．定理 1.14 および高階の導関数に対する公式より

$$(\mathcal{L}x')(s) = s(\mathcal{L}x)(s) - 1, \quad (\mathcal{L}x'')(s) = s^2(\mathcal{L}x)(s) - s + 1$$

であり，$(\mathcal{L}e^{-t})(s) = \frac{1}{s+1}$ であるから，方程式 (1.27) は

$$(s^2 - s - 2)(\mathcal{L}x)(s) = \frac{s^2 - s - 1}{s+1}$$

と変換される．よって，

$$(\mathcal{L}x)(s) = \frac{s^2 - s - 1}{(s+1)^2(s-2)} = -\frac{1}{3}\frac{1}{(s+1)^2} + \frac{8}{9}\frac{1}{s+1} + \frac{1}{9}\frac{1}{s-2}.$$

これを (1.21) を用いて逆変換して $x(t) = -\frac{1}{3}te^{-t} + \frac{8}{9}e^{-t} + \frac{1}{9}e^{2t}$． (例終)

2 積 分 方 程 式

XV 積分変換・積分方程式

未知関数を積分の中に含む方程式を**積分方程式**という．積分方程式が系統的に扱われるようになったのは 19 世紀後半からである．この章では，ほぼその歴史の流れにそって，ヴォルテラ (Volterra) 積分方程式，フレドホルム (Fredholm) 積分方程式，リース・シャウダー (Riesz–Schauder) 理論と積分方程式，合成積型積分方程式について解説する．

2.1 ヴォルテラ積分方程式

φ を未知関数とする方程式

$$\varphi(x) - \int_a^x K(x,y)\varphi(y)dy = f(x) \tag{2.1}$$

を**第 2 種ヴォルテラ積分方程式**という．$K(x,y)$ は**積分核**と呼ばれる．

定理 2.1 $K(x,y)$ および $f(x)$ を連続関数とするとき，第 2 種ヴォルテラ積分方程式 (2.1) の解で連続関数であるものがただ一つあり，それは

$$\varphi_0(x) = f(x), \quad \varphi_n(x) = f(x) + \int_a^x K(x,y)\varphi_{n-1}(y)dy \quad (n=1,2,\ldots) \tag{2.2}$$

で定まる関数列 $\varphi_n(x)$ の極限として求められる．すなわち

$$\varphi(x) = \lim_{n\to\infty} \varphi_n(x). \tag{2.3}$$

上の解法を**逐次近似法**という．

例 2.1

$$\varphi(x) - \int_0^x (x+y)\varphi(y)dy = x - \frac{5}{6}x^3$$

逐次近似法により

$$\varphi_0(x) = x - \frac{5}{6}x^3,$$
$$\varphi_1(x) = x - \frac{5}{6}x^3 + \int_0^x (x+y)\left(y - \frac{5}{6}y^3\right)dy = x - \frac{3}{8}x^5,$$
$$\varphi_2(x) = x - \frac{5}{6}x^3 + \int_0^x (x+y)\left(y - \frac{3}{8}y^5\right)dy = x - \frac{13}{112}x^7,$$
$$\cdots\cdots\cdots$$

である.より一般に,帰納法により

$$\varphi_n(x) = x - \frac{(4n+5)(4n+1)\cdots 9\cdot 5\cdot 1}{(2n+3)!}x^{2n+3}$$

となることが示される.よって,$n\to\infty$ として例 2.1 は $\varphi(x)=x$ と解かれる.(例終)

定理 2.1 の証明を与える.

$$\psi_0(x) = f(x), \quad \psi_n(x) = \varphi_n(x) - \varphi_{n-1}(x) \quad (n=1,2,\ldots)$$

とすると

$$\psi_0(x) = f(x), \quad \psi_n(x) = \int_a^x K(x,y)\psi_{n-1}(y)dy \quad (n=1,2,\ldots) \tag{2.4}$$

であり

$$\varphi_n(x) = \sum_{k=0}^n \psi_k(x) \tag{2.5}$$

である.

$K(x,y)$ および $f(x)$ が連続関数ならば,x が有界な区間において $|K(x,y)| \leq M$,$|f(x)| \leq M_0$ となるので,

$$\begin{aligned}|\psi_0(x)| &\leq M_0, \\ |\psi_1(x)| &\leq \left|\int_a^x MM_0 dy\right| = M_0 M|x-a|, \\ |\psi_2(x)| &\leq \left|\int_a^x M_0 M^2 |y-a|dy\right| \leq \frac{1}{2}M_0 M^2 |x-a|^2, \\ |\psi_3(x)| &\leq \left|\int_a^x \frac{1}{2}M_0 M^3 |y-a|^2 dy\right| \leq \frac{1}{3\cdot 2}M_0 M^3 |x-a|^3, \\ &\cdots\cdots\cdots\end{aligned} \tag{2.6}$$

である.以下,同様にして,帰納的に

$$|\psi_n(x)| \leq M_0 M^n \frac{1}{n!}|x-a|^n \tag{2.7}$$

となる.よって,(2.5) の $\varphi_n(x)$ は x が有界な区間において一様収束し,したがってその極

限である $\varphi(x)$ は連続関数である．また，定義より，$\varphi_n(x)$ は (2.2) を満たすから，$n \to \infty$ として $\varphi(x)$ は (2.1) の解を与えることがわかる．

次に解の一意性を証明する．そのためには，(2.1) の右辺が 0 である方程式

$$\varphi(x) - \int_a^x K(x,y)\varphi(y)dy = 0 \tag{2.8}$$

の解で連続関数であるものは恒等的に 0 という関数に限ることを示せばよい．$|\varphi(x)| \leqq M_0$ とするとき，(2.6) と同じ議論を

$$\varphi(x) = \int_a^x K(x,y)\varphi(y)dy$$

に適用して (2.7) と同じ評価式

$$|\varphi(x)| \leqq M_0 M^n \frac{1}{n!}|x-a|^n$$

が得られる．この式で $n \to \infty$ として $\varphi(x) \equiv 0$ であることが示される．以上により，(2.8) の連続解は零である．こうして，(2.1) の解の一意性が示された．以上により定理 2.1 の証明が完了する．

逐次近似法で得られる解の積分表示を求める．(2.4) より

$$\psi_1(z) = \int_a^z K(z,y)f(y)dy, \quad \psi_2(x) = \int_a^x K(x,z)\psi_1(z)dz$$

であり，よって

$$\psi_2(x) = \int_a^x K(x,z)\left(\int_a^z K(z,y)f(y)dy\right)dz$$

である．この右辺の積分の順序交換（図 2.1 参照）をして

$$\psi_2(x) = \int_a^x f(y)dy \int_y^x K(x,z)K(z,y)dz$$

となる．したがって，

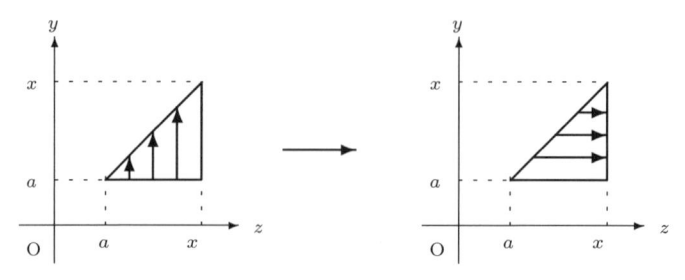

図 2.1

2. 積分方程式

$$K_2(x,y) = \int_y^x K(x,z)K(z,y)dz$$

とおいて

$$\psi_2(x) = \int_a^x K_2(x,y)f(y)dy$$

である. 同様にして

$$\psi_3(x) = \int_a^x K(x,z)\psi_2(z)dz = \int_a^x K(x,z)dz \int_a^z K_2(z,y)f(y)dy$$
$$= \int_a^x f(y)dy \int_y^x K(x,z)K_2(z,y)dz$$

であるから

$$K_3(x,y) = \int_y^x K(x,z)K_2(z,y)dz$$

とおいて

$$\psi_3(x) = \int_a^x K_3(x,y)f(y)dy$$

である. 以下同様に, $K_n(x,y)$ を帰納的に

$$K_1(x,y) = K(x,y), \quad K_n(x,y) = \int_y^x K(x,z)K_{n-1}(z,y)dz \quad (n=2,3,\ldots) \quad (2.9)$$

と定めることにより

$$\psi_n(x) = \int_a^x K_n(x,y)f(y)dy$$

となる. したがって

$$\varphi(x) = f(x) + \sum_{n=1}^\infty \psi_n(x) = f(x) + \int_a^x \sum_{n=1}^\infty K_n(x,y)f(y)dy$$

である. すなわち

$$L(x,y) = \sum_{n=1}^\infty K_n(x,y) \tag{2.10}$$

とおくと, (2.1) の解は

$$\varphi(x) = f(x) + \int_a^x L(x,y)f(y)dy \tag{2.11}$$

と表される.

$K(x,y)$ が連続であるとき, (2.6) と同様の方法で, (2.10) の右辺が一様収束することが示される. こうして得られた $L(x,y)$ を $K(x,y)$ の**解核**という. (2.9) と (2.10) より

$$L(x,y) = K(x,y) + \int_y^x K(x,z) \sum_{n=1}^\infty K_n(z,y)dz$$

であるから解核 $L(x,y)$ は

$$L(x,y) = K(x,y) + \int_y^x K(x,z)L(z,y)dz \tag{2.12}$$

を満たす．また，帰納法により，$K_n(x,y)$ は

$$K_n(x,y) = \int_y^x K_{n-1}(x,z)K(z,y)dz \ (n=1,2,\ldots)$$

を満たすことがわかる．これより，解核 $L(x,y)$ は

$$L(x,y) = K(x,y) + \int_y^x L(x,z)K(z,y)dz \tag{2.13}$$

も満たす．

(2.1) の左辺で定義される作用素を $I-K$，(2.11) の右辺で定義される作用素を $I+L$ と書く（I で恒等作用素を表す）：

$$(I-K)\varphi(x) := \varphi(x) - \int_a^x K(x,y)\varphi(y)dy,$$
$$(I+L)f(x) := f(x) + \int_a^x L(x,y)f(y)dy.$$

このとき

$$KLf(x) = \int_a^x K(x,z)dz \int_a^z L(z,y)f(y)dy$$
$$= \int_a^x \left(\int_y^x K(x,z)L(z,y)dz \right) f(y)dy$$

であるから，(2.12) より

$$(I-K)(I+L) = I$$

が従い，(2.13) より

$$(I+L)(I-K) = I$$

が従う．したがって

$$(I-K)^{-1} = (I+L). \tag{2.14}$$

逐次近似法はいろいろなバリエーションをもって適用される．次の例は量子力学においてヨスト (Jost) 解と呼ばれるシュレディンガー (Schrödinger) 方程式の解の存在に関するものである．

例 2.2 $U(x)$ を $\int_0^\infty (1+x)|U(x)|dx < \infty$ なる関数，k を $\operatorname{Im} k \geqq 0$ なる（すなわち複素上半面の）複素数パラメータとして，$f(x,k)$ を未知関数とする積分方程式

2. 積 分 方 程 式

$$f(x,k) = e^{ikx} + \int_x^\infty \frac{\sin k(y-x)}{k} U(y) f(y,k) dy \qquad (x \geqq 0) \qquad (2.15)$$

を考える．$\varphi(x) = f(x,k)e^{-ikx}$ とおくと，この方程式は

$$\varphi(x) = 1 + \int_x^\infty \frac{e^{2ik(y-x)} - 1}{2ik} U(y)\varphi(y) dy \qquad (2.16)$$

となる．この方程式に逐次近似法を適用する．(2.4), (2.5) と同様に考えて

$$\psi_0(x) = 1, \quad \psi_n(x) = \int_x^\infty \frac{e^{2ik(y-x)} - 1}{2ik} U(y)\psi_{n-1}(y) dy \quad (n=1,2,\ldots)$$

により $\psi_n(x)$ を定義する．$y - x \geqq 0$ であり $\operatorname{Im} k \geqq 0$, $t \geqq 0$ のとき $|e^{2ikt}| \leqq 1$ であるから

$$\left| \frac{e^{2ik(y-x)} - 1}{2ik} \right| = \left| \int_0^{y-x} e^{2ikt} dt \right| \leqq \int_0^{y-x} |e^{2ikt}| dt \leqq y - x \leqq y$$

となる．したがって

$$|\psi_n(x)| \leqq \int_x^\infty y|U(y)| |\psi_{n-1}(y)| dy \qquad (2.17)$$

である．これより

$$|\psi_n(x)| \leqq \frac{1}{n!} \left(\int_x^\infty y|U(y)| dy \right)^n \quad (n = 0,1,2,\ldots)$$

となることが数学的帰納法により証明される．なぜなら，上が n に対し成り立つならば (2.17) より

$$|\psi_{n+1}(x)| \leqq \int_x^\infty y|U(y)| \frac{1}{n!} \left(\int_y^\infty z|U(z)| dz \right)^n dy = \frac{1}{(n+1)!} \left(\int_x^\infty y|U(y)| dy \right)^{n+1}$$

となるので $n+1$ に対しても成り立つからである．

したがって，(2.5) はその極限

$$\varphi(x) = \sum_{n=0}^\infty \psi_n(x)$$

に複素上半面で一様収束する．これが，(2.16) の解を与える．$\psi_n(x)$ は複素上半面 $\operatorname{Im} k \geqq 0$ で連続で，その内部 $\operatorname{Im} k > 0$ で正則な関数であるから，$\varphi(x)$ も複素上半面で連続，その内部で正則である．

以上により

$$f(x,k) = e^{ikx} \sum_{n=0}^\infty \psi_n(x)$$

が (2.15) の解を与える．$f(x,k)$ は，(2.15) を x で微分してみればわかるように動径方向
のシュレディンガー方程式

$$f'' + [k^2 - U(x)]f = 0 \qquad (x > 0) \tag{2.18}$$

の解であり，$x \to \infty$ のとき漸近挙動 $f(x,k) \sim e^{ikx}$ をもつ．また，複素上半面で連続，その内部で正則である．この解 $f(x,k)$ を（量子力学において）**ヨスト解**という．そして，$x = 0$ における値 $f(0,k)$ を $f(k)$ と書き，**ヨスト関数**という．上の逐次近似法で $x = 0$ として

$$f(k) = 1 + \sum_{n=1}^{\infty} \left(\frac{1}{2ik}\right)^n \int_0^{\infty}(e^{2ikx_1}-1)U(x_1)dx_1 \int_{x_1}^{\infty}(e^{2ik(x_2-x_1)}-1)U(x_2)dx_2$$
$$\cdots\cdots \int_{x_{n-1}}^{\infty}(e^{2ik(x_n-x_{n-1})}-1)U(x_n)dx_n$$

が得られる． (例終)

逐次近似法は本来は非線形方程式に対し適用されるものである．例を挙げよう：

例 2.3 非線形積分方程式

$$\varphi(x) + \int_0^x \frac{\varphi(y)^2}{1+xy}dy = 1 \qquad (x \geqq 0) \tag{2.19}$$

の解の存在と一意性について考える．ただし，ここでは実数値関数のみを考える．このとき，方程式の左辺の第 2 項は負ではないから，解 $\varphi(x)$ が存在するならば，$\varphi(x) \leqq 1$ である．よって

$$0 \leqq \int_0^x \frac{\varphi(y)^2}{1+xy}dy \leqq \int_0^x \frac{dy}{1+xy} = \frac{\log(1+x^2)}{x} \leqq 1$$

より $\varphi(x) \geqq 0$ である．すなわち (2.19) の解は $0 \leqq \varphi(x) \leqq 1$ を満たす．

逐次近似法により

$$\varphi_0(x) = 1, \quad \varphi_n(x) = 1 - \int_0^x \frac{\varphi_{n-1}(y)^2}{1+xy}dy \quad (n = 1, 2, \ldots)$$

と $\varphi_n(x)$ を定義する．このとき，上と同様の議論を用いて，帰納法により $0 \leqq \varphi_n(x) \leqq 1$ であることがわかる．とくに，$|\varphi_n(x)| \leqq 1$ である．$\varphi_n(x)$ の定義より

$$\varphi_n(x) - \varphi_{n-1}(x) = -\int_0^x \frac{(\varphi_{n-1}(y) - \varphi_{n-2}(y))(\varphi_{n-1}(y) + \varphi_{n-2}(y))}{1+xy}dy$$

であるから

$$|\varphi_n(x) - \varphi_{n-1}(x)| \leqq 2\int_0^x \frac{|\varphi_{n-1}(y) - \varphi_{n-2}(y)|}{1+xy}dy \leqq 2\int_0^x |\varphi_{n-1}(y) - \varphi_{n-2}(y)|dy \tag{2.20}$$

が得られる．これより，帰納法により

$$|\varphi_n(x) - \varphi_{n-1}(x)| \leqq \frac{2^{n-1}}{(n-1)!}x^{n-1}$$

が示される．したがって

$$\sum_{n=1}^{\infty} |\varphi_n(x) - \varphi_{n-1}(x)| \leq \sum_{n=0}^{\infty} \frac{(2x)^n}{n!} = e^{2x}$$

であり

$$\varphi(x) = \lim_{n \to \infty} \varphi_n(x) = \varphi_0(x) + \sum_{n=1}^{\infty} (\varphi_n(x) - \varphi_{n-1}(x))$$

は任意の有界区間において一様収束し，(2.19) の解となる．

次に，解の一意性について考える．(2.19) の解が 2 つあるとすると，その差 $\psi(x)$ は (2.20) を導いた議論と同様にして $|\psi(x)| \leq 2 \int_0^x |\psi(y)| dy$ を満たすことがわかる．これと $|\psi(x)| \leq 2$ より帰納的に

$$|\psi(x)| \leq \frac{2^n}{(n-1)!} x^{n-1}$$

が得られるから，$n \to \infty$ として $\psi(x) \equiv 0$ を得る．よって，(2.19) の解はただ一つである．

(例終)

φ を未知関数とする方程式

$$\int_a^x K(x,y) \varphi(y) dy = f(x) \tag{2.21}$$

を**第 1 種ヴォルテラ積分方程式**という．第 1 種ヴォルテラ積分方程式は，積分核および $f(x)$ が C^1 級の関数で $K(x,x) \neq 0$ のときは，x で微分して $K(x,x)$ で割ることにより

$$\varphi(x) + \int_a^x \frac{K_x(x,y)}{K(x,x)} \varphi(y) dy = \frac{f'(x)}{K(x,x)}$$

となるので，第 2 種ヴォルテラ積分方程式に帰着される．しかし，上の方法が適用されない多くの場合，第 1 種ヴォルテラ積分方程式は定性的な解析を超えた議論を必要とする．ここでは，明解に解ける例を挙げるに留める．

例 2.4 $f(x)$ を既知関数として $\varphi(x)$ に関する

$$\int_a^x \frac{\varphi(y)}{\sqrt{x-y}} dy = f(x)$$

を**アーベル** (Abel) **の方程式**という．この方程式は次のように解かれる：方程式より

$$\int_a^x \frac{dz}{\sqrt{x-z}} \int_a^z \frac{\varphi(y)}{\sqrt{z-y}} dy = \int_a^x \frac{f(z)}{\sqrt{x-z}} dz$$

である．この左辺の積分の順序交換（図 2.1 参照）をして

$$\int_a^x \varphi(y) dy \int_y^x \frac{dz}{\sqrt{x-z}\sqrt{z-y}} = \int_a^x \frac{f(y)}{\sqrt{x-y}} dy$$

となる．ところが
$$\int_y^x \frac{dz}{\sqrt{x-z}\sqrt{z-y}} = \int_0^1 \frac{dt}{\sqrt{t(1-t)}} = \pi$$
であるから
$$\int_a^x \varphi(y)dy = \frac{1}{\pi}\int_a^x \frac{f(y)}{\sqrt{x-y}}dy$$
となり，これを微分して
$$\varphi(x) = \frac{1}{\pi}\frac{d}{dx}\int_a^x \frac{f(y)}{\sqrt{x-y}}dy.$$

(例終)

2.2 フレドホルム積分方程式

φ を未知関数とする方程式
$$\varphi(x) - \int_a^b K(x,y)\varphi(y)dy = f(x) \tag{2.22}$$
を**第 2 種フレドホルム積分方程式**という．ここで $a \leqq x \leqq b$ である．積分核 $K(x,y)$ を連続関数とし，複素数 λ をパラメータとして付加した
$$\varphi(x) - \lambda \int_a^b K(x,y)\varphi(y)dy = f(x) \tag{2.23}$$
の形で考える．この方程式に対し，フレドホルムは次の解法を与えた．

定理 2.2 $K(x,y)$ を連続関数とすると，第 2 種フレドホルム積分方程式 (2.23) は
$$\varphi(x) = f(x) + \lambda \int_a^b \frac{D(x,y;\lambda)}{D(\lambda)}f(y)dy \tag{2.24}$$
と解かれる．ただし，ここで

$$D(\lambda) = 1 + \sum_{n=1}^{\infty} \frac{(-\lambda)^n}{n!} \int_a^b \cdots \int_a^b \begin{vmatrix} K(x_1,x_1) & \cdots & K(x_1,x_n) \\ \vdots & \ddots & \vdots \\ K(x_n,x_1) & \cdots & K(x_n,x_n) \end{vmatrix} dx_1 \cdots dx_n,$$

$$D(x,y;\lambda) = K(x,y)$$
$$+ \sum_{n=1}^{\infty} \frac{(-\lambda)^n}{n!} \int_a^b \cdots \int_a^b \begin{vmatrix} K(x,y) & K(x,x_1) & \cdots & K(x,x_n) \\ K(x_1,y) & K(x_1,x_1) & \cdots & K(x_1,x_n) \\ \vdots & \vdots & \ddots & \vdots \\ K(x_n,y) & K(x_n,x_1) & \cdots & K(x_n,x_n) \end{vmatrix} dx_1 \cdots dx_n$$

であり，$D(\lambda) \neq 0$ と仮定した．

例 2.5 $0 \leq x \leq \pi$ として

$$\varphi(x) - \int_0^\pi \sin(2x+y)\varphi(y)dy = \cos x \tag{2.25}$$

を解く．一般にして

$$\varphi(x) - \lambda \int_0^\pi \sin(2x+y)\varphi(y)dy = f(x) \tag{2.26}$$

に定理 2.2 を適用する．まず $D(\lambda)$ の $n=1$ のときの積分は

$$a_1 := \int_0^\pi K(x_1, x_1)dx_1 = \int_0^\pi \sin(3x)dx = \frac{2}{3}$$

となる．また，$n=2$ のときの積分は

$$a_2 := \int_0^\pi \int_0^\pi \begin{vmatrix} K(x_1, x_1) & K(x_1, x_2) \\ K(x_2, x_1) & K(x_2, x_2) \end{vmatrix} dx_1 dx_2$$
$$= \int_0^\pi \int_0^\pi \left(\sin(3x)\sin(3y) - \sin(2x+y)\sin(x+2y) \right) dxdy = -\frac{16}{9}$$

と計算される．次に，$n=2$ のときの積分を

$$K(x,y) = \sin(2x+y) = \sin 2x \cos y + \cos 2x \sin y$$
$$= p_1(x)q_1(y) + p_2(x)q_2(y)$$

と分解する．このとき，$p_i(x_j) = p_{ij}$, $q_i(x_j) = q_{ij}$ とおくと，行列式の列に関する線形性より

$$\begin{vmatrix} K(x_1,x_1) & K(x_1,x_2) & K(x_1,x_3) \\ K(x_2,x_1) & K(x_2,x_2) & K(x_2,x_3) \\ K(x_3,x_1) & K(x_3,x_2) & K(x_3,x_3) \end{vmatrix}$$
$$= \begin{vmatrix} p_{11}q_{11}+p_{21}q_{21} & p_{11}q_{12}+p_{21}q_{22} & p_{11}q_{13}+p_{21}q_{23} \\ p_{12}q_{11}+p_{22}q_{21} & p_{12}q_{12}+p_{22}q_{22} & p_{12}q_{13}+p_{22}q_{23} \\ p_{13}q_{11}+p_{23}q_{21} & p_{13}q_{12}+p_{23}q_{22} & p_{13}q_{13}+p_{23}q_{23} \end{vmatrix} = 0 \tag{2.27}$$

である．したがって，$D(\lambda)$ の $n=3$ のときの積分は 0 である．以下同様にして，$n=3,4,\ldots$ に対しては $D(\lambda)$ の n のときの積分は 0 である．以上により，

$$D(\lambda) = 1 - \frac{2}{3}\lambda - \frac{8}{9}\lambda^2 = -\frac{1}{9}(2\lambda+3)(4\lambda-3).$$

次に $D(x,y;\lambda)$ を計算する．(2.27) と同様にして，$n=2,3,\ldots$ に対する項は消えてい

る．また
$$\int_0^\pi \begin{vmatrix} K(x,y) & K(x,x_1) \\ K(x_1,y) & K(x_1,x_1) \end{vmatrix} dx_1 = -\sin(2x-y) + \frac{1}{3}\sin(2x+y)$$
となる．よって
$$D(x,y;\lambda) = \left(1 - \frac{\lambda}{3}\right)\sin(2x+y) + \lambda\sin(2x-y)$$
である．したがって，定理 2.2 により，(2.26) は $\lambda \neq -\frac{3}{2}, \frac{3}{4}$ のとき
$$\varphi(x) = f(x) - \frac{3\lambda}{(2\lambda+3)(4\lambda-3)}\int_0^\pi [(3-\lambda)\sin(2x+y) + 3\lambda\sin(2x-y)]f(y)dy$$
と解かれる．とくに，$\lambda = 1$, $f(x) = \cos x$ として
$$\varphi(x) = \cos x - \frac{3}{5}\int_0^\pi [2\sin(2x+y) + 3\sin(2x-y)]\cos y\, dy = \cos x - \frac{3\pi}{2}\sin 2x$$
が (2.25) の解である． (例終)

定理 2.2 における $D(\lambda)$ は**フレドホルム行列式**と呼ばれる．これは
$$c_n = \frac{(-1)^n}{n!}\int_a^b \cdots \int_a^b \begin{vmatrix} K(x_1,x_1) & \cdots & K(x_1,x_n) \\ \vdots & \ddots & \vdots \\ K(x_n,x_1) & \cdots & K(x_n,x_n) \end{vmatrix} dx_1 \cdots dx_n$$
を係数とする λ の整級数である：
$$D(\lambda) = \sum_{n=0}^\infty c_n \lambda^n \tag{2.28}$$
この整級数の収束半径は ∞ であり，したがって $D(\lambda)$ は整関数すなわち複素平面全体で正則な関数となる．このことは，一般の行列 $A = (a_{ij})$ の行列式に関する次の**アダマール** (Hadamard) **の不等式**を利用して証明される：
$$|A|^2 \leq (|a_{11}|^2 + \cdots + |a_{n1}|^2)\cdots(|a_{1n}|^2 + \cdots + |a_{nn}|^2). \tag{2.29}$$
すなわち，これより $|K(x,y)| \leq M$ として
$$|c_n| \leq \frac{1}{n!}\left\{(nM^2)^n\right\}^{1/2}(b-a)^n = \frac{n^{n/2}}{n!}(M(b-a))^n$$
であるから，$M_1 := M(b-a)$ として
$$\lim_{n\to\infty} \frac{n^{n/2}}{n!}M_1^n \frac{(n+1)!}{(n+1)^{(n+1)/2}M_1^{n+1}} = \lim_{n\to\infty} \frac{(n+1)^{1/2}}{M_1(1+(1/n))^{n/2}} = \infty$$

より整級数 (2.28) の収束半径は ∞ である.

さて,定理 2.2 の証明を与える.

$$A_n(x,y) = \int_a^b \cdots \int_a^b \begin{vmatrix} K(x,y) & K(x,x_1) & \cdots & K(x,x_n) \\ K(x_1,y) & K(x_1,x_1) & \cdots & K(x_1,x_n) \\ \vdots & \vdots & \ddots & \vdots \\ K(x_n,y) & K(x_n,x_1) & \cdots & K(x_n,x_n) \end{vmatrix} dx_1 \cdots dx_n$$

とおき,これを計算する.行列式の第 1 行に関する展開により

$$\begin{vmatrix} K(x,y) & K(x,x_1) & \cdots & K(x,x_n) \\ K(x_1,y) & K(x_1,x_1) & \cdots & K(x_1,x_n) \\ \vdots & \vdots & \ddots & \vdots \\ K(x_n,y) & K(x_n,x_1) & \cdots & K(x_n,x_n) \end{vmatrix} = K(x,y) \begin{vmatrix} K(x_1,x_1) & \cdots & K(x_1,x_n) \\ \vdots & \ddots & \vdots \\ K(x_n,x_1) & \cdots & K(x_n,x_n) \end{vmatrix}$$

$$+ \sum_{j=1}^n (-1)^j K(x,x_j) \begin{vmatrix} K(x_1,y) & K(x_1,x_1) & \cdots & K(x_1,x_n) \\ \vdots & \vdots & \ddots & \vdots \\ K(x_n,y) & K(x_n,x_1) & \cdots & K(x_n,x_n) \end{vmatrix}$$

である(ただし,この最後の行列式では $K(\cdot,x_j)$ の列が抜かれている)から,この両辺を積分して

$$A_n(x,y) = K(x,y) \int_a^b \cdots \int_a^b \begin{vmatrix} K(x_1,x_1) & \cdots & K(x_1,x_n) \\ \vdots & \ddots & \vdots \\ K(x_n,x_1) & \cdots & K(x_n,x_n) \end{vmatrix} dx_1 \cdots dx_n$$

$$+ \sum_{j=1}^n (-1)^j \int_a^b K(x,z)dz \int_a^b \cdots \int_a^b \begin{vmatrix} K(x_1,y) & \cdots & K(x_1,x_n) \\ \vdots & \vdots & \vdots \\ K(z,y) & \cdots & K(z,x_n) \\ \vdots & \vdots & \vdots \\ K(x_n,y) & \cdots & K(x_n,x_n) \end{vmatrix} dx_1 \cdots dx_n$$

が得られる.ただし,この最後の $dx_1 \cdots dx_n$ からは dx_j が抜かれている.また $K(z,y) \cdots K(z,x_n)$ は第 j 行である.この行を第 1 行に移動すると $(-1)^{j-1}$ だけ行列式は変化するので,この最後の項は

$$-\sum_{j=1}^{n} \int_{a}^{b} K(x,z)dz \int_{a}^{b} \cdots \int_{a}^{b} \begin{vmatrix} K(z,y) & \cdots & K(z,x_n) \\ \vdots & \vdots & \vdots \\ K(x_{j-1},y) & \cdots & K(x_{j-1},x_n) \\ \vdots & \vdots & \vdots \\ K(x_n,y) & \cdots & K(x_n,x_n) \end{vmatrix} dx_1 \cdots dx_n$$

となるが,積分変数をすべて $x_1,\ldots,x_{n-1}$ としてみればわかるように,これは $-n\int_a^b K(x,z)A_{n-1}(z,y)dz$ である. よって

$$a_0 = 1, \quad a_n = \int_a^b \cdots \int_a^b \begin{vmatrix} K(x_1,x_1) & \cdots & K(x_1,x_n) \\ \vdots & \ddots & \vdots \\ K(x_n,x_1) & \cdots & K(x_n,x_n) \end{vmatrix} dx_1 \cdots dx_n$$

とおいて,次が得られる.

$$A_0(x,y) = K(x,y), \quad A_n(x,y) = a_n K(x,y) - n\int_a^b K(x,z)A_{n-1}(z,y)dz. \quad (2.30)$$

さて,この式より

$$\sum_{n=0}^{\infty} \frac{(-\lambda)^n}{n!} A_n(x,y) = \left(\sum_{n=0}^{\infty} \frac{(-\lambda)^n}{n!} a_n\right) K(x,y)$$
$$+ \lambda \sum_{n=0}^{\infty} \frac{(-\lambda)^n}{n!} \int_a^b K(x,z)A_n(z,y)dz$$

が得られる. (2.28) の収束と同様にして

$$D(x,y;\lambda) = \sum_{n=0}^{\infty} \frac{(-\lambda)^n}{n!} A_n(x,y)$$

の収束半径は ∞ であり,また x,y について一様である. したがって

$$D(x,y;\lambda) = D(\lambda)K(x,y) + \lambda \int_a^b K(x,z)D(z,y;\lambda)dz$$

である. よって, $D(\lambda) \neq 0$ ならば,これを $D(\lambda)$ で割り算して

$$L(x,y;\lambda) = \frac{D(x,y;\lambda)}{D(\lambda)} \quad (2.31)$$

とおくことにより

$$L(x,y;\lambda) = K(x,y) + \lambda \int_a^b K(x,z)L(z,y;\lambda)dz \quad (2.32)$$

を得る．このことは，作用素 K と $L(\lambda)$ を

$$(K\varphi)(x) = \int_a^b K(x,y)\varphi(y)dy, \quad (L(\lambda)f)(x) = \int_a^b L(x,y;\lambda)f(y)dy \qquad (2.33)$$

で定義するとき

$$(I - \lambda K)(I + \lambda L(\lambda)) = I$$

であることを意味する．これより

$$\varphi = (I + \lambda L(\lambda))f$$

は (2.23) の解を与える．こうして，(2.23) の解の存在が示された．

行列式の第 1 行に関する展開を用いて，(2.30) が得られた．行列式の第 1 列に関する展開を用いて同様の議論を行うことにより

$$A_n(x,y) = a_n K(x,y) - n\int_a^b A_{n-1}(x,z)K(z,y)dz$$

が得られる．そして，これより，(2.32) に対応して，次が得られる：

$$L(x,y;\lambda) = K(x,y) + \lambda \int_a^b L(x,z;\lambda)K(z,y)dz \qquad (2.34)$$

さらに，この式より

$$(I + \lambda L(\lambda))(I - \lambda K) = I$$

である．とくに $(I - \lambda K)\varphi = 0$ ならば，$\varphi = 0$ である．こうして，(2.23) の解の一意性が示された．以上により定理 2.2 の証明が完了する．

上の証明のポイントは，(2.31) で定義した $L(x,y;\lambda)$ が (2.32) と (2.34) を満たすことにある．したがって，定理 2.2 における $D(\lambda)$ が収束し $D(x,y;\lambda)$ が一様収束すれば，(2.33) が意味をもつ空間において定理 2.2 が成り立つ．すなわち，積分核 $K(x,y)$ を連続関数であると仮定するとき，(2.33) で定義した K は $[a,b]$ 上の連続関数 f に作用し，Kf も $[a,b]$ 上の連続関数 f になり，上の証明よりわかるように，$D(x,y;\lambda)$ も連続関数となるので，(2.33) で定義した $L(\lambda)$ も $[a,b]$ 上の連続関数に作用し，したがって $D(\lambda) \neq 0$ なる λ に対し (2.23) は一意可解（すなわち，解が存在し，ただ一つ）である．言い換えれば，$[a,b]$ 上の連続関数の全体を $C[a,b]$（第 XIV 編例 2.11 参照）と書けば

$$I - \lambda K : C[a,b] \longrightarrow C[a,b]$$

であり，$D(\lambda) \neq 0$ なる λ に対しては

$$I + \lambda L(\lambda) : C[a,b] \longrightarrow C[a,b]$$

がその逆作用素となる．この結論は，上の空間 $C[a,b]$ を2乗可積分な関数の空間 $L^2(a,b)$（第 XIV 編例 2.11 参照）に取り換えても，成り立つ．$I-\lambda K$ および $I+\lambda L(\lambda)$ が $L^2(a,b)$ 上の作用素としても意味をもち，(2.32) と (2.34) より，この2つが互いに逆作用素となるからである．

さらに，上の状況が成り立つならば $[a,b]$ が無限区間のときも定理 2.2 は適用できる．そのような例を挙げよう．

例 2.6 $U(x)$ を $\int_0^\infty (1+x)|U(x)|dx < \infty$ なる関数，k を $\operatorname{Im} k \geqq 0$ なる複素数パラメータとして，$\varphi(x)$ を未知関数とする積分方程式

$$\varphi(x) = 1 - e^{2ikx} - \frac{1}{2ik}\int_0^\infty \left\{ e^{ik(x+y)} - e^{ik|x-y|} \right\} e^{ik(x-y)} U(y)\varphi(y) dy \quad (x \geqq 0) \tag{2.35}$$

を考える．この方程式は

$$K(x,y) = \frac{1}{2ik}\left\{ e^{ik(x+y)} - e^{ik|x-y|} \right\} e^{ik(x-y)} U(y) \tag{2.36}$$

とおけば，第2種フレドホルム積分方程式 (2.23) で $\lambda=-1$, $a=0$, $b=\infty$, $f(x)=1-e^{2ikx}$ の場合である．この $K(x,y)$ に対しフレドホルム行列式 $D(-1)$ を計算する．

$$K(x,y) = K_0(x,y)e^{ik(x-y)}U(y)$$
$$\text{ただし } K_0(x,y) = \frac{1}{2ik}\left\{ e^{ik(x+y)} - e^{ik|x-y|} \right\} \tag{2.37}$$

とおいて，行列式の列および行に関する線形性より

$$\begin{vmatrix} K(x_1,x_1) & \cdots & K(x_1,x_n) \\ \vdots & \ddots & \vdots \\ K(x_n,x_1) & \cdots & K(x_n,x_n) \end{vmatrix} = U(x_1)\cdots U(x_n) \begin{vmatrix} K_0(x_1,x_1) & \cdots & K_0(x_1,x_n) \\ \vdots & \ddots & \vdots \\ K_0(x_n,x_1) & \cdots & K_0(x_n,x_n) \end{vmatrix}$$

となる．$\operatorname{Im} k \geqq 0$ より $|e^{2ikt}| \leqq 1 \ (t \geqq 0)$ であるから

$$|K_0(x,y)| = \left|\int_{|x-y|}^{x+y} e^{2ikt} dt\right| \leqq \int_{|x-y|}^{x+y} dt = 2\min(x,y) \leqq 2y$$

であり，したがって

$$\begin{vmatrix} K_0(x_1,x_1) & \cdots & K_0(x_1,x_n) \\ \vdots & \ddots & \vdots \\ K_0(x_n,x_1) & \cdots & K_0(x_n,x_n) \end{vmatrix} = x_1\cdots x_n \begin{vmatrix} \frac{K_0(x_1,x_1)}{x_1} & \cdots & \frac{K_0(x_1,x_n)}{x_n} \\ \vdots & \ddots & \vdots \\ \frac{K_0(x_n,x_1)}{x_1} & \cdots & \frac{K_0(x_n,x_n)}{x_n} \end{vmatrix}$$

と変形した右辺の行列式 A の各成分の絶対値は 2 以下である．したがって，アダマールの不等式 (2.29) より $|A| \leqq 2^n n^{n/2}$ となる．以上により，(2.28) の第 n 項は

2. 積分方程式

$$c_n(-1)^n = \frac{1}{n!}\int_0^\infty \cdots \int_0^\infty \begin{vmatrix} K(x_1,x_1) & \cdots & K(x_1,x_n) \\ \vdots & \ddots & \vdots \\ K(x_n,x_1) & \cdots & K(x_n,x_n) \end{vmatrix} dx_1 \cdots dx_n$$

$$= \frac{1}{n!}\int_0^\infty \cdots \int_0^\infty x_1 U(x_1) \cdots x_n U(x_n)\, A\, dx_1 \cdots dx_n$$

となり

$$|c_n| \leqq \frac{n^{n/2}}{n!}M^n \quad \text{ただし } M = 2\int_0^\infty x|U(x)|dx$$

が得られる．したがって，(2.28) の収束半径は ∞ となり，とくに $D(-1)$ は収束している．

同様にして，定理 2.2 の $D(x,y;\lambda)$ の収束半径は ∞ であり，収束は $x,y \geqq 0$ に関し一様であり $|D(x,y;-1)| \leqq My|U(y)|$ なる評価が得られる．これより，$\lambda = -1$ として (2.31) で $L(x,y;-1)$ を定めるとき，(2.32) と (2.34) が成り立つ．また，(2.36) の $K(x,y)$ で (2.33) によって定めた作用素 K および $L(x,y;-1)$ で (2.33) によって定めた作用素 $L(-1)$ は $[0,\infty)$ 上の連続で有界な関数を $[0,\infty)$ 上の連続で有界な関数に移す．すなわち，$[0,\infty)$ 上の有界連続関数の全体 $BC[0,\infty)$ と書けば

$$I + K : BC[0,\infty) \longrightarrow BC[0,\infty)$$

であり，$D(-1) \neq 0$ なるとき

$$I - \lambda L(-1) : BC[0,\infty) \longrightarrow BC[0,\infty)$$

がその逆作用素となる．以上により，$D(-1) \neq 0$ なるとき方程式 (2.35) は，有界連続関数 $\varphi(x)$ をただ一つもち，その解は

$$\varphi(x) = (1 - e^{2ikx}) - \int_0^\infty \frac{D(x,y;-1)}{D(-1)}(1 - e^{2iky})dy$$

で与えられる．

条件 $D(-1) \neq 0$ の意味を考えるために，上のフレドホルム行列式 $D(-1)$ の計算を続ける．

$$D(-1) = 1 + \sum_{n=1}^\infty \frac{1}{n!}\int_0^\infty \cdots \int_0^\infty U(x_1) \cdots U(x_n)$$

$$\times \begin{vmatrix} K_0(x_1,x_1) & \cdots & K_0(x_1,x_n) \\ \vdots & \ddots & \vdots \\ K_0(x_n,x_1) & \cdots & K_0(x_n,x_n) \end{vmatrix} dx_1 \cdots dx_n$$

であるが，被積分関数は $x_1,\ldots,x_n$ に関し対称（すなわち n 次の置換に対し不変）である

から

$$\frac{1}{n!}\int_0^\infty \cdots \int_0^\infty dx_1 \cdots dx_n = \int_0^\infty dx_1 \int_{x_1}^\infty dx_2 \cdots \int_{x_{n-1}}^\infty dx_n$$

である．右辺の積分は $x_1 < x_2 < \cdots < x_n$ に対する積分であり，このとき，定義 (2.37) より，$e_j = e^{ikx_j}$ として

$$F_n = \begin{vmatrix} e_1\left(e_1 - \frac{1}{e_1}\right) & \cdots & e_{n-1}\left(e_1 - \frac{1}{e_1}\right) & e_n\left(e_1 - \frac{1}{e_1}\right) \\ \vdots & \ddots & \vdots & \vdots \\ e_{n-1}\left(e_1 - \frac{1}{e_1}\right) & \cdots & e_{n-1}\left(e_{n-1} - \frac{1}{e_{n-1}}\right) & e_n\left(e_{n-1} - \frac{1}{e_{n-1}}\right) \\ e_n\left(e_1 - \frac{1}{e_1}\right) & \cdots & e_n\left(e_{n-1} - \frac{1}{e_{n-1}}\right) & e_n\left(e_n - \frac{1}{e_n}\right) \end{vmatrix}$$

とおけば

$$\begin{vmatrix} K_0(x_1, x_1) & \cdots & K_0(x_1, x_n) \\ \vdots & \ddots & \vdots \\ K_0(x_n, x_1) & \cdots & K_0(x_n, x_n) \end{vmatrix} = \frac{1}{(2ik)^n} F_n$$

となる．行列式の定義より F_n は e_n^2 の 1 次式である．また，$e_n = e_{n-1}$ とすると第 $n-1$ 行と第 n 行が一致して $F_n = 0$ となる．したがって

$$F_n = G(e_1, \ldots, e_{n-1})\left(\frac{e_n^2}{e_{n-1}^2} - 1\right)$$

である．この式で $e_n = 0$ とした式と F_n の定義により $G(e_1, \ldots, e_{n-1}) = F_{n-1}$ となることがわかる．これより帰納的に

$$\begin{aligned} F_n &= (e_1^2 - 1)\left(\frac{e_2^2}{e_1^2} - 1\right) \cdots \left(\frac{e_n^2}{e_{n-1}^2} - 1\right) \\ &= (e^{2ikx_1} - 1)(e^{2ik(x_2 - x_1)} - 1) \cdots (e^{2ik(x_n - x_{n-1})} - 1) \end{aligned}$$

となる．以上の計算より

$$\begin{aligned} D(-1) = 1 + \sum_{n=1}^\infty \left(\frac{1}{2ik}\right)^n &\int_0^\infty (e^{2ikx_1} - 1)U(x_1)dx_1 \int_{x_1}^\infty (e^{2ik(x_2 - x_1)} - 1)U(x_2)dx_2 \\ &\cdots \cdots \int_{x_{n-1}}^\infty (e^{2ik(x_n - x_{n-1})} - 1)U(x_n)dx_n \end{aligned}$$

が得られる．ところが，これは例 2.2 の結論として得られたヨスト関数の表示と一致している．すなわち，積分方程式 (2.35) のフレドホルム行列式はヨスト関数 $f(k)$ にほかならない．ゆえに，$f(k) \neq 0$, $\mathrm{Im}\, k \geqq 0$ なる k に対して積分方程式 (2.35) はただ一つ有界な連続解 $\varphi(x)$ をもつ．

この解 $\varphi(x)$ に対し $\psi(x, k) = e^{-ikx}\varphi(x)$ とすると $\psi(x) = \psi(x, k)$ は

2. 積 分 方 程 式

$$\psi(x) = e^{-ikx} - e^{ikx} - \frac{1}{2ik}\int_0^\infty \left\{e^{ik(x+y)} - e^{ik|x-y|}\right\} U(y)\psi(y)dy \qquad (2.38)$$

を満たす．これを微分して，$\psi(x) = \psi(x,k)$ はシュレディンガー方程式 (2.18) を満たすことがわかる．また，(2.38) より，$\psi(0,k) = 0$ である．この解 $\psi(x,k)$ を **散乱解** という．

$\mathrm{Im}\, k > 0$ のときは (2.38) と仮定 $\int_0^\infty |U(x)|dx < \infty$ より $\psi(x,k) = e^{-ikx}[1+o(1)]$ $(x \to \infty)$ であることが確かめられる．よって，ヨスト解 $f(x,k)$ とは線形独立なシュレディンガー方程式の解である．したがって，$\mathrm{Im}\, k > 0$，$f(k) \neq 0$ のときは，(2.18) の解は

$$f = c_1 f(x,k) + c_2 \psi(x,k)$$

と表される．$x = 0$ で $f = 0$ となる解は $\psi(x,k)$ の定数倍だけであり，$x \to \infty$ のとき減衰しない．一方，$\mathrm{Im}\, k > 0$，$f(k) = 0$ のときは，ヨスト解 $f(x,k)$ が $x = 0$ で 0 となる解になる．$f(x,k) \sim e^{ikx}$ より，この解は $x \to \infty$ のとき減衰する解である．とくに，2乗可積分である．以上のことから，次の結論が得られた：$\mathrm{Im}\, k > 0$ のとき，シュレディンガー方程式が $x = 0$ で 0 となる 2 乗可積分解をもつための必要十分条件は $f(k) = 0$ である．

k が実数（$\mathrm{Im}\, k = 0$）のときは，散乱解 $\psi(x,k)$ は

$$\psi(x,k) \sim e^{-ikx} - S(k)e^{ikx} \qquad (x \to \infty) \qquad (2.39)$$

なる漸近挙動をもつ．ここで定まる $S(k)$ を散乱データと呼ぶ．　　　　　　　　　（例終）

φ を未知関数とする方程式

$$\int_a^b K(x,y)\varphi(y)dy = f(x) \qquad (2.40)$$

を **第 1 種フレドホルム積分方程式** という．一般には，この方程式が解をもつかどうかは積分核 $K(x,y)$ と右辺 $f(x)$ との自明でない絡み方による．そのことを抽象的な枠組みの中で概観しよう．

方程式 (2.40) は

$$(K\varphi)(x) = \int_a^b K(x,y)\varphi(y)dy$$

で定義される作用素 K により

$$K\varphi = f \qquad (2.41)$$

と書ける．この作用素がヒルベルト (Hilbert) 空間 X からヒルベルト空間 Y へのコンパクト線形作用素になる場合を扱う．このとき，共役作用素 K^* はシャウダーの定理（定理 2.6 参照）より Y から X へのコンパクト線形作用素になり，さらに K^*K は X から X へのコンパクト自己共役作用素で非負値，すなわち，X の内積 $(\cdot,\cdot)$ に関し $(K^*K\varphi,\varphi) \geqq 0$ が任意の $\varphi \in X$ に対し成立することとなる．したがって，0 以外の K^*K のスペクトルは

すべて正で有限多重度の固有値であり 0 にのみ集積し得る．この固有値を大きい順に（重複もこめて）$\lambda_1 \geqq \lambda_2 \geqq \cdots$ と並べ，$\varphi_1, \varphi_2, \ldots$ をそれぞれの固有値に対応する正規直交固有関数とする．このとき，スペクトル分解により，各 $\varphi \in X$ は

$$\varphi = \sum_{n=1}^{\infty} (\varphi, \varphi_n)\varphi_n + P\varphi \tag{2.42}$$

と書かれる．ただし，ここで P は X から K^*K の零空間

$$N(K^*K) = \{\varphi \mid K^*K\varphi = 0\}$$

の上への直交射影作用素である．

固有値 λ_n と固有関数 φ_n に対し

$$\mu_n = \sqrt{\lambda_n}, \quad \psi_n = \frac{1}{\mu_n} K\varphi_n$$

とおくと

$$K^*\psi_n = \mu_n \varphi_n, \quad K\varphi_n = \mu_n \psi_n \quad (n = 1, 2, \ldots)$$

となる．μ_n を K の**特異値**，$\{\mu_n, \varphi_n, \psi_n\}$ を K の**特異系**という．

$\varphi \in N(K^*K)$ とすると $0 = (K^*K\varphi, \varphi) = (K\varphi, K\varphi)$ より $K\varphi = 0$ である．したがって，$N(K^*K) = N(K)$ である．よって，(2.42) より

$$K\varphi = \sum_{n=1}^{\infty} \mu_n (\varphi, \varphi_n)\psi_n$$

が得られる．これを K の**特異値分解**という．

K の特異値分解を利用して，方程式 (2.41) が解をもつための $f \in Y$ の必要十分条件および解の表現を次のように与えることができる．

定理 2.3 $\{\mu_n, \varphi_n, \psi_n\}$ をコンパクト線形作用素 K の**特異系**とするとき，(2.41) が解をもつためには $f \in N(K^*)^{\perp}$ でかつ

$$\sum_{n=1}^{\infty} \frac{1}{\mu_n^2} |(f, \psi_n)|^2 < \infty \tag{2.43}$$

であることが必要十分である．このとき

$$\varphi = \sum_{n=1}^{\infty} \frac{1}{\mu_n} (f, \psi_n) \varphi_n \tag{2.44}$$

は方程式 (2.41) の解となる．

定理 2.3 の証明は以下の通り：まずはじめに有界線形作用素の一般論から，有界線形作用

素 K の値域 $R(K)$ の閉包 $\overline{R(K)}$ と共役作用素 K^* の零空間の直交補空間 $N(K^*)^\perp$ とは等しいことに注意する. すなわち, $\overline{R(K)} = N(K^*)^\perp$. これより, (2.41) が解をもつならば $f \in R(K)$ より $f \in N(K^*)^\perp$ である. また, φ を解とするとき

$$\mu_n(\varphi, \varphi_n) = (\varphi, K^*\psi_n) = (K\varphi, \psi_n) = (f, \psi_n)$$

より

$$\sum_{n=1}^\infty \frac{1}{\mu_n^2}|(f,\psi_n)|^2 = \sum_{n=1}^\infty |(\varphi,\varphi_n)|^2 \leqq \|\varphi\|^2$$

となるので (2.43) が得られる.

逆に, (2.43) を仮定すると (2.44) で φ が定まり

$$K\varphi = \sum_{n=1}^\infty \frac{1}{\mu_n}(f,\psi_n)K\varphi_n = \sum_{n=1}^\infty (f,\psi_n)\psi_n$$

となる. ところが $KK^*\psi_n = \mu_n K\varphi_n = \lambda_n \psi_n$ より $\{\mu_n, \psi_n, \varphi_n\}$ が A^* の特異系となる. したがって, $f \in N(K^*)^\perp$ と仮定すると

$$f = \sum_{n=1}^\infty (f,\psi_n)\psi_n$$

である. ゆえに, $K\varphi = f$.

2.3 リース・シャウダー理論と積分方程式

第 2 種フレドホルム積分方程式 (2.22) を作用素方程式

$$(I - K)\varphi = f \tag{2.45}$$

の形に表し, (2.22) に対するフレドホルムの理論をより一般に, K がコンパクト作用素の場合に拡張したリースとシャウダーによる理論を解説する.

X, Y をバナッハ空間とし, K を (X を定義域とする) X から Y への線形作用素とする. 以下において, 考えている空間のノルムを $\|\cdot\|$ で表す. また, $\{\varphi_n\}$ で無限列 $\varphi_1, \varphi_2, \ldots, \varphi_n, \ldots$ を表す.

線形作用素 K は, X の任意の有界列 $\{\varphi_n\}$ (すなわち $\|\varphi_n\| \leqq M$ なる定数 M があるような列) に対し, $\{K\varphi_n\}$ が収束する部分列をもつとき, X から Y への**コンパクト作用素**であるという.

例 2.7 $K(x,y)$ を有界閉集合 $[a,b] \times [a,b]$ 上の連続関数とするとき

$$(K\varphi)(x) = \int_a^b K(x,y)\varphi(y)dy \tag{2.46}$$

で定義される作用素 K は $C[a,b]$ から $C[a,b]$ へのコンパクト作用素である．この事実は次の定理からの帰結である．

定理 (アスコリ・アルツェラ (Ascoli–Arzelà)) $f_n \in C[a,b]$ が次の 2 条件を満たすとする：

(1) 有界列である．
(2) 任意の $\varepsilon > 0$ に対し $\delta > 0$ が存在して $|x_1 - x_2| < \delta \implies |f_n(x_1) - f_n(x_2)| < \varepsilon$．
このとき，$\{f_n\}$ は $C[a,b]$ において収束する部分列をもつ．

$\{\varphi_n\}$ を $C[a,b]$ における有界列とする．$|\varphi_n| \leq M_1$，$|K(x,y)| \leq M_2$，$M_1 M_2 (b-a) = M$ として

$$|(K\varphi_n)(x)| \leq \int_a^b M_1 M_2 dy = M$$

より $f_n = K\varphi_n$ は上の定理の条件 (1) を満たす．また，任意の $\varepsilon > 0$ に対し

$$|x_1 - x_2| < \delta \implies |K(x_1, y) - K(x_2, y)| < \varepsilon (b-a)^{-1} M_1^{-1}$$

と $\delta > 0$ をとれば，$|x_1 - x_2| < \delta$ のとき

$$|(K\varphi_n)(x_1) - (K\varphi_n)(x_2)| \leq \int_a^b \varepsilon (b-a)^{-1} M_1^{-1} M_1 dy = \varepsilon$$

となるので，f_n は上の定理の条件 (2) も満たす．よって，(2.46) で定義される作用素 K は $C[a,b]$ から $C[a,b]$ へのコンパクト作用素である

上の議論は $\{\varphi_n\}$ が空間 $L^1(a,b)$ （第 XIV 編例 2.11 参照）における有界列の場合も同様になされ，$f_n = K\varphi_n$ は $C[a,b]$ で収束する部分列をもつ．$C[a,b]$ で収束する列は $L^1(a,b)$ でも収束するから，この部分列は $L^1(a,b)$ でも収束する．ゆえに，$K(x,y)$ を有界閉集合 $[a,b] \times [a,b]$ 上の連続関数とするとき (2.46) で定義される作用素 K は $L^1(a,b)$ から $L^1(a,b)$ へのコンパクト作用素である．　　　　　　　　　　　　　(例終)

例 2.8 $G(t) \in L^1(0,\infty)$ とするとき

$$(K\varphi)(x) = \int_0^\infty G(x+y) \varphi(y) dy \tag{2.47}$$

で定義される作用素 K は $L^1(0,\infty)$ から $L^1(0,\infty)$ へのコンパクト作用素である．この事実は次の定理からの帰結である．

定理 (フレッシェ・コロモゴロフ (Fréchet–Kolmogorov)) $f_n \in L^1(0,\infty)$ が次の 3 条件を満たすとする：

(1) 有界列である．
(2) $t \to +0$ のとき，n について一様に，$\int_0^\infty |f_n(x+t) - f_n(x)| dx \to 0$．
(3) $R \to \infty$ のとき，n について一様に，$\int_R^\infty |f_n(x)| dx \to 0$．

2. 積分方程式

このとき, $\{f_n\}$ は $L^1(0,\infty)$ において収束する部分列をもつ.

(2.47) で定義される作用素 K による列 $f_n = K\varphi_n$ (ただし φ_n は有界列) が上の定理の 3 条件を満たすことは積分の順序交換を利用して検証される. いずれの検証も同様であるから, ここでは条件 (1) の検証のみ記す. $\varphi_n \in L^1(0,\infty)$, $\|\varphi_n\| \leqq M_1$, $f_n = K\varphi_n$, $\|G\| \leqq M_2$ として

$$\int_0^\infty |f_n(x)|dx \leqq \int_0^\infty dx \int_0^\infty |G(x+y)\varphi_n(y)|dy$$
$$= \int_0^\infty |\varphi_n(y)|dy \int_0^\infty |G(x+y)|dx$$
$$= \int_0^\infty |\varphi_n(y)|dy \int_y^\infty |G(z)|dz$$
$$\leqq \int_0^\infty |\varphi_n(y)|dy \int_0^\infty |G(z)|dz = M_1 M_2.$$

よって $M = M_1 M_2$ として条件 (1) が成り立つ. (例終)

次のリースの定理 (1918 年) は, K がコンパクト作用素であるとき, (2.45) が一意可解であることと (2.45) の**斉次方程式**

$$(I - K)\varphi = 0 \tag{2.48}$$

の解が自明な解 $\varphi = 0$ に限ることとが同値であることを示す.

定理 2.4 K をバナッハ空間 X から X へのコンパクト作用素とするとき, (2.45) が各 $f \in X$ に対し X においてただ一つの解 φ をもつためには, (2.48) の解が $\varphi = 0$ に限ることが必要十分である.

関数 $K(x,y)$ を $[a,b] \times [a,b]$ 上の連続関数とすると, 積分作用素 (2.46) は, 例 2.7 により, コンパクト作用素になる. この場合に定理 2.4 を書き直すと次のようになる. これはフレドホルムの 1903 年の論文の結果の一つである.

定理 2.5 $[a,b]$ を有界閉区間とし, $K(x,y)$ を $[a,b] \times [a,b]$ 上の連続関数とする. このとき積分方程式 (2.22) が各連続関数 f に対しただ一つの連続関数解 φ をもつためには, その斉次方程式

$$\varphi(x) - \int_a^b K(x,y)\varphi(y)dy = 0 \tag{2.49}$$

の連続関数解が $\varphi = 0$ に限ることが必要十分である.

例 2.9 k をパラメータとして積分方程式

$$\varphi(x) - \int_0^1 e^{x+ky}\varphi(y)dy = f(x) \qquad (0 \leqq x \leqq 1) \tag{2.50}$$

を考える．この方程式の斉次方程式

$$\varphi(x) - \int_0^1 e^{x+ky}\varphi(y)dy = 0 \qquad (0 \leqq x \leqq 1) \tag{2.51}$$

の解は

$$\varphi(x) = Ce^x \quad \text{ただし} \quad C = \int_0^1 e^{ky}\varphi(y)dy$$

と書かれる．これを (2.51) に代入して

$$Ce^x - \int_0^1 e^{x+ky}Ce^y dy = Ce^x\left(1 - \int_0^1 e^{ky}e^y dy\right) = 0$$

となる．初等的な計算により，$1 - \int_0^1 e^{ky}e^y dy = 0$ となるのは $k = -1$ のときだけであることがわかる．したがって，$k \neq -1$ のときは (2.51) の解は $\varphi(x) = 0$ に限る．よって，定理2.5 より，(2.50) は $k \neq -1$ のとき，かつそのときに限り，各 $f \in C[0,1]$ に対してただ一つの連続解をもつ． (例終)

次に，斉次方程式 (2.48) が非自明解 $\varphi \neq 0$ をもつ場合（たとえば，例 2.9 で $k = -1$ のような場合）には (2.45) が解をもつかどうかはどのようにして判定できるのかを考える．すなわち，解をもつための f の条件を求める．

そのために，まず，共役空間について説明する．X を線形空間とするとき，X の各要素 φ に数を対応させる写像を X 上の**汎関数**という．このときの数は X が実数体 **R** 上の線形空間のときは実数を，また X が複素数体 **C** 上の線形空間のときは複素数を意味する．汎関数を Φ と書くとき，Φ によって φ に対応する数を $\Phi(\varphi)$ と書く．Φ が線形写像，すなわち任意の $\varphi, \psi \in X$ と数 α, β に対し $\Phi(\alpha\varphi + \beta\psi) = \alpha\Phi(\varphi) + \beta\Phi(\psi)$ を満たす写像であるとき Φ は**線形汎関数**であるという．

Φ がバナッハ空間 X を定義域とする線形汎関数で

$$|\Phi(\varphi)| \leq M\|\varphi\|$$

なる定数 M が存在するとき，Φ は X 上の**有界線形汎関数**であるという．このような定数 M の最小値すなわち

$$\sup_{\varphi \neq 0} \frac{|\Phi(\varphi)|}{\|\varphi\|}$$

を有界線形汎関数 Φ のノルムといい $\|\Phi\|$ で表す：

$$\|\Phi\| = \sup_{\varphi \neq 0} \frac{|\Phi(\varphi)|}{\|\varphi\|}.$$

たとえば，$X = C[0,1]$，$\Phi(\varphi) = \int_0^1 \varphi(x)dx$ とするとき Φ は線形汎関数であり，$\|\Phi\| = 1$ である．実際，$|\Phi(\varphi)| \leqq \int_0^1 |\varphi(x)|dx \leqq \|\varphi\|$ であるし，$\varphi(x) \equiv 1$ とすると $\Phi(\varphi) = 1$，

$\|\varphi\|=1$ である.

バナッハ空間 X 上の有界線形汎関数の全体を X の**共役空間**といい X^* で表す. X^* は上の $\|\Phi\|$ をノルムとしてバナッハ空間となる.

例 2.10 $\psi \in L^\infty(a,b)$ すなわち ψ を区間 (a,b) (無限区間でもよい) の上の本質的に有界な関数とする. このとき, 正数 M が存在して $\psi(x) > M$ なる x の部分は積分に寄与しない. このような M の最小値 $\|\psi\|$ をノルムとして $L^\infty(a,b)$ はバナッハ空間となる (第 XIV 編例 2.11 参照). $\psi \in L^\infty(a,b)$ とするとき, $\varphi \in L^1(a,b)$ に対し $\int_a^b \varphi(x)\psi(x)dx$ を対応させる写像は $L^1(a,b)$ 上の有界線形汎関数となる. これを Φ_ψ と書く. すなわち

$$\Phi_\psi(\varphi) = \int_a^b \varphi(x)\psi(x)dx \tag{2.52}$$

とするとき, 積分に寄与するのは $|\psi(x)| \leq \|\psi\|$ のところだけだから

$$|\Phi_\psi(\varphi)| \leq \int_a^b |\varphi(x)|dx\,\|\psi\| \leq \|\varphi\|\,\|\psi\|$$

となり, よって Φ_ψ は $L^1(a,b)$ 上の有界線形汎関数である. 言い換えると $\Phi_\psi \in (L^1(a,b))^*$ であり $\|\Phi_\psi\| \leq \|\psi\|$ となる. 実際には, $\|\psi\| - \varepsilon < |\psi(x)|$ となる $x \in [a,b]$ の集合上では 1, その他では 0 となる関数を φ としてみることにより, $\|\Phi_\psi\| = \|\psi\|$ であることがわかる.

実は, $L^1(a,b)$ 上の有界線形汎関数は Φ_ψ で尽きている. すなわち, 任意の $\Phi \in (L^1(a,b))^*$ に対し $\psi \in L^\infty(a,b)$ がただ一つ存在して, $\Phi = \Phi_\psi$ となる. ゆえに, 一対一対応

$$L^\infty(a,b) \ni \psi \longleftrightarrow \Phi_\psi = \Phi \in (L^1(a,b))^* \tag{2.53}$$

が得られる. この対応により ψ と Φ を同じものとみることにより $(L^1(a,b))^* = L^\infty(a,b)$ となる. 以上により, $L^1(a,b)$ の共役空間は $L^\infty(a,b)$ である. (例終)

バナッハ空間 X から Y への線形作用素 K に対し, Y^* から X^* への線形作用素 K^* を

$$(K^*\Phi)(\varphi) = \Phi(K\varphi) \qquad (\Phi \in Y^*, \varphi \in X) \tag{2.54}$$

で定義する. K^* を K の**共役作用素**という. (2.53) のように Φ と ψ を同一視するときは

$$\Phi_{K^*\psi}(\varphi) = \Phi_\psi(K\varphi) \qquad (\varphi \in X)$$

となる K^* が K の共役作用素となる.

例 2.11 $K(x,y)$ を有界閉集合 $[a,b]\times[a,b]$ 上の連続関数とし, 作用素 K を (2.46) で定義する. このとき, 例 2.7 の最後で述べたように, K は $L^1(a,b)$ から $L^1(a,b)$ へのコンパクト作用素になる. この作用素の共役作用素を求める. 例 2.10 より, $(L^1(a,b))^* = L^\infty(a,b)$

であり，$\Phi \in (L^1(a,b))^*$ に対し ψ が存在して $\Phi = \Phi_\psi$ となる．ここで Φ_ψ は (2.52) で定まる汎関数である．これより，積分の順序を交換して

$$\Phi_\psi(K\varphi) = \int_a^b (K\varphi)(x)\psi(x)dx = \int_a^b \left(\int_a^b K(x,y)\varphi(y)dy\right)\psi(x)dx$$
$$= \int_a^b \int_a^b K(x,y)\psi(x)dx\,\varphi(y)dy = \int_a^b \varphi(x)\left(\int_a^b K(y,x)\psi(y)dy\right)dx.$$

よって，$\psi^*(x) = \int_a^b K(y,x)\psi(y)dy$ として $\Phi_\psi(K\varphi) = \Phi_{\psi^*}(\varphi)$ である．ゆえに，$K: L^1(a,b) \to L^1(a,b)$ の共役作用素 $K^* : L^\infty(a,b) \to L^\infty(a,b)$ は

$$(K^*\psi)(x) = \int_a^b K(y,x)\psi(y)dy \tag{2.55}$$

で与えられる．すなわち，K^* は $K(x,y)$ の x,y を入れ替えた $K(y,x)$ を積分核とする積分作用素である．この核 $K(y,x)$ ももちろん $[a,b] \times [a,b]$ 上の連続関数であり，例 2.7 と同様にして，$K^* : L^\infty(a,b) \to L^\infty(a,b)$ もコンパクト作用素になる． (例終)

上の例ではコンパクト作用素 K の共役作用素 K^* もまたコンパクト作用素になった．このことが一般に成り立つことはシャウダーによる次の定理により保証される．

定理 2.6 K が X から Y へのコンパクト作用素ならば，K^* は Y^* から X^* へのコンパクト作用素である．

例 2.12 例 2.8 の (2.47) で定義された作用素 $K : L^1(0,\infty) \to L^1(0,\infty)$ の共役作用素 K^* も，例 2.11 と同様にして求められる．この場合には，$G(x+y)$ は x と y を入れ替えても不変であるから，$K^* : L^\infty(0,\infty) \to L^\infty(0,\infty)$ も (2.47) と同じ形になる．すなわち

$$(K^*\psi)(x) = \int_0^\infty G(x+y)\psi(y)dy.$$

定理 2.6 より，この作用素 K^* は $L^\infty(0,\infty)$ から $L^\infty(0,\infty)$ へのコンパクト作用素である．
(例終)

斉次方程式 $(I-K)\varphi = 0$ の解 $\varphi \in X$ の全体は X の部分空間をなす．これを $(I-K)\varphi = 0$ の**解空間**という．同様に $(I-K^*)\psi = 0$ の解の全体は X^* の部分空間をなす．これを $(I-K^*)\psi = 0$ の解空間という．**シャウダー理論**は次を根幹とする．

定理 2.7 K を X から X へのコンパクト作用素とするとき，$(I-K)\varphi = 0$ の解空間と $(I-K^*)\psi = 0$ の解空間はどちらも有限次元であり，両者の次元は等しい．とくに，方程式 $(I-K)\varphi = 0$ が非自明解 $\varphi \in X$ をもつことと方程式 $(I-K^*)\psi = 0$ が非自明解 $\psi \in X^*$ をもつこととは同値である．

例 2.13 $L^1(0,1)$ から $L^1(0,1)$ への作用素 K を

$$(K\varphi)(x) = \int_0^1 e^{x-y}\varphi(y)dy$$

と定義するとき，$(I-K)\varphi = 0$ の解空間 $= \text{span}\{e^x\}$ である．ただし，ここで $\text{span}\, A$ は A の要素で張られる部分空間である．(2.55) より共役作用素 $K^* : L^\infty(0,1) \to L^\infty(0,1)$ は上の x, y を入れ替えた形となり，$(I-K^*)\psi = 0$ の解空間 $= \text{span}\{e^{-x}\}$ である．これより，2 つの解空間の次元は，ともに 1 である． (例終)

シャウダー理論の中心となるのは次のシャウダーの定理（1930 年）である．

定理 2.8 K を X から X へのコンパクト作用素とするとき，次が成り立つ．
(1) $f \in X$ に対し方程式 $(I-K)\varphi = f$ が X において解をもつためには，f が $(I-K^*)\psi = 0$ なる任意の $\psi \in X^*$ に対し $\psi(f) = 0$ を満たすことが必要十分である．
(2) $g \in X^*$ に対し方程式 $(I-K^*)\psi = g$ が X^* において解をもつためには，g が $(I-K)\varphi = 0$ なる任意の $\varphi \in X$ に対し $g(\varphi) = 0$ を満たすことが必要十分である．

例 2.14 $f \in L^1(0,\infty)$ として，k をパラメータとする積分方程式

$$\varphi(x) - k\int_0^\infty e^{-x-y}\varphi(y)dy = f(x) \tag{2.56}$$

を $L^1(0,\infty)$ において考える．これは (2.47) で $G(x) = ke^{-x}$ として得られる K を用いて $(I-K)\varphi = f$ と書かれる．例 2.8 より，$X = L^1(0,\infty)$ として K は X から X へのコンパクト作用素である．例 2.10 より $X^* = L^\infty(0,\infty)$ であり，方程式 $(I-K^*)\psi = 0$ は例 2.12 より

$$\psi(x) - k\int_0^\infty e^{-x-y}\psi(y)dy = 0$$

となる．この方程式の解は $\psi(x) = Ce^{-x}$（C は定数）の形であるが，これを上に代入して，$k \neq 2$ のときは $C = 0$ でなければならないことがわかる．ゆえに，$k \neq 2$ のとき，$\psi = 0$ である．したがって，任意の $f \in L^1(0,\infty)$ に対し $\psi(f) = 0$ となるから，定理 2.8 の (1) により，$k \neq 2$ のとき，(2.56) は任意の $f \in L^1(0,\infty)$ に対し解 $\varphi \in L^1(0,\infty)$ をもつ．定理 2.7 より，方程式 $(I-K)\varphi = 0$ の解が自明解に限ることと方程式 $(I-K^*)\psi = 0$ の解が自明解に限ることとは同値であるから，$(I-K^*)\psi = 0$ の解が自明解に限ることから $(I-K)\varphi = 0$ の解が自明解に限ることが従う．ゆえに，$k \neq 2$ のとき，(2.56) の解 φ は $L^1(0,\infty)$ においてただ一つである．

$k = 2$ のときは，方程式 $(I-K^*)\psi = 0$ は

$$\psi(x) - 2\int_0^\infty e^{-x-y}\psi(y)dy = 0$$

となり，$\psi(x) = Ce^{-x}$ と解ける．(2.52) より，同一視 (2.53) のもとでは，

$$\psi(f) = \int_0^\infty f(x)\psi(x)dx$$

であるから，定理 2.8 の (1) により，$k = 2$ のとき，(2.56) が解 $\varphi \in L^1(0, \infty)$ をもつためには $\int_0^\infty f(x)e^{-x}dx = 0$ が必要十分である．　　　　　　　　　　（例終）

例 2.15　$G \in L^1(0, \infty)$ とし，$g \in L^\infty(0, \infty)$ として，ψ についての積分方程式

$$\psi(x) - \int_0^\infty G(x+y)\psi(y)dy = g(x) \qquad (0 < x < \infty) \tag{2.57}$$

が $L^\infty(0, \infty)$ において解をもつための g の条件を求める．$X = L^1(0, \infty)$ とするとき，例 2.10 より $X^* = L^\infty(0, \infty)$ であるから，定理 2.8 の (2) により，(2.57) が $L^\infty(0, \infty)$ において解をもつための条件は，g が

$$\varphi(x) - \int_0^\infty G(x+y)\varphi(y)dy = 0 \tag{2.58}$$

の $L^1(0, \infty)$ における任意の解 φ に対し $\int_0^\infty g(x)\varphi(x)dx = 0$ を満たすことである．とくに，(2.58) の $L^1(0, \infty)$ における解が自明解 $\varphi = 0$ に限るならば，(2.57) は任意の $g \in L^\infty(0, \infty)$ に対し解 $\psi \in L^\infty(0, \infty)$ をもつ．定理 2.7 より，この解はただ一つである．

たとえば

$$\psi(x) - \int_0^\infty \frac{\psi(y)}{(1+x+y)^2}dy = g(x) \qquad (0 < x < \infty) \tag{2.59}$$

に対する方程式 (2.58) は

$$\varphi(x) - \int_0^\infty \frac{\varphi(y)}{(1+x+y)^2}dy = 0$$

であるが，この方程式の $L^1(0, \infty)$ における解 φ は

$$\int_0^\infty |\varphi(x)|dx = \int_0^\infty \left|\int_0^\infty \frac{\varphi(y)}{(1+x+y)^2}dy\right|dx$$
$$\leq \int_0^\infty \int_0^\infty \frac{|\varphi(y)|}{(1+x+y)^2}dydx = \int_0^\infty \frac{|\varphi(y)|}{1+y}dy$$

を満たすので $\varphi = 0$ でなければならない．ゆえに，(2.59) は任意の $g \in L^\infty(0, \infty)$ に対し $L^\infty(0, \infty)$ においてただ一つの解 ψ をもつ．　　　　　　　　　　（例終）

$K(x, y)$ を有界閉集合 $[a, b] \times [a, b]$ 上の連続関数，f を $[a, b]$ 上の連続関数として，第 2 種フレドホルム積分方程式

$$\varphi(x) - \int_a^b K(x, y)\varphi(y)dy = f(x) \tag{2.60}$$

に定理 2.8 の (1) を適用してみよう. $f \in C[a,b]$ ならば $f \in L^1(a,b)$ である. また, $f \in C[a,b]$ ならば (2.60) の $L^1(a,b)$ における解 φ は

$$\varphi(x) = f(x) + \int_a^b K(x,y)\varphi(y)dy$$

の右辺が連続関数になるので,必然的に $C[a,b]$ における解となる. したがって, $f \in C[a,b]$ ならば, (2.60) が $C[a,b]$ において解をもつことと $L^1(a,b)$ において解をもつこととは同値である. 一方, 斉次方程式

$$\psi(x) - \int_a^b K(y,x)\psi(y)dy = 0 \tag{2.61}$$

の $L^\infty(a,b)$ における解は必然的に $C[a,b]$ における解となるので (2.61) の任意の解 $\psi \in L^\infty(a,b)$ ということと任意の解 $\psi \in C[a,b]$ ということとは同じことである. ゆえに, 定理 2.8 の (1) より次の**フレドホルムの交代定理**(フレドホルム:1903 年)が得られる.

定理 2.9 $K(x,y)$ を有界閉集合 $[a,b] \times [a,b]$ 上の連続関数とし, f を $[a,b]$ 上の連続関数とするとき, (2.60) が $[a,b]$ 上の連続関数解をもつためには, f が (2.61) を満たす任意の連続関数 ψ に対し $\int_a^b f(x)\psi(x)dx = 0$ となることが必要十分である.

例 2.16 例 2.9 の (2.50) で $k = -1$ のとき,すなわち

$$\varphi(x) - \int_0^1 e^{x-y}\varphi(y)dy = f(x) \qquad (0 \leqq x \leqq 1) \tag{2.62}$$

を考える. この方程式に対する (2.61) は

$$\psi(x) - \int_0^1 e^{y-x}\psi(y)dy = 0$$

であり, 容易にわかるように, この解は $\psi(x) = Ce^{-x}$ である. ゆえに (2.62) が解をもつためには $f(x)$ が $\int_0^1 f(x)e^{-x}dx = 0$ を満たすことが必要十分である. (例終)

リース・シャウダーの理論は, 未知関数 $\varphi(x)$ の複素共役 $\overline{\varphi(x)}$ を第 1 項とする第 2 種フレドホルム方程式

$$\overline{\varphi(x)} - \int_a^b K(x,y)\varphi(y)dy = f(x) \tag{2.63}$$

に対しても適用可能である. このことをもう少し一般的な形でみるために, X を **C** 上のバナッハ空間とし, (複素共役をとる作用を一般にして) J を

(1) $JJ = I$ (対合性) (2) $J(\alpha\varphi + \beta\psi) = \overline{\alpha}J\varphi + \overline{\beta}J\psi$ (共役線形性) (2.64)

の 2 つの性質をもつ X から X への有界作用素とする. この J に対し X^* から X^* への

作用素 J^* を
$$(J^*\Phi)(\varphi) = \overline{\Phi(J\varphi)} \qquad (\Phi \in X^*,\ \varphi \in X) \tag{2.65}$$
で定義する（右辺が線形汎関数であることに注意せよ）とき，次が成り立つ．

定理 2.10 K を $\mathbf{C}$ 上のバナッハ空間 X から X へのコンパクト作用素とする．J を (2.64) を満たす作用素とし，J^* を (2.63) で定義される X^* から X^* への作用素とする．このとき，$(J-K)\varphi = 0$ の解空間の次元と $(J^*-K^*)\psi = 0$ の解空間の次元は（有限次元で）等しい．そして，次が成り立つ．

(1) $f \in X$ に対し方程式 $(J-K)\varphi = f$ が X において解をもつためには，f が $(J^*-K^*)\psi = 0$ なる任意の $\psi \in X^*$ に対し $\operatorname{Re}\psi(f) = 0$ を満たすことが必要十分である．

(2) $g \in X^*$ に対し方程式 $(J^*-K^*)\psi = g$ が X^* において解をもつためには，g が $(J-K)\varphi = 0$ なる任意の $\varphi \in X$ に対し $\operatorname{Re} g(\varphi) = 0$ を満たすことが必要十分である．

定理 2.10 の証明を与える．まず，$\mathbf{C}$ 上のバナッハ空間 X を $\mathbf{R}$ 上のバナッハ空間と考えたものを X_R と書く．このとき，X 上の有界線形汎関数 Φ の実部 $\operatorname{Re}\Phi$ を Φ_R とすると Φ_R は X_R 上の有界線形汎関数になる．逆に，X_R 上の有界線形汎関数 Φ_R に対し $\Phi(\varphi) = \Phi_R(\varphi) - i\Phi_R(i\varphi)$ とすると Φ は X 上の有界線形汎関数となる．実際，$\Phi(i\varphi) = \Phi_R(i\varphi) + i\Phi_R(\varphi) = i\Phi(\varphi)$ より Φ は線形汎関数である．また，$\Phi(\varphi) = e^{i\theta}|\Phi(\varphi)|$（$\theta$ は偏角）としたとき，$|\Phi(\varphi)|$ は実数だから
$$|\Phi(\varphi)| = e^{-i\theta}\Phi(\varphi) = \Phi(e^{-i\theta}\varphi) = \Phi_R(e^{-i\theta}\varphi) \leqq \|\Phi_R\|\,\|e^{-i\theta}\varphi\| = \|\Phi_R\|\,\|\varphi\|$$
となり，よって Φ は有界である．とくに，$\|\Phi\| = \|\Phi_R\|$ である．以上により
$$X^* \ni \Phi \mapsto \Phi_R \in X_R^* \tag{2.66}$$
は一対一対応を与える．以下，この一対一対応を τ と書く．

X から X への線形作用素 K を X_R から X_R への線形作用素とみなした作用素を K_R と書く．このとき，K_R の共役作用素 K_R^* は
$$(K_R^*\Phi_R)(\varphi) = \Phi_R(K\varphi) \qquad (\Phi_R \in X_R^*,\ \varphi \in X_R)$$
で定められる作用素であるが
$$K_R^* = \tau K^* \tau^{-1} \tag{2.67}$$
（図 2.2 参照）となる．実際，$(\tau K^* \tau^{-1}\Phi_R)(\varphi) = (\tau K^*\Phi)(\varphi) = \operatorname{Re}(K^*\Phi)(\varphi) = \Phi_R(K\varphi)$ である．

一方，作用素 J を X_R から X_R への作用素とみなした作用素を J_R と書くと，J_R は線形作用素であり，共役作用素 J_R^* は

2. 積 分 方 程 式

$$\begin{CD}
X^* \ni \Phi @>{K^*}>> K^*\Phi \in X^* \\
@AA{\tau^{-1}}A @VV{\tau}V \\
X_R^* \ni \Phi_R @>{K_R^*}>> K_R^*\Phi_R \in X_R^*
\end{CD}$$

図 2.2

$$(J_R^*\Phi_R)(\varphi) = \Phi_R(J\varphi) \quad (\Phi_R \in X_R^*, \varphi \in X_R)$$

で定められる作用素であるから

$$(\tau J^*\tau^{-1}\Phi_R)(\varphi) = (\tau J^*\Phi)(\varphi) = \mathrm{Re}\,(J^*\Phi)(\varphi) = \mathrm{Re}\,\overline{\Phi(J\varphi)} = \mathrm{Re}\,\Phi(J\varphi) = \Phi_R(J\varphi)$$

より次が得られる.

$$J_R^* = \tau J^* \tau^{-1}. \tag{2.68}$$

定義 (2.65) より $(J^*J^*\Phi)(\varphi) = \overline{J^*\Phi(J\varphi)} = \Phi(JJ\varphi) = \Phi(\varphi)$ となるから, $J^*J^* = I$ である. ゆえに, $(J^* - K^*)\psi = g$ は $(I - J^*K^*)\psi = J^*g$ と書き直せる. ところが, (2.67), (2.68) より

$$I - J^*K^* = I - \tau^{-1}J_R^*K_R^*\tau = \tau^{-1}(I - J_R^*K_R^*)\tau = \tau^{-1}(I - (K_RJ_R)^*)\tau$$

であるから $g \in X^*$ に対し $(J^* - K^*)\psi = g$ が $g \in X^*$ に対し X^* で解をもつことと $(I - (K_RJ_R)^*)\psi_1 = \tau J^*g$ が X^* で解をもつことは同値である. K_RJ_R は X_R^* においては線形でありコンパクト作用素になるので, シャウダーの定理 2.8 の (2) より, このことは $(I - K_RJ_R)\varphi_1 = 0$ なる任意の $\varphi_1 \in X_R$ に対し $\tau J^*g(\varphi_1) = 0$ となることと同値である. これを書き直して, $(J - K)\varphi = 0$ なる任意の $\varphi \in X$ に対し $\tau J^*g(J\varphi) = 0$ すなわち $\overline{\tau g(\varphi)} = 0$ となる. $\overline{\tau g(\varphi)} = \mathrm{Re}\,g(\varphi)$ であるから定理 2.10 の (2) が証明された. ほかの証明も同様になされる.

例 2.17 $G(t) \in L^1(0, \infty)$ とし, $g \in L^\infty(0, \infty)$ として, 積分方程式

$$\overline{\psi(x)} - \int_0^\infty G(x+y)\psi(y)dy = g(x) \tag{2.69}$$

を考える. $X = L^1(0, \infty)$ から $L^1(0, \infty)$ への作用素 J を $(J\varphi)(x) = \overline{\varphi(x)}$ で定める. J^* の定義 (2.65) より, 対応 (2.53): $\psi \leftrightarrow \Phi$ のもとで $L^1(0, \infty)^* = L^\infty(0, \infty)$ とするときには $\Phi(J\varphi) = \int_0^\infty \overline{\varphi(x)}\psi(x)dx$ より $\overline{\Psi(J\varphi)} = \int_0^\infty \varphi(x)\overline{\psi(x)}dx$ となる. ゆえに $\overline{\psi} \leftrightarrow J^*\Phi$ であり, よって $(J^*\psi)(x) = \overline{\psi(x)}$ である. したがって, 定理 2.10 の (2) より, (2.69) が

$L^\infty(0,\infty)$ において解をもつための条件は,g が

$$\overline{\varphi(x)} - \int_0^\infty G(x+y)\varphi(y)dy = 0$$

の $L^1(0,\infty)$ における任意の解 φ に対し $\operatorname{Re}\int_0^\infty g(x)\varphi(x)dx = 0$ を満たすことである.とくに,上の斉次方程式の $L^1(0,\infty)$ における解が自明解 $\varphi = 0$ に限るならば,(2.69) は任意の $g \in L^\infty(0,\infty)$ に対し $L^\infty(0,\infty)$ においてただ一つの解をもつ. (例終)

2.4 合成積型積分方程式

積分変換に付随した合成積を用いて表される積分方程式の解法について考える.はじめに,$k \in L^1(\mathbf{R})$ とし,f を既知関数,φ を未知関数とする方程式

$$\varphi(x) - \int_{-\infty}^\infty k(x-y)\varphi(y)dy = f(x) \qquad (-\infty < x < \infty) \tag{2.70}$$

を扱う.方程式の積分項は,フーリエ変換に付随した合成積((1.14) 参照)であり,よって (2.70) は

$$\varphi - k*\varphi = f \tag{2.71}$$

と表される.

$f \in L^1(\mathbf{R})$ として $L^1(\mathbf{R})$ における解 φ を求める.方程式の両辺をフーリエ変換して,合成積定理(定理 1.7)を用いて

$$\mathcal{F}\varphi - \sqrt{2\pi}\,(\mathcal{F}k)(\mathcal{F}\varphi) = \mathcal{F}f$$

となる.ゆえに $(\mathcal{F}k)(\lambda) = K(\lambda)$ とおいて

$$(1 - \sqrt{2\pi}\,K(\lambda))(\mathcal{F}\varphi)(\lambda) = (\mathcal{F}f)(\lambda) \tag{2.72}$$

となる.そこで,もし $1 - \sqrt{2\pi}\,K(\lambda) \neq 0$ $(-\infty < \lambda < \infty)$ ならば,ウィナーの定理(定理 1.8)より $(1 - \sqrt{2\pi}\,K(\lambda))^{-1} = 1 + \sqrt{2\pi}\,(\mathcal{F}\ell)(\lambda)$,すなわち

$$\frac{1}{1 - \int_{-\infty}^\infty k(x)e^{-i\lambda x}dx} = 1 + \int_{-\infty}^\infty \ell(x)e^{-i\lambda x}dx \tag{2.73}$$

なる $\ell \in L^1(\mathbf{R})$ が存在し,よって

$$(\mathcal{F}\varphi)(\lambda) = (1 + \sqrt{2\pi}\,(\mathcal{F}\ell)(\lambda))(\mathcal{F}f)(\lambda)$$
$$= (\mathcal{F}f)(\lambda) + (\mathcal{F}(\ell*f))(\lambda) = (\mathcal{F}(f + \ell*f))(\lambda)$$

となる.$f, \ell \in L^1(\mathbf{R})$ であるから定理 1.7 によって,$f + \ell * f \in L^1(\mathbf{R})$ である.ゆえに,

フーリエ変換に関する一意性定理（定理1.5）により $\varphi = f + \ell * f$ が得られる．

上の議論を逆にたどるために

$$(Kf)(x) = \int_{-\infty}^{\infty} k(x-y)f(y)dy, \quad (Lf)(y) = \int_{-\infty}^{\infty} \ell(x-y)f(y)dy$$

によって作用素 K と L を定義する．このとき，K, L は $L^1(\mathbf{R})$ から $L^1(\mathbf{R})$ の作用素としてのみならず，$L^p(\mathbf{R})$ から $L^p(\mathbf{R})$ の作用素として有界線形作用素になる．ただし，ここで $1 \leqq p \leqq \infty$. このとき，積分の順序交換により

$$\begin{aligned}(KLf)(x) &= \int_{-\infty}^{\infty} k(x-z)dz \int_{-\infty}^{\infty} \ell(z-y)f(y)dy \\ &= \int_{-\infty}^{\infty} \left(\int_{-\infty}^{\infty} k(x-z)\ell(z-y)dz\right) f(y)dy\end{aligned}$$

となるから

$$\begin{aligned}(I-K)(I+L)f(x) &= f(x) + \int_{-\infty}^{\infty} \ell(x-y)f(y)dy - \int_{-\infty}^{\infty} k(x-y)f(y)dy \\ &\quad - \int_{-\infty}^{\infty} \left(\int_{-\infty}^{\infty} k(x-z)\ell(z-y)dz\right) f(y)dy\end{aligned}$$

となる．よって，$(I-K)(I+L) = I$ のためには

$$\ell(x) - k(x) - \int_{-\infty}^{\infty} k(x-y)\ell(y)dy = 0$$

が必要十分である．ところが，フーリエ変換に関する一意性定理により，これは (2.73) と同値である．ゆえに，(2.73) を満たす $\ell \in L^1(\mathbf{R})$ をとれば，$L^1(\mathbf{R})$ から $L^1(\mathbf{R})$ の作用素としてのみならず，$L^p(\mathbf{R})$ から $L^p(\mathbf{R})$ の作用素として $(I-K)(I+L) = I$ が成り立つ．同様にして，$(I+L)(I-K) = I$ も成り立つので，次が示された：

定理 2.11 $f \in L^p(\mathbf{R})$ $(1 \leqq p \leqq \infty)$ とする．もし $k \in L^1(\mathbf{R})$ が

$$1 - \int_{-\infty}^{\infty} k(x)e^{-i\lambda x}dx \neq 0 \quad (-\infty < \lambda < \infty) \tag{2.74}$$

を満たすならば，方程式 (2.70) は $L^p(\mathbf{R})$ において

$$\varphi(x) = f(x) + \int_{-\infty}^{\infty} \ell(x-y)f(y)dy \tag{2.75}$$

と解かれる．ここで ℓ は (2.73) で定まる $L^1(\mathbf{R})$ の関数である．

例 2.18 方程式

$$\varphi(x) + 4\int_{-\infty}^{\infty} e^{-|x-y|}\varphi(y)dy = e^{-|x|} \quad (-\infty < x < \infty) \tag{2.76}$$

を考える．これは (2.70) で $k(x) = -4e^{-|x|}$, $f(x) = e^{-|x|}$ の場合である．例 1.3 より

$$1 - \int_{-\infty}^{\infty} k(x)e^{-i\lambda x}dx = 1 + 4\int_{-\infty}^{\infty} e^{-|x|}e^{-i\lambda x}dx = 1 + \frac{8}{\lambda^2 + 1} = \frac{\lambda^2 + 9}{\lambda^2 + 1}$$

であるから，条件 (2.74) がみたされる．(2.73) は

$$-\frac{8}{\lambda^2 + 9} = \int_{-\infty}^{\infty} \ell(x)e^{-i\lambda x}dx$$

となるので，例 1.3 より $\ell(x) = -\frac{4}{3}e^{-3|x|}$ となる．よって，定理 2.11 より

$$\varphi(x) = e^{-|x|} - \frac{4}{3}\int_{-\infty}^{\infty} e^{-3|x-y|}e^{-|y|}dy = \frac{1}{3}e^{-3|x|}$$

が (2.76) の解を与える． (例終)

次に，$k \in L^1(\mathbf{R})$ とし，φ を未知関数とする方程式

$$\varphi(x) - \int_0^{\infty} k(x-y)\varphi(y)dy = f(x) \qquad (0 < x < \infty) \tag{2.77}$$

を考える．この方程式を，**ウィナー・ホップ** (Wiener–Hopf) **方程式**という．ウィナー・ホップ方程式はウィナー・ホップの 1931 年の論文ではじめて系統的な研究が始められ，その後，その数理構造や一般化は，前世紀後半に旧ソ連の数学者を中心にして精力的に研究された．以下，**ウィナー・ホップの技法**と呼ばれる方法によるこの方程式の解法を述べる．

$\varphi(x)$ と $f(x)$ を，$x < 0$ に対しては $\varphi(x) = f(x) = 0$ として，$\mathbf{R}$ 上の関数とみなし，$\psi(x)$ を $x > 0$ では 0 で $x < 0$ に対しては

$$\psi(x) = -\int_0^{\infty} k(x-y)\varphi(y)dy \tag{2.78}$$

で定義された $\mathbf{R}$ 上の関数とする．このとき，(2.77) は次と同値である．

$$\varphi(x) - \int_{-\infty}^{\infty} k(x-y)\varphi(y)dy = f(x) + \psi(x) \qquad (-\infty < x < \infty). \tag{2.79}$$

この方程式は (2.70) の形である．$x > 0$ に対しては (2.77) であり，$x < 0$ に対しては ψ の定義 (2.78) より自明な式である．

(2.79) をフーリエ変換して

$$K(\lambda) = \int_{-\infty}^{\infty} k(x)e^{-i\lambda x}dx, \quad F(\lambda) = \int_{-\infty}^{\infty} f(x)e^{-i\lambda x}dx,$$

$$\Phi(\lambda) = \int_0^{\infty} \varphi(x)e^{-i\lambda x}dx, \quad \Psi(\lambda) = \int_{-\infty}^0 \psi(x)e^{-i\lambda x}dx$$

とおくと次が得られる．

2. 積分方程式

$$(1 - K(\lambda))\Phi(\lambda) = F(\lambda) + \Psi(\lambda). \tag{2.80}$$

以下において, $G(\lambda) = \int_{-\infty}^{\infty} g(x)e^{-i\lambda x}dx$ に対し $(G(\lambda))_{+} = \int_{0}^{\infty} g(x)e^{-i\lambda x}dx$ と書くことにする. また, この操作を「プラスをとる」という. このとき (2.80) の両辺のプラスをとって

$$((1 - K(\lambda))\Phi(\lambda))_{+} = F(\lambda) \tag{2.81}$$

である. 逆に $\Phi(\lambda)$ がこれを満たすとき $\varphi(x)$ はウィナー・ホップ方程式の解となる. すなわち, ウィナー・ホップ方程式は (2.81) と同値である.

(2.81) の左辺をほぐすために次の分解定理が重要である.

定理 2.12 $k(x) \in L^1(\mathbf{R})$ に対し

$$1 - K(\lambda) := 1 - \int_{-\infty}^{\infty} k(x)e^{-i\lambda x}dx \neq 0 \quad (-\infty < \lambda < \infty) \tag{2.82}$$

を仮定し

$$\kappa = \mathrm{ind}(1 - K(\lambda)) = \frac{1}{2\pi i}\int_{-\infty}^{\infty} d_\lambda \log(1 - K(\lambda)) \tag{2.83}$$

とおく. このとき, $1 - K(\lambda)$ は

$$1 - K(\lambda) = \left(1 - \int_{-\infty}^{0} k_{-}(x)e^{-i\lambda x}dx\right)\left(\frac{\lambda - i}{\lambda + i}\right)^{\kappa}\left(1 - \int_{0}^{\infty} k_{+}(x)e^{-i\lambda x}dx\right) \tag{2.84}$$

と表される. ただし, $k_{-}(x) \in L^1(-\infty, 0)$, $k_{+}(x) \in L^1(0, \infty)$ であり

$$1 - \int_{-\infty}^{0} k_{-}(x)e^{-i\lambda x}dx, \quad 1 - \int_{0}^{\infty} k_{+}(x)e^{-i\lambda x}dx$$

はそれぞれ複素上半面 $\mathrm{Im}\,\lambda \geq 0$ および複素下半面 $\mathrm{Im}\,\lambda \leq 0$ において零にならない. 上の表され方は 1 通りであり, $k_{\pm}(x)$ はただ一つに定まる.

上の定理を**ウィナー・ホップ因子分解**という. また, (2.83) で定義される κ を**ウィナー・ホップ指数**（インデックス）という. ウィナー・ホップ指数は

$$\kappa = \frac{1}{2\pi}\int_{-\infty}^{\infty} d_\lambda \arg(1 - K(\lambda)) = \frac{1}{2\pi}[\arg(1 - K(\lambda))]_{-\infty}^{\infty}$$

と書くこともできる. $z = 1 - K(\lambda)$ は λ が $-\infty$ から ∞ まで動くとき複素平面内の曲線をなすが, リーマン・ルベーグの補題（定理 1.5 参照）より始点と終点は $z = 1$ であり, 仮定 (2.74) より原点を通らない. 指数 κ はこの曲線の偏角の変分であるから, この曲線が反時計回りに原点を回る**回転数**を表す.

例 2.19 $k(x)$ を

で定義するとき

$$k(x) = \begin{cases} 0 & (x > 0) \\ 2e^x & (x < 0) \end{cases}$$

$$1 - K(\lambda) = 1 - 2\int_{-\infty}^{0} e^{(1-i\lambda)x} dx = \frac{\lambda - i}{\lambda + i}$$

である．よって

$$\kappa = \frac{1}{2\pi i}\int_{-\infty}^{\infty} d\lambda \log(1 - K(\lambda)) = \frac{1}{2\pi i}\int_{-\infty}^{\infty} d\lambda \log\frac{\lambda - i}{\lambda + i} = \frac{1}{\pi}\int_{-\infty}^{\infty} \frac{d\lambda}{\lambda^2 + 1} = 1$$

である．この例では，曲線 $z = 1 - K(\lambda)$ は，単位円を $z = 1$ から同じ点まで，反時計回りに1周している．また，この例の k に対しては $k_{\pm}(x) = 0$ として，ウィナー・ホップ因子分解が成り立つ． (例終)

例 2.20 $k(x) = -4e^{-|x|}$ とするとき

$$1 - K(\lambda) = 1 + 4\int_{-\infty}^{\infty} e^{-|x|} e^{-i\lambda x} dx = \frac{\lambda^2 + 9}{\lambda^2 + 1} = \frac{\lambda + 3i}{\lambda + i}\frac{\lambda - 3i}{\lambda - i}$$

である．これより

$$\kappa = \frac{1}{2\pi i}\int_{-\infty}^{\infty} d\lambda \log\frac{\lambda^2 + 9}{\lambda^2 + 1} = -\frac{8}{\pi i}\int_{-\infty}^{\infty}\frac{\lambda}{(\lambda^2+1)(\lambda^2+9)}d\lambda = 0$$

である．$k_-(x) = -2e^x$（ただし，$x > 0$ では $k_-(x) = 0$），$k_+(x) = -2e^{-x}$（ただし，$x < 0$ では $k_+(x) = 0$）とすると

$$1 - \int_{-\infty}^{0} k_-(x)e^{-i\lambda x}dx = \frac{\lambda + 3i}{\lambda + i}, \quad 1 - \int_{0}^{\infty} k_+(x)e^{-i\lambda x}dx = \frac{\lambda - 3i}{\lambda - i}$$

となるから，この場合のウィナー・ホップ因子分解は上の $k_{\pm}(x)$ により

$$1 - K(\lambda) = \left(1 - \int_{-\infty}^{0} k_-(x)e^{-i\lambda x}dx\right)\left(1 - \int_{0}^{\infty} k_+(x)e^{-i\lambda x}dx\right)$$

となる． (例終)

以後，ウィナー・ホップ因子分解 (2.84) の右辺の第1因子を $1 - K_-$，第3因子を $1 - K_+$ と書く：

$$1 - K_-(\lambda) := 1 - \int_{-\infty}^{0} k_-(x)e^{-i\lambda x}dx, \quad 1 - K_+(\lambda) := 1 - \int_{0}^{\infty} k_+(x)e^{-i\lambda x}dx.$$

このとき，$1 - K_+(\lambda)$ は λ の下半面で $1 - K_+(\lambda) \neq 0$ であるから，ペイリー・ウィナーの定理（定理 1.13）で $s = i\lambda$ として

$$(1 - K_+(\lambda))^{-1} = 1 + \int_{0}^{\infty} \ell_+(x)e^{-i\lambda x}dx \tag{2.85}$$

なる $\ell_+(x) \in L^1(0, \infty)$ が存在する．同様に,

$$(1 - K_-(\lambda))^{-1} = 1 + \int_{-\infty}^0 \ell_-(x) e^{-i\lambda x} dx \tag{2.86}$$

なる $\ell_-(x) \in L^1(-\infty, 0)$ が存在する．

さて,本題のウィナー・ホップ方程式に戻る．はじめに, $\kappa = 0$ の場合を扱う．このときは, (2.80) にウィナー・ホップ因子分解を適用して

$$(1 - K_-(\lambda))(1 - K_+(\lambda))\Phi(\lambda) = F(\lambda) + \Psi(\lambda)$$

となるから

$$(1 - K_+(\lambda))\Phi(\lambda) = (1 - K_-(\lambda))^{-1} F(\lambda) + (1 - K_-(\lambda))^{-1} \Psi(\lambda)$$

が得られる．合成積定理(定理 1.7)より,この式の左辺は $\int_0^\infty g_+(x) e^{-i\lambda x} dx$ の形であることがわかる．一方, (2.86) と合成積定理より,この式の右辺第 2 項は $\int_{-\infty}^0 g_-(x) e^{-i\lambda x} dx$ の形であることがわかる．よって,両辺のプラスをとって

$$(1 - K_+(\lambda))\Phi(\lambda) = ((1 - K_-(\lambda))^{-1} F(\lambda))_+ \tag{2.87}$$

となる．逆に,この式の両辺に $(1 - K_-(\lambda))$ を掛けてプラスをとると,一般に

$$((1 - K_-(\lambda))(G(\lambda)_+)_+ = ((1 - K_-(\lambda))G(\lambda))_+ \tag{2.88}$$

であるから, (2.81) が得られる．すなわち, $\kappa = 0$ のときはウィナー・ホップ方程式は (2.87) と同値である．よって,

$$\Phi(\lambda) = (1 - K_+(\lambda))^{-1}((1 - K_-(\lambda))^{-1} F(\lambda))_+$$

なる $\varphi(x)$ を求めればよい．

具体的に計算すると, (2.86) より

$$(1 - K_-(\lambda))^{-1} F(\lambda) = \left(1 + \int_{-\infty}^0 \ell_-(x) e^{-i\lambda x} dx\right) \int_0^\infty f(x) e^{-i\lambda x} dx$$

であり,合成積定理より

$$\int_{-\infty}^0 \ell_-(x) e^{-i\lambda x} dx \int_0^\infty f(x) e^{-i\lambda x} dx = \int_0^\infty \left(\int_0^\infty \ell_-(x-y) f(y) dy\right) e^{-i\lambda x} dx$$
$$+ \int_{-\infty}^0 \left(\int_0^\infty \ell_-(x-y) f(y) dy\right) e^{-i\lambda x} dx$$

となるから

$$((1-K_-(\lambda))^{-1}F(\lambda))_+ = \int_0^\infty \left(f(x) + \int_0^\infty \ell_-(x-y)f(y)dy \right) e^{-i\lambda x} dx$$

となる．ゆえに，(2.85) から

$$\Phi(\lambda) = \left(1 + \int_0^\infty \ell_+(x)e^{-i\lambda x}dx \right) \int_0^\infty \left(f(x) + \int_0^\infty \ell_-(x-y)f(y)dy \right) e^{-i\lambda x} dx$$

であるが，合成積定理と積分の順序交換により

$$\int_0^\infty \ell_+(x)e^{-i\lambda x}dx \int_0^\infty f(x)e^{-i\lambda x}dx = \int_0^\infty \left\{ \int_0^\infty \ell_+(x-y)f(y)dy \right\} e^{-i\lambda x} dx$$

および

$$\int_0^\infty \ell_+(x)e^{-i\lambda x}dx \int_0^\infty \left(\int_0^\infty \ell_-(x-y)f(y)dy \right) e^{-i\lambda x} dx$$
$$= \int_0^\infty \left(\int_0^\infty \ell_+(x-z)dz \int_0^\infty \ell_-(z-y)f(y)dy \right) e^{-i\lambda x} dx$$
$$= \int_0^\infty \left\{ \int_0^\infty \left(\int_0^{\min(x,y)} \ell_+(x-z)\ell_-(z-y)dz \right) f(y)dy \right\} e^{-i\lambda x} dx$$

が得られるので，上の 2 つの { } 内の和を … として，

$$\Phi(\lambda) = \int_0^\infty \varphi(x)e^{-i\lambda x}dx = \int_0^\infty \left\{ f(x) + \int_0^\infty \ell_-(x-y)f(y)dy + \cdots \right\} e^{-i\lambda x} dx$$

となる．この両辺を見比べて，フーリエ変換に関する一意性より，$\varphi(x)$ は右辺の { } 内に等しい．以上の議論は f および φ を $L^1(0,\infty)$ の関数として行ってきたが，定理 2.11 と同様に，結果は $L^p(0,\infty)$ 空間で正しい．まとめると次のようになる．

定理 2.13 $f \in L^p(0,\infty)$ $(1 \leqq p \leqq \infty)$ とする．もし $k \in L^1(\mathbf{R})$ が (2.82) を満たし $\kappa = 0$ ならば，ウィナー・ホップ方程式 (2.77) は $L^p(0,\infty)$ において

$$\varphi(x) = f(x) + \int_0^\infty \ell(x,y)f(y)dy$$

と解かれる．ここで，$\ell(x,y)$ は (2.85) と (2.86) の $\ell_\pm(x)$ により

$$\ell(x,y) = \ell_+(x-y) + \ell_-(x-y) + \int_0^{\min(x,y)} \ell_+(x-z)\ell_-(z-y)dz$$

で定められる関数である．

例 2.21 方程式

$$\varphi(x) + 4\int_0^\infty e^{-|x-y|}\varphi(y)dy = e^{-x} \qquad (0 < x < \infty)$$

を考える. 例 2.20 の $k_\pm(x)$ と (2.85), (2.86) により $\ell_-(x) = -2e^{3x}$ (ただし, $x > 0$ では $\ell_-(x) = 0$), $\ell_+(x) = -2e^{-3x}$ (ただし, $x < 0$ では $\ell_+(x) = 0$) である. ゆえに, 定理 2.13 の $\ell(x,y)$ は

$$\ell(x,y) = -\frac{4}{3}e^{-3|x-y|} - \frac{2}{3}e^{-3(x+y)}$$

と計算される. これより

$$\varphi(x) = e^{-x} + \int_0^\infty \ell(x,y)e^{-y}dy = \frac{1}{2}e^{-3x}$$

である. (例終)

次に $\kappa > 0$ の場合を扱う. この場合には, (2.80) と因子分解 (2.84) より

$$(1 - K_-(\lambda))\left(\frac{\lambda - i}{\lambda + i}\right)^\kappa (1 - K_+(\lambda))\Phi(\lambda) = F(\lambda) + \Psi(\lambda)$$

であるから

$$(1 - K_+(\lambda))\Phi(\lambda) = \left(\left(\frac{\lambda + i}{\lambda - i}\right)^\kappa (1 - K_-(\lambda))^{-1}(F(\lambda) + \Psi(\lambda))\right)_+ \quad (2.89)$$

となる. 逆に, $\frac{\lambda-i}{\lambda+i} = 1 - \int_{-\infty}^0 2e^x e^{-i\lambda x}dx$ より, (2.88) と同様に

$$\left((1 - K_-(\lambda))\left(\frac{\lambda - i}{\lambda + i}\right)^\kappa (G(\lambda))_+\right)_+ = \left((1 - K_-(\lambda))\left(\frac{\lambda - i}{\lambda + i}\right)^\kappa G(\lambda)\right)_+$$

が成り立つので, (2.89) に $(1 - K_-(\lambda))\left(\frac{\lambda-i}{\lambda+i}\right)^\kappa$ を掛けてプラスをとると, (2.81) が得られる. ゆえに, $\kappa > 0$ のときはウィナー・ホップ方程式は (2.89) と同値である.

(2.86) と合成積定理より

$$\left(\left(\frac{\lambda + i}{\lambda - i}\right)^\kappa (1 - K_-(\lambda))^{-1} F(\lambda)\right)_+ = \int_0^\infty f_1(x)e^{-i\lambda x}dx$$

と表される. 一方, 一般に

$$\left(\frac{\lambda + i}{\lambda - i}\right)^\kappa \int_{-\infty}^0 g(x)e^{-i\lambda x}dx = \sum_{n=1}^\kappa \frac{a_n}{(\lambda - i)^n} + \int_{-\infty}^0 g_1(x)e^{-i\lambda x}dx$$

と書ける (たとえば, $\kappa = 1$ のときは, $a_1 = 2i\int_{-\infty}^0 g(x)e^x dx$, $g_1(x) = g(x) - 2\int_{-\infty}^x e^{-(x-y)}g(y)dy$ とせよ) から

$$\left(\frac{\lambda + i}{\lambda - i}\right)^\kappa (1 - K_-(\lambda))^{-1}\Psi(\lambda) = \sum_{n=1}^\kappa \frac{b_n}{(\lambda - i)^n} + \int_{-\infty}^0 \psi_1(x)e^{-i\lambda x}dx$$

と表されることがわかる. ところが

$$\frac{1}{(\lambda-i)^n} = \frac{i^n}{(n-1)!}\int_0^\infty x^{n-1}e^{-x}e^{-i\lambda x}dx$$

である（例 1.8 で $m=n-1, s=i\lambda$ とせよ）から，$c_n = i^n b_n/(n-1)!$ として

$$\left(\left(\frac{\lambda+i}{\lambda-i}\right)^\kappa (1-K_-(\lambda))^{-1}\Psi(\lambda)\right)_+ = \sum_{n=1}^\kappa c_n \int_0^\infty x^{n-1}e^{-x}e^{-i\lambda x}dx$$

が得られる．したがって，(2.89) は

$$(1-K_+(\lambda))\Phi_+(\lambda) = \int_0^\infty f_1(x)e^{-i\lambda x}dx + \sum_{n=1}^\kappa c_n \int_0^\infty x^{n-1}e^{-x}e^{-i\lambda x}dx \quad (2.90)$$

と書き直せる．$\kappa > 0$ のときのウィナー・ホップ方程式の解はこれを解いて得られる．$c_1,\ldots,c_\kappa$ は f とは無関係にとれるから，任意定数となり，ゆえに，次の結論が得られる．

定理 2.14 $f \in L^p(0,\infty)$ $(1 \leqq p \leqq \infty)$ とする．もし $k \in L^1(\mathbf{R})$ が (2.81) を満たし $\kappa > 0$ ならば，方程式 (2.77) は $L^p(0,\infty)$ において κ 次元分の無数の解をもつ．

例 2.22 $f(x) \in L^p(0,\infty)$ を与えられた関数として

$$\varphi(x) - 2\int_x^\infty e^{x-y}\varphi(y)dy = f(x) \quad (0<x<\infty) \quad (2.91)$$

を考える．この方程式は，例 2.19 の k によるウィナー・ホップ方程式である．例 2.19 より，$\kappa = 1$ であり，因子分解は $k_\pm = 0$ として実現される．合成積定理より

$$\left(\frac{\lambda+i}{\lambda-i}\right)F(\lambda) = \left(1 + \frac{2i}{\lambda-i}\right)\int_0^\infty f(x)e^{-i\lambda x}dx$$
$$= \int_0^\infty \left(f(x) - 2\int_0^x e^{-(x-y)}f(y)dy\right)e^{-i\lambda x}dx$$

となり，よって $f_1(x) = f(x) - 2\int_0^x e^{-(x-y)}f(y)dy$ として (2.90) が実現される．ゆえに，(2.90) より

$$\int_0^\infty \varphi(x)e^{-i\lambda x}dx = \int_0^\infty f_1(x)e^{-i\lambda x}dx + c_1\int_0^\infty e^{-x}e^{-i\lambda x}dx$$

である．これより，$c_1 = C$ とおいて (2.91) の解は

$$\varphi(x) = f(x) - 2\int_0^x e^{-(x-y)}f(y)dy + Ce^{-x} \quad (C \text{ は任意定数})$$

で与えられる．(例終)

最後に $\kappa < 0$ の場合を扱う．このときは，因子分解 (2.84) は

$$1-K(\lambda) = \left(1 - \int_{-\infty}^0 k_-(x)e^{-i\lambda x}dx\right)\left(\frac{\lambda+i}{\lambda-i}\right)^{-\kappa}\left(1 - \int_0^\infty k_+(x)e^{-i\lambda x}dx\right) \quad (2.92)$$

である．作用素 $I - K_\pm$ と Q_+ を

$$((I - K_-)\varphi)(x) = \varphi(x) - \int_0^\infty k_-(x-y)\varphi(y)dy,$$

$$((I - K_+)\varphi)(x) = \varphi(x) - \int_0^\infty k_+(x-y)\varphi(y)dy,$$

$$((I - Q_+)\varphi)(x) = \varphi(x) - 2\int_0^x e^{-(x-y)}\varphi(y)dy$$

と定義するとき，(2.92) に対応して

$$I - K = (I - K_-)(I - Q_+)^{-\kappa}(I - K_+) \tag{2.93}$$

が成り立つ．

作用素 $I - Q_-$ を $((I - Q_-)\varphi)(x) = \varphi(x) - 2\int_x^\infty e^{x-y}\varphi(y)dy$ で定義すると，例 2.22 より，$(I - Q_-)\varphi = 0$ の解空間 $N(I - Q_-)$ は e^{-x} で張られる：$N(I - Q_-) = \text{span}\{e^{-x}\}$．また，$(I - Q_-)^2\varphi = 0$ とすると，$(I - Q_-)\varphi = C_1 e^{-x}$ であるから例 2.22 より，$\varphi = C_1' e^{-x} + C_2 x e^{-x}$ である．ゆえに $N((I - Q_-)^2) = \text{span}\{e^{-x}, xe^{-x}\}$ である．以下帰納的に

$$N((I - Q_-)^{-\kappa}) = \text{span}\{e^{-x}, xe^{-x}, \ldots, x^{-\kappa-1}e^{-x}\} \tag{2.94}$$

となることがわかる．

例 2.22 より $(I - Q_-)(I - Q_+) = I$ である．また，積分順序の交換を利用した計算により

$$(I - Q_+)(I - Q_-)f(x) = f(x) - 2\int_0^\infty f(y)e^{-y}dy\, e^{-x} \tag{2.95}$$

となることがわかる．さて，$X = L^p(0, \infty)$ ($1 \leqq p \leqq \infty$) として，$(I - Q_+)^n$ の値域 $R((I - Q_+)^n)$ について，次を証明しよう．

$$R((I - Q_+)^n) = \left\{ f \in X \mid \int_0^\infty f(x)x^j e^{-x}dx = 0 \ (j = 0, \ldots, n-1) \right\}. \tag{2.96}$$

$f \in R(I - Q_+)$ ならば，$f = (I - Q_+)\varphi$ なる $\varphi \in X$ があるが，$(I - Q_-)(I - Q_+) = I$ より $\varphi = (I - Q_-)f$ である．これが実際に $f = (I - Q_+)\varphi$ を満たすためには (2.95) より $\int_0^\infty f(x)e^{-x}dx = 0$ でなければならない．よって，$f \in R(I - Q_+)$ ならば $\int_0^\infty f(x)e^{-x}dx = 0$ である．この議論を逆にたどって (2.96) は $n = 1$ に対し正しい．次に，(2.96) が $n - 1$ に対して成立するとし $f \in R((I - Q_+)^n)$ と仮定する．このとき，$f = (I - Q_+)\psi$，$\psi \in R((I - Q_+)^{n-1})$ となるが，帰納法の仮定から $\int_0^\infty \psi(x)x^j e^{-x}dx = 0$ ($j = 0, \ldots, n-2$) であり，これより容易な計算で $\int_0^\infty f(x)x^j e^{-x}dx = \int_0^\infty (I - Q_+)\psi(x)x^j e^{-x}dx = 0$ ($j = 0, \ldots, n-1$) を得る．

逆に, f が $\int_0^\infty f(x)e^{-x}dx = 0$ を満たすなら, (2.95) より $f = (I-Q_+)(I-Q_-)f$ となりよって $f \in R(I-Q_+)$ であり, さらに, $n-1$ のときの (2.96) を仮定し $\int_0^\infty f(x)x^j e^{-x}dx = 0$ $(j = 0,\ldots,n-1)$ とすると Q_- の定義より容易な計算で $\int_0^\infty ((I-Q_-)f)(x)x^j e^{-x}dx = 0$ $(j = 0,\ldots,n-2)$ が従うので $(I-Q_-)f \in R((I-Q_+)^{n-1})$ となる. これと (2.95) から得られる $f = (I-Q_+)(I-Q_-)f$ により $f \in R((I-Q_+)^n)$. 以上により (2.96) が証明された.

(2.93) より $f \in R(I-K)$ は $(I-K_-)^{-1}f \in R((I-Q_+)^{-\kappa})$ と同値である. これは (2.94) の右辺の空間を M と書けば, (2.96) により, $\int_0^\infty ((I-K_-)^{-1}f)(x)g(x)dx = 0$ $(g \in M)$ と同値である. (2.86) を用いてこれを書き直せば

$$\int_0^\infty f(x)\left(g(x) - \int_0^\infty \ell_-(y-x)g(y)dy\right)dx = 0 \quad (g \in M)$$

となる. そこで $k_\pm(x)$ の代わりに $k_\pm(-x)$ を用いた $I-K_\pm$ を $I-K_\pm^*$ と書けば $f \in R(I-K)$ は $\int_0^\infty f(x)((I-K_-^*)^{-1}g)(x)dx = 0$ $(g \in M)$ と同値である. $k(x)$ の代わりに $k(-x)$ を用いた $I-K$ を $I-K^*$ と書けば $I-K^* = (I-K_+^*)(I-Q_-)^{-\kappa}(I-K_-^*)$ となるので, $\psi \in X$ が $g \in M$ により $\psi = (I-K_-^*)^{-1}g$ と書けることは $(I-K_-^*)\psi \in M$ と同値であり, よって (2.94) より, $(I-Q_-)^{-\kappa}(I-K_-^*)\psi = 0$ と同値である. ゆえに, $\psi = (I-K_-^*)^{-1}g$ $(g \in M)$ は $(I-K^*)\psi = 0$ すなわち $\psi \in N(I-K^*)$ と同値である. よって, $f \in R(I-K)$ は $\int_0^\infty f(x)\psi(x)dx = 0$ $(\psi \in N(I-K^*))$ と同値である. 以上により, 次が示された:

定理 2.15 $f \in L^p(0,\infty)$ $(1 \leq p \leq \infty)$ とする. $k \in L^1(\mathbf{R})$ が (2.81) を満たし $\kappa < 0$ ならば, 方程式 (2.77) が $L^p(0,\infty)$ において解をもつためには

$$\psi(x) - \int_0^\infty k(y-x)\psi(y)dy = 0$$

である任意の $\psi \in L^p(0,\infty)$ に対し $\int_0^\infty f(x)\psi(x)dx = 0$ となることが必要十分である.

〔上 村 　 豊〕

索引

欧字

C^k 級 (C^n 級, C^r) 133,
　　199, 277, 387–389
C^r 構造 387
C^r 微分可能構造 387
C^0 級 133
C^1 級 199
C^2 級 199
C^∞ 級 133

$\mathcal{F}/\mathcal{B}$ 可測 566

K 正則 572

L^p ノルム 575

n 重線形性 73
n 変数関数 196

p-乗可積分 672

R–加群の圏 84
R 上の代数 85
R–左加群 83
R–部分加群 84

Theorema egregium 376

u 曲線 282, 361

v 曲線 282, 361

WKB 解 458

あ 行

アイゼンシュタインの判定法
　　252
アスコリ・アルツェラの定理
　　461, 725, 766
アダマールの不等式 756
アフィン幾何 90
アフィン写像 91
アーベル群 25, 232
アーベルの定理 193
アーベルの方程式 753
アーベル・リュービルの定理
　　441
アルチン加群 95
鞍形点 468
安定 466, 471, 477
安定渦状点 469
安定結節点 468, 469
アンペールの法則 294

位数 234, 235
　　零の— 532
位相空間 302, 303
位相多様体 384
位相不変性 330
一意性定理 736, 741
一意分解環 251
位置エネルギー 291
1 径数変換群 407
1 次形式 104
1 次結合 87, 434
1 次写像 548
1 次独立 87, 434
1 次独立系 87, 88
1 次微分 (形) 式 287, 514
1 次分数変換 549
1 次変換 548, 549
1 の分割 402
位置ベクトル 52
一様可積分 577
一様収束 190
1 葉双曲面 362
一様有界性定理 708
一様リプシッツ連続 662
一様連続 123
一様連続性の定理 123
一致の定理 532
一般解 428
一般線型群 231
一般 2 項定理 138
一般ラプラス展開 76

イデアル 94, 255
陰関数 205

ヴァンデルモンドの行列式 79
ウィナーの定理 739
ウィナー・ホップ因子分解
　　779
ウィナー・ホップ指数 779
ウィナー・ホップの技法 778
ウィナー・ホップ方程式 778
上三角行列 54
上に凸 139
上に有界 38, 113, 114
ウォーリスの公式 182
ヴォルテラ積分方程式 746
動く特異点 459
渦なし 289
埋め込み 18, 395
裏 3
運動エネルギー 291
運動方程式 288
運動量 288
運動量ベクトル 288

エアリー関数 448, 457
エアリーの微分方程式 448
エウドクソス・アルキメデスの
　　原理 117
エネルギー保存の法則 291
エピ射 44
エムデン・ファウラー型微分方
　　程式 492, 494
エルミート行列 106
エルミート空間 677
エルミート内積 105
円円対応 549
演算 231
演算子 701

オイラー関数 12
オイラー数 346
オイラー積 556
オイラーの公式 502

オイラーの相補公式 225
オイラーの方程式 495
オイラー標数 381
オイラー・ポアンカレの定理 346
凹関数 139
凹凸表 142
重み 91
重みつき重心 91

か 行

解 431
開円盤 302
解核 749
回帰的 695
開球 299
解曲線 406
解空間 434, 441, 770
開区間 113
開写像定理 712
開集合 301, 303
　　──の基底 308
階数 61, 394, 653, 656
階数低下法 609
外積 275, 415
解析関数 506
解析的 506
概線形系 470
外測度 570
階段行列 61
回転 289, 549
回転1葉双曲面 367
回転数 779
解の漸近挙動 468, 470
開被覆 320
外微分 416
開部分多様体 388
開零拡大 269
外力項 434
ガウス曲率 372
ガウス写像 367
ガウスの基本方程式 376
ガウスの公式 375
ガウスの誤差関数 429
ガウスの整数 247
ガウスの超幾何級数 194
ガウスの超幾何微分方程式 452
ガウスの定理 292, 380
ガウス平面 500

ガウス・ボネの定理 381
ガウス・ワイエルシュトラス関数 610
下界 113
可解群 244
可換環 25, 75, 246
可換群 25, 232
可換自由群 87
可換自由半群 86
可換体 85
可換法則 246
可逆元 85
下級解 492
下極限 119
核 239, 716
角運動量 288
拡散方程式 609
拡大 549
拡大係数行列 60
拡大体 260
拡張 688
確定特異点 450
加群の圏 84
下限 113
重ね合わせの原理 434, 592
可算加法的 568
可算集合 33
渦心点 469
下積分 169
可積分 581
可積分座標 739
可積分半平面 739
可測関数 567
　　拡張した実── 567
可測空間 566
加速度ベクトル 288
可測被覆 572
カバリング 320
加法 53
加法群 25, 83, 232
加法族 564
加法定理 509, 510, 512
カムケの定理 465
ガロア拡大 266
ガロア群 266
ガロア対応 267
ガロアの基本定理 267
下和 169
環 25, 83, 246, 564
関手 45

関数 119
関数関係 208
関数行列式 207
完全系列 348
完全積分可能 410
環の圏 83
完備 407, 572, 661
完備化 663, 671
ガンマ関数 175
幾何ベクトル 51
基底 37, 88, 308
軌道 245, 406
帰納集合 89
帰納的 36
基本解 435, 441
基本行列 441
基本近傍系 308
基本群 326, 327
基本量 283
基本列 660
逆 3
既約階段行列 61
逆関数 123
逆行列 58
既約元 94, 251
逆元 25, 233
逆公式 742
逆三角関数の主値 124
逆写像 22, 71
逆像 17
既約多項式 250
逆フーリエ変換 733
逆ラプラス変換 741
急減少関数 733
吸収的 466, 478, 674
級数 118, 504
　　関数項の── 189
級数の和 118
球面 361
行 54
強圧的 694
強位相 698
境界作用素 338
境界条件 587, 599
境界値問題 482
行基本変形 58
強収束 698, 706
強制項 434
共通部分 8

索引

行に関する標準形　62
行ベクトル　55
共変関手　45
共鳴定理　708
共役1次微分形式　557
共役空間　769
共役作用素　713, 714, 769
共役数　500
共役調和関数　525
共役複素数　106, 500
行列　54
　(m, n)型の——　54
　——の階数の一意性　63
　——の成分　54
　——の積　56
　——の積の行列式　77
　——の和　55
行列式　73
　——の乗法定理　78
行列表示　93, 94
　——の標準形　93
極　534
　——の位数　534
極形式　501
極限値　114, 120, 196, 503, 505
　0/0 の形の不定形の——　146
　∞/∞ の形の不定形の——　146
極限は +∞　117
極座標　623
極座標系　592
極集合　700
局所1径数変換群　407
極小　88, 141, 209
極小曲面　372
極小元　38
極小条件　87
極小値　141, 209
局所座標　387
局所ユークリッド空間　384
局所リプシッツ連続性　663
曲線　389
　滑らかな——　278
　——の長さ　180
曲線座標　282
曲線論の基本定理　359
極大　88, 141, 209
極大イデアル　90, 257

極大延長解　465
極大元　38, 89
極大値　141, 209
極値　141, 209
極表示　501
曲面　361
曲面片　361
曲面論の基本定理　377, 378
曲率　153, 278, 353
曲率円　155
曲率線　371
　——の方程式　373
曲率中心　154
曲率半径　153, 278, 354
曲率ベクトル　353
虚軸　500
虚部　500
距離　658
距離関数　658
距離空間　299, 658
均衡的　674
近似増加列　220
近傍　298
近傍系　302
　——の公理　302

空間曲線　352
空集合　7
区間　113
組み合わせ　19
グラフ　22
グラムの行列式　80
クラーメルの解法　67, 79
クリストフェルの記号　375
グリーン関数　489, 630, 683
グリーンの公式　482, 515
グリーンの定理　281, 629
　空間における——　293
グレゴリーの公式　138
グレゴリー・ライプニッツの公式　194
クロネッカーのデルタ　57, 642
グローンウォールの不等式　464
グローンウォール・ベルマンの不等式　464
群　25, 85, 230
　——が集合に作用　90
群環　85

係数行列　60
計量　105
結合法則　24, 57, 231
決定根　450
決定方程式　450
ケーリー・ハミルトンの定理　81
圏　42
元　4
原始 p 乗根　268
原始関数　158, 519
原始根　264
原始多項式　253
懸垂線　366
懸垂面　366
弦の振動の方程式　595
交換可能　57, 99
交換子　243
交換子群　243
交換法則　25
広義グリーン関数　490
広義積分　173, 174, 220
　——の収束　173
広義の円　549
高次導関数　133
高次偏導関数　199
降順の組　72
合成　15
合成積　737
合成積型積分方程式　776
合成積定理　738
合成体　262
構造定理　96
交代 p 形式　413
交代群　244
交代性　67, 68, 73
合同　30, 31
恒等作用素　704
恒等写像　16, 71
勾配　289, 548
勾配状ベクトル場　419
公倍数　248
勾配ベクトル　289
公約数　248
公理　3
合流型超幾何方程式　455
互換　244
誤差関数　611

コーシー・アダマールの定理
　　192, 529, 530
コーシー・シュワルツの不等式
　　677
コーシー積　187
コーシーの圧縮定理　188
コーシーの行列式　80
コーシーの積分公式　523, 524
コーシーの積分定理　520
コーシーの積分評価　524
コーシーの平均値の定理　132
コーシー・リーマンの関係式
　　508
コーシー列　118, 660
弧長パラメータ　352
弧長パラメータ表示　352
固定特異点　459
コドメイン　43
固有関数　487, 616
固有空間　98, 720
固有多項式　80
固有値　80, 487, 616, 720
固有値問題　616
固有直線　98
固有ベクトル　80, 720
孤立特異点　533
コンパクト　320, 665, 724
コンパクト作用素　765

さ 行

最小元　38
最小公倍数　248
最小上界　113
最小多項式　94
最小値　114
最小分解体　270
最大下界　113
最大元　38
最大公約数　248
最大値　113
最大値最小値の原理　559
最大値・最小値の定理　123
最大値の原理　526, 626
差核　18
差集合　10
サードの定理　403
座標関数　387
座標近傍　387
サブマージョン　395
作用　91

作用素　701
作用素ノルム　702
三角関数　510
三角行列　54, 100
三角形分割　385
三角不等式　299, 667
3 変数関数　196
散乱解　763
3 連比　29

時間遅れ　476
σ-代数　565
　生成された——　565
σ-有限　571
次元　89, 91
四元数　274
四元数体　107
自己準同型　84
自己随伴微分方程式　482
支持台　87
指数　235, 418
次数　260
指数関数　509
指数型極形式　502
指数型極表示　502
自然数　6, 112
自然対数の底　115
自然変換　46
自然方程式　359
始対象　44
下三角行列　54
下に凹　139
下に凸　139
下に有界　113, 114
実行列　54
実軸　500
実射影直線　29
実射影平面　29, 333
実数　112
　——の連続性　9, 112
実数行列　107
実数直線　298
実数倍　53
実部　500
実平面　13
ジーナス　350
磁場に関するガウスの法則
　　294
自明な解　81
射　42, 83

シャウダーの定理　771
シャウダー理論　770
射影　22
射影空間　90
射影作用素　578
射影平面　316
弱位相　698
弱収束　698
弱導関数　693
写像　14, 388
斜体　85
主因子環　94
シュヴァルツの補題　526
自由加群　89
周期解　473
周期条件　597
自由群　86
集合　4
重心　91
重心細分　341, 344
重積分　216
重積分可能　216, 217
収束(する)　114, 118, 503, 504, 553, 660
　点列の——　307
収束円　192, 529
収束半径　192, 529
従属変数　504
終対象　44
自由半群　86
従法線ベクトル　278, 355
自由マグマ　86
主曲率　371
縮小　549
縮閉線　155
種数　387
主値　512
主方向　371
主法線ベクトル　278, 354
シュレディンガー(シュレーディンガー)方程式　751
　1 次元——　458
シュワルツの不等式　105
巡回拡大　266
巡回行列式　80
巡回群　234
巡回置換　244
純虚数　107, 500
順序集合　36
準直交元　683

索　　引

準同型(写像)　25, 238
　環(の)——　26, 83, 256
　マグマの——　85
順列　19, 71, 72
上界　38, 113
商加群　84
上級解　492
小行列式　78
上極限　119
商空間　315
商群　238
上限　113
条件収束する　186
条件付き極値問題　212
商集合　28
上積分　169
商体　29
乗法群　260
剰余環　31
剰余群　238
剰余項　135
常螺旋　353
上和　169
初期関数　476
初期条件　428, 587, 594
初期値　594
初等関数族　581
初等整数論の基本定理　249
初等積分　581
ジョルダン細胞　98
ジョルダン標準形　97
ジョルダン分解　580
シルベスターの慣性律　109
シルベスターの終結式　80
自励形　428
シローの定理　244
伸開線　155
進行波解　593
真性特異点　534
振動　495
振動する　117
振動的　481
真部分集合　7
真理関数　39
推移的　91
推移法則　27
吸い込まれる　419
推進定理　269
垂線の足　682

随伴行列　106
数学的帰納法　16
数ベクトル空間　53, 87
数列　114
スカラー　274
スカラー積　275
スカラー場　286
スカラー倍　26, 55, 275
スケルトン　338
スツルムの比較定理　484
スツルムの分離定理　486
スツルム・リュービルの固有値
　問題　487
ストークス曲線　457, 458
ストークス現象　457
ストークスの定理　293, 417

整域　251
整関数　527
正規形　428
正規性　67, 68, 73
正規直交基底　105
正規部分群　236
整級数　136
　——の一意性の定理　195
制限　688
正弦　510
正項級数　186
　——の収束　187
斉次方程式　767
正射影　682
整数　112
整数行列　54
生成系　88
生成元　240
正接　510
正則　506, 572
正則解　447
正則関数　506
正則行列　58
正則曲線　277
正則曲面　282
正則写像　545
正則値　394
正則値定理　398
正則点　277, 394
正則ホモトピック　422
正定値　676
臍点　371
正方行列　54

整列集合　87
積空間　314
積作用素　704
積多様体　388
積分　431, 518
　面積要素 dS に関する S 上
　の——　284
積分因子　432
積分核　746
積分可能　159, 169, 431
積分可能条件　378
積分曲線　406, 640
積分多様体　409
積分定数　159
積分変換　732
積分方程式　746
積分路　518
ゼータ関数　188, 555
接空間　390
接線　152
接線ベクトル　277
絶対収束(する)　186, 553
絶対値　500
絶対連続　578
切断　9
接平面　282, 363
接ベクトル　363, 390
接ベクトル空間　390
セミノルム　667
ゼロ行列　56
ゼロベクトル　51
全曲率　372
漸近安定　466, 472, 478
漸近級数展開　457
漸近展開　457
線形　701
線形空間　87
線形形式　104, 675
線形結合　87, 88, 435
線形写像　26, 53, 87
線形順序　36
線形独立　37, 434
線形汎関数　685, 768
線形微分方程式　434
線形偏微分作用素　592
前作用　91
　上への——　91
全射　20
全順序　36
全順序集合　87

索引

全称記号　5
線積分　280, 412, 514
線素　283
前層　45
選択公理　23, 93
全単射(写像)　22, 71
全置換群　22
全微分　201, 557
全微分可能　200
全微分方程式　430
全変動測度　580
全有界　665

疎　663
素イデアル　257
像　14, 17, 239
双1次形式　108
双曲点　371
双曲放物面　363
増減表　142
双写像　71
双線形形式　675
双線形性　66
相対位相　313
相対コンパクト　665
相対ホモロジー群　347
双対　104
双対空間　694
双対写像　687
挿入　395
測地曲率　370
測地曲率ベクトル　370
測地三角形　380
測地線　371
　　——の微分方程式　379
測地的極座標　380
測地的三角形分割　381
測度　569
測度空間　569
速度ベクトル　287, 352
速度モーメント　288
束縛ベクトル　52
素元　257
素数　249
ソボレフ空間　620
存在記号　5

た　行

体　26, 85, 247, 260
大域解　474

第1可算公理　309
第1基本形式　364
第一近似　470
第1範疇集合　664
第1類集合　664
第1種 n-次ベッセル関数　637
第1種ヴォルテラ積分方程式　753
第1種フレドホルム積分方程式　763
対応　23
対角化可能　98
対角行列　54
対角成分　54
対角線　13
対偶　3
対偶法　3
対合的　410
対称　674, 676
対象　42, 83
対称群　22, 231
対称法則　27
代数　564
　　生成された——　565
代数演算　83
代数学の基本定理　527
対数関数　511
代数系　83
代数的数　33
代数的に解ける　270
タイト　582
　　一様に——　584
第2可算公理　309
第2基本形式　368
第2種ヴォルテラ積分方程式　746
第2種スターリング数　21
第2種フレドホルム積分方程式　754
第2範疇集合　664
第2類集合　664
代表元　28
タイムラグ　476
楕円点　371
楕円放物面　363
楕円面　362
互いに素　249
多価関数　511
多項係数　655

多項式環　27
多項定理　655
多重指標　591, 653
多重線形性　68
たたみこみ　737
縦線集合　218
縦線領域　218
縦ベクトル　54
多変数関数　196
多面体　340, 385
多様体　387
　　——の逆写像定理　396
　　——の正則点定理　397
　　——のはめ込み定理　397
ダランベールの公式　594
ダランベールの定理　193, 529
単位行列　57, 103
単位元　24, 232
単位接(線)ベクトル　278, 353
単一曲線　515
単一閉曲線　515
単位法(線)ベクトル　276, 282, 367
単因子論　96
単関数　573
単項イデアル　255
単項イデアル環　258
単項生成　96
単射　18
単純拡大　266
単純加群　85
単純群　244
単数　247
単数群　247
単体　336
単体近似定理　344
単体写像　343
単体的複体　337
単体分割　341
単多項式　260
単調減少　114
　　狭義の——　114
単調増加　114
　　狭義の——　114
単連結　550

値域　14, 119
チェイン　338
チェイン群　338, 339
チェインホモトピー　345

索引

793

チェイン・ルール　202
チェターエフの定理　472
チェビシェフの二項積分　167
チェビシェフの不等式　576
置換　231
置換積分　159, 176
逐次近似法　746
中間体　267
中間値の定理　122
中国式剰余の定理　96
抽象的空間　90
中心　245
中心化群　245
中心力　288
超越数　35
超幾何関数　452
超幾何級数　189, 453
重複度　720
調和関数　203, 525, 623
　　——の平均値定理（原理）
　　　558, 626
調和級数　119
直既約　94
直既約分解可能　94, 96
直積　13, 241
直和　9, 85
直和分解　96
直交群　107
直交射影　682
直交する　275, 680
直交分解　682
直交補空間　577, 681

ツォルンの補題　89, 690

定義　3
定義域　14, 119, 196, 504, 701
定常解　429
定数変化法　436
定積分　169
ディニの定理　581
テイラー（テーラー）級数　136, 530
テイラー（テーラー）展開　136, 530
テイラーの定理　134
　　2変数関数の——　204
定理　3
ディリクレ積分　178

ディリクレの核関数　600
ディリクレの境界値問題　560
ディリクレ問題　618
停留点　210
デカルトの正葉曲線　207
転移点　458
添加的　694
電磁場に関するマックスウェル方程式　294
転置　104
転置行列　57
電場に関するガウスの法則　294
点列コンパクト　323

等温パラメータ　366
等角写像　546
導関数　126, 506
　　2次——　133
　　3次——　133
　　n次——　133
　　一般化された——　693
　　弱い——　693
同型　45, 46, 238, 573
同型写像　238
同次　483
同次形　430
同次性　667
等質　91
同時に三角化　100
同時に対角化　99
同時に対角化する基底　100
同次方程式　592
等積移動　67
等速度　390
同値（関係）　27, 86
　　（2つの C^r 構造が）——
　　　388
同調している　386
等長対応　367
同等有界　725
同等連続　725
等濃度　89
動標構　355
等ポテンシャル曲線　548
ドゥ・モアヴル＝スターリングの公式　183
導来行列　78
特異　578
特異解　428

特異系　764
特異値　764
特異値分解　764
特異点　277, 282, 533
特殊解　428, 435
特殊線型群　234
特殊直交群　107
特殊ユニタリ群　107
特称記号　5
特性関数　217
特性曲線　646
特性根　437, 439, 477
特性多項式　437, 439
特性値　437, 439
特性微分作用素　646
特性ベクトル場　646
特性方程式　437, 439, 477
特性領域　459
独立変数　504
凸　674
凸関数　138
ドメイン　43
ド・モアブルの公式　502
トーラス　316, 369
　　2次元——　389
　　n次元——　389

な　行

内積　69, 275, 676
内積空間　676
長さ　275, 653
なす角　545
ナブラ　289
波板化　423

2項係数　19
2次形式　108
　　——の標準形　109
　　——の符号数　109
二重双対空間　695
2変数関数　196
ニュートン・ライプニッツの定理　172
2葉双曲面　362

ネイピア数　115
捻れ加群　95
ネーター加群　95
熱核関数　610
熱方程式　609

ノイマン問題　632
濃度　33, 89
ノルム　105, 667
ノルム空間　667

は　行

π-系　565
倍数　248
陪法線ベクトル　278
背理法　2
ハウスドルフ距離　659
ハウスドルフ空間　307
ハウスドルフの極大原理　690
爆発解　474
パーセバルの等式　735
発散(する)　114, 118, 289, 503, 504, 517
　　$+\infty$ に――　117
　　$-\infty$ に――　117
発散定理　292
バナッハ空間　670
バナッハ・スタインハウスの定理　708
バナッハの縮小写像の原理　661
バナッハの閉グラフ定理　711
バナッハの閉値域定理　718
パーマネント　81
ハミルトンの正準方程式　460
ハミルトンの微分演算子　289
はめ込み　395
パラメータ表示　352, 361
半環　564
汎関数　685, 768
汎関数ノルム　686
半群　83, 85
半群環　85
汎弱位相　699
汎弱収束　699
反射的　695
反射法則　27
ハーン・ジョルダンの分解　580
反双線形形式　675
反対称　676
半代数　564
半単純加群　85
ハンドル　421
ハンドル体　422
ハンドル分解　422

ハーン・バナッハの拡張定理　688
ハーン分解　580
反変関手　45
パンルヴェ方程式　459
比　29
非可換環　84
引き戻し　412, 414
非自励形　428
非振動　495
非退化　418
ピタゴラスの定理　680
左可逆元　85
左からの作用　91
左極限値　120
左剰余類　235
非同次方程式　592
非粘性バーガース方程式　639
被覆　320
非負性　667
非負定値　676
微分　128, 392, 394
　合成関数の――　128
微分 p 形式　413
微分 1 形式　411
微分可能　125, 127, 277, 506
　一般化された意味で――　693
　弱い意味で――　693
微分可能多様体　387
微分関数　125
微分形式　648
微分係数　127, 506
微分商　125
微分積分学の基本定理　171
微分同相写像　389
微分法　392
微分方程式　428
　タイムラグをもつ――　476
標準基底　53, 85, 87, 88
標準形　61, 109
標準半群準同型　87
標数　263
ヒルベルト空間　577, 678

ファイバー積　18, 46
ファトウの補題　575
ファラディの法則　294
ファンクター　330

不安定　466, 472, 478
不安定渦状点　469
不安定結節点　468, 469
フェドリュークの 2 重漸近性　459
不確定特異点　454
複素関数　504
複素数　500
複素数ベクトル空間　53
複素積分　518
複素微分可能　506
複素平面　500
複素ベクトル空間　105
複素変数　504
ブーケの公式　358
符号　72
符号付き測度　580
符号付き体積　67
符号付き面積　65
付随するアフィン空間　91
フックスの条件　454
不定積分　159, 519
　――の線形性　159
部分位相空間　313
部分群　233
部分集合　7
部分積分　160, 176
部分体　260
部分多様体　397
部分複体　347
ブラケット積　408
ブラフマーグプタの定理　214
ブランシュレルの定理　737
フーリエ級数　627
フーリエ変換　732
　――の逆公式　733
ブリューファ変換　484
ブール代数　392
フルネ・セレ(セレー)の公式　279, 355
フルネ標構　355
ブール半代数　564
フレッシェ・コロモゴロフの定理　766
フレドホルム行列式　756
フレドホルム積分方程式　754
フレドホルムの交代定理　773
ブロウエルの不動点定理　333
フロベニウスの階数降下法　438

フロベニウスの定理　410
分数　29
分数関数　509
分配法則　83, 246
分離　317
分離型 2 点境界値問題　482

閉拡張　715
閉曲面　350, 381, 387
平均曲率　372
平均値の定理　131
　　積分の——　172
閉区間　113
閉グラフの作用素　709
平行移動　51, 549
　　——の空間　91
平衡点　466
閉作用素　709
閉集合　311
閉正則　573
平坦点　371
閉値域作用素　717
閉包　312
平面場　409
ペイリー・ウィーナーの定理　743
ヘーガード分解　422
冪関数　512
冪級数　136, 529
冪集合　17
冪等作用素　717
冪零　101
ベクトル　87, 274
ベクトル関数　276
ベクトル空間　26
　　k 上の——　87
ベクトル三重積　70, 276
ベクトル積　69, 275
ベクトル導関数　277
ベクトル場　286, 405, 640
　　曲線 C に沿う——　287
ベクトル方程式　282
ベクトル・ポテンシャル　290
ベクトル面積要素　284
ヘシアン　210
ベータ関数　174
ヘッセ行列　418
ヘッセ形式　418
ヘッセの行列式　210
ヘッセの標準形　276

ベッセル関数　452
ベッセルの微分方程式　452, 637
ベッチ数　346
ヘビサイド関数　741
ベール空間　664
ヘルダーの不等式　575, 667
ベルヌイの方程式　433
ベールの範疇　663
ベールの範疇定理　664
ヘロンの公式　214
偏角　500
偏角の原理　543
変曲点　139
変数分離解　597
変数分離形　429
変数分離法　597
偏導関数　197
　　2 次の——　198
　　3 次の——　199
　　n 次の——　199
偏微分可能　197
偏微分係数
　　x に関する——　197
　　y に関する——　197
偏微分作用素　591, 656
偏微分する　198
偏微分方程式　586

ポアソン核　559
ポアソン積分　559
ポアソンの公式　559
ポアソンの積分公式　627
ポアンカレの補題　417
ポアンカレ・ベンディクソンの定理　473
ホイットニーの埋め込み定理　404
包含関係　89
法曲率　370
法曲率ベクトル　370
包絡公式　11
法線　152, 282
放物点　371
星型　331
補集合　11
保存力場　291
補題　3
ポテンシャル　290
ポテンシャル関数　548

ほとんどいたるところ成り立つ　574
ボネの定理　378
ホモトピー　328
ホモトピー群
　　n 次の——　335
ホモトピック　327
ホモトピー不変性　345
ホモロジー群　339
ボレル可測写像　566
ボレル σ–代数　565
ボレル集合　565
ボレル同型　573
本質的上限　673

ま　行

埋蔵　395
マイナルディ・コダッチの基本方程式　376
マイヤー・ヴィートリスの完全系列　350
マグマ　85
マクローリン級数　136
マクローリン展開　136, 531
マクローリンの定理　135
右可逆元　85
右極限値　120
右剰余類　235
道連結　330
ミッタグレフラーの定理　551
密着位相　303
密度　579
μ^*–可測集合　570
ミンコフスキー（ミンコウスキー）の不等式　576, 667
ミンコフスキー汎関数　675
向き付け可能　386
向き付け不可能　386
無限級数　504
無限群　240
無限小　127
　　高位の——　127
　　同位の——　127
無限積　553
無限積分　174
　　——の収束　175
結び目群　334
無理数　112

命題 2, 3
メービウス変換 549
面積 179, 217
面積確定 217
面積分 284
　p 次元—— 414
面積要素 284

モース関数 418
モースの補題 418
モニック射 44
モニック多項式 260
モノイド 24
モーメント 288
モーメント・ベクトル 288

や 行

約数 248
ヤコビアン 207
ヤコビ律 408
痩せた集合 664
痩せていない集合 664
有界 38, 113, 114, 527, 686, 694, 701
有界区間 113
有界線形汎関数 768
有界汎関数 686
優級数 188
有限加法的集合関数 568
有限群 235
有限個 87
有限次元ベクトル空間 89
有限集合 11
有限生成アーベル群 240
有限生成アーベル群の基本定理 242
有限体 250, 263
有向線分 51
優線形 492
有理関数 509
有理行列 54
有理型関数 534
有理数 112
ユークリッド環 254
ユークリッド幾何 90
ユークリッド距離関数 658
ユークリッド空間 298, 676
ユークリッドの距離 298
ユークリッドの互除法 248

ユニタリ行列 106
ユニタリ群 107

余因子 78
余因子行列 78
陽関数 205
要素解 597
余弦 510
横線集合 218
横ベクトル 55
余次元 397
ヨスト解 752
ヨスト関数 752
余接 510

ら 行

ライプニッツの定理(公式) 133, 655
　一般化された—— 655
ラウス・フルヴィッツの判定法 467
ラグランジュ・シャルピのベクトル場 646
ラグランジュ・シャルピの偏微分作用素 646
ラグランジュ乗数 212
ラグランジュの恒等式 482
ラズミーヒン条件 480
螺旋面 366
ラックス・ミルグラムの定理 694
ラッセルの逆理 36
ラドン・ニコディムの微分 579
ラプラシアン 203, 290, 616
ラプラス作用素 525, 616
ラプラス展開 77
ラプラスの演算子 203
ラプラス変換 739
ラプラス(の)方程式 203, 525
λ-系 565
ランダウの記号 127, 456

離散位相 303
離散距離 300
離散圏 43
リース・シャウダー(の)理論 729, 765
リースの定理 767
リースの表現定理 582

リース・フィシャーの定理 576
リース・フレシェの定理 691
リッカチ(の)方程式 433, 459
立体射影 385
リプシッツ定数 463
リプシッツ連続 463
リーマン可積分 169
リーマン計量 403
リーマン積分 168
リーマンの写像定理 550
リーマンのゼータ関数 188, 555
リーマン・ルベーグの定理 603
リーマン・ルベーグの補題 698, 736
リーマン和 168, 216
リャプーノフ 466
リャプーノフ関数 471, 472
リャプーノフの方法 470
リャプーノフ・ラズミーヒンの方法 480
リューヴィルの定理 527
留数 536
留数作用素 723
留数定理 536, 537
流線 548
領域 503
両立条件 604
臨界値 394
臨界点 394

類 27
累開冪拡大 269
累次積分 218
ルーシェの定理 544
ルジャンドルの公式 227
ループ 326
ルベーグ可測集合 573
ルベーグ空間 673
ルベーグ測度 573
ルベーグの単調収束定理 574
ルベーグの優収束定理 575
ルベーグ分解 579

零因子 29, 90
零解 466, 467, 477
零行列 103
零空間 716

零元　246
零集合　404
零点　532
捩率　279, 355
レゾルベント　719
レゾルベント集合　719
列　54
劣線形　492
列ベクトル　54
レトラクション　333
レルヒの定理　741
連結　317
連結写像　348
連結和　387

連続　122, 196, 277, 305, 505, 686, 701
　区間 I で——　122
　区分的に——　170
　領域 D で——　196
連続写像　301, 305
連続体仮説　35
連立 1 次方程式　59

ロピタル単調性の定理　148
ロピタルの定理　145
ロピタルの定理'　146
ローラン展開　533
ロルの定理　131

ロンスキアン　441

わ 行

和　275
ワイエルシュトラスの因数分解
　　定理　554
歪エルミート行列　106
ワインガルテンの公式　375
湧き出し　517
湧き出しなし　289
湧き出る　419
和集合　8

編集者略歴

飯髙　茂（いいたか しげる）

1942年　東京都に生まれる
1967年　東京大学大学院理学系研究科修了
現　在　学習院大学理学部教授
　　　　理学博士

楠岡成雄（くすおか しげお）

1954年　大阪府に生まれる
1978年　東京大学大学院理学系研究科数学専攻修士課程修了
現　在　東京大学大学院数理科学研究科教授
　　　　理学博士

室田一雄（むろた かずお）

1955年　東京都に生まれる
1980年　東京大学大学院工学系研究科計数工学専攻修士課程修了
現　在　東京大学大学院情報理工学系研究科教授
　　　　工学博士，理学博士

朝倉　数学ハンドブック［基礎編］　　定価はカバーに表示

2010年 5月25日　初版第1刷
2014年 9月25日　　　第3刷

編集者　飯　高　　　茂
　　　　楠　岡　成　雄
　　　　室　田　一　雄
発行者　朝　倉　邦　造
発行所　株式会社　朝倉書店
　　　　東京都新宿区新小川町6-29
　　　　郵便番号　162-8707
　　　　電話　03(3260)0141
　　　　FAX　03(3260)0180
　　　　http://www.asakura.co.jp

〈検印省略〉

© 2010　〈無断複写・転載を禁ず〉　　中央印刷・牧製本

ISBN 978-4-254-11123-1　C 3041　　Printed in Japan

JCOPY　〈(社)出版者著作権管理機構 委託出版物〉

本書の無断複写は著作権法上での例外を除き禁じられています．複写される場合は，そのつど事前に，(社)出版者著作権管理機構（電話 03-3513-6969，FAX 03-3513-6979，e-mail: info@jcopy.or.jp）の許諾を得てください．

◆ 講座 数学の考え方 ◆

飯高　茂・川又雄二郎・森田茂之・谷島賢二　編集

東京電機大 桑田孝泰著
講座　数学の考え方2
微　分　積　分
11582-6　C3341　　A 5 判 208頁 本体3400円

微分積分を第一歩から徹底的に理解させるように工夫した入門書。多数の図を用いてわかりやすく解説し、例題と問題で理解を深める。〔内容〕関数／関数の極限／微分法／微分法の応用／積分法／積分法の応用／2次曲線と極座標／微分方程式

前学習院大 飯高　茂著
講座　数学の考え方3
線　形　代　数　基礎と応用
11583-3　C3341　　A 5 判 256頁 本体3400円

2次の行列と行列式の丁寧な説明から始めて、3次、n次とレベルが上がるたびに説明を繰り返すスパイラル方式を採り、抽象ベクトル空間に至る一般論を学習者の心理を考えながら展開する。理解を深めるため興味深い応用例を多数取り上げた

東大 坪井　俊著
講座　数学の考え方5
ベクトル解析と幾何学
11585-7　C3341　　A 5 判 240頁 本体3900円

2次元の平面や3次元の空間内の曲線や曲面の表示の方法、曲線や曲面上の積分、2次元平面と3次元空間上のベクトル場について、多数の図を活用して解説。〔内容〕ベクトル／曲線と曲面／線積分と面積分／曲線の族、曲面の族

東北大 柳田英二・横市大 栄伸一郎著
講座　数学の考え方7
常　微　分　方　程　式　論
11587-1　C3341　　A 5 判 224頁 本体3800円

微分方程式を初めて学ぶ人のための入門書。初等解法と定性理論の両方をバランスよく説明し、多数の実例で理解を助ける。〔内容〕微分方程式の基礎／初等解法／定数係数線形微分方程式／2階変数係数線形微分方程式と境界値問題／力学系

前東大 森田茂之著
講座　数学の考え方8
集　合　と　位　相　空　間
11588-8　C3341　　A 5 判 232頁 本体3800円

現代数学の基礎としての集合と位相空間について予備知識を前提とせずに初歩から解説。一般化へ進むさいには重要な概念の説明や定義を言い換えや繰り返しによって丁寧に記述した。一般論の有用性を伝えるため少し発展した内容にも触れた

上智大 加藤昌英著
講座　数学の考え方9
複　素　関　数　論
11589-5　C3341　　A 5 判 232頁 本体3800円

集合と位相に関する準備から始めて、1変数正則関数の解析的および幾何学的な側面を解説．多数の演習問題には詳細な解答を付す。〔内容〕複素数値関数／正則関数／コーシーの定理／正則関数の性質／正則関数と関数の特異点／正則写像

東大 川又雄二郎著
講座　数学の考え方11
射　影　空　間　の　幾　何　学
11591-8　C3341　　A 5 判 224頁 本体3600円

射影空間の幾何学を通じて、線形代数から幾何学への橋渡しをすることを目標とし、その過程で登場する代数幾何学の重要な諸概念を丁寧に説明する。〔内容〕線形空間／射影空間／射影空間の中の多様体／射影多様体の有理写像

日大 渡辺敬一著
講座　数学の考え方12
環　と　体
11592-5　C3341　　A 5 判 192頁 本体3600円

まずガロワ理論を念頭において環の理論を簡明に説明する。ついで体の拡大・拡大次数から始めて分離拡大、方程式の可解性に至るまでガロワ理論を丁寧に解説する。最後に代数幾何や整数論などと関わりをもつ可換環論入門を平易に述べる

学習院大 谷島賢二著
講座　数学の考え方13
ルベーグ積分と関数解析
11593-2　C3341　　A 5 判 276頁 本体4500円

前半では「測度と積分」についてその必要性が実感できるように配慮して解説。後半では関数解析の基礎を説明しながら、フーリエ解析、積分作用素論、偏微分方程式論の話題を多数例示して現代解析学との関連も理解できるよう工夫した

学習院大 川崎徹郎著
講座 数学の考え方14
曲 面 と 多 様 体
11594-9 C3341　　　　A5判 256頁 本体4200円

微積分と簡単な線形代数の知識以外には線形常微分方程式の理論だけを前提として，曲線論，曲面論，多様体の基礎について，理論と実例の双方を分かりやすく丁寧に説明する。多数の美しい図と豊富な例が読者の理解に役立つであろう

大阪市大 枡田幹也著
講座 数学の考え方15
代 数 的 ト ポ ロ ジ ー
11595-6 C3341　　　　A5判 256頁 本体4200円

物理学など他分野と関わりながら重要性を増している代数的トポロジーの入門書。演習問題には詳しい解答を付す。〔内容〕オイラー数／回転数／単体的ホモロジー／特異ホモロジー群／写像度／胞体複体／コホモロジー環／多様体と双対性

立大 木田祐司著
講座 数学の考え方16
初 等 整 数 論
11596-3 C3341　　　　A5判 232頁 本体3800円

整数と多項式に関する入門的教科書。実際の計算を重視し，プログラム作成が可能なように十分に配慮している。〔内容〕素数／ユークリッドの互除法／合同式／二次合同式／F_p係数多項式の因数分解／円分多項式と相互法則

東大 新井仁之著
講座 数学の考え方17
フ ー リ エ 解 析 学
11597-0 C3341　　　　A5判 276頁 本体4600円

多変数フーリエ解析は光学など多次元の現象を研究するのに用いられ，近年は画像処理など多次元ディジタル信号処理で本質的な役割を果たしている。このように応用分野で広く使われている多変数フーリエ解析を純粋数学の立場から見直す

東大 小木曽啓示著
講座 数学の考え方18
代 数 曲 線 論
11598-7 C3341　　　　A5判 256頁 本体4200円

コンパクトリーマン面の射影埋め込み定理を目標に置いたリーマン面論。〔内容〕リーマン球面／リーマン面と正則写像／リーマン面上の微分形式／いろいろなリーマン面／層と層係数コホモロジー群／リーマン-ロッホの定理とその応用／他

東大 舟木直久著
講座 数学の考え方20
確 率 論
11600-7 C3341　　　　A5判 276頁 本体4500円

確率論を学ぶ者にとって最低限必要な基礎概念から，最近ますます広がる応用面までを解説した入門書。〔内容〕はじめに／確率論の基礎概念／条件つき確率と独立性／大数の法則／中心極限定理と少数の法則／マルチンゲール／マルコフ過程

東大 吉田朋広著
講座 数学の考え方21
数 理 統 計 学
11601-4 C3341　　　　A5判 296頁 本体4800円

数理統計学の基礎がどのように整理され，また現代統計学の発展につながるかを解説。題材の多くは初等統計学に現れるもので種々の推測法の根拠を解明。〔内容〕確率分布／線形推測論／統計的決定理論／大標本理論／漸近展開とその応用

東工大 小島定吉著
講座 数学の考え方22
3 次 元 の 幾 何 学
11602-1 C3341　　　　A5判 200頁 本体3600円

曲面に対するガウス・ボンネの定理とアンデレーフ・サーストンの定理を足がかりに，素朴な多面体の貼り合わせから出発し，多彩な表情をもつ双曲幾何を背景に，3次元多様体の幾何とトポロジーがおりなす豊饒な世界を体積をめぐって解説

前弘前大 難波完爾著
講座 数学の考え方23
数 学 と 論 理
11603-8 C3341　　　　A5判 280頁 本体4800円

歴史的発展を辿りながら，数学の論理的構造を興味深く語り，難解といわれる数学基礎論を平易に展開する。〔内容〕推論と証明／証明と完全性／計算可能性／不完全性定理／公理的集合論／独立性／有体性／計算量／有限から無限へ／その他

四日市大 小川 束・東海大 平野葉一著
講座 数学の考え方24
数 学 の 歴 史
―和算と西欧数学の発展―
11604-5 C3341　　　　A5判 288頁 本体4800円

2部構成。第1部は日本数学史に関する話題から，建部賢弘による円周率の計算や円弧長の無限級数への展開計算を中心に，第2部は数学という学問の思想的発展を概観することに重点を置き，西洋数学史を理解できるよう興味深く解説

G.ジェームス・R.C.ジェームス編
前京大 一松 信・東海大 伊藤雄二監訳

数学辞典（普及版）

11131-6 C3541　　B 5 判　664頁　本体17000円

数学の全分野にわたる，わかりやすく簡潔で実用的な用語辞典。基礎的な事項から最近のトピックスまで約6000語を収録。学生・研究者から数学にかかわる総ての人に最適。定評あるMathematics Dictionary（VNR社，最新第5版）の翻訳。付録として，多国語索引（英・仏・独・露・西），記号・公式集などを収載して，読者の便宜をはかった。〔内容〕アインシュタイン／亜群／アフィン空間／アーベルの収束判定法／アラビア数字／アルキメデスの螺線／鞍点／e／移項／位相空間／他

S.R.フィンチ著　前京大 一松 信監訳

数学定数事典

11126-2 C3541　　A 5 判　608頁　本体16000円

円周率π，自然対数の底e，$\sqrt{2}$などの有名なものから，あまり知られていないめずらしいものまで，数学の定数約960を網羅して解説した事典。定数がどのように誕生し，なぜ重要なのか，すべての有意義な定数を体系的に説明し，項目ごとに詳細な文献リストをまとめてある。〔内容〕有名な定数／数論に関する定数／解析不等式に関する定数／関数の近似に関する定数／離散構造に関する定数／関数反復に関する定数／複素解析に関する定数／幾何学に関する定数／付録：定数表

前都立府中工高 秀島照次編

数学公式活用事典（新装版）

11120-0 C3041　　B 5 判　312頁　本体7500円

高校生，大学生および社会人を対象に，数学の定理や公式・理論を適宜タイミングよく利用し，数学の基礎を理解するとともに，数学を使って実務用の問題を解くための手がかりを与えるものである。各項目ごとに読切りとして，その項目だけ読んでも理解できるよう工夫した。記述は簡潔で読みやすく，例題を多数使ってわかりやすく，かつ実用的に解説した。〔内容〕代数／関数／平面図形・空間図形／行列・ベクトル／数列・極限／微分法／積分法／順列・組合せ／確率・統計

T.H.サイドボサム著　前京大 一松 信訳

はじめからの すうがく事典

11098-2 C3541　　B 5 判　512頁　本体8800円

数学の基礎的な用語を収録した五十音順の辞典。図や例題を豊富に用いて初学者にもわかりやすく工夫した解説がされている。また，ふだん何気なく使用している用語の意味をあらためて確認・学習するのに好適の書である。大学生・研究者から中学・高校の教師，数学愛好者まであらゆるニーズに応える。巻末に索引を付して読者の便宜を図った。〔内容〕1次方程式／因数分解／エラトステネスの篩／円周率／オイラーの公式／折れ線グラフ／括弧の展開／偶関数／他

和算研 佐藤健一監修
和算研 山司勝紀・上智大 西田知己編

和算の事典

11122-4 C3541　　A 5 判　544頁　本体14000円

江戸時代に急速に発達した日本固有の数学和算。和算を歴史から紐解き，その生活に根ざした計算法，知的な遊戯としての和算，各地を旅し和算を説いた人々など，さまざまな視点から取り上げる。〔内容〕和算のなりたち／生活数学としての和算／計算法―そろばん・円周率・天元術・整数術・方陣他／和算のひろがり―遊歴算家・流派・免許状／和算と諸科学―暦・測量・土木／和算と近世文化―まま子立・さっさ立・目付字他／和算の二大風習―遺題継承・算額奉納／和算書と和算家

上記価格（税別）は 2014 年 8 月現在